深部矿产资源勘探技术方法

吕庆田　张晓培　汤井田 等　著

科学出版社

北　京

内 容 简 介

矿产资源是人类社会赖以生存和发展的重要物质基础。随着我国经济的高速发展和对矿产资源的高强度开发利用，近地表资源消耗殆尽，拓展深部资源已经成为保障未来经济可持续发展的必然选择，而勘探技术创新是拓展深部勘探空间、发现深部资源的先决条件。长期以来，我国的勘探技术和仪器装备严重依赖国外进口，具有自主知识产权的勘探技术无论在方法种类，还是在探测深度和精度方面，远不能满足深部矿产勘探的需求。“十二五”期间，国家“863”计划重大项目“深部矿产资源勘探技术”，在已有技术基础上，瞄准国际矿产勘探技术前沿，开展了核心技术攻关，研制了系列大深度实用化仪器装备，发展了深部探测方法技术，形成了我国自己的深部矿产资源勘探技术体系，缩小了与国外的技术差距。《深部矿产资源勘探技术方法》一书系统总结了国家“863”计划重大项目团队的主要研究成果，包括重磁、电磁、地下物探、金属矿地震、钻探等五个部分。通过阅读此书，读者可以对我国矿产勘探方法和仪器设备的过去和现状有一个系统了解。

本书面向国内高校和科研院所从事金属矿地球物理勘探和研究的科研技术人员，也可供勘探地球物理、地质资源与地质工程等相关专业的本科生、研究生学习参考。

图书在版编目(CIP)数据

深部矿产资源勘探技术方法 / 吕庆田等著. —北京：科学出版社，2022.10

ISBN 978-7-03-072339-0

Ⅰ. ①深…　Ⅱ. ①吕…　Ⅲ. ①矿产资源–地质勘探　Ⅳ. ①P624

中国版本图书馆 CIP 数据核字（2022）第 087067 号

责任编辑：王　运　韩　鹏　崔　妍 / 责任校对：何艳萍

责任印制：吴兆东 / 封面设计：图阅盛世

科学出版社 出版

北京东黄城根北街 16 号

邮政编码：100717

http://www.sciencep.com

北京捷迅佳彩印刷有限公司 印刷

科学出版社发行　各地新华书店经销

*

2022 年 10 月第　一　版　开本：787×1092　1/16

2022 年 10 月第一次印刷　印张：33 1/4

字数：782 000

定价：468.00 元

（如有印装质量问题，我社负责调换）

本书作者名单

吕庆田　张晓培　汤井田　金　胜　梁连仲
王绪本　韩立国　牛建军　姚长利　顾建松
林品荣　张金昌　蔡耀泽　刘宝林　高文利
赵金花　刘卫强

序

保持矿产资源的稳定、持续供给事关国家资源安全和经济发展。改革开放四十多年，我国不断加大资源开发力度支撑了我国经济的高速发展，成为世界第二大经济体，同时也几乎耗尽了几十年的矿产资源储备。现有资料表明，地表和近地表（500米以浅）发现矿产的概率不断下降，必须向深部寻找新的接替资源。国际地质科学联合会（IUGS）发布的“为未来准备资源”报告明确指出，全球资源勘查进入深部已成定局。由于深部勘探目标的复杂性，只有依靠勘探技术进步才能克服“深度”瓶颈。

我国勘探仪器设备在探测深度、精度和分辨能力方面与国外尚有一定差距，主要仪器设备依赖进口，对外依存度超过80%。技术依赖必然带来技术垄断和“受制于人”，这种状况不能尽快改变，将威胁国家资源安全和经济安全。

2014年，国家“863”计划设立了重大项目“深部矿产资源勘探技术”，旨在提高我国深部矿产勘探能力，缩小与国际水平的差距。在项目首席专家吕庆田研究员带领下，经过300多位科研人员的共同努力，在核心技术、仪器研制、方法理论创新和软件研制等方面取得了突出进展：①在高精度微重力传感器、铯光泵磁场传感器、宽带感应式电磁传感器等10项核心技术上取得突破，建立了自主知识产权的感应式电磁传感器检测与标定技术与装置，为我国发展高端电磁勘探技术与仪器奠定了基础。②研发和升级了包括高精度数字重力仪、大功率伪随机电磁探测系统、坑-井-地三维电磁成像系统、轻便分布式遥测地震采集系统和4000m地质岩心钻探成套技术装备在内的18套勘探仪器设备，形成了从地面到地下、从结构探测到物质探测的国产勘探地球物理仪器系列，有效降低了对国外勘探仪器的依赖。③提出了张量广域电磁法理论、多种强干扰情况下的信噪分离算法和评价方法，完善了直流电阻率与极化率三维反演方法、地磁与井中磁测联合多参量三维反演方法、全波形反演技术系列和多目标地震偏移成像方法等20多项处理、解释方法，研制了多参量地球物理数据处理与反演、金属矿地震数据处理与解释两套大型软件系统和多功能三维电磁正反演与可视化交互解释软件、广域电磁三维反演解释等8个专用软件系统，提高了深部资源勘探方法的适用性和可靠性。

《深部矿产资源探测技术方法》一书，全面反映了该重大项目取得的技术创新成果，具有系统性、完整性和创新性，代表了我国勘探地球物理目前的水平，对从事勘探技术研发的同行具有重要的参考价值。相信，本书的出版将激励和引领更多的年轻学者从事勘探技术的研发，推动我国勘探地球物理技术的发展。

2022年9月，于北京

前　言

通过理论和技术创新，不断实现找矿突破，满足国家经济社会发展对资源的重大需求，是地质矿产工作的长期任务。研发矿产勘探技术与装备，提高探测深度、精度和效率，是实现深部找矿突破的核心手段，是保障我国资源可持续供给的唯一途径。发展自主核心技术，降低和摆脱对国外技术的依赖，是提高资源勘探国际竞争力、保障资源安全的战略举措。发展深部勘探技术，是认知地球深部物质、结构的关键手段，也是满足日益增长的地下空间探测、重大工程评价和环境评估需求的重要方法技术，对我国经济社会发展、科技水平提升和生态文明建设都具有重大意义。为了应对日益严峻的资源形势和勘探技术高度依赖国外的风险，“十二五”期间，科技部在“863”计划资源环境技术领域设立了“深部矿产资源勘探技术”重大项目，目标是全面突破2000 m深部资源勘探技术，形成从地面到地下、从结构探测到物质探测、适应复杂地质条件的立体探测技术体系，为我国资源勘探走向深部提供技术支撑。本项目团队经过4年多的研发，突破了10项核心技术，研制和完善了18套急需的仪器设备，提出和创新了20多项数据处理解释方法，研制出2套大型软件系统和8个专用软件系统。截至2021年3月，项目团队已经获得发明专利65项。项目的实施大幅度缩小了与国外的差距，有效降低了对国外勘探技术、设备和解释软件系统的依赖，在一定程度上打破了国外在此领域的仪器设备垄断，提高了我国矿产勘探技术自主研发能力和国际竞争力。

《深部矿产资源勘探技术方法》一书系统总结了国家“863”计划重大项目团队的主要研发成果，包括重磁勘探、电磁勘探、地下物探、金属矿地震和岩心钻探五部分。每一部分系统介绍了核心技术突破、仪器设备研制、方法创新及软件研制和典型应用实例，便于读者系统了解我国自主勘探技术的发展现状。

在重、磁勘探技术与设备方面，突破了高灵敏度微重力传感器和铯光泵磁场传感器核心技术；研制了地面高精度数字重力仪、地面高精度绝对重力仪、质子磁力仪、氦光泵磁力仪、铯光泵磁力仪和动态激发核磁共振磁力仪等仪器，大部分实现了产业化；开发出包括数十个模块的重磁数据处理和反演解释软件系统，实现了复杂地表条件下的多参量三维联合反演解释。

在电法及电磁勘探技术与设备方面，攻克了高灵敏度宽频感应式电磁传感器技术，建立了国内首套电磁传感器检测、标定装置；研发出高灵敏度三分量磁通门传感器；研制出分布式多参数电磁探测系统和长周期大地电磁观测系统，完善了大功率伪随机广域电磁探测系统，构建了适合任意复杂模型的大规模三维电磁正、反演与可视化解释软件平台。

在地下（井中）地球物理勘探技术与设备方面，创新井中电磁波大功率脉冲调制等多项关键技术，突破了3000 m小口径多参数测井仪器的耐高温高压技术和实用工艺；研制出大功率井–地三维电磁成像系统、井间电磁波层析成像系统、井中多道激发极化仪、大深度小口径多参数测井仪等 4 种地下和井中探测仪器；创新了地下（井中）探测方法技术体系，构建了功能齐全的地下物探数据处理、反演解释软件系统。

在金属矿地震勘探装备及处理解释技术方面，研制出适合复杂山地条件的小型化扫频可控震源和轻便分布式遥测金属矿地震勘探采集系统，研发出金属矿地震数据处理、解释软件系统，提出多项处理新技术，有效提高了成像精度；研制出三维地震数据采集与观测系统设计软件。

在大深度、小口径岩心智能钻探技术与装备方面，自主研制成功了 4000 m 地质岩心钻探成套装备和系列自动化智能化钻探技术；建立了典型孔内工况判别准则和优化钻进模型，研发出岩心钻探智能化钻进监控硬件系统和软件系统。

本书根据国家“十二五”“863”计划重大项目“深部矿产资源勘探技术”研究报告改编而成。书稿提纲由重大项目首席专家吕庆田研究员草拟，经全体作者共同讨论、修改后定稿。第一章由吕庆田对重大项目研究成果凝练和提升后编写；第二章由梁连仲、顾建松、姚长利、赵金花等编写；第三章由牛建军、张晓培、王绪本、林品荣、汤井田、刘卫强等编写；第四章由高文利、金胜、蔡耀泽等编写；第五章由张晓培、韩立国、牛建军等编写；第六章由张金昌、刘宝林等编写；结束语由吕庆田编写。本书各章内容最后由吕庆田统稿、审定。

本书研究成果由参与“863”重大项目的 15 家研发单位的 300 余名研发人员共同取得，对他们为项目所做出的贡献表示感谢。项目实施过程中得到科技部社会发展司吴远彬司长、邓小明副司长，科技部 21 世纪议程管理中心裴志永处长、樊俊博士，自然资源部科技司高平司长、赵财胜处长等的支持。“863”计划主题专家组成员黄大年教授、庞雄奇教授等长期跟踪项目研究进展，并在技术研发具体细节上给予指导。在此，对上述领导、专家表示衷心的感谢！

本书出版得到国内多家高校和科研院所专家学者的帮助，中国地质科学院刘卫强博士做了大量的文字汇总、校对和制图工作，一并表示感谢。

目　录

第一章　绪　　论

第一节　现状与差距

矿产资源勘探深度和难度的日益加大，对地球物理方法技术提出了新的挑战和要求：一方面要求仪器观测具有高精度、高稳定性、强抗干扰能力和多参量、多功能、高密度采集等特点；另一方面要求相应的资料处理、解释方法创新，以提高数据处理的保真性、反演解释的可靠性，如抗干扰数据处理的分离、深层信号的提取、三维高精度正反演、多种数据联合及约束解释，以及成果表达的可视化软件开发等。目前，国外已形成了较为成熟的仪器、软件及方法体系，并实现了高度的商品化和产业化。

我国矿产资源勘探技术研发与应用已走过七十多年的发展历程，实现了“从无到有”的历史性发展和壮大，初步建立了自主的勘探技术方法体系和仪器装备。但不可否认的是，在一些高尖端仪器设备研制和产业化方面，以及实用化三维反演解释软件方面，与国外依然有很大的差距。目前，我国对地球物理仪器的需求急剧增长，对国外地球物理仪器的依赖依然严重，需要大力开展技术创新和应用推广。

一、国际现状与趋势

研发大深度、高精度和高分辨率的勘探新技术，已成为很多发达国家实现资源可持续发展、深地科学认知和国家资源能源安全战略的重要组成部分。通过提高探测与勘探技术的深度、精度，实现对成矿全过程的深入理解，增强寻找大型矿床的能力，已成为该领域国际发展的必然趋势。下面简单回顾项目立项时国际勘探技术的现状。

1. 重、磁勘探

重、磁技术是传统的地球物理勘探技术，随着微电子、计算机和通信技术的进步，传统重、磁勘探技术得到迅速发展。国外已于20世纪90年代初期实现了重力测量的数字化和自动化。美国拉科斯特（Lacoste）公司、Micro-g公司和加拿大先达利（Scintrex）公司已经合并，专门生产CG-5/6型全自动重力仪（相对重力仪）和A10、FG5、FG5-L型绝对重力仪，几乎垄断了重力仪的全球市场。

近十年来，国际上磁场测量技术有了很大发展，以氦光泵、铯光泵和质子旋进为代表的磁力测量系统占据了主要的市场。测量精度和灵敏度大幅提高，测量参数从总场、梯度到三分量逐渐增加，采样率达到了10次/秒，轻便化、智能化程度不断提高。具有更高分辨率和绝对精度的钾光泵磁力仪（如德国GEM公司的GSMP-35）已在资源能源勘探、科学研究、考古、环境等领域广泛应用。

重、磁数据常规处理、三维正反演、联合与约束反演及解释取得了较大进展。低纬度化极技术、强剩磁条件下的处理和反演技术取得重要进展；在三维反演算法上发展了线性反演、约束最优化反演和拟BP神经网络反演等技术，使反演的未知数个数、收敛速度和解的稳定性有了很大提高；采用二度半逼近（拼贴）三度体（Lü et al.，2013）和计算机图形学中的“橡胶膜技术”建立三维地质模型，通过校正迭代反演与实时正演拟合，基本实现了重、磁正反演人机交互三维可视化实时解释。加拿大Geosoft公司（Oasis Montaj）、澳大利亚Encom公司（Model Vision Pro 7.0）开发的商品化重、磁数据处理软件，不仅包括常规处理和图形化显示，还实现了2D、3D任意形体的重、磁反演模拟，极大提高了重、磁数据地质解释的准确性。

在多类型数据联合反演方面，自Vozoff和Jupp（1975）提出直流电测深法（DC）和大地电磁测深法（MT）资料联合反演的迭代二阶马奎特阻尼最小二乘法以来，联合反演方法经历了20世纪80年代的尝试和90年代的迅速发展，相继提出了不同形式的重、磁联合，重、震联合，震、电联合反演，以及各种地震方法之间的联合反演和各种电磁法方法之间的联合反演方法等，取得了一定效果。特别是井资料约束下地震波阻抗反演和地震构造约束下的重力反演，取得了较好的效果，证明了在特殊条件下，联合反演方法比单一地球物理方法有更高的分辨率，能较好地减少反演的非唯一性。根据物性参数的性质，联合反演总体上可分为基于相同物性地球物理观测数据之间的联合反演和基于不同物性地球物理观测数据之间的联合反演。根据联合反演的方式和条件的不同，联合反演又可分为同步反演、顺序反演、剥离法反演和伸展法反演等，这些方法一定程度上丰富和发展了地球物理反演理论和方法。

2. 电法及电磁法勘探

自20世纪40年代以来，以金属矿为目标的电法勘探技术得到了长足的发展，从传统的直流电法、激发极化法，到20世纪50年代兴起、90年代成熟的大地电磁测深法（MT）、音频大地电磁测深法（AMT），80年代演变出带人工场源的可控源音频大地电磁法（CSAMT），发展到目前的混合场源的各种电磁方法等。在各类电磁方法发展的同期，随着电子、信息技术的不断进步，特别是近20多年来，对金属矿深部探测最重要的电磁法仪器系统不断地推陈出新。例如，美国Zonge工程与研究组织在1991年推出GDP-16多功能电磁系统，1994年推出GDP-32多功能电磁系统，1995年又推出能进行长周期天然场大地电磁法测量的多功能大地电磁系统（Elders and Asten，2004）。EMI公司在完善MT-1大地电磁系统的同时，于1995年推出适用于矿产与工程探测的商用EH-4电磁系统，1997年推出商用MT-24阵列式大地电磁系统。加拿大凤凰公司在完善V-5大地电磁系统的同时，于1997年推出商用V5-2000型阵列式大地电磁系统，近年又推出V8系统，还有最新研制的宽频MT采集系统等。时间域电磁仪器则以加拿大的EM-57、EM-67系列为代表。这些系统多具有频率域和时间域工作方式，且能进行多方法数据采集，如激发极化法、瞬变电磁法、可控源音频大地电磁法等。此外，国外DC IP及电磁仪器基本实现了三维分布式测量，如美国、加拿大等公司先后推出MIMDAS、NEWDAS、QUANTEC、ORION 3D等全景三维分布式DC IP与电磁法系统。这些方法与仪器已在深部地质构造研究、石油及天然气勘查、金属矿产勘查、环境与工程勘查等领域得到广泛应用。

与方法理论、仪器系统相适应，电磁法的数据处理技术也在不断地改进与完善。大量的研究工作集中于消除噪声、稳健的阻抗估计方法、静态效应校正、场源效应研究等数据预处理方面。同时，有限差分、有限元、边界元、混合元等数值方法不断应用于电磁法正演计算，马奎特方法、广义逆及改进的广义逆方法、仿真淬火、遗传算法、随机搜索、神经元网络等各种线性、非线性方法不断应用于反演成像，模型也由简单的层状介质向二维、2.5维、三维和带地形的任意三维模型方向发展。

3. 金属矿地震勘探

反射地震技术以大探测深度和高分辨能力逐渐显示了其在金属矿勘查中的广阔应用前景。近几年，加拿大、澳大利亚和南非等国家十分重视金属矿地震方法技术研究，相继开展了金属矿岩矿石波阻抗及反射系数研究、金属矿（块状硫化物）散射波场模拟研究、反射地震直接探测金属矿体试验研究、井中地震成像和3D金属矿地震成像研究等（Eaton et al.，2003），取得了较大进展。例如，在南非的兰德盆地，利用地震反射（Stevenson and Durrheim，1997）直接揭示含金矿层的深部产状；在澳大利亚Mount Morgan矿区，利用地震技术（Urosevic et al.，1992；Evans et al.，2003）在矿区南部的深部发现了新的块状硫化物矿体；在加拿大萨德贝里矿集区，反射地震探测获得了控制镍–铜矿分布的火成杂岩体的深部延伸图像（Milkereit and Green，1992），证实为一向南东倾斜的杂岩体，改变了对称结构的传统认识，为扩大深部找矿远景提供了极具价值的科学依据。

在利用散射成像技术开展金属矿勘探方面，国内外都进行了大量尝试。例如，Bohlen（2002）利用3D有限差分法研究了结晶岩地区块状硫化矿床的形态和组分对散射波场的影响，发现大型块状硫化物矿体能够产生很强且复杂的S波散射响应；块状硫化物矿体的形态控制散射波场的传播方向和分布。

在金属矿地震采集技术与设备方面，尤其是适应山区地震的采集设备呈现出明显的小型化、轻便化和分布式发展的趋势。美国Geometrics公司的Strata NZ系列便携式地震仪是将大型地震仪小型化、轻便化的代表，它具有同时采集上千道的能力，但其质量不足20 kg。美国一些大学与达拉斯折射技术公司合作生产的Reftek-125微型节点地震仪，质量不足1 kg，突破了电缆大线的束缚，可以在任何复杂地形、地质条件下进行数据采集。在观测系统上多道、小道距、高覆盖次数和三维是金属矿地震数据采集的发展方向。针对复杂地表地质条件和低信噪比的反射地震处理技术是金属矿地震实用化研究的重点；基于散射观点的成像技术是金属矿地震发展的重要方向，散射波特征与地质体对应关系是金属矿地震解释的突破点。

4. 测井及井中探测

金属矿测井及井中探测技术是发现盲矿体的重要手段，对老矿区“探边摸底”极为重要。近年来，测井技术与装备得到快速发展，总体趋势是：地面系统向综合化、便携化、标准化和网络化发展；井下仪器向阵列化、集成化、高分辨、大深度、高可靠、高时效方向发展。成像测井技术更加配套完善，测量方法向多源、多接收器、多波、多谱方向发展；纵向分辨率、探测深度及井壁覆盖率不断提高；随钻测井（LWD）技术快速发展，并向小型化、集成化发展。测井深度不断加深，仪器体积进一步缩小，耐温耐压性能及抗震性进一步提高。测井解释技术正朝着多信息的综合评价、多学科结合的地质综合解释等方向发展。同时，测井数据管理与信息技术一体化、网络测井解释一体化正在成为新的热点。

井间电磁层析成像技术是将电磁波传播理论应用到地质领域的一种地球物理勘探方法。20 世纪 70 年代中期，美国 Lytle 和 Lager（1976）率先使用电磁波开展井间层析（CT）成像，推动了全球范围内井间电磁波 CT 的应用与发展。由于在硬件方面的先进性和软件方面的成熟性，美国在井间电磁波层析技术领域处于世界领先地位。1989 年以来，美国劳伦斯利物莫尔国家实验室（LLNL）等单位联合开发了井间低频电磁场层析技术系统，已应用于油气探测。苏联在频率域井间电磁波法研究方面比较系统、全面，有一定的代表性，在理论研究、物性研究、仪器开发和应用研究方面都取得显著成果。虽然他们应用层析技术起步较晚，但大有奋起直追之势，不但开展了振幅层析研究，而且也开始了相位层析研究。在数值模拟层析反演过程中，他们发现相位层析反演的结果比振幅层析反演的结果更为可靠和准确。20 世纪 90 年代，以 EMI 公司为中心，各国家实验室和工业界开始进行井间电磁成像系统的研发，完成了基础理论、数值模拟和可行性研究，并研发了相应的仪器设备。在油田井间距为 25～100 m，频率为 500 Hz～20 kHz 的条件下，进行了一系列有成效的现场试验。在处理方法和软件开发方面，也初步具备二维处理能力。在具有金属套管的井中，井间电磁成像研究也有较大的进展。

20 世纪 80 年代中期，瑞典研制了脉冲体制的跨孔和单孔电磁波层析系统，又称井中雷达，已商品化，最近也在研究相位体制。日本 OYO 公司于 1995 年研制出相位振幅的低频跨孔地下电磁波层析系统（4 Hz～18 kHz）。此外，澳大利亚、法国、德国、波兰、匈牙利、印度和南非等国也相继加入了井间电磁波层析研究和应用行列。国外对地下物探的应用比较重视，加拿大近十几年来利用地下物探发现很多金属矿床；苏联曾用坑道电磁层析技术和井中电磁层析技术寻找坑道间及井间的盲矿体，取得很好的成效。地下物探技术的发展方向有两个：一是利用多个参数进行异常的解释和识别，有利于克服多解性和提高分辨率；二是工作频率向低频（增加探测距离）、高频（提高分辨率）两个方向发展，并开发相应的应用软件。低频井间电磁层析成像技术难度大，应用前景广，是目前地球物理应用技术发展的重要前沿。

5. 岩心钻探

国外岩心钻机除一部分经改进的传统立轴式钻机外，已大量采用全液压、顶驱式设计与制造。顶驱式钻机的特点是机–塔一体化、转速无级调节、回次进尺长，自动化、机械化程度高。国际上代表性的岩心钻机有：美国长年（Longyear）公司的 HD-600 型油气、地热和矿产勘探用钻机，用 CHD-76 绳索取心钻进时钻深能力为 3000 m；瑞典克芮留斯（Craelins）公司的 Diamec 全液压、顶驱式系列钻机，为典型的适合金刚石钻进的高速低扭矩钻机；比利时迪阿蒙–博特公司的高度自动化的 DBH 系列钻机；澳大利亚 U. D. R. 公司的 Universal 5000 型深孔全液压顶驱式钻机，其钻深能力当用 ϕ89 mm 钻杆无岩心钻进 ϕ165 mm 孔径时为 1900 m，用 CHD134、CHD101 绳索取心钻进时分别为 2050 m、3100 m，配备柴油机动力 410HP，提升能力达 45000 kg。国外钻探机械装备发展趋势可归纳如下：①多数钻探机械将具备一机多能，如美国 Mobil 钻探公司的 B-47 型顶驱式钻机可在

16 种不同领域中应用；②越来越多地采用拼装式设计（component design），便于变形设计派生产品，以及采用集装箱和空吊运输；③更多地采用顶驱式（液力驱动、电驱动和压缩空气驱动）钻机。

在岩心钻探工艺方面，西方工业国家，特别是矿业大国，十分重视绳索取心钻探技术的研究和应用，通过 20 世纪 60 年代不断改进完善，到 20 世纪 80 年代已经研究开发出适合不同地层需要的系列化绳索取心钻具，并且已经标准化。20 世纪 70 年代，美国、加拿大和澳大利亚等国家的金刚石岩心钻探中，绳索取心钻探工作量占到 90% 左右。目前国外绳索取心钻进台月效率多数在 1000 m 以上，绳索取心钻杆使用寿命可达到 3 万米左右。苏联在液动冲击回转钻进方面研究投入较大，开发了正作用型、反作用型液动冲击器。

二、国内基础与差距

我国金属矿勘探最早可以追溯到 1930 年，以李四光在《地质论评》上发表的《扭转天平之理论》为起算点，至今已有 90 余年的历史。新中国成立以来，勘探地球物理进入了良性发展时期，建立机构、组建队伍、开拓应用，先后经历了大发展时期（1949—1961 年）、调整提高阶段（1962—1978 年）、全面发展阶段（1979—1990 年）和改革发展阶段（1991—2000 年）（夏国治等，2004）。早期的物探仪器主要从苏联和东欧进口：从苏联引进地震仪、重力仪、电法仪和测井仪；从东德进口大量磁力仪，从匈牙利引进大地电磁仪、扭秤和测井仪；从瑞典进口重力仪等。在大量引进国外仪器设备的同时，我国从 20 世纪 50 年代着手开始国产仪器的研制，并开展相关方法技术的研究。直到今天，依然前进在自主研发的道路上，国产仪器设备、自主研发的软件系统为我国的矿产勘探做出了重要贡献。下面从重、磁勘探，电法与电磁法勘探，金属矿地震勘探，测井及井中探测，岩心钻探等六个方面介绍立项时我国的基础，并对存在的问题进行分析。

1. 重、磁勘探

按照测量原理和方法，重力场可分为相对测量和绝对测量。20 世纪 60 年代，西安石油仪器厂、北京地质仪器厂研制并生产了一些低精度金属弹簧、石英弹簧重力仪，并经过 20 年的攻关探索，先后生产了 ZSM 3、ZSM 4 和 ZSM 5 三种型号的石英弹簧重力仪。ZSM 4重力仪器量程≥5000 mGal，读数精度为 0.01 mGal，观测精度≤±0.03 mGal，混合零漂≤±0.1 mGal/h（陆其鹄，2007；吴天彪，2007），基本上满足了我国中低精度区域重力测量需要，也使我国成为国际上少数可以批量生产重力仪的国家。此外，中国地震局也研制了 DZW 型相对重力仪，主要用于对地球重力固体潮的长周期连续性观测（姚植桂，1996；李家明等，2005；吴鹏飞等，2009）。与国际先进重力测量技术相比，我国的技术在灵敏度、零漂等方面还有近百倍的差距。

从 20 世纪 60 年代开始，中国计量科学研究院、清华大学、中国地震局等单位先后研制了精度更高的绝对重力仪，是目前国际上精度最好的绝对重力仪之一，重复精度达到 5 μGal（刘达伦等，2004；李哲等，2014）。从 21 世纪初开始，中船重工集团公司第七一七研究所、中国科学院武汉数学与物理研究所、华中科技大学、浙江大学等单位开展了冷原子干涉重力梯度仪的研究（魏学通，2017；吴书清等，2017），但主要侧重于实验室基础物理理论分析与实验验证，目前还处于样机阶段，在矿产资源勘查中的应用还有较长的路要走。

在磁场测量技术方面，我国经历了从机械式到质子、磁通门，再到光泵、超导和冷原子磁力仪的发展历程。北京地质仪器厂从1958年开始，一直到1991年，连续生产了11种型号的机械式磁力仪，目前机械式磁力仪已逐渐被各类新型电子磁力仪取代。质子磁力仪是我国物探领域应用最多的磁力仪器。北京地质仪器厂从20世纪80年代开始不断研制完善了CZM系列质子磁力仪；重庆奔腾数控技术研究所、北京市京核鑫隆科技有限责任公司、廊坊瑞星仪器公司等单位也在引进学习国外仪器的基础上，先后研制了WCZ系列、G856F型、PM-1A型等多种质子磁力仪。国产质子磁力仪灵敏度一般在0.1 nT左右（吴天彪，2007）。国内一些单位还研发了磁通门磁力仪，如北京地质仪器厂先后研制出多种型号的磁通门磁力仪，中国科学院地球物理研究所研制出CTM-302型三分量高分辨率磁通门磁力仪（刘士杰等，1990），中国地震局地球物理研究所研制出磁通门磁力仪野外台阵观测系统（王晓美等，2012）。磁通门磁力仪的分辨率在0.1 nT左右；基于磁通门技术的磁梯度测量仪器，灵敏度达到0.1 nT/0.5 m（吴天彪，2007；陆其鹄，2009）。

光泵磁力仪和超导磁力仪是具有更高精度的磁场测量仪器。20世纪70年代，北京地质仪器厂曾研制台站式铯光泵磁力仪，沈阳仪器仪表研究所也曾着手研制便携式半导体氦光泵磁力仪，由于条件限制，当时的研究产品未能推广使用（吴天彪，2007）。从90年代中期开始，中国国土资源航空物探遥感中心研制出HC-95型手持式氦光泵磁力仪（灵敏度0.02 nT）和HC-2000型航空氦光泵磁力仪（灵敏度0.003 nT）；中船重工集团第七一五研究所也研制出了GB系列、RS系列氦光泵磁力仪。上述磁力仪主要用于海洋磁测和航空磁测，在地面磁测中的应用相对较少。总体而言，我国在光泵磁力仪灵敏度、稳定性和实用性方面接近国际水平，但尚有差距，相关产品在矿产勘查领域发挥了重要作用。目前，我国超导磁力仪还处在发展完善之中，已开展的研究主要包括：中国科学院物理研究所研究的高温DC-SQUID平面梯度计（郎佩琳等，2004）、吉林大学研究的高温RF-SQUID梯度计样机（赵静等，2011）、中国科学院上海微系统与信息技术研究所研究的低温SQUID磁强计与梯度计、北京大学研究的超导量子干涉仪磁强计（王赤军，2009）等。中国地质科学院地球物理地球化学勘查研究所从1989年开始进行高温超导磁强计在地球物理领域的应用研究，目前研制了三分量高温超导磁强计，分辨率达到97 $\mathrm{fT}/\sqrt{\mathrm{Hz}}$，带宽0～30 kHz，可初步应用于电磁法勘探（陈晓东等，2002；陆其鹄等，2009）。除上述类型的磁力仪，国内一些单位开展了基于冷原子干涉原理的磁力仪研制（又称全光学磁力仪），虽仍处于起步阶段，但进展很快（李曙光等，2010；晋芳等，2011）。从上述可以看出，我国目前可用于矿产勘探的磁场测量仪器基本可以满足需求，但在磁场测量参数多样化、仪器的设计工艺、稳定性等方面，与国外尚有一定差距。从未来矿产勘探逐渐走向深部的趋势看，需要精度更高、更稳定、梯度容限更大、量程范围更宽的铯光泵和钾光泵测量仪器，以提高磁法勘探的精度和效率。

在重、磁数据处理与反演解释技术方面，长春地质学院应用地球物理系、中国地质科学院矿产资源研究所（方法室）在20世纪80年代，全面引入频率域重磁处理和位场转换技术，开发了视磁化率、视密度填图方法与功率谱深度反演方法（吴宣志等，1987；孙运生，1983），研发了人机交互2.5维重、磁反演软件（曾青石等，1986）。随后，中国地质大学（北京）研制了控制随机搜索重、磁三维反演算法和高精度空间延拓逼近场源大致范围的方法，研发了三维建模重、磁剖面正演和反演实时图形交互软件系统，以及重、磁三维物性反演成像系统，得到了广泛的应用（姚长利等，2002；2007）；中国地质科学院地球物理地球化学勘查研究所（以下简称中国地质科学院物化探所）研发了基于“橡皮模”技术的任意形状重磁异常三度体人机联作反演技术（林振民和陈少强，1996；田黔宁等，2001）；中南工业大学推出重、磁三维反演的人工神经网络方法等（程方道，1994）。相比国外的软件，国内软件在综合性、规模化和大型软件系统方面，以及容错处理、稳定性、在线帮助和操作方便性等方面，与国外仍有较大差距。总之，三维反演研究的发展趋势是，以物性反演模型为主要发展方向，引入各种约束，以补充信息、减少多解性，同时在算法上着力解决空间维数高的困难，改进存储方式，提高计算速度。人机交互可视化正反演需要进一步朝着实用化方向完善。

在重、磁、电、震多参数联合反演研究方面，国内起步较晚，主要始于20世纪90年代，研究内容集中在地震与重力、地震与MT，以及重、磁联合反演的研究。各种地震方法之间、各种电磁方法之间的联合反演研究明显少于国外，而地震与MT联合反演的研究明显多于国外，这与我国广泛应用重力、磁力和MT有关。联合反演的发展方向将主要沿着基于统一地质、地球物理模型的联合反演方向展开，既利用物性参数之间的相互转换，建立统一的地质、地球物理模型，通过地质模型沟通各种方法之间的相互联系，利用综合信息与地质模型之间的内在联系，达到相互补充、相互约束，减小反演的多解性目的。联合反演算法将以改进广义线性反演和非线性模拟退火、遗传算法为主。

2. 电法及电磁法勘探

基于直流和交流电感应原理的电法勘探方法，可分为基于几何测深原理的直流电法（DC IP）、基于频率测深原理的大地电磁法（MT/AMT/CSAMT），以及基于时间域测深原理的瞬变电磁法（TEM）等。

直流电法仪器研制在我国具有较长的历史。20世纪七八十年代，北京地质仪器厂研制出了DDJ系列多功能电法仪和DWJ型微机激电仪（夏治平，1985；滑永春等，1994）；重庆地质仪器厂研制出了DZD系列多功能直流电法仪、DDC型电阻率仪及DJF型大功率激电仪。随后，重庆奔腾数控技术研究所研制出了WDJD系列、WDDS系列、WDA型等直流激电仪。上述仪器系统在我国早期的金属矿产勘探中发挥了重要作用（冯永江和付志红，1994；冯永江和苗定忠，1995；瞿德福等，1996；李金铭，2005）。中南大学何继善院士在总结国际上传统的变频激电和奇次谐波激电法的基础上提出了双频激电和伪随机多频激电法，并研发了相应的仪器系统（何继善，1978；柳建新等，2001；陈儒军等，2003）。随着电子技术的进步，以提高采集效率和分辨率为核心的高密度电法仪器迅速发展，原北京地质仪器厂、重庆地质仪器厂和重庆奔腾数控技术研究所分别研制了不同型号的高密度电法仪等；此外，骄鹏科技（北京）有限公司、西安澳立华勘探技术开发有限公司、北京大地华龙科技有限责任公司等都开发出了各具特色的高密度电法仪（李志武等，2004；李晓斌等，2008；何刚等，2014）。这些国产品牌的直流点法仪器在工程地质、矿产地质、环境地质等领域发挥了重要作用。

基于几何测深原理的直流电法受发射极距、发射功率的影响，探测深度有限。借助于天然场或人工场源的感应类电磁法（MT/TEM/CSAMT）具有更大的穿透深度。我国在大地电磁仪研制方面具有较早的历史。中国科学院兰州地球物理研究所、国家地震局地质研究所及石油部地球物理勘探局仪器厂等，在20世纪60年代中期便开始了大地电磁观测仪器的研制，但因高频特性不好、温漂大、移动不便、仪器动态范围小、数采技术等原因，并未得到进一步很好的应用（邓前辉等，1988；刘国栋，1994）。80年代后，中国科学院地球物理研究所、长春地质学院、中国地质大学（北京）等相继研发出了低频数字大地电磁测深仪、GEM-1宽频数字大地电磁测深仪和长周期大地电磁测深仪等，一些主要技术指标基本达到当时国际同类仪器水平（张秀成，1989；王家映，1997；巩秀钢等，2012）。在瞬变电磁仪研制方面，中国地质科学院物化探所、中南工业大学、北京矿产地质研究院等较早开展了TEM仪器的研发。目前，技术相对成熟且有一定市场的瞬变电磁仪器系统有：重庆地质仪器厂GATEM系列、重庆奔腾数控技术研究所WTEM系列、北京矿产地质研究院TEMS系列、骄鹏科技（北京）有限公司MDTEM64系列、中国地质科学院物化探所IGGE-TEM系统、中国科学院地质与地球物理研究所CAS-TEM系统、吉林大学ATEM系列、中国地质大学（武汉）CUG-TEM系列和中南大学HPTEM系列等（王华军和梁庆九，2005；嵇艳鞠等，2005；周平和施俊法，2007；付志红等，2008）。

在可控源电磁法和多功能电磁法方面，早期几乎全部被国外仪器垄断。21世纪初开始，在国家“十一五”“863”计划、科技部重大仪器专项、国家公益性行业科研专项和中国科学院战略性先导科技专项等支持下，我国在仪器设备自主研发方面取得跨越式发展，研制出了适用于三维分布式探测的可控源电磁法及多功能电磁法仪器，并在深部矿产勘查中得到应用，如中南大学研制的JSGY广域电磁探测系统、中国地质科学院物化探所研制的DEM多功能电磁探测系统、中国科学院地质与地球物理研究所研制的SEP地面电磁探测系统、吉林大学研制的JLEM大深度分布式电磁探测系统、中船重工集团第七二二研究所研制的CEMT-03大地电磁探测系统、骄鹏科技（北京）有限公司研制的E60EM-3D多功能电磁法系统、中石油集团东方地球物理勘探公司研制的TFEM时频电磁仪和中国地震局等单位研制的大功率极低频/超低频（SLF/ELF）电磁接收机等（何继善，2010；林品荣等，2010；王兰炜等，2010；张文秀等，2012；底青云等，2013）。近年来，虽然在电磁勘探核心技术、仪器研制方面取得显著进展，但受仪器的工业化、产品化设计、元器件质量等方面的影响，仪器在噪声水平、稳定性、实用性和可操作性方面，与国外设备相比仍有较大差距。

感应类电磁探测技术的核心是电磁场传感器。近年来，我国自主研发的感应式传感器取得重大进展，技术指标接近或达到国际水平（黄一菲等，2002；耿胜利和赵庆安，2002；巨汉基等，2010；陈志毅等，2013）。然而，自主研发的传感器市场占有率仍较低，高、中、低频段的高灵敏度电磁传感器主要被国外垄断，部分低频产品对我国禁止出口。由于磁性材料、工艺等技术的原因，自主研发的传感器在噪声水平、频带宽度、频率响应等方面尚有一定差距，尤其是超长周期传感器，还没有可以替代进口的产品。在基础条件方面，我国还缺乏对高灵敏度传感器的检测、标定技术和装置，这一直成为制约我国电磁探测技术发展的瓶颈。

在电磁数据处理和反演解释方面，有限差分、自适应非结构化网格有限元、边界元、积分方程、有限体积等高精度数值模拟方法已广泛用于正反演计算。一维/二维反演技术已经成熟，三维带地形直流电法、激电法、可控源电磁法、大地电磁法等反演算法也已经实现，并得到较好的应用。电性各向异性的研究也取得系列成果，多参数互约束联合反演技术研究已经展开，并取得进展。中国地质大学（北京）、中南大学、吉林大学、中国地质科学院物化探所等单位研发了适用于起伏地形的 TDIP/SIP、CSAMT、AMT/MT 反演解释软件和 TEM 定量解释软件（杨辉等，2002；Wu X P，2003；彭淼，2012；Wang et al.，2013；Zhang et al.，2014；殷长春等，2014；顾观文等，2014），提高了电法与电磁探测技术的实用性。在电磁抗干扰数据处理技术方面，除了常规的时序叠加、频谱分析、数字滤波等技术之外，相关辨识、稳健统计、数学形态滤波、经验模态分解、小波分析、分形技术等手段也被应用于海量电磁数据的自动化处理，为进一步实现电磁三维高精度探测打下了坚实基础（汤井田等，2012；Li et al.，2013）。

3. 金属矿地震勘探

地震仪器按照数据传输方式可分为三种：有缆遥测地震仪、节点地震仪和无缆遥测地震仪，无缆遥测地震仪受到数据传输效率、速度和稳定性等影响，市场应用仍不普及，但前景看好；按照震源性质分为人工源和天然源地震仪，前者更多用于勘探，后者多用于探测和监测。近年出现的节点地震仪架起了人工源和天然源的桥梁，可同时接收人工和天然源信号，未来前景看好。从硬件角度，并没有针对金属矿勘探研制的地震采集设备，多数应用仍使用油气勘探的有缆数字地震采集设备，如法国 Sercel 公司的 428、408 等，美国 I/O 公司的 System Ⅱ、System 2000 和 Image，加拿大 Geo-X 公司的 ARAM-24、ARAM-ARIES 等。我国一直在致力于开发具有自主知识产权的有缆地震仪（万道地震仪），以及配套的人工震源和检波器，经过多年的努力，中国石油集团公司东方地球物理公司、中国科学院地质与地球物理研究所等单位在数字地震仪器、MEMS 检波器、可控震源等方面取得重要进展，国产地震仪器取代进口指日可待（张子三等，2000；陈祖斌等，2006；佟训乾等，2012；陈瑛和宋俊磊，2013；刘振武，2013；李怀良等，2013；赵春蕾等，2013）。

国内有多家单位已经研发出多型号的节点地震仪，如重庆地质仪器厂研制的 EPS 便携式数字地震仪、CZS 一体化宽频数字地震仪，吉林大学地球探测科学与技术学院在“十一五”“863”计划、国家公益性行业科研专项支持下，研发了无缆遥测地震仪（陈祖斌等，2006；杨泓渊等，2009）。这些仪器已经开展了前期实验，取得一定效果，但距大规模产品化使用尚有一定距离。国内研制的节点式地震采集仪器在电源管理、制造工艺和数据回收系统等方面与国外仪器尚有一定差距（郭建和刘光鼎，2009）。

金属矿产勘探具有地质、地形条件复杂、难“进入”和有效信号弱等特点，客观上要求无缆、轻便、多道、大动态范围的仪器设备，以适应金属矿勘探特殊的地表和地下地质条件。

我国金属矿地震数据处理与解释技术整体仍处在发展阶段。由于金属矿区成层性（连续性）差、波阻差异较小、反射信号弱等特点，客观上要求数据处理的创新。但是，目前还没有看到针对金属矿产特殊的处理解释技术，总体上还是沿用油气地震勘探的技术，只是在个别处理环节针对金属矿区和硬岩地区的特点进行重点处理，如去噪、均衡、偏移等。有一些专家针对金属矿产勘探的特点，探索了金属矿散射波的模拟和成像技术，但是更多的还是停留在理论层面。例如，国内的孙明等（2001）依据微扰理论，进行了金属矿地震散射波场的数值模拟研究。实验结果表明：可通过地震波散射响应的强弱推断矿体，散射波相干性的好坏与杂乱散射体的不均匀性有关。中国地质大学（北京）一些专家对散射波的基础理论、物理模拟和成像剖面进行了研究，通过大量地质模型（单点、多点、层状、单体、多体）的地震散射波场的数值模拟和正演研究，对单炮记录和叠加偏移剖面上散射波的波组特征与其所反映的地质模型之间的对应关系提出了新的认识（尹军杰等，2005；李灿苹等，2005；勾丽敏等，2007；李敏锋等，2007）。

金属矿区的地震剖面解释不能沿用盆地反射地震的解释思路，一般要根据地震反射特征，如反射纹理、强弱变化、空间关系、同相轴密集度、反射“亮点”等，结合矿区地质特征、成矿和控矿模式等进行解释。在这方面，一些专家做了有意义的尝试，Li 和 Eaton（2005）在东天山土屋铜矿成功地运用地震方法发现大约 1 km 深的与斑岩铜矿有关的岩体和岩体的内部结构；吕庆田等（2004）在铜陵狮子山矿田利用反射地震发现了主要赋矿层“五通组”的深部分布形态；吕庆田等（2010a，2010b）在庐枞的罗河铁矿深部发现了新的反射界面，后经钻探验证，在 1600m 深处发现了小包庄铁矿。

虽然金属矿地震可借鉴已经成熟的石油地震技术，但仍然要面临很多技术上的挑战，如复杂构造、低信噪比、不连续反射和强散射等。要解决这些问题，必须发展新的采集和处理解释技术。

4. 测井及井中探测

我国是开展井间电磁波勘探较早的国家之一，自 20 世纪 60 年代初地质矿产部地球物理地球化学勘查研究所研制出第一台仪器并开展工作至今，全国先后有几十个科研单位、高等院校和生产单位开展了跨孔电磁波层析技术的应用和研究。研究涉及理论分析、模型实验、仪器制造、层析算法、软件研制、解释和应用诸方面；先后研制和生产了具有代表性的 JW 系列多种型号的仪器，开发出多种行之有效的层析算法，在矿产勘查、工程地质、环境地质和考古等众多领域中发挥了重要作用（曾凡超和蔡柏林，1985；吴铭德，2002）。

最近二三十年，中国地质科学院物化探所、重庆地质仪器厂、重庆奔腾数控技术研究所、北京地质仪器厂、上海地学仪器研究所等单位先后研制出地下电磁波 CT、声波 CT、井中磁力仪、井中激电测量仪、井中 TEM 测量仪等多种类型的仪器产品。但整体而言，井中物探装备研发一直处于“跟跑”状态，并且随着深部找矿工作的深入开展，现有仪器暴露出的问题越来越多（周平等，2009）。目前，地下物探与国外的差距主要表现在：①电磁波的多参数（相位、走时和振幅）测量仪器和多参数层析方法理论还有待完善；②发射机功率偏低，工作频率较窄，接收机灵敏度较低等。

在综合测井仪器方面，代表性的产品有重庆地质仪器厂的 JGS 型、上海地学仪器研究所的 JHQ-2D 型、渭南煤矿专用设备厂的 TYSC-QB 型、核工业北京地质研究院的 HD-400Z 型等数字测井系统。但上述仪器在装备性能和批量配套生产方面，与西方有些国家公司产品仍有一定差距（曾凡超和蔡柏林，1985；吴铭德，2002）。

目前，金属矿小口径测井设备存在测井深度浅、测量参数少、缺乏必要的检测标定装置（参数井）及现场实时处理解释软件等问题，与国外同类产品存在一定差距（周平等，

2009)。因此，深孔小口径、多参数、轻便自动化、稳定可靠的综合测井仪器是目前深部资源勘探急需研发的设备。

近二十年来，我国在地下物探及测井数据处理解释方面取得了重要进展。国内学者先后开展了井-地电磁三维正反演研究，开发出了井-地电阻率、激电相位三维正反演软件和可视化 CT 处理与解释系统，可实现地下电磁波、声波数据与钻孔资料的实时交互处理（Wang et al.，2006；武军杰等，2017）。中国地质科学院物化探所等单位还研发了一套包含地下电磁波和声波透视层析成像的地下物探综合工作站；吉林大学、中国地质大学（北京）、中国地质大学（武汉）、成都理工大学、核工业 203 研究所等单位先后设计实现了测井资料处理解释软件系统（尉中良和邹长春，2005；邵才瑞等，2005；原福堂等，2005；邹长春，2010）。在地质解释方面，中国地质调查局及所属单位先后完成了《地-井脉冲瞬变电磁法物理模拟曲线图册》、《井-地大功率充电法数值和物理模拟曲线图册》和《井中瞬变电磁法技术规程（推荐稿）》，为地下物探异常的推断解释提供了有实用价值的参考资料。

5. 岩心钻探

20 世纪 50 年代前，我国的岩心钻探设备主要靠进口。50 年代中期，国内开始仿制，60 年代，中国地质科学院勘探技术研究所研制出我国第一台岩心钻机；70 年代起，为了适应金刚石取心钻进的需要，开始研制高转速立轴式钻机及与之配套的泥浆泵，成功研制了 YL 系列钻机与 BW 系列泥浆泵（周铁芳等，1986；甄玉娜和王均，2001）。在全液压顶驱式钻机研制方面，“八五”期间成功研制了我国第一台车装钻机，主要供 300 m 深度以内金矿勘探空气反循环岩心取样钻进使用。“十五”中期又通过引进、消化吸收国外先进技术，研发出我国第一台拖装式千米全液压顶驱钻机样机（文田，2007；石艺，2008；张金昌，2016）。2007 年立项的“十一五”国家“863”计划重点项目“2000 m 地质岩心钻探关键技术与装备”于 2010 年年底结题，完成了优质、高效深孔钻进工艺研究，以及 2000 m全液压岩心钻机及配套设备的研制。

我国拥有居国际领先地位的液动锤冲击回转钻进技术，该技术将轴向高频冲击载荷施加到钻头上，使钻进效率较纯回转钻进方法大大提高，在东海中国大陆科学钻探工程中，创造了 5158 m 的液动锤工作深度之最（王人杰和苏长寿，1999）。我国绳索取心钻进技术起步于 20 世纪 80 年代初，但因钻杆强度问题存在较大的阻力（孙建华等，2011）。近年来，针对钻杆强度薄弱的问题，一些研究单位与施工单位选择了优质管材和加大钻杆壁厚的方法，但钻进孔径 59 mm 钻孔的小口径绳索取心钻杆强度仍不能很好地解决，因此，难以进行深孔钻进。目前国产 89 mm 绳索取心钻杆已有 1200 m 深的记录。小口径定向钻探技术达到了相当的水准，80 年代末在铜陵冬瓜山铜矿床于一个主干孔内成功施工了 6 个全方位分布的定向分枝孔，平均深度达 856 m，钻孔中靶精度在 1. 29 ~ 5. 86 m。另外，在组合钻具的研究上也做了大量的工作。20 世纪 80 年代初至中期，我国扩孔翼式不提钻换钻头钻具（钻孔直径 75 mm）、绳索取心液动锤钻具（最小钻孔直径 59 mm）相继问世，尽管存在较多的问题，但也指明了一定的完善途径与发展前景。2001 年，中国大陆科学钻探工程启动，使我国首创的大口径岩心钻探组合工具的研究与应用达到了前所未有的高度。螺杆钻+液动锤提钻取心钻进方法取得了举世瞩目的辉煌成果；螺杆钻+绳索取心钻具、液动锤+绳索取心钻具（绳冲二合一）、螺杆钻+液动锤+绳索取心钻具（三合一）样机入井实钻试验，均有一定的成果，为研究小口径组合钻具积累了可借鉴的经验。

第二节 主要研究进展及成果

根据金属矿勘查需要多方法综合探测的特点，国家“863”重大项目“深部矿产资源勘探技术”从重磁探测技术、电法及电磁探测技术、金属矿地震探测技术、钻探及井中探测技术四个方面部署研发任务（图 1.1），每个方面包括：核心技术研发、主要仪器设备研制和数据处理方法研究及软件开发。经过 4 年的研究，项目取得了重大进展，形成了从地面到地下，从结构探测到物质探测，适应复杂地质条件的立体探测技术体系，为我国未来 500 ~ 2000 m 深部金属矿精细探测提供了强有力的技术支撑。

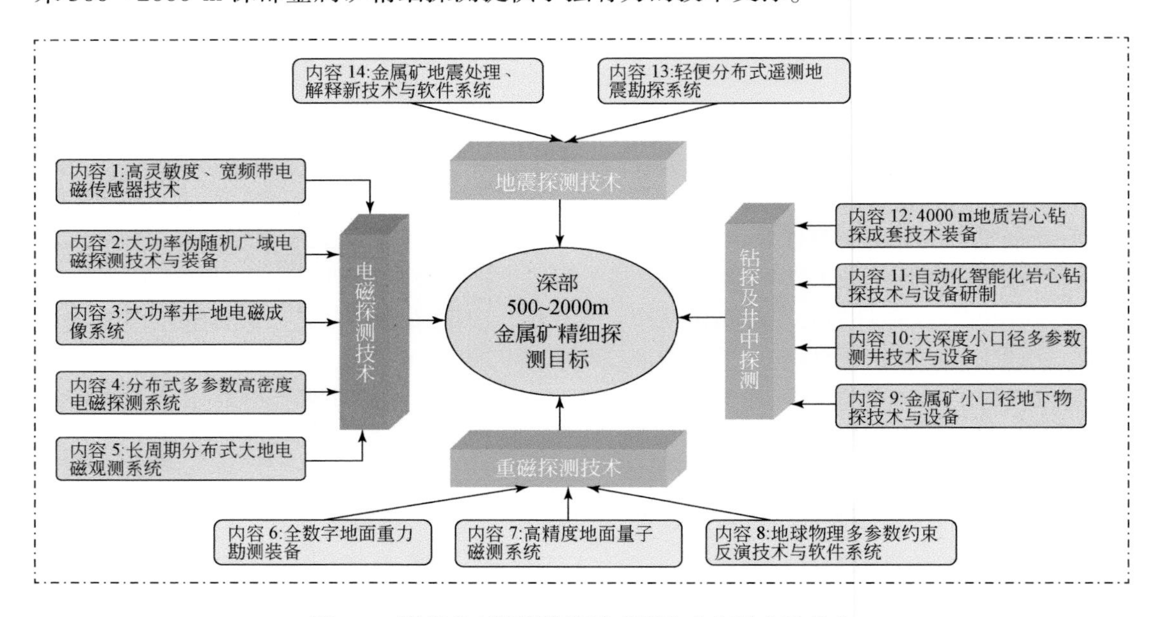

图 1.1 深部矿产资源勘探技术研究内容及方法分支

一、主要研究进展

1. 重、磁勘探技术

开展了全数字地面重力仪、高精度地面量子磁测技术及仪器，以及地球物理多参数约束反演技术与软件系统研发等研究，取得的主要进展包括以下三方面。

（1）突破了高灵敏度微重力测量传感器核心技术，包括高稳定性熔融石英重力传感器技术、高分辨率差动电容测微技术、高稳定性恒温与测温技术等核心技术，测量灵敏度达到国外同类技术（CG-5）的水平；首次攻克了铯光泵磁场传感器核心技术，突破了铯灯室制作、铯探头设计、宽带信号处理检测系统等核心技术。

（2）成功研制了地面高精度数字重力仪、地面高精度绝对重力仪，其中地面高精度数字重力仪实现了商品化；研制出了高精度直流激发型质子磁力仪、激发核磁共振磁力仪、DGB-8型数字式氦光泵磁力仪、铯光泵磁力仪等4种高灵敏度磁力仪。动态激发核磁共振磁力仪突破了多项技术难点，填补了国内在动态激发核磁共振磁力仪领域的技术空白。铯光泵磁力仪测量技术实现零的突破。

（3）开发出了国际一流的重磁数据处理、反演解释技术和软件系统。实现了复杂地表条件下的重、磁三维约束反演，重-震匹配三维反演，直流电阻率三维反演，激发极化法三维反演，地磁与井中磁测联合多参量三维反演，重力及其梯度数据三维联合反演等反演解释技术；优化了包括化极求导在内的18种常规方法、曲化平、低纬度化极、场源边界识别等数据处理技术，通过软件集成开发，研发出了一个用于重磁电数据处理与正反演解释的综合软件。并在下列关键技术和算法上实现原始创新：①创新性地使用小波压缩、等效正演计算、数据自适应采样、CPU/GPU并行计算等手段，实现了大数据重、磁三维反演计算，使大数据三维反演达到实用化；②提出重磁三维稀疏反演算法，有效地利用已知的物性信息，实现了深度分辨率高、具有尖锐边界的反演效果，有效提高了反演的分辨率；③提出了重-震匹配反演算法，通过引入重-震匹配项，提高了反演结果的横向和纵向分辨率；④提出了重磁场及其梯度数据三维联合反演算法，有效地利用已知的多参量重磁场数据，改善反演结果的深度分辨率。

2. 电法及电磁探测

开展了高灵敏度、宽频带电磁传感器，大功率伪随机广域电磁探测技术与装备，大功率井-地电磁成像系统，分布式多参数高密度电磁探测系统，长周期分布式大地电磁观测系统研究，取得的主要进展包括以下五方面。

（1）通过磁芯的导磁材料的组分配比、工艺制备方法、热处理工艺参数研究，以及感应式电磁传感器的制造及装配工艺研究，攻克了高灵敏度宽频感应式电磁传感器技术，使电磁传感器在一致性、稳定性和重复性上超过国外同类产品；创新了感应式电磁传感器检测与标定技术关键核心技术，为进一步提升电磁传感器的技术性能提供了研究平台。

（2）采用基于传统双磁芯差分探头结构和检测线圈与反馈线圈共用的技术方案，通过磁通门建模和电磁场仿真等手段论证了磁通门结构、尺寸和性能指标，提出制作方案，成功研发高灵敏度三分量磁通门传感器，主要指标达到国际同类产品（英国Bartington公司的Mag-03传感器）的水平。

（3）研制出了分布式高密度多参数电磁探测系统、大功率伪随机广域电磁探测系统和长周期分布式大地电磁观测系统，前两者实现了小批量生产和初步产品化。伪随机广域电磁法仪器已在10多个地区进行应用，取得了良好的地质效果，具有抗干扰能力强、勘探深度大、分辨率高、工作效率高等优点。三套设备的研发成功，改变了我国多功能电法仪器高度依赖国外的现状，极大提高了电法/电磁法勘探的效率，满足不同勘探目标的直流电法（DC）、时域激电（TDIP）、频谱激电（SIP）、可控源音频大地电磁法（CSAMT）、大地电磁法（MT）、音频大地电磁法（AMT）、长周期大地电磁法（LMT）等各类野外电磁探测的需求。

(4) 地球物理电磁法理论、方法取得创新性进展，形成了以全域电阻率、多场源激励和信噪分离为核心的时空阵列（广域）电磁法技术体系。包括：①提出了多场源激励-阵列分布式接收的三维电磁法勘探方案；②实现了电性源和磁性源所有电磁场分量及其比值的广域视电阻率定义及稳定计算，为矢量和张量广域电磁法测量与应用奠定了基础；③提出了基于磁场旋度的视电阻率定义；④提出了多种强干扰情况下的信噪分离算法和评价方法，包括基于压缩感知的稀疏表示与正交匹配追踪的强干扰分离算法、基于 FFT-EEMD 及移不变稀疏编码的广域电磁法信噪分离方法、基于周期信号特征及逆 FFT 的人工源电磁信号分离方法，以及各种噪声评价和有效信号筛选方法；⑤建立了多场源输入-多时刻激励-多站道输出的电磁勘探模型，实现了基于场源的信号分离，不仅可压制输入端强相关干扰及其他噪声，还可以统一大地电磁法、可控源音频大地电磁法和广域电磁法的野外采集和数据处理工作，初步形成了时空阵列广域电磁法理论技术体系。

(5) 构建了适合于任意地形和复杂模型的大规模三维电磁正反演与可视化交互解释软件平台。提出并实现了基于有限元-无限元耦合的人工源电磁法三维正演与反演、带任意地形的基于非结构化网格和虚拟场的体-面积分方程法正演，以及任意复杂模型的波数空间混合域人工源电磁法三维快速正反演。在此基础上，开发了基于工区管理的广域电磁法数据处理、三维正反演和可视化交互解释软件平台，极大地提升了广域电磁法资料处理与解释水平。

另外，还研发了其他电磁软件系统，界面友好、交互性较好的分布式长周期大地电磁数据处理软件（LMTPro-V1.0）和长周期大地电磁二、三维正反演解释软件 LMT3D-V1.0 等。

3. 金属矿地震勘探

开展了轻便分布式遥测地震勘探系统、小型化液压伺服可控震源研发，以及金属矿地震处理、解释新技术与软件系统研发，取得的主要进展包括以下四方面。

(1) 实现多项地震信号采集关键技术。例如，采用新型模/数转换器，实现了地震信号高保真、高分辨率采集技术；突破了实时通信及采集单元无址链接技术和多媒介混合遥测等关键技术。多媒介混合遥测技术包括单站链路电缆通信技术、交叉站间电缆/光缆/无线电通信技术，可使主控站通过有线接入单元或者无线接入单元连入交叉站主干通信网，完成控制指令的发送和地震数据的回收；该技术的突破，对复杂山地勘探具有重要意义。

(2) 突破了小型化液压伺服可控震源关键测控技术，完成了小型化扫频可控震源研制，为实现相控阵定向照明技术在金属矿勘探中的应用奠定了基础。

(3) 在多项技术创新基础上，成功研制出适合复杂山地条件的轻便分布式遥测金属矿地震勘探采集系统。该系统在轻便主站、混合遥测交叉站和小型可控震源技术等方面具有很强的创新性和独特之处。同时兼具大型地震采集系统（法国 Sercel）的高分辨、高保真地震信号实时采集功能和超万道采集能力。

(4) 创新了金属矿地震勘探方法技术，形成了相对完整的技术体系，包括：全波形反演技术、多目标地震偏移成像技术、高分辨地震处理技术系列、多域多尺度去噪技术系列、地震数据高分辨率谱分解技术系列、复杂介质金属矿地震正演模拟照明分析方法、多震源混合采集与处理方法等，代表了国内最为完善和领先的金属矿地震数据采集和处理解释技术体系。在此基础上，研发了金属矿地震处理、解释新技术与软件系统和三维地震数据采集与观测系统设计软件。

4. 测井及井中探测

开展了金属矿小口径地下物探技术与设备、大深度小口径多参数测井技术及仪器研制，取得的主要进展如下。

（1）突破和实现多项关键技术。例如，实现了井中电磁波大功率脉冲调制发射技术，有效降低了电源消耗；实现了井中激电多道全波形接收技术；研发出电容式电场传感器；突破了3000 m小口径多参数测井仪器的耐高温高压技术和实用工艺，实现了高温下温度实时自动软件补偿技术，提高了系统技术指标的一致性和可靠性；解决了多参数级联组合测井和抗干扰数据传输技术难题，提高了仪器实用性。

（2）完善、优化和提升了大功率坑-井-地三维电磁成像系统、井间电磁波层析成像系统、井中多道激发极化仪、大深度小口径多参数测井仪等4种地下和井中探测与测量仪器的性能和功能，技术指标总体达到国际同类产品水平，部分达到国际领先水平。实现了仪器设备的实用化和商品化，构建和升级了我国地下和井中探测技术体系。

（3）实现了多项地下和井中探测方法技术创新。包括井中磁测三维井-地联合反演方法、同时考虑初始场强和天线辐射的井间电磁波层析成像方法、坑-地一体化带地形三维电磁反演方法等。研发出了多参数井-地电磁数据处理系统和金属矿地下物探数据处理解释系统，构建了功能齐全的地下物探数据处理、反演解释软件系统。研发的地下物探仪器设备和方法在安徽铜陵等多个矿区进行应用，取得良好应用效果。

5. 岩心钻探技术

开展了4000 m地质岩心钻探成套技术装备和自动化智能化岩心钻探技术与设备研制，取得的主要进展包括以下两个方面。

（1）自主研制成功4000 m地质岩心钻探成套装备，实现了系列技术和工艺突破和创新，包括垂直升降式井架、400 kW大功率提下钻升降系统与15 kW小功率送钻系统、顶驱转盘双回转系统、200 kW交流变频电机直驱高转速顶驱系统、交流变频电驱动智能排绳取心绞车、智能化远程司钻电控台，以及深孔高背压、高温环境下的H（SYZX96）绳索取心液动锤钻具，水敏地层专用ST-96绳索取心钻具等。同时，采用全数字交流变频技术及自动化、智能化控制技术、计算机控制技术、现场总线通信和程序控制技术等，实现了绞车、顶驱、转盘、泥浆泵及取心绞车的无级调速和司钻的智能化控制。

（2）地质岩心钻探自动化智能化技术取得重大进展。采用机电液一体化技术和虚拟样机设计方法，研发了自动移摆管系统，解决了绳索取心钻杆因壁薄、螺纹连接强度低等带来的自动连接困难的问题，实现了孔口操作的自动化；采用人工神经网络算法，基于实时监测数据，建立了典型孔内工况判别准则和优化钻进模型，为钻进过程的自动化和钻进参数优选的智能化提供了依据。研发出了岩心钻探智能化钻进监控硬件系统和软件系统，突破了现场干扰条件下的实时数据采集与多任务操作难题。采用三滑轮张力传感器和编码器等监控绳索打捞过程中的载荷与速度，成功研发了绳索打捞自动监控系统。

上述研究成果参加了2017年度中国国际矿业大会（图1.2），引起国内外专家高度关注。

图 1.2　项目成果参加 2017 年中国国际矿业大会情况（首席专家向与会领导介绍情况）

二、代表性成果

1. 高精度重力传感器取得实质性突破，研制的高精度数字重力仪达到国际先进水平

高精度重力传感器及整机研制取得历史性突破，各项技术指标基本达到国际先进水平（图 1.3，表 1.1）。高精度重力传感器主要由石英弹簧系统、位移传感电路、恒温测温电

图 1.3　熔融石英重力传感器和国产高精度重力仪产品

路、倾斜测量设备、真空仓等组成。高精度重力传感器是高精度地面数字重力仪的核心部件，它通过作用在重荷（动极板）上的重力、石英弹簧的弹力、反馈静电力间的平衡原理，实现地面重力变化的精确测定。

表 1.1 研制的重力仪与 CG-5 重力仪技术指标对比

序号	技术指标名称	CG-5 重力仪	本研究仪器
1	读数分辨率	0.001 mGal	0.001 mGal
2	最小直读范围	8000 mGal	不小于 7000 mGal
3	残余长期漂移	<0.02 mGal/24h	≤0.03 mGal/24 h
4	观测误差	0.005 mGal	优于±0.02 mGal
5	功耗	4.5 W（温度 250 ℃）	≤10 W
6	工作温度范围	-400 ~ 450 ℃	-200 ~ 450 ℃
7	质量	8 kg	8.6 kg

攻克了以下关键技术和工艺。

（1）导电膜制作工艺。对于直径仅有几十微米的石英扭丝，采用了特殊的技术和工艺实现其导电膜的制作，使其具有良好的导电性和附着力。

（2）石英部件退火工艺。用于高精度重力传感器的石英部件，采用特殊的工艺进行退火处理，消除了石英部件内应力。

（3）石英弹簧的灵敏度调整工艺。经过特殊的抗压精密调整，精细调整石英弹簧的粗细，保证其弹力系数符合设计要求。

（4）石英传感器参数选择。精细结构参数和电参数的设计，确定测微传感器基础电容值和测程范围。

（5）三维限位调整。通过限位间隙百纳米级三维限位精密调整，减小弹性后效对重力仪读数的影响，提高仪器使用的安全性。

（6）高精度恒温测温技术。通过创新双层恒温电路并通过 PID 闭环控温电路控制其温度，实用精密温度差动全桥测量电路检测残余温度变化，精确测出温度变化后设计软件算法进行自动温度补偿，最后确保测温精度 0.00001 ℃，重力温度补偿精度为 1 μgal/0.00001 ℃。

2. 铯光泵磁场传感器研发取得零的突破，高精度直流激发型质子磁力仪梯度容限、测量精度大幅度提高

通过铯灯、铯灯室制作工艺改进，铯光泵传感器探头设计，信号处理电路、恒温控制电路等研发，获取了高信噪比光磁共振信号，并输出磁场信号，完成了铯光泵磁力仪原理样机研制，实现了我国铯光泵磁力仪研制零的突破，样机技术指标基本达到设计指标（表 1.2）。

表 1.2 铯光泵磁力仪原理样机的技术指标与测试结果

序号	测试指标名称	指标要求	指标测试结果	满足要求程度
1	铯光泵输出的光信号经光电检测器转换的电信号	≥0.5 mV	1 V（放大 35 倍）	满足
2	测程范围	20000～100000 nT	14965～104947 nT	满足
3	静态噪声	0.01 nT	0.008 nT	满足
4	梯度容限	≥5000 nT/m	8000 nT/m	满足

创新的关键技术与工艺主要包括以下方面。

（1）铯灯和铯吸收室的制作工艺：通过对铯原子气室缓冲气体最佳压力计算和试验分析、仿真计算，以及铯灯室样品的磁共振线宽测试和检测分析等工作，完成关键部件铯灯、铯室的设计和样品制作。

（2）铯光泵磁力仪探头的方向误差：从铯光泵的物理基础、铯的磁共振信号、“分裂波束”设计入手，分析铯光泵磁力仪的磁共振中的原子旋进分量信号及角相关性，并在探头光学设计中采用分裂波束设计，解决了铯光泵磁力仪探头的方向误差问题。

（3）铯光泵磁力仪信号检测技术：通过激励、恒温控制、磁共振信号调理、90°宽带移相、拉莫尔计数器电路的设计，实现对铯光泵传感器输出的磁共振信号的检测。

研发出了“CZM-863T 型高精度直流激发型质子磁力仪”工程样机，并集成 GPS 自动定位数据，可进行连续的总场测量及梯度测量。通过关键技术攻关，解决了质子磁力仪的磁测核心部件磁传感器的设计和制作工艺，完成配套磁测电路、结构部件、磁法测量系统的研制，形成一套完整的磁力仪制造技术，并实现了小批量产品化生产。主要技术指标及与国外同类产品的对比见表 1.3。

表 1.3 CZM-863T 型高精度直流激发型质子磁力仪工程样机与国外同类仪器对比

指标名称	G-856AX	GSM-19T	ENVY PRO	CZM-863T
产地	美国	加拿大	加拿大	中国（本研究）
量程	20000～90000 nT	20000～120000 nT	23000～100000 nT	20000～100000 nT
分辨率	0.1 nT	0.01 nT	0.1 nT	0.05 nT
精度	0.5 nT	±0.2 nT	±1 nT	±0.5 nT
采样周期	3～999 s	3～3600 s	0.5 s、1 s、2 s	3～99 s
梯度容限	1000 nT/m	≥7000 nT/m	≥7000 nT/m	≥5000 nT/m
梯度测量功能	可选	无	可选	有
显示屏	6 位 LED 字符	240×64 LCD	240×64 LCD	192×64 LCD
存储器容量	超过 1400 个读数	32MB	84000 个总场读数	2GB
通信接口	RS232 串口	RS232 串口	RS232 串口	USB 2.0
内嵌定位模块	无	无	仅有 GPS	BDS/GPS 混合定位

续表

指标名称	G-856AX	GSM-19T	ENVY PRO	CZM-863T
电池	2 块 12 V 可充电电池	12 V/2.6 Ah 铅酸可充电电池	12 V/2.9 Ah 铅酸可充电电池	16 V/6.6 Ah 可充电锂电池
主机+探头质量	4.5 kg	4.3 kg	3.8 kg	≤3 kg

3. 感应式电磁传感器研发取得突破，技术指标达到国外同类产品水平，并建立了高灵敏度电磁检测和标定方法与装置

我国电磁勘探仪器设备严重依赖国外进口，特别是高性能电磁传感器更是被国外少数几家公司垄断，个别型号对我国采取严格的出口管制。本研究从导磁材料着手，通过大量的对比试验，优选出适合制作高性能感应式电磁传感器磁芯的导磁材料的组分配比、工艺制备方法、热处理工艺参数，研制了一套高性能电磁传感器制造与装配工艺（图 1.4），使得研制的高性能电磁传感器在一致性、稳定性和重复性上达到国外同类产品水平（表 1.4，表 1.5）。同时，建立了一套电磁传感器的测评系统及测评方法，研制了具有我国自主知识产权的电磁检测与标定系统（图 1.5），利用该系统可实现 MT、CSAMT/AMT 以及 TEM 电磁传感器的主要技术指标的测评工作，从而为电磁传感器技术性能提供客观评价平台。

图 1.4 全数字化一体式设计，具温度补偿、标定与数据采集功能的 MT 传感器

表 1.4 MT 电磁传感器技术指标对比表

指标名称	凤凰公司 MTC50H 型	研制的 MC50 型
噪声	1×10^{-2}nT/$\sqrt{\text{Hz}}$@0.01 Hz	1×10^{-2}nT/$\sqrt{\text{Hz}}$@0.01 Hz
	1×10^{-4}nT/$\sqrt{\text{Hz}}$@1 Hz	1×10^{-4}nT/$\sqrt{\text{Hz}}$@1 Hz
灵敏度	1165 mV/nT@1.0 Hz	1375.148 mV/nT@1.0 Hz
频带范围	0.00002～400 Hz	0.0001～360 Hz
输出电压	±10.0 V	±10.0 V
温度范围	-40～60 ℃	-40～60 ℃
质量	8.2 kg	7.6 kg
体积	ϕ60 mm×1440 mm	ϕ80 mm×1200 mm

表 1.5 CSAMT/AMT 电磁传感器技术指标对比表

指标名称	凤凰公司 AMTC30 型	研制的 MC30 型
噪声	5×10^{-3} nT/ $\sqrt{\text{Hz}}$@1.0 Hz	3×10^{-4} nT/ $\sqrt{\text{Hz}}$@1.0 Hz
	2×10^{-6} nT/ $\sqrt{\text{Hz}}$@1 kHz	5×10^{-7} nT/ $\sqrt{\text{Hz}}$@1 kHz
灵敏度	200 mV/nT@1.0 Hz	215.622 mV/nT@1.0 Hz
频带范围	0.1 Hz～10 kHz	0.01 Hz～10.4 kHz
输出电压	±10.0 V	±10.0 V
温度范围	-40～60 ℃	-40～60 ℃
质量	3 kg	5.7 kg
体积	ϕ60 mm×820 mm	ϕ80 mm×900 mm

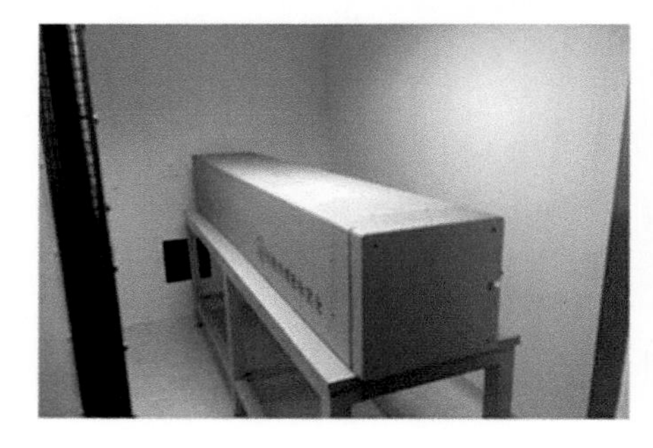
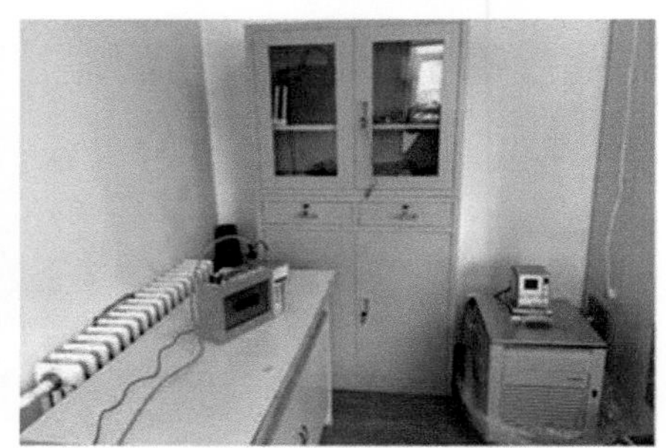

图 1.5 研发的电磁标定仓

由屏蔽层、交变电磁场发生器、水浴槽、传感器舱、标定仪器等部件组成

研发过程实现以下方面的创新。

（1）磁芯软磁材料制造工艺创新。加入由 1J85 坡莫合金材料制成的磁芯，再开展组分配比、热处理工艺参数、制备工艺方法及残余应力消除方法等方面的研究，通过磁性参数的对比分析，形成一整套制造高灵敏度电磁传感器磁芯的软磁材料的制造工艺参数。

（2）装配工艺创新。通过封装材料选型、屏蔽材料选型及部件之间连接方式的研究，避免磁芯受力，以降低传感器使用的时效性，研发一套从材料、加工到装配的完整的制造工艺流程。

（3）磁屏蔽技术及温控系统。如何屏蔽外界电磁环境噪声是电磁检测和标定系统的关键。按照 GB/T 50719—2011 的技术标准建造了电磁屏蔽室，用于抑制 1 kHz ~ 10 GHz 的射频干扰。在标定仓内部设计四层屏蔽体，其中最内层采用 1J85 坡莫合金作为屏蔽材料，用于研制低频电磁干扰。

4. 改进和研制出新型广域电磁探测系统，技术指标和应用效果达到或超过国外同类产品水平

广域电磁探测系统由伪随机电流信号发送机、伪随机信号控制器、多分量电磁数据采集站和数据采集与控制软件组成。发电机组交流输出经调压整流后，在 GPS 与伪随机信号发生控制器的控制下，向接地导线或不接地回线发送伪随机电流，并全波形记录电流数据；在数据采集软件控制下，二通道或五通道数据采集站全波形、高精度、大动态范围地记录大地对发送电流的电磁场响应信号；对电流数据与接收的电磁数据进行去噪等处理、广域电阻率计算，并进行反演解释与综合评价。

经过总体结构设计、外观结构设计、安全性及电磁兼容设计、“三防”设计等，以及各种测试实验，成功研制了实用化、产品化的 200 kW 通用电磁发射机 1 台及其发射控制器 2 台、虚拟化的 2 分量电场采集站 25 台和 5 分量电磁数据采集站 5 台（图 1.6）。技术指标总体达到或超过国外同类型产品水平（表 1.6），实现了小批量生产能力，并在多个矿区进行了应用，取得了较好应用效果。

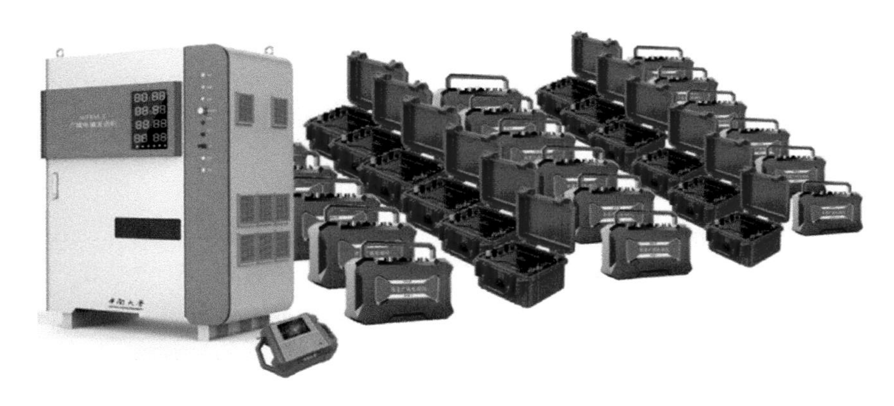

图 1.6 广域电磁探测系统发送机和接收机（实物照片）

表 1.6 广域电磁系统与国外主流产品技术指标对比表

指标名称	预期研究指标	实际测试指标	V8 指标	GDP32 指标
最高发射电压	1000 V	1000 V	1000 V	1000 V
最大发射电流	200 A	205 A	40 A	45 A
最高发射功率	200 kW	201 kW	20 kW	30 kW
发射频率范围	0.01 ~ 8192 Hz，伪随机波形	0.01 ~ 8192 Hz，伪随机波形	0.007813 ~ 9600 Hz，方波	0.015625 ~ 8192 Hz，方波
发射电流精度	±0.5%	±0.39%（RMS）	—	±0.2%

续表

指标名称	预期研究指标	实际测试指标	V8 指标	GDP32 指标
发射机同步精度	±0.1 μs	±0.025 μs	±0.5 μs	±0.5 μs
发射机频率稳定度	10^{-6}	10^{-8}	—	—
满负荷连续工作时长	4h	大于 5h	—	—
接收机动态范围	120 dB	122.3 dB	—	190 dB
接收机最小可测信号	1 μVrms	0.208 μVrms	—	0.03 μVrms
接收机一致性	1%	0.17%	—	—
ADC 分辨率	24 ~ 32 bit	低频 32 bit 高频 24 bit	24 bit 主道 16 ~ 24 bit TDEM 道	16 bit
接收机输入阻抗	3 MΩ	5.84 MΩ	—	10 MΩ
接收机最大增益	128 倍	128 倍	—	65.536
接收机重量	5 kg	4.87 kg	7 kg	13.7 kg
温度范围	-40 ~ +60 ℃	-40 ~ +60 ℃	-20 ~ +50 ℃	-40 ~ +45 ℃

同时，还发展了电磁法理论和观测方法。提出了多场源激励-阵列分布式接收的三维电磁法勘探方案，完善了张量广域电磁法理论体系，实现了电性源和磁性源所有电磁场分量及其比值的广域视电阻率定义及稳定计算，形成了完全自主知识产权的集方法、仪器与应用于一体的时空阵列广域电磁法理论技术体系。

5. 改进了分布式多参数高密度电磁探测系统，大幅度提升了系统的稳定性、可靠性，达到实用化水平

对发射机的硬件电路、控制程序、面板等方面进行了优化设计和升级改进，提升了发射机的稳定性、可靠性及实用性。在 CSAMT 信号发射方面，采取了单频发射与多频组合发射相结合，并增加了 m 序列伪随机信号发射波形，提升了发射机抗干扰能力，增强了观测数据质量。对接收机中的射频抑制电路、模拟通道滤波器、电路板、控制软件、机壳等进行了优化，提升了接收机的分辨率和实用性；对采样率、CSAMT 方法抗干扰频点进行了优化设计，对采样频段进行了细化，在仿真和场地试验的检验下，确定了相关参数，增强了分布式多参数接收机抗环境电磁干扰能力和可靠性（表 1.7）；50 部改造和升级后的多功能电磁法系统（图 1.7）经过多个矿区试验，达到实用化水平。

表 1.7　分布式多参数高密度电磁探测系统与国外主流产品技术指标对比表

接收机 技术指标名称	加拿大凤凰 地球物理公司的 V8	研发的 EM-R7	与国外主流产品 技术指标对比
最高电压/V	1000	1200	优于国外指标
最大电流/A	40	50	优于国外指标
最大功率/kW	20	60	优于国外指标
频率范围/Hz	1/128 ~ 9600	1/128 ~ 21333	优于国外指标
商品化程度	高	形成实用化样机	低于国外指标

续表

接收机 技术指标名称	加拿大凤凰 地球物理公司的 V8	研发的 EM-R7	与国外主流产品 技术指标对比
通道数	3 ~ 6	3 ~ 6	同等
最高采样率/Hz	96000	512000	优于国外指标
频率范围/Hz	0.00005 ~ 10000	0.001 ~ 32000	基本相当
采样功能	AMT/MT、CSAMT、TDIP/FDIP、TEM	AMT/MT、CSAMT、TDIP/FDIP	无瞬变电磁测量功能
商品化程度	高	形成实用化样机	低于国外指标

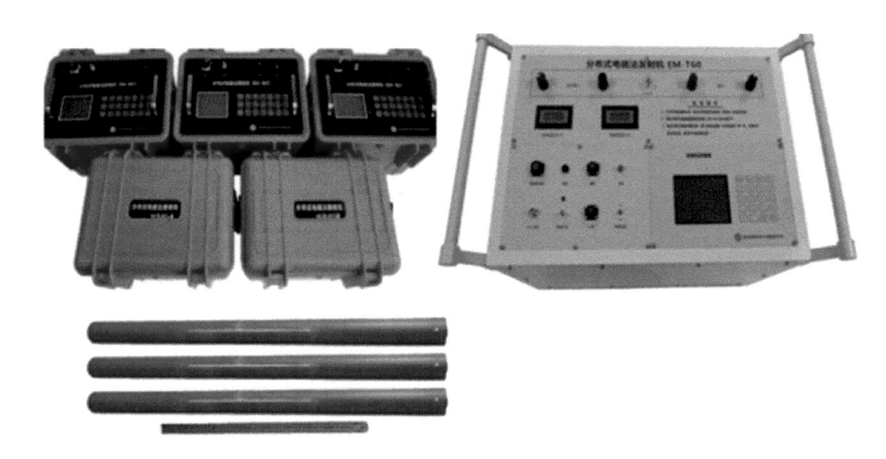

图 1.7　研制的大功率发射机、多功能接收机及感应式磁场传感

6. 研制了大功率、多参数坑-井-地三维电磁成像系统，并达到实用化程度

发送系统由变压整流源和大功率、多功能电磁发射机组成，最大功率达 60 kW，满足电磁法及激发极化法的激发要求。在频率范围、最大发射电流、最大供电电压及连续工作时间等性能指标上达到国际同类产品水平（图 1.8）。接收系统包括井-地多参数数据记录器、高精度电流记录器、非接触式电极、小型三轴音频磁传感器、井中观测系统等部分，能够实现井中、坑道及地表电磁场的观测，性能指标达到国际同类产品水平（表 1.8、表 1.9）。

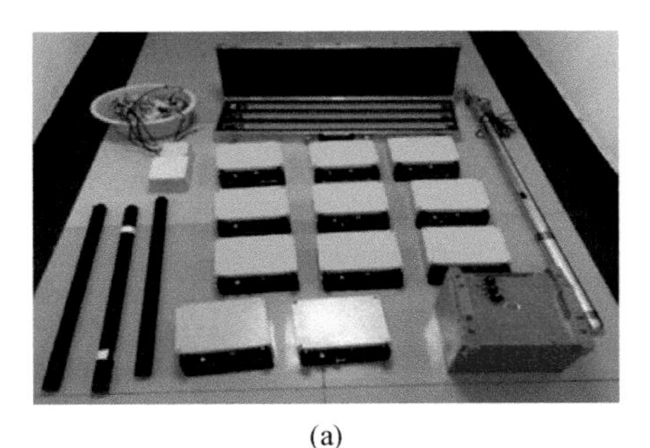

(a)

(b)

图 1.8　坑-井-地三维电磁接收系统（a）与发射系统（b）实物图

表 1.8　坑-井-地三维电磁系统发射系统技术指标对比表

技术指标名称	本系统发射机技术指标	美国 ZONGE 公司的 GGT-30 大功率陆地发射机
工作频率	10 kHz-DC；（IP：0.01 ~ 100Hz）	DC-10 kHz
适用方法	CSAMT、SIP、TDIP、双频激电	IP（激发极化：频率域、时间域，相位和频谱 IP）、CSAMT、TDEM、FDEM
最大功率	52 kW（野外 120 Hz 单频）	30 kW
最大发射电流	61 A	40 A
满负荷连续工作时间	48 kW 连续工作超过 8 h	30 kW 连续工作超过 8 h

表 1.9　接收系统技术指标对比表

主要参数	本系统接收机技术指标	凤凰公司 V8 网络化多功能电法仪
-3dB 带宽	10 kHz-DC（IP：100 Hz-DC）	10 kHz-DC
通道数	6 道	6 道
ADC 分辨率	24 位（全频段）	24 位（TDEM 模块 18 位）
测量动态范围	120 ~ 123 dB	—
本底噪声	电道：<1 μVrms@（0.1 ~ 10 Hz）	—
采样方式	根据发射频率自动分频段采样	根据发射频率自动分频段采样
50 Hz 工频抑制	76 ~ 79 dB	优于 40 dB
存储空间	32 GB	512 MB
输入阻抗	电道：>6 MΩ@1Hz	电道：>1 MΩ@1 Hz
同步方式	GPS+恒温晶体（GPS 精度：UTC±0.1 μs，晶体稳定度：15 μs/h）	UTC±0.2 μs
温度范围	-10 ~ +50 ℃	-20 ~ +50 ℃
功耗	6 ~ 7 W	15 W
体积	约 225 mm×230 mm×110 mm（长×宽×高）（主机）	380 mm×225 mm×110 mm
质量	4.7 ~ 4.8 kg	约 7 kg

系统突破了传统地表观测或者井中观测方式，利用钻井、坑道发射，地面、坑道和井中同时接收的全新三维观测方式，有利于激发地下异常体，获得更丰富的信息，提高了电磁探测的深度、精度及分辨率。

与数据采集系统配套，还研发了一套井-地可控源电磁数据处理软件系统，包括带地形的三维电磁反演和各向异性反演等新技术，提高了反演结果的可靠性。

7. 改进和完善了井中探测及小口径多参数测井设备，形成了完善地下探测技术与设备体系

1）改进和升级了井间电磁波层析成像系统

系统包括深井电磁波发射机、电磁波接收机、地面数据收录控制器。通过选用耐高温器件、优化电路设计、采用耐高压机械结构设计，新研制的井间电磁波层析成像系统

（图 1.9、表 1.10）适应井孔深超过 2000 m，耐温 85 ℃，耐压 25 MPa，并在小口径钻孔条件下实现 100 W 大功率发射，增加了探测距离和勘探深度。同时，本研究还开发出了井间电磁波层析成像资料的预处理、实时成像、正演与反演解释、可视化技术方法。

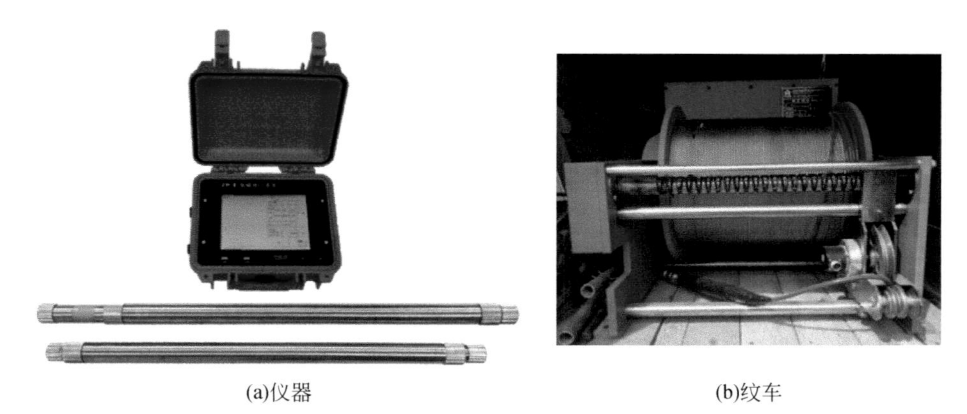

(a)仪器　　(b)纹车

图 1.9　地下电磁波层析成像系统

表 1.10　井间电磁波成像系统技术指标对比

技术指标名称	国外仪器（综合指标）	本研究研制系统
工作频率范围	0.1～40.0 MHz	0.1～35.0 MHz
工作频率方式	点频	扫频
发射机脉冲功率	10 W	>100 W
接收机灵敏度	0.03 μV	0.1 μV
接收机测量范围	0.03～1000 μV	0.1 μV～0.1 V
下井深度	2000 m	2000 m

2）研制和集成了井中激发极化测量系统

研制了地面 48 道大动态范围全波形采集激发极化接收机，集成了 20 kW 大功率发射机、井中充电测量装置，研制了井中多道电极串，实现了地面阵列、井中多道全波形数据采集，具有强抗干扰能力，实现全波形数据信息、多参数处理解释，大幅度提高了工作效率和勘探效果（图 1.10，表 1.11）。

表 1.11　井中激电系统主要技术参数对比表

技术指标名称	法国 IRIS 公司	研发的激电系统
发射功率/kW	20	20
采样方式	分布式、集中式	集中式，总通道数 48 道

续表

技术指标名称	法国 IRIS 公司	研发的激电系统
同步方式	GPS	自动
记录数据	电流、电压全波形记录	电位/电位梯度全波形记录
测量功能	频域、时域	时域
最高采样率/Hz	100	1000
A/D 转换	采用 24 位 A/D	采用 24 位 A/D
噪声/μV	小于 1	<1
电压分辨率/mV	0.01	0.01

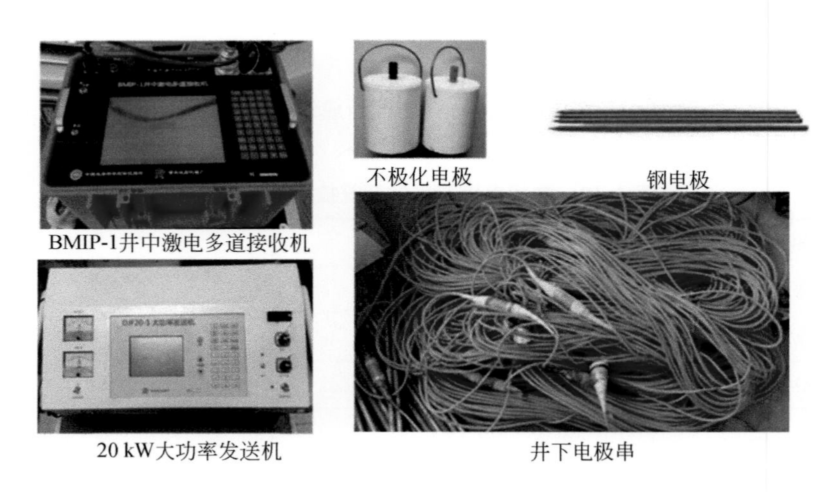

图 1.10 研发的 BMIP-1 型井中激电测量系统

开发出了井中不同装置、不同观测方法的电阻率正演模拟与反演解释方法，以及界面友好、计算速度符合实际需求的井地、地井及井中的三维电阻率/极化率正反演软件系统。

3）研制和改进了 3000 m 小口径多参数测井仪器

通过使用 MCU 控制下的耐高温贴片封装器件及大规模集成电路应用技术、多种测量传感器独立设计技术、双密封结构设计的耐高压技术和双层保温结构设计的耐高温技术，成功研发出包括电、磁、核测井、声波测井在内的 15 个参数的大深度（3000 m）小口径金属矿测井仪器，实现了测井参数自由组合、高效测量功能，总体技术指标达到国际先进水平（表 1.12）。

表 1.12 3000 m 小口径多参数测井仪器技术指标对标表

技术指标名称	本研究达到的指标	国际先进水平	国际领先水平
探管外径/mm	≤50	≤50	≤50

续表

技术指标名称	本研究达到的指标	国际先进水平	国际领先水平
耐高温/℃	120	120	125
耐高压/MPa	45	45	50
测量参数	电阻率、磁化率、磁三分量、声波、中子、测斜、常规测井参数（包括自然γ、γ-γ等）	电阻率、磁化率、井中激电、磁三分量、测斜、声学（光学）成像、常规测井参数	电阻率、磁化率、井中激电、磁三分量、测斜、声学（光学）成像、常规测井参数
磁化率	范围：$10\sim10000\times10^{-4}$SI 刻度精度：≤5%	范围：$1\sim10000\times10^{-4}$SI； 刻度精度：≤5%	范围：$1\sim10000\times10^{-4}$SI 刻度精度：≤3%
磁三分量	H 分量：±99999 nT 转向差≤80 nT； Z 分量：±99999 nT 转向差≤40 nT	H 分量：±99999 nT 转向差：≤100 nT Z 分量：±99999 nT 转向差：≤100 nT	H 分量：±99999 nT 转向差：≤100 nT Z 分量：±99999 nT 转向差：≤100 nT
测斜	倾角：0～45° 精度±0.1° 方位：0～360° 精度≤2°	倾角：0～45° 精度：±0.1° 方位：0～360° 精度：≤2°	倾角：0～45° 精度：±0.1° 方位：0～360° 精度：≤2°
放射性	自然γ：范围5～10000 API；误差≤5% γ-γ：1～4 g/cm^3 ±0.02 g/cm^3	自然γ：范围5～10000 API；误差≤5% γ-γ：1～4 g/cm^3 ±0.02 g/cm^3	自然γ：范围5～10000 API；误差≤5% γ-γ：1～4 g/cm^3 ±0.01 g/cm^3

配套研发出了高性能、高速度、低功耗、小体积的地面数据监控系统，以及绞车等辅助设备；建立了金属矿测井检测及标定装置，包括磁屏蔽室、恒温设备、无磁三轴测试台、高精度恒流源、自然γ刻度模型、密度刻度模型、中子孔隙度刻度模型、X荧光刻度模型、电阻率刻度模型、高压实验井、高温实验井等参数检测装置（设备），奠定了我国3000 m深度小口径测井的技术基础。

8. 研制出轻便分布式遥测地震勘探系统，总体性能和技术指标接近或达到法国Sercel 428地震仪水平

系统主要包括单站采集单元、交叉站和主控站（中央单元）等（图1.11）。采集单元采用32位模数转换、DMA双端连续数据流模式，实现了高采样率（0.25～2 ms）、多通道的快速采集。交叉站基于互联网技术设计，可自动侦测有线、无线、2G/3G/4G网络连接，激活后与主站构建主干通信、接收主站指令进行数据采集。系统经野外试验，达到国外同类产品技术水平（表1.13）。取得了高保真、高分辨率数据采集技术，实时通信及采集单元无址链接技术和多媒介混合遥测技术等系列核心技术突破。

图 1.11 轻便分布式遥测地震勘探系统构成

表 1.13 研发的 SE863 系统与法国 Sercel 428 系统技术参数对比

技术指标名称		法国 Sercel 428 系统	本研究 SE863 系统	偏差
中央单元	主站带站能力（2 ms）	1 万道（LCI-428）	设计 2 万道，只实际连接测试到 600 道	-
	工作电压	110～220 VAC/50/60Hz	10.5～15 VDC	—
	功耗（含服务器电脑）	6.7 mW+40 mW（服务器）	12 mW	+
	工作温度	0～45 ℃	-20～50 ℃	+
	尺寸	86 mm×483 mm×420 mm（不含服务器、显示器）	117 mm×483 mm×275 mm（含服务器、显示器）	+
	质量（含服务器）	4.1 kg+20 kg（服务器）	12 kg	+
采集站单元	模数转换器	24 bit	31 bit	+
	输入阻抗	20 K//77 nF	20 K//77 nF	0
	输入电平	1.6 VRMS	2.5 VRMS	+
	偏差	0（数字归零）	0（数字归零）	0
	串音	>130 dB	>110 dB	—
	低截滤波	无	1 Hz	+
	高截滤波	0.8 FN	0.8 FN	0
	采样率	4 ms、2 ms、1 ms、0.5 ms、0.25 ms	4 ms、2 ms、1 ms、0.5 ms、0.25 ms、0.125 ms	+
	道间距	110 m	55 m	-

续表

技术指标名称		法国 Sercel 428 系统	本研究 SE863 系统	偏差
采集站单元	功耗	120 mW	250 mW	-
	噪声	0.45 μV	0.7 μV	-
	动态范围	130 dB	120 dB	-
	失真	-110 dB	-122 dB	+
	通信速率	8 MHz/16 MHz	8 MHz	-
	尺寸	82 mm×71 mm×194 mm	90 mm×71 mm×164 mm	—
	质量	0.35 kg	0.35 kg	0
	工作温度	-40 ~ +70 ℃	-40 ~ +60 ℃	-
	工作水深	1 m	没有测试	—
交叉站单元	功能	横向 TCP/IP 传输和 50V 测线电源	横向 TCP/IP 传输和 60V 测线电源	—
	功耗	6.7 mW	4 mW	+
	工作电压	10.5 ~ 15 VDC	10.5 ~ 15 VDC	0
	横向间距	电缆 150 m/光纤 10 km	电缆 150 m/光纤 10 km	0
	横向速率	250 MHz	1000 MHz	+
	本地内存	3 MB	1 GB	+
	尺寸	137 mm×312 mm×242 mm	98 mm×250 mm×233 mm	+
	质量	5.5 kg	5.5 kg	0

成功研制出小型电液伺服可控震源（图 1.12）：由浅井震源头、地表 PS 波震源头及自行式液压泵站组成，根据不同勘探需要可多台联合作业，以增强能量，加大勘探深度。

图 1.12 小型电液伺服可控震源（不同侧面及野外实验照片）

该系统在轻便主站、混合遥测交叉站和小型可控震源技术等方面具有很强的创新性和独特之处，同时兼具大型地震采集系统（法国 Sercel）的高分辨、高保真地震信号实时采集功能和超万道采集能力。

9. 研制出4000 m岩心钻机，创新多项岩心钻探自动化、智能化技术，推动了我国岩心钻探水平迈上新台阶

1）成功研制出4000 m交流变频电驱动地质岩心钻机（图1.13）

钻机采用H规格钻具、钻深能力为4000 m。主要由垂直起升式井架、底座、天车、游车大钩、电顶驱、电驱转盘、电驱主绞车与自动送钻系统、电驱绳索取心绞车、液气系统、VFD房、司钻室、电驱泥浆泵等组成。研制的孔内液压震击器、磁力打捞器、可退式打捞矛等事故处理工具大幅度提高了对各类复杂孔内事故的处理能力。钻机以400 V电源为原动力，采用全转矩控制、机械化作业、数字化操作的工作模式，融机、电、液、气、电子及信息化于一体，满足金刚石绳索取心、冲击回转、定向钻进、反循环连续取心（样）等多种深孔地质钻探工艺要求。钻机研发实现下列创新。

4000 m岩心钻机

XJY950钢级钻杆

强磁打捞器

SYZX96绳索取心液动锤钻具

ST-96绳索取心钻具

可退式打捞工具

图1.13　4000 m地质岩心钻探成套技术装备

（1）垂直升降式井架设计，采用液压油缸链条倍速给进机构实现井架的升降，有效减少钻探现场用地。

（2）集成400 kW大功率提下钻升降系统与15 kW小功率送钻系统于主绞车一身，既可提高作业效率，又有效降低能耗，减少成本。

（3）成功研制200 kW交流变频电机直驱高转速顶驱，0～600 r/min间可无级调速；一体化集成设计顶驱转盘双回转系统，适用不同口径的钻进。顶驱与转盘共用一套变频控制器，通过旋钮进行切换，两者有效结合实现了钻机的多功能应用。

(4) 成功研制交流变频电驱动智能排绳取心绞车，具有无动力可控自由落体及智能排绳功能。研制开发了特深孔绳索取心钻探用 DZ950 钢级的精密冷拔无缝钢管，产品性能达到或超过国际先进水平。

(5) 采用全数字交流变频技术及自动化、智能化控制技术、现场总线通信和程序控制技术等，实现了绞车、顶驱、转盘、泥浆泵及取心绞车的无级调速和司钻的智能化控制。

2) 创新多项岩心钻探自动化、智能化技术

采用机电液一体化技术和虚拟样机设计方法，成功研发了自动移摆管及孔口夹持拧卸系统；采用人工神经网络算法，基于实时监测数据，建立了典型孔内工况判别准则和优化钻进模型，为钻进过程的自动化和钻进参数优选的智能化提供了依据。基于 CANopen 现场总线、可编程计算机控制器 PCC、孔内工况判别准则和优化钻进模型，研制了岩心钻探钻进过程参数监控电气系统，开发了岩心钻探智能化钻进监控软件系统。采用三滑轮张力传感器和编码器等监控绳索打捞过程中的载荷与速度、软件识别打捞过程中的异常工况，实现内管打捞阻力、速度的自动检测与控制，防止打捞事故的发生。上述技术的研发成功，大幅度提高了我国岩心钻探的自动化、智能化水平（图 1.14）。

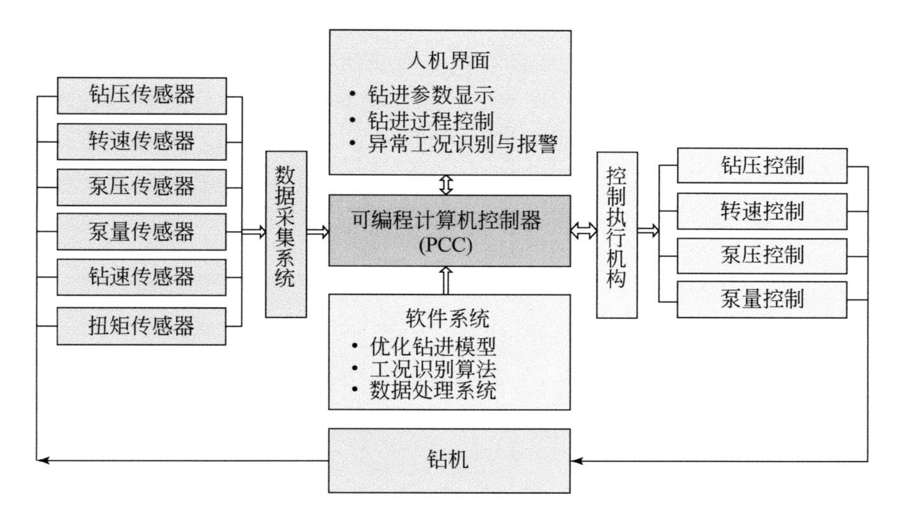

图 1.14 智能化钻探系统框架

10. 提出了时空阵列（广域）电磁法勘探理论与方法

构建了以全域电阻率、多场源激励和信噪分离为核心的时空阵列（广域）电磁法技术体系，为地球深部结构探测、能源与资源勘探、工程及环境勘查等提供了技术支撑。

(1) 提出了多场源激励-阵列分布式接收的三维电磁法勘探方案，以及相应的技术要求和研究思路，为实现拟地震式三维电磁勘探提供了可行方案。

(2) 完善了张量广域电磁法理论体系，实现了电性源和磁性源所有电磁场分量及其比值的广域视电阻率定义及稳定计算，为矢量和张量广域电磁法测量与应用奠定了基础。

(3) 提出了基于磁场旋度的视电阻率定义。该定义具有广泛的适用性，且没有畸变，包括时间域和频率域、天然源与人工源、地面与海洋等，为统一电磁法勘探的视电阻率定

义，实现全时、全频、全域电磁勘探提供了理论支撑。

（4）提出了多种强干扰情况下的信噪分离算法和评价方法，包括基于压缩感知的稀疏表示与正交匹配追踪的强干扰分离算法、基于 FFT-EEMD 和移不变稀疏编码的广域电磁法信噪分离方法、基于周期信号特征和逆 FFT 的人工源电磁信号分离方法，以及各种噪声评价和有效信号筛选方法。这些方法不仅适应于广域电磁法，也适用于大地电磁法及其他电磁勘探方法，为提高强干扰区电磁法数据质量和应用效果提供了有效的技术支撑。

（5）建立了多场源输入-多时刻激励-多站道输出的电磁勘探模型，实现了基于场源的信号分离，不仅可压制输入端强相关干扰及其他噪声，还可以统一大地电磁法、可控源音频大地电磁法和广域电磁法的野外采集和数据处理工作，形成了时空阵列广域电磁法理论技术体系，是对电磁勘探理论的重要创新。

11. 提出了多种多参数约束反演方法技术，具有自主知识产权的大型重磁电（直流）数据处理、解释软件系统实现实用化

美国科罗拉多矿业学院（Colorado School of Mines）李耀国教授团队、吉林大学黄大年团队一起参与研发，在重磁多参数三维约束反演方面实现了技术跨越：研发了重、磁三维约束反演、重-震匹配三维反演、直流电阻率三维反演、激发极化法三维反演、地磁与井中磁测联合多参量三维反演、重力及其梯度数据三维联合反演等反演解释技术等，使我国重磁电（直流）数据反演解释技术实现了从二维走向三维的跨越；研发出了功能齐全、用户界面友好（图 1.15）、容错能力强的大型重磁电（直流）数据处理与多参数反演解释软件系统，达到同类软件系统国际水平（表 1.14）。在以下方面实现了创新。

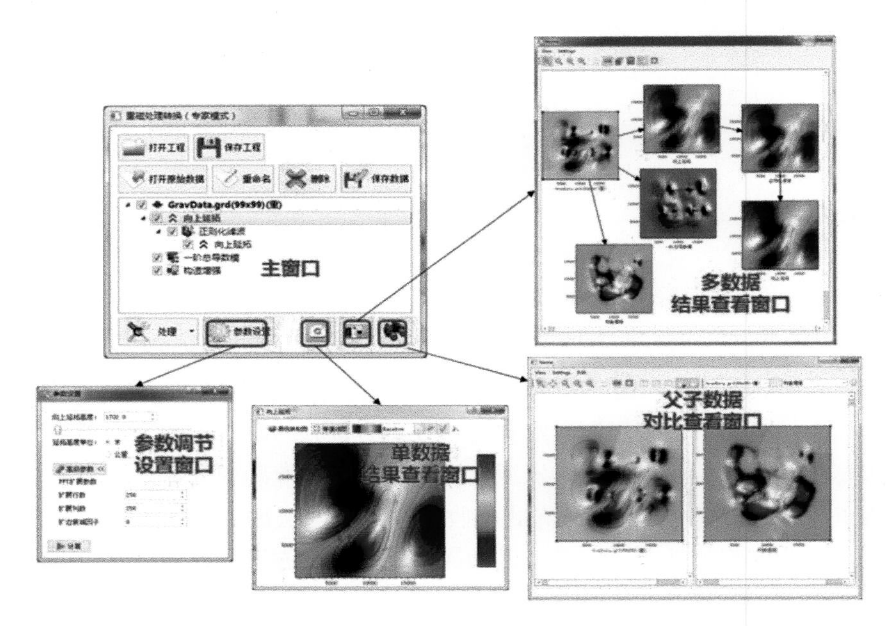

图 1.15 地球物理多参数反演解释软件系统（重磁数据处理和可视化模块）

表 1.14 研发的软件系统部分重磁电反演模块与国外主流产品技术指标对比

对比内容	技术指标	UBC-GIF	本研究软件系统
重磁三维反演	反演算法	光滑反演	(1) 光滑反演；(2) 聚焦反演；(3) 稀疏反演
	大数据高速算法	小波压缩	(1) 小波压缩； (2) 数据自适应采样；(3) CPU/GPU 并行计算
	数据反演能力	网格数据大于 500×500；模型单元大于 500 万	网格数据大于 500×500；模型单元大于 500 万
	适应地形起伏坡度	最大可达 45°	最大可达 45°
直流电阻率和极化率二、三维反演	反演算法	光滑反演	光滑反演
	数据反演能力	网格数据大于 500；模型单元大于 10 万	网格数据大于 1000；模型单元大于 10 万
	适应地形起伏坡度	最大可达 45°	最大可达 45°

(1) 海量数据重磁三维反演快速算法创新。优选了小波压缩、等效正演计算、数据自适应采样、CPU/GPU 并行计算等手段，成功应用到了反演算法中，使得海量数据三维反演达到实用化。

(2) 提出重、磁三维稀疏反演算法，可以有效地利用已知的物性信息，获得深度分辨率高、具有尖锐边界的结果。

(3) 提出重、震匹配反演算法，通过引入重震匹配项，提高了反演结果的横向和纵向分辨率。

(4) 研制了重磁场及其梯度数据三维联合反演算法，可以有效地利用已知的多参量重磁场数据，改善反演结果的深度分辨率。

12. 研发出适合金属矿地震勘探的数据处理、解释软件系统，创新性地提出了多项有针对性的技术

提出了适合金属矿地震勘探的系列方法技术，形成相对完整的技术体系，包括全波形反演技术、多目标地震偏移成像技术、高分辨地震处理技术系列、多域多尺度去噪技术系列、地震数据高分辨率谱分解技术系列、复杂介质金属矿地震正演模拟照明分析方法、多震源混合采集与处理方法等，代表了国内最为完善和领先的金属矿地震数据采集和处理解释技术体系。

在此基础上，研发了金属矿地震处理、解释新技术与软件系统（MineSeis）和三维地震数据采集与观测系统设计软件（图 1.16）。系统基于 QT 平台开发，可在 Linux/Windows 操作平台上运行，系统共包括 117 个模块，分为系统模块、预处理模块、处理模块、特殊处理模块和新技术新方法模块。

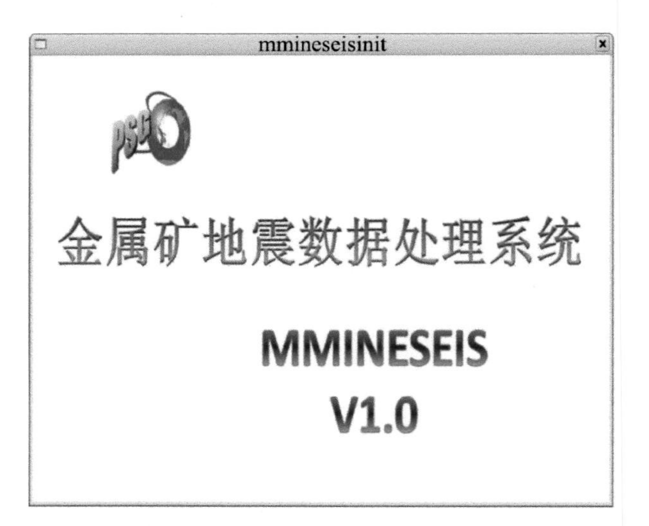

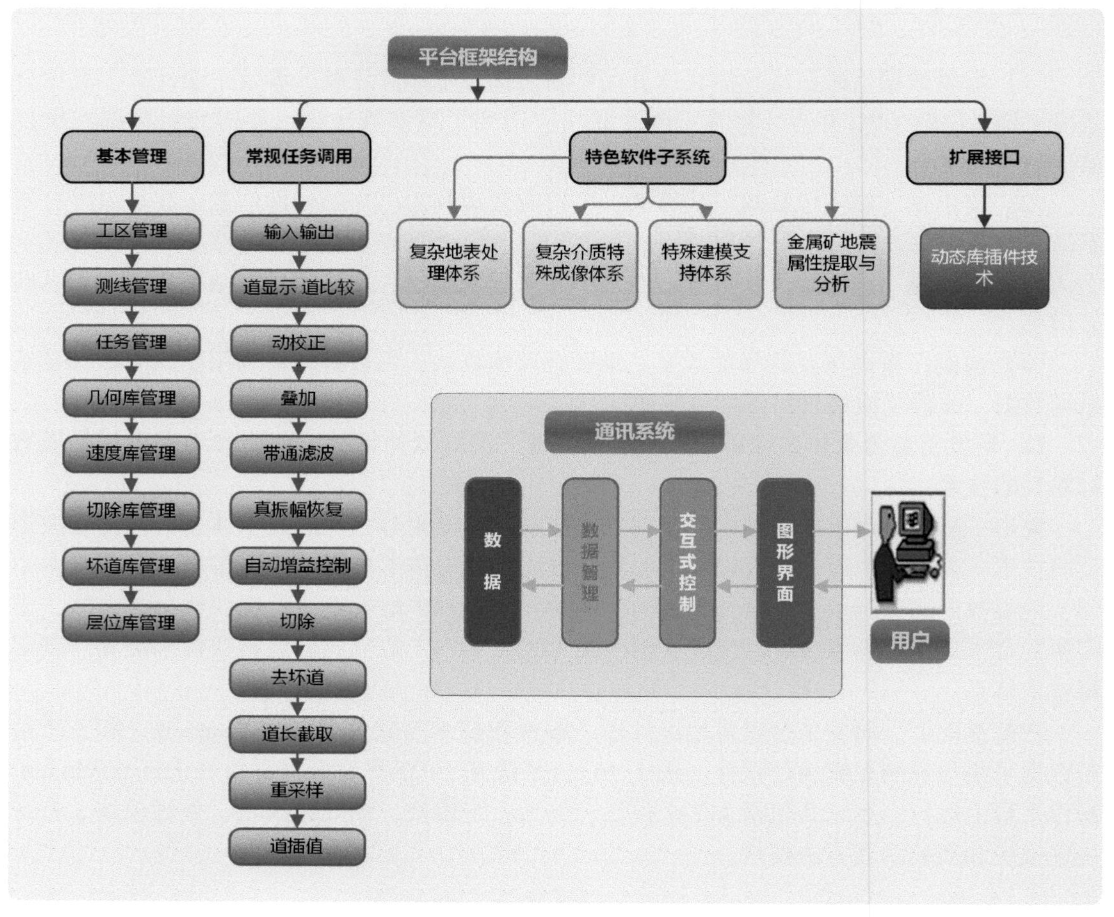

图 1.16　金属矿地震数据处理系统——MMINESEIS 软件系统界面、目录结构

第二章　重磁勘探技术与仪器研制

第一节　核心与关键技术突破

一、高精度重力传感器

（一）总体结构

高精度重力传感器是高精度地面数字重力仪的核心部件，它通过作用在重荷（动极板）上的重力、石英弹簧的弹力和反馈静电力间的平衡，实现地面重力变化的精确测定。高精度重力传感器主要由石英弹性系统、位移传感电路、恒温测温电路、倾斜测量传感器、真空仓等组成。其总体结构如图 2. 1 所示。

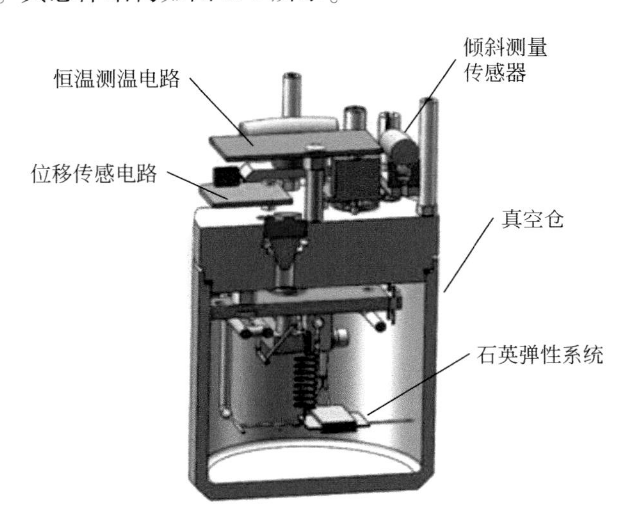

图 2. 1　高精度重力传感器总体结构

1. 石英弹性系统

石英弹性系统是一个重力静电力平衡系统，通过作用在重荷上的重力、石英弹簧的弹力、反馈静电力间的平衡，实现地面重力变化（重力差）的精确测量。石英弹性系统须具有强度高、刚性好、稳定性好、热膨胀系数低、无磁性等特性。

2. 位移传感电路

位移传感电路由动极板和一对定极板组成的差动式电容器及相关电路组成，作为独特的“指零”部件，自动生成的反馈静电压利用静电力将极板“推回”零点位置，同时向反馈系统发出一个信号——指示重荷位置变化的大小和方向。

3. 恒温测温电路

恒温控制电路为高精度重力传感器提供了稳定的温度环境，要实现重力传感器的高精度测量，还必须在恒温控制的基础上，采用高精度的温度传感器和测温电路，实现精度0.00001 ℃（范围±0.5 ℃）的残余温度测定，实时进行高精度重力传感器读数的温度改正。

4. 仪器倾斜分量的精密测定

本系统采用高精度（分辨率1″）的电子倾斜传感器，实时进行高精度重力传感器的水平倾斜分量测定，测定值通过模拟数字转换器转换为角度值，实现200″范围内的倾斜自动补偿。

5. 真空密封设计

理论实践证明，对于重力静电力平衡式的数字重力仪，一个大气压的变化对高精度重力传感器读数影响约为500 mGal。要实现重力仪的高精度测量，必须消除外界大气压变化对高精度重力传感器的影响。为此，高精度重力传感器需采用真空封闭设计，即将石英弹性装置、位移传感器等安装在一个真空仓中，实现与环境大气的隔离，设计总漏率小于2×10^{-9}Pa·m^3/s。

（二）技术突破及对比分析

1. 技术突破

（1）导电膜制作工艺。对于直径仅有几十微米的石英扭丝，设计采用了特殊的技术和工艺实现其导电膜的制作，具有良好的导电性和附着力。

（2）石英部件退火工艺。用于高精度重力传感器的石英部件，采用特殊的工艺进行退火处理，消除了石英部件内应力。

（3）石英弹簧的灵敏度调整工艺。经过特殊的抗压精密调整，精细调整石英弹簧的粗细，保证其弹力系数符合设计要求。

（4）石英传感器参数选择。通过结构参数和电参数的设计，确定测微传感器基础电容值和测程范围。

（5）三维限位调整。通过限位间隙百纳米级三维限位精密调整，减小弹性后效对重力仪读数的影响，提高仪器使用的安全性。

2. 对比分析

主要是与机械式重力仪的对比，经过上述主要技术的突破，使得高精度重力传感器具有如下特征。

（1）将机械式反馈补偿转换为电信号反馈补偿，为地面高精度数字重力仪的电子化、自动化、智能化奠定基础。

（2）高精度重力传感器经过全新设计，结构简单，工艺简化，调试方便。

（3）重力传感器之间的一致性好，互换性强，便于批量生产。

二、铯光泵磁场传感器

（一）总体结构

铯光泵磁场传感器总体结构如图 2.2 所示。铯光泵磁场传感器的探头为单光系结构，包含铯灯室、光学镜片、光敏传感器（光电转换）、圆偏振片、铯灯室加热和恒温等。

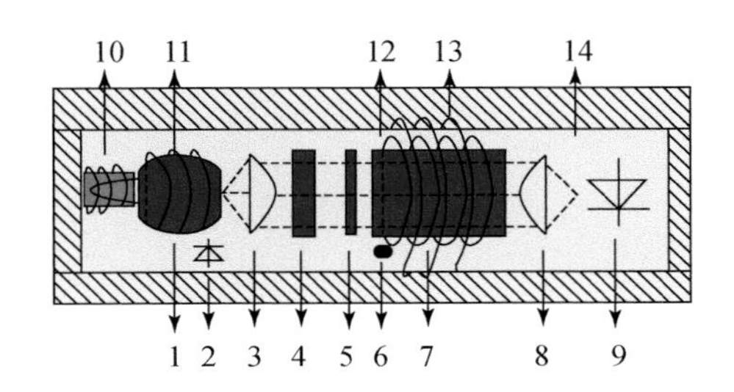

图 2.2　铯光泵磁场传感器的探头结构

1. 铯灯；2. 探头光敏元件；3. 透镜；4. 偏振片和 1/4 波片；5. 滤光片；6. 热敏电阻；7. 铯吸收室；8. 透镜；9. 光敏元件；10. 铯灯加热线圈；11. 铯灯激励线圈；12. 吸收室加热线圈；13. H1 线圈；14. 保温层

铯灯、铯吸收室为玻璃封装结构，内部充入高纯度的铯原子（^{133}Cs）金属，被加热线圈加热汽化并控制 45 ℃恒温。铯灯工作时被功率模块激励发光输出 894.3 nm 的泵浦光，铯吸收室内泵浦光与磁场产生光磁共振。透镜、偏振片和 1/4 波片、滤光片、透镜为光学部件，对输入和输出光信号进行转换处理。探头光敏元件、光敏元件为光电检测部件，探头光敏元件用于控制铯灯的光强，光敏元件用于检测铯吸收室输出的光磁共振信号。

（二）技术突破及对比分析

铯光泵磁场传感器研制过程中，通过对铯光泵物理基础、磁共振信号的分析，研制出铯真空排气系统，利用真空系统试制多种参数的铯灯和铯室，并进行测试。最终在铯灯室的制作工艺方面取得技术突破，解决了铯灯的技术参数、铯原子气室缓冲气体的技术参数和制作工艺，为铯光泵磁场传感器的研制提供基础。

通过对铯光泵探头磁共振信号的分析和研究，解决了铯光泵磁传感器的方向误差问题。铯光泵磁共振信号特征为：右旋偏振光对应的塞曼共振谱中心频率偏向低频，左旋偏振光对应的塞曼共振谱中心频率偏向高频，普通的圆偏振片有频移和测磁误差，即探头的方向误差。采用图 2.3 所示的分裂波束元件产生左旋和右旋偏振光，使塞曼共振谱成为一个相对对称的轮廓，则方向性误差得到抑制。

铯原子与玻璃壁碰撞会被去极化，导致磁共振信号弱。向原子吸收室充入缓冲气体可

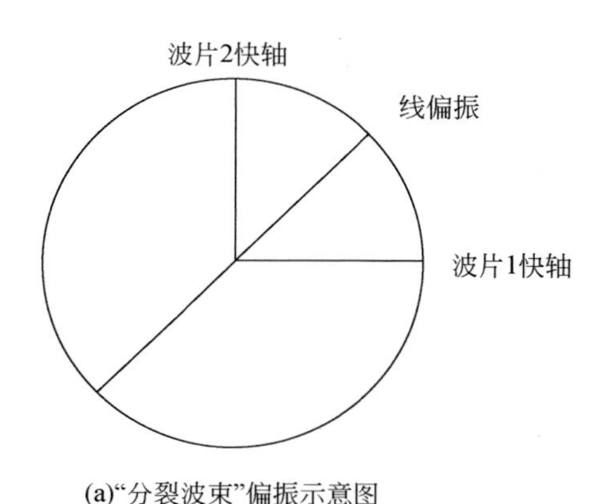

(a)"分裂波束"偏振示意图

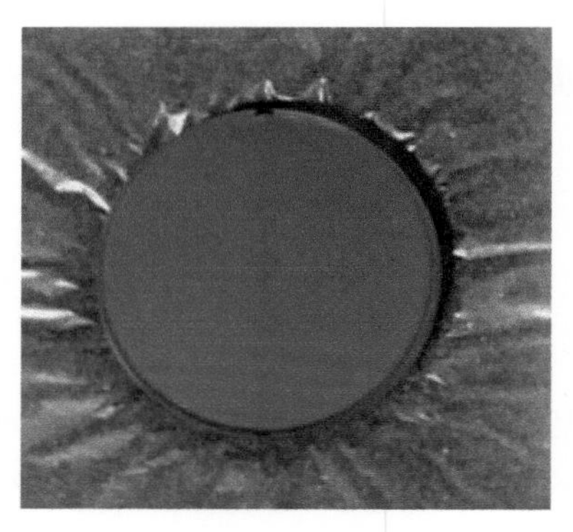

(b)分裂波束元件原图

图 2.3　用于抑制传感器方向性误差的分裂波束

以增加铯原子弛豫时间，增强磁共振信号强度。碱金属原子与蒸汽室壁碰撞的弛豫速率 R_1 和碱金属原子与缓冲气体碰撞的弛豫速率 R_2 之和 R（Janiuk et al.，2007；Li et al.，2013）为

$$\begin{aligned} R &= R_1 + R_2 \\ &= QD\frac{P_0}{P}\left(\frac{\pi}{r}\right)^2 + n\sigma v \\ &= QD\frac{P_0}{P}\left(\frac{\pi}{r}\right)^2 + \frac{P}{kT}\sigma v \end{aligned}$$

式中，Q 为增强系数，D 为扩散常数，P_0为大气压，r 为吸收室半径，π 为圆周率，σ 为原子自旋破坏碰撞弛豫系数，v 为平均速率，n 为分子数密度，k 为阶数，T 为温度，上述参数在给定装置下可提前确定；P 为待求的充气气压，通过求导计算上式的极小值，可得到弛豫速率 R 最小时的铯吸收室最佳充气气压 P_p 为

$$P_p = \frac{\pi}{r}\sqrt{\frac{QDP_0kT}{\sigma v}}$$

如图 2.4 所示，对于直径 25 mm 的铯原子吸收室，最佳氮气气压为 19.3001 Torr①，最佳氖气气压为 63.4855 Torr。

为对铯原子吸收室的技术参数进行定性和定量分析，研制如图 2.5（a）和图 2.5（b）所示的射频磁共振信号测量系统，对铯原子吸收室磁共振信号的线宽和强度进行测量。测量和对比分析结果显示理论分析与实验结果相符，为铯原子吸收室的批量制作、测试和检验打下基础。同时在铯灯、铯室制作工艺方面，完成了铯真空系统研制和改进［图 2.5（c）］。通过高频除气、吸气泵联合作用，系统极限真空度达到 10^{-6} Pa，充气压力范围为 0.1～100 Torr。图 2.5（d）和图 2.5（e）所示为铯真空排气台制作的铯灯和铯室。经测

① 1 Torr≈133.32 Pa

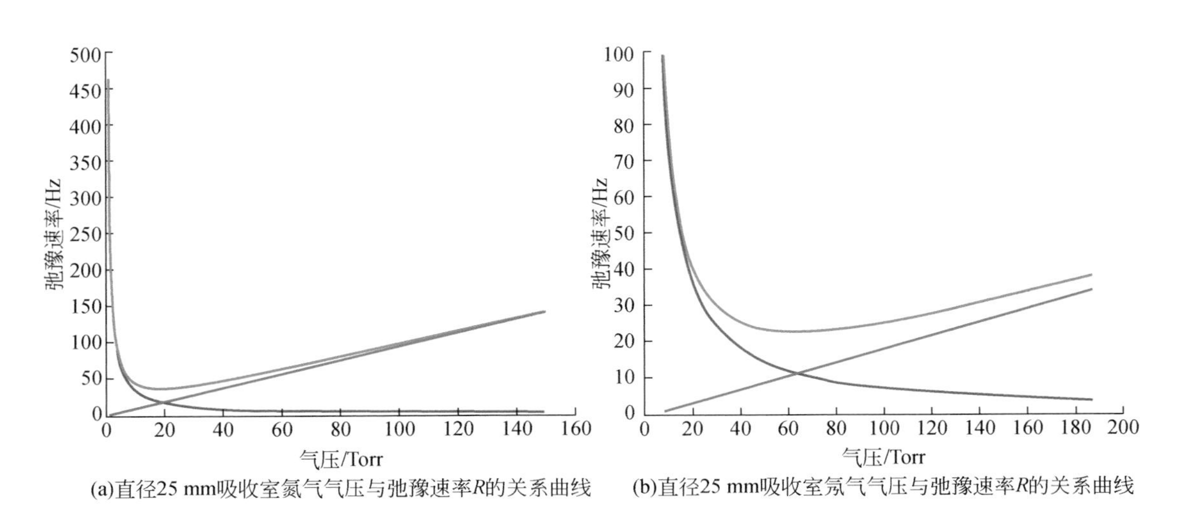

(a)直径25 mm吸收室氮气气压与弛豫速率R的关系曲线　(b)直径25 mm吸收室氖气气压与弛豫速率R的关系曲线

图 2.4　吸收室气压与弛豫速率关系曲线

注：红色曲线为铯原子与玻璃壁碰撞的弛豫速率，蓝色曲线为铯原子与缓冲气体碰撞的弛豫速率，绿色曲线为综合弛豫速率。弛豫速率越低，磁共振信号越强

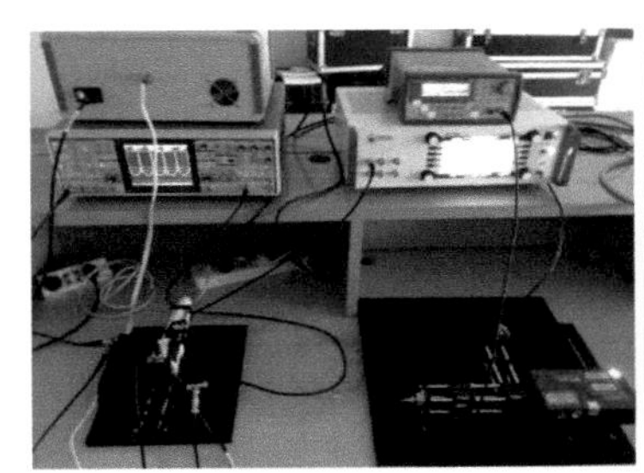

(a)射频磁共振信号测量系统

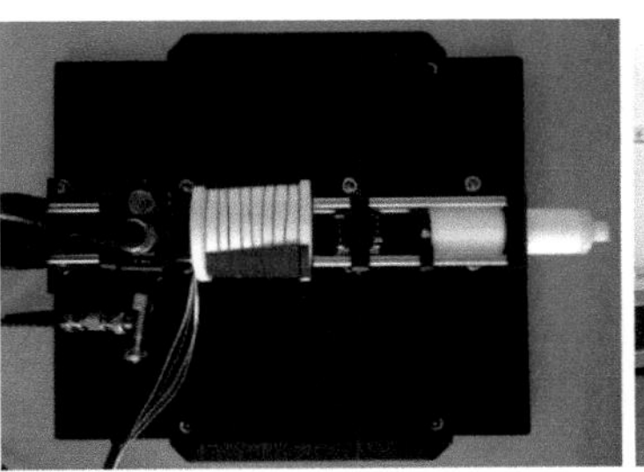

(b)射频磁共振信号测量探头

(c)铯真空系统实物图

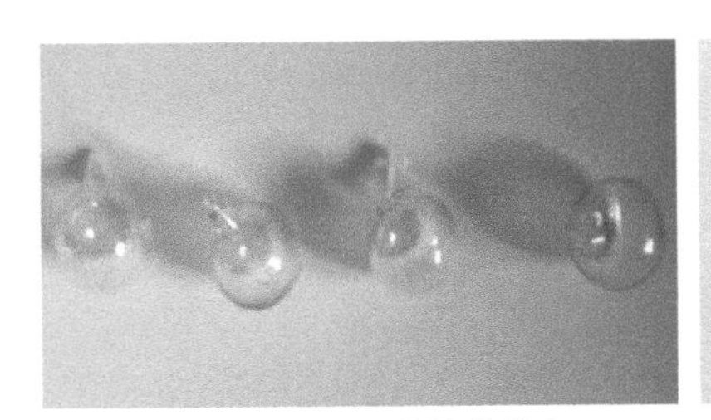

(d)铯真空排气台制作的铯灯

(e)铯真空排气台制作的铯室

图 2.5　铯光泵关键技术设备实物图

试，直径 25 mm×高 25 mm 铯原子吸收室磁共振曲线如图 2.6 所示，磁场值在地磁附近时，线宽约为 500 Hz（注：0.05×20000 Hz/2＝500 Hz）。

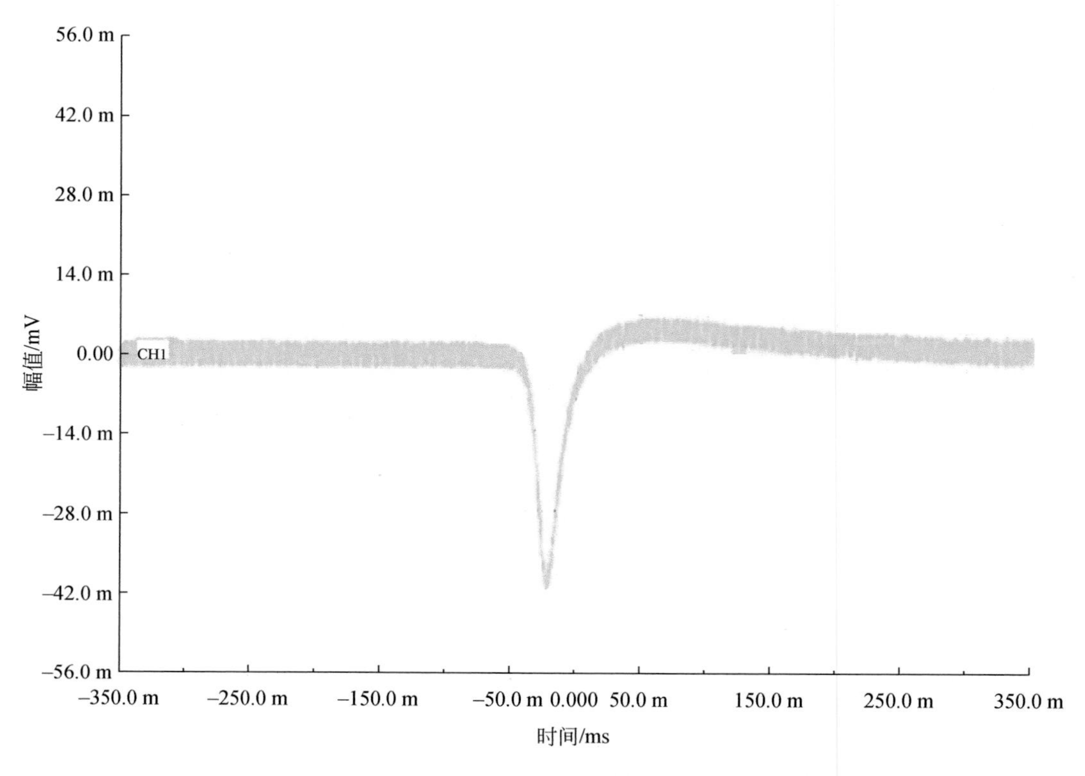

图 2.6 直径 25 mm×高 25 mm 铯原子吸收室磁共振曲线

第二节 仪器设备研制

一、地面高精度数字重力仪

（一）总体设计

1. 工作原理

地面高精度数字重力仪是根据力学原理采用零点读数法测量重力加速度相对变化的仪器，以石英弹簧为主要敏感元件，以测微电容动极板作为重荷。重荷的位置由于重力的变化而改变，这一位置的改变使得电容位移传感器产生相应的原始交流电压信号，该原始信号经调理电路放大检波变成直流电压信号，自动反馈电路将直流电压反馈到电容器的定极板上，在重荷上产生静电力，此静电力将重荷推至“零位”（初始位置）。这一反映了重力值变化的反馈电压与重力变化成正比，计算机系统记录下反馈电压值再乘以格值系数即可得出重力读数值。

2. 系统组成

仪器主要由重力传感器及其相应电子系统、四组温度控制器和加热器、两组倾斜传感器及其处理电路、数据采集和处理、显示和存储系统、电源与供电电池系统等组成（图2.7）。石英重力传感器及内层温度传感器装在真空室内，并由内层恒温器保持温度的高度稳定。内恒温室还装有基准电压源、测温电桥等高稳定度元器件。外保温层用低导热系数的硬质泡沫聚碳酸酯做成。重力传感器是重力仪的核心部件，突破熔融石英重力传感器技术就等于掌握了重力仪核心技术。

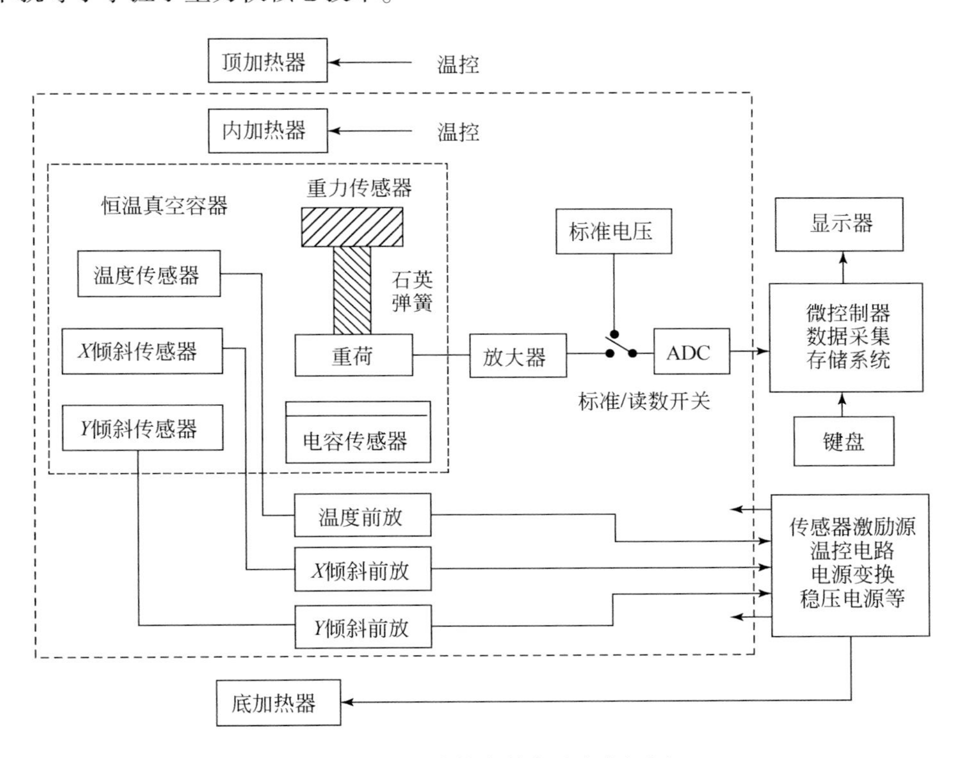

图2.7　地面高精度数字重力仪框图

（二）关键部件研制

1. 石英弹性系统

石英弹性系统是用一根垂直石英零长弹簧构成的水平旋转系统，采用三个电容器极板构成差动电容式的电容测微器，电容器动极板作为重荷，质量为m，质量中心与旋转轴的距离为a（图2.8）。弹簧的灵敏度可以用弹力系数的倒数表示，即mm/N。

2. 低噪声大动态范围信号检测系统

低噪声大动态范围信号检测系统即信号检测与反馈分系统，设计中引入由相敏检波器和低通滤波器组成的锁相放大器，解决了微弱信号检测的高精度要求。基于上述锁相放大

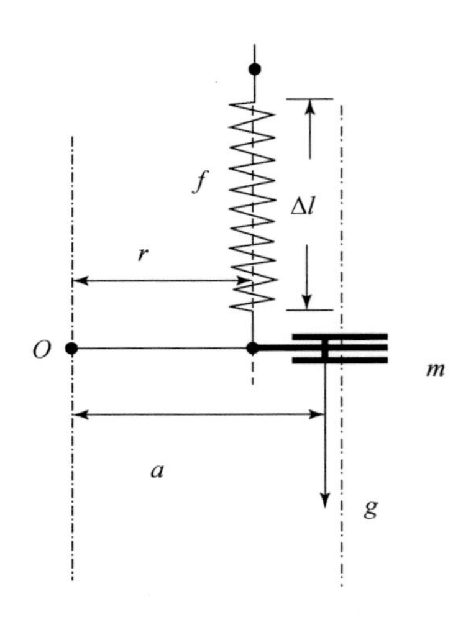

图 2.8 重力传感器原理示意图，平衡时的状态如图

图中，O：旋转轴；r：弹力臂；a：重力臂；Δl：弹簧拉伸长度；f：弹力系数

当纵向倾角=0°、偏角=0°时，平衡方程：$f\Delta lr=mga$

原理研制的测微电路包括电容差动式全桥电路、放大电路、多阶低通滤波电路、积分电路和弱信号相关检测电路，将重力传感系统石英弹簧产生的微小机械位移的电信号有效地检出，原理框图如图 2.9 所示。

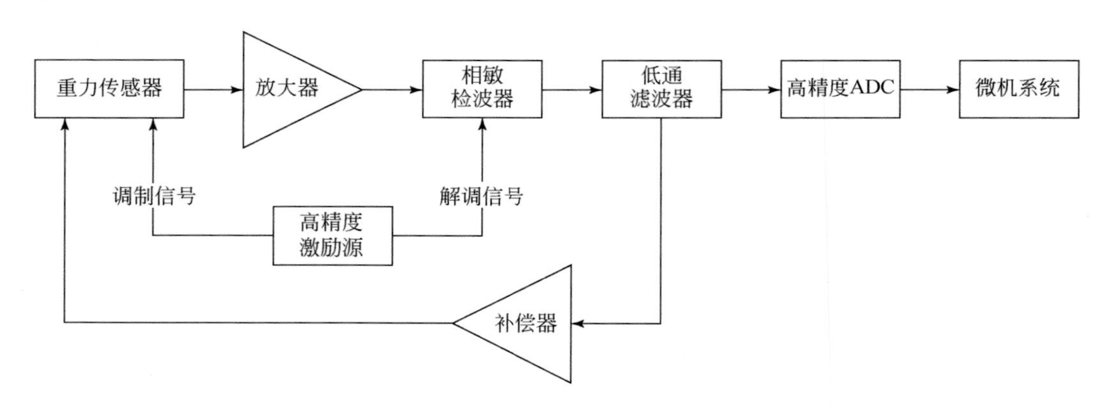

图 2.9 信号测量系统原理框图

放大器由前置放大器和主放大器组成，前置放大器采用超低噪声高输入阻抗放大器件，以保证微弱信号的拾取，主放大器采用超低噪声宽带放大器，放大器的放大倍数电阻采用超低温度系数的“金属箔”精密电阻，小信号放大保证了低噪声、不失真，相敏检波电路中采用可精确调节相位的同步电路，确保信号无损失的变换，积分器电路选用高质量的漏电极小电容作为积分电容，保证传感器输出信号的准确性。

3. 恒温及测温系统

石英弹簧的温度系数很大，约为 120 μGa/m℃。也就是说，温度变化 1 m℃，重力读数的变化约为分辨率的 120 倍。采用以下技术措施消除温度变化对重力仪读数的影响。

（1）恒温装置采用两级恒温控制设计，通过 PID 闭环控温电路控制其温度。两级恒温装置均由温度传感器（热敏电阻）、恒温控制电路、保温桶（材料为聚碳酸酯）和加热桶组成。

（2）内层恒温装置整体置入外加热桶内，再将外加热桶置入外保温桶内，外恒温装置可将温度稳定在 58 ℃左右；真空仓置入内层加热桶内，内层加热桶再置入内层保温桶，内层恒温装置可将温度恒定在 60 ℃左右，控温精度±3 m℃。

两级恒温控制设计为重力传感器提供了稳定的温度环境，从而保证重力传感器不受外部环境温度变化的影响，实现了高精度测量。

恒温装置原理框图如图 2.10 所示。

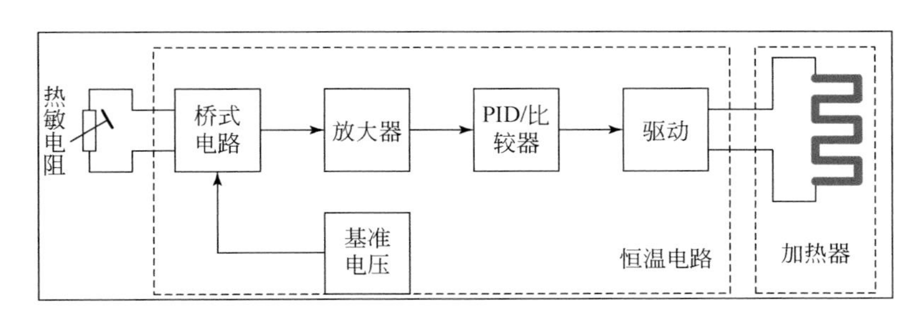

图 2.10　恒温装置原理框图

4. 倾斜测量技术研究

设有 X、Y 两个方向的电子倾斜传感器，采用电子水泡和相应的转换电路，其特点是功耗低、电磁兼容性好。重力仪工作时，先经底脚螺丝基本调平，残余倾斜值送入计算机系统，进行倾斜改正，改正范围不小于±200 角秒，即 0.055°。

产生倾斜的因素包括测点地面沉降、机械减震器蠕变产生倾斜。倾斜改正值为：$\mathrm{TIC}=g_t[1-\cos(ox)\cos(oy)]$，式中，$g_t$ 为海平面的重力平均值，为 980.6 Gal，ox、oy 为重力仪在水平坐标方向的倾角。

5. 控制与数据采集

控制与数据处理系统主要由嵌入式计算机、数据采集电路、操作控制软件、数据处理软件等组成。重力仪应用软件（图 2.11）包括参数设置模块、重力测量模块、文件管理模块和仪器调校模块。

基于上述关键部件，研制了地面高精度数字重力仪，如图 2.12 所示为重力仪样机示意图和批量化生产的重力仪产品示意图。

（三）技术指标与测试

1. 地面高精度数字重力仪技术指标测试

国家信息中心软件评测中心对重力仪软件进行了软件测试。测试结果表明：重力仪软件在测试环境中运行稳定，操作简便，通过国家信息中心软件评测中心的软件产品登记测

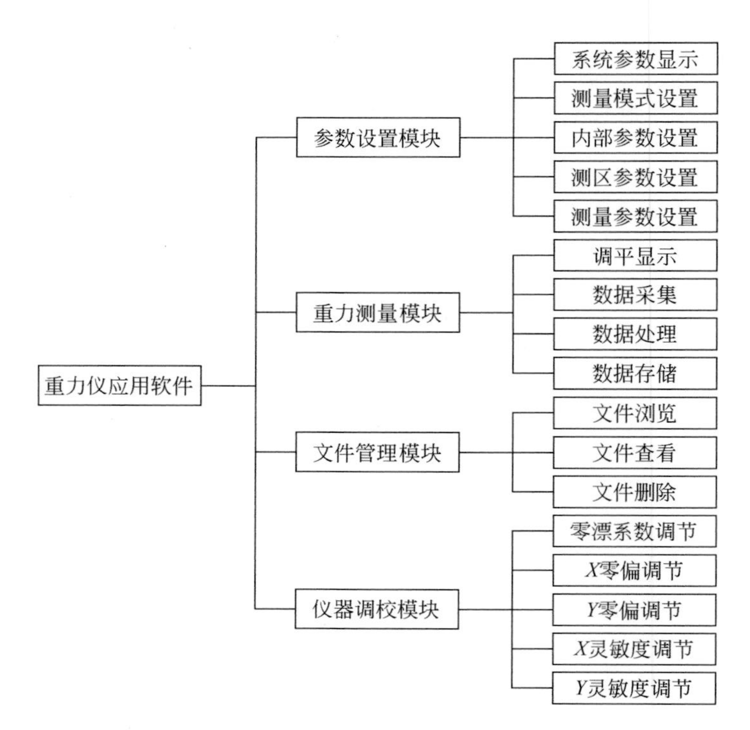

图 2.11　数字重力仪应用软件组成

图 2.12　地面高精度数字重力仪样机和批量化产品

试。中国计量科学研究院对 3 台 ZSM-6 重力仪的技术指标进行了全面测试，确认被测样机的技术指标达到规定的要求（表 2.1）。

表 2.1　数字重力仪技术指标检测和测试结果

序号	技术指标名称	技术指标要求	测试结果	指标符合程度
1	读数分辨率	≤0.001 mGal	0.001 mGal	符合

续表

序号	技术指标名称	技术指标要求	测试结果	指标符合程度
2	最小直读范围	≥7000 mGal	最小 8309.6 mGal	符合
3	残余长期漂移	≤0.03 mGal/24 h	最大 0.013 mGal/24 h	符合
4	观测误差	优于±0.02 mGal	最大 0.012 mGal	符合
5	功耗	≤10 W	9.04 W	符合
6	质量	≤10 kg	最大 8.93 kg	符合
7	工作温度范围	-20～45 ℃	-20～45 ℃	符合

2. 生产试验

2017 年 9 月 25 日至 2017 年 10 月 8 日，在北京通州城市副中心和内蒙古锡林浩特市西乌珠穆沁旗毛登农场，北京勘察技术工程有限公司负责组织实施了用户野外生产试验，出具了用户试验报告，对仪器性能指标给予肯定。

二、地面高精度绝对重力仪

（一）总体设计

1. 工作原理

激光绝对重力仪是近几十年发展起来的新技术，其测量原理主要是通过测量落体在真空环境中自由下落的时间 t 和距离 s 来确定重力加速度 g（精度要求是 $10^{-9}\sim10^{-7}$ 量级）。

2. 系统组成

绝对重力仪系统构成如图 2.13 所示。整套装置由真空保持系统、下落控制系统、激光干涉系统和数据采集及处理系统构成。

真空保持系统包含真空室、离子泵及电源、分子泵机组和真空计，主要作用是为落体的自由下落提供良好的真空环境。

下落控制系统包含伺服电机与控制单元、真空传动机构、直线导轨、落体和托架。通过对伺服电机控制算法进行设计和编程，控制托架运动，实现落体的自由下落。

激光干涉系统主要包含干涉仪和隔振系统。干涉仪是在经典的迈克尔逊干涉系统的基础上改进而成的，主要作用是将落体自由下落时测量光束和参考光束形成的干涉信号通过光电接收器转变为数字信号，并传输到数据采集卡中，为绝对重力值的计算提供原始数据。

数据采集及处理系统包含铷原子频率标准、嵌入式计算机及配件、数据采集卡和测量软件。主要作用是将光电接收器上的干涉带信号通过双通道 A/D 转换卡传入工控机内，铷原子频率标准为高速数据采集卡提供时间基准。利用测量软件查找干涉条纹的过零点，重建落体的下落轨迹，提取出多组落体下落过程中时间和位移的坐标，采用最小二乘法计算出绝对重力值。

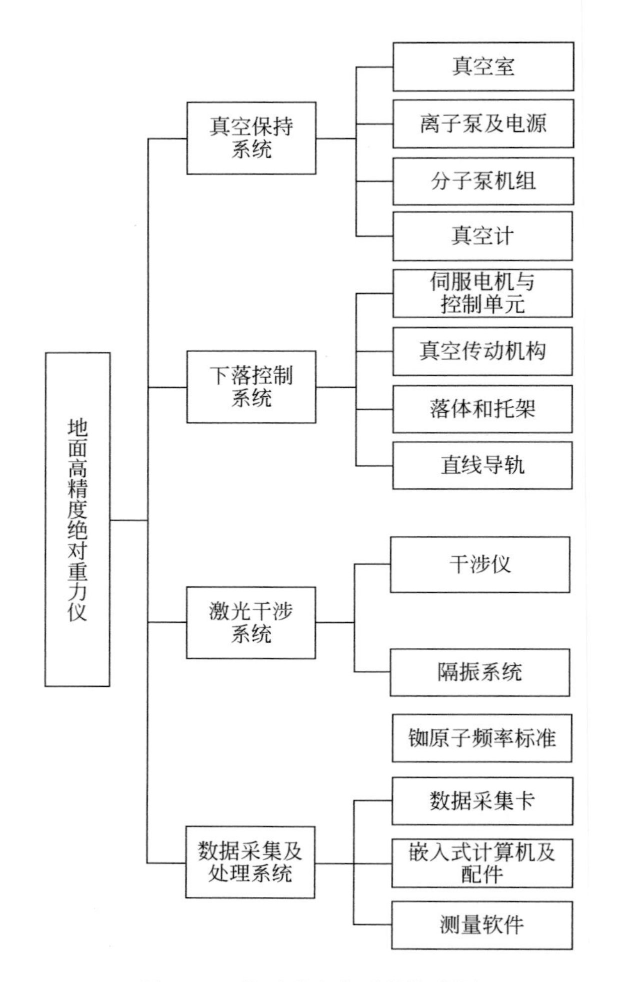

图 2.13　绝对重力仪系统构成图

（二）关键部件研制

1. 真空室及配套部件

为了减小绝对重力仪的质量，使其更轻便，选择铝材制作真空室的主体部分，即上盖、真空筒和底座。角阀和真空转接管则选择不锈钢材质，主要是因为这两个部分的使用频率较高，不锈钢材料更加坚硬耐用。在对真空室进行密封时使用刀口密封技术，将铝制的真空筒与不锈钢角阀胶粘在一起，整个过程没有用到橡胶圈，采用这种方法大大提高了真空室内的真空度。

2. 导轨

导轨的稳定性主要表现在提高测量精度、增加测量下落距离、拥有较强的刚度。良好的刚度主要表现在实际测量中导轨不随落体高速下落的惯性而弯曲；另外，当仪器外出测试时，整条导轨在长途运输中也不会因道路颠簸而出现形变。综合考虑以上几点，采用THK公司的HRW型导轨。HRW型导轨的LM滑块和LM轨道间采用左右各两条钢球列，这就增加了四个方向的刚性，高速运动中磨损较小，能够更好地配合拖架做垂直方向的直线运动。

3. 高精度落体

落体包括外壳和角锥棱镜两部分。在外壳材料的选择上，使用不锈钢进行加工。外壳上面嵌着三个定位柱，三个定位柱的末端是三个珠子，珠子与托架的“V”形槽配合，使落体每次与托架脱离开后都可以重新落回原位置。考虑到落体上损耗最大的是定位珠，采用钛珠做定位珠，不仅可以避免磁场对落体运动的干扰，还因其硬度较高，十分耐用。角锥棱镜属于玻璃制品，本研究主要对棱镜的相关尺寸和精度做了进一步的规定。图2.14为高精度落体实物图。

图2.14　高精度落体实物图

4. 干涉仪结构设计

本套仪器中的干涉仪是在迈克尔逊干涉仪的基础上进一步设计的，示意图如图2.15所示。

整个仪器的光路结构简单，激光通过准直光管滤去杂散光后经过一个分光镜形成参考光束和测量光束，且两条光束最终汇聚在分光镜的下表面形成干涉信号，而国内外许多绝对重力仪需要两块分光镜才能形成干涉，这就可能增加光学系统的不稳定性。所以，整个仪器的干涉仪部分结构紧凑，空间利用率高，光路设计合理，稳定性高。

5. 隔振系统

对隔振平台的主要要求是实现垂直方向的减震。主动式有源隔振是以长周期地震摆模块为核心的超低频垂直隔振系统，系统原理基于两级摆杆结构与零长弹簧的力学特性，通过精密的机械和电路设计，实现反馈调节，构造了本征频率低于0.05 Hz的隔振系统。

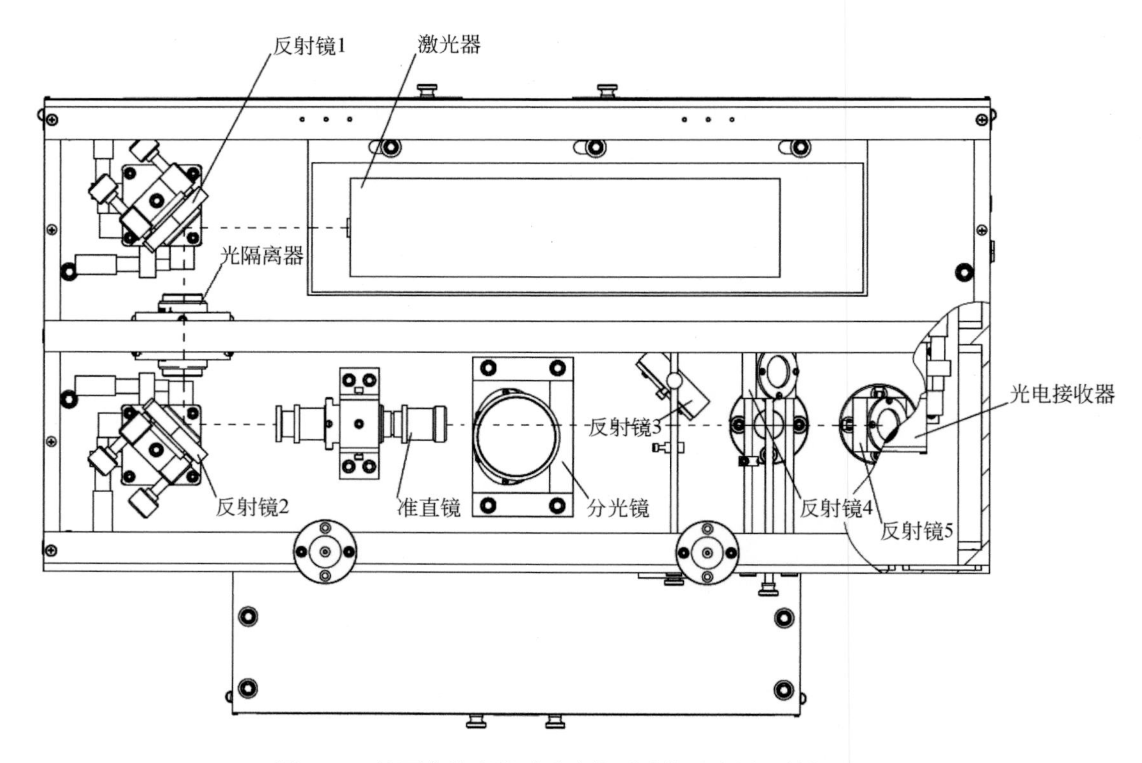

图 2.15　地面高精度绝对重力仪干涉仪示意图（俯视图）

6. 数据采集及控制系统

将光电接收器上的干涉带信号通过双通道 A/D 转换卡传入工控机内，铷原子频率标准为高速数据采集卡提供时间基准。利用测量软件查找干涉条纹的过零点，重建落体的下落轨迹，提取出多组落体下落过程中时间和位移的坐标，最后采用最小二乘法计算出绝对重力值。测量软件中包含对气压、高度、固体潮、极移等的误差修正，并添加振动干扰抑制算法，提高结果的准确度和精度。数据采集及处理系统结构如图 2.16 所示。

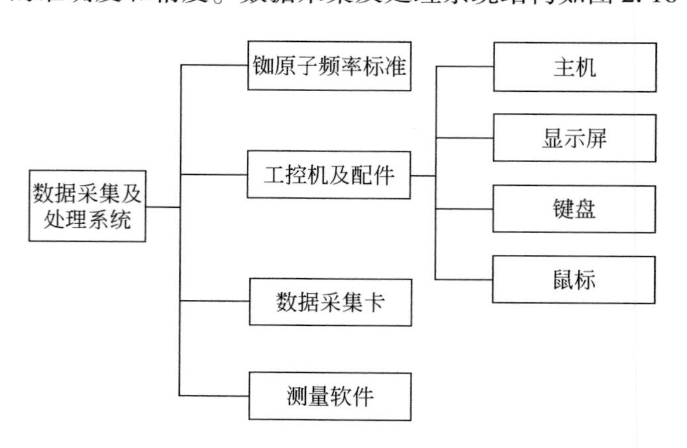

图 2.16　数据采集及处理系统的组成

（三）技术指标与测试

绝对重力仪软件由国家信息中心软件测评中心进行了软件测评（图 2.17），并通过软件产品登记测试。在中国计量科学研究院昌平院区，中国计量科学研究院工作人员进行了地面高精度绝对重力仪技术指标的全面测试，确认达到任务书规定的指标要求。各项指标检测结果见表 2.2。

图 2.17　中国计量科学研究院昌平院区实验室测试现场

表 2.2　地面高精度绝对重力仪原理样机技术指标检测结果

序号	技术指标名称	技术指标要求	测试结果	指标符合程度
1	测量精度	优于 20 μGal	5.45 μGal	符合
2	准确度	优于 50 μGal	20 μGal	符合
3	单次测量周期	10 s	8.2 s	符合
4	功耗	≤300 W	239 W	符合
5	质量	约 60 kg（传感器部分）	51 kg	符合

三、质子磁力仪

（一）总体设计

质子磁力仪的原理：具有自旋磁矩和自旋角动量的质子，在地磁场的作用下，会产生一个以地磁场方向为轴的拉莫尔旋进。其旋进频率与地磁场强度的关系为：$T=2.3487\times10^{-8}f$，式中，T 为地磁场强度，单位为 nT；f 为质子旋进频率，单位为 Hz。可见，地磁场强度与质子旋进频率成正比关系，因而地磁场强度的测量即转化为质子旋进频率的测量。质子磁力仪的原理框图如图 2.18 所示。

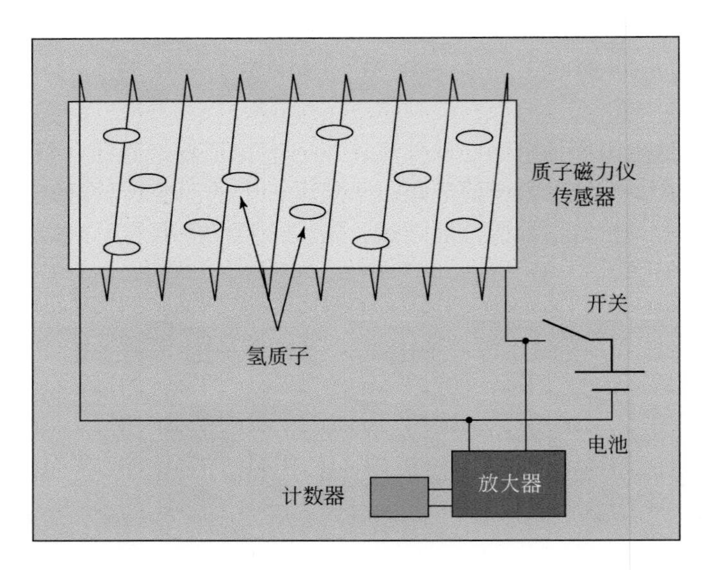

图 2.18 质子磁力仪原理框图

质子磁力仪的系统组成主要包括磁传感器、极化电路、配谐电路、放大电路、整形电路、FPGA 测频电路和 ARM7 单片机控制电路等。系统组成框图如图 2.19 所示。

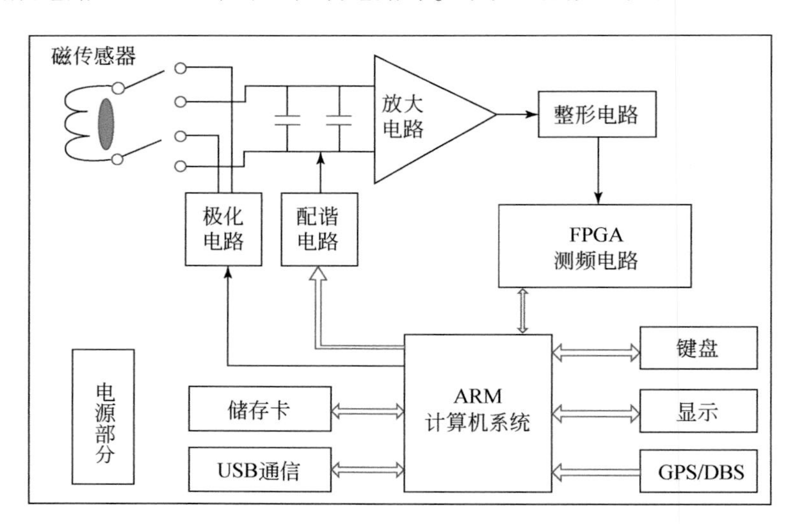

图 2.19 质子磁力仪的系统组成框图

（二）关键部件研制

1. 质子磁力仪传感器部件的研制

质子磁力仪的传感器采用极化线圈与测量线圈共用的单线圈结构。0.5 mm 直径漆包线绕制出两个正方形的线圈串联连接，采用无磁导电胶带缠绕线圈，屏蔽电磁场干扰，极化样品溶液在煤油基础上配制。研制的磁传感器探头如图 2. 20 所示。

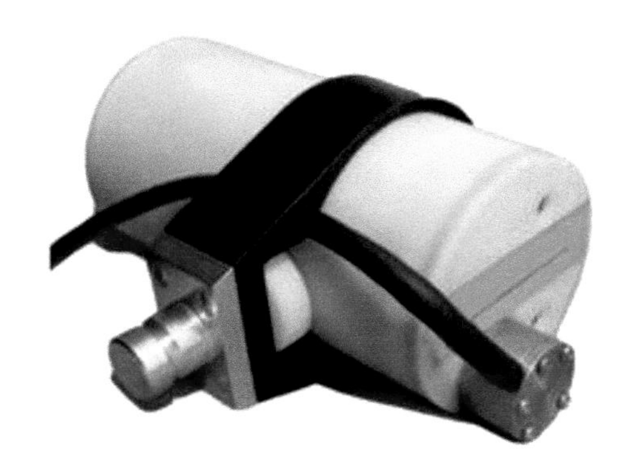

图 2. 20　质子磁力仪的磁传感器实物图

2. 质子磁力仪电路部件的研制

1）极化电路

极化电路原理框图如图 2. 21 所示。根据样品溶液的横向弛豫时间，由极化探头逻辑电路控制极化开关，把直流电源通入探头极化线圈，极化时间 2～3 s 完成质子取向，然后迅速切断电源，由信号开关驱动器控制，把信号开关开启，将测量线圈连接到信号配谐电路中去。

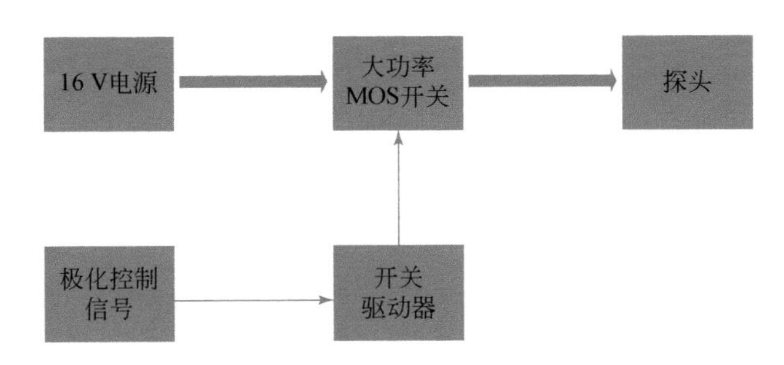

图 2. 21　质子磁力仪的极化电路原理框图

2）配谐电路

磁传感器是感性元器件，可以利用 LC 振荡电路所呈现的谐振特性来实现被测信号的放大，同时抑制其他频率的信号，如噪声干扰等。所以配谐电路的功能是对拉莫尔旋进信号的选频和放大，其过程是根据拉莫尔旋进信号的频率来调整出对应的匹配电容。

3）放大电路

放大电路主要功能是将前置放大电路输出的微弱信号放大到 V 级，以便于进行比较。在本系统中，采用一级放大电路，输入端采用一阶高通滤波器，用于隔直和滤除低频噪声。在反馈端加入一阶低通滤波电路，与输入端滤波器组成带通滤波网络，并且可以平衡磁力仪在拉莫尔旋进信号频率范围内的最终输出信号大小。放大电路原理如图 2. 22 所示。

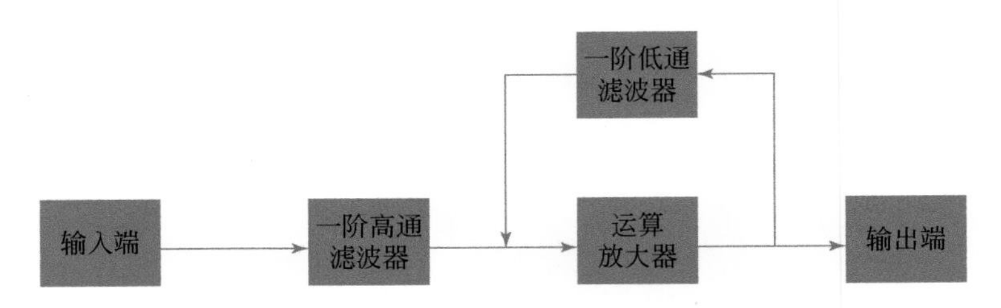

图 2. 22 质子磁力仪的放大电路原理框图

4）整形电路

信号整形电路采用迟滞比较器。迟滞比较器可以将正弦信号转化为频率不变、幅值恒定的方波信号，相当于将模拟信号转化为数字信号，并同时滤除模拟信号中的噪声。

5）测频电路

利用 FPGA 芯片的高速、高可靠性、定时准确，结合温补晶振的高稳定性、高精度，组成标频时钟的计数和低频旋进信号的计数测频电路。测频电路原理如图 2. 23 所示。

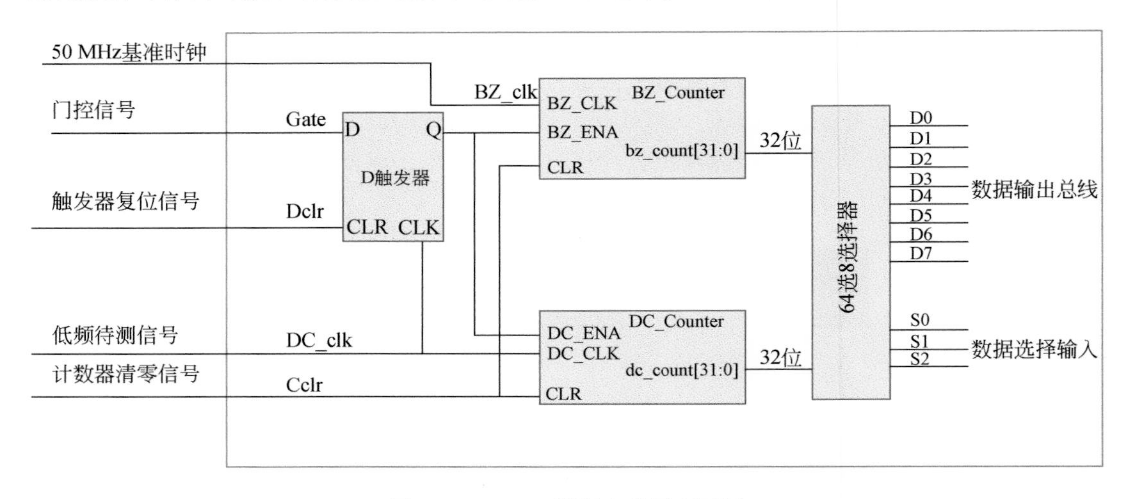

图 2. 23 FPGA 测频电路原理框图

6）控制电路

单片机控制电路主要由 ARM7 芯片、电源电路、LCD 接口电路、键盘接口电路组成。

3. 质子磁力仪软件系统的研制

嵌入式监控程序提供了简捷的人机交互界面，允许操作员输入或选择必要的测量参数，查看测量数据并与 PC（个人计算机）通信。该监控程序的功能模块框图如图 2. 24 所示。

基于上述关键部件，研制了高精度直流激发型质子磁力仪。工程样机如图 2. 25 所示。

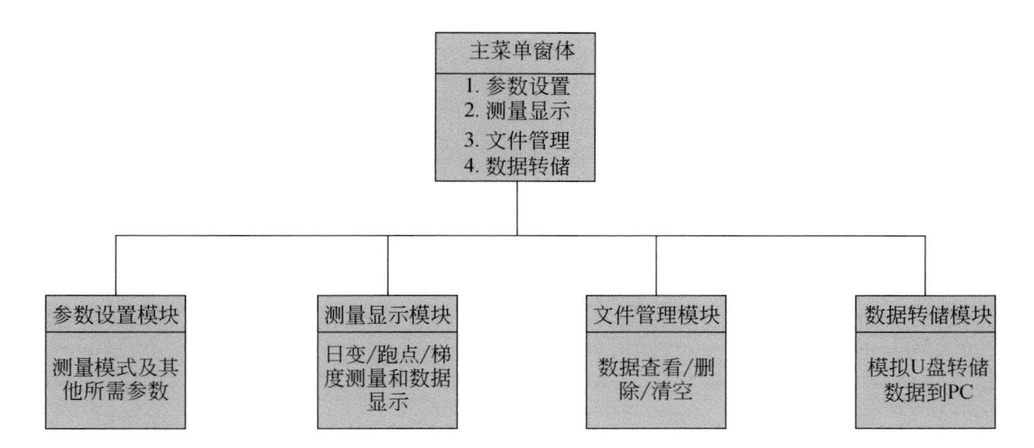

图 2.24　监控程序的功能模块框图

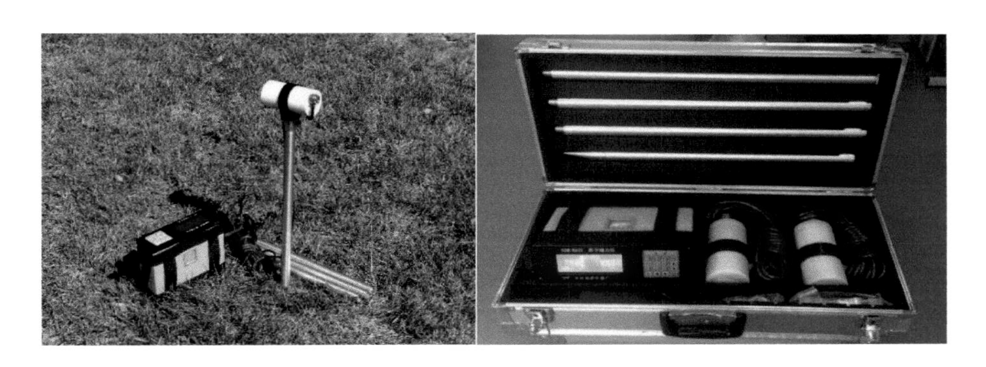

图 2.25　高精度直流激发型质子磁力仪样机

（三）技术指标与测试

1. 第三方测试

高精度直流激发型质子磁力仪工程样机在有资质的第三方机构进行了技术指标和软件的第三方测试。测试内容包括以下几方面。

（1）中国计量科学研究院对测程范围、分辨率和采样周期指标进行测试。

（2）中船重工集团有限公司第 710 所国防科技工业弱磁一级计量站（宜昌测试技术研究所磁学检测校准实验室）对测量准确度和梯度容限指标进行测试。

（3）中国电子技术标准化研究院赛西实验室对磁力仪样机的工作环境温度范围进行测试。

（4）国家信息中心软件测评中心对软件进行测评，测评结果为通过。

高精度直流激发型质子磁力仪工程样机技术指标的测试结果见表 2.3。

表 2.3 高精度直流激发型质子磁力仪工程样机的技术指标与测试结果

序号	测试项目	指标要求	指标测试结果	满足要求程度
1	测程范围	20000 ~ 100000 nT	20000 ~ 100000 nT	满足
2	分辨率	0.05 nT	0.05 nT	满足
3	采样周期	3 ~ 60 s	最小采样周期 3 s	满足
4	测量准确度	±0.5 nT	0.4 nT	满足
5	梯度容限	≥5000 nT/m	≥5000 nT/m	满足
6	工作环境温度	-20 ~ +55 ℃	-20 ~ +55 ℃	满足

2. 用户试验

2017 年 10 月 2 ~ 8 日，在内蒙古西乌珠穆沁旗毛登矿集区中的斯仁温都尔矿区，北京勘察技术工程有限公司负责组织开展了生产性试验，检验样机产品化、实用化水平，评价仪器的野外试生产各项精度指标。试验结果见表 2.4。

表 2.4 三台质子磁力仪的工程样机用户试验结果

检验项目	1 号机	2 号机	3 号机	合格标准
仪器噪声	0.5 nT	0.33 nT	0.28 nT	噪声均方差≤0.5
动态一致性	±0.43 nT	±0.24 nT	±0.14 nT	试验设计指标≤2.00
重复观测均方差	0.93 nT（检查点共计 201 个）			试验设计指标≤2.65

四、氦光泵磁力仪

（一）总体设计

光泵磁力仪的基本原理基于原子结构理论。电子绕原子核旋转、电子自旋、原子核自旋会产生磁矩，磁场中的原子受到力矩作用而进动，能级发生分裂形成塞曼能级。原子磁力仪的磁场测量原理为：原子在待测磁场中的进动频率与磁感应强度成正比，即 $f=rB$。通过测量原子在待测磁场中的进动频率即可实现磁感应强度的测量，其中 f 为进动频率（拉莫尔频率），r 为原子旋磁比，B 为磁感应强度。因此，通过光强变化检测到共振频率 f，从而得到磁场值。

氦光泵磁力仪是一种高精度的量子磁力仪，它基于 ^{4}He 原子的磁光共振技术，通过检测 Mz 信号构成跟踪式环路实现磁场测量。氦光泵磁力仪系统组成如图 2.26 所示。氦灯在高频激发器的作用下发出 1083 nm 泵浦光，首先经透镜变为平行光，再经圆偏振片和 $\lambda/4$ 片后变成圆偏振光，然后作用于吸收室中的氦气上。在外磁场作用下，亚稳态正氦产生塞曼分裂。在光泵作用下，氦原子磁矩取向一致。最终射频线圈所产生的射频能量打乱原子磁矩取向，产生磁共振作用。射频场是磁共振频率附近扫描的调频信号。光线经过吸收室后由透镜聚集于光敏元件，其产生信号相对应于射频场，该信号经放大器放大后进入相敏检波器，并产生一个直流误差信号，该直流信号经积分器积分后控制压控振荡器的输出基频，如此构成跟踪环路，测频器测出共振频率 f。氦光泵磁力仪的磁测表达式为 $f=\gamma B/(2\pi\mu_0)$，其中 γ 为氦（^{4}He）的旋磁比，可以得出最终关系式为 f（Hz）= 28.02356×B（nT），由共振频率 f 即可计算出待测外磁场值 B。

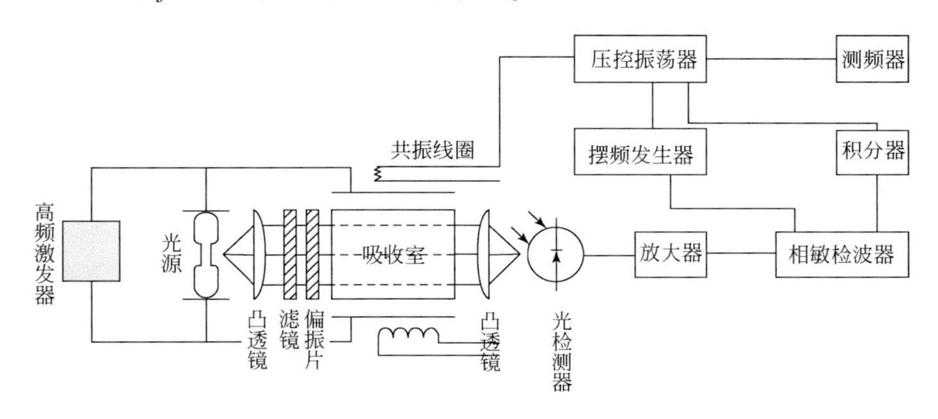

图 2.26　^{4}He 跟踪式氦光泵磁力仪系统组成

（二）关键部件研制

通过氦原子磁力仪的氦泵源分析和设计、氦原子汽室分析和设计、数字跟踪环路的信号处理软硬件设计等，研制新型小型氦灯和氦室、氦原子磁力仪的小型化探头、数字化的磁共振信号处理和检测电路等关键部件，增强光泵探头的抗噪声干扰，扩展磁场测量范围，提高梯度容限等，研制出 DGB-8 型高精度数字式氦光泵磁力仪工程样机。

1. 新型小型氦灯、氦室的制作

氦灯是氦原子磁力仪中光泵效应的泵源（高频气体放电光源），氦灯内充有一定气压的高纯度氦气，在高频电场的激励下，实现气体放电灯持续放电发光，发射 1083.025 nm 的 D1 线波段光谱，照射入氦吸收室中泵浦气室内的氦原子。为使光源集中为类似点光源，氦灯优化设计为哑铃状结构，中间收缩为一细管，令光源集中。制作的新型小型氦灯如图 2.27（a）所示，与原氦灯对比如图 2.27（b）所示。

对氦吸收室进行全新设计，根据磁传感器理论研究，在不影响磁传感器性能的前提下减小氦室，经过设计及制作工艺改进，小型的氦吸收室尺寸设计为 ϕ25 mm×50 mm。制作的小型氦吸收室如图 2.27（c）所示，与原氦吸收室对比如图 2.27（d）所示。

2. 小型高性能氦光泵探头的研制

小型氦光泵探头由激励源、启偏器、光敏元件等部分组成；光泵探头光系部分采用小型氦灯和氦室，光敏二极管整件采用无磁性材料。优化设计氦室尺寸和充气压力，提高光泵探头的梯度容限，同时缩小探头尺寸和降低质量，研制出的小高性能氦光泵探头如图 2.28所示。小型化探头相较于以前的氦光泵探头，尺寸缩小了 1/3，质量仅为 0.45 kg。

(a)小型氦灯

(b)小型氦灯与原氦灯对比

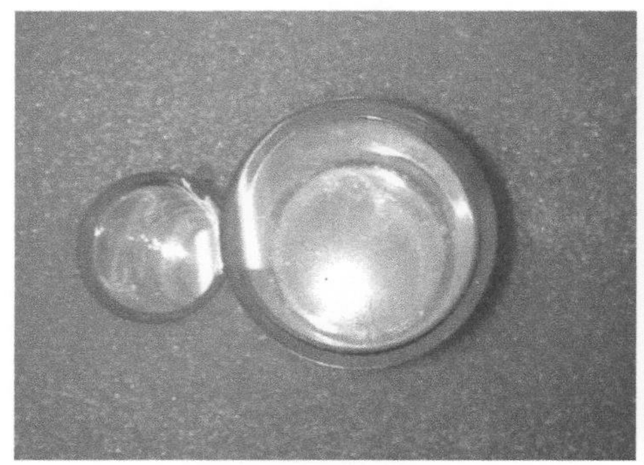

(c)小型氦吸收室

(d)小型氦吸收室和原吸收室对比

图 2.27 新研制的小型氦灯与氦吸收室

(a)小型氦光泵探头

(b)小型氦光泵探头与原探头的对比

图 2.28 研制的小型氦光泵探头实物图

3. 数字跟踪环路的研制

为解决传统模拟式跟踪环路容易受干扰、量程小、梯度容限低等难题，研制了 DSP+FPGA 的数字式跟踪环路。数字环路采用数字直接频率合成 DDS 技术替代压控振荡器 VCO，采用 PID 算法替代原模拟跟踪电路，在 DSP+FPGA 内嵌入环路软件处理磁共振信号，并实现信号检测，达到提高仪器量程和抗干扰能力的目的。数字跟踪环路结构如图 2.29所示，由光泵探头、功率源、前放与选频放大器、相敏检波器、低通滤波器、精密 ADC、高速 DAC、恒温晶振、DSP 和 FPGA 等组成。

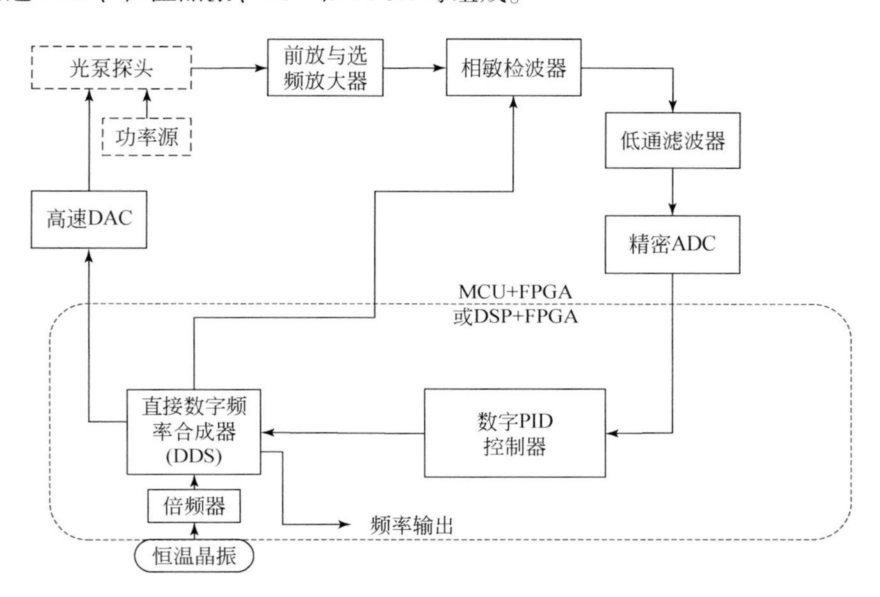

图 2.29　数字跟踪环路原理框图

数字跟踪环路的主要关键技术是信号处理和检测算法，它以 DSP+FPGA 作为硬件基础，采用低杂散拉莫尔正弦调频 DDS 技术、数字化磁共振检测闭环跟踪算法和信号处理算法，研制的数字环路和磁共振信号检测电路如图 2.30 所示。

图 2.30　数字跟踪环路和磁共振信号的检测电路

对研制的数字跟踪环路进行噪声处理，将输出值用带通滤波（通带0.06～0.4 Hz）处理后，磁场噪声峰峰值如图2.31所示。

数字跟踪环路的实测噪声峰峰值≤4.8 pT，按《航空磁测技术规范》（DZ/T 0142—2010）的四阶差分评价，噪声小于0.48 pT。

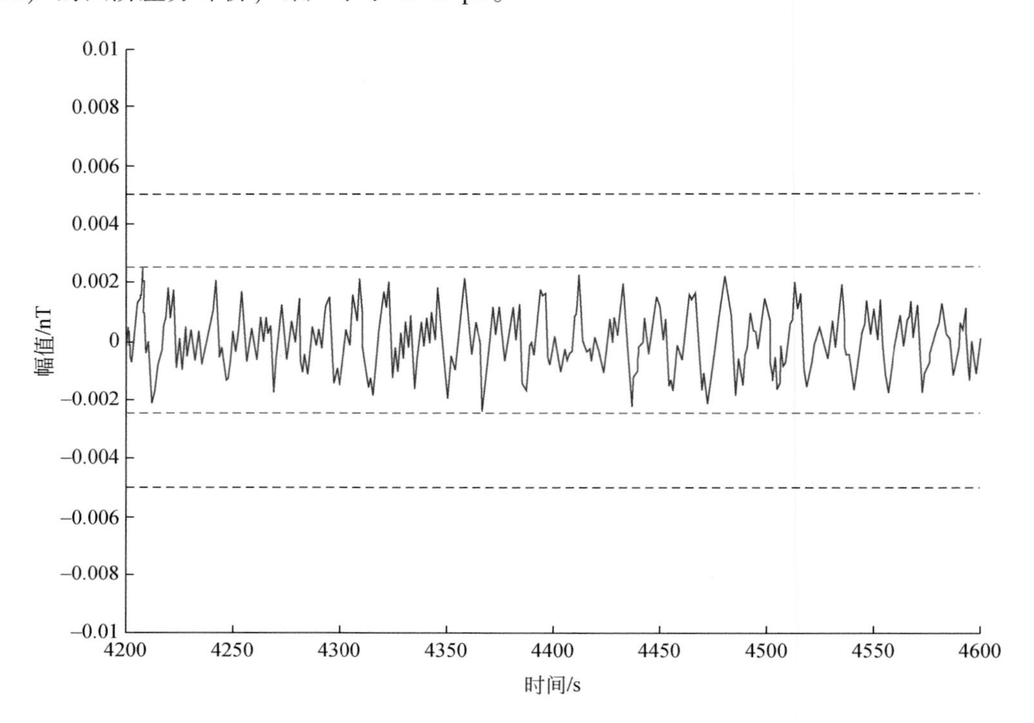

图2.31 数字跟踪环路的闭环跟踪噪声（通带0.06～0.4 Hz的噪声峰峰值）

4. 氦光泵磁力仪样机的研制

基于上述关键部件，研制了DGB-8型数字式高精度氦光泵磁力仪。工程样机如图2.32所示。

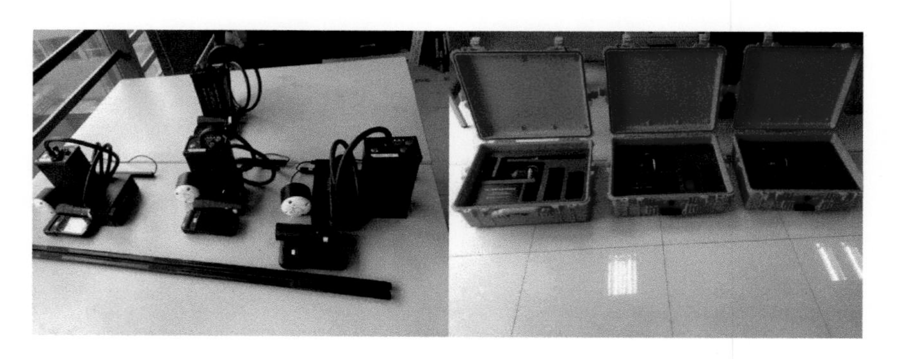

图2.32 DGB-8型数字式高精度氦光泵磁力仪样机

（三）技术指标与测试

1. 第三方测试

研制的DGB-8型数字式高精度氦光泵磁力仪样机在有资质的第三方机构进行了技术指标和软件的第三方测试。测试情况如下。

（1）中国计量科学研究院测试样机的总磁场测量范围（量程）、采样率、分辨率、静态噪声、一致性等指标。

（2）中船重工集团有限公司第710所国防科技工业弱磁一级计量站（宜昌测试技术研究所磁学检测校准实验室）对样机的总磁场测量范围、梯度容限等指标进行测试。

（3）中船重工集团公司第715所校准/检测实验室（中国船舶工业水声产品性能检测中心）对样机的工作环境温度、振动进行测试。

（4）浙江省电子信息产品检验所对软件进行测评，测评结果为通过。

DGB-8型数字式高精度氦光泵磁力仪的实际指标测试结果见表2.5。图2.33为DGB-8型数字式高精度氦光泵磁力仪的静态噪声测试结果。依据测试结果，DGB-8型数字式高精度氦光泵磁力仪的“总场测量范围（量程）”、“采样率”、“分辨率”、“静态噪声”、“一致性”等都满足指标要求。

表2.5 DGB-8型数字式高精度氦光泵磁力仪的技术指标与测试结果

序号	测试项目	指标要求	指标测试结果	满足要求程度
1	总磁场测量范围	20000～100000 nT	5500～128000 nT	满足
2	采样率	1～10 Hz	1～10 Hz（1 Hz、2 Hz、5 Hz、10 Hz可调）	满足
3	分辨率	0.001 nT	0.001 nT	满足
4	梯度容限	≥2000 nT/m	10000 nT/m	满足
5	静态噪声	≤0.005 nT（按航空磁测技术规范）	0.00125 nT	满足
6	一致性	≤0.5 nT（按航空磁测技术规范）	0.287 nT	满足
7	连续工作时间	≥24 h	≥24 h	满足
8	工作环境温度	-20～+55 ℃	-20～+55 ℃	满足

2. 用户地面磁法勘查应用

2017年8月22日至9月5日，在青海格尔木，将DGB-8型数字式高精度氦光泵磁力仪应用于牛苦头矿区的地面磁法勘查。用户单位：中国有色地科矿产勘查股份有限公司（负责单位）、云南铜业（集团）公司、青海鸿鑫矿业有限公司（业主单位）。

“青海省格尔木市牛苦头地区1∶10000低空航磁测量”项目由中国有色地科矿产勘查股份有限公司与青海省鸿鑫矿业有限公司联合勘查。采取低空航磁对青海格尔木牛苦头矿区进行磁法勘查，飞行平台为三角翼飞机，机载安装氦光泵航磁测量系统。本研究为牛苦头航磁测量提供了机载磁法测量仪器，同时将研制的DGB-8型数字式高精度氦光泵磁力

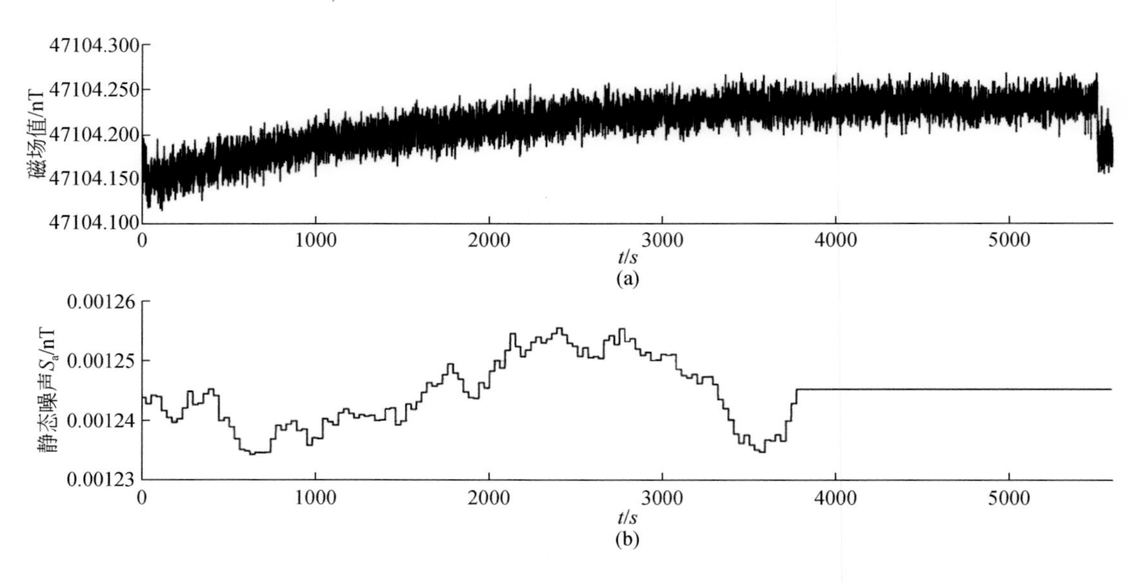

图 2.33 DGB-8 型数字式高精度氦光泵磁力仪的静态噪声测试结果

仪用于地面磁法勘查，作为辅助资料和比对。此次地面磁法勘查将地面磁法勘查数据与低空航磁、质子地面磁法勘查资料（历史数据）进行比对和验证。

地面磁法勘查完成的测线长约 12.5 km，勘查面积约 1.2 km^2。如图 2.34 所示为地面磁法勘查实际工作情况。通过数据处理分析，被测区域的四个磁异常分辨率较高，勘查结果与以前的磁法地面勘查资料（历史数据）比对，DGB-8 型数字地面磁力仪的地面磁法勘查结果与质子地磁勘查结果的磁异常形态基本一致，磁异常图形态清晰。

图 2.34 DGB-8 型氦光泵磁力仪和操作人员在野外的地面磁法测量

五、铯光泵磁力仪

（一）总体设计

铯光泵磁力仪的原理与氦光泵磁力仪类似，铯光泵磁力仪是采用铯原子（^{133}Cs）作为工作物质的光泵磁力仪。铯原子 D1、D2 线对应的波长为 894 nm、852 nm，各能级之间谱线间距很大，容易通过滤光片滤出单能级的光，因此铯光泵磁力仪具有较高的灵敏度。与氦光泵磁力仪不同，铯光泵磁力仪采用自激式方案，通过光强变化检测到共振频率 f 从而得到磁场值。类似地，铯光泵磁力仪的磁测表达式为 $f=\gamma B/(2\pi\mu_0)$，其中，γ 为铯（^{133}Cs）的旋磁比，最终关系式为 f（Hz）= 3.49857×B（nT），由共振频率 f 就可计算出待测外磁场值 B。

依据铯光泵磁力仪的光泵磁共振理论，铯光泵磁力仪的总体设计方案采用简单的垂直单光系探头。如图 2.35 所示，研制的铯光泵磁力仪包含三个部分：光泵探头、电子舱、显控（拉莫尔计数器、显示及控制、数据采集）。

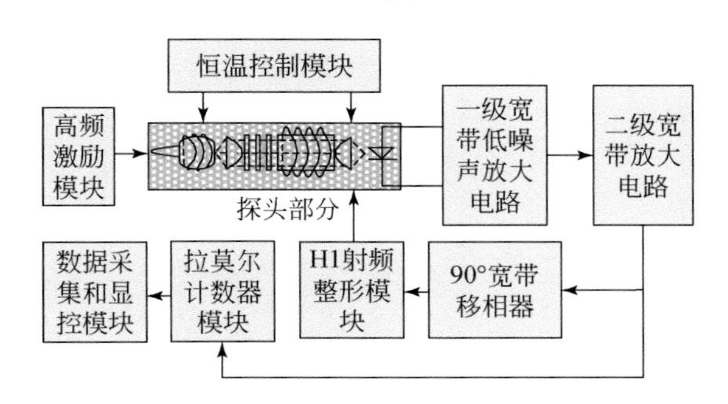

图 2.35 自激式铯光泵磁力仪系统组成

（二）关键部件研制

铯光泵磁力仪的关键部件包含铯灯、铯室、铯光泵探头、磁共振信号处理和检测电路。利用研制的铯真空排气台、铯灯室检测测试系统，将试制的铯灯、铯室进行测试和定量分析，获取铯灯室的技术参数，从而解决铯灯、铯室的制造技术和工艺。依据铯光泵磁力仪的物理基础，分析铯光泵探头的磁共振信号，解决铯光泵磁传感器探头的设计和制作。开展铯光泵磁力仪的磁共振信号处理系统研究，研制出铯光泵磁力仪的磁共振信号处理和检测电路，解决铯光泵灯的激励和恒温控制、磁共振信号调理、90°宽带移相、拉莫尔计数器电路等，实现对铯光泵传感器输出的磁共振信号的检测，并成功研制铯光泵磁力仪原理样机。

1. 铯灯、铯室制作

铯灯、铯室（铯吸收室）是铯光泵磁力仪的核心部件，铯灯、铯室的性能直接影响磁力仪的性能。如图 2.36 所示为制作铯灯、铯室专门设计的真空排气系统结构图。图 2.37 为 RS-B 型高真空系统实物图及由其制作完成的铯灯及铯吸收室。

2. 铯光泵探头的研制

铯光泵探头是铯光泵磁力仪的核心传感器，其结构如图 2.38 所示，包括铯灯、铯吸收室、探头光敏元件、入射和射出透镜、偏振片和 $\lambda/4$ 波片、滤光片、热敏电阻、磁共振信号的光敏元件、铯灯加热线圈、铯灯激励线圈、吸收室加热线圈、保温层等。

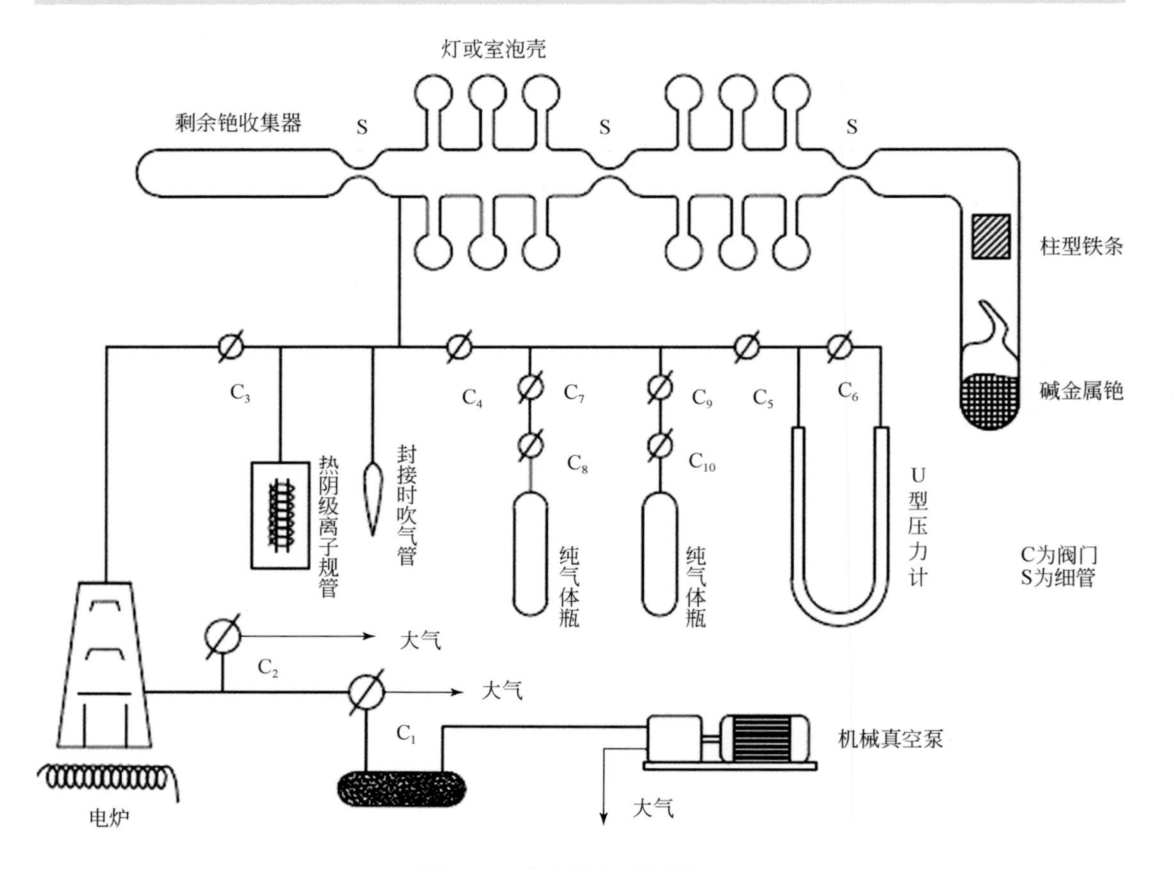

图 2.36　真空排气系统结构图

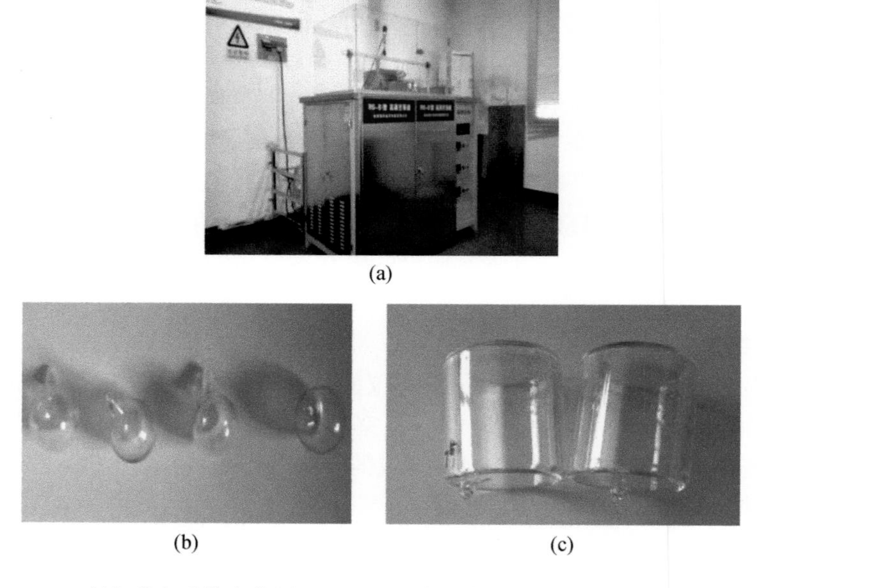

图 2.37　RS-B 型高真空系统实物图（a）及由其制作完成的铯灯（b）和铯吸收室（c）

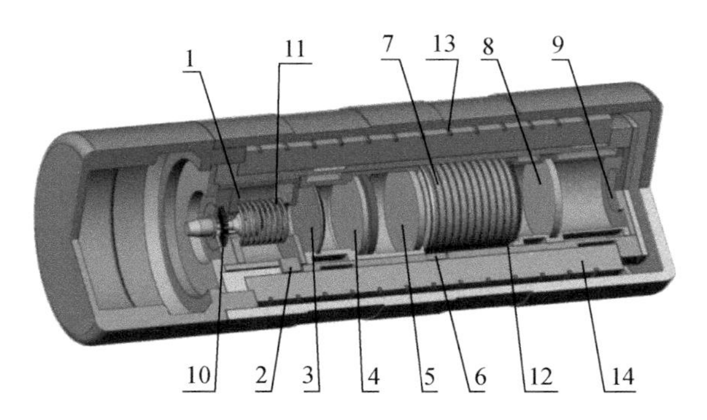

1. 铯灯；2. 探头光敏元件；3. 入射透镜；4. 偏振片和 λ/4 波片；5. 滤光片；6. 热敏电阻；7. 铯吸收室；8. 射出透镜；9. 光敏元件；10. 铯灯加热线圈；11. 铯灯激励线圈；12. 吸收室加热线圈；13. H1 线圈；14. 保温层等

图 2. 38　铯光泵磁力仪的探头构成

在铯光泵探头的光学设计中，①采用分裂波束设计，解决铯光泵磁力仪探头的方向误差；②利用铯吸收室恒温控制系统，精准控制铯吸收室恒温工作环境；③利用激励模块和光路控制系统，控制铯灯的激励发光，输出稳定的 894. 3 nm 的泵浦光。通过这些铯光泵磁力仪关键技术的解决，研制出铯光泵磁力仪传感器探头。图 2. 39 所示为研制的铯光泵探头部件。

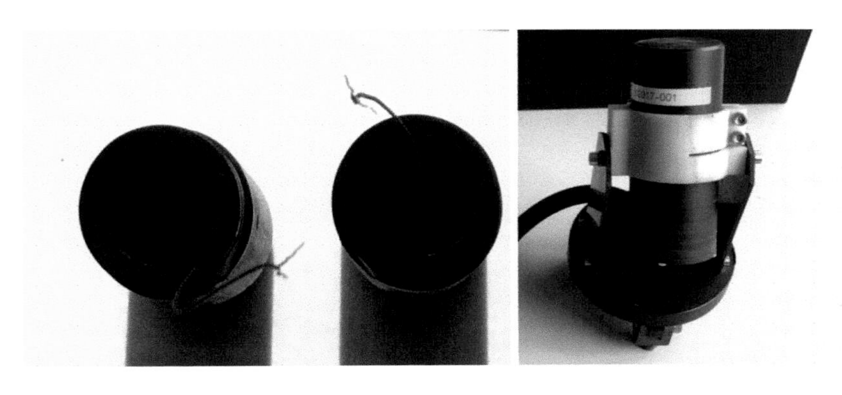

图 2. 39　铯光泵磁力仪的探头部件

3. 铯光泵电路和电子舱的研制

电子舱是铯光泵磁力仪关键的电路部件，包括铯灯激励电路、铯灯和铯室的恒温加热、信号处理电路（含宽带低噪声信号调理、90°宽带移相、信号检测等）、拉莫尔计数电路等。

1）铯灯激励电路

研制的铯灯射频激励模块如图 2. 40 所示，输出频率范围为 135 ~ 175 MHz，输出功率最大为 15 W，可实现频率、功率的独立调整；该激励模块具备良好的温度稳定性，环境温度在 25 ~ 85 ℃范围内，功率差异小于 0. 6 W，适合连续大时长的高强度工作；VCO 相位噪声单边带偏离中心频率 1 kHz 处相位噪声为 -70 dBc/Hz；功率源输出的效率高于 50%，满足铯灯稳定激励的要求。

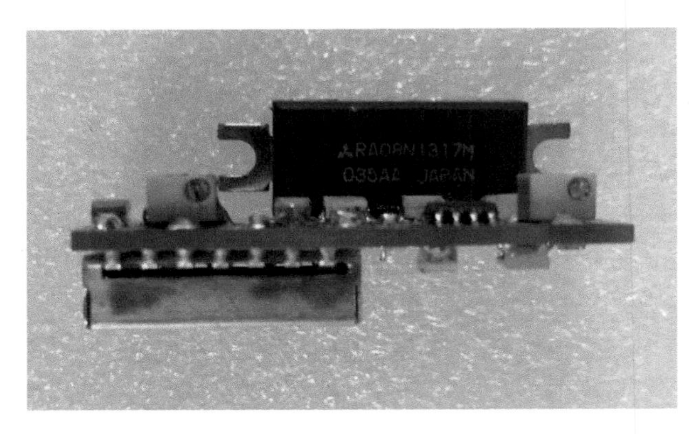

图 2.40　射频激励模块

2）铯光泵灯和铯吸收室的恒温加热

铯光泵磁力仪的吸收室需要在恒温条件下工作，且气室温度保持在 50 ℃左右。研制的交流加热模块如图 2.41 所示，该模块恒温可调范围 40～70 ℃，稳定后温度动态变化小于 0.5 ℃；同时，为减小加热磁噪声及可能的电磁辐射噪声，选用远离磁力仪正常工作频率的 5 kHz 作为交流加热频率，远离铯光泵磁力仪 20000 nT 对应的共振频率 70 kHz，远小于信号调理电路的通带外；双绞式交流加热抵消了加热电流带来的磁噪声，降低了加热系统对传感器测磁的影响。

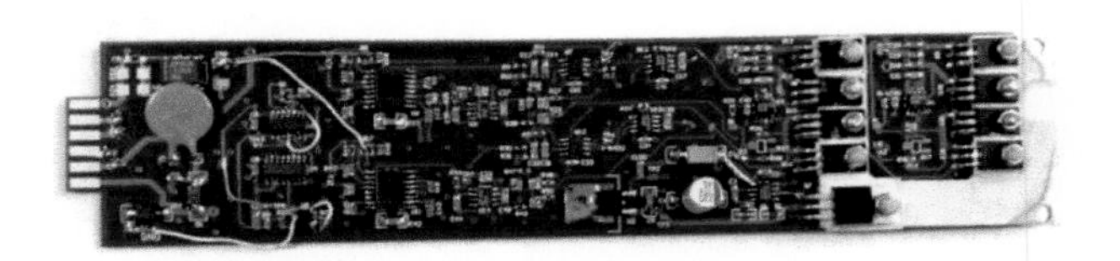

图 2.41　交流加热和恒温控制模块

3）磁共振信号处理电路

研制的信号处理模块如图 2.42 所示，电路的输入为探头光敏元件检测到的磁共振光电信号，该光电信号在 μA 级，需对该光电信号进行小信号低噪声调理，提高信号幅值，经过调理后将提高了信噪比的信号分成两路：一路经过整形成方波输出给计数器，完成频率的提取计算；另一路经过 90°移相补偿网络，该移相补偿网络包括拉莫尔线圈部分感抗带来的相移，使输出信号相对于输入信号为同相信号，满足自激振荡的相位条件。宽带信号调理电路的带宽为 30～600 kHz，满足要求的磁场测量范围。

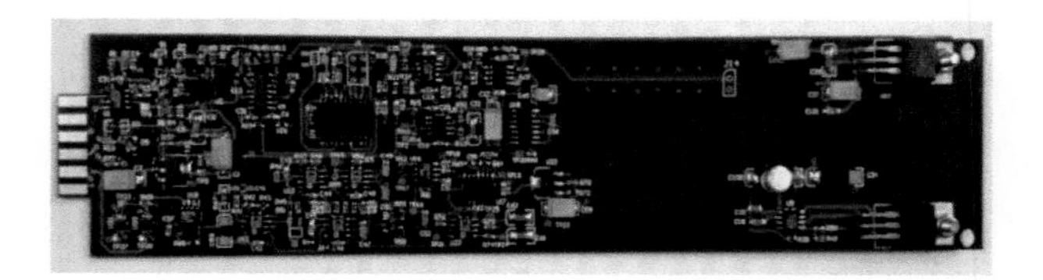

图 2.42　宽带信号处理模块

4）高精度拉莫尔计数器

高精度计数器采用 4 路等相位间隔的频标组计数器，在等精度计数器的基础上增加 PLL 相位锁定器、沿触发锁存器、基准时钟计数器修正等模块，精度提高一个量级，采样率 1 Hz 下可达到 0.04 pT。高精度计数器模块如图 2.43 所示，由 FPGA+DSP 实现。

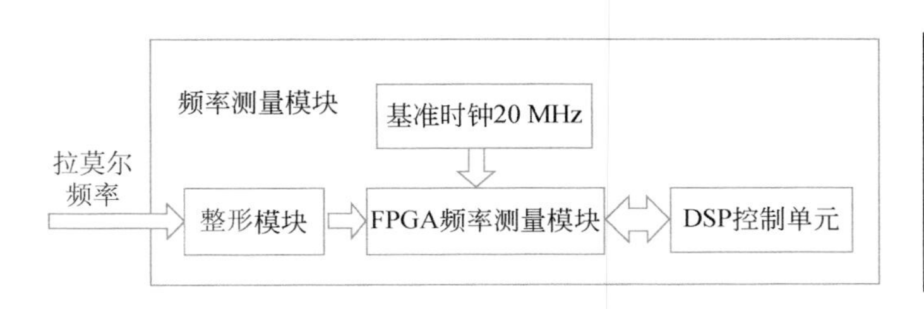

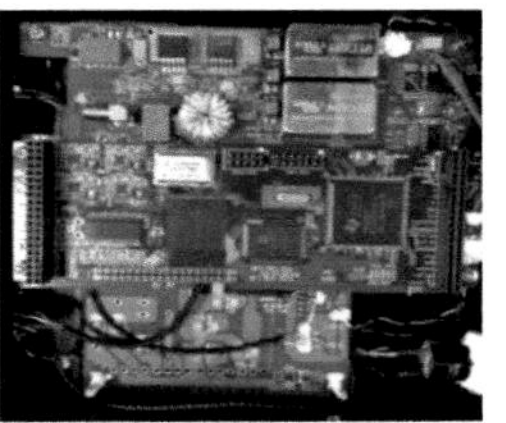

图 2.43　高精度拉莫尔计数器

图 2.44 为研制的自激式铯光泵磁力仪电子舱。

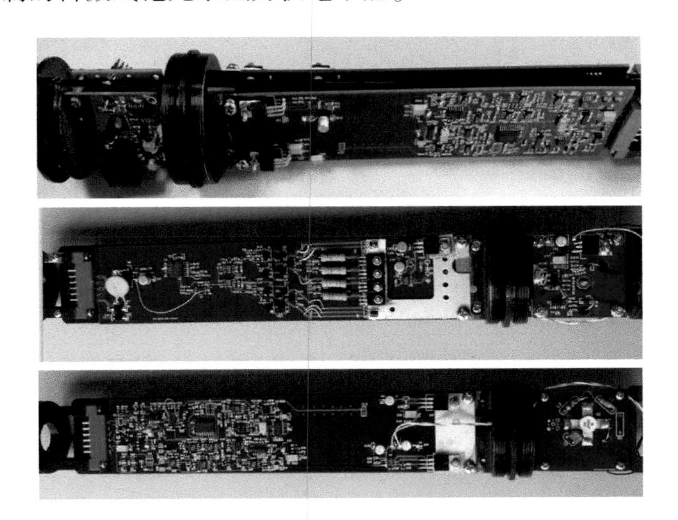

图 2.44　自激式铯光泵磁力仪的电子舱

4. 铯光泵磁力仪原理样机的研制

铯光泵磁力仪的结构分为五部分：探头、线缆、电子舱、电源信号线缆和计数器。图 2.45为研制的铯光泵磁力仪原理样机。

（三）技术指标与测试

研制的铯光泵磁力仪原理样机在有资质的第三方机构进行了技术指标的第三方测试，由中船重工集团公司第 710 所国防科技工业弱磁一级计量站（宜昌测试技术研究所磁学检测校准实验室）测试样机的总磁场测量范围（量程）、静态噪声、梯度容限等指标。

依据铯光泵磁力仪原理样机的测试报告（磁–［2017］–0398），实际测试指标结果见

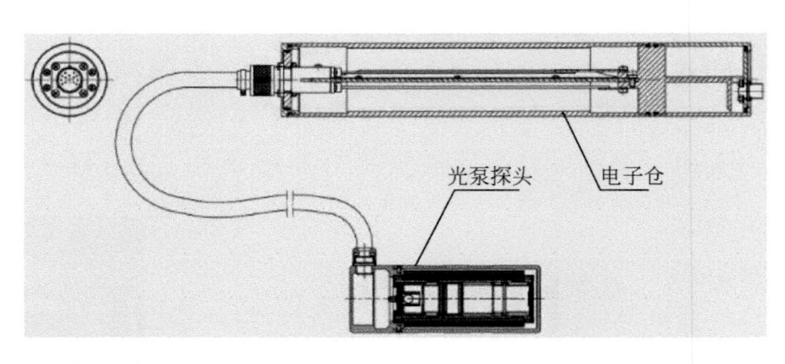

图 2.45　铯光泵磁力仪原理样机

表 2.6。依据测试结果，铯光泵磁力仪原理样机的“测程范围”“静态噪声”“梯度容限”“光电检测器转换的电信号”等都满足指标要求。

表 2.6　铯光泵磁力仪原理样机的技术指标与测试结果

序号	测试项目	指标要求	指标测试结果	满足要求程度
1	铯光泵输出光信号经光电检测器转换的电信号	≥0.5 mV	1 V（放大 35 倍）	满足
2	测程范围	20000～100000 nT	14965～104947 nT	满足
3	静态噪声	0.01 nT	0.008 nT	满足
4	梯度容限	≥5000 nT/m	8000 nT/m	满足

六、动态激发核磁共振磁力仪

（一）总体设计

1. 仪器原理

动态激发核磁共振磁力仪自由基样品溶液中电子系统与原子核系统间的相互作用，使这两种自旋系统相互耦合。用较大功率的交变磁场作用于样品，利用游离基的电子自旋共振和质子的核磁共振这两重共振，增大核磁共振信号的强度，质子的磁化可以达到5000倍左右，强烈极化的质子绕地磁场作旋进运动，测量电路测出旋进频率，即可测出地磁场强。

2. 系统组成

动态激发核磁共振磁力仪主要由OVERHAUSER探头、调谐，整形放大、频率测量、主控CPU、显示、键盘等部分组成（图2.46）。

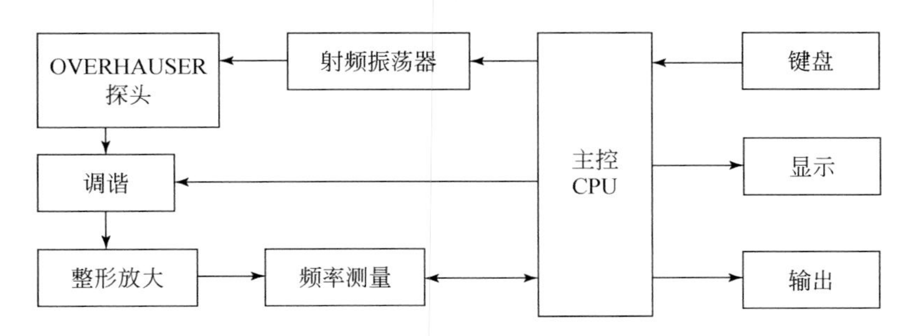

图2.46　动态激发核磁共振磁力仪系统组成

传感器作为地磁场的感应器件，包含射频线圈、低频线圈及盛有自由基溶液的同轴谐振腔等部分，是整个仪器的核心，它的优劣会严重影响测量的精度。

模拟电路是对传感器产生射频和低频极化激励信号，对接收到的拉莫尔旋进信号进行配谐、滤波、放大、整形等信号调理工作，为后续数字电路进行频率测量提供优质信号。

数字电路是最终进行采集、测量、显示、存储以及人机交互的重要部分，是基于DSP+CPLD的多功能高精度频率测量电路。其中CPLD负责对频率的测量计数操作，DSP负责将CPLD获取的频率计数值转化成地磁场强度，并对传感器极化激励、模拟电路配谐、AD转换以及显示存储进行控制。

电源电路主要包含主电源管理电路、电源保护电路及模拟和数字电路等供电电路，仪器采用可充电的铅酸蓄电池作为电源，所以设计了防反接保护及过压保护等功能；为增强仪器可靠性和便携性，设计了按键控制电源通断电路；根据模拟电路和数字电路自身电源需求特点，设计了电源转换电路，保证各部分互不干扰独立供电。

（二）关键部件研制

1. 极化样品的研制

在自由基溶液配置方面，研究了地磁场中DNP（动态核极化）因子的影响规律，通过对弱场中DNP因子的测量和对比，不断优化传感器溶液的掺杂方法，包括自由基的浓度、含氧量、其他抗磁性离子和杂质的掺杂量，获得高DNP因子的传感器溶液，最终确定最佳自由基溶液组分配方，这是动态核极化磁测的关键技术。

目前所有的Overhauser磁力仪探头中的溶液均为氮氧自由基类化合物溶液，氮氧自由基类化合物溶液的激发是该类仪器的关键。不同浓度或不同溶剂的自由基溶液，所用的激发频率及频率带宽不一样，并且溶液的极化程度与所用的激发功率和激发持续时间有关，而溶液的极化程度直接关系到探头输出信号的信噪比和仪器的测量精度，因此研究 Overhauser 磁力仪探头中自由基溶液的激发对该类仪器的设计具有重要意义。

极化样品的研究主要从三个方面进行。

（1）自由基未配对价电子位于核周围，通过强磁场下电子顺磁共振实验可以测定自由基与氮核的超精细耦合常数，从而确定未配对价电子与氮核及其他邻近核相互作用的强弱，搞清核周围的局部磁场（local field）、电子共振频率与自由基种类的关系。

（2）自由基浓度越低，自由基与氢核之间的距离较远，从而降低了 DNP 因子；自由基浓度过高，自由基磁矩发生翻转，从而使 DNP 因子降低。可见，自由基的浓度对获得高 DNP 因子至关重要。在前期研究基础上，通过大量实验精确确定自由基的浓度，使溶液具有高 DNP 因子。

（3）溶液中存在 O_2 会显著降低 DNP 因子，通过研究溶液在不同含氧量时的 DNP 因子，从而对溶剂脱氧的程度有明确了解，并为脱氧的方法提供参考。同理，其他抗磁性离子和杂质也可用上述方法研究。有文献表明，溶液中掺杂适量的顺磁金属离子可以提高 DNP 因子，对此问题进行了相应的验证工作。

2. 谐振腔的研制

谐振腔是传感器对工作物质提供极化（激发）能量的输出装置，其合理的设计对极化效果有直接的影响。我们在前期研究的鸟笼线圈基础上，利用美国 Ansoft 公司 HFSS（High Frequency Structure Simulator）高频电磁场仿真设计软件，建模仿真研究同轴短路谐振腔导体上的电流分布、空间磁场分布、腔中所激励的磁场模式，通过仿真、优化，实现腔中磁场的均匀，设计出一种同轴谐振腔，通过加工、测试，以解决鸟笼线圈的一些固有问题，如易与外部环境耦合导致其特性参数发生改变，激励频率也随之发生变化的现象，以及射频信号易受外界电磁干扰且在边缘处磁场不均匀，线极化程度不高，无法实现圆极化等问题。

新设计的同轴谐振腔显著提高了谐振腔的 Q 值、稳定性和抗干扰能力，从而提高了射频极化效率，达到增强共振信号的目的。研制的谐振腔部件如图 2.47 所示。

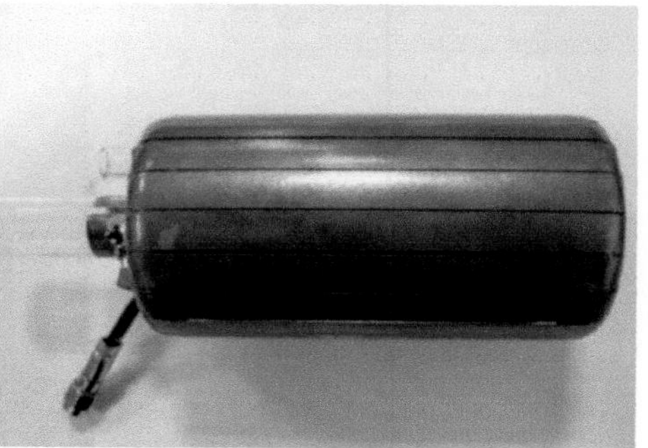

图 2.47 射频谐振腔实物

3. 动态激发源的研制

在直流极化和高频激励的双重作用下，自由基溶液发生电子顺磁共振，产生动态核极化，并使合磁矩与环境磁场产生一定夹角。在同时撤离直流极化与高频激励之后，自由基溶液合磁矩围绕着环境磁场旋转，产生拉莫尔信号（图 2.48）。

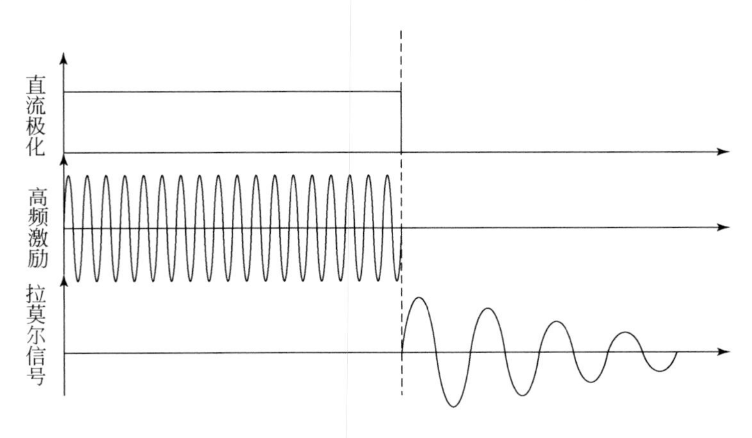

图 2.48 磁力仪测量时序图

直流极化的作用是给探头提供一个微弱的磁场。在这个磁场作用下，探头总磁场方向与环境磁场方向产生偏差，自由基溶液合磁矩方向也会跟着改变。当迅速关断极化场，自由基溶液合磁矩围绕着环境磁场旋转，产生拉莫尔信号。当存在高频激励极化磁场时，自由基溶液极化度很高，只需要比较弱的直流极化场就可以产生非常大的宏观磁矩。

高频激励源由信号源电路和功放电路构成，结构图如图 2.49 所示。根据实验要求设计频率为 70 MHz 的高频信号源，输出的射频信号经过功率放大电路，最终获得功率为1 ~ 3 W 的正弦波信号，该正弦波信号激励探头中的高频线圈，实现射频极化。

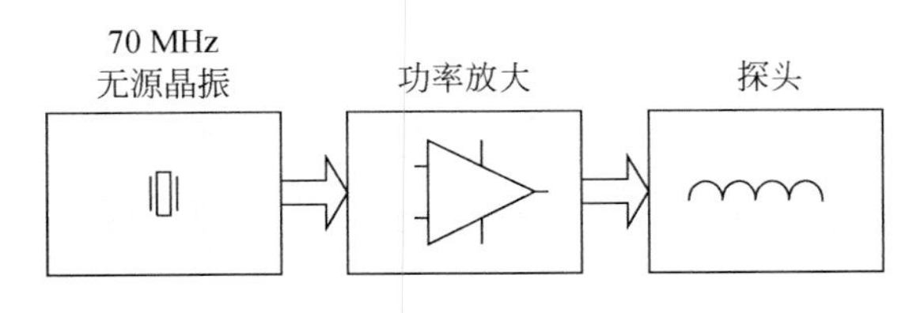

图 2.49 高频激励源结构图

高频激励和直流极化都是由主控芯片控制的，通过高低电平来控制极化状态。在正常的测量中，高频极化和直流极化需要同时开启，并同时关闭。

4. 探头的装配与测试

探头由射频线圈、低频线圈及盛有自由基溶液的同轴谐振腔装配到保护外壳而成，探头的所有材质都是经过仔细选择的非磁性物，以最大提高信噪比。探头尺寸很小，材质也好，很轻又牢固。探头方向性很小，在赤道附近也可对磁场进行精确地测量，在野外测量时可以不必注意探头的放置方向。

5. 样机的主机电路研制

仪器主机电路由模拟电路、数字电路、电源电路三部分组成，其中模拟电路包括射频激励、极化电路、信号调理等，数字电路包括整形电路、CPLD 可编程逻辑器件、ADC 模数转换、DSP 信号处理等。仪器主机电路原理框图如图 2.50 所示。

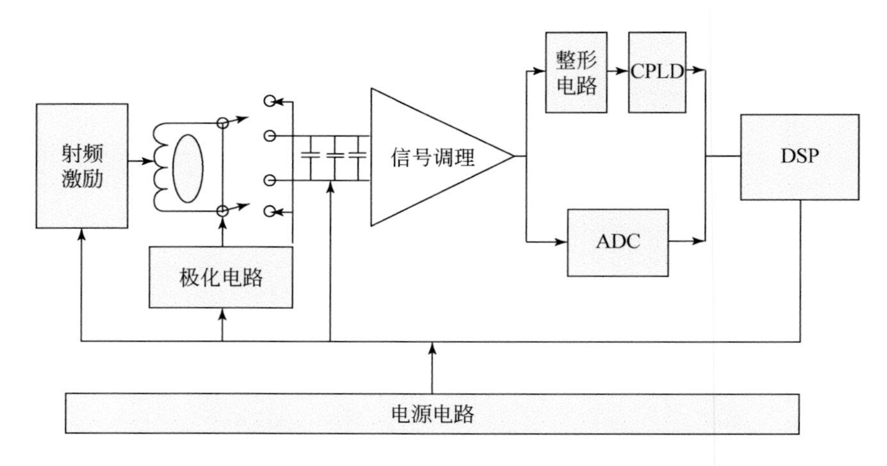

图 2.50 动态激发核磁共振磁力仪主机电路原理框图

仪器工作流程：由数字电路控制模拟电路中的射频和低频极化电路对传感器进行极化操作，并将传感器同后级电路断开；待极化操作完成，使传感器同极化电路断开，与后级电路相连，并根据谐振频率，更改配谐电容的值使其达到谐振状态，此时衰减的旋进信号经谐振之后交由调理电路处理；然后进行滤波放大整形处理，分成两路，一路输送到 AD 转换器中供数字电路对信号进行采集，另一路整形成方波信号供 CPLD 进行频率测量。数字电路对信号进行计算、显示、存储操作，以得到准确的地磁场强度。

6. 样机的软件研制

本系统软件设计采用模块化结构设计，从上到下将系统程序划分成若干个模块，每个模块可以独立完成相应的功能，并且模块之间功能不重复。层级区分明显、功能恰当归类以及信息布局合理，可以通过按键进行界面的切换，进行配谐电容值输入、仪器信息查看等操作。操作更加方便易懂，编程上更加清晰、更加容易，为以后的程序升级拓展提供良好的框架结构。图 2.51 为整个软件的功能模块框图，框图中包含各级界面。

研制的动态激发核磁共振磁力仪原理样机如图 2.52 所示。

（三）技术指标与测试

动态激发核磁共振磁力仪原理样机经过了技术指标和软件第三方测试。测试内容包括：①中国计量科学研究院对测程范围、静态噪声和采样周期指标进行了测试，确认达到任务书规定的指标要求；②国家信息中心软件测评中心于 2017 年 10 月 20 日完成对软件的测评。磁力仪原理样机技术指标测试结果见表 2.7。

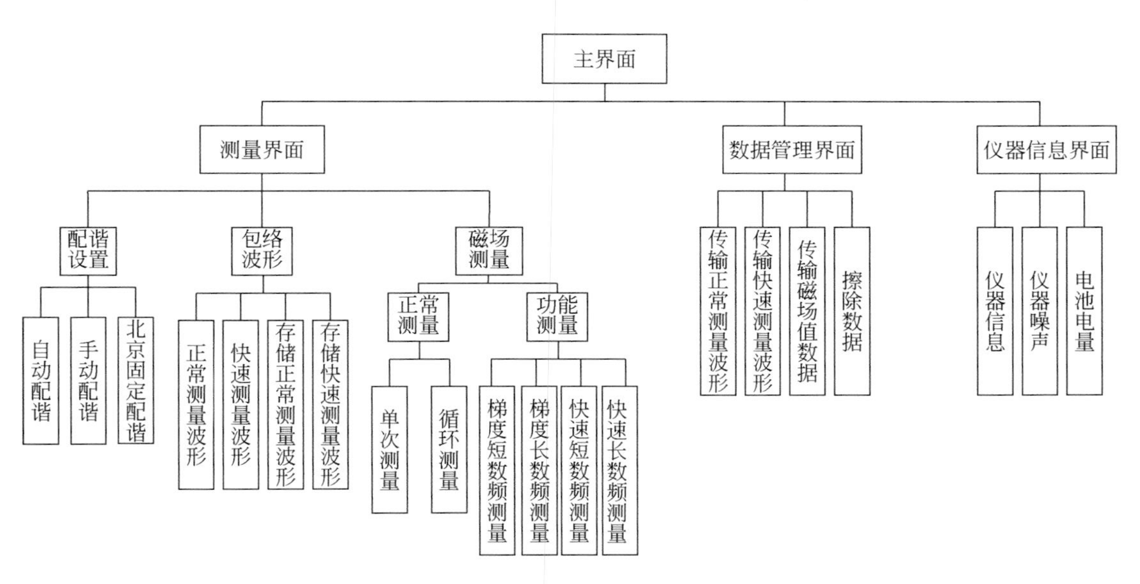

图 2.51　软件功能模块框图

图 2.52　动态激发核磁共振磁力仪样机

表 2.7　动态激发核磁共振磁力仪技术指标测试结果

序号	名称	技术指标要求	实测结果	满足要求程度
1	测程范围	20000 ~ 120000 nT	20000 ~ 120000 nT	满足
2	静态噪声	0.01 nT	0.01 nT	满足
3	采样周期	0.2 ~ 5 s	0.2 ~ 5 s	满足

第三节　方法创新与软件系统

一、方法技术创新

为提高重磁勘探数据处理解释的精度和效果，联合地震、电法等方法，开展了多种方法技术创新，包括直流电阻率与极化率三维反演方法、重磁三维约束反演方法、重震匹配三维反演技术、地磁与井中磁测联合多参量三维反演技术等。

1. 直流电阻率与极化率三维反演方法

本研究开展了直流电阻率与极化率三维反演方法的研究工作。本节介绍其方法原理，并通过模型试验和实测数据来验证反演算法的有效性。目前电阻率/极化率反演主要有以下四种方法，主要是偏导数的计算问题，各有其优缺点：①Pelton 等（1978）利用参考数据库中数据插值计算偏导数，实现了激发极化二维最小二乘反演方法；②Sasaki（1994）利用电位函数与模型参数间的简单关系，改进了反演中偏导数的计算，以适应复杂地电断面的反演解释；③阮百尧等（1999）给出了一种激发极化二维反演方法，其网格单元中的电阻率和极化率参数呈线性变化；④Oldenburg 和 Li（2000）在电阻率法反演的基础上，实现了激发极化数据的非线性反演方法。我们结合 Oldenburg 和 Li 的非线性反演方法来实现三维电阻率法反演与激发极化法反演与解释。

1）方法原理

直流电阻率与极化率方法所建立的地下电场均可作为稳定电流场处理。依据电流场强度公式可以推导出稳定电流场的基本微分方程为

$$\nabla \cdot (\sigma \nabla U) = -I\delta(x-x_0)\delta(y-y_0)\delta(z-z_0) \tag{2.1}$$

式中，U 为电位；σ 为岩石的电导率；I 为电流强度。直流电阻率正演采用不完全乔列斯基分解共轭梯度法（ICCG），利用 ICCG 算法并结合矩阵的紧缩存储避免了大量零元素参与计算，使得电阻率正演计算量减少，收敛速度快。

激发极化法反演目标函数可以表示为

$$\psi(\boldsymbol{m}) = \psi_m(\boldsymbol{m},\boldsymbol{m}_0) + \mu(\psi_d(\boldsymbol{d},\boldsymbol{d}_0) - \psi_d^*) \tag{2.2}$$

式中，$\boldsymbol{m}_0$为反演初始模型；ψ_m和 ψ_d分别为目标函数约束模型和数据拟合部分；μ 为拉格朗日因子；$\psi_d{}^*$ 为反演目标拟合差，通常与观测数据量相关。ψ_m和 ψ_d的计算公式为

$$\begin{aligned}\psi_m(\boldsymbol{m},\boldsymbol{m}_0) &= \| \boldsymbol{W}_m(\boldsymbol{m}-\boldsymbol{m}_0) \|_2^2 \\ \psi_d(\boldsymbol{d},\boldsymbol{d}_0) &= \| \boldsymbol{W}_d(\boldsymbol{d}-\boldsymbol{d}_0) \|_2^2\end{aligned} \tag{2.3}$$

式中，$\boldsymbol{W}_m$为光滑因子或者拉普拉斯矩阵，是三个坐标方向上的二阶偏导算子；$\boldsymbol{W}_d$为数据的权重。反演的灵敏度矩阵定义为

$$\boldsymbol{J}_{ij} = -\sigma_{b_j}\frac{\phi_\sigma^i}{(\phi_\eta^i)^2}\boldsymbol{G}_{ij} \tag{2.4}$$

对于雅克比矩阵的处理，通常采用 Rodi 方法来计算雅克比矩阵 $\boldsymbol{G}$ 与任意向量 $\boldsymbol{x}$ 的乘积 $\boldsymbol{Gx}$，以及雅克比矩阵的转置 $\boldsymbol{G}^{\mathrm{T}}$与任意向量 $\boldsymbol{y}$ 的乘积 $\boldsymbol{G}^{\mathrm{T}}\boldsymbol{y}$，因此加快了反演计算速度。

2）模型试验对比及应用

设计低阻高极化阶梯状为目标体的电阻率模型和充电率模型，如图 2.53（a）所示，采用阶梯状低阻高极化模型，目标体电阻率为 40 Ω·m，充电率为 15%；背景围岩的电阻率为 100 Ω·m，充电率为 15%。供电方式采用中梯装置［图 2.53（b）］。

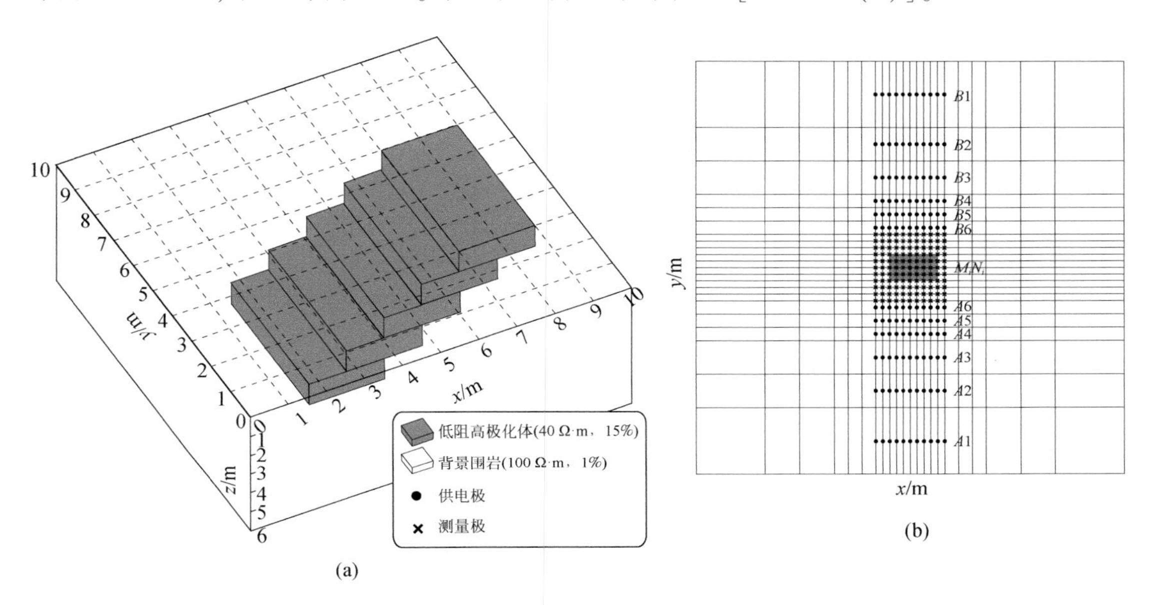

图 2.53　三维反演理论模型（a）和电极分布（b）

红色圆点为供电极，蓝色叉为测量极，绿色框为研究核心区，也就是（a）在空间模型地表的投影

对不同区域数据（未加入白噪声）进行加权后反演计算得到结果如图 2.54 所示。数据加权方式为：对目标异常体在地表投影所覆盖观测点数据加权 1.0 或 0.2，与之对应，将非覆盖区数据加权 0.2 或 1.0。反演结果表明，当异常目标体在地表投影区域观测数据权重大于其他区域时，反演结果［图 2.54（e）和 2.54（f）］最优；而目标体投影区域数据，参与计算的权重较低时，电阻率反演结果［图 2.54（g）］可以圈定出两到三层深度低阻块体的位置，而极化率反演结果［图 2.54（h）］则只能识别低阻目标体的浅层边界位置。结论表明，离目标异常体近的观测数据对目标体更敏感，在每次反演迭代计算中对模型修正量的贡献最大；反之，远离目标体的数据，对每次迭代计算中模型修正量的贡献较小。所以当目标投影区覆盖数据权重大于其他区域数据时，反演效果最好。

应用直流电阻率和极化率方法在甘肃某金属矿开发远景区进行调查研究。观测电极装置采用中间梯度装置。电极距为 50 m，测线之间距离为 100 m。根据观测数据空间可以设计反演模型空间尺度为 800 m×1200 m，三维模型空间网格块体剖分最小单元尺度为 50 m。反演计算得到如图 2.55 所示的三维电阻率和充电率分布结果。反演结果的浅部与视电阻率和视极化率等值线结果圈定的低视电阻率和高极化率异常（虚线圈区域）具有较好一致性，虚线圈定区域吻合较好。尤其是在北部的低阻高极化区域对应较好，而南部的低阻高极化空间分布对应不是很好，需要更进一步的调查工作进行确认。

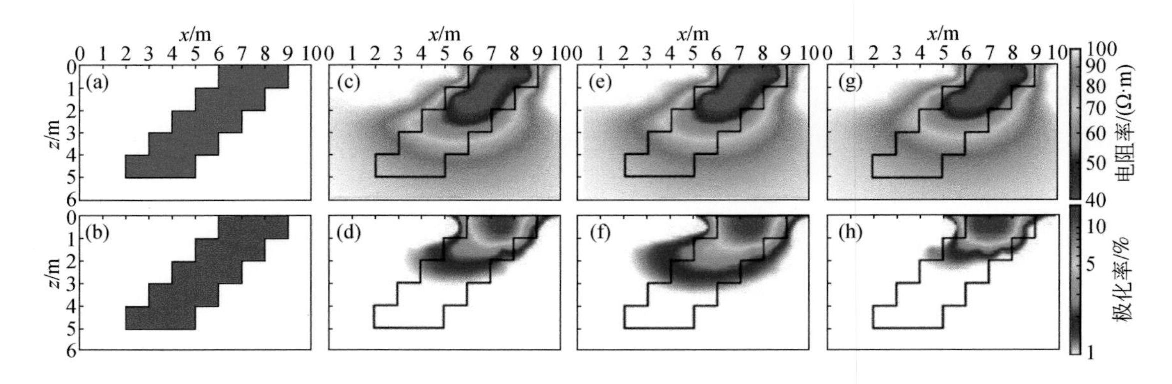

图 2.54 电阻率和极化率三维反演模型试验

(a) 和 (b) 分别为理论模型主剖面电阻率图和充电率图；(c)~(h) 为未加入高斯白噪声时对观测数据取不同权重因子时的反演结果［其中 (c) 和 (d) 对所有观测数据权重均取 1.0；(e) 和 (f) 对目标异常体在地表投影覆盖区数据取权重为 1.0，而其他区域数据取 0.2；(g) 和 (h) 对标异常体在地表投影覆盖区数据取权重为 0.2，其他区域数据取 1.0］

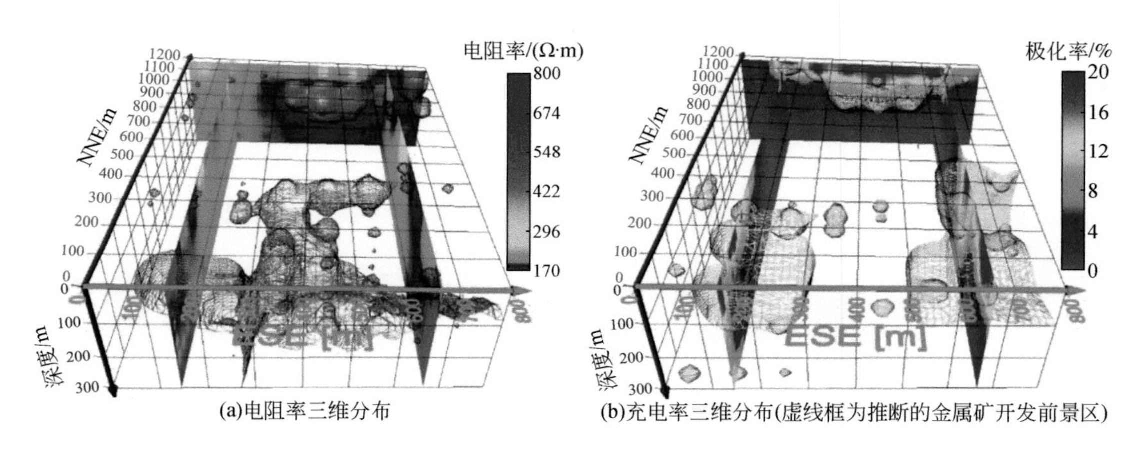

图 2.55 电阻率和极化率反演结果图

2. 重磁三维约束反演方法

1）方法原理

本节介绍三种重磁反演算法，分别为光滑反演、聚焦反演、稀疏反演。这些方法的优点和缺点不同，有着各自适用的情况。

重磁三维反演通常表示为一个约束优化问题，反演的目标函数为

$$\min \quad \varphi(\boldsymbol{m})=\varphi_d(\boldsymbol{m})+\mu\varphi_m(\boldsymbol{m})$$
$$\text{s.t.} \quad \boldsymbol{m}_{\max}>\boldsymbol{m}>\boldsymbol{m}_{\min} \tag{2.5}$$

式中，$\boldsymbol{m}$ 为密度差或磁化率向量；μ 为正则化因子；$\boldsymbol{m}_{\min}$ 和 $\boldsymbol{m}_{\max}$ 分别代表物性下界和上界。φ_d 是数据拟合目标函数，定义了预测数据与观测数据的拟合程度，其矩阵形式为

$$\varphi_d(\boldsymbol{m})=\|\boldsymbol{W}_d(\boldsymbol{d}-\boldsymbol{G}\boldsymbol{m})\|_2^2, \tag{2.6}$$

式中，$\boldsymbol{W}_d$为对角数据加权矩阵，其第 i 个对角元素为第 i 个观测数据的噪声标准差的倒数；$\boldsymbol{G}$ 为重磁异常正演的核函数矩阵。φ_m为模型目标函数，定义了模型的构造复杂程度，对于不同的反演算法，模型目标函数有不同的形式。

光滑反演（Li and Oldenburg，1996，1998，2003）的模型目标函数形式为

$$\varphi_m^{\text{smooth}}(\boldsymbol{m}) = \|\boldsymbol{W}_m\boldsymbol{Z}\boldsymbol{m}\|_2^2, \tag{2.7}$$

式中，$\boldsymbol{W}_m$为最小模型项和最平坦模型项组成的加权矩阵；$\boldsymbol{Z}$ 为深度加权矩阵。

聚焦反演（Porniaguine and Zhdanov，2002）的模型目标函数形式为

$$\varphi_m^{\text{focusing}}(\boldsymbol{m}) = \sum_{j=1}^{M} \frac{w_j^2 m_j^2}{m_j^2 + \varepsilon^2}, \tag{2.8}$$

式中，w_j代表对角（广义）深度加权矩阵的第 j 个对角元素；ε 为非常小的常数，我们通常将其设置为 10^{-10}，以避免 $m=0$ 时目标函数奇异。

稀疏反演（Li et al.，2018）的模型目标函数形式如下，即

$$\varphi_m^{\text{sparse}}(\boldsymbol{m}) = \|\boldsymbol{Z}\boldsymbol{m}\|_p^p, \quad 0 \leqslant p \leqslant 1, \tag{2.9}$$

式中，p 值通常设置为 0。

对式（2.5）中的目标函数进行极小化，即可得到对应反演算法的迭代方程，然后可以采用预处理共轭梯度法求解最终反演结果。此外，本节从软件实用化角度，也开展大数据重磁三维反演高速算法的工作，最终采用了小波压缩、数据自适应采样、核函数快速生成，以及 CPU 并行计算相结合的策略，大幅减少了内存消耗和计算时间。

2）模型试验对比及应用

本节利用上述三种反演算法对同一个模型进行反演，来确定各种算法的优缺点，以及适用情况，来进一步引导用户针对特定的情况选用对应的算法。

为了检验反演算法的横向和纵向分辨率，本节设计了一个倾斜薄板模型，其磁化率为 0.05 SI。地磁场强度为 50000 nT，倾角和偏角分别为 75°和 25°。地表磁异常数据为 21×21 的网格数据，网格间距为 50 m，磁异常如图 2.56 所示，其中加入了 2% 的高斯噪声。

采用上述三种算法，对图 2.56 所示磁异常数据进行反演。地下模型剖分为 40×40×30 的立方体单元，立方体的边长为 25 m，即立方体单元为地面网格间隔的一半。反演结果切片图如图 2.57 所示。其中，（a）和（b）为光滑反演结果，（c）和（d）为聚焦反演结果，（e）和（f）为稀疏反演结果。可以看出，当给定正确的磁化率上界时，三种算法都成功恢复出了倾斜薄板模型。光滑反演的结果较为模糊，边界难以确定，深部分辨率低。聚焦反演相对光滑反演有所改善，但深部分辨率依然不高。稀疏反演结果则与真实模型最接近。从计算时间角度来讲，光滑反演和聚焦反演耗时较少，稀疏反演则耗时较多。

对于实际数据试验，我们选择将这三种重力异常反演算法应用到墨西哥萨卡特卡斯州圣尼古拉斯硫化物铜锌矿区重力数据反演。该矿床所在区域的主岩为铁镁质和长英质的火山岩。与围岩（2.3～2.7 g/cm^3）相比，块状硫化物表现为高密度（3.5 g/cm^3）。对于该区域的重力数据反演，前人已经做了很多工作。因此，该例子可以用来验证方法在实际数据反演中的有效性。重力异常如图 2.58 所示。测点数据共计 198 个，分布不均匀。我们

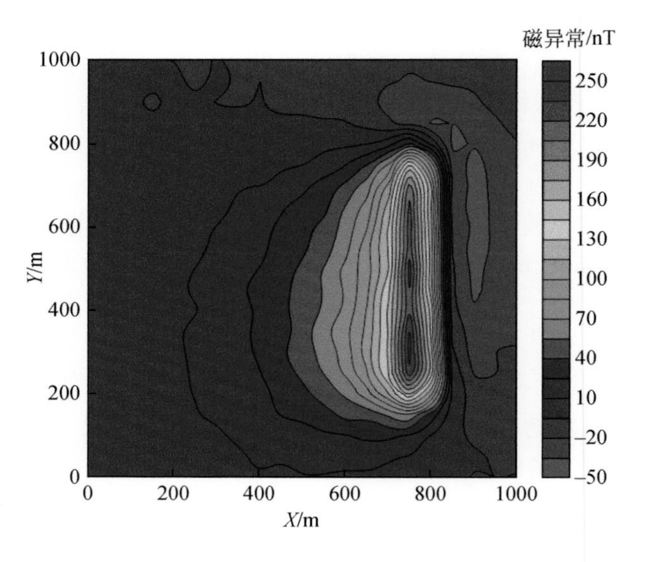

图 2.56 倾斜薄板模型产生的磁异常

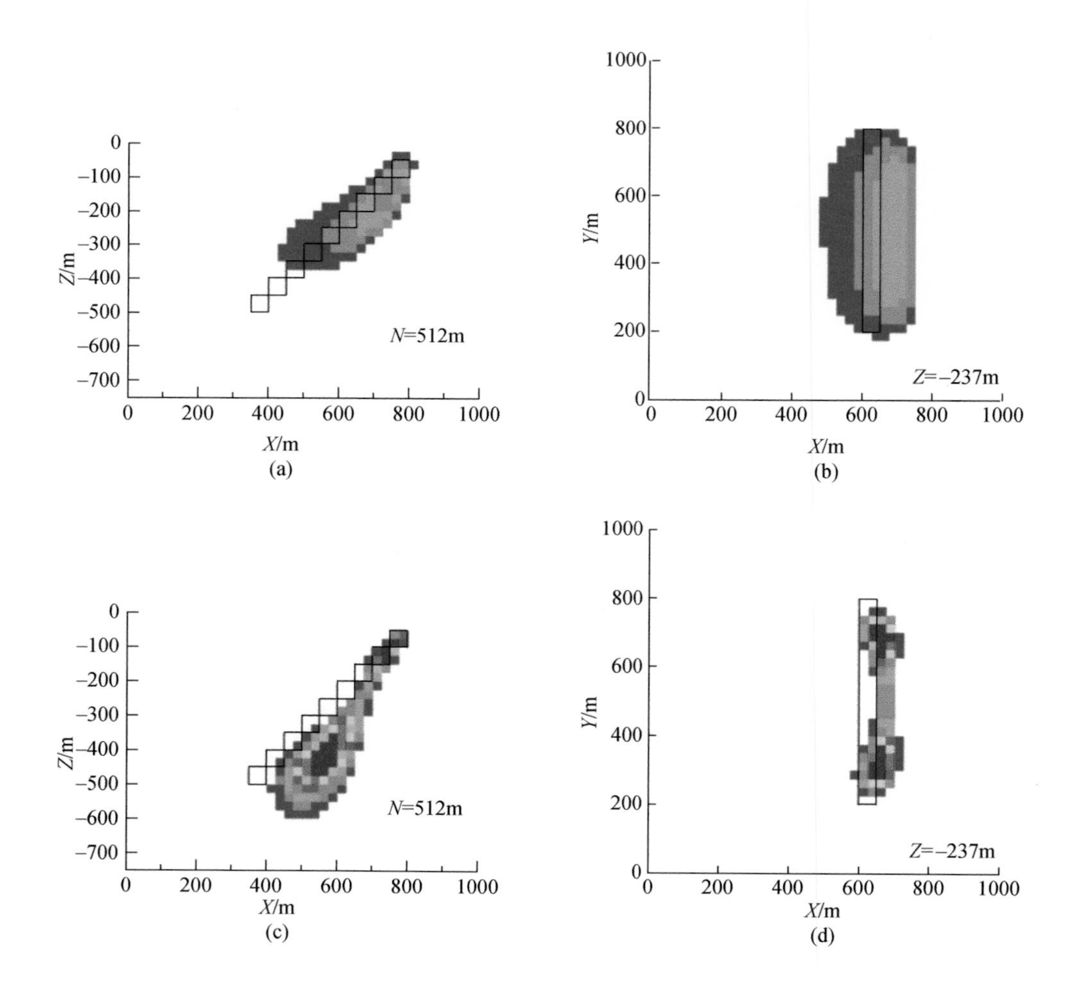

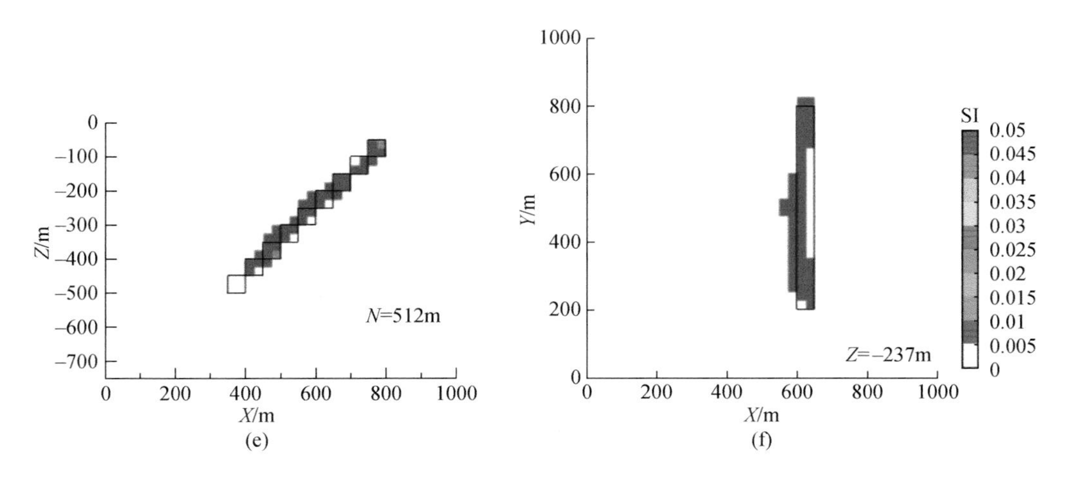

图 2.57 倾斜薄板模型不同算法的反演结果

(a) 和 (b) 光滑反演结果；(c) 和 (d) 聚焦反演结果；(e) 和 (f) 稀疏反演结果（黑框代表真实模型的位置）

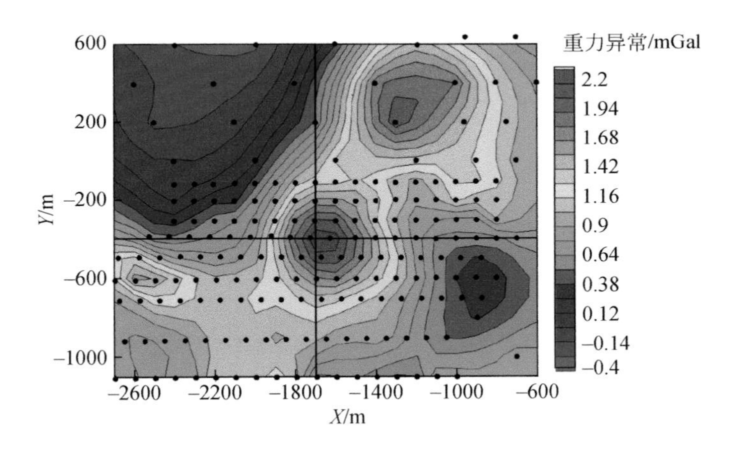

图 2.58 硫化物铜锌矿区重力数据（黑线代表两条反演结果剖面的位置）

将其网格化为 22×18 的网格数据，网格间距为 100 m，用于反演。

根据已知的物性资料，我们将剩余密度的上下界分别设置为 1 g/cm^3 和 −0.2 g/cm^3。然后采用三种反演算法对图 2.58 所示重力异常数据进行反演。模型区域剖分为 42（东西方向）×34（南北方向）×30（垂向）的立方体单元，立方体单元的边长为 50 m。

反演结果如图 2.59 所示，其中包含一个南北向切片和一个东西向切片，剖面位置在图 2.59 中以黑线进行标注。其中 (a)、(b) 为光滑反演结果，(c)、(d) 为聚焦反演结果，(e)、(f) 为稀疏反演结果。可以看出，光滑反演的结果较为模糊，聚焦反演的结果要聚焦一些，但仍然包含部分光滑构造，稀疏反演的结果是近似二值的。尽管结果具有不同的特性，但三种方法的反演结果均反演出了硫化物矿体的位置。反演结果中南北方向 ($E=-1700$) 的切片中显示场源比已知矿体的范围要大，推测可能是重力异常改正中部分

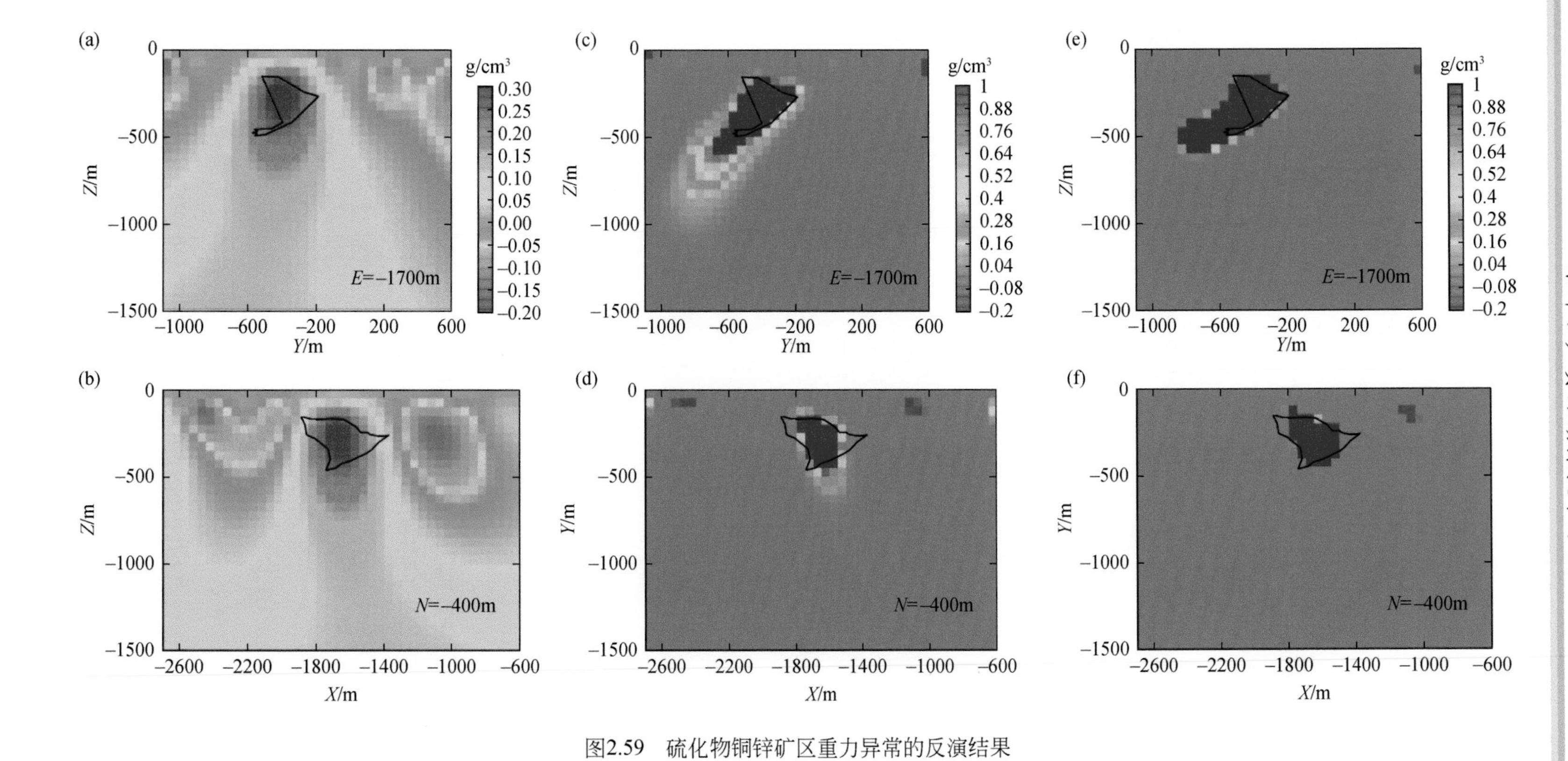

图2.59 硫化物铜锌矿区重力异常的反演结果

(a)、(b)光滑反演结果；(c)、(d)聚焦反演结果；(e)、(f)稀疏反演结果(矿体的位置以黑框在图中进行标注)

区域异常没能正确去除掉。

经过如上试验，验证了三种算法均可用于实测重力异常的反演，取得了良好的结果，为实际找矿应用奠定了基础。综合考虑，我们建议：当没有可靠的物性资料时，应采用光滑反演算法来获取地下模型的大概分布；当有可靠的物性资料时，可以选择聚焦反演或稀疏反演来改善反演结果的分辨率。而这两个算法的选择则代表了计算效率与计算精度之间的一个权衡。如果用户要求计算时间少，而对反演结果的精度要求不高，那么应该选择聚焦反演算法；如果用户要求反演结果精度高，而对计算时间多少没有要求，那么应该选择稀疏反演算法。

3. 重震匹配三维反演技术

受固有多解性、观测误差等因素的影响，地球物理单一数据反演难以获得可靠的、受认同的解。为此，国内外学者多采用联合反演等方法进行多种地球物理数据反演计算，以期提高反演的横向/纵向分辨率。本节介绍重震匹配反演的方法原理，并通过模型试验来说明重震匹配反演相对于单一反演的优点。

1）方法原理

重震匹配反演主要包含四项关键技术，分别为重力约束反演、向量匹配、重震匹配项，以及重震匹配约束联合反演，下文将依次介绍。

重力约束反演可以表示为一个约束优化问题，反演的目标函数为

$$\min\ \varphi(\boldsymbol{m})=\varphi_d(\boldsymbol{m})+\mu\varphi_m(\boldsymbol{m}) \tag{2.10}$$

式中，$\boldsymbol{m}$ 为密度模型向量；μ 为正则化因子。φ_d是数据拟合目标函数，定义预测数据与观测数据的拟合程度，其矩阵形式为

$$\varphi_d(\boldsymbol{m})=\|\boldsymbol{W}_d(\boldsymbol{d}-\boldsymbol{G}\boldsymbol{m})\|_2^2, \tag{2.11}$$

式中，$\boldsymbol{W}_d$为对角数据加权矩阵，其第 i 个对角元素为第 i 个观测数据的噪声标准差的倒数；$\boldsymbol{G}$ 为重力异常正演的核函数矩阵。

φ_m是模型目标函数，形式为

$$\varphi_m(\boldsymbol{m})=\|\boldsymbol{W}_m\boldsymbol{Z}\boldsymbol{m}\|_2^2, \tag{2.12}$$

式中，$\boldsymbol{W}_m$为最小模型项和最平坦模型项组成的加权矩阵；$\boldsymbol{Z}$ 为深度加权矩阵。

在数据分析的过程中，对于不同量纲的数据，我们需要分析其中的单元之间的相关性。在地球物理方法当中，无论是重力实测数据还是地震数据、物性参数，在经过归一化等处理之后，都可以看成是一个 $\boldsymbol{R}^n$ 空间中的 N 维向量，N 为离散后的网格数目。在同一数据空间下，设向量 $\boldsymbol{x}$ 和向量 $\boldsymbol{y}$ 分别表示反演结果模型和实际模型，在实际条件下，两向量几乎不可能相等，即向量 $\boldsymbol{x}$ 与向量 $\boldsymbol{y}$ 之间存在距离 ε，并将其定义为相似度；用欧氏距离度量其两向量之间的差异，则向量间的相似度公式表示为

$$\varepsilon^2=\sum_{i=1}^{n}(x_i-y_i)^2=\|\boldsymbol{x}-\boldsymbol{y}\|_2^2 \tag{2.13}$$

相似度的值越小，表示两向量越相似。式（2.13）可以采用最小二乘法进行最优化求解。若对相似度进行最优化求解，得到的是两个向量在同一空间下最相似的解，在误差容限之内可以认定两向量在此条件下匹配。

由于速度-密度转换并没有明确的数学公式，而是仅仅存在多种不同的经验公式，这

正是重震联合交替反演的主要误差来源。通过相似度的概念，可以将不同量纲下的变量值进行匹配，从而避免引入速度参数进行转换，在降低了反演目标函数的复杂度的同时，也避免了速度-密度多次转换而引起的误差。

为了排除重力单一反演造成的不适定与界面不明显等问题，根据上文所提出的向量匹配思想，采用重震匹配项将地下介质密度与地震反射数据联系起来，由此对重力数据反演形成约束。

时间地震剖面数据在经过速度分析、时深转换转变为深度剖面后，地震数据与密度数据转换到同一数据空间之下；地震波在地下介质的密度分界面处产生反射波，在空间位置上与密度分界面上有强相关性，反射波同相轴对应的位置大体上就是密度垂向分界面的位置。取相似度的平方作为最小二乘约束项，则可以表示为

$$\varphi_s(\boldsymbol{m}) = \varepsilon^2 = \| \boldsymbol{Dm}-\boldsymbol{r} \|^2 \quad (2.14)$$

式中，ε 为前文所述的相似度；$\boldsymbol{D}$ 为 N 阶 Jordan 矩阵，用以计算密度分布的垂向导数，因此可以称其为垂向导数矩阵；$\boldsymbol{r}$ 为时深转换后的反射地震记录向量。经由重震匹配项约束，模型密度在上下界面受到地震数据的约束。考虑到地震数据大多数情况下并不完整，容易产生同相轴幅值过弱或缺失、错断等情况，此时在地震约束条件缺失一半的情况下，为保证结果的准确性，需要再次引入约束对垂向导数矩阵进行修改。用 $\boldsymbol{D}_n$ 代替公式中的 $\boldsymbol{D}$，有

$$\boldsymbol{D}_n = \boldsymbol{D}+N_d\boldsymbol{I} \quad (2.15)$$

式中，N_d为差分修正比；$\boldsymbol{I}$ 为单位矩阵。在地震约束完整时，一般取 N_d 为 0，而在地震约束不完整时需要根据实际情况来确定其最优值，N_d大于 0 时形成向下约束，N_d小于 0 时则形成向上约束。然而在实际情况中大多是地震下层同相轴缺失，因此多数情况下取 N_d 大于 0。则重震匹配项最终修改为

$$\varphi_s(\boldsymbol{m}) = \varepsilon^2 = \| \boldsymbol{D}_n\boldsymbol{m}-\boldsymbol{r} \|_2^2 \quad (2.16)$$

在重力反演的基本方程的基础之上，结合上文所述的深度加权和重震匹配项，提出重震匹配反演方程，即

$$\varphi(\boldsymbol{m}) = \varphi_d(\boldsymbol{m}) +\mu\varphi_s(\boldsymbol{m}) \quad (2.17)$$

式中，φ_d是数据拟合目标函数；φ_s是重震匹配项；μ 为正则化因子，用来调整反演过程中数据拟合项与重震匹配项的相对权重。若忽略重力观测数据与实际数据的误差，则反演方程可表示为

$$\varphi(\boldsymbol{m}) = \| W_d(\boldsymbol{d}-\boldsymbol{Gm}) \|_2^2+\mu \| \boldsymbol{D}_n\boldsymbol{m}-\boldsymbol{r} \|_2^2 \quad (2.18)$$

可使用共轭梯度法对式（2.18）进行快速求解。在求解过程中，为了提高反演精度，同时采用物性范围约束，因此需要在反演之前给定反演区域的物性范围 $p_{\max}$ 和 $p_{\min}$，即密度取值范围的上下确界。同时，对地震数据，在进行反演之前首先要将地震反射向量 $\boldsymbol{r}$ 进行归一化，使得地震数据与密度值转换到同一数据空间中，所使用的归一化算子为

$$c = \frac{\max\{|p_{\max}|,|p_{\min}|\}}{2\cdot\max\{|r|\}} \quad (2.19)$$

2）模型试验对比及应用

建立的块体模型如图 2.60 所示。图 2.60（a）为块体模型的密度分布，大小为 200 m

×200 m，正方形顶部埋深为400 m，剩余密度为0.2 g/cm³。测量剖面长度为1000 m，反演深度为1000 m。反演过程中，地下划分为50×50的方格，每个方格的大小为20 m×20 m，地表观测点个数与网格总数相同。图2.60（b）表示地震数据，地震数据由频率为40 Hz的雷克子波生成，并经过速度分析和时深转换。

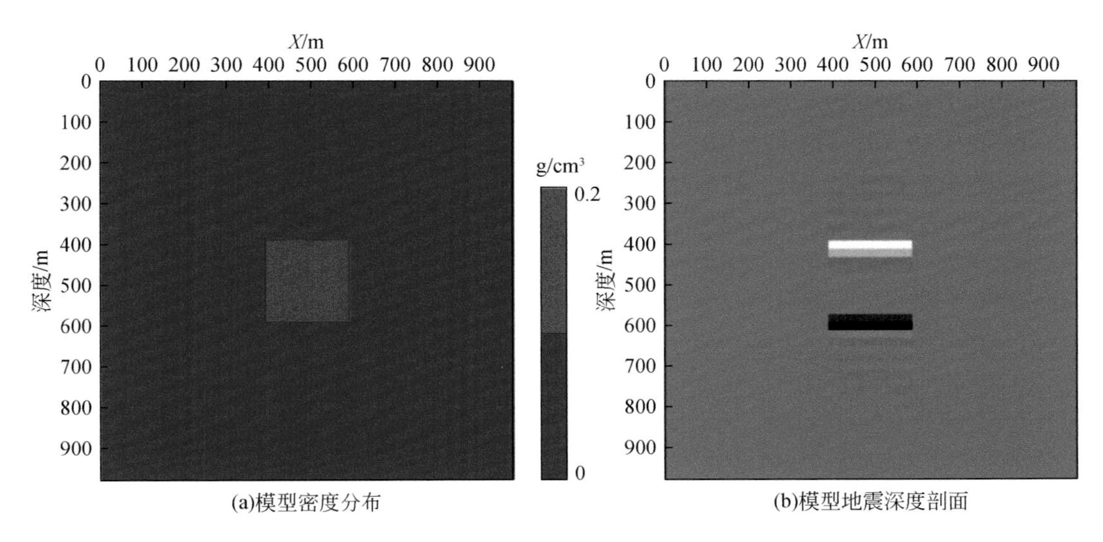

图2.60　块体密度模型与地震深度剖面

得到重震匹配反演结果与重力数据深度加权反演对比如图2.61所示。反演结果表明，反演结果正演后的重力异常响应曲线与观测重力异常基本相等，且从形态上来看，反演结果轮廓清晰，位置与原始模型相同，且数值上相近，因此可以认为反演结果与理论模型能够吻合。

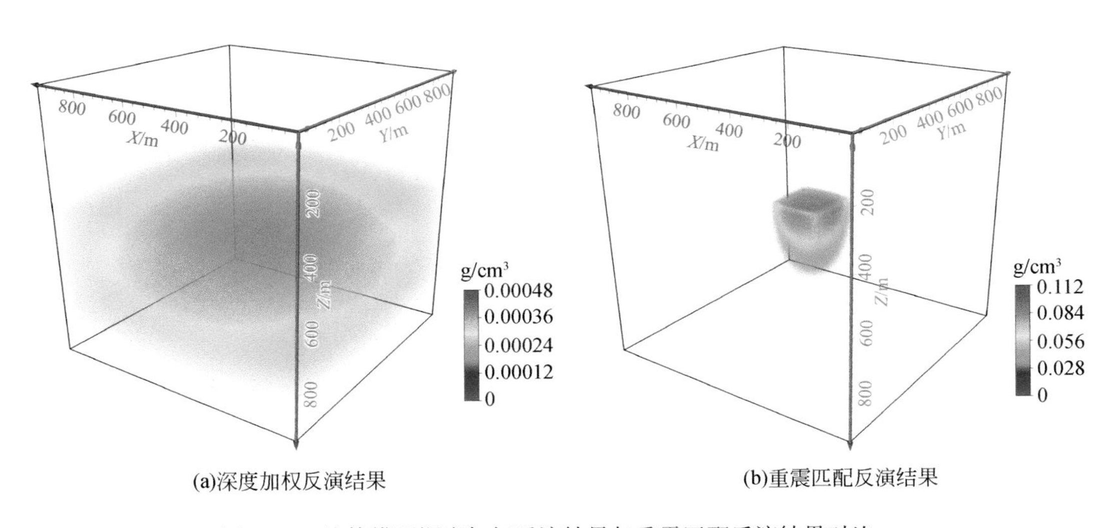

图2.61　块体模型深度加权反演结果与重震匹配反演结果对比

4. 地磁与井中磁测联合多参量三维反演技术

众所周知，磁测数据反演是非唯一的，且磁异常正演的核函数随距离迅速（三次方）衰减，因此，对于地面磁测而言，随着反演深度的加深，反演的分辨率不断降低，即地面磁测数据反演的横向分辨率较高，而纵向分辨率较低。井中三分量磁测则恰好相反，其纵向分辨率较高，而横向分辨率较低。为了利用两者的优点，最大限度地利用有效信息，进行井地联合反演是有必要的。反演结果表明，相对单一数据磁测，联合反演的结果在横向和纵向分辨率上都有明显改善，是一种深部找矿的有效手段。本节介绍地面磁总场异常和井中三分量异常联合反演的方法原理以及模型试验。

1）方法原理

地面磁总场异常和井中三分量异常联合反演与起伏地形磁异常光滑反演的基本原理相同，两者之间的主要的差别体现在：①反演数据发生了变化，原来为地面磁测数据，现在为地面数据和井中三分量数据；②深度加权函数发生了变化，平面磁测反演的深度加权函数仅与场源深度有关，而常规深度加权函数不适用于井中数据反演，因此需要选择新的广义加权函数将地面和井中数据联系起来；③井中磁测数据的正演与地面略有差异，井中磁测的坐标系与地面磁测的坐标系通常不同，因此需要将两者归算到一个坐标系中。假设地面磁测采用全局坐标系，井中磁测采用局部坐标系（与钻孔方向有关），那么需要根据钻孔方位，对井中三分量数据乘上一个旋转矩阵，得到全局坐标系中的井中三分量数据。

我们先简单介绍联合反演的基本原理，然后重点阐述两者之间的差异。该反演方法可以表示为以下数学优化问题，即

$$\min \quad \varphi(\boldsymbol{m})=\varphi_d(\boldsymbol{m})+\mu\varphi_m(\boldsymbol{m})$$
$$\text{s. t.} \quad \boldsymbol{m}_{\max}>\boldsymbol{m}>\boldsymbol{m}_{\min}, \tag{2.20}$$

式中，$\boldsymbol{m}$ 为磁化率向量；μ 为正则化因子；φ_d 为数据拟合目标函数，定义了预测数据与观测数据的拟合程度，其矩阵形式为

$$\varphi_d(\boldsymbol{m})=\|\boldsymbol{W}_d(\boldsymbol{d}-\boldsymbol{Gm})\|_2^2, \tag{2.21}$$

式中，$\boldsymbol{W}_d$ 为对角数据加权矩阵，其第 i 个对角元素为第 i 个观测数据的噪声标准差的倒数；$\boldsymbol{G}$ 为重磁异常正演的核函数矩阵。

φ_m 是模型目标函数，定义模型的构造复杂程度，其体积分形式为

$$f_m(\boldsymbol{m})=\alpha_s\int w^2(r)m^2\mathrm{d}v+\alpha_x\int\left(\frac{\partial w(r)m}{\partial x}\right)^2\mathrm{d}v+\alpha_y\int\left(\frac{\partial w(r)m}{\partial y}\right)^2\mathrm{d}v+\alpha_z\int\left(\frac{\partial w(r)m}{\partial z}\right)^2\mathrm{d}v \tag{2.22}$$

式中，α_s、α_x、α_y、α_z 为对应项的权重；$w(r)$ 为深度加权函数，将在后面进行详细讨论。从反演角度来讲，式（2.22）可以认为是最小模型和最平坦模型的组合。从正则化角度来讲，式（2.22）则可以认为是 0 阶和 1 阶 Tikhonov 正则化的组合。对式（2.22）进行有限差分近似，即可得到其矩阵形式为

$$\begin{aligned}\varphi_m(\boldsymbol{m})&=\boldsymbol{m}^{\mathrm{T}}\boldsymbol{Z}^{\mathrm{T}}(\boldsymbol{W}_s^{\mathrm{T}}\boldsymbol{W}_s+\boldsymbol{W}_x^{\mathrm{T}}\boldsymbol{W}_x+\boldsymbol{W}_y^{\mathrm{T}}\boldsymbol{W}_y+\boldsymbol{W}_z^{\mathrm{T}}\boldsymbol{W}_z)\boldsymbol{Zm}\\&=\boldsymbol{m}^{\mathrm{T}}\boldsymbol{Z}^{\mathrm{T}}\boldsymbol{W}_m^{\mathrm{T}}\boldsymbol{W}_m\boldsymbol{Zm}\\&=\|\boldsymbol{W}_m\boldsymbol{Zm}\|_2^2,\end{aligned} \tag{2.23}$$

式中，$\boldsymbol{W}_s$为最小模型项的加权矩阵；$\boldsymbol{W}_x$、$\boldsymbol{W}_y$、$\boldsymbol{W}_z$为最平坦模型项在 x、y、z 方向的加权矩阵；$\boldsymbol{W}_m$为组合模型加权矩阵；$\boldsymbol{Z}$ 为基于核函数或基于距离的广义深度加权矩阵。基于核函数的广义深度加权函数为

$$w_j = \left(\sum_{i=1}^{N} G_{ij}^2\right)^{1/4}, \tag{2.24}$$

基于距离的广义深度加权函数为

$$w_j = \left(\sum_{i=1}^{N} (1/r_{ij}^{\beta})^2\right)^{1/4} \tag{2.25}$$

式中，N 为观测数据（包括地面磁测和井中三分量数据）的个数；G_{ij}为单位磁化率的第 j 个模型单元对第 i 个观测点的正演响应；r_{ij}为第 j 个模型单元与第 i 个观测点之间的距离。可以看出，广义加权函数中的权值是所有观测数据的函数，因此，广义加权函数可以用于联合反演。对于平坦地形，这两种广义深度加权函数和基于深度的加权函数效果类似。对于起伏地形或地面井中联合反演，这两种广义深度加权函数会给离测点距离加权和较近的模型更大的权重。

最终的反演迭代即为对目标函数进行优化，基本算法与磁异常光滑反演相同，在此不再赘述。

2）模型试验对比及应用

为了验证地面和井中三分量磁测联合反演的有效性，我们进行了针对性的模型试验，选择与前人文献（Li and Oldenburg，2000a）中相同的模型。模型采用的是两个大小、埋深不同的长方体模型，磁化率均为 0.05 SI。地磁场强度为 50000 nT，地磁场倾角和偏角分别为 65°和 25°，磁化倾角和偏角也分别为 65°和 25°，即不包含剩磁。观测数据的范围如下。x：−300～300 m，y：−300～300 m，x 方向数据间隔为 25 m，y 方向数据间隔为 100 m，地面观测数据为 175 个，地面磁测数据如图 2.62（a）所示。同时，计算了三口垂直井的三分量数据，每个井中有 16 个点，垂向间隔为 25 m，三口井的总数据点数为 144，井中磁测数据如图 2.62（b）所示。所有数据均加入了 2 nT 的高斯噪声。

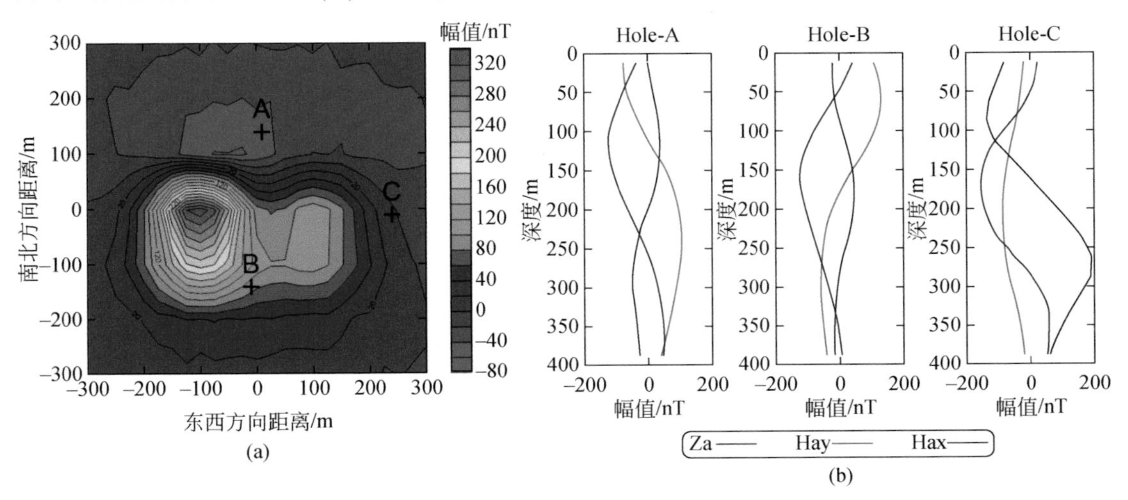

图 2.62　地面磁异常数据图（a）和井中磁测数据（b）

本节分别利用地面磁测数据、井中三分量磁测数据、井地联合数据进行反演，将地下剖分为24×24×16的立方体，得到三种反演结果，如图2.63所示，从左至右分别为地面磁测数据、井中三分量磁测数据、井地联合数据的反演结果。结果表明，单地面数据对浅部棱柱体成像效果较好，深部较差；单井中数据对深部棱柱体成像效果较好，而浅部不足；井地联合数据对深浅部的棱柱体成像效果均良好。

上述模型试验验证了地面磁测与井中三分量磁测联合反演算法的正确性和有效性。这说明井地联合反演是一种减少反演非唯一性、提高深部成像效果的有效手段，在深部找矿、寻找隐伏矿体中有着良好的应用前景。

5. 重力及其梯度数据三维联合反演技术

1）方法原理

将地下三维模型空间划分成具有均一密度值的 M 个规则立方体，地面观测点数为 N，基于牛顿定律计算由地下密度异常体引起的重力或重力梯度异常，有

$$\boldsymbol{d}=\boldsymbol{A}\boldsymbol{\rho} \tag{2.26}$$

式中，列向量 $\boldsymbol{d}$ 为地面观测数据，即重力或重力梯度异常观测数据，其维数是观测点数 N；列向量 $\boldsymbol{\rho}$ 为密度，其维数为地下空间剖分的立方体数 M；矩阵 $\boldsymbol{A}$ 表示与观测数据对应的正演算子，是一个 $N\times M$ 维矩阵。由于观测数据与密度是线性相关的，根据地质统计学知识，它们的自协方差矩阵也是线性相关的，其交叉协方差矩阵与密度自协方差矩阵也是线性相关的，即

$$\begin{gathered}\boldsymbol{C}_{dd}=\boldsymbol{A}\boldsymbol{C}_{\rho\rho}\boldsymbol{A}^{\mathrm{T}}+C_0\\ \boldsymbol{C}_{d\rho}=\boldsymbol{A}\boldsymbol{C}_{\rho\rho}\end{gathered} \tag{2.27}$$

式中，$N\times N$ 维矩阵 $\boldsymbol{C}_{dd}$ 为观测数据协方差；$M\times M$ 维矩阵 $\boldsymbol{C}_{\rho\rho}$ 为密度协方差；$N\times N$ 维矩阵 $\boldsymbol{C}_0$ 为观测数据误差协方差；$N\times M$ 维矩阵 $\boldsymbol{C}_{d\rho}$ 为观测数据与密度之间的交叉协方差。根据地质统计学知识，假设均值 $E(\boldsymbol{d})=E(\boldsymbol{\rho})=0$，计算密度向量 $\boldsymbol{\rho}$ 的估计方差为

$$E[(\boldsymbol{\rho}-\boldsymbol{\rho}^*)(\boldsymbol{\rho}-\boldsymbol{\rho}^*)^{\mathrm{T}}]=\boldsymbol{C}_{\rho\rho}-\boldsymbol{C}_{d\rho}^{\mathrm{T}}\boldsymbol{\Lambda}-\boldsymbol{\Lambda}^{\mathrm{T}}\boldsymbol{C}_{d\rho}+\boldsymbol{\Lambda}^{\mathrm{T}}\boldsymbol{C}_{dd}\boldsymbol{\Lambda} \tag{2.28}$$

每个块体的密度估计方差位于式（2.28）主对角线上。$\boldsymbol{\rho}$ 和 $\boldsymbol{\rho}^*$ 分别为真实密度向量和估计密度向量；$\boldsymbol{\Lambda}$ 为加权系数矩阵。为了使估计方差最小，令式（2.28）的偏导数等于0，有

$$\frac{\partial E[(\boldsymbol{\rho}-\boldsymbol{\rho}^*)(\boldsymbol{\rho}-\boldsymbol{\rho}^*)^{\mathrm{T}}]}{\partial\boldsymbol{\Lambda}}=2\boldsymbol{C}_{dd}\boldsymbol{\Lambda}-2\boldsymbol{C}_{d\rho}=0 \tag{2.29}$$

则有

$$\boldsymbol{C}_{dd}\boldsymbol{\Lambda}=\boldsymbol{C}_{d\rho} \tag{2.30}$$

由式（2.30）求解加权系数矩阵 $\boldsymbol{\Lambda}$，将问题转化成求解目标函数最优解问题，即

$$\phi=(\boldsymbol{C}_{dd}\boldsymbol{\Lambda}-\boldsymbol{C}_{d\rho})^{\mathrm{T}}(\boldsymbol{C}_{dd}\boldsymbol{\Lambda}-\boldsymbol{C}_{d\rho})+\alpha\boldsymbol{\Lambda}^{\mathrm{T}}\boldsymbol{\Lambda} \tag{2.31}$$

α 为阻尼因子，其阻尼最小二乘解为

$$\boldsymbol{\Lambda}=(\boldsymbol{C}_{dd}^{\mathrm{T}}\boldsymbol{C}_{dd}+\alpha\boldsymbol{I})^{-1}\boldsymbol{C}_{dd}^{\mathrm{T}}\boldsymbol{C}_{d\rho} \tag{2.32}$$

由式（2.32）得到最佳加权系数矩阵 $\boldsymbol{\Lambda}$。从而，可以计算估计密度，即

$$\boldsymbol{\rho}^*=\boldsymbol{\Lambda}^{\mathrm{T}}\boldsymbol{d} \tag{2.33}$$

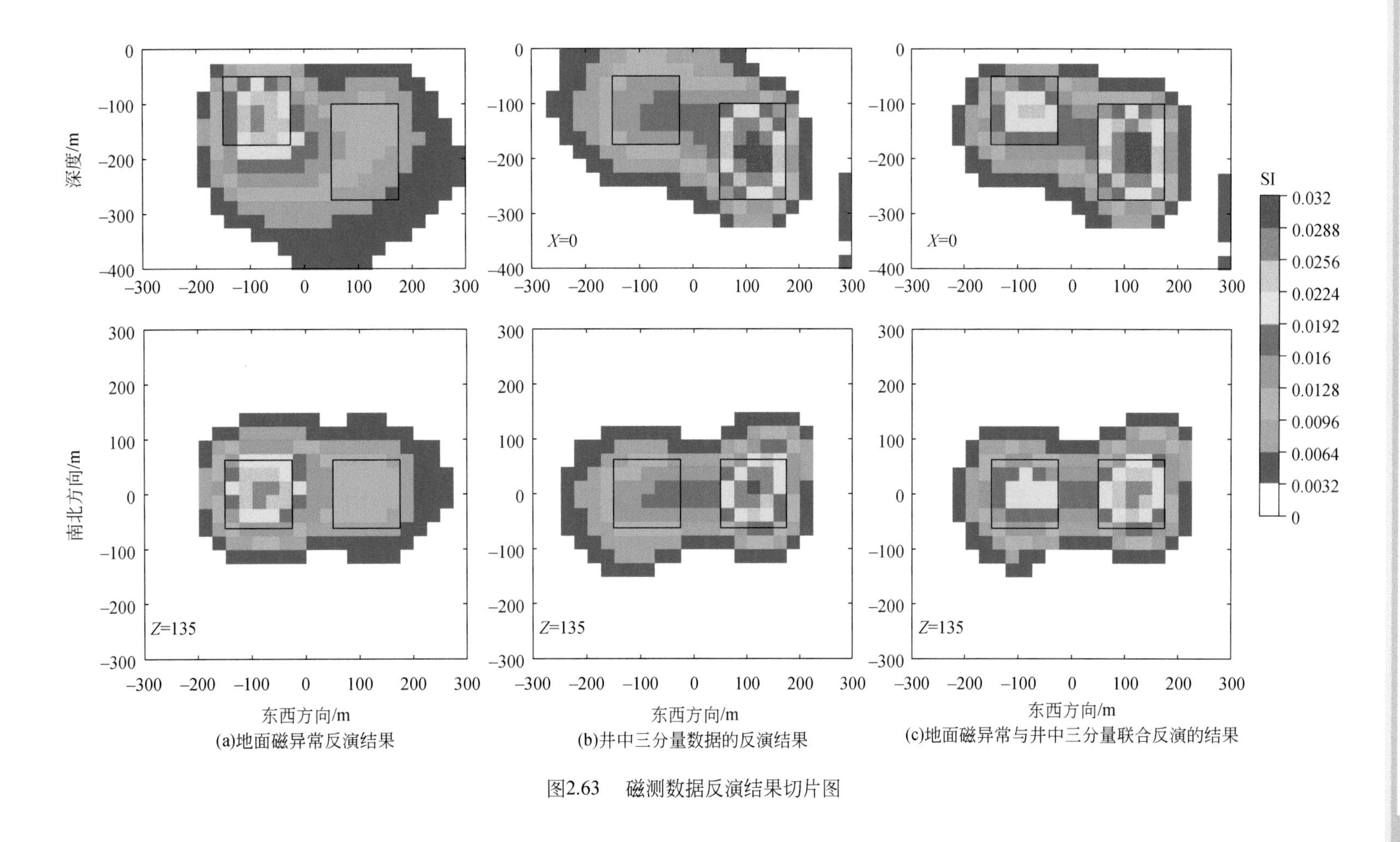

图2.63　磁测数据反演结果切片图

按照上述步骤，只要能够获得密度协方差矩阵 $\boldsymbol{C}_{\rho\rho}$，即可实现协克里金反演计算。因此，密度协方差矩阵的准确程度决定了最终反演效果的优劣。

另外，重力或重力梯度观测数据在深度方向的分辨率很低，反演得到的结果具有趋肤效应，深度加权函数广泛应用于正则化反演中。基于地质统计学的协克里金法的反演结果同样存在趋肤效应，为了减少人为因素影响，我们引入基于灵敏度矩阵的深度加权函数矩阵 $\boldsymbol{W}$，$\boldsymbol{W}$ 为对角矩阵，其对角元素为

$$W_j = \left(\sum_{i=1}^{N} A_{ij}^2\right)^{1/2}, \quad j = 1, \cdots, M \tag{2.34}$$

在协克里金反演中加入深度加权函数的方法比较简单，形式上只要改变 $\boldsymbol{C}_{\rho\rho}$，即

$$\boldsymbol{C}_{\rho\rho} = \boldsymbol{W}\boldsymbol{C}_{\rho\rho}\boldsymbol{W} \tag{2.35}$$

联合重力数据 $\boldsymbol{g}$ 与重力梯度数据 $\boldsymbol{T}_{zz}$ 共同反演地下密度分布，由于两种数据对应同一种物性参数，即密度 $\boldsymbol{\rho}$，且两种数据与密度都是线性相关，这种情况联合反演比较容易实现，只要将两种数据同时作为观测数据 $\boldsymbol{d}$ 代入反演程序即可，有

$$\boldsymbol{d} = \begin{bmatrix} \lambda_1 \boldsymbol{g} \\ \lambda_2 \boldsymbol{T}_{zz} \end{bmatrix} \tag{2.36}$$

式中，系数 λ_1、λ_2 的大小取决于相应观测数据的类型以及观测数据中噪声水平等因素。λ_1、λ_2 的大小决定两种数据在反演中所起作用的大小：系数越大，相应数据在反演中所起的作用越大，反之亦然。当某一系数为0，说明相应的观测数据在反演中不起作用，此时变成另一种数据的单独反演方法。与上述观测数据对应，其正演算子 $\boldsymbol{A}$ 写成如下形式，即

$$\boldsymbol{A} = \begin{bmatrix} \lambda_1 \boldsymbol{A}_g \\ \lambda_2 \boldsymbol{A}_T \end{bmatrix} \tag{2.37}$$

式中，系数 λ_1、λ_2 取值与式（2.36）相同，$\boldsymbol{A}_g$ 为与重力数据 $\boldsymbol{g}$ 对应的正演算子，$\boldsymbol{A}_T$ 为与重力梯度数据 $\boldsymbol{T}_{zz}$ 对应的正演算子。

2）模型试验对比及应用

我们将基于协克里金反演方法联合重力与重力梯度数据反演应用于文顿盐丘实测数据，以验证方法的有效性和可靠性。文顿盐丘位于美国路易斯安那州西南部，2008 年美国 Bell Geospace 公司在此处进行了航空重力梯度测量，飞行高度约为 80 m，测区面积为 196.2 km^2，共 53 条测线，两侧测线间距 250 m，中间位置加密测线，所以中间位置测线间距为 125 m。另外还有 17 条联络测线，联络测线间距为 1000 m。我们截取与文顿盐丘岩盖的位置对应的 4 km×4 km 区域内的数据进行网格化，网格大小为 100 m×100 m，共 41×41 个观测数据。同时，将地下空间划分为 41×41×10 个长方体，每个长方体大小为 100 m×100 m×50 m。与文顿盐丘有关的地质资料显示，盐丘与围岩密度基本相等，大概为 2.2 g/cm^3，因此，我们用 2.2 g/cm^3 给重力梯度数据做地形校正，重力数据为布格异常，无需再做地形校正，我们对布格重力异常做去背景场处理，得到的重力梯度数据和重力数据作为待反演数据（图 2.64）。引起重力及重力梯度 T_{zz} 异常的地下密度异常体是盐丘顶部沉积的岩盖，密度约 2.75 g/cm^3，故岩盖异常体的密度差为 0.55 g/cm^3。

通过常规协克里金方法反演文顿盐丘重力数据和重力梯度数据得到的密度分布如图 2.65所示，能够识别出地下异常体的大致深度、位置和形态，但是，密度异常值明显偏

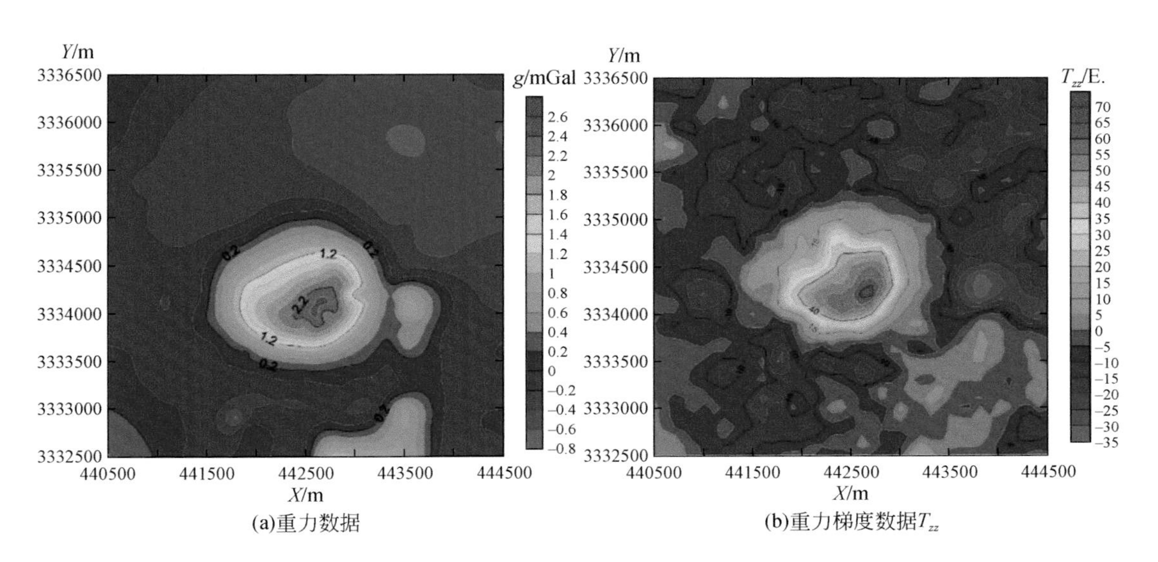

(a)重力数据　(b)重力梯度数据T_{zz}

图 2.64　文顿盐丘实测数据

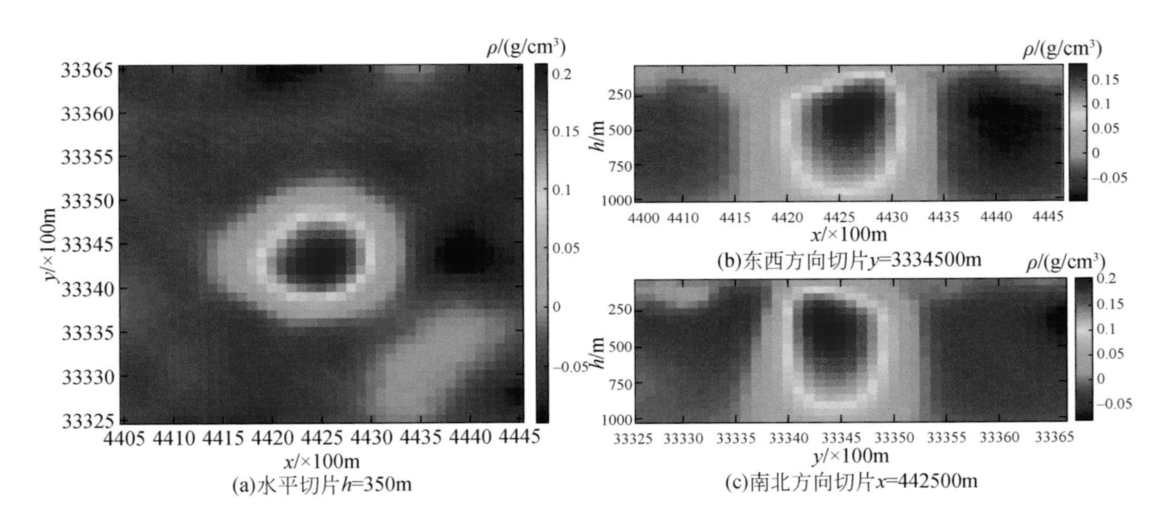

(a)水平切片h=350m　(b)东西方向切片y=3334500m　(c)南北方向切片x=442500m

图 2.65　常规协克里金方法联合处理文顿盐丘重力和重力梯度数据 T_{zz}的反演结果

小，根据地质资料可知，反演出的最大密度值约为实际密度的一半。

二、重磁一体化软件系统

本节介绍研发的多参量约束地球物理数据处理与反演软件系统。该软件系统应具备处理解释交互操作先进性、系统一体化、平台化、并行化，并支持可扩展开发和升级与维护、生命周期长等特点。根据该目标，在软件设计与开发方面，设计了底层开放式的软件框架，研发了二维、三维数据的多种可视化成图模块，在研究并行计算技术的基础上开发了丰富的重磁电三维反演专业模块，研究并开发了重磁模型可视化交互处理与解释技术，同时集成丰富的数据格式转换与接口功能等内容。在此基础上，最终形成一套可视化多参数处理与约束反演综合软件系统。

1. 系统框架设计

1）软件框架设计

根据要求自主研发整个软件系统，从大型软件构架的特点和要求出发，首先设计和开发了核心的软件框架平台，然后基于该软件框架平台，开发上层专业应用功能模块，最终形成整体软件系统。

在软件构架设计上，从软件开发设计理论出发，采用自底而上的分层设计策略，具体如下。

（1）底层基础系统层：服务于软件运行时的稳定性和健壮性，同时方便编程调试和排错。具体包含有错误报告、运行日志记录等功能。

（2）软件框架系统层：核心软件的软件编程实现上的构架，由独立可复用的软件逻辑模块组成。具体包含基础数学运算库、多线程管理、消息通信管理。

（3）软件框架基础功能模块层：该层包含整个软件系统功能上的“零部件”，是整个软件框架的核心层。在设计上，我们将这些零部件封装成为相对独立的基础功能模块，使得这些模块具有良好的扩展性和维护性。具体包含文件导入/导出、二维数据成图可视化算法、三维数据成图可视化算法、颜色棒编辑算法、规则模型正演算法、多面体模型正演算法、网格数据工具箱、重磁电数据处理算法、重磁电反演算法。

（4）软件交互操作界面层：在软件框架基础功能模块的基础上，提供交互操作界面。基于 Qt 进行软件交互操作界面的设计和开发。主要包括二维图形显示界面、三维图形显示界面、颜色棒编辑器界面、二维几何图形交互编辑操作界面、二维/三维交互建模编辑操作界面、重磁电数据处理操作界面、重磁电反演操作界面。

（5）软件系统集成层：该层负责提供软件主界面，按照重磁电数据处理和解释的要求，将各个底层模块有序地集成起来。

2）软件模块化设计

在软件需求分析和软件框架设计的基础上，将软件整体功能进行模块化设计。在模块化设计的基础上进行核心子系统划分，使得各个模块具有良好的封装性和独立性。这项工作为软件测试、软件优化完善及软件维护大大提高了方便性和开发效率。软件子系统划分设计如图 2. 66 所示。

（1）常规有效处理工具箱子系统。包括化极、延拓、滤波、边界增强等处理。我们开发实现了 21 个处理模块：磁异常化极、磁异常三分量转换、磁异常任意方向分量转换、磁源重力异常、重力插值切割、向上延拓、向下延拓、一阶总导数模、一阶水平导数模、一阶任意方向导数模、二阶任意方向导数模、补偿圆滑滤波、正则化滤波、深度信息分离提取、构造增强、趋势分析、窗口滑动平均法光滑、圆周平均法光滑、等效源曲化平、等效源化极、全张量梯度数据组合分析识别场源边界。

（2）辅助处理工具箱子系统。包括网格数据基本信息查看工具、网格数据任意剖面数

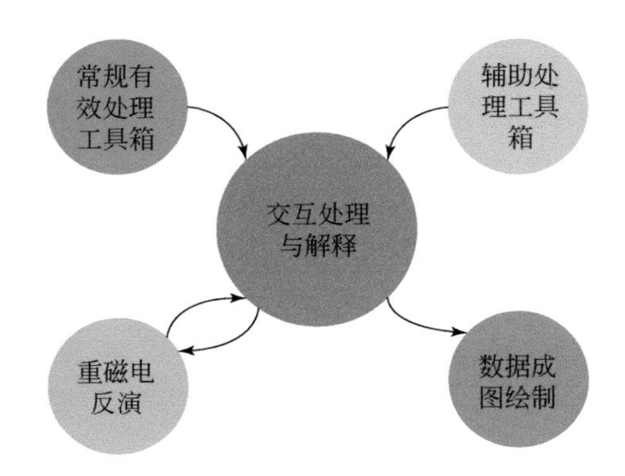

图 2.66　软件子系统示意图

据提取工具、三维数据任意切片提取工具等。

（3）数据成图绘制子系统。包括二三维数据成图可视化功能，开发实现了剖面曲线图、平剖图、等值线图、颜色栅格图、立体晕渲图、三维曲面图、三维等值面显示图、三维切片显示图、三维阈值显示图；同时设计开发了相关的操作界面。

（4）交互处理与解释子系统。包括二度半模块交互建模处理解释系统、三维模型交互建模处理解释系统。

（5）重磁电反演子系统。包括三维重磁光滑反演、三维重磁聚焦反演、三维重磁稀疏反演、三维重磁场及梯度数据联合反演、重震匹配反演、井地磁多参量联合反演、二维电阻率反演、三维电阻率反演、二维激发极化法反演、三维激发极化法反演。

3）数据成图可视化技术研究与开发

为了开发二三维数据成图模块，开展了相应的二维、三维图形表达及显示技术的研究工作。其中，对于二维图形可视化表达技术，研究并开发实现了剖面图、等值线图、颜色映射图、立体晕渲图。对于三维图形可视化表达技术，研究并实现了三维等值线图、等值面图、三维体任意切片、三维阈值图。

在二维数据成图方面，使用 Qt 二维绘图技术，自主开发实现了等值线图，同时通过国外 Surfer 软件进行了对比测试，绘制效果和绘制效率完全能达到实际应用水平，详见图 2.67。开发实现的等值线图的特色要点总结如下。

（1）全部代码自主研发（C++语言开发）；

（2）内部采用自主研发的快速绘制算法；

（3）支持等值线轮廓单独绘制（单色轮廓和彩色轮廓两种方式）；

（4）支持颜色填充（色棒可实时编辑响应更新绘制）；

（5）支持自动标值；

（6）支持图形旋转绘制；

（7）支持假值处理绘制；

（8）支持大数据绘制（5000×5000 网格绘制时间为 25 s，Surfer 为 15 s）；

（9）支持跨平台运行（Windows 和 Linux 上同时可运行）。

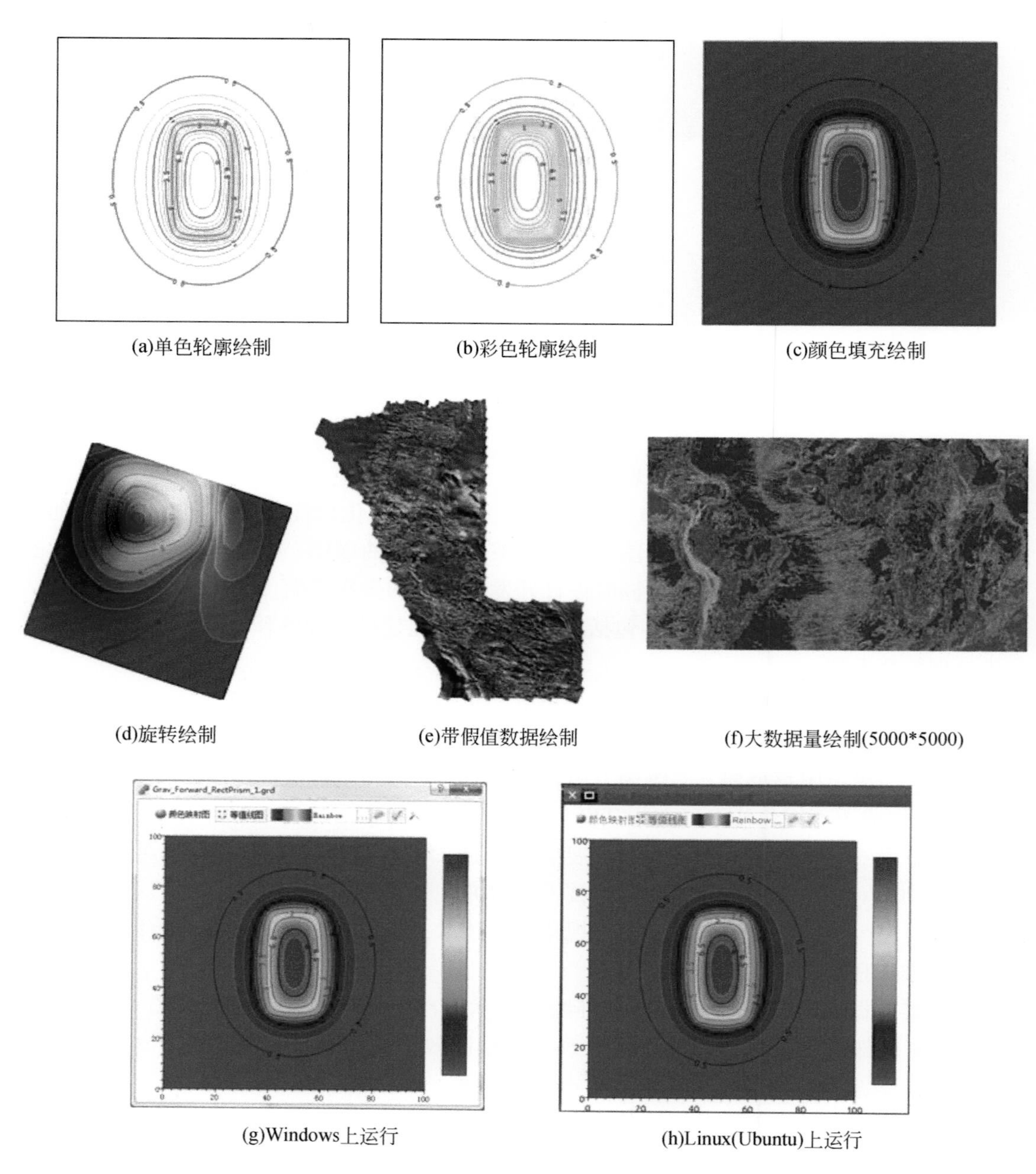

(a)单色轮廓绘制　(b)彩色轮廓绘制　(c)颜色填充绘制

(d)旋转绘制　(e)带假值数据绘制　(f)大数据量绘制(5000*5000)

(g)Windows上运行　(h)Linux(Ubuntu)上运行

图 2.67　等值线绘制效果示意图

在三维图形可视化表达技术方面，为了开发三维显示图形，作者研究了相关的三维图形显示技术，最终基于 OpenGL/VTK，同时基于 Qt 开发库，实现了二维网格数据的三维曲面图（图 2.68）。

三维反演结果是三维数据体（三维网格数据），软件中设计了多种三维数据体的显示方式（等值面、阈值、切片、全局裁剪、局部裁剪）（图 2.69），以方便用户多角度查看数据。

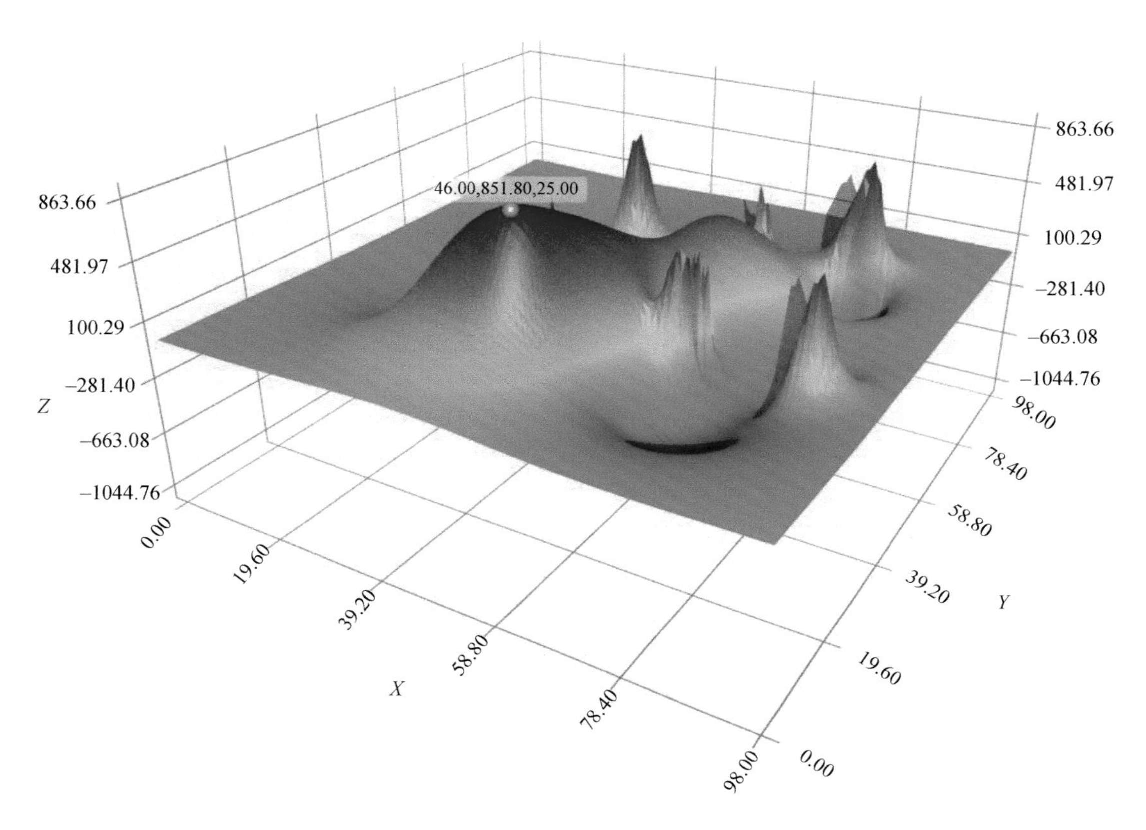
46.00,851.80,25.00
863.66
481.97
100.29
–281.40
–663.08
–1044.76
Z
X
Y
0.00
19.60
39.20
58.80
78.40
98.00

图 2.68　三维曲面图

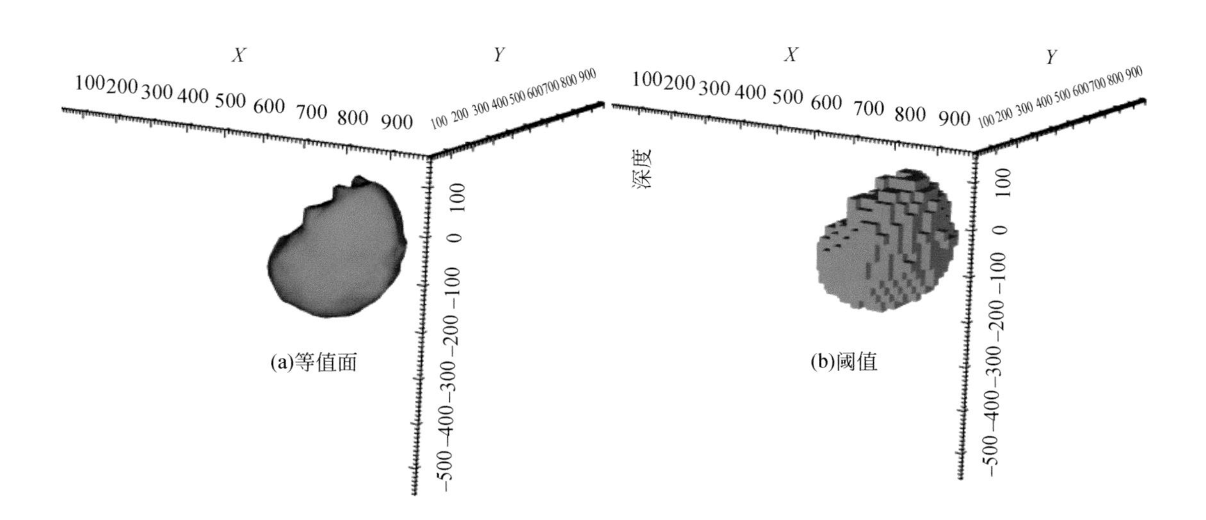
X
Y
深度
100 200 300 400 500 600 700 800 900
100 0 –100 –200 –300 –400 –500
(a)等值面
(b)阈值

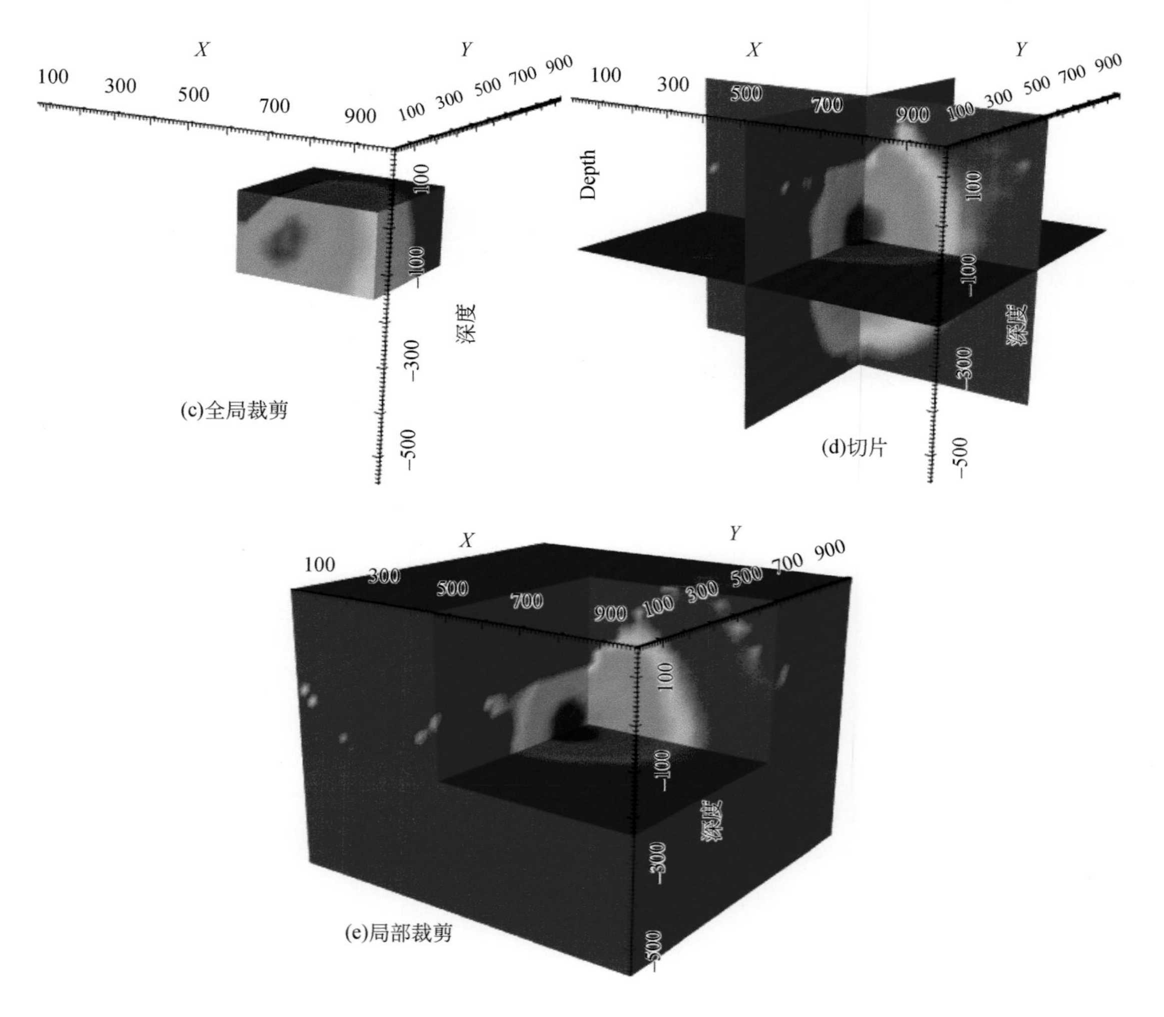

图 2.69 三维数据体多种显示方式

4）软件开发

经过前期的分析和调研，结合本研究的任务目标，在开发环境与开发工具方面，采用如下方案（表 2.8）。

表 2.8 软件开发环境与工具方案

工具类别	采用的方案
开发语言	C/C++
开发工具	Visual Studio、Qt Creator
开发平台	Windows、Linux
界面库	Qt 5
三维开发库	OpenGL、VTK

续表

工具类别	采用的方案
源代码管理工具	Git
工程配置工具	CMake

按照软件工程的开发方法原则，开展了如下方面的具体开发工作。

（1）开展了国内外软件调研工作，在此基础上进行了相应的软件需求分析和软件操作行为的设计工作。

（2）开展了模块化设计和开发：在具体开发时，代码按模块独立目录组织，体现模块化设计，体现封装性，有利于后期扩展与代码维护。

（3）开展了源代码版本管理：代码采用Git管理工具进行管理，使得代码版本能够进行有效控制，同时在团队多人开发时，避免代码出现管理混乱的问题，便于后续开发和应用。

（4）开展了跨平台开发实验：代码采用跨平台工程组织，方便在Windows和Linux上同时可以编译运行测试。本研究最初目标是开发出在Windows上运行的软件，但是为了以后的长期发展考虑，考虑了软件的跨平台运行的问题。在整个软件开发实施过程中，分别采用CMake和qMake这两种跨平台的工程组织方式进行试验，开展了部分模块在Windows和Linux上编译测试运行的工作，这些模块最终都能在两个操作系统上正确运行。该项工作为将来的整体跨平台开发积累了经验和奠定了基础。

（5）开展了64位开发：为了适应现在主流64位计算机运行环境，开展了64位程序代码开发，使得软件能在大内存环境下运行（32位编译无法使用4G以上内存），同时能提高软件运行效率。

（6）开展了面向对象程序设计开发工作：使用UML统一建模语言，各个模块独立进行面向对象方法学上的设计。按需求分析，设计了相应的用例图、类图、对象图等，以此为基础进行C++语言的开发。面向对象开发方法学是现代主流开发方法，能够确保软件模块具有良好的封装性和可维护性。

（7）开展了DLL动态库封装开发和集成工作：系统经过模块化划分设计之后，在具体代码开发时，各个模块都以DLL动态库形式进行封装。在软件系统集成时，依据模块之间的关系进行接口调用即可。基于DLL动态库技术的集成方案（图2.70），有利于多团队之间的合作开发，同时也能保护合作团队各自的源代码知识产权（系统集成时，只需要合作方提供编译后的DLL文件，而不需要提供源代码）。反演算法模块不涉及交互操作，以“黑匣子”（DLL动态库）进行封装，设计好接口，系统框架调用“黑匣子”中提供的“接口”完成系统集成。

（8）开展了软件测试工作：在软件开发阶段，进行了模块单元测试；后期进行了软件系统集成测试、正确性测试、数据量测试等工作。

2. 主要功能

最终开发的软件系统主要包括数据管理中心、数据处理中心、数据建模中心、重磁电反演模块四大部分。软件的运行主界面如图2.71所示。

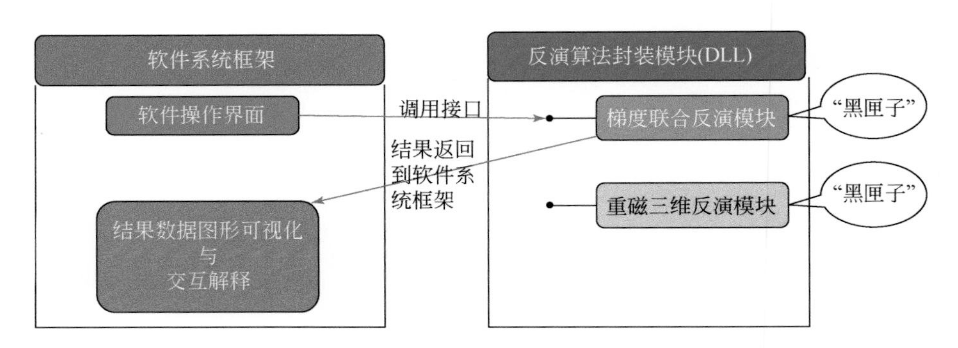

图 2.70　软件系统集成方案

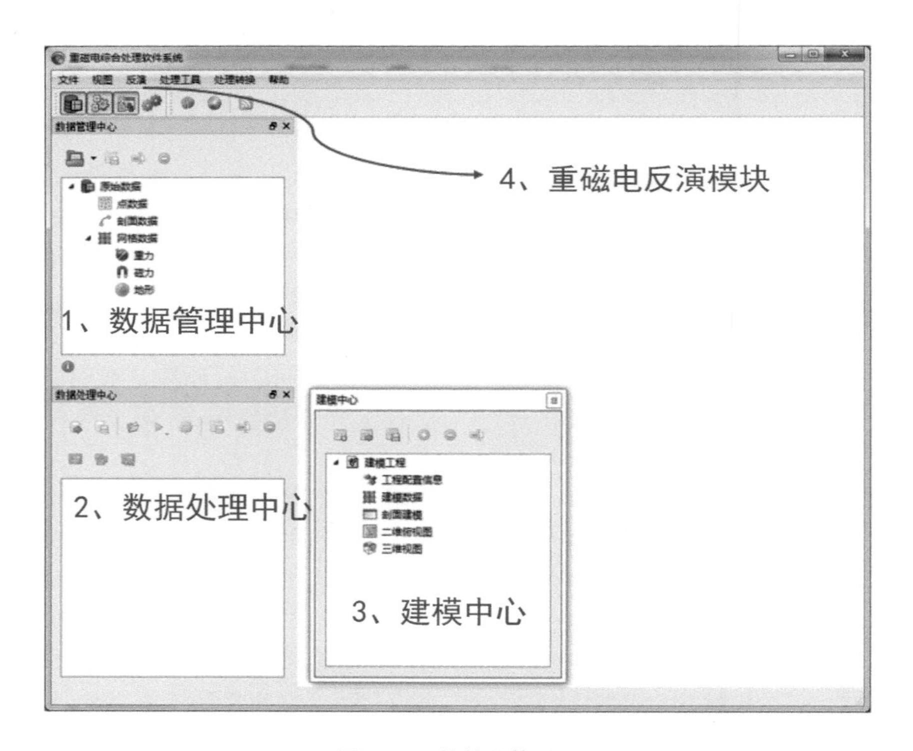

图 2.71　软件整体界面

1）数据管理中心

数据管理中心主要用于管理相关的输入输出数据，支持输入散点、剖面及网格数据。这些输入数据用于后续的处理、建模、反演等。输入数据经过处理后得到的数据可以从数据管理中心进行输出、保存。导入的数据可以进行相应的数据查看及成图查看(图 2.72)。

2）数据处理中心

数据处理中心主要用于处理重、磁网格数据，集成了目前常规和特色的重磁数据处理

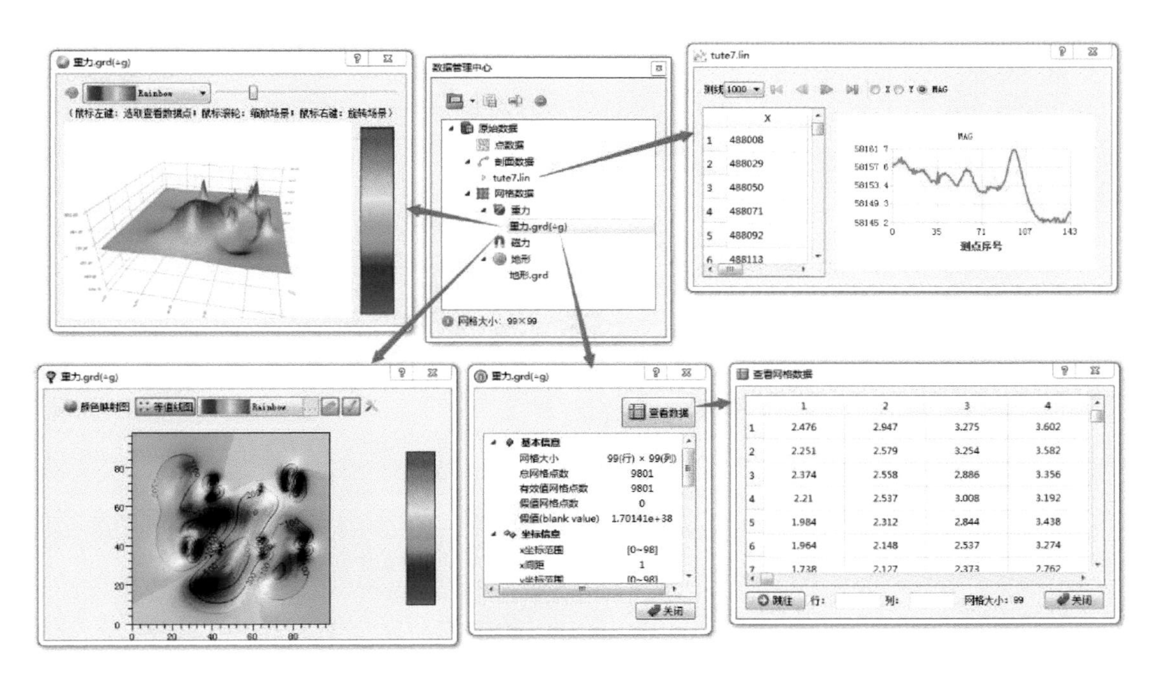

图 2.72　数据管理中心及相关数据查看视图窗口

方法，提供了数据处理和可视化的环境，提供了方便简洁的数据处理交互操作功能，包括：数据级联处理、数据处理导航、方法参数实时调节、数据可视化对比，数据处理工程管理等（图 2.73）。

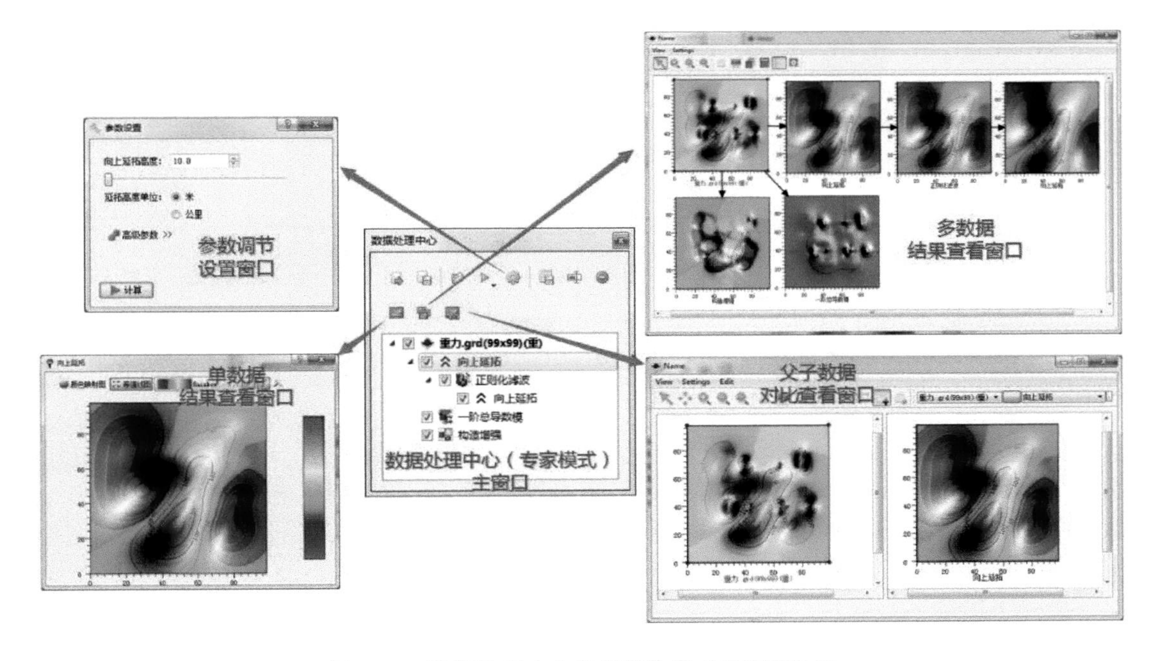

图 2.73　数据处理中心及相关数据查看视图窗口

3）数据建模中心

数据建模中心主要用于重、磁联合交互建模，其目的是尝试使得模型产生的重磁场的数据和原始数据趋于拟合一致。用户重复这一过程直至得到最佳数据拟合状态，最终达到重磁解释的目的。数据建模中心相关视图窗口和工区数据综合解释视图及相关窗口如图 2. 74所示。

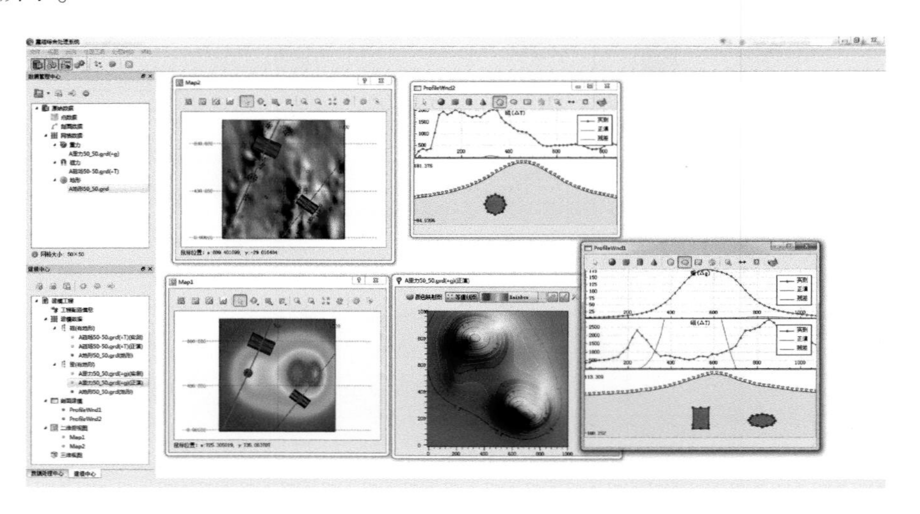

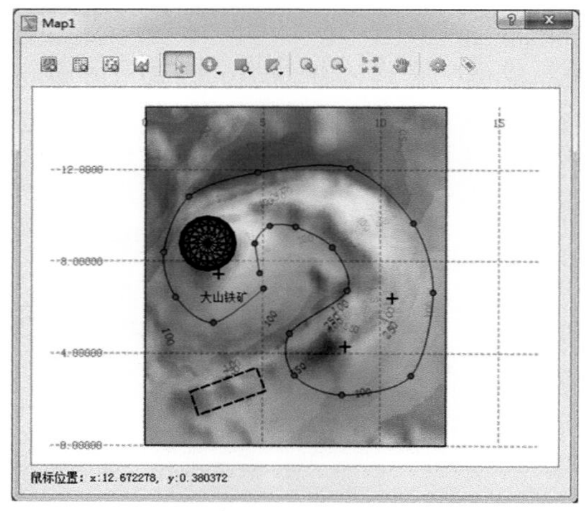

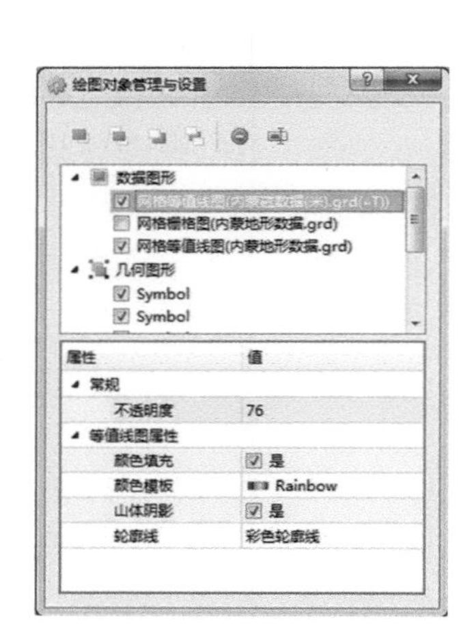

图 2. 74　数据建模中心相关视图窗口和工区数据综合解释视图窗口

4）重磁电反演模块

该模块主要包含前述的重、磁、电反演功能。下面以重磁光滑反演为例介绍该模块的主要功能。重力光滑反演的界面如图 2. 75 所示。根据实际情况导入相关的重力、地形数据。在重力光滑反演主界面上点击“高级参数设置”，即可弹出参数设置窗口。设置完相关参数后，点击“确定”回到主界面，然后点击“显示反演结果”即可查看最终反演结果。软件中提供了多种方式来查看反演结果。图 2. 75 中给出了采用阈值显示反演结果的示意图，其他显示方式在此不再赘述。

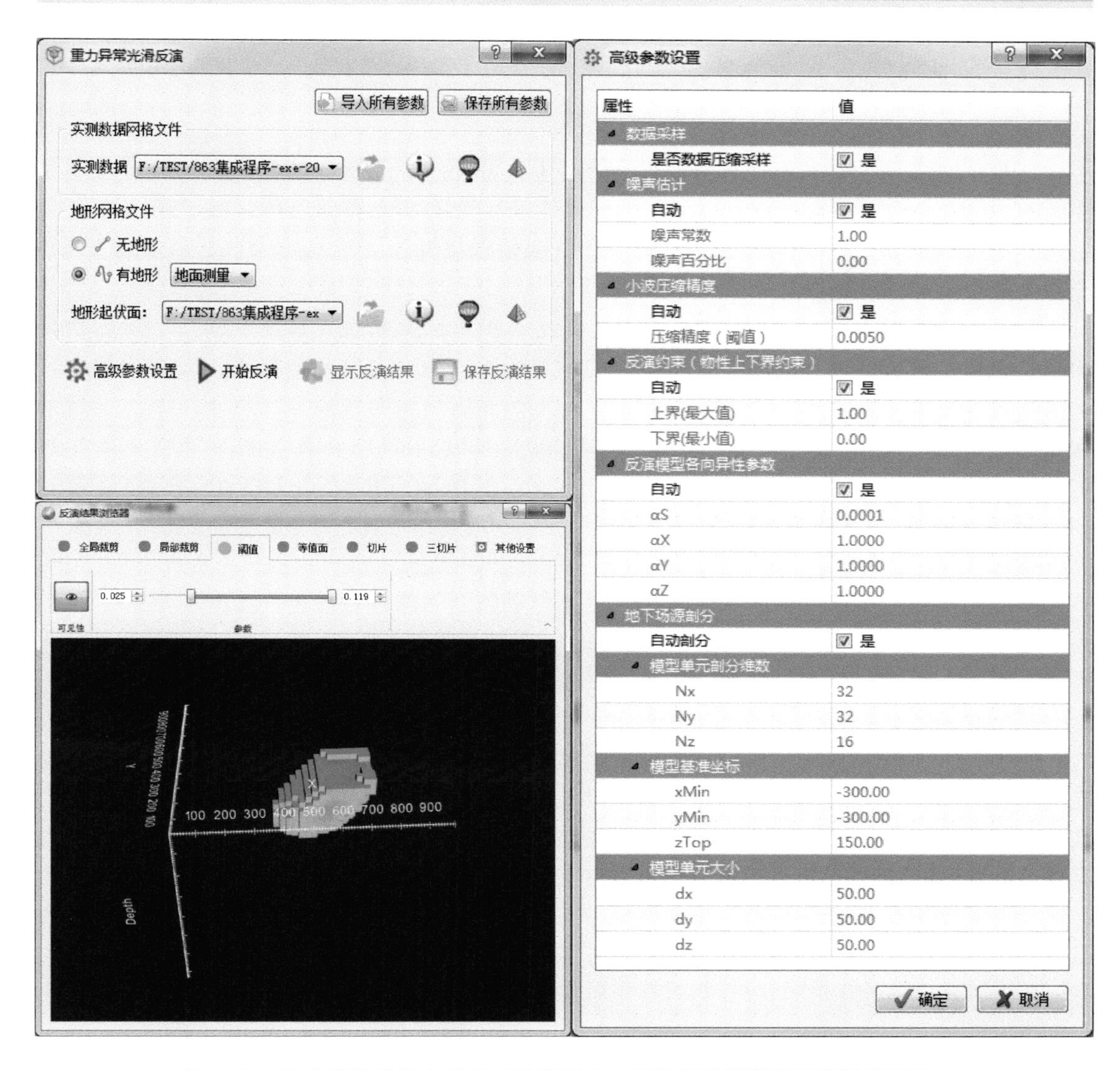

图 2.75　重力光滑反演主界面（数据导入、反演参数设置及反演结果展示）

第四节　典型应用实例

一、高精度数字重力仪应用实例

重力试验环境主要考虑矿产地质调查、区域重力调查、油气重力调查和城市地质调查等各类不同的应用环境。本次应用试验选择北京城区和内蒙古毛登矿集区开展重力生产工作，来模拟城市地质调查、矿产地质调查两类环境。区域重力调查的工作环境类似于内蒙古毛登矿集区。

（一）试验目的与任务

在北京城区和内蒙古西乌珠穆沁旗毛登矿集区野外矿产勘查区两个地点开展重力生产性试验（图2.76），以检验仪器在城市地质调查和矿产勘查方面的应用，测试两台样机产品化、实用化水平，评价仪器的野外试生产各项精度指标，为产品定型和验收提供依据。选择的两个地点地质概况如下。

第一个试验地点选择在北京通州地区，该地区横跨燕郊断裂、姚辛庄断裂、夏店断裂和西集断裂等构造，是开展重力生产试验的理想场所。地表为第四系覆盖，大兴隆起地区第四系直接覆盖于古生界、元古界、太古界之上。夏店马坊断裂以东，沉积巨厚，古近系和新近系广泛发育，甚至下伏有中生界，重力变化幅度达到42 mGal。此次布设一条北西走向的重力剖面，长度21 km，走向N125.3°E。剖面端点坐标是（476583，4418839）、（493806，4406654），横跨大兴隆起与大厂凹陷。其中剖面西段位于正在新建的北京城市副中心。

第二个试验地点选择在内蒙古自治区锡林郭勒盟西乌珠穆沁旗境内毛登矿集区，属于中国地质调查局发展研究中心2016年实施的“全国重要矿集区”之一。工区地表有第四系浅覆盖，下伏二叠系大石寨组地层。大石寨组上段地层包括凝灰质砂岩、粉砂岩、泥岩、硅质岩及结晶灰岩、内碎屑灰岩、含泥质条带生物碎屑灰岩。大石寨组下段包括凝灰岩、安山岩、流纹岩、火山角砾岩夹少量结晶灰岩、硅质泥岩。火山熔岩见突起构造、皮壳构造、龟裂纹、球泡构造。区内出露岩体有中粒辉长岩、辉绿岩，火山岩见有流纹岩、安山岩、玄武安山岩等。推断航磁异常主要与基性侵入岩（如辉长岩、辉绿岩）有关，也有可能与大石寨组内的中基性火山喷出岩有关。目前看铅锌矿化点位于磁异常边部，需要适当加密关注该矿化点是否会是有规模的重力异常，甚至找到工业矿产。布设走向南北的重力剖面，长度21 km。剖面端点坐标分别是（476583，4418839）、（493806，4406654），剖面横跨东西走向的航磁主异常和一个次级异常。

（二）工作方法技术

参加试验的样机除本研究现有三台（其中一台只做了一致性试验）地面高精度数字重力仪样机外，还有一台CG-5型全自动重力仪，拟用于比对（表2.9）。CG-5型全自动重力仪是加拿大Scintrex公司生产的全自动重力仪，在国内地矿、石油勘探等行业拥有较多用户，其各项技术指标也代表了国际同类仪器的最高水平。

野外施工投入三个重力测量台班和一个测地台班，每个台班2人。其中，三个重力测量包括两个重力试生产台班和一个CG-5对比台班。用于XYH高精度定位的是中海达GPS-RTK，GPS测量使用国产中海达公司双频GPS 3台。

RTK定位精度：平面：±（$8+1\times10^{-6}D$）mm（D为被测点间距离）

高程：±（$15+1\times10^{-6}D$）mm（D为被测点间距离）

静态定位精度：平面：±（$2.5+1\times10^{-6}D$）mm（D为被测点间距离）

高程：±（$5+1\times10^{-6}D$）mm（D 为被测点间距离）

表 2.9　重力试验地点及仪器

试验地点	试验内容	试验仪器				备注
		国产仪器			加拿大仪器	
河北大厂	一致性	ZSM-6/3741	ZSM-6/4549	ZSM-6/4414		ZSM-6/4414 未参与生产性试验
北京通州	重力生产性试验	ZSM-6/3741	ZSM-6/4549		CG-5-779	
内蒙古毛登矿集区	重力生产性试验	ZSM-6/3741	ZSM-6/4549	CG-5-779		

野外施工过程是：由测量台班使用手持 GPS 引导队伍进入测线，然后使用 RTK 型 GPS 开展三维高精度坐标观测，设置固定标志。重力操作员跟随 RTK，在有固定标志位置开展重力试验观测，按三台仪器近距离摆设，同步调平、同步读数存取数据的工作方式开展工作。要求仪器操作人员要确保数据采集质量的评价标准合理、客观，同一测点多次读数的重复性变化范围小于 20 μGal。

测点重力观测采用起闭于基点的单次观测法，测点观测前应在基点上进行基-辅-基观测，以检查仪器是否正常。基点与辅基点间距离应保证基点上两次读数时间间隔不小于 5 min。基点 3 次读数，辅基 2 次读数，最大与最小读数之差小于 0. 020 mGal；然后进行测点观测，每个测点读 2 次数，两次读数之间差值小于 0. 020 mGal。平均数采用四舍五入法记录，最后闭合于重力基点。一般情况下重力观测闭合时间不大于 12 h。工作过程中，如发现仪器受震出现突掉现象，至少应返回受震前 2 个测点进行重测，以检查突掉情况，并作改正。图 2. 76 为试验工作现场图。

(a)北京通州

(b)内蒙古毛登矿集区

图 2. 76　试验工作现场

（三）试验结果对比分析

（1）从静态试验结果看，参与试验的两台 ZSM-6 重力仪器均呈负掉格，其中 ZSM-6/3741 重力仪每天负掉格 16. 7 μGal，ZSM-6/4549 重力仪每天负掉格 4. 8 μGal；并且线性特征都极好，是线性漂移性能稳定的重力仪器。与 CG-5 重力仪相比，ZSM-6 重力仪静态读数分辨率在 20 μGal 之内变化，CG-5 重力仪静态读数分辨率在 5 μGal 之内变化。按重力勘探技术规定，基点三次读数可以认为 20 μGal 满足要求，而 CG-5 重力仪基点三次读数可以达到 5 μGal，基点读数就要求在 5 μGal 之内。

（2）在大厂北部一致性剖面的 3 号点和 12 号点上进行动态观测试验，两个点之间的段差为：20. 721 mGal。计算求得 3741 号仪器动态观测精度为 0. 011 mGal，4549 号仪器动态观测精度为 0. 0198 mGal。动态曲线线性度良好。

（3）仪器一致性计算求得三台 ZSM-6 型重力仪一致性精度为±0. 031 mGal。若按单台仪器观测误差计算公式计算，求得参与实验的三台 ZSM-6/4549、ZSM-6/3741、ZSM-6/4414 重力仪的单台观测精度分别为 0. 0167 mGal、0. 0211 mGal 和 0. 0154 mGal。

（4）生产试验布格重力异常精度指标评价：在内蒙古锡林浩特 ZSM 重力仪互检测点数达到 374 个测点，同精度检查观测均方误差达到±0. 0283 mGal。采用 CG-5-779 重力仪检查测点 532 个，求得高精度检查观测精度指标达到±0. 0413 mGal。北京通州城区两台 ZSM-6 同时观测互检完成检查点 208 个，求得同精度检查均方误差为±38. 9 μGal。使用 CG-5 型重力仪，与国产重力仪严格同步观测，作为高精度检查结果，其中 $n=416$，计算求得北京通州城区高精度检查均方误差±42. 7 μGal。最终本次试验按最弱野外观测精度计算布格重力异常总精度为：74 μGal。

（5）在北京市开展了重力测量剖面试验（图 2. 77）。通过水平一次导数计算，发现 5 条断层，其中 4 条分别对应于燕郊断裂、姚辛庄断裂、夏店断裂西集断裂。还有一条断裂

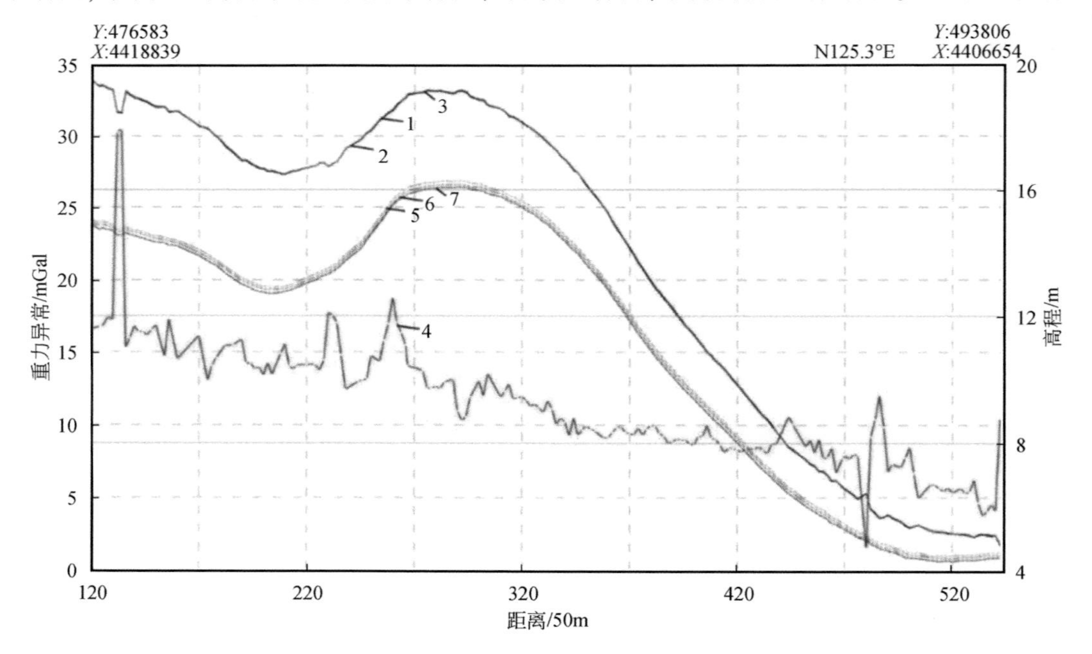

图 2. 77 通州城市副中心重力测量剖面图

1. 3741 混合零点改正后重力值；2. CG-5-779 混合零点改正后重力值；3. 4549 混合零点改正后重力值；4. RTK GPS 测量高程；5. 3741 布格重力异常值；6. CG-5-779 布格重力异常值；7. 4549 布格重力异常

位于大厂凹陷一侧，尚未有命名，是与夏店断裂、西集断裂平行的一条断裂。通过正反演拟合计算，推断了断裂构造的空间展布位置，为本区的断裂构造研究提供了新的信息。

（6）在内蒙古毛登矿集区基岩覆盖区，通过1∶1万比例尺的重力测量，发现了强度为1.2 mGal、半宽度为300 m的局部重力高异常（图2.78），该异常附近位于成矿有利地区的地质盲区，对这一异常成因的研究，可能有助于该地区的找矿突破。

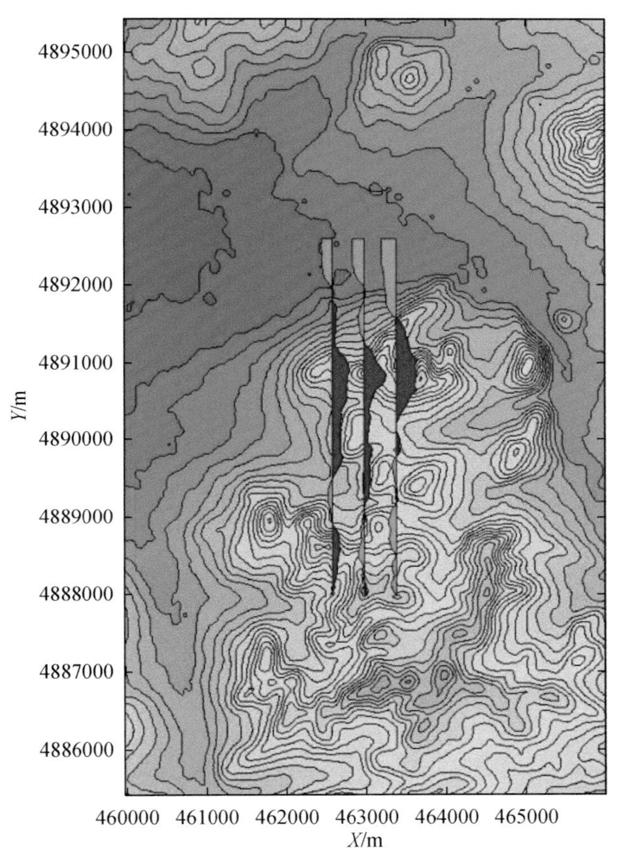

图2.78 内蒙古毛登矿集区地形图上的重力测量的观测成果

注：重力实测数据为保密数据，故对色标进行了隐藏

二、重磁方法技术及软件系统应用实例

本节主要介绍最终形成的重磁方法技术及软件系统在新疆东准噶尔拉伊克勒克铜铁矿区数据的处理、反演与解释中的应用，来验证软件系统在实际矿区中的应用效果。

1. 试验目的与任务

新疆东准噶尔拉伊克勒克铜铁矿区位于伊吾县淖毛湖至蒙古边界的琼河坝地区，琼河坝地区属哈萨克斯坦–准噶尔板块（一级）、准噶尔微板块（二级）、三塘湖晚古生代湖间盆地（三级，图2.79），早古生代岛弧遗迹已不多见，仅在区内最老地层中—上奥陶统中保留一些活动大陆边缘岛弧的中-基性火山岩建造。晚古生代岛弧活动特征明显，下—中泥盆世—下石炭世时期的滨海-浅海相火山岩建造分布十分广泛。中生代沉积物主要为中侏罗统的陆相碎屑岩建造，不整合覆盖于古生代地层之上。区内侵入岩发育，几乎占到全区出露基岩总面积的1/3，主要形成于加里东和海西期，均以中-酸性岩为主，从浅成岩株（脉）到中深成岩基均有所分布，但由于区内戈壁滩大面积分布，地层和侵入岩的出露较少。区内已发现矿产地50余处，金属矿产主要有3大类：①构造蚀变岩型金矿，以北山金矿床为代表；②斑岩型铜矿，以蒙西和尔赛-铜华岭矿床为代表；③矽卡岩型铁（铜）矿，以宝山矿床为代表。

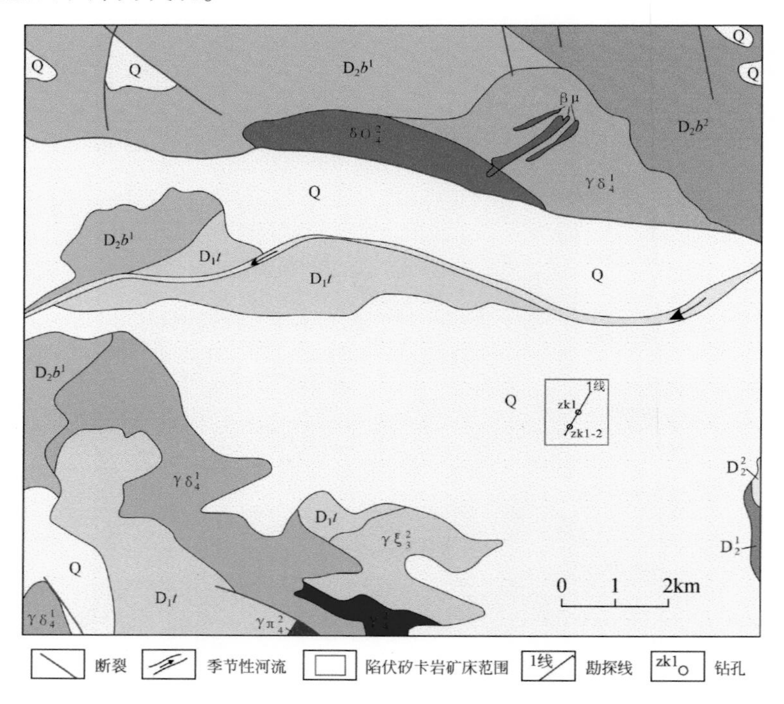

图2.79　东准噶尔拉伊克勒克矿区及周边地质图

随着工作程度的加深，加之该区第四系覆盖区分布广泛，地表露头矿产发现的概率越来越小，向覆盖区和深部找矿的迫切性也越来越强。2011年以来，严加永等（2017）在对1∶5万地面重力、磁力和激电数据处理、反演的基础上，进行了综合解释，通过模式对比与异常组合分析，圈定了7处找矿靶区，对其中的拉伊克勒克靶区进行了大比例尺的综合地球物理探测，主要开展了1∶5000的重力、1∶2000的磁力测量，并实施了钻探验证，在厚覆盖下发现了具有中-大型规模的矽卡岩型富铜-铁矿床。

因此，本次试验的主要目的是基于现有的重、磁数据，以及工区的物性、钻井资料，来推断铜铁矿床的空间三维分布，为后续找矿工作服务。

2. 工作方法技术

如前所述，在工区进行了大比例尺的重、磁测量。对重、磁数据进行预处理和校正后，得到了布格重力异常和总场磁异常数据。其中矿区及其周边的布格重力异常如图2.80

(a) 所示，可以看出，布格重力异常主要表现为区域背景场。为了提取铜铁矿床产生的局部异常，利用软件对其进行了多种滤波处理，经过比对后，选择向上延拓后 50 m 的剩余异常作为局部异常进行后续的反演，重力局部异常如图 2.80 (b) 所示。工区的磁倾角和磁偏角分别为 64.3°和 0.4°，属于高纬度地区。总场磁异常如图 2.81 (a) 所示，以正异常为主，伴生低值负异常。尽管磁异常的幅值很大（达到 10000 nT），但仍然符合高纬度地区的磁异常特征。对其进行化极处理后得到的化极磁异常如图 2.81 (b) 所示，可以看

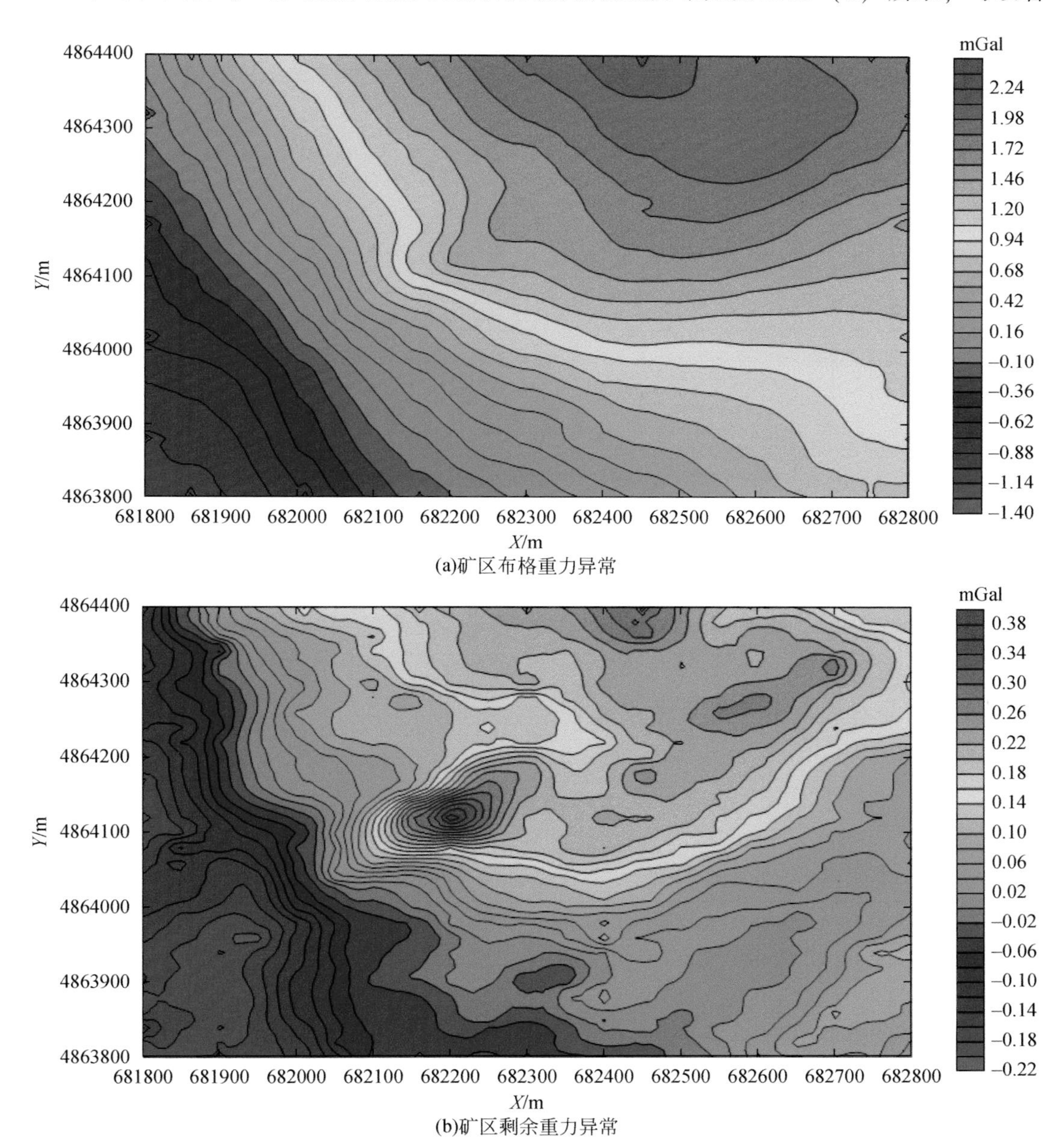

图 2.80　矿区重力异常

出，伴生负异常基本消失。因此，我们推测该铜铁矿床产生的磁异常以感磁为主。此外，通过比较图 2.80（b）和 2.81（b），可以看出重、磁异常的位置、形态非常接近，因此可以推测出应为同源异常。

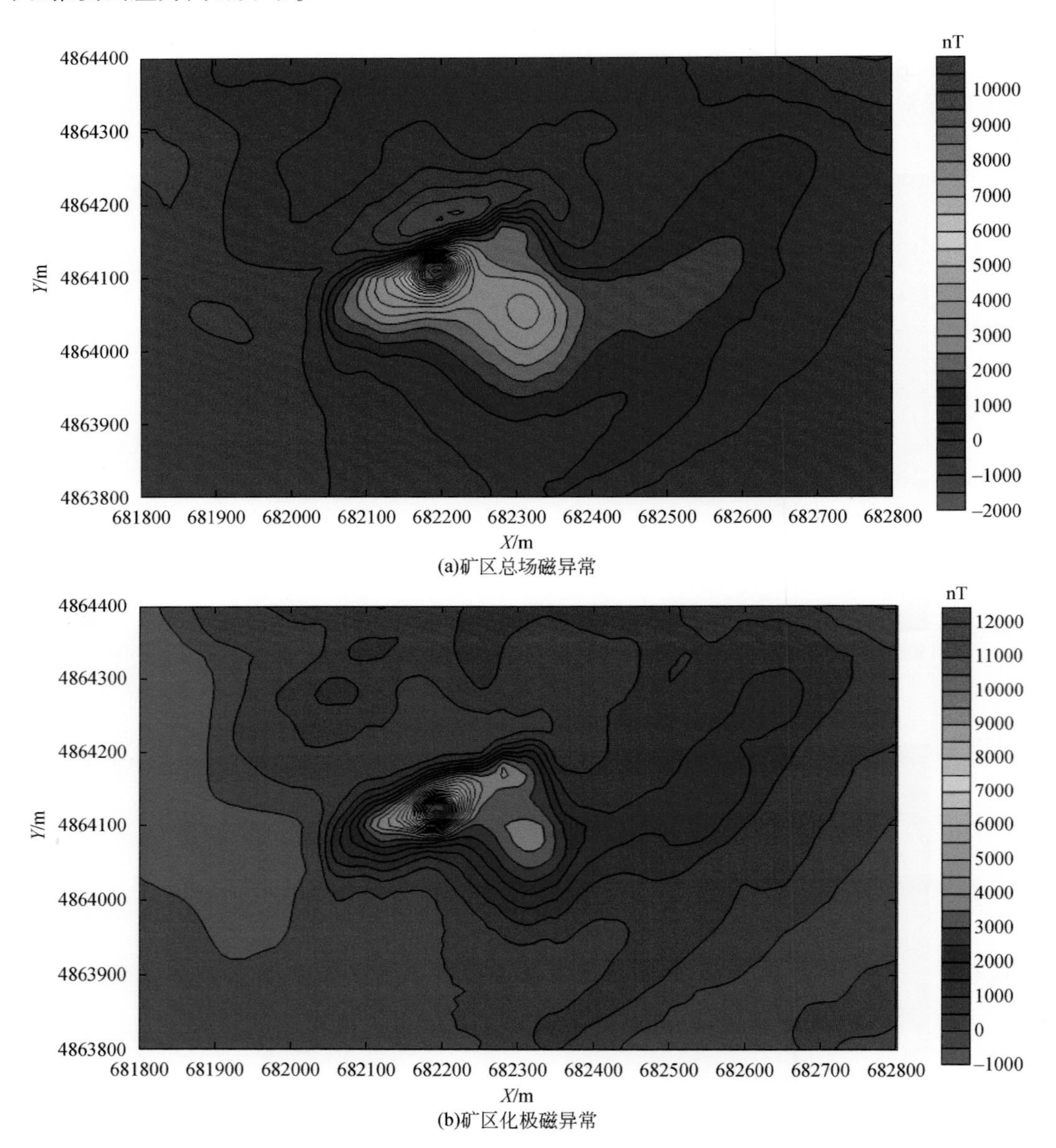

图 2.81 矿区磁异常

3. 试验结果对比分析

利用软件对重磁数据进行了三维反演。根据已知的钻井信息，铜-铁矿的磁化率约为 1SI，与围岩的密度差约为 1.5 g/cm^3。因此，在反演中，可以将已知的物性信息作为约束加入到反演中。

首先对图 2. 80（b）所示的剩余重力异常数据进行反演，采用光滑、聚焦、稀疏三种算法进行反演。反演结果如图 2. 82 所示。图 2. 82（a）和图 2. 82（b）为光滑反演结果，从中可以看出，反演结果中的密度极大值约为 0. 3 g/cm^3，已知密度信息没有得到良好利用。与已知矿体位置相比，反演结果向深部延伸较大。图 2. 82（c）和 2. 82（d）为聚焦反演结果，从中可以看出，反演结果中的密度极大值为 1. 5 g/cm^3，已知密度信息得到较好利用。反演结果与已知矿体位置较为吻合。图 2. 82（e）和 2. 82（f）为稀疏反演结果，从中可以看出，反演结果中的密度极大值为 1. 5 g/cm^3，已知密度信息得到较好利用。反演结果与已知矿体位置较为吻合，且反演结果表现出二值特性。矿体的向下延伸部分没有恢复出，可能是受到旁侧负场源的影响。

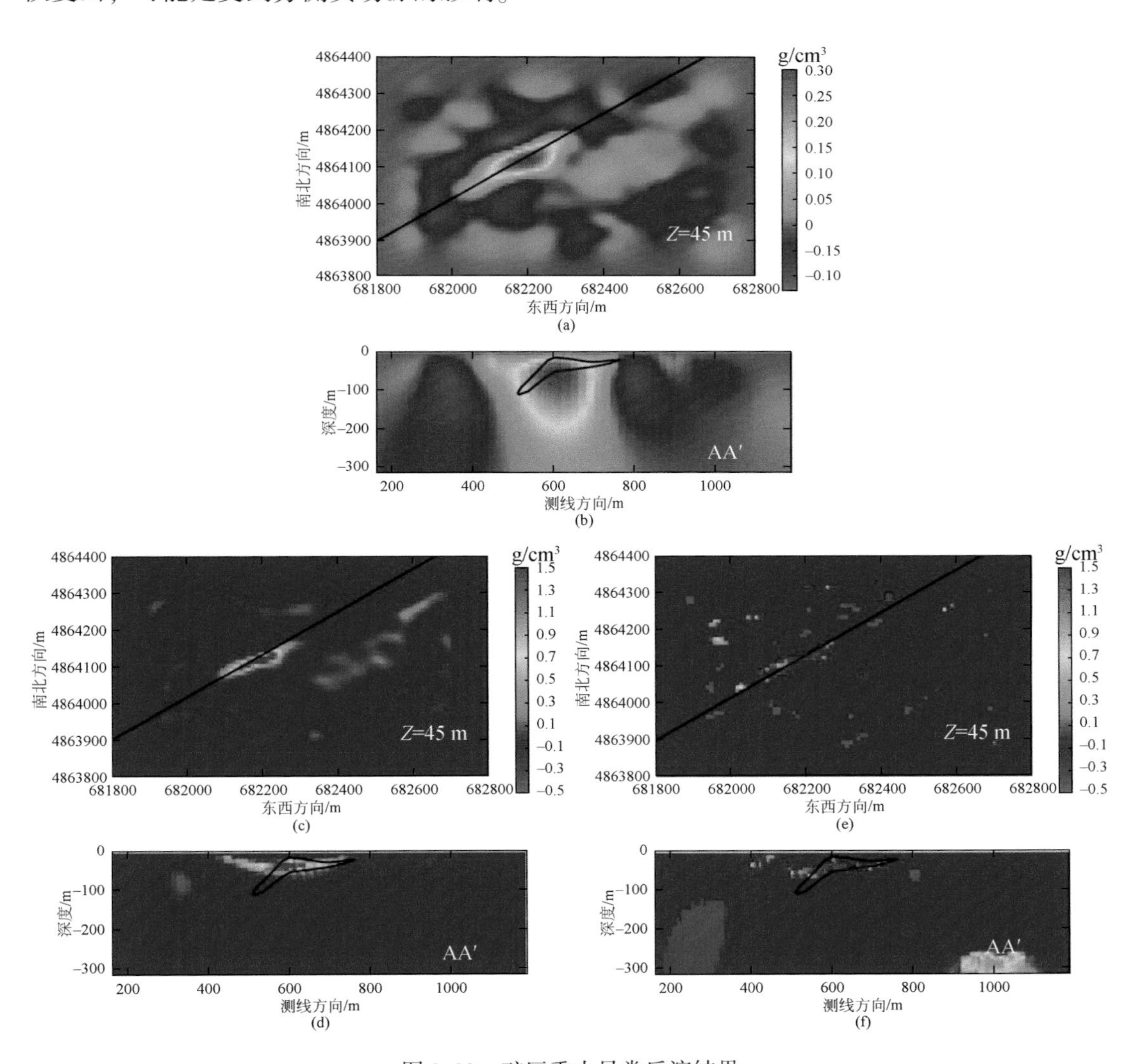

图 2. 82　矿区重力异常反演结果

（a）、（b）为光滑反演结果；（c）、（d）为聚焦反演结果；（e）、（f）为稀疏反演结果然后对图 2.81（a）所示的总场磁异常数据进行反演，采用光滑、聚焦、稀疏三种算法进行反演。反演结果如图 2.83 所示。图 2.83（a）和图 2.83（b）为光滑反演结果，与已知矿体位置相比，反演结果向深部延伸较大。图 2.83（c）和图 2.83（d）为聚焦反演结果，反演结果的浅部与已知矿体位置较为吻合，但深部也存在大量构造。图 2.83（e）和 2.83（f）为稀疏反演结果，可以看出，反演结果与已知矿体位置最为吻合，且反演结果表现出二值特性。此外，三种算法均显示出 200～300 m 深度也存在磁性场源，可能是铜-铁矿的找矿有利位置。

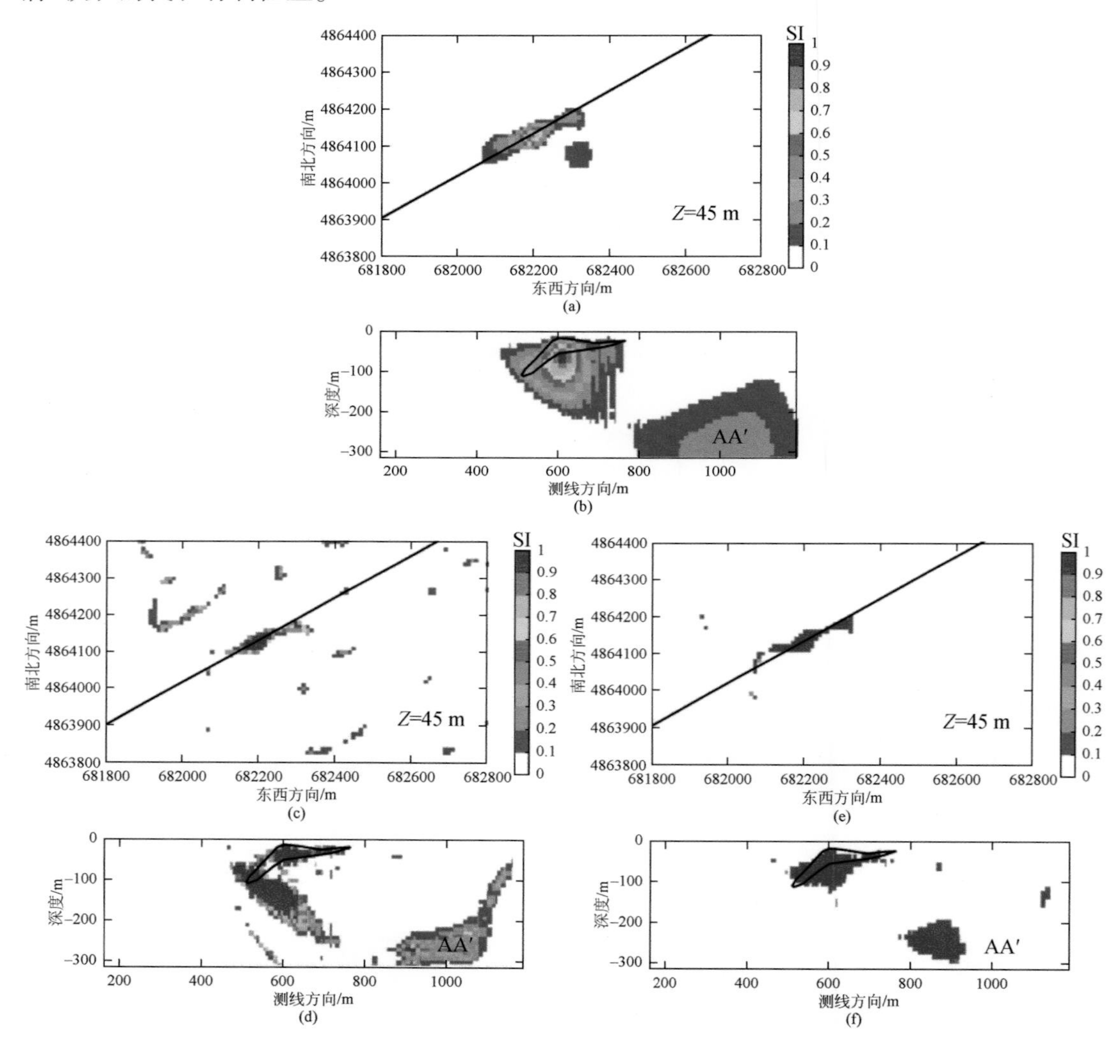

图 2.83　矿区磁异常反演结果

（a）、（b）为光滑反演结果；（c）、（d）为聚焦反演结果；（e）、（f）为稀疏反演结果

通过将最终形成重磁方法技术及软件系统应用到新疆东准噶尔拉伊克勒克铜铁矿区数据的解释中，并采用多种算法对重、磁数据进行处理与反演，得出最终结果与已知的矿区地质、矿体位置等信息吻合程度较高，验证了软件系统在实际矿区中的应用效果。

第三章　地面电磁勘探技术与设备

第一节　核心及关键技术突破

一、高灵敏度宽频感应式电磁传感器

高灵敏度宽频带感应式电磁传感器是电磁法勘探中的核心装备，其技术性能的优劣直接影响电磁法勘探成果。长期以来，我国的电磁勘探仪器设备严重依赖国外进口，特别是高性能电磁传感器更是为国外少数几个公司所垄断，这些电磁传感器不仅价格昂贵，且个别型号对我国采取严格的出口管制。这将大大降低我国在电磁法勘探技术领域的话语权，同时也严重制约了我国电磁法勘探技术的进一步发展。针对这一现状，本研究重点从磁芯材料、装配工艺、检测技术等方面开展研制工作，形成一整套具有自主知识产权的高灵敏度宽频带电磁传感的制造技术，并实现科研产品的产业化推广，进一步促进我国电磁法勘探领域技术的发展。

（一）总体结构

本研究共研制 TEMC104 型、MC30 型和 MC50 型三种类型的高灵敏度宽频带感应式电磁传感器。

1. TEMC104 型电磁传感器

TEMC104 型电磁传感器是瞬变电磁法（TEM）中的关键设备，用于接收感应的二次电磁场信号，主要由多匝空心感应线圈、电源舱、前置放大器、屏蔽层及支架等部分组成。图 3.1 为 TEMC104 型电磁传感器结构图。

该型电磁传感器的频带范围为 1～250 kHz，是一种高灵敏度低噪声的轻便型电磁传感器（灵敏度为 5.952 mV/nT@1kHz，静态噪声水平为 9.44×10^{-4} nT/$\sqrt{\text{Hz}}$@1kHz），可以完全满足 TEM 方法对深部信息探测的需要。

2. MC30 型电磁传感器

MC30 型电磁传感器是音频源电磁法（CSAMT/AMT）中的关键设备，用于接收人工源或者天然源交变磁场信号，主要由磁芯、感应线圈、标定线圈、前置放大器模块、电反馈模块、屏蔽层、支撑件及封装件等部分组成。图 3.2 为 MC30 型电磁传感器结构图。

该型电磁传感器的频带范围为 0.01～10.4 kHz，在 1.0 Hz 处的灵敏度为 215.622 mV/nT，静态噪声在 1.0 Hz 为 1.33×10^{-4} nT/$\sqrt{\text{Hz}}$，而在 1 kHz 处，静态噪声可以达到 7.02×

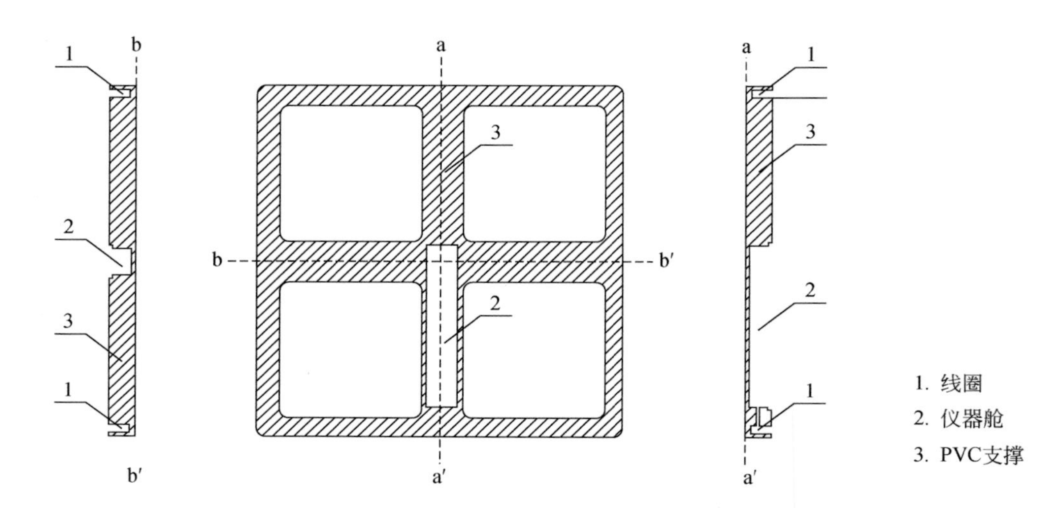

图 3.1 TEMC104 型电磁传感器结构图

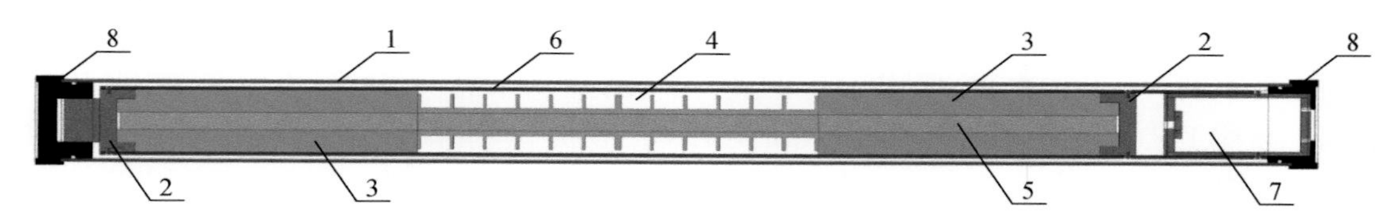

图 3.2 MC30 型电磁传感器结构图

$10^{-7}\mathrm{nT}/\sqrt{\mathrm{Hz}}$。经过与国外同类型设备的对比试验，其技术性能已经达到国外同类型设备的先进水平，完全可以取代国外设备，为可控音频源大地电磁测深（CSAMT）及音频源大地电磁测深（AMT）勘探方法提供高性能的电磁传感器。

3. MC50 型电磁传感器

MC50 型电磁传感器是大地电磁法（MT）中的关键设备，用于接收宽频带天然源交变磁场信号，主要由磁芯、感应线圈、标定线圈、前置放大器模块、磁反馈模块、屏蔽层、支撑件及封装件等部分组成。图 3.3 为 MC50 型电磁传感器结构图。

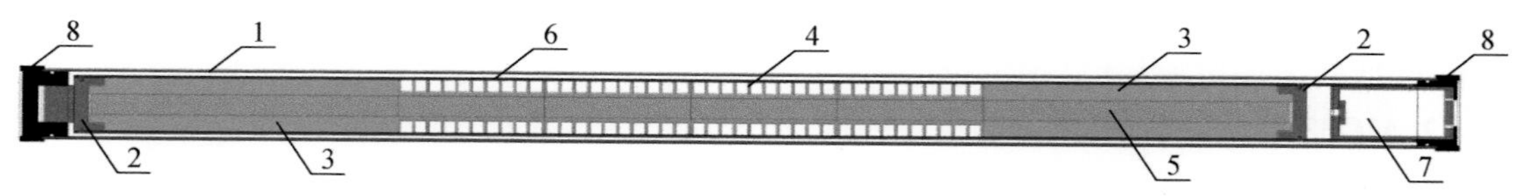

图 3.3 MC50 型电磁传感器结构图

该型电磁传感器的频带范围为 0.0001 ~ 360 Hz，在 1.0 Hz 处的灵敏度为 1375.148 mV/nT，静态噪声在 0.01 Hz 处为 1.0×10^{-2} nT/$\sqrt{\text{Hz}}$，而在 1 Hz 处静态噪声可以达到 1.0×10^{-4} nT/$\sqrt{\text{Hz}}$。其高灵敏度和低噪声的技术性能完全能够满足大地电磁测深（MT）勘探的要求，经过与国外同类型传感器的对比试验，其整体的技术性能已经达到国外的先进水平。

（二）技术突破及对比分析

高灵敏度电磁传感器的技术突破点主要体现在如下几个方面。

1. 磁芯材料

对于 MT 和 CSAMT/AMT 勘探方法而言，接收的交变电磁场的场强较弱，因此需要在电磁传感器的感应线圈中加入由 1J85 坡莫合金材料制成的磁芯，用于提高电磁传感器的灵敏度。

磁芯材料的饱和磁感应强度、剩余磁感应强度、初始磁导率及磁导率等磁性参数是影响感应式电磁传感器技术性能的重要因素，而磁芯材料的磁性参数与材料的组分配比、制备工艺等密切相关。本研究在 1J85 坡莫合金材料的基础上，开展组分配比、热处理工艺参数、制备工艺方法及残余应力消除方法等方面的对比试验研究，通过磁性参数，以及利用其制备成传感器技术性能的对比分析，筛选出适合一整套制造高灵敏度电磁传感器磁芯的软磁材料的制造工艺参数。图 3.4 为磁芯材料成分配比及热处理工艺参数图，图 3.5为 CSAMT/AMT 和 MT 传感器磁芯实物图。

2. 装配工艺

装配工艺是电磁传感器制造的一个重要的环节。采用科学规范的装配工艺，不但可以保证传感器的产品质量，同时也可以保证同一类型传感器的技术性能的一致性。CSAMT/AMT 及 MT 电磁传感器中的磁芯极易受到内部应力的影响而导致性能降低。为此，除了在磁芯制备过程采用热处理工艺消除加工应力外，还需要传感器装备过程中采取相应的措施

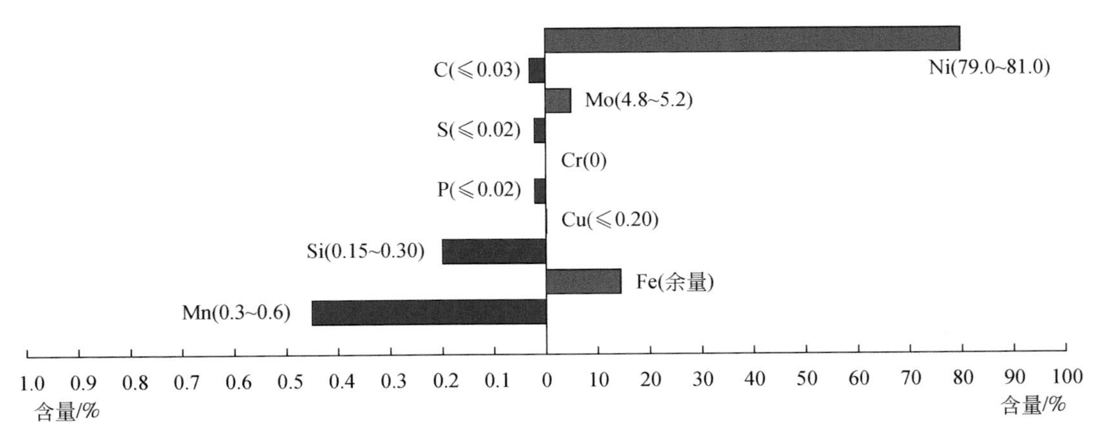

(a)

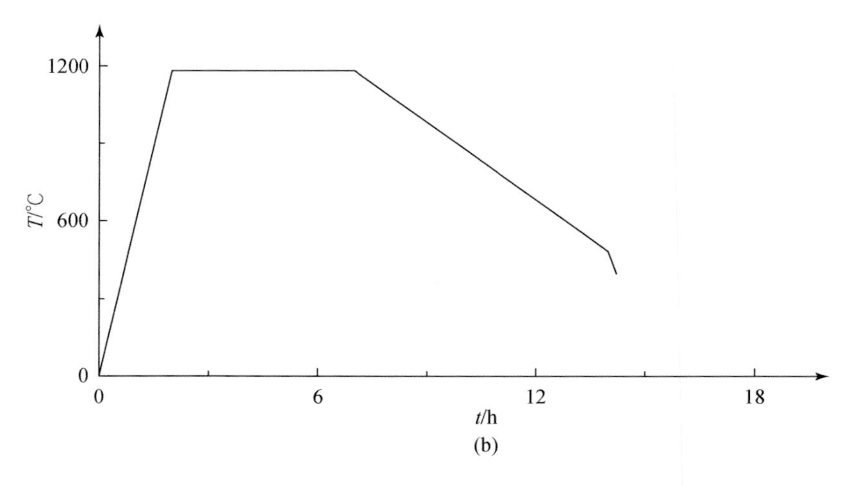

图 3.4　磁芯材料成分配比表（a）及热处理工艺参数（b）

避免磁芯受力，以降低传感器使用的时效性。通过封装材料选型、屏蔽材料选型及部件之间连接方式的研究，本研究总结出一套从材料、加工以及装配的完整的制造工艺流程，为今后批量化生产奠定了技术标准。图 3.6 为装配完成的三种型号电磁传感器实物图。

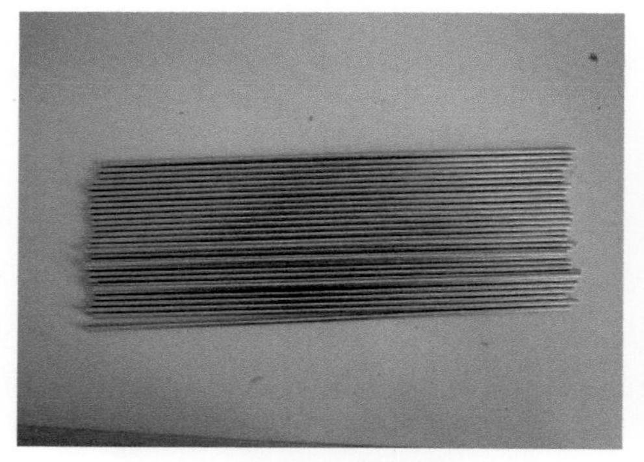

(a)CSAMT/AMT传感器

(b)MT传感器

图 3.5　磁芯实物图

(a)TEMC104型

(b)MC30型

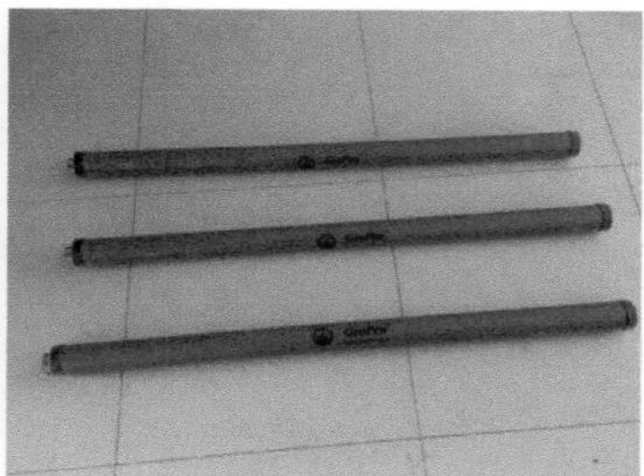

(c)MC50型

图 3.6　装配完成的电磁传感器

将研制的三种类型的电磁传感器与国外同类型传感器进行了室内及野外的对比试验研究，对比结果见图 3.7 至图 3.9。图 3.7 为自主研发的 TEM 电磁传感器 TEMC104 与 ZONGE 公司 TEM/3 型传感器的两次对比结果。图 3.8 为自主研发的 MC30-3801 型 CSAMT/AMT 电磁传感器与凤凰公司生产的 MTC30-2053 型传感器的幅值与相位对比结果。图 3.9 为自主研发的 MC50-5806 型 MT 电磁传感器与凤凰公司 MTC50-1612 型传感器的幅值与相位对比结果。

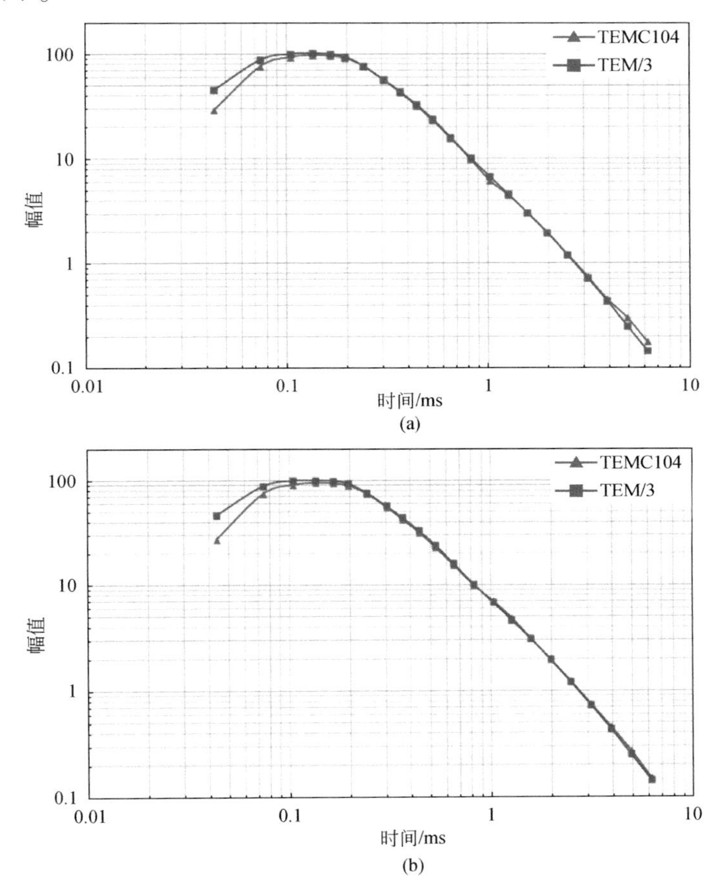

图 3.7　自主研发的 TEM 电磁传感器 TEMC104 与 ZONGE 公司 TEM/3 型传感器的两次对比结果

从对比试验的结果可以看出，本研究中研制的三种类型的技术性能已经达到国外同类型传感器的水平。对于 MC30 和 MC50 型电磁传感器，采用了高性能的磁芯及磁收集装置，使得传感器在满足灵敏度技术指标的条件下，磁芯材料的用量大幅度降低，从而降低了传感器的制造成本。

二、高灵敏度三分量磁通门传感器

本研究运用 Maxwell 和 Simplorer 等仿真软件对磁通门进行原理分析，再通过系统方案

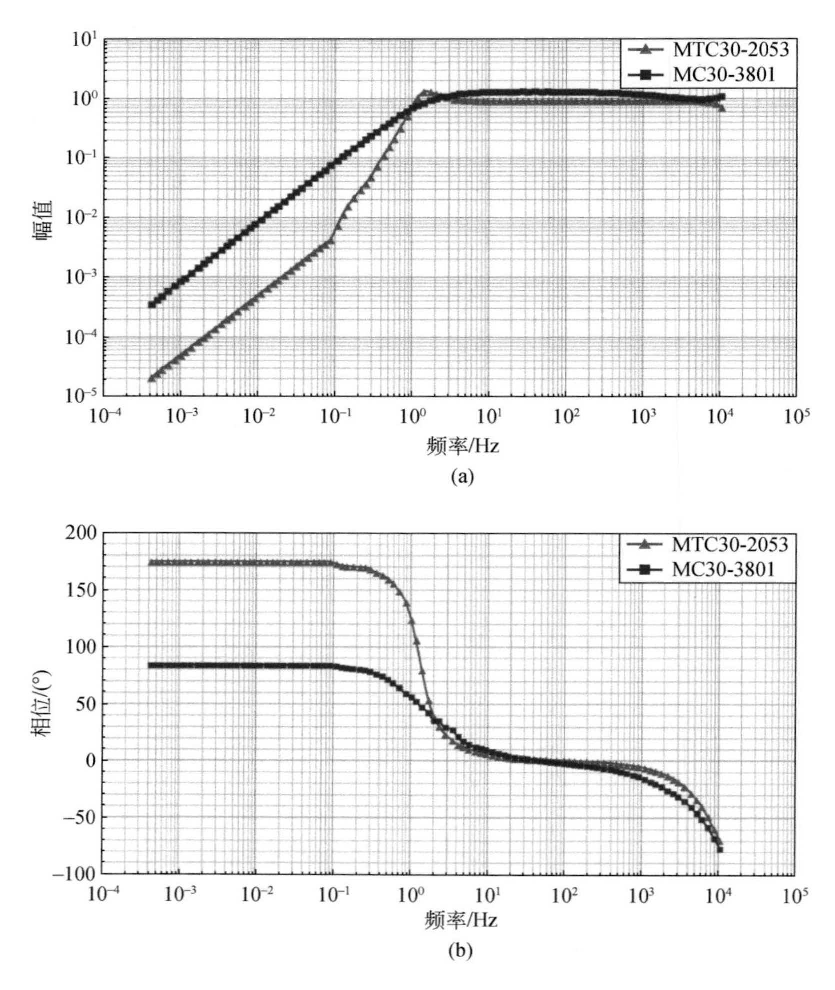

图 3.8 自主研发的 MC30-3801 型 CSAMT/AMT 电磁传感器和凤凰公司生产的 MTC30-2053 型传感器的幅值与相位对比结果

论证及试制预研，提出两种三分量磁通门传感器研制技术方案：第一种是剖析英国 Bartington 公司的 MAG03 三轴磁通门传感器和乌克兰利沃夫研究院的 LEMI 系列磁通门传感器后确定的传统双磁芯差分探头结构和检测线圈与反馈线圈共用的技术方案，基于该方案研制了三轴分立式磁通门传感器（LMT-FS02）；第二种是三轴一体化双磁芯探头结构、具有独立反馈线圈的创新技术方案，基于该方案研制了三轴一体化磁通门传感器（LMT-FS01）。

（一）总体结构

1. 三轴分立式磁通门传感器（LMT-FS02）

每一个分量（轴）的磁通门探头选用双磁芯平行结构，图 3.10（a）为单分量磁通门

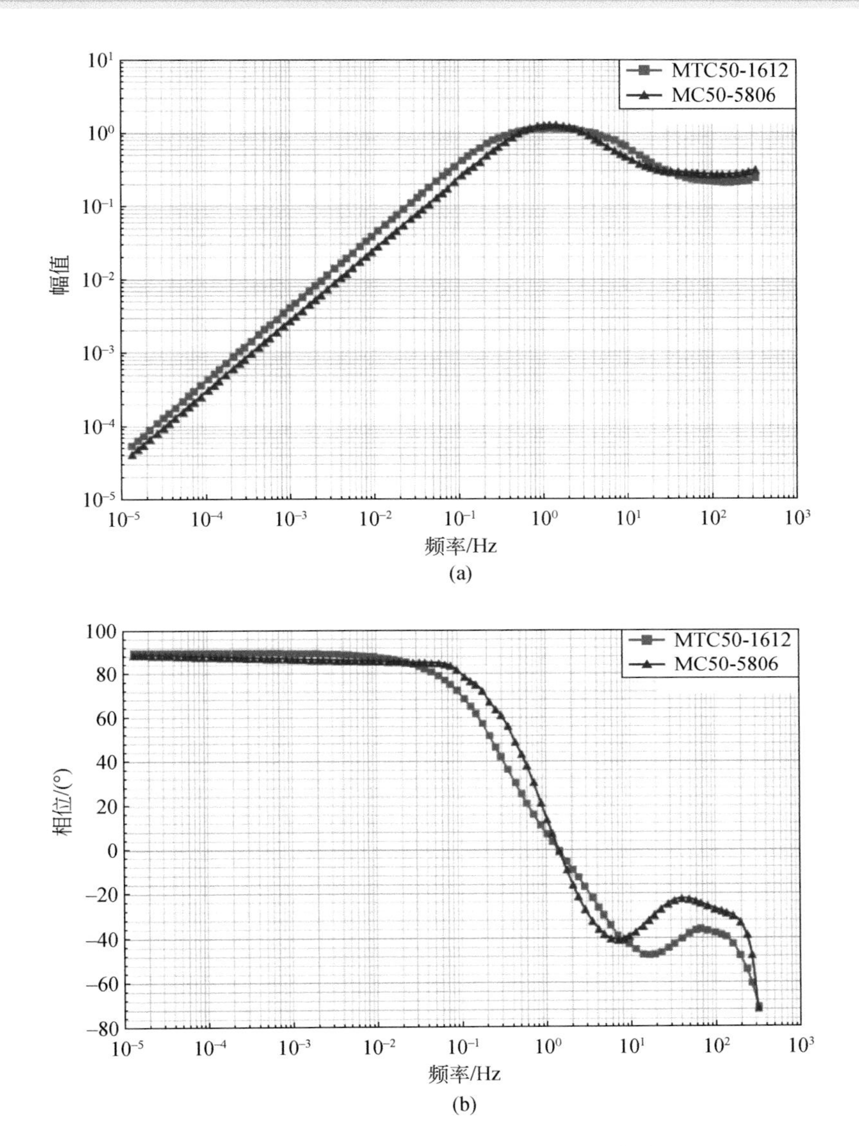

图 3.9　自主研发的 MC50-5806 型 MT 电磁传感器和凤凰公司 MTC50-1612 型传感器的幅值与相位对比结果

探头的结构设计图，激励线圈反向串联绕置在两个结构相同的磁芯上，匝数保证相等，感应线圈绕置在骨架外围的圆柱上。图 3.10（b）为三分量磁通门探头封装骨架的设计图，红色、绿色、紫色处分别为 X 轴、Y 轴、Z 轴磁通门探头的安装位置。探头以相互正交的方式安装在骨架内部，再用保护盖封住。

根据磁通门传感器的工作原理，设计三通道模拟信号处理电路，单分量的电路整体结构如图 3.11 所示。匹配单分量磁通门探头的电路由激励电路和检测电路构成，激励电路的作用是提供周期性方波电压信号，以保证磁芯处于周期性深度饱和状态，主要由方波信号发生电路和功率放大器构成。磁通门信号有多种不同的检测方法及电路，LMT-FS02 采

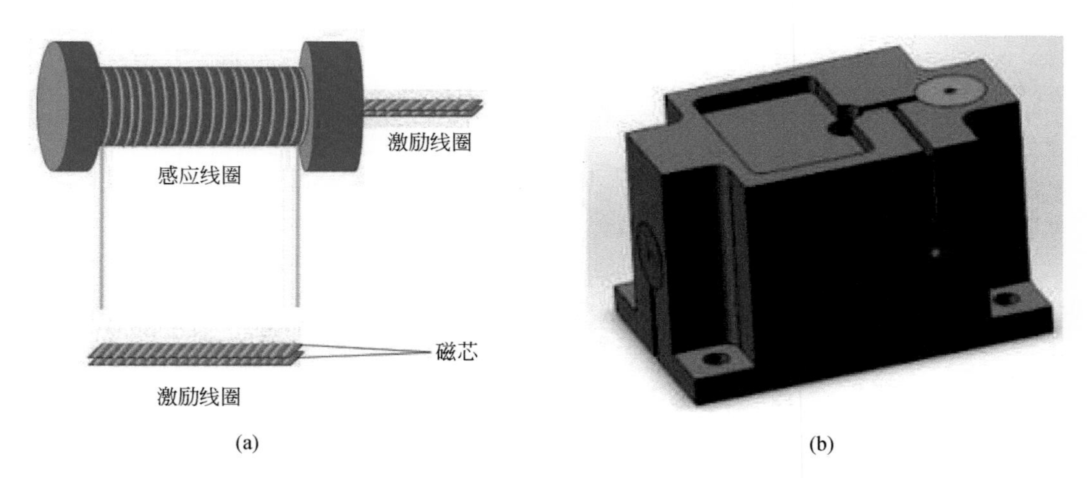

图 3.10 LMT-FS02 单分量磁通门探头的结构设计（a）和三分量磁通门探头封装骨架（b）

用最常用的二次谐波检测法。检测电路主要由谐振电路、前置放大电路、带通滤波电路、相敏检波电路、低通滤波电路、积分器和反馈回路组成，其主要作用是对感应磁场的磁通门信号进行解调，有效地检测出二次谐波信号。

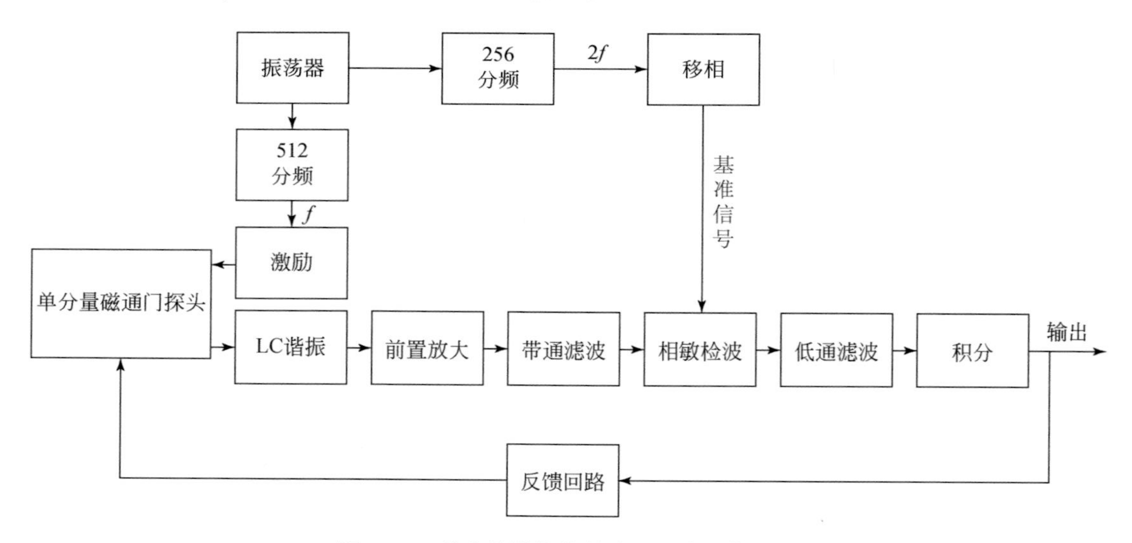

图 3.11 单分量模拟信号处理电路整体结构

2. 三轴一体化磁通门传感器（LMT-FS01）

LMT-FS01 由一个一体化的磁通门探头和磁通门电路两部分组成：磁通门探头包括绕有激励线圈的磁芯、检测线圈和反馈线圈；磁通门电路包括激励电路和信号处理电路。图 3.12（a)为 LMT-FS01 的磁芯结构，由三个相互正交的正方体环融合而成，磁芯的磁化方向是沿着正方体环四个边的径向方向。每一个磁场分量的激励磁芯由两对平行边构成，如 Y 轴的激励磁芯由 Y_1、Y_2 和 Y_3、Y_4 构成。图 3.12（b）为 LMT-FS01 检测线圈结构，由三个相互正交的带状的检测线圈构成，绕有激励线圈的磁芯放置在检测线圈结构的内部中心处。为了满足检测信号高稳定性的要求，LMT-FS01 采用紧凑球面型反馈线圈[图 3.12（c）]，该结构由三轴相互正交的绕组构成，单轴绕组由 13 个间距相等的单匝线圈组成，球形半径为 52.5 mm，绕有激励线圈的磁芯和检测线圈置于中心。

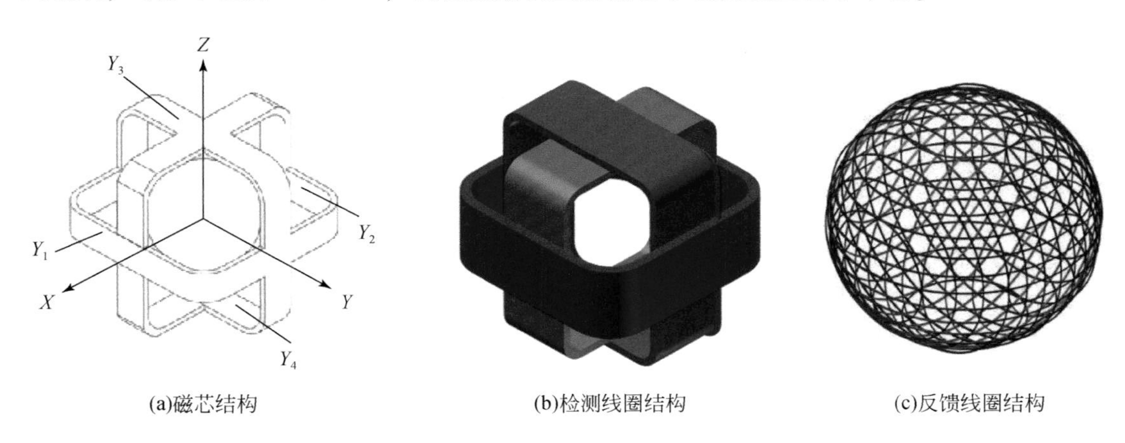

(a)磁芯结构　(b)检测线圈结构　(c)反馈线圈结构

图 3.12　LMT-FS01 磁通门传感器

图 3.13 为 LMT-FS01 磁通门传感器的总体电路设计框图。磁通门电路包括激励电路和三轴的信号处理电路。激励电路由方波产生器和全桥驱动组成，方波产生器产生频率为 f 的基波激励信号，以及供给相敏检波的频率为 $2f$ 的基准信号。由于产生的激励信号驱动激励线圈的能力不足，需增设全桥驱动模块来提高电流驱动能力。

三轴磁通门信号处理电路处理磁通门探头中的检测线圈产生的感应电动势，由前置运放、相敏检波、平滑滤波、积分器、差分输出和反馈电阻组成。LMT-FS01 采用的是二次谐波法，而感应电动势中的二次谐波分量十分微弱，且其他频率的噪声干扰较大，需通过前置运放来实现带通和提高电路的信噪比。磁通门电路须有相敏特性，使得输出信号能够表征环境磁场的极性。相敏检波的输出为脉动信号，经过平滑滤波后得到直流信号。接着设置积分器，提高前置通道增益。积分后的输出信号一路通过反馈电阻连接至磁通门探头的反馈线圈，反馈线圈产生的磁场能够抵消被测环境磁场，构成负反馈。当整个闭环系统稳定时，信号处理电路的输入为 0。还有一路经过单端转差分电路输出，消除共模信号干扰。

（二）技术突破及对比分析

1. 三轴分立式磁通门传感器（LMT-FS02）

研制的 LMT-FS02 原理样机经过第三方检测机构（中国船舶重工集团第 710 所国防弱磁一级计量站）检测，主要指标达到国际先进水平（与英国 Bartington 公司的 Mag-03 等国外先进磁通门相比）。频响范围 DC-1 kHz 时，每轴噪声水平约为 6 $\mathrm{pT}/\sqrt{\mathrm{Hz}}$@1Hz，三轴正交误差$<0.5\%$，达到预期研究目标。表 3.1 所示为每轴噪声的测量结果。

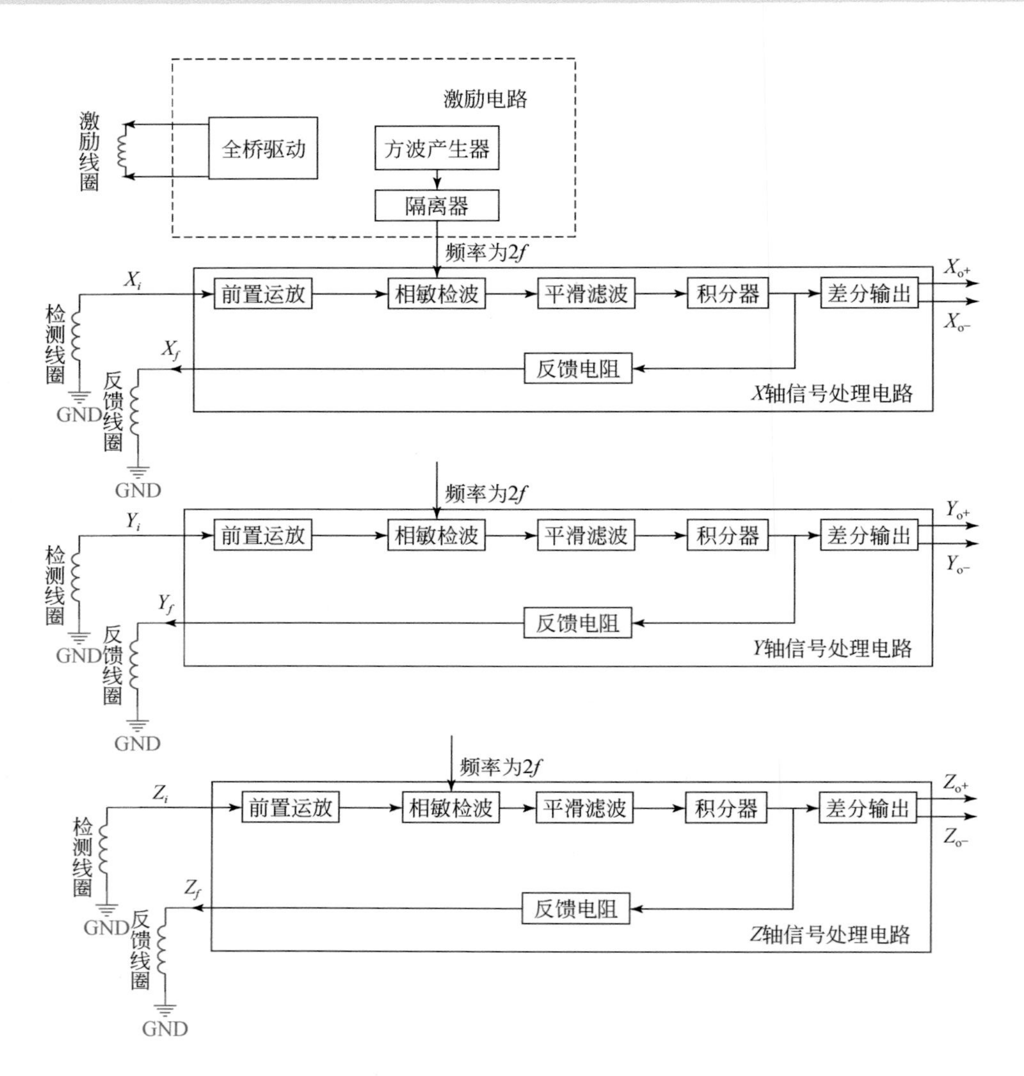

图 3.13　LMT-FS01 磁通门传感器总体电路设计框图

表 3.1　LMT-FS02 原理样机噪声测试结果

指标	*X* 轴	*Y* 轴	*Z* 轴
噪声（pTrms/$\sqrt{\text{Hz}}$@1 Hz）	5.78	5.69	5.90

2. 三轴一体化磁通门传感器（LMT-FS01）

研制的 LMT-FS01 原理样机经过第三方检测机构（中船重工 710 所国防一级弱磁计量站）检测，频响范围 DC-10 Hz 时，三轴噪声水平结果见表 3.2，可见噪声波动性较大，目前未达到预期指标要求。但是 LMT-FS01 所采用的一体化磁芯结构的技术方案理论上可以有效地缩小探头体积，提升磁通门的正交性。作者将坚持研究找到噪声较大的原因，以突破该方案的技术瓶颈。

表 3.2　LMT-FS01 原理样机噪声测试结果

指标	X 轴	Y 轴	Z 轴
噪声水平（pT/$\sqrt{\text{Hz}}$@1Hz）	25.6～85.8	12.0～75.2	10.3～45.2

三、感应式电磁传感器检测与标定技术

感应式电磁传感器的检测与标定是客观评价传感器技术性能的重要手段。目前国家乃至世界上还没有对电磁法勘探领域中所使用的电磁传感器建立一套统一的检验标准和规程，都是各生产企业自行制订标准，导致这些传感器只能与自己生产的仪器配套使用。为此，亟需研究一套专门适用于该类电磁传感器的检测和标定技术规程及其配套的检测设备，建立电磁传感器技术性能的测评系统。

（一）总体结构

图 3.14 为研发的感应式电磁传感器测评系统实物图。该测评系统可以开展 MT、CSAMT/AMT 电磁传感器的主要技术指标的检测与标定，由于其内部设置有温度控制系统，利用该测评系统可以研究环境温度对电磁传感器技术性能的影响效应。

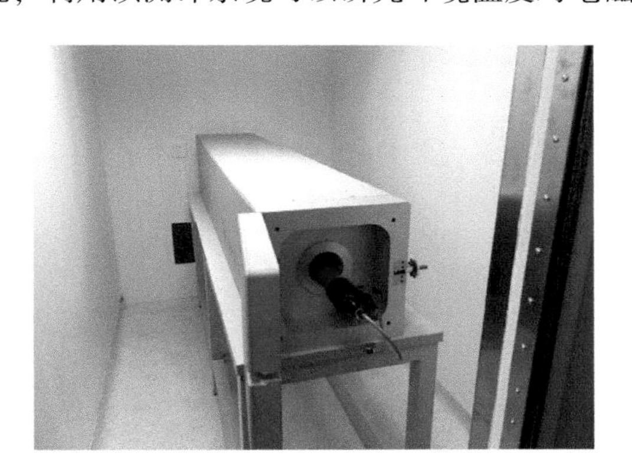

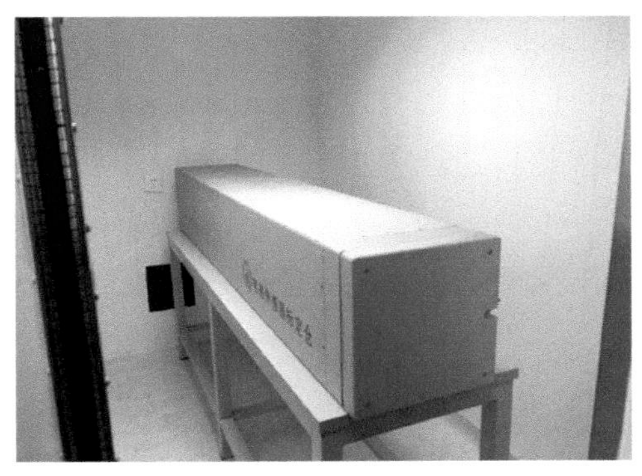

图 3.14　感应式电磁传感器测评系统实物图

测评系统主要由磁屏蔽室、温度控制系统、交变磁场复现装置、标定仓及测控系统等部分组成。其中，测控系统分别设置有 8 个高速通道和 8 个低速通道，可以实现被检测传感器不同频带范围内数据的采集工作。图 3.15 为测控仪实物图及原理图。

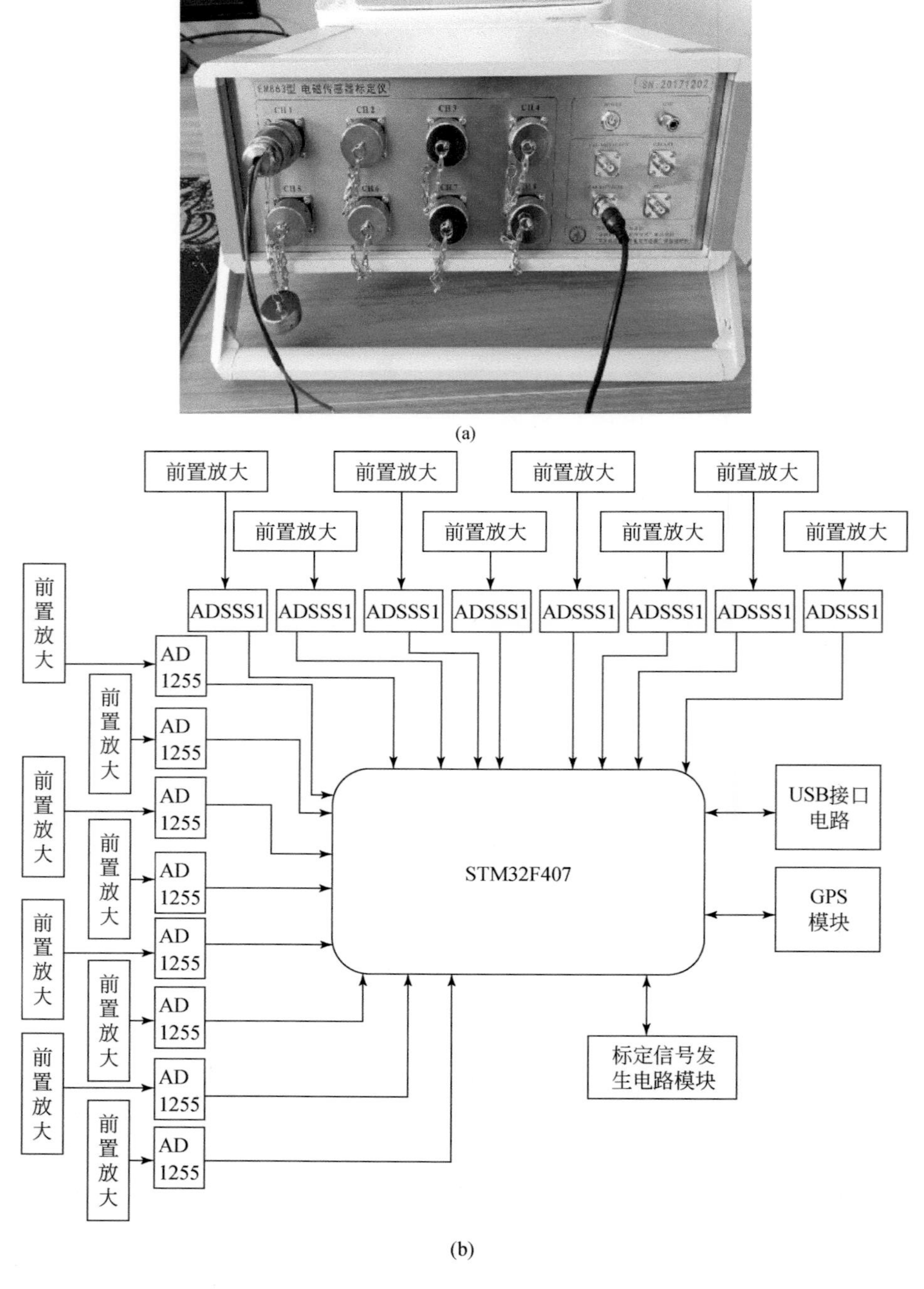

(a)

(b)

图 3.15　测控仪实物图（a）及原理图（b）

（二）技术突破及对比分析

感应式电磁传感器检测与标定技术突破点主要体现在如下几个方面。

1. 磁屏蔽技术及温控系统

测评系统中如何屏蔽外界电磁环境噪声是整个系统的关键，为此我们按照 GB/T 50719—2011 的技术标准建造了电磁屏蔽室，用于抑制 1 ~ 10 GHz 的射频干扰。在标定仓内部设计四层屏蔽体，其中最内层采用 1J85 坡莫合金作为屏蔽材料，用于研制低频电磁干扰。测评系统中的温控系统则采用水浴循环方法实现标定仓内范围为−40 ~ +80℃温度的调节，该方式的最大优点在于能够在标定仓内部创建均匀的温度场。图 3. 16 为测评系统对 MT50 型传感器的标定结果。

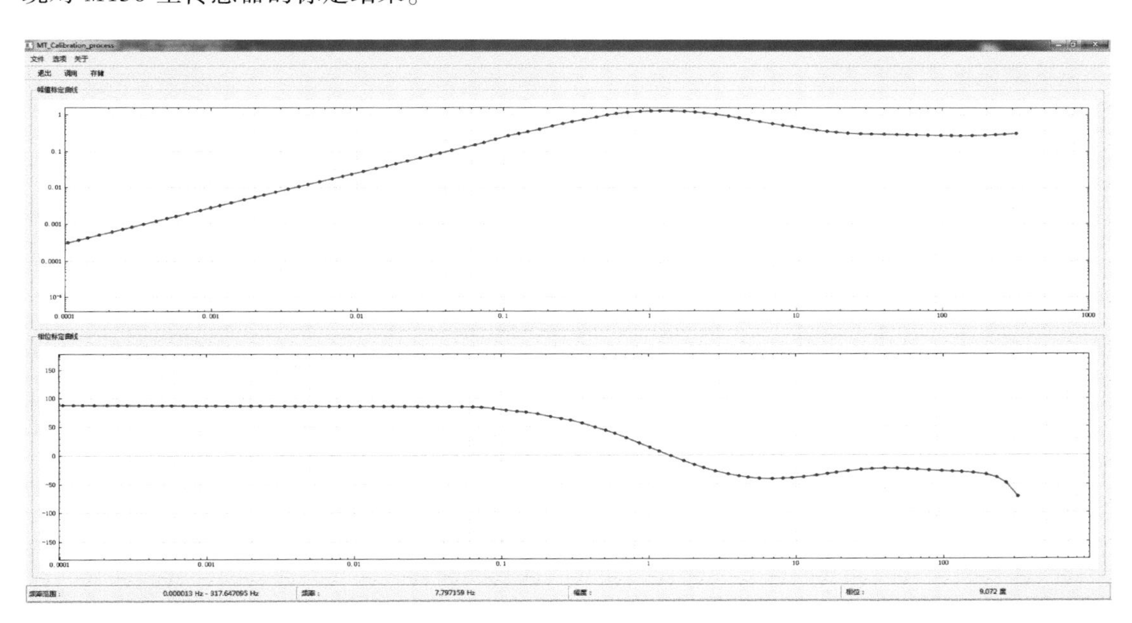

图 3. 16　测评系统对 MT50 型传感器的标定结果

2. 检测技术规程

检测技术规程包括感应式电磁传感器主要技术指标的测试流程及数据处理方法等，经过相关专家对本次研制的电磁传感器的测评，证明该技术规程是可行的，可为感应式电磁传感技术指标的测评提供重要的技术支撑。

第二节 仪器设备研制

一、分布式多参数电磁探测系统

（一）总体设计

分布式多参数电磁探测系统仪器的研发是在前期研究的基础上，借鉴已成功研发的多功能电磁探测样机系统仪器的经验，研制出一套包括60 kW大功率发射机、抗干扰电磁多参数接收机、感应式磁传感器、电磁多参量数据采集与处理解释的实用化国产多功能电法系统，为我国深部资源勘查提供大深度探测的高效高分辨多参数电磁探测方法技术支持。其系统组成框图如图3.17所示。

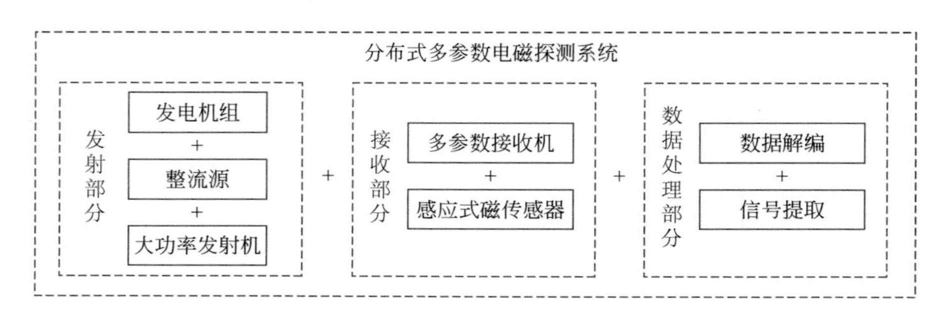

图3.17 分布式多参数电磁探测系统组成框图

1. 实用化大功率发射机

实用化大功率发射机的主要研究内容包括：对原发射机的硬件电路进行重新设计，对控制程序进行升级改进，对发射机的面板和走线等工艺进行调整，对液晶显示方式和矩阵键盘输入方式等方面进行优化，以提升发射机的稳定性、可靠性及实用性。

2. 抗干扰电磁多参数接收机

抗干扰电磁多参数接收机的主要研究内容包括：针对已有多功能电法接收机样机存在的不足，研究采集频段的细分；对原有接收机样机所用器件进行筛查，对已停产和技术指标落后的器件进行重新选型；改进接收机电路设计，优化设计接收机加工工艺；构建实用化的抗干扰多功能电磁法接收机。

3. 感应式磁传感器

感应式磁传感器的主要研究内容包括：对感应式磁场传感器的磁测原理、线圈绕制工艺及屏蔽方式等方面进行研究；调研并选择合适的铁磁芯、漆包线等原材料；选择合适的放大器开发前置放大电路；通过加工的磁传感器样机的幅相频率特性测试和野外场地试验，对电路与加工工艺进一步优化。

4. 电磁探测的抗干扰数据处理研究

为压制电磁探测中的各种测量噪声（仪器本底噪声、以 50 Hz 为主的工频及谐波干扰等噪声）并提取有效信号，一方面，在仪器开发中采用频段细化技术，另一方面，在 CSAMT 的数据处理中，采用噪声识别、数字滤波、多次叠加等技术进行抗干扰的数据处理。

（二）关键部件研制

1. 实用化大功率发射机

分布式电磁法发射机的硬件设计框图如图 3.18 所示。硬件部分主要由主控单元、DC/DC 电源和高压开关三部分组成。

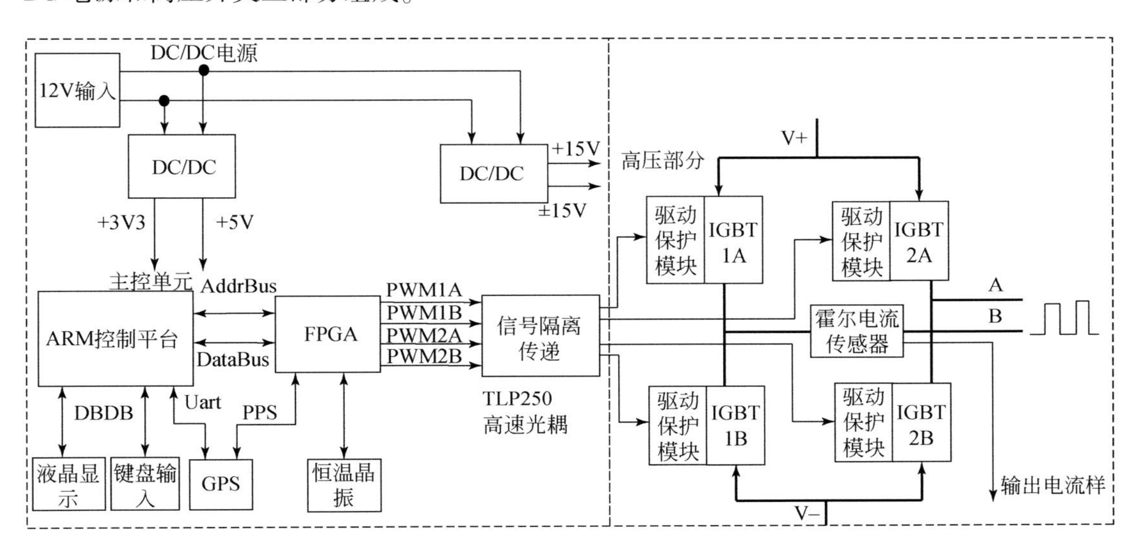

图 3.18 实用化大功率发射机设计框图

1）主控电路研制

主控单元采用 ARM 加 FPGA 双核的设计模式，利用 ARM 芯片丰富的资源和快速的运算速度控制键盘、液晶、串口等外设，利用 FPPA 并行计算的优点控制波形即时发生，信号由 FPGA 的 I/O 口通过 PWM 波输出后进入光耦隔离芯片。光耦隔离芯片具有信号不失真、隔离电压高的优点，利用光耦芯片把主控单元和高压部分隔离。

ARM 芯片采用 STM32F103ZET7 芯片，负责与 FPGA 芯片通信、与 GPS 模块通信、液晶显示器控制、矩阵键盘控制、散热控制以及其他扩展功能。FPGA 芯片采用 EP4CE622C8N 芯片，负责与 ARM 芯片通信、PWM 波形发送控制 IGBT 驱动模块、通过 GPS 模块的 PPS 信号及高精度恒温晶振的时钟精准控制发射信号及其他扩展功能。

2）显示和矩阵键盘研制

显示器采用 CH320240B 点阵绘图型液晶显示模块。该模块采用 COB 的 320×240 点阵液晶显示屏与低功耗 LED 背光组成。内置 RA8806 控制器，每屏可显示 8 排汉字，每排显示 15 个（16×16 点阵）汉字，内建简体/繁体中文（GB/BIG5）和 ASCII 字体的 ROM，支持 90°、180°、270°文字旋转显示功能；支持 1 倍到 4 倍字形放大（垂直和水平），使用方便广泛。

矩阵键盘为内嵌在机箱面板上的 4×5 键盘，设计按键除了有 0 ~ 9 数字和小数点及返回进入等常规按键外，还单独设计了“Reset”、“Light”、“Fans”这几个按键，分别为系统复位开关按键、液晶背光开关按键和散热风扇的开关按键。“F1”至“F4”为系统预留的 4 个功能按键。

3）隔离及高压发射驱动电路研制

信号传输隔离电路主要采用的隔离芯片为 TLP250 光耦型隔离芯片，PWM 信号通过光耦隔离芯片后进入驱动保护模块 2SD315A-33。2SD315A-33 是瑞士 CONCEPT 公司专为高压 IGBT 的可靠工作和安全运行而设计的驱动模块。该模块采用脉冲变压器隔离方式，能同时驱动两个 IGBT 模块，可提供±15 V 的驱动电压和±15 A 的峰值电流，具有准确可靠的驱动功能与灵活可调的过流保护功能，同时可对电源电压进行欠压检测，工作频率可达兆赫兹以上。一个 2SD315A-33 模块可同时触发两块 IGBT，通过 MOD（模式选择端）可方便选择直接和半桥两种工作模式。本设计将 MOD 端直接接 VDD，选择使用直接模式，两路信号单独驱动，互不干扰。由两个 2SD315A 模块驱动 Q1 至 Q4 共 4 个 IGBT 开关，工作示意图如图 3. 19 所示。PWM 方波信号为正电平时，1INA 和 2INB 为高电平时，Q1 和 Q4 导通，1INB 和 2INA 为低电平时，Q3 和 Q2 截止，A 端为 V+，B 端为 V-；PWM 方波信号为负电平时，1INB 和 2INA 为高电平时，Q2 和 Q3 导通，1INA 和 2INB 为低电平时，Q1 和 Q4 截止，A 端为 V-，B 端为 V+。

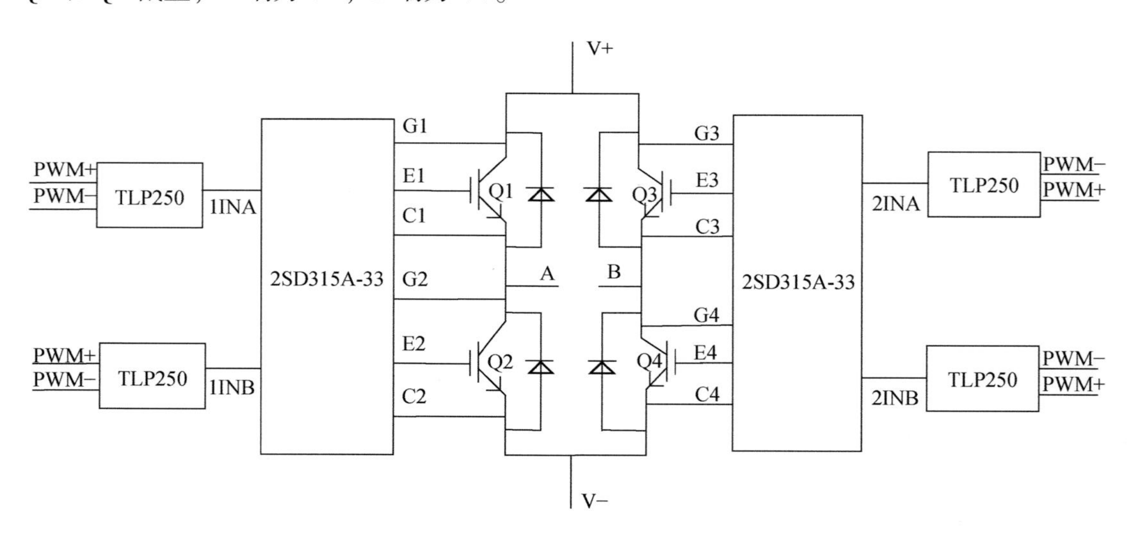

图 3. 19　IGBT 开关及驱动示意图

4）控制程序研制

设计由 ARM 芯片控制 FPGA 芯片产生 PWM 波形，同时 ARM 芯片与液晶显示、键盘输入及 GPS 信号输入连接，形成人机交互的控制平台。FPGA 芯片利用程序并行运行的特点产生需要发射的电流信号，没有延时，信号发生准确。

程序开始后进入初始化预设各种外设，然后进入主界面，等待命令按下后选择对应的方法，1-TDIP，2-FDIP，3-SIP，4-GPS Information，5-CSAMT（五频波），6-逆重复伪随机信号，7-TEST 模式，Back-退出。其中 TDIP 为时间域激电，FDIP 为频率域激电，SIP 为频谱激电；按键“4”对应综合电法测量模式，可以将不同方法的供电模式和不同频率编入一个任务文件，自动循环供电；按键“5”为可控源音频大地电磁方法的发射，可控源方法的波形为五频波；按键“6”为逆重复 m 伪随机信号的发射模块，可供在强干扰地区进行抗干扰测量；按键“7”为测试模式，可以在无 GPS 定位信息的情况下，对仪器的功能进行检测使用，或在正式施工前进行仪器试供电使用。控制程序的主流程图如图 3.20 所示。

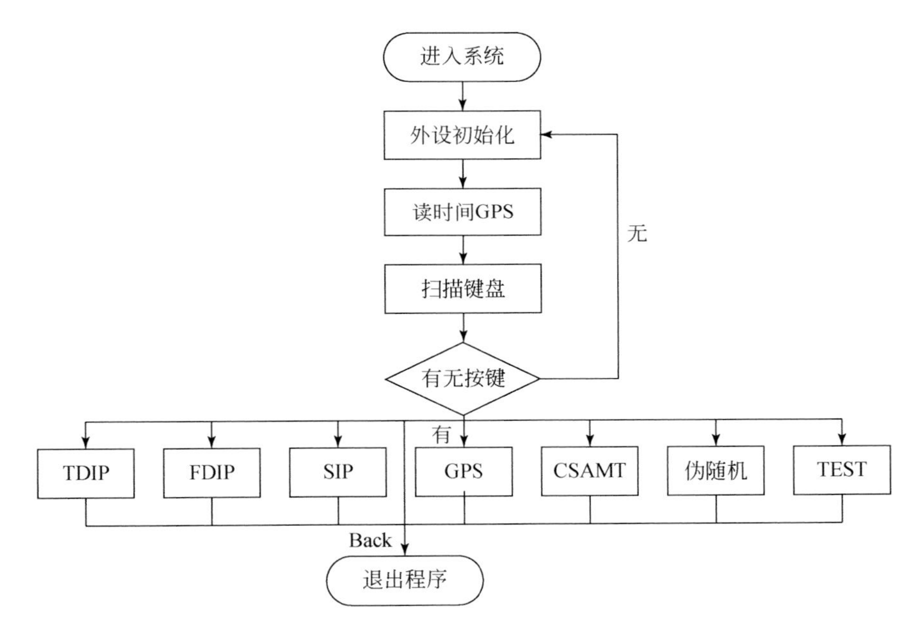

图 3.20　发射机主控程序流程图

5）发射机面板设计

对原发射机的面板和装配图进行了修改，以便新样机的重新组装。新设计的面板精简了面板警告语句，高压低压区域重新划分，接头和开关的位置也进行了调整，设计的面板示意图和研制成功的 EM-T60 型实用化大功率发射机实物图如图 3.21 所示。

2. 抗干扰电磁多参数接收机

1）接收机射频抑制电路的优化设计

射频抑制电路位于接收机的最前端，直接接收能够进入接收机输入端的极宽频带的输入信号，因此设计合理的射频抑制电路尤为重要。为避免由于一阶 RC 电路的衰减缓慢对接收机的整体性能产生不利影响，本次优化设计中采用二阶 RLC 电路来实现射频抑制，从而在保证对射频信号抑制能力的前提下，尽量提高转折频率，使得射频抑制电路对接收

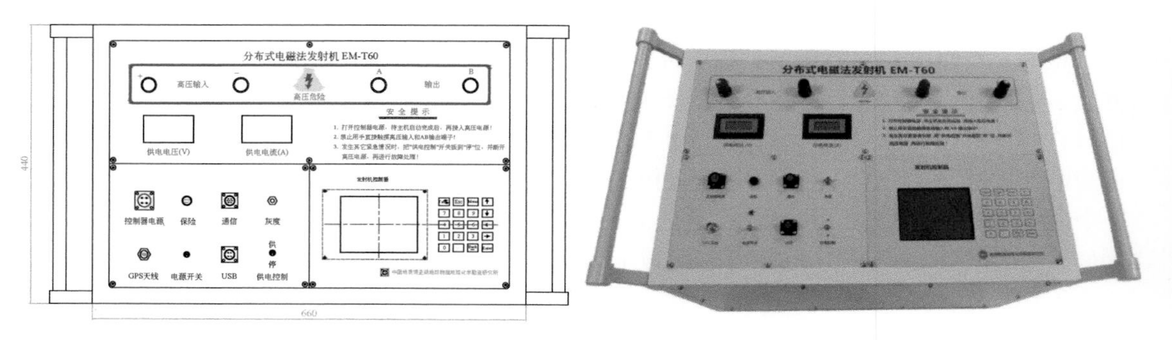

图 3.21　发射机面板设计示意图和研制成功的 EM-T60 型实用化大功率发射机实物图

机的影响更小。

对于任何一款运算放大器，其最高工作频率（$f_{\max}$）与最大工作电压 V_{p-p} 及运放摆率 SR 有如下关系：$f_{\max}=\dfrac{SR}{2\pi V_{p-p}}$。电路中选用的运放摆率为 20 V/μs、通道最大工作电压为 9.6 Vpp，因此通道最高工作频率应低于 331 kHz。通过仿真验证，确定电路参数为电感 2.2 mH，电阻 5 kΩ，电容 168 pF 为最佳设计，电路图如图 3.22（a）。图 3.22（b）中红色曲线（中间一条）为图 3.22（a）对应的幅频特性仿真曲线，此时电路转折频率为 268.9 kHz。

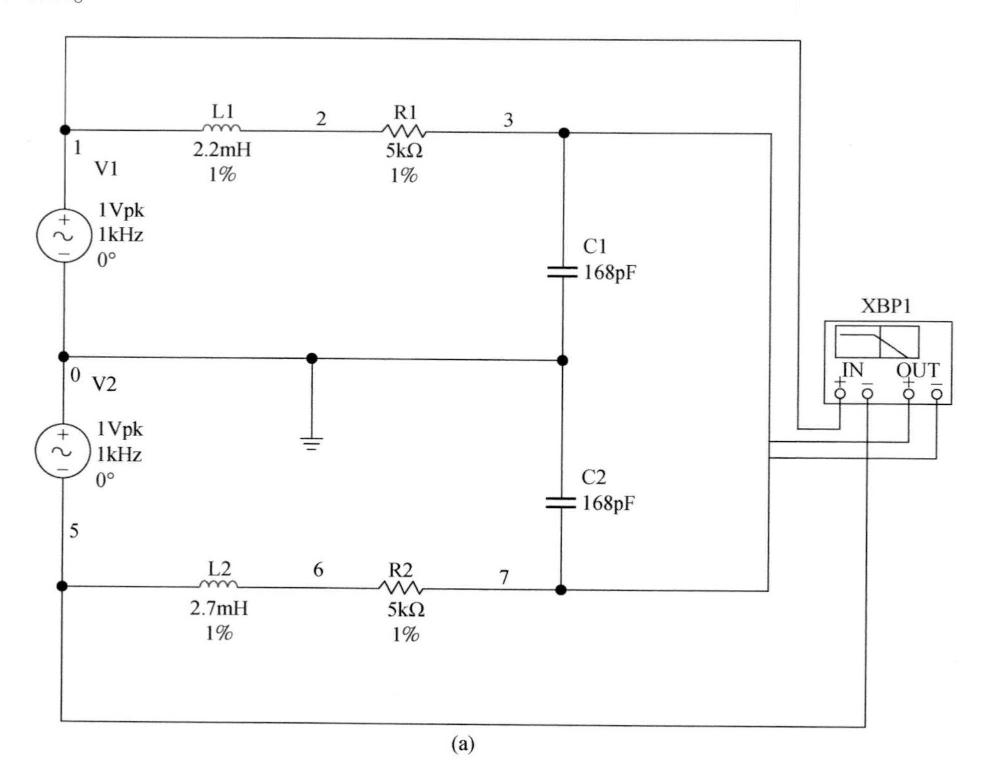

(a)

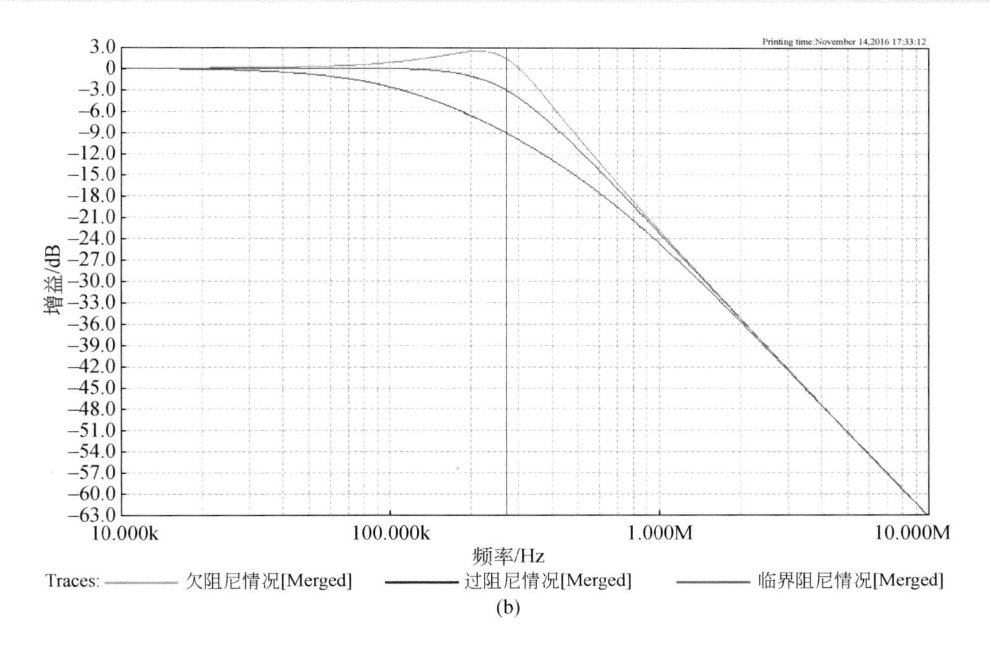

(b)

图 3.22　射频抑制电路优化设计（a）及幅频特性仿真曲线（b）

2）模拟通道滤波器电路优化设计

细化模拟通道的频带分段是本次接收机优化完善的另一重点。众所周知，对于接收机频带分段越精细，接收机的抗干扰能力就越强。因此本次对接收机的频带划分做了如下优化：第一，将 50 Hz 人文干扰集中的频带（1 ~ 125 Hz）集中在一起划归一个频段；第二，其他干扰的频带分别设计成其他测量频段，以便提高系统抗干扰能力；第三，将低频段一分为二，0.01 ~ 1 Hz 为一个测量频段，0.001 ~ 0.01 Hz 为另一频段。这样既有利于提高系统抗干扰能力，又有利于提高系统测量效率。本次优化改进的 1 Hz 低通滤波器电路和幅频特性仿真波形如图 3.23 所示，由仿真曲线可以看出，电路参数选择用两个 66 nF 的电容更适合系统设计。

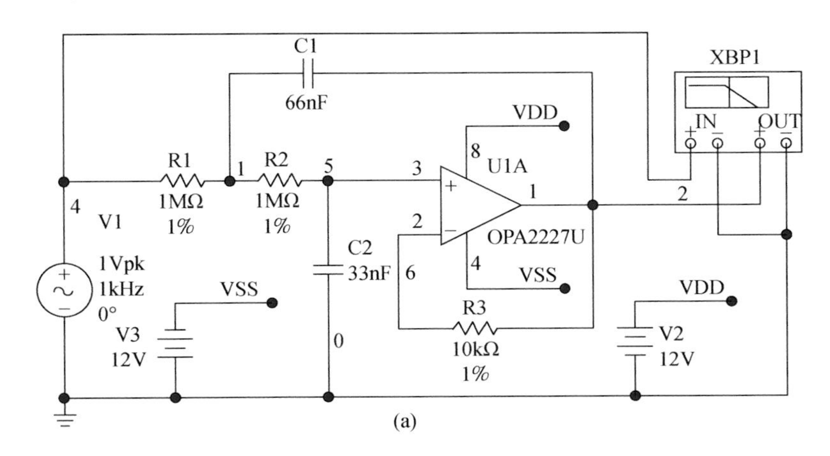

(a)

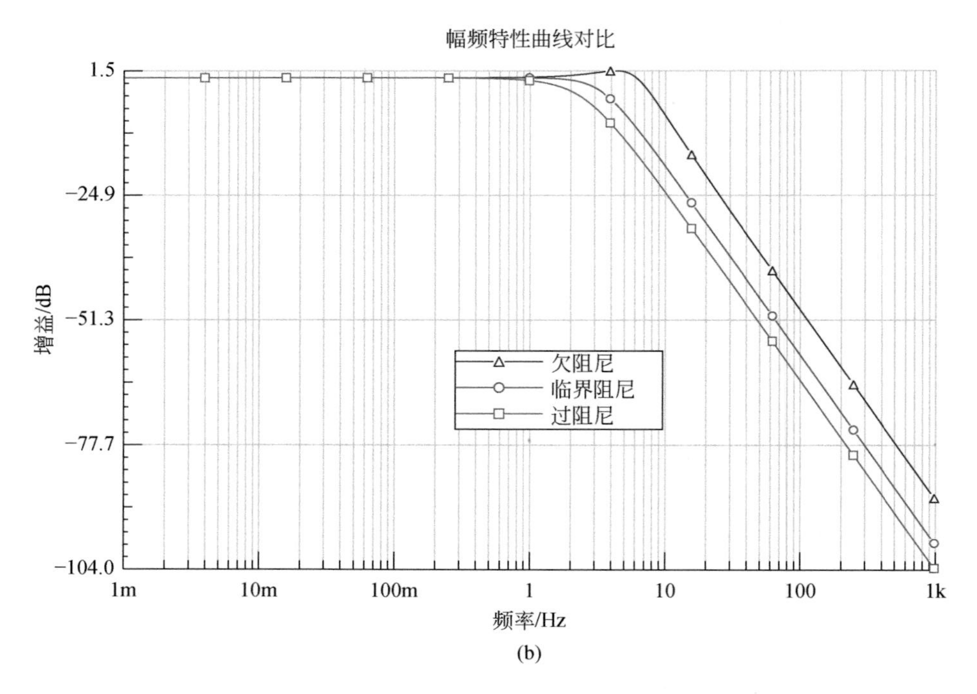

图 3.23 模拟通道滤波器电路优化设计（a）和幅频特性仿真曲线（b）

3）接收机采样率优化

为了兼顾对高频信号和低频信号的高精度测量，本次对接收机的采样率做出了优化完善，主要表现在以下两方面。

其一，将最高采样率提高，以适应高频抗干扰信号测量。原有接收机的最高采样率为 128 kHz，对于高频信号（频率大于 32 kHz），每周期最多只能采集 4 个样点，过少的采样点数对于提高采样精度不利。为此，在本次优化设计中，对接收机的时钟频率进行了优化提高，由原来的 8 MHz 提高到 32 MHz；增加了时钟传输驱动和接收电路，保证高频时钟信号可靠传输；优化数据缓存电路，使数据读写速度提高。经上述改进，接收机的最高采样率提高到 512 kHz，达到预期目标。

其二，优化低频测量采样率。将低频测量的采样率由原来的 1 Hz 提高到 20 Hz，再配合 1 Hz 低通滤波器的改进设计，使得低频测量时高于采样率一半的假频信号对测量精度的影响降低了 20 dB 以上。

4）选用主流高性能器件替换老旧过时器件

原有系统中使用的部分元器件已经过时或停产，限制了系统实用化和推广应用。当今主流的元器件性能较之以前的产品又有较大的提高，因此，在本次实用化改造过程中对老旧或停产器件进行替换。

很多运算放大器的引脚兼容，封装统一，不涉及时序问题，因此选型较为容易。如使用 AD8421 仪用放大器代换原系统中的 INA128 仪用放大器，二者管脚兼容可以直接替换，替换后系统带宽扩大 10 倍以上，高频噪声减小 50%，温度系数减小 50%，系统输入阻抗和低频稳定性明显提高。

使用 Cirrus Logic 公司的 CS5376/72 套件替换已停产的 CS5321/22 模数转换套件，作为接收机的低频高动态采样部分。该套件为地球物理仪器专用器件，其动态范围大，噪声小，工作稳定，采样率可编程，在同样的电路面积上实现了 4 通道的测量功能；同时，CS5376 的功能较 CS5322 有较大的提高，不仅可以采用片中滤波器系数完成测量，也可以实现程序编程滤波器参数，实现特定的功能；该套件还对采样率向下进行了扩展，由原来的最低 31.25SPS 下降到 1SPS，特别适合于长周期信号测量。

采用高指标器件替换低指标器件，如用电阻温度系数 10 ppm/℃、精度 0.05% 的电阻替代 25 ppm/℃、精度 0.1% 的电阻，用 15 ppm/℃、1% 的 NPO 电容替代 50 ppm/℃、5% 的普通电容等，所有有源器件均采用工业及以上级产品。从而，系统的稳定性得到很大提高，系统温度系数被控制到了 0.5 μV/℃以下，漂移被控制在小于 1 μV/h 内。

电路中改进逻辑控制电路，将 3.3 V CMOS 系统逻辑控制电平、5 V CMOS 模拟控制电平统一成 5 V CMOS 电平，增加了逻辑电平转换电路，从而降低了干扰，减少误动作，提高系统可靠性，系统的抗干扰能力和可靠性明显提高。电平转换原理框图如图 3.24 所示。

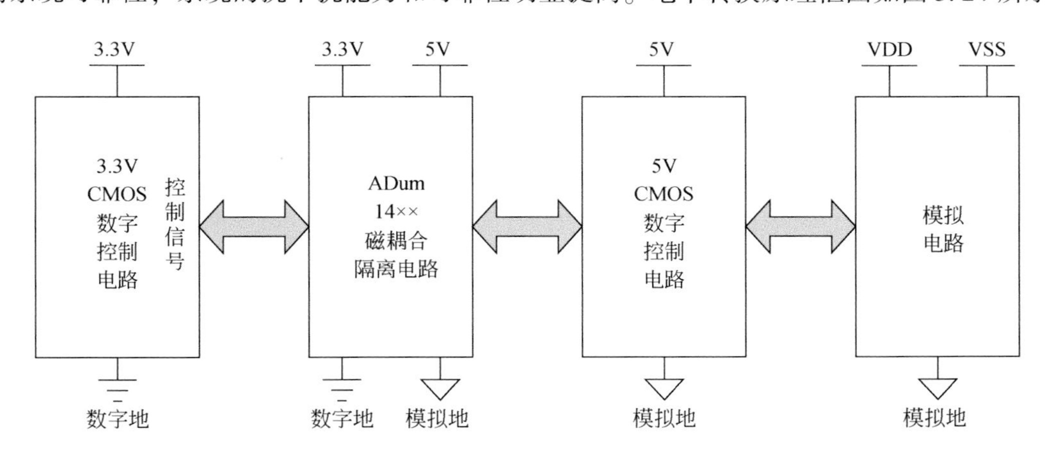

图 3.24　实用化接收机电平转换原理框图

5）CSAMT 方法抗干扰频点优化设计

为了减小人文干扰对 CSAMT 测量的影响，从两个方面对接收机做出了优化改进。其一，增加单频扫频 CSAMT 测量功能，使得发射能量更加集中，接收端的信噪比得到提高，从而提高了系统的抗干扰能力。其二，优化 CSAMT 的测量频点，使每个测量频率都尽量远离 50 Hz 及其谐波干扰频率；同时通过频率优化设计，使得可以通过数据处理的方式剔除大部分干扰噪声，从而增加系统的抗干扰能力。

6）接收机机壳的优化设计

原有的设计中，为了更换电池方便，接收机机壳设计为上下两层分体式结构。经过野外环境使用发现，在使用过程中接收机电池几乎不用更换，因此分体式机壳的优势不仅没有发挥出来，反而使得机壳密封性和防水性能变差。所以，在本次优化设计中将机壳重新改为一体式设计，以提高系统的密封性和防水性。

研制成功的 EM-R07 型分布式多功能电磁法接收机实物如图 3.25 所示。

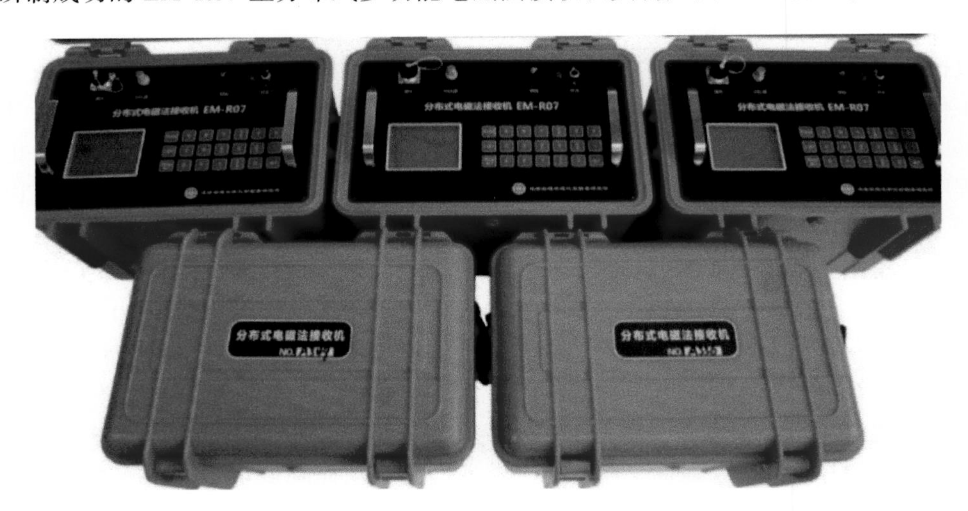

图 3.25 研制成功的 EM-R07 型分布式多功能电磁法接收机实物图

3. 感应式磁传感器

1）感应式磁传感器测磁原理

感应式磁传感器的测磁原理如图 3.26 所示，当通过磁芯线圈的磁通量随时间变化时，在感应线圈中会产生感应电动势，其大小与磁感应强度 B、磁场信号的频率 f、磁芯的有效导磁率 μ、感应线圈匝数 N、磁芯的横截面积 S 成正比，感应电动势经过放大电路放大后得到传感器的输出电压。与其他类型磁传感器相比，感应式磁传感器的制作安装简单，具有体积小、质量轻、灵敏度高的特点。

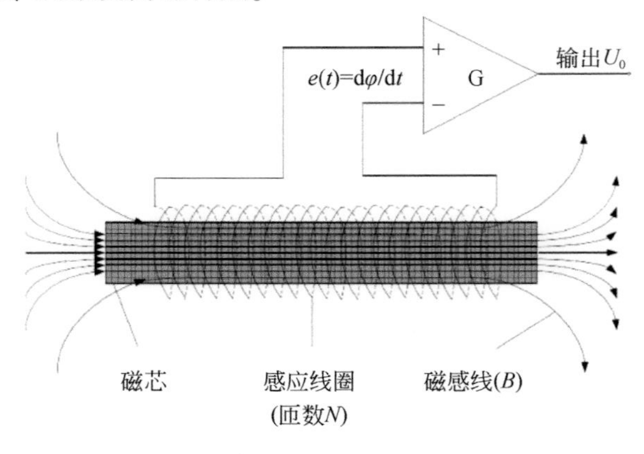

图 3.26 感应式磁传感器测磁原理图

2）原材料的选择

磁芯与线圈构成传感器的磁敏感部分，当频率一定时，磁芯的有效导磁率 μ 和横截面积 S 及线圈匝数 N 共同决定了传感器感应线圈的感应电压。磁芯的长度约占传感器长度的

90%，质量占传感器总质量的60%左右，对传感器的外形和总质量有着决定性作用。在宽频带范围内，磁芯的某些参数随频率而变化，因此，磁芯的设计直接影响传感器的性能指标。感应式磁传感器用磁芯的目的是增加感应线圈的感应电压值，磁芯的材料应属铁磁质软磁材料。软磁材料的不同特性参数代表不同的性能：如高导磁率μ可以获得更大的磁感应强度；高饱和磁感应强度B_S可以保证高的磁场探测幅度；低的电阻率可以降低涡流损耗；低的H_C使磁滞损耗降低；磁导率具有较高的温度稳定性及频率稳定性，可以使传感器工作稳定可靠。在选择软磁材料时，以上参数均需要考虑，但是对各参数要求的严格程度不同，最后综合起来考虑选用铁基纳米晶合金材料做磁芯，感应线圈用ϕ0.33mm高强度铜漆包线绕制。

3）前置放大器研制

选用低噪声器件，如电路中选用低电压噪声放大器AD8672，其电压噪声0.077 μVpp（@0.1～10Hz），较原有电路板采用的OPA2140降低了70%多，使得传感器背景噪声明显降低；补偿方式采用磁反馈补偿方式代替原有样机的开放式补偿方式，电路工作更稳定，性能更好；提升传感器低频特性，使之更适合对低频磁场信号的测量。研制的前置放大器印制板图如图3.27所示。

图3.27　磁场传感器印制板图

4）感应式磁传感器的研制

为了进一步拓展传感器的带宽，感应线圈的骨架采用六槽线圈骨架［图3.28（a）］。将六槽线圈骨架固定到绕线机绕线架上，启动预先编好的绕线程序，除过槽外，整个绕线过程自动进行。绕制好的感应线圈如图3.28（b）所示。将绕制好的感应线圈固定在磁芯上，接上连线，套上热缩管进行封装，如图3.28（c）所示。进一步加工完善得到完整的传感器磁感应部分［图3.28（d）］，这是磁感应传感器的核心部分。

使用铜带均匀环绕在如图3.29（a）所示PP塑料筒管上，再顺着长度方向粘上铜带，将直线铜带与环形屏蔽铜带的两侧面接合处用焊锡均匀焊上，从而研制出如图3.29（b）所示的线圈屏蔽筒。将线圈的连线引出，并将吹好热缩管的磁探头感应部分装入其中，套上并吹好热缩管将其封装，组装好的感应线圈及其屏蔽筒如图3.29（c）所示。进一步加工完善得到感应式磁传感器成品，图3.29（d）为研制成功的EM-M02型高频感应式磁传感器实物。

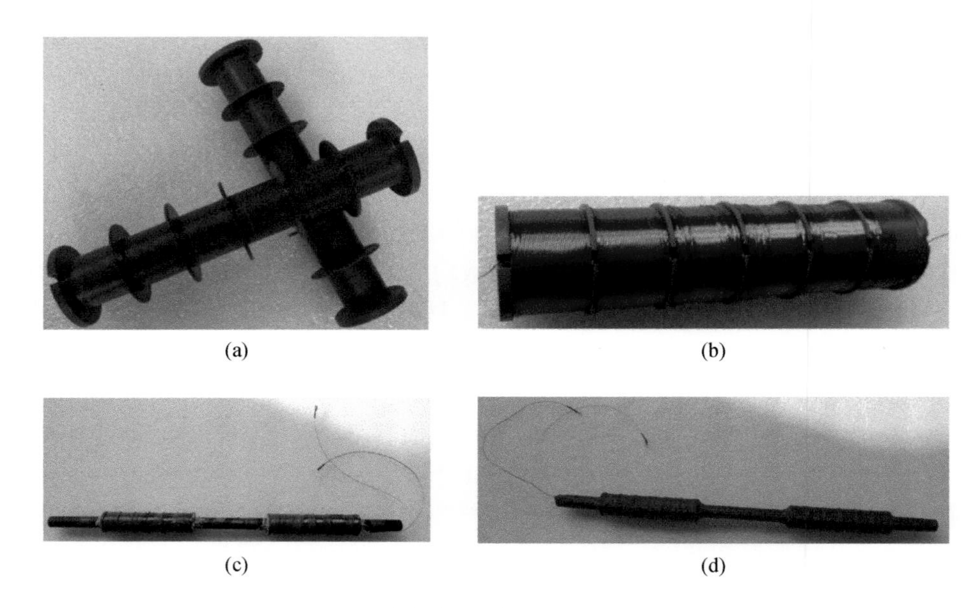

图 3.28 感应线圈的绕制及与磁芯装配图
（a）传感器六槽线圈骨架；（b）绕制好的感应线圈；（c）感应线圈安装与磁棒装配图；（d）传感器磁感应部分

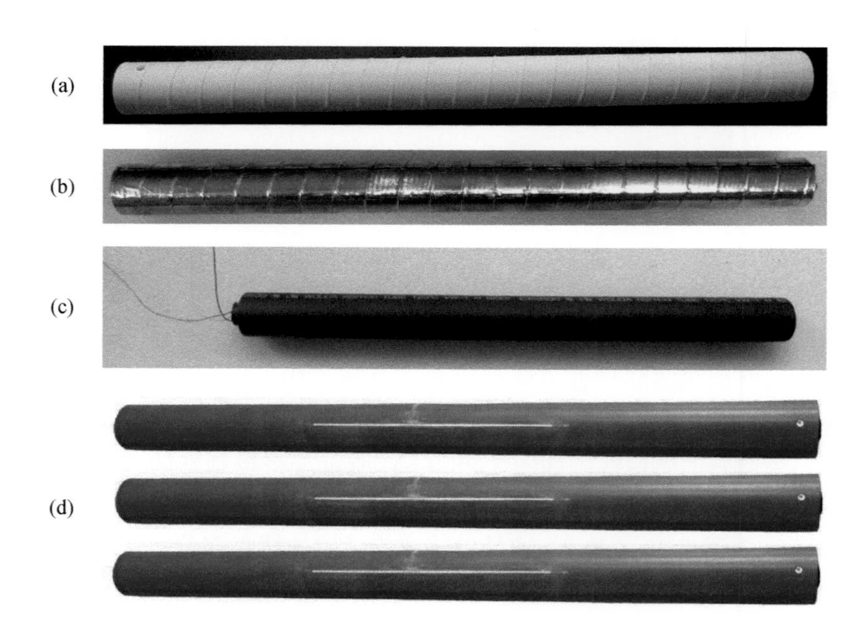

图 3.29 感应式传感器封装过程
（a）PP 塑料筒管；（b）绕环形铜带并焊接两侧面接合处；（c）组装好的感应线圈及其屏蔽桶封装图；
（d）研制完成的 EM-M02 型高频感应式磁场传感器实物图

在抗干扰数据处理研究中，主要针对可控源音频大地电磁（CSAMT）测深的数据开展。本研究为了增强 CSAMT 测量仪器硬件的抗干扰能力，在硬件电路上，将测量频组细化，采用多个两级高、低通滤波，以增强有效信号。采用的发射波形分为两种：在中高频段（10 ~ 20000 Hz），为增强发射信号能量，采用单频方波发射和接收；在中低频段（0.01 ~ 10 Hz），为提高野外施工效率，采用多频组合波发射（5 频或 7 频）和接收。下述的抗干扰数据处理方法主要针对单频波、多频组合波。

A. 单频方波信号的数据处理方法

（1）对原始时间域记录资料进行解编。

（2）采用离散傅里叶变换，分析干扰数据特征。

（3）采用高低通滤波或带通滤波技术，压制带外干扰。

（4）对以 50 Hz 及其谐波为主的工频干扰进行压制处理。

在 CSAMT 观测数据中，既有在远处大功率发射机发射的通过传播到接收点的周期性电磁信号 $E_{有效}$，也有天然电磁场的随机信号及仪器本底噪声 $E_{随机}$，还有以 50Hz 及其谐波为主的人文电磁干扰 $E_{干扰}$。本系统中主要研究压制 50 Hz 工频基波及其谐波对采集数据的影响。设观测数据 E 为

$$
\begin{aligned}
E &= E_{有效}+E_{随机}+E_{干扰} \\
&= A_1\sin(2\pi f_1 t+\varphi_1)+E_{随机}+A_0\sin(2\pi f_0 t+\varphi_0)
\end{aligned}
$$

式中，f_1 为有效信号的频率，f_0 为 50 Hz 工频基波及其谐波的频率（谐波的频率为基波频率的整数倍），t 为时间，A_1 为有效信号的振幅，A_0 为 50 Hz 工频基波的振幅，φ_1 为有效信号的相位，φ_0 为 50 Hz 工频基波的相位。

压制工频基波及其谐波的主要思路：在进行离散傅里叶变换时，使得干扰部分的傅里叶变换的实部 $A_{g实部}$ 和虚部 $A_{g虚部}$ 的和为零。

$$
\begin{aligned}
A_{g实部} &= \sum_{t=1}^{n} A_0\sin(2\pi f_0 t + \varphi_0)\cos 2\pi f_1 t \\
&= \frac{A_0}{2}\sum_{t=1}^{n}\{\sin[2\pi(f_0+f_1)t+\varphi_0] + \sin[2\pi(f_0-f_1)t+\varphi_0]\}
\end{aligned}
$$

$$
\begin{aligned}
A_{g虚部} &= \sum_{t=1}^{n} A_0\sin(2\pi f_0 t + \varphi_0)\sin 2\pi f_1 t \\
&= \frac{A_0}{2}\sum_{t=1}^{n}\{\cos[2\pi(f_0+f_1)t+\varphi_0] - \cos[2\pi(f_0-f_1)t+\varphi_0]\}
\end{aligned}
$$

设采样率为 samp，采样长度为 n，则采样时间为 n/samp，基频为 samp/n。当 f_0 为 50 Hz、f_1 为任意时，处理数据长度 n 需同时满足是 $50+f_1$ 和 $50-f_1$（或 f_1-50）的整周期，即

$$
\frac{\text{samp}}{n}=\frac{50+f_1}{n_1}=\frac{50-f_1}{n_2}=\frac{f_1}{n_3}
$$

得

$$
n_1=\frac{50+f_1}{f_1}n_3=\left(\frac{50}{f_1}+1\right)n_3
$$

$$n_2=\frac{f_1-50}{f_1}n_3=\left(1-\frac{50}{f_1}\right)n_3$$

即要求 $n_3\cdot 50/f_1$ 为整数。

当采样率为 samp，工作频率为 f_1（工作频率样点数为 n_d，$f_1=\mathrm{samp}/n_d$），干扰频率为 f_0，则需满足 n_3f_0/f_1 为整数，n_3 为工作周期的整数倍，即 $n_3\cdot f_0\cdot n_d/\mathrm{samp}$ 为整数，每次需处理的样点数为 $n_d\cdot n_3$。

当满足上述条件时，以 50 Hz 及其谐波为主的工频干扰即可得到极大压制，并可提取微弱信号。

（5）对计算所得各测点电磁场资料的幅值和相位，经仪器响应参数改正及归一化后，计算各频率点的视电阻率与阻抗相位信息，并采用中位数搜索、均值与方差估算等数据统计方法，研究测量数据的精度。

图 3. 30 是理论合成数据经高低通滤波和陷波处理后的时间域曲线。理论合成数据施加的有效信号为 1 mV，干扰信号频率为 49. 5 Hz，幅值为 1000 mV。

B. 多频方波信号的数据处理方法

对实用化开发的分布式多参数电磁系统，在 0. 01 ~ 10 Hz 频率段，采用多频（5 频或 7 频）方波进行发射和接收，多频方波信号的数据处理方法包括以下几种。

（1）对原始时间域记录资料进行解编。

（2）采用带通滤波技术，压制带外干扰。

（3）对以 50 Hz 及其谐波为主的工频干扰进行压制处理。

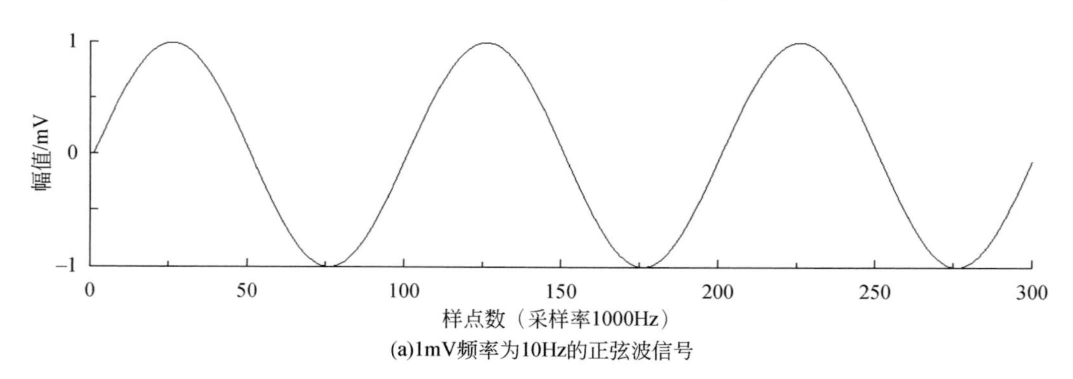

(a)1mV频率为10Hz的正弦波信号

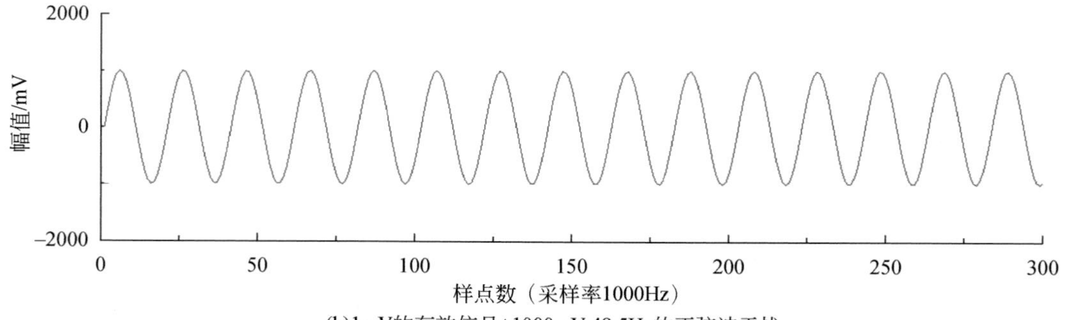

(b)1mV的有效信号+1000mV 49.5Hz的正弦波干扰

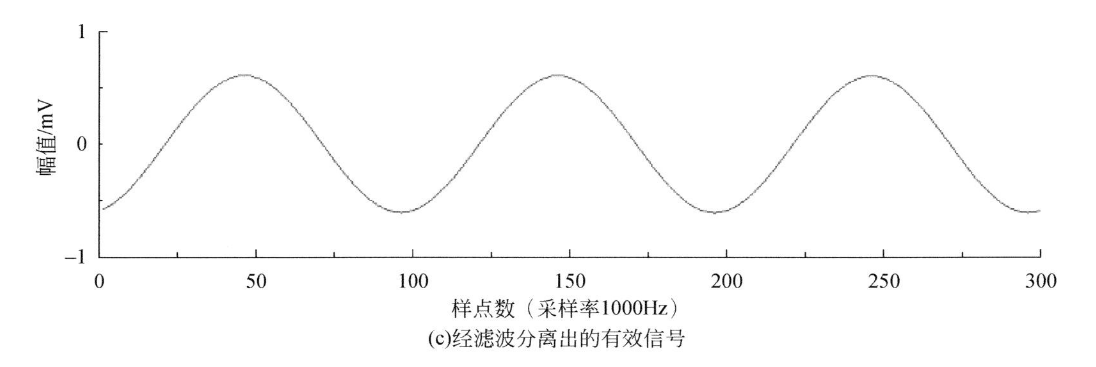

(c)经滤波分离出的有效信号

图 3.30　50 Hz 工频干扰压制效果仿真

因多频观测最高频率小于 10 Hz，与单频（≥10 Hz）观测对 50 Hz 的压制处理不一样。在多频信号处理时，采用等权重的滑动平均即可很好地压制 50 Hz 及其谐波的干扰。设一个 50 Hz 整周期的采样点数为 k，时间域采样序列为 $x(i)$，$i=1, 2, \cdots, n$。通过等权重的滑动平均后所形成的新的时间序列为 $y(j)$，$j=1, 2, \cdots, n-k+1$，$x(i)$ 和 $y(j)$ 有如下关系，即

$$y(j)=\frac{1}{k}\sum_{i=j}^{k+j-1}x(i)$$

利用上式对实测数据进行处理后所形成的时间序列 $y(j)$，基本不含有 50Hz 及其谐波的干扰。可对该数据进行离散傅里叶变换，求取各频点的幅值与相位。

（4）对计算所得各测点电磁场资料的幅值和相位，经仪器响应参数改正及归一化后，计算各频率点的视电阻率与阻抗相位信息，并采用中位数搜索、均值与方差估算等数据统计方法，研究测量数据的精度。

（三）技术指标与测试

2018 年 3 月，中国地质科学院地球物理地球化学勘查研究所组织有关专家组成第三方专家测试组，对研制的分布式多参数高密度电磁探测系统的 EM-T60 型大功率电磁法发射机、EM-R07 型分布式电磁法接收机、EM-M02 型感应式磁传感器和进行了野外和室内现场性能指标测试。第三方专家测试组的测试现场如图 3.31 所示。

1. EM-T60 型大功率电磁法发射机技术指标与测试

第三方专家测试组对仪器编号为 001 的发射机进行了野外测试。测得发射机工作频率范围：1/128 ~21333.33 Hz，具有 CSAMT、SIP/FDIP、IP 同步发射功能，具有 GPS+恒温晶体同步测量的能力，可单独或连续扫频发射单频方波、供停方波、多频（5 频和 7 频）方波和 3 ~7 阶伪随机方波波形，具有过流、过压、过热和短路保护功能。详细的功能技术指标的测试结果见表 3.3。

(a)发射机指标测试现场

(b)接收机指标测试现场

(c)传感器指标测试现场

图 3.31 第三方专家测试组的测试现场

表 3.3 EM-T60 型大功率电磁法发射机系统功能及技术参数表

指标名称	类型	参数
频带宽度	CSAMT	0.06975 ~ 21333.33 Hz
	IP	4 ~ 128 s
	SIP	1/128 ~ 128 Hz
发射波形	CSAMT	单频、多频、伪随机方波
	IP	占空比 50% 的供停方波
	SIP	单频、多频方波
研制数量	发射机	1 台
	整流电源	1 台
电性参数	最高电压	1200 V
	最大功率	60 kW
	最大电流	50 A
辅助功能	自检查	完成系统自检、试供电自检
	信息显示	电压电流、工作、故障状态显示
	保护功能	过压过流过热短路保护

续表

指标名称	类型	参数
同步	同步方式	GPS+恒温晶体
	同步精度	0.03 μs
数据存储	存储媒介	Flash、SRAM
	存储容量	512 kB Flash、64 kB SRAM
系统电源	电池	外接 12 V 24 Ah 充电电池
	功耗	14.94 W
规格	体积	800 mm×440 mm×510 mm
	质量	40 kg
CPU	RM-based 32-bit MCU STM32F103	
抗干扰	信噪比为-60 dB 时，数据质量满足要求	

2. EM-R07 型分布式多功能电磁法接收机技术指标与测试

第三方专家测试组对 EM-R07 型分布式多功能电磁法接收机进行了功能及技术指标测试。为了体现测试结果的客观性，测试采用根据不同测试内容和测试需要分别随机抽取不同数量、不同编号接收机的方式进行，详细的功能及技术指标的测试结果见表 3.4。

表 3.4　EM-R07 型分布式多功能电磁法接收机系统功能及技术参数表

指标名称	类型	参数
频带宽度	AMT	1 Hz ~ 32 kHz
	MT	0.001 ~ 300 Hz
	CSAMT	0.06975 ~ 21333.33 Hz
	SIP	1/128 ~ 128 Hz
	IP	4 ~ 128 s
研制数量	6 通道	10 台
	3 通道	40 台
模数转换	采样率	512 kHz（max）
	分辨率	24 Bit
通道增益	高频主放	1 倍、4 倍、13 倍、16 倍
	低频主放	1 倍、2 倍、4 倍、8 倍、16 倍、32 倍、64 倍
	前放	1 倍、8 倍、64 倍、71 倍
系统智能	自检查	完成系统内存、通道自检查
	自标定	完成系统通道性能自标定
	自校准	完成系统测量数据自校准
同步	同步方式	GPS+恒温晶体
	同步精度	0.03 μs

续表

指标名称	类型	参数
数据存储	存储媒介	Flash 电子盘
	存储容量	2GB
系统电源	电池	内置 11.1 V 24 Ah 锂电池
	功耗	7.83W（6ch），6.63W（3ch）
规格	体积	350 mm×270 mm×300 mm
	质量	7.77kg（3 道）、8.11kg（6 道）
CPU	PC104 VDX6316	
抗干扰	信噪比为-60 dB 时，数据质量满足要求	
动态范围	>120 dB	

3. EM-M02 型高频感应式磁传感器技术指标与测试

第三方专家测试组对 EM-M02 型高频感应式磁传感器进行了技术指标测试，并将其与加拿大凤凰地球物理公司 AMT-30 型磁传感器进行了对比实验。EM-M02 型高频感应式磁传感器的频带宽度为 0.1 Hz ~ 20 kHz、灵敏度为 100 mV/nT（@ 10Hz）、质量为 3.6 kg，详细的技术指标的测试结果见表 3.5。

表 3.5 EM-M02 型高频感应式磁传感器技术参数表

指标名称	指标说明
频带宽度	0.1Hz ~ 20 kHz
灵敏度	100mV/nT（@ 1Hz ~ 20 kHz）
噪声	$0.2\text{pT}/\sqrt{\text{Hz}}$
数量	30 台
规格	3.6 kg；电源：±12 V

传感器的噪声对比实验结果如图 3.32 所示。图中蓝色曲线为自主研发的 EM-M02 型磁传感器的噪声曲线，红色曲线为 AMT30 磁传感器的噪声曲线。可见，EM-M02 的噪声与国外商品化生产的传感器噪声曲线形态相同，数值大小相近，基本处于同一水平。

二、大功率伪随机广域电磁探测系统

（一）总体设计

图 3.33 为广域电磁法仪器系统总体结构图。广域电磁法仪器设备由伪随机电流信号发送机、伪随机信号控制器、多分量电磁数据采集站和控制与处理软件组成。

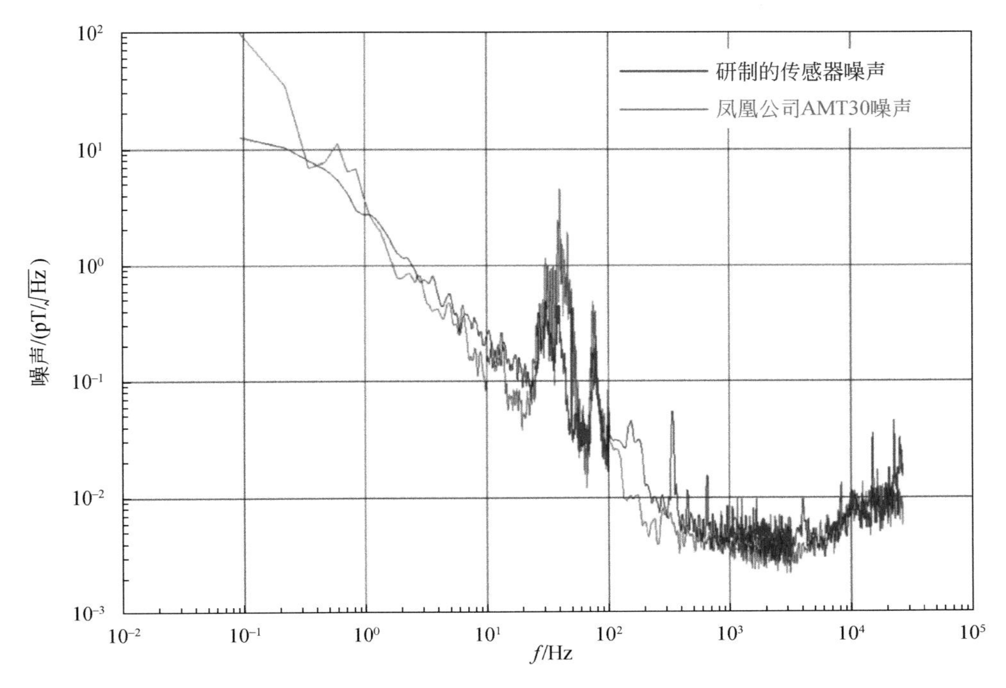

图 3.32 研制的传感器与凤凰公司 AMT30 传感器噪声对比曲线

发电机组交流电输出经调压整流后，在 GPS 与伪随机信号控制器的编码处理后，向接地导线或不接地回线发送伪随机电流信号，并全波形记录电流数据；在数据采集软件控制下，通过多分量电磁数据采集站全波形、高精度、大动态范围地记录大地对发送电流的电磁场响应信号。后续的处理与解释软件系统对电流数据与接收的电磁数据进行去噪、信号分析与提取、广域电阻率计算等处理，最后进行反演解释与综合评价。

（二）关键部件研制

1. 伪随机信号控制器研制

信号智能控制系统应具有良好的人机交互功能、数字信号传输与处理功能，以及少量的模拟量处理能力。根据以上要求，研究需要选择具有数据处理能力的微处理器和数字电路处理能力的 FPGA 组合，最终采用具有安全性、稳定性及低功耗特点 Smartfusion 产品 A2F500，其内部集成了 cortexM3 硬核和 500000 门的 FPGA。

控制器硬件结构设计以 A2F500 为核心，外围再增加电源电路、USB 通信、LAN 通信、信号驱动电路，以及人机交互的 LCD 显示屏、键盘接口电路和 LED 指示灯电路。图 3.34是系统结构简图，图 3.35 是系统的核心部分。图 3.36 是研制的伪随机信号控制器实物图。

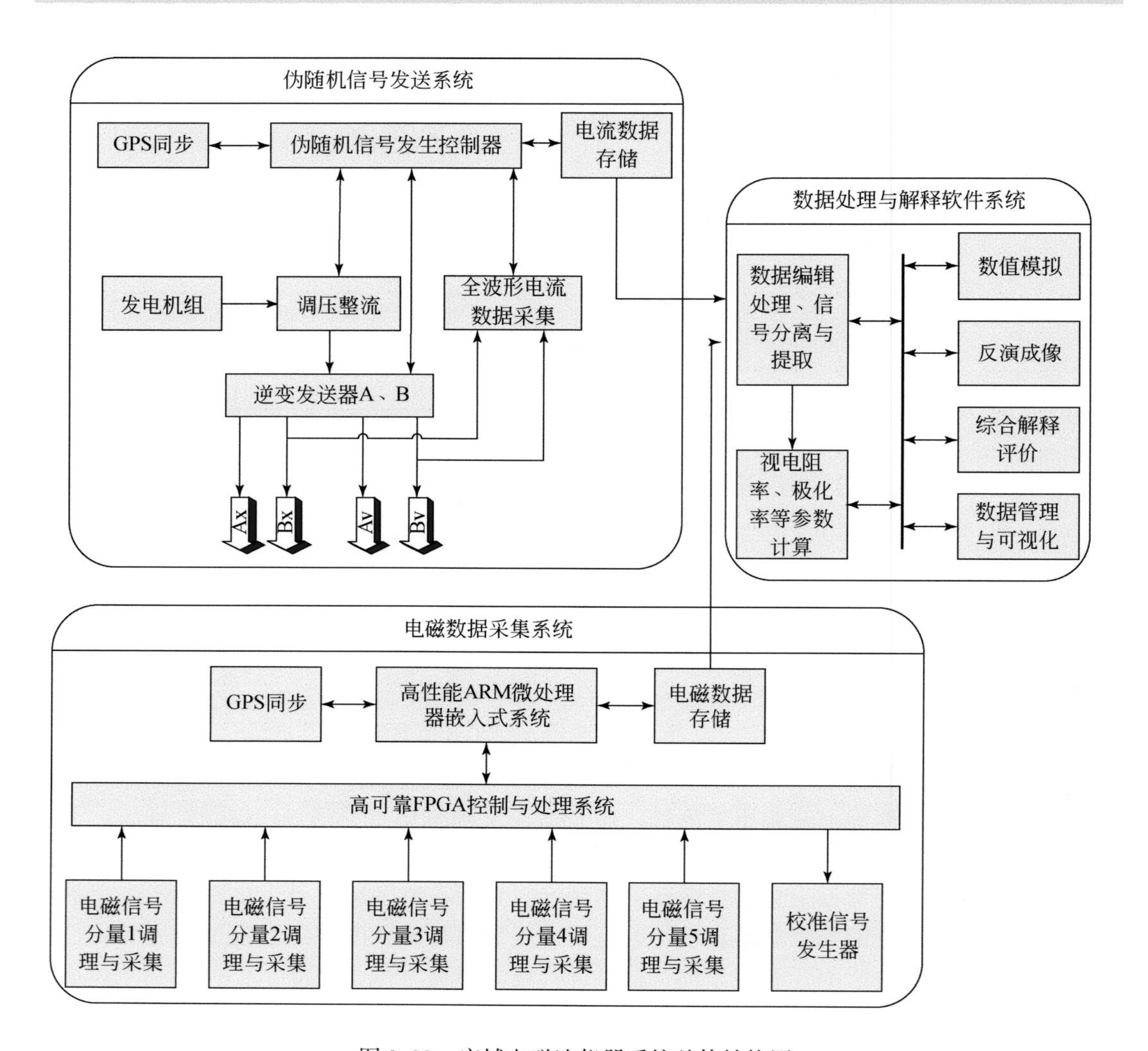

图 3.33　广域电磁法仪器系统总体结构图

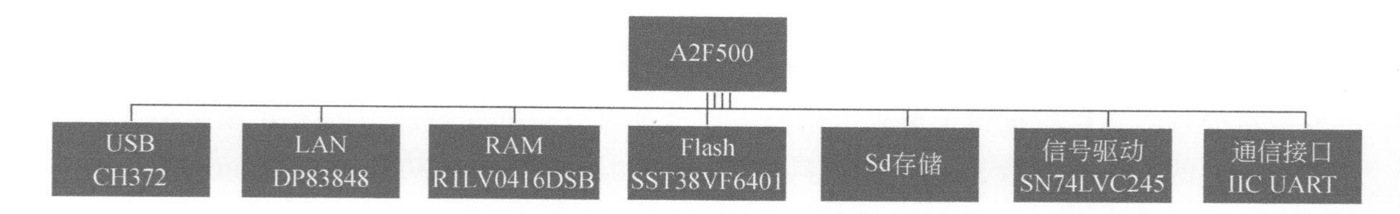

图 3.34　伪随机信号控制器组成示意图

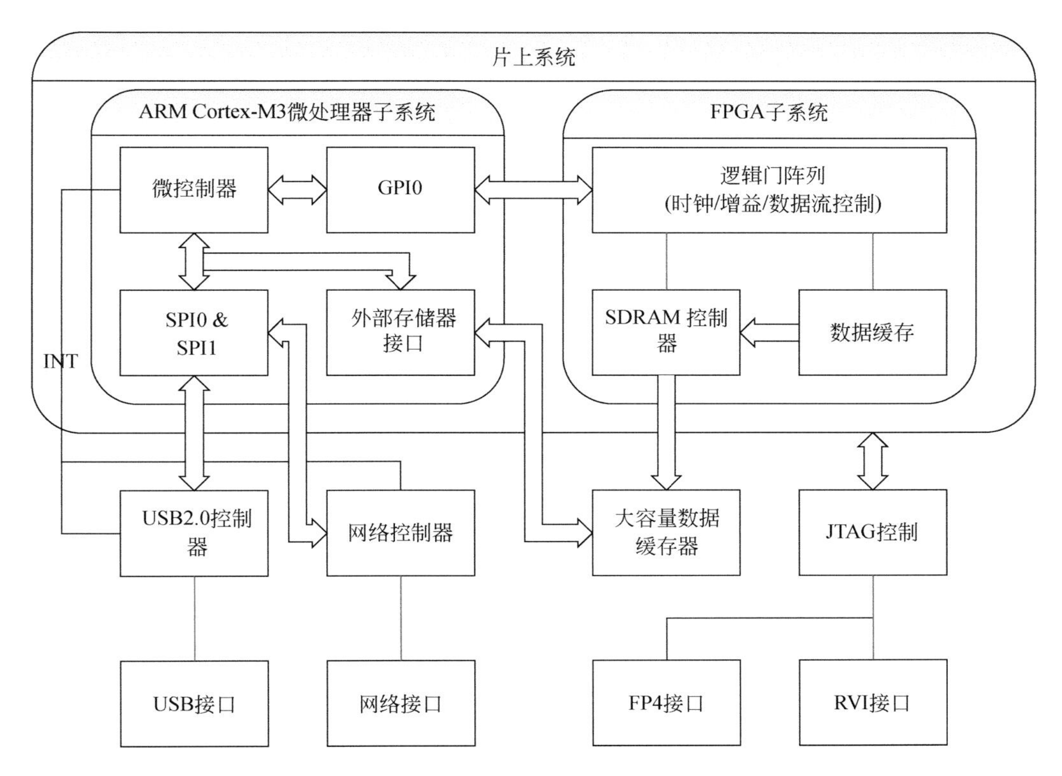

图 3.35　伪随机信号控制器核心系统

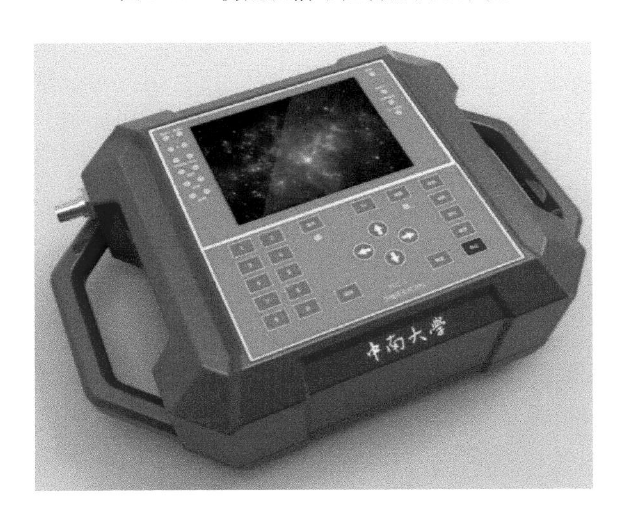

图 3.36　信号发射机控制器

2. 200 kW 大功率电磁发射机研制

1）发射机总体结构

图 3.37 是设计的 200 kW 大功率发射机总体结构图。750 V 50 Hz 的三相交流电通过过流保护和主接触器输送到由二极管全桥构成的三相整流器，再送往滤波组件变为 1000 V

的平滑直流电。设计滤波组件将高压直流电的纹波控制在1%的范围内。高压直流电输往IGBT全桥逆变模块，变换为含有伪随机波形的输出信号。此信号通过电缆输出至发送电极A、B端。

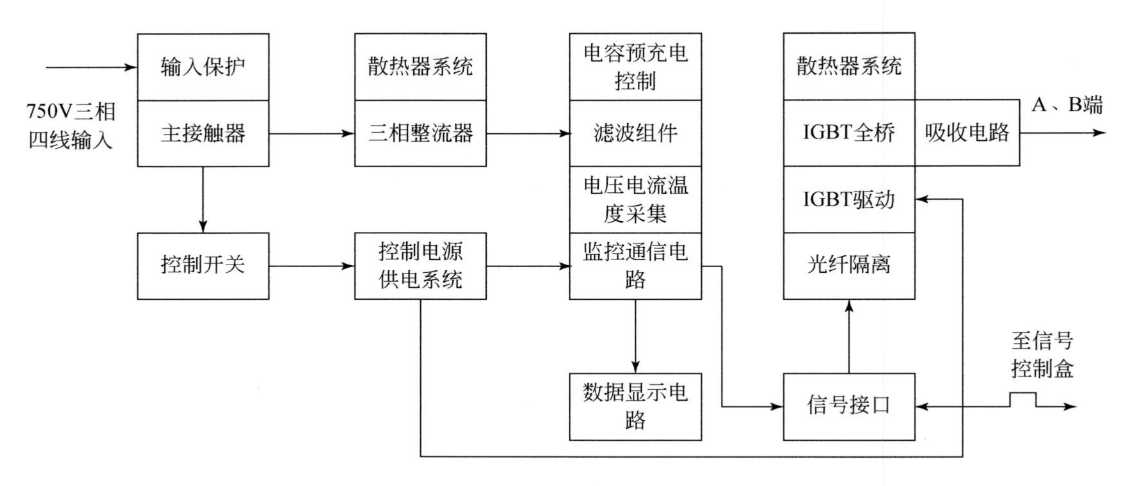

图3.37　200 kW发射机总体结构

控制回路包括控制电源系统、控制开关、监控电路、显示电路及IGBT驱动电路等。

监控电路负责采集系统运行时的各种参数，如电压、电流、温度等，并将数据发送给控制盒，通过LCD显示屏将数据显示出来。监控电路还负责监测偏离正常的数据，当达到报警阈值时发出声光报警提示。

IGBT驱动负责驱动IGBT，最大可提供6A的瞬时驱动电流，同时提供3300V的电压隔离。IGBT驱动采用光信号驱动，首先需要将电信号转为光信号，再通过光纤将信号送到驱动板上。

吸收电路负责吸收IGBT电流换相时产生的电压尖峰。该电压尖峰与直流回路的分布电感量相关。直流回路越短，分布电感越小，尖峰电压值越低，但是无法完全避免尖峰电压的产生，因此，为保证IGBT正常稳定的工作，吸收电路是必不可少的。吸收电路采用DCL无损吸收结构，与IGBT模块输出端紧密安装。

直流回路为了最大限度地减小长度和分布电感，需采用叠层母排的设计，同时充分考虑各模块及散热系统的紧密安装问题。

2）叠层母排技术

叠层母排也称为层压母排，图3.38（a）为其结构图，由扁平铜导体、涂有薄黏胶的绝缘膜构成，铜导体与绝缘膜交替叠层排列，裸露边缘用绝缘介质密封。叠层母排具有很多优点：第一，在保持低成本的同时具有很高的安全性与可靠性；第二，紧凑的设计节省非常大的空间；第三，叠层母排本身的电感和阻抗比较低；第四，便捷式的安装设计降低了装配的难度；第五，与传统设计相比，具有更好的载流能力，温度升高得很慢。叠层母排技术将会被越来越多地应用于功率开关场合。

为了减弱寄生电感对功率开关IGBT的危害，减小广域电磁发射机的体积，增强发射机长时间工作的可靠性与稳定性，新研制的广域电磁发射机将主回路［图3.38（b）］，包括整流、滤波、逆变等组件，采用叠层母排技术，把这几个部分融为一个整体［图3.38（c）］。

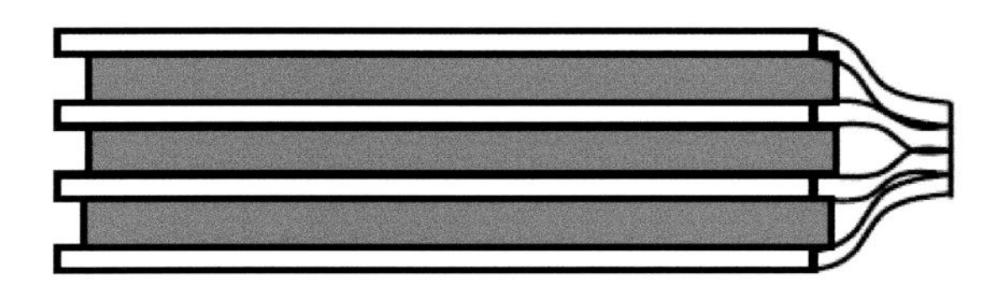

(a)叠层母排结构图

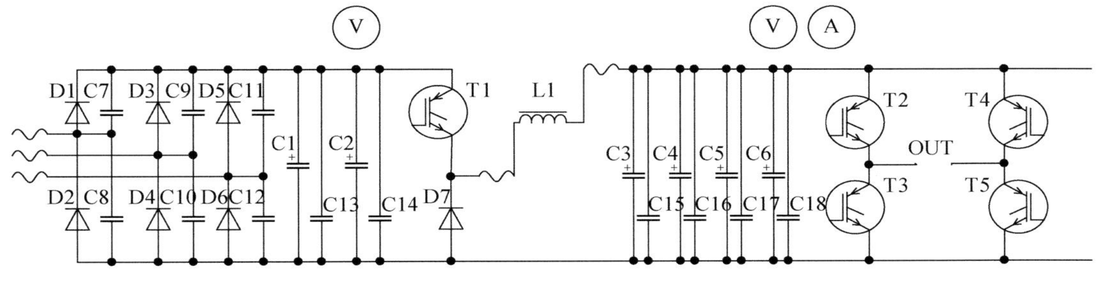

(b)发射机主回路原理图

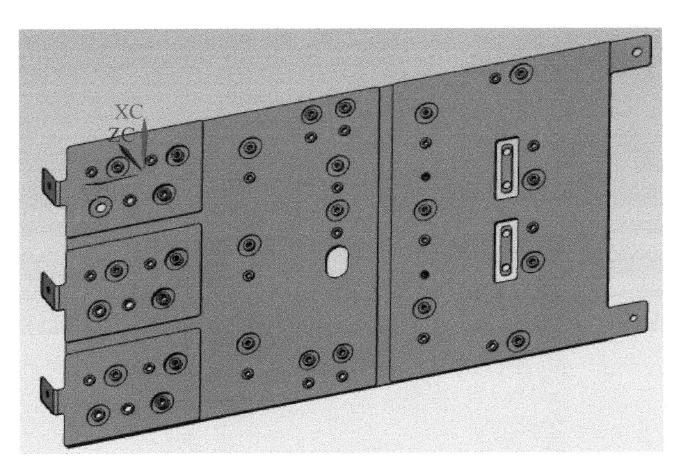

(c)叠层母排3D结构图

图3.38　叠层母排技术

3）外观结构设计

野外是一个强灰尘的环境，既要保证机体散热效果，又要防止尘土进入机体，因此需要将散热风道与机体内空间进行隔离。另外，发射机被安装在汽车平台上，距离地面有一定高度，开关按钮的操作也需充分考虑人体工程学。

（1）结构设计。结构须承受一定的机械应力/电气应力及热应力，经得起可能遇到的潮湿影响。外壳以及门的闭锁器件、可抽出部件应具有足够的机械强度，能承受正常使用时所遇到的应力。整机结构采用柜型立式设计，各模块的结构组织根据叠层母排及散热系统设计统筹考虑。

（2）制造工艺。采用框架式结构，由钢架主梁构成坚固的承重结构，所有重型模块安装在承重结构上；电气爬电距离为 10 mm 以上，电气隔离距离 10 cm 以上。内部大电流连接导线采用 95 mm^2 铜导线。

（3）可靠性和可用性设计。可靠性方面主要从系统安装工艺结合关键元件的温升监控来保证。此外，操作规范化也是可靠性的重要保障环节。安装工艺方面，严格按照相关标准进行机械结构和电气的设计与装配，设计合理的安装结构，保证各模块安装到位，走线整齐规范；缓冲垫及弹簧垫必不可少；散热部件设计根据器件最大功率及最大环境温度计算出最大热负荷，并留 20% 的余量，保证重要元件温升不超过 30 ℃，使得系统能够长时间满负荷工作；制定规范化操作流程，系统培训操作人员。

（4）可服务性。柜体采用框架结构，四周皆可开放，便于零件的安装和维修检测。

（5）三防（防水、防霉、防盐雾）设计。作为高压系统，本身不允许在潮湿的环境中工作。潮湿会使得系统组件间绝缘系数下降，带来击穿放电等危害，不仅危害人身，也会危害设备。然而在野外工作不可避免会有临时的、突然的天气变化。在雨水还未侵入机体时应该能保证安全，并有机会操作并停止机器的运行。整机柜体具有防淋水功能，从上方或斜上方淋水时，水不得侵入机体。所有的按键和指示灯具有防水功能。数据显示器安装在防淋水的玻璃窗后。散热风道进出口均向下开口，防止水流入。

（6）安全性和电磁兼容性设计。机体外壳设计接地端口，机体采用金属材料制成，可抗 EMC 干扰。系统采用独立发电系统供电，不会对其他用电装置造成 EMC 干扰；发电机的电控电源部分加装抗扰器。

通过专业化工业设计公司设计与加工，形成实用化发射机（图 3. 39）。

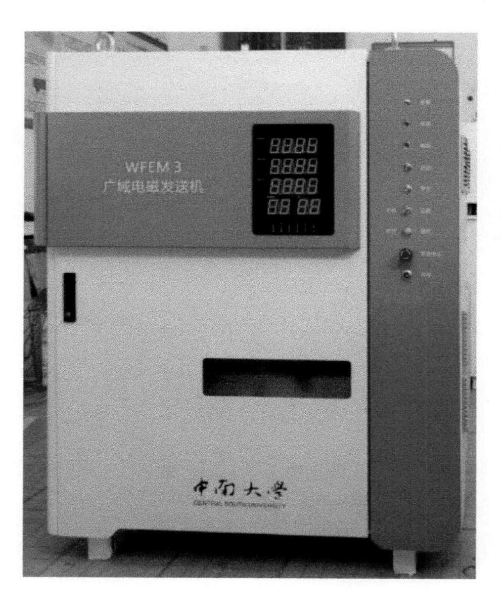

图 3. 39　大功率电磁发射机实物图

3.2 分量电场数据采集站

数据采集站接收电场信号或磁场信号，经过超低噪声前置放大器放大、低通滤波、程控放大等信号调理后，送给 24 位高速高精度 AD7175 处理为数字化的电磁数据，通过高可靠的 FPGA 控制与处理系统将多道电磁数据传送给 ARM 核进行处理和存储，图 3.40 是其原理图。

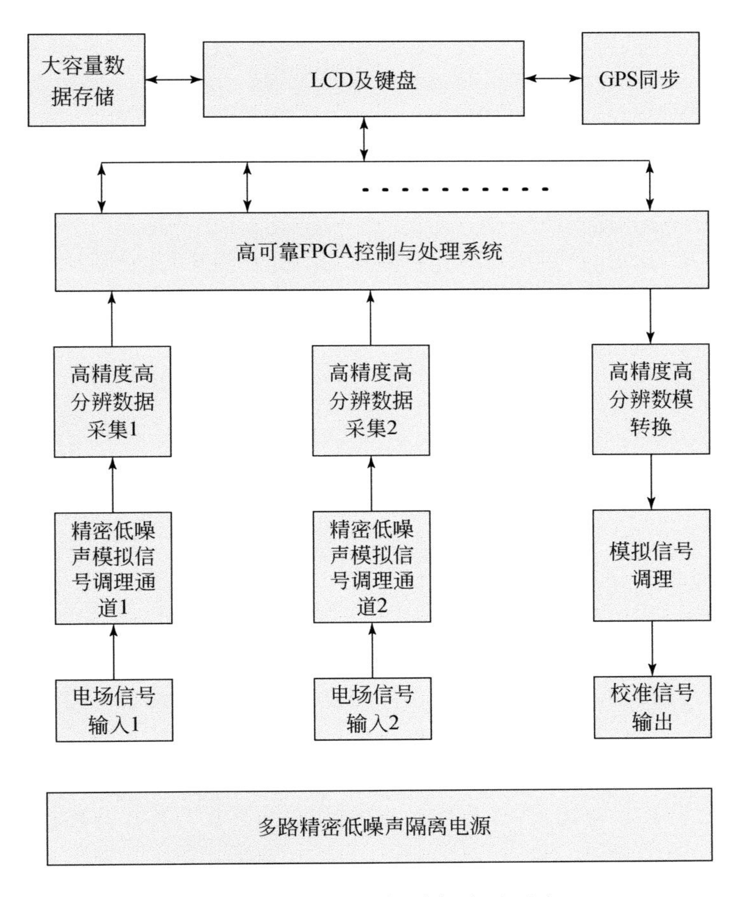

图 3.40　2 分量数据采集站原理图

1）模拟电路系统设计

接收机用于地质勘探中地电信号采集，可测量信号幅值为 1 μV ~ 2.5V。根据野外施工信息反馈，最终确定广域电磁接收机采用双通道模式，在硬件电路设计上分为模拟部分、数字部分和 GPS 电源三大部分，其中模拟部分包含两块模拟板（为两个信号接口通道）。单通道功能及信号流向框图如图 3.41 所示。模拟板主要作用是精密放大有用信号，同时具备低通滤波、程控增益放大、单端变差分、AD 采集等功能。

ADC 采集采用 32 位模数转换器 ADS1282，这是一款针对工业应用的高性能的 $\Delta-\Sigma$ 型模数转换器（ADC）。该转化器具有 4 阶固有稳定的 $\Delta-\Sigma$ 调制器，因此具有优良的噪声和线性特性；片上可编程放大器（PGA）具有极低的噪声和高输入阻抗；数字滤波器可通过

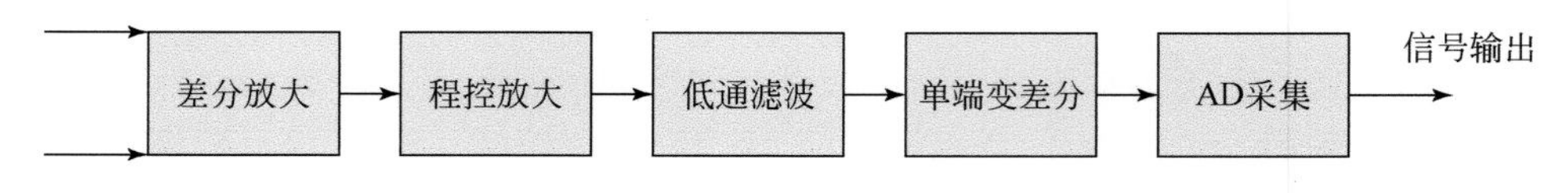

图 3.41 模拟信号调理

编程选择不同的滤波器组合方式。ADS1282 的额定工作温度范围为-40 ~ +85 ℃，最大工作范围可达+125 ℃，非常适用于能源检测、地震检测、高精度仪器仪表等要求苛刻的工业应用领域。

2）电源设计

电池输出电压（9 ~ 18 V）通过 DC-DC 转换为+5 V 电压和±12 V 电压；+5 V 电压再经过 DC-DC 产生+3.3 V、+1.5 V、+1.8 V 电压给数字板各部件供电；±12 V 电源经过低压差线性稳压电源（LDO）产生低噪声模拟电路电源±12 V 和±2.5 V，给模拟通道 1 和模拟通道 2 供电（图 3.42）。

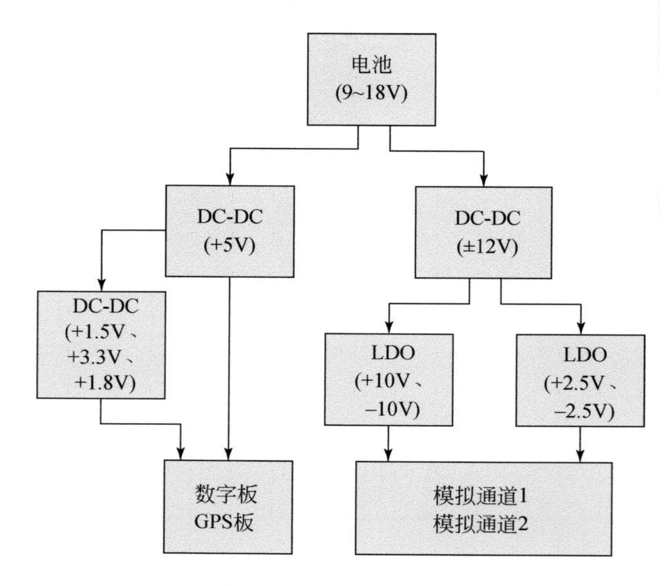

图 3.42 电源管理流程图

3）数字电路设计

数字板具备如下功能：控制多路（2 路）模数转换器（ADS1282）参数设置与数据转换；控制程控放大器增益设置；控制 DAC1（LTC2641A）产生模拟信号；控制 DAC2（DAC1280）产生模拟信号；实时将 ADC 数据存储到 FLASH 存储器中；利用 GPS 信号控制数据采集的时刻；具有 USB 和网络接口；具有 WiFi 无线接口，通过 WiFi 将 FLASH 存储器中的数据传输到计算机中；计算机能够通过 WiFi 将采集参数传输到数字板中（一台计算机能够同时与多块数字板通过 WiFi 进行双向通信）。

数字板既要完成运算与处理功能，还要完成逻辑控制功能，因此，核心处理器应采用带有微处理器内核的 FPGA 系统。本系统对可靠性、稳定性及功耗均有严格的要求，因此采用 ACTEL（microsemi）公司的 SmartFusion2 系列 FPGA（图 3.43）。

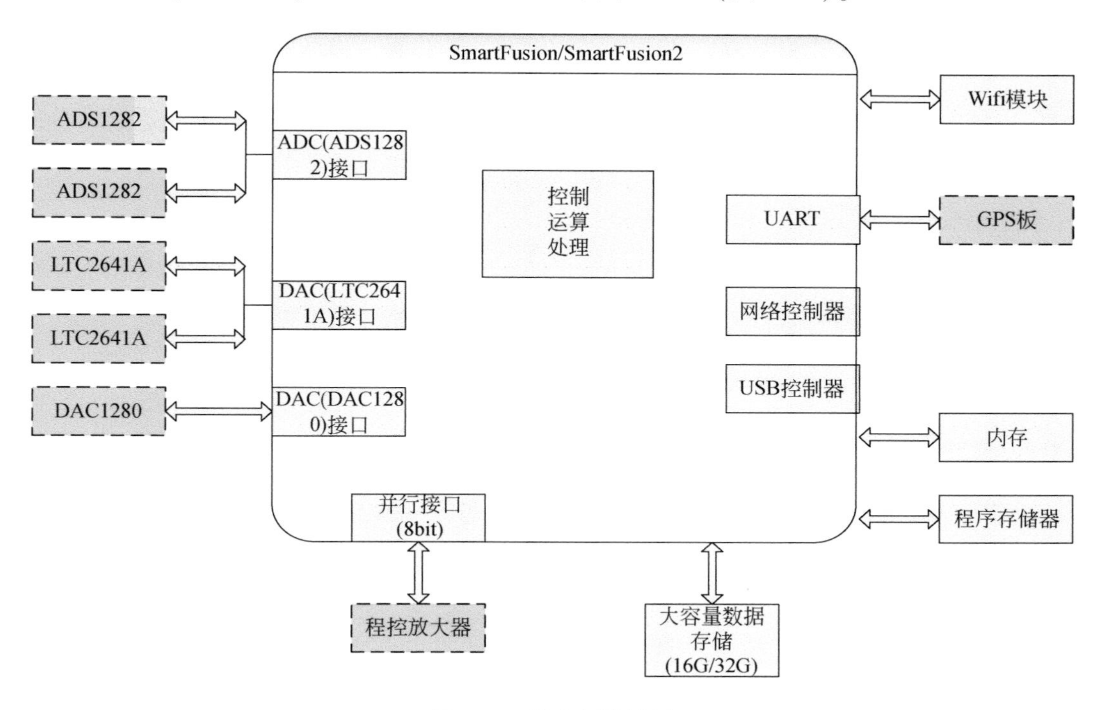

图 3.43　数字板设计图

4）外观结构设计

接收机内部结构、外观设计等通过专业公司定制。图 3.44 是 2 通道广域电磁接收机实物图。

图 3.44　2 通道广域电磁接收机实物图

4.5 通道电磁数据采集站

5 通道采集站接收 2 分量电场信号和 3 分量磁场信号，经过超低噪声前置放大器放大、低通滤波、程控放大等信号调理，送给高速高精度 ADC 处理为数字化的电磁数据，通过高可靠的 FPGA 控制与处理系统将多道电磁数据传送给 ARM 核进行处理和存储（图 3.45）。

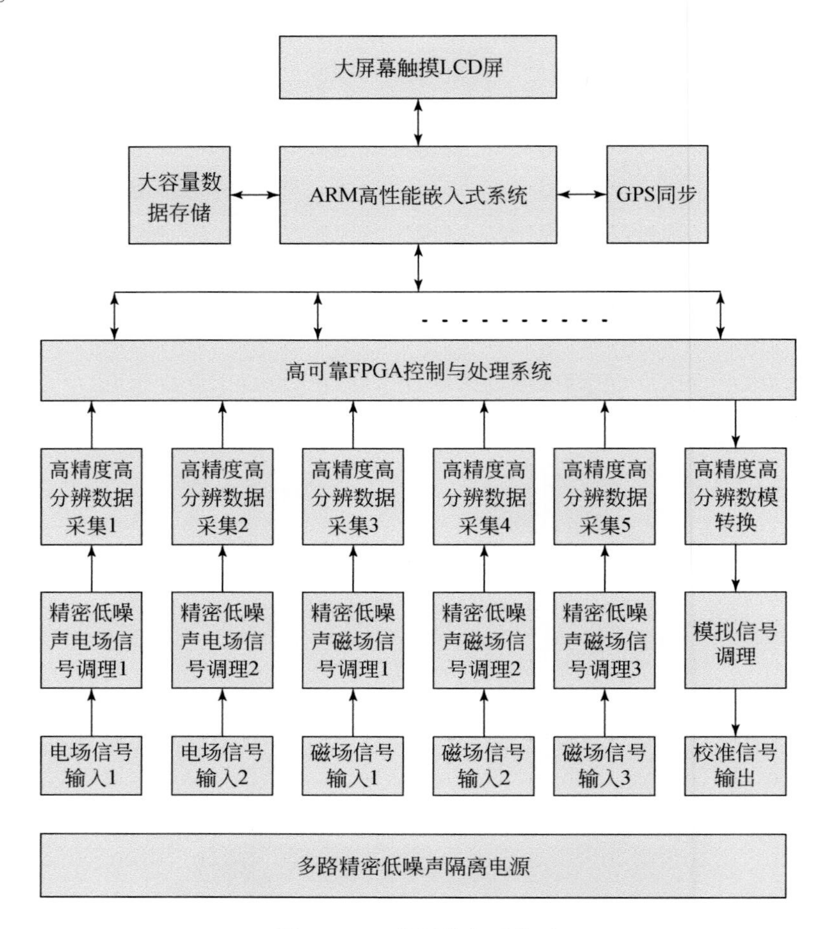

图 3.45　5 分量数据采集站

1）模拟电路系统设计

5 通道接收机的电场测量的模拟电路系统与 2 分量接收机一致，不再赘述。

数据采集则采用 AD7177-2，这是一款 32 位低噪声、快速建立、多路复用、2/4 通道（全差分/伪差分）△-Σ 型模数转换器（ADC），适合低带宽输入，输出数据速率范围为 5 SPS至 10 kSPS。具有很高的性能指标：19.1 位无噪声分辨率（10 kSPS）、20.2 位无噪声分辨率（2.5 kSPS）、24.6 位无噪声分辨率（5 SPS）、积分非线性（INL）、FSR 的±1 ppm。

2）外观结构设计

接收机内部结构、外观设计等通过专业公司定制。图 3.46 是 5 通道广域电磁接收机实物图。

图 3.46　5 通道广域电磁接收机实物图

（三）技术指标与测试

2018 年 3 月 23～24 日，中南大学组织有关专家组成第三方专家测试组，依据“大功率伪随机广域电磁探测技术与装备硬件技术指标测试大纲”，在湖南长沙市对研制的广域电磁接收机、大功率伪随机广域电磁发射机进行野外和室内现场性能指标测试，测试数据及结果如下。

1. 发送机技术指标测试结果

（1）最高发射电压：1025 V。

（2）最大发射电流：205 A。

（3）最大发射功率：981 V×205 A=201 kW

（4）测试期间同步误差变化范围：18～25 ns。

（5）发送机可靠性：满负荷工作 5 h 无异常。

（6）频率稳定度：2.12×10^{-8}。

2. 接收机主要技术指标测试结果

1）噪声测试

噪声测试结果见表 3.6。所测仪器噪声 0.1～10 Hz 各通道最大 RMS 值为 0.208 μV。

2）动态范围测试

动态范围测试结果见表 3.7。所测仪器动态范围最小值为 122.3 dB。

3）一致性测试

一致性测试结果见表 3.8。所测仪器一致性误差均方值为：0.17%。

表 3.6　噪声测试结果　　(单位：μV)

设备	不同频率值噪声测试结果							
	16 Hz	8 Hz	4 Hz	2 Hz	1 Hz	0.5 Hz	0.25 Hz	0.125 Hz
D131-1	0.070	0.082	0.113	0.141	0.165	0.070	0.029	0.035
D131-2	0.074	0.091	0.101	0.147	0.192	0.043	0.047	0.050
D134-1	0.070	0.092	0.106	0.163	0.251	0.175	0.066	0.091
D134-2	0.084	0.095	0.113	0.177	0.219	0.074	0.043	0.098
D2-1	0.064	0.068	0.093	0.131	0.194	0.077	0.031	0.045
D2-2	0.069	0.102	0.125	0.177	0.222	0.068	0.041	0.054
D2-3	0.070	0.074	0.090	0.122	0.168	0.055	0.030	0.045
D2-4	0.078	0.075	0.097	0.134	0.175	0.042	0.053	0.046
D2-5	0.072	0.086	0.108	0.143	0.198	0.062	0.048	0.068
D5-1	0.064	0.086	0.110	0.149	0.201	0.080	0.051	0.041
D5-2	0.071	0.079	0.128	0.181	0.223	0.087	0.052	0.050
D5-3	0.068	0.085	0.103	0.150	0.197	0.124	0.038	0.075
D5-4	0.064	0.083	0.114	0.146	0.235	0.152	0.060	0.050
D5-5	0.066	0.081	0.113	0.145	0.249	0.173	0.043	0.038
RMS	0.071	0.085	0.109	0.151	0.208	0.102	0.046	0.059

表 3.7　动态范围测试结果

设备	V_{min}/mV				V_{max}/mV				动态范围/dB
	第一次	第二次	第三次	平均值	第一次	第二次	第三次	平均值	
D134-1	0.0012	0.0012	0.0013	0.0012	1598.1900	1598.1300	1598.1500	1598.1567	122.27
D2-1	0.0011	0.0010	0.0010	0.0010	2045.7400	2045.7400	2045.7400	2045.7400	125.80

表 3.8　一致性测试结果

频率	D137-1/mV	D155-2/mV	一致性误差/%
16 Hz	4.3584	4.3662	0.18
8 Hz	4.5883	4.5965	0.18
4 Hz	4.7249	4.7332	0.18
2 Hz	4.7995	4.8078	0.17
1 Hz	4.7854	4.7935	0.17
0.5 Hz	3.9855	3.9918	0.16
0.25 Hz	4.3450	4.3516	0.15
0.125 Hz	4.5863	4.5930	0.15
RMS			0.17

4）输入阻抗测试

输入阻抗测试结果见表3.9。所测仪器输入阻抗最小值为5.84 MΩ。

表3.9　输入阻抗测试结果

设备	V_0/mV			V_i/mV			R_i/MΩ
D131-1	130.15	130.234	130.256	111.133	111.158	111.242	5.84
D134-1	129.846	129.956	129.971	111.383	111.388	111.399	6.01

5）精度测试

精度测试结果见表3.10。所测仪器各个通道精度最大值为：0.39%（RMS）。

表3.10　精度测试结果　（单位:%）

频率	D137-1	D137-2	D155-1	D155-2
16 Hz	0.13	0.07	0.22	0.31
8 Hz	0.12	0.07	0.21	0.30
4 Hz	0.14	0.07	0.23	0.31
2 Hz	0.13	0.07	0.21	0.30
1 Hz	-0.97	0.07	-0.89	-0.80
0.5 Hz	0.07	0.06	0.15	0.23
0.25 Hz	0.12	0.07	0.19	0.27
0.125 Hz	0.11	0.06	0.19	0.26
RMS	0.36	0.07	0.37	0.39

6）接收机带宽测试

接收机带宽测试结果见表3.11。扫频结果显示接收机带宽为：0.01 Hz～28 kHz。

表3.11　接收机带宽测试结果

频率/Hz	0.01	0.05	0.1	1.0128	10.401	101.75	10449	84186	28319	100000
增益/dB	-0.03	-0.03	-0.03	-0.03	-0.03	-0.03	-0.03	-0.12	-2.96	-26.03

7）50 Hz陷波指标测试

50 Hz陷波指标测试结果显示：所测仪器最大陷波深度为：-66.73 dB。

8）一致性测试（环境温度：-40 ℃）

一致性测试结果见表3.12。所测仪器-40 ℃环境下工作正常，在-40 ℃环境温度下一致性误差最大为0.25%。

表 3.12　环境温度：−40 ℃一致性测试结果

频率	D137-1 振幅/mV	D137-2 振幅/mV	一致性误差/%
64 Hz	4.0049	4.0148	0.25
32 Hz	4.0172	4.0268	0.24
16 Hz	4.3569	4.3672	0.24
8 Hz	4.5867	4.5975	0.23
4 Hz	4.7233	4.7344	0.23
2 Hz	4.7978	4.8091	0.23
1 Hz	4.8354	4.8467	0.23
RMS			0.24

3. 指标测试结果汇总

测试结果表明，大功率伪随机广域电磁探装备的所有测试指标均达到了考核指标要求。具体结果见表 3.13。

表 3.13　大功率伪随机广域电磁探装备技术指标测试结果对比表

指标名称	预期研究指标	实际测试指标
接收机噪声	1 μVrms	0.208 μVrms
接收机动态范围	120 dB	122.3 dB
接收机一致性	±1%	0.17%
接收机输入阻抗	3 MΩ	5.84 MΩ
接收机最大增益	128 倍	128 倍
接收机精度	0.5%	0.39%（RMS）
接收机质量	5 kg	4.87 kg
发射机最高发射电压	1000 V	1000 V
发射机最大发射电流	200 A	205 A
发射机最高发射功率	200 kW	201 kW
发射机发射频率范围	0.01～8192 Hz	0.01～8192 Hz
发射电流精度	0.5%	0.39%（RMS）
发射机同步精度	0.1 μs	0.025 μs
发射机频率稳定度	10^{-6}	2.12×10^{-8}
发射机满负荷工作时间	4 h	5 h

三、长周期分布式大地电磁观测系统

（一）总体设计

长周期大地电磁测深仪器的主要功能是在野外能够长时间对长周期大地电磁信号中的电场信号和磁场信号进行采集和存储。因此，根据其功能需求，设计的长周期大地电磁观测仪器主要由磁通门磁场传感器、电场传感器和信号采集器三部分功能单元组成（图3.47）。

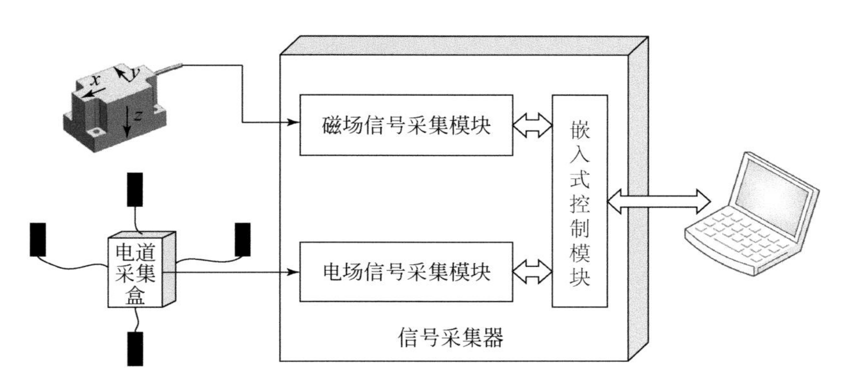

图3.47 长周期大地电磁测深仪系统结构图

信号采集器主要由电场信号采集模块、磁场信号采集模块和嵌入式控制模块构成。电场（磁场）信号采集模块主要包括信号调理电路、模数转换电路和微控制器电路，其输出为对应前端传感器输出模拟电压信号的数字信号，即三分量磁场信号和两分量电场信号。嵌入式控制模块主要功能是对两个信号采集模块转换的数据进行传输、显示和存储，并实现仪器系统的人机交互、授时定位，该模块主要由嵌入式控制器、GPS单元、显示单元和存储单元等组成。

采用ARM技术和FPGA技术实现多通道信号采集器技术方案，如图3.48所示，主要由信号调理、AD转换、FPGA同步采集和ARM控制五个部分组成。

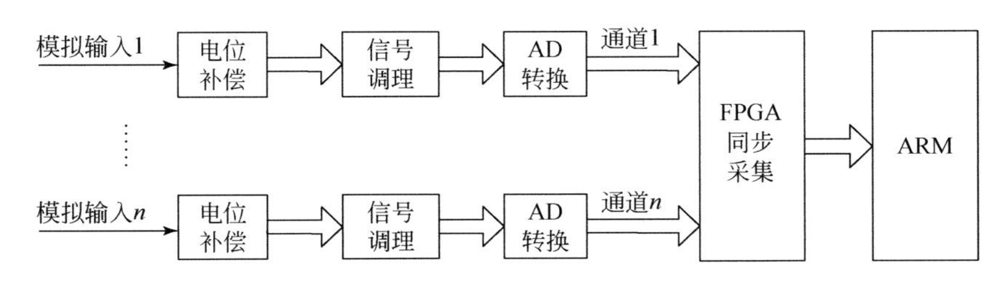

图3.48 ARM+FPGA方案结构图

本方案结合 ARM 灵活的计算控制能力和 FPGA 高性能的同步逻辑处理能力，采用 FPGA 对多路单通道 AD 转换电路进行逻辑控制，可实现多路信号的同步逻辑控制，后端采用的 ARM 可很好地实现采集数据的计算、存储、人机交互和更多的功能扩展。利用 FPGA 同步处理技术可以很好地实现多通道的精确同步采集功能，运用 FPGA 技术可以从根本上解决多通道数据采集时序不能同步和采样丢帧的问题，同时在模拟信号调理电路中可加入电位补偿电路，既能满足大的动态范围输入，也能满足高分辨率信号采集。

根据系统设计方案论证、系统的功能设计和技术指标，确定了信号采集器硬件电路的总体结构如图 3.49 所示，信号采集器主要包括电压信号采集模拟电路单元和基于嵌入式控制技术的数字电路单元。

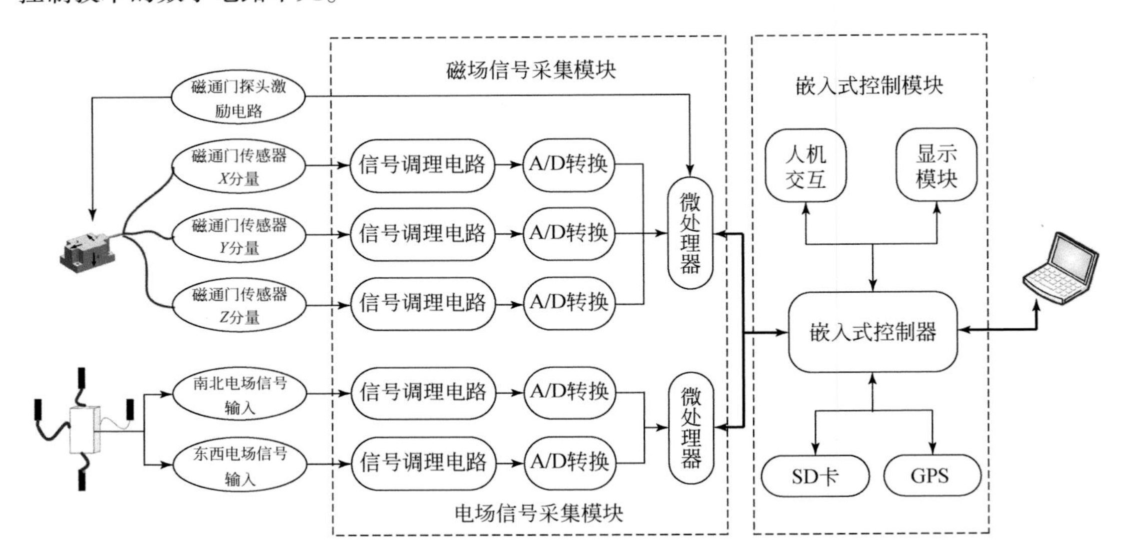

图 3.49 长周期大地电磁仪信号采集器电路结构

电压信号采集模拟电路单元设计为 6 通道电压信号同步采集电路模块，每个通道电路需要研究前置放大电路和可编程增益放大电路、工频陷波电路、抗混叠滤波器、高分辨率（24 位以上）多道信号同步（由 GPS 同步）采样模数转换电路，涉及抗电磁干扰技术和道间隔离技术；并研制低噪声、高精度、高分辨率的多道信号同步采集模块。

基于嵌入式控制技术的数字电路单元由 FPGA 数据处理模块和基于 ARM 的嵌入式控制模块组成。

电道/磁道信号通过 6 个独立 A/D 采样后，成为 6 路并行传输的数据输入 FPGA，对 6 路采样数据进行同步处理，处理后的数据送入到数据复接电路进行合并、打包，形成 1 路数据并通过 SPI 接口或 IIC 接口送入嵌入式控制器进行后续处理。控制命令解析电路接收嵌入式控制器的控制命令，对命令解析后，分别控制电/磁采样数据处理电路、数据复接电路和前端多道信号采集模块的 ADC、可编程放大器等相关器件。拟选用 Altera FPGA 芯片，采用 EDA 技术，使用 Verilog 硬件描述语言设计电/磁采样数据处理、控制命令解析、数据复接等功能电路，以实现多路输入和并行的高速数据传输与处理等。

（二）关键部件研制

1. 核心器件选型

1）低频小信号运放

信号调理电路的核心器件主要是运算放大器，它的性能决定着调理电路的噪声水平和漂移特性。表 3.14 对三种斩波运算放大器性能参数进行了对比，CS3301A 是斩波型运算放大器，ADA4528 和 AD8628 均是 ADI 公司采用已获专利的乒乓式配置，同时使用自稳零和斩波技术的斩波稳定（自稳零）放大器，可在斩波和自稳零频率获得较低的低频噪声及较低的能量，从而使大部分应用的信噪比达到最高，且不需要额外滤波。其中，ADA4528 为超低噪声、零漂移自稳零运算放大器，AD8628 为超低失调、零漂移自稳零运算放大器。长周期大地电磁信号采集器应该在低漂移特性的基础上追求更低的噪声水平，通过性能比较，ADA4528 不仅具有较低的失调电压和漂移，同时具备较低的噪声水平，因此在信号调理电路设计中选用 ADA4528 来搭建放大电路。

表 3.14　斩波运算放大器性能参数对比表

性能参数	CS3301A	ADA4528	AD8628
失调电压/μV	5	2.5	1
失调电压漂移/(μV/℃)	0.1	0.015	0.002
噪声峰峰值（$nV_{p\text{-}p}$，0.1～10Hz）	180	97	500
电压噪声（nV/$\sqrt{Hz}$@1Hz）	8.5	5.6	22

2）模数转换器

本设计选用 TI 公司生产的一款性能非常优越且控制非常灵活的单片 24 位模数转换器 ADS1281，其主要技术指标见表 3.15。ADS1281 是一款针对工业应用的高性能的Δ-Σ型模数转换器（ADC）。①转换器内部固有稳定的四阶Δ-Σ调制器，能够提供优异的噪声和线性特性；②具有一个由 SINC、FIR、IIR 滤波器组成的片上滤波器，四阶Δ-Σ调制器输出既可与这个片上滤波器联合使用，也可旁路输出到外部滤波器，数字滤波器可通过编程选择不同的滤波器组合方式；③采样频率在 250～4000SPS 范围内可调；④提供了片上增益和偏置寄存器来进行系统的校准；⑤引脚 SYNC 可以作为多片 ADS1281 工作的同步信号端，同步信号可以由外部的时钟源提供，使多片 ADC 连续同步地工作。

表 3.15　ADS1281 技术参数

性能参数	指标
信噪比（SNR）	130 dB（250SPS）
	127 dB（500SPS）
	124 dB（1000SPS）
	121 dB（2000SPS）

续表

性能参数	指标
总谐波失真（THD）	-127 dB（平均）
积分非线性误差（INL）	0.00006%
失调误差	10 μV
矫正后失调误差	1 μV
增益误差	0.001
矫正后增益误差	0.0002%
共模抑制	120 dB

3）可编程控制器件

（1）可编程逻辑器件 FPGA。FPGA 作为整个信号采集器系统的中枢，起着对六通道电路进行同步数据采集、数据交换和逻辑控制的作用，表 3.16 为三款 Altera 公司 Cyclone 系列芯片的芯片资源，从硬件系统需求考虑，三款芯片均能满足系数设计需求。但是，在 FPGA 推荐设计中一般需预留 30% 以上逻辑资源、20% 以上 I/O 资源和 30% 以上的布线资源；另外，考虑芯片的性价比和避免资源浪费等因素，EP2C8Q208 无疑是较好的选择。

表 3.16　三款 Cyclone 系列芯片资源对比表

器件资源	EP2CT144C8	EP2C8Q208C8	EP3C16Q240C8
逻辑单元	4608	8256	15408
总比特数	119808	165888	516095
嵌入式 18×18 乘法器	13	18	56
PLLs	2	2	4
最多用户 I/O 管脚	89	138	148
封装	144-pin TQFP	208-pin PQFP	240-pin PQFP

（2）嵌入式 ARM 处理器。嵌入式处理器是长周期大地电磁信号采集器系统的控制核心，核心控制器的性能决定了信号采集器的可靠性、稳定性及可扩展性。信号采集器中嵌入式 ARM 处理器主要功能是实现人机交互、数据存储与传输等。结合系统设计方案和功能需求，嵌入式 ARM 处理器选用意法半导体（ST）公司推出的基于 ARM Cortex-M3 内核的 32 位处理芯片 STM32F103ZET6。该芯片具有高性能、集成度高、低功耗和性价比高等特点。

2. 模拟电路设计

模拟电路主要作用是实现输入匹配、低通滤波、精密放大有用信号、自然电位补偿等信号调理，再将单端信号转全差分信号进行 AD 采集等。由于测量的信号多在微伏或毫伏级变化，需要对信号中的直流分量进行自然电位补偿，对微伏或毫伏级变化范围内的交流分量进行更大倍数的放大，可有效地提高 AD 转换器的分辨率；同时，信号微弱，要求模拟电路自身噪声要低，在模拟电路设计中选用低噪声斩波型模拟器件对信号进行调理，可有效降低电路噪声和零点漂移。

如图 3.50 所示，大地电磁信号通过传感器转换成电信号进入采集电路，然后经过输入电路和跟随器电路到滤波电路，滤波电路限制信号频带，通过程控增益电路动态改变电路增益，经过 ADC 转换，多个通道信号被 FPGA 控制器同步采集下来，传输给下一单元。采集电路包含输入电路、跟随器、滤波电路、程控增益电路、ADC 驱动电路、ADC 采集电路、DA 反馈电路及 FPGA 控制器电路几部分。电场传感器和磁场传感器负责把大地电磁信号转换成电压或者电流信号，提供给信号采集电路；输入电路的作用是保护电路安全性；跟随器电路的主要作用是缓冲、提高带载能力，减小电路对信号的影响，提高信噪比；滤波电路作用是滤出不必要的频率成分，得到更加干净的原始信号，长周期大地电磁的信号带宽是 DC-10 Hz，所以高频干扰和工频干扰信号必须去除，在实际生产过程中发现，工频干扰对采集电路有很大影响，为了提高信号抗干扰能力，需要设计专用滤波器对模拟信号进行调理；程控增益电路作用是根据输入信号的大小动态改变电路增益，提高信号信噪比，充分利用原始信号；ADC 驱动电路和采集电路共同构成 ADC 采集电路，DA 反馈电路能够把信号中的直流分量信号抵消掉，剩下交流分量能够提高电路增益增大电路信噪比；FPGA 控制器能够同步采集多个通道的信号，并且经过数据处理自动控制 PGA 电路动态改变电路增益，然后把多个通道的数据通过串口传输出来。单通道的信号采集电路结构如图 3.51 所示。

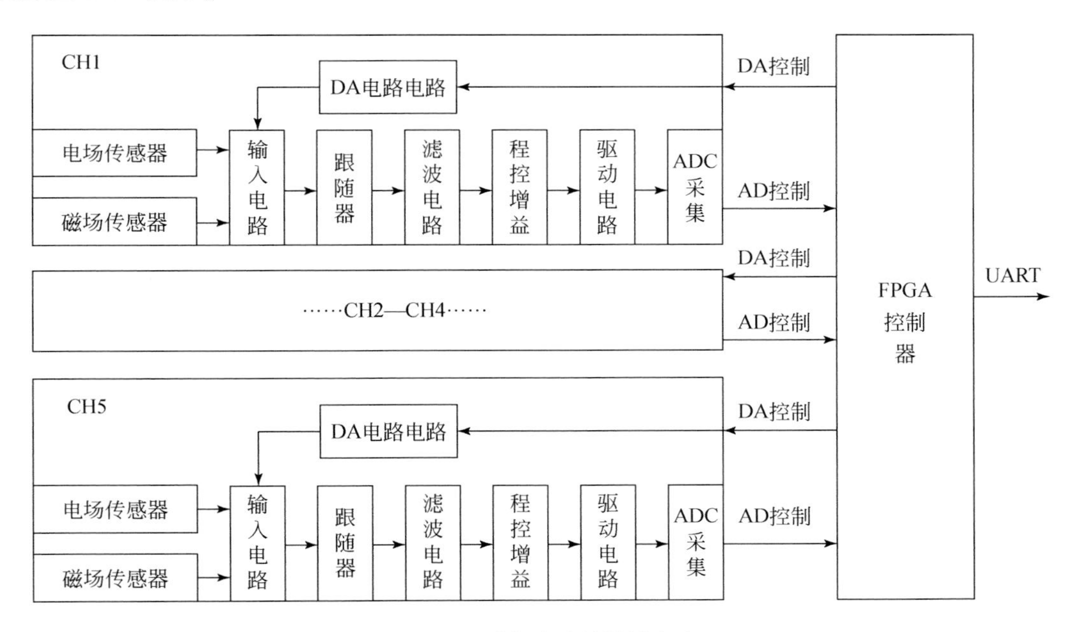

图 3.50　采集电路的设计方案

1）输入保护电路

电场信号的输入级设计了输入保护电路，其原理图如图 3.52 所示，能够有效泄放浪涌电流，其反应时间一般为 0.2～0.3 μs。瞬态抑制二极管又称 TVS 管，其利用半导体的反向击穿特性把脉冲电流波动释放，同时把脉冲高压钳位在安全水平，其反应速度非常

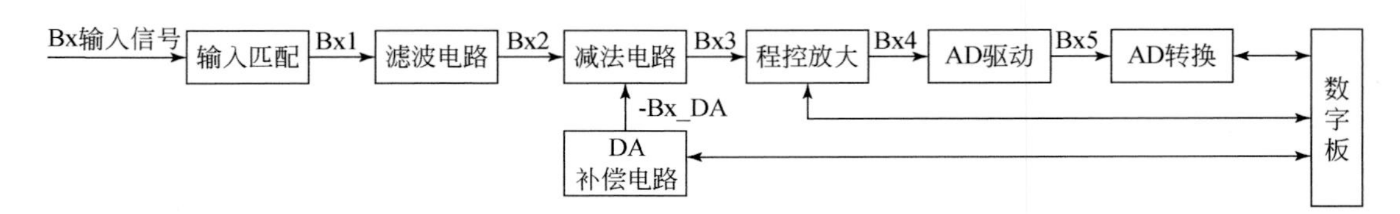

图 3.51 单通道信号采集电路结构

快，通常在 ps 级，一般用于防雷保护电路的第二级。图中使用三个 TVS 管，其中一个防止差模干扰，另外两个防止共模干扰。在两级之间需要串联一个功率电阻或者自恢复保险丝，消耗防雷管泄漏的尖脉冲能量。输入保护电路能够有效防止脉冲干扰的耦合。

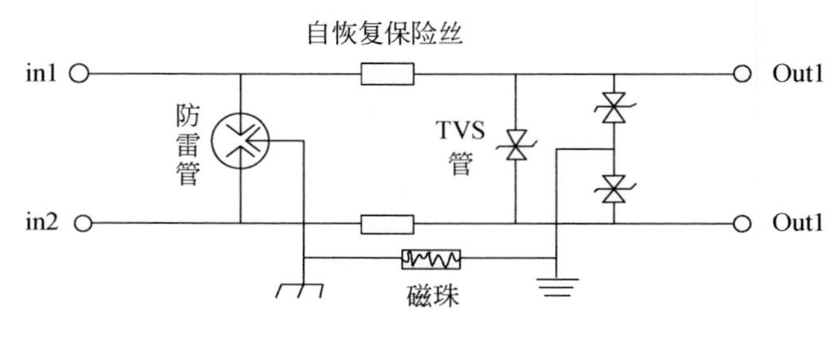

图 3.52 防雷击电路

2）低通滤波电路

信号采集器采集的长周期大地电磁信号是极低频信号，易受环境噪声的影响，电路在输入匹配电路后级增加低通滤波电路，可减少噪声、抑制高频和工频干扰。

四阶巴特沃斯低通滤波器如图 3.53 所示，由斩波运算放大器 ADA4828 和 RC 电路构成，RC 电路中令 $R=R_{108}=R_{109}=R_{110}=R_{111}$、$C=C_{102}=C_{103}=C_{104}=C_{105}$，可构成两个性能参数一致的二阶有源滤波器，通过级联方式增加阻带频段的衰减速度。由于运放采用电压跟随形式，所以电路增益 $A_{VF}=1$。本研究设计的信号采集器观测频率为 DC-0.3 Hz，因此设计截止频率为 0.35 Hz 的四阶低通滤波电路，利用 Multisim 软件仿真此四阶低通滤波器，当设置的电阻 $R=210\ \text{k}\Omega$、$C=1\ \mu\text{F}$ 时，仿真结果如图 3.54 所示，衰减为−3 dB 时的截止频率约为 0.35 Hz，且幅频响应在通频带外的衰减率为 80 dB/10 mHz，仿真结果表明满足设计要求。

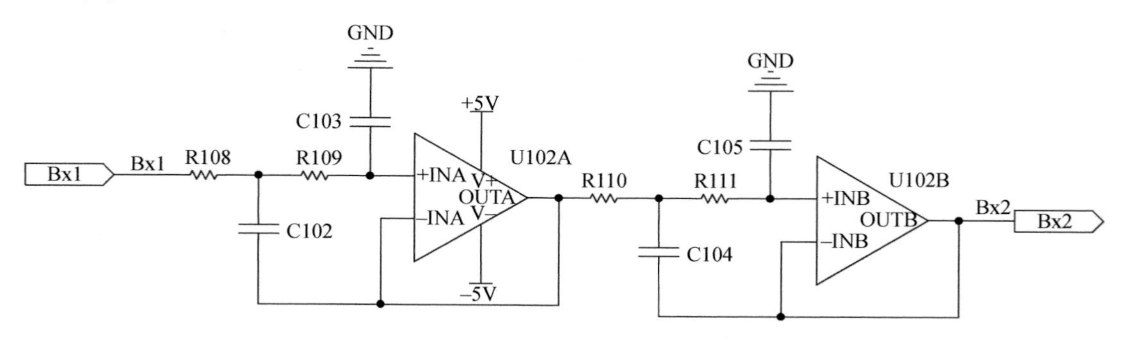

图 3.53 四阶低通滤波器

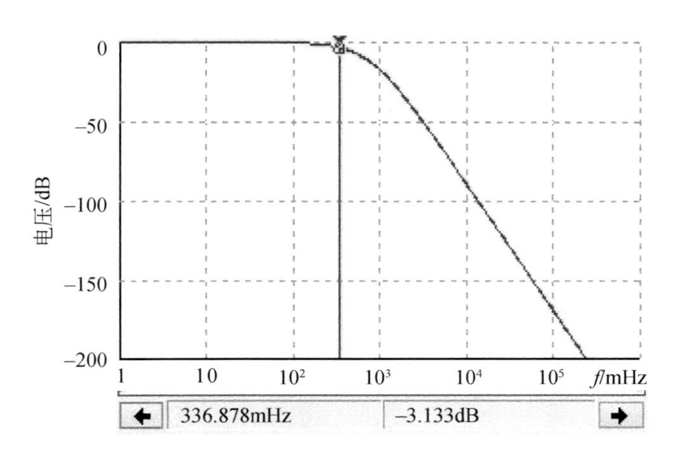

图 3.54 四阶低通滤波器幅频响应仿真结果

3）电位补偿电路

长周期大地电磁信号采集器采集的是天然电磁场，背景场信号较大，而交变的长周期天然电磁场振幅很小，并叠加到背景场信号上。在观测中往往把长周期大地电磁信号近似为直流信号看待，由于信号中的背景场信号占有比较大的比例，而在大地电磁测深研究中，更关注的是信号中的交变成分。为了得到较高分辨率，信号采集器采用电位补偿电路对电路中的直流背景场成分进行抵消，其原理如图 3.55 所示，系统将采集到的自然电位通过 AD 转换后记录到数字板 FPGA 内，FPGA 再将采集到的背景场信号数据传送给 DA，并产生一个相应大小的模拟电压信号，此时采集的输入信号和这个补偿模拟信号做减法运算，即可消除背景场信号，而后级程控放大电路又可设置更高增益实现更高的电压分辨力。

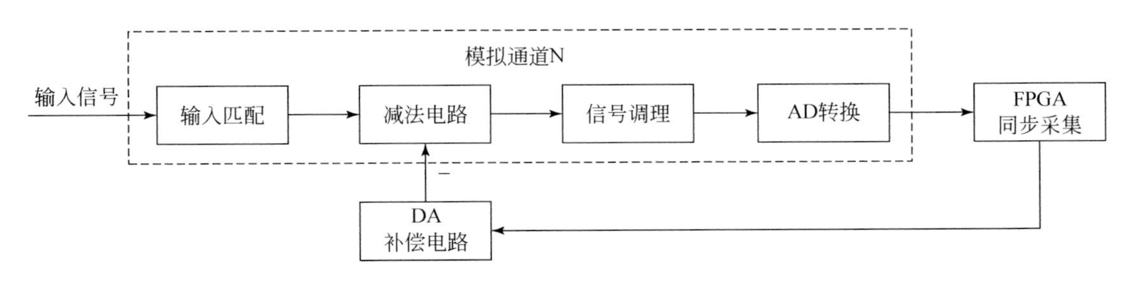

图 3.55 电位补偿电路原理框图

4）数模转换电路

数模转换器选用 ADI 公司的一款单通道、低功耗、电压输出的 16 位数模转换器 AD5542，通过 SPI 接口编程，具有单极性和双极性输出特性，总功耗低于 5 mW。采用双极性输出设计，电路如图 3.56 所示，上电输出为$-V_{REF}$，通过软件编程初始化 DA 实现初始输出为 0 的状态，DA 输出的模拟电压信号经过运算放大器 ADA4828 缓冲输出，送到电位补偿电路中减法器的反相输入端，实现电位补偿功能，基准源电压采用+2.5 V，由于

DAC 基准输入的输入阻抗和码高度，基准源输入电压需经运算放大器 ADA4828 电压充分缓冲，减少电路的线性误差。输出电压 V_{out} 与输入的十进制 16 位码值 D 之间的关系为

$$V_{out}=\left(\frac{D}{32768}-1\right)\times V_{REF} \tag{3.1}$$

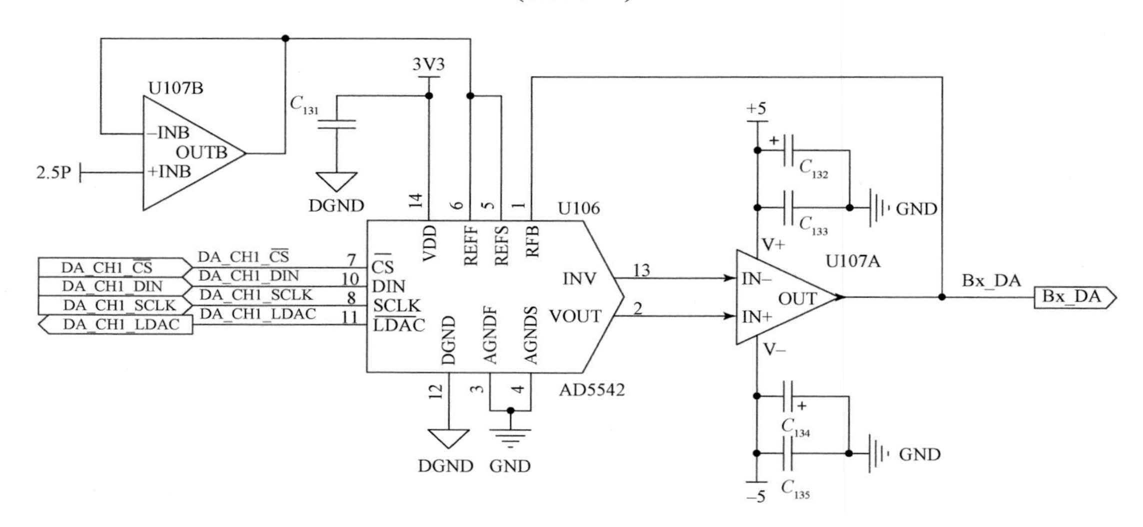

图 3.56 数模转换电路

5）程控放大器电路

程控增益放大器（PGA）能够通过引脚或者指令方式控制放大电路的反馈网络，从而改变反馈系数，动态改变放大电路的增益。TI 公司的程控增益放大器 PGA281 是一款具有数控增益的高精度仪表放大器，采用自动归零技术，具有极低的偏移电压，并且几乎没有 $1/f$ 噪声，通常被运用于高精度信号仪表、医疗仪表、测量仪器等高性能模拟前端。其偏移电压只有 5 μV，线性度能够达到 1.5 ppm，输入阻抗能够达到 1 GΩ，共模抑制比达 140 dB，通过芯片引脚 G0 至 G4 控制其增益。

电路如图 3.57 所示，数字电路部分通过 GPIO 对 PGA281 芯片的 G0 至 G4 端口电平拉高拉低操作，可获得不同的增益倍数。为了方便系统线性计算，主要运用 PGA281 可编程增益 1～128 倍整数倍增益，EF 引脚输出为芯片错误标志位。

6）模数转换电路

A/D 转换电路主要包括全差分驱动电路、模数转换器电路，主要作用是前级信号调理电路输出的模拟电压信号经过量化、保持、采样和输出四个过程转换成数字信号。电场和磁场信号的采集使用 TI 公司生产的Δ-Σ类型的 24 位模数转换芯片 ADS1281 来完成。

A. AD 全差分驱动电路

ADS1281 为全差分输入模数转换器，输入电压范围为-2.5～+2.5 V，而电、磁场传感器的输出经前级信号调理电路转换为单极性信号，又经过 PGA 差分放大为全差分信号，但是 PGA 全差分输出信号有+2.5 V 的偏置电压，PGA 输出的信号同样不满足 AD 输入条件，因此，为了获得更好的 ADC 性能，需要把 PGA 输出的有偏置电压的全差分信号转换

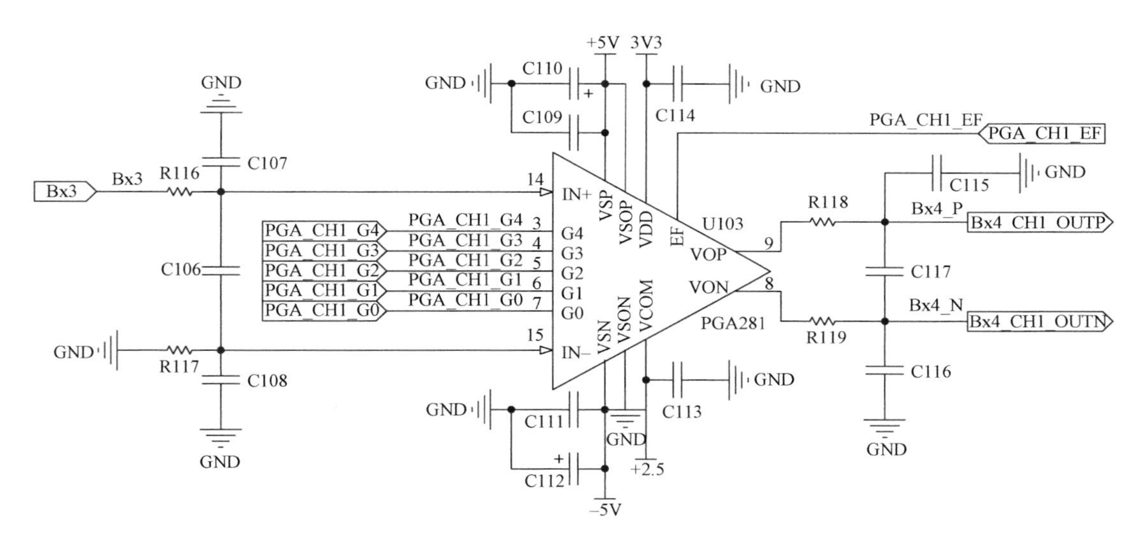

图 3.57　PGA281 程控放大电路

成无偏置差分模拟信号来驱动模数转换器 ADS1281。

AD 全差分驱动电路选用 TI 公司推荐设计的全差分运算放大器 OPA1632，电路如图 3.58所示。OPA1632 的供电电源电压为±5 V，电源引脚设置一个 10 μF 和 0.1 μF 的陶瓷电容用于去耦合旁路，以降低电源纹波，增加电源稳定性。通过调整 R_{121}和 R_{122}的值来改变驱动电路增益，反馈电阻 R_{124}和 R_{125}的阻值要尽量选低，以达到最佳的噪声性能。输入为 PGA 差分放大后的差分信号，除了确保信号源阻抗低以外，还必须保证差分信号的平衡。由于 OPA1632 两端阻抗不对称，信号经过驱动电路后会出现一定程度的非平衡漂移，增加系统的失调误差，最好的解决办法就是使用精密电阻保证 R_{121}/R_{124}和 R_{122}/R_{125}的平衡，C_{122}和 C_{123}是用于相位补偿的电容器，一般选择不超过 10 pF。

B. A/D 转换电路

A/D 转换电路选用的是 TI 公司的△-Σ型 ADS1281，设置 ADS1281 工作模式为寄存器模式，通过 SPI 及 GPIO 接口与数字电路部分 FPGA 相连，FPGA 通过 SPI 协议即可设置 ADS1281 内部寄存器状态和改变 ADS1281 工作模式。

采用 ADS1281 的模数转换电路如图 3.59 所示，为了防止输入突变超过其动态响应范围而损坏器件，在 ADC 的输入端使用肖特基二极管作为输入保护。MFLAG 引脚是 ADS1281 输入信号过压标志，当输入信号超过 ±2.5 V 时，该引脚会被拉高；PWDN 引脚是 ADS1281 睡眠模式的控制引脚，可以通过该引脚使 ADS1281 进入睡眠状态，以降低功耗；RST 引脚为 ADS1281 的复位引脚，下降沿信号会触发 ADS1281 强制复位；ADS1281 作为 SPI 从设备工作，FPGA 通过 SPI 能够把采样的数据读取出来；SYNC 为同步信号输入引脚，通过该引脚能够使多片 ADS1281 同步采集信号。默认状态下，ADS1281 采样频率为 1000SPS，内部滤波器为最小相位 FIR 低通滤波器，工作方式为连续采样，其数据输出格式为 32 位二进制补码。由于长周期大地电磁信号频率低，设置 ADS1281 采样率为 250SPS，再通过 FPGA 读取进行降采样处理。

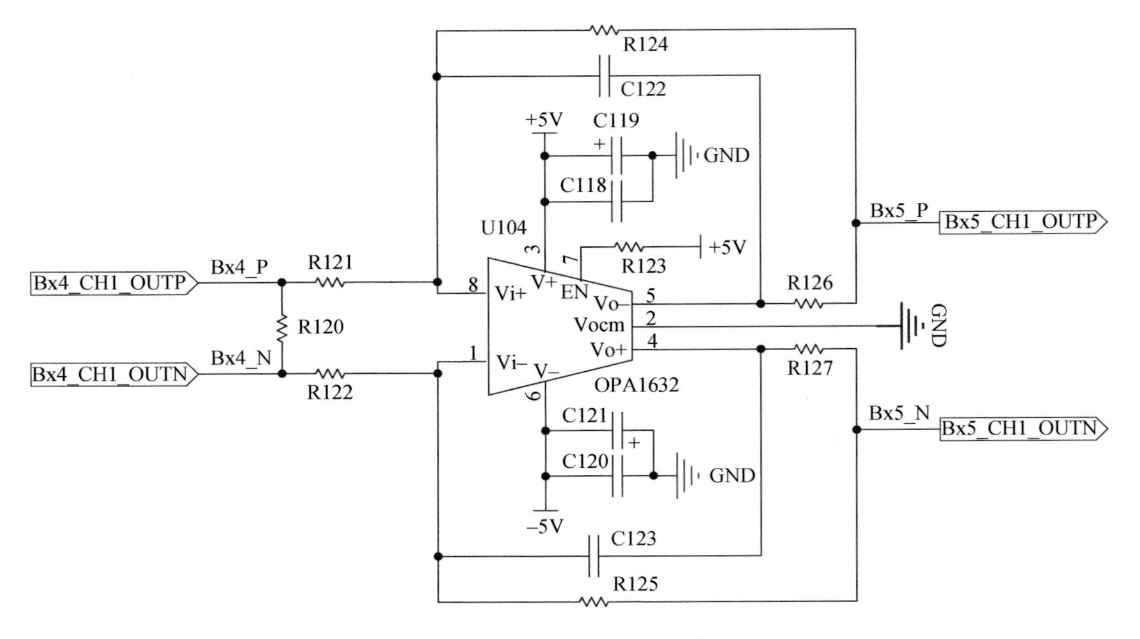

图 3.58 ADS1281 驱动电路

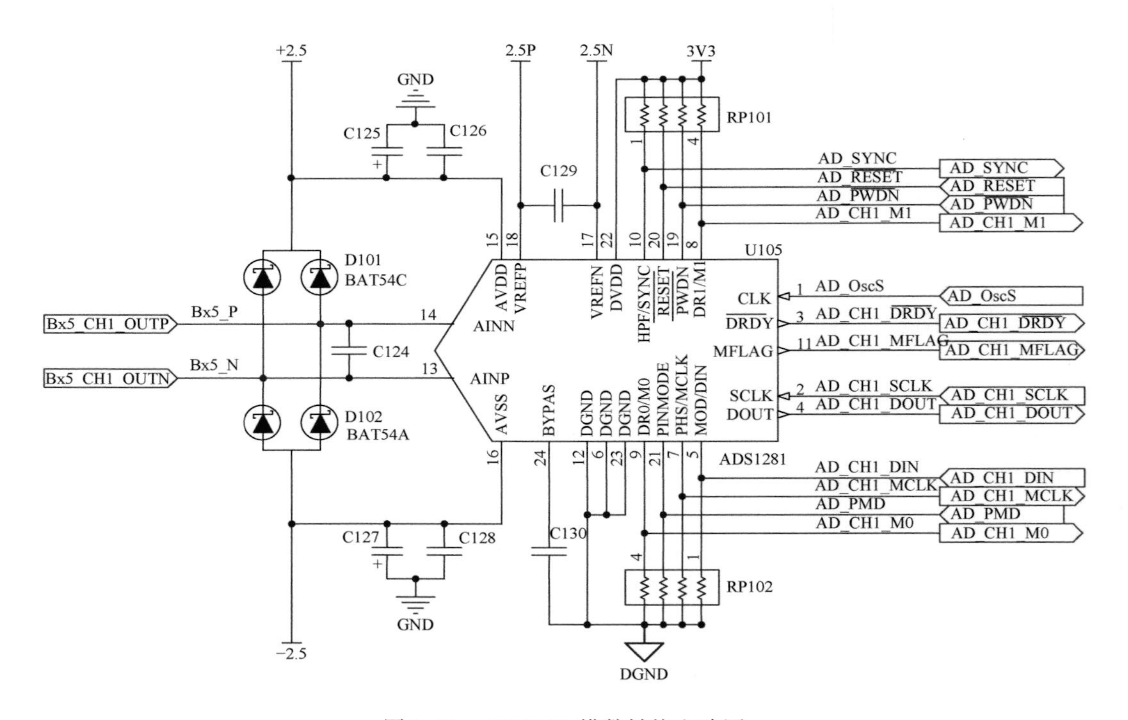

图 3.59 ADS1281 模数转换电路图

3. 数字电路设计与实现

1）多通道数据采集电路

数字电路中 FPGA 模块对五通道信号采集模拟电路需具体实现：对模数转换器（ADS1281）进行参数设置和数据交换；控制程控放大器（PGA281）增益设置；控制五通道中数模转换器（AD5542）产生模拟信号；接收 ARM 控制模块控制指令等。设计中充分利用 FPGA 器件的 I/O 资源丰富、时钟频率高、延时少、具有同步时序逻辑控制等特性，解决多通道数据采集时序不能同步和采集数据容易丢帧的问题。最终选取 ALTERA 公司的 Cyclone Ⅱ系列处理器 EP2C8Q208 进行设计，其电路接口如图 3.60 所示。

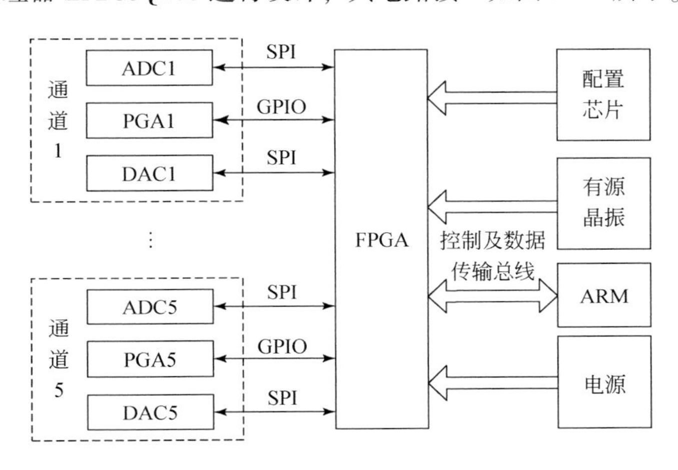

图 3.60　FPGA 电路接口结构

2）嵌入式控制电路

嵌入式控制模块在信号采集器中属于顶层核心控制部分，具体实现：与 FPGA 模块通信，读取 FPGA 采集的各个通道 ADC 数据；结合 GPS 模块实现系统时间校准，读取 GPS 秒脉冲；利用内部 AD 通过芯片 AD1 通道获取蓄电池电量，读取温湿度传感器 DHT11 的温湿度值；对采集到的 ADC 数据和其他功能模块数据进行打包，存储到 SD 卡；控制 LCD 液晶屏和 GPIO 口按键模块实现人机交互功能；通过 WiFi 模块使外部手机或电脑连接到信号采集器进行监控，也可串口发送数据到 WiFi 模块实现数据无线传输。电路接口结构如图 3.61 所示。

4. 系统软件设计

1）软件设计方案

信号采集器的软件控制主要通过在 ARM 和 FPGA 芯片上的程序来实现，整个采集器功能和工作模式较为复杂，因此，程序设计主要采用模块化和状态机等设计方法。研制的长周期大地电磁信号采集器主要包括六种状态（图 3.62）。信号采集器可以有多种不同的工作流程，系统流程中初始化状态 0、参数配置状态 1 和数据采集状态 5 是必须经历的状态，而传感器调整状态 2、电位补偿状态 3 和 GPS 授时定位状态 4 是可选状态。将这些不同的工作流程称为工作模式，则系统共计 8 种工作模式。

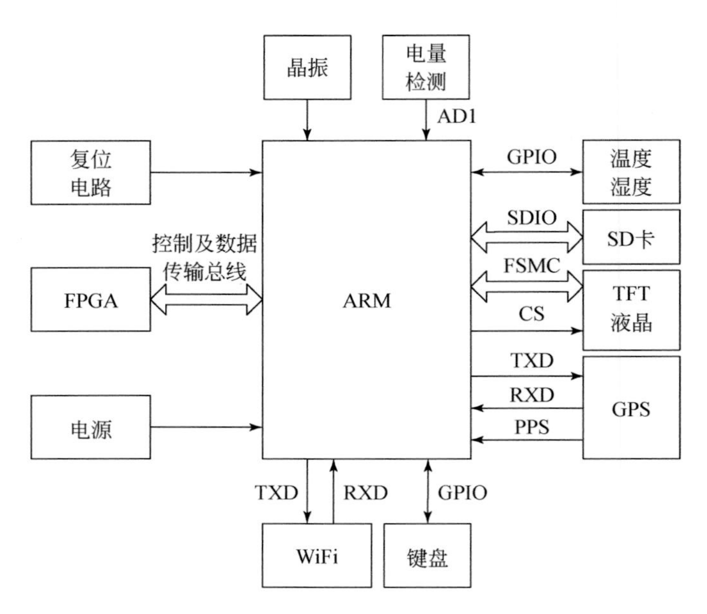

图 3.61　ARM 电路接口结构

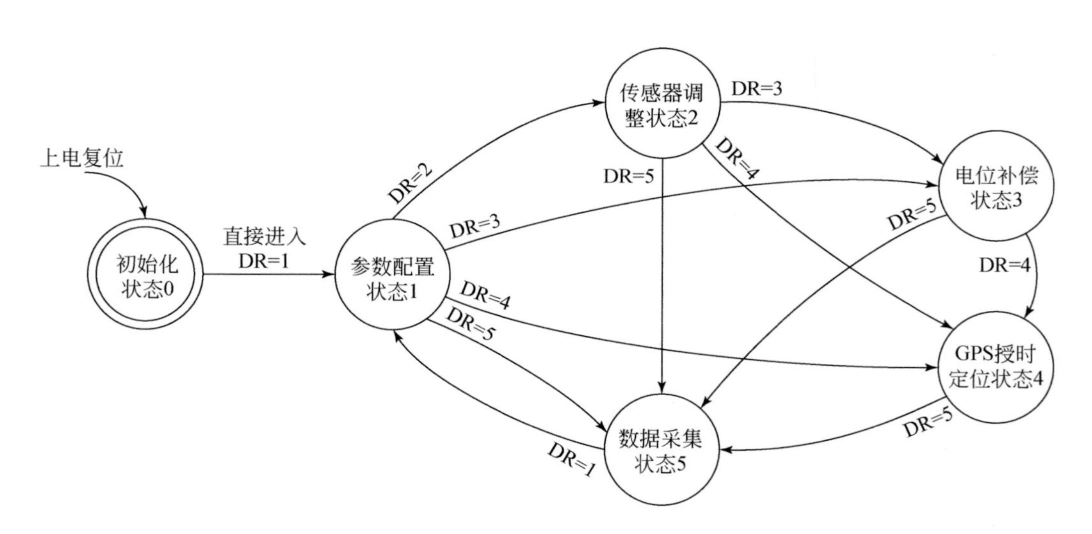

图 3.62　信号采集器的工作状态图

2）主控 ARM 的主程序设计及 FPGA 建模

嵌入式软件部分主要实现系统控制和人机交互的功能，是对 STM32 芯片编程的过程。软件采用模块化结构设计，主要包括按键（KEY）模块、显示（LCD）模块、实时时钟（RTC）模块、GPS 解析模块、串口数据输入输出模块、配置信息获取模块、FPGA 控制及数据读取模块、ADC 模块、温湿度模块、定时器模块、SD 卡驱动及存储模块。主程序流程图如图 3.63 所示。

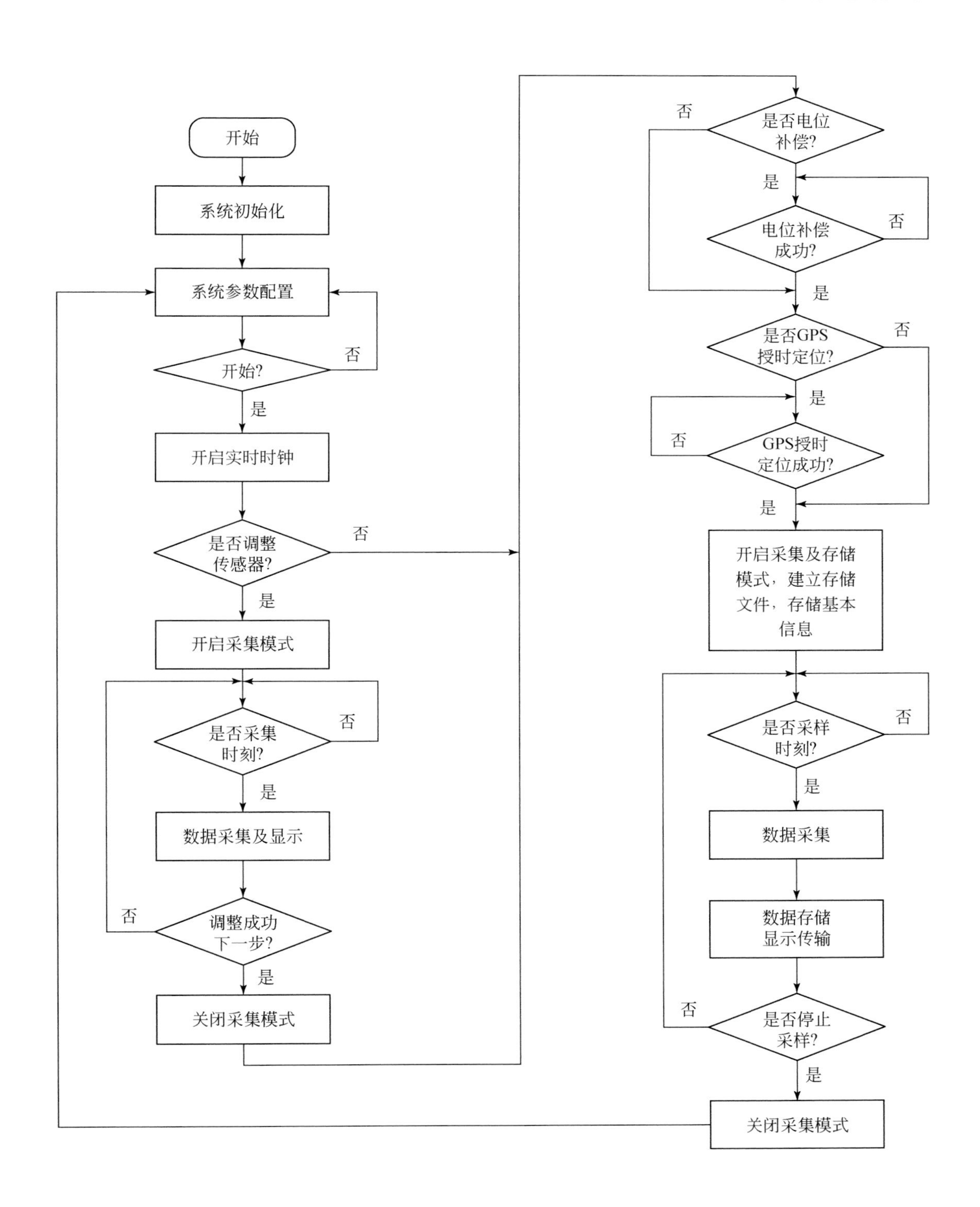

开始
系统初始化
系统参数配置
开始?
否
是
开启实时时钟
是否调整
传感器?
否
是
开启采集模式
是否采集
时刻?
否
是
数据采集及显示
调整成功
下一步?
否
是
关闭采集模式
是否电位
补偿?
否
是
电位补偿
成功?
否
是
是否GPS
授时定位?
否
是
GPS授时
定位成功?
否
是
开启采集及存储
模式，建立存储
文件，存储基本
信息
是否采样
时刻?
否
是
数据采集
数据存储
显示传输
是否停止
采样?
否
是
关闭采集模式

图 3.63　主程序流程图

如图 3.64 所示为信号采集电路的 FPGA 建模设计图，包含 4 个部分。①AD_SPI_interface 模块是模数转换芯片的数据接口。②AD_data_manage 模块用来进行数据降采样处理。③Data_analysis 模块是整个 FPGA 建模的核心组成部分，有三个方面的作用：一是产生 DA 控制信号控制 DA_control 模块；二是产生 PGA 控制信号控制 PGA_control 模块；三是对数据进行分析处理和传输。④DA_Mix&Trins 模块包含 Data_combine 模块和 Trins_UART 模块，作用是把多个 Data_analysis 模块产生的采样数据进行融合编码，接收控制板的控制指令。

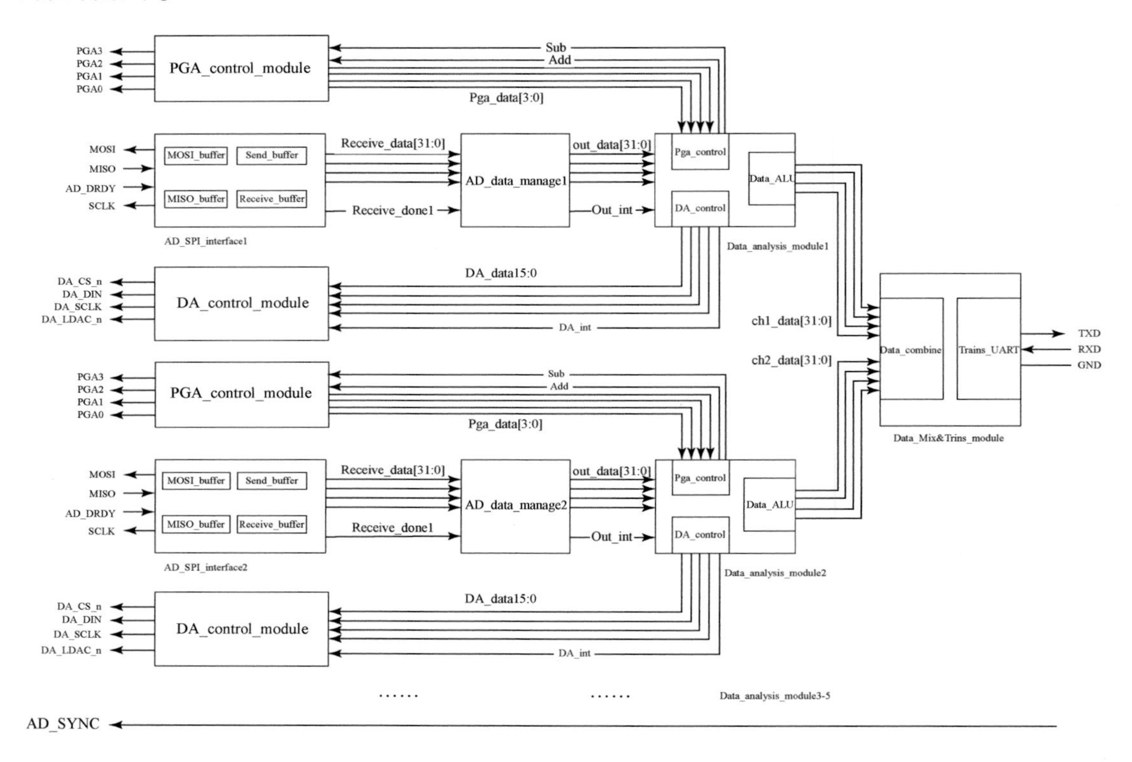

图 3.64 FPGA 顶层建模结构图

信号采集板 V2 设计了四个相互独立的模拟信号通道，四通道信号相互隔离，经过信号调理和自适应 PGA 增益，同步输入到模数转换电路，然后由 FPGA 进行数据同步读取和处理，再由数模转换电路反馈回前端模拟电路形成负反馈的闭合回路，增加电路稳定性，同时能够进行零点偏移校正和直流信号提取。与此同时，FPGA 进行数据预处理，降低信号噪声，提高数据质量，然后传出给嵌入式控制器进行数据处理和存储。

3）信号采集器 V2 集成

采用积木式叠层安装数据采集模块和主控及系统电源模块，安装结构和最终试验样机如图 3.65 所示。

(a)安装结构

(b)原理样机

图 3. 65　信号采集器安装结构及原理样机

（三）技术指标与测试

1. 长周期大地电磁仪信号采集器技术指标测试

第三方测试机构（中国测试技术研究院）对长周期大地电磁仪线性度、电压分辨力、动态范围等进行测试，结果见表 3. 17。

表 3. 17　长周期大地电磁仪技术指标测试结果

测试项目	线性度测试结果	电压分辨力测试结果	动态范围 DR 测试结果
磁道 X	0. 026%	0. 03 mV	113. 83dB
磁道 Y	0. 025%	0. 03 mV	113. 72dB
磁道 Z	0. 021%	0. 03 mV	113. 20dB
电道 WE	0. 011%	1 μV	114. 15dB
电道 NS	0. 015%	1 μV	112. 80dB

注：仪器（不含传感器）质量 2650 g，功耗 4. 14 W

2. 野外长周期大地电磁观测仪器（LMT-863）试验——彭州白鹿山测点

我们将研制的 LMT-863 与国际先进的乌克兰 LMT 仪器 LEMI-417 进行了野外实测对比，地点为四川省彭州市笼竹窝。

1）各道时域数据对比

图 3. 66 是 3 道磁场信号和 2 道电场信号时域数据成图，选取的公共时间段为 7 天。B_X、B_Y 分量时间序列吻合较好，除了在小范围波动内幅值有差异；B_Z 时间序列，LEMI-417 较 LMT-863 圆滑，在波动的幅值上也较小；电场两个分量皆出现锯齿状，可能是有干扰所致，但两套仪器在形态趋势上相似度较高。时域数据的相关性分析见表 3. 18。

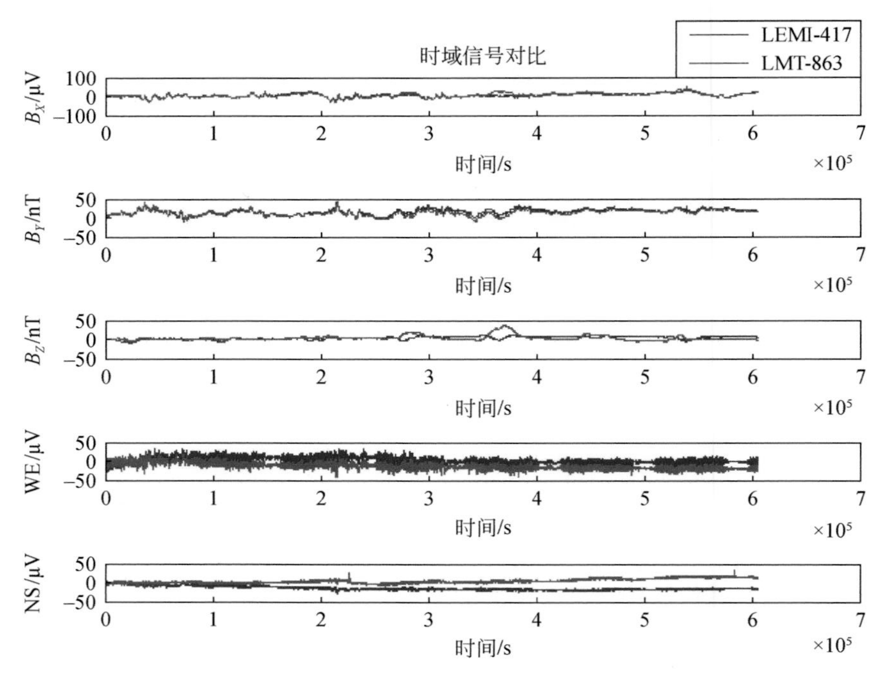

图 3.66　5 道时域信号对比图

表 3.18　时域数据相关性分析结果

测量道	B_X	B_Y	B_Z	EWE	ENS
相关系数	0.8677	0.896	0.1296	0.6112	−0.4379
相关性	高度相关	高度相关	不相关	中度相关	低度相关

注：一般地，$|r|>0.95$ 存在显著性相关；$|r|\geqslant 0.8$ 高度相关；$0.5\leqslant|r|<0.8$ 中度相关；$0.3\leqslant|r|<0.5$ 低度相关；$|r|<0.3$ 关系极弱，认为不相关

2）视电阻率结果对比

使用 PRC 软件处理结果如图 3.67 所示，分别为 LEMI-417 和 LMT-863 的视电阻率曲线。两者视电阻率曲线相似，幅值也比较接近，在 10 s 附近，两套仪器 R_{xy} 电阻率曲线比较差，但趋势相同，而对于 R_{yx} 曲线 LMT-863 在误差和圆滑度方面略好，且视电阻率有下降趋势，而 LEMI-417 曲线有上升趋势；10000 s 以后，LEMI-417 结果误差较 LMT-863 仪器大。整体上 LMT-863 仪器结果较好。

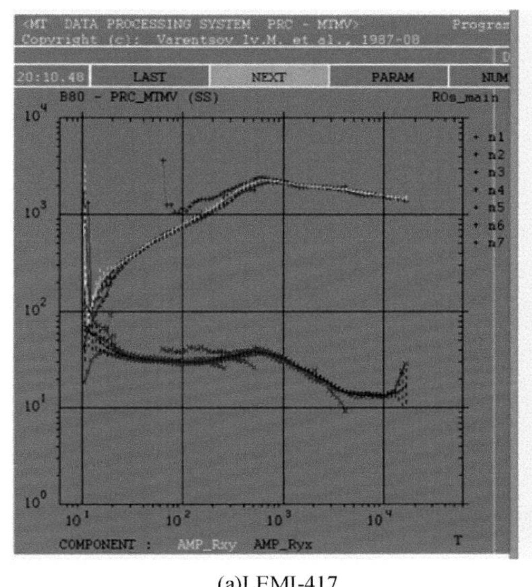

(a)LEMI-417

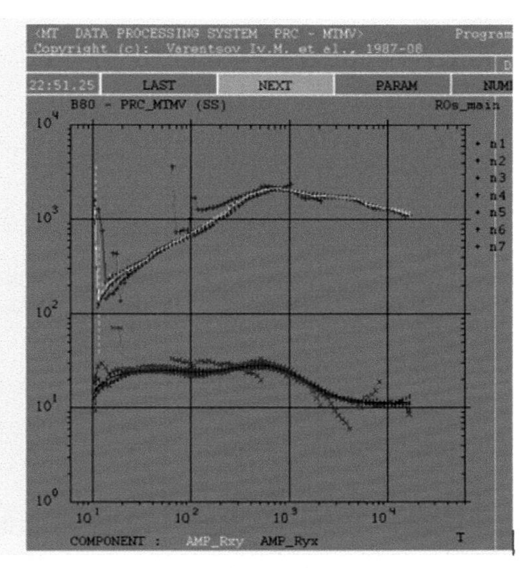

(b)LMT-863

图 3.67　视电阻率对比

第三节　方法创新与软件系统

一、方法技术创新

本研究发展完善了多种电磁探测数据处理、分析及解释方法，包括基于电场和磁场旋度的视电阻率、时空阵列电磁探测技术、强干扰背景下电磁探测降噪方法、基于虚拟场的可控源电磁法三维正演模拟、分布式大地电磁张量分析与同步三维反演方法等。

（一）基于电场和磁场旋度的视电阻率

为避免场源参数的影响，提出一种新的视电阻率张量计算及观测方法。利用磁场旋度计算电流密度，继而计算视电阻率张量。与 Bibby（1977）的计算思路不同，电流密度的获取不是计算电流与面积的比值，而是观测磁场旋度的结果。视电阻率张量的计算无需场源强度及装置系数，摆脱了场源条件的限制，不仅可用于天然场及可控源，还可用于提取未知人文电磁场中的地电信息。

1. 方法原理

电流密度矢量与电场强度矢量间满足关系，有

$$\boldsymbol{J}=\sigma\boldsymbol{E} \tag{3.2}$$

式中，$\boldsymbol{E}$、$\boldsymbol{J}$ 分别为电场强度矢量、电流密度矢量，$\boldsymbol{\sigma}$ 为介质的电导率张量。在观测点处进行张量观测，获得电场和电流密度的各正交分量，在空间直角坐标系下，定义视电阻率 $\boldsymbol{\rho}_B$（Bibby 1977）为

$$\begin{pmatrix} E_x \\ E_y \\ E_z \end{pmatrix} = \begin{pmatrix} \rho_{xx} & \rho_{xy} & \rho_{xz} \\ \rho_{yx} & \rho_{yy} & \rho_{yz} \\ \rho_{zx} & \rho_{zy} & \rho_{zz} \end{pmatrix} \begin{pmatrix} J_x \\ J_y \\ J_z \end{pmatrix} \tag{3.3}$$

式中，E_i、J_i（$i=x$，y，z）分别为电场强度和电流密度在不同方向的分量，ρ_{ij}（$i=x$，y，z，$j=x$，y，z）为视电阻率张量$\boldsymbol{\rho}_B$ 的元素。

准静态极限条件下，由安培定律可知，磁场的旋度为电流密度，即

$$\boldsymbol{J}=\nabla\times\boldsymbol{H} \tag{3.4}$$

将式（3.4）带入式（3.3），即

$$\boldsymbol{E}=\boldsymbol{\rho}_{\mathrm{B}}(\nabla\times\boldsymbol{H}) \tag{3.5}$$

注意到式（3.5）与大地电磁阻抗张量的定义式的形式相似，故可方便地借鉴大地电磁法中的一些成熟技术对磁场旋度全域视电阻率张量进行分析。

显然地，磁场旋度视电阻率张量 $\boldsymbol{\rho}_{\mathrm{B}}$ 具有如下特点：①在时间域与频率域中均成立；②与场源的强度、空间位置及形式均无关，这是与（Bibby，1977）方法的重要差异；③与观测点的空间位置无关，既可用于地表电磁法中，也可用于地下、巷道、海洋电磁法；④不依赖于远区、近区或者早期、晚期等。

磁场旋度视电阻率张量 $\boldsymbol{\rho}_{\mathrm{B}}$ 的计算需要电场强度和磁场旋度。测量一定极距条件下的电位差，可以获得电场强度矢量。借鉴大地电磁法的野外观测，设计 $\boldsymbol{\rho}_{\mathrm{B}}$ 的一种张量观测方法（图 3.68），在 x 方向与 y 方向各布置一对测量电极，获得电场强度。磁场旋度测量装置布置在原点处，获得磁场旋度，进而利用式（3.5）可得 $\boldsymbol{\rho}_{\mathrm{B}}$。

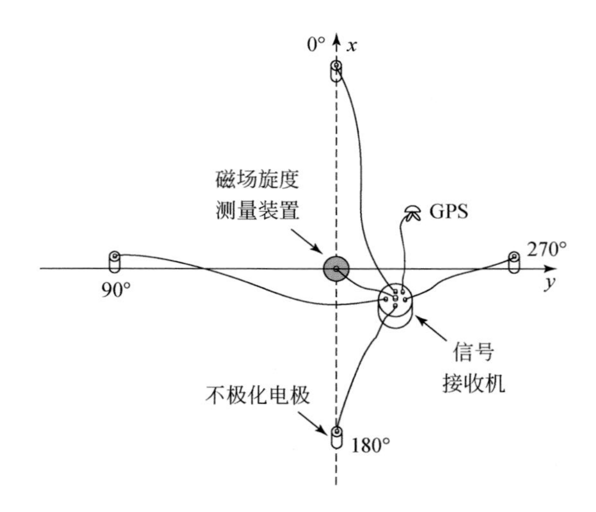

图 3.68　视电阻率张量 $\boldsymbol{\rho}_{\mathrm{B}}$ 的一种张量观测方法

一维条件下，视电阻率张量$\boldsymbol{\rho}_{\mathrm{B}}$幅值的计算方法可化简为

$$|\rho_{xx}|=\left|\frac{E_x}{J_x}\right|,\quad |\rho_{yy}|=\left|\frac{E_y}{J_y}\right|,\quad |\rho_{zz}|=\left|\frac{E_z}{J_z}\right| \tag{3.6}$$

其相位定义为

$$\varphi'_{ij}=-\arctan\frac{\mathrm{Im}[\rho_{ij}]}{\mathrm{Re}[\rho_{ij}]},(i=x,y,z;\ j=x,y,z) \tag{3.7}$$

2. 模型试验对比

针对典型模型，在天然场源及人工源条件下，给出层状介质表面视电阻率张量的响应特征，并与卡尼亚电阻率及阻抗全区视电阻率（汤井田和何继善，1994）进行比较。为简略，略去视电阻率、相位符号中的方向标识，旋度视电阻率幅值、相位分别记为ρ_{B}、φ_{B}。ρ_{MT}、φ_{MT}分别为MT的卡尼亚视电阻率、相位。ρ_{C}、φ_{C}分别标记CSAMT条件下的卡尼亚视电阻率、相位。ρ_{Z}、φ_{Z}分别为CSAMT阻抗全区视电阻率、相位（汤井田和何继善，2005）。

图3.69和图3.70中，r为发收距，H为各层总厚度；$\delta_1=503\sqrt{\rho_1/f}$和$\lambda_1=2\pi\delta_1$分别是第1层介质中的趋肤深度和波长。参数说明中的大写字母代表地电断面类型，后面的数字依次表示ρ_2/ρ_1、ρ_3/ρ_1等，以及$V_2=h_2/h_1$等。

1）天然场源条件下的响应及比较

图3.69为水平两层介质条件下的响应及对比结果。两层模型，第一层电阻率为ρ_1，厚度为h_1，第二层电阻率为ρ_2，包括两种情况，分别为$\rho_2=10\times\rho_1$，$\rho_2=1/10\times\rho_1$。坐标横轴为归一化的探测深度。当波长小于等于第一层介质厚度（$\lambda_1/h_1\leqslant1$）时，ρ_{B}模值等于第一层电阻率ρ_1，相位为45°。当波长大于第一层介质厚度（$\lambda_1/h_1>1$）时，ρ_{B}由第一层介质的真实电阻率逐渐向第二层介质的真实电阻率过渡，相位也相应发生变化。波长远大于第一层介质厚度（如$\lambda_1/h_1>100$）时，ρ_{B}接近地下介质第二层的真实电阻率ρ_2，纵坐标为视电阻率ρ_s与第一层电阻率ρ_1的比值，相位再次向45°趋近。与MT响应ρ_{MT}、φ_{MT}相比，ρ_{B}的响应曲线一致，但相位φ_{B}则更为灵敏。上述比较说明，视电阻率ρ_{B}的计算方法可行，并且视电阻率ρ_{B}可用于天然场源条件下的频率域电磁勘探。

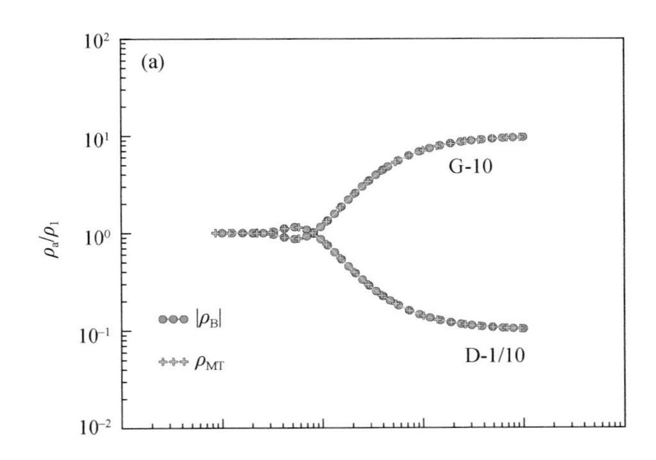

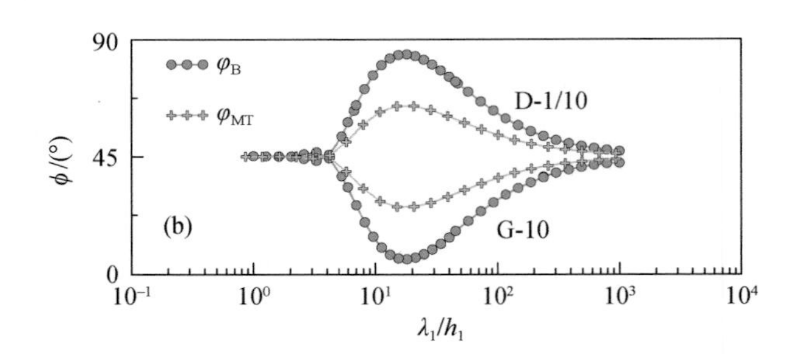

图 3.69　两层介质条件下不同视电阻率（a）、相位（b）的对比

2）人工场源条件下的响应及比较

人工场源条件下，电磁场在远区为非均匀平面波，在过渡区与近区为非平面波，响应特征相对复杂。图 3.70 分别为典型三层对比结果，可以看出：①在远区，几种视电阻率效果相当；在过渡区，ρ_{MT}、φ_{MT}出现畸变，而 ρ_Z、φ_Z 及 ρ_B、φ_B 均能得到有效介质信息；在近区，ρ_{MT}、φ_{MT}严重畸变，而 ρ_Z 及 ρ_B 均能收敛。②发收距与目标深度的比值较大时，几种视电阻率反映深部信息的效果更佳，有效勘探深度更大。③对比相位数据，φ_C 易畸变，φ_B 比 φ_Z 更为灵敏，响应更为明显。

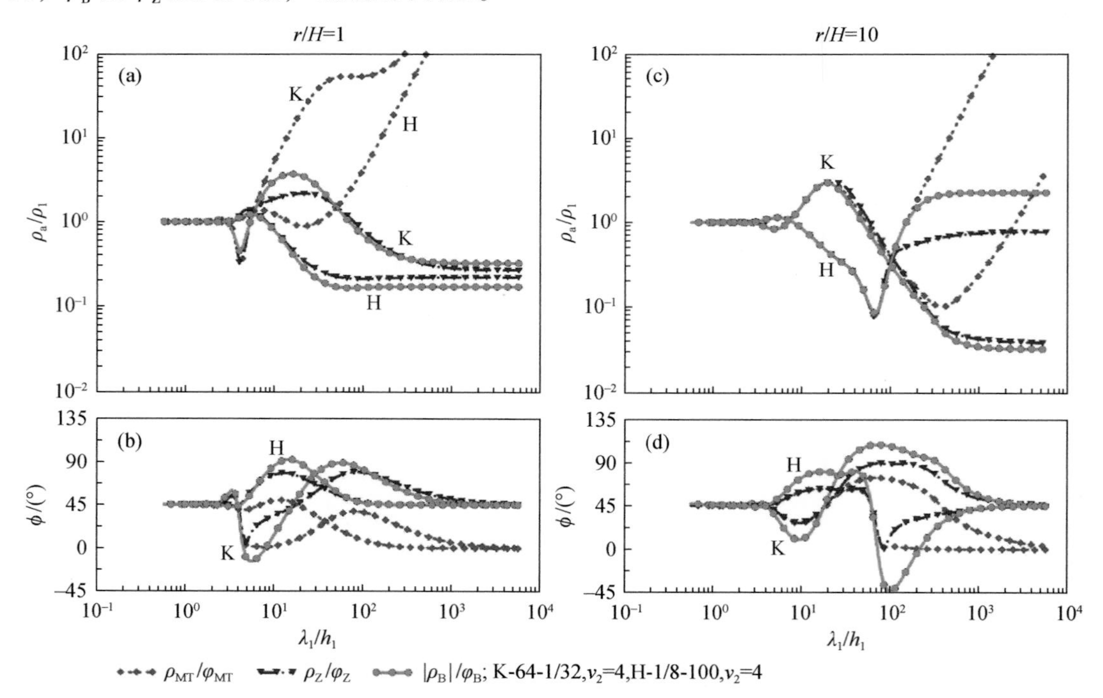

图 3.70　三层 K 型及 H 型介质上不同视电阻率（a）（c）、相位（b）（d）的对比

以上结果表明，ρ_B 是一种全区视电阻率，在过渡区能提取有效的地电信息。在近区，虽然 ρ_B 无法反映地下电阻率随频率的变化，但可得到优于阻抗全区视电阻率 ρ_Z 的渐进响

应。相位 φ_B 灵敏度优于 φ_Z，或将更有助于后续处理、研究。本研究利用电场、磁场旋度与电流密度的关系，提供了一种不受场源、测点位置限制的磁场旋度全域视电阻率张量 $\boldsymbol{\rho}_B$ 的计算、观测及模拟方法。

（二）时空阵列电磁探测技术

1. 方法原理

如图 3.71 所示，对于频域电磁场，假设在 I 个激励时窗内，系统输入端共有 L 个电磁场源同时入射地球表面，输出端共有 K 个测道同步测量系统对所有输入激励的总响应。第 l（$k=1$，2，…，L）个场源在第 i（$i=1$，2，…，I）个时窗内的极化参数可记为 S_{li}，$L\times I$ 个极化参数构成输入阵列 S；第 k（$k=1$，2，…，K）个测道在第 i（$i=1$，2，…，I）个时窗的观测数据记为 X_{ki}，$K\times I$ 个观测数据构成输出阵列 $\boldsymbol{X}$。线性时不变系统条件下，系统频率特性矩阵 $\boldsymbol{\Psi}$ 不随时间变化，并且输出与输入间满足线性关系（Egbert，1997；周聪，2016）。

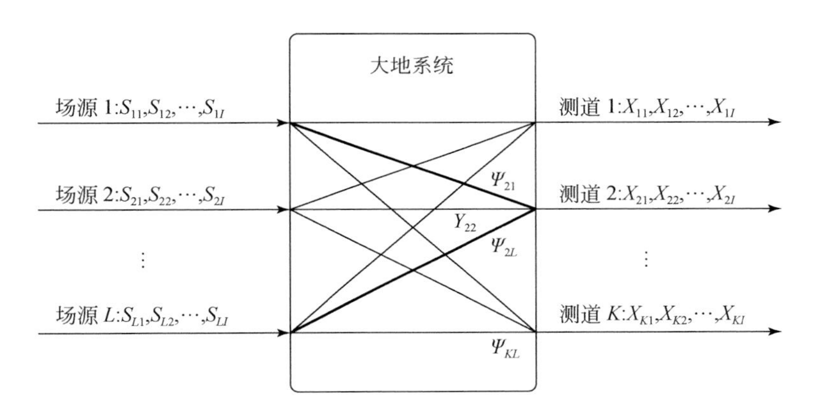

图 3.71　阵列电磁勘探模型示意图

阵列电磁勘探模型的频率域输出-输入关系表达式为

$$\boldsymbol{X}^{K\times I}=\boldsymbol{\Psi}^{K\times L}\boldsymbol{S}^{L\times I}+\boldsymbol{R}^{K\times I} \tag{3.8}$$

式中，$\boldsymbol{R}$ 为频域输出端噪声矩阵，存在于各个测道与时窗中；各矩阵的上角标为它的维数。不难理解，$\boldsymbol{\Psi}$ 反映了地球电磁系统本身的特性，以及激励源和测道的空间信息，与激励延时（观测时窗）无关，称为系统响应矩阵。进一步，当观测区输入端同时包含 L_1 个天然场源和 L_2 个人文场源时，式（3.8）改为

$$\boldsymbol{X}=\boldsymbol{\Psi S}+\boldsymbol{R}=\boldsymbol{UA}+\boldsymbol{VB}+\boldsymbol{R} \tag{3.9}$$

式中，$\boldsymbol{A}$、$\boldsymbol{B}$ 分别为天然场源、人文场源的极化参数矩阵，$\boldsymbol{U}$、$\boldsymbol{V}$ 分别为对应于天然场源、人文场源的系统响应矩阵。式（3.9）即为电磁法阵列数据处理的基本模型。通过合理的实施方案，获得阵列观测数据，求解上述阵列方程组，并从中提取相应的地电解释参数，从而形成阵列数据处理的基本框架。

式（3.8）属于多元二次方程组，共有 $K\times I$ 个线性无关的方程，未知数不超过 $L(K+I)$

个。一般地，当 $K>L$，$I>L$ 时，方程组在理论上是可解的，可以直接采用主成分分析等方法求解（Egbert，1997）。但当系统中存在多种不可忽略的场源信号时，直接求解法存在较大的误差。

考察式（3.9）可知，如果场源极化参数 $\boldsymbol{A}$、$\boldsymbol{B}$ 可分别获得较好的估计值，则系统响应 $\boldsymbol{U}$、$\boldsymbol{V}$ 的估计转变为较为简单的线性最小二乘估计问题。在此思路下，本研究提供一种分步求解方案，先估计场源极化参数，后求系统响应参数。

1）第一步，构建数据阵列

（1）假设远参考站及同步阵列中“优良”测站的观测数据中天然场成分占主导，可利用这些数据构建阵列数据矩阵 $\boldsymbol{X}^{\mathrm{r}}$，即

$$\boldsymbol{X}^{\mathrm{r}}=\boldsymbol{U}^{\mathrm{r}}\boldsymbol{A}+\boldsymbol{V}^{\mathrm{r}}\boldsymbol{B}+\boldsymbol{R}^{\mathrm{r}}\approx\boldsymbol{U}^{\mathrm{r}}\boldsymbol{A}+\tilde{\boldsymbol{R}}^{\mathrm{r}} \tag{3.10}$$

式中，$\tilde{\boldsymbol{R}}^{\mathrm{r}}\approx\boldsymbol{V}^{\mathrm{r}}\boldsymbol{B}+\boldsymbol{R}^{\mathrm{r}}$ 为信号残差，包含人文场成分与输出端噪声。

（2）在一定的空间范围内，当信号中人文场成分平均强度与天然场相当或大于天然场时，挑选合适的测站组合，可使不同测站间水平磁场差值中的人文场成分大于天然场成分。此假设可写为（以 x 方向为例）

$$\text{if } \bar{H}_x^{\mathrm{CN}}\geqslant\bar{H}_x^{\mathrm{MT}},\text{then } \Delta H_x^{\mathrm{CN}}>\Delta H_x^{\mathrm{MT}} \tag{3.11}$$

式中，$\bar{H}_x^{\mathrm{CN}}$、$\bar{H}_x^{\mathrm{MT}}$ 分别为不同测站间的人文场、天然场平均强度；ΔH_x^{MT}、ΔH_x^{CN} 分别为不同测站间的人文场、天然场的相对差值。在式（3.11）的假设前提下，将待处理测站阵列的水平磁场做两两差分。此条件下差分数据中人文场信号占优，以此可以构建人文场信号占主导的阵列数据矩阵 $\boldsymbol{X}^{\mathrm{c}}$，即

$$\boldsymbol{X}^{\mathrm{c}}=\boldsymbol{V}^{\mathrm{c}}\boldsymbol{B}+\boldsymbol{U}^{\mathrm{c}}\boldsymbol{A}+\boldsymbol{R}^{\mathrm{c}}\approx\boldsymbol{V}^{\mathrm{c}}\boldsymbol{B}+\tilde{\boldsymbol{R}}^{\mathrm{c}} \tag{3.12}$$

式中，$\tilde{\boldsymbol{R}}^{\mathrm{c}}\approx\boldsymbol{U}^{\mathrm{c}}\boldsymbol{A}+\boldsymbol{R}^{\mathrm{c}}$ 为信号残差，包含天然场成分与输出端噪声。

（3）将待处理测站的数据组合成阵列，构建待处理数据矩阵 $\boldsymbol{X}$，$\boldsymbol{X}$ 满足式（3.9）。式（3.9）、式（3.10）和式（3.12）共同构成待处理的阵列方程组。

2）第二步，估计场源极化参数

注意到在第一步中通过合适的数据选择，构建了单一类型场占主导的数据阵列。此时遵循 Egbert（1997）、Smirnov 和 Egbert（2012）提出的稳健主成分分析（robust principal component analysis，RPCA）方法，可提取出数据中占主导的主成分信息，即

$$[U^{\mathrm{r}},A]=\mathrm{RPCA}(X^{\mathrm{r}}) \tag{3.13}$$

$$[V^{\mathrm{c}},B]=\mathrm{RPCA}(X^{\mathrm{c}}) \tag{3.14}$$

式中，“RPCA”表示 Egbert（1997）提出的用于估算阵列电磁响应的稳健主成分分析方法。

3）第三步，估计系统响应参数

利用式（3.13）、式（3.14）获得 $\boldsymbol{A}$、$\boldsymbol{B}$ 的估计后，组合成 $\boldsymbol{S}=\begin{bmatrix}\boldsymbol{A}\\\boldsymbol{B}\end{bmatrix}$；利用最小二乘，对待处理数据矩阵 $\boldsymbol{X}$ 及式（3.9）进行回归分析，可求系统响应，有

$$[\boldsymbol{U},\boldsymbol{W}]=\boldsymbol{\Psi}=(\boldsymbol{X}\boldsymbol{S}^{\mathrm{T}})(\boldsymbol{S}\boldsymbol{S}^{\mathrm{T}})^{-1} \tag{3.15}$$

式中，上角标^{T}和$^{-1}$分别表示矩阵的复数转置与求逆。

式（3.14）的隐含条件是矩阵$\boldsymbol{SS}^{T}$可逆。该条件要求线性无关的时窗数I需不小于场源的个数L，或$I \geqslant L$。一般来说，为压制噪声、获得更优估计，应尽量保证$I \gg L$。实际上，通过延长观测时间可以满足这一要求。分析以上过程可知，与传统信噪分离方法不同，本研究采用远参考和测站间水平磁场差分数据分别求解天然场源和人文场源的极化参数，从物理上保证了可以将天然场源和人工场源的极化参数独立求解，从而实现了基于场源的信号分离，其优点是可以从场源中有效地将人工场源的响应分离出去，达到压制强相关噪声或提取人工场的目的。

获得系统响应矩阵$\boldsymbol{U}$、$\boldsymbol{V}$的估计值后，对应于天然场源和人文场源，可分别提取多种类型的解释参数（周聪，2016），如阻抗视电阻率、倾子矢量等。在电磁法时空阵列数据处理框架下，利用天然场源、人文场源的各类响应参数、阵列误差数据，结合场源极化方向、时频谱特征、电磁场相干度、视电阻率和相位曲线的连续性及 Rhoplus 相关性等多种参数的分析，可对结果进行综合评价。

2. 模型试验对比及应用

1）3D 数值模拟试验

模型如图 3.72 所示，背景为 1000 Ω·m 均匀半空间，异常体为 10 Ω·m 低阻长方体，测区外地表布置同时激励的两个水平电偶极子场源，深度为$\delta = 500$ m，场源距测区中心的发收距选择为$r = 12\delta = 6$ km。采用（Weiss，2013）提供的 APhiD 三维有限体积电磁数值模拟程序计算其响应。

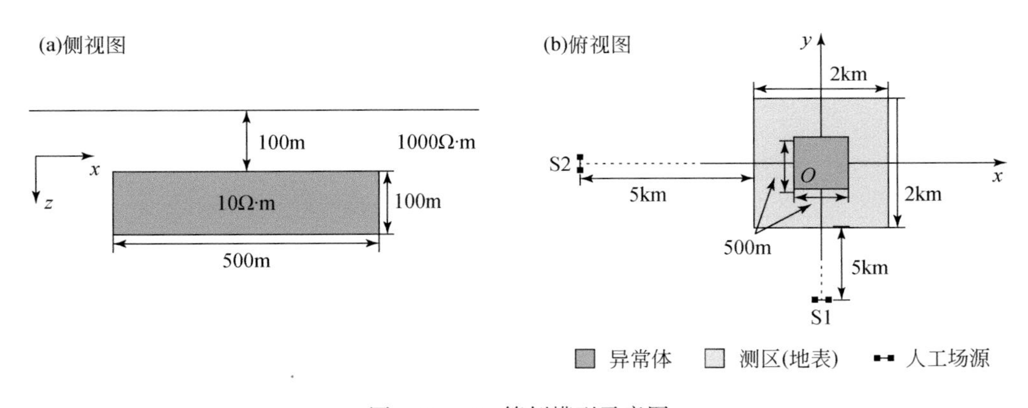

图 3.72　3D 算例模型示意图

测站在测区内地表呈阵列分布，异常体埋深、尺寸、测区范围和人工源的空间位置如图 3.72 中标识所示。测试频率为 100 Hz，观测时窗数为 100 个，输出端噪声信噪比为 10 dB。图 3.73 给出了地表测区内不同数据处理算法估计的阻抗视电阻率ρ_{xy}响应结果对比，因为模型是对称的，ρ_{yx}响应不再列出。

从图 3.73 可看出，纯天然场ρ_{xy}响应［图 3.73（a）］可以较为清晰地勾勒出三维异常体x方向的两侧边界；而纯人工场响应［图 3.73（b）］反映出，在频率（100 Hz）上测区范围基本位于人工源的近区及过渡区，数据受到非平面波场的影响，出现了高阻型畸

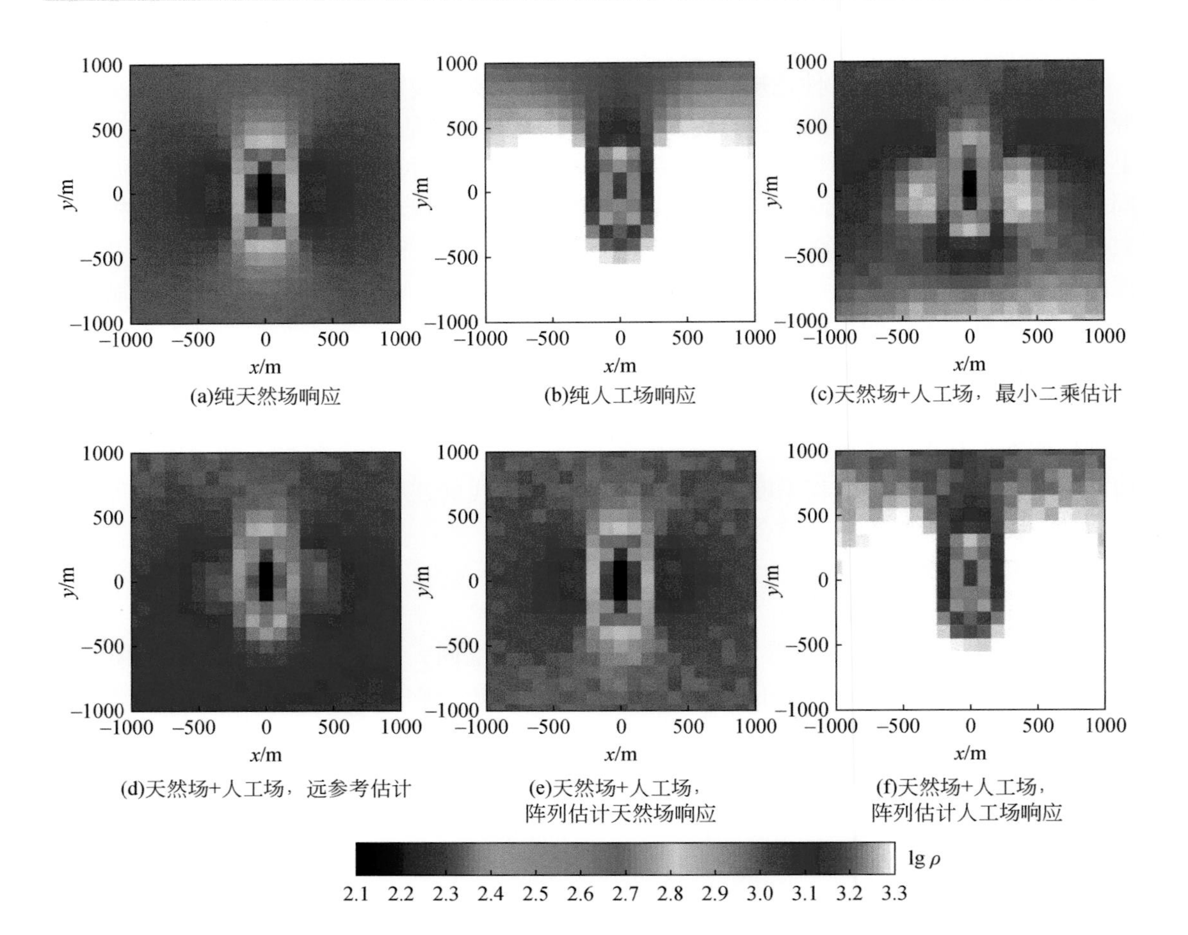

图 3.73　不同处理算法对模型测区内 ρ_{xy} 响应估计结果对比，频率 $f=100$Hz

注：（a，b）为 xy 方向的视电阻率、相位

变。当输入端同时存在天然场和人工场时，直接采用常规最小二乘或远参考方法对叠加信号进行处理，所得结果［图 3.73（c）（d）］为纯天然场［图 3.73（a）］与纯人工场响应［图 3.73（b）］的中间值；相对而言，相比最小二乘所得结果［图 3.73（c）］，远参考方法的估计结果［图 3.73（d）］与纯天然场响应［图 3.73（a）］更为接近，但这两类常规方法均无法剔除非平面波效应的影响。而采用本节方法，获得的天然场响应结果［图 3.73（e）］与纯天然场响应［图 3.73（a）］相当，人工场响应结果［图 3.73（f）］与纯人工场响应［图 3.73（b）］相当。本例说明，本节方法适用于三维地电条件等复杂情形，可实现天然场与人工场响应的分离。

2）实际数据处理试验

试验地点选择在安徽庐枞矿集区内，试验区内包含矿山、城镇等强烈的人文噪声干扰。试验数据阵列包含 10 个测区测站（图 3.74）及 1 个远参考站，测区测站平均点距约 300 m，同步采集时长超过 4 h。

图 3.75、图 3.76 为 S3 测站不同大小阵列的数据处理结果对比。可以看出，随着阵列

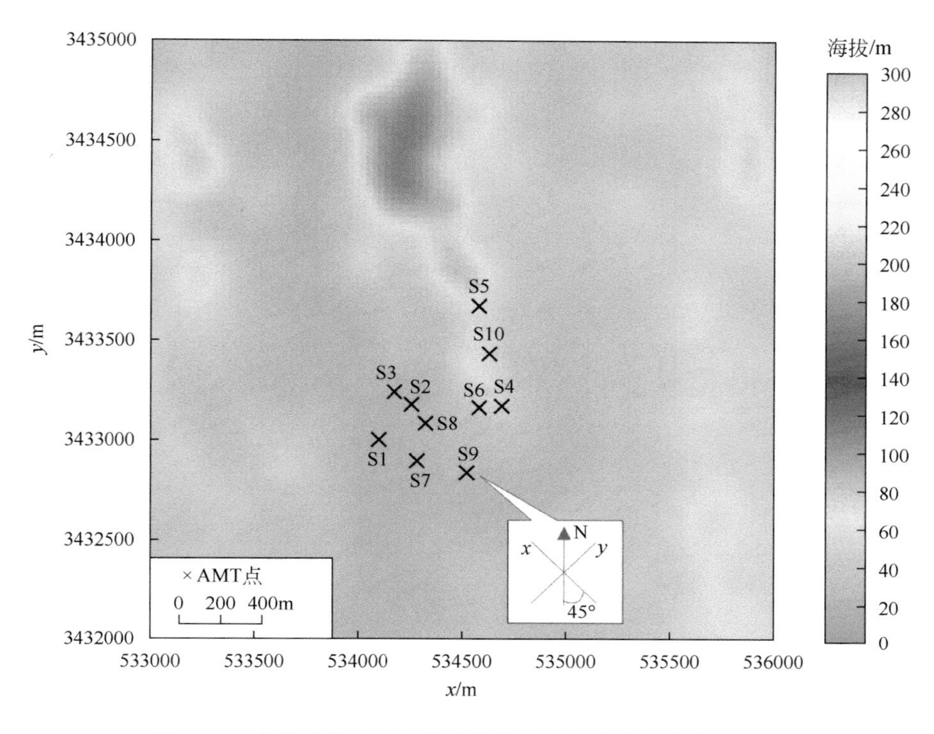

图 3.74　庐枞矿集区时空阵列差分大地电磁法实验阵列布设

规模的增大，利用本方法得到的天然场阻抗估计结果更为合理，曲线总体更加光滑，且形态更符合平面波场数据的特征。特别是 *yx* 方向，在 2 站阵列处理时，曲线低频无形态；5 站阵列处理时，曲线低频有形态，但仍表现出一定的畸变特征；而采用 10 站阵列处理时，结果曲线光滑，且消除了畸变特征。

（三）强干扰背景下电磁探测降噪方法

1. 基于机器学习的全波形激电和可控源电磁信噪分离

1）方法框架与算法集成

电磁勘探方法可有效用于金属矿多尺度探测（吕庆田等，2015，2019，2020；底青云等，2021）。其中，天然源的大地电磁法（MT）主要用于探测区域或矿集区尺度深部构造，以揭示成矿系统源区；人工源的分布式激电（IP）和可控源音频大地电磁（SCAMT）主要用于矿区或矿田尺度的中浅部精细探测。当前，电磁勘探在数据采集、正演模拟和反演解释等方面都已取得重大进展，并日趋成熟。但是，随着经济社会的发展，各类电磁噪声干扰日益严重，获取高信噪比观测数据的难度日益增加。目前，在大地电磁方法中已形成了相对完善的数据处理流程和成熟的信噪分离方法。相比较而言，在人工源电磁法中主要通过增大发射电流和延长观测时间来提高数据质量方面，尚没有建立完整的降噪框架和算法。当前，国产分布式多功能电磁探测仪器系统已进入实用化阶段（林品荣等，2010；

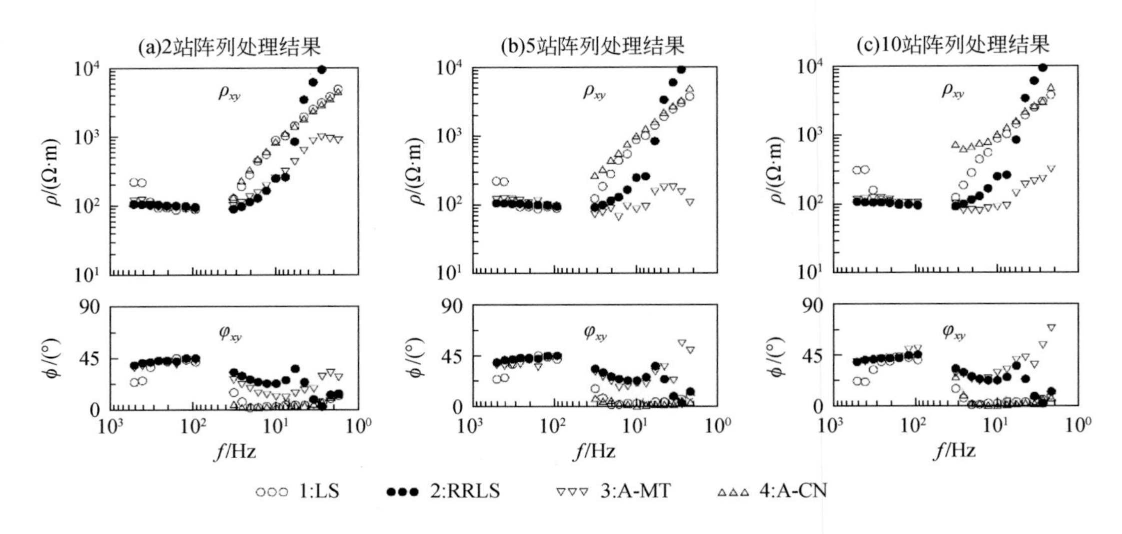

图 3.75　S3 测站不同大小阵列的 xy 方向数据处理结果对比

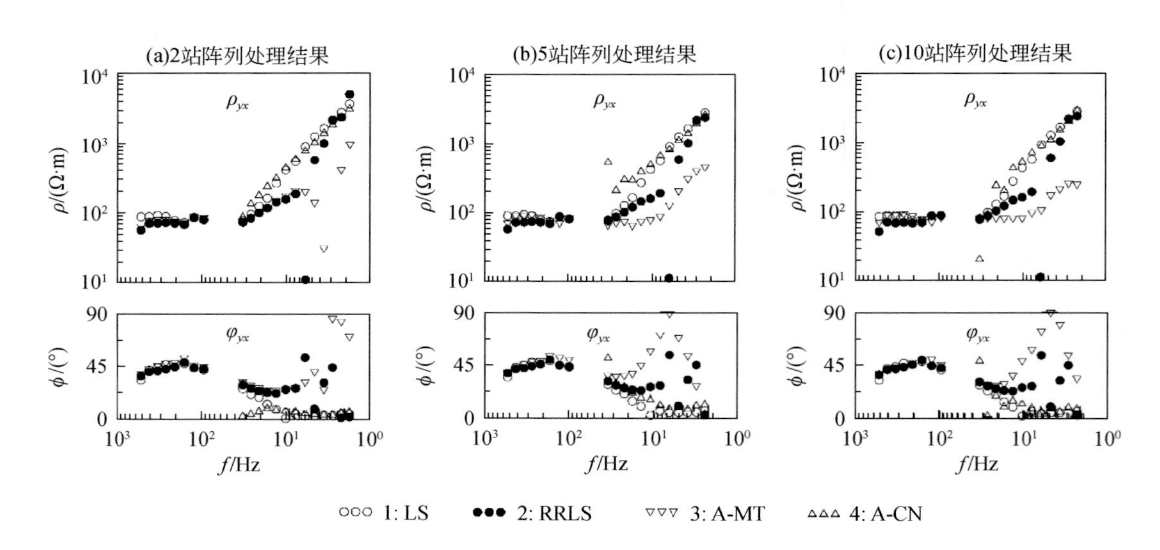

图 3.76　S3 测站不同大小阵列的 yx 方向数据处理结果对比

底青云等，2016；何兰芳等，2017），且都具有全波形采集能力，可完整存储激励电流和感应电压波形，为数据降噪提供便利。为了降低供电功耗的同时提高数据质量，本研究提出一种基于机器学习和多算法联合的人工源电磁大规模数据降噪框架和方法（图 3.77），可用于全波形激电（FWIP）、可控源音频大地电磁（CSAMT）、瞬变电磁（TEM）等信号处理，本书主要以前两种为例进行介绍。

本次研究的降噪方法包括样本构建、信噪识别、信噪分离三部分。首先通过正演模拟和实际观测来构建参考信号和噪声样本库；其次，通过分析信号与不同类型噪声干扰特征，提取表征时间序列类型的时/频域统计分量；再次，以时间序列统计特征为输入、噪

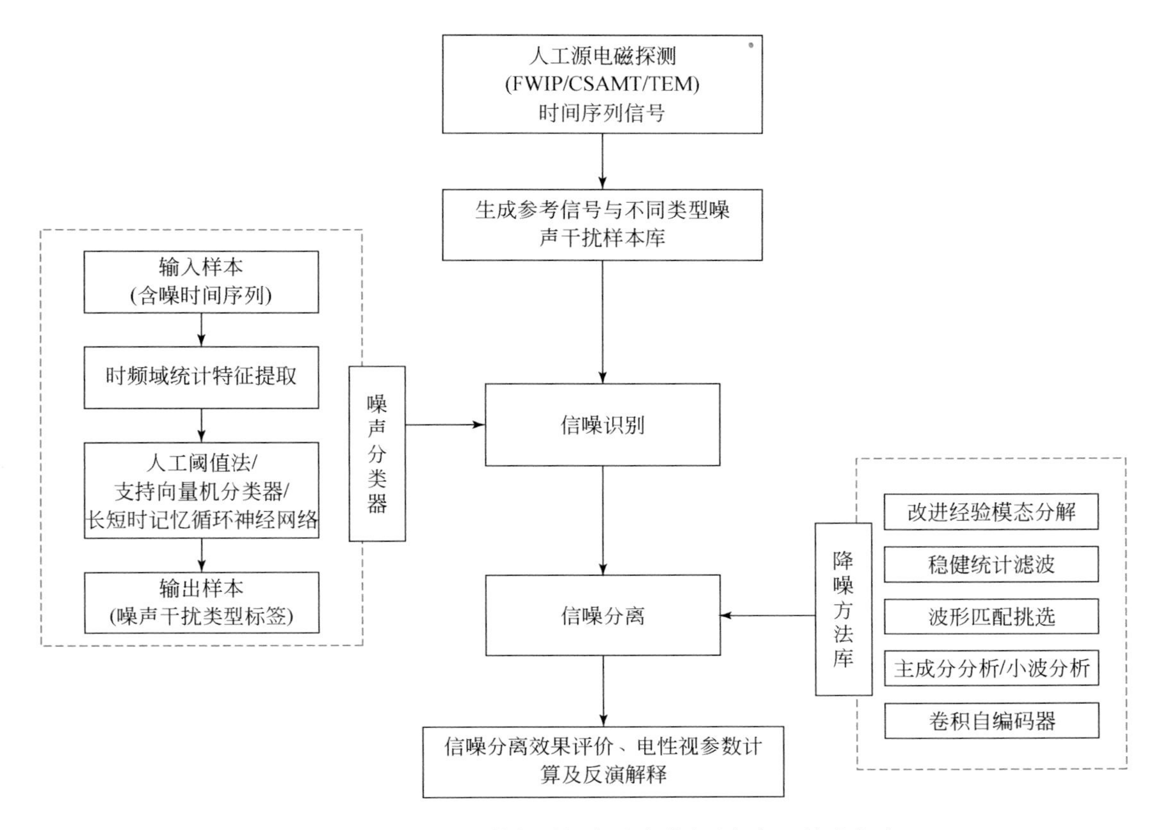

图 3.77　人工源电磁勘探时间序列降噪方法框架和算法集成

声干扰类型为输出，训练噪声分类器模型，实现机器对时间序列中不同噪声干扰类型的判断识别；最后，通过学习总结信号处理领域的相关知识，优选并改进多种有针对性的信号处理技术，集成为一个降噪方法库，供决策系统自动选择相应的信号处理技术，实现干扰压制。目前已集成的算法包括改进经验模态分解、稳健统计滤波、波形匹配挑选、主成分-小波分析、卷积自编码器等。

A. 样本构建

获得不含噪声干扰的参考信号是进行信噪识别和分离的前提。本研究主要通过正演模拟和实际观测来产生标准的激电信号和可控源音频大地电磁信号。在激电和可控源电磁勘探中，常用的发射电流波形包括矩形波、双极性波、双频波、2^n 序列伪随机波、m 序列扩频波等。这些都属于周期性信号，根据傅里叶变换理论，周期信号可展开成傅里叶级数求和的形式（Bracewell，1986）。通过假设地下介质为均匀半空间或层状介质，并将发射电流分解为正余弦谐波级数之和，根据地电介质和仪器设备的系统特征，正演出单频电磁响应后再组合叠加，便可得到与实测信号类似的时间序列波形。此外，通过在不含噪声干扰的地区实际观测也可得到部分高质量信号。通过上述方法获得标准电磁信号后便可进一步分析其时频域特征。

本研究目前主要针对叠加在整体时间序列上的低频趋势项漂移、某一时段持续出现的短时突发强干扰、全时段间断出现的尖峰脉冲干扰、全时段持续出现的高斯随机噪声、无规则的时间序列畸变等常见噪声干扰进行处理。通过正演模拟获得噪声干扰样本。具体包括：①通过正弦函数、多次函数、线性函数、指数函数的叠加来仿真低频趋势项干扰；②通过整体幅值大于正常信号但只在某一时间段随机出现的高斯信号来模拟短时突发强干扰；③通过部分幅值远大于正常信号且在全时段零散出现的离群值来模拟尖峰脉冲干扰；④通过整体幅值低于正常信号且在全时段连续出现的高斯信号来仿真背景随机噪声；⑤通过正常激电信号的翻转、移位、伸缩等无规则变换来仿真信号畸变失真。除了数值模拟外，也从实测数据中挑选代表性的噪声干扰数据，进行人工手动分类及标记，共同构成训练样本。

B. 信噪识别

对于不含噪声干扰的纯信号与含有不同类型噪声干扰的混合信号，其统计特征在时域或频域必然存在不同点。本研究首先对实测信号的时域和频域特征进行统计。时域主要是通过统计分析方法，对各测线、各测点、各分量、各周期、各数据段的均值，标准差，相关度，离群值比例，曲线光滑度等一阶和高阶统计特征进行汇总。频域主要是通过时频分析方法进行统计，即统计原始数据在不同时间段的基频振幅、基频相位、主频能量比例等特征：对于中低频段数据，以短时傅里叶变换方法，分周期进行统计；对于高频数据，采用 Hilbert-Huang 变换在更小尺度范围内分析其瞬时频率分布。最后以上述时频域统计特征为维度，人工设置阈值，对纯信号识别和噪声干扰进行分类识别。该方法用于噪声干扰较弱且噪声统计特征明确的情况。

支持向量机是一种基于统计距离的分类器算法。线性二分类问题是最简单的支持向量机模型，实际处理常见的为非线性多分类问题，可以通过线性二分类问题转化得来。从线性到非线性，通过将内积核函数转换为非线性核函数来实现，即把公式中数据点到直线的距离，转换为数据点到非线性超平面的距离，即找一个超平面，把两类数据点进尽可能分开，分类器示意图如图 3. 78 所示。多分类问题通过逐级二分类来实现，如有一堆样本，想要分成 N 类，那么先取第 1 类训练标记为 1，其他 N-1 类都是-1。这样经过一次 SVM 就可以得到第 1 类，然后对 N-1 类继续做上述操作。以电磁信号样本的时频域统计特征为

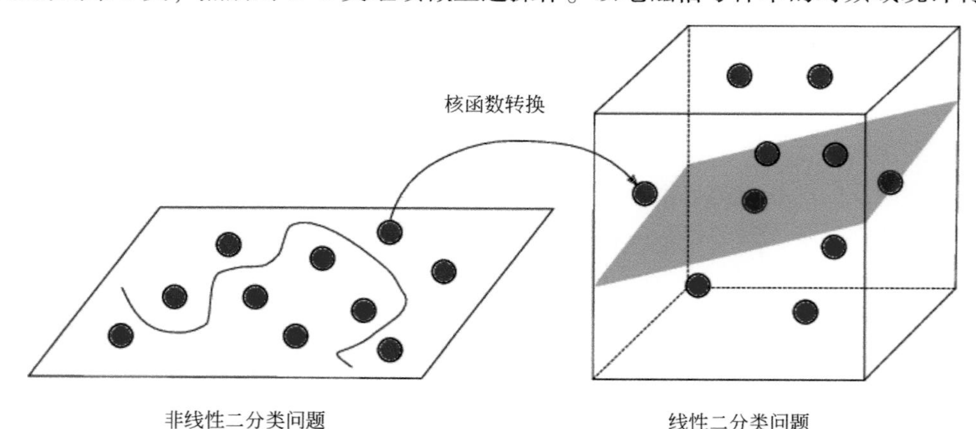

图 3. 78 支持向量机分类器原理示意图（通过核函数转换将非线性分类问题转换为线性分类问题）

输入、含噪声干扰类型为输出，训练支持向量机分类器，便可对噪声干扰进行识别，该方法用于噪声干扰程度较大且统计特征不太明显的情况。

长短时记忆循环神经网络（图 3.79）由常规的误差后向传播神经网络和循环神经网络发展而来，是时间序列处理中常用的一种深度学习方法，通过在神经元节点中设置参数化的输入门、输出门、遗忘门来构造不同长度的记忆模块代替普通的隐含层节点，以避免梯度爆炸，可以兼顾输入样本前后不同时间步长内的变化特征，并避免梯度爆炸。以全时段时间序列统计特征为输入，是否含有上述五种噪声干扰为标签，训练神经网络分类器。当训练样本的整体拟合误差低于误差容限时，训练结束。最后将训练得到的网络系统用于实际信号噪声识别。长短时记忆循环神经网络适用于噪声干扰程度很大且多种噪声干扰相互叠加难以分辨的情况。

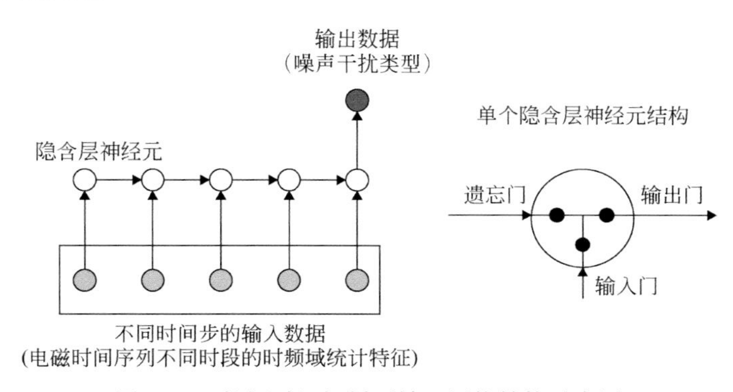

图 3.79　长短时记忆循环神经网络结构示意图

C. 信噪分离

分类器只能完成噪声干扰的识别，具体的信噪分离处理还需借助信号处理领域已经成熟的方法技术。实际勘探中的噪声干扰是复杂多变的，单一的方法不能完全抑制所有类型的噪声。本研究经过前期的大量测试，总结出可有效压制上述噪声干扰的信号处理技术（Liu et al., 2016, 2017, 2019），各种方法经改进后集成到方法库中，供决策系统根据信噪识别情况自动调用，根据噪声干扰尺度的大小依次压制低频趋势项干扰、短时突发强干扰、尖峰脉冲干扰和随机噪声干扰。

（1）经验模态分解方法被用于压制低频趋势项干扰。对于无趋势漂移的多周期时间序列，不同周期同一位置的采样点应近似相等。因此，在不同周期对同一位置的数据点进行采样，插值得到整个时段的多组拟合趋势，并对所有拟合趋势进行叠加，可以逼近真实的趋势漂移。本研究对常规经验模态分解算法进行改进，提高了拟合精度和计算速度。

（2）波形匹配算法被用于剔除短时突发强干扰和波形畸变。在人工源电磁探测中，每个测点的数据长度都可能达到十几个周期或几十个周期。在某一时间段内可能出现突发性强噪声干扰，淹没电磁信号波形。通过构建理论信号曲线库、提取稀疏表示的信号特征、对实测数据分段，并依次进行匹配，以匹配度作为数据质量评价指标可以识别和剔除强干扰，并提取高品质数据段。

（3）稳健统计滤波被用于消除由峰值脉冲噪声引起的离群值干扰，包括时间序列的平滑滤波、多周期观测数据的稳健叠加和非线性信号的稳健拟合等。稳健统计基于最大似然准则，通过设置权重函数和迭代算法计算稳健均值，可以根据原始数据的分布自动降低异常值的权重。本研究对 13 种权重函数和 2 种迭代算法进行了对比，确定了适用于电磁降噪的函数和计算方法。

（4）利用主成分分析–小波分析方法对高斯随机噪声进行抑制。一个多周期信号可以重组成一个矩阵，每列有一个周期。信号分量主要集中在矩阵的主分量上，高斯噪声均匀分布在各分量上。因此，通过奇异值分解，利用较大的特征值进行重构，可以提取信号分量。小波分析将原始信号直接分解为多个尺度，其中大尺度分量代表信号，小尺度分量代表噪声。因此，也可以通过小波分解提取信号分量，利用大尺度分量进行重构，二者结合可以更彻底地压制高斯噪声。

为了应对复杂的多源混合噪声干扰，本研究进一步发展了基于降噪自编码器的信噪分离算法，其结构如图 3. 80 所示。人工源电法勘探每一个测点采集的多周期时间序列可以重组为一个矩阵，每列为一个周期，每行为一个采样点。实测激电信号矩阵可以看作叠加有各种各样噪声干扰的图像，列与列之间高度相关的信号是矩阵的主干成分，随机分布的噪声干扰是矩阵的次要成分。噪声干扰的压制可以视为图像的降噪与修复问题。传统的深度神经网络直接对输入的含噪图像进行卷积计算，由于图像维度较高，降噪网络结构过大，容易损失图像信息并出现梯度爆炸，不易收敛到最优解。卷积自编码器在传统方法的基础上增加了编码器和解码器两个子结构，分别进行编码压缩与解码重构的过程。先通过图像压缩提取图像的主干特征，降低图像维度，然后通过解码对压缩后的信号进行重构，恢复原始图像的维度。最后计算经编码–解码处理后得到的降噪图像与真实纯净图像之间的均方误差，对编码器及解码器的网络结构进行迭代优化，直至所有训练样本的均方误差低于设定阈值。卷积自编码器相当于在深度神经网络的最优化训练过程中增加了特征提取及压缩重构的过程，所需的网络结构及计算成本大大降低，更适用于处理主干特征较为明显的图像。

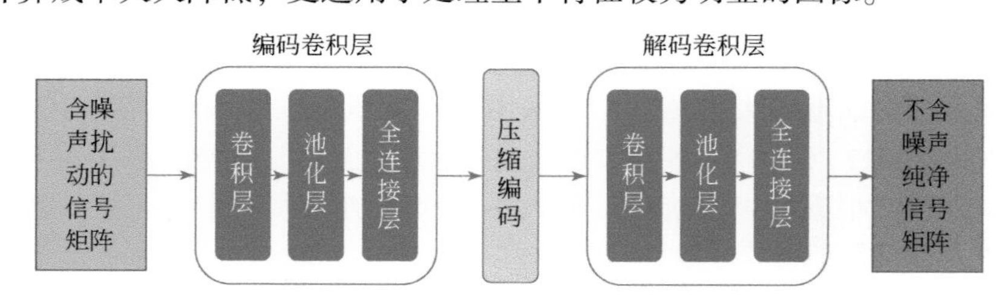

图 3. 80　卷积自编码神经网络结构示意图

2）仿真数据测试

A. 全波形激电仿真数据测试

为验证前面两节研究的信噪识别及降噪方法的效果，需要利用仿真的激电数据进行测试。首先模拟产生多周期激电信号，然后依次加入上述四种噪声干扰的随机组合，四种噪声干扰随机组合共有 16 种情况，包括：1 种不含噪声干扰的情况、4 种只含一类干扰的情况、6 种只含两类干扰的情况、4 种含三类噪声情况和 1 种含四类噪声干扰的情况。图 3. 81为 16 种含不同噪声干扰组合的信号示意图，共生成 16 万组样本，随机挑选 15 万组模型来训练支持向量机模型，以剩下的 1 万组模型做测试。输入数据为各样本在不同时间步的统计特征，输出数据为是否含有各种噪声干扰。训练完成之后，利用 1 万组测试数据进行测试。依次对噪声干扰进行识别，并自动调用降噪方法库的信号处理技术压制噪声。最后统计噪声识别情况和降噪效果，在信噪识别方面，四种噪声干扰的识别准确率均在95%左右，在信噪分离方面，降噪前后数据误差统计结果如图3.82所示。降噪处理前，含噪信号与真实信号的均方相对误差较大，平均有90%左右，最大超过200%；降噪处理后，降噪信号与真实信号的均方相对误差降到4%左右，最大误差低于10%。由此可见，集成的信号处理技术也可以有效实现信噪分离，恢复真实信号。

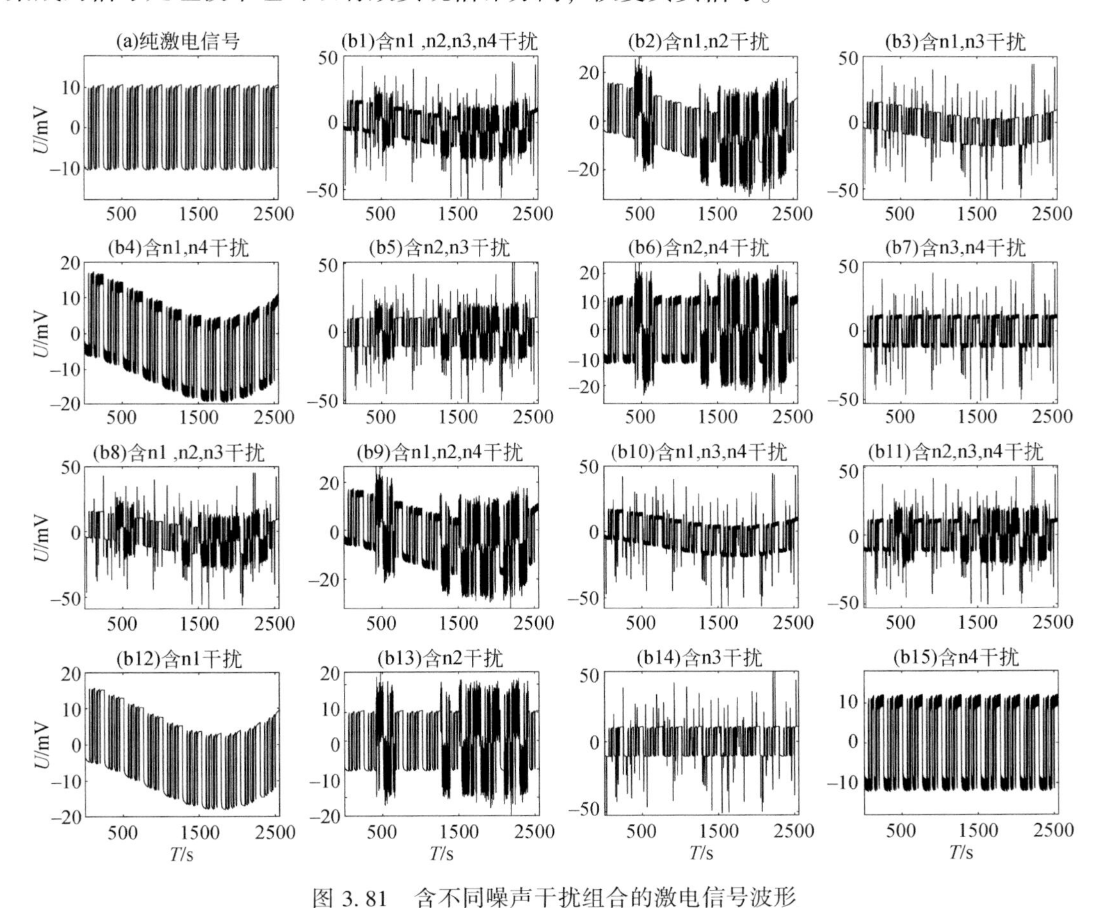

图3.81　含不同噪声干扰组合的激电信号波形

注：n1为低频趋势项干扰，n2为短时突发强干扰，n3为尖峰脉冲干扰，n4为随机噪声干扰

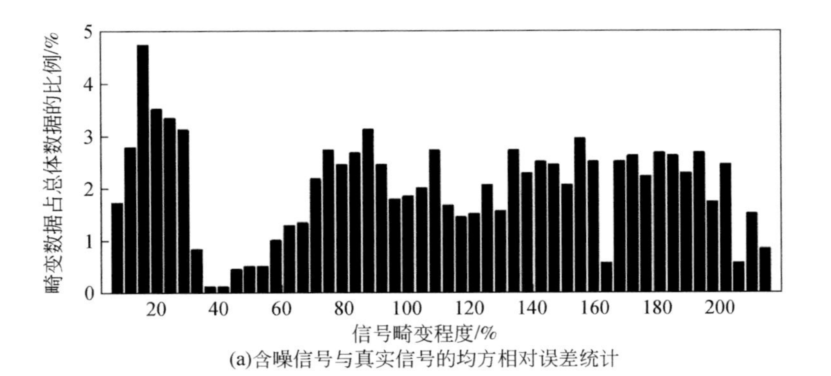

(a)含噪信号与真实信号的均方相对误差统计

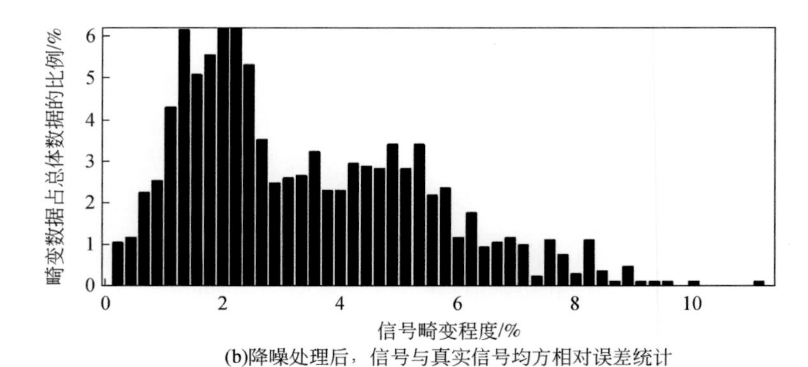

(b)降噪处理后，信号与真实信号均方相对误差统计

图 3.82　信噪分离前后信号与真实信号的均方相对误差统计

进一步截取两个不同类型信号为例，显示噪声压制效果，如图 3.83 所示，（a1）~（a5）为不添加噪声干扰的高质量多周期激电数据，原始数据的均值、标准差、离群值和噪声比等参数都整体平稳，不需要进行抗干扰处理。（b1）~（b5）为含四种噪声干扰的激

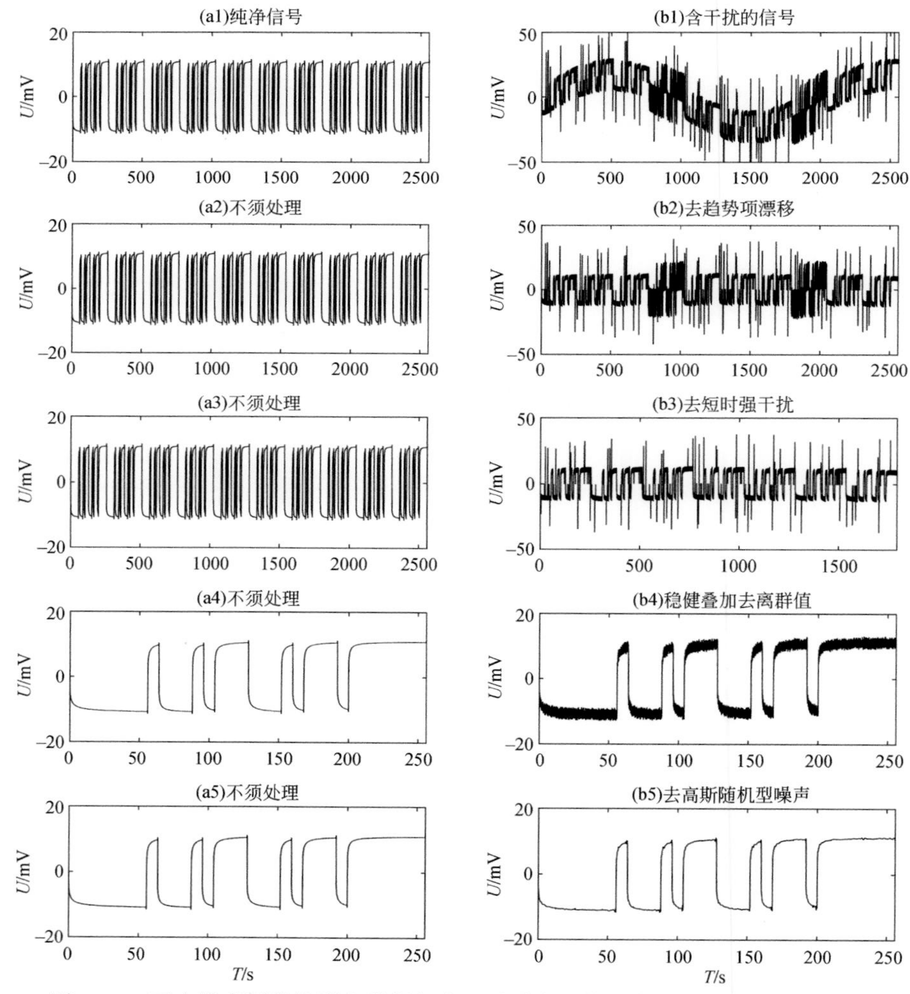

图 3.83　不含噪声干扰的激电数据与含四种噪声干扰的激电数据信噪分离流程

电曲线，经信噪识别和降噪处理，噪声干扰依次被压制。

B. 可控源音频大地电磁仿真数据测试

为了对联合降噪方法进行验证，进一步对仿真的可控源电磁含噪数据进行测试，在某测区实测数据中挑选单周期高质量的电场、磁场及发射电流数据作为不含噪声干扰的真实信号，扩展到50～200个周期，然后加入仿真生成的四种噪声干扰进行测试。图3.84展示了基频32 Hz电场和磁场时间序列添加仿真噪声干扰后的波形。依次采用三种方法对各频段电场和磁场时间序列进行处理，得到30个频点对应的视电阻率和视相位曲线。第一种方法是将多周期电场和磁场时间序列进行均值叠加，再计算视参数，第二种是将多周期电场和磁场时间序列进行稳健叠加，然后计算视参数，第三种方法是先对噪声干扰进行识别，然后调用联合降噪算法进行处理，计算视电阻率曲线。

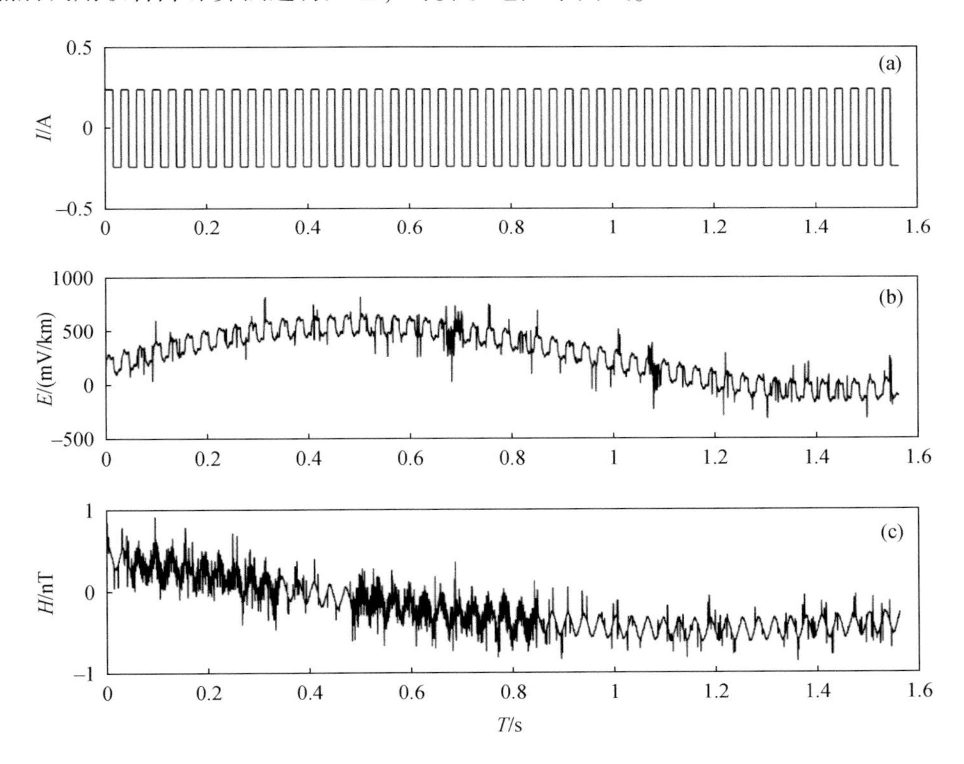

图3.84　基频为32 Hz的激励电流（a）以及加入仿真噪声干扰的电场（b）和磁场（c）数据

将三种方法所得结果分别与不含噪声干扰数据的计算结果进行对比（图3.85）。由图3.85（a）和图3.85（b）可见，噪声干扰的存在使得均值叠加计算结果产生了畸变，曲线上产生很多跳点，计算得到视电阻率和视相位与真实值的均方相对误差分别为17.06%与8.75%。由图3.85（c）和图3.85（d）可见，仅采用稳健统计方法进行处理，数据畸变不仅没有减小，反而进一步增大，计算视电阻率和视相位均方相对误差分别为19.26%和19.39%，这主要是因为原始时间序列中不仅包含高斯随机噪声和尖峰脉冲噪声，还含有大尺度趋势项漂移和短时波形畸变，仅靠稳健统计方法无法有效处理上述干扰。由图3.85（e）和图3.85（f）可见，采用联合降噪处理，噪声干扰得到有效压制，视电阻率和视相位曲线变光滑，计算均方相对误差分别为4.12%与2.83%，数据质量得到明显改善，效果优于常规多次叠加和稳健统计方法。

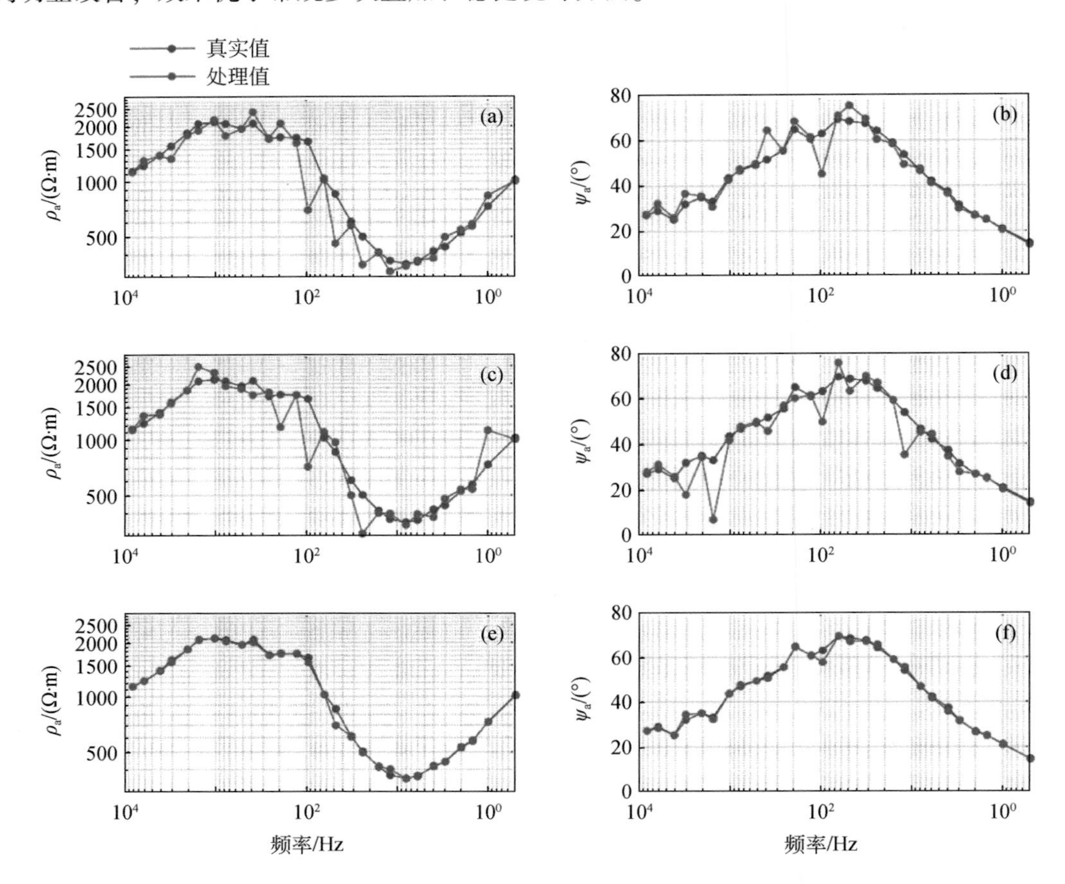

图3.85 采用三种方法对含有仿真噪声干扰的电磁场数据进行处理所得视电阻率和视相位

注：(a) 和 (b) 为均值叠加；(c) 和 (d) 为稳健叠加；(e) 和 (f) 为多算法联合降噪

3）实测数据处理与应用分析

A. 分布式激电数据处理

为验证抗干扰处理框架和算法的效果，将其应用于中国西南某铅锌矿集区采集的实际数据集。该数据采集装置为中间梯度装置，供电电极 AB = 5000 m，测量电极 20 m。测区共布置50条测线，每条测线100个测点。通过大功率发射机进行供电，发射电流波形为五频伪随机组合波，采样频率为64 Hz，一个波形周期为256 s，通过阵列接收机同步采集激励电流和激电信号，每个测点测量时间超过1 h。首先，提取每个时间序列的统计特征，利用上述训练好的深度学习模型预测噪声干扰类型，其次，自动调用相应的信号处理方法进行降噪，再次，利用降噪后的时间序列计算视电阻率和视相位，最后估计Cole-Cole模型参数。为了定量评价数据质量，将所有数据按时间先后分为两批分别进行处理，最后计算两部分数据的相对误差，作为评价指标。图3.86展示了某测线计算出的不同频率电阻率、相位的剖面计算结果。降噪处理后，畸变的数据点被压制，数据误差明显降低。以频率0.0039 Hz为例，大部分测点的视电阻率误差从1%以上降低到1%以下，大部分测点的视相位误差从5%以上降低到5%以下。整体而言，电阻率数据计算结果受噪声干扰影响相对较小，抗干扰处理前后，结果相差不大。这是因为电阻率参数表征介质导电性，计算结果主要受总场影响。总场信号强，并且原始数据观测周期较多，通过多周期均值叠加、线性拟合等常规方法也能压制噪声干扰的影响。对于相位数据，则受噪声干扰影响较大，这是因为相位参数表征介质的激电性，电压和电流的相位差主要受二次场影响，因为本身变化范围小，信号微弱，易受噪声干扰影响，抗干扰处理后，相位数据质量得到极大提升。同时，对比不同频率的处理结果可见，频率越低，激电观测数据受噪声干扰的影响越大，抗干扰处理效果越明显。

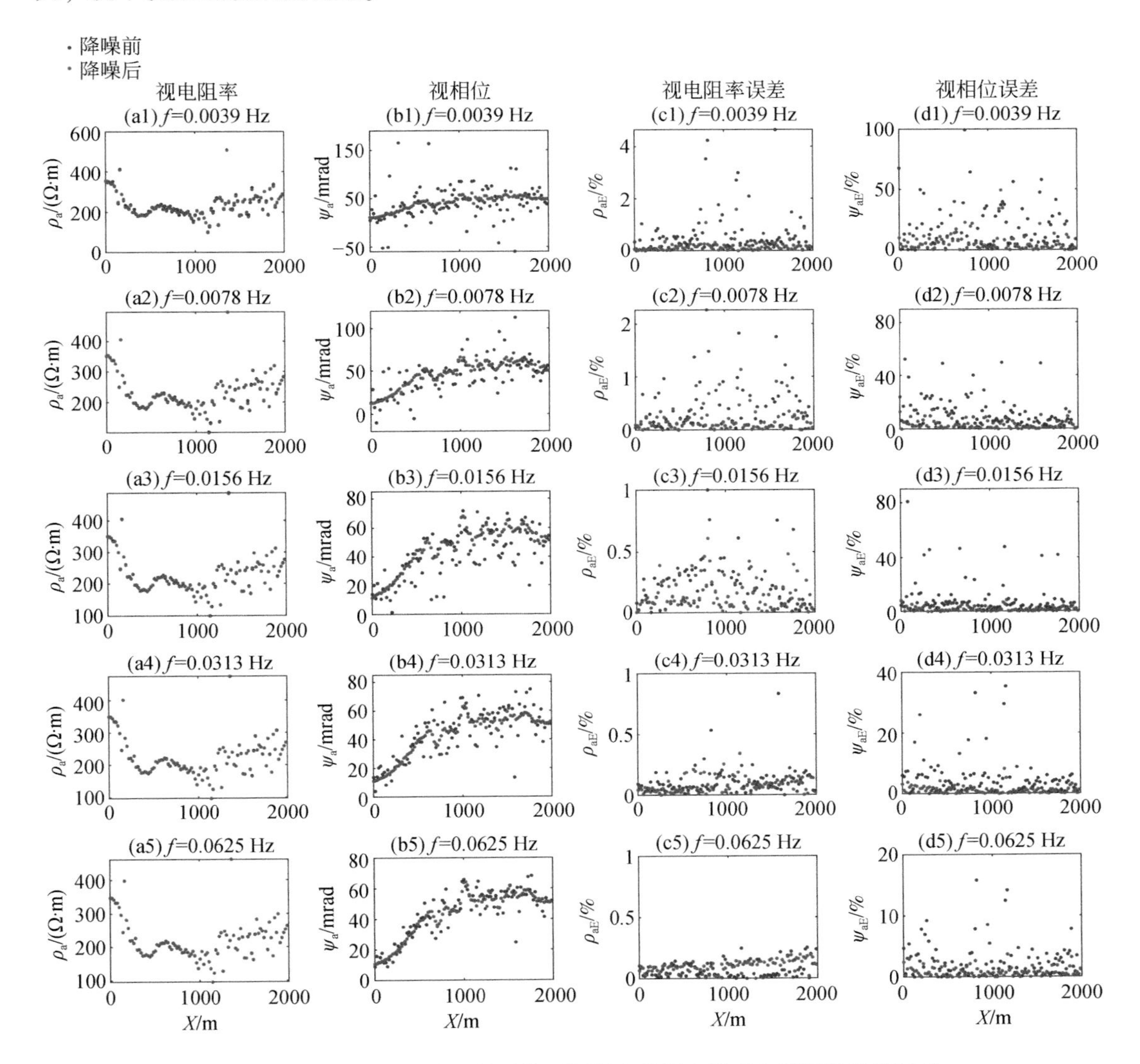

图3.86 抗干扰处理前后某测线不同频率的视电阻率和视相位计算结果

(a1) 至 (a5) 为视电阻率剖面；(b1) 至 (b5) 为视相位剖面；

(c1) 至 (c5) 为视电阻率误差；(d1) 至 (d5) 为视相位误差

为了进一步定量评价抗干扰处理效果，利用全区 5000 组测点降噪前后的时间序列计算视电阻率和视相位，并计算数据误差。图 3. 87 展示了抗干扰处理后得到的四个电性参数平面分布图。抗干扰前后，电阻率参数变化不大，但激电相位数据有明显改变。在进行抗干扰处理之前，平面图中存在许多假异常和数据畸变。在重新处理每个测点之后，平面图中的畸变数据消失。最后，对降噪前后每个测量点的数据误差进行统计。经过抗干扰处理，高质量数据（重复误差<5%）的比例增加了约 20%。整体而言，激电参数受噪声干扰的影响大于电阻率参数，降噪后数据质量明显改善。

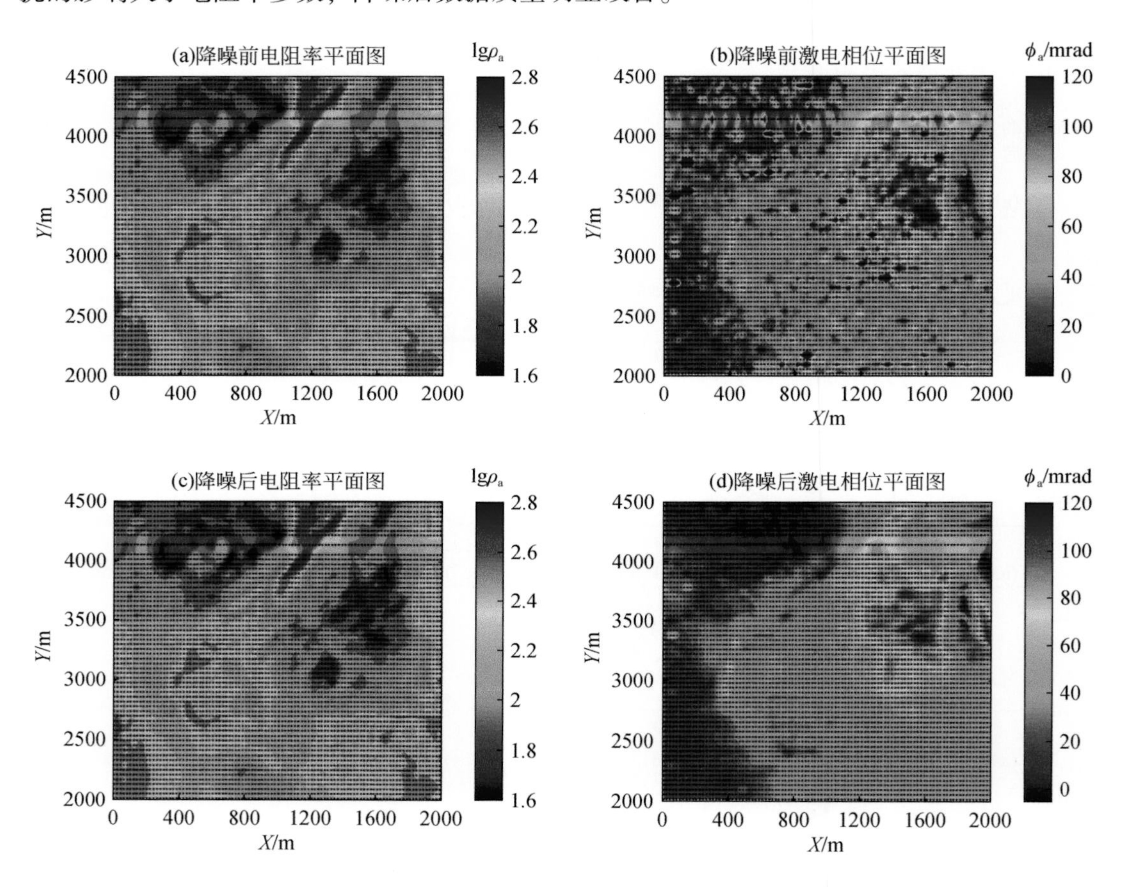

图 3. 87 抗干扰处理前后某测区视电阻率和视相位平面分布图

B. 可控源音频大地电磁数据处理

进一步利用联合降噪方法对内蒙古某矿区采集的可控源音频大地电磁实测数据进行处理。供电电极 AB=2400 m，测线平行于供电线，收发距为 8000 m，测线长为 800 m，共 21 个测点，点距 40 m。每个测点采集 15 组时间序列，各组方波的基频从 0. 5 Hz 依次至 8192 Hz。首先通过深度学习方法对噪声干扰类型进行识别，发现磁场数据主要含有尖峰脉冲干扰和少量的短时突发强干扰，电场数据大部分测点同时含有低频趋势项漂移干扰、尖峰脉冲干扰和短时突发强干扰。然后分别采用多次叠加、稳健处理、联合降噪三种方法对实测数据进行处理，得到视电阻率与视相位曲线。首先展示其中 4 个测点的视电阻率和视相位曲线，结果如图 3.88 所示，低频段的数据质量都得到改善。整体来看，电阻率越高，可控源电磁信号低频段噪声干扰越严重，具体原因需要进一步研究。

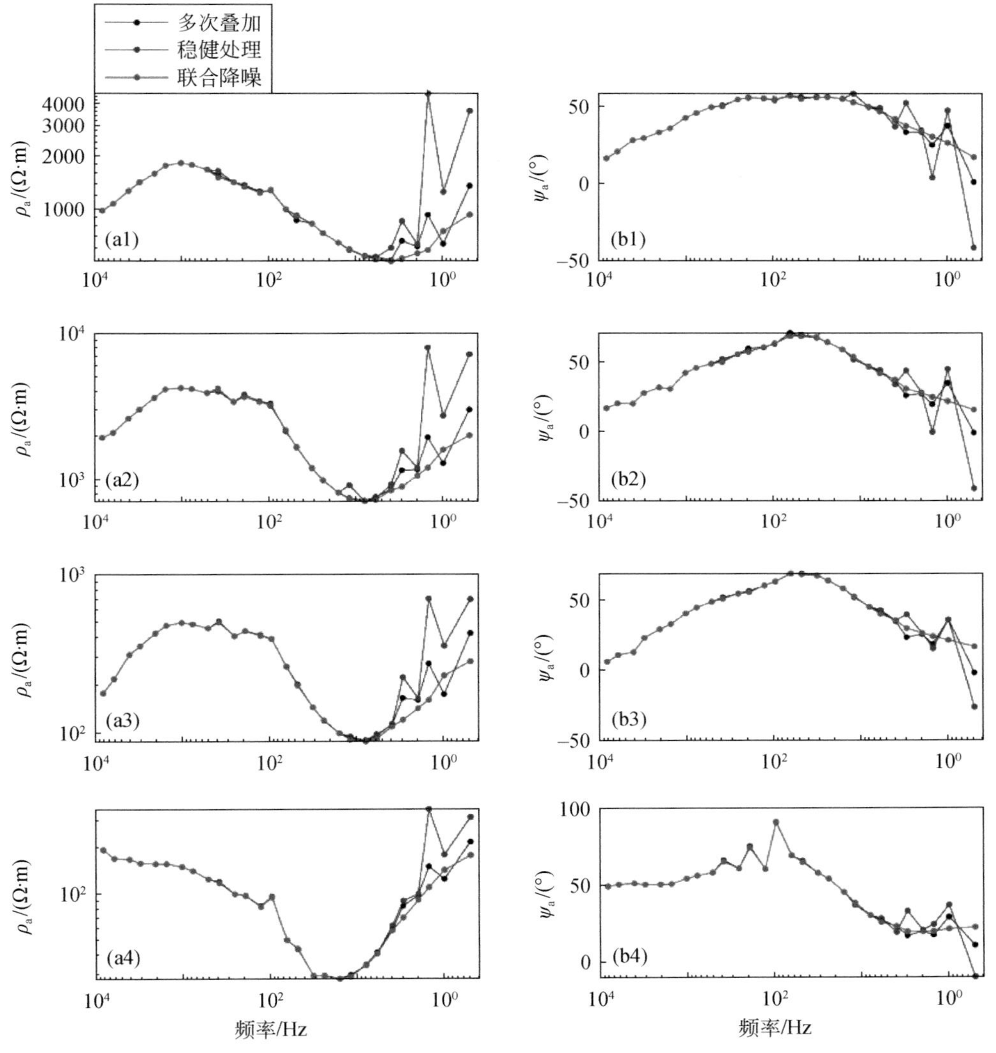

图 3.88　采用三种计算得到 4 个测点上的可控源电磁视电阻率［（a1）至（a4）］和视相位曲线［（b1）至（b4）］

最后采用上述方法对整条测线的数据进行处理，得到视电阻率和视相位拟剖面图，图 3.89（a）和（b）为均值叠加方法计算所得结果，小号测点（0～400m）低频段（1 Hz 前后）的视电阻率和视相位存在畸变，视相位的畸变更加严重。图 3.89（c）和（d）为稳健叠加方法所得剖面图，数据中的畸变不仅没有改善，反而进一步加剧，尤其是视电阻率数据畸变更加严重。图 3.89（e）和（f）为联合降噪算法所得结果，低频段的噪声干扰被压制，数据畸变消失。整体来看，测线从左至右，电阻率逐渐降低，相位逐渐增大，深部电性相对均匀。实测数据的应用进一步验证了联合降噪算法的效果。

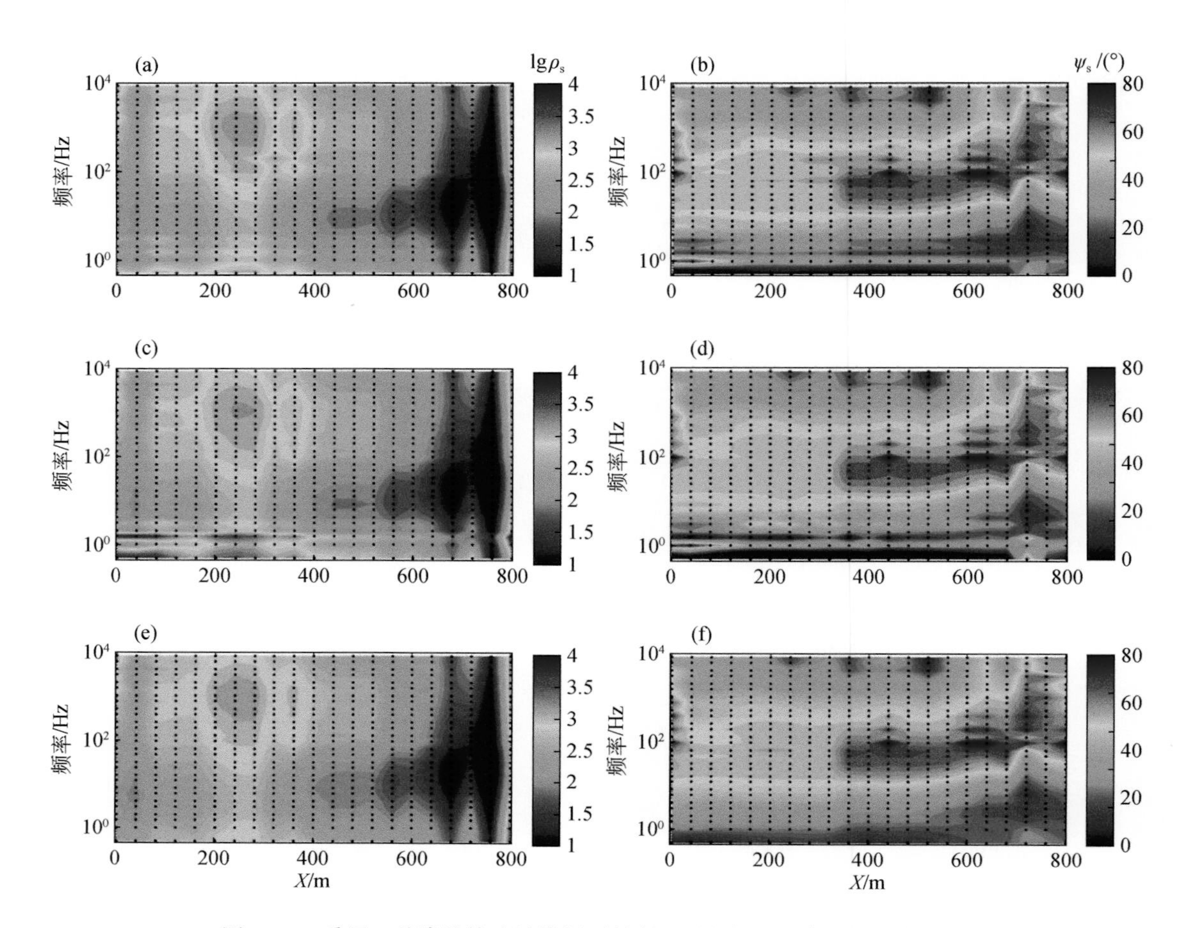

图 3.89 采用三种降噪算法计算得到某断面图的视电阻率和视相位分布

（a）和（b）为常规的多次叠加方法；（c）和（d）为单一的稳健统计处理方法；（e）和（f）为本研究的联合降噪方法

受篇幅所限，本节仅对电磁降噪方法的整体框架和各算法基本原理进行介绍。从实测数据处理效果来看，将支持向量机、深度神经网络等机器学习算法与经验模态分解、稳健统计分析、多周期叠加等传统降噪方法相结合，可以更高效地应对各类复杂噪声干扰，提高实际数据质量。

2. 基于压缩感知重构算法的广域电磁信噪分离

1）方法原理

广域电磁法由传统的可控源音频大地电磁法发展而来，拓展了电磁波场观测范围，提高了探测深度、精度和野外工作效率。广域电磁法在野外也面临噪声干扰的影响，需要进行必要的降噪处理。随着压缩感知技术的飞速发展，作为其关键技术的稀疏表示与信号重构算法也受到广泛关注。针对压缩感知信号重构，国内外学者在匹配追踪（Mallat and Zhang, 1993）和正交匹配追踪（Pati et al., 1993）算法的基础上，提出了许多改进算法，如压缩采样匹配追踪（compressive sampling matching pursuit, CoSaMP）算法（Needell and Tropp, 2008）、子空间追踪（subspace pursuit, SP）算法（Wei and Milenkovic, 2009）、改进的正交匹配追踪（improved orthogonal matching pursuit，IOMP）算法（朱会杰，2015）等。这些算法与最初的匹配追踪相比，在重构精度和效率上有极大的提高（Tropp and Gilbert，2007；Davenport and Wakin，2010）。另外，移不变稀疏编码使用自学习冗余字典代替预先设定的冗余字典，适应性得到显著提高，因此更加适合形态复杂多样的信噪分离。

实际的观测信号是天然场信号、人文电磁信号和可控场源信号的线性叠加。天然场源信号随机性强，难以被稀疏表示和重构，而可控源信号和持续性的人文噪声通常都是有规律的，极易实现稀疏表示。因此，可以通过构建不同的特殊基函数（或称为原子）分别表示不同类型的持续性人文噪声和可控源信号，从原始实测信号中提取出可被稀疏表示的信号，从而实现人工源信号（包括持续性人文噪声）与天然场源电磁信号的分离。

稀疏重构算法步骤如下。

输入：观测信号 $\boldsymbol{y}$，最小原子宽度 $\gamma_{\min}$，最大原子宽度 $\gamma_{\max}$，残差能量比 E_g，原子个数 K，迭代次数 n；

输出：重构信号 $\hat{\boldsymbol{y}}$，残差 $\boldsymbol{r}_n$。

（1）初始化：观测信号 $\boldsymbol{y}$，迭代次数 $n=0$，初始残差 $\boldsymbol{r}_0=\boldsymbol{y}$，已选原子集合 ψ_0 为空集，候选原子集合 $\boldsymbol{\Lambda}_0$ 为空集。

（2）迭代次数 $n=n+1$，依次从冗余字典中找出与当前残差最匹配的 K 个原子放入候选原子集合中。

$$|\langle \boldsymbol{r}_{n-1},\boldsymbol{g}_\gamma\rangle| = \arg\max_K |\langle \boldsymbol{r}_{n-1},\boldsymbol{g}_\gamma\rangle| \tag{3.16a}$$

（3）将候选原子集 $\boldsymbol{\Lambda}_n$ 的所有原子投影到观测信号 $\boldsymbol{y}$ 上，选出 n 个具有最大内积的原子作为已选原子集合 ψ_n。

$$\psi_n = \arg\max_n (|(\boldsymbol{\Lambda}_n^{\mathrm{T}}\boldsymbol{\Lambda}_n)^{-1}\cdot\boldsymbol{\Lambda}_n^{\mathrm{T}}\boldsymbol{y}|) \tag{3.16b}$$

（4）更新重构信号与残差：

$$\hat{\boldsymbol{y}} = \boldsymbol{\psi}_n\cdot(\boldsymbol{\psi}_n^{\mathrm{T}}\boldsymbol{\psi}_n)^{-1}\cdot\boldsymbol{\psi}_n^{\mathrm{T}}\boldsymbol{y} \tag{3.16c}$$

$$\boldsymbol{r}_n = \boldsymbol{y}-\hat{\boldsymbol{y}} \tag{3.16d}$$

（5）依据噪声阈值标准和残差能量判断是否已经达到原信号与残差的临界点。如果已经达到，则保持稀疏度为 n，继续迭代若干次，若临界点不再发生变化，则输出重构信号；若临界点发生变化，或者第 n 次迭代没有达到临界点，则转到步骤（2）继续执行。

2）模型试验对比及应用

A. 青海柴达木盆地某实验点信噪分离

该试验点观测时间从 2012 年 6 月 18 日 6：40 至 19 日 1：10，共 18.5 h，其中 18 日 6：40-7：16 有广域电磁发送机在 2km 处发送 0.01～8192 Hz 伪随机信号，该时段采集的数据为受人工源干扰的数据，记为 D1 数据集。18 日 7：16 至 19 日 1：10 为高质量的数据集，记为 D2 数据集。

图 3.90 是信噪分离结果对比图。由于广域电磁信号的干扰，受干扰段数据集计算的测深曲线连续性很差，在 0.002 Hz 至 5 Hz 范围内有许多离群值，畸变严重，与高质量数

据集得到的测深曲线有极大差异。即使经过后续 18 h 高质量数据的叠加，处理前全时段数据集计算的测深曲线尽管与高质量数据集得到的测深曲线差异有所减小，但仍然畸变严重，整体连续性差。

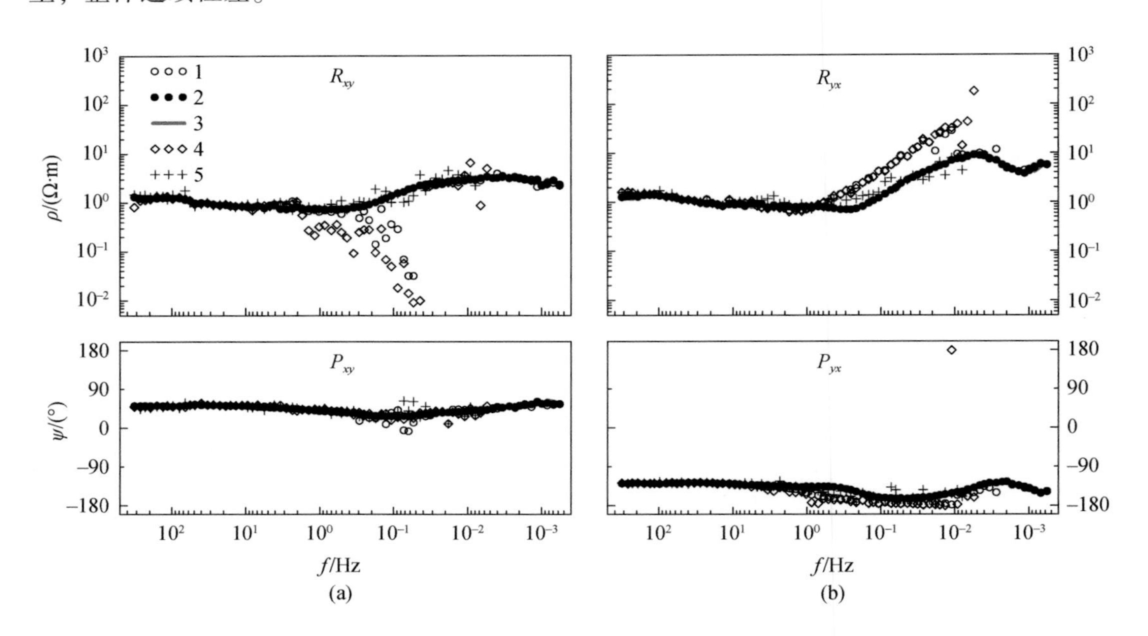

图 3.90　青海试验点视电阻率–相位曲线

（a）为 XY 模式视电阻率 R 和视相位 P 曲线，（b）为 YX 模式视电阻率 R 和视相位 P 曲线。曲线 1 由处理前全时段（D1 + D2）计算得到，曲线 2 为全时段数据（D1 + D2）经 SISC 去噪后计算得到，曲线 3 由高质量数据集 D2 计算得到，曲线 4 由受干扰段数据集 D1 直接计算得到，曲线 5 由受干扰段数据集 D1 经 SISC 法去噪后计算得到

使用所述方法将人文噪声（即广域电磁信号）分离，去噪后全时段计算得到的测深曲线与高质量数据集得到的测深曲线全部重合。即使不加高质量数据，仅使用受干扰段数据经所述方法去噪后，得到的测深曲线与无干扰情况下的曲线差异也较小，整体趋势保持一致。这说明所述方法可以从持续性强人文噪声中准确地分离出有用信号，得到真实的测深曲线。对于低频信息丰富的 MT 信号，所述方法也可以取得良好的效果，可以很好地保留低频有用信息。

B. 四川会东县广域电磁法数据处理试验

图 3.91 为会东县广域电磁法 L1-2 测点去噪前后时间序列片段，由图 3.91（a）可知，该信号受到持续性而强烈的噪声干扰，产生了明显的基线漂移，完全失去了伪随机信号的特征；图 3.91（b）为使用所述方法去噪后得到的信号，显然，去噪后的信号呈现出很好的伪随机方波特征，具有良好的周期性，与实测发送机输出信号具有一定的相似特征。

图 3.92 为去噪前后电场值与视电阻率的曲线。去噪前，电场值与视电阻率在低于 100 Hz频段有明显的跳变，低频信息对应深部的电性结构，因此如果不进行去噪处理，将影响深部电性结构的正确反映。去噪后，电位差与视电阻率连续性与光滑度得到明显改善。

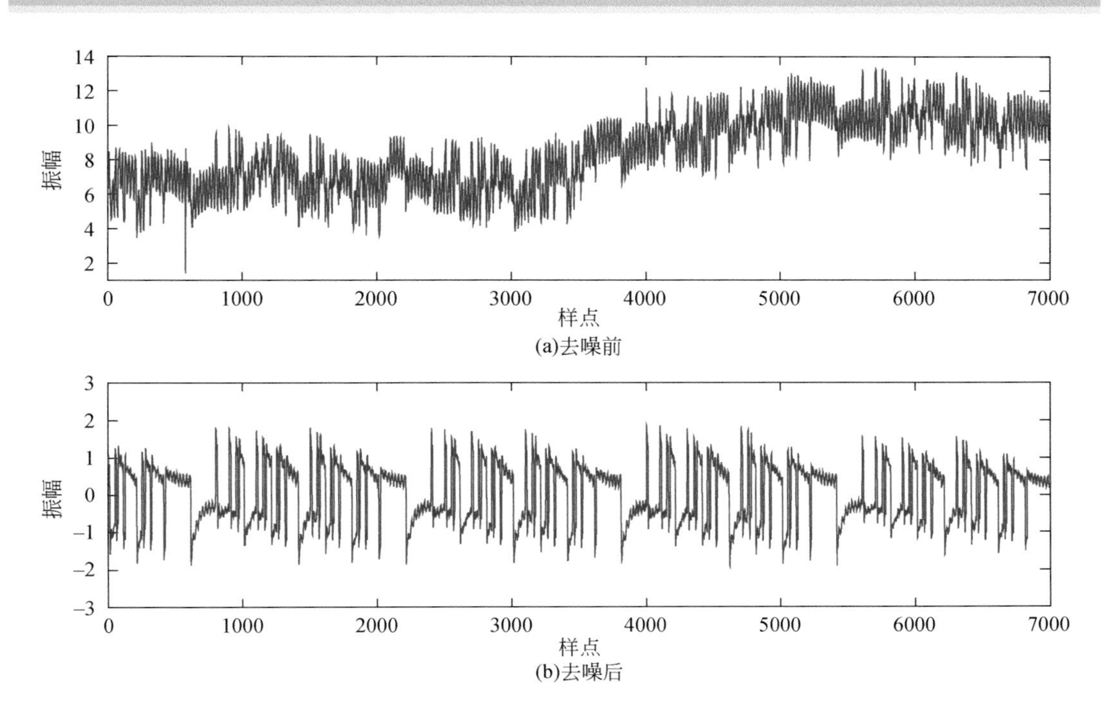

图 3.91　四川会东县实测点 L1-2 时间序列片段

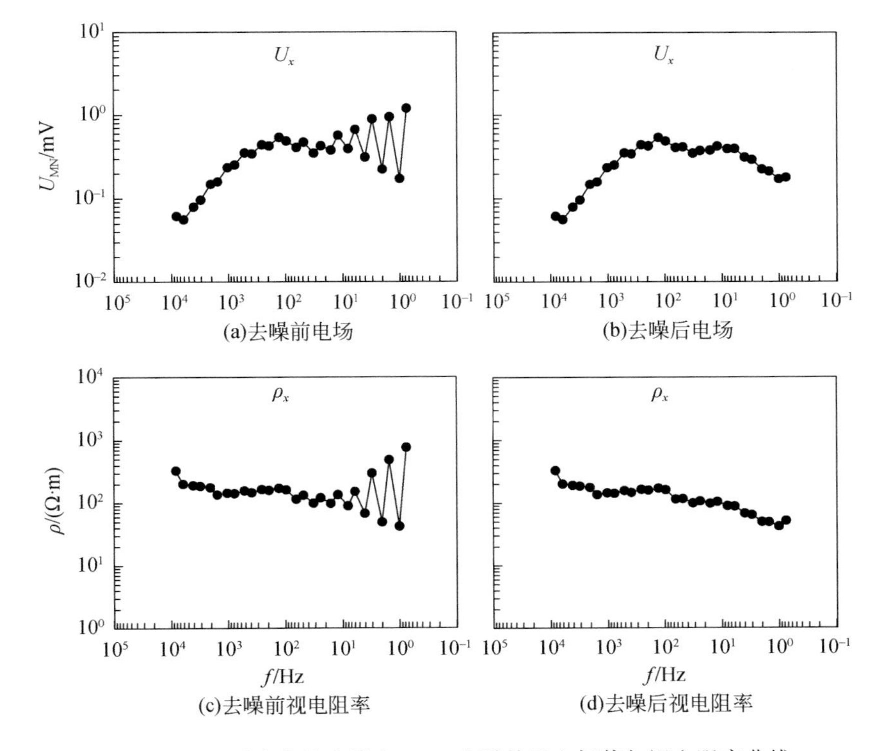

图 3.92　四川会东县实测点 L1-2 去噪前后电场值与视电阻率曲线

（四）基于虚拟场的可控源电磁法三维正演模拟

积分方程法是最早用于三维数值模拟的方法，其建立的格林函数能够自动满足 Sommerfeld 辐射条件，因此只需要对异常区域进行网格剖分，就可以有效地减少未知数的个数。但是，传统的体积分方程法无法有效处理复杂地形。

本方法采用虚拟场技术，构建一个任意地形情况下的全空间背景场；然后将求解区域分解成上半空间和下半空间，利用全空间的张量格林函数作为背景场的积分核，并结合地表边界的边界条件，推导出一种新的体面积分方程。在该积分公式的基础上，将地形分解为若干面积分，将地下异常区分解成若干体积分，实现带任意地形的电磁法三维积分方程正演模拟。

1. 基于虚拟场的体面积分方程

在地球电磁中，一般情况下，我们将源 $\boldsymbol{J}_s$ 位于地-空界面，即空气区域内。因此，为了能够处理地-空界面，我们将整个区域分解成两个区域，即上半空间与下半空间，在地下空间满足的边值问题（即下半空间），有

$$\begin{aligned} &\nabla\times\nabla\times\boldsymbol{E}-\mathrm{i}\omega\sigma\mu\boldsymbol{E}=0, && \Omega_1 \\ &\boldsymbol{E}=\mathrm{g}(\boldsymbol{E}), && \Gamma \\ &\boldsymbol{E}=0, && \Gamma_1 \end{aligned} \tag{3.17}$$

式中，Γ_1 为地下无穷边界，根据场衰减特性，在无穷边界的场为零；Γ 为地-空边界，并在此边界上电场已知，如电场的切向分量。

因此，我们构建一个虚拟的全空间模型 $\Omega=\Omega_0+\Omega_1$，其中，Ω_1 为地下区域，Ω_0 为空气区域，并将空气区域的电导率与地下电导率相同。在此虚拟的全空间模型中，背景电导率为 $\boldsymbol{\sigma}_1$，其电场为解析表达式。并满足式（3.17），然后根据

$$\begin{aligned} &\boldsymbol{E}=\boldsymbol{E}_1^{\mathrm{b}}+\boldsymbol{E}_1^{\mathrm{s}} \\ &\nabla\times\nabla\times\boldsymbol{E}_1^{\mathrm{b}}-\mathrm{i}\omega\sigma_1\mu\,\boldsymbol{E}_1^{\mathrm{b}}=0, \quad \Omega_1 \end{aligned} \tag{3.18}$$

式中，上标 b 表示激励源产生的一次场，上标 s 表示异常体和地形产生的虚拟二次场。将式（3.18）代入式（3.17）中，可知

$$\nabla\times\nabla\times\boldsymbol{E}_1^{\mathrm{s}}-\mathrm{i}\omega\mu(\sigma-\sigma_1)\boldsymbol{E}_1^{\mathrm{b}}-\mathrm{i}\omega\mu\sigma\boldsymbol{E}_1^{\mathrm{s}}=0 \tag{3.19}$$

式（3.19）可改写为

$$\nabla\times\nabla\times\boldsymbol{E}_1^{\mathrm{s}}-\mathrm{i}\omega\mu\sigma_1\,\boldsymbol{E}_1^{\mathrm{s}}=\mathrm{i}\omega\mu(\sigma-\sigma_1)\boldsymbol{E}_1 \tag{3.20}$$

根据前面构建的虚拟全空间，在任意一个子区域 x_a，放置不同方向的单位源（即张量源），可构建下面的张量格林函数，即

$$\begin{aligned} &\nabla\times\nabla\times\boldsymbol{G}-\mathrm{i}\omega\sigma_1\mu\boldsymbol{G}=-\boldsymbol{I}_u(x_a), && \Omega \\ &\boldsymbol{G}=\boldsymbol{G}_0, && \Gamma \\ &\boldsymbol{G}=0, && \Gamma_1 \end{aligned} \tag{3.21}$$

通过对式（3.20）和式（3.21）进行下面的恒等变换 $\iiint_{\Omega_1}\boldsymbol{G}\cdot(\,)-(\,)\cdot\boldsymbol{E}_1^{\mathrm{s}}\mathrm{d}v=0$，可得

$$\iiint_{\Omega_1} \boldsymbol{G} \cdot [\nabla\times\nabla\times \boldsymbol{E}_1^{\mathrm{s}} - \mathrm{i}\omega\mu\sigma_1 \boldsymbol{E}_1^{\mathrm{s}} - \mathrm{i}\omega\mu(\sigma-\sigma_1)\boldsymbol{E}_1]\mathrm{d}v \\ - \iiint_{\Omega_1} [\nabla\times\nabla\times \boldsymbol{G} - \mathrm{i}\omega\sigma_1\mu\boldsymbol{G} + \boldsymbol{I}_u(\boldsymbol{x}_a)]\boldsymbol{E}_1^{\mathrm{s}}\mathrm{d}v = 0 \tag{3.22}$$

进一步对式（3.22）进行变换得

$$\iiint_{\Omega_1} (\boldsymbol{G}\cdot\nabla\times\nabla\times\boldsymbol{E}_1^{\mathrm{s}} - \nabla\times\nabla\times\boldsymbol{G}\cdot\boldsymbol{E}_1^{\mathrm{s}})\mathrm{d}v \\ - \iiint_{\Omega_1} \mathrm{i}\omega\mu(\sigma-\sigma_1)\boldsymbol{G}\cdot\boldsymbol{E}_1\mathrm{d}v = S(x_a)\boldsymbol{E}_1^{\mathrm{s}}(x_a) \tag{3.23}$$

因此，

$$\boldsymbol{E}_1^{\mathrm{s}}(x_a) = \frac{1}{S(x_a)}\iint_{\Gamma}(\boldsymbol{G}\times\nabla\times\boldsymbol{E}_1^{\mathrm{s}}\cdot\boldsymbol{n} - \boldsymbol{E}_1^{\mathrm{s}}\times\nabla\times\boldsymbol{G}\cdot\boldsymbol{n})\mathrm{d}s \\ - \frac{1}{S(x_a)}\iiint_{\Omega_1}\mathrm{i}\omega\mu(\sigma-\sigma_1)\boldsymbol{G}\cdot\boldsymbol{E}_1\mathrm{d}v \tag{3.24}$$

将式（3.18）代入式（3.24）中，可知

$$\boldsymbol{E}_1^{\mathrm{s}}(x_a) = -\frac{1}{S(x_a)}\iiint_{\Omega_1}\mathrm{i}\omega\mu(\sigma-\sigma_1)\boldsymbol{G}\cdot\boldsymbol{E}_1\mathrm{d}v \\ + \frac{1}{S(x_a)}\iint_{\Gamma}(\boldsymbol{G}\times\nabla\times\boldsymbol{E}_1\cdot\boldsymbol{n} - \boldsymbol{E}_1\times\nabla\times\boldsymbol{G}\cdot\boldsymbol{n})\mathrm{d}s \\ + \frac{1}{S(x_a)}\iint_{\Gamma}(\boldsymbol{G}\times\nabla\times\boldsymbol{E}_1^{\mathrm{b}}\cdot(-\boldsymbol{n}) - \boldsymbol{E}_1^{\mathrm{b}}\times\nabla\times\boldsymbol{G}\cdot(-\boldsymbol{n}))\mathrm{d}s \tag{3.25}$$

因此，可得到任意点 x 的解，即

$$\boldsymbol{E}_1(x) = \boldsymbol{E}_1^{\mathrm{b}}(x) - \frac{1}{S(x_a)}\iiint_{\Omega_1}\mathrm{i}\omega\mu(\sigma-\sigma_1)\boldsymbol{G}\cdot\boldsymbol{E}_1\mathrm{d}v \\ + \frac{1}{S(x_a)}\iint_{\Gamma}(\boldsymbol{G}\times\nabla\times\boldsymbol{E}_1\cdot\boldsymbol{n} - \boldsymbol{E}_1\times\nabla\times\boldsymbol{G}\cdot\boldsymbol{n})\mathrm{d}s \\ + \frac{1}{S(x_a)}\iint_{\Gamma}(\boldsymbol{G}\times\nabla\times\boldsymbol{E}_1^{\mathrm{b}}\cdot(-\boldsymbol{n}) - \boldsymbol{E}_1^{\mathrm{b}}\times\nabla\times\boldsymbol{G}\cdot(-\boldsymbol{n}))\mathrm{d}s \tag{3.26}$$

同样地，考虑上半空间 Ω_0（这么必须考虑空气中的电导率 σ_0），可知

$$\begin{aligned} &\nabla\times\nabla\times\boldsymbol{E}-\sigma_0\boldsymbol{E} = -\mathrm{i}\omega\mu\boldsymbol{J}_i, && \Omega_0 \\ &\boldsymbol{E} = \mathrm{g}(E), && \Gamma \\ &\boldsymbol{E} = 0, && \Gamma_\infty \end{aligned} \tag{3.27}$$

式中，σ_0 为空气中的电导率，Γ 为地-空界面，Γ_∞ 为无穷边界。

构建空气空间的张量格林函数，有

$$\begin{aligned} &\nabla\times\nabla\times\boldsymbol{G}^0-\sigma_0\boldsymbol{G}^0 = -\boldsymbol{I}_u(\boldsymbol{x}_b), && \Omega \\ &\boldsymbol{G} = \boldsymbol{G}_0, && \Gamma \\ &\boldsymbol{G} = 0, && \Gamma_\infty \end{aligned} \tag{3.28}$$

在此，$\boldsymbol{E}=\boldsymbol{E}_2^{\mathrm{b}}+\boldsymbol{E}_2^{\mathrm{s}}$，因此式（3.27）可以简化为

$$\begin{aligned}&\nabla\times\nabla\times\boldsymbol{E}_2^{\mathrm{s}}-\sigma_0\boldsymbol{E}_2^{\mathrm{s}}=0, && \Omega_0\\&\boldsymbol{E}_2^{\mathrm{s}}=0, && \Gamma_\infty\end{aligned}\tag{3.29}$$

同样采用矢量-张量矢量恒等式的原理，$\iiint_{\Omega_0}\boldsymbol{G}^0\cdot(\ )-(\ )\cdot\boldsymbol{E}_2^{\mathrm{s}}\mathrm{d}v=0$，可得

$$\boldsymbol{E}_2^{\mathrm{s}}(x_b)=\frac{1}{S(x_b)}\iint_\Gamma[\boldsymbol{G}^0\times\nabla\times\boldsymbol{E}_2^{\mathrm{s}}\cdot(-\boldsymbol{n})-\boldsymbol{E}_2^{\mathrm{s}}\times\nabla\times\boldsymbol{G}^0\cdot(-\boldsymbol{n})]\mathrm{d}s\tag{3.30}$$

因此，在上半空间任意点 x 的场为

$$\boldsymbol{E}_2(x)=\boldsymbol{E}_2^{\mathrm{b}}(x)+\frac{1}{S(x_b)}\iint_\Gamma[\boldsymbol{G}^0\times\nabla\times\boldsymbol{E}_2^{\mathrm{s}}\cdot(-\boldsymbol{n})-\boldsymbol{E}_2^{\mathrm{s}}\times\nabla\times\boldsymbol{G}^0\cdot(-\boldsymbol{n})]\mathrm{d}s$$

$$\begin{aligned}\boldsymbol{E}_2(x)=\boldsymbol{E}_2^{\mathrm{b}}(x)&+\frac{1}{S(x_b)}\iint_\Gamma[\boldsymbol{G}^0\times\nabla\times\boldsymbol{E}_2\cdot(-\boldsymbol{n})-\boldsymbol{E}_2\times\nabla\times\boldsymbol{G}^0\cdot(-\boldsymbol{n})]\mathrm{d}s\\&+\frac{1}{S(x_b)}\iint_\Gamma(\boldsymbol{G}^0\times\nabla\times\boldsymbol{E}_2^{\mathrm{b}}\cdot\boldsymbol{n}-\boldsymbol{E}_2^{\mathrm{b}}\times\nabla\times\boldsymbol{G}^0\cdot\boldsymbol{n})\mathrm{d}s\end{aligned}\tag{3.31}$$

式（3.26）和式（3.31）存在两个固体角 $S(x_a)$，$S(x_b)$，它的值为

$$\begin{aligned}S(x_a)&=\begin{cases}\dfrac{1}{2} & x_a\in\Gamma\\ 1 & x_a\in\Omega_1,x_a\notin\Gamma\end{cases}\\S(x_b)&=\begin{cases}\dfrac{1}{2} & x_b\in\Gamma\\ 1 & x_b\in\Omega_0,x_b\notin\Gamma\end{cases}\end{aligned}\tag{3.32}$$

在地表设置两个局部点 α，β，其中 α 为地下接近地表的点，β 为空气接近地表的点，即

$$\begin{aligned}\boldsymbol{E}_1(x_\alpha)=\boldsymbol{E}_1^{\mathrm{b}}(x_\alpha)&-\frac{1}{S(x_a)}\iiint_{\Omega_1}\mathrm{i}\omega\mu(\sigma-\sigma_1)\boldsymbol{G}\cdot\boldsymbol{E}_1\mathrm{d}v\\&+\frac{1}{S(x_a)}\iint_\Gamma(\boldsymbol{G}\times\nabla\times\boldsymbol{E}_1\cdot\boldsymbol{n}-\boldsymbol{E}_1\times\nabla\times\boldsymbol{G}\cdot\boldsymbol{n})\mathrm{d}s\\&+\frac{1}{S(x_a)}\iint_\Gamma[\boldsymbol{G}\times\nabla\times\boldsymbol{E}_1^{\mathrm{b}}\cdot(-\boldsymbol{n})-\boldsymbol{E}_1^{\mathrm{b}}\times\nabla\times\boldsymbol{G}\cdot(-\boldsymbol{n})]\mathrm{d}s\\\boldsymbol{E}_2(x_\beta)=\boldsymbol{E}_2^{\mathrm{b}}(x_\beta)&+\frac{1}{S(x_b)}\iint_\Gamma[\boldsymbol{G}^0\times\nabla\times\boldsymbol{E}_2\cdot(-\boldsymbol{n})-\boldsymbol{E}_2\times\nabla\times\boldsymbol{G}^0\cdot(-\boldsymbol{n})]\mathrm{d}s\\&+\frac{1}{S(x_b)}\iint_\Gamma(\boldsymbol{G}^0\times\nabla\times\boldsymbol{E}_2^{\mathrm{b}}\cdot\boldsymbol{n}-\boldsymbol{E}_2^{\mathrm{b}}\times\nabla\times\boldsymbol{G}^0\cdot\boldsymbol{n})\mathrm{d}s\end{aligned}\tag{3.33}$$

利用式（3.33），构建一个局部坐标(u, v, n)，因此

$$\boldsymbol{E}(x_\alpha)+\boldsymbol{E}(x_\beta)=[E_u^\alpha,E_v^\alpha,E_n^\alpha]\,[u,v,n]+[E_u^\beta,E_v^\beta,E_n^\beta]\,[u,v,n]\tag{3.34}$$

利用在地-空界面边界条件，可知 $E_u^\alpha=E_u^\beta, E_v^\alpha=E_v^\beta, E_n^\alpha=DE_n^\beta$，其中，$D$ 为一个常数。

$$\boldsymbol{E}(x_\alpha)+\boldsymbol{E}(x_\beta)=\boldsymbol{E}(x_\alpha)+\boldsymbol{AE}(x_\alpha)=\boldsymbol{CE}(x_\alpha)\tag{3.35}$$

式（3.35）中 $\boldsymbol{E}(x_\alpha)$代表在地表点测量得到的电场，其中 $\boldsymbol{A}=\left[1,\ 1,\ \dfrac{1}{D}\right]$表示在地-空界

面的一个常矢量，同时 $\boldsymbol{C}=\left[2,\ 2,\ 1+\frac{1}{D}\right]$。

将式（3.33）中两个体积分公式 $\boldsymbol{E}_1$ 和 $\boldsymbol{E}_2$ 相加，可得

$$\begin{aligned}\boldsymbol{CE}(x_\alpha) &= \boldsymbol{E}_1^{\mathrm{b}}(x_\alpha) - \frac{1}{S(x_a)}\iiint_{\Omega_1} \mathrm{i}\omega\mu(\sigma-\sigma_1)\boldsymbol{G}\cdot\boldsymbol{E}_1\mathrm{d}v \\ &+ \frac{1}{S(x_a)}\iint_{\alpha\to\Gamma}(\boldsymbol{G}\times\nabla\times\boldsymbol{E}_1\cdot\boldsymbol{n}-\boldsymbol{E}_1\times\nabla\times\boldsymbol{G}\cdot\boldsymbol{n})\mathrm{d}s \\ &+ \frac{1}{S(x_a)}\iint_{\alpha\to\Gamma}[\boldsymbol{G}\times\nabla\times\boldsymbol{E}_1^{\mathrm{b}}\cdot(-\boldsymbol{n})-\boldsymbol{E}_1^{\mathrm{b}}\times\nabla\times\boldsymbol{G}\cdot(-n)]\mathrm{d}s+\boldsymbol{E}_2^{\mathrm{b}}(x_\beta) \\ &+ \frac{1}{S(x_b)}\iint_{\beta\to\Gamma}[\boldsymbol{G}^0\times\nabla\times\boldsymbol{E}_2\cdot(-\boldsymbol{n})-\boldsymbol{E}_2\times\nabla\times\boldsymbol{G}^0\cdot(-\boldsymbol{n})]\mathrm{d}s \\ &+ \frac{1}{S(x_b)}\iint_{\beta\to\Gamma}(\boldsymbol{G}^0\times\nabla\times\boldsymbol{E}_2^{\mathrm{b}}\cdot\boldsymbol{n}-\boldsymbol{E}_2^{\mathrm{b}}\times\nabla\times\boldsymbol{G}^0\cdot\boldsymbol{n})\mathrm{d}s\end{aligned} \tag{3.36}$$

$$\begin{aligned}\boldsymbol{E}(x_\alpha) &= [1,1,D]\boldsymbol{E}(x_\beta)=\boldsymbol{AE}(x_\alpha) \\ \nabla\times\boldsymbol{E}(x_\alpha) &= [1,1,D]\nabla\times\boldsymbol{E}(x_\beta)=\boldsymbol{A}\ \nabla\times\boldsymbol{E}(x_\beta)\end{aligned} \tag{3.37}$$

因此，

$$\begin{aligned}&\frac{1}{S(x_a)}\iint_{\alpha\to\Gamma}(\boldsymbol{G}\times\nabla\times\boldsymbol{E}_1\cdot\boldsymbol{n}-\boldsymbol{E}_1\times\nabla\times\boldsymbol{G}\cdot\boldsymbol{n})\mathrm{d}s \\ &+ \frac{1}{S(x_b)}\iint_{\beta\to\Gamma}[\boldsymbol{G}^0\times\nabla\times\boldsymbol{E}_2\cdot(-\boldsymbol{n})-\boldsymbol{E}_2\times\nabla\times\boldsymbol{G}^0\cdot(-\boldsymbol{n})]\mathrm{d}s \\ &= \frac{1}{2}\iint_{\alpha\to\Gamma}[(\boldsymbol{G}-\boldsymbol{AG}^0)\times\nabla\times\boldsymbol{E}_1\cdot\boldsymbol{n}-\boldsymbol{E}_1\times\nabla\times(\boldsymbol{G}-\boldsymbol{AG}^0)\cdot\boldsymbol{n}]\mathrm{d}s\end{aligned} \tag{3.38}$$

因此，

$$\begin{aligned}\boldsymbol{CE}(x_\alpha) &= \boldsymbol{CE}^{\mathrm{b}}(x_\alpha) - \frac{1}{2}\iiint_{\Omega_1}\mathrm{i}\omega\mu(\sigma-\sigma_1)\boldsymbol{G}\cdot\boldsymbol{E}\mathrm{d}v \\ &+ \frac{1}{2}\iint_{\alpha\to\Gamma}[(\boldsymbol{G}-\boldsymbol{AG}^0)\times\nabla\times\boldsymbol{E}\cdot\boldsymbol{n}-\boldsymbol{E}\times\nabla\times(\boldsymbol{G}-\boldsymbol{AG}^0)\cdot\boldsymbol{n}]\mathrm{d}s \\ &+ \frac{1}{2}\iint_{\alpha\to\Gamma}[(\boldsymbol{G}-\boldsymbol{AG}^0)\times\nabla\times\boldsymbol{E}^{\mathrm{b}}\cdot\boldsymbol{n}-\boldsymbol{E}^{\mathrm{b}}\times\nabla\times(\boldsymbol{G}-\boldsymbol{AG}^0)\cdot\boldsymbol{n}]\mathrm{d}s\end{aligned} \tag{3.39}$$

在新的积分公式（3.39）中，$\boldsymbol{C}$、$\boldsymbol{A}$ 是整个地形上的两个常向量，$\boldsymbol{G}^0$是在全空间中定义的张量格林函数，其电导率等于空气空间中的电导率，$\boldsymbol{G}$ 是全空间模型的格林张量，其电导率等于地下空间的电导率。$\boldsymbol{G}$ 和 $\boldsymbol{G}^0$均有解析解，特别是张量 $\boldsymbol{G}$ 和 $\boldsymbol{G}^0$的解析解具有相同的结构，只是导电率不同，一个在空气空间中导电率为零，一个在均匀背景场的地下空间导电率为 σ_0。式（3.39）的物理意义在于地形上的电场是由激发源 $\boldsymbol{J}_s$ 产生的一次场、由地下异常体 $\sigma-\sigma_0$ 引起的虚拟二次场以及地形表面影响构成的。与传统的体积分方程相比，新公式的优点是：①可以处理任意的表面地形；②不需要将地形视为一个大的 3D 异常体；③只需要知道 2D 地形和 3D 真实异常体的参数；④未知参数更少。

2. 数值算例

建立模型，参数如图 3. 93 所示，在均匀大地（100Ω · m）上存在一截面为梯形的地表地形，分别计算两个方向场源激励下 Cagniard 视电阻率及电场分量定义广域视电阻率地形响应，场源强度为 $I\mathrm{d}y$，其中 I 为电流强度，$\mathrm{d}y$ 为场源长度。计算结果如图 3. 94 所示。

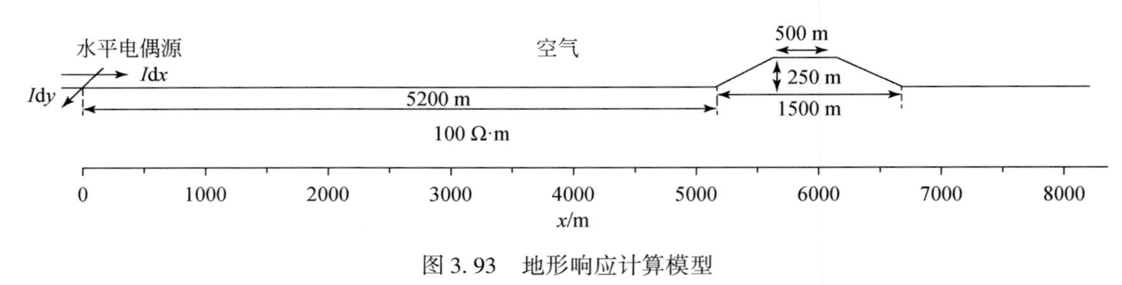

图 3. 93　地形响应计算模型

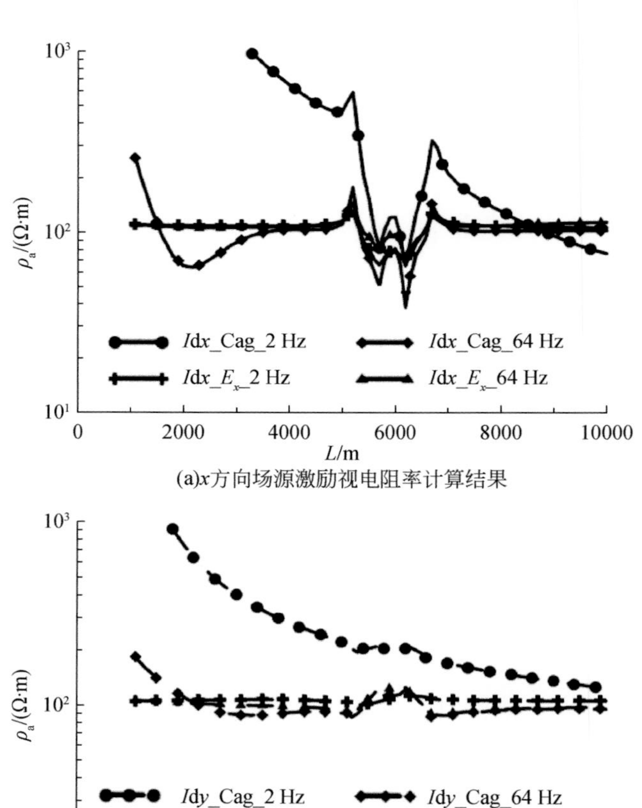

(a)x方向场源激励视电阻率计算结果

(b)y方向场源计算视电阻率结果

图 3. 94　受地形的影响，频率为 2 Hz 和 64 Hz 时，两个方向（x/y）场源激励下 Cagniard 视电阻率（Cag）及电场分量定义广域视电阻率（E_y）沿测线的响应

由图可见，受地形影响，视电阻率响应呈现出以下特征：①与 y 方向相比，方向场源的响应受地形的影响更为明显；②Cagniard 视电阻率所受影响比广域视电阻率严重；③近区与过渡区数据的畸变比远区更大。

（五）分布式大地电磁张量分析与同步三维反演方法

1. 分布式大地电磁张量分析方法

1）方法原理

A. 大地电磁张量阻抗估算

目前有多种张量估算方法来进行大地电磁测深参数估计，包括：①常规单点张量阻抗估算（Sims et al.，1971），②利用本地站与参考站信号相关而噪声非相关性的远参考处理（Gamble，1979），③利用本地站与参考站磁场相关性的磁场相关远参考处理（Varentsov，2003；张刚等，2017），④利用未受干扰的参考道数据来合成本地电磁场时间序列进行处理（Wang et al.，2017）。四种张量估算原理如下。

设有本地磁场 $\boldsymbol{H}=(H_x \quad H_y)$，电场 $\boldsymbol{E}=(E_x \quad E_y)$，电磁场与张量阻抗 $\boldsymbol{Z}=\begin{pmatrix} Z_{xx} & Z_{xy} \\ Z_{yx} & Z_{yy} \end{pmatrix}$ 之间有如下关系，即

$$\boldsymbol{E}=\boldsymbol{HZ}+\boldsymbol{N} \tag{3.40}$$

式中，$\boldsymbol{N}$ 为残差。则单点处理的张量估算解为（Sims et al，1971）

$$\boldsymbol{Z}=(\boldsymbol{H}^{\dagger}\boldsymbol{H})^{-1}(\boldsymbol{H}^{\dagger}\boldsymbol{E}) \tag{3.41}$$

式中，† 表示复共轭转置。

布设一参考站 $\boldsymbol{R}$，$\boldsymbol{R}$ 的可能组合为 $\boldsymbol{R}=(E_{xr} \quad E_{yr})$ 或 $\boldsymbol{R}=(H_{xr} \quad H_{yr})$，其中：$E_{xr}$ 与 E_{yr} 分别表示参考站电场 x（南北）和 y（东西）方向的观测值，H_{xr}、H_{yr} 分别表示参考站磁场 x（南北）和 y（东西）方向的观测值，并假设参考站与基站的噪声信号不相关。利用远参考处理得到张量阻抗（Gamble，1979）为

$$\boldsymbol{Z}=(\boldsymbol{R}^{\dagger}\boldsymbol{H})^{-1}(\boldsymbol{R}^{\dagger}\boldsymbol{E}) \tag{3.42}$$

实际记录的信号可以表示为有效信号和噪声之和：$\boldsymbol{E}=\boldsymbol{E}_{\mathrm{s}}+\boldsymbol{E}_{\mathrm{n}}$，$\boldsymbol{H}=\boldsymbol{H}_{\mathrm{s}}+\boldsymbol{H}_{\mathrm{n}}$，$\boldsymbol{R}=\boldsymbol{R}_{\mathrm{s}}+\boldsymbol{R}_{\mathrm{n}}$，这里的下标 s、n 分别代表有效信号和噪声。式（3.42）可以表示为

$$\begin{aligned}\boldsymbol{Z}&=(\boldsymbol{R}^{\dagger}\boldsymbol{H})^{-1}(\boldsymbol{R}^{\dagger}\boldsymbol{E})=[(\boldsymbol{R}_{\mathrm{s}}+\boldsymbol{R}_{\mathrm{n}})^{\dagger}(\boldsymbol{H}_{\mathrm{s}}+\boldsymbol{H}_{\mathrm{n}})]^{-1}[(\boldsymbol{R}_{\mathrm{s}}+\boldsymbol{R}_{\mathrm{n}})^{\dagger}(\boldsymbol{E}_{\mathrm{s}}+\boldsymbol{E}_{\mathrm{n}})]\\&=(\boldsymbol{R}_{\mathrm{s}}^{\dagger}\boldsymbol{H}_{\mathrm{s}}+\boldsymbol{R}_{\mathrm{s}}^{\dagger}\boldsymbol{H}_{\mathrm{n}}+\boldsymbol{R}_{\mathrm{n}}^{\dagger}\boldsymbol{H}_{\mathrm{s}}+\boldsymbol{R}_{\mathrm{n}}^{\dagger}\boldsymbol{H}_{\mathrm{n}})^{-1}(\boldsymbol{R}_{\mathrm{s}}^{\dagger}\boldsymbol{E}_{\mathrm{s}}+\boldsymbol{R}_{\mathrm{s}}^{\dagger}\boldsymbol{E}_{\mathrm{n}}+\boldsymbol{R}_{\mathrm{n}}^{\dagger}\boldsymbol{E}_{s}+\boldsymbol{R}_{\mathrm{n}}^{\dagger}\boldsymbol{E}_{\mathrm{n}})\end{aligned} \tag{3.43}$$

由于基站与参考站噪声不相关，有

$$\boldsymbol{R}_{\mathrm{n}}^{\dagger}\boldsymbol{H}_{s}=\boldsymbol{R}_{\mathrm{s}}^{\dagger}\boldsymbol{H}_{n}=\boldsymbol{R}_{\mathrm{n}}^{\dagger}\boldsymbol{E}_{\mathrm{s}}=\boldsymbol{R}_{\mathrm{s}}^{\dagger}\boldsymbol{E}_{\mathrm{n}}=0 \tag{3.44}$$

式（3.43）可写为 $\boldsymbol{Z}=(\boldsymbol{R}_{\mathrm{s}}^{\dagger}\boldsymbol{H}_{\mathrm{s}}+\boldsymbol{R}_{\mathrm{n}}^{\dagger}\boldsymbol{H}_{\mathrm{n}})^{-1}(\boldsymbol{R}_{\mathrm{s}}^{\dagger}\boldsymbol{E}_{\mathrm{s}}+\boldsymbol{R}_{\mathrm{n}}^{\dagger}\boldsymbol{E}_{\mathrm{n}})$。线性系统分析的大地响应为：$\boldsymbol{E}_{\mathrm{s}}=\boldsymbol{H}_{\mathrm{s}}\boldsymbol{Z}_{\mathrm{s}}$，$\boldsymbol{E}_{\mathrm{n}}=\boldsymbol{H}_{\mathrm{n}}\boldsymbol{Z}_{\mathrm{n}}$，则有

$$\boldsymbol{Z}=(\boldsymbol{R}_{\mathrm{s}}^{\dagger}\boldsymbol{H}_{\mathrm{s}}+\boldsymbol{R}_{\mathrm{n}}^{\dagger}\boldsymbol{H}_{\mathrm{n}})^{-1}(\boldsymbol{R}_{\mathrm{s}}^{\dagger}\boldsymbol{H}_{\mathrm{s}}\boldsymbol{Z}_{\mathrm{s}}+\boldsymbol{R}_{\mathrm{n}}^{\dagger}\boldsymbol{H}_{\mathrm{n}}\boldsymbol{Z}_{\mathrm{n}}) \tag{3.45}$$

考虑到基站与参考站的噪声不同源，有 $\boldsymbol{R}_{\mathrm{n}}^{\dagger}\boldsymbol{H}_{\mathrm{n}}=0$，则式（3.45）变为

$$\boldsymbol{Z}=(\boldsymbol{R}_{\mathrm{s}}^{\dagger}\boldsymbol{H}_{\mathrm{s}})^{-1}(\boldsymbol{R}_{\mathrm{s}}^{\dagger}\boldsymbol{H}_{\mathrm{s}}\boldsymbol{Z}_{\mathrm{s}})=(\boldsymbol{R}_{\mathrm{s}}^{\dagger}\boldsymbol{H}_{\mathrm{s}})^{-1}(\boldsymbol{R}_{\mathrm{s}}^{\dagger}\boldsymbol{E}_{\mathrm{s}})=\boldsymbol{Z}_{\mathrm{s}} \tag{3.46}$$

式（3.46）说明加入参考站数据后，所求得的张量阻抗 $\boldsymbol{Z}$ 与真实的张量阻抗 $\boldsymbol{Z}_s$ 相等，远参考处理能有效地消除非相关噪声。

但是，在磁场受相关干扰严重地区，式（3.43）中 $\boldsymbol{R}_n^{\dagger}\boldsymbol{H}_n=\boldsymbol{R}_s^{\dagger}\boldsymbol{H}_n=\boldsymbol{R}_n^{\dagger}\boldsymbol{H}_s=0$ 并不完全成立。这时，利用式（3.46）计算得到的张量阻抗 $\boldsymbol{Z}$ 为有偏估计。仿真结果如图 3.95 中 SNR=0.20 时所得到的测深曲线所示，可以发现测深曲线畸变严重。

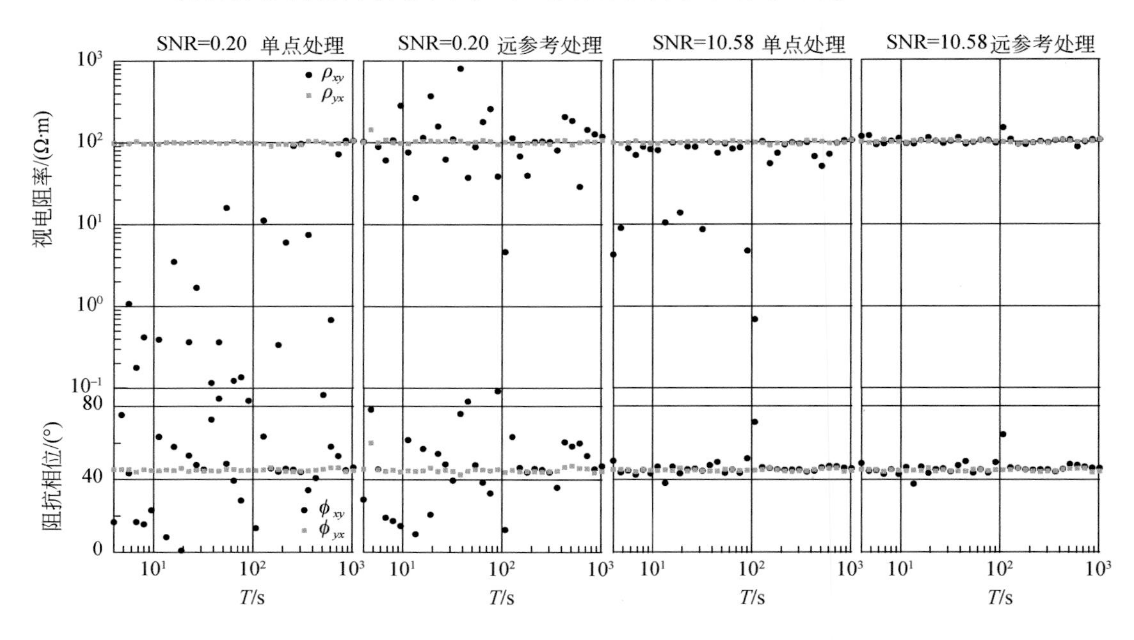

图 3.95 不同信噪比情况下，单点处理与远参考处理的效果对比

由于磁场在同一构造背景下具有强烈的相关性（陈清礼等，2002；张刚等，2017），可以利用基站磁场 H_{ib} 与参考站磁场 H_{ir} 的相关性来对资料进行筛选，定义磁场相关度，即

$$\mathrm{Coh}_{H_{ib}H_{ir}}=\sum_{k=1}^{M}\frac{|S_{H_{ib}H_{ir}}|_k^2}{S_{H_{ir}H_{ir}\ k}S_{H_{ib}H_{ib}\ k}} \tag{3.47}$$

式中，i 为 x（南北）或 y（东西）方向；M 为独立分段的数据段总数；k 为独立分段的数据段序号；$S_{H_{ib}H_{ir}}$ 为 H_{ib} 与 H_{ir} 的互功率谱。

磁场相关远参考处理的具体数据筛选流程如图 3.96 所示。

对于磁场共用处理（Wang et al.，2017a），主要是基于本地点的电场与其他观测点未受污染的磁场进行同步处理，得到磁场未受干扰的测深曲线。

B. 离散弗雷歇距离对测深曲线资料的筛选

对于上述四种数据张量估算，如果在同一测区有 N 台长周期仪器同时进行分布式观测（如图 3.97 所示），对于某一观测点来说，单点处理方式（SS）利用本地站的电场和磁场处理有 1 组处理结果；远参考处理（RR）、磁场相关远参考处理（RRHC）利用其他 N-1 个采集站的磁场数据和本地站的电磁场进行处理，分别有 N-1 组处理结果；共用磁道处理（UH）利用本地电场和其他 N-1 个采集站的磁场数据来进行处理，也有 N-1 组处理结果；那么该采集站所有的处理结果总数为 3N-2 组。为了从上述 3N-2 组中筛选出可靠的测深曲

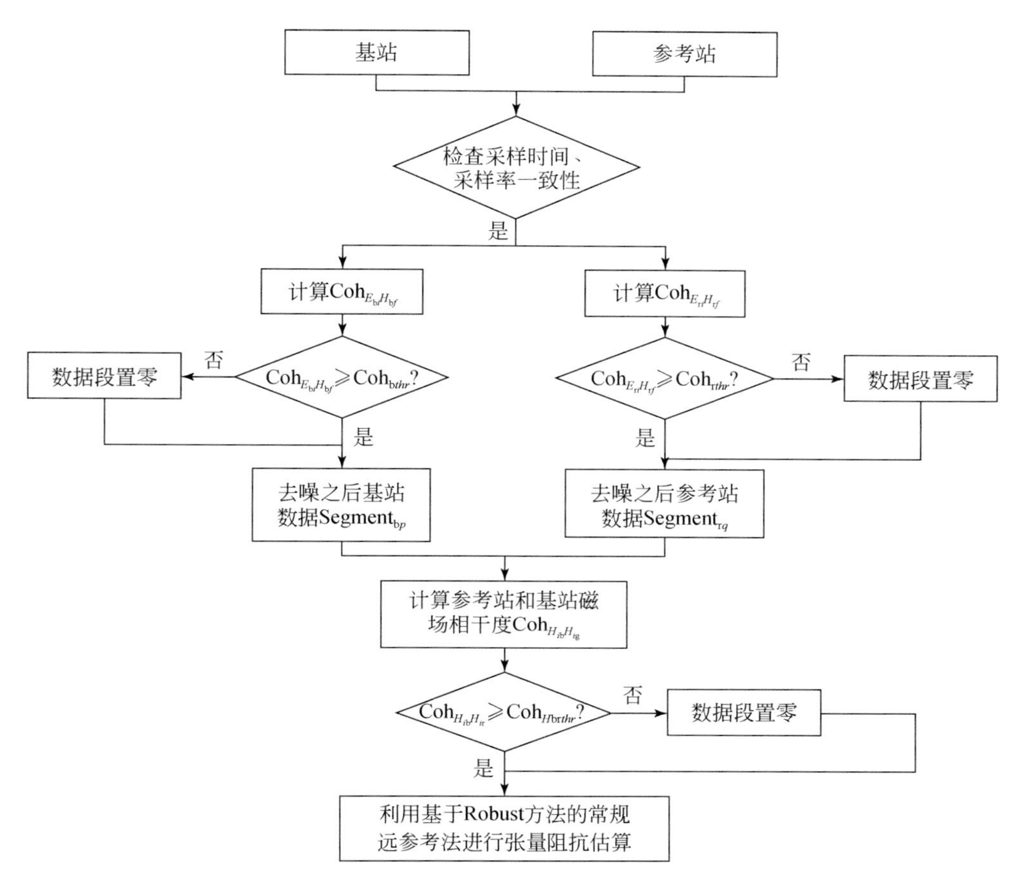

图 3.96　磁场相关远参考处理流程图

线，以往主要是利用人工筛选的方式，具有一定的主观性且效率低。如何定量筛选出能表征地下电性结构的测深曲线是需要研究的问题。

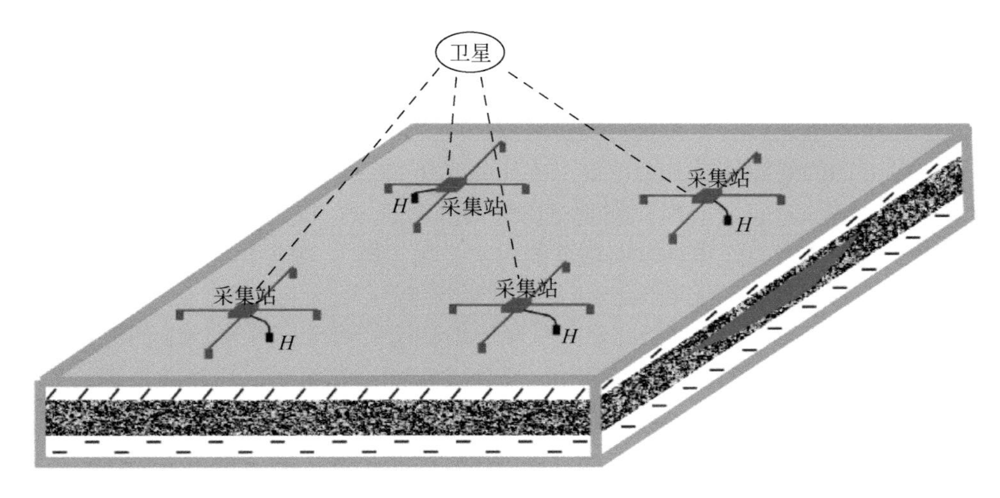

图 3.97　分布式长周期大地电磁观测示意图

为此，本研究利用离散弗雷歇距离（Frechet distance，FD）来对多组测深曲线进行定量对比计算。弗雷歇距离利用两个目标的路径所形成的两条曲线上所有离散点的距离，测量两条曲线的相似度。长度分别为 m 和 n 的曲线 P 和 Q 之间的弗雷歇距离（Sriraghavendra et al., 2007）定义为

$$\delta_{\mathrm{F}}(P,Q)=\min_{(\alpha,\beta)\in\psi_{m,n}}\|P\circ\alpha-Q\circ\beta\|_{\infty}=\min_{(\alpha,\beta)\in\psi_{m,n}}\max_{k=[1,m+n]}\|P\circ\alpha(k)-Q\circ\beta(k)\|_{2} \quad (3.48)$$

式中，P：$[0:m]\to V$，α：$[1:m+n]\to[0,m]$，Q：$[0:n]\to V$，β：$[1:m+n]\to[0,n]$，$\circ$表示算子的复合运算，$\|\cdot\|_2$ 表示欧几里得距离。另外，

$$\psi_{m,n}=\mathrm{Mon}([1:m+n],[0:m])\times\mathrm{Mon}([1:m+n],[0:n]) \quad (3.49)$$

式中，Mon（X，Y）是由集合 X 到集合 Y 中连续、不减且满射的算子所构成，$[a:b]=\{a, a+1, \cdots, b\}$，表示由 a 至 b 的整数集，且 $a\leqslant b$。

对于前文所述四种数据处理算法，通过计算本地站 B 和其他采集站 R_j 的视电阻率弗雷歇距离 $\delta_{\mathrm{F}_{R_i}}$（$B$，$R_j$）和阻抗相位的弗雷歇距离 $\delta_{\mathrm{F}_{P_i}}$（$B$，$R_j$），并将计算结果加权，得到本地站和其他采集站测深曲线的离散弗雷歇距离为

$$\delta_{\mathrm{F}}(B,R_j)=\sum_{j=1}^{N} l\cdot\delta_{\mathrm{F}_{R_i}}(B,R_j)+d\cdot\delta_{\mathrm{F}_{P_i}}(B,R_j) \quad (3.50)$$

式中，i 为 xy 或者 yx 方向；$j=1$，…，N，N 为测深曲线组数；l 和 d 为加权因子，建议取 $l=0.6$，$d=0.4$。

C. 基于相位张量分解的稳定电性主轴方向估算

相位张量分解（Caldwell, 2004）是近年来广泛使用的一种张量分解方法。其不受局部电场畸变的影响，也不需要对区域构造二维性的假设。设大地电磁阻抗张量 $\boldsymbol{Z}$ 表示为实部和虚部的形式：$\boldsymbol{Z}=\boldsymbol{X}+\mathrm{i}\boldsymbol{Y}$，则阻抗相位张量 $\boldsymbol{\Phi}$ 的表达式为

$$\boldsymbol{\Phi}=\boldsymbol{X}^{-1}\boldsymbol{Y}=\begin{bmatrix}\Phi_{11} & \Phi_{12}\\ \Phi_{21} & \Phi_{22}\end{bmatrix} \quad (3.51)$$

而根据相位张量得到的电性主轴方向 $\alpha-\beta$，其中：

$$\tan2\alpha=(\Phi_{12}+\Phi_{21})/(\Phi_{11}-\Phi_{22}) \quad (3.52)$$

$$\tan2\beta=(\Phi_{12}-\Phi_{21})/(\Phi_{11}+\Phi_{22}) \quad (3.53)$$

利用相位张量分解求解电性主轴方向容易受噪声的干扰，求解不稳定，并且目前相位张量分解皆是单频单点分解，无法实现多测点多频点的联合求解，因此在存在噪声的情况下对电性主轴方向的估算显得尤为重要。本研究基于 Muñíz 等（2017）的算法，通过二次方程（Gómez-treviño et al., 2014）对视电阻率曲线畸变进行校正。利用站间一致性，认为在有噪声存在情况下的电性主轴方向估算的求解过程如图 3.98 所示。

D. 利用 Rhoplus 理论对 MT 和 LMT 进行数据拼接

目前用于 MT 的感应式磁场传感器对低频段响应信号不足，用于 LMT 的磁通门磁场传感器对高频响应有限，在实际资料处理中，需将 MT 和 LMT 资料进行拼接处理得到超宽频大地电磁资料。在同一地点采集的 MT（$320\sim3.4\times10^{-4}$Hz）和 LMT（$0.1\sim5\times10^{-5}$Hz）数据需要进行拼接处理，目前一般的拼接方法是进行简单直接拼接，对拼接处理不严谨，有时曲线由于数据采集质量或噪声干扰拼接不上，出现曲线错断等问题；另外，上述拼接起

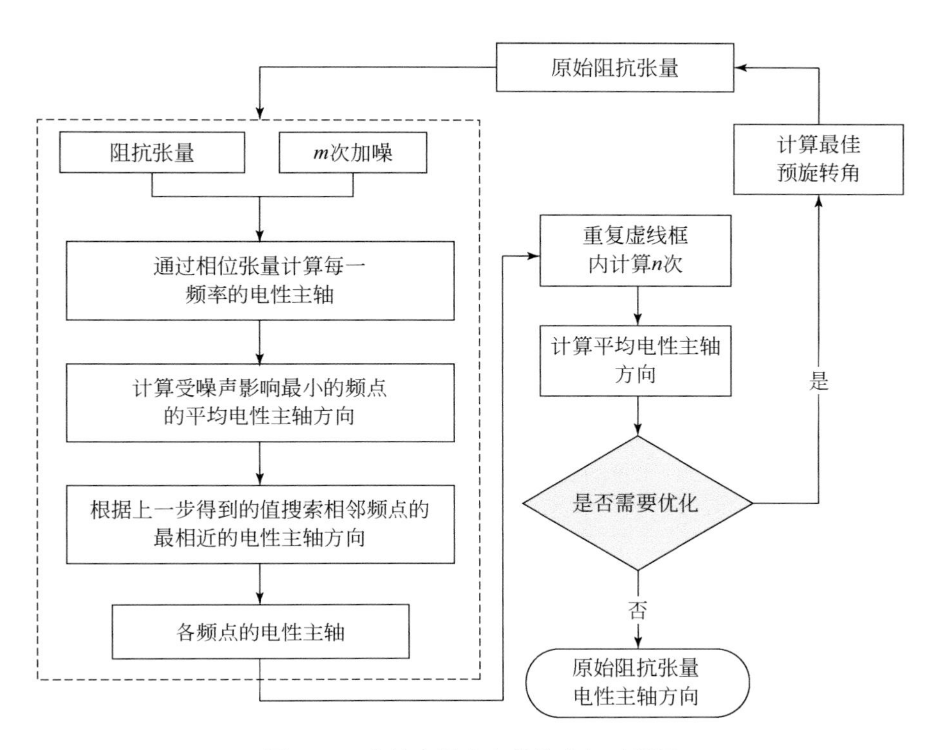

图 3.98　电性主轴方向估算求解过程图

来的测深曲线（320～5×10^{-5} Hz）覆盖了大地电磁的“死频段”（0.1～10 Hz），在死频段附近可能出现视电阻率曲线下陷、曲线凌乱，得到不同程度的虚假异常。本研究利用 Rhoplus 方法实现了 MT 和 LMT 资料拼接过程中资料的检查，并且实现了对“死频段”测深曲线资料的校正。

Rhoplus 理论推算详见相关文献（Parker，1980；Parker and Booker，1996；谭捍东等，2004），其实质就是对实测资料寻找由一系列 δ 函数组成的数学模型的过程。虽然 Rhoplus 理论严格的适用条件是一维和二维 TM 模式（Parker and Booker，1996），但是对于实测资料，TE 模式和三维模型在大多数情况下也能满足 Rhoplus 理论（谭捍东，2004）。周聪等（2015）利用 Rhoplus 理论对音频大地电磁的死频段进行了处理，得到了较平滑的测深曲线。通过 Rhoplus 分析，可对视电阻率及相位质量起到较好的改善作用，提高 MT 与 LMT 数据拼接的可靠性，有效提高“死频段”测深曲线质量。

2）模型试验对比及应用

A. 磁场相关性在远参考处理中的应用

实测数据采集位置如图 3.99 所示。采集测点 X380 的采样率为 1 Hz，采集了五分量数据：E_x、E_y、H_x、H_y和 H_z。参考站 X420 通过 GPS 同步，与基站同时采集电磁场时间序列，采样率等各种参数设置与测点 X380 相同。

如图 3.100 所示，利用基站与参考站磁道之间的相关性原理，设置阈值为 0.8，检测出低于该阈值的数据段，认为这些数据段受到不可接受的噪声干扰；通过计算磁场相干度

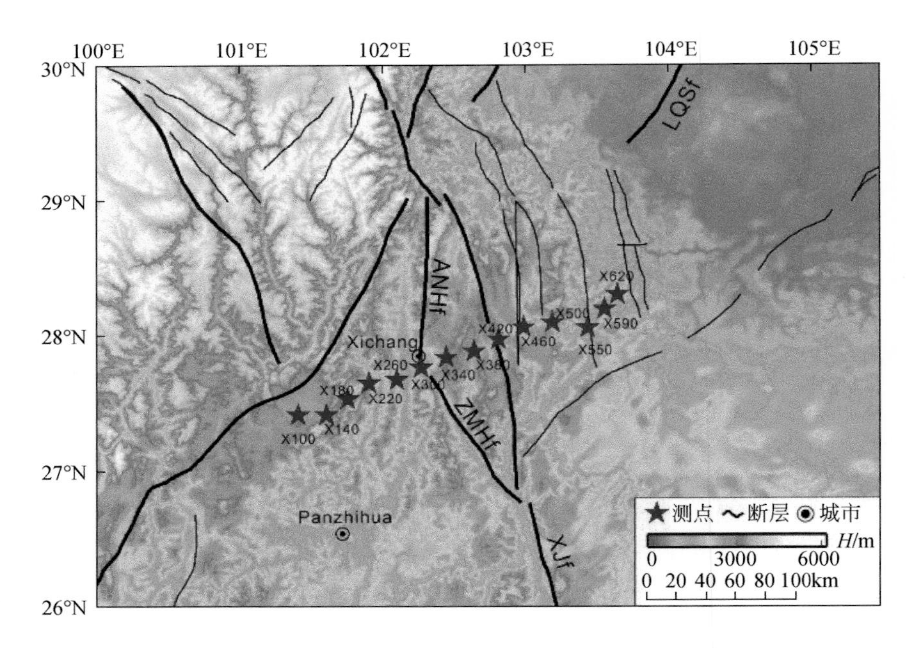

图 3.99 跨安宁河断裂带长周期大地电磁测点位置图

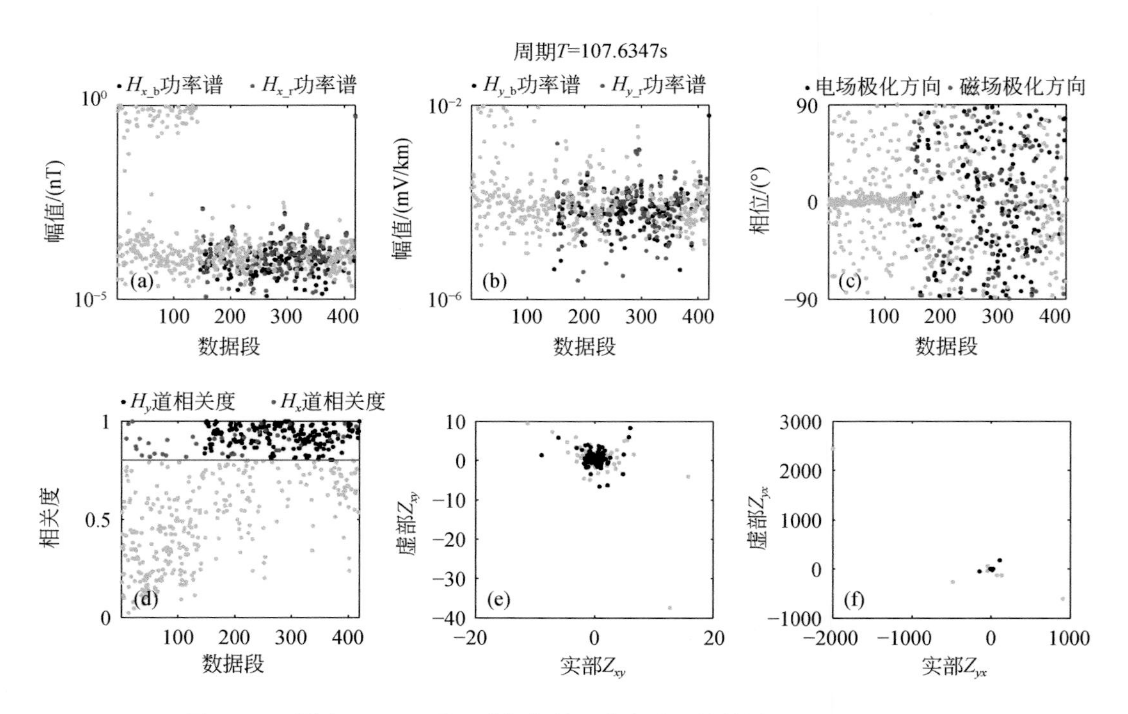

图 3.100 测点 X380 经基于磁场相关远参考处理的结果（$T=107.6347$s）

灰色圆点：经磁场相关计算被剔除的不符合要求的数据

检测出了电磁场极化方向不能检测出的受干扰数据段，并将这些数据段的功率谱剔除且不参与后续的张量阻抗计算；张量阻抗 Z_{xy} 和 Z_{yx} 平面图表明，之前受噪声干扰导致较分散的数据得以剔除，而保留下的数据较聚集，这些聚集在一个聚簇的数据是得到可靠测深曲线的保证。

图 3.101 为测点 X380 分别经常规远参考和基于磁场相关远参考处理的结果对比。可以看出，经常规远参考处理后的测深曲线非常凌乱，而经过磁场相关远参考处理之后，测深曲线变得较连续，具有较好的曲线形态。可见，经磁场相关远参考处理之后，数据质量得到明显的提高。

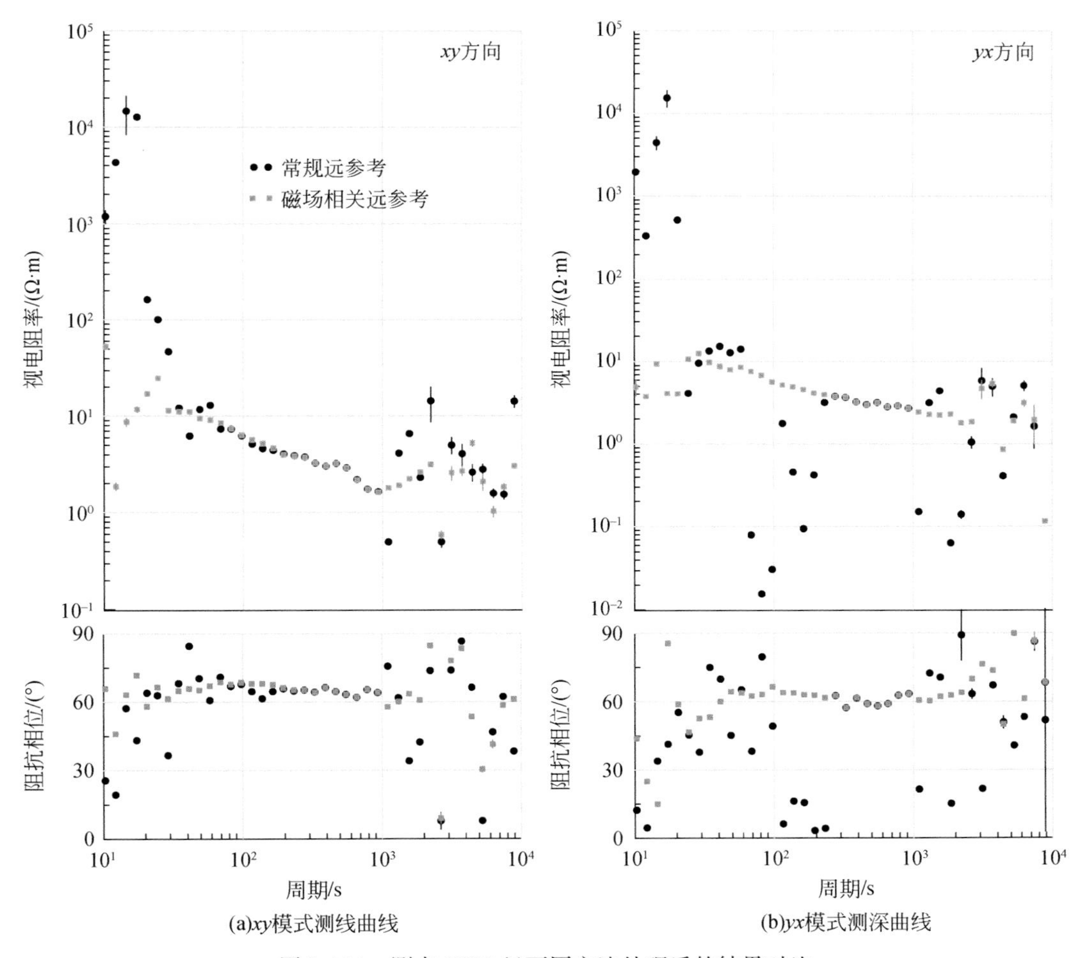

图 3.101　测点 X380 经不同方法处理后的结果对比

B. 利用离散弗雷歇距离定量筛选分布式处理后的测深曲线

为了检验弗雷歇距离在测深曲线筛选中的有效性，建立层状模型：在 0 ~ 100 km 深度电阻率为 1000 Ω · m 的背景下，5 ~ 20 km 深度为 10 Ω · m 的低阻异常，得到正演后的测深曲线如图 3.102 中蓝色曲线所示。为了模拟各种干扰引起的测深曲线异常，在原始测深曲线中添加 5 种噪声，分别是：高斯分布（Gauss）噪声、瑞利分布（Rayleigh）噪声、F

分布噪声、对数正态分布噪声、泊松（Poisson）噪声，计算了上述 6 组测深曲线相互之间的离散弗雷歇距离，并得到每组测深曲线与其他 5 组测深曲线的离散弗雷歇距离加权值。由表 3.19 可以看出，与其他 5 组相比，原始正演曲线的离散弗雷歇距离加权值为 26.54，为最低。

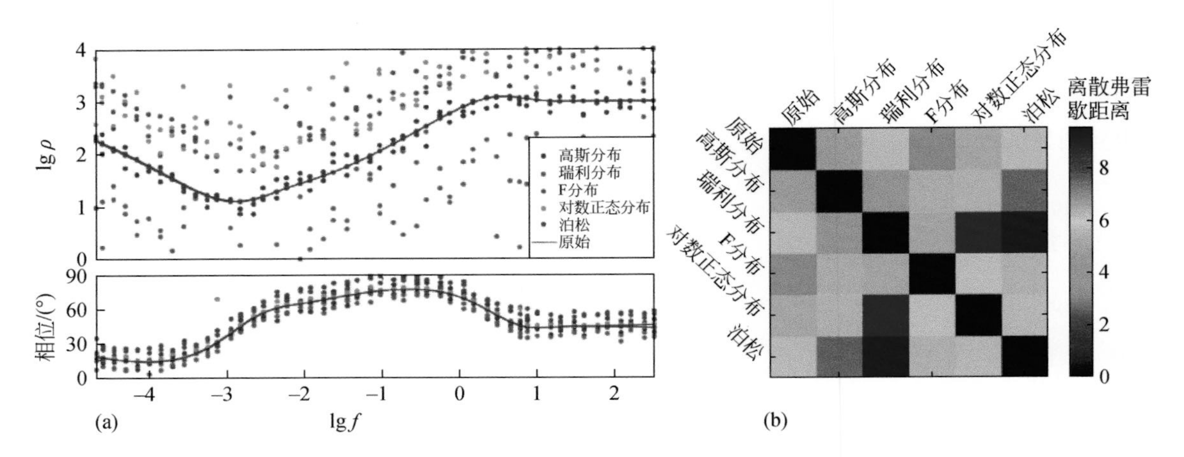

图 3.102 正演测深曲线分别添加 Gauss、Rayleigh、F 分布、对数正态分布、Poisson 多种噪声后的离散弗雷歇距离

表 3.19 正演测深曲线与加噪后每组测深曲线的弗雷歇距离加权值

分布式处理方式	原始	Gauss	Rayleigh	F 分布	对数正态分布	Poisson
弗雷歇距离	26.54	30.79	37.81	29.08	33.52	35.59

一般地，不同的采集站磁场所受到的噪声干扰不一且随机，利用不同采集站的磁场数据进行数据处理后的质量不同，测深曲线“飞点”不一。通过理论数据分析说明，在所有测深曲线中，质量最好、最光滑的测深曲线和其他测深曲线的离散弗雷歇距离最短。

野外 LMT 实测点位如图 3.103 所示，其中，L33、L36、L39 同步观测，L67、L72、L81 同步观测，通过运用分布式四种数据处理方式（SS，RR，RRHC，UH），这样每个测点都能得到 3×3−2=7 组测深曲线，本书仅以 L39 和 L72 测点进行处理说明。L39 与 L33、L36 的分布式处理结果如图 3.104（a）所示，在此例中，L39 与 L33 共用磁道的处理方式（L39vsL33_UH）和 L39 与 L36 共用磁道的处理方式（L39vsL36_UH）偏离其他几组测深曲线较多，特别是 L39vsL33_ UH 处理方式 yx 方向在 60 ~ 200 s 附近的阻抗幅值和相位有明显偏离。从图 3.104（b）每组测深曲线分别与其他组测深曲线的弗雷歇距离也可以看出，L39vsL33_ UH 与其他组测深曲线的弗雷歇距离较大。表 3.20 中给出了每组测深曲线与其他组测深曲线弗雷歇距离的加权值，可以看出，L39vsL33_UH 与其他组的弗雷歇距离加权值最大，表明 L39vsL33_UH 处理方式与其他处理方式结果累计相差较大，而 L39vsL33_RR 与其他组的弗雷歇距离加权值最小，表明 L39vsL33_ RR 与其他处理方式差异累计较小。这说明在本例中，利用 L33 的磁场来参考处理 L39 得到的结果最可靠，由此将其作 L39 测点最终的处理结果。

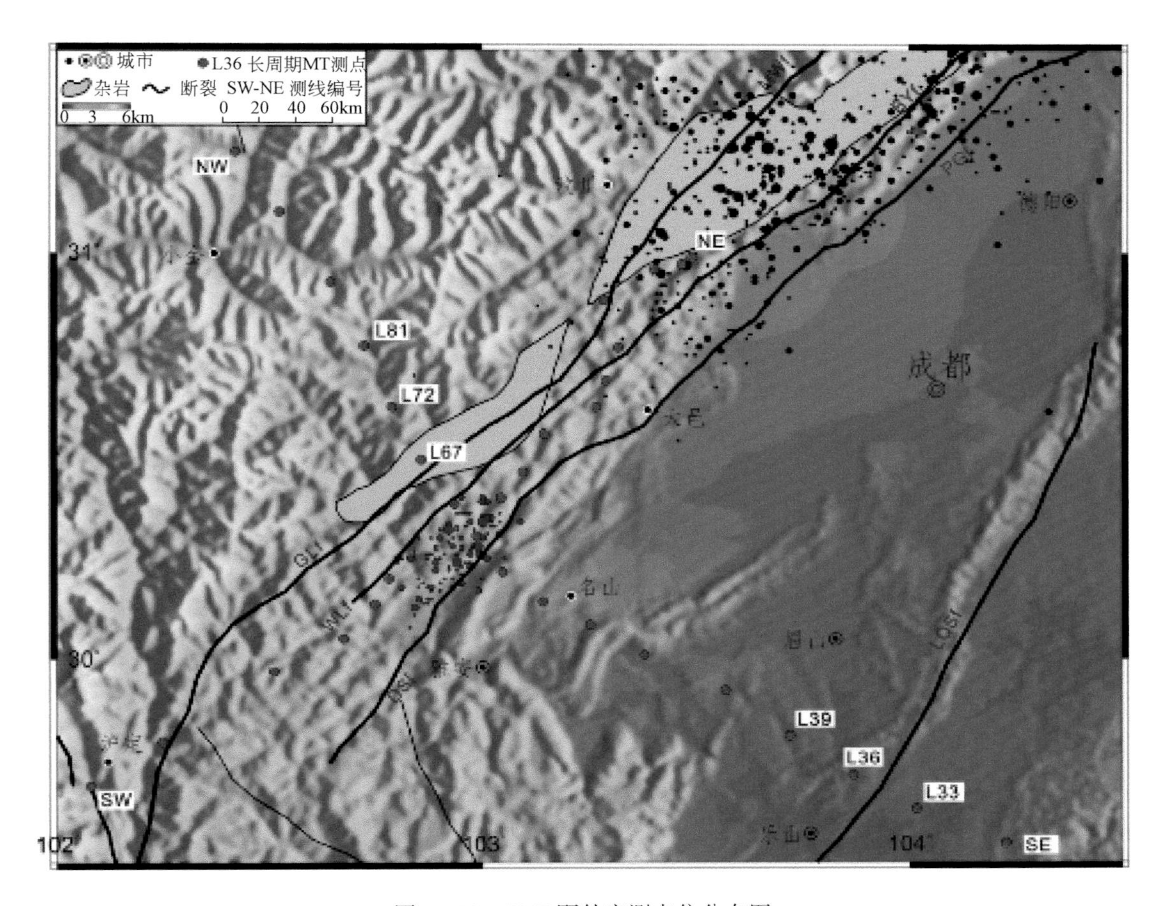

图 3.103　LMT 野外实测点位分布图

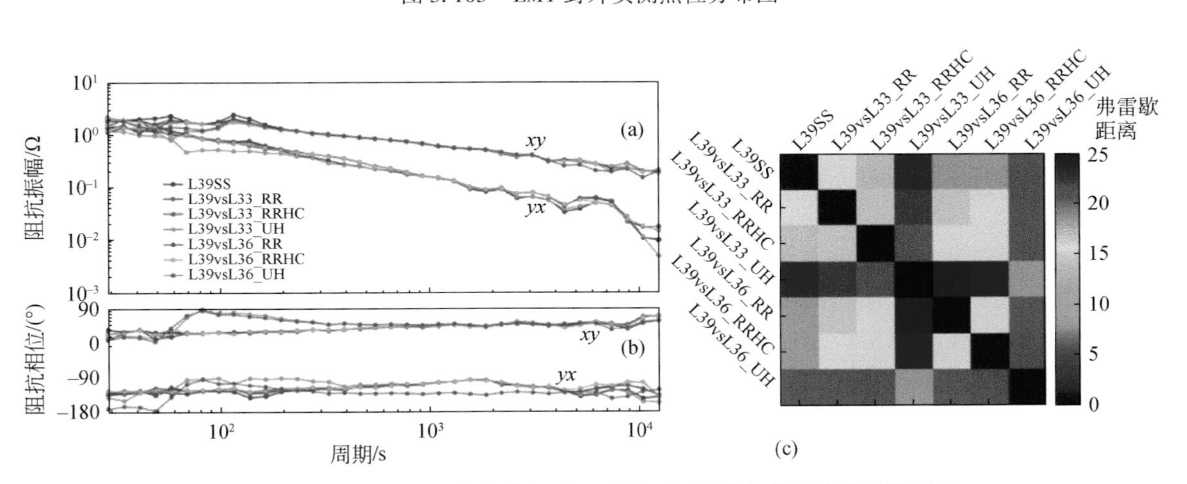

图 3.104　L39 测点分布式数据处理后的 7 组测深曲线及其弗雷歇距离

（a）分布式处理后的 7 组测深曲线的阻抗幅值；（b）对应的阻抗相位；（c）每组测深曲线分别与其他组测深曲线的弗雷歇距离

表 3.20 L39 与 L33、L36 的分布式数据处理后每组弗雷歇距离的加权值

分布式处理方式	L39SS	L39vsL33_RR	L39vsL33_RRHC	L39vsL33_UH	L39vsL36_RR	L39vsL36_RRHC	L39vsL36_UH
弗雷歇距离	142.86	122.74	125.12	180.45	134.97	135.49	161.03

C. 基于相位张量分解的稳定电性主轴方向估算

利用相位张量算法、G-B 算法和本研究算法对公开数据进行计算（http://www.complete-mt-solutions.com/mtnet/data/bc87/bc87.html），得到畸变值，将最主要的畸变特征值主轴方位角进行对比［图 3.105（a）］。相对而言，G-B 分解和稳定相位张量分解所计算的主轴方位角和已知结果接近，都在 60°左右（Jones and Groom，1993），而相位张量算法偏离相对较多；G-B 分解算法的角度聚集性不如其他两者好，而稳定相位张量算法可以兼具角度的准确性及聚集性。

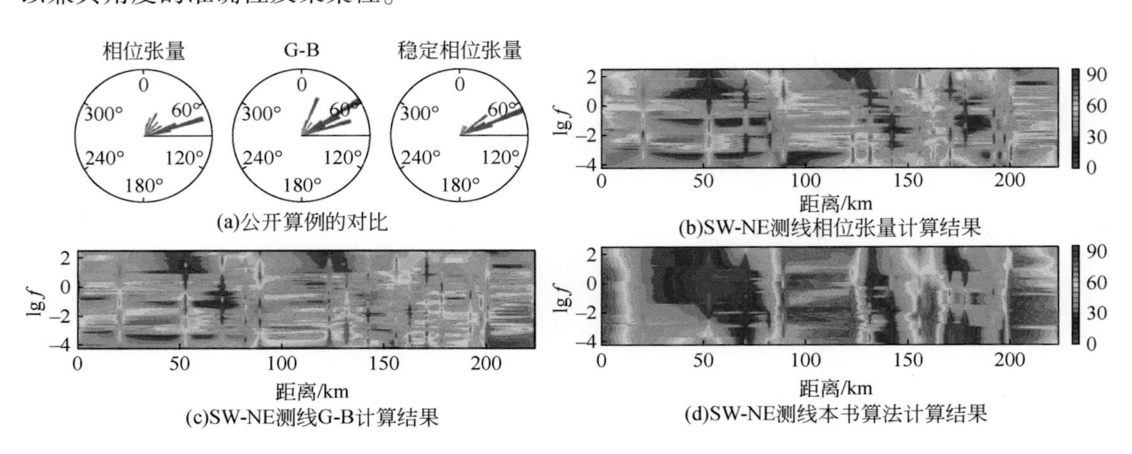

图 3.105 相位张量算法、G-B 算法和本研究算法（稳定相位张量）的对比

分别利用 3 种算法对图 3.103 中 SW-NE 线 LMT 实测资料进行计算，得到主轴方位断面图［图 3.105（b）（c）和（d）］。结果发现相位张量和 G-B 分解在同一测点的不同频率主轴方位角差异较大，这样的结果会导致用玫瑰图统计出来的主轴方位角不具有一致性，不能统计出明显的主轴方位。而稳定相位张量分解计算的同一测点不同频点的主轴方位角较一致，角度具有较好的聚集性，便于主轴方位的统计和后续数据处理。

D. 利用 Rhoplus 理论对 MT 和 LMT 进行数据拼接

图 3.106 为利用 Rhoplus 理论检查处理 SW-NE 测线 110 号测点 LMT 和 MT 资料拼接的实例。蓝色三角点为检查前的测深曲线，MT 和 LMT 在 100 s 进行数据拼接，可以看出，在拼接频点附近，*yx* 方向两套资料的视电阻率曲线有一明显位移，出现错断；另外，在 0.02 ~0.4 Hz“死频段”内，MT 质量很低，“飞点”较多且无明显曲线形态。红色圆点和方框为利用 Rhoplus 检查后的曲线，可以发现，经过 Rhoplus 算法处理后，之前在 100 s 附近出现错断的视电阻率曲线变得连续，“死频段”质量很差的视电阻率以及相位曲线变得光滑合理，提升了测深曲线的质量。图 3.107 是 SW-NE 测线所有测点视电阻率曲线直接拼接结果和 Rhoplus 处理之后的断面图对比，从断面图中可以看出，无论是 *xy* 方向还是 *yx* 方向，视电阻率断面图过渡平滑，色带无突变，说明经 Rhoplus 处理后曲线要比处理前

平滑，能更加真实反映地电信息。

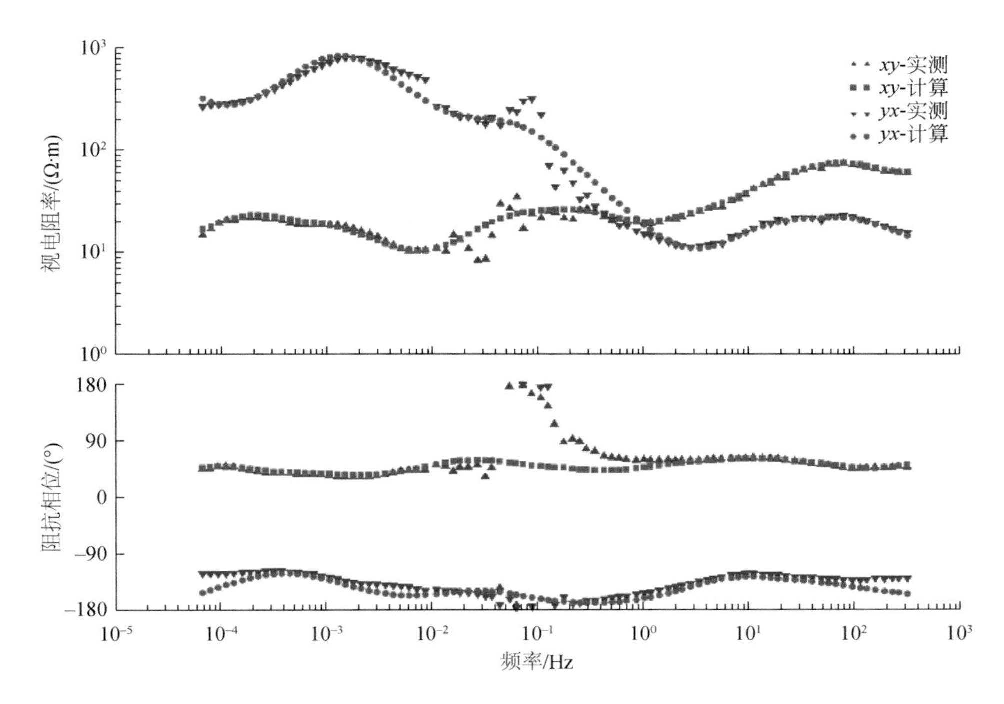

图 3.106　利用 Rhoplus 理论对 SW-NE 测线 110 号测点进行数据拼接

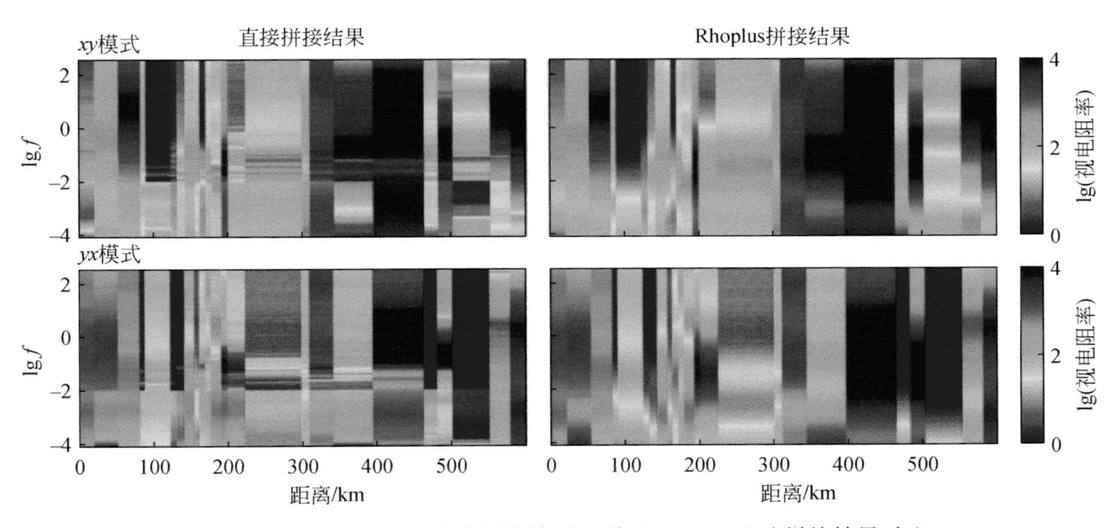

图 3.107　SW-NE 测线直接拼接结果和利用 Rhoplus 理论拼接结果对比

2. 同步三维反演方法

1）方法原理

在大地电磁正反演算法研究方面，我们做了大量的具有全面性、创新性和完整性的理论和算法研究。主要研究实现了快速、稳定、低内存消耗的大地电磁二三维正反演算法，包含基于有限差分的二维正演、交错网格有限差分三维正演、有限元二维正演、矢量有限元三维正演、基于二次场的交错网格有限差分三维正演、考虑地球曲率的二三维正演理论和算法。以上述正演算法为基础，研究实现了非线性共轭梯度（NLCG）、拟牛顿（LBFGS）反演理论和算法。下面以三维交错网格有限差分正演和反演理论为例做介绍。

在大地电磁研究的频率范围内（10000 Hz ~ 20000 s），由于频率相对较低，可以忽略位移电流，取地下介质的磁导率为真空磁导率，时谐因子为 $e^{-i\omega t}$，此时电磁强度矢量和磁场强度矢量满足的频率与麦克斯韦方程组具有以下形式，即

$$\begin{cases}\nabla\times\boldsymbol{E}=\mathrm{i}\omega\mu_0\boldsymbol{H}\\ \nabla\times\boldsymbol{H}=\sigma\boldsymbol{E}\\ \nabla\cdot\boldsymbol{E}=0\\ \nabla\cdot\boldsymbol{H}=0\end{cases}\tag{3.54}$$

式中，$\boldsymbol{E}$ 和 $\boldsymbol{H}$ 分别为电场强度和磁场强度矢量，$\mu_0=4\pi\times10^{-7}\,\mathrm{H/m}$，为真空磁导率；$\sigma$ 为介质电导率；ω 为圆频率。将下半空间离散为长方体网格（如图 3. 108 所示），按 $\boldsymbol{x}$、$\boldsymbol{y}$、$\boldsymbol{z}$ 方向对各单元分别以 i、j、k 编号，求解的离散电磁场可以放置在网格角点或单元边的中点上，前者是标准采样，只考虑电荷守恒，并不适用于三维电磁场的物理特性；后者是交错采样方式，可以模拟电磁互感的物理特性，并且保证散度性质。

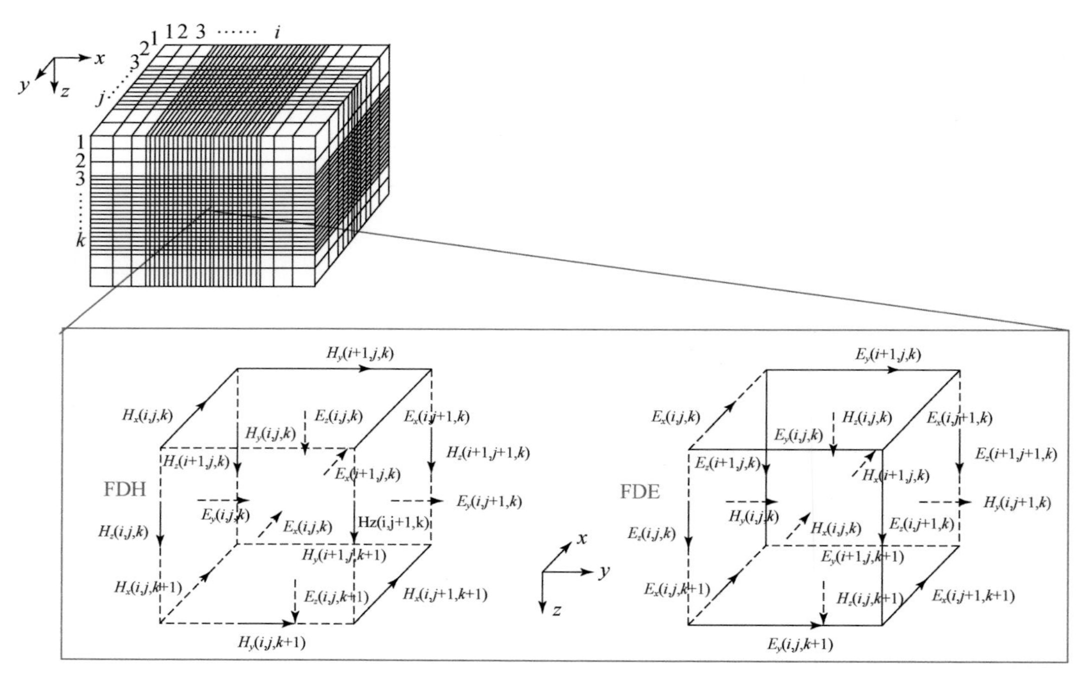

图 3. 108 三维有限差分网格剖分/场值采样

麦克斯韦方程组的分量形式为

$$
\begin{cases}
\mathrm{i}\omega\mu_0\sigma E_x = \dfrac{\partial}{\partial y}\left(\dfrac{\partial E_y}{\partial x}-\dfrac{\partial E_x}{\partial y}\right)-\dfrac{\partial}{\partial z}\left(\dfrac{\partial E_x}{\partial z}-\dfrac{\partial E_z}{\partial x}\right) \\
\mathrm{i}\omega\mu_0\sigma E_y = \dfrac{\partial}{\partial z}\left(\dfrac{\partial E_z}{\partial y}-\dfrac{\partial E_y}{\partial z}\right)-\dfrac{\partial}{\partial x}\left(\dfrac{\partial E_y}{\partial x}-\dfrac{\partial E_x}{\partial y}\right) \\
\mathrm{i}\omega\mu_0\sigma E_z = \dfrac{\partial}{\partial x}\left(\dfrac{\partial E_x}{\partial z}-\dfrac{\partial E_z}{\partial x}\right)-\dfrac{\partial}{\partial y}\left(\dfrac{\partial E_z}{\partial y}-\dfrac{\partial E_y}{\partial z}\right)
\end{cases}
\tag{3.55}
$$

将其在交错网格中展开，通过一系列推导，可得出以下线性方程，即

$$
\begin{aligned}
& a_1E_x(i,j,k)+ \\
& a_2E_x(i,j-1,k)+a_3E_x(i,j,k-1)+a_4E_x(i,j+1,k)+a_5E_x(i,j,k+1)+ \\
& a_6E_y(i,j-1,k)+a_7E_y(i,j,k)+a_8E_y(i+1,j-1,k)+a_9E_y(i+1,j,k)+ \\
& a_{10}E_z(i,j,k-1)+a_{11}E_z(i,j,k)+a_{12}E_z(i+1,j,k-1)+a_{13}E_z(i+1,j,k)=0
\end{aligned}
\tag{3.56}
$$

$$
\begin{aligned}
& b_1E_y(i,j,k)+ \\
& b_2E_y(i-1,j,k)+b_3E_y(i,j,k-1)+b_4E_y(i+1,j,k)+b_5E_y(i,j,k+1)+ \\
& b_6E_x(i-1,j,k)+b_7E_x(i,j,k)+b_8E_x(i-1,j+1,k)+b_9E_x(i,j+1,k)+ \\
& b_{10}E_z(i,j,k-1)+b_{11}E_z(i,j,k)+b_{12}E_z(i,j+1,k-1)+b_{13}E_z(i,j+1,k)=0
\end{aligned}
\tag{3.57}
$$

$$
\begin{aligned}
& c_1E_z(i,j,k)+ \\
& c_2E_z(i-1,j,k)+c_3E_z(i,j-1,k)+c_4E_z(i,j+1,k)+c_5E_z(i+1,j,k+1)+ \\
& c_6E_x(i-1,j,k)+c_7E_x(i-1,j,k+1)+c_8E_x(i,j,k)+c_9E_x(i,j,k+1)+ \\
& c_{10}E_y(i,j-1,k)+c_{11}E_y(i,j-1,k+1)+c_{12}E_y(i,j,k)+c_{13}E_y(i,j,k+1)=0
\end{aligned}
\tag{3.58}
$$

其中，对于式（3.56），有 $a_1=-a_2-a_3-a_4-a_5-\mathrm{i}\omega\mu_0\bar{\sigma}_x$（$i$，$j$，$k$）$\Delta x_i\Delta\bar{y}_j\Delta\bar{z}_k$，$a_2=-\Delta\bar{z}_k\Delta x_i/\Delta y_{j-1}$、$a_3=-\Delta\bar{y}_j\Delta x_i/\Delta z_{k-1}$、$a_4=-\Delta\bar{z}_k\Delta x_i/\Delta y_j$、$a_5=-\Delta\bar{y}_j\Delta x_i/\Delta z_k$，$a_6=a_9+\Delta\bar{z}_k$，$a_7=a_8-\Delta\bar{z}_k$，$a_{10}=a_{13}+\Delta\bar{y}_j$，$a_{11}=a_{12}-\Delta\bar{y}_j$。

对于式（3.57），有 $b_1=-b_2-b_3-b_4-b_5-\mathrm{i}\omega\mu_0\bar{\sigma}_y$（$i$，$j$，$k$）$\Delta\bar{x}_i\Delta y_j\Delta\bar{z}_k$，$b_2=-\Delta\bar{z}_k\Delta y_j/\Delta x_{i-1}$、$b_3=-\Delta\bar{x}_i\Delta y_j/\Delta z_{k-1}$、$b_4=-\Delta\bar{z}_k\Delta y_j/\Delta x_i$、$b_5=-\Delta\bar{x}_i\Delta y_j/\Delta z_k$，$b_6=b_9+\Delta\bar{z}_k$，$b_7=b_8-\Delta\bar{z}_k$，$b_{10}=b_{13}+\Delta\bar{x}_i$，$b_{11}=b_{12}-\Delta\bar{x}_i$。

对于式（3.58），有 $c_1=-c_2-c_3-c_4-c_5-\mathrm{i}\omega\mu_0\bar{\sigma}_z$（$i$，$j$，$k$）$\Delta\bar{x}_i\Delta\bar{y}_j\Delta z_k$，$c_2=-\Delta\bar{x}_i\Delta z_k/\Delta y_{j-1}$、$c_3=-\Delta\bar{y}_j\Delta z_k/\Delta x_{i-1}$、$c_4=-\Delta\bar{x}_i\Delta z_k/\Delta y_j$、$c_5=-\Delta\bar{y}_j\Delta z_k/\Delta x_i$，$c_6=c_9+\Delta\bar{y}_j$，$b_7=b_8-\Delta\bar{y}_j$，$b_{10}=b_{13}+\Delta\bar{x}_i$，$b_{11}=b_{12}-\Delta\bar{x}_i$。

对于每个方程，展开后的差分格式等价于电磁场的某个交错网格采样分量和它周围多个采样分量之间满足线性关系。将这个模式扩展到网格的边缘，如果边界上的已知，即可通过解线性方程组的求取网格内部每个采样点上的电磁场值。方程组形式为

$$
\begin{bmatrix} \boldsymbol{A}_{xx} & \boldsymbol{A}_{xy} & \boldsymbol{A}_{xz} \\ \vdots & \boldsymbol{A}_{yy} & \boldsymbol{A}_{yz} \\ \cdots & \cdots & \boldsymbol{A}_{zz} \end{bmatrix} \times \begin{bmatrix} \boldsymbol{x}_x \\ \boldsymbol{x}_y \\ \boldsymbol{x}_z \end{bmatrix} = \begin{bmatrix} \boldsymbol{b}_x \\ \boldsymbol{b}_y \\ \boldsymbol{b}_z \end{bmatrix}
\tag{3.59}
$$

根据边界条件类型，将其在线性方程组中的贡献加入方程组的左边或右端项即形成定解问题，方程组的求解采用目前在三维大地电磁数值模拟中使用较广泛的预条件稳定双共

轭梯度法（BICGSTAB）迭代法。

经典反演问题本质上是一种最优化数学问题，目标是找到一个响应与观测数据一致的模型。由于地球物理问题的场等效性和观测数据不完备引起的多解性，需要对找到的模型作进一步的限制，即模型约束。这样数据一致性和模型约束两者就构成了反演中需要使其最小化的目标函数。对于三维 MT 问题，目标函数定义为

$$\psi(\boldsymbol{m})=\|\boldsymbol{F}(\boldsymbol{m})-\boldsymbol{d}\|+\lambda \boldsymbol{W}(\boldsymbol{m}) \tag{3.60}$$

式中，$\boldsymbol{m}$ 为模型，$\psi(\boldsymbol{m})$ 为模型 $\boldsymbol{m}$ 的目标函数；$\boldsymbol{F}(\boldsymbol{m})$ 为模型 $\boldsymbol{m}$ 的响应；$\boldsymbol{d}$ 为实测数据；$\|\boldsymbol{F}(\boldsymbol{m})-\boldsymbol{d}\|$ 为数据拟合误差的某种范数；$\boldsymbol{W}(\boldsymbol{m})$ 一般是 $\boldsymbol{m}$ 的 Tikhonov 正则化约束；λ 为正则化因子，控制模型约束在目标函数中的权重。$\boldsymbol{W}(\boldsymbol{m})$ 也可以定义为 $\boldsymbol{W}(\boldsymbol{m}-\boldsymbol{m}_0)$，用来让反演结果和初始模型更相似（$m_0$为初始模型）。

目前，三维 MT 比较流行的反演方法有模型空间 OCCAM、NLCG 和 LBFGS 等，几种反演方法理论对比见表 3.21。OCCAM 反演的内存需求过大，且要求显示存储灵敏度矩阵，尽管它在每次迭代中保证了正则化因子的最优，反演更为稳定，但并不适应大规模密集测点的三维 MT 问题。NLCG 和 LBFGS 反演避免了三维 MT 问题的显示灵敏度矩阵和 Hessian 矩阵存储，内存需求较小，而且它们各自从不同的角度出发，让目标函数下降方向靠近牛顿方向，有更高的收敛效率，因此 NLCG 和 LBFGS 因其快速、稳定、低内存消耗的特点成为最适合用于三维反演的两种方法。

表 3.21　几种重要三维 MT 反演方法理论对比

方法	下降方向	步长	每次迭代线搜索次数	目标函数梯度存储	收敛性
梯度法	负梯度方向	试探或阻尼	—	当前迭代的目标函数梯度	靠近极小附近震荡
OCCAM	负梯度方向	线搜索	可能为 3	显式存储当前迭代的灵敏度矩阵	较慢，但最稳定
NLCG	负梯度共轭方向	线搜索	可能为 1	存储当前和上一次迭代的梯度和修正方向	较快、稳定
LBFGS	近似牛顿方向	线搜索，初值为 1	几次迭代后为 0	存储 3 ~ 20 次迭代的梯度和修正方向	较快、稳定
牛顿法	牛顿方向	固定为 1	0	当前迭代的目标函数梯度和 Hessian 矩阵	Hessian 矩阵奇异病态时不收敛

2）模型试验对比及应用

将有限差分三维正演结果与一维层状解析解对比，层状介质模型如图 3.109 上幅表格所示，采用五层模型，频率范围为 $10^{-5}\sim10^{5}$ Hz。采用三维 MT 正演程序求取数值解，与一维解析解进行对比。视电阻率和视相位对比如图 3.109 下幅分图。其中曲线为解析解，散点图为数值解。

由图可见，在频率低于 10 Hz 时，三维 MT 正演两个模式的视电阻率和阻抗相位与一维解析解基本重合。

虽然高频时，误差增大，但不同的网格剖分会导致高频计算精度的略微差异，当网格

电阻率/(Ω·m)	100	10	1000	1	1000
层厚/m	500	500	500	1000	∞

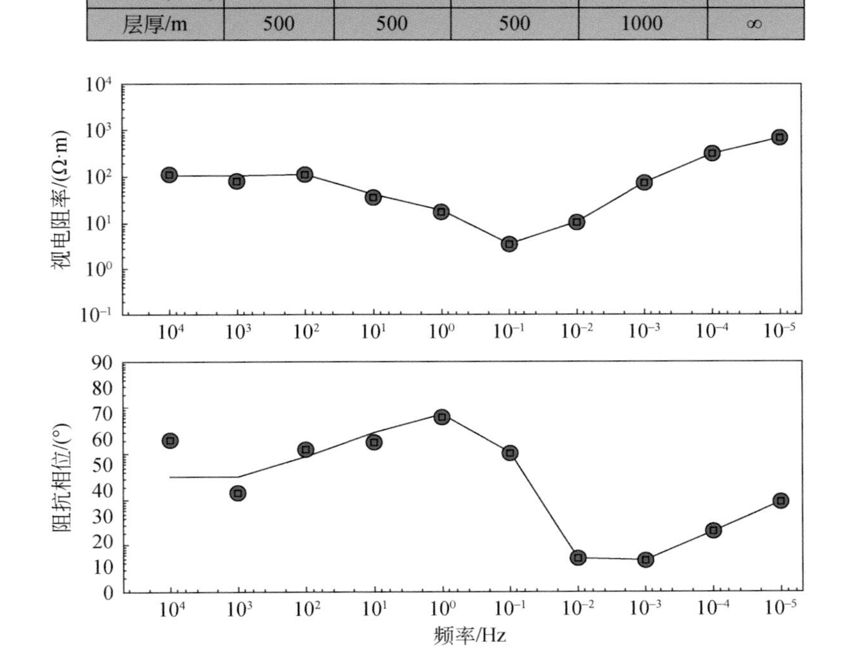

图 3.109　有限差分三维正演结果与一维层状解析解对比

剖面较细时，计算差异度降低。

另外，研究完成了三维矢量有限元正演，以麦克斯韦方程组为控制方程，建立相关泛函方程，采用六面体剖分并建立棱边元形函数，利用矢量元单元分析将代求偏微分方程离散化，由此将待求问题转换为大型稀疏线性方程组的求解问题。对经典三维模型“COMMEMI 3D-1”进行了正演计算，计算频率为 10 Hz，网格为 24×24×20，正演结果如图 3.110 所示，正演断面与模型形态吻合良好。

采用三维矢量有限元程序对三维正地形模型进行了计算。计算频率为 10 Hz，计算网格为 23×23×20，结果表明，在三维正地形的影响下，*XY* 与 *YX* 两个模式的大地电磁视电阻率出现低阻假异常，而相位也同样出现虚假异常（图 3.111）。

快速且高精度的三维大地电磁法正反演是目前研究的热点，以往的正演方法大多采用直接求解总场的方法，在边界强加二维边界条件。本书提出一种基于二次场方法的三维大地电磁法正演算法，将平面波在层状背景模型中的响应作为场源项，得到二次场满足的偏微分方程，并利用交错网格有限差分法求取二次场。三维正演测试模型选用国际标准测试 DTM1 模型，如图 3.112 所示，该模型在 100 Ω · m 的均匀半空间中设置了三个电阻率异常块。

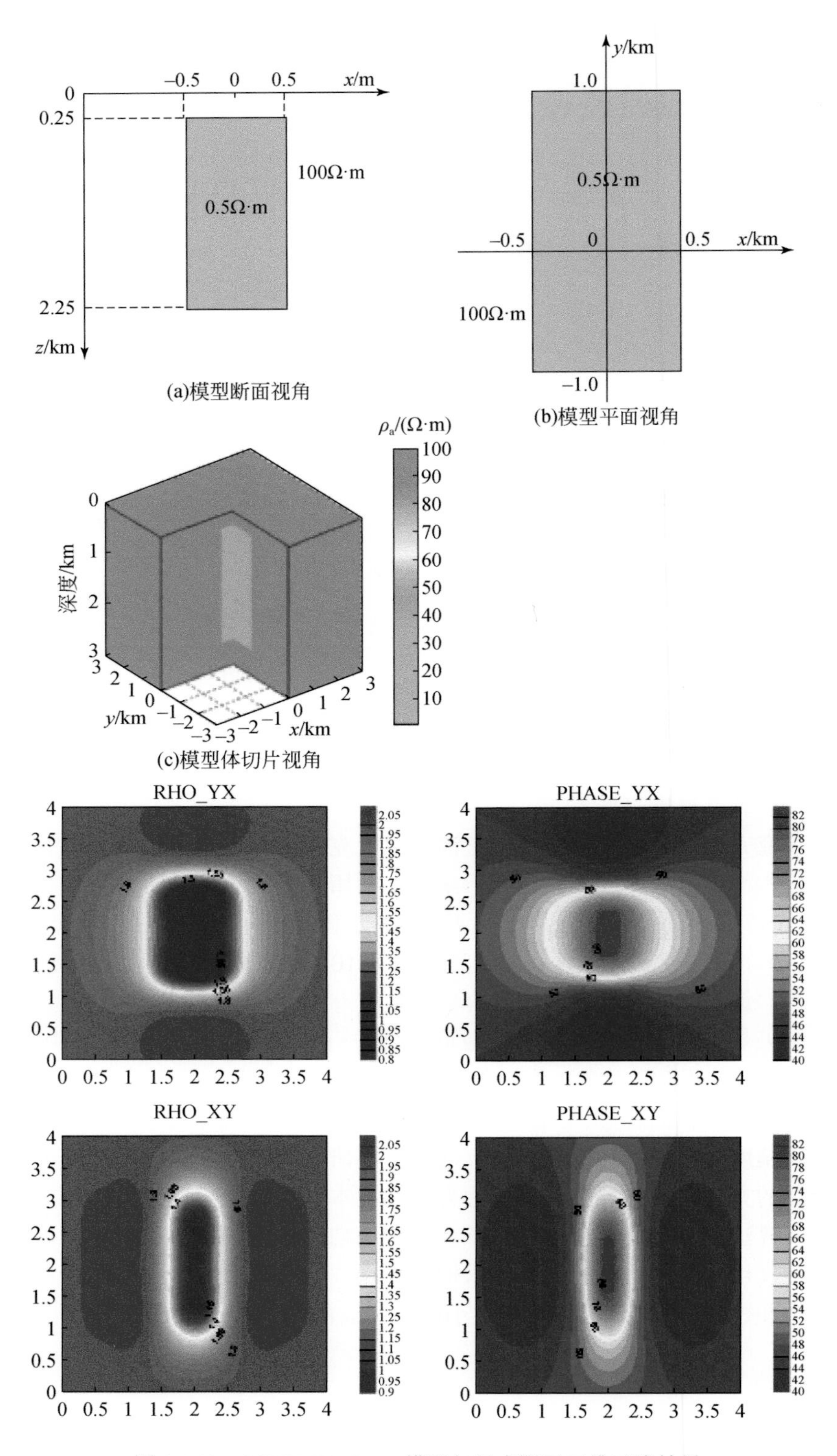

图 3.110 COMMEMI 3D-1 模型矢量有限元三维正演结果

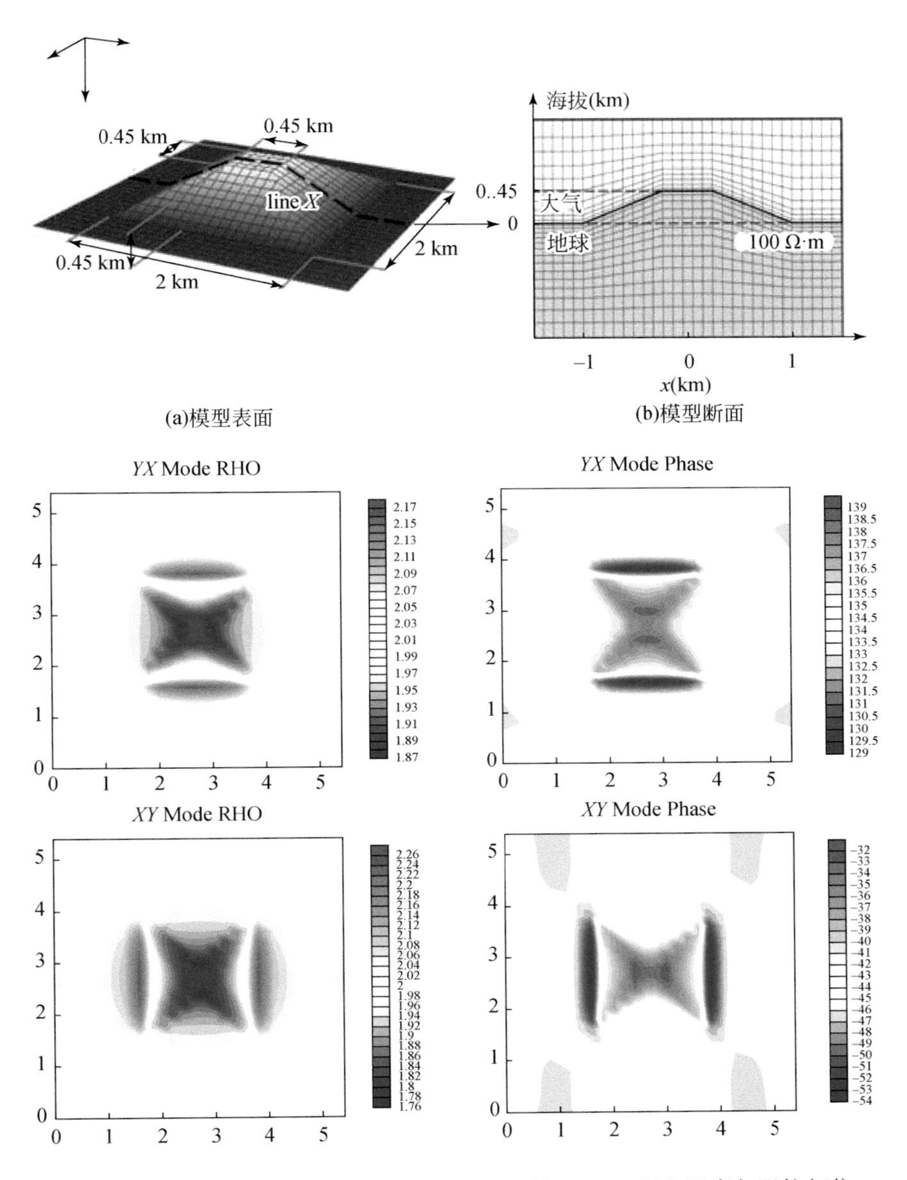

图 3.111　凸地形模型三维 MT 矢量有限元正演–10 Hz 视电阻率与阻抗相位

选择最奇异的中心测点（0，0）正演曲线对比分析，图 3.113 为基于二次场方法的正演结果与国外学者的两种计算结果对比，整体一致，个别地方介于两者之间。

一直以来，大地电磁理论研究热点主要集中在如何提高计算效率和精度上，但在剖面足够长、探测深度足够大的情况下，传统的笛卡儿坐标系数值模拟方式难以准确拟合地球曲率形态，需要开展考虑地球曲率的三维模拟，此时网格剖分如图 3.114 所示，以较复杂的 3D 标准测试模型 DTM1 为基础，将 DTM1 模型进行放大扩展，异常体尺寸变为表 3.22 所示。

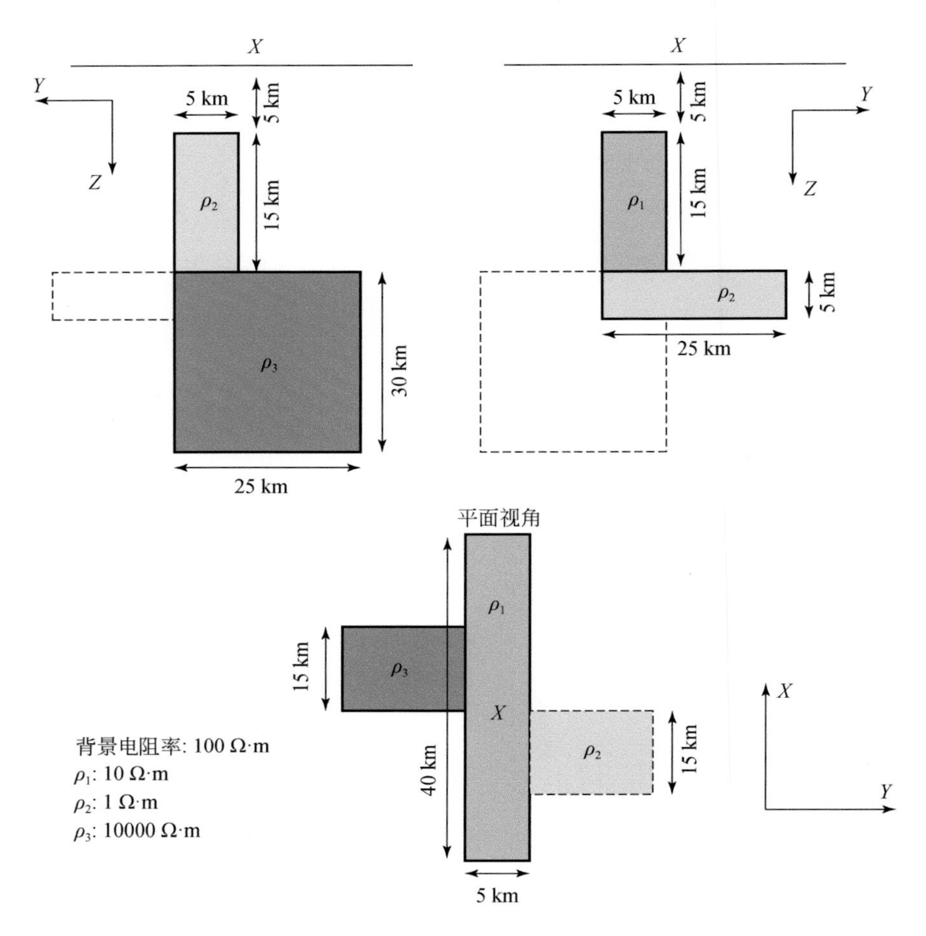

图 3.112　DTM1 模型示意图

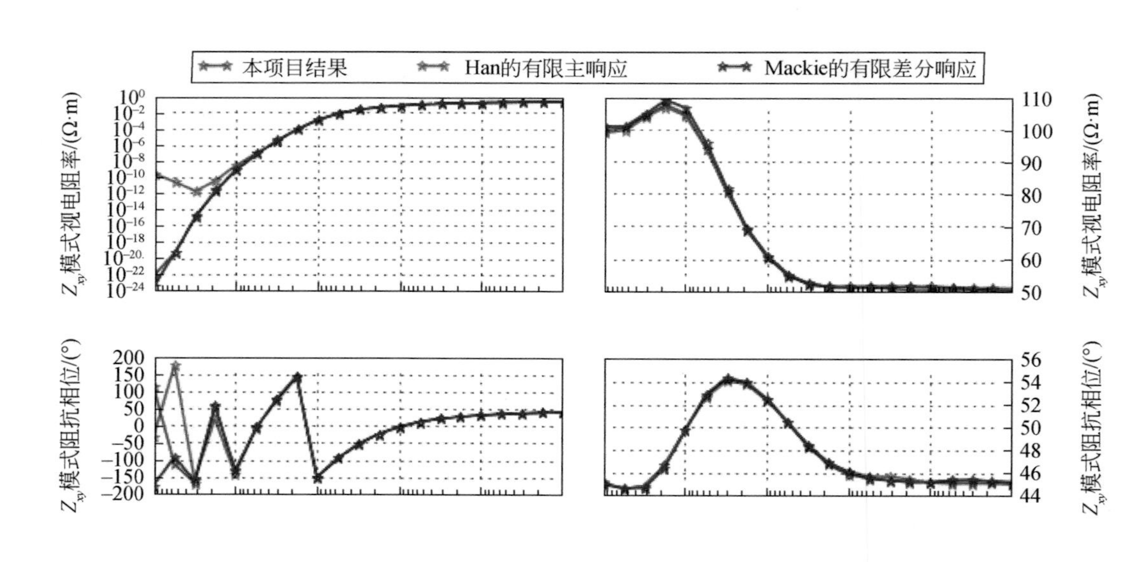

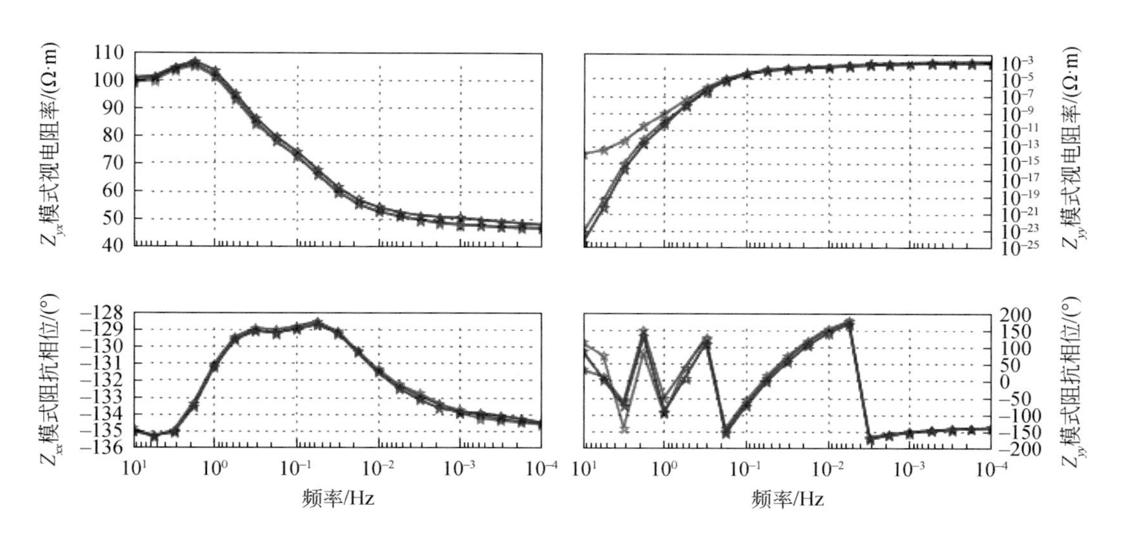

图 3.113　基于二次场方法的三维 MT 正演在 DTM1 模型（0，0）点处的响应对比

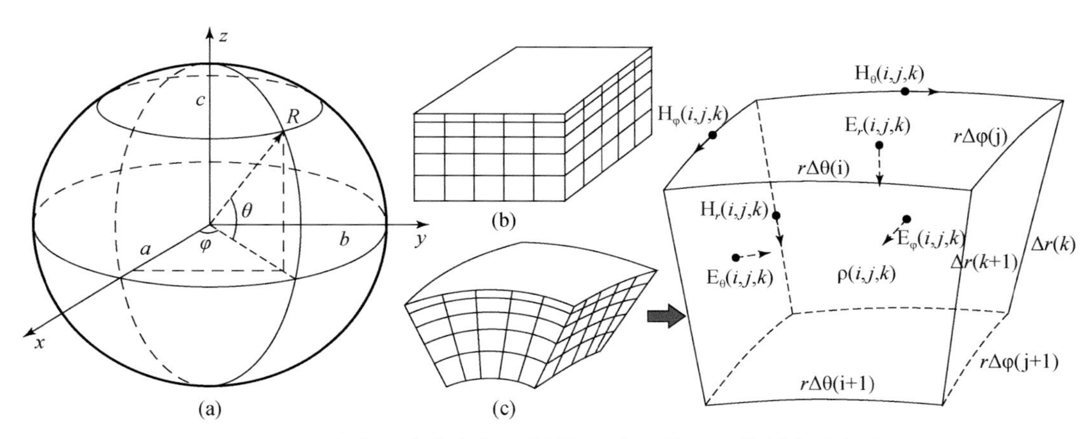

图 3.114　考虑地球曲率的三维模拟坐标系统和网格剖分示意图

表 3.22　DTM1 模型放大扩展异常体尺寸

异常体	x 方向范围/km	y 方向范围/km	z 方向范围/km
ρ_1	−1500 ~ 1500	−100 ~ 100	5 ~ 30
ρ_2	−1500 ~ 0	−100 ~ 1500	30 ~ 90
ρ_3	0 ~ 1500	−1500 ~ 100	900 ~ 180

两种坐标系仍然使用相同的网格剖分，使用的网格数是 40×40×60，表层单元网格 x 和 y 横向宽度均为 100 km 宽的等距网格，背景模型是 100 Ω · m 均匀半空间，计算频率从 0.00001 ~ 10 Hz 共 25 个频点。图 3.115 显示了放大 $X=0$ 测线两种正演方法的响应误差。

从两种坐标系正演对比可以看出，基于球坐标和笛卡儿坐标系的三维大地电磁正演响应值随着频率变低差异越明显。球坐标和笛卡儿坐标计算结果差异度与频率、模型结构和电阻率有关。模型计算结果在数万秒周期处已出现接近 10% 的差异，对于较大尺度的长周

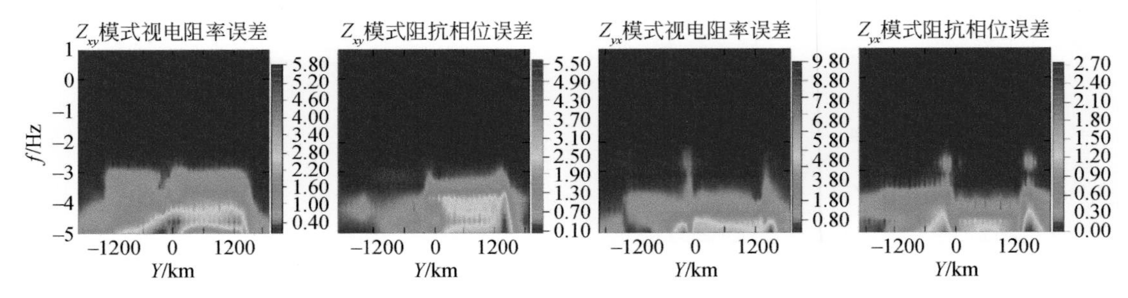

图 3.115 放大 DTM1 模型 $X=0$ 测线响应误差

期大地电磁，地球曲率影响不能忽略。

在反演计算方面，作者参加了多个国际会议，并对公开的数据集进行了反演。图 3.116所示的 DSM2 数据集是在 2011 年的第二届三维大地电磁反演讨论会上公布的，该数据集包含 12 条测线，每条测线 12 个测点，总共 144 个测点，共 30 个频率，从 0.0001 Hz 到 62.5 Hz。

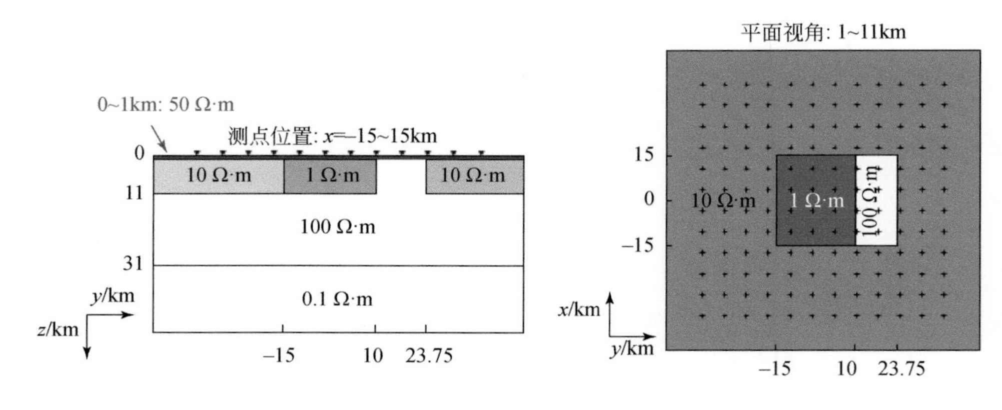

图 3.116 DSM2 模型示意图

从图 3.117 反演结果可以看出，中间的高阻层和深部的低阻基底都反映得比较好，电阻率和位置比较准确。

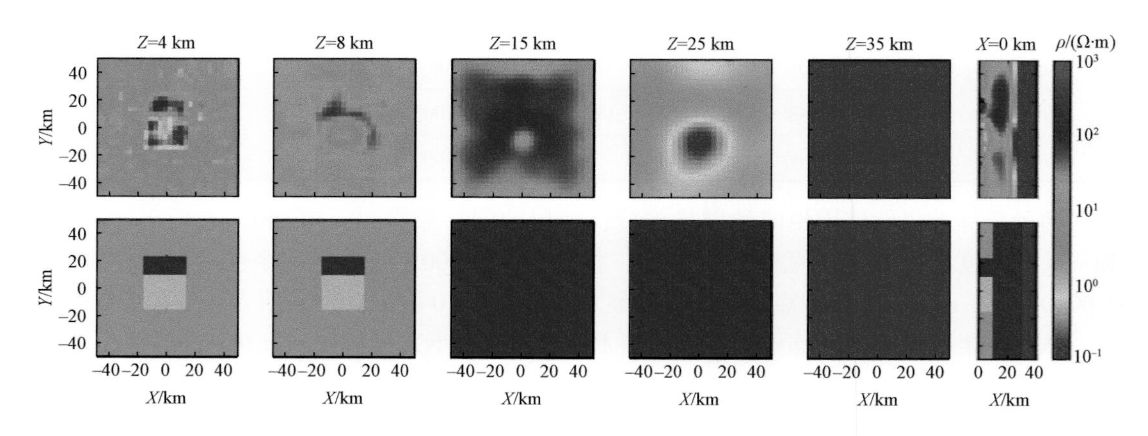

图 3.117 DSM2 数据反演结果

图3.118所表示的DSM3数据集是在2016年的第三届三维大地电磁反演讨论会上公布的。该数据集包含14条测线，每条测线30个测点，总共420个测点，覆盖大约800 km×800 km的范围。共24个频率，从0.000025 Hz到14 Hz。模拟区域的地形是由美国西海岸部分地区的地形经缩放得到，观测区域包含海洋和陆地，地形起伏剧烈，海拔最高点为2 km，海底最深处为2.9 km。模型除海水以外，最上层是一个电阻率为100 Ω·m、厚度为3.7 km的薄层，下方是电阻率为200 Ω·m的岩石圈，岩石圈之下是电阻率为10 Ω·m的软流层，其深度由海水下方100 km变化至陆地下方200 km，软流层下是电阻率为100 Ω·m、深度延伸至400 km的地幔结构，再往下是电阻率为10 Ω·m的半空间。另外，岩石圈中嵌有三个形状为M的和三个形状为T的电阻率为30 Ω·m的低阻异常体，分别位于陆地、近海岸及海洋下方，它们是反演的主要目标。

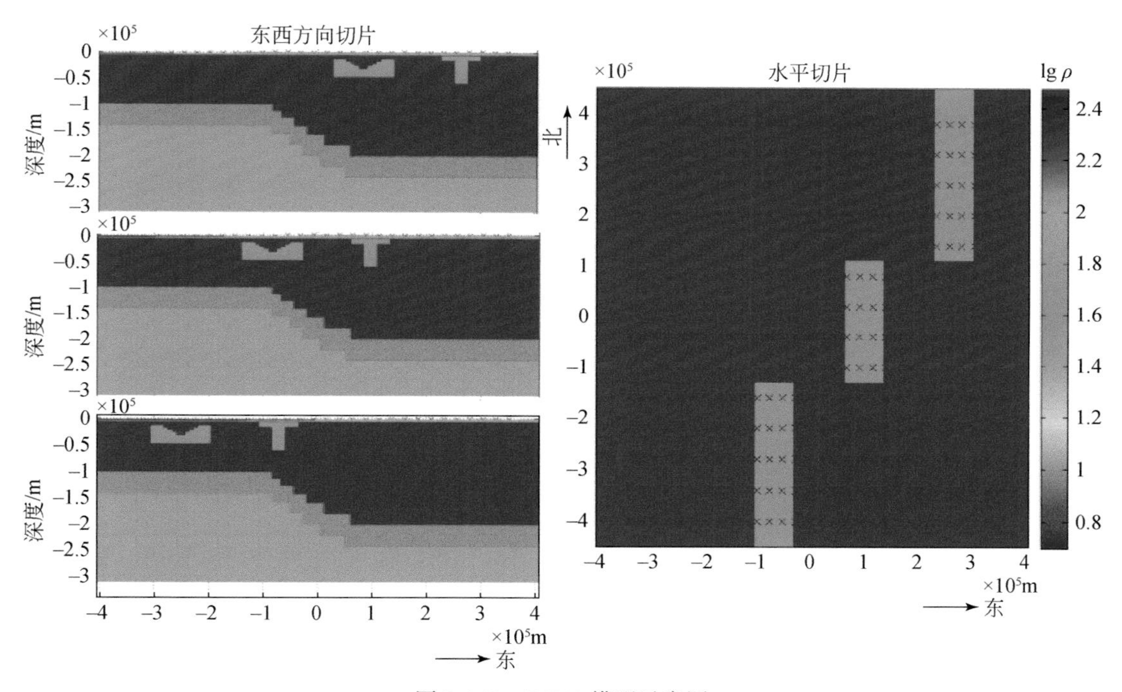

图3.118　DSM3模型示意图

从图3.119反演结果中看出，模型的总体结构（如高阻的岩石圈、低阻的软流层以及地幔结构等）得到了比较好的反映，特别是软流层由海洋下方向陆地下方过渡的区域。另外，岩石圈中的低阻异常体的电阻率值及形态也很好地恢复出来。DSM3的反演结果是在在真实模型公布之前做出的，模型较为复杂且加入了随机噪声，对该数据集的反演在某种程度上可看做对实测数据的处理。

另外，三维反演算法在多个实际项目中得到应用，如在西南某山区三维AMT实际案例中，该区地形切割剧烈，地质情况不满足“最平滑”模型的假设。利用三维正演计算相位的校正量，在实际资料被地形严重影响的相位不变量资料中找到了有力靶区。利用一、二维的反演分析获得先验信息，约束三维反演的结果和定性分析与最终地质验证基本一致。图3.120为实测资料简单约束三维反演结果。

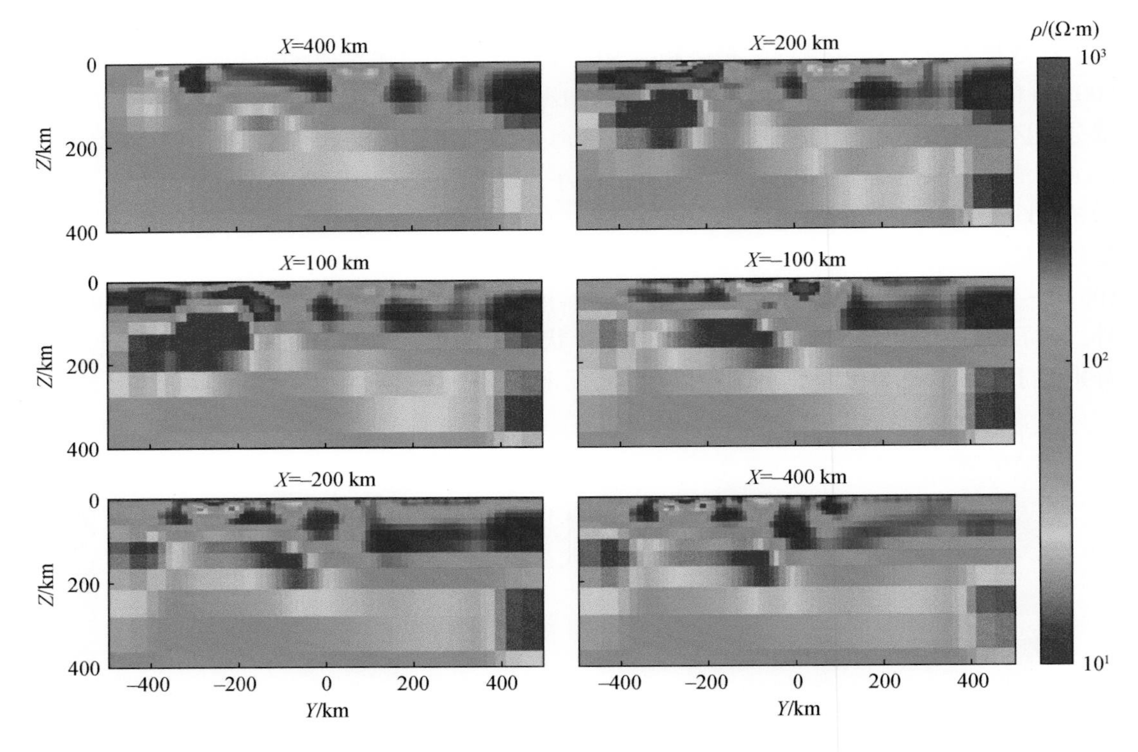

图 3.119 DSM3 数据集反演结果

二、电磁数据处理与正反演软件系统

(一) 多功能三维电磁正反演与可视化交互解释软件系统

针对三维电磁观测、数据处理与解释的特点，以实际勘查工作应用为根本目的，通过系统框架设计和集成方法研究，解决了影响软件实用性的一些关键问题，将电磁数据预处理、正反演计算，结合软件工程工作的要求，形成了集数据管理、数据预处理、人机交互建模、正反演计算、数据成图和结果输出为一体的多功能三维电磁正反演与可视化交互解释软件系统，取得创新性软件成果。

1. 软件集成方式

为了适应三维电磁探测数据的处理解释需求，在软件体系架构与设计方面突破传统的软件体系框架，采用“低耦合”开发模式和数据为核心方式的驱动机制，实现了数据信息多样性有效管理、数据处理运行、处理过程实时监控和图形显示、处理结果方便易用等功能。系统整体采用四层架构，分为数据层、服务层、组件层和用户使用层。其架构框图如图 3.121 所示。

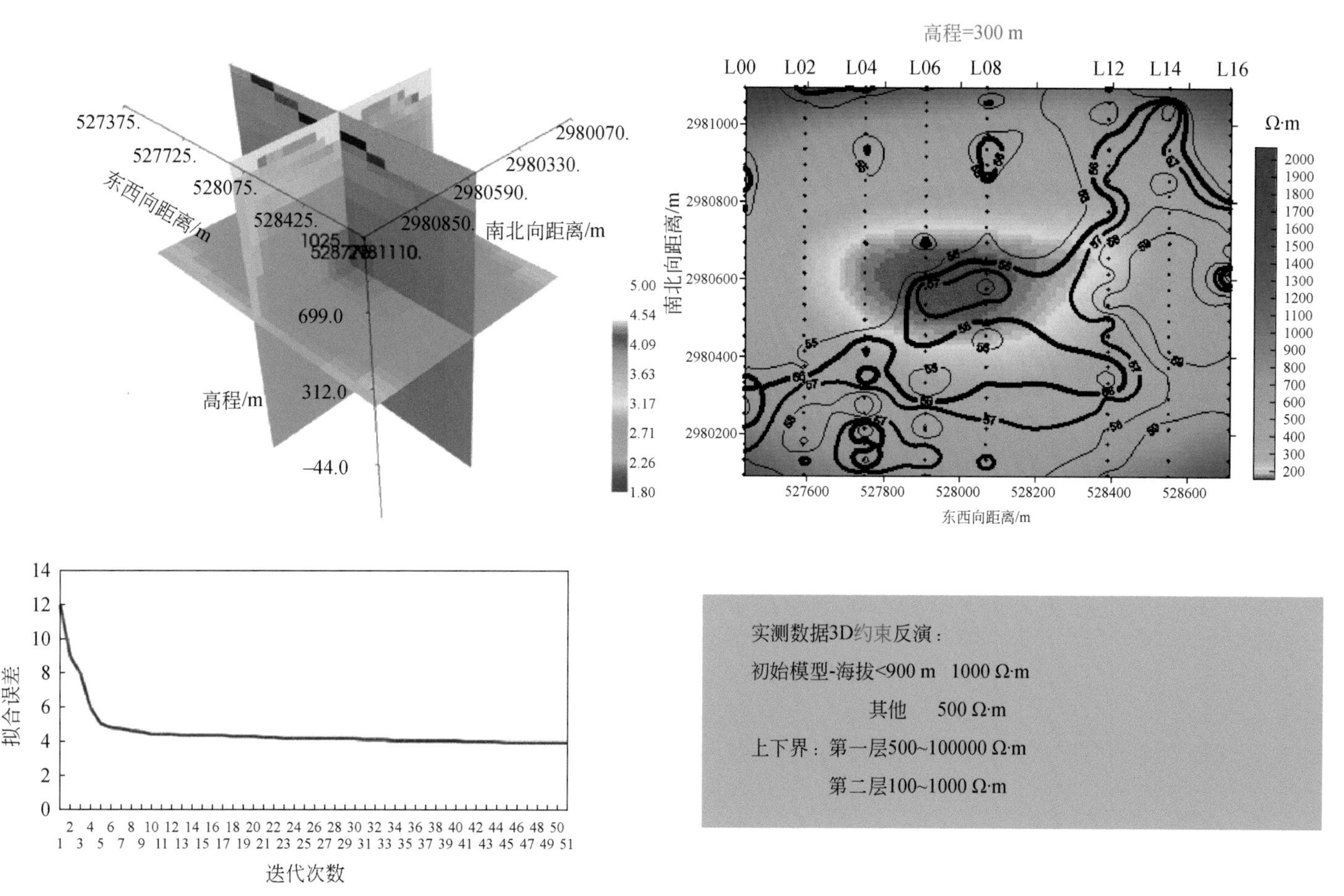

图3.120　实测资料简单约束三维反演结果

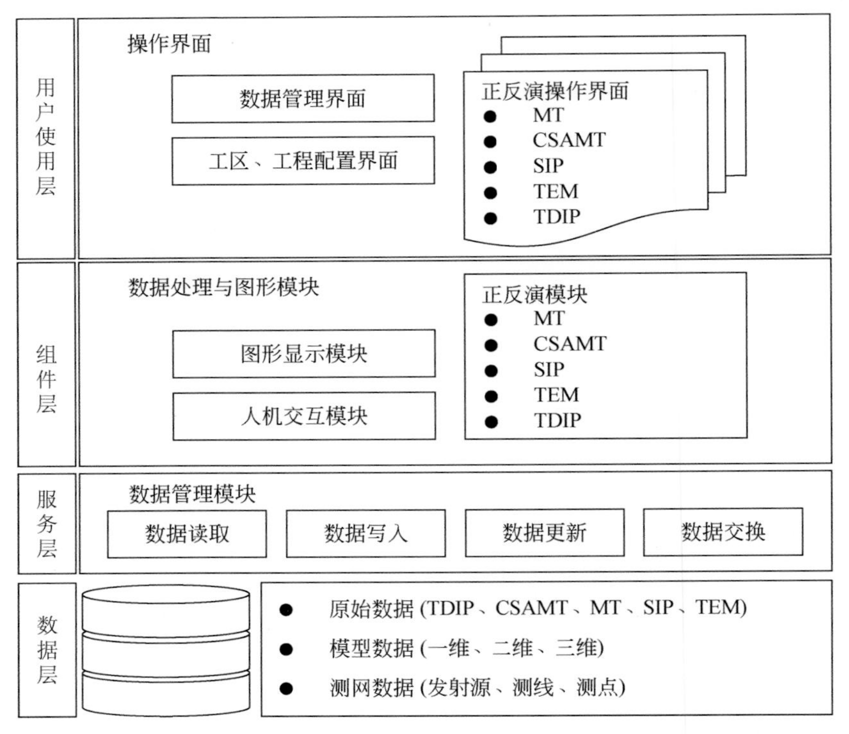

图 3.121 软件系统体系架构图

(1) 数据层用于保存各种电法方法的测网数据和原始数据，以及处理过程中产生的过程数据和模型数据及正反演结果数据。以上数据通过数据库管理工具入库，在入库过程中实施数据的加工处理，以工区的方式管理数据，由数据库提供数据服务。

(2) 服务层提供数据接口函数给组件层使用，包括数据的读取、写入、更新和交换等函数。

(3) 组件层由数据处理与正反演组件、图形显示组件组成。数据处理与正反演组件包括各个方法的处理与正反演模块，各个处理模块使用数据接口函数读取数据，并可以实时在数据库中写入过程数据。数据及图形显示组件负责数据列表显示及包括一维曲线、等值线、断面和三维地下模型等图形显示。

(4) 在用户使用层，用户可以使用组合组件层中的数据处理与正反演模块和图形显示模块完成数据处理与正反演解释工作。

2. 软件集成方法

多功能三维电磁正反演与可视化交互解释软件系统运行于 Windows 64 位操作系统，综合考虑软件平台架构、运行环境以及代码资源等因素，软件集成开发工具选取 Qt、VS2012 和 Intel Fortran。

Qt 5.1 应用于软件界面制作、数据管理、人机交互建模和数据成图等平台模块的开发；Intel Fortran 2012 为正反演计算模块提供 Fortran 语言代码编写和编译环境；VS2012 为软件的编译环境，是平台模块、据预处理模块和正反演模块的编译连接工具。

软件集成涉及数据管理、人机交互建模、可视化和方法处理 4 个模块，其中数据管理、人机交互建模和数据可视化 3 个模块在界面层次基于 Qt 集成，在源代码级别上由集成程序编译使用。

方法处理模块由 Fortran 或者 C++语言编写，使用 Intel Fortran 编译 Fortran 语言编写的代码形成动态库，提供必要的接口由集成程序使用，由 C++语言编写的代码，由集成程序在源代码级别上编译使用。

3. 主要功能

多功能三维电磁正反演与可视化交互解释软件系统包括大地电磁法（MT）、可控源音频大地电磁法（CSAMT）、瞬变电磁法（TEM）、激发极化法（TDIP）和频谱激电法（SIP）5 种方法，以及数据管理、可视化和人机交互建模功能，系统不依赖于第三方软件平台的支持，可以在本系统平台上完成系统各方法的处理、解释和结果输出工作。系统的正反演计算功能模块及算法原理见表 3.23。

表 3.23　软件正反演计算功能模块介绍表

方法名称	模块名称	模块功能及原理
激发极化法（TDIP）	一维反演	采用曲线对比法实现视电阻率和视极化率数据的反演
	二维人机交互正演	基于二维有限元法计算给定地电模型的电场响应
	二维反演	采用最小二乘法实现直接带地形二维反演
	三维人机交互正演	基于非结构三维有限元法计算给定地电模型的电场响应
	三维反演	采用三维不完全高斯牛顿法实现电位差数据和视极化率数据的三维反演
大地电磁法（MT）	一维反演	通过自动迭代方式对视电阻率和相位数据进行反演计算
	二维人机交互正演	基于二维有限元法计算给定地电模型的电场响应
	二维反演	在二维有限元正演算法基础上，反演视电阻和相位数据，获得二维地电模型
	三维人机交互正演	基于矢量有限元法计算给定地电模型（带地形）的响应电磁场
	三维反演	在三维有限差分正演基础上，采用有限内存拟牛顿法反演张量阻抗数据，获得三维地电模型
可控源音频大地电磁法（CSAMT）	拟二维反演	采用最优化一维反演实现视电阻率和相位数据的反演
	三维人机交互正演	基于有限差分法计算给定地电模型的电场响应 E_x
	三维反演	在三维有限差分正演基础上，采用三维非线性共轭梯度法反演 x 方向电场数据，获得三维地电模型
频谱激电法（SIP）	二维人机交互正演	基于有限元法同时考虑激电效应和电磁效应的起伏地形情况下的复电阻率二维电磁场正演计算
	二维反演	在二维有限元正演算法基础上，反演 4 个复电阻率参数值，获得二维地电模型
	三维人机交互正演	基于有限差分法同时考虑激电效应和电磁效应的起伏地表情况下的复电阻率三维电磁场正演计算
	三维反演	采用快速拟线性近似方法反演频谱激电数据

续表

方法名称	模块名称	模块功能及原理
瞬变电磁法（TEM）	一维反演	采用粗糙度约束的正则化反演方法实现 Z 分量感应电动势数据的反演
	三维人机交互正演	采用边界元法求解出三维起伏地形条件下、均匀各向同性介质频率域电磁场响应，采用有限单元法模拟三维地电模型的电磁响应，将边界单元法的地形响应值和有限单元法的地电模型响应值做矢量叠加，从而获得起伏地形条件下三维频率域电磁场的响应值

多功能三维电磁正反演与可视化交互解释软件系统中的大部分一维、二维正反演程序来源于软件开发团队前期已有研究成果“电法工作站（WEM2.5）”软件系统，三维正反演计算模块作为此次软件的新增功能和重要组成部分，与数据管理、多维可视化和人机交互建模模块组成用户操作界面。系统中各方法的正反演算法原理不同，为了在软件使用过程中减少操作学习成本，针对不同方法的软件操作界面采用了基本类似的设计风格，增强了软件的宜用性，三维正反演程序是本系统的特色。下面介绍软件系统在三维可视化、三维人机交互建模与正演模拟、三维反演等方面的功能。

1）三维可视化

开发三维可视化模块可显示三维反演程序的反演结果，设计不同可视化方式来辅助数据处理，以满足用户对地质体的观察、分析和认识。如图 3.122 所示，其功能包括三维数据体显示、三维切片与等值面组合透视图、三维数据体裁剪显示图、任意位置点三个方向的正交切片。

(a)三维数据体显示图

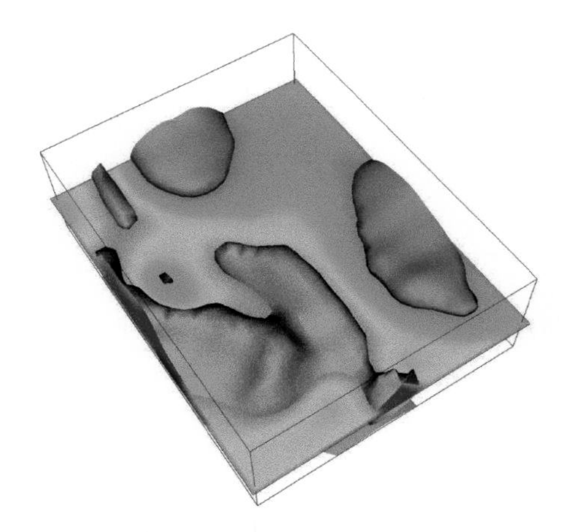
(b)三维切片与等值面组合透视图

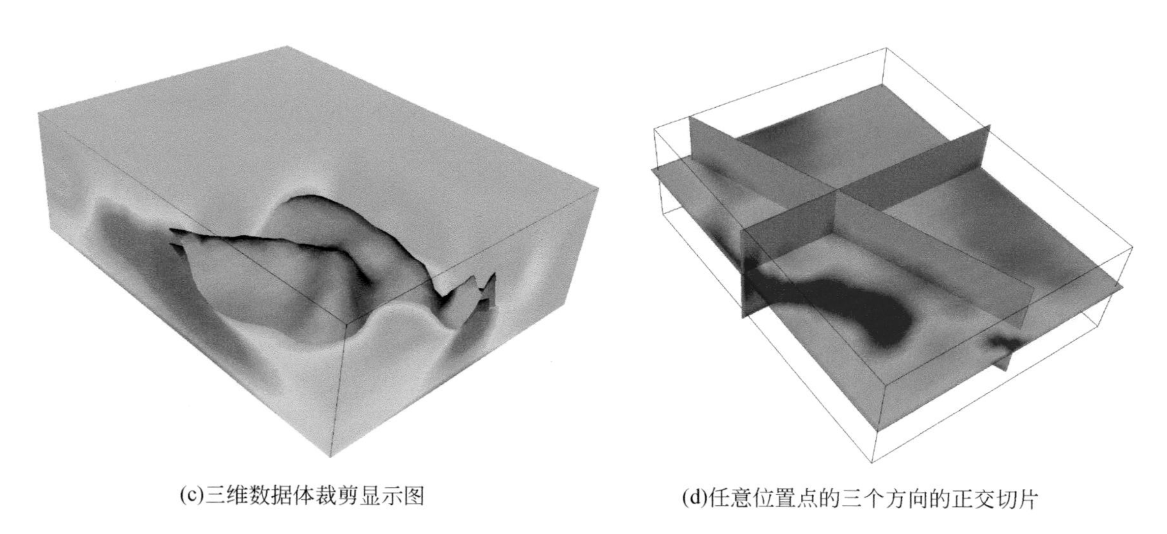

(c)三维数据体裁剪显示图　　(d)任意位置点的三个方向的正交切片

图 3.122　三维可视化模块

2）三维人机交互建模与正演模拟

三维人机交互建模模块包括三维矢量模型构建和网格剖分两个环节，包括简单体建模（图 3.123）和复杂体建模（图 3.124）两种模式。简单体建模创建相对简单，在模型交互区域插入简单体即可完成模型的创建。复杂体建模采用基于剖面的轮廓缝合算法构建三维多面体模型，然后根据三维正演算法要求对模型进行相应的网格剖分，可以通过交互方式改变模型的电性参数，剖分成三维正演需要的网格模型。

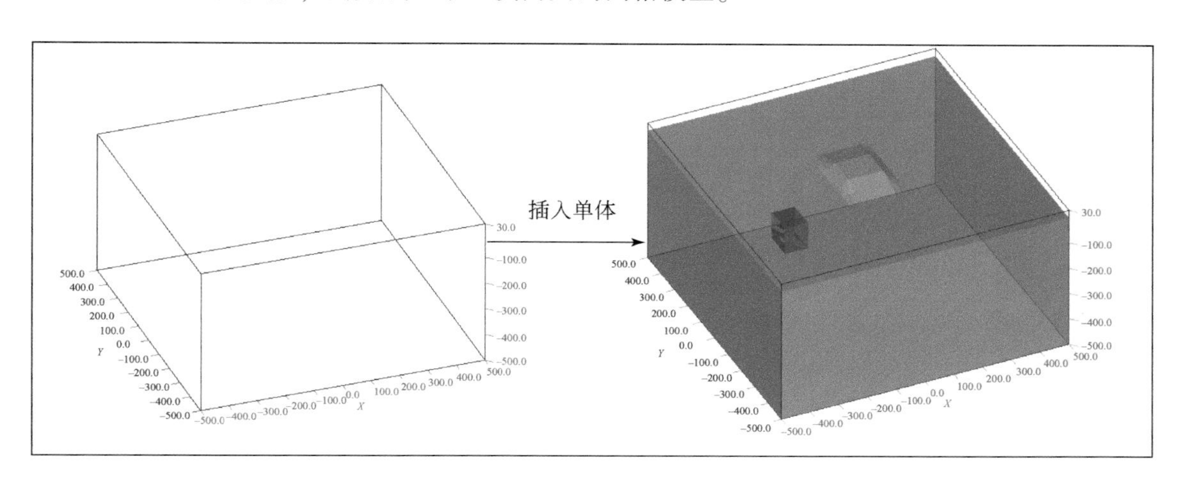

图 3.123　三维简单地电模型构建

软件系统中的三维正演方法包括 TDIP、CSAMT、MT、TEM 和 SIP，由数据管理、测网布置图、测深（剖面）曲线、拟断面和三维人机交互建模模块组成，通过交互式改变模型的电阻率和形态。

图 3.125 是 TDIP 三维人机交互正演操作界面，通过人机交互方式建立三维地电模型，

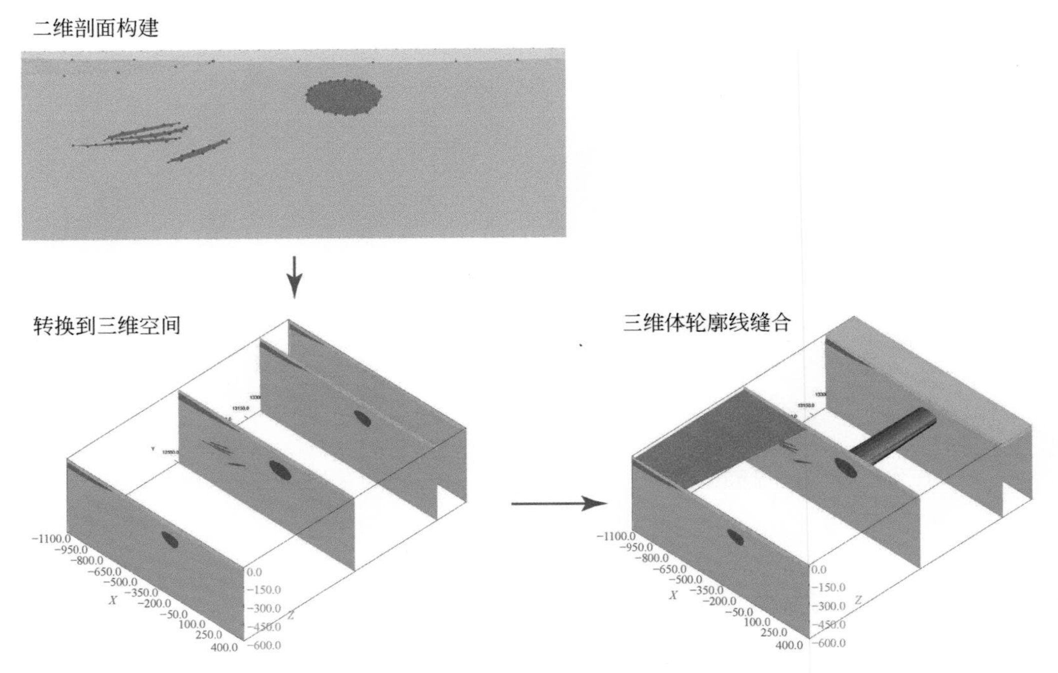

图 3.124 三维复杂地电模型构建与网格剖分

基于非结构三维有限元法计算给定地电模型的电场响应，根据装置参数计算视电阻率和视极化率。

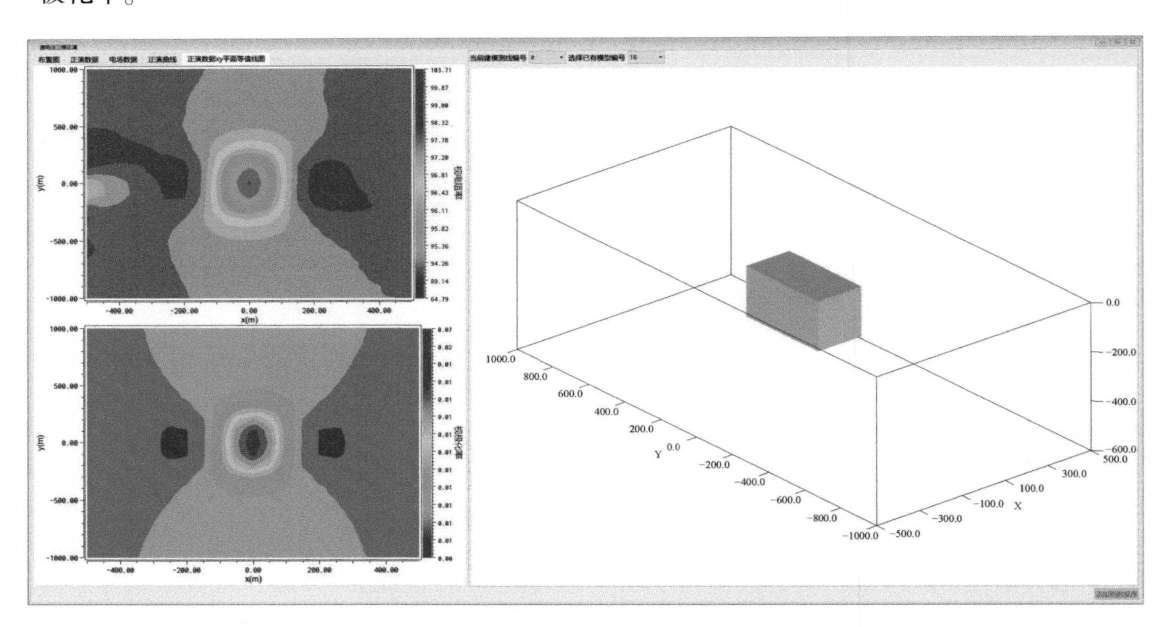

图 3.125 TDIP 三维正演模块操作界面

3）三维反演

三维反演包括 TDIP、CSAMT、MT 和 SIP 四种方法，功能由数据管理、测网布置图、测深（剖面）曲线、拟断面和三维数据体可视化组成。图 3.126 是 MT 三维反演程序的界面。

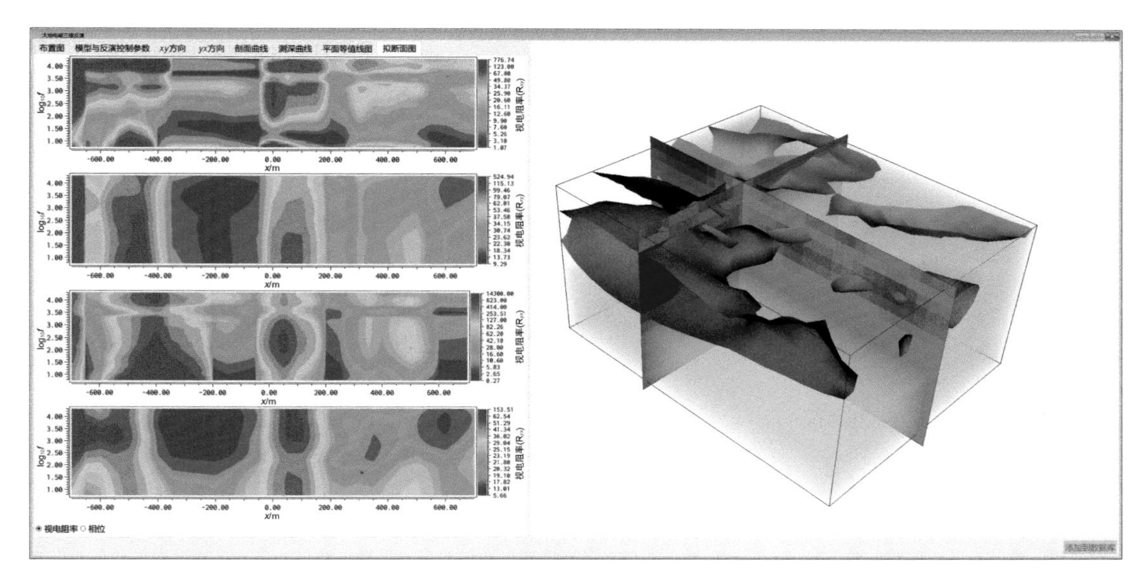

图 3.126　MT 三维反演模块操作界面

软件中的 MT 三维反演算法采用有限内存拟牛顿法反演张量阻抗数据，获得三维地电模型，计算流程包括：①输入视电阻率和相位数据、测网坐标和反演参数；②构建初始模型；③正演计算数据目标函数；④计算模型目标函数；⑤给定步长、计算搜索方向；⑥迭代循环和保存计算结果。反演过程的中间结果可在程序界面显示，结束本次反演时可以保存反演结果，可被以后查看或继续反演使用。

以甘肃柳园三维电磁探测试验区 TDIP、AMT、CSAMT 数据为例，进行了 TDIP 三维反演，AMT 一维、二维和三维反演和 CSAMT 一维和三维反演，结果如图 3.127 所示。不同电法方法的数据（如 TDIP、AMT 和 CSAMT 数据）反演出的电性结构形态具有一致性，同一种电法数据不同反演方法（如 AMT 的一维、二维和三维反演）的反演结果同样具有较好的一致性。

（二）广域电磁法三维反演解释系统

地球物理勘探的方法技术繁多，数据量大，随着探测区域复杂化及勘探目标体精细化，测线、测网的布置也越来越复杂。为此，第一，需要对工区进行有效管理；第二，需要对工区内不同勘探方法产生的大量的数据和资料及处理产生的数据、成果进行系统管理；第三，对不同的处理模块进行有效管理；第四，对处理的成果进行备案；第五，把数据体以不同形式图像的方式显示；第六，便于二次开发；第七，上述六个部分的密切关联。广域电磁法三

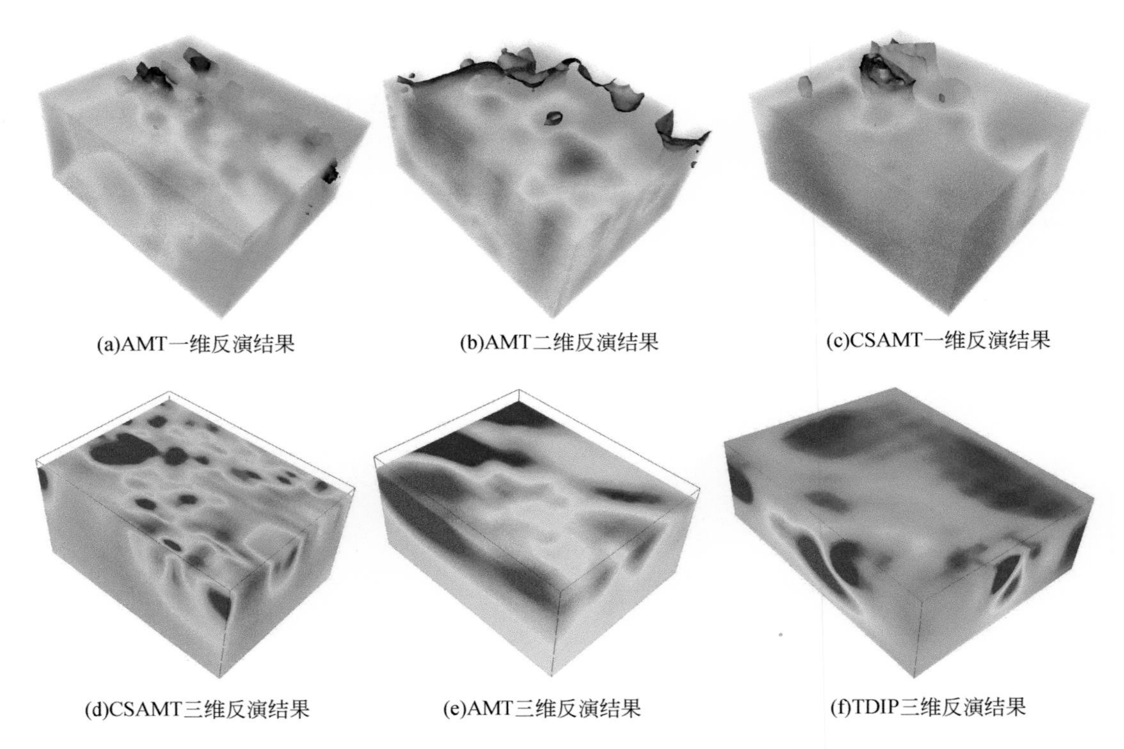

图 3.127　实验区 AMT、CSAMT 和 TDIP 反演结果

维反演解释系统 GME_3Di（V5.1）系统平台就很好地满足了这些方面的需求。

GME_3Di（V5.1）系统平台（图 3.128）通过计算机虚拟工区，以测线、测网、井为中心（纽带），通过人机交互对工区内的测线（测网）、测线（测网）对应的地球物理数据、对测线（测网）做处理的各种模块、处理档案、处理成果及成果可视化显示进行有效合理的组织和管理。在虚拟工区中，数据是以测线、测网的形式组织，每条测线对应一个文件目录，该测线、测网所具有的数据文件就存放在该目录中。选中某条测线或测网，调用相应的处理模块，系统平台自动将该模块需要的输入、输出文件准备好，用户只需修改处理参数进行处理即可。处理完毕后，系统自动把处理成果放到该测线或测网对应的文件目录中，同时，系统自动对处理作历史记录，便于以后查询。系统平台提供了丰富的可视化功能，这些功能包括：其一，带地形 2 维剖面可视化；其二，平面数据 2 维和 2.5 维可视化；其三，带地形 3 维可视化；无论是原始数据、中间处理成果还是最终处理成果，均可以适时可视化，便于随时浏览了解处理效果，分析研究处理成果。

1. 系统框架设计

GME_3Di（V5.1）系统平台主要由五部分组成：系统管理、数据管理、模块管理、作业管理、可视化工具。图 3.129 为系统各个模块的关系图。

2. 主要功能

系统平台的菜单有：文件菜单、编辑菜单、操作菜单、显示菜单、命令菜单、设置菜单、查看菜单和帮助菜单。系统主要有五大功能：工区管理模块的功能、数据管理模块的

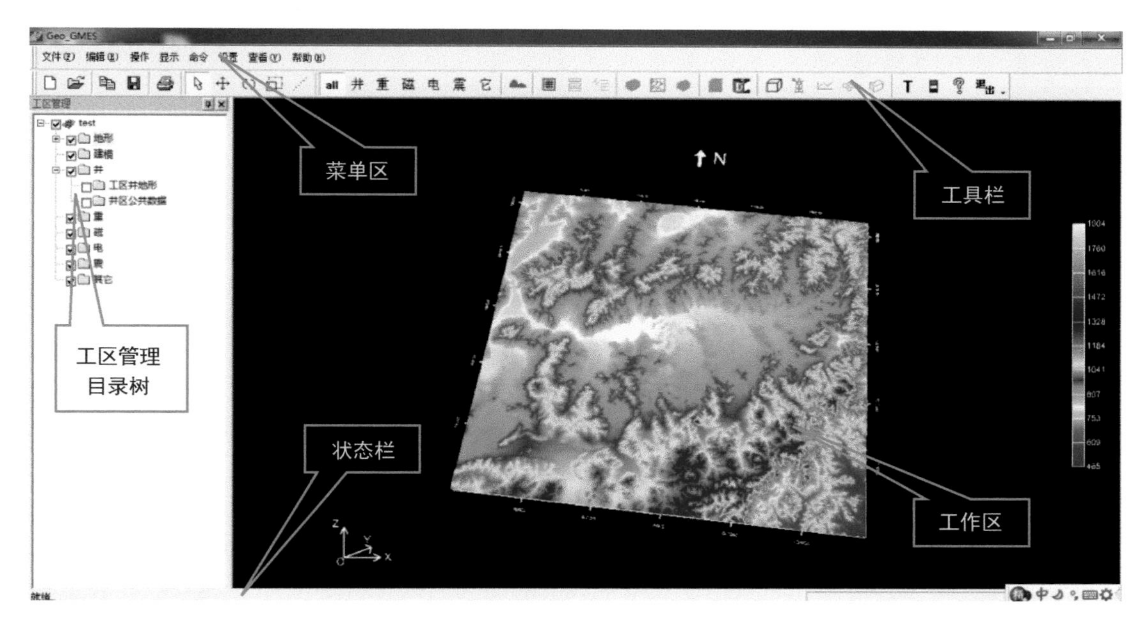

图 3.128　GME_3Di（V5.1）系统平台主控台

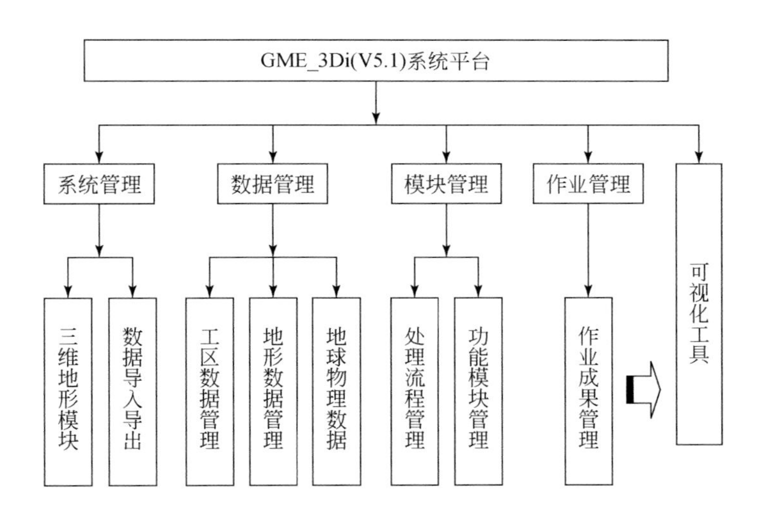

图 3.129　GME_3Di（V5.1）系统模块关系图

功能、模块管理模块的功能、作业管理模块的功能、可视化工具模块的功能。系统将这些功能有机结合，为解释和处理人员提供了很大的方便。

工区管理对地形数据、地球物理数据、处理成果等进行综合管理。工区管理通过三维虚拟工区，以测线、测网和井为纽带，提供友好的用户界面和灵活的操作方式。工区管理的管理功能主要有新建工区、打开工区、生成工区地形、新建测线、新建测网，以及测线、测网和井的数据导入导出功能，并支持协同作业功能。

数据管理部分主要管理地形数据，以及井、测线、测网的地形数据和地球物理数据。

地形数据通过地形总管理文件进行管理，地球物理数据的管理以目录树的形式进行管理。管理结构如图 3.130 所示。

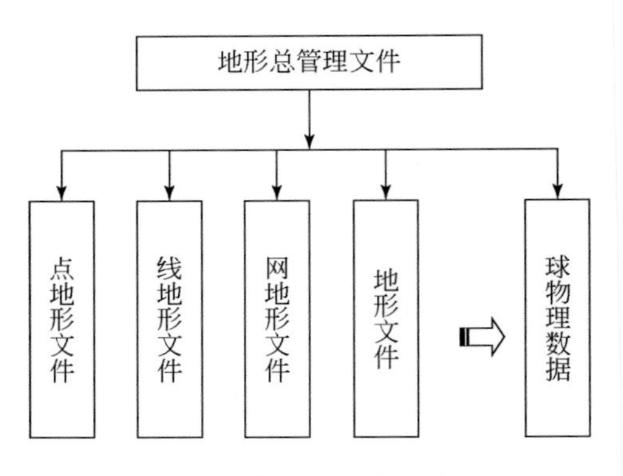

图 3.130 数据文件管理结构图

管理模块是该系统平台的一个主要模块，由于勘探方法和技术众多，不同的勘探方法之间需要相互参考和借鉴，而且勘探数据量大，对不同的数据有不同的处理方法，甚至相同的数据也要经过众多方法处理，因此，涉及大量的处理模块。故而对众多模块进行有效组织和管理是很有必要的。处理模块绝大部分为可执行程序，使用目录树进行分类。处理模块功能分为电（广域电磁法）和重磁震等几大类，下面再分为二维模块与三维模块，而后再细分为组，最后才是各处理模块。每个模块对应一个可执行程序，选中要做处理的测线、测网，系统便把选中的测线、测网的信息组织起来传输给处理模块。图 3.131 是彭阳地区广域电磁法三维反演与可视化示例。关于软件的具体使用及实例，可详见使用说明书。

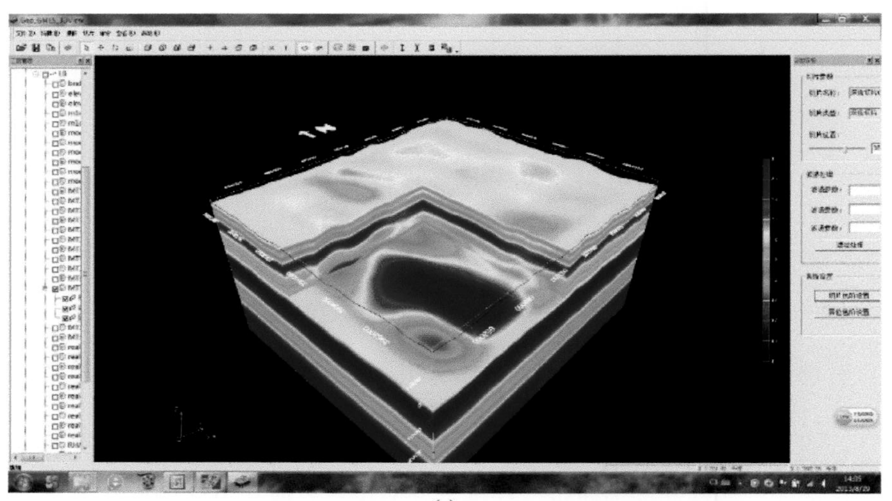

(a)

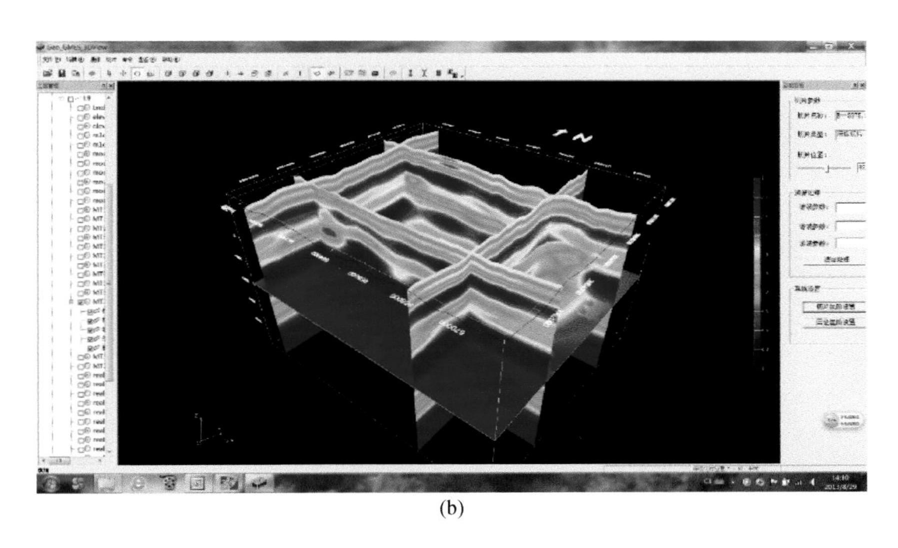

(b)

图 3.131　彭阳三维广域电磁法资料三维反演成像（a）与三维可视化（b）

（三）长周期大地电磁数据处理及三维正反演软件系统

1. 系统框架设计

1）长周期大地电磁数据处理软件

分布式长周期大地电磁数据处理软件（LMTPro）包括主程序模块、数据处理模块、数据编辑模块、数据拼接模块 4 个功能模块，可针对不同观测方式的长周期大地电磁数据进行分布式处理，具有去噪、张量阻抗估算、张量阻抗分解、数据编辑和数据拼接等功能；支持单点处理、远参考处理、基于磁场相关远参考处理和共用磁道处理 4 种张量阻抗估算方式，支持 swift、巴尔、G-B 和相位张量分解 4 种张量阻抗分解方法。该软件填补了国内处理长周期大地电磁数据软件领域的空白，总体达到了国际先进水平。

长周期大地电磁数据处理软件采用 Microsoft Visual Studio 2010 作为开发平台，算法采用 C 语言，软件包装采用 C#语言开发。数据处理模块的数据输入为所开发的长周期大地电磁测深仪所采集的时间序列，输出结果为 EDI 格式文件。软件系统框架如图 3.132 所示。

2）长周期大地电磁三维正反演解释软件

长周期大地电磁三维正反演解释软件具备正演模拟、数据预处理、反演成像、成图解释和数据管理五个模块。正演模块采用简单、实用、快速、高精度和适应性较强的建模方法实现二、三维建模，能采用有限差分和有限元实现二、三维正演计算，精度高于国外算法和软件。数据预处理模块采用实用化数据预处理技术，能适应野外复杂环境中的数据处理要求，具备数据总览、编辑平滑、模式识别、静态校正等功能。反演模块采用稳定、快速、低内存消耗的反演方法，能开展多参数联合二、三维反演。成图解释模块能对大地电

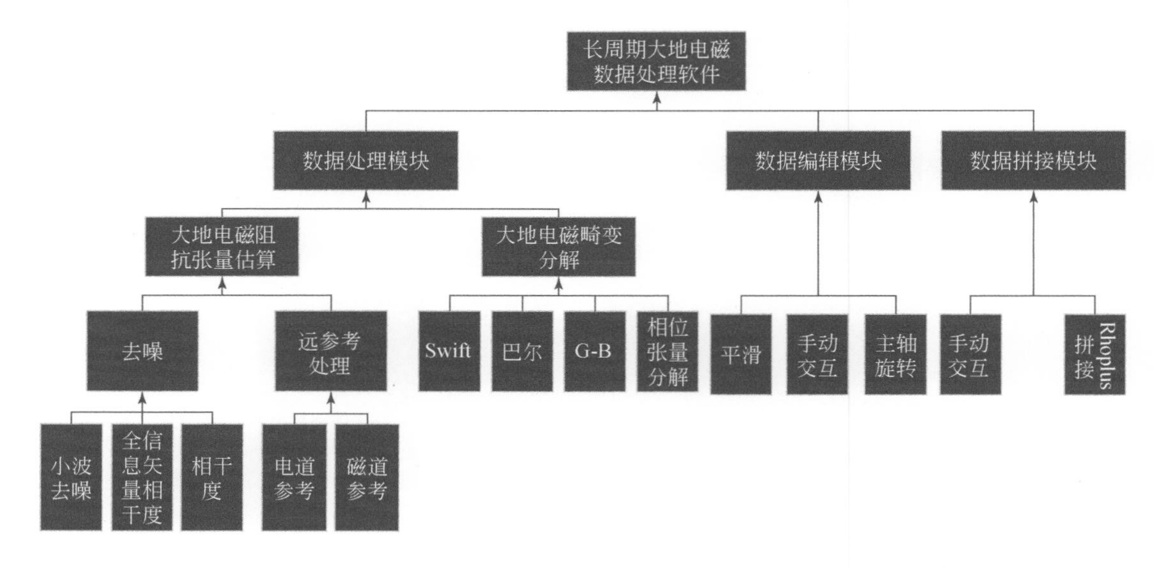

图 3.132　长周期大地电磁数据处理软件系统框架

磁任意模型和数据进行图像展示，能为地质解释人员提供丰富的解释依据。数据管理模块能对其他模块进行高效的管理。软件系统采用松散结构，各功能模块之间单独开发，可方便实现新算法的挂接和已有算法的替换。创新提出了考虑地球曲率的大地电磁二、三维正反演理论，并实现了基于柱坐标和球坐标的长周期大地电磁二、三维正反演算法和实际应用。在国内外首次开发了一体化长周期大地电磁二、三维正反演解释软件，填补了行业空白。

长周期大地电磁三维正反演软件系统采用 Microsoft Visual C++ 6.0 作为开发平台，算法采用 Fortran 语言，采用面向对象的方式构建大地电磁二、三维正反演软件平台，研发了一套集正演模拟模块、数据预处理模块、反演成像模块、成图模块和数据管理模块五个功能模块的软件系统。软件系统框架如图 3.133 所示。

2. 主要功能

1）长周期大地电磁数据处理软件

长周期大地电磁数据处理软件主界面为主程序模块，主要功能为调用数据处理模块、数据编辑模块和数据拼接模块，进行数据处理模块的参数和数据处理方式的修改，并包含数据管理功能（图 3.134）。

数据处理模块可以实现基于单点处理、远参考处理和基于磁场相关远参考处理和共用磁道处理等多种方法的大地电磁数据处理手段，软件功能包括时间序列显示、测点参数信息、数据处理参数配置（数据处理测点名、是否选择小波滤波、是否进行远参考处理、重采样参数、张量阻抗分解方式，图 3.135）、数据处理方式选择（单点处理、远参考处理、磁场相关远参考处理、共用磁道处理共四种，图 3.136）、数据处理过程监控。数据处理结果以 EDI 数据格式保存。

图 3.137 所示为数据编辑模块。对于受噪声干扰的测点，可以对测深曲线进行模式交换、自动平滑曲线、手动编辑飞点等功能。

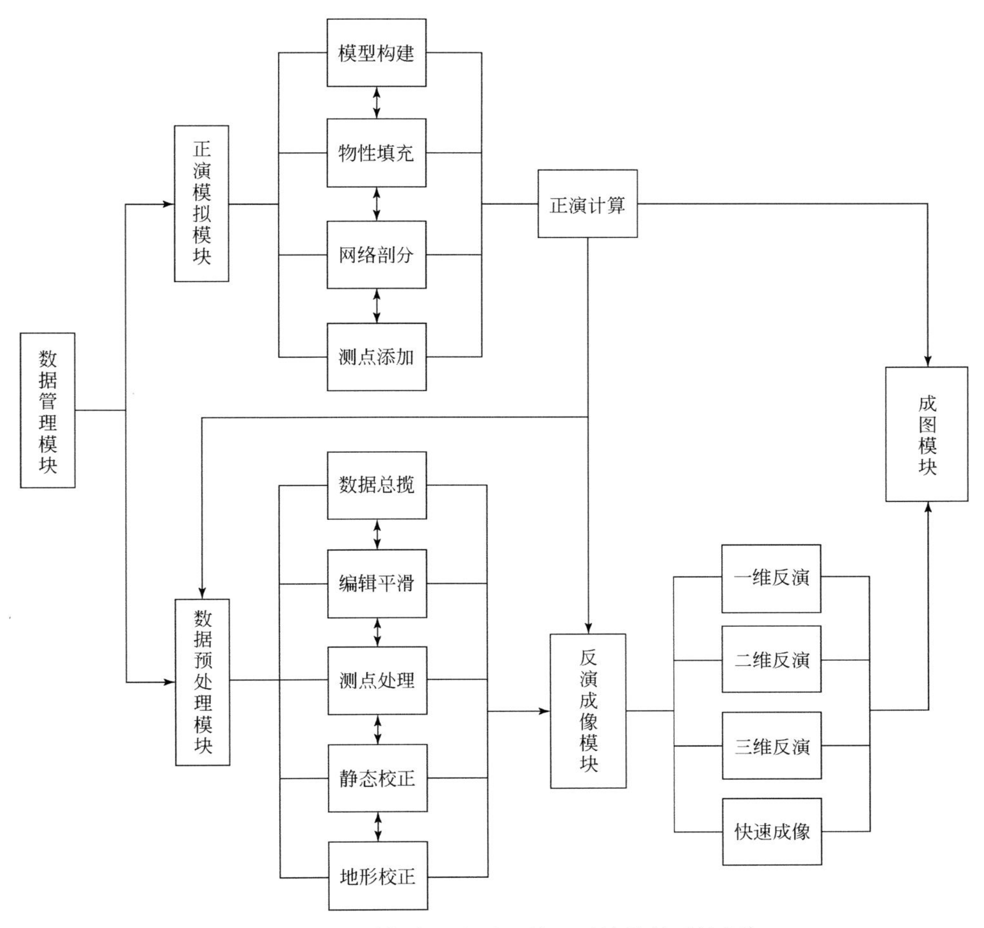

图 3.133　长周期大地电磁三维正反演软件系统框架

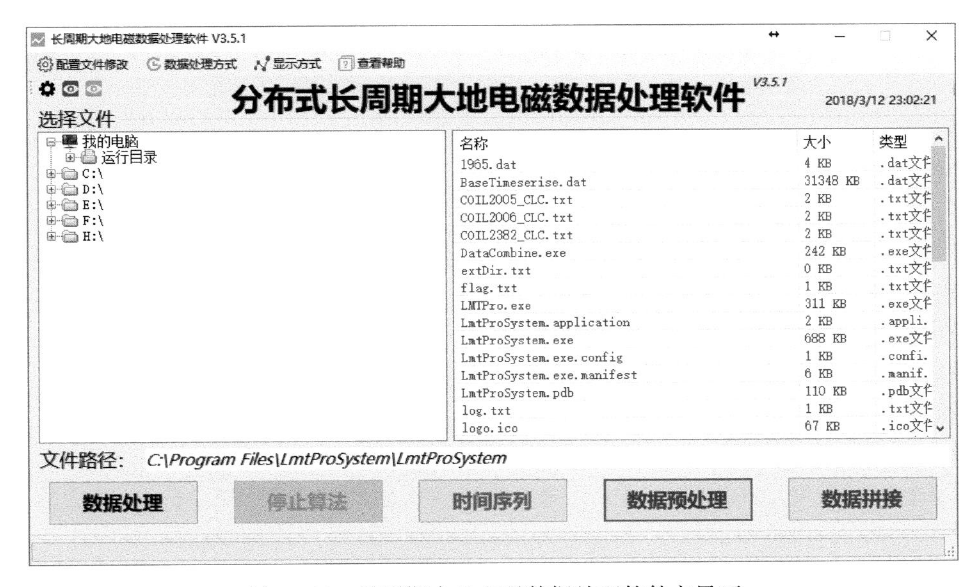

图 3.134　长周期大地电磁数据处理软件主界面

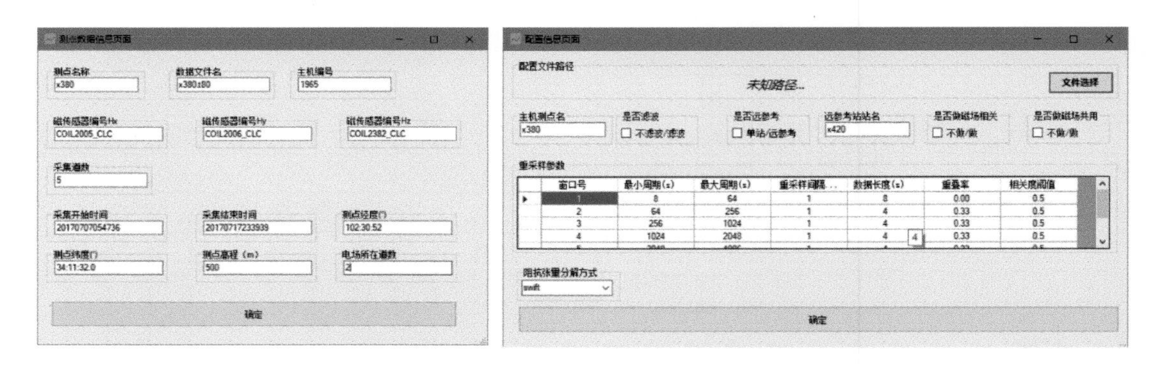

图 3.135　测点参数信息和数据处理参数配置页面

图 3.136　数据处理方式选择界面

图 3.138 所示为数据拼接模块。MT 和 LMT 数据野外在同一点位进行数据采集，由于所处理的频段不同，两套数据有一定的频段重叠，并且后期数据反演时需要将两套数据进行拼接。由于直接拼接视电阻率会影响张量阻抗分析等，本软件设计为两套资料在阻抗张量层面进行拼接，而不是直接拼接视电阻率。软件的数据拼接模块包括数据拼接功能、曲线修改功能、阻抗旋转功能、数据导出功能。

2）长周期大地电磁三维正反演解释软件

图 3.139 所示为正演建模模块，分为二维正演模块和三维正演模块，二、三维建模将提供简单、实用、快速、高精度和适应性较强的建模方法，使用户能方便地建立和修改模型。

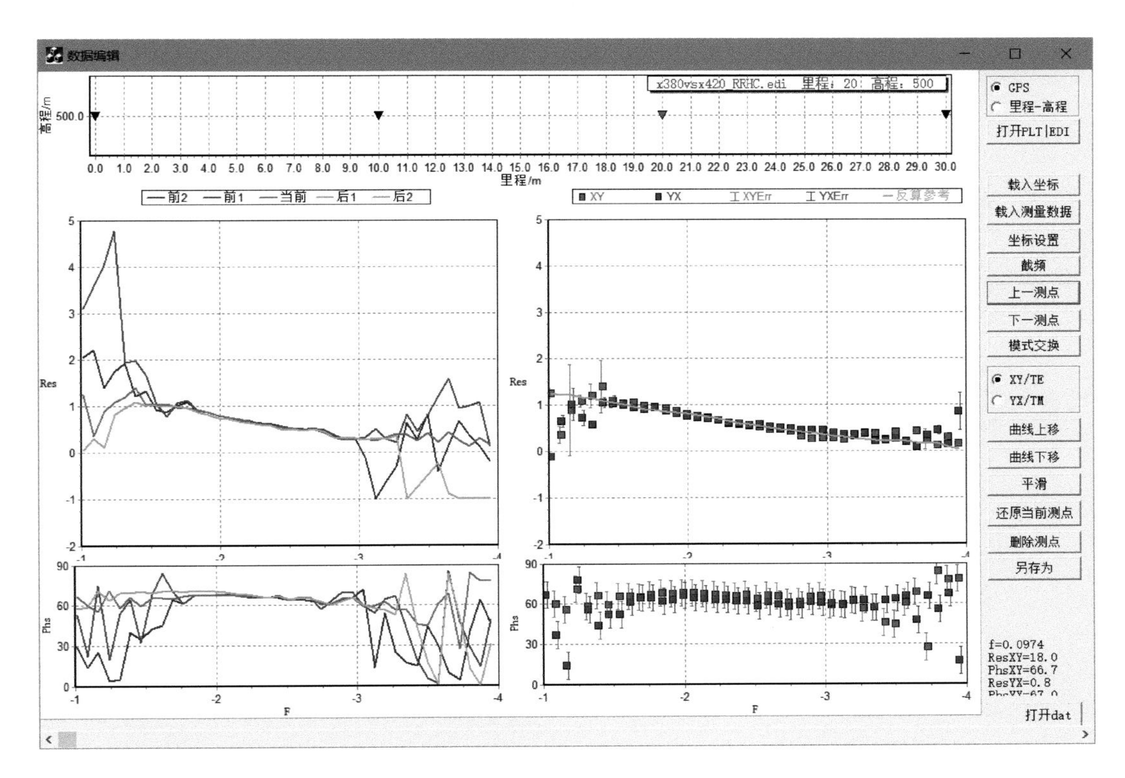

图 3.137　数据编辑界面

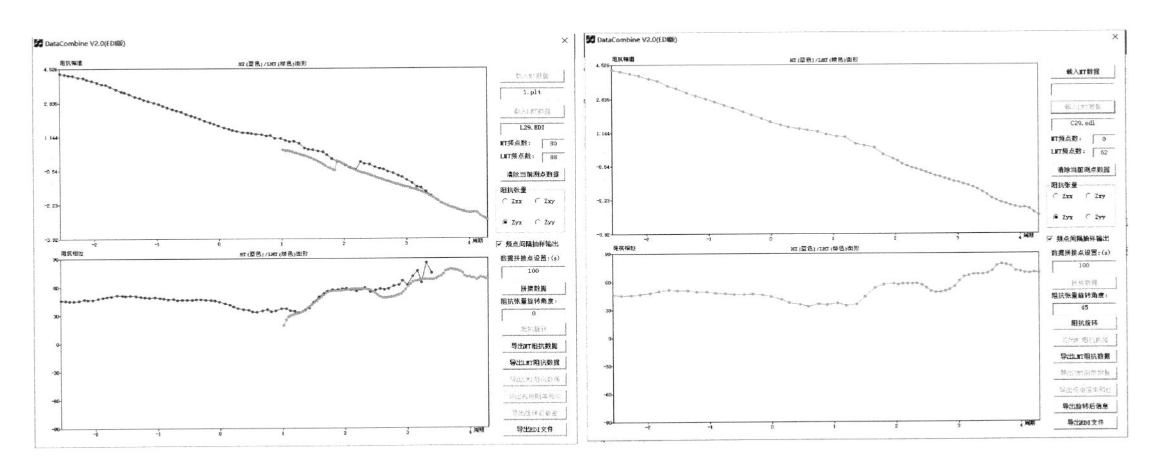

图 3.138　MT 和 LMT 数据拼接界面

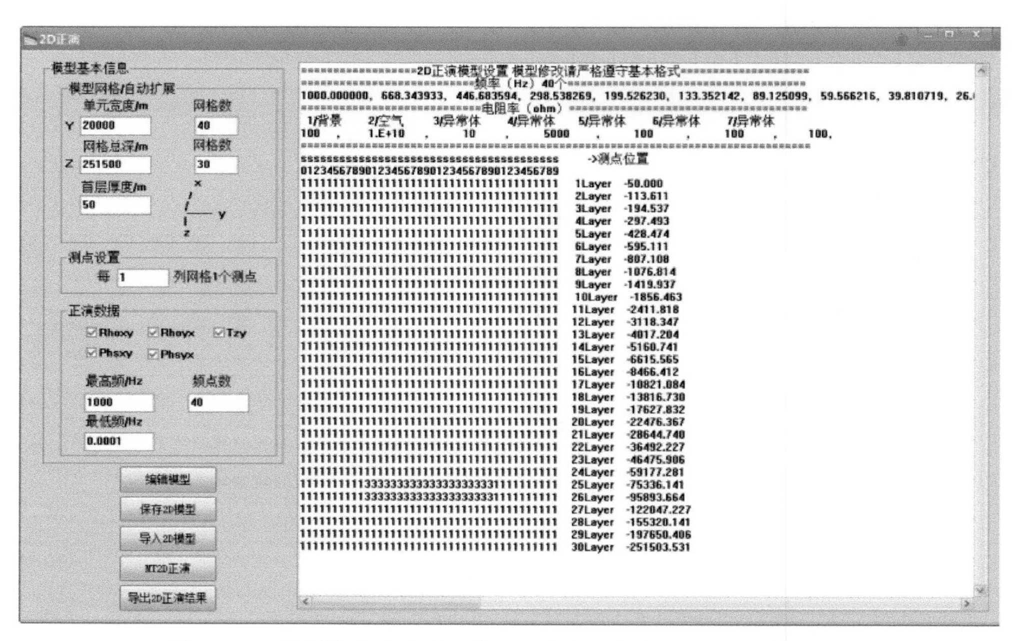

图 3.139 长周期大地电磁三维正反演解释软件——正演建模界面

图 3.140 所示为数据预处理模块，预处理模块支持数据极化模式识别、数据飞点的剔除、曲线平滑、静态校正、测点删除等方法。三维数据以单测线为单元导入，支持各类大地电磁仪器数据格式，能快速便捷地进行数据预处理，曲线的预处理能同时参照相邻测点数据，大大提高数据可靠度。

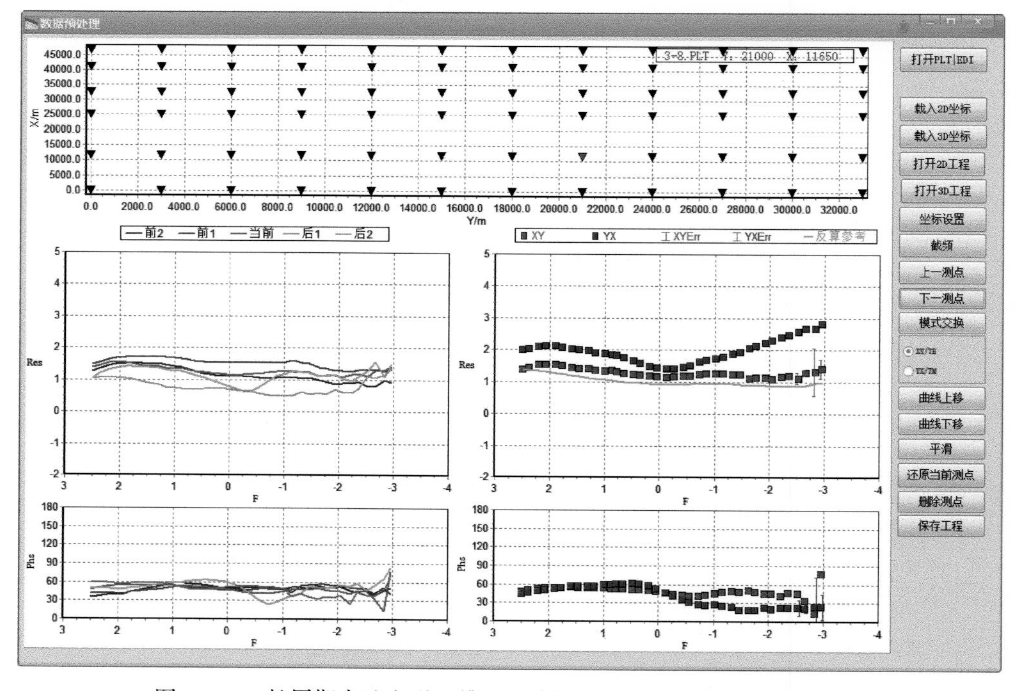

图 3.140 长周期大地电磁三维正反演解释软件——数据预处理界面

图 3. 141 所示为反演模块，使用快速、稳定、低内存消耗的 NLCG 和 LBFGS 来进行二、三维反演，节省了大量的线搜索时间，也无需求解灵敏度矩阵，大大降低了计算器内存需求。软件反演参数智能化推荐、每次迭代信息和结果都详细输出，反演过程稳定、快速、低内存消耗，能在普通 PC 上完成二、三维快速反演计算。

图 3. 141 长周期大地电磁三维正反演解释软件——反演界面

图 3. 142 所示为成图模块。成图模块支持计算的所有类型数据，包括视电阻率、相位、倾子，以及建模模型图、反演结果模型图、拟合响应结果模型图、正演计算结果、响应结果等。二维数据以断面形式展示，三维数据以空间切片形式展示，用户可对图形的切片及显示方式做任意调整。

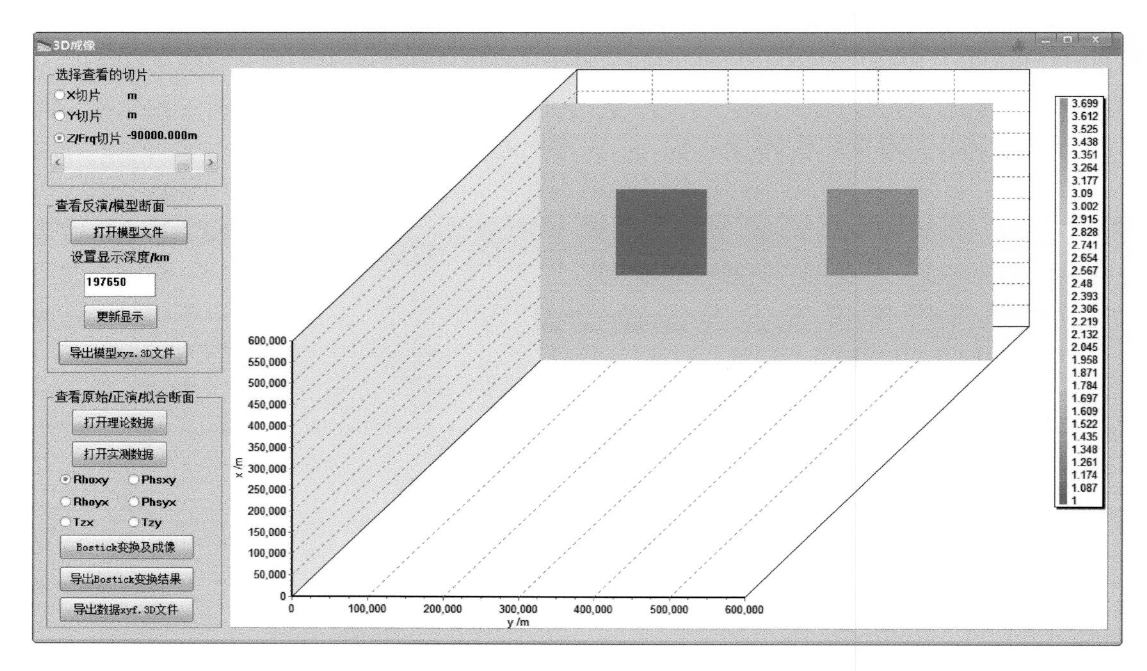

图 3.142　长周期大地电磁三维正反演解释软件——成图界面

第四节　典型应用实例

一、四川卡拉水电站广域电磁法应用试验

（一）试验目的与任务

试验区位于凉山州木里县雅砻江河段内，距木里县约 174 km，距西昌市约 406 km。工程区地处喜马拉雅-特提斯造山带东段的边缘，位于北东以鲜水河断裂带、北以玉龙希-八窝龙断裂带、西及西北以理塘-德巫-藏翁断裂带、东及东南以锦屏山-小金河断裂带构成的“九龙菱形断块”西南部，断块整体性好，具有较好的工程地质条件。卡拉工程区属华南地层大区巴颜喀拉地层区玛多-马尔康地区分区雅江小区及玉树-中甸地层分区稻城小区，其地层岩性以晚二叠世—晚三叠世复理石碎屑岩及碳酸盐岩建造为主，间夹基性火山岩、火山碎屑岩，工程区出露地层的岩性组合十分典型。

本次广域电磁法勘察主要地质任务为：①初步查明引水隧洞沿线岩层产状，主要断层、破碎带和节理密集带，软弱夹层及蚀变带的位置、产状、规模、性状及其组合关系；②初步查明隧洞沿线喀斯特发育规律，主要洞穴的发育高程、层位、规模、充填情况和富水性。

（二）工作方法技术

1. 现场踏勘

本次工作首先进行先期踏勘和收集相关资料，包括：①收集相关地质、测绘、钻探、测井、物探及化探等资料信息；②收集测区主要岩矿石资料，包括岩石标本和岩石电性资料；③进行地质踏勘工作，了解地形、地貌特征，掌握交通、气象和人文相关情况，对当地进行电磁噪声检测，并评估电磁噪声水平。

现场踏勘发现：勘察范围海拔为2000～4000 m；地形起伏大，自然坡度一般为30°～40°，海拔2500 m以上主要为松树林，海拔2500 m以下主要为灌木林，地面多为碎石，接地条件较差。施工条件艰难。

工区电磁干扰因素主要有三个。

（1）220 kV卡拉变电站及其输入输出线路、电塔等；卡拉变电站距引水隧道进口段轴线最近为0.5 km，距进口段物探横测线距离为1.0～4.0 km。变电站有降阻的接地装置、防雷装置、开关和大功率升（降）变压器等的存在，对电磁法勘探影响巨大。另外，变电站的主要输入输出线路与引水隧道轴线是平行的，电线、电塔与物探测线如影随形，整个物探工区都可见高压电线及电塔。这对电磁法勘探形成强烈的干扰。

（2）雅砻江北岸顺河公路距物探测线最近为1.0 km，最远为4.5 km。过往车辆会对电磁法勘探有一定影响。

（3）麦地龙营地和杨房沟施工场地在物探测区上游20 km处，其施工电用机械、车辆及人员也会对电磁法勘探有一定影响。

2. 测线设计

设计物探测线总长共计约42.67 km。根据工作任务需求及分辨率要求，设计点距为40 m，均匀分布在各条测线上。设计总测点数1069个（图3.143）。

本次实验中，矿体顶部埋深约1000 m，为了达到勘探深度及实际中工作安排的需要，采用$n=7$的$2n$系列伪随机信号，即一次发送7个频率成分，最高频率为8192 Hz，最低频率为0.75 Hz，共计28个频点。本次WFEM野外勘探选取的场源极子长度约为2 km，场源距测线1约为5.33 km，距测线5约为6 km，距测线1最远端约为11.8 km；场源距测线7约为7.8 km，距测线8约为8.5 km，距测线7最远端约为9.1 km。

3. 质量评价

为检查采集的数据质量，对不同供电点、不同供电收发距在不同时间进行了“不同时间、不同操作人员、同一测点、不同仪器”的质量检查。在测量工作中，为严格控制数据质量，同一测点进行多次测量，对质量不过关的物理测深点需要进行重复测量，以保证所有的物理测深点达到一级。

按规范和设计要求，进行了检查点观测；典型检查点结果如图3.144所示，检查点视电阻率误差统计计算见表3.24。由图3.144可见，本次测量检查质量符合规范，表明本次广域电磁法测量的数据质量是可靠的。

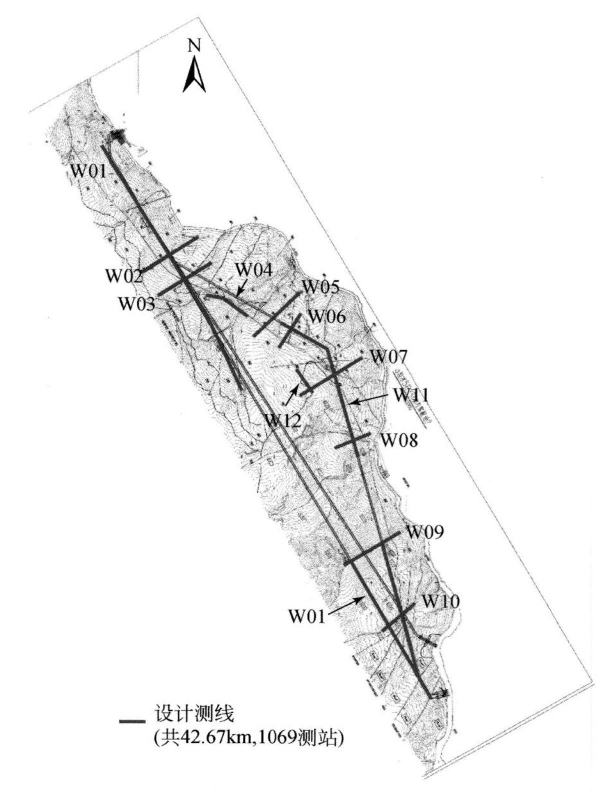

图 3.143 工区测线测点分布示意图

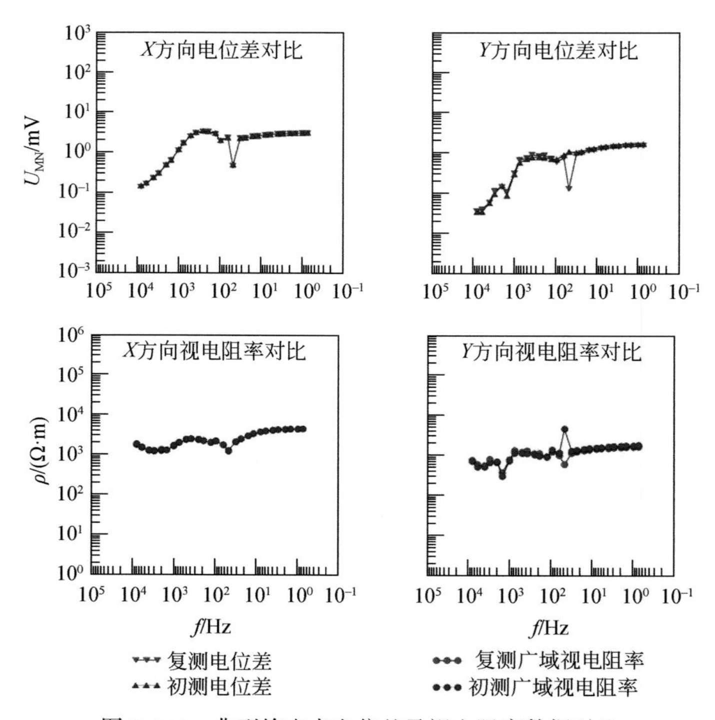

图 3.144 典型检查点电位差及视电阻率数据对比

表 3.24　卡拉广域电磁法检查点视电阻率误差统计表

线号	点号	频点	ρ_x相对误差/%	ρ_y相对误差/%
W1	W1-107	25	4.91	4.46
	W1-126	23	4.80	4.24
	W1-165	18	3.80	4.14
W2	W2-31	22	2.95	4.81
W3	W3-8	24	3.86	4.30
	W3-9	20	3.34	4.83
W5	W5-17	27	1.96	2.14
	W5-2	28	4.85	4.81
W6	W6-12	28	5.00	4.80
	W6-262	20	4.86	4.66
	W6-279	18	4.56	3.52
W9	W9-3	26	4.53	4.37
	W9-4	22	4.96	4.83
W10	W10-28	28	1.83	4.26
	W10-29	28	4.43	4.96
W11	W11-20	25	4.94	4.94
	W11-83	26	4.20	1.97
	W11-128	25	4.26	4.79
	W11-166	24	4.53	4.08
	W11-355	22	4.24	3.76
	W11-356	23	4.56	4.44
W12	W12-2	17	1.96	4.85
	W12-3	26	4.42	4.77

（三）试验结果对比分析

1. 广域电磁法与 AMT 对比试验

为验证广域电磁法的效果，进行了广域电磁法（WFEM）与音频大地电磁法（AMT）的对比，结果如图 3.145 所示。

由图 3.145 可见，广域视电阻率与 AMT 视电阻率整体形态一致，数值上相差一定的倍数，这是由地表不均匀体等造成的，后期可通过空间滤波等方法进行处理。整体上，广域电磁数据的质量优于 AMT 数据，这是因为人工场源条件下，数据信噪比更高，体现了广域电磁法的优势。此外，由图 3.145 可见，在含人工场条件下，AMT 数据出现了较大的畸变，这表明人工场源激励时，如简单进行天然场测量及处理，将导致错误的结果。

需要说明的是，由于广域电磁数据在距离场源较近的区域低频数据可能会受到场源效应

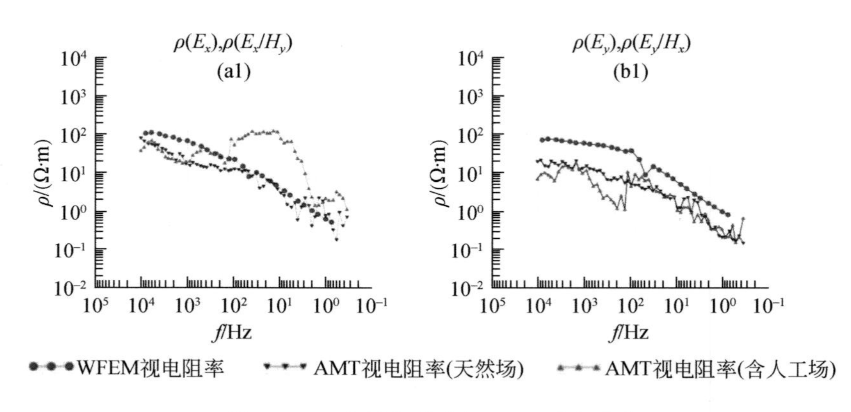

图 3. 145 广域电磁法与 AMT 对比试验

影响，此时使用了 AMT 数据对广域电磁数据进行了校正，保障了广域电磁数据的可靠性。

2. 广域电磁法单频发送与多频发送对比试验

广域电磁法采用伪随机多频发送，提高了压制噪声的能力，但降低了各单频点的发送功率。为验证广域电磁法多频发送的实际效果，进行了广域电磁法单频发送与多频发送的对比试验，对比结果如图 3. 146 所示。

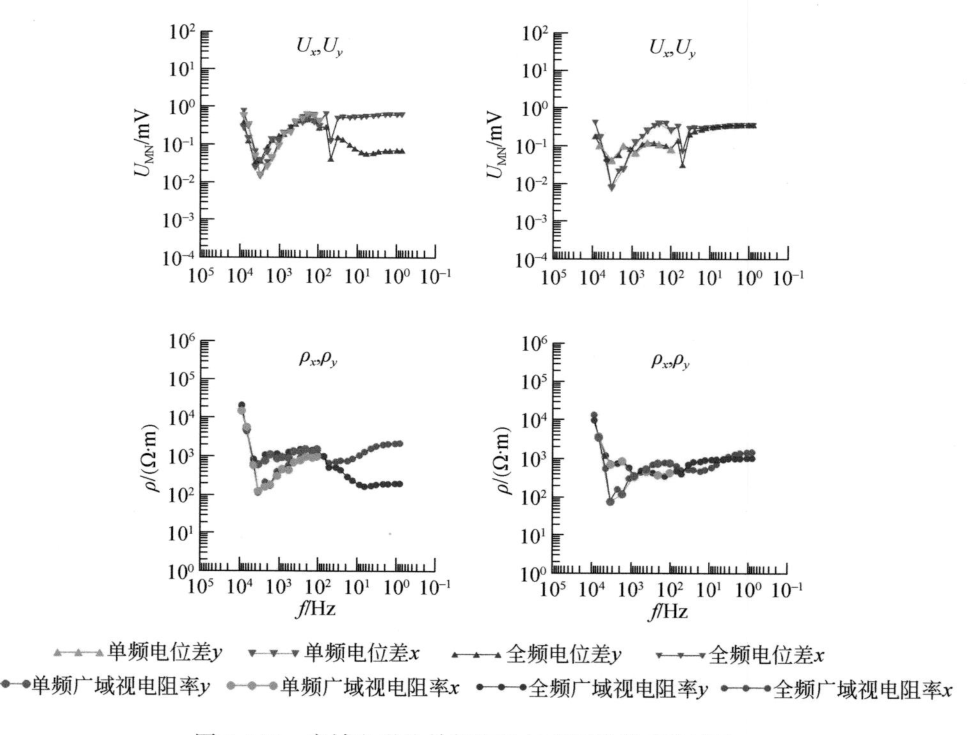

图 3. 146 广域电磁法单频发送与多频发送对比试验

由图 3. 146 可见，多频发送的结果与单频发送结果基本一致。对比结果证明了广域电磁法伪随机多频发送的有效性。

（四）反演结果

经过精细处理及反演，完成了所有测线的反演结果，典型反演剖面如图 3.147 所示。根据地质资料，W2 剖面下伏基岩为变质砂岩、砂质板岩、含炭质板岩互层夹少量大理岩。

（1）剖面上存在一条视电阻率值范围为 50～400 Ω·m 的条带状低阻体，该低阻体和其上覆层均呈低阻，界线不甚清晰。该低阻体埋深范围为 100～250 m，厚度主要为 100～150 m，结合地质资料分析该低阻体为基岩中的软弱层。

（2）桩号 0～500 m 岩体视电阻率范围为 50～700 Ω·m；分析桩号 0～310 m 岩体多为破碎，完整性差。

（3）覆盖层厚度较小，基覆界线较难划分，覆盖层和基岩混为一层解译。

（4）桩号 310～400m 段为构造破碎带及其影响带，倾向为剖面大号方向。

（5）桩号 600～1983m 软弱层的下伏岩体视电阻率主要范围为 1000 ～20000 Ω·m，分析主要为较完整岩体。

可以看出，反演模型结构清晰，各层位、软弱层、断层等均有较好的反映，说明反演结果可以作为进一步推断解释的依据。

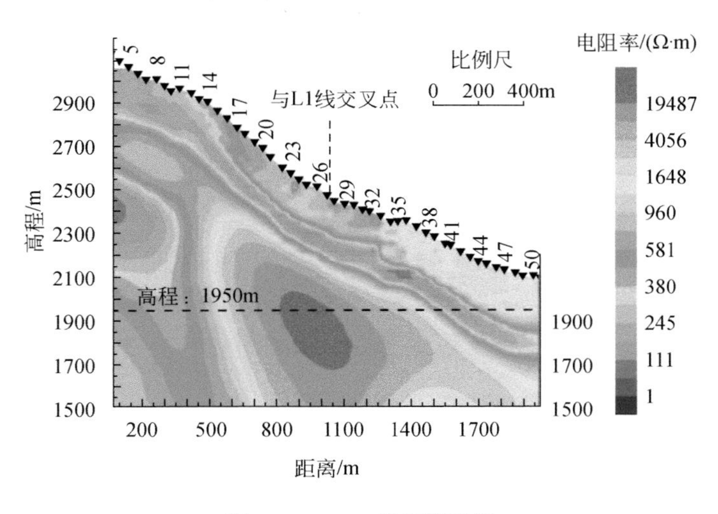

图 3.147　W2 线反演结果

二、甘肃花牛山矿区分布式电磁法应用试验

（一）试验目的与任务

花牛山热水沉积型铅锌矿床是柳园地区一处中型多金属矿床。自 20 世纪 60 年代被发现以来，在该区开展过一系列的找矿工作，勘查结果表明，该区矿产资源潜力大但后备矿源不足，急需寻求矿区深部和外围的接替资源（李建华等，2016）。因此，在该热水沉积

型铅锌多金属矿区采用研发的分布式多参数电磁探测系统，开展应用试验，既可验证研发仪器的性能，同时也能检验方法技术的有效性和有效的技术组合，并为矿区进一步找矿工作提供地球物理依据。

试验区（图 3. 148）位于甘肃省西北部、北山造山带中西部。大地构造位置位于塔里木古陆东北部敦煌地块（塔里木前陆基底）北缘早古生代裂谷型被动陆缘带内的中元古生代裂谷中。地形地貌属低山丘陵戈壁区，一般海拔为 1900 ~ 2000 m，实验区部地势较平坦，高差不足 50 m。

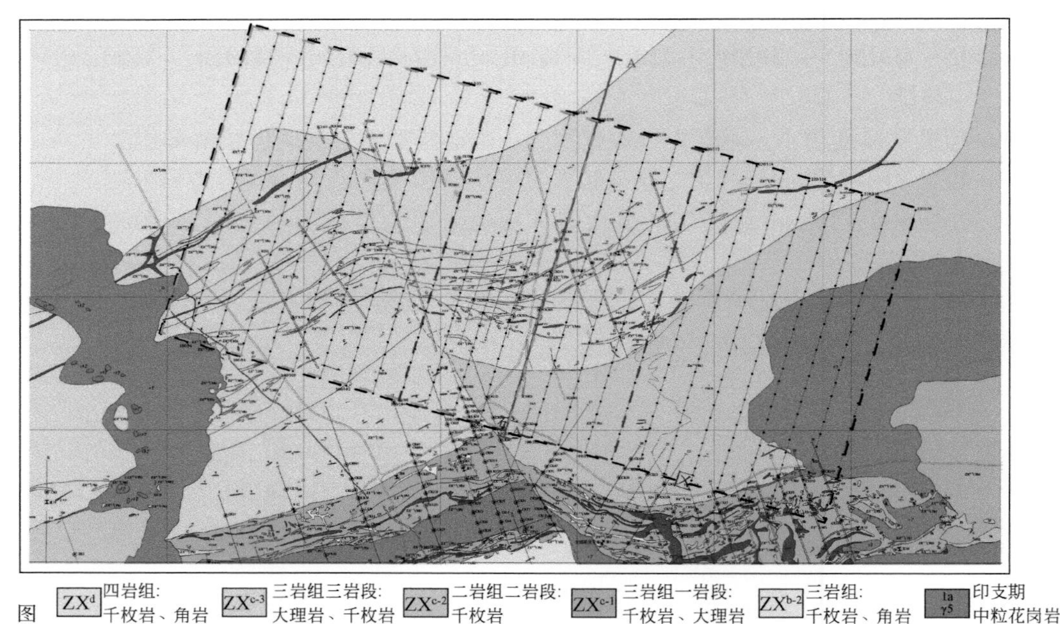

图 3. 148 甘肃某矿区实际材料图

矿区地层主要为中奥陶统花牛山群和蓟县系平头山组。矿田内岩浆活动强烈而频繁，主要表现为中元古代晚期的海底火山喷发和华力西早、中期及印支期大面积的岩浆侵入。矿床类型为细碎屑岩-碳酸盐岩容矿的喷流-沉积（SEDEX）型，矿体赋存于一套角岩化细碎屑岩-碳酸盐岩岩系中，矿体主要沿两种岩性接触带及其附近层间水平错动带产出。原生矿石矿物主要有黄铁矿、磁黄铁矿、方铅矿，次有毒砂、磁铁矿、硫锰矿、黄铜矿等。矿体多呈似层状，次为扁豆状、透镜体状，少量为囊状、柱状等（杨建国等，2010a，2010b）。

（二）工作方法技术

工作区岩矿石标本的电性测量参数见表 3. 25。铅锌矿石与含炭灰岩都具有高极化率特征，但是铅锌矿石电阻率相对更低。因此，该区铅锌矿石与围岩之间存在较大的电性差异，具备开展综合电法测量工作的前提；同时，含炭灰岩是该区电法找矿的重要干扰因素之一，在一定程度上可以根据电阻率加以区分。

表 3.25　工作区岩矿石电性参数统计表

标本名称	块数	视极化率 η/%			视电阻率/(Ω·m)		
		最小值	最大值	均值	最小值	最大值	均值
花岗岩	10	1.75	2.69	2.26	3689.0	38243.7	24527.7
大理岩	18	0.86	8.26	3.40	531.6	15649.0	5607.3
大理岩（矿化）	18	2.1	9.4	5	616.9	4355	1754.2
灰黑色灰岩	15	32	57.5	42.7	23.1	2334.3	1196.9
炭质千枚岩	19	0.20	4.14	1.36	253.1	4154.9	1712.5
铅锌磁黄铁矿矿石	20	22.6	65.3	50.6	9.2	522.7	150.1

1. 时间域激电中梯扫面（TDIP）

激电法是矿产勘查的重要方法之一，尤其是寻找金属硫化矿产资源最有效的方法，具有经济、快速、方便等优点。首先，在工区按照 50 m×100 m 的网度开展时间域激电中梯扫面，快速查明测区视极化率、视电阻率的平面分布特征，圈定高极化率异常带。常规激电测量往往因为发射功率小，在接地困难区的应用受限。本研究采用大功率发射、全波形采样技术实现激电测量，可以提高激电法的应用效果。发射极距 2000 m，接收极距 50 m，供电电流大于 20 A，供电周期 16 s，延时 100 ms。

2. 三维激电测量（3DIP）

传统的激电中梯扫面虽然具有较高的工作效率，但仅能获得某一深度以上的视电阻率与视极化率大致分布情况，无法获得电性的垂向变化信息。三维激电测量采用多点多次发射和面积上的多接收点同步接收，可以获得表征地下介质电性变化的三维数据体，信息丰富，分辨率高（Wang et al., 2017b）。

三维激电观测装置有类三极装置、类中梯装置等，不同的测量装置，其探测效果亦不相同。因此，在激电中梯圈定的高极化率异常带重点区域，开展类三极装置与类中梯装置 3DIP 测量工作，以研究地下高极化体的空间分布特征。在重点区域按 100 m×50 m 点距布设 3D 测网（图 3.149），共 216 个测点，总控制面积约 1 km^2。选择供电极距分别为 1000 m、1500 m、2000 m、2500 m、3000 m 开展类中梯装置测量；接收端测量平行供电方向的信号。选择图 3.149 中红色区域进行类三极装置实验，加密测网为 50 m × 50 m，并在测区内外布设 7 个发射源，工作中同时测量相互垂直的两个方向上的数据。

3. 可控源音频大地电磁法（CSAMT）与音频大地电磁法（AMT）

可控源音频大地电磁法（CSAMT）克服了 AMT 受场源随机性的影响，具有不受高阻层屏蔽、勘探深度大、勘探费用低、施工方便的特点，在矿产、油气等领域发挥着重要作用。在试验区按照 50 m × 200 m 的网度开展了面积性 CSAMT 测量（图 3.148），研究地下 1 km 范围内的电阻率分布特征，可以分析深部成矿规律。工作中最小垂直收发距大于12 km，频率 0.12 ~ 8000 Hz。由于 CSAMT 进入过渡区后存在电阻率畸变，不能反映地下真实的电阻率变化规律，因此在重点地区布设一条 AMT 剖面，对比验证其他方法的成像结果。

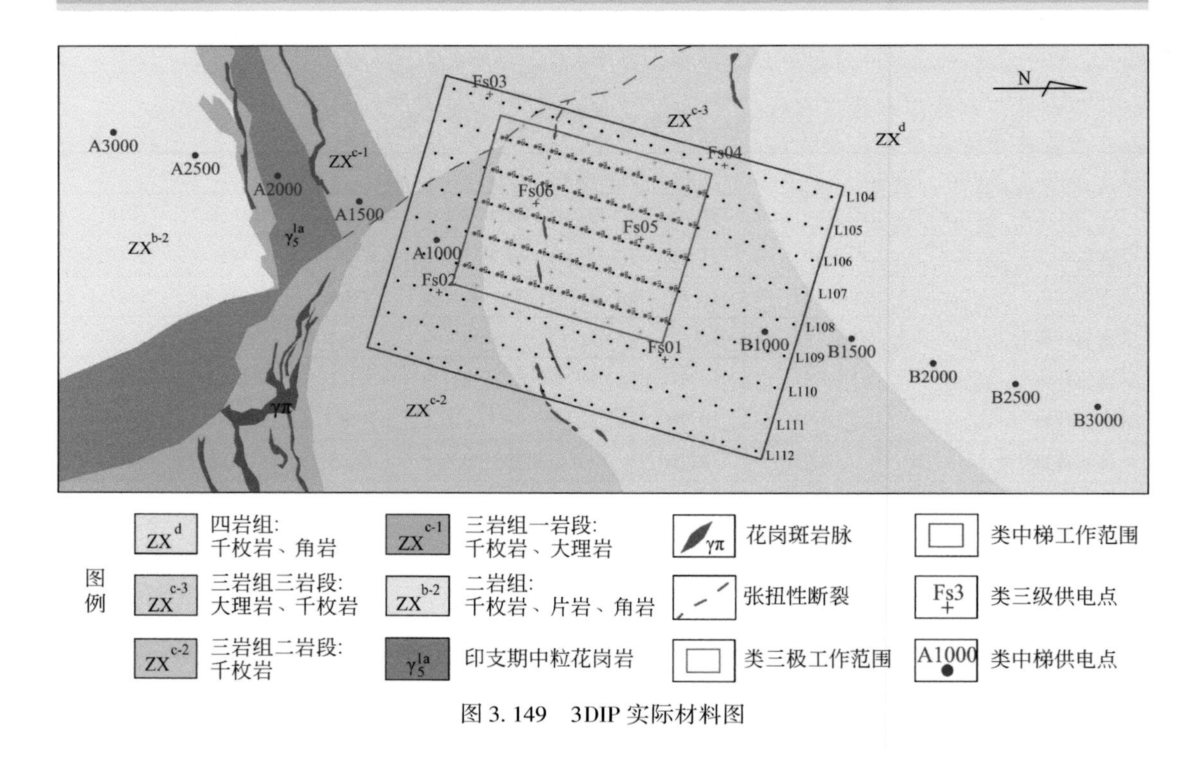

图 3.149 3DIP 实际材料图

(三) 试验结果对比分析

通过 TDIP 工作，查明了区内视极化率及视电阻率的平面分布特征（图 3.150）。测区

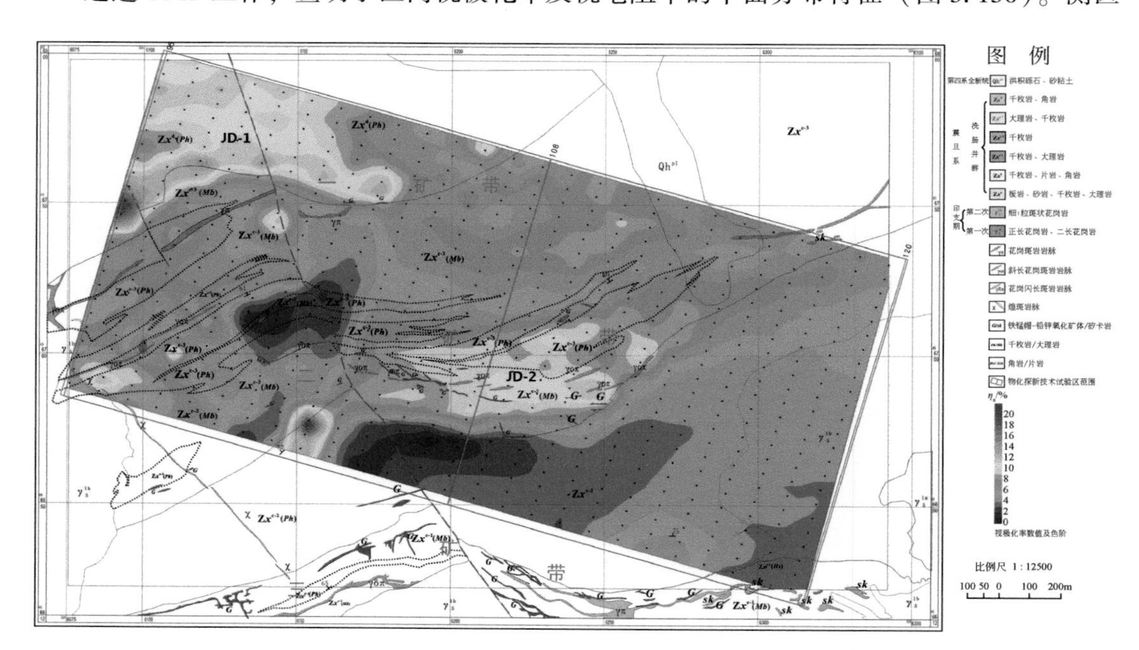

图 3.150 TDIP 视极化率等值线平面图

视极化率与视电阻率异常形态具带状特征，且走向一致。依据视极化率测量结果，圈定了两条明显的高值异常带，以 JD-1 和 JD-2 标示。测区的西北角的 JD-1 异常，与大范围分布的含炭千枚岩位置吻合；测区中部的北东向 JD-2 异常与该位置大理岩与千枚岩的接触带对应良好。因此，JD-2 异常为有利成矿带。

图 3.151 为类中梯装置 3DIP 反演结果，并沿着 L107 线切块显示。从电阻率三维分布结果可以清晰看出：在测区中部存在一条北东东向的低阻带，为三岩段大理岩内部的千枚岩带，铅锌矿即位于大理岩与千枚岩的接触带上；极化率三维分布图中的高极化率异常带与低阻带走向一致。图 3.152 为类三极装置反演结果的三维分布图。类三极装置成像结果与类中梯装置的结果大体一致，但在细节方面也存在较明显的差别，类三极装置反演结果探测深度更大，纵向分辨率更高，刻画的细节更明显。

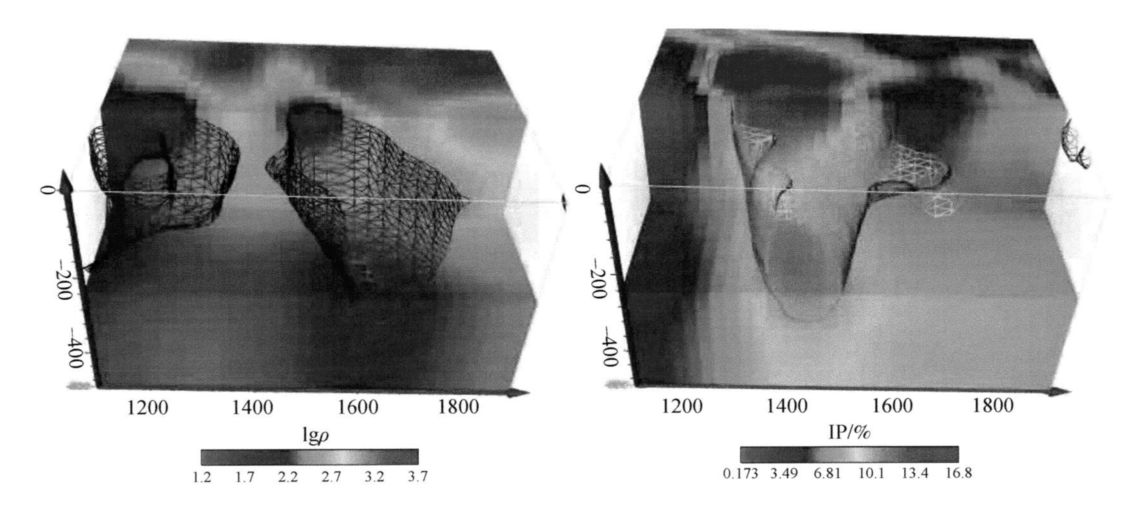

图 3.151　类中梯装置三维成像结果

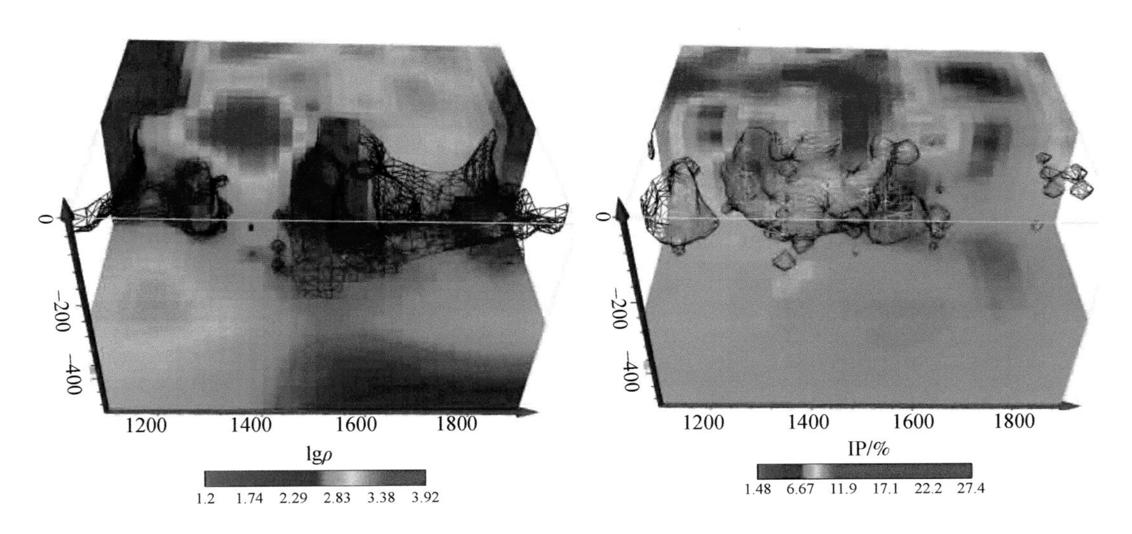

图 3.152　类三极装置三维成像结果

图 3. 153 为 CSAMT 一维反演结果的三维视图。从电阻率三维分布图中可以看出：反演结果与地表地质情况吻合良好；贯穿整个测区的北东向岩性地层分界线反映明显；地质推测的断层位置在电阻率反演结果中得到良好反映；3DIP 发现的低阻带没有向下延伸的趋势。

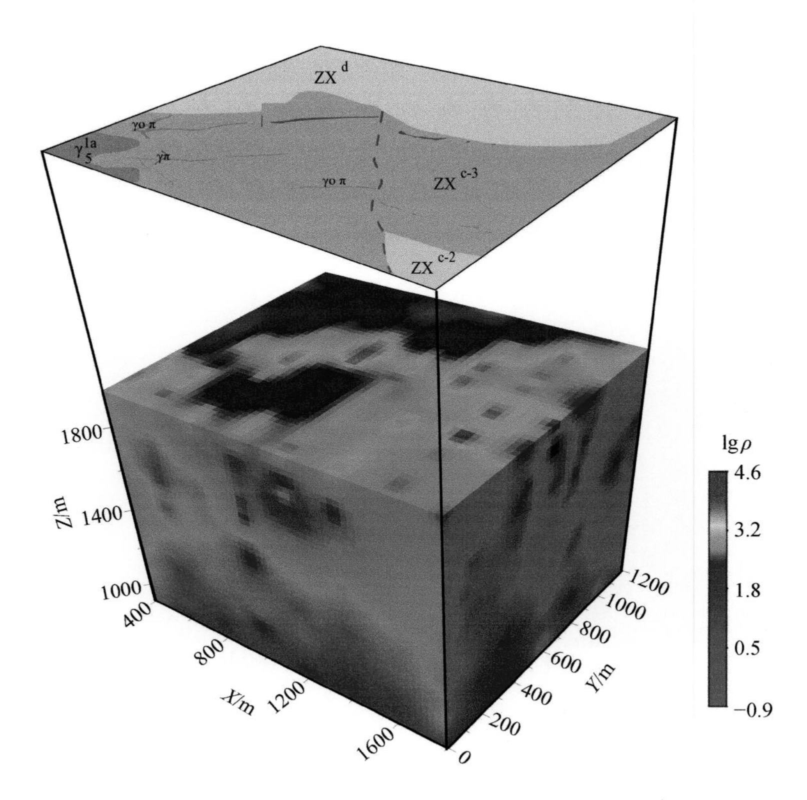

图 3. 153　CSAMT 三维成像结果

图 3. 154 为 AA′线 AMT 和 3DIP 综合平剖面。从中可以看出，3DIP 电阻率反演结果与 AMT 结果基本一致。结合测线地质断面，可以在横向上将电阻率与极化率反演断面分成三个区。小号点低阻低极化区与二岩段的千枚岩对应；1150 ~ 2000 m 段高低阻变化反映了三岩段大理岩与千枚岩的分布范围，高阻对应大理岩，低阻对应千枚岩；1350 ~ 1500 m 中高极化区与该位置的大理岩、千枚岩接触带吻合较好，2000 ~ 2400 m 附近推断地下为四岩组的千枚岩、角岩。钻探工程控制的铅锌矿脉位置在图中用红色曲线标出。对应反演接结果可以看出：在电阻率断面图中，已知矿脉在极化率断面图中位于高极化率区域内，在高、低电阻率过渡带上。因此，寻找高、低阻过渡区中的高极化异常带，是该区找矿的有效方法。根据这一规律，结合反演结果，推断 1300 点地下 100 m 附近为有利区，建议进行钻探验证。

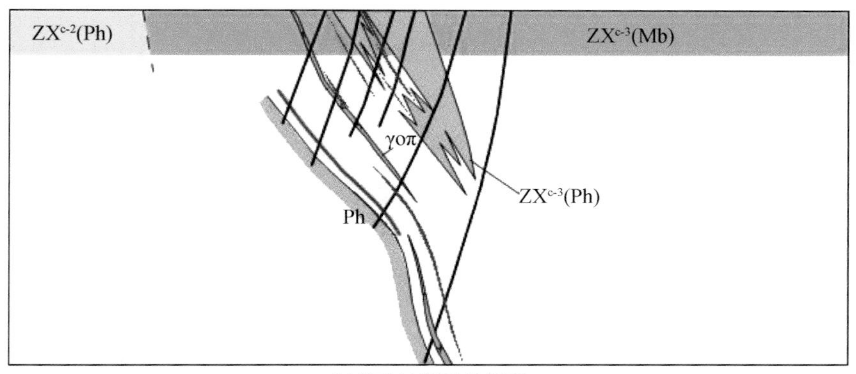

(a)钻孔控制地质剖面

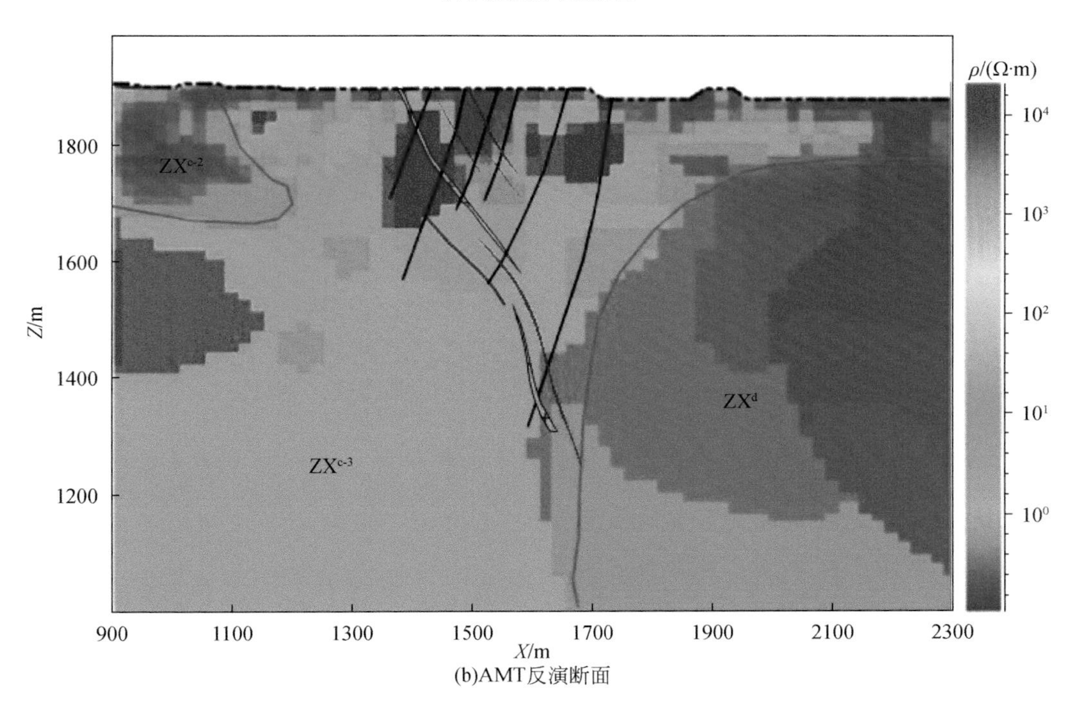

(b)AMT反演断面

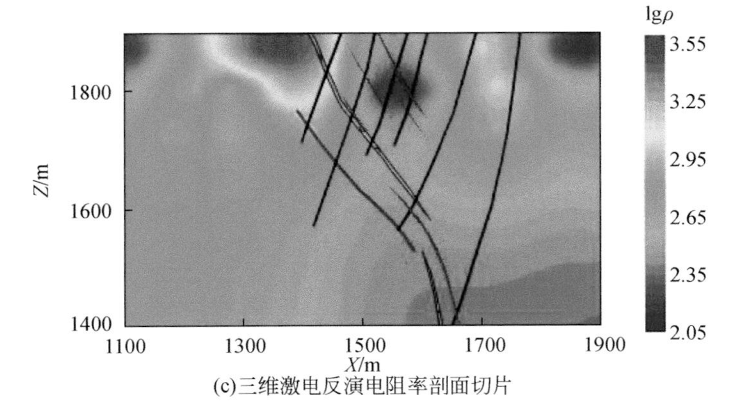

(c)三维激电反演电阻率剖面切片

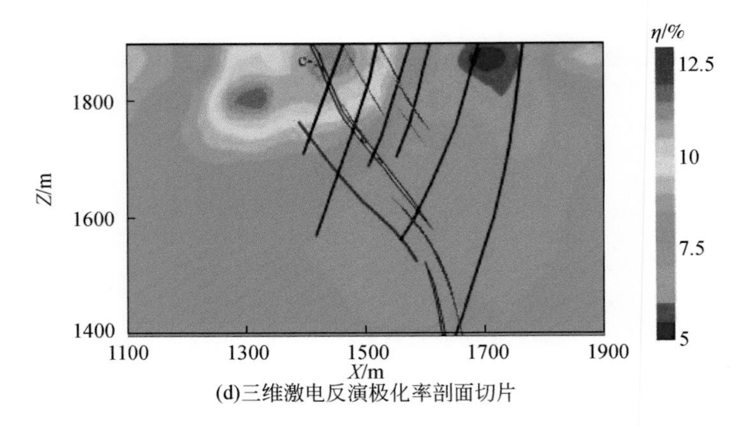

(d)三维激电反演极化率剖面切片

图 3.154　AA′线多功能电法勘探综合剖面

工作中仪器设备性能稳定，整体一致性和数据重现性良好，获取了高质量的原始数据，采用先进的数据处理与解释技术，准确地展现了不同地质体的电性特征及位置，取得了预期的试验效果。第一，圈定了电法异常范围，反映出地下岩（矿）石的空间分布状态，所圈定的电法异常范围与矿区已有矿（化）体位置对应关系良好。第二，圈定了成矿有利区，建议进行钻探验证。第三，确定了热水沉积型铅锌多金属矿的电磁法探测有效技术组合：利用激电扫面能够快速构建试验区平面上的电性分布特征，圈定重点成矿有利部位；利用 3DIP 获得试验区三维电阻率和极化率信息，精确刻画极化体的埋深及产状；利用 CSAMT 或 AMT 追踪矿体的延伸、产状和规模，分析深部成矿条件。

第四章 地下物探技术与仪器研制

第一节 核心及关键技术突破

一、井间电磁波大功率脉冲调制发射技术

（一）总体设计

井间电磁波法的作用距离取决于岩石吸收系数、发射机功率和接收机灵敏度，并且和所选择的工作频率有关。介质的吸收系数是客观存在的，提高发射机发射功率和接收机灵敏度，降低工作频率，是增加探测距离的有效途径。然而，随着发射功率的增大，发射机功耗也不断增加。井下发射机自带电池，并受钻孔尺寸限制，因此解决大功率发射和低功耗的矛盾成为发射机设计的关键技术之一。

采用脉冲调制能在较大脉冲发射功率的情况下，大大减少电源的消耗。发射机的输出功率分为脉冲功率 P_s和平均功率 P_w。P_s是指脉冲期间射频振荡的功率，P_w是指脉冲重复周期内输出功率的平均值。发射信号形式选用固定载频矩形脉冲调制信号波形，如图 4.1 所示。如果发射波形是简单的矩形脉冲序列，脉冲宽度为 τ，脉冲重复周期为 T，则有

$$P_w = P_s \tau / T \tag{4.1}$$

式中，τ/T 称作脉冲调制的占空比。可见，在不影响探测距离的前提下，脉冲调制可减小平均功率，降低系统功耗。

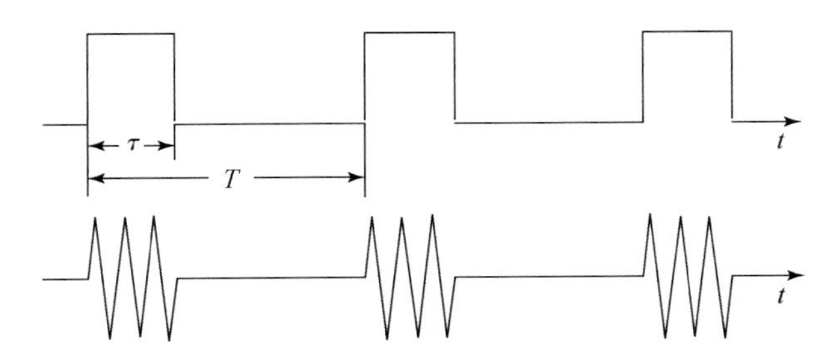

图 4.1 固定载频矩形脉冲调制信号波形

大功率脉冲调制发射技术设计指标包含以下四个方面。

（1）扫频工作频率范围：0.1 ~ 35 MHz。

（2）扫频工作频率间隔：0.1～9.9 MHz。

（3）发射机输出脉冲功率：100 W。

（4）脉冲调制占空比：1∶100。

大功率脉冲调制发射技术由功率放大器、脉冲调制电路、频率合成器和单片机控制电路组成，功率放大器由三级功放构成（图4.2）。

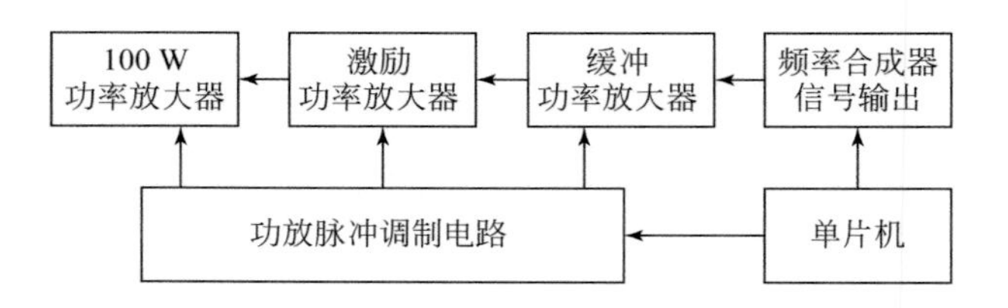

图4.2　大功率脉冲调制发射技术总体设计

（二）技术突破及对比分析

1. 关键技术

（1）脉冲调制电路。功放的脉冲调制电路主要分为两种：一种通过开关切换对输入信号进行调制；另一种是直接对功放电源进行调制。第一种调制的缺点是关断输入信号时，功放电源仍然工作，发射效率低，平均功耗大，因此常采用电源直接调制。图4.3为本方案采用PMOS管脉冲调制电路原理图。PMOS管调制电路简单，稳定性高。脉冲调制信号通过Q2输入PMOS管的栅极，当栅极电平为低时，MOS管源漏导通，功放模块开始工作；当为高电平时，MOS管源漏夹断，功放的电源断开，功放不工作。

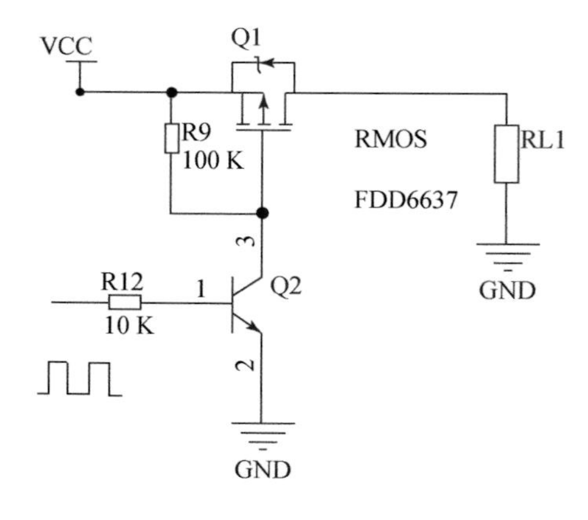

图4.3　PMOS管脉冲调制电路原理图

（2）脉冲宽度设计。发射脉冲宽度τ必须满足下列关系，即

$$\tau>\tau_{J}+\tau_{D} \tag{4.2}$$

式中，τ_{J}为接收机暂态时间；τ_{D}为接收机检波器上升时间。接收机暂态时间与其通频带Δf有关，即

$$\tau_J \approx 0.73/\Delta f \tag{4.3}$$

当 Δf=2 kHz 时，τ_J约为 370 μs。检波器的上升时间和充电时间常数、输入电压形状有关。当输入为阶跃电压时，$\tau_D \approx 3$ RC；当输入为 465 kHz 的信号时，$\tau_D \approx 15$ RC。接收机检波器电路中，C=0.01 μF，$R\approx$1 kΩ，$\tau_D \approx 150$ μs。$\tau_J+\tau_D \approx 520$ μs，取发射脉冲持续时间 τ 为 1000 μs，重复周期 T 为 100 ms。由单片机产生脉冲调制信号，通过脉冲调制电路控制功放电源的通断。

（3）功率放大器。发射机的宽频带功率放大器为达到 100 W 脉冲输出功率，采用三级功率放大技术。缓冲级输出功率 1 W，激励级输出功率 10 W，末级功放输出功率 100 W。功率放大器设计的难点是宽带和大功率，因此宽带匹配技术是关键。输入输出匹配电路基于特定的匹配功能而遵循不同的设计原则：输入匹配电路主要解决稳定性、增益、增益平坦度、输入驻波等问题；输出匹配电路主要改善谐波抑制、驻波比和降低损耗等问题。本电路输入匹配网络和级间匹配网络采用普通变压器，末级输出匹配网络采用传输线变压器设计。图 4.4 为激励功率放大器原理图，图 4.5 为末级 100W 功率放大器原理图。

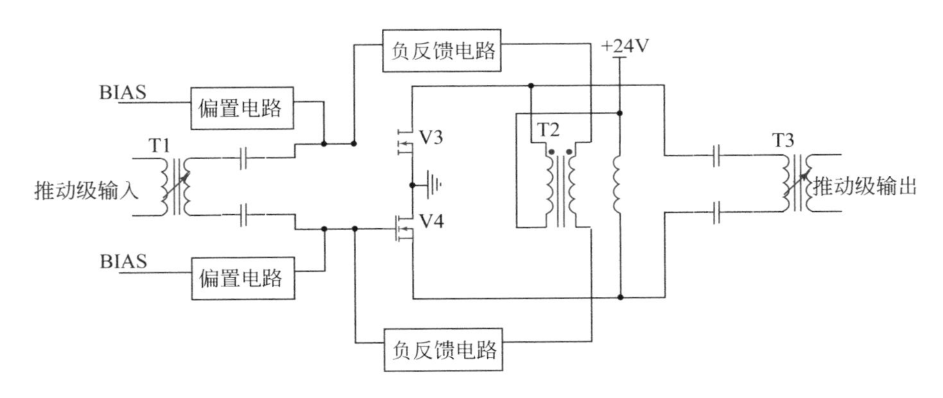

图 4.4 激励功率放大器原理图

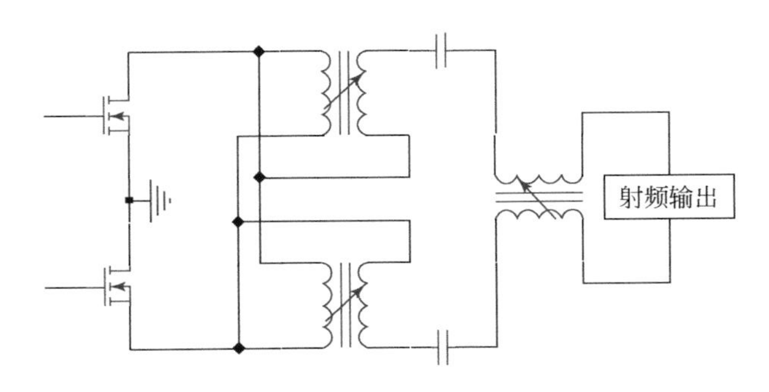

图 4.5 末级功率放大器原理图

2. 设计结果与分析

设计一个应用于井间电磁波发射机的功放脉冲调制电路，对脉宽选取进行分析，实现了宽带大功率发射技术。脉冲调制电路的重复频率为 1 kHz、占空比为 1%，利用示波器对调制电路进行测试，大功率射频输出脉冲上升沿 20 μs，下降沿 200 μs，满足实际工作要求。发射机电源采用 7 节 3.7 V、5000 mAh 锂充电电池。功率放大器关断时，发射机工作电流 110 mA；功率放大器工作时，发射机工作电流 550 mA。没有脉冲调制时，发射机功放工作电流为 6.8 A。由此可见，采用脉冲调制技术，电源消耗可减少到十几分之一，保证了发射机使用电池供电连续工作 8 h 以上。

二、井中激电多道全波形接收技术

BMIP-1 井中激电多道接收机是一种高分辨率、全波测量、多通道电法勘探仪器。它采用激电多道全波形接收技术，通过 48 个电位采集通道或 47 个梯度（电位差）采集通道，采集一次可得到一个“正供-停-负供-停”供电周期的波形图（图 4.6）或多个供电采集周期的全部数据，并显示数据波形，最长记录长度可达 262 s。

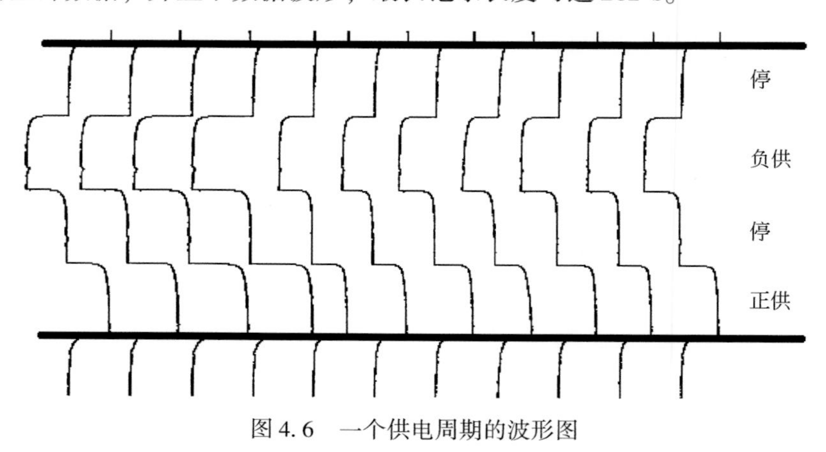

图 4.6　一个供电周期的波形图

（一）总体结构

井中激电多道全波形接收技术由上位机（工控机）和下位机（单片机）构成仪器的控制核心，主要包括抗干扰通道设计、多通道数据采集等技术，图 4.7 为 BMIP-1 井中多道激电接收机总体结构。

井中多道激电接收机仪器（图 4.8）采用一体化设计结构，由机架、面板、线路板、箱体组成。机架采用铝合金材料加工制成，主要承载 4 块采集板、一块主控板、一块计算机板。所有这些线路板通过底板连接，相互传递数据和控制信号，这种结构抗震，抗摔，可靠性强。

（二）技术突破与对比分析

1. 关键技术

多通道全波形接收技术的关键在于多通道数据采集技术和全波形数据接收技术，需要

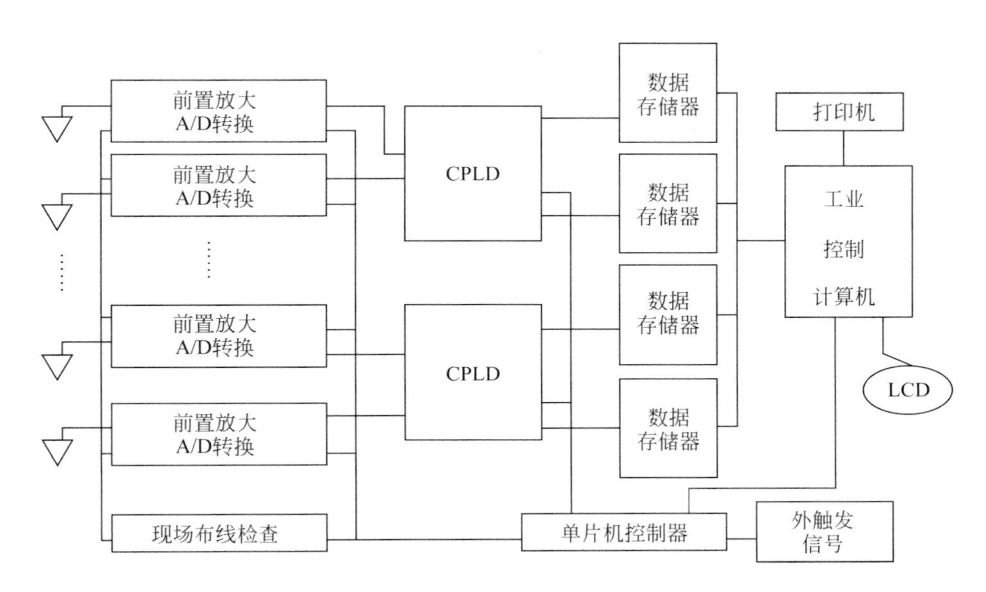

图 4.7　BMIP-1 井中多道激电全波形接收技术总体结构

图 4.8　BMIP-1 井中多道激电接收机（48 道）

解决下列关键技术。

1）防止通道间串音干扰

多通道设计极易造成道间串音干扰，因此在原理图设计时，各个通道模拟线路相互独立；在 PCB 设计中，一块通道板中设计有 12 个相互独立的模拟采集通道，每个通道元器件、A/D 转换器、信号通道相互独立，公用信号线通过隔离装置加以隔离，以保证最大限度地降低相互间的干扰。

2）多通道间的同步

要解决多通道设计的同步问题，需由控制触发采集信号开始，产生一系列的逻辑控制信号。多个通道共用一个时钟信号，通过对控制信号和时钟信号增加驱动，提高其驱动能力，实现可靠有效地同时为多个通道使用。

3）电位测量和梯度测量的转换

BMIP-1 井中激电多道接收机设计有 4 块通道板，每块板设计 12 个电位测量通道，共实现 48 个电位测量和 47 个电位差信号测量。相邻两个电位通道又可切换成梯度测量通道（图 4.9）。图中 M1 和 M2 分别是两个相邻的电位测量电极，通过上述切换，可实现 M1 与 M2 两个电极间的电位差（梯度）信号测量。依次类推，48 个电极的电位信号可通过以上形式的电路切换，实现 M1 与 M2 电极的电位差、M2 与 M3 电极的电位差、……、M47 与 M48 电极的电位差，共计 47 个电位差信号。图 4.9 中控制信号 C 为 1 时，测量线路接通电位信号，采集 48 个电位信号；控制信号 $C=0$ 时，测量线路接通电位差线路，采集 47 个电位差信号。

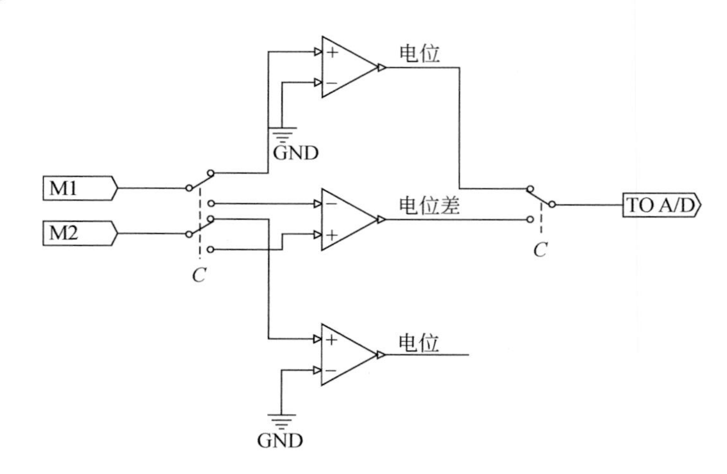

图 4.9 电位信号测量与电位差信号切换示意图

4）24 位模数转换

采用 24 位模数转换器，将大大提升仪器的动态范围以及提高性噪比，达到高分辨探测的目的。24 位模数转换设计也是本书研究的重点。

差分输入的模拟信号通过Δ-Σ调制器、数字滤波等后送入串行接口，串行数据通过 DOUT 脚传出。图 4.10 是 24 位模数转换器线路图。

通过 DOUT 传出的串行数字量被送到可编程逻辑器件，进行串变并转换后，送入 RAM 进行暂存。然后由上位机通过数据端口读回计算机进行波形显示等，直观再现一次场、二次场电位和梯度变化全过程。图 4.11 是 BMIP-1 井中激电多道接收机采集的 48 通道等幅正弦波形图。

2. 对比分析

传统的电法测量以单通道采集为主，并且只能采集一个供电周期中的其中几个点的数据，采集精度和数据质量无法现场判断和控制。多通道全波形采集激电接收技术可以采集整个甚至几个供电周期的全波数据，然后截取波形最稳定的数据进行后续的处理和分析。这样可以直观地通过数据波形来控制数据的质量。多通道同时采集大大提高了野外工作的

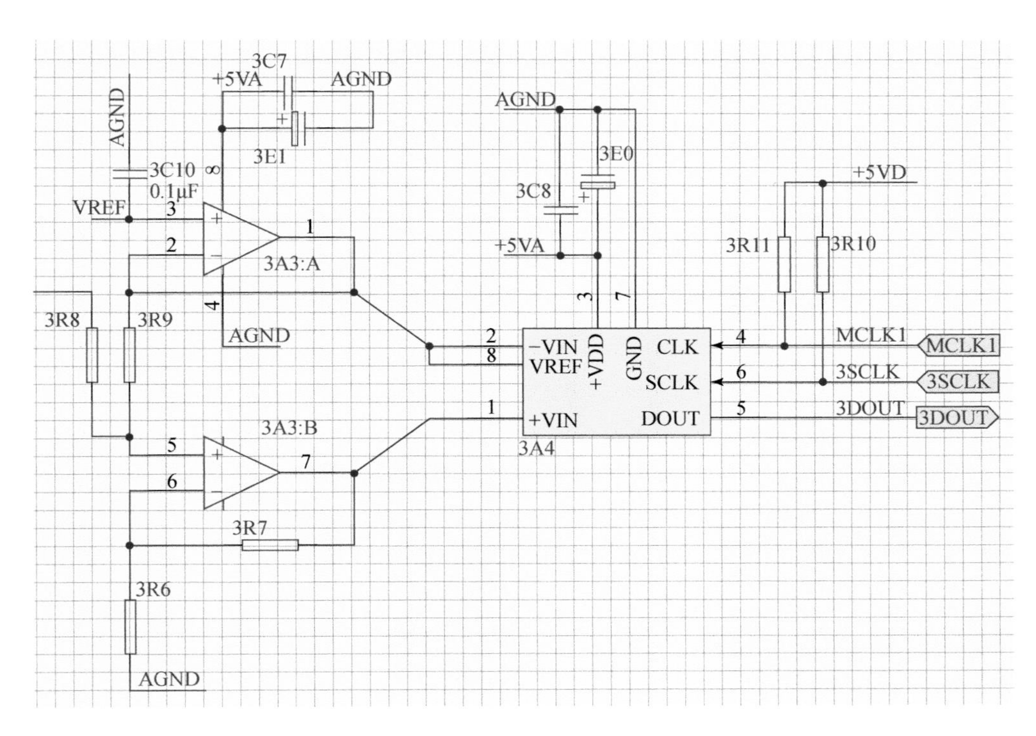

图 4.10 A/D 转换器线路

图 4.11 48 通道等幅正弦波形图

效率。另外，数据波形的直观再现，可有效避免数据采集过程中外围因素的干扰，提高抗干扰能力，较传统技术更为先进。该探测方法将填补国内多道井中激电测量方面的空白，可应用于矿产勘探、构造探测、水文与工程地质调查、环境调查与监测等领域，尤其是对金属矿的探测更为准确可靠，具有一定的市场前景开发价值。

三、电容式电场传感器

(一) 原理介绍

在坑道进行电磁场观测作业时，常规的 $Pb\text{-}PbCl_2$ 不极化电极需要导电离子交换实现电位平衡，但坑道多为坚硬岩石，现有的不极化电极难以适用。为实现硬岩表面的电场有效观测，借鉴用于观测生物电信号的医疗设备中的耦合式电极原理，结合井地电磁方法在坑道内进行电磁场观测的特殊需求，开展了电容耦合式电场传感器的研发。电容耦合式电场传感器根据电容原理，借助电容极板耦合地电场信号，进行电压转换、放大及带通滤波，最后将电压输出至外部数据采集器。该耦合式电极由电容极板、放大电路、机壳、屏蔽层和外置电池盒组成。图 4. 12 是电容耦合式电极结构框图。

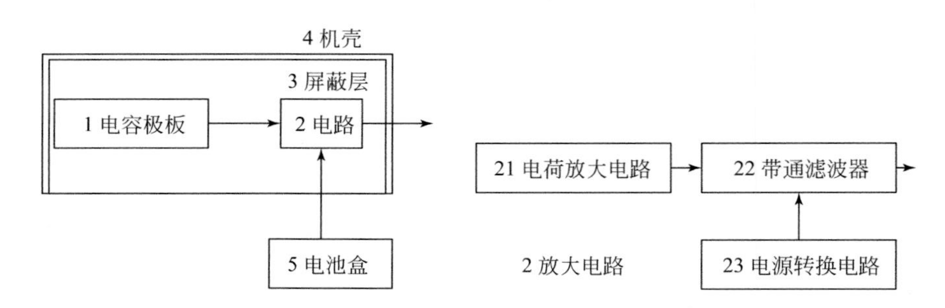

图 4. 12 电容耦合式电极结构框图

与传统不极化电极相比，耦合式电极在野外作业时省去了地表开挖环节，无需浇灌盐水，能够满足无损测量的要求。野外作业时，先将电容耦合式电场传感器平放于地面，再将电池组通过接插件接入传感器后开始工作，图 4. 13 为电容耦合式电极实物图。

图 4. 14 是电容耦合式电极电路原理图，图中“Skin”表示地面，C_s 为耦合式电极极板与地面形成的电容，运放 OA1 实现 C_s 中的电荷放大，实现电荷至电压的转换；OA2 提供偏置电压，双运放输出形成差分电压输出；R_i 与 C_i 组成差模低通滤波器。

(二) 技术突破及对比分析

不同于 $Pb\text{-}PbCl_2$ 不极化电极，电容耦合的特征，使得电容耦合式电场传感器极差稳定时间较短，因此目前只能应用于采集时间较短的音频大地电磁测深。对音频段的参数，包括功能、带宽等，进行了室内测试，并在野外条件下与 $Pb\text{-}PbCl_2$ 不极化电极进行了对比测试。

图 4.13　电容耦合式电极实物图（左：传统氯化铅电极、右：电容耦合式电极）

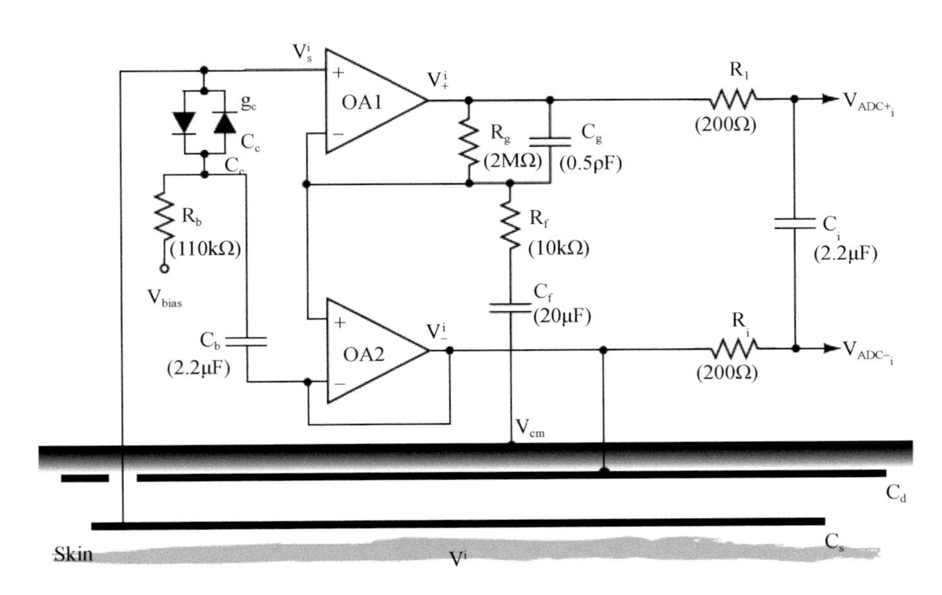

图 4.14　电容耦合式电极电路原理图

室内测试首先进行电容耦合式电场传感器的功能测试，设备连接示意图如图 4.15 所示，将两个电极盒背对背放置于两个较大的铜板之间，信号发生器对两个水平铜板输出正弦信号，幅度设置为 10 Vpp，通过示波器观察耦合式电极的输出电压信号。图 4.16 为输入信号频率为 10 kHz 时，示波器观测到的耦合式电极对的输出信号，其波形与输入信号完全一致，但幅值仅为 257 mVpp，证明使用电容耦合式电极对进行电场信号观测时，信号未发生失真，但幅值存在明显的衰减，需要进行校正。

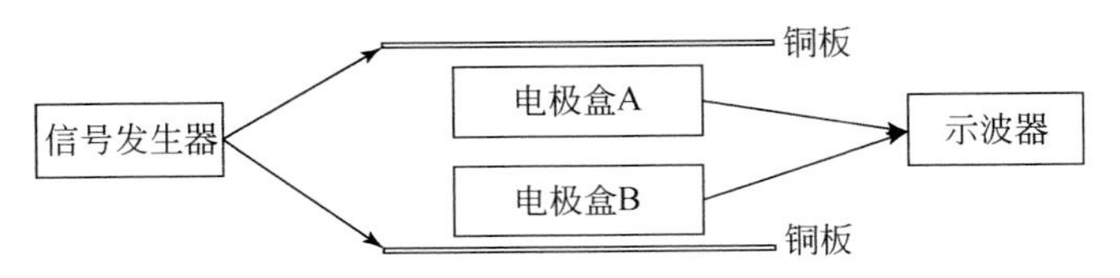

图 4.15　耦合式电极功能测试示意图

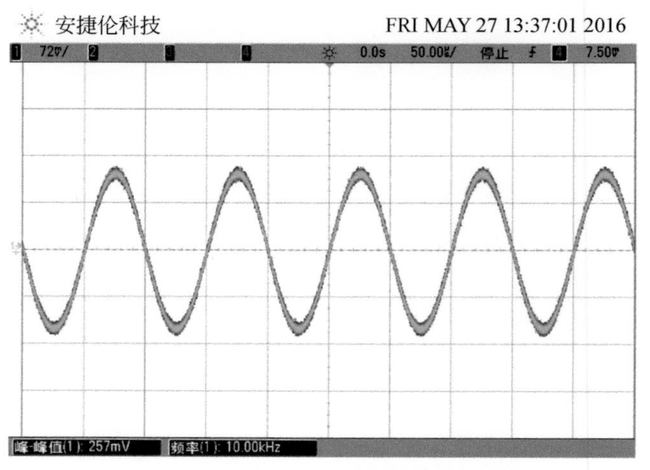

图 4.16 耦合式电极耦合信号输出

（V_{in}：sin/10 Vpp/10 kHz，V_{out}：sin/257 mVpp/10 kHz）

重复上述测深步骤，将信号发生器输出的峰峰值为 10 Vpp 的信号频率在 0.01 Hz ~ 100 kHz 范围内逐个切换，示波器记录的电容耦合式电极对输出电压峰峰值如图 4.17 所示。该幅频曲线在 0.01 Hz 至 10 kHz 频段范围内较平坦，低频段略有衰减，但输入信号频率高于 10 kHz 时，输出信号幅值相对较小，不利于观测。这种现象可能是受电极盒内置的放大电路带宽影响，但可根据需求进一步调整带宽。

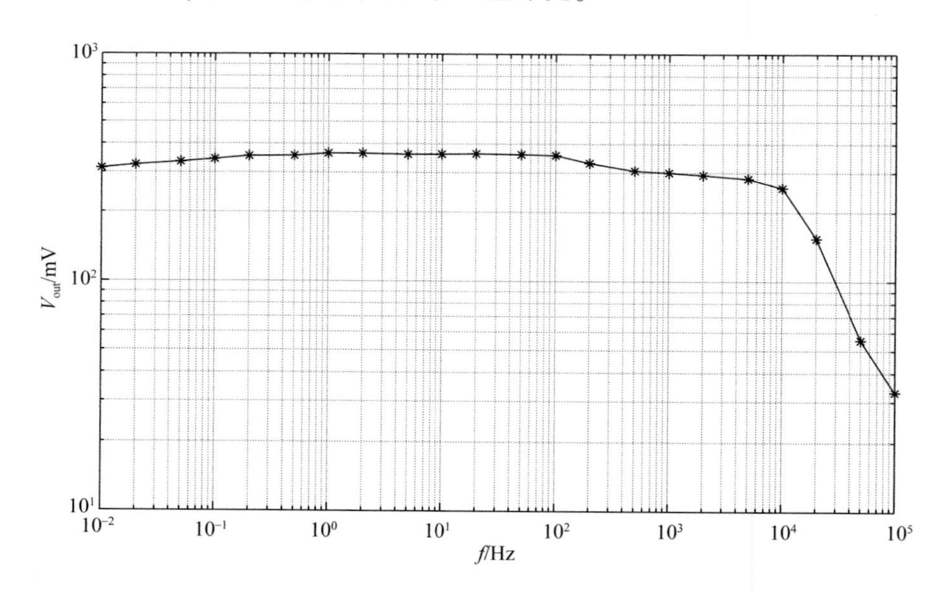

图 4.17 电容耦合式电极带宽测试结果图

在野外弱干扰条件下进行了耦合式电极与 Pb-$PbCl_2$ 不极化电极的平行测试，将一对 Pb-$PbCl_2$ 电极接入 MTU-5A 的 E_x 通道，极距 100 m，同时在埋有 $PbCl_2$ 的电极坑附近放置耦合式电极对，接入至仪器的 E_y 通道；在垂直电道方向平行布置两根 AMT 磁传感器；设置 MTU-5A 为 AMT 模式，设置增益为低，连续采集 30 min。图 4.18 为观测到的电场时间序列，可见由 Pb-$PbCl_2$不极化电极对和电容耦合式电极对采集同一方向电场分量时，一致性良好。但通过时间序列信号的幅值对比计算发现，电容耦合式电极对所观测信号幅值约为 Pb-$PbCl_2$不极化电极对的 1/2，因此在实际数据处理的过程中，采取相应技术手段解决了这一问题。而且从图 4.18 可见，当采样率为 24000 Hz、2400 Hz 时，所记录的电道信号一致性良好，但当采样率较低时（150 Hz），所记录的电道信号一致性较差，这是由电容耦合式电极的低频噪声较大、信噪比较低引起的。

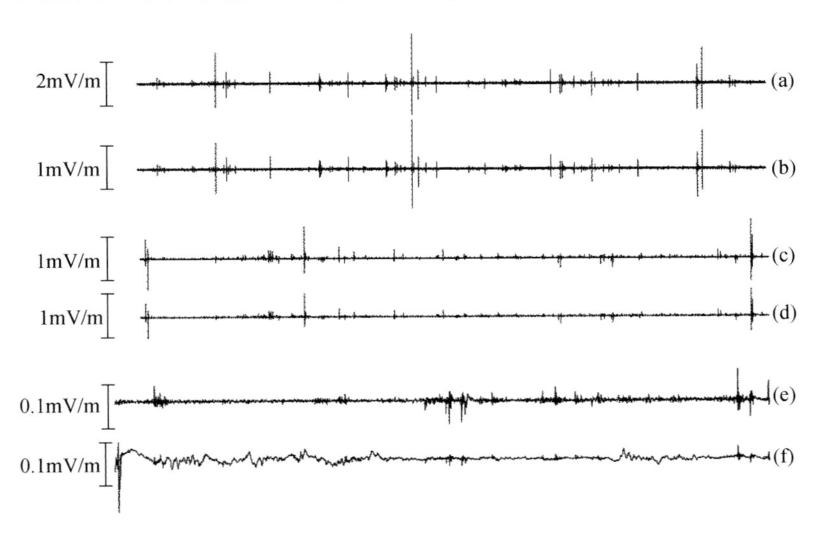

图 4.18　耦合式电极与不极化电极的平行测试时间序列对比图

曲线（a）、（c）、（e）为不极化电极所观测的电场信号，曲线（b）、（d）、（f）为耦合式电极观测信号，采样率分别为 24000 Hz、2400 Hz、150 Hz，持续时间分别为 0.1 s、1 s、1 min

将平行试验观测到的 AMT 数据经 SSMT2000 资料处理软件计算得到卡尼亚视电阻率和相位曲线（图 4.19）。对比可知，在 7 Hz～10 kHz 频段范围内，视电阻率及相位曲线一致性较好，两支视电阻率曲线均方差约为 3%。电容耦合式电极因为低频信噪比降低的影响，当频率低于 7 Hz 时，视电阻率和相位曲线（图 4.19 星号线）出现了明显的“蹦跳”，数据质量明显比 Pb-$PbCl_2$不极化电极差。

究其原因，传统的不极化电极的源阻抗基本为纯阻抗，当仪器输入阻抗、接地条件一定时，全频段电场信号的衰减基本不变。耦合式电极源阻抗为容抗，一方面容抗随频率降低，源阻抗增大，如果输入阻抗不是“足够大”，直接影响低频的观测精度；另一方面源阻抗还取决于电容本身的容值，与极板面积、离地高度等因素有关。

耦合式电极室内带宽测试及野外平行试验结果表明：①高频-3 dB 带宽为 10 kHz，低频在 0.01 Hz 频点处略有衰减，因此从测试的角度而言，当输入信号强度较大时，在 0.01 Hz～10 kHz 的频段范围内，电容耦合式电极工作正常、可靠；②与 Pb-$PbCl_2$不极化电极的野外平行实验结果表明，采样率较高时（2400 Hz、24000 Hz 采样率），电容耦合式电极与 Pb-$PbCl_2$电极采集到的电道信号形态完全一致，只是幅值有 50% 的衰减，可以通过后期数据处理校正，但由于电容耦合式电极的低频信噪比较低，当采样率较低（150 Hz）

时，电容耦合式电极采集的数据较 Pb-$PbCl_2$不极化电极差；③平行试验结果表明，在 7 Hz 至10 kHz频段范围内，电容耦合式电极和 Pb-$PbCl_2$不极化电极采集的数据一致性良好，能满足施工要求；④鉴于音频大地电磁测深法的频率范围一般为 10 Hz ~ 10 kHz，研制的电容耦合式电极可以有效应用于 AMT、CSAMT 等方法中，尤其在进行坑道内测点的数据采集时，可以发挥独特的优势。

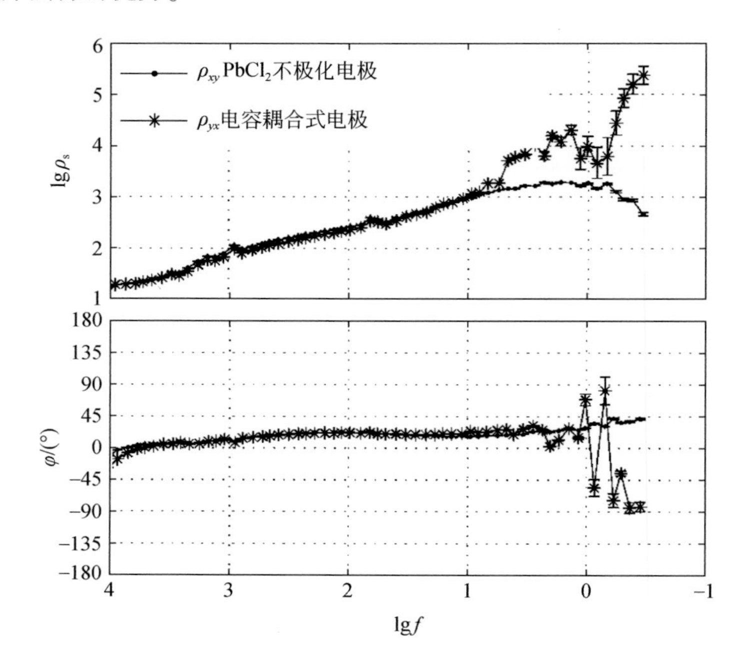

图 4.19 耦合式电极与不极化电极 AMT 测试结果

第二节 仪器设备研制

一、坑–井–地三维电磁成像系统

(一) 总体设计

大功率井–地电磁成像系统硬件部分主要由发射系统、接收系统及其外围设备组成，旨在解决现有常规电磁法在金属勘探过程中遇到的探测深度浅、精度和分辨率低、抗干扰能力差等问题，充分利用已有的坑道、矿井、钻井，实现地面和地下准三维观测，获取地下介质导电性、激电性等多种参数，并进行综合地质解释，提高探测深度，同时改善分辨率。发射系统和接收系统的配合如图 4.20 所示，支持地面发射–井中接收、地面发射–坑道接收、地面发射–地面接收、井中发射–井中接收、井中发射–坑道接收、井中发射–地面接收等多种工作模式。

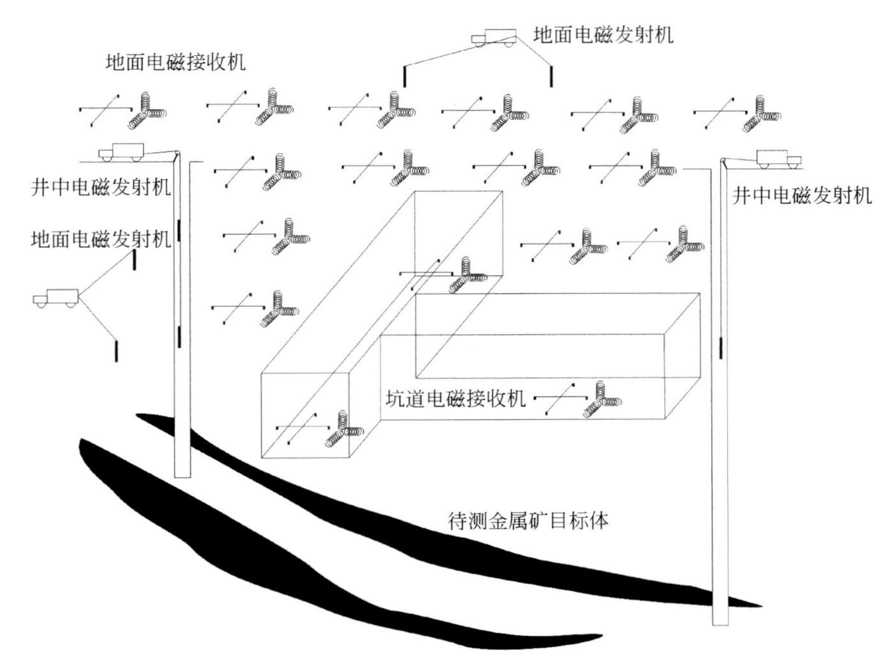

图 4.20　大功率井–地电磁成像系统作业图

发射系统是由大功率发电机、大功率可调变压整流单元、大功率电磁发射机、发射机外部控制器、发射电缆和发射电极组成，其技术原理框图如图 4.21 所示。施工时由发电机提供电能供给，根据野外工区的接地条件，调整大功率可调变压整流单元（该变压整流单元输出有效功率 120 kW），选择合适的电压值（0～1000 V），将电能传送到发射机。在发射机内部，将直流电逆变成单频或多频的多制式矩形脉冲，最后通过发射电缆和供电电极，把人工源电场信号发射到待测工区介质中。发射机采用专用的外部控制器实现无线控制，控制核心采用便携式平板电脑，控制方式灵活，界面友好直观。

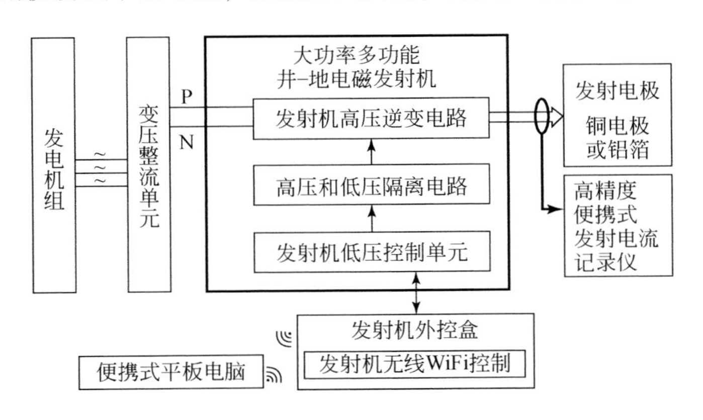

图 4.21　大功率电磁发射系统原理框图

发射系统支持的发送制式包括：可控源音频大地电磁测深法、时间域激电法、频率域激电法、多频、伪随机等，同时也支持频率域任意频率表发射。

接收系统及其外围设备主要包括地面单元、坑道单元、井中单元、发射电流记录单元、室内测试单元。接收系统框图如图 4.22 所示。其中地面单元主要包括数据记录器、磁传感器、不极化电极等；坑道单元包括与地面单元一致的数据记录器，不同之处在于解决坑道空间狭小、接地困难的问题，将磁传感器升级为微型三分量音频磁传感器，不极化电极替换为耦合式电极；井中单元包括井口控制单元、井中探管、电缆与绞车；发射电流记录单元主要为电流记录器，用于发射电流全波形采集；室内测试单元主要为白噪声信号发生器。各部分功能列表见表 4.1。图 4.23 所示为大功率井-地电磁成像系统发送系统、接收系统仪器实物图。

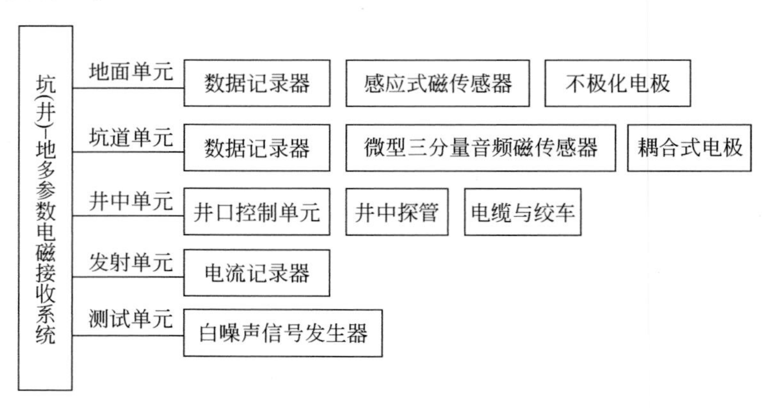

图 4.22 井-地接收系统组成框图

表 4.1 井-地接收系统硬件功能模块表

模块	分类	功能
地面单元	数据记录器 EMR6	完成 MT、AMT、CSAMT、SIP、TDIP 方法信号采集
	MT 感应式磁传感器	MT 频段磁场信号传感
	AMT/CSAMT 感应式磁传感器	AMT/CSAMT 频段磁场信号传感
	高稳定性不极化电极	地电信号传感
坑道单元	数据记录器 EMR6	与地面部分一致
	微型三分量音频磁传感器	坑道 AMT/CSAMT 方法磁场观测
	耦合式电极	坑道音频地电信号传感
井中单元	井口控制单元	绞车控制、与井中观测单元通信、数据显示
	电缆 & 绞车	井口控制单元与井中控制单元通信、电缆收放
	井中探管	井中电磁场信号采集、存储、传输
测试单元	白噪声信号发生器	用于数据记录器的室内测试

（二）关键部件研制

1. 发射系统关键部件研制

（1）发射机主体。发射机实物如图 4.24 所示，内部结构如图 4.25 所示。发射机内部

图 4. 23　大功率井-地电磁成像系统硬件实物图

主要包括全桥整流单元、支撑电容、大功率逆变模块、散热系统、状态监测系统等。其中，外部的高压通过高压输入接口进入发射机，首先经过全桥整流单元和支撑电容后给大功率逆变模块提供电能，然后通过高压输出接口将逆变产生的多制式矩形人工源信号发送出去；散热系统的电能供给由全桥整流之后的大电压提供，经过一个宽电压转换模块将 100～1000 V 直流电压信号转换成+12 V 的直流电压，用于风扇供电；状态监测系统采集发射机内部的温度、电流和电压信号，并通过 RS485 总线传送到发射机外控盒；大功率逆变模块的控制信号由外控盒提供。

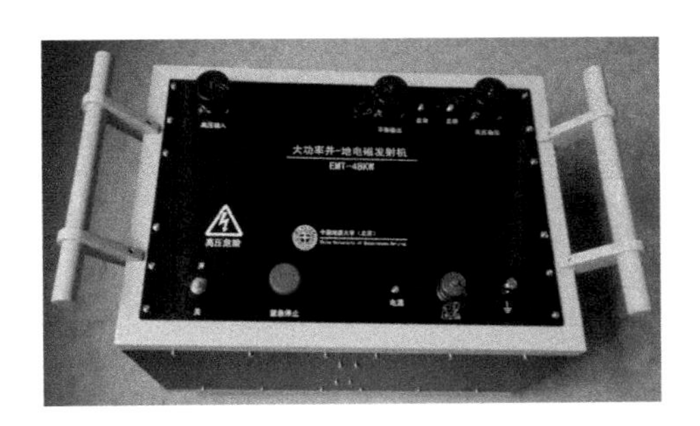

图 4. 24　发射机实物图

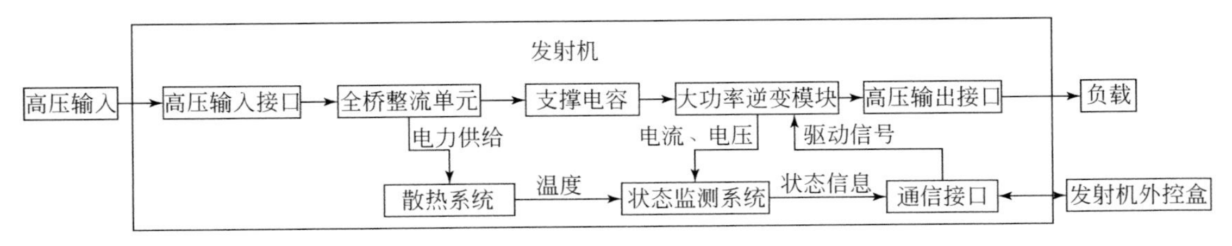

图 4. 25　发射机内部结构图

（2）发射机外控盒。发射机外控盒实物如图 4. 26 所示，原理框图如图 4. 27 所示。核心主控采用 STM32F103 单片机与复杂可编程逻辑器件（CPLD）组合的方式，主要电路包括时钟电路、实时时钟（RTC）电路、无线通信电路、电源管理电路、数据存储电路、驱动放大电路和与发射机通信接口等。发射机通过无线 WiFi 与上位机进行数据交互，主控通过读取上位机的控制指令，将指令中的频率、发送时间长度、开启发射时间等信息提取出来，并用于发射机的发射配置。为了后期数据解释处理方便，发射机需要与接收机时间同步。开启发射前，需要进行 GPS 对钟操作获取国际标准时间，并且将 GPS 时间通过串行总线 SPI 写入 RTC 芯片，作为 RTC 初始时间；主控 ARM 再向 RTC 芯片写入频率表规定的频点发送时间，作为定时闹钟的时间，由 RTC 定时闹钟产生控制发射机开启发射的一个标志。主控 ARM 芯片将获取的频率值转换成 CPLD 的分频系数，并且在频率切换前将下一个频点的分频系数发送给 CPLD，由 CPLD 产生发射机逆变电路的驱动信号。发射机外部控制器采用 12V–42AH 的锂电池供电。

图 4.26　发射机外控盒实物图

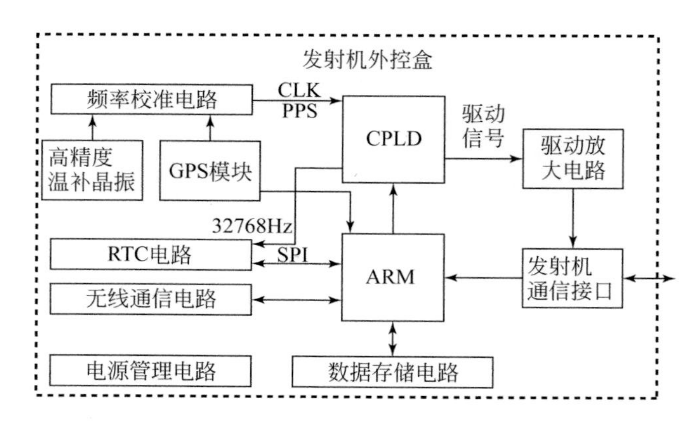

图 4.27　发射机外控盒原理框图

2. 电流记录器

电流记录器实物如图 4.28 所示。电流记录器的研制主要在电流幅值的精度、时间精度、全波形记录等方面进行技术攻关。采用与数据记录器相同的软硬件平台，保证了较高的数据吞吐率，同时缩短了软硬件研发周期；在电流传感器、通道动态范围方面，实现了电流记录器的低噪声及大动态范围特性；高精度时间方案与数据记录器方案一致。

图 4.28　电流记录器实物图

电流记录器原理图如图 4.29 所示。主要包括电流传感器（Current Probe）、模数转换电路（ADC）、主控单元核心电路（FPGA+ARM）、时钟电路（CLK）、电源电路（PWR）以及外围接口电路（BAT（Pb）&CHA）等。

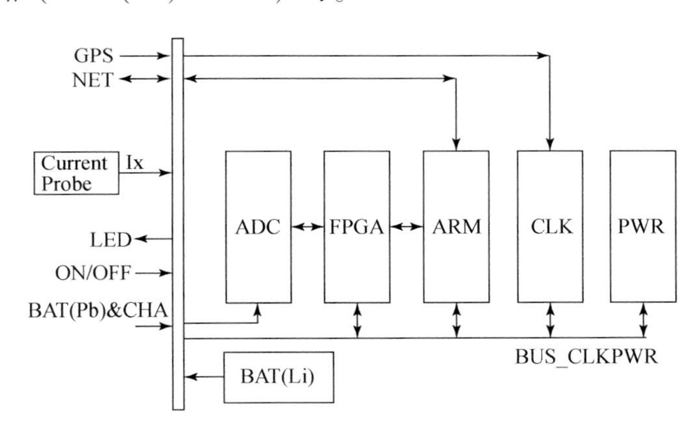

图 4.29　电流记录器原理框图

3. 接收系统关键部件研制

1）地面–坑道电磁接收机

地面–坑道电磁接收机完成 3 通道磁场、3 通道电场传感器输出的模拟电压信号高精度采集，并为原始时间序列提供高精度时间戳。硬件主要由内置采集电路、内置电池组、机壳、接插件等组成。硬件框图如图 4.30 所示，外围接口包括 GPS 天线的 BNC 插座、网络接口（NET）、IP65 防水等级的 RJ45 底座、3 通道磁场底座（3H）、3 通道电场底座（3E）、高亮 LED 指示灯（LED）、软开关按钮（ON/OFF）、外置铅酸蓄电池输入及内置锂电池充电口（BAT（Pb）&CHA）、所有接插件安装在铝制机壳的顶部，机壳为铸铝机壳，IP66 防水等级；还有各类总线，包括 ADC 总线（BUS_ AD）、ARM 总线（BUS_ ARM）、信号总线（BUS_SIG）、时钟电源总线（BUS_ CLKPWR）等。机壳内置采集电路和锂电池组（BAT（Li）），锂电池组容量为 12.6V-20Ahr。采集电路分为前端接口板、磁场通道板（AD_3H）、电场通道板（AD_3E）、FPGA 时钟逻辑板、ARM 控制板、时钟电路（CLK）与电源电路（PWR）等七部分。图 4.31 为地面–坑道电磁接收机实物图。

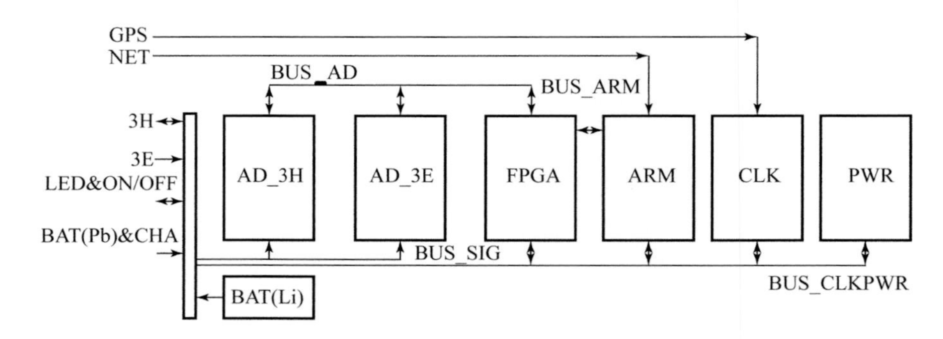

图 4.30　地面–坑道电磁接收机硬件框图

图 4.31　地面–坑道电磁接收机实物图

2）井中电磁接收机

井中电磁接收机可实现井中电磁场信号的高精度观测，包括磁场 3 分量 B_x \ B_y \ B_z，以及电场垂直分量 E_z。井中电磁接收机硬件由井口控制单元、绞车 & 电缆、井中探管等部分组成。井口控制单元实现绞车电缆收放控制、电缆长度记录、与井中探管通信、数据显示、计算、存储等工作；电缆 & 绞车为信号提供物理链路，并为井中探管提供承载力；井中探管实现四分量电磁场信号的传感、采集、存储、传输。

探管内置的电子线路包括通信模块、测斜模块、控制电路、采集电路、锂电池、磁通门传感器等。通信模块实现控制电路与井口单元的全双工通信。磁通门传感器实现三轴正交磁场至电压信号的高精度转换，电压输出至后续采集电路。采集电路将磁通门输出的三道电压及电极电压信号进行低噪声放大、滤波、模数转换、数据编排。控制电路读取采集电路输出的数据流，并进行预处理组成数据包，控制电路读取温度传感器信息、测斜模块、电池电压信息组成状态包，在井口单元的控制下发送至通信模块。图 4.32 为井中探管电路功能图，图 4.33 为井中探管电路实物图（上：控制电路、下左：采集电路、下右：电源电路）。

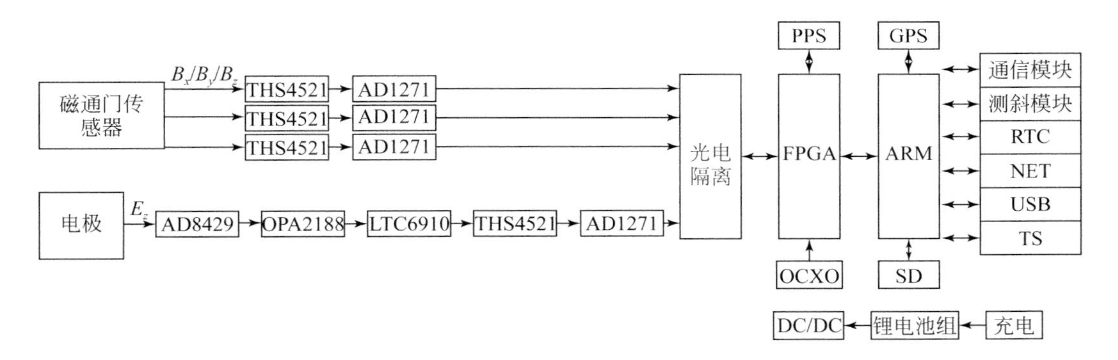

图 4.32　井中探管电路原理框图

图 4.33　井中探管电路实物图

4. 高稳定性不极化电极

针对现有 Pb/$PbCl_2$不极化电极极差稳定性差的问题，对现有不极化电极的配方和制作工艺进行了部分改进。

（1）结构方面。图 4.34 为新设计的电极结构示意图。区别于以往的极罐结构，现有结构为圆柱体，并分割为独立的大小腔体，腔体内部填充 $PbCl_2$ 泥浆。上下腔体之间由“隧道”导通，“隧道”的作用在于减缓泥浆与地下介质的离子溶度变化的速度，有助于降低极差漂移。

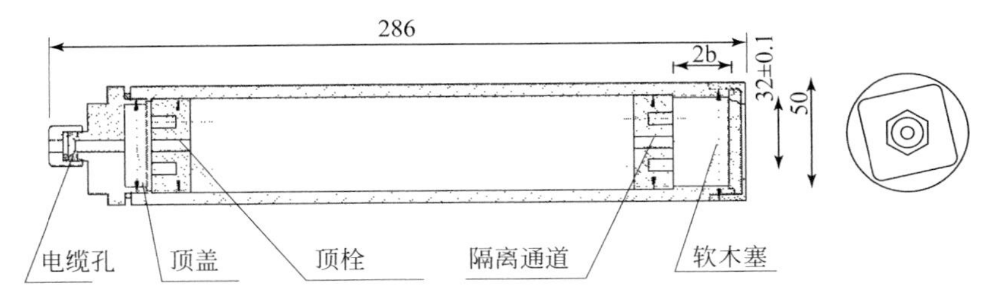

图 4.34　不极化电极结构示意图

（2）配方方面。前人研究成果表示泥浆的 pH、$PbCl_2$浓度、NaCl 溶度等参数都将影响极差稳定性、温度系数、噪声等指标，因此为获得更低的噪声及稳定的极差，泥浆配方主要体现在 NaCl 过饱和、pH 为 3 ~4、$PbCl_2$为 40 g/L。图 4. 35 是不极化电极实物图。

图 4. 35　不极化电极实物图

5. 微型三分量音频磁传感器

坑道环境下进行磁场信号观测时，现有感应式磁传感器存在坑道空间受限的不足，并且在坑道环境下难以借助森林罗盘进行磁棒方位测量。微型三分量音频磁传感器将三轴感应线圈集成至一个边长为 30 cm 的立方箱体，三轴线圈及放大电路保持相对独立，三轴线圈相比磁棒，现场作业有更好的正交度。为方便现场作业，在箱体的顶部安装了一个用于指示水平的水平气泡，图 4. 36 是微型三分量音频磁传感器结构及实物图。

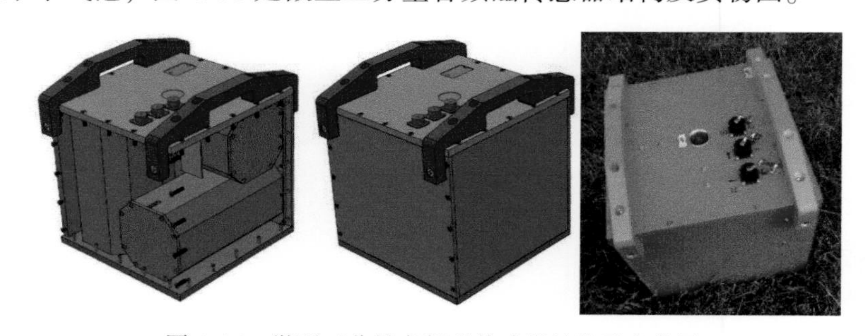

图 4. 36　微型三分量音频磁传感器结构及实物图

6. 感应式磁传感器

围绕小体积、低功耗、低噪声的目标，进行了感应式磁传感器的重新定制。通过降低线圈前置放大器噪声，在减小固定装置的空间同时增大磁芯空间，以及优化线圈参数等进一步降低了传感器的噪声；同时通过改善线圈绕组参数，将磁传感器外径缩小至仅 46 mm，空气质量仅为 4. 5 kg，同时功耗仅为 100 mW；分别定制开发了 MT 感应式磁传感器及音频段的感应式磁传感器，区别于现有的感应式磁传感器，主要在体积、功耗、质量上进行了优化设计，同时实现了低噪声特性。图 4. 37 是感应式磁传感器实物图。

感应式磁传感器主要由内部高导磁芯、主线圈、反馈线圈、标定线圈、放大电路、防水外壳、接插件组成。采用磁通负反馈原理，目的在于改善频率响应，使得通频带平坦，电路原理如图 4. 38 所示。磁传感器的重点在于磁芯参数、线圈参数、放大电路的设计，在平衡带宽、噪声、体积、质量、功耗等各方面因素进行仿真设计。

图 4.37　磁传感器实物图

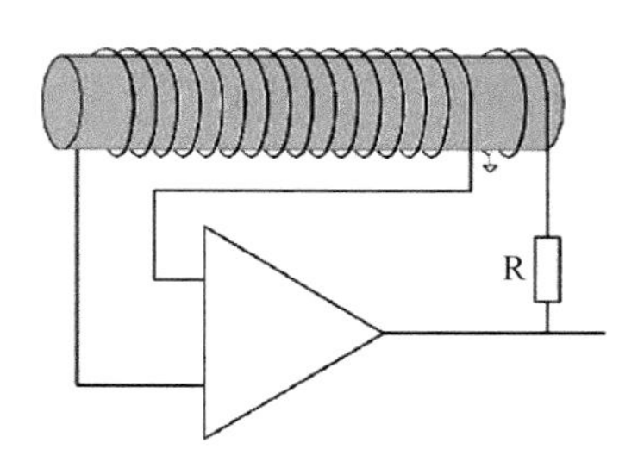

图 4.38　磁传感器电路原理图

（三）技术指标与测试

对大功率电磁发射系统和多参数电磁接收系统进行了技术指标测试，其中指标性测试聘请了第三方测试机构（广州广电计量检测股份有限公司）进行。第三方测试机构通过了中国合格评定国家认可委员会（CNAS）、国防实验室（DILAC）和总装军用实验室认可，获得中国计量认证（CMA）、食品检验机构资质认证（CMAF）和 GJB 9001B—2019 质量体系认证，具有符合国家标准的检验检测机构计量认证资质。

拟定仪器硬件测试方案经专家组审核后，由第三方测试机构按测试方案对大功率电磁发射系统和多参数电磁接收系统进行测试，测试条目共 20 项，其中 6 项针对大功率电磁发射系统，14 项针对多参数电磁接收系统，测试结果如表 4.2 所示。

表 4.2　硬件具体指标预期结果与测试结果

任务书规定的指标名称	指标	计量检测结果
发射波形频率	0.01 Hz ~ 10 kHz（IP：0.01 ~ 100 Hz）	√
发射波形	时域、频域	√
最大发射功率	48 kVA	√
最大发射电流	60 A	√
发射机时间同步精度	初始误差：±0.1 μs，时钟漂移：20 μs/h	√
满负荷连续工作	不少于 8 h	√
接收机观测带宽	0.01 Hz ~ 10 kHz（IP：0.01 ~ 100 Hz）	√
接收机通道数	6 道	√
ADC 分辨率	24 位（全频段）	根据设计报告
测量动态范围	120 dB（0.1 ~ 10 Hz）	√
接收机本底噪声	< 1 μVrms（0.1 ~ 10 Hz）	√
主控计算机	嵌入式计算机	根据设计报告
电场观测噪声	优于 0.1 μVrms/m（0.1 ~ 10 Hz）	√
磁场观测灵敏度	优于 100 mV/nT	根据磁传感器标定结果
采样方式	根据发送频率自动分频段采样	√
相位分辨率	优于 1 毫弧度	√
50 Hz 工频抑制程度	优于 60 dB	√
输入阻抗	>3 MΩ	√
接收机时间同步精度	初始误差：±0.1 μs，时钟漂移：20 μs/h	√

续表

任务书规定的指标名称	指标	计量检测结果
温度范围	-10 ~ +50 ℃	√
功耗	小于 15 W（低频模式）	√
体积	小于 500 mm×400 mm×300 mm（长×宽×高）（主机）	√
质量	小于 10 kg（含内置电池）	√

1. 发射机技术指标测试

发射机测试主要包括工作频率范围测试、适用方法测试、最大功率测试、最大电流测试、发射机时间同步精度和满负荷连续工作时间测试。表 4.3 为井-地电磁成像系统发射机技术指标研发情况表。

表 4.3 井-地电磁成像系统发射机技术指标完成情况表

指标名称	预期指标	实测结果	备注
发射波形频率	0.01 Hz ~ 10 kHz（IP：0.01 ~ 100 Hz）	10 kHz ~ DC（IP：0.01 ~ 100 Hz）	达标
发射波形	时域、频域	时域、频域	达标
最大发射功率	48 kW	63 kW（室内）；51.9 kW（室外）	达标
最大发射电流	60A	98.4 A（室内）；54.2 A（室外）	达标
发射机同步精度	初始误差：±0.1 μs， 时钟漂移：20 μs/h	初始误差：±0.1 μs， 时钟漂移：20 μs/h	达标
满负荷连续工作	不少于 8 h	超 48 kW 连续工作 8h 5 min	达标

1）CSAMT 方法测试

CSAMT 方法测试包含从 0.9375 ~ 9600 Hz 的 41 个频点，基本呈对数等间隔分布，扫频发射一轮持续 50 分钟。图 4.39 为 CSAMT 模式下的电流随频率变化的曲线图。

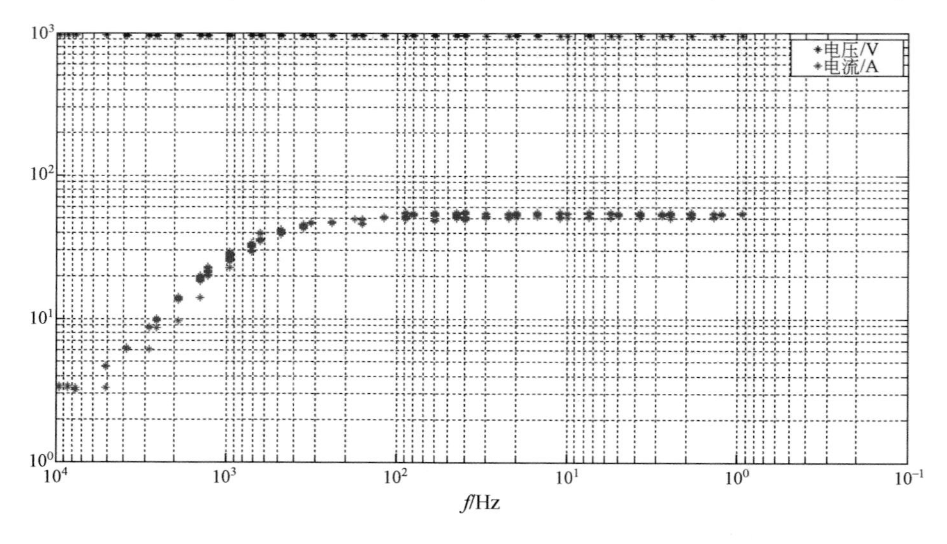

图 4.39 CSAMT 模式的电流-频率曲线

2）SIP 方法测试

SIP 方法测试包含从 0.0625～128 Hz 中的 12 个频点，各频点以 2 分频递减，频率表循环发射，单轮次持续 15 分钟。图 4.40 为 SIP 方法测试时发射电流时间序列。

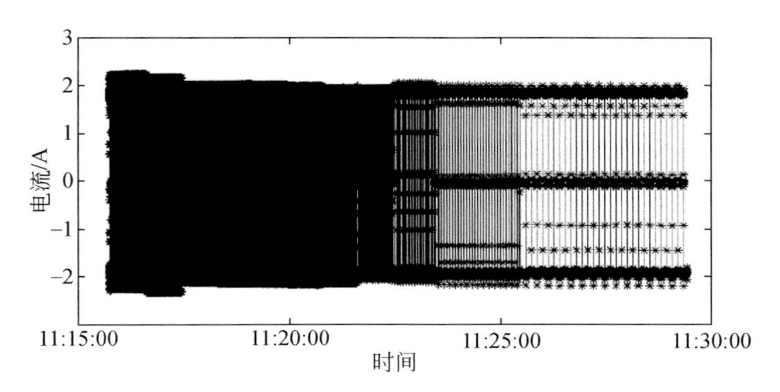

图 4.40　SIP 方法测试时发射电流时间序列

3）TDIP 方法测试

TDIP 模式下支持 TD-1s、TD-2s、TD-4s、TD-8s 等变脉宽发射波形。图 4.41 为 TD-2s 的发射电流时间序列。

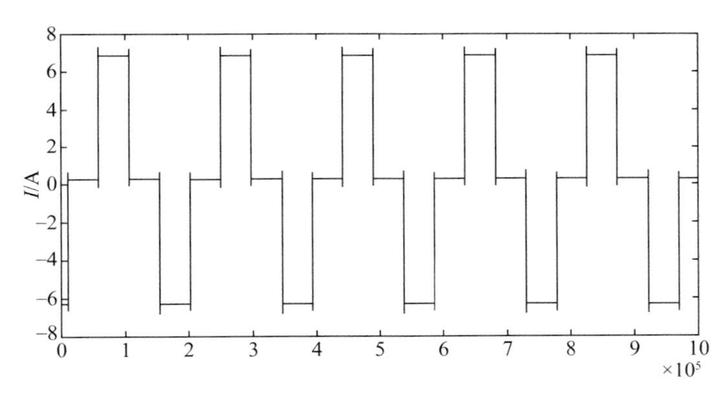

图 4.41　TD-2s 的发射电流时间序列

4）双频激电测试

双频激电测试采用 100 Hz 和 400 Hz 的混频，电流波形如图 4.42 所示。由电流检测波形图可知，双频发射的波形稳定，频率分别为 100 Hz 和 400 Hz。

图 4.42　双频发射电流波形

5）室内最大输出功率测试

室内最大输出功率测试如图 4.43 所示。由图可知，发射电压为 868.2 V，发射电流为 98.4 A。进一步计算可得发射功率超过 85kW。

(a)开关电源输出情况　　(b)钳表和万用表测量的发射电流和电压值

图 4.43　室内最大输出功率测试图

6）野外最大输出功率测试

图 4.44 为野外最大输出功率测试的上位机截图，从中可以看到，发射电压为 957.6 V，发射电流为 54.2 A，发射功率为 51.9 kW。

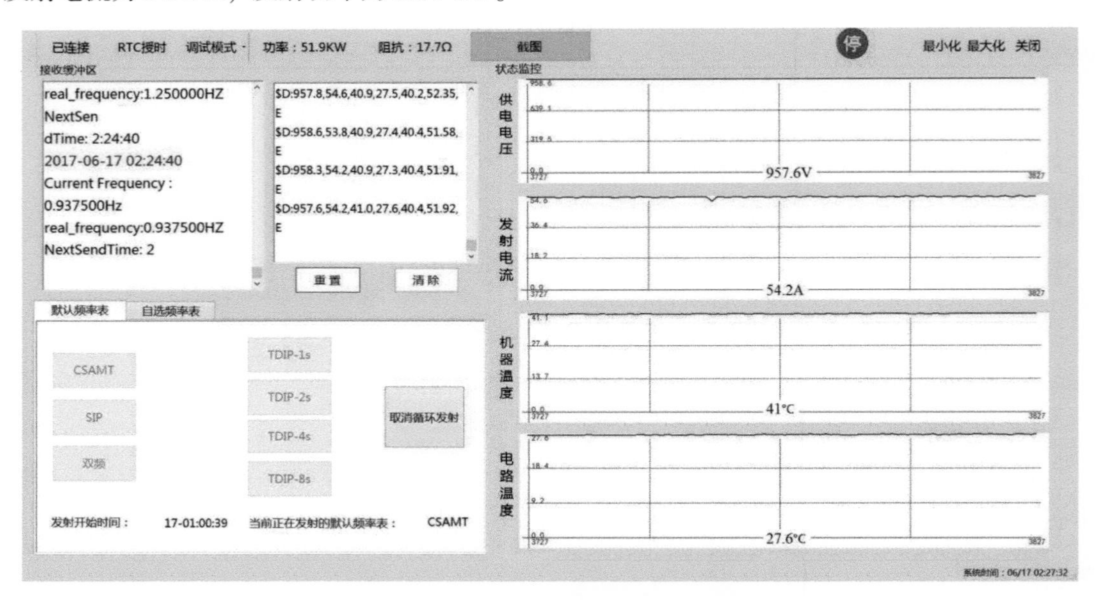

图 4.44　野外最大输出功率测试图

7）满负荷连续工作时间测试

图 4.45 为满负荷连续工作时间测试数据回放曲线图，从 GMT 时间 3 时 59 分 44 秒持续到 12 时 4 分 29 秒，连续发射时长 8 h4 min45 s。发射电压约为 930 V，发射电流约为 52 A，发射功率约为 48.3 kW，大于 48 kW。

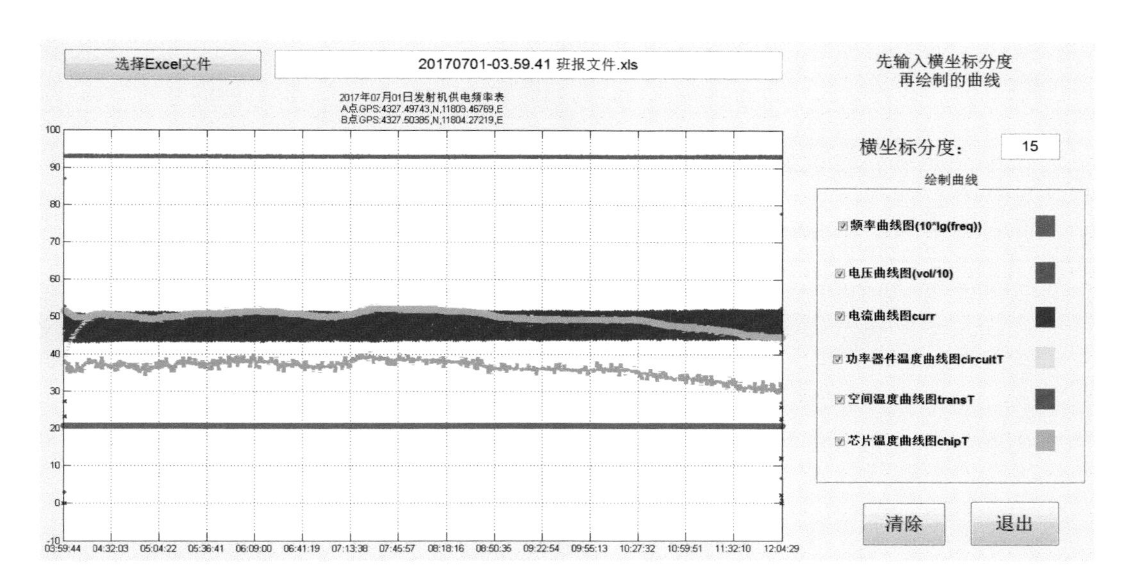

图 4.45　满负荷连续工作时间测试数据回放曲线图

2. 接收机技术指标测试

接收机指标测试开展了全部指标的自测和第三方检测。技术参数主要分为以下几大类。

（1）噪声类：本底噪声水平、动态范围、共模抑制比、串音。

（2）时间类：时间一致性、时间精度。

（3）通道类：频响、通道标定、脉冲响应。

限于篇幅，仅给出噪声水平、动态范围、频响等关键技术指标的自测结果。

1）噪声水平测试

将电道输入端对地短接，AMT 模式工作 30 分钟，MT 模式工作 10 h，对噪声数据借助 SSMT2000 软件进行 NPI 处理，得到通道噪声的 PSD（图 4.46）。高频通道测量带宽为 0.3 Hz～10 kHz，在 30 Hz～10 kHz 频段范围内，噪声 PSD 约为 10 nV/rt（Hz），低频存在 $1/f$ 噪声；低频通道计算结果带宽为 33 Hz～0.33 MHz，全频段噪声 PSD 较平坦，通频带噪声 PSD 约为 10 nV/rt（Hz），在 100 s 后略有抬升。

2）动态范围测试

测试信噪比（SNR）、有效位（ENOB）、信纳比（SINAD）等指标时，将幅值为-60 dBFS、频率为 750 Hz 的正弦信号接入至电道，数据记录器采样率设置为 24000 Hz。记录一段时间后，对时间序列进行 FFT 计算，结果如图 4.47 所示。进一步计算得到 SNR 为 50.6dB、SINAD 为 49.8dB、SFDR 为66.2 dB，折算满量程输入条件下 SINAD＝109.8 dB，ENOB＝17.9 bits。

3）通道频响测试

通道标定分为高速通道与低速通道标定两个步骤，所有通道均进行标定。标定结果如图 4.48 所示：低速通道标定频率范围 0.09375～960 Hz，通频带增益均为 1，频响一致性

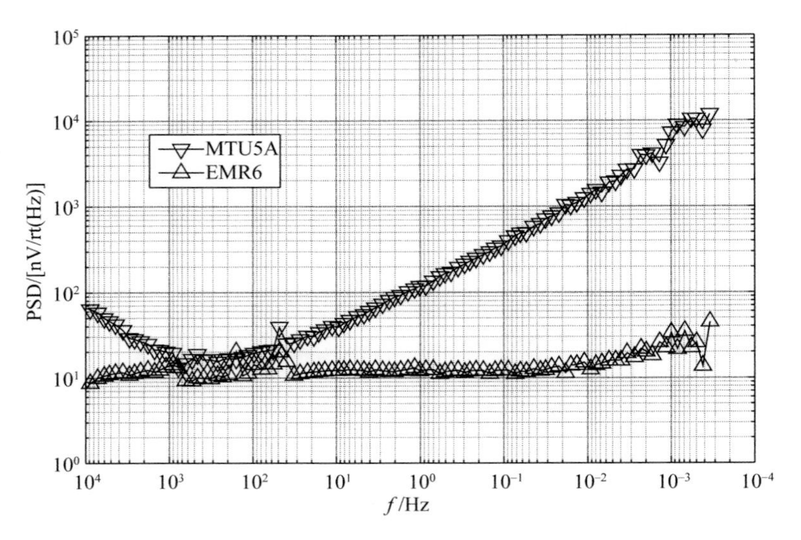

图 4.46 通道噪声 PSD 测试结果

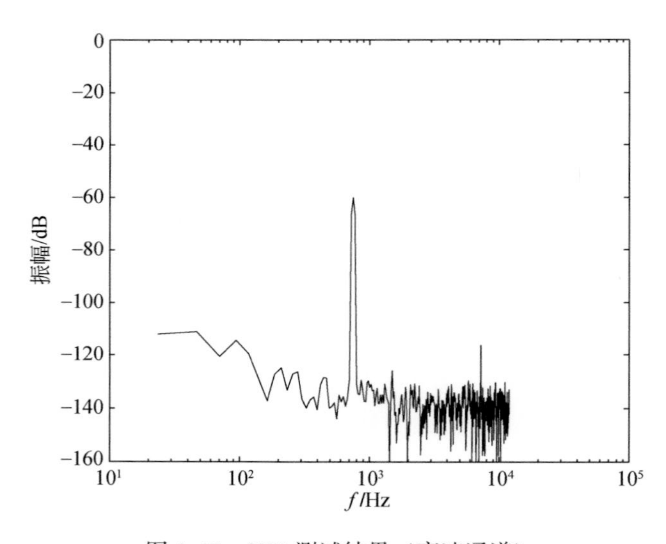

图 4.47 SNR 测试结果（高速通道）

好；高速通道标定频率范围为 0.09375 ~ 10400 Hz，电道通频带增益为 10，磁道通频带增益为 3，频响一致性好。

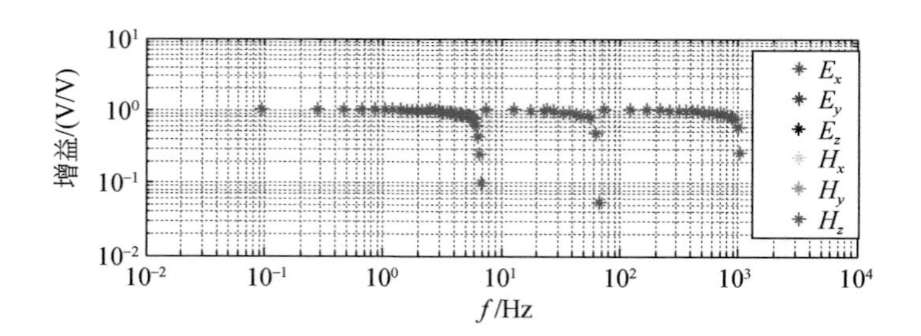

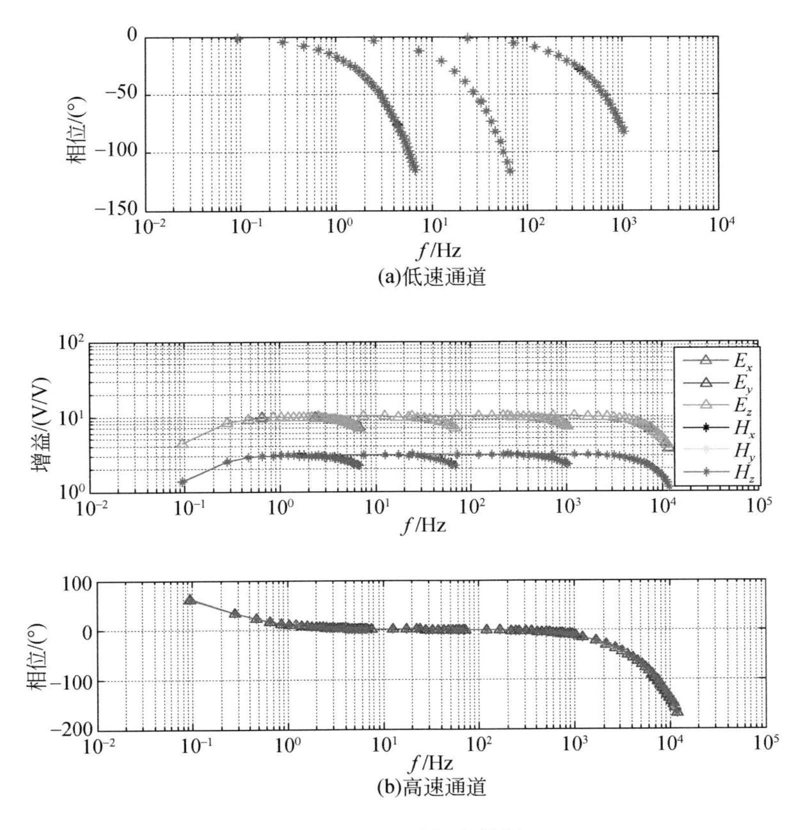

(a)低速通道

(b)高速通道

图 4.48　通道标定结果

3. 电场传感器测试

电极对的内阻测量借助 LCR 表，将待测电极放入盛有 NaCl 溶液的容器中，所测试阻抗结果包含电极的内阻与导电溶液的阻抗之和，在此忽略了导电溶液的阻抗。测试所有电极对在 4 个频点（10 Hz、100 Hz、1000 Hz、10000 Hz）的阻抗参数。测试结果如图 4.49 所示：电极对在 10 Hz ~ 10 kHz 频带范围内，阻抗幅值位于 150 ~ 400 Ω 区间范围，相位位于−0.3° ~ 0°；阻抗随频率增加而略微减小，相位随频率增加而升高，主要呈阻性。

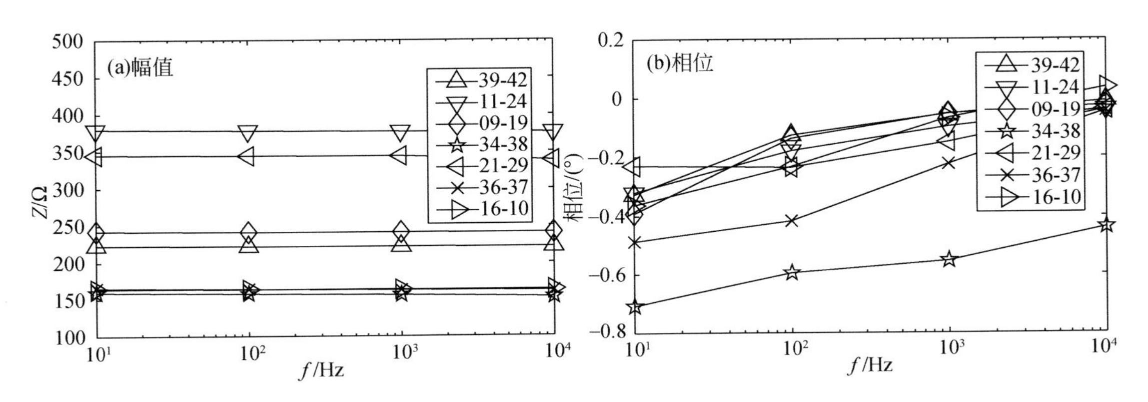

图 4.49　电极内阻测试结果

借助动态信号分析仪进行噪声观测。将电极对引线接至动态信号分析仪输入端，动态信号分析仪设置为单端接地，-50 dBVpk 量程，叠加 100 次，分为 4 个频段测量，结果如图 4.50 所示。仪器本底噪声约为 10 nV/rt（Hz）@100 Hz，低频噪声随频率降低而增加。接入电极后噪声整体抬升，电极自身噪声水平约为 100 nV/rt（Hz）@100 Hz，频带内平坦。

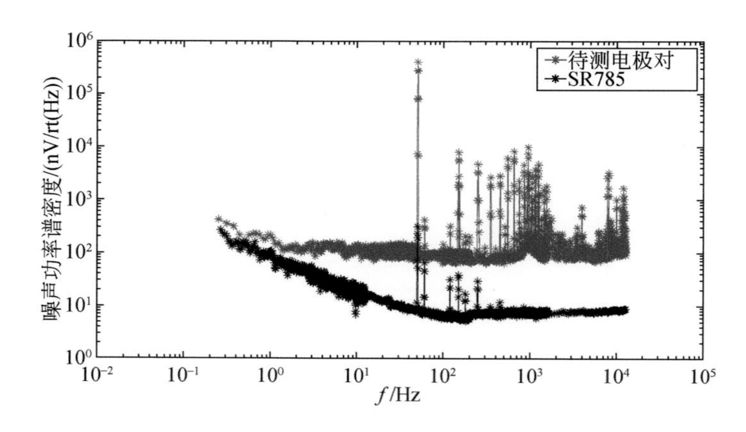

图 4.50 电极本底噪声测试结果

图中黑色曲线为 SR785 本底噪声，约为 10nV/rt（Hz）@1 Hz，红色曲线为电极对与仪器本身的噪声之和，约为 100 nV/rt（Hz）@100 Hz

4. 磁场传感器测试

将磁传感器置于磁屏蔽室，借助动态信号分析仪计算 PSD，以评估磁传感器的本底噪声水平。测量的磁传感器噪声 PSD 如图 4.51 所示。

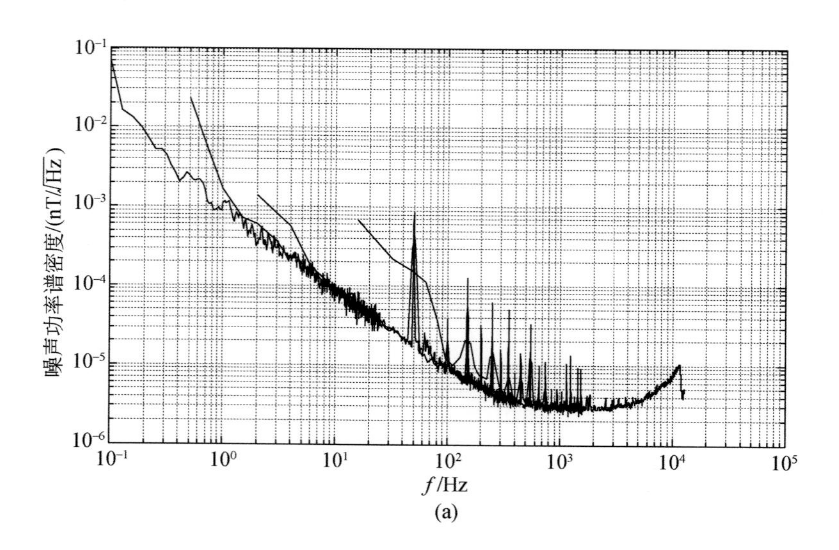

(a)

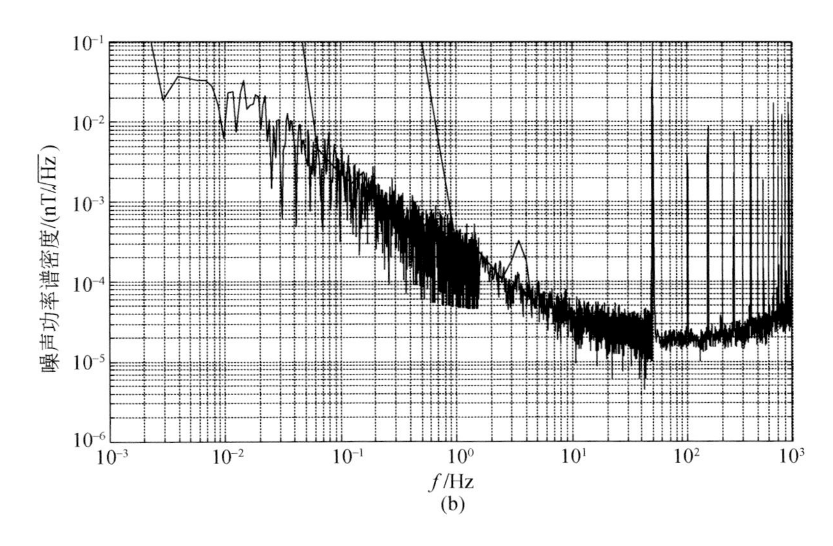

图 4.51　感应式磁传感器本底噪声测试结果

（a）AMT 磁传感器，在 1 kHz 频段附近噪声最小，随频率减小，噪声水平增加，成 $1/f^2$ 趋势，1 Hz 频点处噪声 PSD 约为 1pT/rt（Hz）；（b）MT 磁传感器，在 100 Hz 频段附近噪声最小，随频率减小，噪声增加，成 $1/f^2$ 趋势，1 Hz 频点处噪声 PSD 约为 0.2pT/rt（Hz）

经过标定、磁屏蔽室条件下的噪声测试、野外一致性测试，形成以下结论。

（1）MT 磁传感器通带灵敏度为 300 mV/nT，转角频率约为 0.3 Hz，−3 dB 带宽为 0.3～500 Hz；AMT 磁传感器通带灵敏度为 100 mV/nT，转角频率约为 1 Hz，带宽为 1 Hz～10 kHz；

（2）MT 磁传感器噪声水平约为 0.2 pT/rt（Hz）@1Hz，AMT 磁传感器噪声水平约为 1 pT/rt（Hz）@1Hz；

（3）相比加拿大凤凰公司的 AMTC-30、MTC-50 型磁传感器，具有轻便、低功耗的优势。

5. 第三方检测

委托第三方检测机构，对 14 台接收机进行了测试，14 台接收机的所有技术指标均达标，表 4.4 为第三方检测机构对井-地电磁成像系统接收机技术指标测试结果。

表 4.4　井-地电磁成像系统接收机技术指标完成情况表

指标名	预期指标	实测结果	备注
−3 dB 带宽	0.01～10 kHz（IP：0.01～100 Hz）	10 kHz-DC（IP：100 Hz-DC）	达标
通道数	5 道	6 道	达标
ADC 分辨率	24 位（全频段）	24 位（全频段）	达标
动态范围	120 dB	120～123 dB	达标
本底噪声	<1 μVrms@（0.1～10 Hz）	电道：<1 μVrms@（0.1～10 Hz）	达标
采样方式	根据发送频率自动分频段采样	根据发送频率自动分频段采样	达标

续表

指标名	预期指标	实测结果	备注
50 Hz 工频抑制	优于 60 dB	76 ~ 79 dB	达标
输入阻抗	>3 MΩ	电道：>6 MΩ@1 Hz	达标
同步方式	GPS+恒温晶体（GPS 精度：UTC±0.1 μs，晶体度：20 μs/h）	GPS+恒温晶体（GPS 精度：UTC±0.1 μs，晶体度：15 μs/h）	达标
温度范围	-10 ~ +50 ℃	正常工作	达标
功耗	<20 W（高频模式）；<15 W（低频模式）	6 ~ 7 W	达标
体积	<500 mm×400 mm×300 mm（长×宽×高）（主机）	约 225 mm×230 mm×110 mm（长×宽×高）（主机）	达标
质量	小于 10 kg（含内置电池）	4.7 ~ 4.8 kg	达标

研发的具有自主知识产权的硬件系统，包括两套大功率发送机，10 套电磁接收机以及相应的坑道、井下系统和外设。大量的室内测试和野外实验表明：①研制的井-地电磁发射系统和接收系统功能正常，系统稳定可靠；②研制的井-地电磁发射系统和接收系统操作简单，人机交互友好；③研制的井-地电磁发射系统独立的控制部分，保证了试验的安全性；④研制的井-地电磁发射系统与接收系统具有很好的一致性；⑤研制的井-地电磁发射系统支持 CSAMT、TDIP、SIP、双频、伪随机、任意频率表、单频等多种工作模式；⑥研制的井-地电磁发射系统能够在 48 kW 满负荷情况下稳定工作 8 h 以上；⑦研制的井-地电磁发射系统和接收系统有较好的抗干扰能力，已经能够运用到陆地金属矿勘探作业中。

二、井间电磁波层析成像系统

（一）总体设计

井间电磁波层析成像仪器包括深井电磁波发射机、深井电磁波接收机、地面数据收录控制器。地下电磁波层析成像仪器研制从设备的系统性出发，既要考虑井中发射机、井中接收机、地面数据收录控制器这些设备各自的性能，以及工作环境的差异，又要考虑这些设备之间，以及这些设备与绞车控制、深度计数等部件的系统配合。井间电磁波仪器组成如图 4.52 所示。

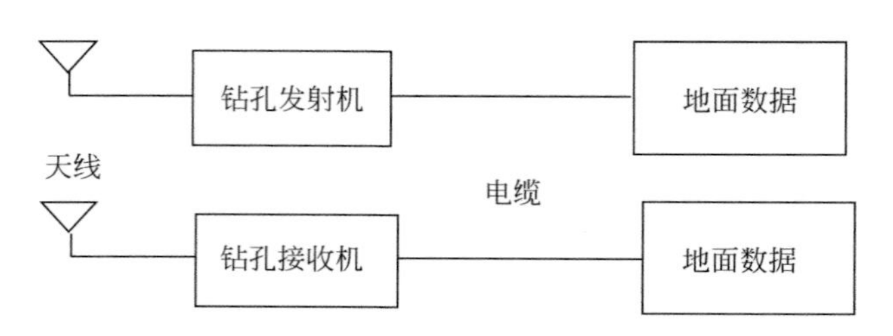

图 4.52　井间电磁波仪器框图

1. 发射机研制

发射机由宽频带功率合成器、可程控频率合成器、输出电压采样/保持、单片机控制器及电源等部分组成。其组成框图如图 4.53 所示。

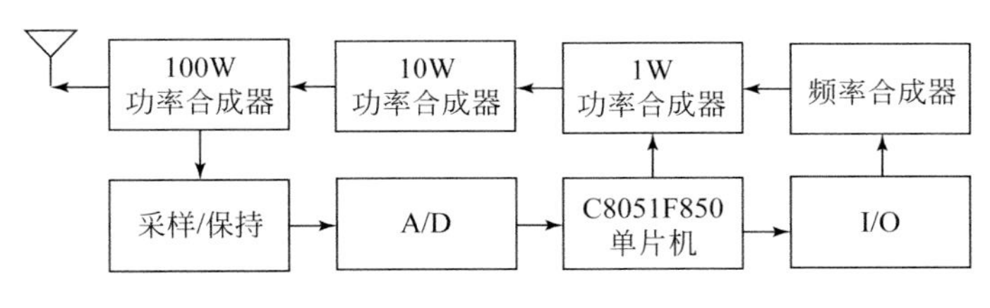

图 4.53　发射机组成框图

2. 接收机研制

接收机由低噪声宽带高频放大器、可程控频率合成器本振、高增益中频放大器、单片机控制器及电源等部分组成。其组成框图如图 4.54 所示。

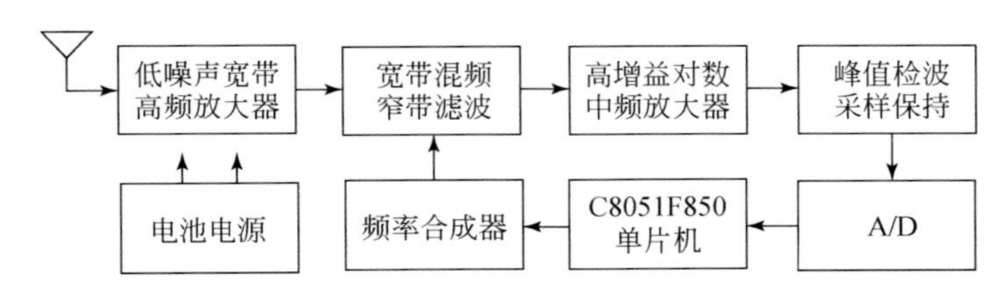

图 4.54　接收机组成框图

3. 地面数据收录控制器

地面数据收录控制器是地下电磁波层析成像系统的重要组成部分，完成的功能包括长线驱动控制井下接收发射探管（设置频率、同步等）、采集并显示深度信息和测量数据、现场数据预处理，以及数据保存并通过 USB 接口传输至计算机。

该系统包含以下模块（图 4.55）：数据采集驱动板、工业控制计算机、液晶显示触摸屏、井下探管驱动控制接口、光码盘深度计数模块、锂电池电源、USB 键盘鼠标等输入输出设备。工业控制计算机内嵌可视化的数据采集软件。

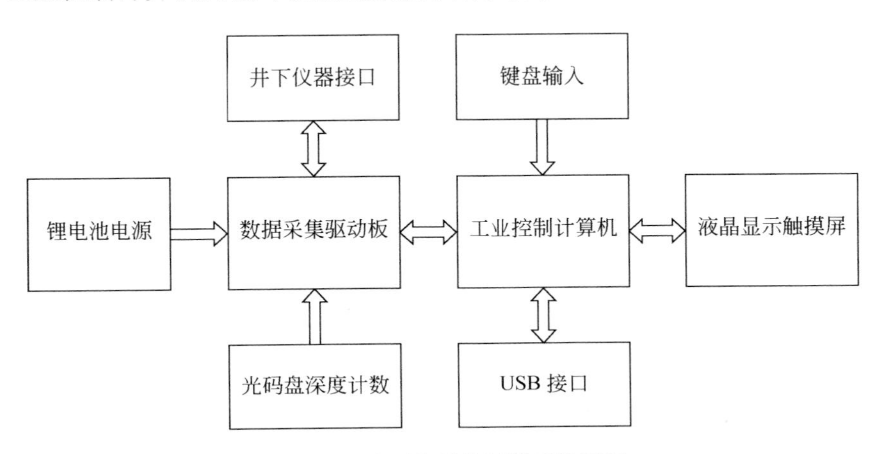

图 4.55　地面收录控制器系统框图

（二）关键部件研制

1. 频率合成器

地下电磁波仪器工作频率范围为0.1 MHz～35 Hz，钻孔发射机和接收机采用同步跳频扫描方式工作，接收机工作频率高出发射机465 kHz，二者的频率合成器原理和技术指标相同。频率合成器原理框图如图4.56所示。

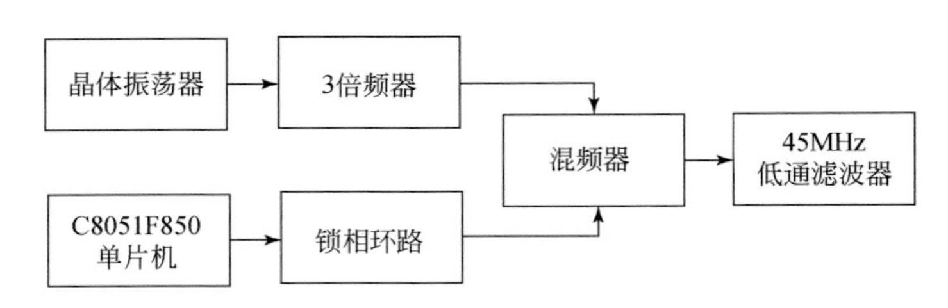

图4.56 频率合成器原理框图

根据电磁波仪工作频率范围确定频率合成器的指标如下。

（1）频率合成器输出信号频率范围：f=35 Hz～0.1 MHz；

（2）两频道间的频率间隔（最小工作频率间隔）：0.1 MHz；

（3）频道数：n=35 MHz/0.1 MHz=350。

1）锁相环路

锁相环路原理框图如图4.57所示。本方案中高稳温补晶振采用20 MHz标准频率。锁相环路中主要器件采用MC145170锁相环（PLL）、MC12148压控振荡器（VCO），环路滤波器（LPF）采用无源比例积分滤波器。另外还包括3倍频电路和混频电路。压控振荡器输出频率为60.1～95 MHz，经与20 MHz三倍频后混频，得到频率合成器输出频率f为0.1～35 MHz的可程控工作频率。

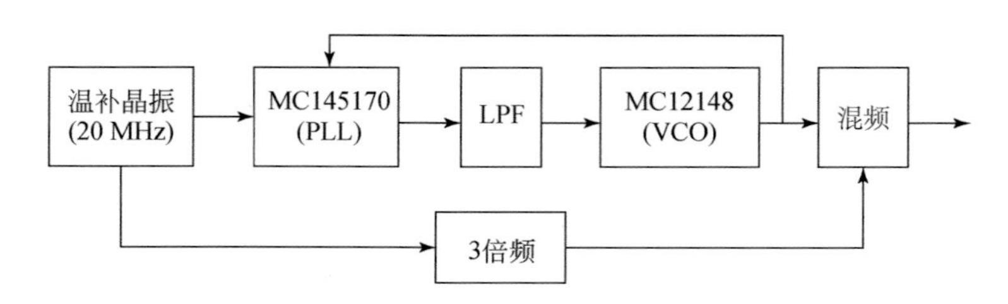

图4.57 锁相环路（PLL）原理框图

2）倍频与混频器

倍频与混频电路如图4.58所示。压控振荡器输出频率为60.1～95 MHz，经与20 MHz三倍频后混频，得到频率合成器输出频率f为0.1～35 MHz的可程控工作频率。

三倍频电路采用晶体管三极管倍频器，是利用晶体管集电结电容的非线性特性进行倍频。20 MHz温补晶振输出信号，经过三倍频后得到60 MHz信号送到混频器SA602。

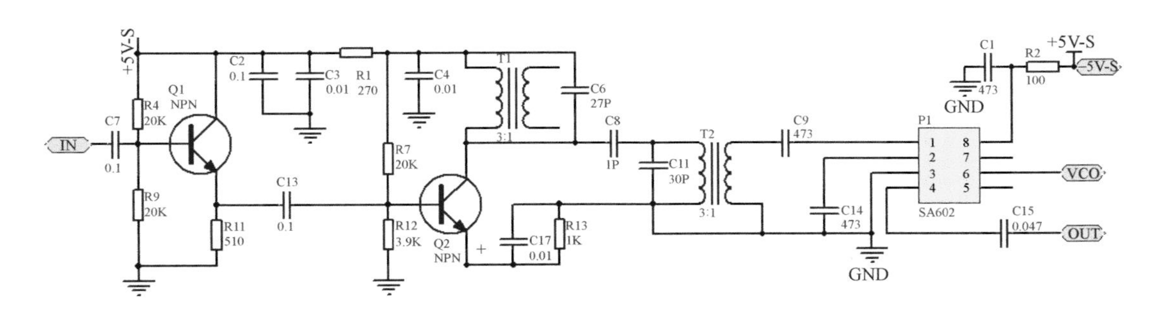

图 4.58　倍频与混频电路

SA602 为通用振荡/混频器单片集成电路，内含双平衡混频器、振荡器和稳压器。双平衡混频器的工作频率可达 500 MHz，振荡器的振荡频率可达 200 MHz。

3）45 MHz 低通滤波器

为得到较高信噪比的频率合成器输出信号（$f=0.1$ MHz ~ 35 MHz），在混频电路输出信号后，需要滤除高次谐波。本研究方案采用 45 MHz 截止频率的 4 极点 Sallen-Key 低通滤波器，电路图如图 4.59 所示。运算放大器选用 ADA4857，它是一款单位增益稳定的高速、电压反馈型放大器，具有低失真、低噪声与高压摆率的特点。

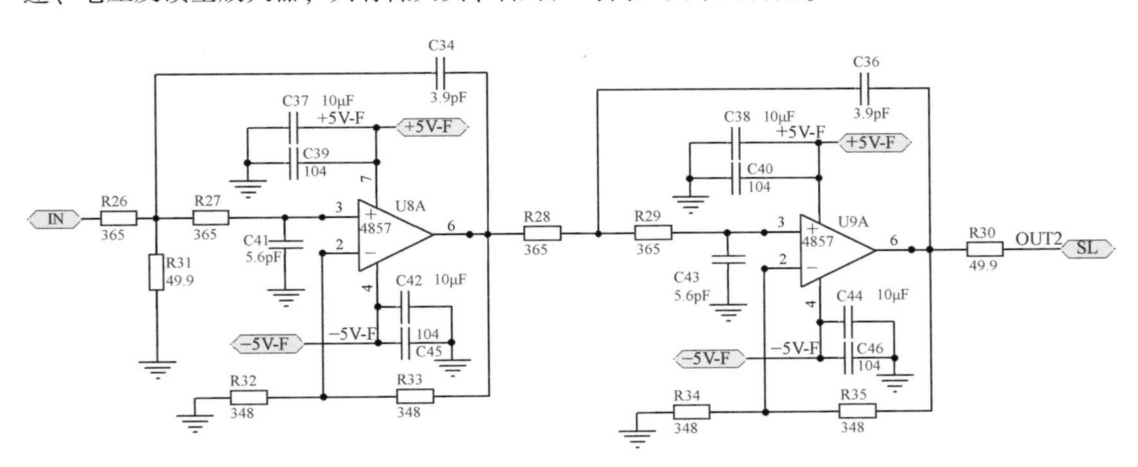

图 4.59　低通滤波器

该滤波器包括两个相同的级联 Sallen-Key 低通滤波器，各自有固定增益 $G=2$，总增益为 $G=4$ 或 12 dB。将滤波器中的电阻设计为彼此相等，可大大简化滤波器的设计方程式。为实现 45 MHz 转折频率，R 值应设计为 365Ω。图 4.60 为 Sallen-Key 低通滤波器振幅响应图。

2. 发射机功率放大器

激励与功放组成发射机的宽频带功率放大器（图 4.61），为使从频率合成输出的信号放大到 100 W 脉冲输出功率，需采用三级功率放大技术。

功率放大器设计的难点是宽带和大功率，因此宽带匹配技术是关键。输入输出匹配电

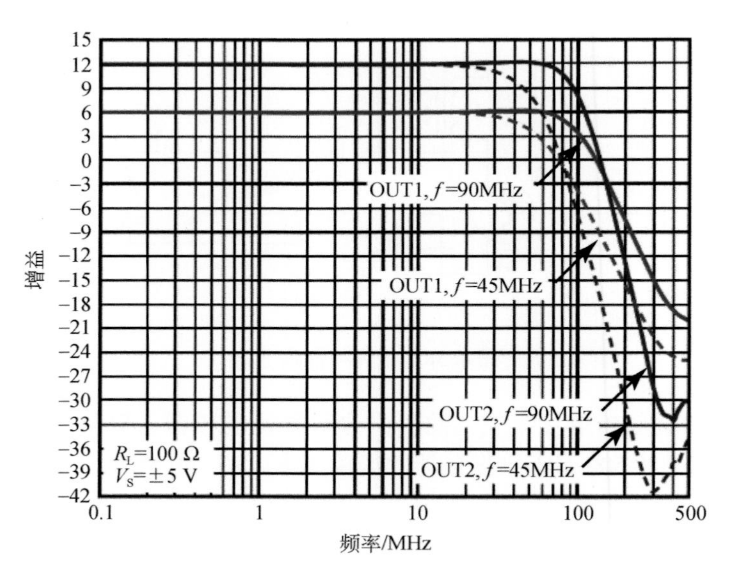

图 4.60 Sallen-Key 低通滤波器振幅响应图

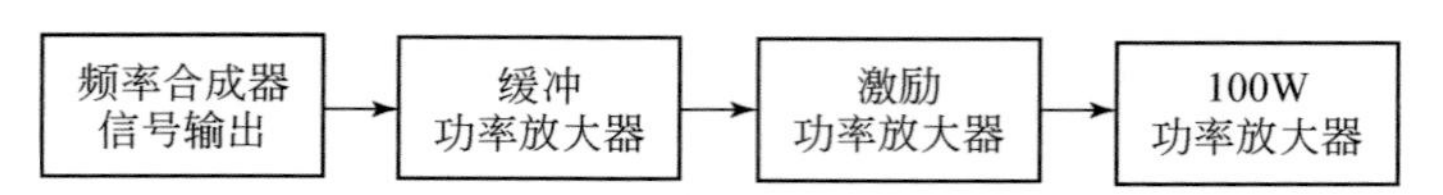

图 4.61 功率放大器原理框图

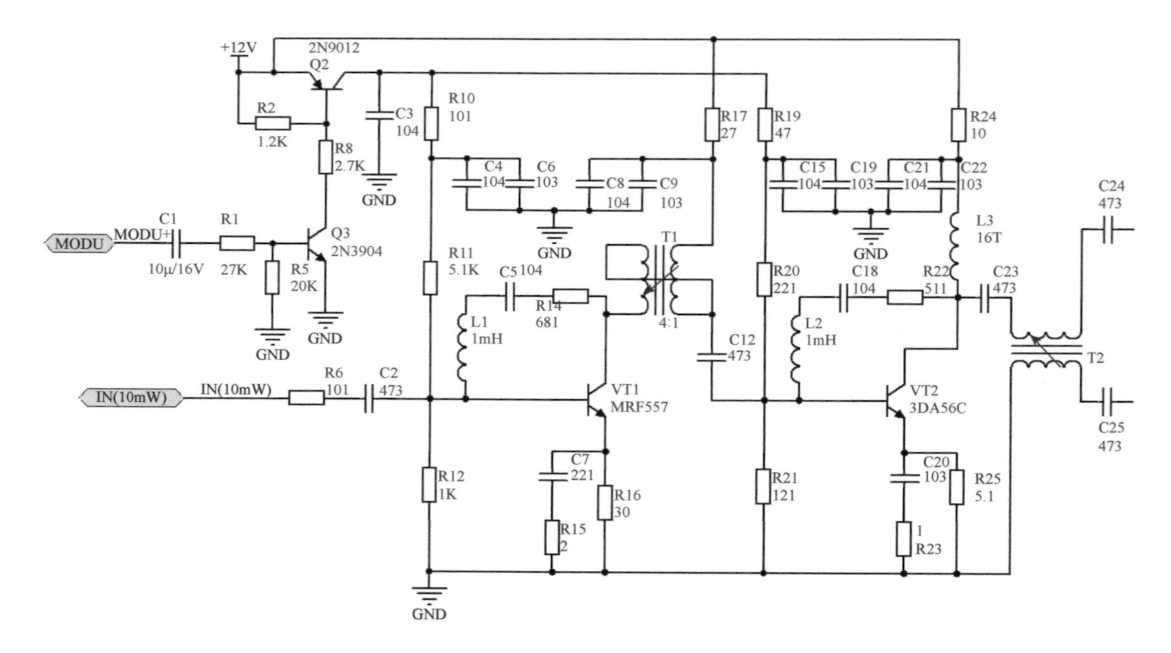

图 4.62 缓冲放大器原理图

路基于特定的匹配功能而遵循不同的设计原则。输入匹配电路主要解决稳定性、增益、增益平坦度、输入驻波等问题。输出匹配电路主要改善谐波抑制、驻波比和降低损耗等问题。本电路输入匹配网络和级间匹配网络采用普通变压器，末级输出匹配网络采用传输线变压器设计。图 4.62 为缓冲放大器原理图，图 4.63 为激励功率放大器原理图，图 4.64 为末级 100 W 功率放大器原理图。

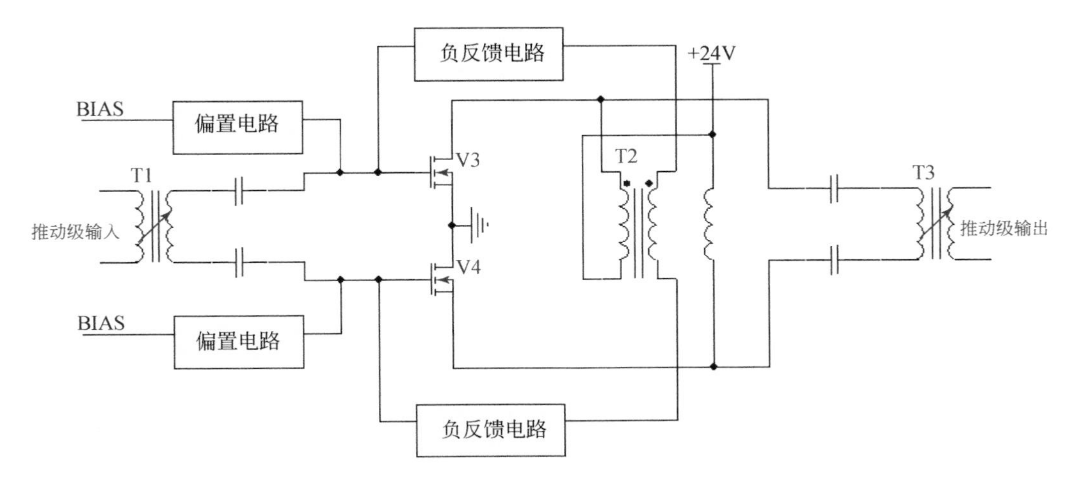

图 4.63　激励功率放大器原理图

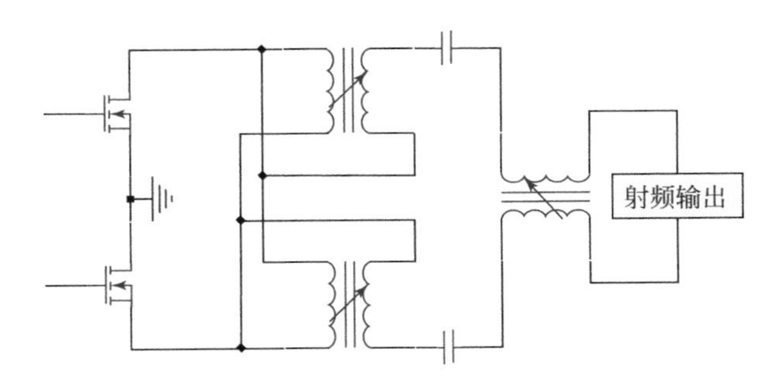

图 4.64　末级 100 W 功率放大器原理图

3. 接收机放大器

接收机放大器组成如图 4.65 所示。

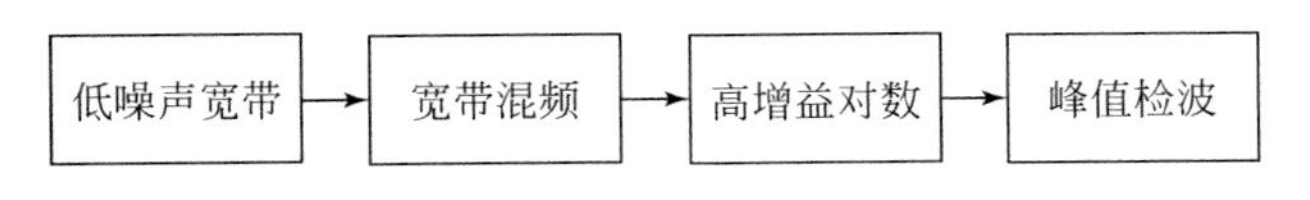

图 4.65　接收机放大器原理框图

1）高放与混频

本单元是接收机的输入级，而接收机的噪声系数主要取决于输入级的噪声系数，所以本单元主要是降低噪声。高放晶体管噪声系数为 1.5 dB。高放级增益约为 30 dB，电路原理图如图 4.66 所示。

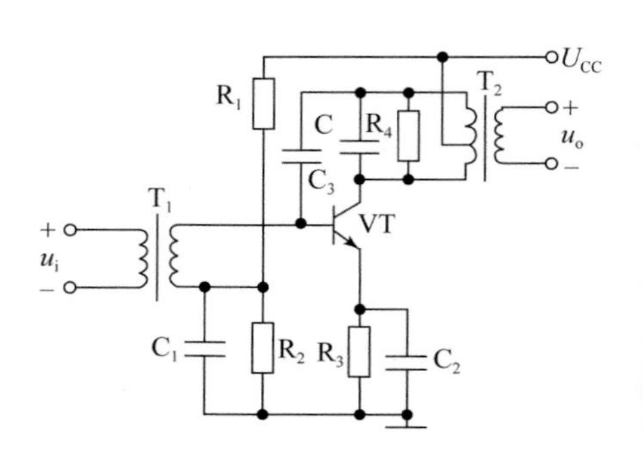

图 4.66　低噪声宽带高频放大器

接收信号经高频宽带放大器放大后送至 MC1496 混频器，与从频率合成器送来的本振信号（其频率比输入信号的高 465 kHz）差频出 465 kHz 中频信号。高放与混频总增益≥30 dB，在 0.135～35.035 MHz 范围内增益变化≤1 dB，电路原理图如图 4.67 所示。

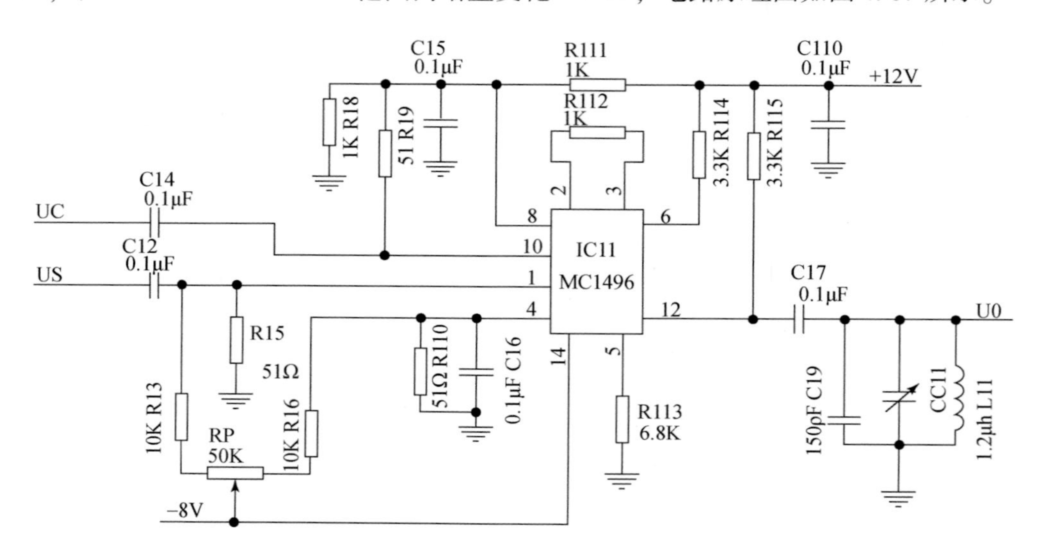

图 4.67　宽带混频窄带滤波电路

2）高增益中频放大器与检波

接收机的灵敏度、选择性和测量动态范围等主要技术指标都取决于中频放大器。因此，中频放大器要做到以下四点：①增益高；②稳定性好；③通频带窄；④测量动态范围宽。

为了接收 0.1 μV 的微弱信号，接收机必须要有很高的增益。同时考虑到仪器的稳定性，将设计整个中频放大器增益为 90 dB，并由 5 级双增益对数放大器组成（图 4.68）。中频放大器之间插入窄带陶瓷滤波器，其通频带为 2 kHz，可以有效抑制各种干扰信号，从而提高接收机的灵敏度。

接收机采用峰值检波保持电路（图 4.69）。中频放大器输出的中频脉冲调制波经二极管向电容充电，充电常数<0.5 ms，一直充至信号峰值。因为 CA3140 为高输入阻抗运算放大器，放电常数约为 2 s。在一个频率的 A/D 转换时间内，电容上的电压保持不变。

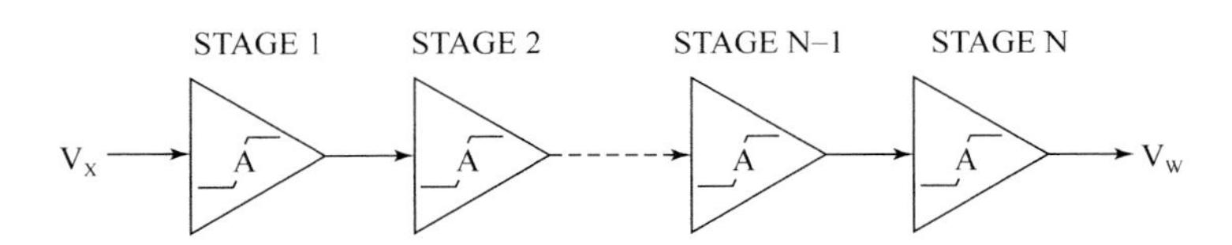

图 4. 68　中频放大器电路原理框图

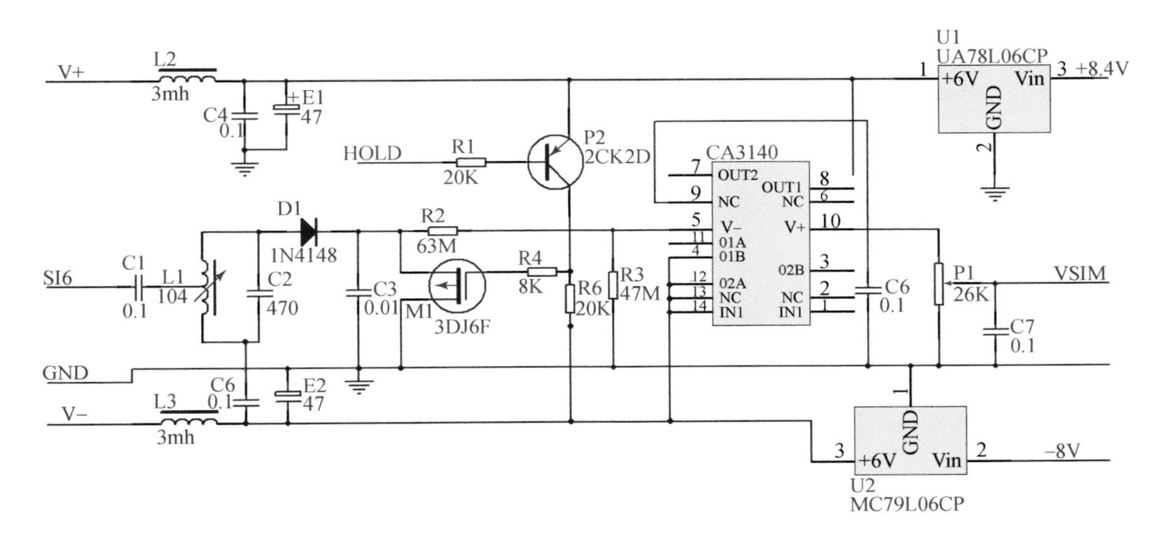

图 4. 69　峰值检波保持电路

4. 钻孔发射机、接收机单片机控制

井中单片机控制部分是发射机、接收机的控制核心。在发射机和接收机中，单片机控制部分的组成、原理基本相同，功能略有差异。其原理框图如图 4. 70 所示。

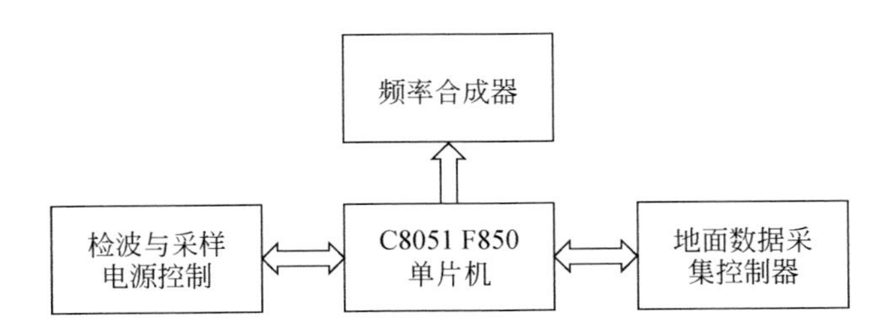

图 4. 70　井中仪器单片机控制器原理图

井中仪器控制采用 C8051 F850 单片机，它是全集成的混合信号系统级（SoC）8 位 MCU，集成了上电重置、电压监视器、看门狗定时器和时钟振荡器，具有高达 8 kB 闪存、片上调试、12 位 ADC 等。它的工作电压为 2. 2 ~ 3. 6 V，工作温度为 −40 ~ +125 ℃，具有高级模拟和通信外设、2 ~ 8 kB 闪存、高性能、小封装和低价格等优点，适合井中仪器数据采集与控制等应用。

5. 地面数据采集控制器

1）数据采集驱动板

数据采集驱动板是地面收录控制器的核心部件，该板包括 C8051 F340 单片机内核模块、稳压电源模块、长线驱动模块及 USB 通信模块。数据采集驱动板系统框图如图 4.71 所示。数据采集驱动板通过 USB 连接上位机（工业控制计算机）完成数据通信，并通过长线驱动连接井下发射、接收探管，完成频率、同步等设置及测量数据的采集，是上位机与井下探管的通信桥梁。板上稳压电路模块为单片机、工控机和液晶显示屏提供稳定的输出电压。

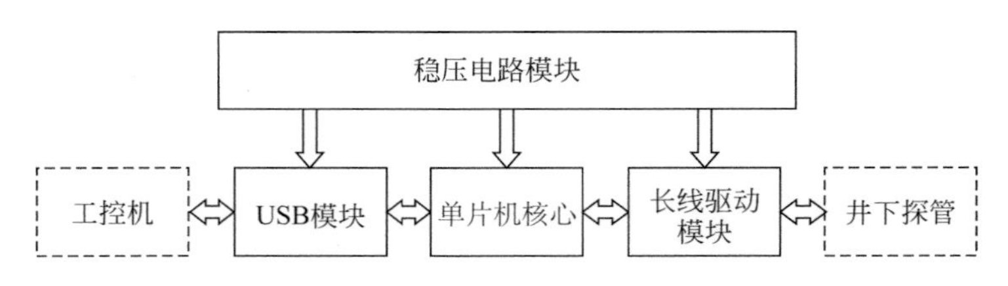

图 4.71 数据采集驱动板系统框图

数据采集驱动板采用低功耗单片机 C8051F340 为内核，该单片机采用高速、流水线结构的 8051 兼容的微控制器内核（可达 48MIPS），以及精确校准的 12MHz 内部振荡器和 4 倍时钟乘法器。片内集成通用串行总线 USB 功能控制器、硬件实现增强型 UART 和增强型 SPI 串行通信接口，以及 64kB 的片内 FLASH 存储器。

数据采集驱动板中包含稳压电路模块，电池输入电压为 7.4 V，经稳压和升压分别得到 5 V、3.3 V 和 12 V 电压，为长线驱动电路、单片机和液晶屏背光板供电。数据采集驱动板的 USB 通信通过单片机 C8051 F340 片内的底层通信协议完成。长线驱动模块可完成 2000 m 井下仪器数据传输。

数据采集驱动板起承上启下的作用，控制软件完成与上位机的通信，控制井下仪器的工作，将井下仪器返回的测量数据送到上位机显示存储。单片机控制软件程序流程图如图 4.72 所示。

2）工业控制计算机

工业控制计算机采用 LX/801，是一款在 PC/104 尺寸上开发的嵌入式工业主板。板上具有 CRT/LCD/LVDS 视频显示接口，支持 4 个串口、4 个 USB 口、一个并口、一个小硬盘接口，可支持两个硬盘驱动器，同时提供扩充用的标准 PC/104 接口。

工业控制计算机配有显示器、手指鼠标、键盘等输入输出设备。通过 USB 与数据采集驱动板通信，完成对井下仪器的控制，并进行实时数据传输与显示，将数据保存至工控机硬盘，数据格式可直接被处理解释软件调用，无需数据转换。

3）数据采集程序设计

数据采集程序软件是可视化的人机交互软件，通过程序完成对井下仪器的控制（如设置频率、开关机等），并读取井下探管的状态和测量数据，实时显示测量数据，并进行保存文件，以便后续数据的处理。采集软件测量界面如图 4.73 所示。

测量界面左侧为数据显示区，右侧为参数设置区，包括钻孔信息、测量参数、信息

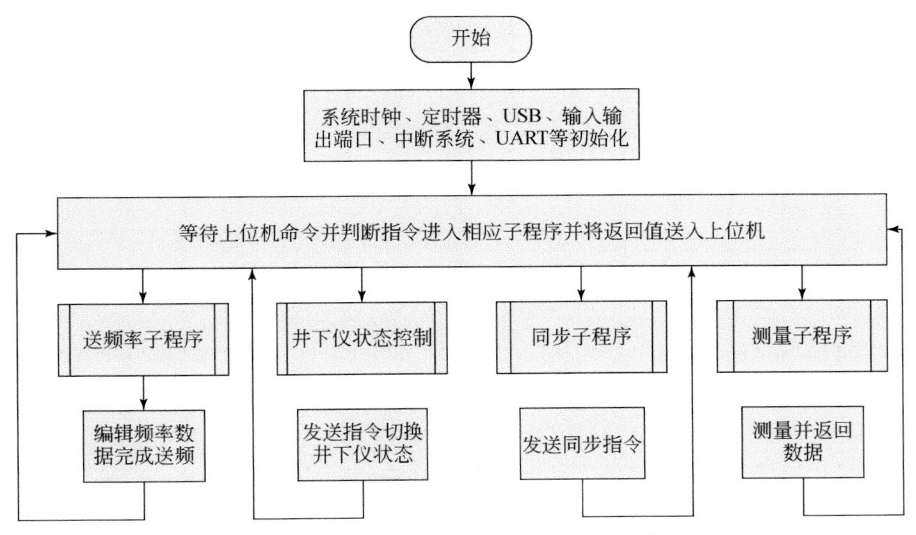

图 4.72　单片机控制软件程序流程图

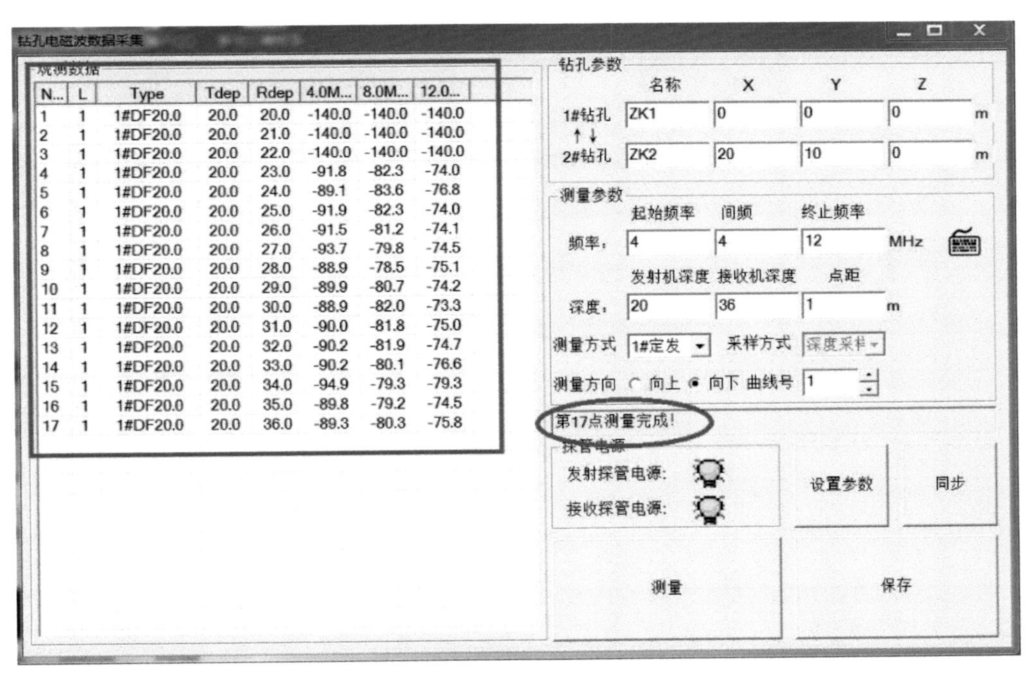

图 4.73　电磁波采集软件测量界面

栏、下井探管控制区，如图红圈位置所示。实际工作中，根据情况添加钻孔信息、设置测量参数，测量参数包括频率设置、深度点距设置、测量方式方向、曲线编号等。

设置参数时可连接USB键盘，也可用软件自带的软键盘进行设置。操作中点击参数设置区的小键盘图标，软键盘会出现在程序界面上，设置完成关闭即可。

6. 井中仪器机械结构

井中发射机、接收机机械结构主要考虑适用2000 m井深温压条件、小口径（75 mm）

钻孔，同时满足仪器技术指标。仪器外管采用 3 mm 壁厚无缝不锈钢管，设计耐压≥25 MPa。根据电路板尺寸，发射机、接收机外管尺寸分别为 Φ50 mm 和 Φ40 mm（38 mm），满足小口径钻孔工作。

（三）技术指标与测试

地下电磁波层析成像仪器通过重庆市计量质量检测研究院第三方测试和野外试验专家评审。

1. 技术指标与第三方测试

仪器通过重庆市计量质量检测研究院测试，软件通过第三方专家测试。完成实用化的地下电磁波层析成像仪器研制（图 4.74），主要指标见表 4.5。

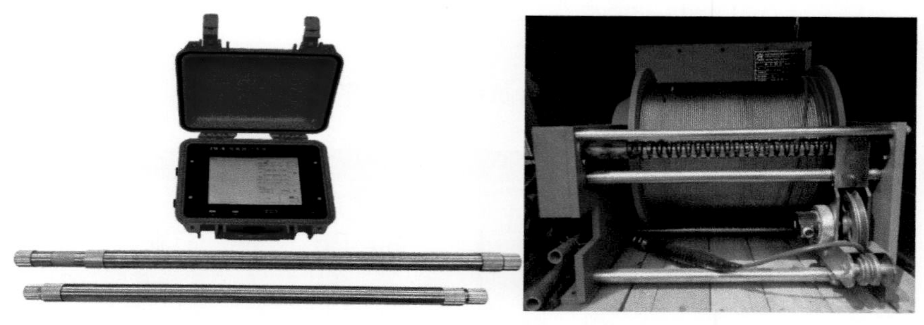

图 4.74 地下电磁波层析成像系统

表 4.5 地下电磁波层析成像仪器指标表

名称	预期指标	测试指标
工作频率	0.1～32.0 MHz	0.1～35.0 MHz
扫频间隔	0.1～9.9 MHz	0.1～9.9 MHz
发射机脉冲功率	100 W	>100 W
接收机测量范围	0.1 μV～0.1 V	0.1 μV～0.1 V
接收机测量误差	-120～(-30±3) dB	-120～(-30±3) dB
井中仪器尺寸	井中仪器 Φ≤45 mm	发射机 Φ=50 mm；接收机 Φ=40 mm
钻孔仪温度/压力	温度 85 ℃，压力 25 MPa	温度 85 ℃，压力 25 MPa

2. 野外试验测评

1）基本情况

2018 年 1 月在安徽市铜陵市黄竹园矿区开展了仪器野外测试工作，完成 2 个跨孔 CT 剖面，共计 4115 个射线对。本工区视吸收系数较大，宜选用较低工作频率。在野外实测中根据实际情况，选用 1.5 MHz、3 MHz、4.5 MHz 扫频测量。测量方法采用同步和定点结合，同步扫描后，定点精测，发射点距为 5m，测量点距 1 m，采用发射孔、接收孔对调测量的方式，确保无测量盲区和数据资料可靠。发射天线和接收天线长度均为 7 m。

2）仪器性能测试

A. 仪器稳定性测试

工作方式：发射机定点在 ZK1610 钻孔 75 m，接收机定点在 ZK1612 钻孔 87 m；

工作时长：每隔 5 分钟测一组数据，观测总时长 255 分钟；

工作频率：1 MHz、2 MHz、3 MHz；

天线长度：7 m；

钻孔间距：44. 8 m；

钻孔深度：90 m。

测试结果：对三个频率观测数据统计均方误差结果分别为 0. 07 dB、0. 05 dB、0. 08 dB，误差满足要求，仪器长时工作稳定。

B. 仪器测量误差

工作方式：定点发射，发射机定点在 ZK1610 钻孔 75 m；

接收机测量深度范围：ZK1612 孔 20 ~ 90 m；

工作频率：2 MHz；

天线长度：7 m；

钻孔间距：44. 8 m；

钻孔深度：90 m；

测点距 1 m；

测点数：71 个。

测试结果：100 W 发射机仪器系统，均方误差为 0. 57 dB。

C. 100 W 发射机对比测试

测试方法与仪器测量误差测试相同，进行 100 W 发射机相对 5 W 发射机对接收信号增强的有效对比。对比曲线如图 4. 75 所示。

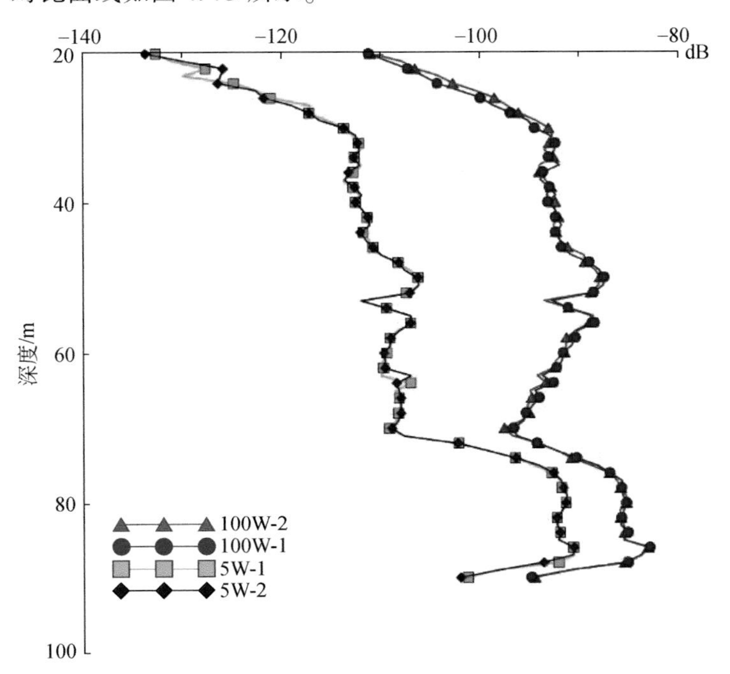

图 4. 75　大功率仪器测试对比曲线

从对比曲线可以看出，100 W 大功率发射机相对于 5 W 发射机仪器系统，各测点接收的信号幅值明显增强，最大点高出 22.25 dB，最小为 5.75 dB，平均为 15.23 dB。理论上，100 W 大功率发射机相对于 5 W 发射机仪器系统功率高出 20 倍，测量电压值高出约 13 dB，实际测量值和理论值相吻合，二者曲线形态基本一致。因此，100 W 发射机仪器系统是有效的、可靠的，达到了增加探测距离的目的。

3）方法技术试验及 CT 处理结果

本次 CT 测量工作频率为 1.5 MHz、3 MHz、4.5 MHz。根据以往工作的经验认识，相对其他稳定的地层，黄铜矿、辉铜矿的电阻率低，因而吸收系数较大，由成像结果结合编录资料能够分析钻孔间矿体的赋存形态。

（1）ZK2002-ZK2004 勘查剖面的电磁波 CT 成像结果。如图 4.76 所示，成像结果显

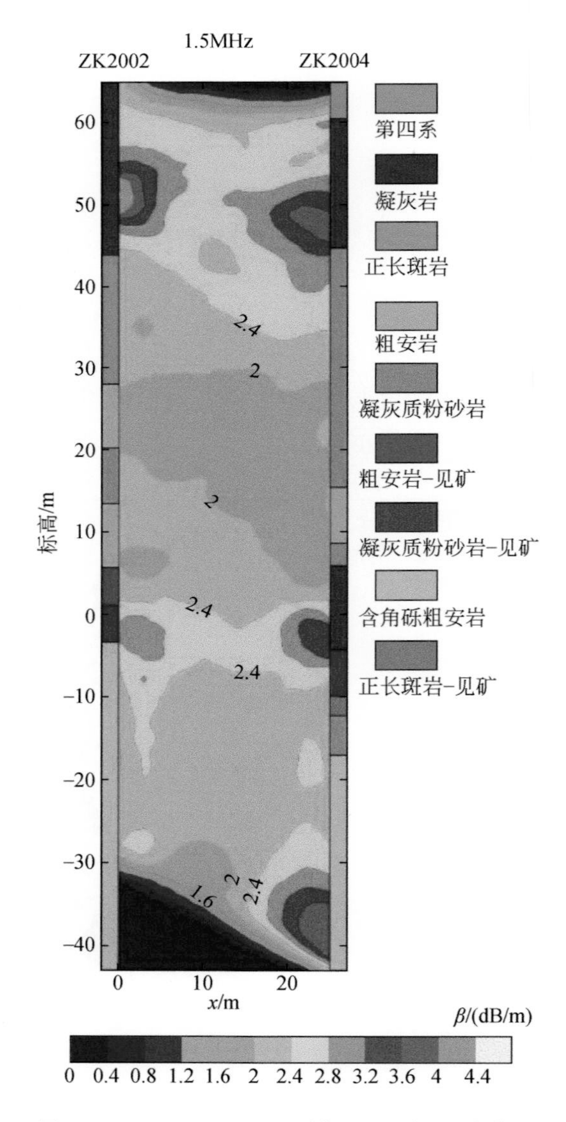

图 4.76　ZK2002-ZK2004 剖面电磁波 CT 成像图

示在ZK2002孔标高44 m和ZK2004孔标高40 m以上的区域吸收系数达到3 dB/m，结合钻孔编录资料可知这一区域的异常主要是风化凝灰岩的反映；标高在0～40 m之间的粗安岩、凝灰质粉砂岩的吸收系数为2～2.4 dB/m，标高在-6～0 m的两个钻孔间，吸收系数为2.4～3.6 dB/m，这个区域的异常与钻遇的矿体相吻合，通过成像结果可以推断两个钻孔所钻遇的矿体是相连的，并且矿体的倾角较小。所见矿体以下的区域主要是含角砾粗安岩，其吸收系数在2.4 dB/m左右。

（2）ZK1610-ZK1612勘查剖面的电磁波CT成像结果。如图4.77所示，这两个钻孔的见矿情况不明显，在ZK1610标高64～66 m，ZK1612标高47.7～59.1 m零星见黄铜矿，电磁波CT成像结果对于这两处的异常反映不明显，主要显示了钻孔间围岩的一些变化特征。

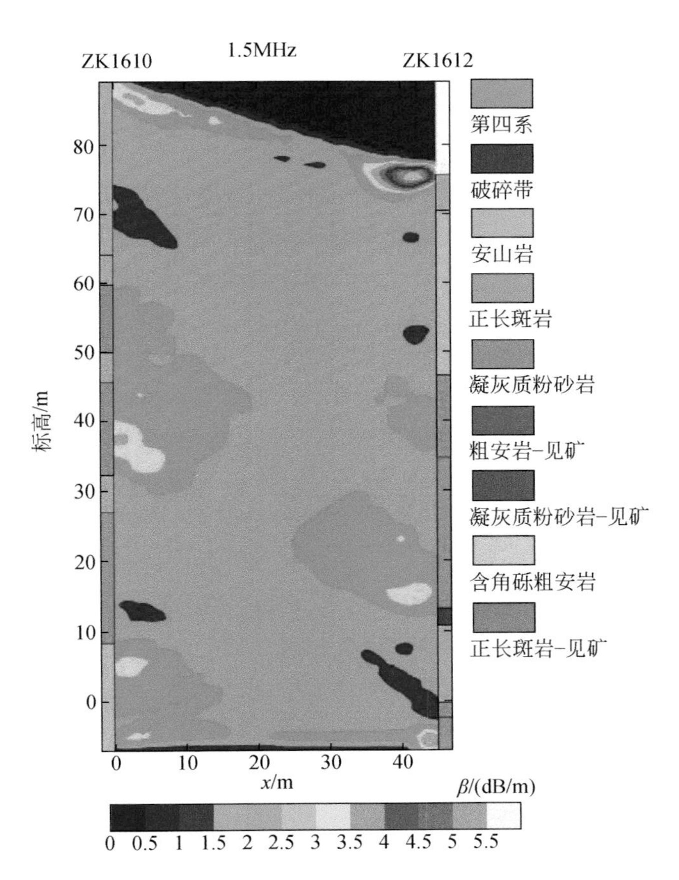

图4.77　ZK1610-ZK1612剖面电磁波CT成像图

4）结论

通过对100 W地下电磁波系统试验测试，并对安徽铜陵黄土坑电磁波CT勘查成果进行分析，可得如下结论。

（1）地下电磁波系统野外测试仪器指标满足设计要求，仪器系统及其各辅助设备功能运行正常。

（2）CT 处理结果效果良好。ZK2002 和 ZK2004 的矿体主要集中在标高-6～0 m 之间，两个钻孔所钻遇的矿体是相连的，并且矿体的倾角较小。

三、井中多道激发极化仪

BMIP-1 井中多道激发极化仪是一种高分辨率、全波测量、多通道电法勘探仪器，可进行多通道全波电法测量。从采集波形取得一次场、二次场电压值，可得到多通道的极化率参数。一次采样可取得几十个电极的电位数据，同时切换可取得电位差数据，效率高；每次采样可采集多个供电周期的一次场、二次场全波形，能直观再现供电周期内电位和梯度变化的全过程，有效地控制数据质量。

（一）总体设计

井中多道激电接收机的设计包括硬件设计、采集单片机控制程序设计、数字逻辑设计、上位机控制软件设计四大部分。在硬件设计中，根据输入信号的不同，将系统分为不同的模块进行独立设计。采集单片机的程序设计采用实时多任务机制，其目的是在编程时结构清晰，调试、维护、扩展容易，而且运行时还能灵活调度各子任务模块，提高执行效率，尤其适宜于工作量大、任务多的情况。数字逻辑是设计的重点部分，采用 ALTERA 公司的大规模数字逻辑器件，缩减了 PCB 面积，进一步减少仪器的体积和质量，增加仪器可靠性；上位机软件采用 VC++编程，人机交换，界面友好。该软件包含数据通信模块、波形显示模块、数据预处理模块、数据成图模块、激电参量提取及生成模块、波形打印模块、参量保存模块。

1. 仪器的工作原理及组成

1）工作原理

多道接收机由上位机（工控机）和下位机（单片机）构成仪器的控制核心。仪器开机后，等待上位机向下位机发送控制命令以及采样参数。下位机接收上位机发送的各种命令，并将设置参数发送到逻辑时序线路，产生相应的开关量，用来控制时序线路。上位机发送采样命令，下位机产生相应的采样时序，来控制 A/D 转换器及存储器工作。采样完成后上位机读回所有的数据，并将数据波形显示在液晶屏上，完成测量过程。井中多道激电接收机系统原理框图如图 4.78 所示。

2）仪器硬件构成

井中多道激电接收机由仪器面板（图 4.79）、箱体、机架、线路板等组成。仪器面板上安装有液晶显示屏、触摸屏，以及各种计算机接口、信号输入插座、同步接口、电源开关、电源插座、电源指示灯、欠压灯、触摸键盘等。其中液晶显示屏、触摸屏、触摸键盘及各种计算机接口与仪器内部的工控机构成了一台电脑系统，系统采用 WinXP，应用软件基于 WinXP 系统。触摸屏、触摸键盘是为野外操作仪器方便而设置的。

（1）触摸键盘：集成 47 个数字、字母和个别功能键，用于在野外操作时的文字输入和操作。

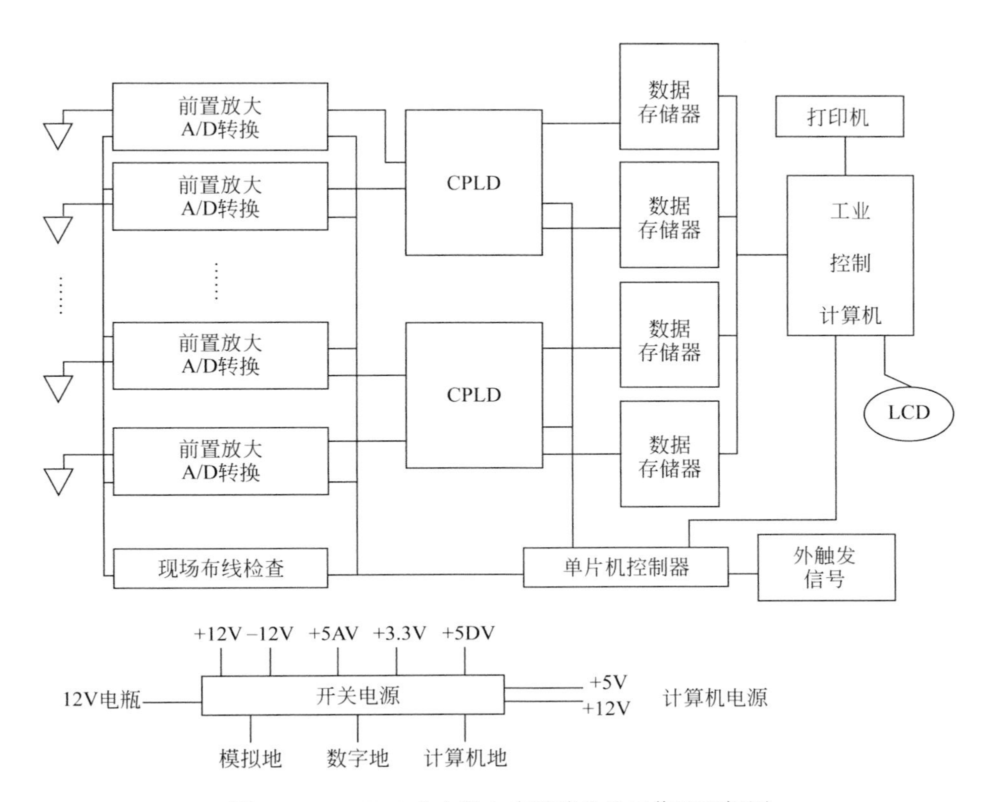

图 4.78　BMIP-1 井中激电多道接收机工作原理框图

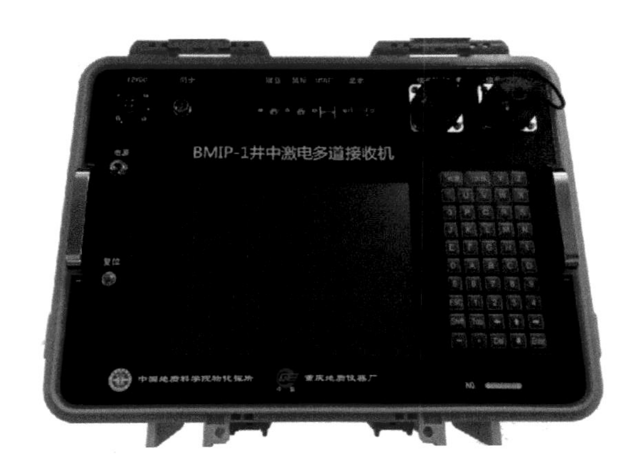

图 4.79　井中多道激电接收机面板

（2）电源指示灯（绿灯）、欠压指示灯（红灯）。

（3）仪器上方设置各类计算机接口：PS/2 鼠标接口、PS/2 键盘、接口、双 USB 接口、VGA 显示器接口、键盘转换开关等。

（4）仪器左侧设有电源输入四芯插座、电源开关、同步三芯插座、复位按钮。

（5）仪器电源开关，电源输入四芯插座：配接仪器专用电源线。外接 12 V 电瓶，其中，1、2 脚接正 12 V，3、4 脚接负 12 V。

（6）复位按钮：计算机与采集器复位。

（7）同步三芯插座：配接外部同步信号线，即 1 脚空、2 脚正、3 脚负。

（8）仪器信号输入采用两个 27 芯插座，分别定义为 1～24 通道信号输入和 25～48 通道信号输入（图 4. 80）。

图 4. 80　井中多道激电接收机信号输入端

（9）仪器箱体采用工程塑料箱，轻便、美观、防摔；机架主要用来插线路板，以及连接到面板的所有信号线。

（10）线路板包括工控机板、电源控制板、两块信号通道板。每块信号通道板实现 12 个通道的信号输入、调理、模数转换、数据缓存。四块通道板实现 48 个电位数据通道和 47 个电位差数据通道。电源控制板实现仪器模拟和数字电源的产生与隔离，控制部分完成整机时序控制。工控机板板载一块工业标准计算机，主频 1. 5 GHz，板载 1 GB 内存，8 GB DOM。同时，工控机板产生工控机所需电源。

井中多道激电接收机由汽车电瓶供给 12 V 电源，再由 DC-DC 模块产生独立的计算机电源、数字电路所需电源、模拟电路所需电源。

2. 井中多道激发极化系统集成

井中多道激发极化系统（图 4. 81）由发射装置（如大功率发射机）、多道接收机、附件（包含线缆、供电电极、测量电极等）及数据采集软件（数据采集、波形显示、激电参量提取等）组成。研究完成 DJF 系列 20 kW 大功率发射机激电仪系统集成，主要技术指标如下。输出电压：≤1000 V；最大供电电流：20 A；最大输出功率：20 kW；测井深度：≥1000 m。

（二）关键部件研制

仪器设计、研发的重点主要有以下 8 个方面。

1. 逻辑时序控制

由上位机发出各种命令，下位机配合各种命令通过 I/O 口产生各种逻辑时序，再由数字逻辑器件产生各种控制逻辑和开关量，从而实现多通道数据采集、缓存、数传等一系列动作。图 4. 82 为 24 位模数转换器工作的时序图。图 4. 83 为写数据路基时序图。

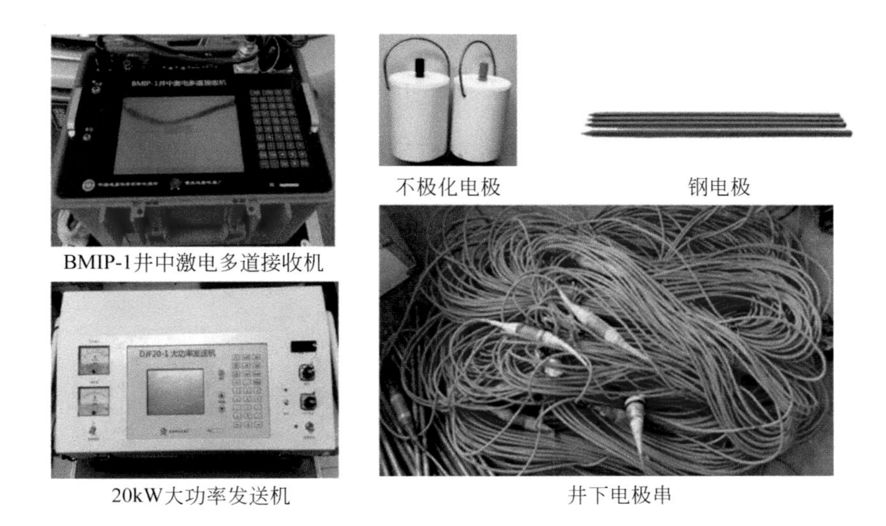

图 4.81　BMIP-1 型井中多道激发极化系统

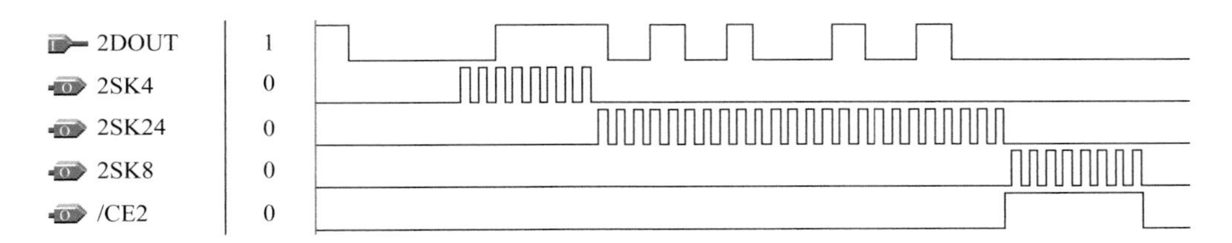

图 4.82　模数转换器逻辑时序图

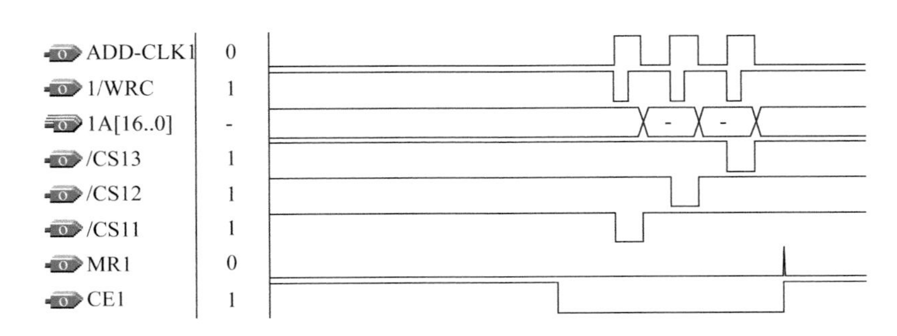

图 4.83　写数据路基逻辑时序图

2. 多通道设计技术

在多通道设计时，通常需要注意以下几项技术。

1）通道间防止串音干扰

多通道设计极易造成串音干扰，所以在原理图设计时，各个通道模拟线路应相互独立；在 PCB 设计中，一块通道板中设计有 12 个相互独立的模拟采集通道，每个通道元器件、A/D 转换器、信号通道相互独立，公用信号线通过隔离装置加以隔离，以保证最大限度地降低相互间的干扰。

2）多通道间的同步设计

解决多通道设计的同步问题，应从控制触发采集信号开始，产生一系列的逻辑控制信号。多个通道共用一个时钟信号，通过对控制信号和时钟信号增加驱动，以增强其驱动能力，来实现这些信号可靠有效地同时为多个通道使用（图 4.84）。

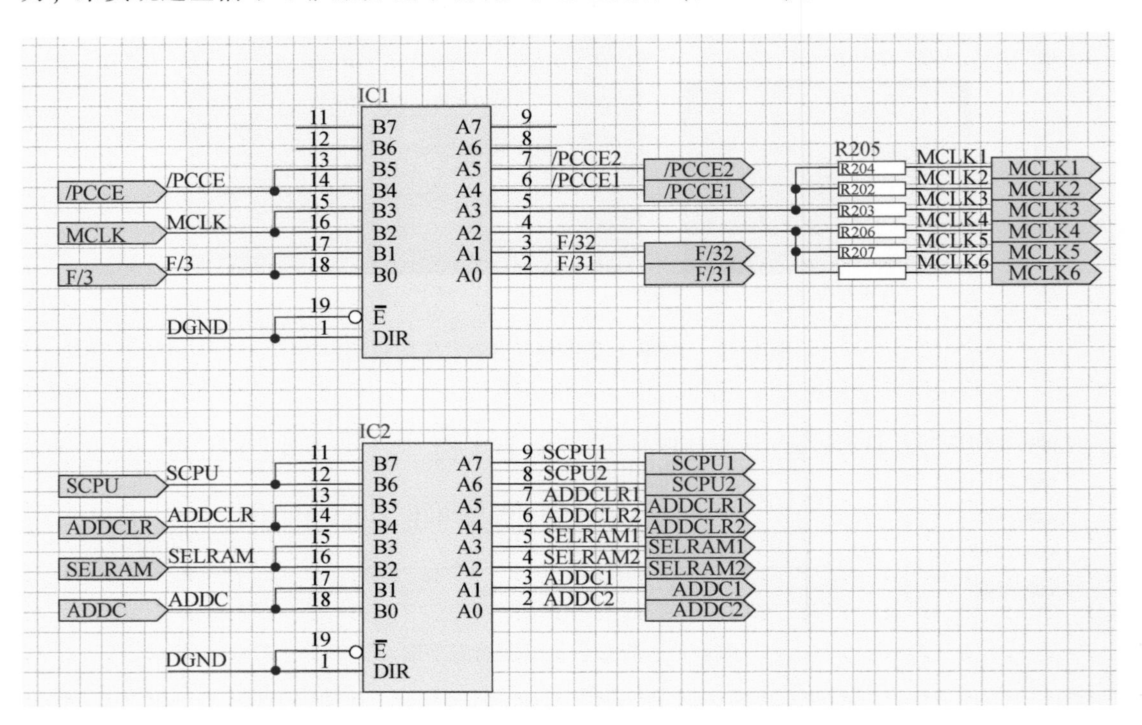

图 4.84　多通道设计信号驱动能力加强电路

此线路是多通道设计中为时钟信号和同时用在所有通道的各个控制信号增强驱动能力的电路部分。

3）多通道设计中电源和地线的处理

各个通道电源和地线相互独立，采用由总电源总地线分成多个分支，每个分支去一个通道这种方式。其优点是由电源、地线引起的相互影响小。

3. 电位与电位差信号切换

电位测量是各个测量电极（M）的信号与公共 N 极（地）间的电信号测量；电位差测量是相邻两个 M 极之间的电信号测量。在线路实现上，前者只需要对一个 M 极的信号进行单端输入，然后进行程控放大和测量，而后者却需要两个相邻电极做差分输入，最终对两个电极电信号的差值进行放大和测量（图 4.85）。

4. 高密度 PCB 板设计

仪器设计在一块 PCB 板上实现 12 个电位信号测量通道与 12 个电位差信号测量通道的集成，两种通道线路均设置信号输入前端，需要将程控放大电路、滤波电路、A/D 驱动、

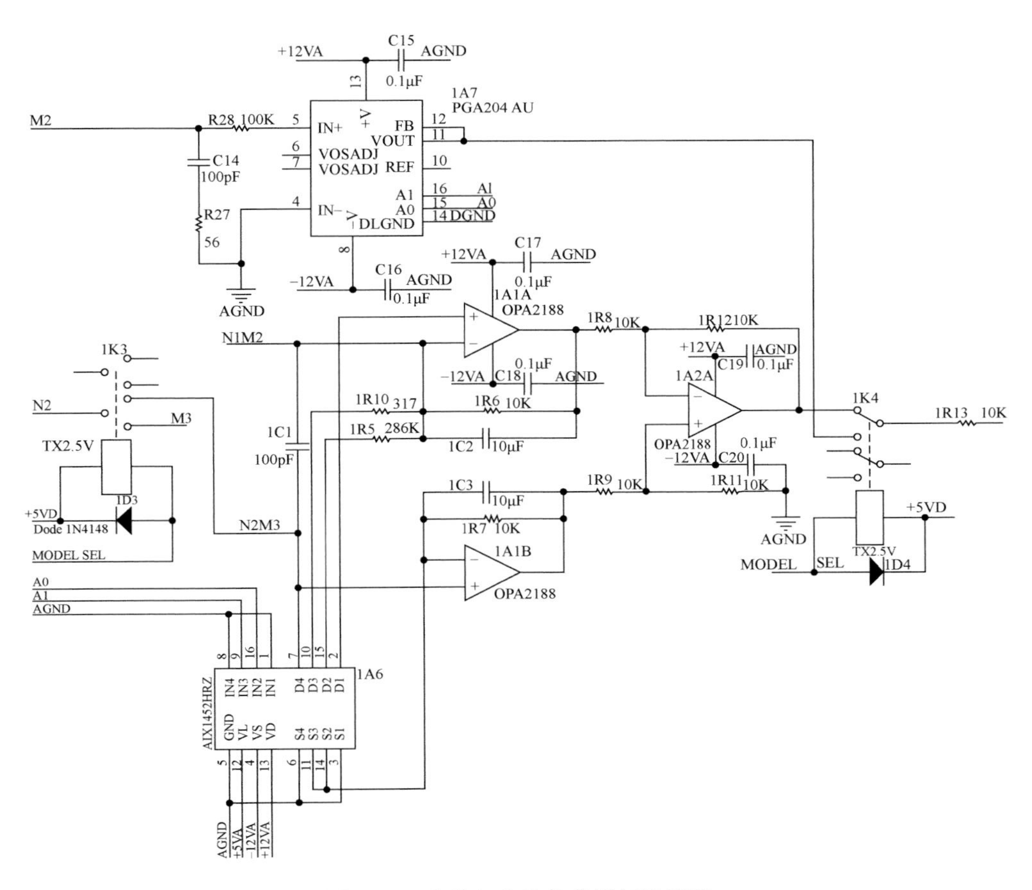

图 4.85　电位与电位差信号切换线路

A/D 转换线路、A/D 转换器中的串行数据转换成并行数据，并写入各自的 RAM 中。我们在保证手工焊接可能性的基础上使用最小封装元器件，且将元器件设计分布在 PCB 的顶层与底层，以减小 PCB 板面积。通过精细规划布局与走线，保证高密度 PCB 板的设计合理可行。

5. 低噪声设计

如果仪器自身噪声没有被压制下去，弱小信号就容易被噪声信号所淹没而无法分辨出来。有效的弱小信号往往反映的是中深部地层的信号，如果无法得到这些有效信号，就无法达到探测效果。

本研究是一个低噪声设计系统，为了降低系统噪声，设计采取了如下几项措施。

1）电源设计

从不同线路使用出发，设计了几组电源线路：计算机电源、数字电源，模拟电源。各组电源通过 DC-DC 隔离器相互独立。

2）地线设计

降低系统噪声另外一个非常有用的办法就是使各部分线路使用各自的地，然后通过电感一点接地（图 4.86）。这种设计在一定程度上降低了系统噪声。

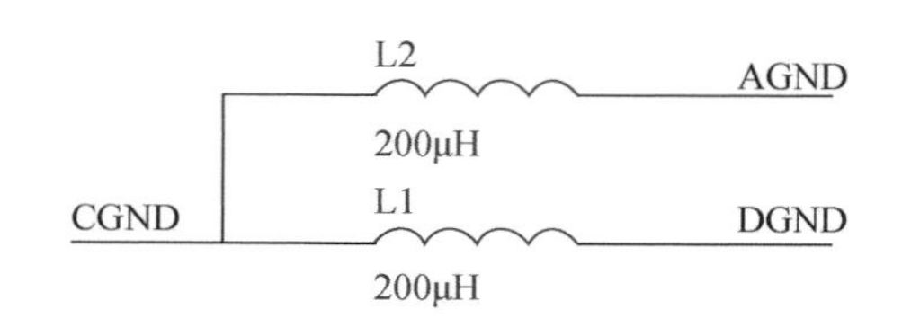

图 4.86 一点接地

3）PCB 设计

设计 PCB 时尽量将模拟线路放在一处，数字线路、计算机线路尽量与模拟线路分开；模拟地尽量远离数字地和计算机地，实在绕不开时，两种地线尽量不平行，而且，数字地和计算机地尽量不和模拟信号平行，模拟地也尽量远离数字高频信号。

6. 24 位模数转换设计

具有 24 位模数转换器的野外勘探仪器是目前及将来物探野外勘探仪器发展的目标。采用 24 位模数转换器，将大大提升仪器的动态范围及提高性噪比，达到高分辨探测的目的。24 位模数转换设计也是本研究的重点。图 4.87 为 24 位模数转换器内部结构图。

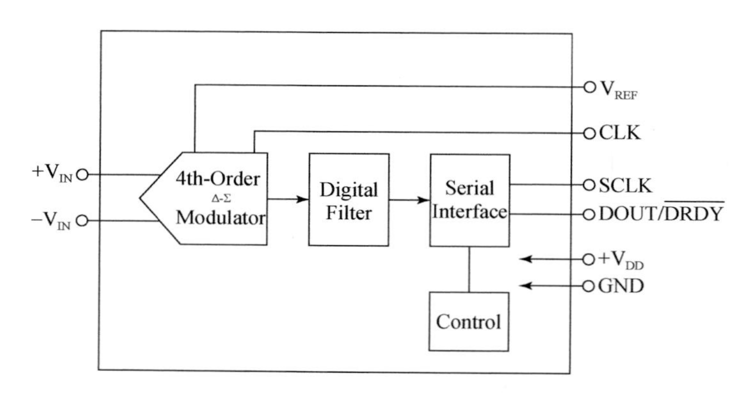

图 4.87 A/D 转换器结构图

差分输入的模拟信号通过Δ-Σ调制器、数字滤波等后送入串行接口，串行数据通过 DOUT 脚传出。图 4.88 是 24 位模数转换器线路图。通过 DOUT 传出的串行数字量被送到可编程逻辑器件，进行串变并转换后，送入 RAM 暂存，然后由上位机通过数据端口读回计算机进行波形显示等。

7. 多道接收机系统集成

本设计采用一体化结构，除了数据采集部分之外，还集成了工业控制计算机、LCD 显示屏、便于野外操作使用的触摸屏、触摸键盘、各种计算机接口（如 CRT 显示器接口、USB 接口、PS/2 键盘鼠标接口）。工业控制计算机采用 ST9906 1G（DDR3）8G（DOM）工控板，系统集成了 WinXP 系统。

8. 软件编程

上位机软件采用 VC++6.0 编程。软件模块基本上包括：数据通信、波形显示、参数

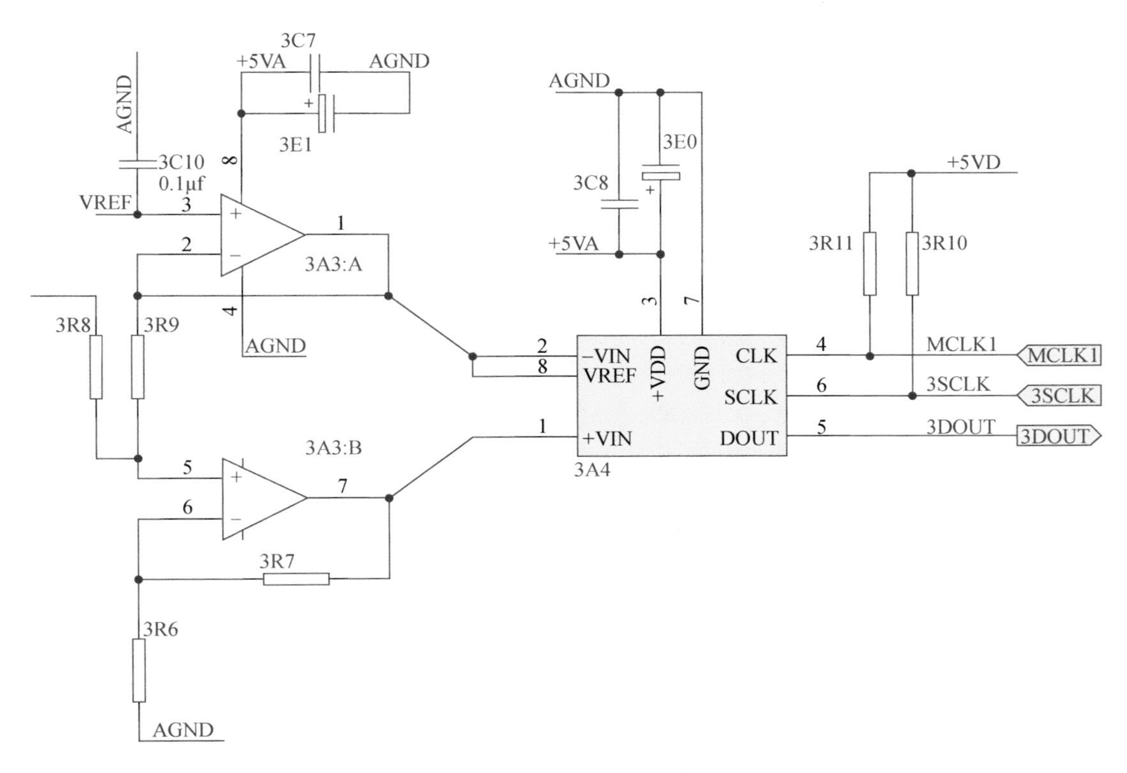

图 4.88　A/D 转换器线路图

设置、数据保存、参量提取、数据处理、波形打印等。

数据通信模块：下位机采样完成后，通知上位机读取数据，上位机发出读数据命令，读回全部数据。

波形显示：上位机读取的数据，以波形形式显示在视窗中。从显示波形可读取某样点的幅度值、时间值等，并可对波形进行显示放大、缩小、压缩、拉伸等操作。

参数设置：包括采样参数、工区参数、存盘设置、增益选择几部分。采样参数可设置采样率、采样长度、触发方式、波形显示及数据文件保存的有效通道号；工区参数可随采样数据一起保存在数据文件中；存盘设置用来设置数据文件存盘路径、文件名等；增益选择用来设置选择前置放大倍数，共有 1 倍、10 倍、100 倍三档可选，梯度测量前放增益为 1、8、64 三档可选（图 4.89）。

数据保存：将采集波形数据以 SEG2 格式保存在存盘设置指定的文件夹下，文件名为存盘设置中设置的文件名；下一个数据文件文件名自动加一保存。

参量提取：在采集波形上提取一次场、二次场电位差，从而求得极化率值，并将所有结果进行保存。

数据处理：进行频谱分析、数据滤波、数据反转、去零漂等操作。

波形打印：对当前显示的数据波形进行打印。

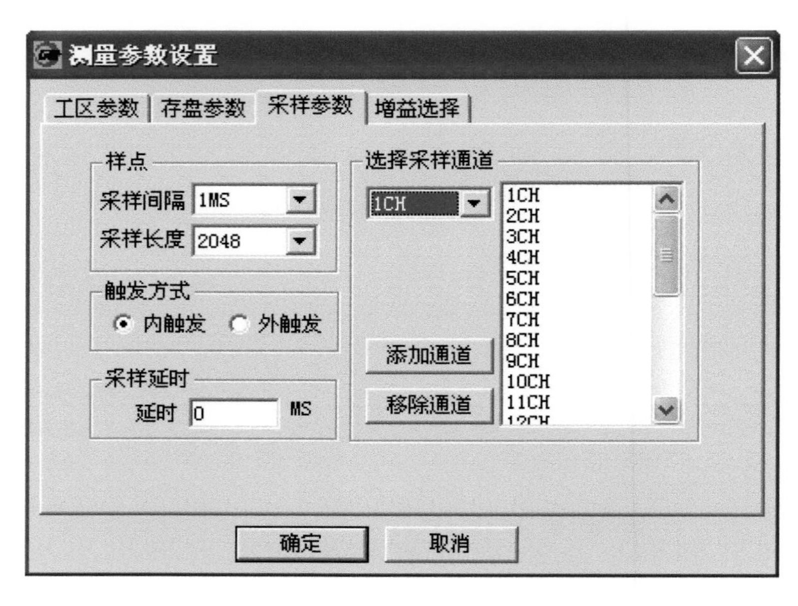

图 4.89 工作软件采样参数设置对话框

（三）技术指标与测试

1. 仪器技术指标

采样率：1 ms、2 ms、4 ms、8 ms、16 ms 若干档。

采集通道：电位测量 48 通道；电位差测量 47 通道。

采样点数：2048 sps、4096 sps、8192 sps、16384 sps 等，最大记录长度达 32768 s。

前放增益：每六道为一组，由软件可选 100 倍（40 dB）、10 倍（20 dB）、1 倍。

A/D 转换：Σ-Δ24 位 A/D 转换器。

去假频滤波器：随采样率自动跟踪；在采样率的 0.216 倍处为 −3 dB，下至 120 dB；并配有各种数字滤波器，截频点（−3 dB 处）根据需要人为设置。

频率响应：0.1 ~ 10 Hz。

噪声：全频状态下小于 1 μV。

采样延时：0 ~ 9999 ms。

幅度一致性：优于±0.2%。

相位一致性：优于±0.01 ms。

动态范围：优于 125 dB。

操作系统：WinXP。

数据格式：SEG-2；电法参量保存为文本格式。

同步：内、外同步。

时钟：年度计时钟，文件记录的时间随参数存入文件。

电源：12 V±20% 蓄电池供电。

仪器使用环境温度：-10 ~ +50 ℃。

仪器储藏温度：-20 ~ 60 ℃。

2. 仪器指标测试

2018 年 1 月通过重庆市计量质量检测研究院第三方检测机构测试，并完成野外试验专家评审。

3. 仪器野外性能测试

（1）全波形及一致性。BMIP-1 型仪器可根据矿区实际情况，进行不同时长的数据观测。数据采样间隔为 1 ms、2 ms、4 ms、8 ms、16 ms 若干档，采样率为 2048 sps、4096 sps、8192 sps、16384 sps 等，最大记录长度达 32768 s。仪器可采集到完整的充放电全波形曲线，经测试，一致性良好。

（2）稳定性与重复性。通过测试，BMIP-1 型井中多道激电接收机，配套使用 DJF20-1 型 20 kW 发射机与地面观测排列或井中观测电极串，形成井中激电观测系统，整体性能稳定，重复性良好。

四、小口径多参数地球物理测井仪

（一）总体设计

研究内容涵盖方法、仪器，种类繁多，系统设备构成层次多，应用环境条件复杂且未知因素多，共分为四部分。

1. 井下测井探管（参数）部分

（1）各种测井探管（参数）研制。参数测量方法技术本身是非常成熟的，选用成熟典型电路和新器件进行设计来提高仪器稳定性和可靠性。

（2）探管（参数）之间的高效级联组合方式研制。根据测井行业标准规范要求和结构设计实现的难易来进行参数组合设计。

（3）探管耐高温、耐高压研制（3000 m 探管材料和结构）。采用宽温军品级器件进行设计，同时使用温度补偿校正来达到技术指标；用钛钢管+双密封来实现耐压。

2. 地面数据采集控制系统部分

（1）硬件控制系统的研制（数据采集+通信传输）。采用 STM32F103xx 系列基于嵌入式应用专门设计的 ARM Cortex-M3 内核 CPU 控制器 STM32F103VET 来进行设计。STM32 有足够的 FLASH 和 SRAM、丰富的增强 I/O 端口和联接到两条 APB 总线的外设，可减少大量外扩接口，提高系统实时性能和可靠性 。

（2）软件的研制（包括控制软件+数据处理软件）。控制软件采用汇编语言来提高系统的实时性；数据处理软件采用人机交互模式界面，通过数学模型求解地层和目的层参数。

（3）电测供电系统的研制/供电电源/测量方式。

（4）绞车控制系统的研制（包括电缆张力控制及检测、深度自动控制及误差软件补偿等）。

3. 绞车等辅助设备

包含3000 m绞车机械结构研制/张力机构/刹车系统/安全运行。

4. 参数检测标定装置

（1）磁试验室。

（2）核测井测试刻度模型（密度刻度模型、中子孔隙度刻度模型）。

（3）电参数测试刻度模型。

（4）耐温耐压试验井。

（5）参数的现场刻度器。

采取总体技术方案设计→攻克关键技术和工艺→样机开发→样机设计验证及改进→野外应用试验测试的技术工艺路线，确保实现3000 m小口径多参数测井技术与设备研究目标。系统组成及原理框图如图4.90所示。

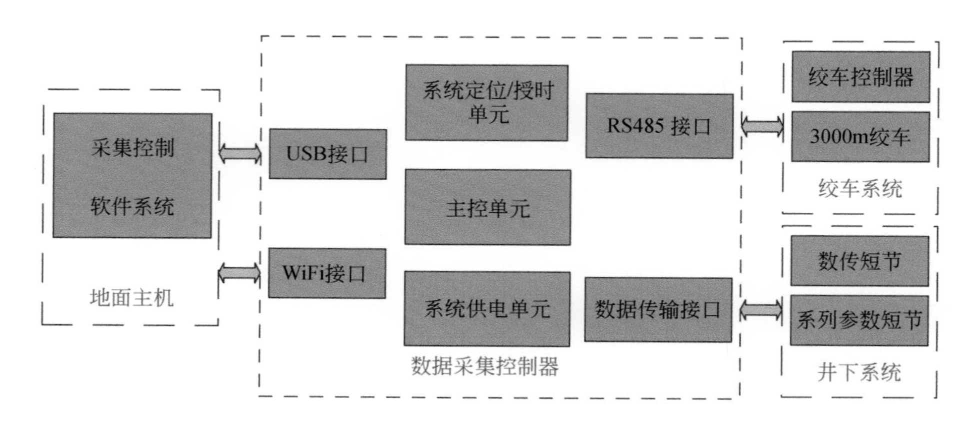

图4.90 系统组成及原理框图

地面主机系统由配置USB接口、WiFi接口、3G/4G移动网络接口的笔记本电脑（或平板电脑）和数据采集控制软件构成。数据采集控制软件基于Windows操作系统，利用Visual studio开发平台，采用VC++面向对象的视窗软件设计技术设计开发实现。地面主机系统实现的主要功能包括以下四方面：①系统工作参数设置；②系统工作过程控制、工作状态监测；③系统采集数据接收、存储管理与现场成图显示；④现场采集数据、工作状态、定位信息的远程上传。

数据采集控制器由主控单元、系统供电单元、系统定位/授时单元等构成，配置USB接口、WiFi接口、RS485接口、数据传输接口等。主控单元采用ARM、C语言等嵌入式系统设计技术设计实现；系统供电单元采用AC/DC、DC/DC等电源变换技术设计实现；系统定位/授时单元采用定制化北斗/GNSS模块设计开发实现；USB接口采用USB 2.0接口技术设计开发实现；WiFi接口采用定制化WiFi模块设计开发实现；RS485接口采用RS485接口协议套片设计开发实现；数据传输接口采用DSL数据传输技术设计开发实现。数据采集控制器的主要功能包括以下四方面。

（1）通过USB（或WiFi）接口接收地面主机控制信息，解析后通过RS485接口向绞车系统发送控制信息，以及通过数据传输接口向井下数据传输公共短节发送控制信息；

（2）通过 RS485 接口接收绞车控制器发送的深度、绞车工作状态等信息，通过 USB（或 WiFi）接口上传给地面主机；

（3）通过数据传输接口接收井下数据传输短节发送的采集数据、井下探管工作状态等信息，通过 USB（或 WiFi）接口上传给地面主机；

（4）对有特定要求的地面主机、采集控制器、绞车控制器、井下数据传输短节、井下参数测量探管供电。

绞车系统由 3000 m 绞车、绞车控制器构成。其中 3000 m 绞车由传动单元、刹车单元、排缆单元、变频电机、3000 m 铠装 4 芯电缆等构成。系统采用交流变频控制技术设计开发实现，绞车速度为 0.5 ~45 m/min。

井下系统由数据传输公共短节和系列井下参数探管构成。要求井下系统耐高温 120 ℃，耐高压≥45 MPa，通过材料和元器件选型、温度自动补偿技术和特殊级联工艺等设计开发实现。数据传输公共短节采用嵌入式系统设计技术、DSL 数据传输技术、DC/DC 电源变换技术、CAN 总线技术设计开发实现。考虑到自然 γ 测井应用范围广泛，将自然 γ 参数集成在数据传输公共短节中。数据传输公共短节可实现以下功能。

（1）通过数据传输接口接收采集控制器发送的控制信息，解析后实现对井下级联参数探管的控制；

（2）接收井下级联参数的采集数据、工作状态信息，发送给采集控制器；

（3）对地面提供的宽范围 DC 电源进行 DC/DC 变换，对数据传输公共短节、井下级联参数探管供电；

（4）公共短接和参数短接使用 CAN 总线通信。

井下级联参数包括：①核测井-【补偿密度+井径】、【可控中子】、【γ 能谱】；②磁测井-【三分量+磁化率】；③电阻率测井-【电极系（四电极）】、【井温+流体电阻率】、【三侧向电阻率】、【双侧向电阻率】；④声波测井-【声波+声幅】；⑤钻孔参数测井-【磁测斜】、【井温+流体电阻率】、【三臂井径】、【双侧向】等测井主要参数。

依据测量方法的不同，通过传感器获取测量信号，经调理放大、A/D 转换，输入到主控单元 MCU 进行处理（图 4.91）。主控单元采用嵌入式系统设计技术设计开发实现。

（二）关键部件研制

关键部件在井下仪器（探管）部分。其中仪器小口径、耐高温高压、多参数组合级联、数据抗干扰长距离传输是其共性关键技术，研制围绕这些关键技术展开和实施。

1. 参数组合级联及分类设计

测井探管的设计主要考虑不同矿种对不同测井参数（探管）的自由组合，不同参数的探管设计为小的短节，短节的一端可以和数据处理及传输短节相连（该短节是探管的核心部件，是设计的重点），另一端可以和其他的测井参数短节集连，最终达到需要什么参数就能组合什么参数的目的。通过这种组合设计，参数可以级联为 8 种方式，灵活性较强。探管参数的连接形式如图 4.92 所示。

这种灵活创新的测井参数自由组合方案是目前国内小口径测井首次提出和实施的，其

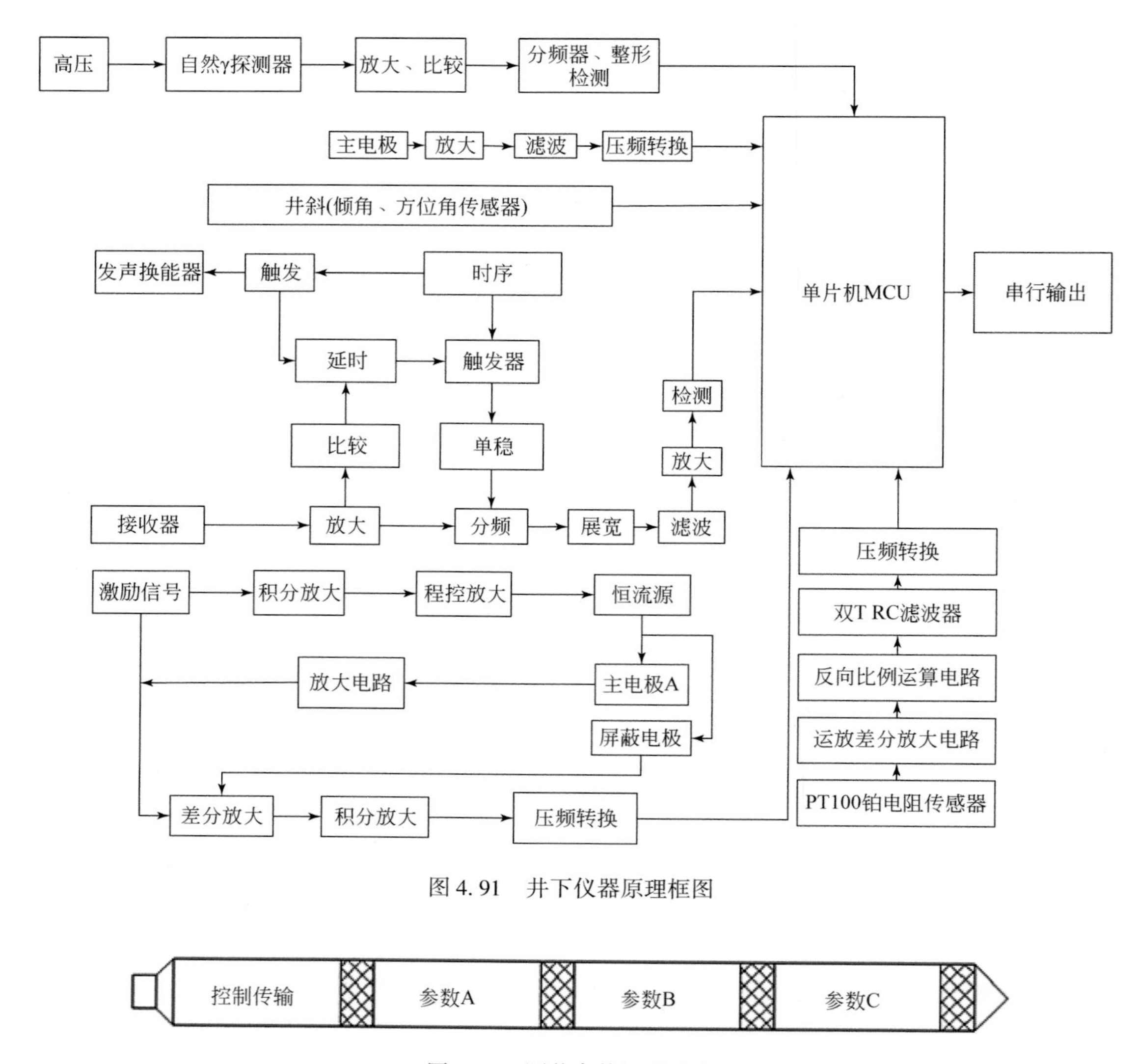

图 4.91 井下仪器原理框图

图 4.92 测井参数级联形式

技术方案具有超前和领导地位。探管的外管全部采用不锈钢（钛）管，连接采用分段装配，依靠丝扣和螺钉连在一起。探管能在井中居中，（部分）探管的外部装有扶正棒（装置）。根据测井行业标准规范及参数自身特点和相互间的依存关系，将设计的所有参数划分为三大类六种探管组合。

（1）煤田（煤层气+页岩气）测井探管。①A-1：自然电位+自然 γ+密度+电阻率+井径，②A-2：自然 γ+中子。

（2）金属矿测井探管。①B-1：磁化率+三分量，②B-2：电阻率+激化率+接触电位+自然电位，③B-3：＊ X 荧光。

（3）水文、工程测井探管。①C-1：自然电位+自然 γ+电阻率+井温+测斜+声波。

2. 探管共性关键技术问题的解决方案

在探管设计中，参数短接的连接方式、参数传输、工作电源、耐压、耐温等技术问题是不同探管都存在的共同的技术问题，在技术方案设计中作为整体考虑解决，尽量达到同一技术问题使用相同的技术方案。

（1）测井探管采用单片机控制，将井下诸参数加以编码、数字传输，解决单芯线传输多参数的矛盾。同时测量探头的数据在井下实现数字化编码，使用数字化方式传输，可以大幅提高传输系统的抗干扰能力。由于测量参数短节（探管）多，机械结构采用可靠的双层O形密封圈，探管依靠自带的自锁装置很方便地得以联接，进行测井。

（2）探头耐高温设计。仪器在井下的高温状态下工作必须进行温度实时补偿校正，同时采用高温器件来实现探头耐高温。工业级器件大都只能达到85 ℃以下的使用温度，3000 m井的正常地温一般在55～90 ℃，探管设计中采用宽温军品级器件，耐温可以达到125 ℃，完全能够满足设计要求。温度在较大范围内的变化，对井下仪器的测量数值稳定性有一定的影响。为了消除这些不利因素，设计采用了实时补偿线路来消除随时间、温度变化的零点漂移。零点漂移的影响比较简单，它是叠加在测量值之上的一个只随时间和温度变化的变量。线路板设计好后，做温度试验（范围5～100 ℃），将温度的变化对测量数据的影响大小做成一张数据修正表，并将此表放入程序中。在设计数据采集系统时，使用内置温度传感器的A/D转换器，在数据采集时，通过软件对数据采集之前的环境温度进行测量，通过软件查表，就可以知道温度对线路零点的影响，然后将测量值减去零点即可消除温度对测量的影响。零点漂移值 V_0 通过当前的被测温度值（四舍五入取整数）t 用软件来查询存储在EPROM中的温度–零点漂移数据表获得。这种方法比通过公式计算或插值计算更方便快捷，而且可以大幅提高CPU的工作效率。

通过对不同参数值的测试和试验发现，零点漂移值只和时间（工作时间的长短会引起温度的变化）、温度有关，而和被测参数值的大小没有关系。校正值计算方法为：$T_J = T_S \times K - V_0$，其中 K 为当前参数的灵敏度（增益）系数。上述得到的 T_J 是理想状态值。

通过前期的结构设计试验得知，使用双层保温结构也有很好的耐高温效果，保温后的测量系统基本处于一个恒温的环境，外界的温度影响基本可以忽略不计。鉴于本研究探头的外径较小，这种结构实现起来比较困难，并且材料成本费用高昂，最后放弃而没有使用。根据试验情况可以得出结论：在小口径测井探管中不宜采用双层保温结构，通过温度的实时补偿来解决耐高温的漂移是一种比较好的办法。

（3）测量探头的小口径设计。满足小于 $\phi 50$ mm（外径）的探头设计，主要考虑探头内线路板和测量传感器的小型化，电子元器件尽量采用贴片封装等措施。具体实施方案如下。

第一，将测量传感器设计为独立的部件，这样，测量探头的小型化容易控制。

第二，根据不同功能，设计多块长条形不超过3层的线路板，板上电子元器件尽量采用贴片封装形式，以减小体积；线路板的固定采用透明硅胶，方便测试和更换，同时还可以提高可靠性（图4.93）。

第三，测量探头的耐高压设计。探管耐压最开始设计和考虑的是结构形式较为简单的端面密封，依靠接头两端自身的挤压和紧配合来实现密封并保证探管的耐压。在探管的试

图 4.93 线路板安装形式

验过程中，发现探管在下井的过程中，由于探管的旋转和井壁的影响，接头部分时有松动现象，这就造成密封不可靠。在压力较小时，影响不大，当压力≥20 MPa 时，影响就特别明显，耐压可靠性大大降低。通过多次反复的试验都未能解决这一问题，由于多次改进后压力试验都达不到设计耐压的要求，在接下来的试验过程中，设计了单密封的另一种密封形式。这种形式不受接头松动的影响，连接方式也改为用螺丝连接。在室内压力井试验的 10 次过程中，发现只有一次有进水现象，说明这种密封形式的耐压效果较好，但仍然有待改进。最后，设计了双密封结构形式，第二层的密封起到了保险的作用，因为即使第一层密封有进水，在第二层处的压力已经大大减小，密封的可靠性就大大提高。在 3000 m 深处，考虑到泥浆等因素的影响，探管的设计耐压要≥45 MPa，探管（管材 3 mm 厚的无磁不锈钢管）加工装配好后，在没有装入测量电子线路以前，用密封头将空探管的接头堵上，在高压试验井试压 45 MPa（图 4.94），压力保持时间 3 h，确保探头的耐压能达到 45 MPa。具体结构设计如图 4.95 所示。

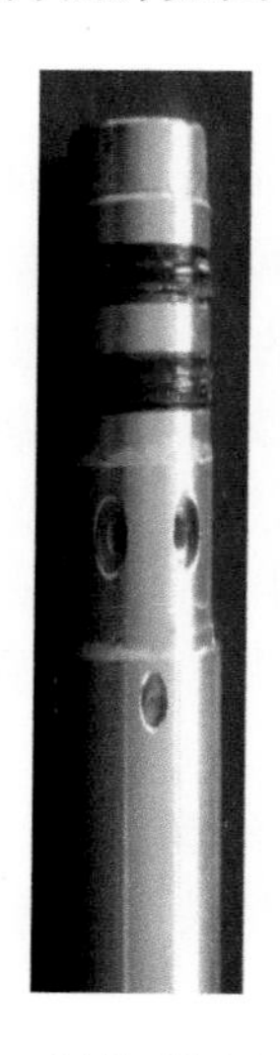

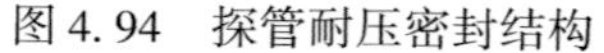

图 4.94 探管耐压密封结构

图 4.95 压力试验井

第四，数据传输设计。数据传输设计为双向通信，本研究设计中同时应用以下两种方式。①RS232（485）方式。传输速度为 9.6K/s，本研究涉及的数据传输量不大，9.6 K/s 传输速率完全可以满足设计要求。该方法技术使用成熟，传输可靠。数据量误码率：20（1 m 的点数）×20（每点数据量）×3000（m）= 1200000 个数据中几乎为零。②适合高速传输的编码解码方法。在现有电缆特性条件下实现传输距离3000 m长，传输速度可以达到115.2 K/S。误码率1/20000。电缆的传输能力很差，–3 dB通频带只有几千赫兹，根据测井数据传输的特点，下行信号数据量（控制命令）比较小，上行数据量大（测井参数），所以，下行采用较低的波特率（9600）增大接收信号的幅度，提高传输可靠性，简化接收电路。下行信道由1#、3#缆芯并联，对地构成信号回路，电缆并联使用减小传输回来电阻，提高了接收信号的幅度；上行信号采用115200 BPS的传输速度，上行信道由1#、3#缆芯差动构成，上下两端采用变压器耦合，提高传输线路对称性，提高抗干扰能力。数据传输电路框图如图4.96所示。

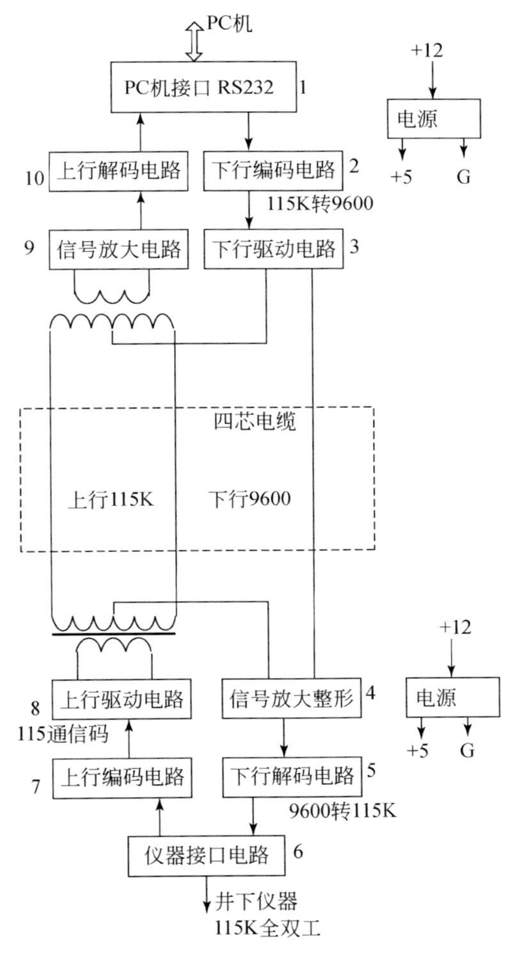

图4.96 数据传输电路框图

（三）技术指标与测试

1. 样机（技术指标和性能）测试

样机研制在2016年11月初全部完成。在室内技术指标初步测试和室内250 m钻孔综合性能测试完成的基础上，于2016年12月中旬在安徽省六安市霍邱县周集铁矿区深部勘察项目区域2700 m钻孔内进行了样机的第一次野外试验。试验检验了设计的全部技术指标和功能及系统可靠性，结果证明系统总体设计满足各项技术指标的要求；同时，对在试验中暴露的设计缺陷和考虑不周全等问题做了详细记录，并提出相应的改进实施方案。改进完善后的样机于2017年4月中旬再次到江西省抚州市乐安县公溪镇邹家山铀矿科学钻探试验孔（2816 m）进行试验，试验现场如图4.97所示，取得完整合格数据，进一步验证了设计的正确性。在两次野外试验的基础上，开展了技术指标的室内详细测试、仪器生产厂检验部门主导的样机技术指标综合测试，形成技术指标（软-硬件）测试方案，并通过专家组审核，完成技术指标的第三方（重庆市计量质量检测研究院）测试、软件第三方（中国赛宝实验室）测试等工作，并形成各种测试报告。在此基础上，进行了第三方（专家组）野外现场测评试验，根据“深地资源勘查开采”专项仪器装备研发质量规范管理要求，制定相应的野外试验大纲，并通过专家评审，明确野外试验考核的主要技术指标和考核方式，以及数据采集方式和评价方案。野外试验数据结果和试验报告通过专家评审，一致认为达到考核要求。

图4.97　野外试验现场

2. 主要技术指标

本研究实现的技术指标重点是在井下仪器（探管）上，70℃以下使用环境条件下，技术指标容易实现，超过100℃后，指标稳定性变差，必须通过温度补偿方法来校正解决。下面列出的主要技术指标通过温度120℃高温的测试验证。

（1）井下探管耐压：≥45 MPa（可调压力井内保压2 h）。

（2）井下探管直径：≤ϕ50 mm。

（3）井下探管工作温度：-10～120℃（可调温度井内保温2 h）。

（4）参数级联个数：8个。

（5）电阻率：测量范围0～1 kΩ·m，测量误差≤5%；测量范围1～5 kΩ·m，测量误差≤3%；测量范围5～10 kΩ·m，测量误差≤3%。

（6）井液电阻率：测量范围0～200 Ω·m，测量误差≤5%。

（7）自然γ：计数范围0～65535 cps，测量误差≤3%（刻度井内测试）。

（8）补偿密度：测量范围1～4 g/cm^3，测量误差≤3%（刻度井内测试）。

（9）倾角：测量范围0～45°，精度±0.1°。

（10）方位角：测量范围0～360°，精度≤2°（倾角≥3°时）。

（11）磁场H分量：测量范围±95000 nT，转向差均方误差≤80 nT（实验室测试）。

（12）磁场Z分量：测量范围±95000 nT，转向差均方误差≤40 nT（实验室测试）。

（13）井径：测量范围50～300 mm，测量误差≤3%±1 mm（室内刻度）。

（14）井温：测量范围-10～120℃，测量误差≤3%±0.2℃（室内刻度）。

（15）声速：测量范围1500～7500 m/s，测量误差≤3%（室内刻度）。

（16）中子：孔隙度测量范围0～10%，测量相对误差≤20%；孔隙度测量范围10%～100%，测量相对误差≤10%。

（17）磁化率：测量范围（10～10000）×10^{-4}SI，误差≤5%（标准刻度模型测试）。

3. 关键技术指标对比情况

本研究实现的技术指标在国内小口径测井中具有明显的优势，耐温耐压等关键技术指标达到国际先进水平，磁三分量指标达到国际领先水平（表4.6）。

表4.6　关键技术指标对比表

序号	指标名称	本研究达到的指标	国内领先水平	国际先进水平	国际领先水平
1	探管外径	≤50 mm	≤50 mm	≤50 mm	≤50 mm
2	耐高温	120 ℃	85 ℃	120 ℃	125 ℃
3	耐高压	45 MPa	30 MPa	45 MPa	50 MPa
4	测量参数	电阻率、磁化率、磁三分量、声波、中子、测斜、常规测井参数（包括自然γ、γ-γ等）	电阻率、磁化率、磁三分量、测斜、常规测井参数（包括自然γ、γ-γ等）	电阻率、磁化率、井中激电、磁三分量、测斜、声学（光学）成像、常规测井参数	电阻率、磁化率、井中激电、磁三分量、测斜、声学（光学）成像、常规测井参数
5	磁化率	范围：（10～10000）×10^{-4}SI 刻度精度≤5%	范围：（50～10000）×10^{-4}SI 刻度精度≤8%	范围：（1～10000）×10^{-4}SI 刻度精度：≤5%	范围：（1～10000）×10^{-4}SI 刻度精度：≤3%

续表

序号	指标名称	本研究达到的指标	国内领先水平	国际先进水平	国际领先水平
6	磁三分量	H 分量：±99999nT 转向差≤80nT Z 分量：±99999nT 转向差≤40nT	H 分量：±99999nT 转向差：≤150nT Z 分量：±99999nT 转向差：≤100nT	H 分量：±99999nT 转向差：≤100nT Z 分量：±99999nT 转向差：≤100nT	H 分量：±99999nT 转向差：≤100nT Z 分量：±99999nT 转向差：≤100nT
7	测斜	倾角：0～45° 精度±0.1° 方位：0～360° 精度≤2°	倾角：0～40° 精度：±0.1° 方位：0～360° 精度：≤4°	倾角：0～45° 精度：±0.1° 方位：0～360° 精度：≤2°	倾角：0～45° 精度：±0.1° 方位：0～360° 精度：≤2°
8	放射性	自然 γ： 范围：5～10000API 误差≤5% γ-γ：1～4 g/cm^3 ±0.02 g/cm^3	自然 γ： 范围：5～10000API 误差≤5% γ-γ：1～4g /cm^3 ±0.03 g/cm^3	自然 γ： 范围：5～10000API 误差≤5% γ-γ：1～4 g/cm^3 ±0.02 g/cm^3	自然 γ： 范围：5～10000API 误差≤5% γ-γ：1～4 g/cm^3 ±0.01 g/cm^3

第三节　方法创新与软件系统

一、方法技术创新

（一）三维井-地磁测联合约束反演方法

1. 方法原理

利用地面高精度磁测资料和井中三分量磁测资料，实现井-地磁测资料的自动联合反演，通过钻孔岩心资料进行约束。在成像反演过程中，采用 Occam 反演方法和预优共轭梯度算法，引入深度加权函数，减小反演结果的“趋肤效应”，提高聚焦效果。主要包括以下关键技术。

1）地下空间单元划分

$$a \leqslant 1.2\delta_x \tag{4.4}$$

式中，δ_x 为观测数据在 x 轴方向上的点距；a 为矩阵棱柱体在 x 方向上的边长。这一关系在 y 轴方向也同样成立，即网格单元边长与观测数据的点距接近时，能达到比较理想的效果。

2）联合约束反演

磁化率反演的目标函数可以写为

$$\Phi(m)=\phi_d+\beta\phi_m \tag{4.5}$$

式中，β 为正则化参数，可根据期望的数据误差来选择；ϕ_d 为数据误差函数，即

$$\phi_d=\| \boldsymbol{W}_d(d^{obs}-Gm) \|^2 \tag{4.6}$$

式中，G 为核函数；d^{obs} 为观测数据，均包含地面和井中的数据；$\boldsymbol{W}_d$ 为加权矩阵，$\boldsymbol{W}_d=$

diag$\{1/\sigma_1, 1/\sigma_2, \cdots 1/\sigma_N\}$，$\sigma_j$ 表示第 j 个观测数据的标准差（$j=1, 2, \cdots, N$）。

式（4.5）中，ϕ_m 为模型目标函数，有

$$\phi_m = \| \boldsymbol{W}_u(M_u - M_u^{\text{ref}}) \|^2 + \alpha \| \boldsymbol{W}_v(M_v - M_v^{\text{ref}}) \|^2 + \alpha \| \boldsymbol{W}_w(M_w - M_w^{\text{ref}}) \|^2 \tag{4.7}$$

式中，M_u，M_v，M_w 为反演模型；M_u^{ref}，M_v^{ref}，M_w^{ref} 为参考模型；α 为分量约束因子，$\alpha \in [0, \infty)$，α 值越大，对 v、w 方向分量的约束越大。$\boldsymbol{W}_u$、$\boldsymbol{W}_v$、$\boldsymbol{W}_w$ 为模型约束矩阵，由模型光滑约束矩阵和深度加权矩阵组成。

模型光滑约束矩阵为模型向量 $\boldsymbol{m}$ 在 X、Y、Z 方向上一阶偏微分的平方和，即

$$R_1 = \left(\int \frac{\partial m}{\partial x} \mathrm{d}v\right)^2 + \left(\int \frac{\partial m}{\partial y} \mathrm{d}v\right)^2 + \left(\int \frac{\partial m}{\partial z} \mathrm{d}v\right)^2 \tag{4.8}$$

写为矩阵形式为

$$R_1 = \boldsymbol{m}^{\mathrm{T}}(\boldsymbol{R}_x^{\mathrm{T}}\boldsymbol{R}_x + \boldsymbol{R}_y^{\mathrm{T}}\boldsymbol{R}_y + \boldsymbol{R}_z^{\mathrm{T}}\boldsymbol{R}_z)m = \boldsymbol{m}^{\mathrm{T}}\boldsymbol{R}_m^{\mathrm{T}}\boldsymbol{R}_m\boldsymbol{m} = \| \boldsymbol{R}_m\boldsymbol{m} \|^2 \tag{4.9}$$

式中，$\boldsymbol{R}_x$、$\boldsymbol{R}_y$、$\boldsymbol{R}_z$ 分别为 $\boldsymbol{m}$ 在 x、y、z 方向的有限差分矩阵。

Li 和 Oldenburg（1996，1998）提出了深度加权函数，应用于磁化率成像和密度成像中，其具体形式为

$$W(z) = \frac{1}{(z+z_0)^{\beta_e}} \tag{4.10}$$

式中，z 为单元体的中心埋深；z_0 为与观测点平均高度有关的常数；β_e 为常数，一般在反演重力异常时取 2，反演磁异常时取 3。

此时，磁化率反演问题实际上是在观测数据拟合差最小的前提下，求目标函数的最小，同时使模型的粗糙度达到最小，以达到对模型解的光滑约束。即：$\Phi(m) = \Phi_{\min}$，须令 $\partial\Phi(m)/\partial m = 0$，得到模型的改变量 Δm，然后对初始模型进行修改，反复迭代至收敛为止（Mackie and Madden，1993；Portniaguine and Zhdanov，1999，2002；Pilkington，2008；姚长利等，2002）。

3）组合约束策略

经典的无地质约束反演通常是求解数据和模型目标函数的最优化问题。这样求得的模型在整个研究区域内非常光滑，但是在实际中很少出现物性连续变化的情况。这样反演得到的模型结果和实际地质模型就存在较大的差异，解决这些问题的一种方法是在反演中尽可能多地增加已知地质信息，如测量的物性参数、构造方向特征、地质统计信息、特定形态目标等。本研究采用了如下约束策略。

（1）用磁化率参数约束整个反演过程，让反演结果处于合理的区间范围。

（2）利用钻孔地质编录资料和磁化率测井数据对模型进行约束。通过钻孔岩心编录，可获取见矿深度、视厚度、矿体底界面等准确信息。对比磁化率测井曲线、井中三分量磁测曲线和钻孔编录资料，通常有以下 3 种情况。

第一，井中磁测曲线有异常，对应磁化率测井曲线无异常，钻孔编录为无磁性地层，则当做旁侧异常（或井底异常）处理，程序自动反演。

第二，井中磁测曲线有异常，对应磁化率测井曲线有异常，钻孔编录为磁性地层或矿（化）体。此时，需要对异常性质做出判断，若推断该异常为钻遇矿（化）体引起，作为约束条件控制反演过程。

第三，井中磁测曲线无异常，对应磁化率测井曲线无异常，钻孔编录为无磁性地层，则不作处理，程序自动反演。

2. 模型试验对比及应用

1）模型试验

将地下三维空间划分为 25×20×10 个致密排列的直立长方体，长方体单元大小为 40 m×50 m×50 m，*X*、*Y* 轴位于水平面内，*Z* 轴向下，其中 *X* 方向长 1000 m，*Y* 方向长 1000 m，*Z* 方向长 500 m。组合倾斜板状体模型参数见表 4.7。

表 4.7 组合倾斜板状体模型参数

倾斜板状体 1					
X 方向	320 m	总磁化倾角	90°	地磁场强度	$B_0=50000\text{nT}$
Y 方向	150 m	测线方位角	0°（南北向）	磁化率	$\kappa=1$
倾向方向长度/倾角	283 m/45°	总磁化强度	$M=39789\times10^{-3}\,\text{A/m}$	井中（测点×点距）	50×10m
倾斜板状体 2					
X 方向	320 m	总磁化倾角	90°	地磁场强度	$B_0=50000\text{nT}$
Y 方向	150 m	测线方位角	0°（南北向）	磁化率	$\kappa=1$
倾向方向长度/倾角	495 m/−45°	总磁化强度	$M=39789\times10^{-3}\,\text{A/m}$	井中（测点×点距）	50×10 m
备注	板状体 2 与板状体 1 的倾向相反，定义倾角为−45°				
钻孔平面位置坐标					
ZK001	244 m，305 m	ZK002	820 m，305 m	ZK003	244 m，975 m

图 4.98 为组合倾斜板状体的三维模型，由两个大小不同、倾向相反的板状体组成。钻孔 ZK001、ZK002 和 ZK003 分别位于板状体的周围，图 4.98（c）、（d）是模型正演的地面ΔT 磁异常和井中三分量磁异常理论值。

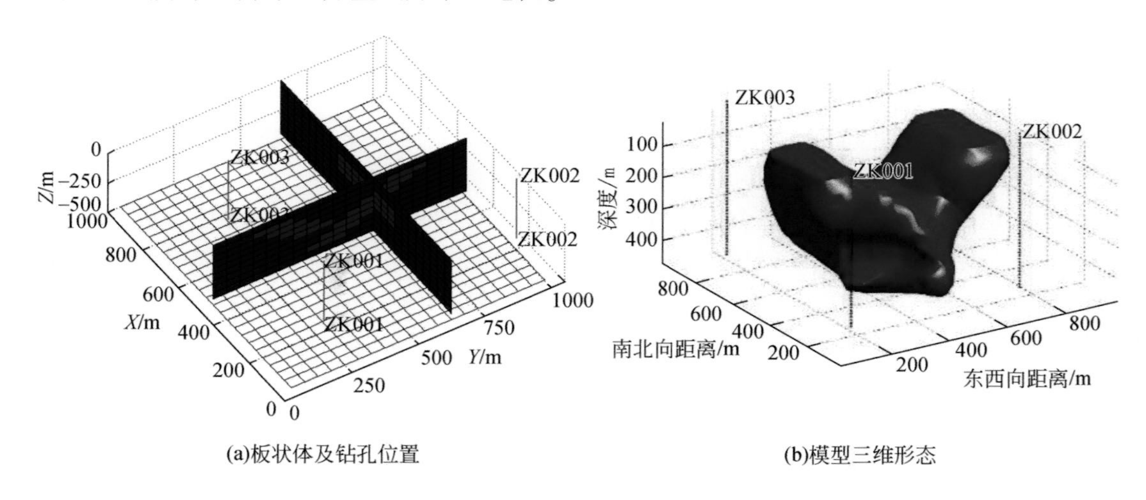

(a)板状体及钻孔位置 (b)模型三维形态

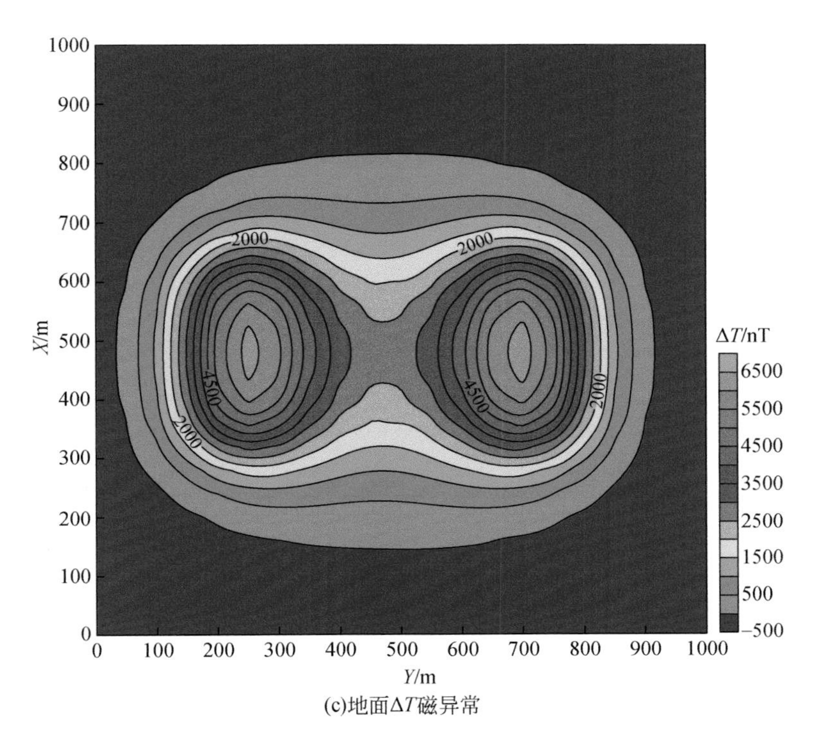

(c)地面ΔT磁异常

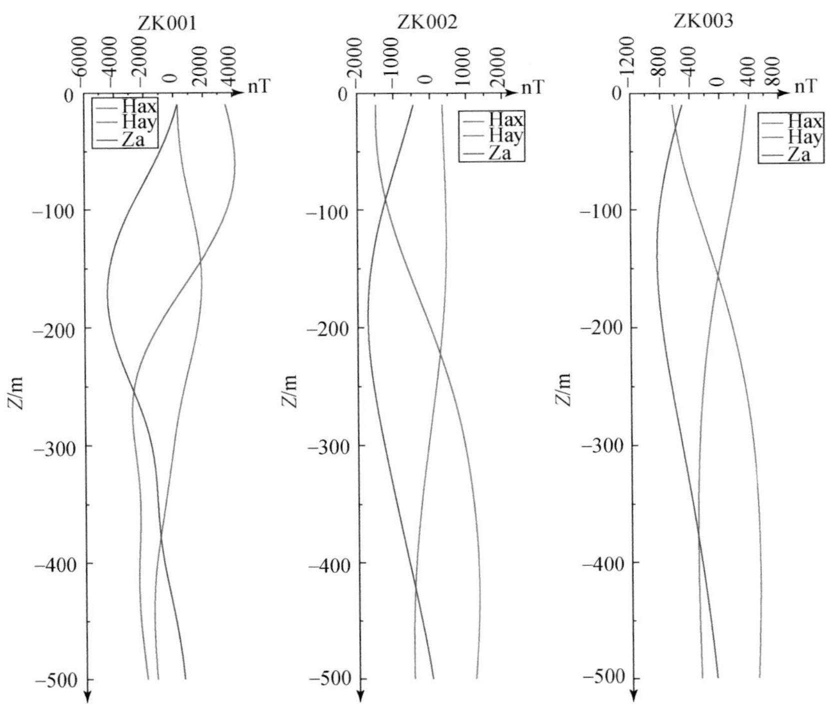

(d)井中三分量磁异常

图 4.98　组合倾斜板状体模型

图 4.99 为 3D 井地磁测资料联合反演的结果，地面磁异常和钻孔井中磁异常的拟合程度比较理想，反演结果的位置与理论模型位、形态基本相同，边界清晰。由此可见，3D 井地磁测资料联合反演，具有更高的横、纵向分辨率，反演结果更加接近实际。

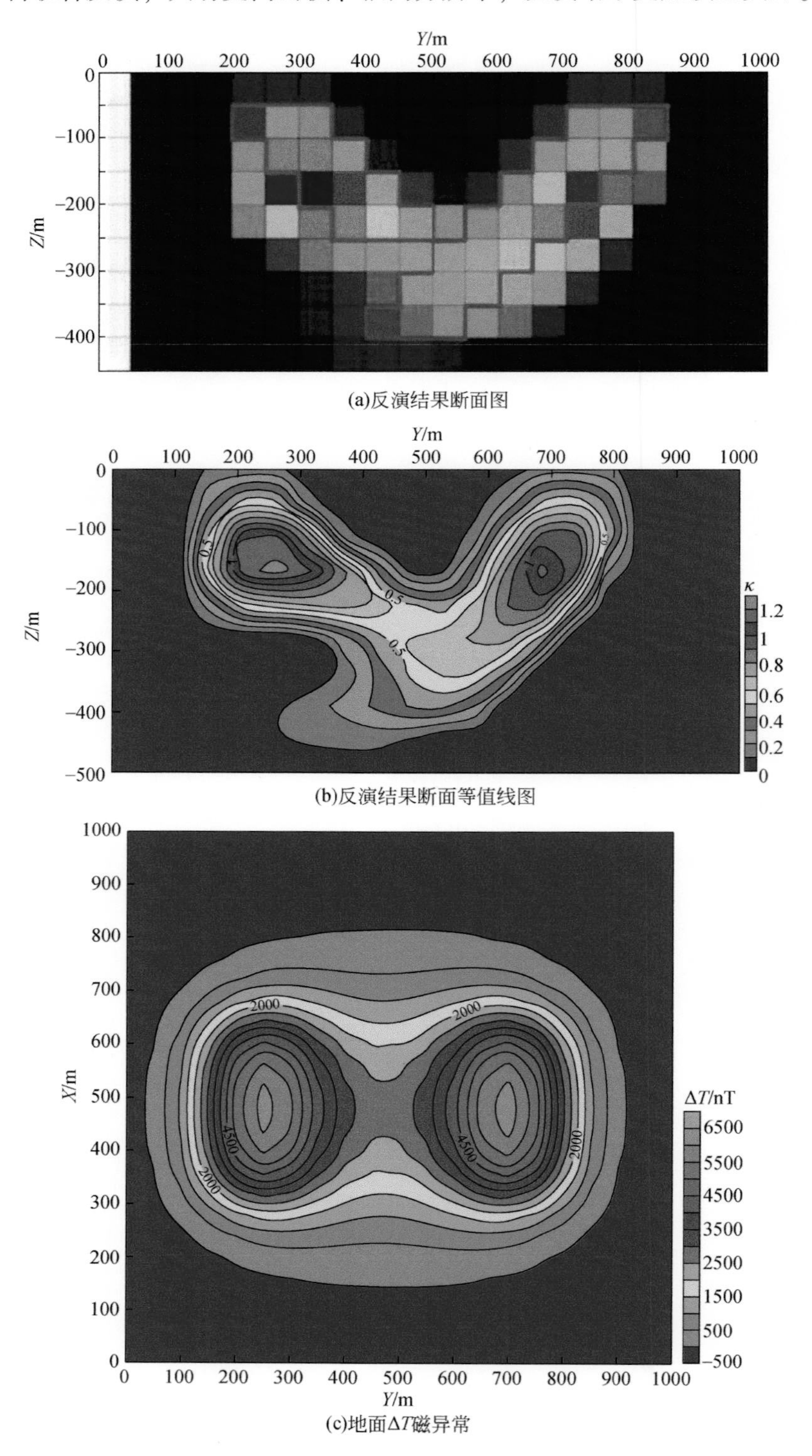

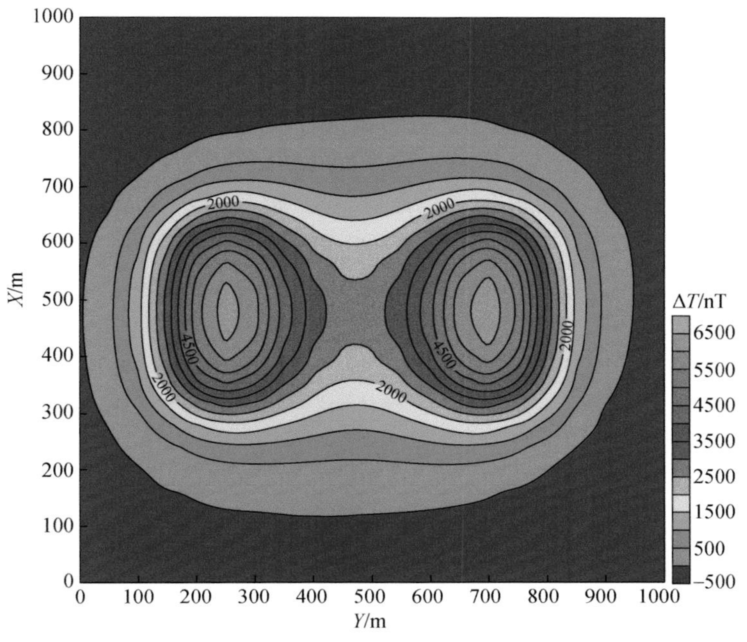

(d)地面ΔT磁异常拟合结果

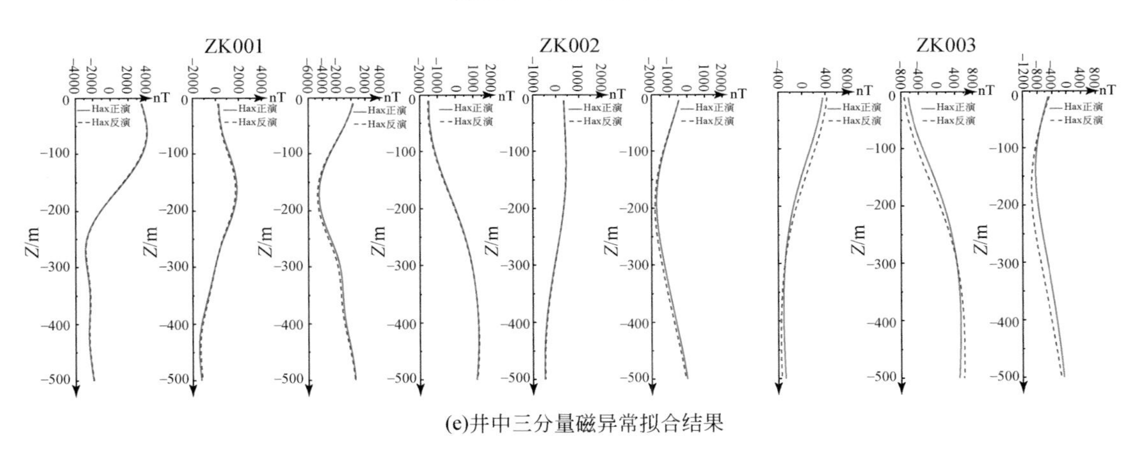

(e)井中三分量磁异常拟合结果

图 4.99　井地磁测资料联合反演结果

2）应用实例

青海野马泉预查区位于柴达木准地台南缘（张爱奎，2010），隶属青海省东昆仑祁漫塔格早古生代裂陷槽。区内大面积被第四系覆盖，厚度一般为 20 ~ 75 m。矿床类型属于矽卡岩型铁多金属矿床，矿体多分布于侵入体与大理岩接触变质带，受侵入接触带、岩浆岩条件、围岩岩性、断裂、裂隙及层间构造综合控制。矿体在剖面上呈脉状、透镜体状、串珠状分布，在平面上具有膨大收缩或尖灭再现的特点，总体上形态比较简单。矿体主要为 EW 走向，倾向 N，局部 S 倾，倾角 38° ~ 80°。本区主要有第四系风成砂、大理岩、矽卡岩、角岩、磁黄铁矿化矽卡岩、磁铁矿、花岗闪长岩等矿体和围岩。根据收集的岩石物性资料，沉积岩基本无磁性，大理岩、花岗闪长岩具有弱磁性，矽卡岩、磁黄铁矿化矽卡岩、磁铁矿等具中强磁性。

井地联合约束成像结果如图 4.100 所示，该反演结果是地下磁性体分布情况的综合反映。其中，C1 磁异常以正值异常为主，峰值约为 150 nT，为一似椭圆形。C1 磁异常反演得到的结果为一透镜体状磁性体，是地下磁性矿体和磁性围岩的综合反映。磁性体中间核心部位最厚，视厚度约 200 m，并向东、西两翼及南侧尖灭，北侧膨胀。走向为东西向，延伸长度约 800 m。向北向下倾斜，倾向延伸约 400 m，反演结果与已有地质资料相符。

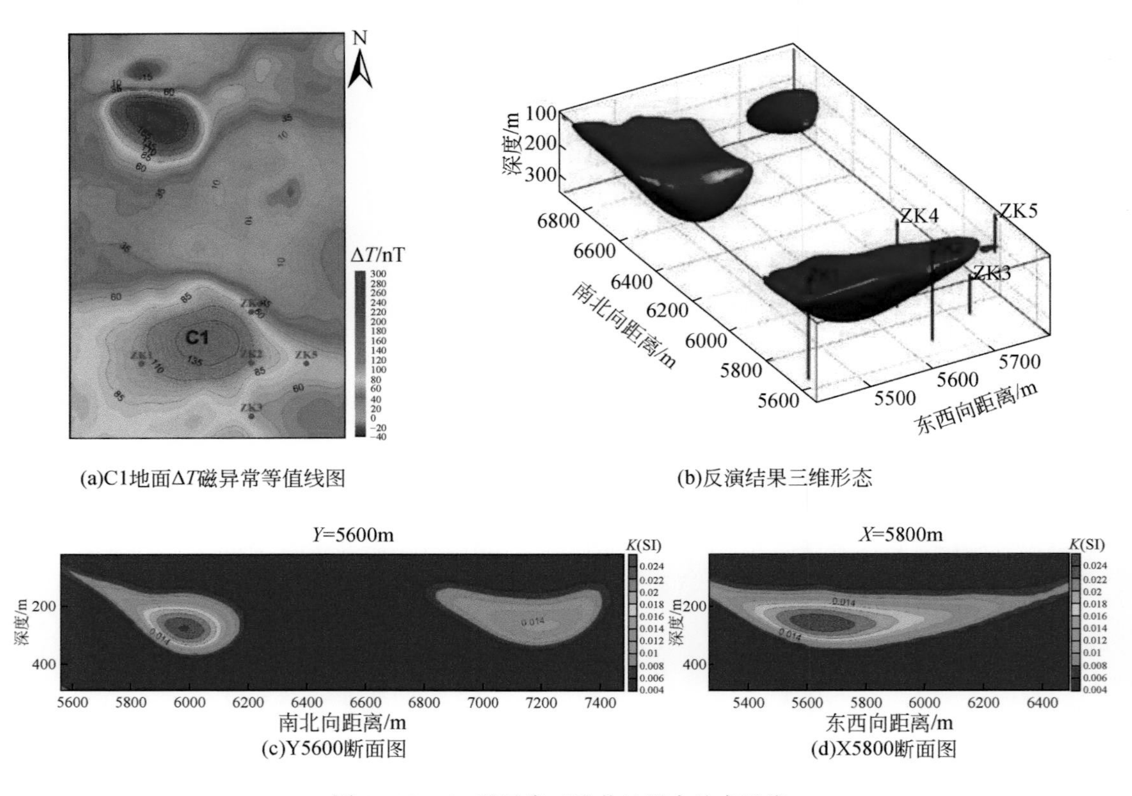

(a)C1地面ΔT磁异常等值线图 (b)反演结果三维形态

(c)Y5600断面图 (d)X5800断面图

图 4.100 C1 磁异常三维井地联合约束反演

（二）同时估计辐射参数的井间电磁波层析成像技术

1. 方法原理

井间电磁波层析成像技术是利用电磁波在不均匀介质中传播引起的振幅衰减来确定地质构造的形态和位置，直接作用于目的层，工作频率高，具有信噪比和分辨率高等特点，然而受到几何扩散、辐射模式、天线耦合、辐射场强等因素的影响，导致反演结果的准确度和可靠性降低，影响了地质解释的效果。为此，研究了基于辐射参数估计的层析成像技术，通过分析导致初始辐射场强和辐射方向因子变化的因素，采用正则化反演直接求解辐射参数，避免了不合理初始辐射场强和方向因子改正带来的误差，能够有效提高反演解释的准确性。

根据电磁波辐射理论（吴以仁，1982），假设电磁波近似沿直线传播，那么在无限均匀介质中偶极天线在远区的辐射电场强度 $E(r)$ 可表示为

$$E(r)=\frac{E_0\exp(-\beta r)\,\Theta_e(\theta)\,\Theta_r(\varphi)}{r} \tag{4.11}$$

式中，E_0为有效初始辐射场强值；β 为电磁波的吸收系数；r 表示发射天线中点到观测点的距离；Θ_e和 Θ_r分别是发射天线和接收天线的辐射方向因子，是发射天线和接收天线与射线夹角 θ 和 φ 的函数。

对式（4.11）取对数，并规定参量 $A=\ln\left(\frac{E_0\Theta_e(\theta)\,\Theta_r(\varphi)}{E(r)\,r}\right)$，那么式（4.11）可以写成关于吸收系数的线性方程：$A=\beta r$。如果确定了初始辐射场强 E_0和方向因子 Θ_e和 Θ_r，那么求解该方程就能得到吸收系数的分布。通常假设 E_0为常数，然后由线性拟合方式得到其估计值。由于井间电磁波测量采用半波偶极天线，天线方向因子通常按均匀介质中的公式计算，即

$$f(\theta,\varphi)=\Theta_e(\theta)\,\Theta_r(\varphi)=\sin\varphi\cos\left(\frac{\pi}{2}\cos\theta\right)/\sin\theta \tag{4.12}$$

实际工作中，初始辐射场强和方向因子很难由上述方法准确得到。初始辐射场强与馈电点电流、岩石的电磁参数、天线的结构、电磁波的频率等参数相关，导致它不是一个未知的常数，当场源区介质电磁参数变化较大时，E_0还会随着位置而变化。而对于方向因子，地下介质的电性变化和天线结构的影响会导致发射天线不符合半波偶极天线的假设。虽然如此，井间电磁波测量也有其特殊性：首先对于多个观测点可能对应同一个发射点，其次对于等步长的观测方式存在很多相同的发射和接收角度，并且观测射线通常比求解未知数多，因此层析成像求解是一个超定问题。针对这些实际中遇到的问题，并结合其特殊性，把初始辐射场强和方向因子作为未知数参与反演。考虑影响 E_0和方向因子的因素，假设在同一发射位置具有相同的 E_0，而对于同一发射角度和接收角度的方向因子是不变的，用 $E_0(x,z)$和 $f(\theta,\varphi)$表示未知的初始辐射场强和方向因子，那么可得

$$A'=\beta r-\ln[E_0(x,z)]-\ln[f(\theta,\varphi)] \tag{4.13}$$

式中，$A'=-\ln[E(r)r]$，对于合理的离散化模型，可以将式（4.13）写为

$$A'_i=\sum_j\beta_j r_{ij}+E_p+F_q \tag{4.14}$$

式中，$E_p=-\ln[E_0(x,z)]$，$F_q=-\ln[f(\theta,\varphi)]$，p 和 q 分别为相同发射点和相同射线角度的下标，矩阵系数 r_{ij}为第 i 条射线在第 j 个单元中的长度。A'_i和 r_{ij}都可有已知的数据计算得到，那么可写成 $\boldsymbol{A}=\boldsymbol{Gm}$ 形式的线性方程组，$m=(\beta_1,\beta_2,\cdots,E_1,\cdots,F_1,\cdots)$，$\boldsymbol{G}$ 是由 r_{ij}和 1 构成的矩阵。对于这样形式的方程，采用正则化反演即可计算出吸收系数、不同发射点的初始辐射场强和不同角度的方向因子。

2. 模型试验对比及应用

1）模型试验

为了验证本方法的有效性，设计了如图 4.101（a）所示的两个钻孔，孔距 30 m，孔深 50 m，设置中心坐标为（15 m，-25 m），半径 4 m 的无限长水平圆柱体模型［图 4.101

(a) 中的黑色虚线], 吸收系数为 2 dB/m, 围岩吸收系数为 0.1 dB/m。采用预条件共轭梯度法反演吸收系数、初始辐射场强和方向因子。得到的结果显示吸收系数的分布形态和理论模型一致, 并且计算得到的初始辐射场强和方向因子也较好拟合了设计的数据, 说明通过正则化反演能够同时准确计算出这三种参数, 也验证了本方法的正确性。

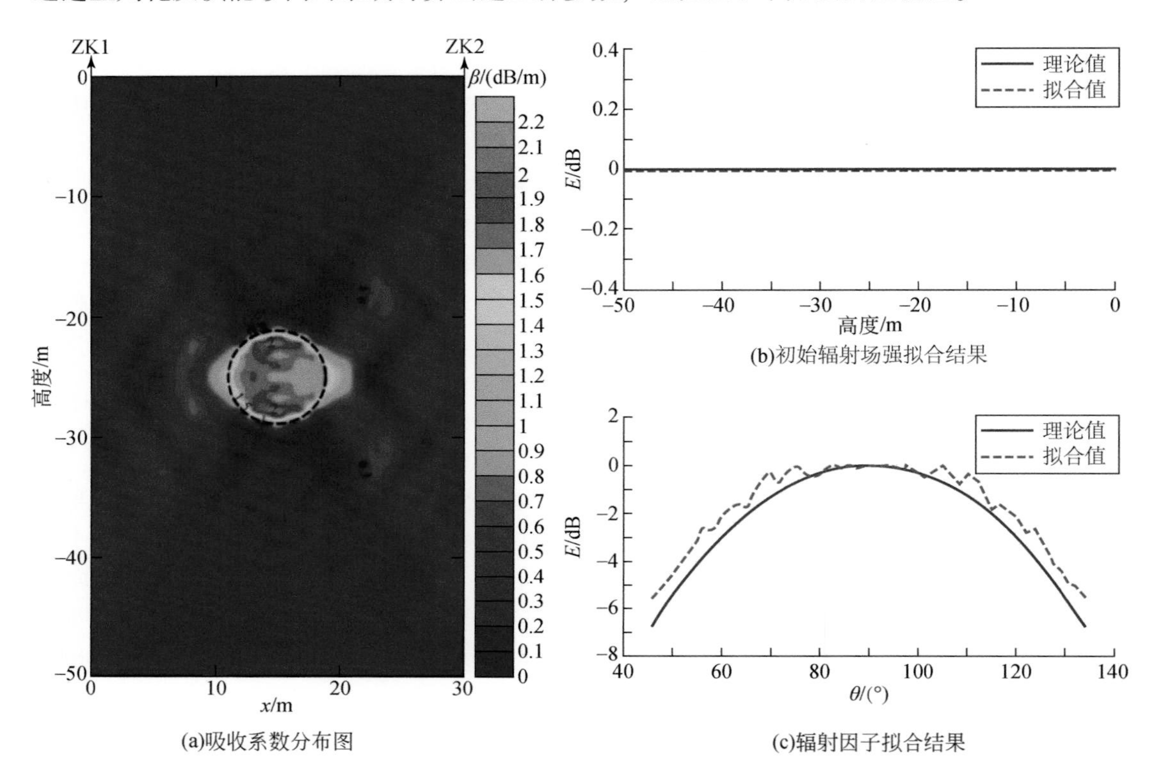

图 4.101 理论模型反演结果

2) 应用实例

在昆明市地铁详勘中, 为了调查地下空间岩溶的发育情况, 进行了井间剖面的电磁波测量。采用定点发射的观测方式, 发射点距和接收点距均为 1 m, 利用信号较强的 10 MHz 数据反演吸收系数的分布。首先采用常规对初始辐射场强和方向因子改正的方法反演 (取 $E_0=-5$ dB), 使用 SIRT 算法迭代 50 次, 拟合均方误差为 ±1.7 dB, 吸收系数分布如图 4.102 (a) 所示, 得到的吸收系数分布图和钻探所揭露的剖面地质特征基本一致, 但是对 ZK6 孔钻遇岩溶的位置显示不明显。然后利用上面的方法对观测数据重新进行了解释, 同样迭代 50 次后的均方误差为 ±1.45 dB, 得到的吸收系数分布如图 4.102 (b) 所示。对比发现, 图 4.102 (b) 的结果不仅清楚显示了钻遇岩溶的位置, 并且对于具有高吸收特性的强风化粉质黏土的边界显示比较清晰, 连续性较好, 与钻探资料、地质规律吻合。实例分析表明, 基于辐射参数估计的电磁波层析成像能够得到比常规电磁波层析成像更精细准确的成像图。

井间电磁波层析成像技术具有高分辨率的特点, 但是不合理初始辐射场强和方向因子

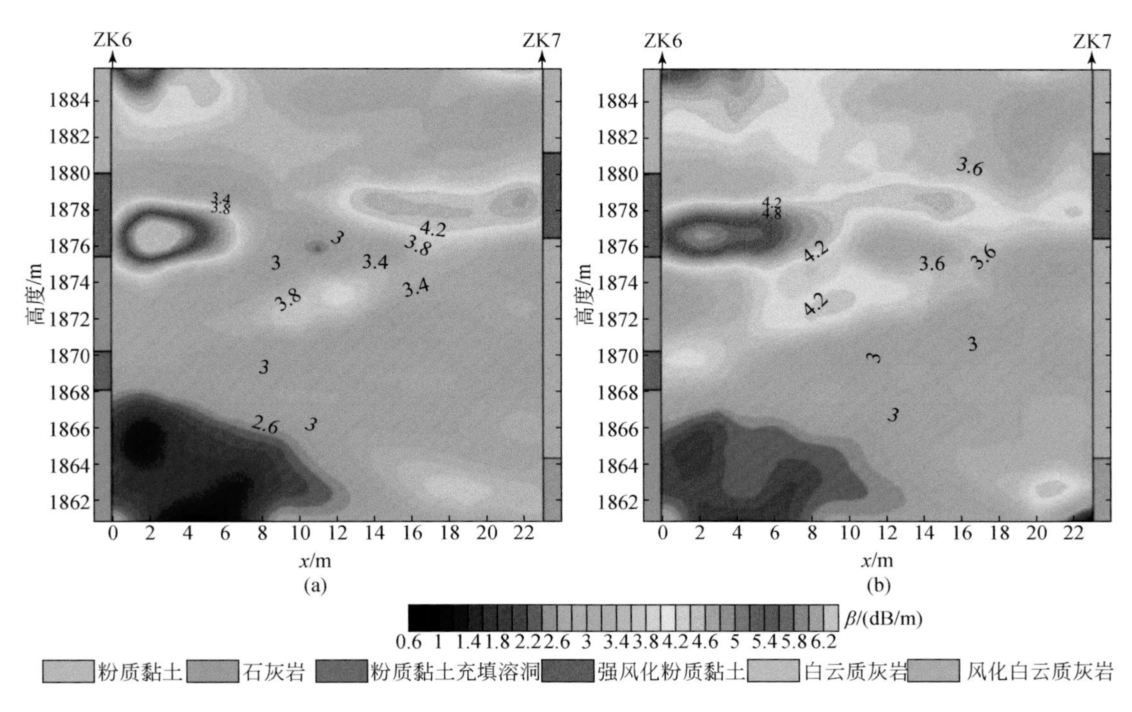

图 4.102　ZK6-ZK7 剖面电磁波 CT 解释剖面

改正带来的误差影响了反演计算的精度，为此，本研究在分析导致初始辐射场强和方向因子变化的因素后，提出基于辐射参数估计的井间电磁波层析成像技术，通过理论模型分析和实例应用说明了本方法的正确性和有效性，相对于常规电磁波层析成像方法能够得到更准确、更合理的结果。

（三）坑-地一体化带地形三维电磁反演方法

坑-地一体化带地形三维电磁反演方法是针对井-地可控源电磁测深成像技术特点，真实模拟利用已有的坑道、矿井等设施，将激励场源放在地下靠近探测目标体，以及观测位置处于地下探测目标体附近等一系列场景，有效应对常规电磁法探测深度浅、精度和分辨率低、抗干扰能力差等问题，所开发的一套实用的地球物理电磁法反演算法。该算法的开发对于推动坑-地一体化带地形三维电磁反演方法技术的实用化具有重要意义，为开展旧矿区的隐伏矿床勘探、地下中深部矿床精细结构探测等提供重要的反演依据。

1. 方法原理

针对井-地可控源电磁测深成像技术特点，研究工作从带场源项的时谐麦克斯韦方程组出发，推导得到基于二次电场的亥姆霍兹方程。为克服场源奇异性的影响，避免在场源处设计非常精细的网格，研究中将电磁场分离为一次场（背景场）和二次场（感应场）。首先利用半空间/层状模型计算背景场（一次场），再利用背景场，在目标区域利用三维模型计算异常场。

实际应用中，地表 E_z 很难测量，故建立典型验证电性结构模型，对比井-地电磁法中的垂直偶极装置，与传统地表 CSEM 的水平偶极装置的电磁场响应。经正演实验发现，归一化场值在目标区域内数量级变化较小，能够反映出异常体的赋存（图 4.103）。

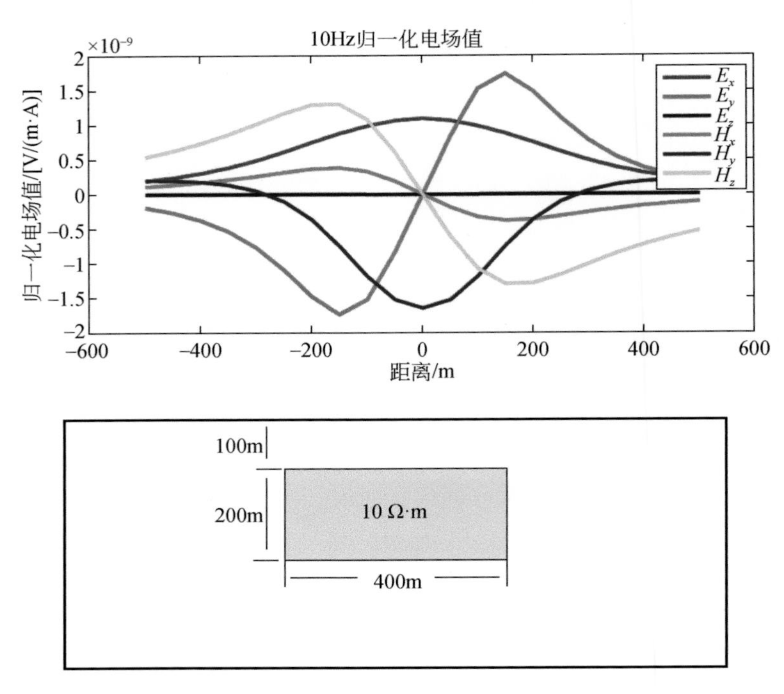

图 4.103 低阻异常体下的 10 Hz 电磁场归一化场值分布曲线

此外，归一化场值在频率域中变化也较为平缓、连续（图 4.104）。

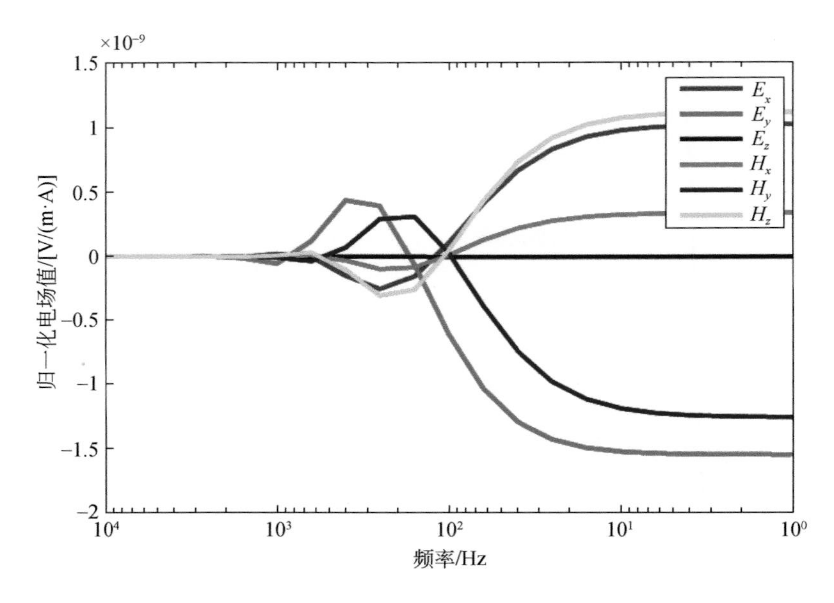

图 4.104 归一化电磁场场值沿不同频率的分布曲线

因此，根据上述响应特征，结合实际工作中 E_z 方向分量难以直接测量的问题，采用电流+极距归一化场值的形式作为反演工作的传递函数。之后利用非线性共轭梯度法，采用不完全 LU 分解构建预处理矩阵，进行线性方程求解，得到井-地可控源空间三维电场的分布，从而根据电磁感应定律计算磁场的分布。

2. 模拟实验对比及应用

为验证反演算法的有效性，研究建立了如图 4.105（a）的高-低阻组合正演模型，高阻模型电阻率为 1000 Ω · m，低阻模型电阻率为 10 Ω · m，模型异常体尺度为 200 m×200 m×100 m。在异常体尺度与电阻率均不发生变化的情况下，实验垂直 z 方向偶极子场源，装置 AB 为 1000 m，收发距为 2000 m，发射设计 1～10000 Hz 共 13 个频点。数值模拟生成合成数据后，同样使用所开发的反演算法进行反演试算。

如图 4.105（b）和（c）所示，反演模型基本可以反映异常体的位置与产状，但似乎其水平分辨率有限，判断异常体水平位置的能力似乎不如水平偶极子的场源的情况，尤其是低阻的异常体的位置判断并不理想。

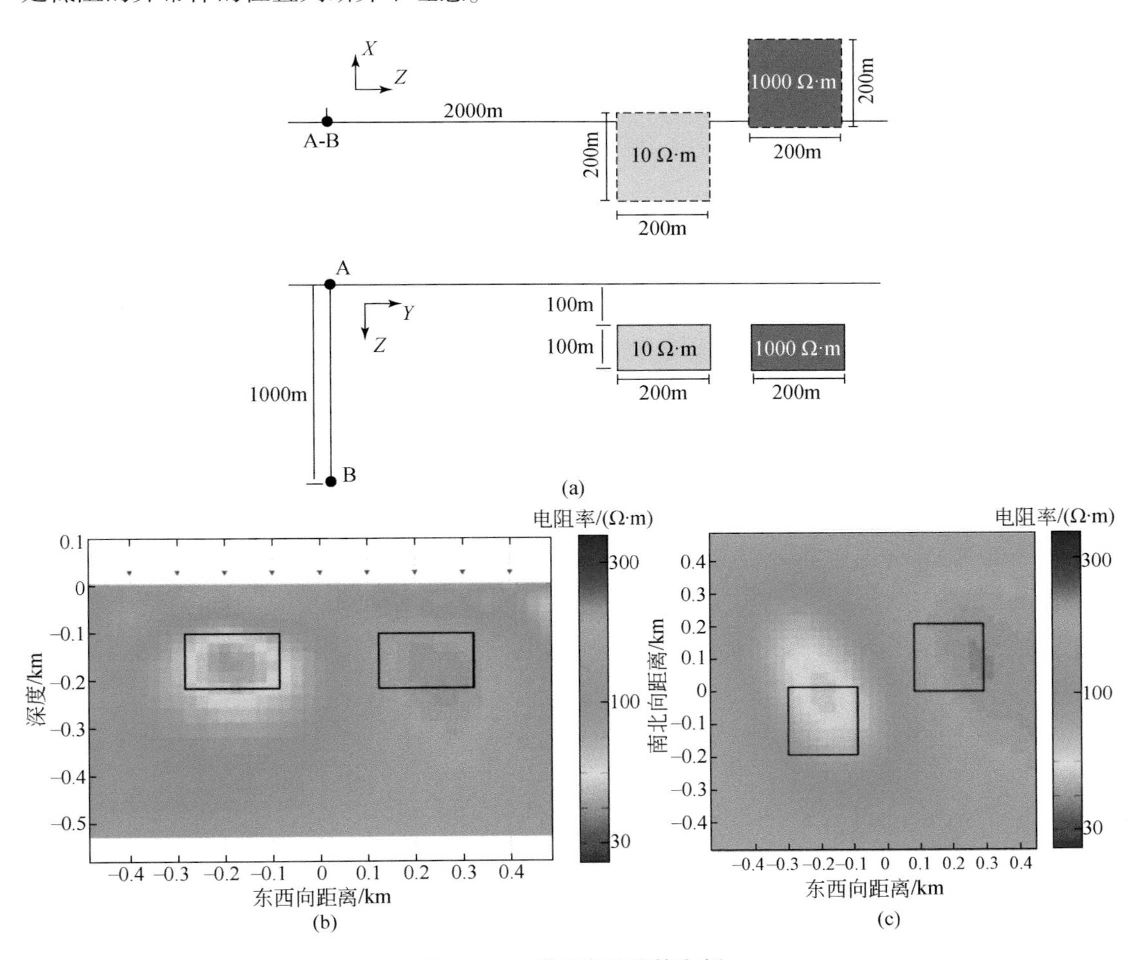

图 4.105　模拟实验运算实例

（a）高-低阻组合模型垂直偶极子装置示意图；（b）高-低阻组合反演模型 Y 方向电阻率切片示意图；（c）高-低阻组合反演模型水平方向（-150 m）电阻率切片示意图）

二、数据处理与正反演软件系统

（一）多参数井-地电磁数据处理系统

井-地电磁成像软件系统是国内首个自主研发的综合井-地地球物理电磁法软件系统，本软件同大功率井-地电磁成像硬件系统相匹配，有效填补了适应井（坑）-地多尺度工作环境的国产地球物理电磁法综合处理软件领域的空白，拥有完整的自主知识产权。软件系统主要作用是完成综合井-地电磁法勘探后的一系列处理、分析和反演解释等工作，提供从野外勘探现场到后期成果解译一体化的工作服务。

井-地电磁成像软件系统运算速度快、精度高，相关成果可靠，操作简便，界面友好，各项指标通过专家验收，获得一致好评，并在强电磁干扰环境的矿山实验中取得较好应用效果。

1. 系统框架设计

软件系统依据地球物理电磁法常规工作方法的一般流程设计实现了整套软件系统。从逻辑构架来看，软件主要包括图 4.106 所示的四个方面功能：时间序列显示、数据处理、处理结果可视化、电磁数据正反演。

从井-地电磁成像软件系统设计层面，软件视图均是由 MATLAB 平台图形用户界面（GUI）设计完成的，软件的运算内核由 MATLAB 和 Fortan 语言组合完成。对于部分数据处理和反演计算中需要处理海量数据时，软件使用 Fortan 语言内核提高运算效率，一般情况下采用 MATLAB 语言进行计算，以减少程序间相互调用，从而提高软件系统运行稳定性。软件系统无需安装，将程序软件包拷贝入相应文件夹后，在 MATLAB 平台下即可运行。

2. 主要功能

多参数井-地电磁数据处理系统主要功能模块包括：时间序列显示模块、数据处理模块、处理结果可视化模块、电磁数据正反演模块等。

1）时间序列显示模块

时间序列显示模块主要完成对野外采集的原始时间序列的浏览工作，可以第一时间确认干扰情况，判断野外资料的质量。

2）数据处理模块

数据处理软件模块主要完成由仪器采集的原始信息到正反演计算前的数据准备、数据处理分析等工作。数据处理工作的一般流程均是将原始时间序列文件（*.tss，*.tsd，*.tsn）输入，经过时域处理，多数要经过时频转换、频域处理、结果计算等流程，最终获得和地下电性结构相关的电性参数。数据处理部分由天然场电磁法、井-地可控源频率域电磁法、频率域激电法及时间域激电法四个功能模块组成，后文将对软件系统的主要界面加以介绍。

3）处理结果可视化模块

本模块主要完成经过数据处理后获得的地球物理视参数进行成图显示的功能，主要实

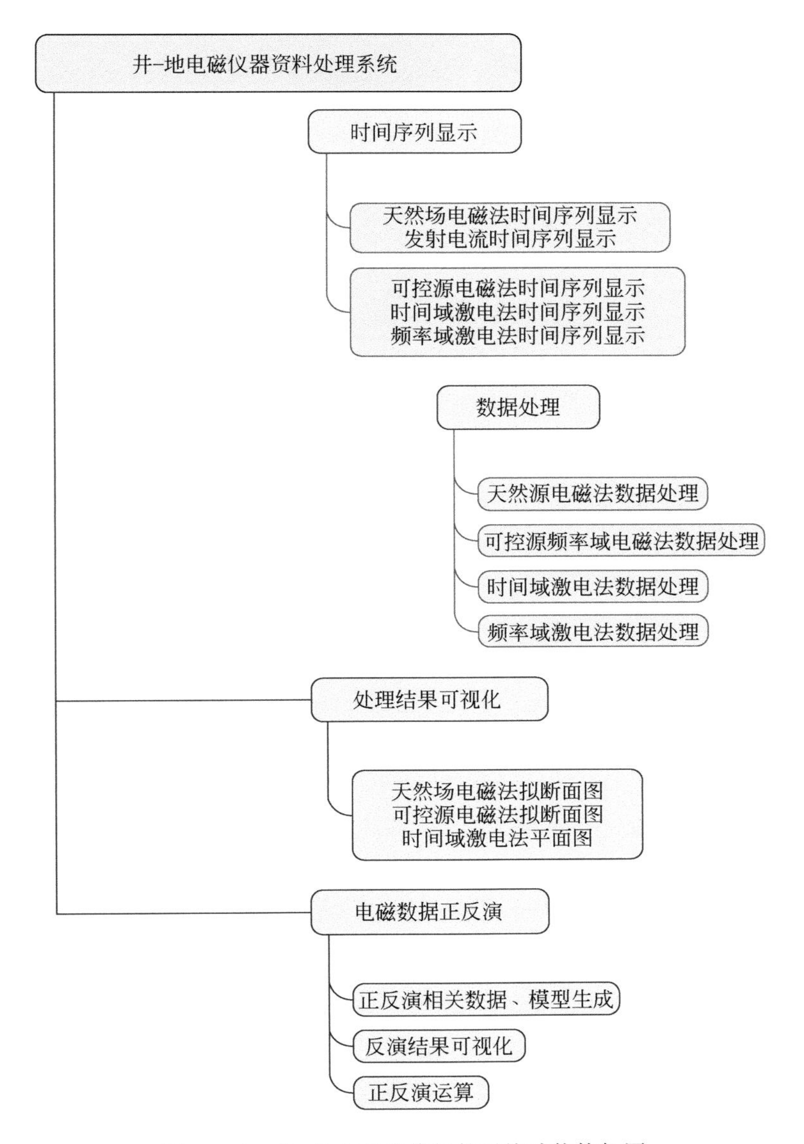

图 4.106　井-地电磁成像软件系统功能构架图

现天然场电磁法、可控源电磁法的视电阻率拟断面图的二维、三维显示，以及激电方法的平面等值线图生成，主要程序界面如图 4.107 所示。

4）电磁数据正反演模块

本模块主要实现电磁法数据的三维带地形正反演计算及其结果可视化功能，其中，带地形可控源电磁法的三维反演计算是国内领先的反演计算算法（图 4.108）。

5）井-地电磁成像软件系统总结

井-地电磁多参数数据处理与反演成像技术的研究通过对井-地天然场大地电磁法、可控源频率域电磁法、时间域激发极化法、频率域激发极化法等多种电磁方法的研究，总结了一套具有自主知识产权的、能够有效提高数据信噪比、进而获得可靠的地下电性结构的

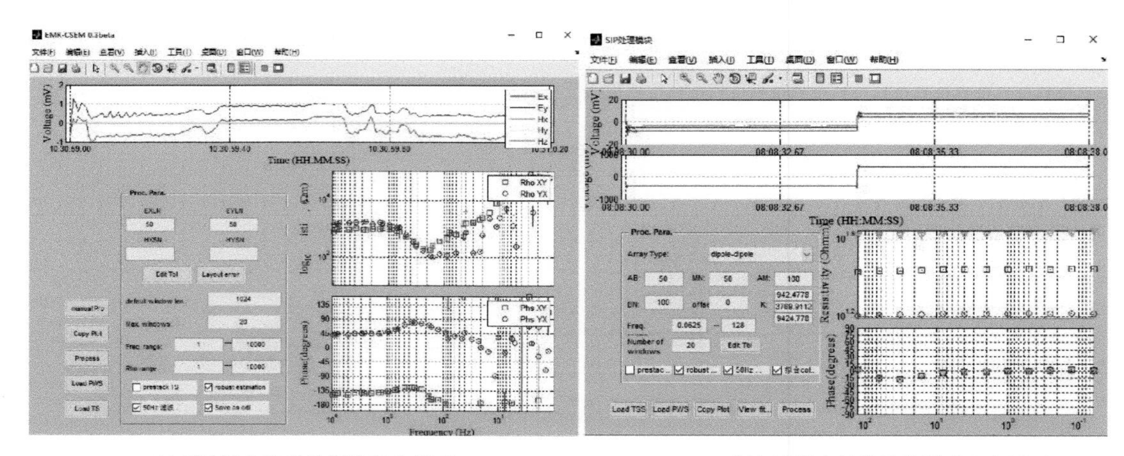

(a)可控源电磁法数据处理主界面　　　　(b)频率域激发极化法数据处理主界面

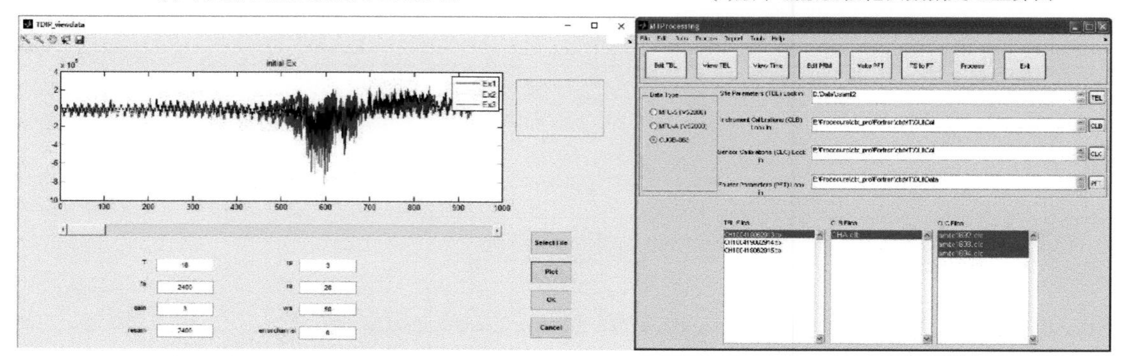

(c)时间域激发极化法数据处理主界面　　　　(d)天然场电磁法数据处理主界面

图 4. 107　井–地电磁成像软件数据处理部分主要软件界面

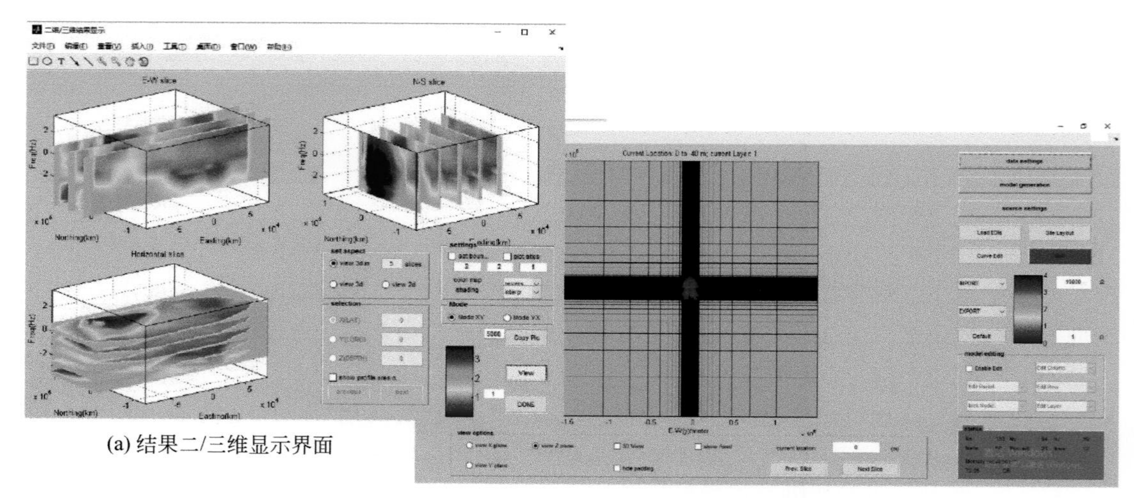

(a) 结果二/三维显示界面　　　　(b)三维正反演输入模块主界面

图 4. 108　井–地电磁成像软件功能界面图

数据处理及反演计算方法理论。本研究将该方法理论逐步实现为一套界面友好、功能齐全、运算快速、结果可靠、可实现生产及科研数据资料处理的软件系统，对日后采用综合电磁类方法在矿区“攻深找盲”及寻找成熟矿区新的成矿有利部位具有指导性的意义。

对内蒙古自治区赤峰市林西县边家大院铅锌银多金属矿区矿山实验的实测数据处理结果表明，该套软件系统功能完善、强大，能够处理 TDIP、SIP、MT、AMT 和 CSAMT 等多种电法勘探的数据，针对矿山强干扰环境所采用的一些技术手段，对提高数据处理质量作用显著，尤其是三维反演输入文件生成模块、三维带地形反演模块等，为井-地电磁成像系统在矿山的使用起到了极大的促进作用。

(二) 金属矿地下物探数据处理解释系统

1. 系统框架设计

金属矿地下物探数据处理解释系统包含电磁波层析成像、井中磁测、井中激电、地球物理测井四个部分，主要包含地下电磁波数据整理、图形显示和数据预处理、模型正演分析、电磁波数据反演解释、井中磁测正演实时分析、井中磁测资料处理与解释、二维井地磁测联合反演、三维井地磁测联合反演、井中激电三维正反演、地-井三维正演计算、井-井三维正演计算、综合测井数据转换、综合测井数据预处理、测井数据绘图与综合解释 14 个功能模块如图 4. 109 所示。该系统开发基于 Windows 平台，以 VC++语言为主要编程语言，具有方便、实用的图形显示和编辑功能，以及丰富的数据格式转换接口。

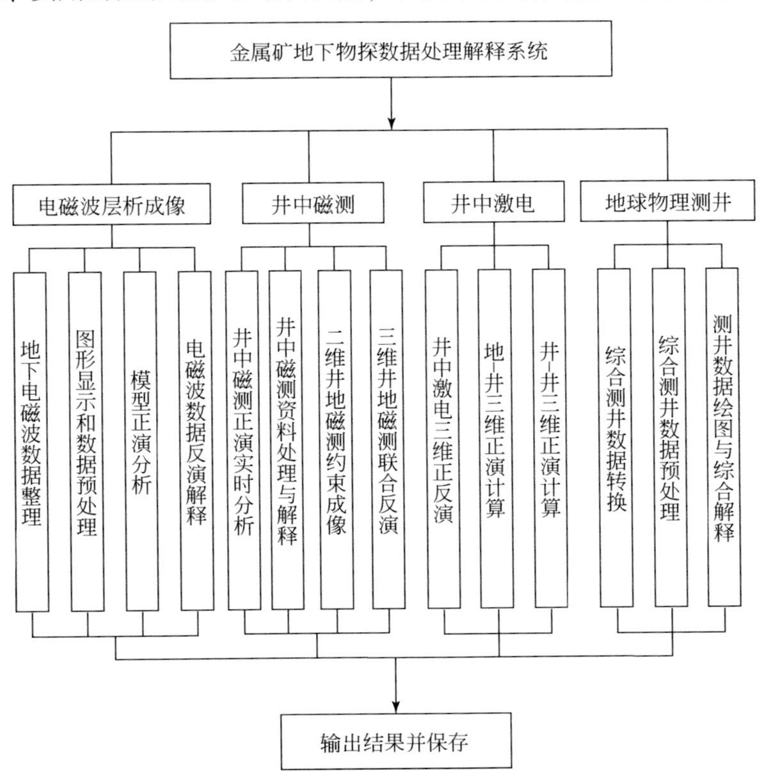

图 4. 109　金属矿地下物探数据处理解释系统逻辑流程图

2. 主要功能

金属矿地下物探数据处理解释系统主要功能模块包括：电磁波层析成像、井中磁测、井中激电、地球物理测井等方面的数据处理解释。

1）电磁波层析成像

电磁波层析成像部分主要包含地下电磁波数据整理、图形显示和数据预处理、模型正演、电磁波数据反演解释。系统界面包括数据窗口、模型窗口、属性窗口、数据显示与编辑窗口（图 4. 110），方便数据处理解释。各个模块的主要功能如下。

图 4. 110　电磁波层析成像界面

（1）通过数据整理模块将仪器野外实测数据导入计算机，经过整理保存成项目文件。

（2）图形显示与预处理模块显示所有曲线或单条曲线，对数据进行圆滑、设置截断值、统计数据误差等。

（3）模型正演分析模块通过添加正演模型，增强操作人员对正演曲线形态的认识，有利于实测资料的处理解释。

（4）资料实时分析和反演成像模块中，采用代数重建、联合迭代反演算法及共轭梯度法实现成像。

软件界面示意图如图 4. 111 所示。

2）井中磁测

井中磁测部分包含井中磁测正演实时分析、井中磁测资料处理与解释、二维井地磁测联合反演、三维井地磁测联合反演等功能，主要功能如下。

（1）井中磁测正演实时分析主要功能是对矿体的形状、产状及与钻孔的相对位置等问题进行判断，对矿体或异常做定性分析。

（2）井中磁测资料的处理与解释模块实现直孔、斜孔磁测资料及测斜资料的整理，并对观测资料进行检查，为后续资料处理工作做好准备。

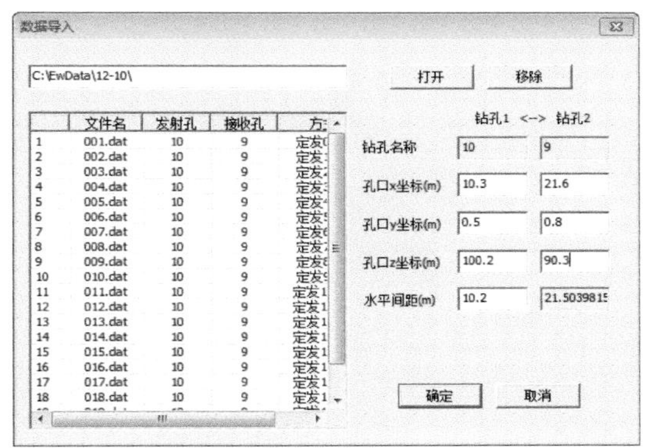

(a)数据导入窗口

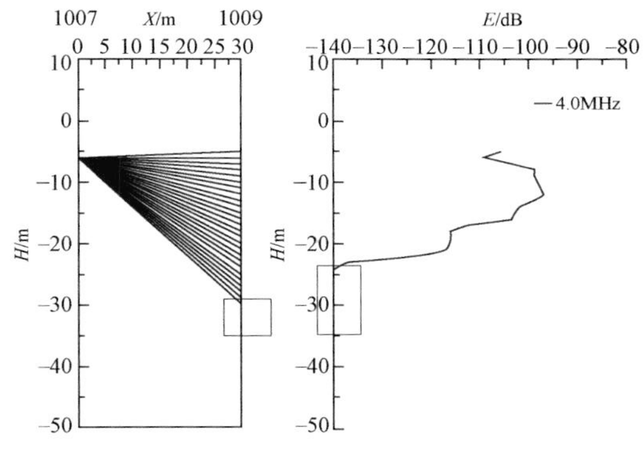

(b)数据预处理–删除跳点

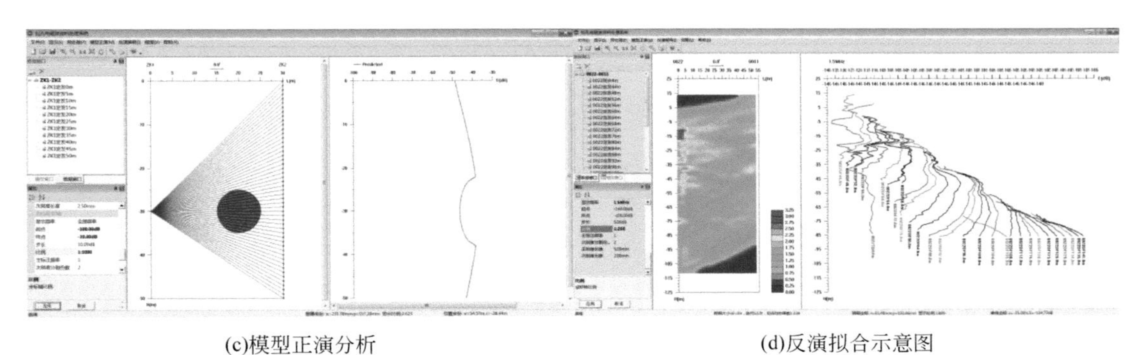

(c)模型正演分析　　(d)反演拟合示意图

图 4.111　电磁波层析成像部分主要功能

(3) 二维井地磁测联合反演主要包括经验切线法、特征点法等常规反演方法、欧拉齐次方程法、二度半及三度体井中磁测人机交互等反演方法，对井中磁测资料进行反演和解释。

(4) 三维井地磁测联合反演是基于钻孔资料约束下的物性自动反演。该方法的反演结果可为后期的资料处理解释提供参考和依据。

软件界面示意图如图 4.112 所示。

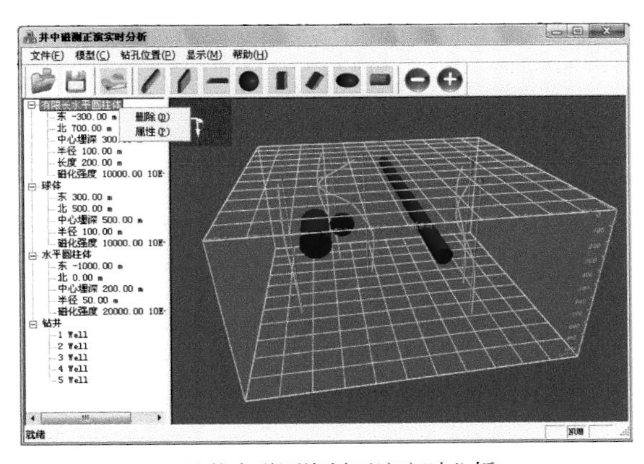

(a)井中磁测资料正演实时分析

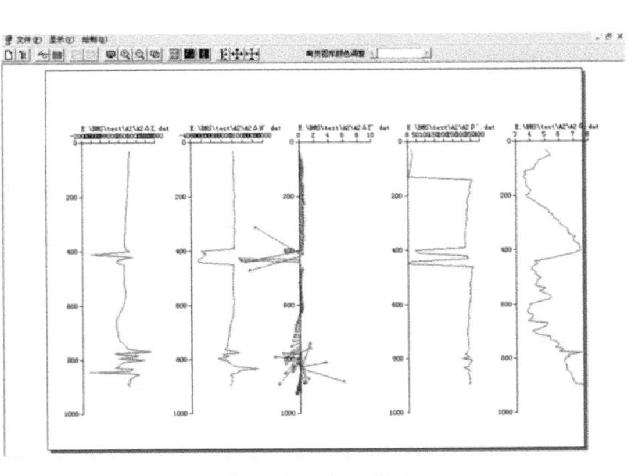

(b)直孔磁测数据整理

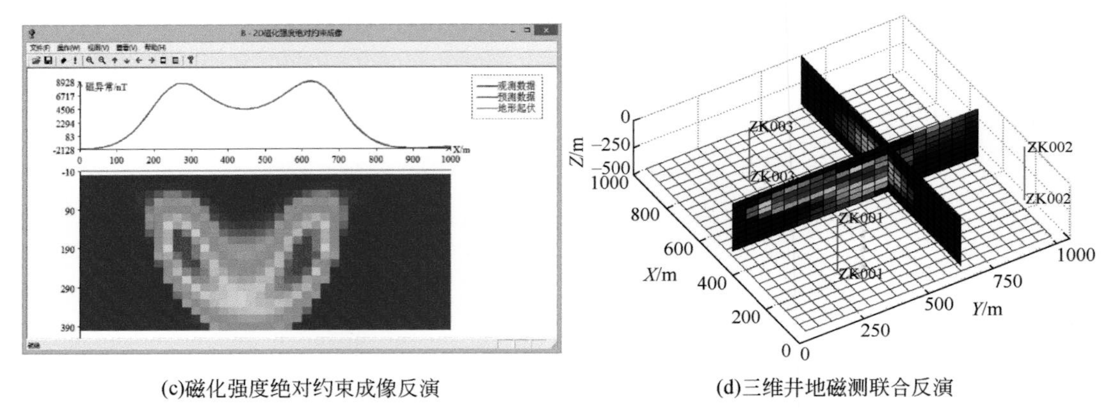

(c)磁化强度绝对约束成像反演　　　　(d)三维井地磁测联合反演

图 4.112　井中磁测部分主要功能

3）井中激电

井中激电分为地-井、井-地和井-井三种测量方式。地-井测量方式是分别在地面不同方位供电（通常在钻孔周围四个方位加井孔供电，称地-井五方位测量）观测沿井轴变化的激电异常曲线，通过对比分析不同方位供电的激电异常曲线，发现井旁盲矿；井-地测量方式是井中供电，地面测量，用于追索和圈定矿体范围，发现井底和井旁盲矿；井-井测量方式是井中供电、井中测量，主要用于发现井间盲矿。

依据现有井中电阻率-激发极化法观测手段和装置，核心技术以三维有限单元法正演模拟为基础，以计算机自动反演为主要手段，研究一套界面友好、计算速度符合实际需求的井-地、地-井、井中、井间三维电阻率/极化率正反演方法技术。主要具体功能如下（图 4.113）。

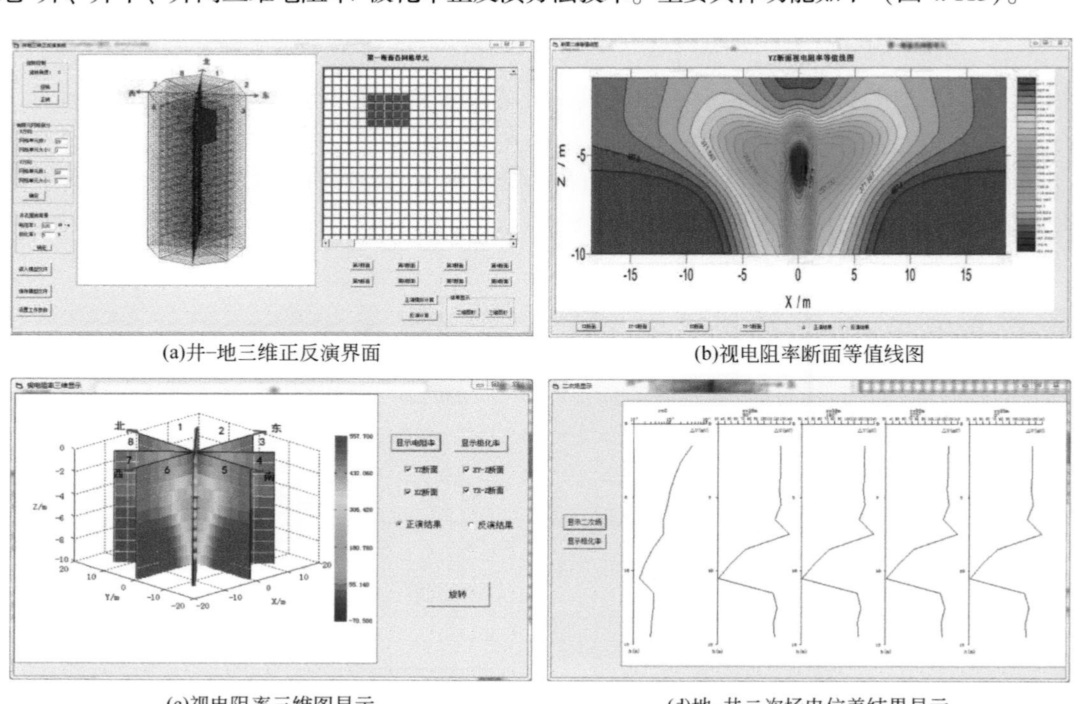

(a)井-地三维正反演界面　　　　(b)视电阻率断面等值线图

(c)视电阻率三维图显示　　　　(d)地-井二次场电位差结果显示

图 4.113　井中激电部分主要功能

（1）井中激电正反演技术将地面、井口、井中复杂环境一并设计在计算模型中，模拟实际井斜、套管、井液、地层电性和产状、各向异性等信息，以正演与实测曲线比较技术为基础，研究异常特征规律，反演地下介质分布情况。反演结果可作为其他观测方法正反演初始模型。

（2）地-井激电正反演技术包含地井五方位电阻率-极化率观测装置的正反演方法技术、地井电阻率/极化率断面观测的正反演方法技术。

（3）井-地激电正反演技术包含井-地充电法三维正反演和井-地密集阵列激电正反演。井-地密集阵列激电观测方法是将供电电极置于井中，并沿深度方向按等间距依次供电，地表以井口为中心等距正交网格化布置观测电极，分别观测两个方向上的电位梯度。

（4）井-井激电正反演技术采用将地面、井口、井中复杂环境一并设计在计算模型中，计算各种情况下典型地质体的电阻率-极化率异常特征，寻找异常成像规律。鉴于井间观测数据较少，难以实现自动反演解释，拟采用人机交互、快速正演拟合的反演方法。

4）地球物理测井

金属矿地球物理测井包含数据输入输出及转换、资料预处理和绘图解释三大模块（图 4. 114、图 4. 115）。

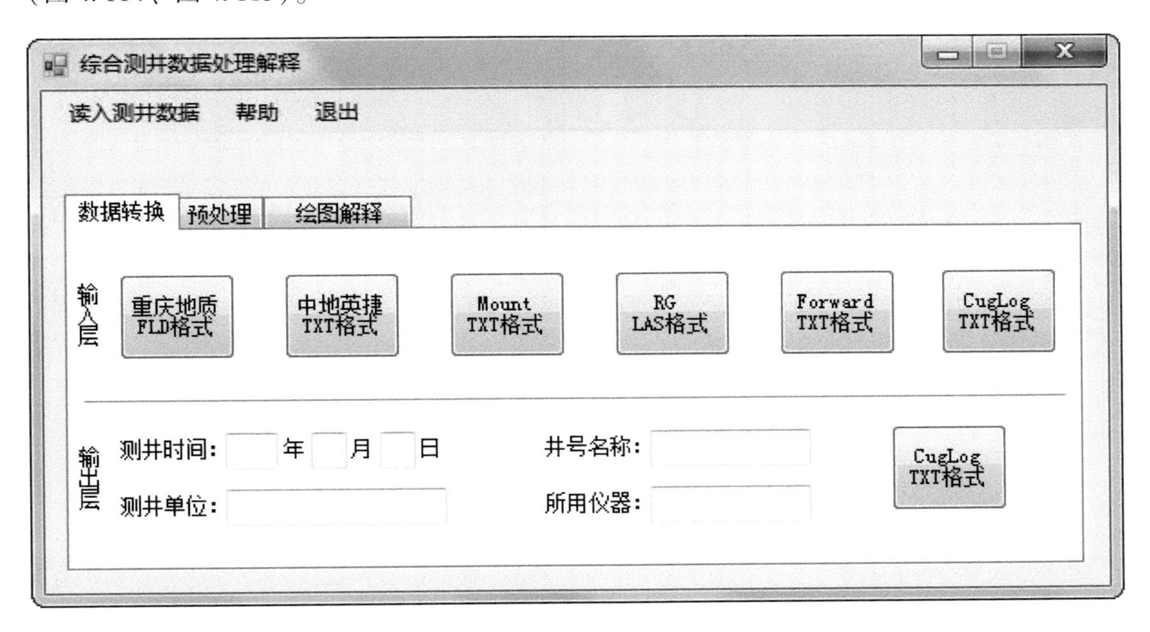

图 4. 114　地球物理测井部分的界面分布

（1）数据输入输出及转换模块，可将各厂家不同格式的数据文件转化为统一的 TXT 格式数据文件读入；完成测井曲线的筛选，以及测井曲线名称、曲线单位、采样间距、测井单位、测井时间、井名、仪器名称的修改；实现数据的 TXT 格式的输出。

（2）资料预处理模块可以通过人机交互的方式实现深度校正、曲线圆滑、错点剔除或平差等预处理方法，并完成预处理结果保存。

（3）绘图解释模块可以实现测井曲线的绘图，以及添加道、添加曲线、添加岩性柱、

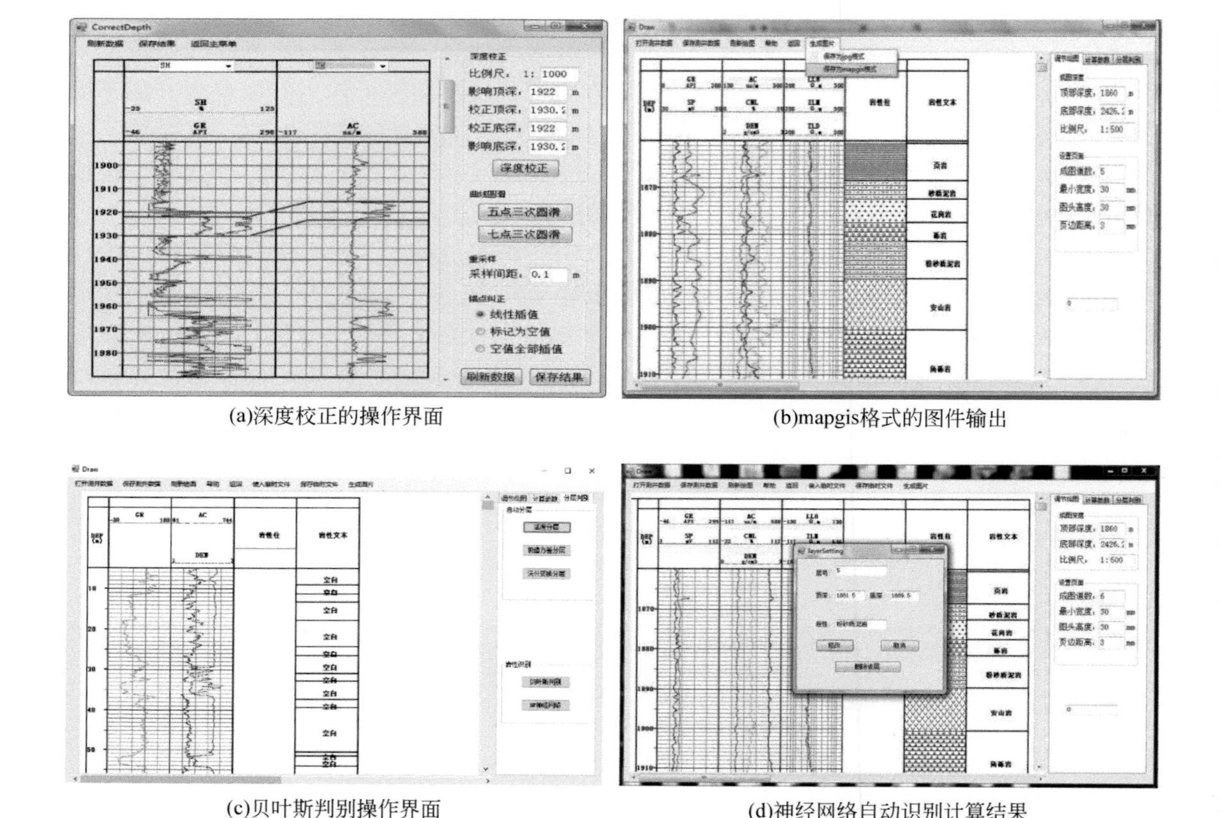

(a)深度校正的操作界面

(b)mapgis格式的图件输出

(c)贝叶斯判别操作界面

(d)神经网络自动识别计算结果

图 4.115　地球物理测井部分主要功能

删除曲线和删除道等对成图的修改。

该部分的整体框架构建符合测井数据处理与解释的要求，功能模块分配合理，具有一定的操作便捷性，满足金属矿地球物理测井的应用。

第四节　典型应用实例

一、安徽铜陵某铜矿区井中物探应用试验

（一）试验目的与任务

1. 目的与任务

在安徽铜陵某铜矿区开展了井中物探应用试验，目的是为了进一步了解矿区三个钻孔ZK2002、ZK2004、ZK1610 所见矿体的连续性，确定矿体走向，并圈定所见矿体范围。

2. 工区概况

工区位于枞阳县城北东40°方向40 km处，行政区划隶属枞阳县钱铺乡。矿区中心点地理坐标：117°27′15″~117°28′15″E、30°54′30″~30°55′15″N，面积为5.94 km^2。

（1）地层。矿区位于庐枞火山岩盆地南东边部，出露地层主要有中侏罗统罗岭组，上侏罗统龙门院组、砖桥组，下白垩统双庙组及第四系。区内罗岭组仅出露上段，龙门院组仅见第二段，砖桥组仅见第一、第二段，双庙组仅见第一、第二段。

（2）构造。区内构造以断裂构造为主，褶皱不发育。断裂构造依其走向分NE、NW、SN三组，其中NW、SN向断裂最发育，NE向次之。断裂多以硅化带、破碎带形式出现。断层一般以近北东向的形成较早，南北向次之，北西向活动相对较晚。铜金矿床围绕硅化构造破碎带形成。

（3）岩浆岩活动。区内岩浆活动较为强烈：一方面有正长斑岩体及脉岩的侵入；另一方面，表现为火山喷出岩的大面积出露，在查区东部小面积出露燕山晚期第二次侵入的黄梅尖岩体，岩石类型为中细粒石英正长岩。石英正长岩为肉红色、灰白色，岩石具中细粒结构、似斑状结构、块状构造，主要由钾长石及少量的中长石和石英组成。与火山岩接触带附近常见有绢云母化、硅化、磁铁矿化等蚀变。区内脉岩十分发育，常见脉岩为正长斑岩脉及安山玢岩脉，正长斑岩脉规模较大，数量较多，往往成群分布。脉的产出形态有脉状及多支状两种，形成时间较晚。

（4）热液活动。区内岩石普遍强烈蚀变，主要蚀变有硅化、绢云母化、碳酸盐化、绿泥石化、绿帘石化、石膏化及黄铁矿化等。区内发现铜金矿（化）点多处，铜金矿化均为火山热液型，矿脉产出形式多种多样，以含铜石英脉为主，矿化体受北东、北西近南北向构造破碎带控制。矿化体矿石呈块状、角砾状、脉状、网脉状及细脉浸染状构造。矿化体常具一定规模。

（二）工作方法技术

1. 激发极化测井

激电测井使用自制井下顶部梯度电极系，AMN电极排列为AM=1.9 m，MN=0.2 m，B极位于无穷远位置，测量井段为11.7~104.7 m，测量点距为1 m。ZK1610孔孔斜方位270°、倾角85°。钻孔孔深113 m，85~90 m见矿。

2. 井中充电法

如图4.116所示，对于两个钻孔，各自充电A点选择在钻孔所见矿体上，B极为无穷远极，以充电点地表投影为中心，在地面各布置7条方位角为270°的平行测线，线距20~50 m；测点点距20 m。

对于ZK2002号孔［图4.116（a）］，测线编号依次为14、16、18、19、20、21、22。对于ZK1610号孔［图4.116（b）］，测线编号依次为12、14、15、16、18、20、22。每次供电，记录每点上的电位、电位梯度全波形数据。N无穷远极布置在垂直测线方向，距充电点地表投影1153 m处；B无穷远极布置在垂直测线方向，距充电点地表投影1400 m处。本次测量供电电流为6.5~7.5 A。

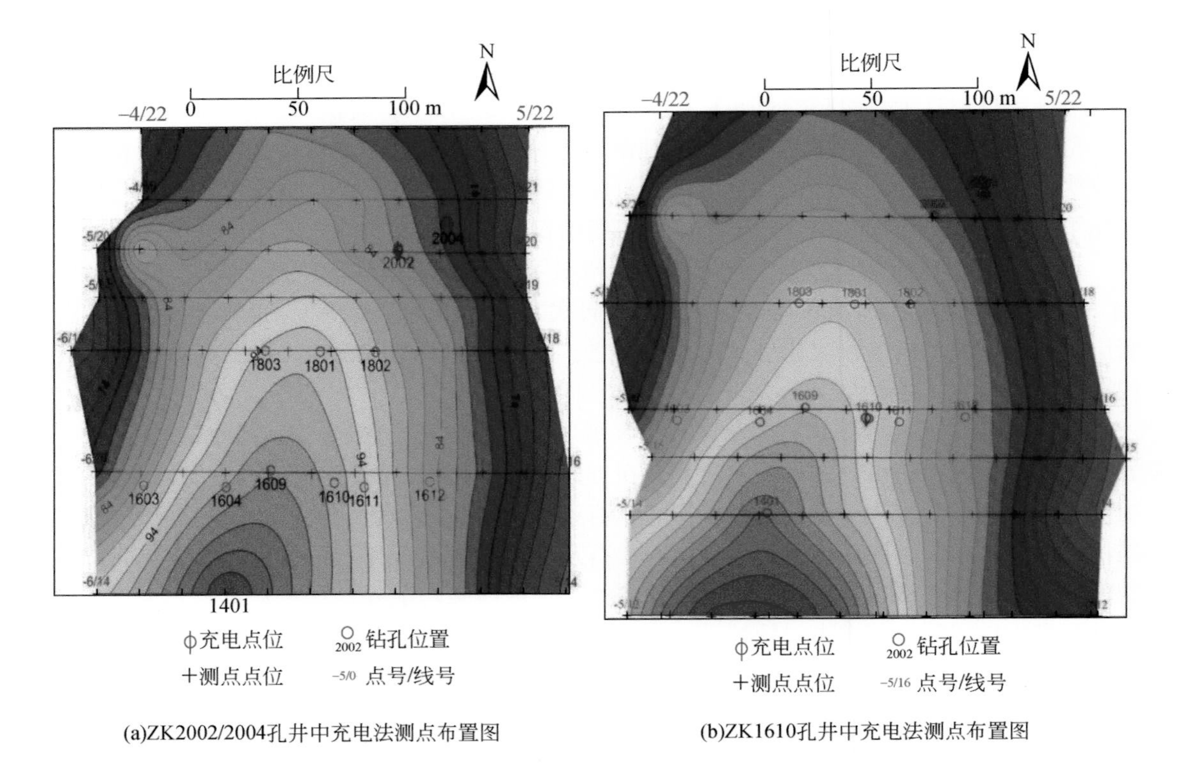

(a)ZK2002/2004孔井中充电法测点布置图

(b)ZK1610孔井中充电法测点布置图

图 4. 116 井中充电法实际测线布置图

(三) 试验结果对比分析

1. 激电测井解释

ZK2002 孔的激电测井曲线如图 4. 117 所示。由地质柱状图可知，矿层赋存于凝灰质粉砂岩与粗安岩中，主要由黄铜矿、银矿等矿物组成，围岩为含角砾粗安岩与粉砂质凝灰岩。矿层的视电阻率相比围岩较小，视极化率则较大。

主要矿层（深度 145 ~ 185 m）的激电测井特征：①视电阻率最低为 3. 32 Ω · m，最高为 79. 03 Ω · m，平均为 23. 64 Ω · m，均匀性较差；②视极化率最低为 13. 2%，最高为 75. 58%，平均为 16. 45%，均匀性相对较差，主要与黄铜矿含量有关，含量高时极化率高。

围岩的激电测井特征：①凝灰质粉砂岩位于主矿体顶板，视电阻率平均值为 130. 96 Ω · m，是矿层平均电阻率的 6 倍左右；视极化率平均值为 6%，是矿层视极化率平均值的 1/3。②含角砾粗安岩视电阻率平均值为 152. 53 Ω · m，接近矿层平均视电阻率的 7 倍；视极化率平均值为 6. 64%，是矿层视极化率平均值的 1/2。

围岩与矿体电阻率差异明显，围岩极化率是矿体极化率的 2 倍左右。根据激电测井的视电阻率、视极化率曲线特征，围岩与矿体差异相对较为明显；而围岩视电阻率差异相对较大，视极化率背景值相对较高，与矿体视极化率差异相对较小，因此井−地方式测量资

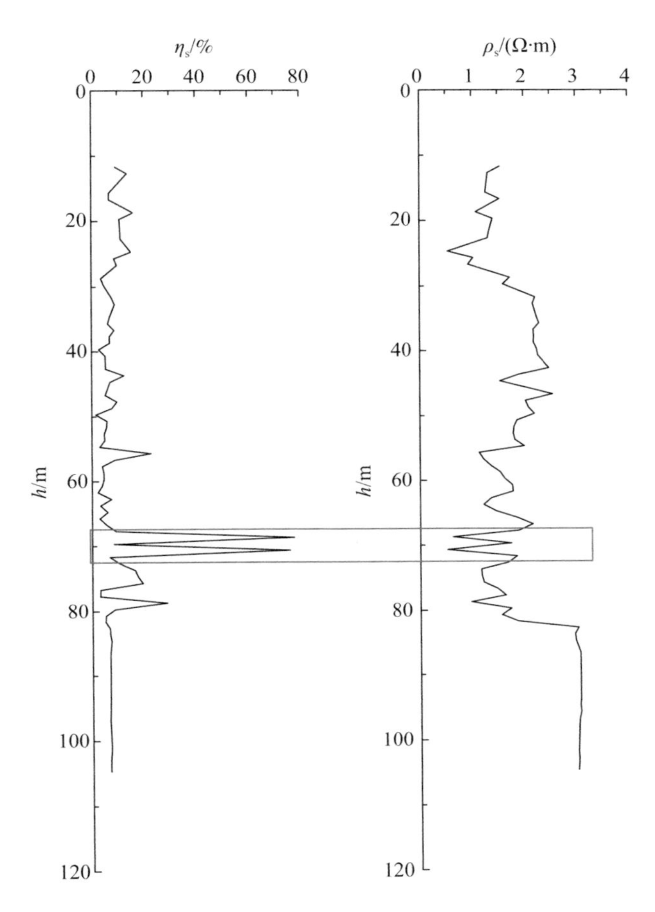

图 4.117 安徽铜陵某铜矿区 ZK2002 孔激发极化法测井视电阻率、视极化率曲线图

料解释以电位及电位梯度为主，η_s作为辅助参数。

2. 井–地资料解释

ZK2002 孔：从 ZK2002 孔井–地方式一次场电位等值线图［图 4.118（a）］可以看出，电位极大值出现在方位 ZK2002 孔与 ZK2004 孔之间。电位等值线向各个方向衰减较为均匀，可以看出 ZK2002 钻遇矿体倾角较小。18 号线与 16 号线（图中对应编号为–2 和–3）见矿钻孔间电位等值线均匀减小，且在 16 号线以南等值线逐渐稀疏，可以推断，ZK2002 钻孔与 16、18 号线钻孔所见矿体相连。18 号线东侧有电位等值线局部加密区域，推测此处为矿体端点。由 ZK2002 孔一次场电位梯度平剖图［图 4.118（b）］可以看出，钻孔所见矿体走向整体为南北走向。16、20、21、22 号测线（图中标号–3、0、1、2）东侧梯度曲线斜率突然增大，可看做是矿体边界的反映。

ZK1610 孔：根据 ZK1610 孔井–地方式一次场电位等值线图［图 4.119（a）］可以看出，电位极大值出现在方位 ZK1610 孔与 ZK1612 孔之间。电位等值线在钻孔西侧偏北变化较缓慢，向东南较为稠密，可作为 ZK1610 所见矿体倾向为东偏南的证据。矿体在电位等值线最稠密处尖灭［图 4.119（a）红圈处］。电位等值线在南北方向上变化均匀，说明

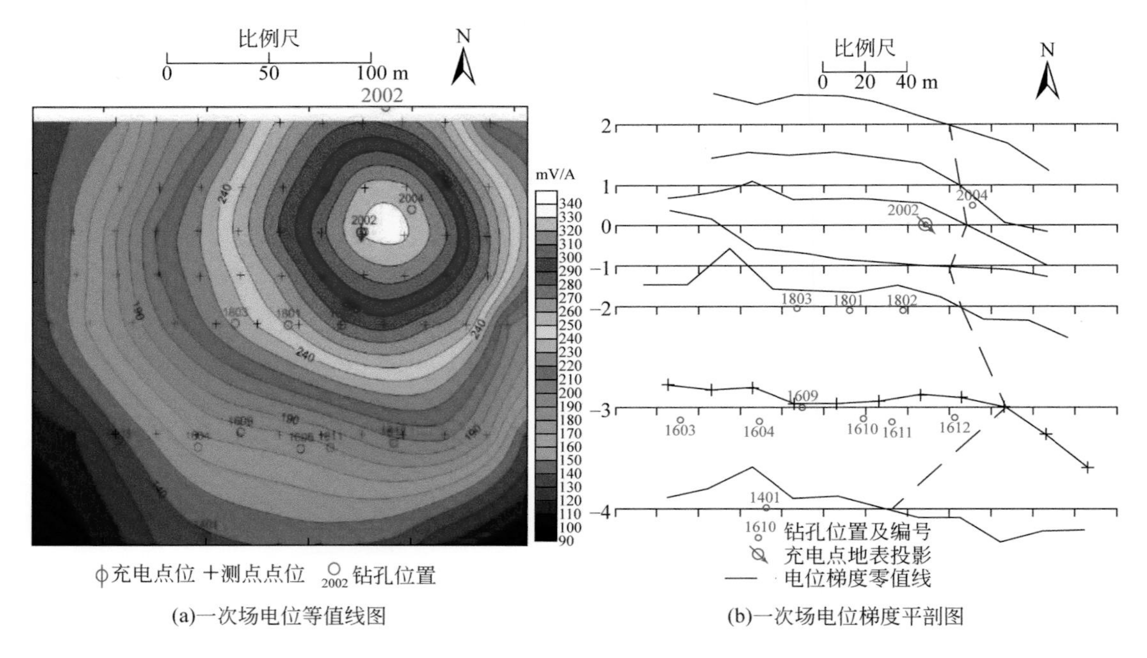

(a)一次场电位等值线图 (b)一次场电位梯度平剖图

图 4.118 黄竹园矿区 ZK2002 孔井中激发极化法

纵向梯度均匀呈线性变化，并未出现局部稠密区域。

结合井中充电法一次场梯度平剖图［图 4.119（b）］，16、18、15、14 号测线在两条电位梯度零值线中间均有一段平缓低值，低值沿测线向东，梯度值增大。15、14、12 号线在蓝色零值线西侧均出现电位梯度的负峰值，在出现峰值的剖面上，以峰值一半作为圈定边界的依据。在没有峰值的剖面上，结合 ZK1610 一次场电位等值线图电位密集［图 4.119（a）红色椭圆标示］处，以及一次场梯度斜率突然增大处划分界限。所划界限与 ZK2002 孔井中充电法测量工作处理结果在两个钻孔测区重叠部分划出的矿体边界基本相同。其中，12 号线在东半段出现一段梯度平稳低值段，且等电位曲线呈现变化变缓的趋势。依据本矿区见矿钻孔均出现一次场电位梯度低值平稳段，推测该区域有矿体的延伸。

3. 点对比法（井中激发极化法井-井观测方式）资料解释

在 ZK2002 孔充电，ZK2004 孔进行点对比法测量。充电点位分别在见矿位置与矿层底部。结果如图 4.120 所示，根据“充电点相对于层面位置改变时，ΔV_1 曲线的符号转换和过零点出现在矿层部位”的原则，并结合 ZK2002 孔井中激发极化法一次场电位等值线图，可以确定 ZK2002 孔和 ZK2004 孔矿层在导电性上是连续完整的。

4. 结论

综合井中激发极化法、ZK2002 孔井中充电法、ZK1610 孔井中充电法、ZK2002-ZK2004 点对比法观测结果，可以得出以下结论。

（1）矿区所见矿体走向整体为南北方向，北侧过 20 号线向北 30 m，南侧未圈出矿体边界，矿体倾向为东偏南，ZK1610 井中充电法结合 ZK2002 孔结果，圈定出所见矿体边界［见图 4.119（b）］；

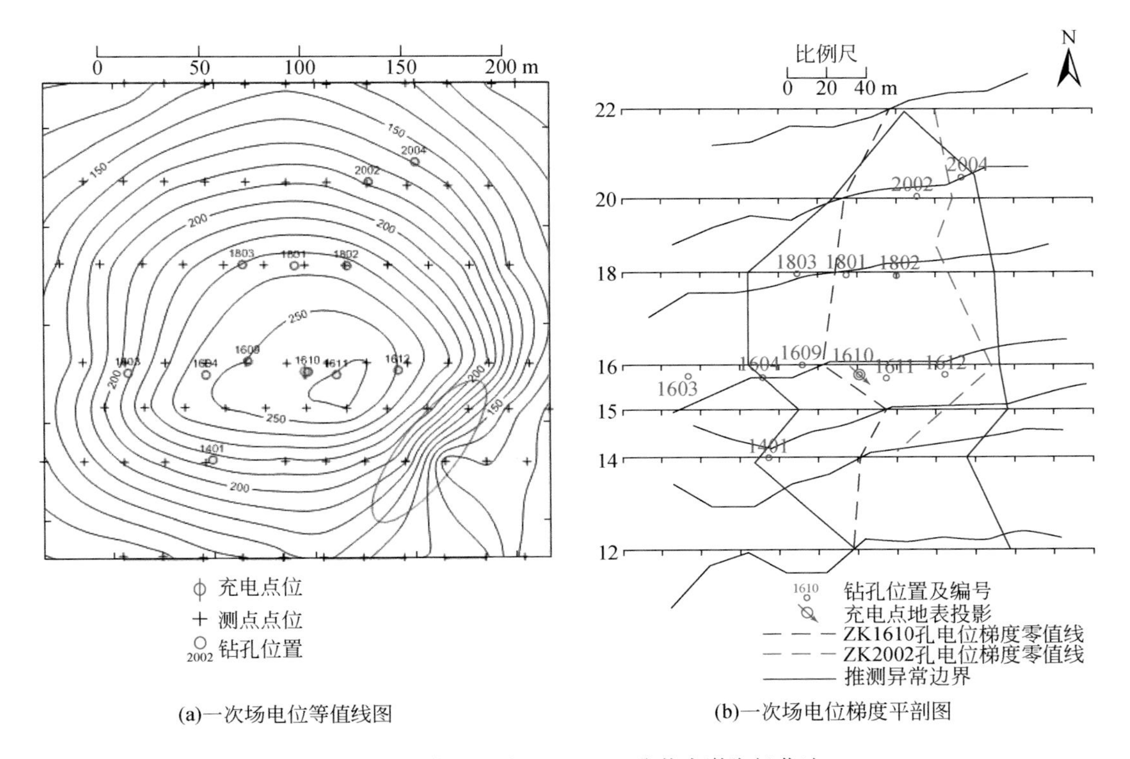

(a)一次场电位等值线图

(b)一次场电位梯度平剖图

图 4.119　黄竹园矿区 ZK1610 孔井中激发极化法

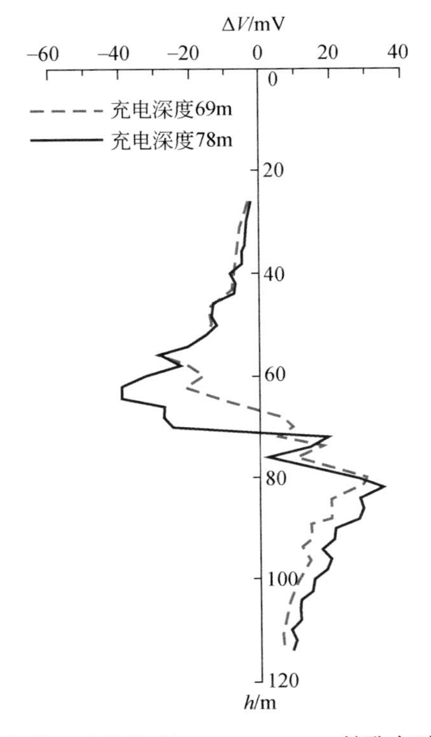

图 4.120　安徽铜陵某铜矿区 ZK2002/2004 钻孔点对比观测曲线

（2）ZK2002 与 ZK2004 所见矿体相连，且倾角较小；

（3）ZK1610 孔井中充电法测量的 12 号测线东半段有低阻异常，且电位等值线过度均匀，电位梯度曲线呈斜率较小。变化稳定的低值，推测为 ZK1610 所见矿体在南侧的延伸。

二、内蒙古某矿区坑–井–地电磁法应用试验

（一）试验目的与任务

经过 3 年的研制，井–地大功率电磁成像系统已基本完成研究计划预期的软、硬件系统。在河北省张家口市张北县、内蒙古自治区锡盟苏尼特左旗等地进行了几次仪器性能指标实验和方法实验，并针对实验过程中发现的问题进行了仪器设备的完善和改进，应用数据处理系统对实测数据进行试处理。在这些实验的基础上，最终形成一套较为完善的井–地大功率电磁成像软硬件系统。

为了验证仪器的总体性能、各模块的协调性、抗干扰能力和井–地方法技术的有效性，选择在内蒙古自治区赤峰市林西县利拓矿业集团边家大院铅锌银矿进行研究计划规定的矿山实验。通过本次矿山实验，期望能够获得一套完整包含各种方法的井–地大功率电磁成像实测数据，进一步验证软、硬件系统在矿山强干扰环境下的应用效果。

勘查区位于内蒙古自治区赤峰市林西县境内，行政区划隶属内蒙古自治区赤峰市林西县林西镇。矿区南东距赤峰市政府所在地松山区 220 km，北距林西县政府所在地林西镇 10 km，南西距克什克腾旗政府所在地经棚镇 60 km，东距巴林左旗政府所在地大板镇 150 km。

矿区内地层出露简单，只有二叠系中统哲斯组中段（$P_2\hat{z}^2$）和第四系（Q）（表 4.8）。勘查区地表出露的侵入岩主要为闪长岩和石英斑岩。此外还有石英闪长岩脉、石英斑岩脉等。成矿模式为闪长岩脉或石英斑岩与二叠纪沉积地层之间的蚀变带成矿。从导电性来看，第四系、二叠系地层以沉积物、碳质和粉砂质板岩等为主，电阻率值较低（20 ~ 100 Ω · m），而侵入的闪长岩和石英斑岩电阻率值非常高（约 10000 Ω · m），两者之间巨大的电阻率差异能通过电磁法有效探测。而且，两者间的蚀变带电阻率为 2000 ~ 3000 Ω · m，这些蚀变带的位置，即为成矿的有利区域。

表 4.8 矿区出露地层表

系	统	组	段	代号	岩性组合	沉积环境
第四系	全新统			Q	Qh^{al2}：河床相冲积砂砾石；Qh^{eol}：风成砂	
二叠系	中统	哲斯组	中段	$P_2\hat{z}^2$	灰色–深灰色–黑色炭质板岩、粉砂质泥质板岩、粉砂质板岩、细砂质板岩、变质细砂岩、变质粉砂岩互层组成	浅海

（二）工作方法技术

在林西矿区矿山实验期间，共完成：①地面发射地面接收可控源电磁法物理点 169

个，地面发射坑道接收可控源电磁法物理点 34 个，单井发射地面接收可控源电磁法物理点 32 个，井间发射地面接收可控源电磁法物理点 23 个；②地面时间域激发激化法物理点 138 个；③地面频谱激电物理点 15 个，滚动测量 14 轮。

1. 地面发射–地面接收

在林西矿山开采区布置测线四条（L0 线、L100 线、L200 线、L300 线），测线长 1420 m，线距 200 m，以地面发射–地面接收频域电磁法为例，其他多种方法均在此方法测线范围内。在开采区内点距 50 m，两侧点距 100 m，测线计划安排测点 23 个，部分测点位置因与厂房道路冲突舍弃。

如图 4.121 所示，在开采区外布设测线 6 条（L500 线、L700 线、L800 线、L900 线、L1000 线、L1500 线），对应开采区内位置点距 100 m，对应开采区外两侧点距 200 m，计划点位 17 个，部分测点位置因与厂房道路冲突舍弃。

在频域电磁法工作过程中，为实现张量采集，布置两个相互垂直的发射场，南侧东西向发射 AB 约 1200 m，距测线最短距离 5 km，西侧南北向发射电极 AB 约 850 m，距接收点最短距离 3 km。

另外，除频率域电磁法外，采用地面发射–地面接收模式的方法还有频谱激电法、时间域激发极化法及音频大地电磁法，其中：地面频谱激电（SIP）完成 L0 号测线，点距 50 m，测量工作时采取偶极–偶极装置，发射同接收在同一测线上，发射极距 50 m；完成地面频谱激电法物理点 15 个，滚动测量 14 轮。

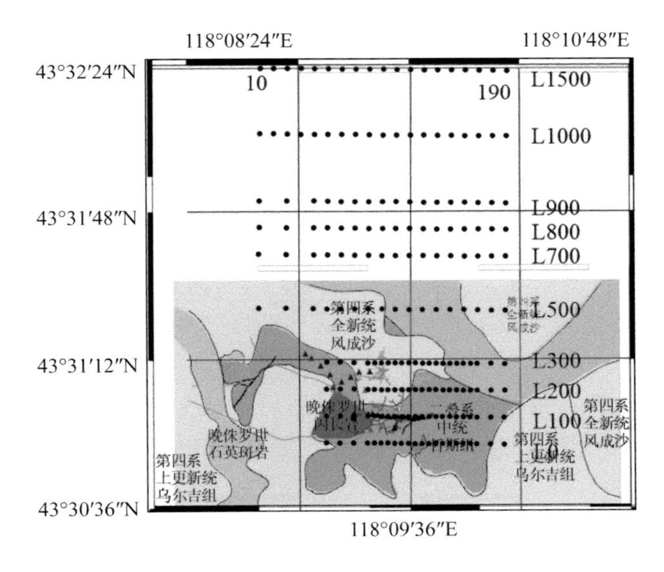

图 4.121 地面发射–地面接收频率域电磁法工作布置（图中黑色圆点符号为测点位置）

如图 4.122 所示，地面时间域激电（TDIP）完成 L0 线至 L300 线，点距 25 m，测量工作采取中梯装置，发射电极 AB 间距离 3 km，发射场位置同 L200 线重合。完成地面时间域激发激化法物理点 138 个。

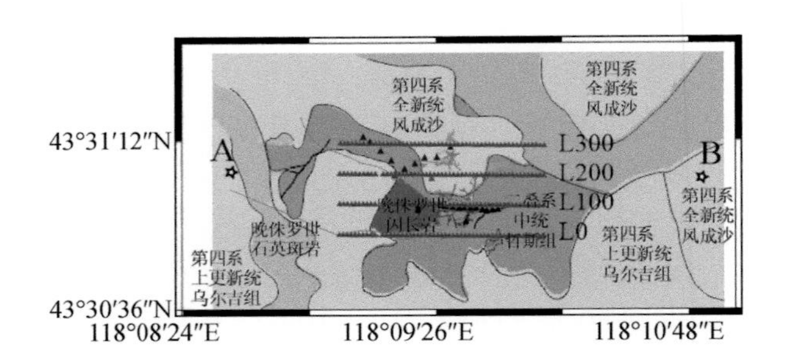

图 4. 122　地面时间域激电工作布置图（图中▲符号为测点位置，AB 代表发射位置）

2. 地面发送-井中接收

地面发送位置同地面发射南侧发射场一致，东西向发射 AB 约 1200 m，距测线最短距离 5 km，地面发射-坑道接收频率域电磁法完成地下三个不同深度层位测量，测点位置随坑道展布，点距不一，共完成频率域电磁法物理点 34 个。具体点位如图 4. 123 所示。

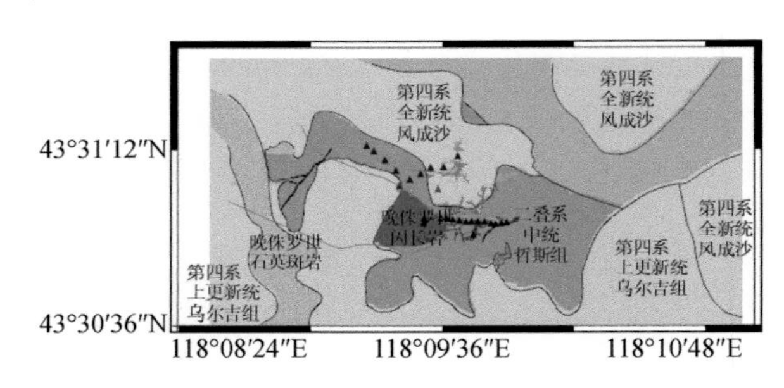

图 4. 123　地面发射-井中接收频率域电磁法工作布置图

图中深蓝三角形符号为中坑道测点位置；黑色三角形符号为五中坑道测点位置；浅蓝三角形符号为八中坑道测点位置

3. 井中发送-地面接收

井中发射-地面接收的布置方式完成频率域电磁法，选取未封孔钻井 ZKA96-51 为单井发射地面接收可控源电磁法发射点，选取 ZKA48-11、ZKD16-38 为井间发射地面接收频率域电磁法发射点。

单井发射地面接收频率域电磁法完成 L300 线、L500 线、L1000 线，点距 100m。井间发射地面接收频率域电磁法完成 L300 线、L500 线，点距 100m。具体点位如图 4. 124 所示。

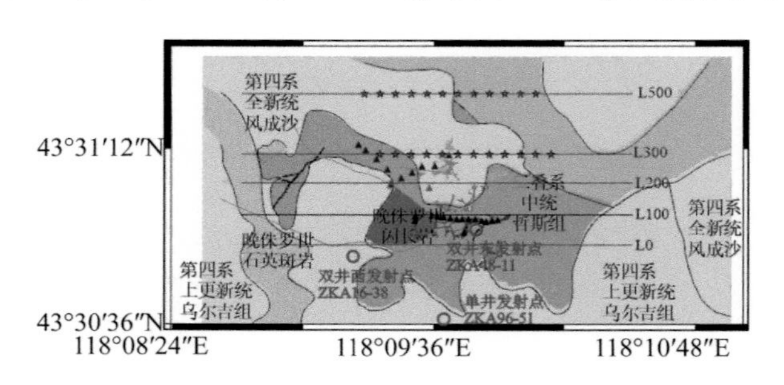

图 4. 124　井中发射-地面接收频率域电磁法工作布置图

图中⋆符号为测点位置，○符号为发射井位置

（三）试验结果对比分析

对实测的单源、组合源发送、地面接收的可控源电磁数据进行二维反演，在此基础上，加入坑道内采集的数据（在3个不同深度的坑道内采集了数据），进行全区数据的三维带地形反演。坑道内测点更接近矿体，获得的异常响应远大于地表测点，因此，三维反演大大提高了对矿体的分辨能力。对地表的直流激电数据进行视极化率平面图的绘制，并与三维反演结果进行对比分析，结合矿区已有地质、地球物理资料和钻井资料，对矿山试验的数据进行解释，并推断成矿的远景目标区域。在L0线进行频率域激电工作，通过对工区频谱激电（SIP）方法的数据处理及Cole-Cole模型拟合，最终得到L0线剖面的视电阻率及视充电率拟断面图。

1. 坑道数据对提高分辨率的作用

对比常规地面可控源采集的反演结果与带有坑道内数据的反演结果，最主要区别为：在坑道附近区域的反演结果存在明显差别，即有一块原本存在相对低阻区域的几何形体扩大了。为验证该异常的存在是否是实际存在的，研究使用没有坑道数据所得到的反演结果模型对有坑道结果的数据进行正演，正演得到的RMS为12.8966，表明没有坑道数据的反演结果模型无法拟合上坑道结果的数据，模型结果对比如图4.125所示。

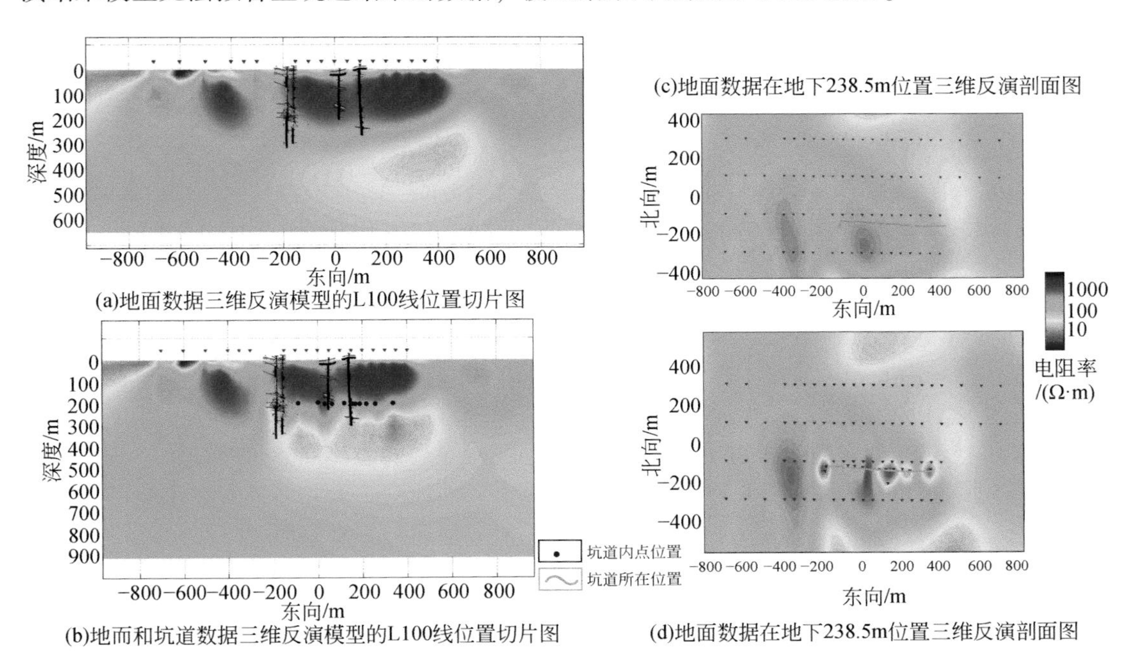

图4.125　常规地面可控源反演结果与带有坑道内数据反演结果的模型剖面对比图

从本次矿山实验结果来看，对比带有坑道数据和没有坑道数据的可控源电磁法反演结果，带有坑道数据的结果在坑道数据可以覆盖的范围内对于分辨率的提高有很大的作用。本次反演结果（图4.125）展示了加入坑道数据后，深部良导体的顶面分辨率有明显的提高，并且这一低阻异常在后期与钻孔的对比中得到了良好的对应，而在没有坑道数据的情况下，在该区域无法显示出这种高阻和低阻相间的状态，说明其横向分辨率和纵向分辨率都有了一定的提升。

2. 时间域激发极化数据分析

通过对全部数据结果的挑选去除噪声、突出信号，并在重复测量点求取均值等操作，得到了TDIP实验区域的视极化率平面分布图（图4.126）。

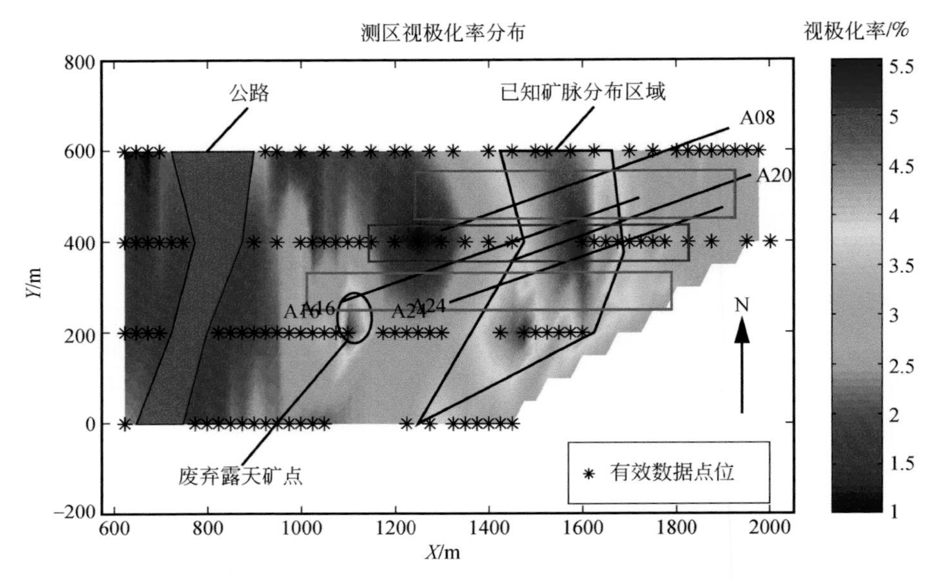

图4.126 TDIP视极化率结果图

图中的星号标识处是有效数据采集点的位置；图中的四条黑色线段是四条钻井剖面所在位置，由上到下分别为A08、A16、A20和A24；红色和蓝色方框所圈定处为缺少TDIP数据控制的区域；黑色方框标识处是有TDIP数据控制的区域

从图4.126的结果来看，在测区范围内，其极化率分布可以分为东、西两部分，东侧区域的极化率明显高于西侧。由于工作初期并未开发出与正交采集系统配套的处理方法，仅能够通过人工挑选的方法进行数据处理，故有很多高噪声数据点不能得到有效利用。此外，在设计测线时，相邻测线之间的间隔比较大，导致测线间通过插值得到的分布结果不具有很强的可信度，因此在后期的解释中还需要借助钻井等资料的辅助。除此之外，在实验区的西部有一条近南北向的公路，公路行车及接地条件过差使数据采集工作无法进行。

通过对比每一条钻井剖面和TDIP测线相交位置处的结果，研究发现高极化率的位置必然对应矿体的位置。由此，推断L300、L100、L0号测线东区的高极化位置也应该对应矿体的分布，其延伸方向是北—北西向。除此之外，还可以利用钻井剖面的已知信息推测出稀疏测线之间的极化率分布情况。例如，借助A08号线和A16号线西南段的信息，可以推测出在蓝色图框的西部区域有可能表现为高极化率。

综上所述，测区内极化率分布表现为东西差异性，推测矿体存在于实验区中部偏东区域，呈北—北东向延伸。

3. 频率域激发极化法数据分析

通过对工区频谱激电（SIP）方法的数据处理及Cole-Cole模型拟合，最终得到L0线剖面的视电阻率及视充电率拟断面图（图4.127）。由图中结果可知，以地下约200 m深度为界分为上下两部分，深部高低阻间隔出现，总体呈高极化的特征，近地表电阻率东西两侧低阻、中间高阻，并总体呈现低极化特征。

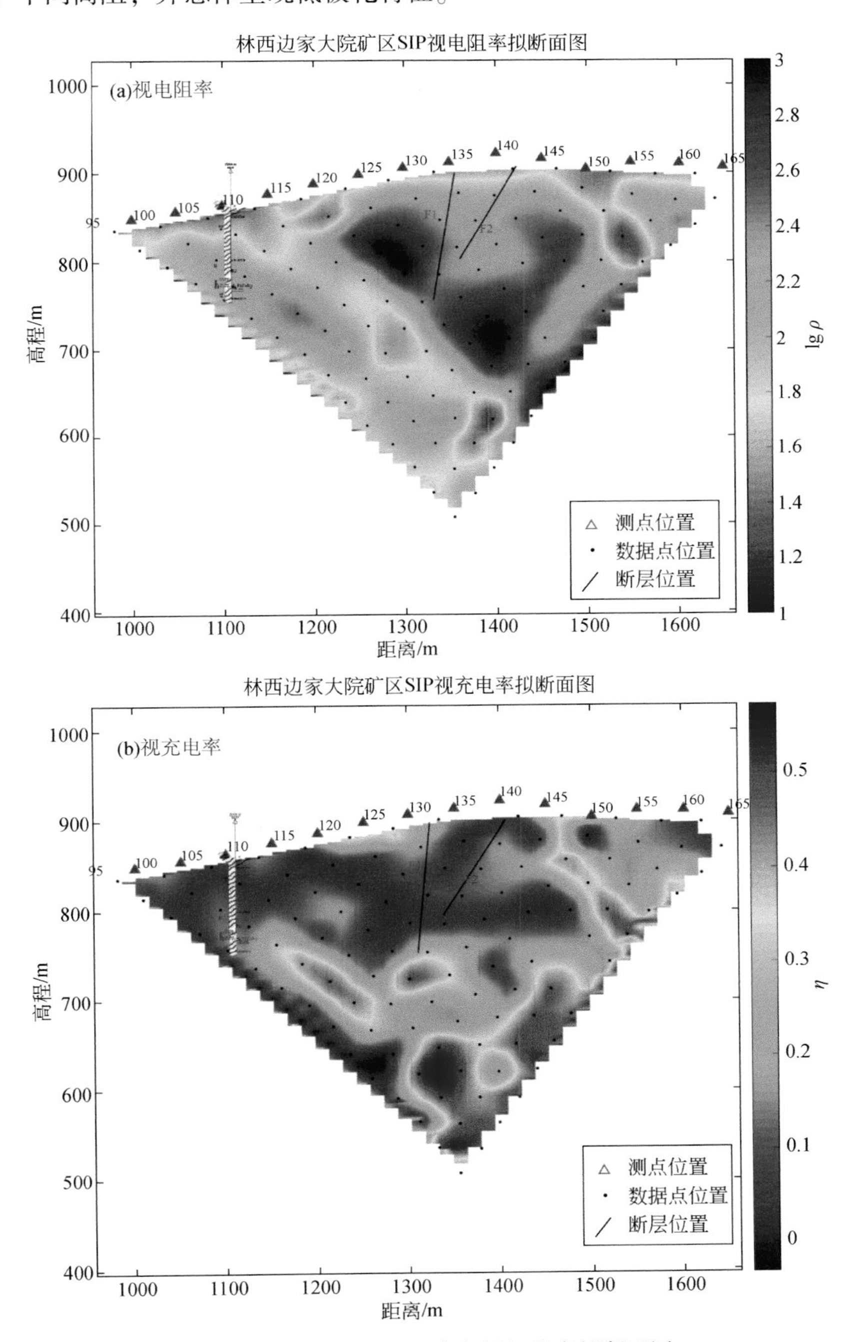

图4.127　L0线视电阻率与视极化率拟断面图

近地表总体呈现低极化特征，结合剖面上钻孔 ZKA06-03 的岩性分析，在地下浅层广泛存在的中低阻低极化体推断为砂质板岩，其同地表露头对应吻合。在剖面中部，测点下方出现面积较大的高阻低极化体，结合之前搜集的物性参数，其对应侵入的石英斑岩或闪长岩，但由于侵入面积较大，其核心区域未发生矿化。只有剖面东段测点 145 及 150 间存在部分高极化特征，同时出现高角度东倾的低阻高极化体，其异常将两侧高阻低极化的侵入岩体分割开，推测为工区内工程影响或为一潜伏断层。总体来看，在地下 200 m 深度范围内，剖面东侧电阻率较西侧高出近一个数量级，这同可控源音频大地电磁方法反演结果对应较好。

在地下 200 m 深度以下，出现面积较大的高极化体，存在以下几方面可能：首先是地下存在矿化岩石，结合物性参数资料，铅锌矿化岩石炭质板岩等均会引起高极化特征，而高阻高极化体推测对应矿化岩体；其次，测线位置位于开采区上方，200 m 深度下已达到一中坑道位置，正在工作的坑道及其设备管线也是造成大面积高极化特征的可能性之一；再次，工作区电磁干扰较为明显，深度数据对应大收发距采集的结果，由数据处理过程中可明显看出其信号强度有明显下降，大面积高极化异常可能是夹杂干扰而获得的假异常。

剖面中经过的两条断裂分别为工区的 F1 断裂和 F2 断裂，两条断裂在视电阻率剖面中对应位置均为高低阻间的电性梯度带，断裂均西倾，F1 断裂近直立，两断裂在深部有汇聚的可能性。断裂构造在视充电率拟断面图中也有所对应，但不如电阻率剖面显著。

4. 综合对比分析

对比 TDIP 和可控源电磁法反演结果（图 4. 128），TDIP 结果与地面可控源的结果更加相似，这是因为 TDIP 仅反映了地面视极化率的分布。与可控源结果结合来看，在该区域西部，大部分地区表现为高阻低极化的特征，区域的中部和东部存在低阻低极化的特征，结合前人在该区域的研究结果，认为这是大部分未矿化或者矿化不完全的岩石的特性。而在研究区域东部，部分区域出现高阻高极化，结合该区域的钻孔结果，发现在高极化区域存在已发现的铅锌矿脉，矿脉走向基本为正北或北偏东向，这与两种方法综合解释的结果有一定的对应性。

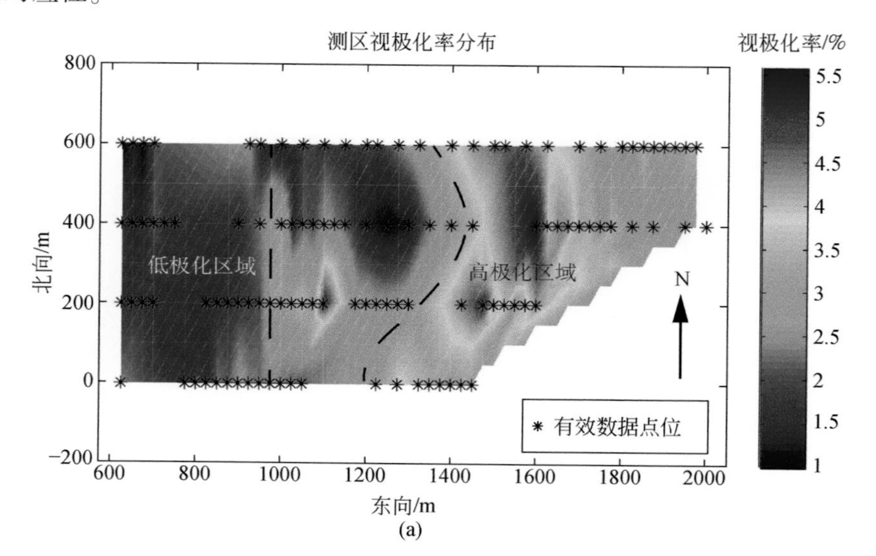

(a)

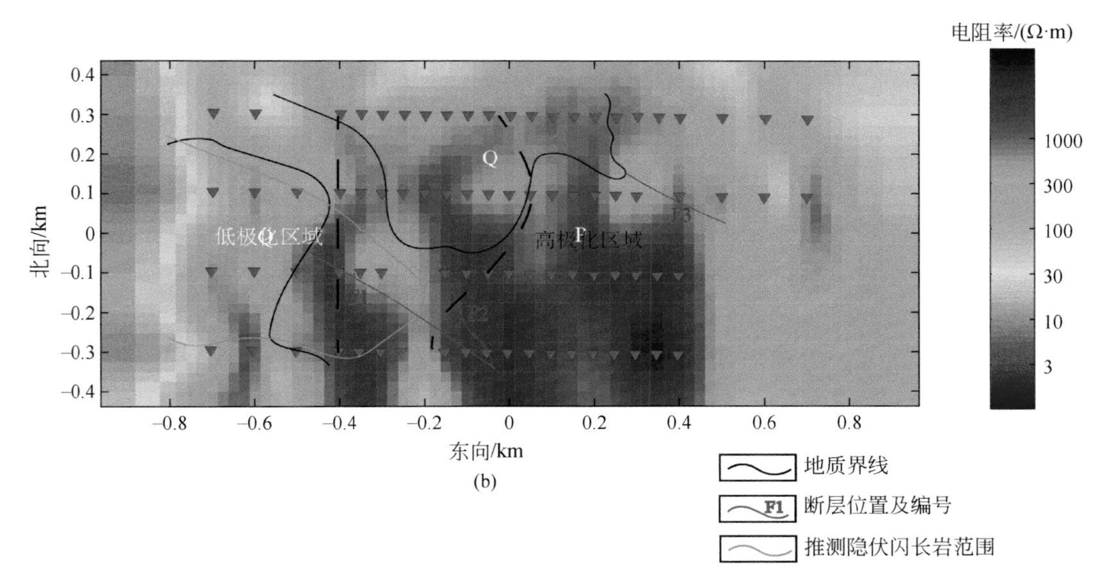

图 4. 128　TDIP 极化率结果和地面可控源结果对比图

（a）TDIP 视极化率平面图，（b）地面可控源-66 m 至-92 m 三维反演电阻率平面图

而与 SIP 的结果对比显示（图 4. 129），SIP 对于浅层低阻部分分辨率明显优于可控源

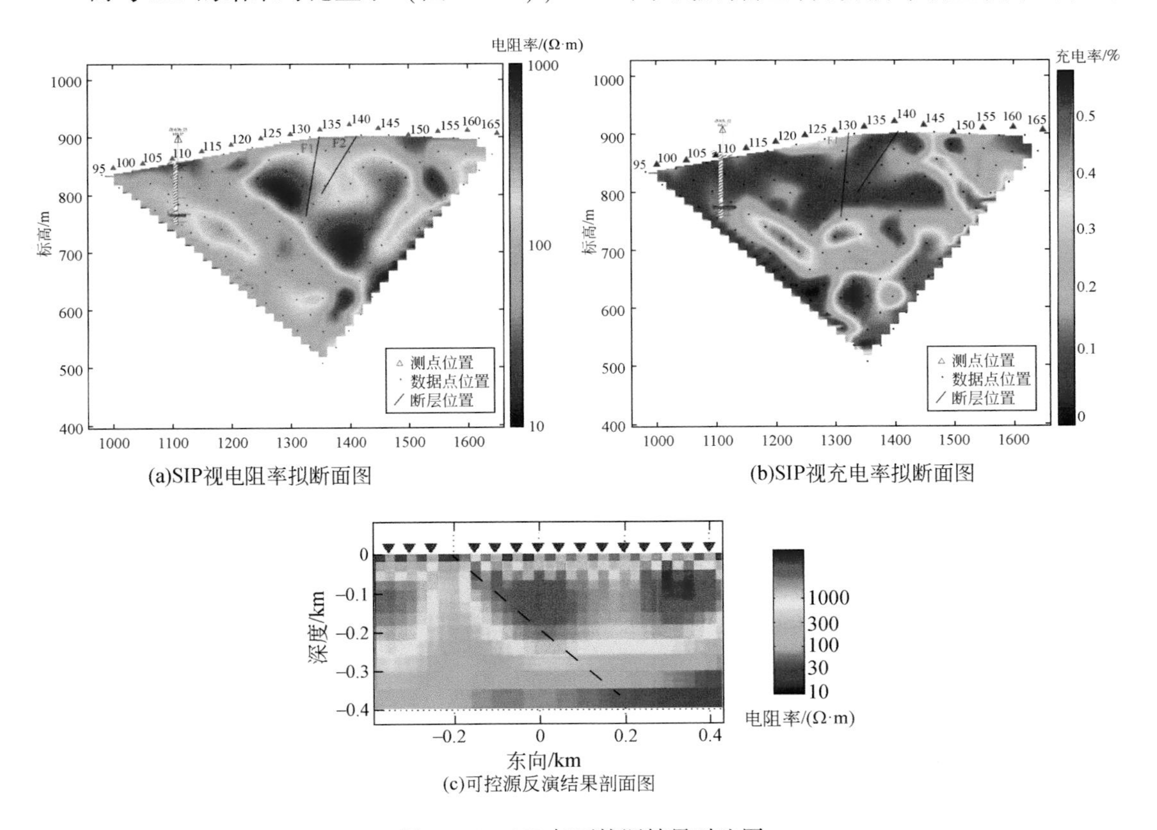

图 4. 129　SIP 与可控源结果对比图

三图中虚线为 SIP 中视电阻率拟断面图的高低阻体分界线

方法，对于矿脉的指向与可控源的结果保持良好的一致性。但就较深区域而言，SIP 受网格化影响使得异常体近乎平行于探测边界，在 SIP 中可以明显看到向西 45°角倾斜的高阻高极化异常体，而在相同位置的可控源结果上，异常体的分布形态上略有不同，其原因也可能是由于网格剖分方式的差异。

根据该地地质图画出的带有坑道数据的 L0 至 L300 线区域反演结果在 300 m 高程水平切片图（图 4. 130）发现，反演结果与该地区的实际地质情况吻合良好，三个已经探得的断裂在反演结果中都得到良好的印证，同时对于隐伏闪长岩体的范围基本重合。表 4. 9 为本次实验的点线号与矿区钻孔号对应表，钻孔与测量点之间直线距离小于 20 m。根据前人的矿区岩石工作可知，坑道区域围岩为变质砂板岩，该矿区主要岩石变质砂板岩的电阻率变化范围为 245 ~ 3256 Ω · m，与有坑道数据区域对应效果更好，且对于断层的响应更好。

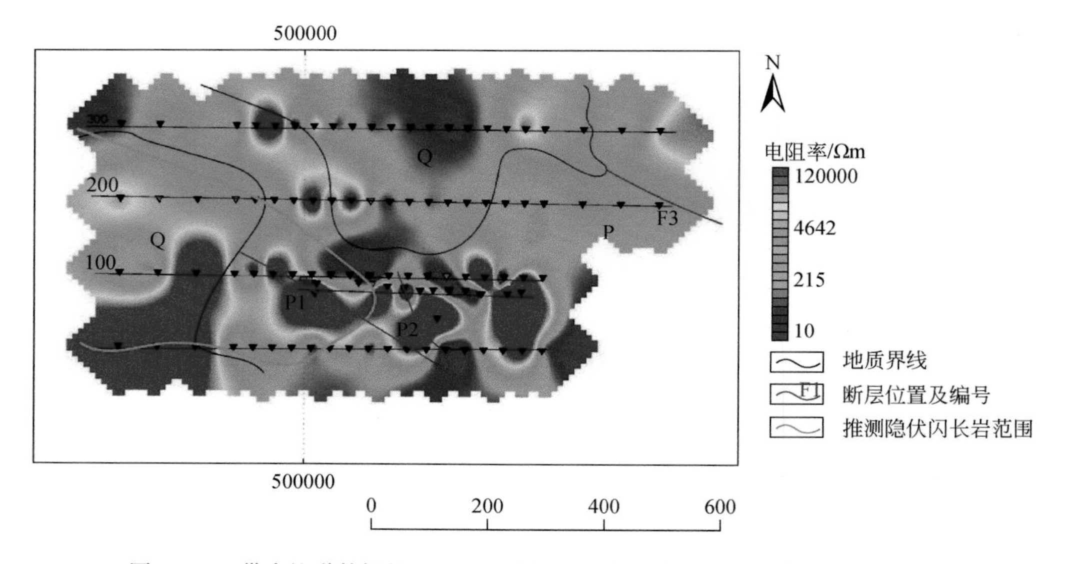

图 4. 130　带有坑道数据的 L0-L300 线区域反演结果在 300 m 高程水平切片图

表 4-9　可控源布站点线号与钻孔号对应表

线号	点号	钻孔号	线号	点号	钻孔号	线号	点号	钻孔号
L0	110	ZKA06-03	L100	190	ZK0568	L200	165	ZKA24-1
L100	90	ZK12-02	L200	60	ZK2001	L300	100	ZK1463
L100	100	ZK10-10	L200	70	ZKB96-52	L300	110	ZKA15-35
L100	105	ZK22-51	L200	105	ZKA05-45	L300	115/120	ZKA11-27
L100	110/115	ZK0852	L200	125	ZKA08-27	L300	125	ZKA07-21
L100	115	ZKA26-43	L200	140	ZKA16-15	L300	130	ZKA07-21
L100	120	ZKA28-39	L200	145	ZKA16-07	L300	155	ZKA04-08
L100	135	ZK0456	L200	150	ZKA20-03	L300	170	ZKA08-24
L100	145	ZKC12-03	L200	160/165	ZKA24-06			

该区域有岩性钻孔，因此将岩性钻孔与反演剖面进行对照，以 L0 线、L100 线、L300 线为例。图 4.131 中对矿脉的判断均为钻孔剖面上的地质填图结果。

综合分析各剖面和岩性钻孔结果可以发现，在试验区内，低阻基本对应二叠纪砂质板岩，高阻区域对应闪长岩脉或石英斑岩。从现有的结果来看，反演结果与实验区内的围岩对应良好。例如，L100 线 110 号点和 115 号点之间的 ZK0852 号钻孔，其钻孔下方 50 m 以上的板岩和该区域浅层的低阻对应，50 m 以下约 150 m 厚的闪长岩脉与约 150 m 厚的高阻区域对应，其钻孔表面下方约 200 m 以下的板岩也有附近的低阻区域与其对应。已经发现的矿脉基本均出现在电性剖面的梯度带上，总体上看，该区域的所有矿脉在东西向的截面图上基本呈 30°～40°向西倾斜。例如，在 L0 线 110 点位置下方钻井发现的 1 号铅锌银矿脉，在剖面图上看，其为一截面板状向西倾斜矿脉，其延长线与在该区域的等视电阻率线近似垂直；在 L100 线 110 号点和 115 点下方发现的 75 号铅锌银矿脉、114 号铅锌银矿脉、130 号铅锌银矿脉、105 号铅锌银矿脉等，其与在剖面图上的倾斜方向一致，也与该区域的等电阻率线近似垂直。1 号矿脉同时出现在 L0 线、L100 线和 L300 线剖面图中，这更详细地表现了在该区域的矿脉走向基本为正北的特征。

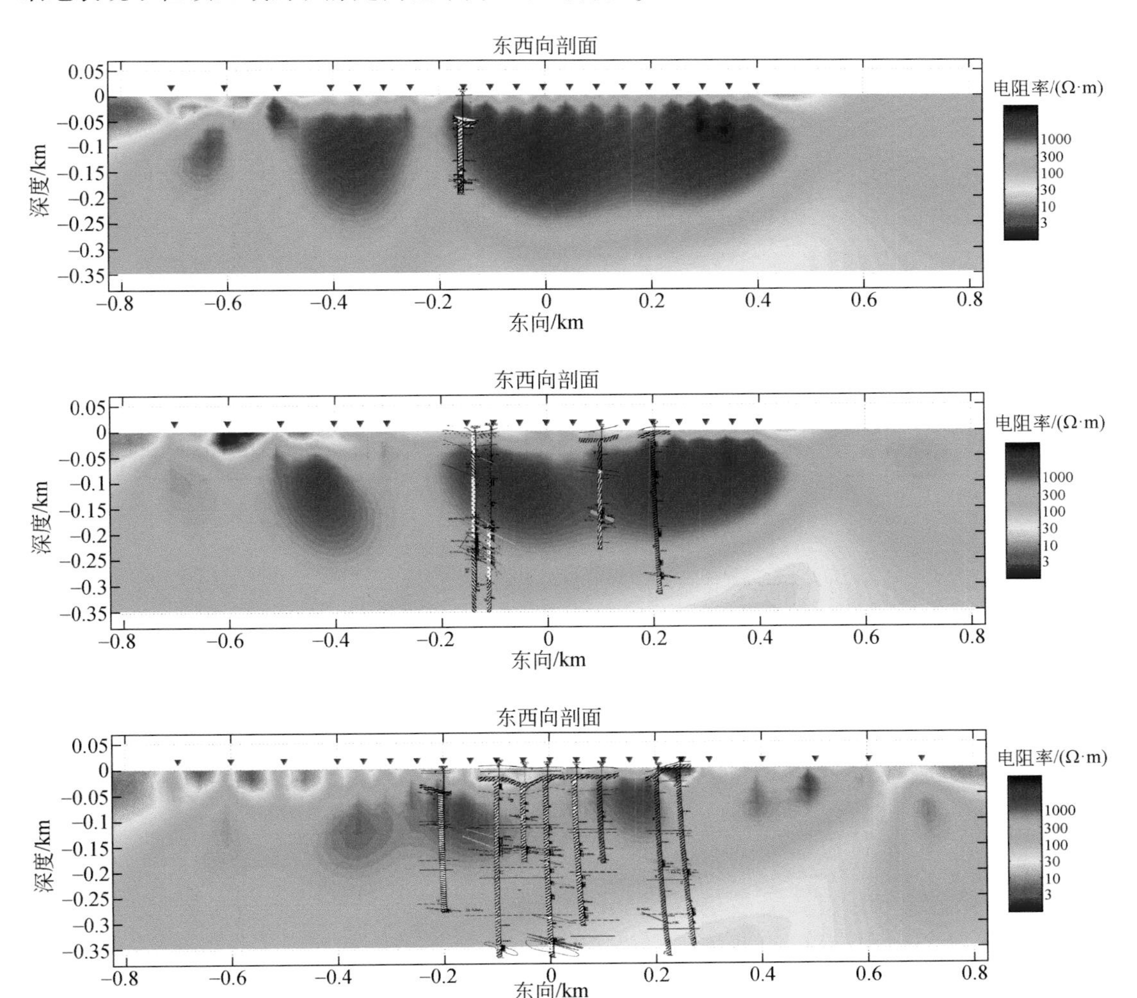

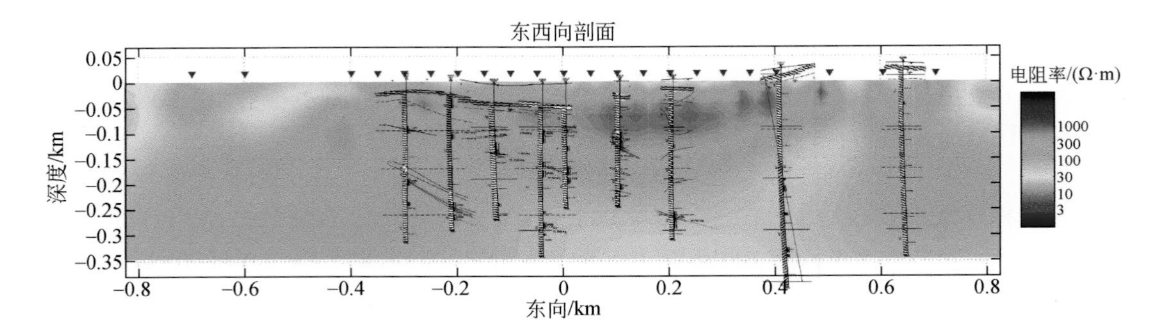

图 4.131 地面发射地面接收反演结果与矿孔结果对应图

对比有坑道结果的 L100 线（图 4.132）和没有坑道结果的 L100 线（图 4.131）可以发现，在坑道内采集数据为反演结果增加了一些有用信息。在没有坑道结果的 L100 线剖面中，对于点 100-100 和 100-105 下方的 75 号铅锌银矿脉、114 号铅锌银矿脉、130 号铅锌银矿脉、105 号铅锌银矿脉等共生矿体仅显示为一整片电阻率梯度带，结合该区域的整体岩石电性结构，并不能很好确定出该区域存在至少 4 条矿脉。而在有坑道结果的 100 线剖面中，在该区域出现了电性梯度带，可以非常明确地分出 130 号铅锌银矿脉下应当有矿脉存在的可能。因此，这证明进行坑道接收的结果改善了仅进行地面接收所受到的体积效应影响。

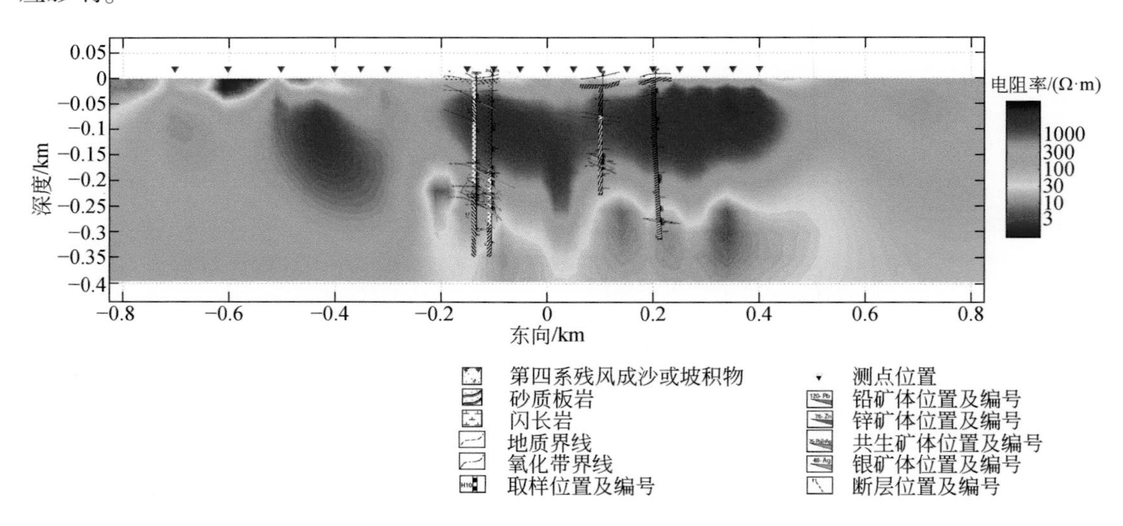

图 4.132 坑道数据反演结果与钻孔对应图

从各图的解释情况来看，板岩和该区域的变质岩为区域内主要的矿体，但由于电磁法固有的体积效应，对于在高阻区域中的矿体反映并不够明显，导致在解释过程中会忽略该区域的矿体情况。同时在该区域出现的各个断层在反演结果上也有一定的显示，但对于断层的深度，并没有反映什么有效信息。

综合以上反演结果可知，在区域内 50 ~ 100 m 深度范围内基本上为第四系沉积和在该区域出露的哲斯组灰色-深灰色粉砂质泥质板岩、粉砂质板岩、细砂质板岩、变质细砂岩、变质粉砂岩互层。这类板岩在该区域的厚度超过1 km。而哲斯组下覆盖的林西同以板岩为主，因此在电性结构上无法显示出其差异。该区域侵入岩脉在电性结构上显示出高阻特征，实验区内的侵入岩脉出现多条，已知并开采的成矿岩脉多在实验区东部，多呈正北向。

5. 矿山试验总结

结合地质及地球化学研究表明，该区域在中生代古太平洋板块向古欧亚板块下方快速俯冲，导致岩石圈地幔部分熔融形成玄武质岩浆，下地壳岩浆部分熔融形成酸性花岗质岩浆，在某种作用下岩浆向上侵入，与地壳物质不断混染，温度逐渐降低，一些富含挥发分（如Cl）及各种成矿元素（Pb、Zn、Ag、Cu等）的热液析出，沿导矿构造进入到构造有利部位进一步冷凝结晶成矿，同时伴随着物化条件改变以及围岩蚀变。结合该区域已知矿脉分布于电性梯度带的特点，研究区域的矿脉分布可能受到区域控矿断裂和浅部高阻体的综合影响。

矿山试验结果表明：本次自主研发的井-地大功率电磁成像系统完成了研究计划预期的各项功能，并达到预期的性能指标；野外测试及实际数据采集试验结果表明，发的井-地大功率电磁成像系统能够进行井-地多种激发与接收方式，以及多种参数的数据采集工作，仪器性能稳定，采集数据正确，具有较好的抗干扰能力，能够实际应用于矿山环境的电磁勘探工作。

本研究自主开发的软件处理系统能够处理井-地大功率电磁成像系统采集的各类实测数据，具有数据输入输出、处理及反演成像功能，达到了研究计划预期的功能与指标。对实测数据的处理效果表明，本研究开发的软件系统功能模块完善、界面友好、操作简便，达到研究计划预期要求。

另外，在赤峰市林西县边家大院铅锌银多金属矿区完成了地面动源发送、地面与坑道接收，以及井中发送、地面接收等多种测量方式实际数据采集工作；利用自主研发的井-地电磁数据处理系统对实测数据进行了精细的分析、去燥、处理及反演工作，获得了试验区较为可靠的电阻率及激电参数模型。与前期电磁探测结果以及地质资料、钻孔数据的对比表明，利用井-地多种观测方式、多参数进行矿区的电磁探测，能够部分压制矿区的电磁干扰，更好地对异常体进行激发，提高采集数据的信噪比，提高电磁探测的探测深度与分辨能力。本次矿山的试验结果与矿山已有钻孔及地质资料吻合程度高，验证了该方法技术及软硬件的有效性。同时，本次试验结果为边家大院铅锌银多金属矿区圈定了目标异常区和外围找矿远景目标区。

由于矿山电磁干扰强烈，本次试验采集的部分数据信噪比较低，今后应进一步提高井-地电磁系统的抗干扰能力与实际应用能力。

第五章　金属矿地震勘探技术与设备

第一节　核心及关键技术突破

一、地震信号高保真实时采集及分布遥测技术

（一）总体结构

地震信号高保真实时采集及分布遥测技术是集大动态范围地震信号高精度高分辨率模数转换、实时采集、远程分布式遥测通信的综合技术，是组成现代数字化地震勘探仪器的核心技术。其核心技术组成如图 5.1 所示。

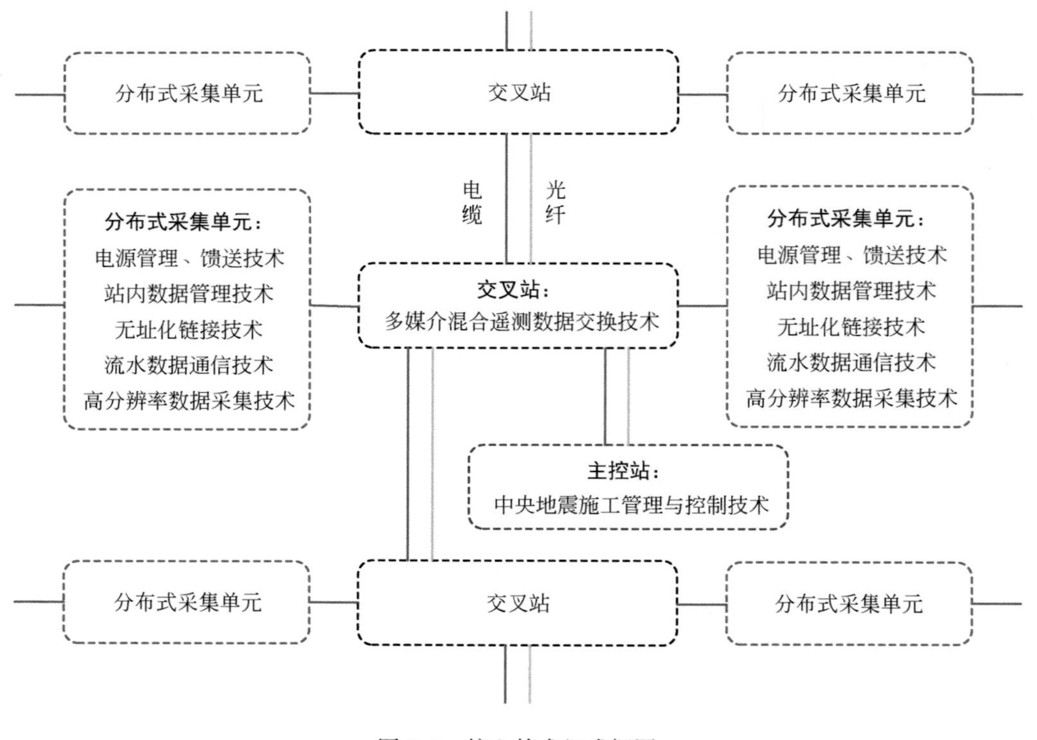

图 5.1　核心技术组成框图

(二) 技术突破及对比分析

单站单道分布式遥测地震仪器是目前大家认为最为先进实用的地震勘探仪器。该仪器的典型代表是法国 Sercel 公司的 408、428 系统，该系统具有高分辨、高保真地震信号实时采集以及极高的采收效率，系统最多可链接几十万道，是石油及矿产地震勘探首选利器。鉴于 Sercel 系统优越的性能，本书将其作为参照目标，吸取 Sercel 系统高分辨率采集、实时数据通信有缆遥测的优点，以“深部矿产资源金属矿床”为主要应用目标，希望系统小型化、轻便化。为此，本研究研制的系统设计了轻便式主站，以便无需配套仪器车而从简上山工作。SE863 轻便分布式遥测地震勘探系统的轻便主站、混合遥测交叉站和小型可控震源等技术是有别于 Sercel 系统的独特之处，可适应复杂地形条件下金属矿床勘探的需要。

通过三年攻关研究，取得了地震信号高保真、高分辨率采集技术，实时通信及采集单元无址链接技术和多媒介混合遥测技术等核心技术突破。

1. 信号高保真、高分辨率采集技术

地震信号经过深部地层的传播，到地面已变得非常微弱，通过检波器变换的电信号非常微小（微伏级）。微小电信号如果再通过电缆长距离传输到仪器，采集势必受到干扰，无法保真。所以，先进的地震仪器需要将采集单元尽量靠近传感器，以求保真信号。地震仪器是由成千上万个采集通道组成的庞大系统，采集通道要具有同步采集功能，每个通道实际就是一个采集单元，采集单元将地震信号转换成数字信号再通过电缆实时传输到数据交叉站，然后由交叉站通过多种媒介（电缆、光缆或无线电）传输至中央控制器，这就是分布式遥测采集技术。SE863 系统正是采用这种分布式遥测采集技术，才有了高保真数据采集这一先进性。

高分辨率数据采集是现代数字地震仪器的一个标志。地震信号传播具有很大的动态范围，故要求仪器要有很高的采集分辨率才能很好地反映出地下数千米的地层信息。现代数字地震仪器通常采用 20 位以上的模数转换器，SE863 系统则采用更高分辨率的 31 位模数转换器，这对于需要反射、散射、绕射技术成像的固体金属矿床地震勘探尤为重要。

为满足高精度地震数据采集的应用需要，SE863 系统设计了一种高集成度、单通道地震数据采集单元，其结构组成如图 5.2 所示，该单元需要实现单道地震信号的拾取、数据转换、存储及数据传输功能。综合以上特点，采用新型模/数转换器 ADS1282 进行数据转换，可获得高保真度、高信噪比、高分辨率的数字信号，同时还可以利用其片上的数据选择器及校准引擎实现自检和系统校准功能，从而保证采集信号质量不随时间、地点、环境和条件而变化。利用 ADS1282 设计实现的数字化采集单元具有低功耗、小体积、高精度、高分辨率的特点。

ADS1282 是一款针对工业应用、具有极高性能的 31 位、Δ-Σ 模数转换器（ADC）。该转换器具有 4 阶、固有稳定 Δ-Σ 调制器，因此具有优良的噪声和线性特性；该调制器的输出既可与片上的数字滤波器联合使用，也可旁路输出到加速处理滤波器；片上多路选

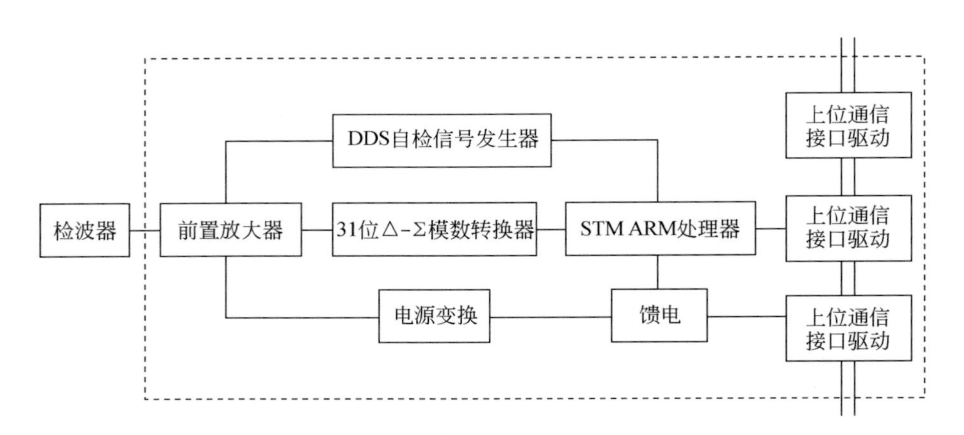

图 5.2 地震数据采集单元组成框图

择器（MUX）既可提供用于测量的附加的外部输入，也可与内部自检电路相连；片上可编程放大器（PGA）具有极低的噪声和高输入阻抗，易与地震检波器、水听器经一个宽范围的增益连接；数字滤波器可通过编程选择不同的滤波器组合方式；同时片上具有增益及失调检测寄存器支持系统校准功能。ADS1282 的额定工作温度范围为−40 ~ +85 ℃，最大工作温度可达+125 ℃，适用于能源探测、地震检测、高精度仪器仪表等要求苛刻的工业应用领域。

2. 实时通信及采集单元无址链接技术

评判分布式遥测地震仪器先进性的一个很重要的指标是数据采集的实时性。地震勘探仪器主要特点是布置区域大，通常三维勘探时数千道仪器布置在几十平方千米范围，由于分布式仪器数据采集转换都是在前端，数据需通过媒介传输回主站。传输距离长，数据量又非常大，所以能否在短时间内实时将数据收集回来关系到地震勘探的施工效率和成本。先进的遥测地震仪器通常在数据采集完成同时或延时数秒即回收数据，这需要仪器在采集数据的同时准确无误地传输数据。采集单元与主站距离远，需要分级传输，每个链路上的单元站既是数据采集者又是数据传输者，为了降低单元站功耗，单元站线路设计不能过于复杂，所以技术难度很大。为了保证实时性，目前技术条件下，无线电传输还无法满足。SE863 采用差分电缆传输技术，利用四芯电缆传输数字信号，同时利用其馈电给每个单元站供电，使得系统在复杂的野外环境下简便、稳定、实时地完成采集工作。

系统采集链路通信利用 STM32F103 片上的 2 路高效的 SPI 接口，扩展出左右侧通信电路。系统的数据流可以自动完成从左向右或者从右向左的数据传输。为了适应接口隔离的变压器，通信采用步进启动模式，一旦监测到来自端口的信号，便立即进入低速同步检测启动模式，完成最后一个同步信号后，启动高速 DMA 通信模式、数据流支持边采集、边传输的连续数据流模式，以及根据主机命令的间歇性数据流模式。同时，作为数据传输接力的中间站，SE863 系统可以实现数据流水线结构，充分发挥 STM32F103 的 DMA 功能，一旦命令解析完成，数据传输完全交由 DMA 处理。

SE863 系统的每一个采集通道对应一个采集单元，现场要链接成千上万个采集单元，每个采集单元链接地址是动态定义的。也就是说，每个单元在级联前都是一样的，只有连接成链路后才由主站给每个子站分配地址，按链接顺序自动定义，给野外工作带来极大的方便，这也是这种地震仪器先进性的表现。

3. 多媒介混合遥测技术

地震勘探是矿产资源勘探的主要技术手段，作为地震勘探技术重要装备的地震采集仪器，始终向着更高精度、更多道数、智能化、轻便化、特色化、一体化的方向发展。地震采集系统的技术核心不断向末端转移，即从以地震仪器为核心，发展到以采集站为核心，再向以检波器为核心的方向发展。目前地震仪采用无线加有线的混装方式实现数据的传输，受到无线通信技术组网复杂、传输速率低等技术条件的限制，无法满足现场采集的大数据量信息的实时监控要求。

SE863 系统采用独特的混合遥测通信技术，该技术包括单站链路电缆通信技术、交叉站间电缆/光缆/无线电通信技术。这种混合遥测通信技术可以使系统以交叉站为单元无缆任意布置，每个交叉站上可电缆连接 4～384 个采集单元站，每个交叉站负责控制连接在自身上的采集单元采集、管理及上传，每个交叉站与主控站间采用 2G/3G/4G 乃至即将发展的 5G 通信，这样就可以按照野外实际工作环境，特别是复杂地形下灵活布置采集单元，减少由于地形影响电缆无法布置的问题，形成一种有缆无缆混合遥测的采集系统，这是目前无线通信技术条件下最好的选择。

随着移动通信技术的演化，第四代移动通信技术（4G）已逐渐成熟并在传输的稳定性、网络的覆盖率及资费等方面都具有很大的优势。4G 网络具有高带宽、高质量信号传输、低时延的特点，使得遥测地震仪器利用 4G 技术实现地震数据的采集、数据高速传输及地震记录的实时监控成为可能。

系统采用 4G 技术作为远程通信平台，如图 5.3 所示，主要由地震交叉站和移动终端两部分组成。

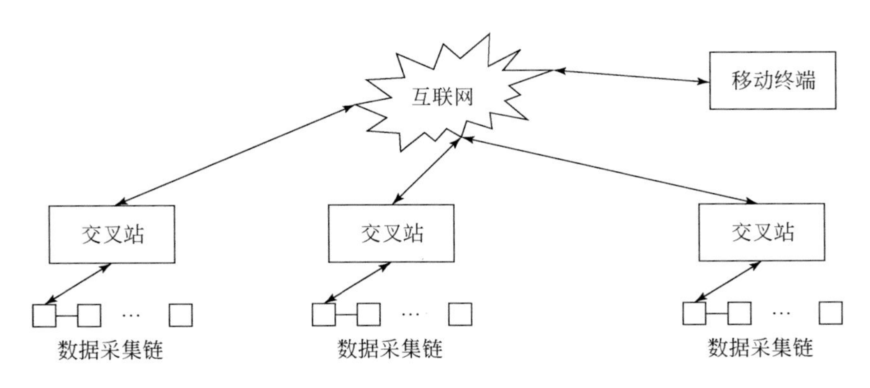

图 5.3　地震交叉站网络结构

数据采集链路由交叉站和多个单站单道采集站组成，多个交叉站组成一个完整的数据采集网络。交叉站通过以太网端口与主控单元连接，用于管理采集链路上地震数据采集进程。为了实现移动终端机对交叉站的远程控制，交叉站内置有 4G 无线通信模块。交叉站上电启动 4G 无线通信模块，按照 VPN 配置向 Internet 上的 VPN Router 发起 VPN 连接，当通过认证检测后，会为当前的交叉站分配一个私有 IP 地址。同样配置在移动终端中的 4G 无线通信模块连接正常后，也会为该移动终端分配一个私有 IP 地址。这样可以利用交叉站和移动终端的私有 IP 地址，建立基于 TCP/IP 网络通信协议的通信链路，从而可以通过移动终端远程控制交叉站，实现远程地震数据的采集、数据的传输等功能。

地震交叉站在地震采集链路上扮演着非常重要的角色，主要负责管理采集链路中采集站的控制、运行及数据上传和下发等工作。交叉站采用 ARM 嵌入式系统为主控单元，利用嵌入系统内置的以太网口与控制单元建立基于 UDP 通信协议下的链接，实现采集站编码、采集参数下发、采集状态的建立，以及采集数据的上传和存储等功能。

交叉站主干通信网结构如图 5.4 所示，交叉站内部构建非对称数据交换单元和无线级联单元，并分别构建有线网络和无线网络两种组网途径。主控站可以通过有线接入单元或者无线接入单元连入交叉站主干通信网，完成控制指令的发送和地震数据的回收。非对称数据交换单元通过动态侦测主控站的位置，设计地震数据的传输途径，以降低无效数据转发，提高通信带宽。

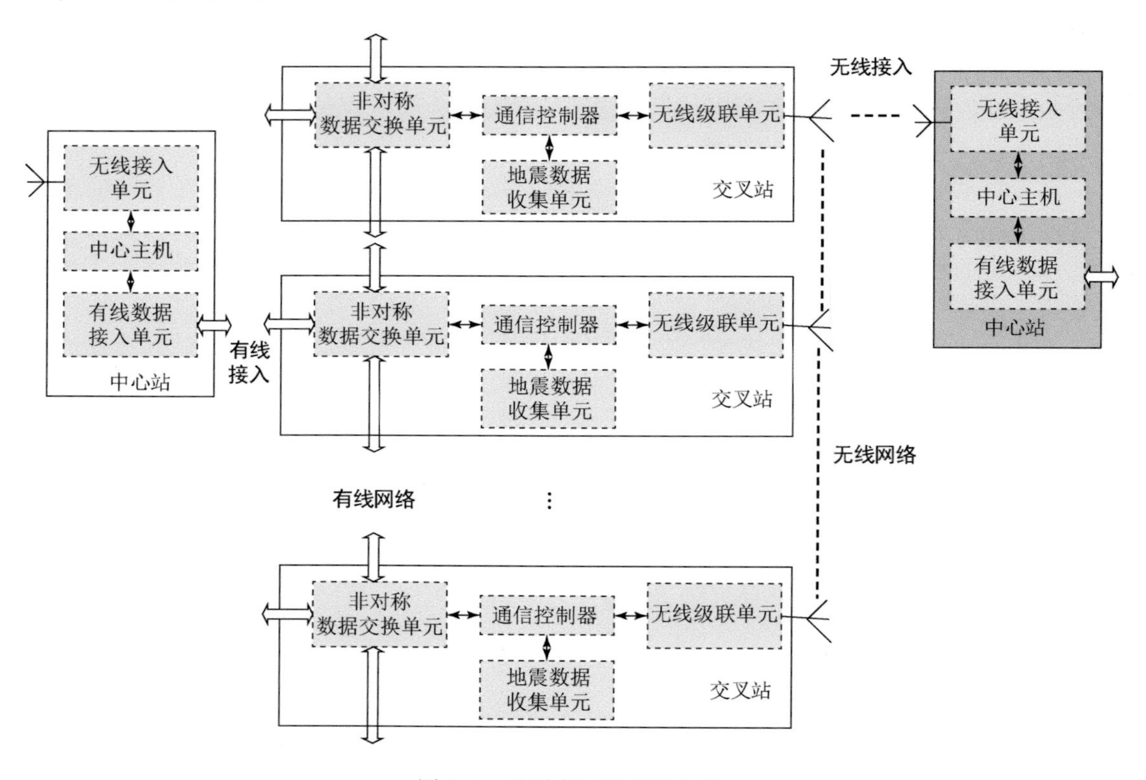

图 5.4　地震交叉站组网方案

表 5.1 为当前法国 Sercel 公司网站上公布的 428 系统技术指标与研发的 SE863 系统主要技术指标对比。从中可以看出，SE863 系统从设计理念上接近于 428 系统，主要技术指标基本接近。

表 5.1 研制的 SE863 系统与国外同类产品技术指标对比表

模块	技术指标	法国 Sercel 428 系统	SE863 系统	偏差
中央单元	主站带站能力（2 ms）	1 万道（LCI-428）	设计 2 万道，实际只连接测试到 600 道	-
	工作电压	110 ~ 220VAC/50/60 Hz	10.5 ~ 15VDC	—
	功耗（含服务器电脑单元）	6.7 W+40 W（服务器）	12 W	+
	工作温度	0 ~ 45 ℃	-20 ~ 50 ℃	+
	尺寸	86mm×483mm×420mm（不含服务器、显示器）	117mm×483mm×275mm（含服务器、显示器）	+
	质量（含服务器）	4.1kg+20kg（服务器）	12kg	+
采集站单元	模数转换器	24bit	31bit	+
	输入阻抗	20K//77nF	20K//77nF	0
	输入电平	1.6VRMS	2.5VRMS	+
	偏差	0（数字归零）	0（数字归零）	0
	串音	>130dB	>110dB	-
	低截滤波	无	1 Hz	+
	高截滤波	0.8FN	0.8FN	0
	采样率	4 ms、2 ms、1 ms、0.5 ms、0.25 ms	4 ms、2 ms、1 ms、0.5 ms、0.25 ms、0.125 ms	+
	道间距	110 m	55 m	-
	功耗	120 mW	250 mW	-
	噪声	0.45μV	0.7μV	-
	动态范围	130 dB	120 dB	-
	失真	-110 dB	-122 dB	+
	通信速率	8 MHz/16 MHz	8 MHz	-
	尺寸	82×71×194	90×71×164	—
	质量	0.35kg	0.35kg	0
	工作温度	-40 ~ +70 ℃	-40 ~ +60 ℃	-
	工作水深	1 m	没有测试	—
交叉站单元	功能	横向 TCP/IP 传输和 50V 测线电源	横向 TCP/IP 传输和 60V 测线电源	—
	功耗	6.7W	4W	+
	工作电压	10.5 ~ 15VDC	10.5 ~ 15VDC	0
	横向间距	电缆 150 m/光纤 10 km	电缆 150 m/光纤 10 km	0
	横向速率	250 MHz	1000 MHz	+
	本地内存	3MB	1 GB	+
	尺寸	137mm×312mm×242mm	98mm×250mm×233mm	+
	质量	5.5kg	5.5kg	0

为了进一步验证这套地震系统与国外同类产品的工作性能，2017 年 10 月，研制的整套三维仪器（包括小型可控震源系统）在吉林省松原市查干花镇开展了三维实测工作。本次野外三维实测聘请有丰富三维地震勘探经验的吉林省煤田地质局物测队为施工方。施工方本着客观、真实、认真的工作态度，对研制的 SE863 分布式遥测地震勘探系统与进口仪器 428XL 仪器进行同步比测，同时完成三维勘探实测任务。三维采集实测工作，以及历时约 20 天的野外数据、仪器均保持高度稳定性，取得了优良的实测效果，顺利地完成了三维勘探任务。

从实测数据中随机抽取 1 炮进行对比，图 5.5、图 5.6 为两种仪器测得的该炮的原始单炮记录，可以看到单炮记录效果相当，包括目的层反射和噪声都非常一致。图 5.7 为两种仪器截取 200～1600 ms 记录计算叠加剖面频谱对比，二者非常一致。图 5.8 和图 5.9 分别

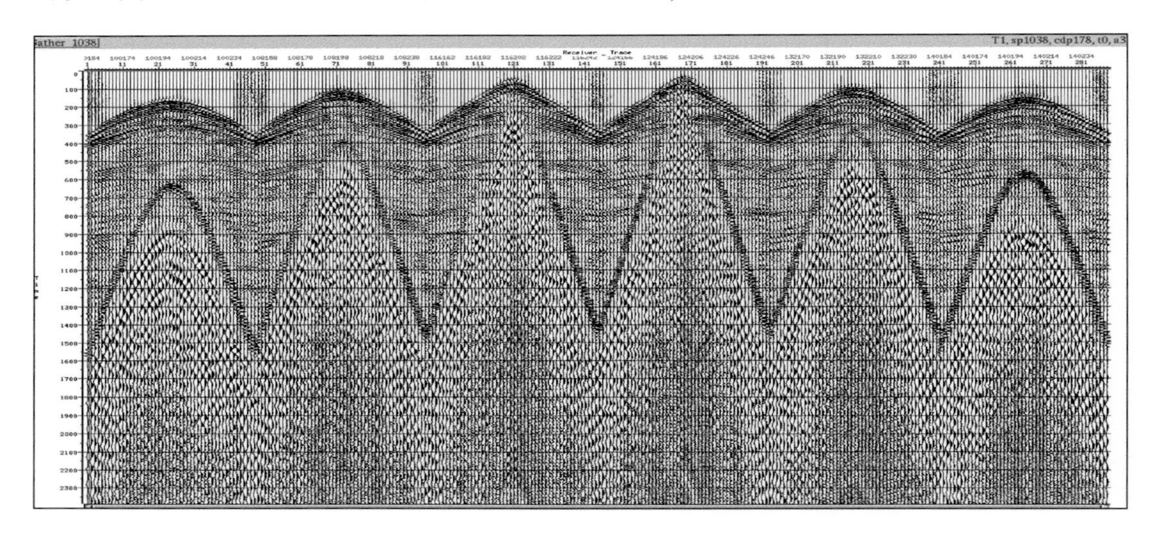

图 5.5　原始单炮记录对比——SE863 仪器

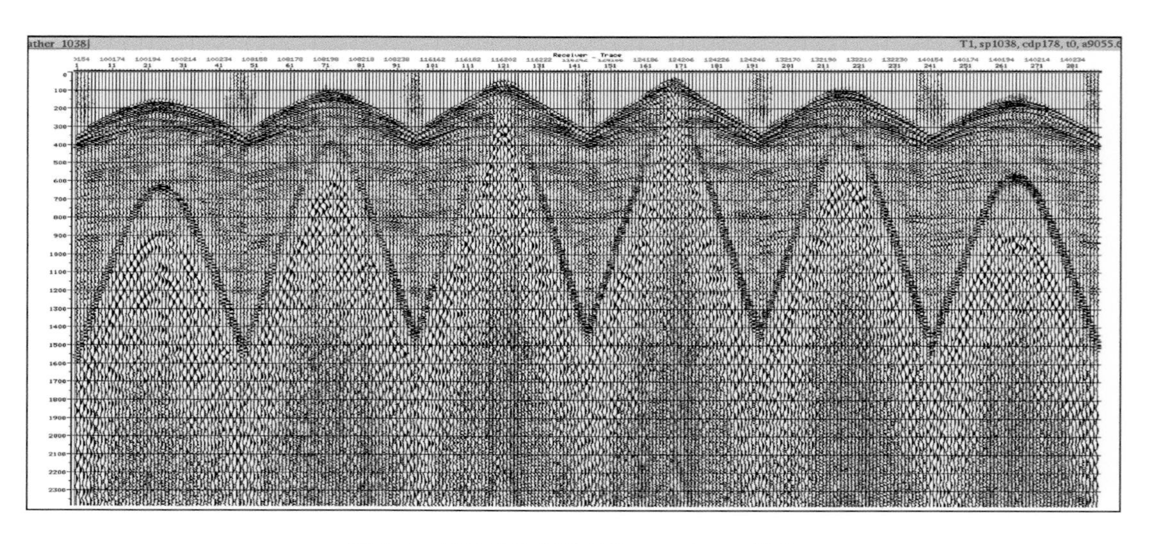

图 5.6　原始单炮记录对比——428XL 仪器

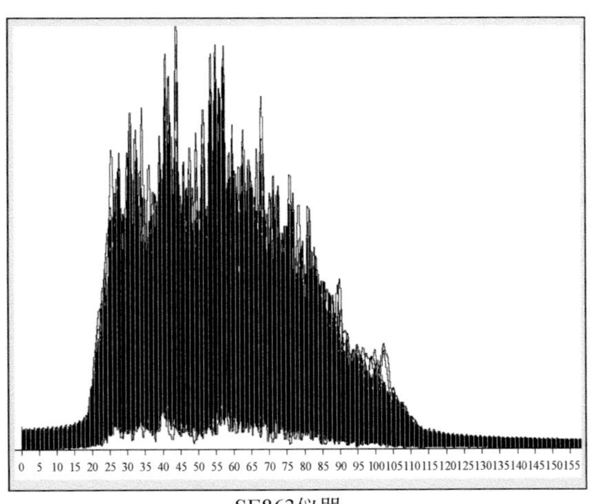
SE863仪器

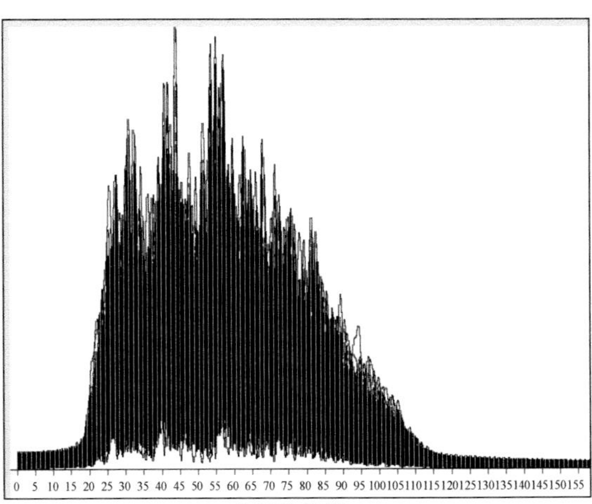
428XL仪器

图 5.7　现场处理最终叠加剖面频谱对比

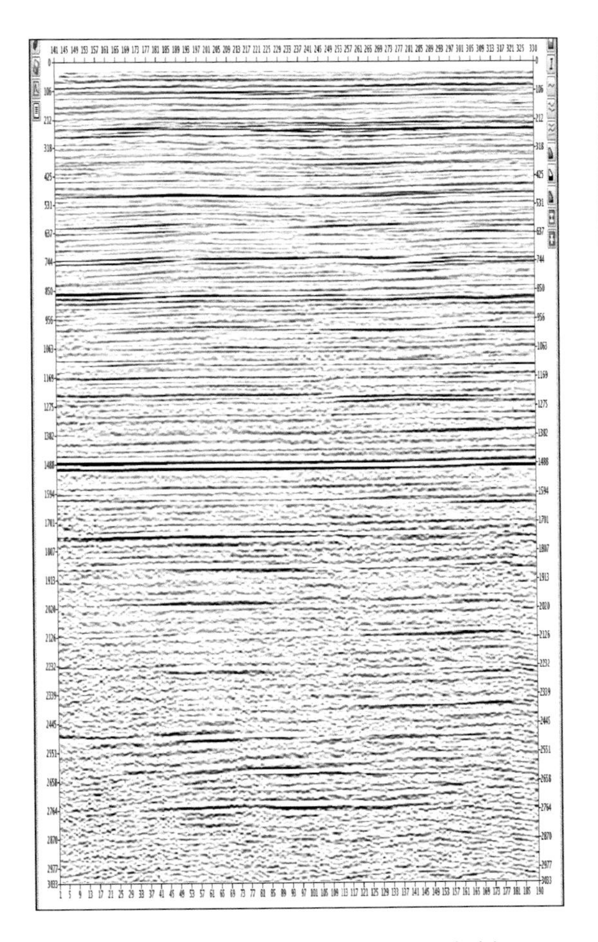
图 5.8　SE863 仪器现场处理最终叠加剖面

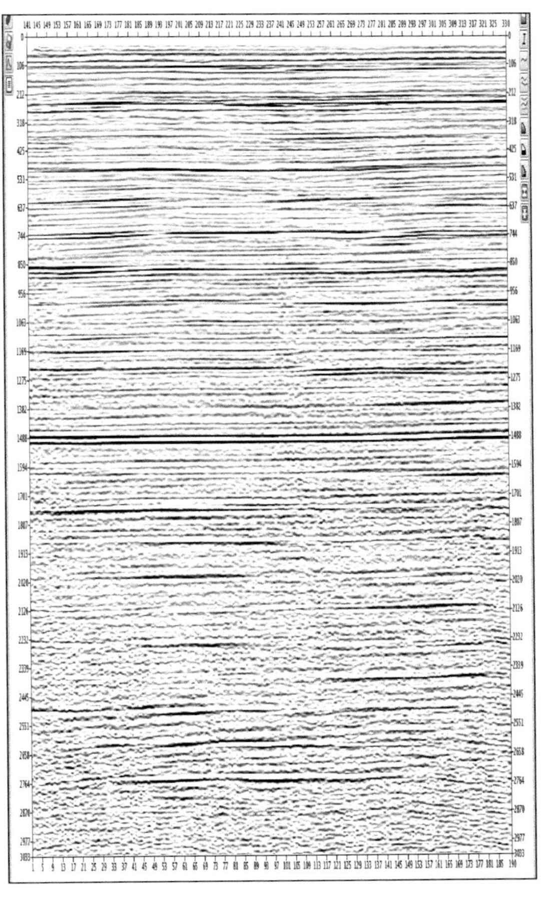
图 5.9　428XL 仪器现场处理最终叠加剖面

为两种仪器处理的二维剖面效果对比，可以看到全区 1.5 s 附近的标志层波组反射信息非常明显，而且最重要的是浅、中、深各层位反射信息的一致性非常好。从单炮和剖面对比效果看，SE863 已经与 428XL 的资料效果相当。

二、液压伺服可控震源技术

（一）总体结构

电液伺服式可控震源的震源核心结构包括震源控制器、汽油机（柴油机）液压泵站、伺服控制系统、激振系统和反力机构。汽油机（柴油机）液压泵站是震源的动力源，震源控制器用于接收由主控站发出的控制编码指令，通过电液伺服控制系统驱动激振系统，同时将震源激振过程中状态信息实时反馈到地震接收系统主机。液压泵站为震源提供动力，液压泵站的选择要满足震源振动能量要求。伺服控制系统是电液转换装置，控制器输出的扫频电信号通过电液伺服阀将泵站的恒定的液压油转变为交变液压，以驱动动力头激振。动力激振单元是震源机械力输出装置。震源反力机构是保证震源激震系统与大地耦合的关键，是震源输出力的保证。

（二）技术突破及对比分析

为了适应金属矿勘探震源需求，本研究成功实现小型化液压伺服可控震源关键测控技术突破，完成了小型化扫频可控震源研制，为实现相控阵定向照明技术在金属矿勘探中的应用奠定了基础。

激振控制单元采用全数字化方式，对人机交互、信号合成及反馈过程进行控制。图 5.10 所示为激振控制单元整体设计框图，以 ST 公司的 STM32F407 作为微控制器，主要包括触摸屏人机交互模块、GPS 同步模块、无线遥爆模块和 DDS 频率信号合成模块。

1. 微处理器

主控芯片为 ST 公司的基于 ARM Cortex-M4 为内核的 STM32F407 高性能微处理器，采用 90 nm NVM 工艺和 ART（自适应实时存储器加速器），使得程序零等待执行，提升了程序执行的效率。它的工作频率可达 210DMIPS@168 MHz。该处理器继承了单周期 DSP 指令和 FPU（浮点运算单元），提升了计算能力，可进行复杂的计算和控制。

2. DDS 信号合成模块

信号产生模块是激振控制单元的关键部分，它所产生信号的质量决定了整个可控震源系统所能达到的指标。因此，其设计思路和核心器件的选型需要满足高精度和高稳定性的要求。DDS（直接数字式频率合成器）同 DSP（数字信号处理）一样，是关键的数字化技术，与传统的频率合成器相比，DDS 具有低成本、低功耗、高分辨率和快速转换时间等优点，广泛使用在电信与电子仪器领域，是实现设备全数字化的一个关键技术。可满足需求的 DDS 芯片主要为 AD9850 和 AD9852：AD9850 产生信号模式单一，相位控制精度差；AD9852 可产生的程控信号具有较高的频率稳定性，且幅度、相位均可编程调节。

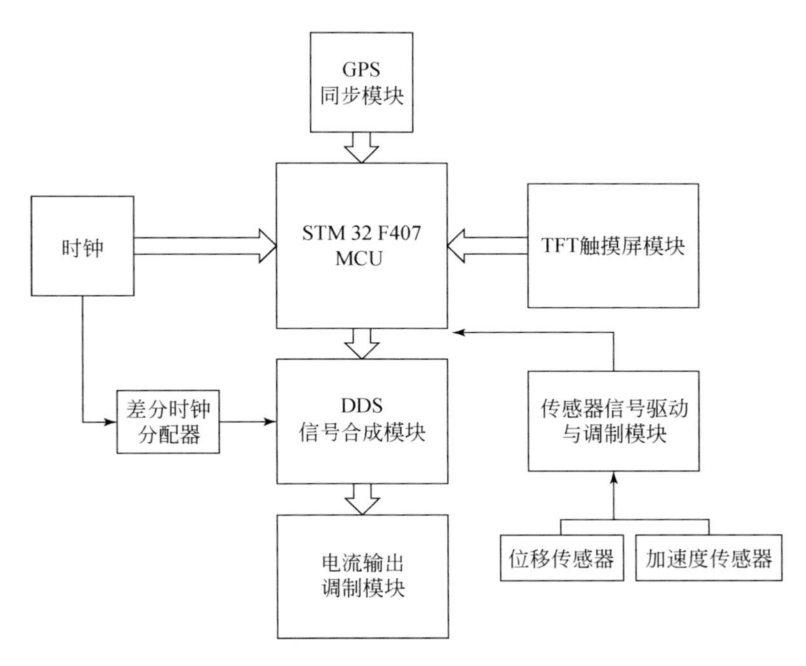

图 5.10　激振控制单元整体设计框图

以 AD9852 为核心，辅以电流输出调制模块用于驱动伺服阀。AD9852 为 ADI 公司推出的高速 DDS 芯片，其时钟频率为 300 MHz，带有两个 12 位高速正交 D/A 转换器、两个 48 位可编程频率寄存器、两个 14 位可编程相位移位寄存器、12 位幅度调制器和可编程的波形开关键控功能，并有单路 FSK 和 BPSK 数据接口，可产生单路线性或非线性调频信号。当采用标准时钟源时，AD9852 可产生高稳定的频率、相位、幅度可编程的正弦和余弦输出，可用做捷变频本地振荡器和各种波形产生器。AD9852 提供了 48 位的频率分辨率，相位量化到 14 位，保证了极高频率分辨率和相位分辨率，以及极好的动态性能。

DDS 芯片中主要包括频率控制寄存器、高速相位累加器和正弦计算器三个部分。频率控制寄存器以串行或并行的方式装载并寄存用户输入的频率控制码；相位累加器根据 DDS 频率控制码在每个时钟周期内进行相位累加，得到一个相位值；正弦计算器对该相位值计算数字化正弦波幅度（芯片一般通过查表得到）。DDS 芯片输出的一般是数字化的正弦波，因此还需经过高速 D/A 转换器和低通滤波器才能得到一个可用的模拟频率信号。

伺服阀为电流控制型器件，AD9852 输出的频率信号需经过调理后方可供驱动伺服阀使用。如图 5.11 所示为伺服控制系统的主要驱动电路。主要驱动流程为：MCU（STM32F407）

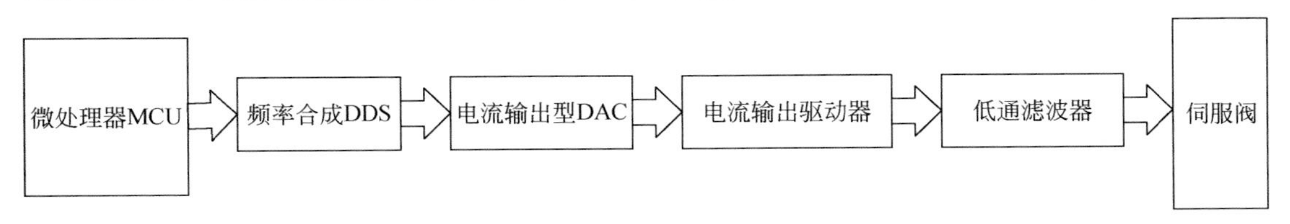

图 5.11　DDS 驱动伺服阀原理框图

控制 DDS（AD9852）生成数字波形信号，并以芯片内部集成的电流型 DAC 输出，经电流输出驱动器 AD5750 和低通滤波器调理输出至伺服阀控制器，驱动伺服阀工作。

频率合成单元如图 5.12 所示，AD9852 与 STM32F407 由 SPI 总线连接，在参考时钟的驱动下生成合成频率信号。频率信号由 AD9852 内部 DAC 输出至可编程电流驱动器 AD5750 产生伺服阀控制电流。

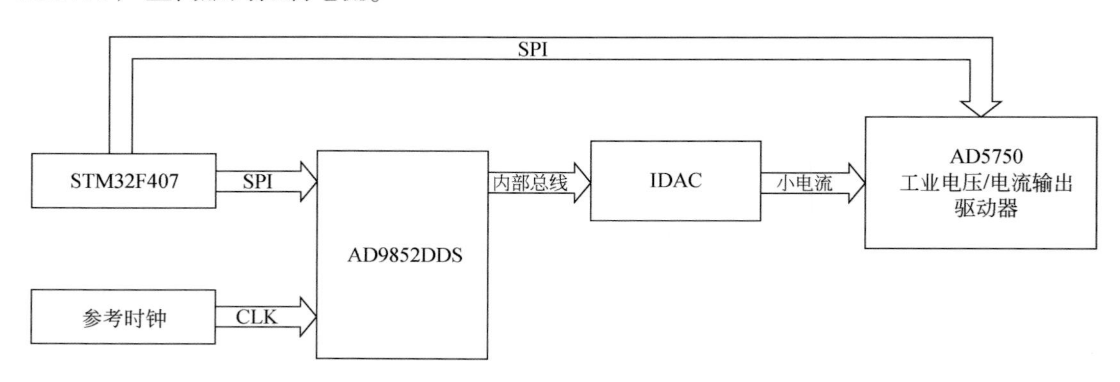

图 5.12　频率合成与电流驱动原理框图

3. GPS 同步和无线通信模块

GPS 同步触发模块以 GPS 高精度授时为基础，与地震接收系统进行同步工作。无线通信模块基于 ZigBee，可与主站完成数据通信和远程控制任务。

4. 传感器信号反馈模块

安装于振动体和激振板上的加速度和位移传感器用来反馈振动状态和机械特性，是组成控制器闭环控制系统的重要部分，由传感器信号驱动及调理电路、高速信号采集和存储电路两部分组成。

如图 5.13 所示为振动体单元传感器调理通道及数据总线架构示意图。振动单元传感器布设于重锤振动器、底板等执行机构上，主要由加速度传感器、位移传感器组成。各传感器

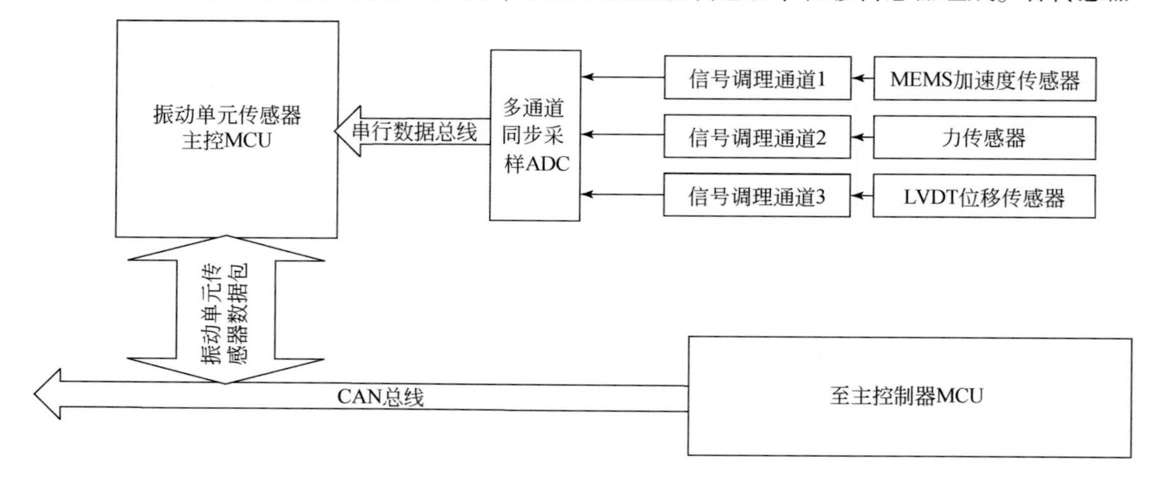

图 5.13　振动体单元传感器调理通道及数据总线架构示意图

输出经信号调理并转换为电流信号传输至振动单元传感器主控板，再经 IV 转换后由多通道 ADC 进行同步采样，主控 MCU 将传感器数据打包，并经 CAN 总线上传至主控制器 MCU。

基于上述核心测控技术，研制的液压伺服可控震源控制器样机如图 5.14 所示。

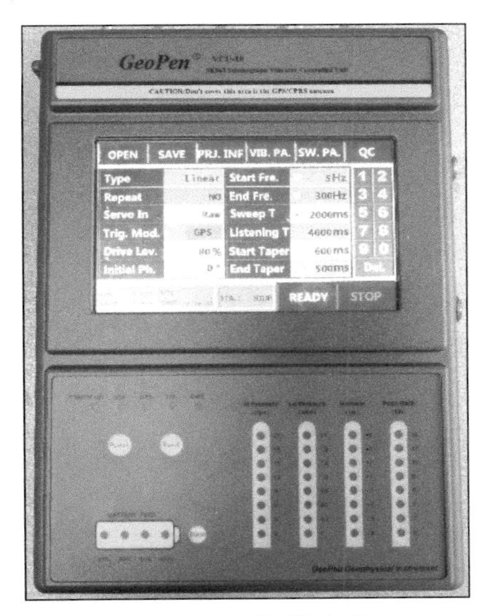

图 5.14　震源控制器

由于研制的小型液压伺服可控震源目前尚无同体量的液压震源进行对比，其技术指标与大型车载液压伺服可控震源不具备可比性。为了检验震源系统的工作性能，通过野外实测对比的方法，与法国 NOMAD65 震源进行了对比。

研制震源与两台 NOMAD65 组合激震进行了三维数据实测单炮数据对比。数据记录采用 SE863 地震数据采集系统，采集率 1 ms，监听时间 1.24 s。观测系统线距 80 m，道距 20 m，每条测线 48 道接收，6 线接收。震源相对位置如图 5.15 所示。NOMAD65 震源采用两台组合单次激震，研究的震源采用垂直叠加的方式，叠加 8 次，扫描频率：5～120 Hz，扫描时间 20 s，其单炮记录如图 5.16 和图 5.17 所示。

图 5.15　接收线束与震源位置示意图

图 5.16 研制的可控震源激震（SE863 采集的记录）

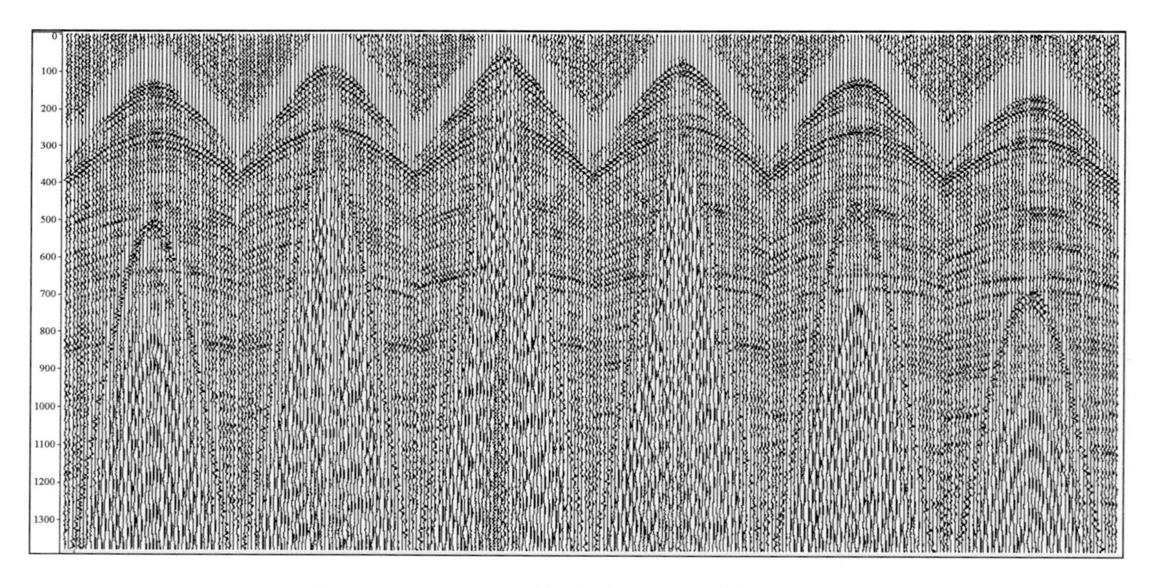

图 5.17 NOMAD65 震源激震（SE863 采集的记录）

总体上看，震源在该观测系统可以探测到 600 ms、700 ms 以深的信号，其信噪比低，与两台 NOMAD65 激震组合激震的地震记录相比，震源激发的地震波在 700 ms 以浅不同地层反射界面较清晰，两组数据对应得较好；NOMA65 震源自重与出力是研制震源的近 20 倍，其采集的数据深层信噪比高，700 ms 以深的反射波信息清晰。

与 NOMAD65 实测数据的对比，表明研制的单台液压伺服可控震源 8 次叠加可以有效获取 600 ~ 700 ms 地震记录，取得了很好的探测效果，体现出了该套震源“小震源、大出力”的特点与优势。

第二节　仪器设备研制

一、轻便分布式遥测地震勘探采集系统

（一）总体设计

轻便分布式遥测地震勘探系统研制成功标志着我国金属矿地震勘探有了标志性仪器设备。金属矿勘探目前主要依赖重磁电法勘探。然而，重磁电勘探属于场源影响类勘探，只可作为定性反演半定量勘探，所以其勘探精度实属有限，在复杂模型下会出现很大的误差。而地震勘探属于射线穿透直接成像类勘探，有勘探精度高的优点。在沉积矿油气勘探领域，地震勘探是主要勘探手段，其有效勘探深度可达到上万米，且可分辨出几米的薄层，勘探精度非常高。我国目前在大型地震勘探仪器方面与国际水平还存在着差距，近二十年来，无论是国家和企业层面，都曾投入过巨资（数十亿元）研发万道遥测地震仪器，但始终未见可以与国际先进水平 Sercel 系统媲美的产品问世。特别是，受地震仪器系统庞大、机械震源无法上山及解译方法落后等因素影响，一直以来，地震勘探应用于金属矿勘探始终未起到作用，也没有专门用于山地条件下金属矿勘探的地震仪器。即使是国外先进的系统，在这方面的应用也有技术局限。轻便分布式遥测地震勘探系统研制，在设计上沿用国际先进的单站遥测技术，并针对性地轻便化设计了系统，为金属矿地震勘探提供了硬件支持。该系统支持金属矿三维高密度反射成像、散射成像、天然源透射成像等地震数据采集工作，推动了金属矿地震勘探技术从采集方法到解释方法的长足发展，促使地震勘探方法在金属矿勘探中发挥出重要作用。同时，该系统技术正追赶着并已接近国际先进万道遥测地震系统，并有望取代进口，为深部矿产资源包括油气资源勘探提供有效支撑。

轻便分布式遥测地震探测系统总体结构如图 5.18 所示，多条地震测线构成三维地震采集系统，各测线通过交叉站与主控站交互控制指令和地震数据。交叉站相互级联构成主干通信网络，完成地震数据与控制指令的传输，是整个地震采集系统的关键部件，其性能直接决定采集系统的通信能力和稳定性。

（二）关键部件研制

1. 便携式中心主控站系统

作为分布式遥测地震勘探系统的主控站，便携式中心主控站系统面对着下面若干子站的管理和大数据量的接收与发送。为此，选择一款数据处理和传输能力强的 CPU 是系统成败的关键。随着网络技术的不断发展，利用以太网接口实现数据高速、远程传输得到了广泛的应用。以太网接口是以太网中各节点的通信基础，处于 TCP/IP 协议栈的数据链路层，是信息传递和管理的重要环节。

主控站硬件是轻便式分布地震采集系统的控制中心，主要负责采集过程的管理和地震

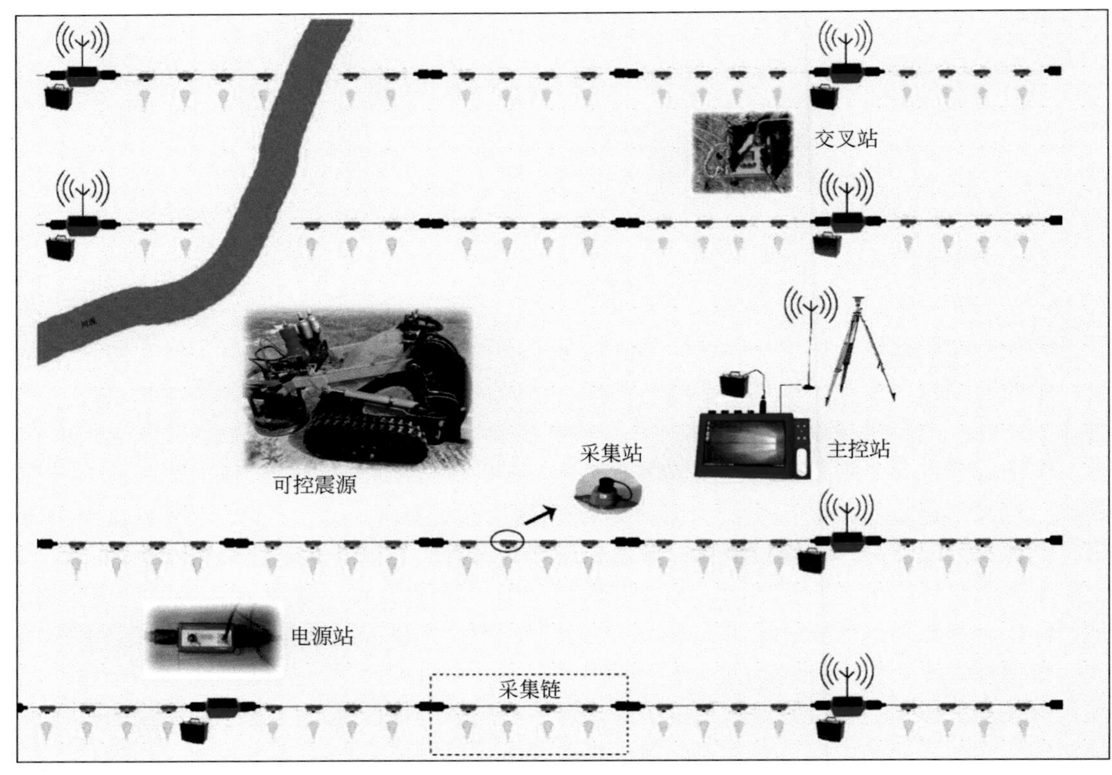

图 5.18 轻便式地震仪系统结构

数据回收，其中央单元为工作站，工作站通过有线网络接口接入非对称数据路由单元，通过有线网络或无线网络接入交叉站主干通信网；主控站主要由 3G 通信单元、无线多跳单元、ARM-Linux 通信控制板、爆炸机控制器、辅助采集道构成。

如图 5.19 所示，主控站外形设计采用手提便携式结构，采用铝合金精铸加工，具有

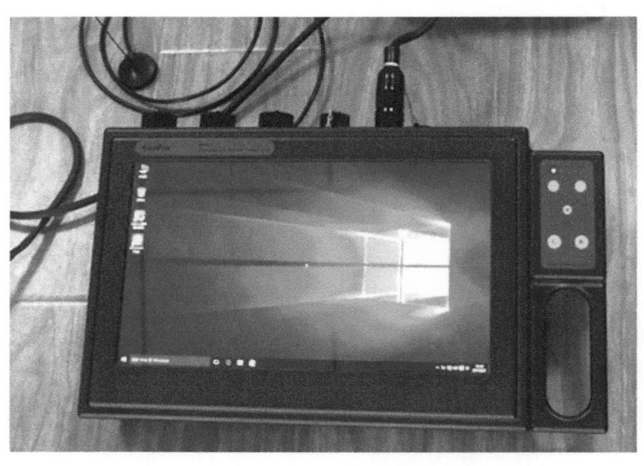

图 5.19 SE863 地震采集系统主控站

质量轻、结构强度大、散热性好等特点；显示屏采用 15.6 寸 4 K 高分辩显示，嵌入式图形工作站采用 inter i7-8250 四核 CPU、16G 内存、512 GB 固态硬盘。主机接口由三个网络接口，可驳接上下区块的交叉站，内置三个辅助采集通道，与链路同步采集，可驳接可控震源相关道信号或井口道信号。主机内置锂离子电池，充满后可供连续工作 60h 以上。外接 12 V 电瓶接口和外触发信号接口以及 2 个 USB 3.0 接口，1 个 HDMI 接口可在车载时驳接第二显示器用。主机防水设计，可在野外雨天下使用；整机质量（含内置电池）约 12 kg。操作采用主机内置触控钮或蓝牙键盘鼠标。

2. 分布式遥测地震勘探系统采集站

分布式遥测地震勘探系统采集站又称子站，它的设计参考了国外先进技术，以 STM32F103 作为 CPU，与主站的通信采用 4 芯电缆，同时实现了电缆馈电，子站本身不带电池，减小了设计尺寸，达到了轻便、灵巧的系统设计。在研制了 24 道样机，完成初步技术指标测试基础上，随后进一步完善设计内容并改版，将原设计 24 位模数转换器提升为 31 位，并完成 96 道测试样机，经实验室和野外实测，其指标满足或超过设计要求。为了向国际先进万道地震仪器水平靠拢，调试采集链路实时采集传输功能，提高了通信速度由设计的 2.5 Mbps 提高到 8 Mbps，将原设计技术指标中实时带站能力由每个交叉站带 48 个单站提高到 384 个单站（1 ms 采样）。

（1）馈电模块。左右接口各由四芯接口组成，四芯电缆两两一组组成馈电电压 48V 的正负两极，通过系统的电源模块变换出系统所需要的 5 V 和 3.3 V 的工作电源。

（2）通信模块。利用 STM32F103 片上的 2 路高效的 SPI 接口，扩展出左右侧通信电路。系统的数据流可以自动完成从左向右或者从右向左的数据传输。为了适应接口隔离的变压器，通信采用了步进启动模式，一旦监测到来自端口的信号，便立即进入低速同步检测启动模式，完成同步后，在最后一个同步信号后，启动高速 DMA 通信模式。数据流支持边采集、边传输的连续数据流模式，以及根据主机命令的间歇性为据流模式。

（3）采集模块。针对遥测地震勘探系统的特点，为满足高精度地震数据采集的应用需要，需要设计一种高集成度、单通道地震数据采集单元，该单元可实现单道地震信号的拾取、数据转换、存储及数据传输功能。综合以上特点，采用新型模/数转换器 ADS1282 进行数据转换，可获得高保真度、高信噪比、高分辨率的数字信号，同时还可以利用其片上的数据选择器及校准引擎实现自检和系统校准功能，从而保证采集信号质量不随时间、地点、环境和条件而变化。利用 ADS1282 设计实现的数字化采集单元具有低功耗、小体积、高精度、高分辨率的特点。

（4）自检模块。自检模块选用的是 AD9833。AD9833 是一款低功耗、可编程波形发生器，可以产生正弦波、三角波、方波，其输出频率和相位可由软件编程，很容易调整，而不需要外部组件。频率寄存器是 28 位的，如果是 25 M 的时钟源，经过编程可以得到 0.1 Hz 的时钟；同样如果是 1 M 的时钟源，可以得到 0.004 Hz 的时钟。AD9833 通过 3 线串口进行写操作。串口工作时钟频率高达 40 M，并与 DSP 和微处理器标准兼容，其工作电压为 2.3 ~ 5.5 V。

信号实时采集，数据流水传输，采样率是 1 ms 间隔的时候，每个子站的 32 位采样数据，再加上一个字节的子站序号标志，一共占用5个字节。通信速率是8 Mb时，每个字节是1 μs，1 ms的采样间隔，一共最大可以传输1000个字节，对应200个字节的子站数据。依据传统定义习惯以2的幂次为带站道数，取最大带站为192。采用交叉站的左右双端接口，1 ms的时候，最大带站道数为384道。

在提高通信子站速率的同时，同步提高了交叉站的带载能力，扩展了子站采样率的多样性，做到高采样率时，缩减实时道数，低采样率时，扩大实时道数，在保证整个采集系统实时的同时，也可以满足不同的勘探需求。

子站仪器壳采用模块化设计，上侧安装面板，中间安装盖板、电路板，下侧安装盖板，检测器插头从下侧盖板引出。为了便于安装与维修，整套系统由多个独立的模块组成，各模块间通过螺丝或无螺丝安装，完全防水设计。同时为了系统的通用性，检波器插头采用国际通用的接插方式，与408、428等系统配备的检波器通用。

图5.20所示为安装好的采集站链路。

图5.20 采集站链路

子站系统采用多任务处理模式，对于AD采集的数据可以实时编码，以适应变压器的传输特性；上层采用命令解析模式，实时处理来自端口的命令或者数据信息；发送和接收都采用步进传输模式，以及最高实时数据流传输速率可达4 Mbps的DMA传输模式。通过来自主站方向的叫站命令，可以实现对当前子站的自动链路编码，同时在AD采集数据的每一点上耦合子站AD采集时间序列编码信息，以便主站对于连续采集数据流的数据分解。子站软件具备对来自主站及相邻子站发来的命令进行校验、分解的功能，对过往数据流实现智能化判断。

子站充分发挥了CPU的DMA传输功能，实现了采集系统在常用采样率下的连续采集功能，完全不受子站自身的内存长度限制，理论上一旦同步，可以实现无限制的大容量、长时间采集。由于元件器的差异不可忽略，实际测试，每次同步后，均可以连续采集数据。在采集过程中，软件系统采用DMA双端连续数据流模式，传输完全不用CPU的软件去干预，CPU专心抓取每次的AD转换数据，放进连续数据流中每个子站相应的数据位置，然后自动由DMA发送出去。

3. 智能电源站

随着多个子站的连接，其双绞线上馈电的工作电流随之加大，子站板上的DC/DC在一定电压降的范围内可以正常工作，当降幅超过正常工作电压范围时，由主站方向来的馈电就不足以让后端的子站正常工作，因此，设计了智能化电源站。其主要特点是：可以智能地识别主供电电源方向，自我管理电源输出，实现在整个系统充当中继电源的角色；同时有兼容子站通信模式，在叫站的时候，采集当前电源站的电池电压，耦合在返回的叫站信息帧里发给主站；在数据采集传输过程中，可实现无损透传接力模式。然而，这种模式下每个电源站都占有链路通信资源，在整个链路中相当于一个采集站，占有地址，即如果这一排列上接了384采集站，需要7个电源站，这时这7个电源站占了7个采集站的地址，实际所带的采集站只有377个。

智能电源站电路与通信电路及工作模式与子站类似，利用STM32F103内部的AD通道实时采集电池电压，自动检测主电源供电方向，然后切换继电器，实现对后续子站的中继供电。每个电源站可选择双向或单向供电方式，双向供电模式可以带站80道，单向供电模式可以带站60道（在道距12.5 m时）。电源站采用12V电瓶供电，功耗取决于带站数，每个电源站上有两个电瓶输入接口，这种冗余电源模式可以保证换接电瓶不间断站采集工作，在三维勘探时尤为重要。电源站上有液晶屏显示电瓶电量，该值也将通过链路传输到主站上供采集人员实时监测各电源站供电情况。电源站电瓶输入具有反接保护和指示功能，以避免工作人员操作失误。如图5.21所示为电源站安装完成后的整体样机。

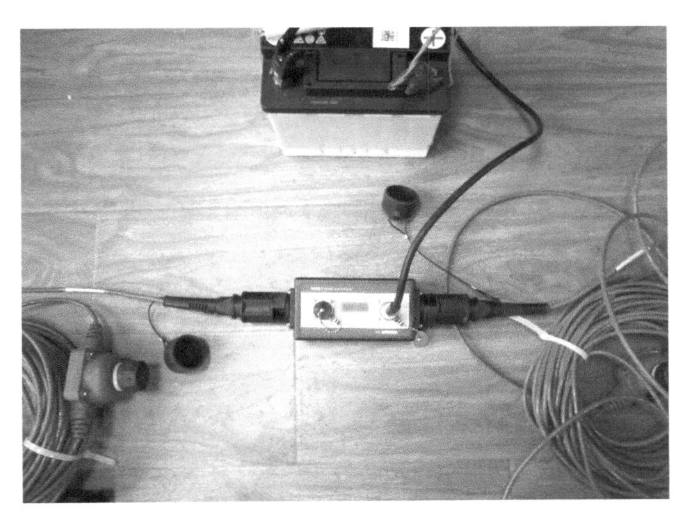

图5.21　电源站样机图

4. 基于4G无线网络的交叉站

随着移动通信技术的演化，第四代移动通信技术（4G）已逐渐成熟，并在传输的稳定性、网络的覆盖率及资费等方面都具有很大的优势。4G网络具有高带宽、高质量信号传输、低时延的特点，使得遥测地震仪器利用4G技术实现地震数据的采集、数据高速传输及地震记录的实时监控成为可能。

交叉站总体设计系统采用4G技术作为远程通信平台（图5.22），主要由地震交叉站和移动终端二部分组成。

图5-22 无线交叉站与网络终端

数据采集网络由多个交叉站组成，每个交叉站链接一组二维数据采集链路。为了平衡数据传输速率与数据可靠性之间的矛盾，软件系统采用UDP和TCP/IP两种网络通信协议，其中传输速率较高的UDP协议主要用在交叉站与控制单元之间的数据通信，以满足高速采样的要求。而可靠性较好的TCP/IP协议则用于移动终端与交叉站之间通信，以满足整个系统数据传输的可靠性。移动终端是整个地震数据采集命令的发送者和数据接收者，主要负责远程操作整个测网中所有交叉站运行、数据通信、数据解编、显示以及存储等工作。移动终端用于管理采集链路上地震数据采集进程，为一台普通的可上网的PC电脑，无需额外的硬件支持，大大提高了设备通用性。

交叉站内部设置4G通信模块，通过该模块可建立与移动终端之间基于TCP/IP通信协议下的链接，从而实现对交叉站的远程操控及数据传输功能，其结构图如图5.23所示。

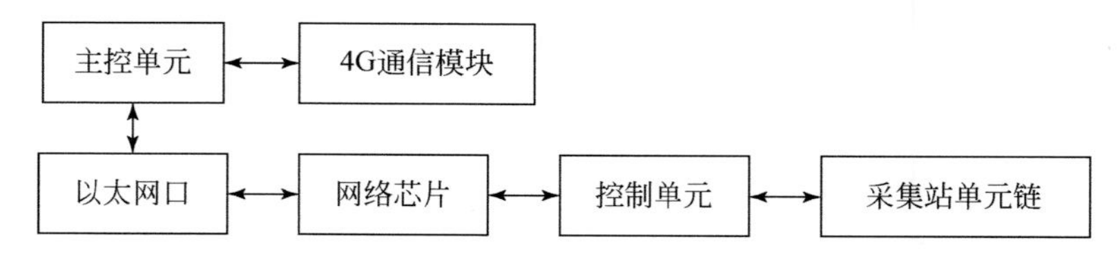

图5.23 交叉站结构图

交叉站系统硬件总体结构如图 5.24 所示，系统核心为 ARM-Linux 通信控制板，主要负责地震数据的汇总、压缩、备份和上传，收集到的地震数据会被实时压缩、实时上传、实时存入 CF 卡存储设备；左侧采集链主机和右侧采集链主机分别完成左右地震采集链的运行控制，包括采集参数设置、自检、噪声监测、数据回收等操作；非对称数据路由单元自动侦测有线网络和无线网络的连接情况，寻找可用通信网络，接入交叉站主干通信网；无线组网途径分为无线多跳级联单元和 3G 通信单元，分别在各自网络资源可用的时候激活。

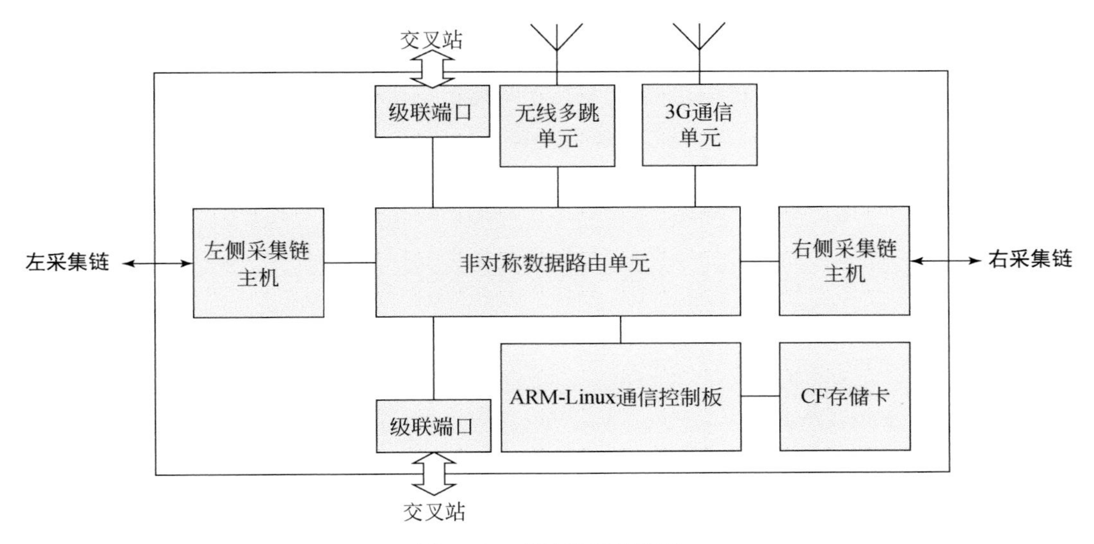

图 5.24　交叉站系统结构

交叉站主要工作流程为：交叉站上电后首先侦测有线通信接口、无线多条单元、3G 通信单元连接状态，选择其中激活的联网方式，与主控站建立网络连接；然后，接收主控站的控制指令，完成采集系统参数设置、系统自检、噪声监测、数据采集、数据上传等操作；最后将接收到的地震数据实时上传给主控站，完成整个地震采集过程。

交叉站通过有线网络或者无线网络与主控站建立连接之后，接收主控站发出的指令，执行响应的操作。其工作流程如图 5.25 所示，主要包括叫站、叫采集链、自检、设置采集参数、上传地震数据等操作。

交叉站外壳设计采用顶置操作，所有接口接插件都顶置，接插方便。如图 5.26 所示，在交叉站上设计了左右采集站链路接口两个，横向网络连接接口三个，分别可驳接上下线交叉站或主站，留有一个网络接口可驳接本地终端等。设计双电源输入接口，以便不断电更换电瓶；一个外触发输入接口用于驳接触发信号。面板上还有三个天线接口，用于无缆遥测时内置 GPS、4G/GMS 及无线电台的天线。交叉站底部为内部电源散热器，可以有效地将交叉站内部热量散发。侧面开有 SD 卡和 SIM 卡插槽，并带有水密防尘盖。

（三）技术指标与测试

图 5.27 为轻便分布式遥测地震勘探系统样机（包括主控站、交叉站、电源站、单站

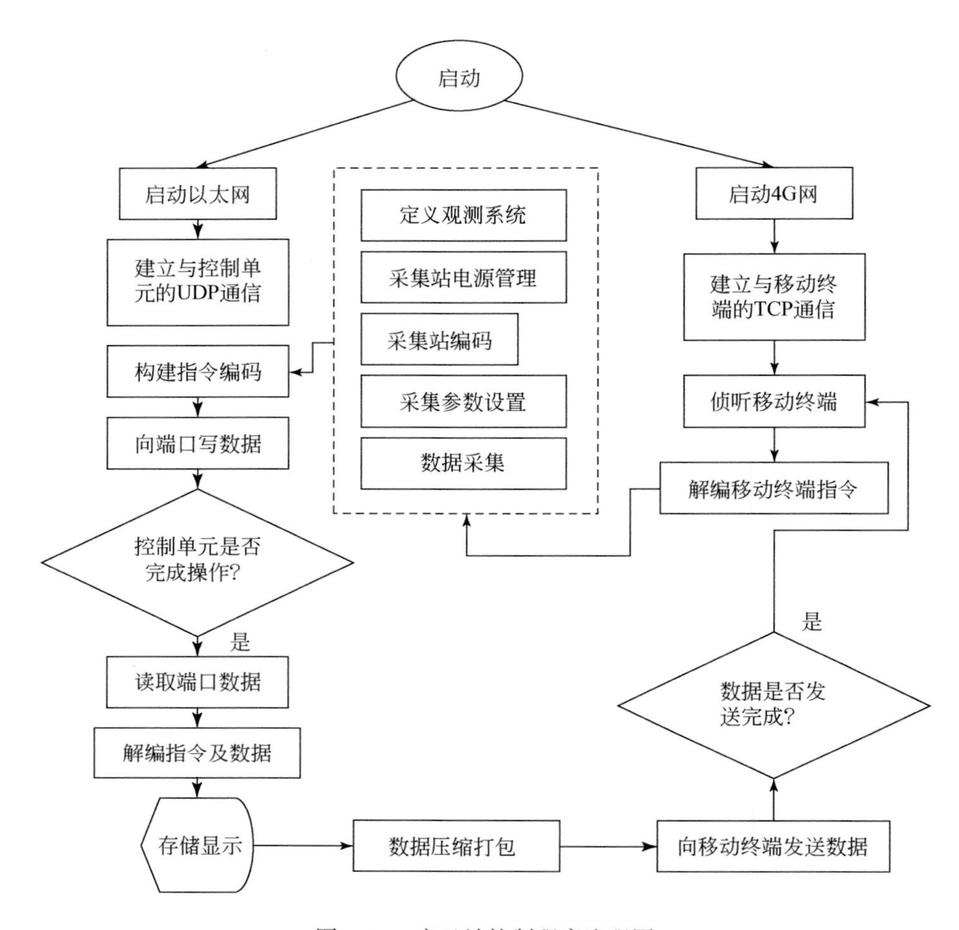

图 5.25 交叉站控制程序流程图

采集站、遥测起爆器等）。整套系统技术指标通过吉林省电子信息产品监督检验研究院检验确定。

1）主控机技术指标

最大带载道数：20736 道（1 ms 实时采样）；

内置计算机：Intel i7-6500U 2.50 GHz/16 GBRAM/500 GBD

震源编码无线电台功率：小于 10 W；

内置 GPS 授时同步，授时误差小于 0.03 μs。

2）单站技术指标

通道等效噪声：≤0.7 μVrms；

动态范围：123.7 dB；

频带范围：0.98 ~ 1655 Hz；

模数转换精度：31bit；

谐波失真：109 dB；

道间隔离度：110.9 dB；

图 5.26　交叉站工作现场照片

图 5.27　SE863 系统

通道一致性：相位 0.16°，幅值 0.04%；
采样率：250 ~ 8000 Hz；
最大采样长度：65.497 K/道；
温度范围：-40 ~ 85 ℃；
单站质量：350 g（不含电缆）；
单站体积：8 cm×8 cm×9 cm（不含电缆缓冲端）。
3）交叉站技术指标
最大带道数：384 道（1 ms 实时采样）；

供电道数：56 道（左右各 28 道）；

内置处理器：Intel N270 1.6 GHz RAM 1 GB HDD 250 GB；

无线组网：zigbee 2.4 GHz；

4G/3G CDMA

无线发射功率：1600 MW；

有线组网：标准 TCP/IP/1000 MHz

内置 GPS 授时同步，授时误差小于 0.03 μs。

4）电源站技术指标

链路数据接口数：2 个；

供电输入：12 V/5 A 具有电瓶电压指示；

5）遥控启爆器技术指标

最高起爆电压：488 V；

无线电台最大输出功率：1 W；

井口道子样采集精度：31 bit。

6）软件功能要求

（1）现场采集软件：具有检波器和仪器通道自检功能；具有单炮记录图及数据存储管理功能；具有现场环境监测功能；具有各子站系统桩号管理功能。

（2）观测系统设计定义软件：可任意定义二维三维采集观测系统。

（3）数据处理软件：可对野外采集的原始数据进行编辑、整理、剖面拼接和滤波处理等常规处理。

（4）系统软件采用 C++编程、Windows 操作环境，无需第三方软件支持。

二、自行式小型液压伺服可控震源

（一）总体设计

目前已有的可控震源均为车载式，依靠其自身重力与行走机构提供的反力与地面耦合。设计的可控震源由以下三部分组成。

（1）震源控制器：用于接收主控站的控制指令，实时采集震源工作状态参数及参考道信号，并回传至主控站。完成与主控站的同步，其同步方式包括 GPS 授时、无线电、GT 等模式。

（2）震源车：震源车采用液压驱动模式，汽油机液压泵站是动力来源。震源车是震源的运载工具和反力机构。

（3）激振系统：是震源机械力输出装置，动力激振头与外部框架相连。外部框架与行走机构以活动连接的方式连接，在进行行走时，行走机构支撑臂提起，将激振头部分抬离地面。

如图 5.28 所示为震源及主要组成部分，其中，反力支架、反力支臂与反力油缸组成震源反力执行部件；蓄能器总成、伺服系统、震源控制器及安装在震源车内部的震动液压泵组成震源激振液压系统；行走系统由行走液压泵、控制系统、驱动液压马达及履带组成。

图 5.28　震源及各主要组成部分

1. 蓄能器总成；2. 反力支臂；3. 行走及震源液压控制手柄；4. 反力油缸；5. 履带式行走机构；6. 空气弹簧；7. 激振平板；8. 激振重锤；9. 反力支架；10. 伺服系统

（二）关键部件研制

1. 震源行走机构设计

图 5.29 为行走机构液压系统图。图中 1 为行走液压泵，从结构上分，其为双向变量柱塞泵，通过控制泵内阀芯的摆角改变泵的输出量和方向，进而控制液压油路中液压油的流量和流向，从而控制液压马达，使行走机构前进、后退、加速、减速、转向和停车。图中 2 为双向定量马达，其采用的是集成结构，内部集成有冷却换向阀 3 和回油背压阀 4，当行走机构工作时，冷却换向阀 3 处于中位，一条油路与马达连接，压力为油路的负载压力，另一条油路与补油泵连接，压力与补油泵工作时的补油压力有关。冷却换向阀 3 处于上位或下位时，回油背压阀 4 与低压油路相连，将油路中的热量带回油箱散热，并将油路中的杂质带回滤油器过滤。背压阀 4 可以保证系统的回油压力稳定。

闭式液压系统工作过程中会有液压油的泄露：一为泵的泄露；二为相关阀组的泄露；三为马达的泄露；四为其他辅助液压元件，如油管的泄露；五为冷却换向阀向油箱排油散热时的排出量。为了补充闭式系统的液压油泄露，保证系统正常工作，在行走变量泵旁并联补油泵 7，其与单向补油溢流阀 5、8 和补油泵溢流阀 6 共同组成液压油路的补油系统。补油系统不但为液压油路提供漏油补偿，还为液压油路提供额外的冷却油液；同时也为油路提供补充的控制压力，使系统能够稳定运行。

工作时，发动机为液压泵旋转提供动力，将液压油吸入泵中，通过阀组注入行走马达，以控制行走机械的运动速度。可控震源行走机构采用的是液压动力，这样的动力模式，一是可以提高行走机械的整体扭矩，为行走机械提供大的扭力，从而提升可控震源

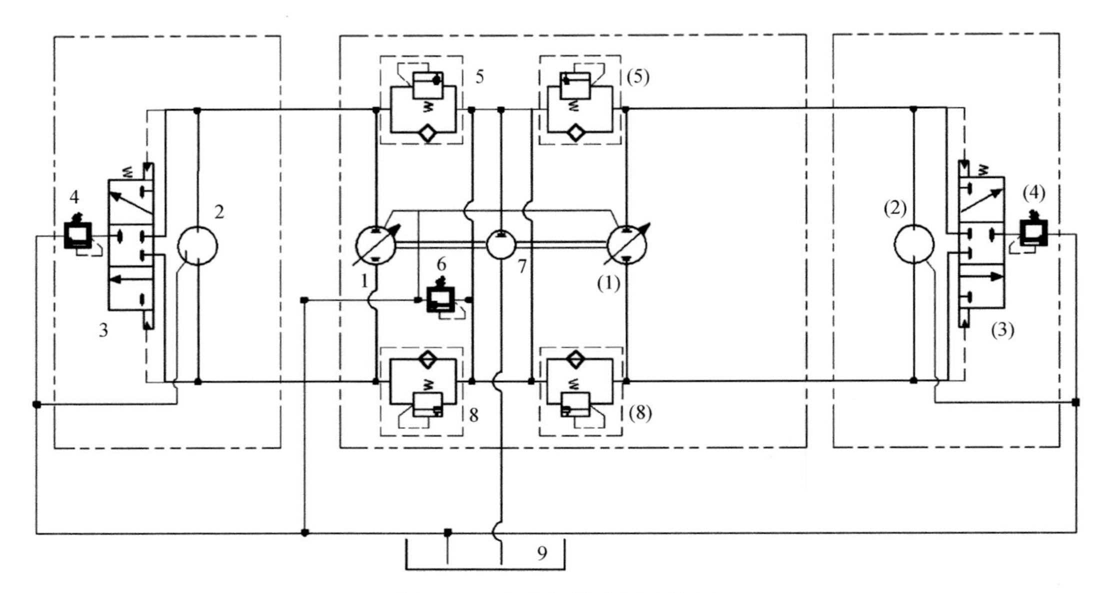

图 5.29 行走机构液压系统图

1. 变量柱塞泵；2. 行走马达；3. 冷却换向阀；4. 背压阀；5. 单向补油溢流阀；6. 补油泵溢流阀；7. 补油泵；8. 单向补油溢流阀；9. 油箱

系统在大载重和复杂地形的运动能力；二是节省了可控震源车内相关动力设备所占用的空间，降低了载重，可以相对减小可控震源车的体积，使之更灵活，也可以相对提供更大的空间，用以装配必要的工作设备。行走机构在移动过程中，通过两侧行走马达控制行走机械的行驶速度差，以实现不同半径滑移转向。其行走机械的设计方式采用的是履带式设计，相对于轮式设计，履带行走机械有效减少了接地比压，对于泥土、沼泽、沙土等不利于装有轮胎的行走机构的场地有良好的适用性。行走机构所采用的液压动力模式和履带行走模式虽然降低了行走机构的移动效率，但是此震源系统的主要应用目标为中小型场地，炮点间距较短，主要要求的是行走机构的运移方便性和运移稳定性，这样的设计能够很好地达到工程要求，故而移动效率的降低对于可控震源系统的应用影响较少；并且这样的设计对于大载重、大起伏地形、复杂恶劣地表环境有良好的适用性。

2. 反力机构设计

当可控震源系统工作时，激振板通过扫频振动向大地传递震动能量，为保证在这个工作过程中激振板始终与大地紧密耦合，从而使激振能量稳定地传向大地，需要通过一定的机械机构设计，利用震源车自重为其稳定工作提供足够的反力，以保证可控震源激振工作状态稳定，此种机构即为反力机构。

可控震源震动油缸通过法兰与激振板连接，激振板上部为空气弹簧，主要起到隔震作用，空气弹簧上部连接反力支架，反力支架与反力支臂、反力油缸连接，最后连接到可控震源车，形成完整的反力系统。

工作时，首先通过车载液压泵经过换向阀组控制反力油缸的伸缩（反力油缸在震源车两侧对称布置，统一控制，以保证同步伸缩），从而调整反力支臂的摆动角度，以控制震动装置的高度，使之与大地接触紧密。期间伴随着行走机构的不断调整，以保证震动装置在高度调整过程中处在正确炮点位置。反力支臂通过圆柱形卡槽与反力支架连接，这样的圆柱形卡槽设计可使反力支架有一定的自由摆动角度，在适应不同起伏的场地过程中，可以通过调整反力支架的转角，从而调整激振板的方向，使震动系统与大地的起伏方向紧密耦合，也通过反力支架，将反力支臂传导的反力传递到下部的震动装置中。反力支架下部设有空气弹簧，其作用主要是为了隔振，以削弱下部震动装置在震动过程中对上部反力机构的震动影响。最后由空气弹簧通过螺杆与激振板连接，通过震动油缸和激振板组成的震动系统实现与大地紧密耦合，从而实现可控震源在稳定震动工作过程中始终保持与大地的紧密耦合。

3. 激振机构设计

震源的设计出力 F 为 10 kN，扫描频率为 6 ~ 500 Hz，据此进行主要部件设计，确定其具体参数。液压油源在液压伺服系统的控制下，在振动油缸上、下油腔压差作用下，重锤上产生惯性力，此作用力在活塞杆连同激振板上产生反作用力 F，该力通过与大地耦合在一起的激振板向下传递，从而满足地震勘探需要。如果激振板按正弦波振动，则重锤的位移、速度、加速度及激振力满足下述关系：

重锤位移 x：$x=h\sin\omega t$；

重锤速度 V：$V=h\omega\cos\omega t$；

重锤加速度 a：$a=-h\omega^2\sin\omega t$；

激振力 F：$F=ma=-mh\omega^2-\omega^2\sin\omega t$。

式中，重锤位移 x 的单位为 m，重锤最大振幅 h 的单位为 m，重锤运动的速度 V 的单位是 m/s，重锤质量 m 的单位为 kg，重锤运动加速度 a 的单位为 m/s^2，重锤运动的角频率 ω 的单位是 rad/s。系统额定工作压力 P_S 设计为 14 MPa，其出力 F 为 10 kN，据公式 $A=F/P_S$ 计算得油缸活塞有效面积 A 为 7. 15 cm^2。

初步设计一个重锤（振动液压缸），外径为 280 mm，高为 280 mm，活塞杆直径为 55 mm，活塞直径为 63 mm，油缸实际有效面积为 7. 42 cm^2，重锤质量 127. 14 kg。激振机构由伺服阀板、活塞杆、重锤（缸体、密封导向套）等部件组成。重锤支架采用预应力结构设计，以减小重锤支架弹性形变引起的能量损失，同时提高支架的使用寿命和结构的整体刚度。激振器的振动平板采用格栅式结构，以最大程度地提高其结构刚度，同时尽量减小其质量，以便其应力分布均匀，提高大地与平板耦合程度，使得信号在向地下传送时的畸变与失真最小，提高激发信号的品质。

激振机构液压系统由双向变量柱塞泵、溢流阀、单向阀、蓄能器及其他辅助液压元件组成。液压油由双向泵注入液压油路，通过高压滤油器进入高压油路，经高压蓄能器至伺服阀控制系统，高压溢流阀为油路提供稳定的高压溢流压力，以此作为高压油路。液压伺服阀控制系统回油路经低压蓄能器、低压滤油器、低压溢流阀回到双向变量泵中，低压溢流阀为油路提供稳定的低压溢流压力，以此作为低压油路。高压蓄能器、高压溢流阀和低压蓄能器、低压溢流阀分别向液压伺服阀控制系统提供稳定的高压和低压液压油工作压力。由于系统内部液压元件、油管的液压油泄露、损失，需要提供这样一个补油泵为整个液压系统提供补油能力，从而使激振机构的液压系统完整稳定的运行。

（三）技术指标与测试

地表可控震源由震源车、激震头、控制器组成，各部分为独立的部件，震源车与激震头通过快速接头连接。

（1）将测力平台的力传感器与信号分析仪连接。

（2）启动震源车，加大油门，待转速稳定后，通过反力手柄操作震源车支臂，将激震头压到测力平台，通过激震头与测力平台，增加反力使力传感器达到 13 kN。

（3）打开震源振动油路供油手柄。

（4）将控制器与控制信号电缆连接，在控制软件参数设置项中输入起始频率 6 Hz、结束频率 500 Hz、扫描时间 40 s。

（5）按 READY，待 GPS 获取秒脉冲后，震源开始激震，监视并记录峰值出力及扫描起止频率。

自行式轻便可控震源的研制成功，为金属矿地震勘探提供了硬件支持，可以促使地震勘探方法在金属矿勘探中发挥重要作用，为深部资源勘探提供有力支撑。

三、浅井液压伺服可控震源

（一）总体设计

井中可控震源由以下四个部分组成（图 5.30）。

图 5.30　浅井激震可控震源

(1) 震源解码控制器。用于接收主控站指令，控制激振系统工作，并采集震源系统的工作参数进行反馈控制。

(2) 汽油机（柴油机）液压泵站。是震源的动力源，泵站采用15 kW汽油机作动力，设计流量和压力待动力头参数确定后再选定，泵站输出液压由两根柔性高压油管与伺服控制箱连接。

(3) 伺服阀控制箱。是电液转换装置，将编码器输出的扫频电信号通过电液伺服阀将泵站的恒定液压油转变为交变液压，以驱动动力头激振。

(4) 孔中可控震源执行机构。是震源机械力输出装置，孔中震源动力头作用于浅孔内(通常在基岩出露区)，动力头与反力机构合于一体，反力机构是一套可在孔内胀紧的装置，利用其与基岩的嵌固力和摩擦力提供反力。

为了便于山地作业，以上震源四部分相互独立，利用柔性高压液压油管快速连接。

(二) 关键部件研制

本研究设计了全液压活塞式孔中反力机构，包括反力油缸安装顶板、反力油缸活塞、反力油缸密封套、反力油缸缸筒、反力油缸进油口、反力油缸回油口、反力油缸底座、支撑油缸缸体、支撑油缸密封套、支撑油缸活塞杆、支撑油缸进油口、支撑油缸回油口等。在每个油缸活塞杆外可以安装防滑板，防滑板与支撑油缸活塞杆之间用沉头镙栓连接，同时可以改变该防滑板的厚度，以保证震源在不同孔径钻孔中的工作。反力油缸与支撑结构单元间靠镙栓连接，反力油缸油管从支撑结构单元上四个支撑油缸间的直通油管引出，与地面液压油源连接。该反力机构与激振机构通过支撑油缸缸体上的螺纹连接。

反力机构的支撑装置为一个四出油缸，包括支撑油缸缸体、支撑油缸密封套、支撑油缸进油口、支撑油缸回油口、四个弧形防滑板。反力机构的反力装置包括反力油缸活塞、反力油缸密封套、反力油缸缸筒、反力油缸进油口、反力油缸回油口、反力油缸底座、反力油缸活塞杆。反力油缸与支撑结构单元间靠镙栓连接。

工作时，首先，反力机构的支撑装置通过进油口注入高压液压油，推动油缸向外运动，从而将四个支撑活塞向外推动，使防滑板与孔壁接触。该反力机构采用对称四个油缸，其进油口并联具有自动定心特点，当任意方向一个油缸接触的岩石松软致使油缸活塞位移变大时，系统压力降低，两侧油缸均可增加行程，以提供足够的压力，并通过油压表显示的油压确定其接触紧密情况。反力机构的支撑装置与孔壁接触好后，利用另一路液压油通过反力油缸进油口将活塞推出，由于反力油缸底座一端与支撑结构连接使其固定不动，活塞伸出推动顶板向下运动将激振板压实，以实现为可控震源提供反力。在需要解除反力时，通过反力装置回油口收油，解除反力装置的反力，在解除反力后，通过支撑装置回油口收油，解除支撑力。

活塞式反力机构由支撑油缸与反力油缸组成，其结构设计如图5.31所示。主要构件如图5.32所示。全液压可控震源的反力机构整体性强，同时通过阀控自动补压保证支撑结构与反力机构保持在一定的压力范围，能够实现自动控制。该震源反力机构解决了以往可控震源靠自重提供反力而使整套设备较庞大的问题，有效减轻了系统的复杂程度。

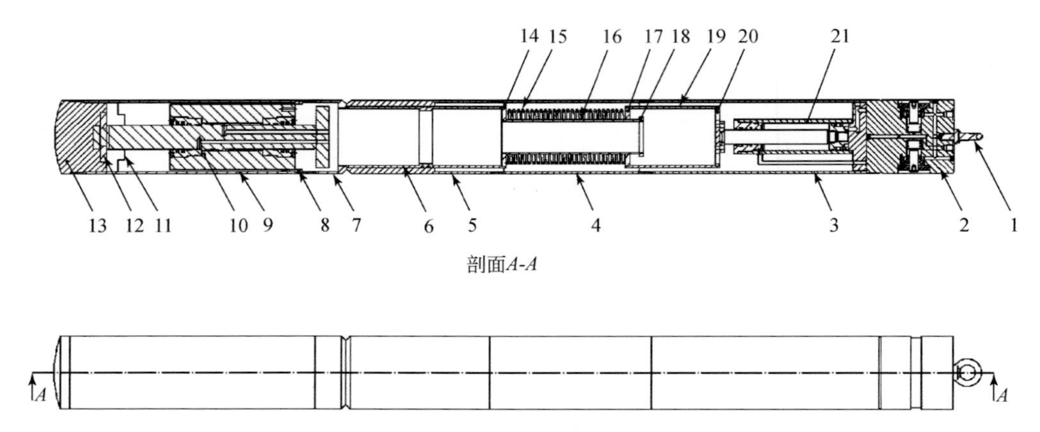

图 5.31 井中可控震源动力单元装配简图

1. 吊环；2. 支撑油缸；3. 保护套管；4. 保护套管；5. 密封保护套管；6. 激振传动支架；7. 保护套管；8. 导向圈；9. 保护套管；10. 激振油缸；11. 激振油缸压紧装置；12. 激振油缸固定装置；13. 激振板；14. 激振传动支架限位套；15. 隔震弹簧；16. 保护套管；17. 震源压紧油缸底板；18. 激振传动支架顶；19. 保护套管；20. 震源压紧油缸顶壳；21. 反力油缸

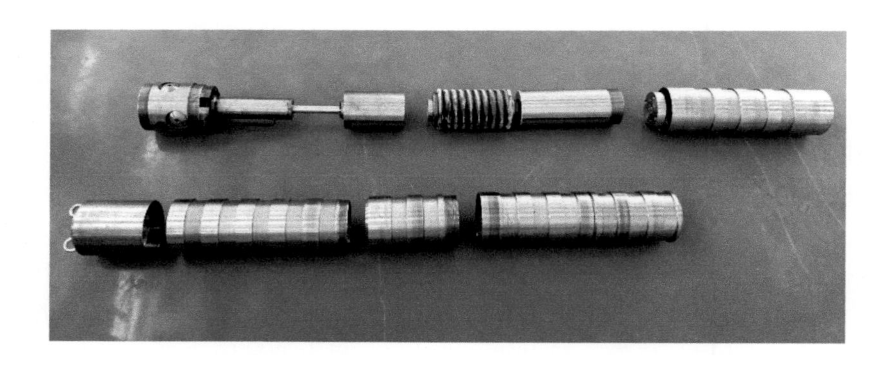

图 5.32 井中可控震源机械结构件

孔中电液伺服式可控震源系统主要由三部分构成：一是数字化激振单元控制器；二是振动状态反馈单元；三是液压执行机构。

（三）技术指标与测试

如图 5.33 所示为井中可控震源测试系统组成示意图，按下述步骤完成测试。

（1）将液压站的输出 IN、输入 OUT 与蓄能器总成的 P、T 通过两端具有快速接头的专用液压油管连接，测力平台的力传感器与示波器连接。

（2）将震源执行机构引出的油管与蓄能器总成对应的油口通过快速接头连接。其中 A、B 为振动油缸油管高、低压油口，C 口及回油 1 为支撑油缸进出油口，D 口及回油 2 为震源孔中固定用油缸的进出油口。

（3）将震源执行机构放置到测试平台上，启动液压泵站，待转速稳定，将泵站液压油

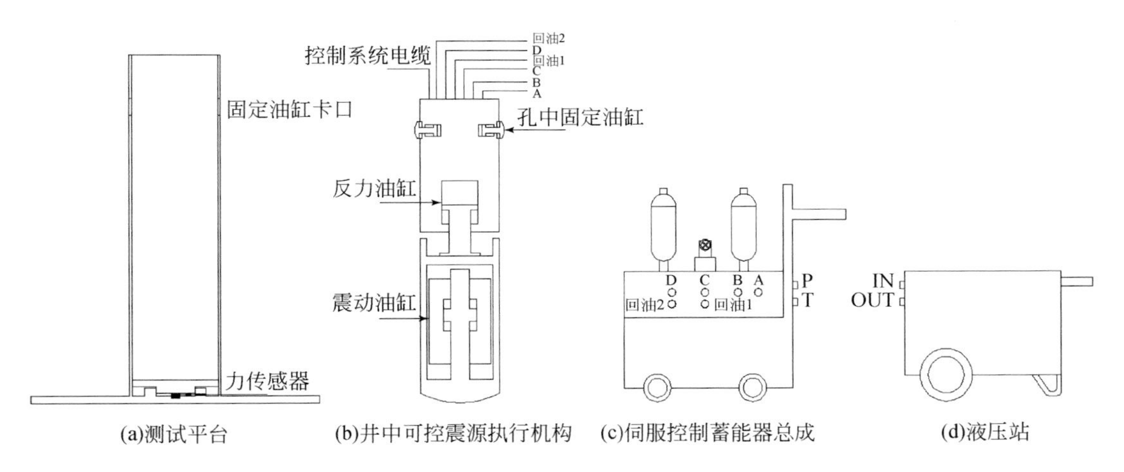

图 5.33　井中可控震源测试系统组成示意图

输出手柄扳至 ON 位。

（4）调节溢流阀与减压阀，使 A 口压力增加至 10 MPa、B 口压力为 1.5 MPa。

（5）通过单向阀和减压阀调节 D 口压力，使震源孔中固定油缸支撑到测试平台固定卡口，并且压力达到 3 MPa。

（6）通过单向阀和减压阀调节 C 口压力，使震源激震头反力达到 10 kN。

（7）将控制器与控制信号电缆连接，在控制软件参数设置项中输入起始频率 6 Hz、结束频率 500 Hz、扫描时间 40 s。

（8）按 READY，待 GPS 获取秒脉冲后，震源开始激震，监视并记录峰值出力，根据频谱获取扫描起止频率。

实测技术指标见表 5.2。

表 5.2　技术指标检测成果表

测试指标	技术要求	检验结果
震源最大出力	≤10 kN	10kN
扫频范围	6～500 Hz	5～500 Hz
GPS 授时精度	授时误差<1 μs	0.03 μs

第三节　方法创新与软件系统

一、方法技术创新

为提高地震勘探方法在金属矿勘查中的应用效果，本研究开展了地震数据处理方法技术研究，包括全波形反演技术系列、多目标地震偏移成像体系、高分辨地震处理技术系列、多域多尺度去噪技术系列、地震信号高分辨率谱分解技术系列、复杂介质金属矿地震正演模拟照明分析方法、多震源混合采集与处理方法等。

（一）全波形反演技术系列

1. 方法原理

全波形反演是最有潜力的以速度参数为主的高精度地震弹性参数建模方法，其基本理论由 Lailly（1983）、Tarantola（1984）等建立，通过对模拟波场和实测波场误差的 L_2 范数所表示的目标函数极小化来更新速度模型，即一个求解局部优化问题的过程。Tarantola提出的基于广义最小二乘的时间域全波形反演，使用炮点正传波场与检波点残差逆传波场的互相关估计出梯度方向，避开了 Frechet 导数的直接计算，使得二维时间域全波形反演的实现成为可能，极大地推动了全波形反演的发展，并为之后的快速发展打下了坚实的基础。由于时间域正演过程的计算效率较低，全波形反演在实践中的应用受到了很大限制，Pratt 等（1998）将全波形反演理论推广到频率域，使得全波形反演的实用性大大增强，同时也奠定了频率域全波形反演的基础。

全波形反演理论和方法技术作为勘探地球物理领域的研究热点，近年来发展十分迅速，是新一代地球物理成像的核心，被地球物理工作者认为是最具有潜力的速度及多参数建模方法。随着理论研究的深入和不断的实践，研究人员发现频率域全波形反演虽然计算效率高，但其应用于实际数据的效果却不尽人意。因此，近年来人们又把目光转移到了时间域全波形反演。相对频率域全波形反演，时间域计算具有更大的优势，时间域正演可以更好地拟合实际数据，并且在进行反演优化前更容易对记录做一些预处理，使得反演效果更好。而且，近年来计算机技术发展迅速，并行算法多种多样，可以很好地解决时间域全波形反演的计算效率问题。因此，频率域与时间域全波形反演各有特点，同时发展。

根据金属矿地震勘探的数据特点，本研究对全波形反演方法及在金属矿地震中的应用进行了系统研究，在模型建立、优化算法、弹性形多参数建模等方面均取得了较大进展，形成多种计算方法和处理策略。为节省篇幅，只介绍其中两种算法。

1）基于匹配滤波的时间域全波形反演

全波形反演是一个强非线性问题，通过模拟波场和实测波场建立的目标泛函，通常具有多个局部极值点，当模拟波场与实测波场差异较大时，非常容易出现“跳周”现象，即陷入局部极值点，从而得不到很好的反演结果。自适应全波形反演（Warner et al.，2015）方法通过将维纳滤波应用到全波形反演中，并用滤波算子构造新的目标函数，当全波形反演受到跳周影响而不能很好地重建速度模型时，该方法可以克服跳周影响，并得到较好的反演结果。借鉴 Warner 等（2015）的思路，本研究通过对模拟波场进行滤波，缩小模拟波场和观测波场的相位差异，并构造了新的 L_2 范数作为目标函数，实现了基于匹配滤波的全波形反演，使反演过程避开局部极值点，最终得到较好的反演结果。

时间域全波形反演基础理论如下：地震波场正演过程可以记为

$$\boldsymbol{d}=L(\boldsymbol{m}) \tag{5.1}$$

式中，$\boldsymbol{m}$ 为地震地球物理参数矢量，如速度、密度、弹性参数等；$\boldsymbol{d}$ 为观测到的地震数据，$L(\cdot)$ 描述了依赖于 $\boldsymbol{m}$ 的地震波场正传播过程。二维时间域全波形反演目标函数为

$$E(\boldsymbol{m})=\frac{1}{2}[L(\boldsymbol{m})-\boldsymbol{d}_{\text{obs}}]^{\mathrm{T}}[L(\boldsymbol{m})-\boldsymbol{d}_{\text{obs}}] \tag{5.2}$$

考虑时间域离散，目标函数可改写为

$$E(\boldsymbol{m})=\sum_{x_s}\sum_{x_r}\sum_{t}[\boldsymbol{d}(t,\boldsymbol{x}_r,\boldsymbol{x}_s)-\boldsymbol{d}_{\text{obs}}(t,\boldsymbol{x}_r,\boldsymbol{x}_s)] \tag{5.3}$$

式中，x_s 为炮点坐标；x_r 为检波点坐标；t 为时间采样点。梯度的计算是全波形反演的核心。为避免直接计算 Frechet 导数，通过炮点正传波场的二阶导数和检波点残差逆传波场做互相关来计算梯度，误差泛函可写为

$$E(\boldsymbol{v})=\frac{1}{2}\sum_{x_s}\sum_{x_r}\sum_{t}[\boldsymbol{Rd}(t,\boldsymbol{x}_s,\boldsymbol{x}_r)-\boldsymbol{d}_{\text{obs}}(t,\boldsymbol{x}_s,\boldsymbol{x}_r)]^2 \tag{5.4}$$

式中，$\boldsymbol{R}$ 为检波点位置算子。根据变分原理，可由式（5.4）得到对模型的梯度为

$$\boldsymbol{g}(\boldsymbol{v})=\frac{\delta E(\boldsymbol{v})}{\delta \boldsymbol{v}}=\frac{2}{\boldsymbol{v}^3}\sum_{x_s}\sum_{t}\frac{\partial^2\boldsymbol{u}}{\partial t^2}\boldsymbol{L}^*[\boldsymbol{R}^*(\boldsymbol{Ru}-\boldsymbol{d}_{\text{obs}})] \tag{5.5}$$

式中，$\boldsymbol{R}^*$ 算子将限定在检波器上的数据残差空间扩展到整个模型空间；$\boldsymbol{L}^*$ 为波场反传播算子。

基于匹配滤波的时间域全波形反演是在上述理论的基础上进行改进的。震源子波和正演系统等因素的差异，很容易造成全波形反演中的模拟波场和观测波场差异较大，出现跳周现象，因此，我们对记录进行匹配滤波，缩小它们之间的差异，以避免跳周。设输入记录为 $\boldsymbol{d}$，滤波算子为 $\boldsymbol{f}$，考虑最小二乘原理，可写为

$$E=\|\boldsymbol{fd}-\boldsymbol{d}_{\text{obs}}\|^2 \tag{5.6}$$

当式（5.6）取最小值时，可得到最佳滤波算子 $\boldsymbol{f}$。滤波后可明显改善记录间的相位差异，并且对记录的振幅影响不大。使用滤波后的记录 $\boldsymbol{d}_f$ 替代原始正演记录 $\boldsymbol{d}$ 得到新的目标函数和梯度，即

$$E(\boldsymbol{m})=\frac{1}{2}(\boldsymbol{d}_f-\boldsymbol{d}_{\text{obs}})^{\mathrm{T}}(\boldsymbol{d}_f-\boldsymbol{d}_{\text{obs}}) \tag{5.7}$$

$$\boldsymbol{g}(\boldsymbol{v})=\frac{2}{\boldsymbol{v}^3}\sum_{x_s}\sum_{t}\frac{\partial^2\boldsymbol{u}}{\partial t^2}\boldsymbol{L}^*[\boldsymbol{R}^*(\boldsymbol{d}_f-\boldsymbol{d}_{\text{obs}})] \tag{5.8}$$

式中，$\boldsymbol{d}_f$ 为滤波后记录。匹配滤波改善了记录间的相位差异，使新的目标函数可以稳定地下降，大大减小了出现“跳周”的可能性，使反演过程向着全局极小的方向进行。

2）基于可视性分析与照明补偿的金属矿弹性波多参数全波形反演

弹性波比单纯的声波含有更多的物性信息，更能反映出介质的多参数真实模型，因此，得到了广大地球物理学者的推进研究。但由于波场中各属性参数相互耦合，地震波速度或波阻抗作为反演参数时，参数间相互影响，利用弹性波全波形反演方法重建地下介质参数分布更加困难。因此，人们多采用参数组合的模式开展弹性波全波形反演计算，并用多尺度策略提高反演精度。

本研究提出一种基于可视性分析与自适应能量补偿的弹性波全波形反演方法，并应用于复杂的金属矿地震勘探多参数建模处理。首先，将观测系统中单个震源和检波器对目标

体的总照明强度定义为该炮检对对目标体的可视性，对弹性波全波形反演中的观测系统进行可视性分析，并计算出可视性分析平面图，将可视性作为加权因子引入到全波形反演中目标函数的计算，给出基于可视性的目标函数，以增加观测波场和模拟波场相互匹配过程中与目的层相关性较高的炮检对的残差权重。其次，对于金属矿复杂地区存在的照明阴影区而导致弹性波场能量不均匀分布、成像效果差的问题，根据给定的观测系统计算波场对地下介质的双向照明强度，构建自适应的加权梯度函数，使得地震波场能量近似均衡分布，从而改善全波形反演效果。

A. 弹性波波形反演

全波形反演中的目标函数 E 可以表示为

$$E = \frac{1}{2}\delta \boldsymbol{d}^{\mathrm{T}}\delta \boldsymbol{d} = \frac{1}{2}\sum_{s}\sum_{r}\int[u_{\mathrm{cal}}(\boldsymbol{x}_s,\boldsymbol{x}_r,\boldsymbol{m},t) - u_{\mathrm{obs}}(\boldsymbol{x}_s,\boldsymbol{x}_r,t)]^2\mathrm{d}t, \tag{5.9}$$

目标函数 E 对模型参数 $\boldsymbol{m}$ 求导可得到梯度方向为

$$\frac{\partial E}{\partial \boldsymbol{m}} = \sum_{s}\sum_{r}\int\frac{\partial(\boldsymbol{u}_{\mathrm{cal}}(\boldsymbol{m}) - \boldsymbol{u}_{\mathrm{obs}})}{\partial \boldsymbol{m}}\delta \boldsymbol{u}\mathrm{d}t = \sum_{s}\sum_{r}\int\frac{\partial \boldsymbol{u}(\boldsymbol{m})}{\partial \boldsymbol{m}}\delta \boldsymbol{u}\mathrm{d}t, \tag{5.10}$$

式中，$\boldsymbol{u}_{\mathrm{cal}}$和 $\boldsymbol{u}_{\mathrm{obs}}$分别为模拟波场和观测波场；公式（5.9）中 $\delta \boldsymbol{d}$ 为两者间的残差。若雅克比矩阵 $\partial \boldsymbol{u}/\partial \boldsymbol{m}$ 已知，则对模型空间中所有扰动进行积分可计算数据空间波场的总变化值。同理，对数据空间的波场扰动求积分可以得到模型空间的变化量为

$$\partial \boldsymbol{u}'(\boldsymbol{x}_s,\boldsymbol{x}_r,t) = \int_V\frac{\partial \boldsymbol{u}(\boldsymbol{m})}{\partial \boldsymbol{m}}\delta \boldsymbol{m}'\mathrm{d}V, \tag{5.11}$$

$$\partial \boldsymbol{m} = \sum_{s}\sum_{r}\int\left[\frac{\partial \boldsymbol{u}(\boldsymbol{m})}{\partial \boldsymbol{m}}\right]^*\delta \boldsymbol{u}(\boldsymbol{x}_s,\boldsymbol{x}_r,t)\mathrm{d}t, \tag{5.12}$$

式中，* 代表相应的共轭矩阵。由于这种反问题的解并非唯一，即 $\partial \boldsymbol{u}(\boldsymbol{x}_s,\boldsymbol{x}_r,t) \neq \delta \boldsymbol{u}'(\boldsymbol{x}_s,\boldsymbol{x}_r,t)$，$\partial \boldsymbol{m} \neq \delta \boldsymbol{m}'$，但由于$[\partial \boldsymbol{u}(\boldsymbol{m})/\partial \boldsymbol{m}]^* = \partial \boldsymbol{u}(\boldsymbol{m})/\partial \boldsymbol{m}$，若将数据空间的扰动看做残差，则从数据空间到模型空间的映射就等同于目标函数的梯度，即

$$\begin{aligned}\partial \boldsymbol{m} &= \sum_{s}\sum_{r}\int\left[\frac{\partial \boldsymbol{u}(\boldsymbol{m})}{\partial \boldsymbol{m}}\right]^*\delta \boldsymbol{u}(\boldsymbol{x}_s,\boldsymbol{x}_r,t)\mathrm{d}t \\ &= \sum_{s}\sum_{r}\frac{\partial \boldsymbol{u}(\boldsymbol{m})}{\partial \boldsymbol{m}}\delta u(\boldsymbol{x}_s,\boldsymbol{x}_r,t)\mathrm{d}t = \frac{\partial E}{\partial \boldsymbol{m}}\end{aligned} \tag{5.13}$$

通过这种对应关系，根据一阶扰动形式下的弹性波方程和格林函数，可以得到纵波速度 $\boldsymbol{v}_{\mathrm{p}}$、横波速度 $\boldsymbol{v}_{\mathrm{s}}$ 和密度 $\boldsymbol{\rho}$ 的梯度表达式为

$$\delta \boldsymbol{v}_{\mathrm{p}} = -2\boldsymbol{\rho}\boldsymbol{v}_{\mathrm{p}}\sum_{\mathrm{s}}\int\left(\frac{\partial \boldsymbol{u}_x}{\partial \boldsymbol{x}}+\frac{\partial \boldsymbol{u}_z}{\partial z}\right)\left(\frac{\partial \phi_x}{\partial \boldsymbol{x}}+\frac{\partial \phi_z}{\partial z}\right)\mathrm{d}t \tag{5.14}$$

$$\begin{aligned}\delta \boldsymbol{v}_{\mathrm{s}} &= 4\boldsymbol{\rho}\boldsymbol{v}_{\mathrm{s}}\sum_{\mathrm{s}}\int\left(\frac{\partial \boldsymbol{u}_x}{\partial x}+\frac{\partial \boldsymbol{u}_z}{\partial z}\right)\left(\frac{\partial \phi_x}{\partial x}+\frac{\partial \phi_z}{\partial z}\right)\mathrm{d}t \\ &\quad -2\rho\boldsymbol{v}_{\mathrm{s}}\sum_{\mathrm{s}}\int\left[\left(\frac{\partial \boldsymbol{u}_x}{\partial z}+\frac{\partial \boldsymbol{u}_z}{\partial x}\right)\left(\frac{\partial \phi_x}{\partial z}+\frac{\partial \phi_z}{\partial x}\right)+2\left(\frac{\partial \boldsymbol{u}_x}{\partial x}\frac{\partial \phi_x}{x}+\frac{\partial \boldsymbol{u}_z}{\partial z}\frac{\partial \phi_z}{\partial z}\right)\right]\mathrm{d}t,\end{aligned} \tag{5.15}$$

$$\delta\rho=(2\boldsymbol{v}_{s}^{2}-\boldsymbol{v}_{p}^{2})\sum_{s}\int\left(\frac{\partial\boldsymbol{u}_{x}}{\partial x}+\frac{\partial\boldsymbol{u}_{z}}{\partial z}\right)\left(\frac{\partial\phi_{x}}{\partial x}+\frac{\partial\phi_{z}}{\partial z}\right)\mathrm{d}t$$
$$-\boldsymbol{v}_{s}^{2}\sum_{s}\int\left[\left(\frac{\partial\boldsymbol{u}_{x}}{\partial z}+\frac{\partial\boldsymbol{u}_{z}}{\partial x}\right)\left(\frac{\partial\phi_{x}}{\partial z}+\frac{\partial\phi_{z}}{\partial x}\right)+2\left(\frac{\partial\boldsymbol{u}_{x}}{\partial x}\frac{\partial\phi_{x}}{\partial x}+\frac{\partial\boldsymbol{u}_{z}}{\partial z}+\frac{\partial\boldsymbol{u}_{z}}{\partial z}\right)\right]\mathrm{d}t \tag{5.16}$$
$$+\sum_{s}\int\left(\frac{\partial\boldsymbol{u}_{x}}{\partial t}\frac{\partial\phi_{x}}{t}+\frac{\partial\boldsymbol{u}_{z}}{\partial t}\frac{\partial\phi_{z}}{\partial t}\right)\mathrm{d}t,$$

式中，$\boldsymbol{u}_x$ 和 $\boldsymbol{u}_z$ 分别为在震源点激发的弹性波场的水平分量和垂直分量；$\boldsymbol{\phi}_x$ 和 $\boldsymbol{\phi}_z$ 分别为在检波点位置激发的反传残差波场的水平分量和垂直分量。选用合适的优化方法，沿着目标函数的负梯度方向，利用迭代式（5.17）对初始模型 $\boldsymbol{m}_0$ 迭代更新，即可得到目标函数的全局最优解，即

$$\boldsymbol{m}_{n+1}=\boldsymbol{m}_{n}-\alpha_{n}\boldsymbol{P}\delta\boldsymbol{m}_{n}, \tag{5.17}$$

式中，α_n 为第 n 次迭代的步长；$\boldsymbol{P}$ 为预处理算子。若选用牛顿法优化参数模型，则 $\boldsymbol{P}$ 为海森矩阵的逆，若选用高斯牛顿法优化参数模型，则 $\boldsymbol{P}$ 为对角海森矩阵的逆。

B. 基于可视性的目标函数

金属矿地震勘探中，由于地表条件的复杂和地下介质的不均匀分布等因素的干扰，只有部分位置的炮点和检波点能激发并接收到与探测地质体有关的地震波信息，通过波动方程照明分析，可以得到观测系统中单个震源和检波点对目的层的归一化总照明强度，即观测系统的可视性，它能直观地描述观测系统中任意炮检对的观测数据对于成像或反演的有效作用。计算基于可视性的目标函数来优化全波形反演中对应炮检对的模拟地震记录与观测记录之间的残差，提高了与目的层有关的地震记录在目标函数中的权重，重点反演深部目标体的构造参数信息。对于二维观测系统中的任意炮检对（$\boldsymbol{x}_s$，$\boldsymbol{x}_r$），其对地下介质的照明强度为

$$I(x,z)=\int|G(\boldsymbol{x}_s,x,z,t)|^{2}\cdot|G'(\boldsymbol{x}_r,x,z,t)|^{2}\mathrm{d}t, \tag{5.18}$$

式中，I 表示坐标为（x，z）处的双向照明强度，G 和 G' 分别表示下行波场和上行波场。对于弹性波多波照明，选用波场的水平分量和垂直分量之和作为总的波场值，可以使照明效果达到最优。应用数学统计分析法，对于给定的目标层或目标范围，可以计算该炮检对关于该目的层的总照明强度，此处，本书提出用归一化地震波场的总照明强度来定义观测系统的可视性，即

$$vis(\boldsymbol{x}_s,\boldsymbol{x}_r)=\iint I(x,z)\mathrm{d}x\mathrm{d}z(x\in x_{\text{target}},z\in z_{\text{target}}), \tag{5.19}$$

式中，vis 表示地震波由 $\boldsymbol{x}_s$ 处的震源激发，$\boldsymbol{x}_r$ 处接收时成像目标范围内整体的照明强度，即炮检对（$\boldsymbol{x}_s$，$\boldsymbol{x}_r$）的可视性。

为便于估计任意一炮检对所得到的地震记录在波形反演计算时波场匹配过程中的作用，用可视性的平均值作为判别标准，大于平均值说明该炮检对接收到的地震记录与目的层的相关性较高。因此，经预处理后可以得到该观测系统对目的层的相对可视性 vis' 为

$$vis'(\boldsymbol{x}_s,\boldsymbol{x}_r)=\varphi\times vis(\boldsymbol{x}_s,\boldsymbol{x}_r), \tag{5.20}$$

$$\varphi=\frac{n_s n_r}{\iint vis(\boldsymbol{x}_s,\boldsymbol{x}_r)\mathrm{d}r\mathrm{d}s}, \tag{5.21}$$

式中，n_s 和 n_r 分别为炮点和检波点的个数，φ 为 vis 的平均值的倒数。当相对可视性的值大于 1 时，即该炮检对的可视性大于观测系统对目的层的可视性平均值，将其引入到波形反演中目标函数的计算，可以得到基于可视性的弹性波全波形反演的目标函数为

$$
\begin{aligned}
E &= \frac{1}{2}(\boldsymbol{vis}' \cdot \delta \boldsymbol{d})^{\mathrm{T}}(\boldsymbol{vis}' \cdot \delta \boldsymbol{d}) \\
&= \frac{1}{2}\sum_{s}\sum_{r}\int vis'(\boldsymbol{x}_s,\boldsymbol{x}_r)^2[u_{\mathrm{cal}}(\boldsymbol{x}_s,\boldsymbol{x}_r,\boldsymbol{m},t)-u_{\mathrm{obs}}(\boldsymbol{x}_s,\boldsymbol{x}_r,t)]^2\mathrm{d}t
\end{aligned} \tag{5.22}
$$

此时，与目标体相关性较高的地震数据在波场匹配时将会占有更多的权重。

C. 自适应能量补偿

反射能量较强的地震记录在波形反演数据拟合时占有更大的比例，而能量较弱的波场对应的速度结构在反演过程中得不到较好的恢复，即使其速度结构与真实模型相差很大，因此，这种波场能量的不均匀分布会影响反演结果的稳定性。两种原因会导致地震波能量在地下介质中不均匀分布：一是地震波的几何扩散现象，使得波场能量随着传播深度的增加而减小；二是地下介质的复杂性，使得波在其传播方向上存在照明阴影区。利用波动方程理论得到的双向照明强度自适应加权梯度，可以同时补偿因观测系统中偏移距不足导致深部波场能量弱的问题和复杂介质中存在照明盲区而引起的能量损失，加权因子取决于在地震波的传播方向对应位置处的照明强度，这在数学上类似于利用海森矩阵优化梯度，得到牛顿类优化方法中的模型更新量。地震波在弹性介质分界面处的能量分配情况可以用 Zoeppritz 方程描述。波场由高速介质向低速介质传播时，透射系数 $T>1$，地震波的透射能量强于反射能量，界面下部的照明强度高于界面上部，此时可以用双向照明强度反比例加权于相应参数的梯度；相反，地震波场由低速向高速介质中传播时，透射系数 $T<1$，则地震波的反射能量强于透射能量，界面上部的照明强度高于界面下部，此时可以用归一化后的照明强度正比例加权于相应参数的梯度。由此可得到弹性波反演中经自适应能量补偿后的模型更新量 $\delta \boldsymbol{m}'$ 为

$$
\delta \boldsymbol{m}'(x,z)=\begin{cases}\delta m(x,z)\times I(x,z), & T<1; \\ \delta m(x,z), & T=1; \\ \delta m(x,z)/I(x,z), & T>1.\end{cases} \tag{5.23}
$$

式中，I 是弹性波场照明强度。

2. 模型试验对比及应用

1）基于匹配滤波的时间域全波形反演

为了对比不同反演方法效果，从原始 Marmousi 模型中抽出 64×192 模型，网格距 12.5 m，真实大小 800 m×2400 m（图 5.34）。采用 15 Hz 主频的雷克子波作为震源，采样间隔 0.7 ms，共接收 1.89 s。震源和检波器排列均位于地表，炮间距 75 m，共 32 炮，检波点间距 12.5 m，共接收 192 道。反演过程采用共轭梯度法，每次迭代需要两次正演。反演初始模型如图 5.35 所示。

常规的 FWI 只迭代了 203 次，目标函数便不再下降，陷入局部极小点，由此时得到的反演结果（图 5.36）可以看到，模型浅部基本可以准确恢复，中部构造界面较模糊，尤其是几条高阻带速度恢复不准确，而深部只能看出构造大体轮廓，速度值与真实值相差较

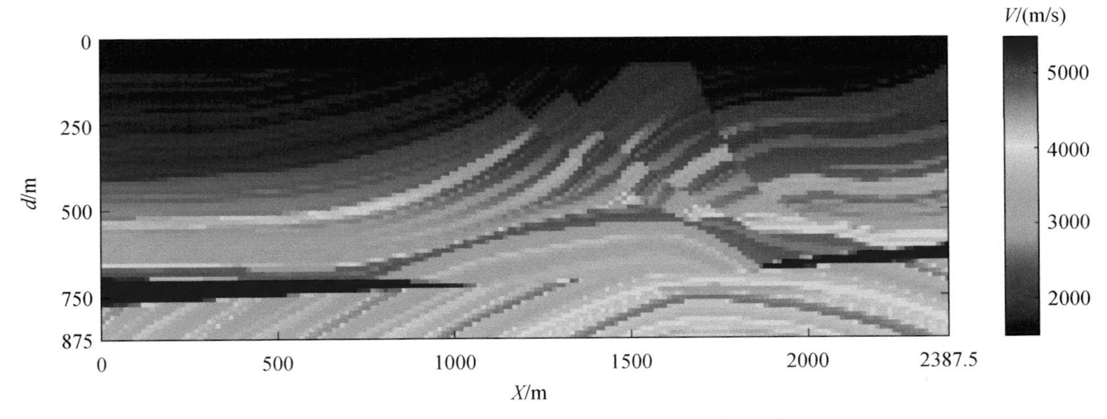

图 5.34　从原始 Marmousi 模型中抽出的真实模型

图 5.35　反演所用初始模型

远。相比之下，基于匹配滤波的波形反演结果（图 5.37）界面更清晰，深部构造更加清晰，速度值也更加接近真实值。对比反演结果模型两侧可见，基于匹配滤波的 FWI 对远偏移距处有更好的反演效果，界面更加清晰，速度恢复更准确。取反演结果 50 m、1750 m 处纵向速度与真实模型和初始模型速度对比可见，虽然基于匹配滤波反演的速度值距离真实值有些差距，但较常规 FWI 而言已有很大提高，尤其是对于模型深部和远偏移距位置。

根据以上分析和数值实验结果可以看到，新的目标函数较传统 L_2 范数具有更好的稳定性，能够稳定下降，使反演过程向着全局极小点收敛，避免了“跳周”现象的影响。对于复杂构造模型，基于匹配滤波的全波形反演对于深部构造界面的重建能力更强，反演结果更接近真实模型的速度值。对于大偏移距处也能有较好的反演质量，中部界面清晰，深层构造界面明显。总体上，反演质量较常规 FWI 有较大的提高。匹配滤波的波形反演较常规 FWI 的反演效率更高，迭代次数较少时，基于匹配滤波的波形反演能够更快地勾勒出界面轮廓，虽然增加了滤波过程，但增加的时间对于整体反演过程来说很微小，整体上减少了全波形反演的计算时间，并且能达到更好的反演质量。

2）金属矿模型弹性波全波形反演

本研究对安徽省庐枞盆地某矿床的复杂地球物理模型（图 5.38）采用弹性波全波形

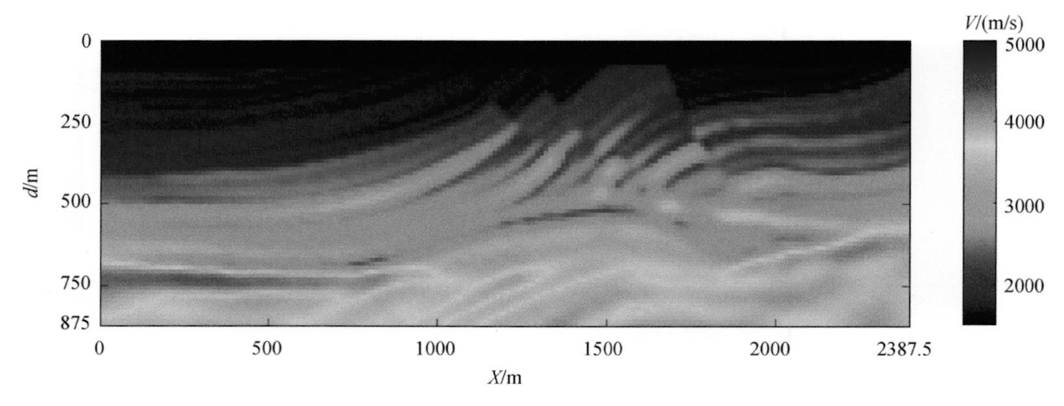

图 5.36 常规 FWI 反演方法计算结果

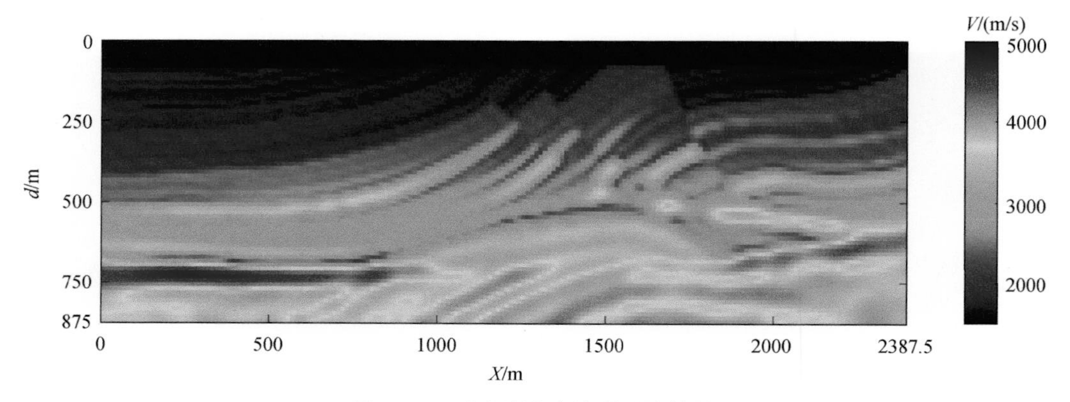

图 5.37 匹配滤波全波形反演结果

反演方法重建速度和密度多参数模型。该模型总体呈复杂的似层状、平缓透镜状，空间上表现为穹隆状，中心以侵染状磁铁矿为主，富、厚矿多环于四周。矿床由多个矿体组成，其中规模较大的只有 3 个矿体，其余均为小矿体（吕庆田等，2010a，2010b；廉玉广等，2011）。对该模型进行重采样后得到的纵波速度模型如图 5.39（a）所示。模型网格点数为 120×400，网格间距为 20 m，模型横向长 8 km，纵向深 2.4 km。主矿体埋深距地表 1.3～1.8 km，且厚度变化较大。横波速度和密度可以在纵波速度基础上由经验公式得出（Brocher，2005；Xu and McMechan，2014），如图 5.39（b）和（c）所示，速度公式为

$$v_s=\begin{cases}0.6v_p, & v_p<3.5\ \text{km/s}\\ \dfrac{1}{\sqrt{3}}v_p & v_p\geqslant 3.5\ \text{km/s}\end{cases}\quad \rho\ (\text{g/cm}^3)=1.74v_p^{0.25}\quad 1.5<v_p<6.1\ \text{km/s}。$$

应用于弹性波全波形反演的初始模型如图 5.39（d）（e）（f）所示。采样率为 2 ms，地震记录长度为 2 s。震源子波为主频 10 Hz 的雷克子波。反演选用 LBFGS 优化方法，最大迭代次数为 100 次。观测系统中 100 个震源水平分布于地表下 40 m 处，起始震源位于水平距离 40 m 处，震源间距为 80 m。400 个检波器深度均为 20 m，起始坐标和间距分别为 0 m 和 20 m。

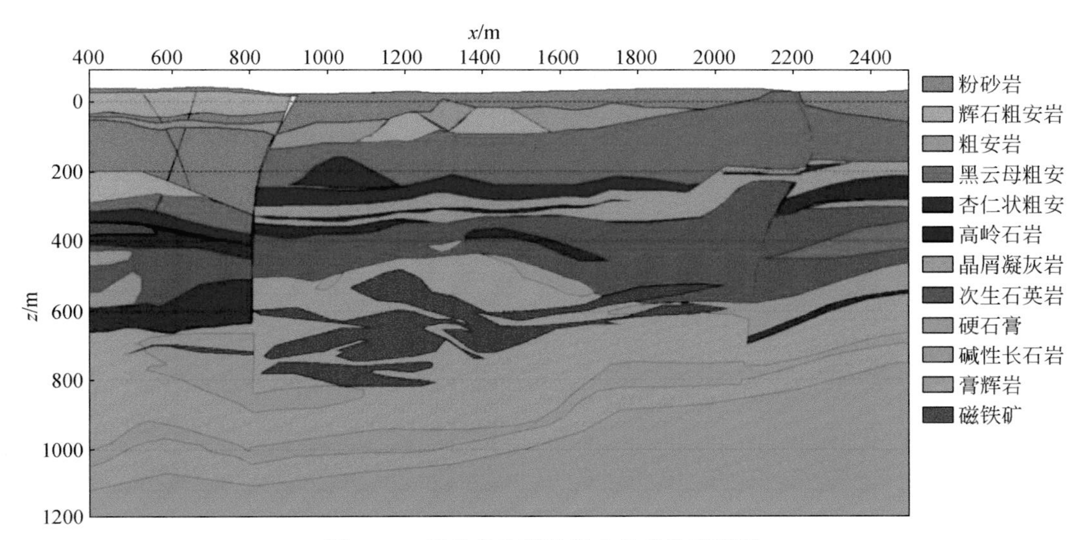

图 5.38　庐枞盆地某段复杂地球物理模型

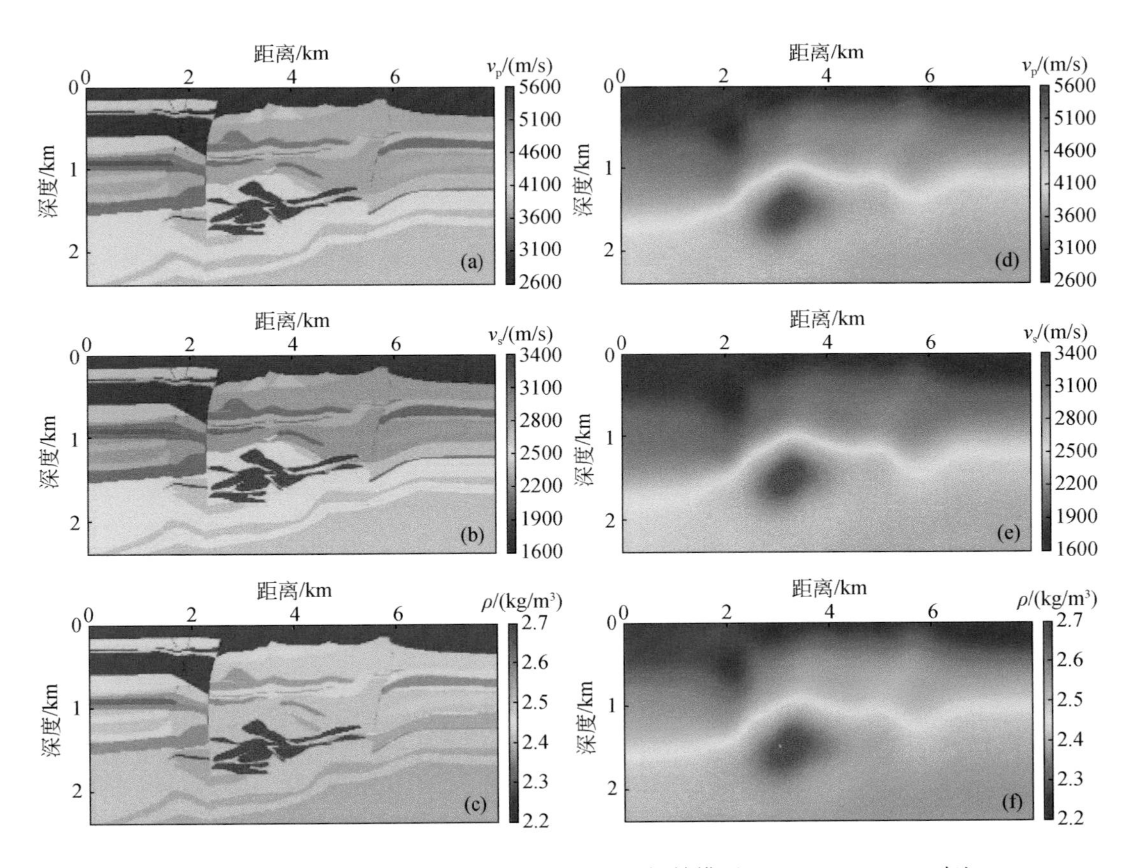

图 5.39　金属矿弹性模型（a）、（b）、（c）和初始模型（d）、（e）、（f）对比

选定的目标范围即为矿体所在的位置，对该观测系统进行可视性分析的结果如图 5.40（a）

所示，弹性波场照明强度如图5.40（b）所示，弹性波的能量除了在地表较强外，在矿体部位也有所聚集。将照明分析的结果引入到全波形反演中，得到基于地震照明的弹性波全波形反演结果［图5.41（a）（b）（c）］。与图5.41（d）（e）（f）所示常规弹性波全波形反演的结果对比可以看出，矿体轮廓的反演更加清晰，说明在反演过程中引入可视性分析和照明补偿，可以有效地改善反演效果。

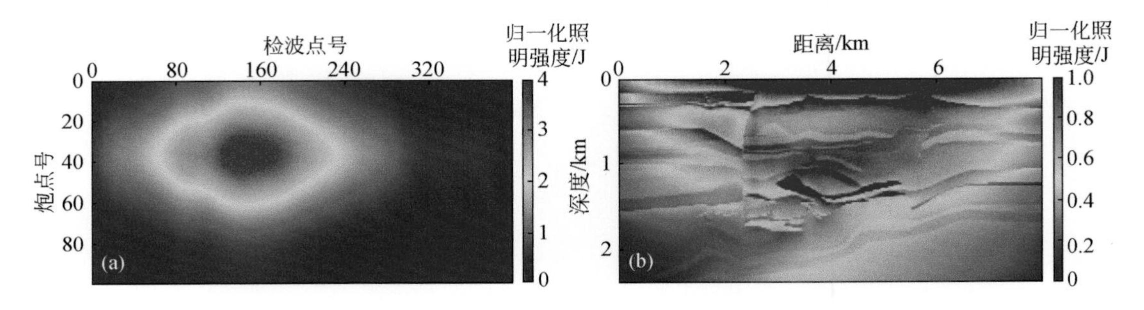

图5.40 观测系统对指定矿体的可视性（a）和弹性波场照明强度（b）

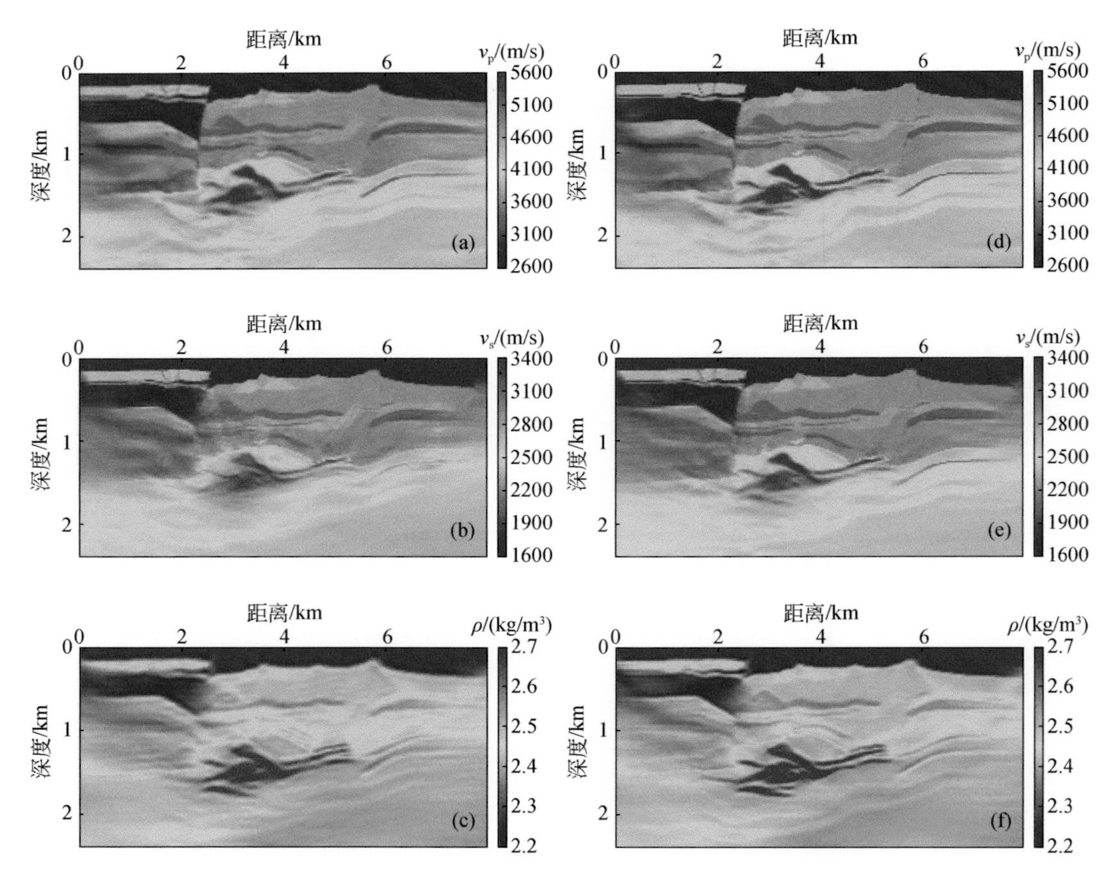

图5.41 金属矿模型反演结果

基于可视性分析和能量补偿的EFWI（左）和常规EFWI（右）

基于可视性分析的弹性波全波形反演策略可以适应于金属矿等复杂介质构造的多参数建模。通过照明统计分析可以得到给定观测系统对反演目的层的可视性，并可应用于波场匹配过程中对应炮检点的残差能量计算。基于可视性构建的反演目标函数，可以充分利用来自于目的层的有效地震信息，提高反演精度。

由于观测系统对地下介质的照明强度可以直观地描述地震波能量的分布情况，利用Zoeppritz方程将弹性波场照明强度引入到全波形反演中，使得地震波场的能量自适应地均衡分布和优化梯度，改善反演质量。

弹性波全波形反演方法可以高精度地重构深部金属矿地质体的多参数模型，包括纵横波速度和密度，可以实现金属矿区地下介质构造的高精度偏移成像。弹性波全波形反演可以利用多波多分量全波场信息，克服单一的纵波地震勘探时由弱阻抗差可能带来的不利影响，为有效地应用地震勘探技术开展深部矿产资源探测提供了新途径。

（二）多目标地震偏移成像体系

偏移成像是地震勘探数据处理中的关键环节，成像处理的算法和软件一直在不断地发展，但是根据探测目标的特殊性和研究目标的要求，在研发集成地震偏移成像处理模块时不但要兼顾偏移算法的普遍性和适用性，而且更主要的是要针对金属矿地震数据的特点研究出更为有效的成像算法。因此，在处理系统中除了首先继承常规的有限差分偏移、频率波数域偏移、相移法偏移和Kirchhoff偏移处理方法外，还根据金属矿模型的数据特点，对于不同的目标（如散射体、板状体和囊状体等不同典型金属矿构造）重点研发了基于散射理论叠前偏移成像技术、起伏地表直接偏移成像、逆时偏移成像技术、L_2范数下最小二乘偏移技术、L_1范数下稀疏偏移成像方法和最新发展起来的一些偏移方法。

1. 方法原理

1）最小二乘偏移原理

最小二乘偏移属于不适定问题，存在多解性，求解过程数值性差。为了克服这一缺陷，在计算最小二乘偏移时，需要对解加以约束，减弱反演问题的不适定性。L_2范数正则化是目前最小二乘偏移最常用的约束条件，本研究将使用L_2范数正则化的最小二乘偏移（称为L_2范数正则化偏移），其能有效减弱问题的不适定性，确保求解过程的稳定。本研究将相移偏移方法和最小二乘偏移理论相结合，提出基于相移偏移算子的最小二乘相移偏移。最小二乘相移偏移能有效节约偏移计算时间，具有较好的成像精度，并且该方法结合多震源采集能够进一步缩减偏移耗时，节约计算成本。

最小二乘偏移是基于最小二乘原理的偏移方法，目标是通过补偿采集缺陷来提高估计的反射系数的质量，然后在最小平方意义下精确地完成这项工作。最小二乘偏移多采用迭代优化算法实现，反射系数在修正循环的每次迭代中不断更新，使得偏移噪声的影响逐渐降到最低，同时提高成像分辨率。最小二乘偏移可以在模型空间或者数据空间实施，两种处理方式都有各自的优点和缺点。

A. 模型空间最小二乘偏移

将算子模型$\boldsymbol{A}$替换为正演算子$\boldsymbol{L}$，地震记录仍用$\boldsymbol{P}$表示，那么最小二乘偏移的解为

$$\boldsymbol{m}=\boldsymbol{H}^{-1}\boldsymbol{L}^{\mathrm{T}}\boldsymbol{P}=\boldsymbol{H}^{-1}\boldsymbol{m}_{\mathrm{mig}} \tag{5.24}$$

式中，$\boldsymbol{H}=\boldsymbol{L}^{\mathrm{T}}\boldsymbol{L}$ 为线性 Hessian 矩阵。最小二乘偏移中，全 Hessian 矩阵数据量很大，直接求取 Hessian 矩阵的逆将面临更加庞大的计算量，比较耗费时间，而且求逆也会存在数值不稳定的情况。因此，在模型空间求解，更加常用的方法是使用迭代算法使目标函数 $J(\boldsymbol{m})$ 最小化来重构反射系数，即

$$J(\boldsymbol{m})=\|\boldsymbol{Hm}-\boldsymbol{m}_{\mathrm{mig}}\|_2^2 \tag{5.25}$$

模型空间最小二乘偏移算法的优势在于它可以在成像空间直接面向目标实施，计算速度快，具有很快的收敛速度。但是，模型空间算法要求显式求解并存储 Hessian 矩阵，当目标模型很大时，该过程的计算量和存储量都十分大。因此，研究人员开展了关于 Hessian 矩阵近似求解方法的研究。对于单源地震数据，Hessian 矩阵是一个大规模的带状稀疏矩阵。在常速度介质或者 $v(z)$ 介质情况下，在地下照明较好的区域，Hessian 矩阵大多为对角占优，可以近似为对角矩阵，极大地减少了数据量。当介质速度出现横向变化或者在照明不好的区域，Hessian 矩阵不能保证对角占优性，这时使用对角近似将严重影响模型空间最小二乘偏移方法的精度。

B. 数据空间最小二乘偏移

数据空间最小二乘偏移算法在数据域实现，即在 L_2 范数意义下，模拟反射系数场的响应，并将它与输入的实际记录数据进行对比。理想情况下，正演模拟的数据和输入的实际数据应该是一模一样的，二者之间的误差，就是反演过程中试图解决和校正的问题。

按照定义，构造正演模拟数据和实测记录的误差目标函数 $J(\boldsymbol{m})$ 为

$$J(\boldsymbol{m})=\|\boldsymbol{Lm}-\boldsymbol{P}_{\mathrm{obs}}\|_2^2 \tag{5.26}$$

式中，$\boldsymbol{P}_{\mathrm{obs}}$为实际观测数据。

数据空间最小二乘偏移不需要显式求解 Hessian 矩阵，降低了计算难度，不额外增加内存消耗。但是使用迭代算法求解优化问题，总计算量较大，收敛速度较慢。现阶段，针对最小二乘偏移的研究主要集中于数据空间最小二乘偏移，旨在寻找更加合适的预处理手段和反演优化算法，尽可能提高计算效率，减少迭代次数，改善成像结果，使其具有更好的实用性。

C. L_2 范数正则化偏移

最小二乘偏移是在反演的框架内，通过实际观测数据求取地下介质的反射系数，它能够得到较好的成像结果。但是，地震反演问题大多属于不适定问题，在这种情况下，最小二乘偏移存在多解性，求解过程数值性差，成像结果对输入数据非常敏感，导致最小二乘偏移抗噪性差，受噪声影响严重。为了克服这一缺陷，在计算最小二乘偏移时，需要对解加以约束，减弱反演问题的不适定性。

正则化约束是求解不适定问题最常用的方法，基本思想是：对目标函数加上约束条件，利用对解和实测数据误差的先验知识，将求解范围限定在某一特定的小区域内。对目标函数进行适当的修改以后，原不适定问题就可以变为一个适定问题来求解。总结起来就是用一个和原不适定问题近似的适定问题的解去代替原问题的解。数学物理各类反问题中，求解不适定问题研究的重点之一就是如何建立有效的正则化约束。目前 Tikhonov 正则化是求解反问题最常用的正则化方法。

Tikhonov 正则化的基本操作如下：在误差目标函数附加模型的二次泛函作为惩罚项，即正则化约束条件采用模型的 L_2 范数，通过最小化转换后的目标函数求得原问题解的较好近似值。根据 Tikhonov 正则化理论，将数据空间最小二乘偏移的目标函数修改为

$$f(\boldsymbol{m})=\frac{1}{2}\|\boldsymbol{Lm}-\boldsymbol{P}_{\text{obs}}\|_2^2+\frac{1}{2}\lambda\|\boldsymbol{m}\|_2^2 \tag{5.27}$$

式（5.27）右边由两项组成：第一项是估计值与实测数据 $\boldsymbol{P}_{\text{obs}}$之间的误差函数，称为数据保真项，用来在求解过程中保留模型的原始特征，确保近似解的真实性；第二项为正则化约束项，λ 为取值非负的正则化参数，又称为衰减因子，其作用是调节数据保真项与正则化约束项之间的比例。λ 的取值和数据噪声水平有一定关系，对计算结果起着十分重要的影响。λ 取值越大，正则化约束项的相对贡献就越大，提高了模型的平滑性及求解过程的稳定。若 λ 取值过大，可能会导致构造的逼近问题和原问题之间出现较大差异，使得近似解与真解相差太远，求解失去意义；若 λ 取值过小，就会过多地保留原问题的不适定性，数值稳定性差，难以得到近似的最优解。当测量数据中的噪声已知时，λ 的取值可以根据 χ^2 分布来确定。当测量数据中的噪声未知时，如果噪声比较严重，那么 λ 的取值就需要适当大些，以降低噪声对反演结果的影响，保持数值稳定性；反之假如数据中噪声较小，则 λ 可选用较小的值，用来确保估计值与实测数据之间的误差较小。

D. 最小二乘 Kirchhoff 与相移偏移方法

基于 Kirchhoff 积分法的最小二乘 Kirchhoff 偏移（LSKM）能够在数据不完整时仍能提供高质量的偏移成像结果。最小二乘偏移方法包括正演模拟和偏移两部分，迭代过程中需要一对对应的反偏移和偏移算子。在 LSKM 中，Kirchhoff 积分法正演模拟可以表示为

$$\boldsymbol{P}(x_r;x_s,t)=\int\boldsymbol{m}(x)\boldsymbol{s}(t)\boldsymbol{G}(x_r;x,t)\ddot{\boldsymbol{G}}(x;x_s,t)\,\mathrm{d}x \tag{5.28}$$

式中，$\boldsymbol{G}(x_r;x,t)$ 表示从反射体的空间位置 x 到检波器位置 x_r 的格林函数，$\ddot{\boldsymbol{G}}(x;x_s,t)$ 是从震源位置 x_s 到反射体 x 的格林函数，$\ddot{\boldsymbol{G}}$ 表示格林函数关于时间 t 的二阶导数，$\boldsymbol{s}(t)$ 为震源子波，$\boldsymbol{m}(x)$ 表示与偏移速度模型的慢度扰动相关的成像剖面。式（5.28）是在遵循 Born 近似条件下得出。Kirchhoff 积分法偏移部分如下所示，即

$$\boldsymbol{m}(x)=\iint\boldsymbol{P}(x_r;x_s,t)(\ddot{s}(t)\boldsymbol{G}(x_r;x,t)\boldsymbol{G}(x;x_s,t))\,\mathrm{d}x_r\mathrm{d}t \tag{5.29}$$

式（5.28）和式（5.29）描述了在 LSKM 中，基于 Kirchhoff 积分法的正演模拟和偏移成像过程。格林函数的计算是 Kirchhoff 积分法正演和偏移的关键步骤，可以通过求解程函方程，或者根据经典渐近射线理论，使用输运方程和射线追踪确定振幅和走时。

相移偏移在常用的偏移算法中虽然不是成像精度最高的方法，但它具有运算速度快、内存占用小、对任何垂向速度 $v(z)$ 地层模型均易处理、无倾角限制等优势。因此，本研究将相移偏移算子和最小二乘偏移结合，提出最小二乘相移偏移，旨在通过提高所选迭代偏移算子的计算效率，缓解最小二乘偏移的计算压力，同时利用迭代偏移弥补常规相移偏移的不足，提高成像精度。

具体来说，只需将最小二乘偏移中的正演算子和偏移算子替换为正演相移算子和偏移相移算子就得到了最小二乘相移偏移。使用共轭梯度法求解最小二乘相移偏移不需要额外

的储存空间，但相比最小二乘 Kirchhoff 偏移，计算速度得到显著提高。

2）基于共散射点的等效偏移距成像方法

等效偏移距偏移是一种叠前时间偏移处理方法，它以散射理论为基础，将地下每一点看成散射点，对地震道集重新编排，在给定的偏移距范围内形成共散射点道集（CSP）；在 CSP 道集上进行速度分析，应用叠前克希霍夫积分公式进行偏移成像。根据偏移剖面质量和速度分析结果的收敛程度，重复上述过程。

等效偏移距偏移方法的基本原理是根据地震旅行时的双平方根方程，采用叠前克希霍夫积分偏移原理，将地震道按产生的散射点，在给定的偏移距范围内抽成道集，称为共散射点道集。形成共散射点道集的过程等效于叠前偏移的过程。然后对形成的道集进行速度分析、动校正和叠加，得到偏移地震剖面，即共散射点成像。再根据偏移剖面的好坏，重复上述过程，直至满意为止。共散射点道集成像既不同于 CMP 叠加，又不同于常规的叠前偏移处理方法。共散射点道集成像与 CMP 叠加的区别在于共散射点道集叠加是叠前克希霍夫偏移，而 CMP 道集叠加是叠后克希霍夫偏移。共散射点道集与共反射点道集的区别在于它包含了共反射点道集上所有的反射能量和来自反射点的散射能量，充分利用了地震信号的有效信息。因此，与一般叠前偏移处理方法相比，共散射点道集具有更高的信噪比，提高了速度分析精度，为成像提供了有效合理的速度参数。

A. 纵波等效偏移距及快速计算

等效偏移距是通过将双平方根方程式转换成一个等效的单平方根方程或双曲线形式来定义的，通过在一个等效偏移距位置 E 处定义并置的新震源和检波点来完成。等效偏移距定义为共散射点在地面的投影与并置的模型震源、模型接收点位置之间的距离。等效偏移距 h_e 被选定出来保持与最初的旅行时轨迹 t 一样的总旅行时间 $2t_e$，这样旅行时间方程式变成 $t=2t_e=t_s+t_r$。同样地，双平方根方程被修改成包含等效偏移距旅行时间的方程，即

$$2\left[\left(\frac{t_0}{2}\right)^2+\frac{h_e^2}{V_{mig}^2}\right]^{1/2}=\left[\left(\frac{t_0}{2}\right)^2+\frac{(x+h)^2}{V_{mig}^2}\right]^{1/2}+\left[\left(\frac{t_0}{2}\right)^2+\frac{(x-h)^2}{V_{mig}^2}\right]^{1/2} \tag{5.30}$$

对等效偏移距 h_e 求解，得到

$$h_e^2=x^2+h^2-\left(\frac{2xh}{tV_{mig}}\right)^2 \tag{5.31}$$

这个结果的重要意义在于，在没有任何时间改变的情况下将双平方根方程转化为单平方根方程。

散射点垂直排列的地表位置是指共散射点（CSP）位置。CSP 道集是由输入记录道累加到道集偏移距单元中所形成的。一个输入记录道上的一个采样点的能量可能来自所有不同 CSP 位置下的散射点，甚至对于同一 CSP 位置来说，一个记录道上的不同样本可能与不同等效偏移距联系到一起。所有输入记录道可能含有来自任何散射点的散射能量。可以看出需要对每个输入记录道的每个样本计算等效偏移距。然而，因为 CSP 道集是由间距为 δh 的偏移距单元组成的，所以只有当输入采样移动到下一个等效偏移距单元时才需要计算。

B. 等效偏移距共散射点道集（CSP）特点

由散射点引起的双曲线位于等效偏移距为零的道集上，经时深转换后，双曲线顶点位置与原模型中散射点位置一致。双曲线顶点偏离了等效偏移距为零的道，可以根据双曲线

顶点与等效偏移距为零的道之间的距离，结合所抽取的 CSP 道集的位置推算出原模型中散射点的具体位置。同理可以分析出倾斜界面、小尺度地质体、复杂地质模型下的共散射点道集的特点。

综合上述对各种地质体模型所抽取的 CSP 道集可知，按照等效偏移距抽取的某一散射点道集能够反映散射点的分布以及反射体、反射界面的位置。①当抽取的 CSP 道集位置恰好与地下散射点在地面的投影位置重合时，散射点的散射能量双曲线顶点位于等效偏移距为零的道上。②由于抽取道集过程中没有时移，散射双曲线顶点纵坐标没有变化，道集中散射能量双曲线双程时间经过时深转换能够推测到地下散射点的具体位置，道集中水平同相轴双程时间经过时深转换，其深度与地下水平界面深度一致。③当抽取的 CSP 道集位置与地下散射点在地面的投影位置不重合时，散射点的散射能量双曲线顶点与偏移距为零的道发生偏离，但散射能量双曲线顶点与零等效偏移距道之间的距离和 CSP 到地下散射点在地面投影点之间的距离一致。④散射点在地面的投影位置与 CSP 位置越接近时，散射能量双曲线就越清晰，当散射点在地面的投影位置与 CSP 位置重合时，散射能量双曲线同相轴最清晰。⑤在模型中点处抽取的 CSP 道集形态与零偏移距剖面及叠加剖面的道集形态类似。

与 CMP 道集相比较来说，CSP 道集所包含的偏移距范围大于 CMP 道集中所包含的偏移距范围，并且每个 CSP 道集单元中含有更大的覆盖次数，因此 CSP 道集中包含更多的数据信息。这就使得与基于 CMP 道集的常规方法相比，CSP 道集能够提供更加准确的速度分析。

C. 克希霍夫积分法叠前时间偏移

克希霍夫积分法叠前时间偏移是指沿绕射旅行时轨迹曲线对振幅求和，并将所有共炮检距结果叠加起来生成最终偏移剖面，基于共散射点道集的叠前时间偏移则是在共散射点道集上应用叠前时间偏移算法。反射波场的声波方程和其克希霍夫积分解表达式为

$$\begin{cases}\dfrac{\partial^2 P}{\partial x^2}+\dfrac{\partial^2 P}{\partial y^2}+\dfrac{\partial^2 P}{\partial z^2}+\dfrac{t^2}{v^2(x,y,z)}P=0 \\ P(x_0,y_0,z_0,\omega)=2\iint_S \dfrac{\partial G(x,y,z,t)}{\partial \vec{n}}P(x,y,z,t)\,\mathrm{d}s\end{cases} \tag{5.32}$$

式（5.32）构成了克希霍夫积分偏移的理论基础，其物理意义在于任意地下一点（x_0，y_0，z_0）的波场振动基于沿着包含该点在内的任意一曲面的波场函数的加权积分，其加权因子为把（x_0，y_0，z_0）视为源点时到该曲面上各点的格林函数。

克希霍夫积分解是惠更斯波动原理的一种数学表达，它阐述了点波源在一定时间传播后位于某一球面位置的分布规律，其实际表达式为

$$P(x,y,z,\tau)=\frac{1}{4\pi}\int_A\left\{\frac{1}{r}\left[\frac{\partial P}{\partial z}\right]+\frac{\cos\theta}{r^2}[P]+\frac{\cos\theta}{vr}\left[\frac{\partial P}{\partial t}\right]\right\}\mathrm{d}a \tag{5.33}$$

其中，$[P]$ 表明在延迟时 $\tau=t-r/v$ 时刻，波场 P 在区域 A 上的积分。式（5.33）中的第一项依赖于波场$\dfrac{\partial P}{\partial z}$的垂向梯度，第二项被称做近场项，因为它随$\dfrac{1}{r^2}$衰变，这两项在地震偏移中被忽略；剩余的第三项被称作远场项，它才是克希霍夫积分偏移的基础。

克希霍夫积分偏移通过 3D 空变速度场计算非零偏旅行时，再沿计算的旅行时轨迹对

振幅进行标定与求和。在求和前的振幅标定分别应用倾角因子 $\cos\theta$、球面散射因子 $1/vr$、振幅与相位校正。此外，无论做任何方法偏移、对输入数据在 x 和 y 方向的重采样，均需要通过一个适当的反假频滤波进行补偿。

2. 模型试验对比及应用

1）单源地震数据最小二乘偏移模型测试

采用 SEG/EAGE 断层模型来验证本研究提出的最小二乘相移偏移的有效性，并与常规相移偏移和最小二乘 Kirchhoff 偏移对比成像质量和计算时间，这里采用常规的 L_2 范数正则化约束最小二乘偏移，求解算法为共轭梯度法。

为降低计算量，在不影响计算效果和模型特征的前提下，对原始速度模型进行重新采样，缩小模型规模。速度模型和反射系数模型如图 5.42 所示。

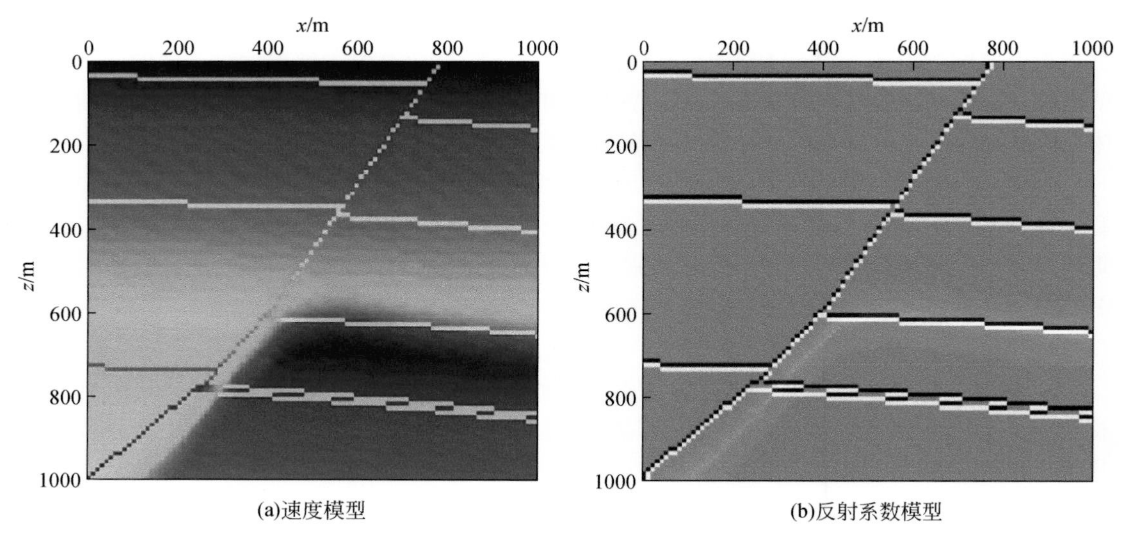

(a)速度模型 (b)反射系数模型

图 5.42 SEG/EAGE 断层模型

模型的横向和纵向网格点数均为 100 个，网格间距均为 10 m。时间采样间隔 dt 为 0.002 s。震源个数为 50 个，炮间距为 20 m；检波器个数为 100 个，道间距为 10 m。使用主频 30 Hz 的雷克子波作为震源子波。分别进行常规 Kirchhoff 偏移、最小二乘 Kirchhoff 偏移（图 5.43）和常规相移偏移、最小二乘相移偏移（图 5.44）。

由图 5.44 可以看出，常规 Kirchhoff 偏移剖面中存在较为明显的偏移画弧，深部反射界面成像能量较弱，高陡构造不能有效成像；常规相移偏移剖面中也存在明显的成像噪声，绕射能量聚焦不完全，同相轴波形较宽，成像精度不高。最小二乘相移偏移具有更高的成像精度，能够获得高质量的成像剖面，但计算时间也显著增加。此外，最小二乘相移偏移在成像质量和计算效率上比最小二乘 Kirchhoff 偏移方法具有明显优势。

2）等效偏移距成像实际资料处理

金属矿地区实际资料来自于安徽省庐江县、枞阳县交界位置的工作区，地下构造断层发育，勘探目的层较浅（<1000 m），地震资料信噪比偏低，最大覆盖次数仅为 26 次，数据不规则，不利于速度分析以及偏移成像处理。

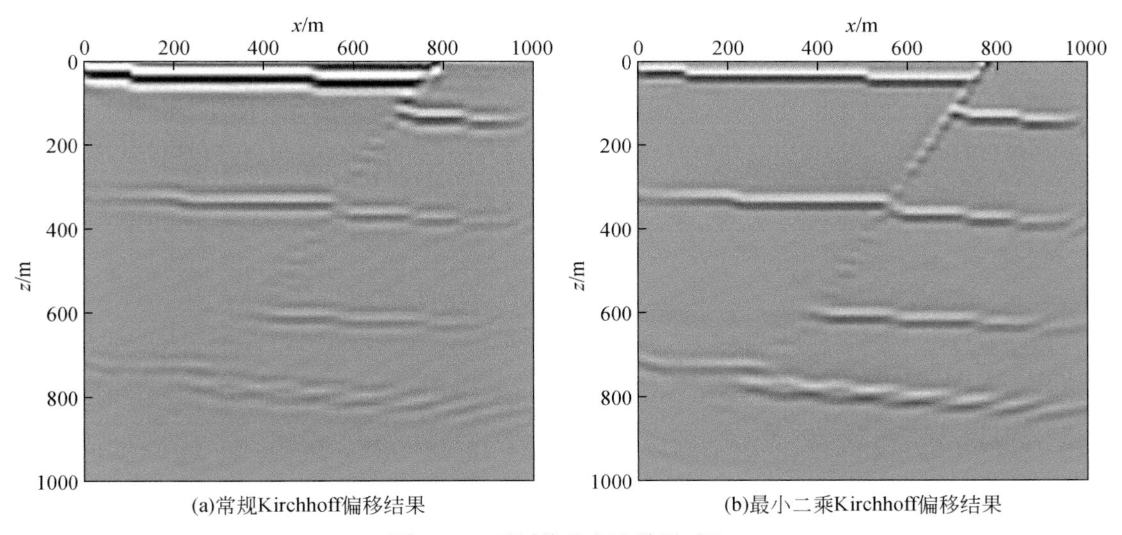

图 5.43 不同偏移方法效果对比

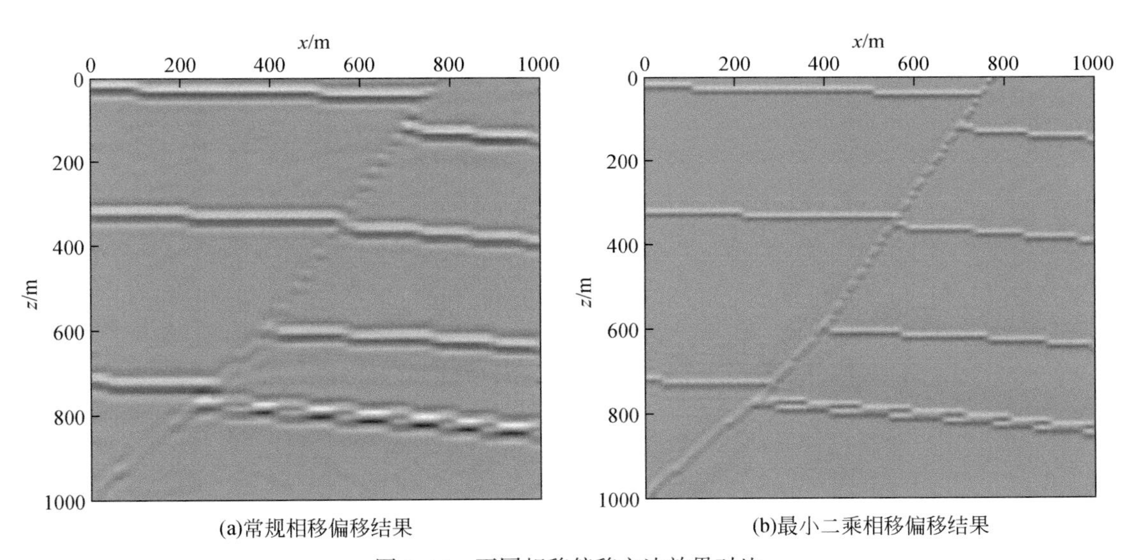

图 5.44 不同相移偏移方法效果对比

首先开展速度分析工作。为了说明基于 CSP 的成像效果，本研究对比分析了共中心点和共散射点的速度分析结果（图 5.45、图 5.46）。对比抽取出的共中心点道集以及与该 CMP 对应的共散射点道集的速度谱，可以看出，基于共散射点道集进行速度分析得到的速度谱能量团更加聚焦，分析出的速度更加准确，而基于共中心点道集进行速度分析得到的速度谱能量团聚焦效果不好，找不准正确的速度。因此，对数据抽取出共散射点道集，并在共散射点道集上进行速度分析能够得到更加准确的速度，能量聚焦效果得到改善，能够为偏移成像提供一个更为合理的速度场。

图 5.47 是用等效偏移距偏移方法对地下构造进行成像的偏移结果，图 5.48 是用常规叠后偏移方法对地下构造进行成像的偏移结果。

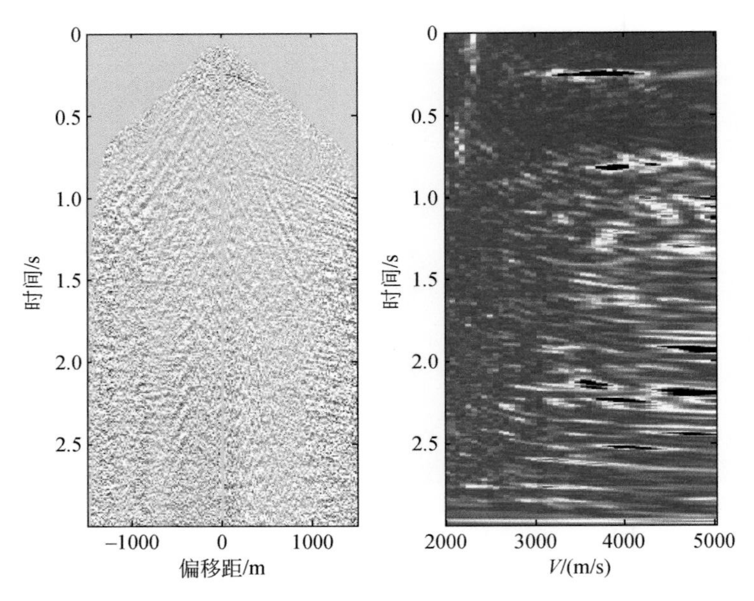

图 5.45 抽取出的共中心点道集的速度谱

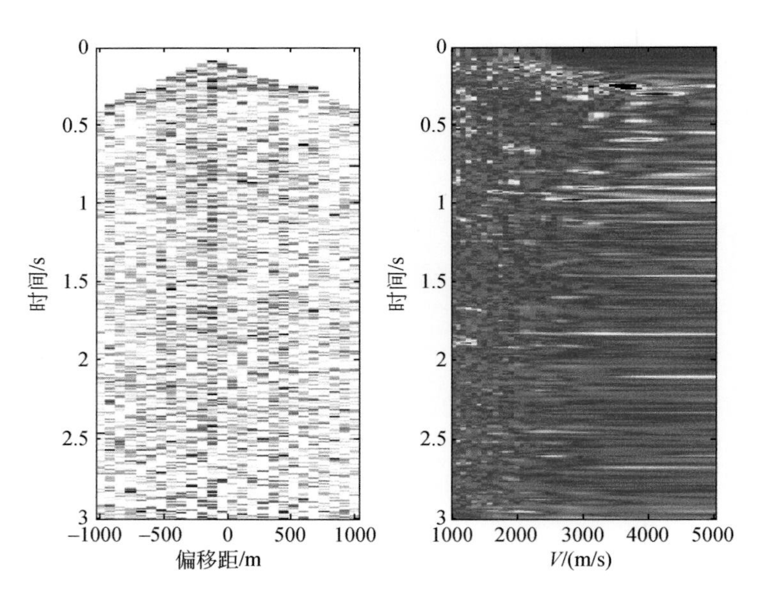

图 5.46 与 CMP 对应的共散射点道集的速度谱

由偏移成像结果可以看出，基于等效偏移距的偏移成像结果要优于常规叠后偏移成像结果，同相轴的连续性得到改善，信噪比也得到提高，最终的偏移成像质量也得到了提高。并且等效偏移距偏移方法的计算效率非常高，节省了很多计算时间。在处理实际资料时，需要配合使用常规的处理手段，如滤波、去噪、静校正、速度分析、动校正、叠加等，才能取得较好的成像效果。

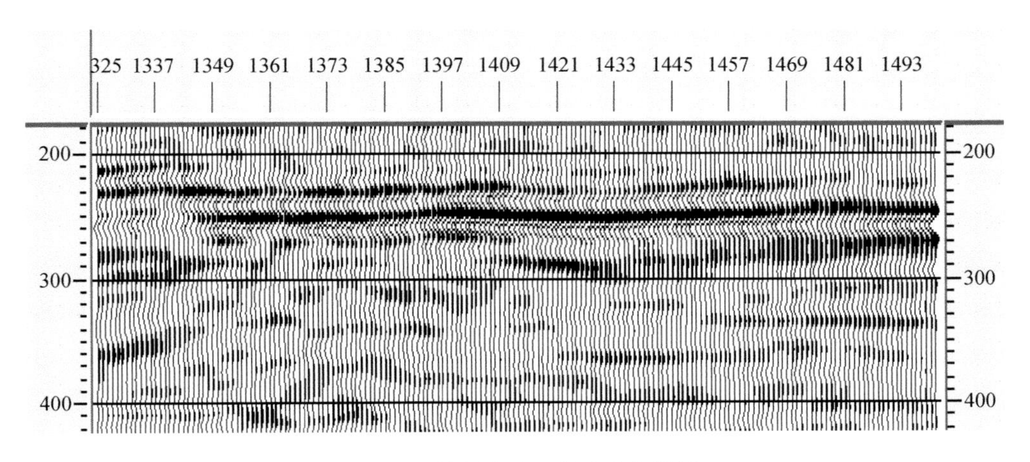

图 5. 47　等效偏移距偏移成像结果

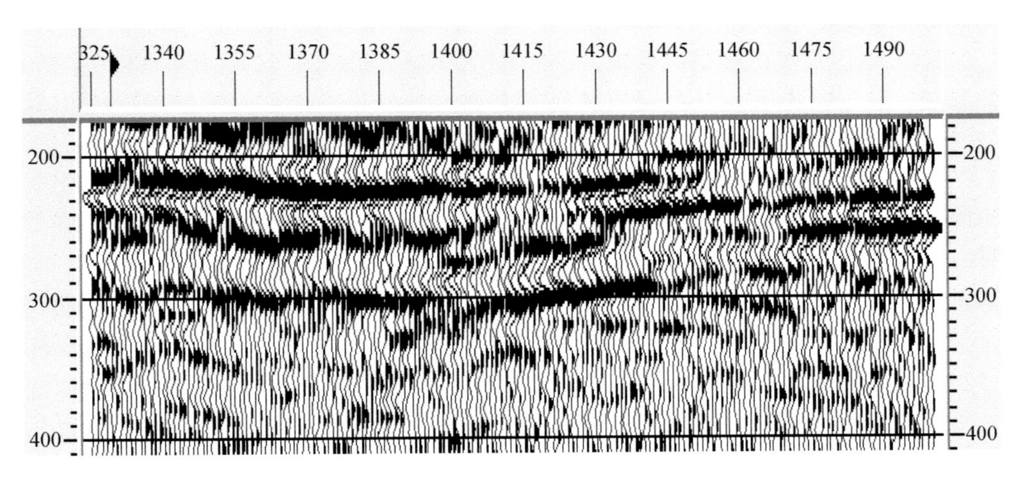

图 5. 48　常规叠后偏移成像结果

通过上述对实际资料的一系列处理，能够看出等效偏移距偏移方法基于散射理论，在形成共散射点道集的过程中充分利用了数据信息，抽取出的共散射点道集包含更大的偏移距覆盖范围和更高的叠加次数。基于共散射点道集进行速度分析得到的速度谱能量聚焦效果更好，提供的速度更加准确，能够为偏移成像提供一个合理的速度场。用等效偏移距偏移方法进行偏移成像的时候，其地震同相轴的连续性较好，信噪比得到改善，能够较好地反映地下地质构造的信息。

（三）高分辨地震处理技术系列

高分辨率处理是针对金属矿地震数据的主要内容之一，包括高分辨率速度分析、吸收衰减分析与反 Q 滤波等子波处理、高分辨率成像、高分辨率谱分解和高分辨率动校正等内容，本书仅介绍部分相关创新研究成果，包括速度分析和高分辨率叠加。

1. 方法原理

1）基于稀疏 Radon 变换的速度谱计算

利用相似性测量某一道集地震同相轴的相干性被广泛应用于正常时差速度分析。本研究提出一种基于稀疏双曲 Radon 变换计算相似系数的新方法。常规的相似系数计算与互相关能量的归一化有关，其值等于信号能量与总能量的比率。本研究提出用稀疏 Radon 变换域的平方根代替信号能量、用数据平方根稀疏 Radon 变换域代替总能量。这种方法计算的相似系数与常规的计算方法相比具有更高的分辨率，通过无噪声和加噪声模型测试，证明了该方法可以产生稳定、有效的结果。另一个实际数据例子证实了该方法可以获得更好的相似性谱用于速度分析。

常规的相似性分辨率在道集中含有均值非零的噪声和同相轴在时间窗口内间距较小时，往往表现很差。Thorson 和 Claerbout（1985）最先提出随机反演理论来获得稀疏速度道集用于叠加。Ulrych 等（2001）应用贝叶斯定理引入一个先验概率密度函数来建立无伪影、补偿孔径速度道集，并且重建偏移距空间。事实上，这种稀疏反演方法就是我们熟知的 Radon 变换。另一种提高速度谱分辨率的方法是加权相似性方法，用权重函数乘以正常时差（NMO）校正道集地震道的振幅。Fomel（2009）提出考虑 CDP 道集 AVO 异常的 AB 相似性方法，通过最小平方反演设置轨迹趋势来检索 AB 参数。尽管与常规的相似性相比，AB 相似性的分辨率降低了两倍，但是它非常适用于振幅倒转的情况。Luo 和 Hale（2012）提出了偏移相关加权函数，改变了加权函数的局部相似性，把它命名为相似度加权的相似性。他们得到了一个高分辨率的相似性，由于局部相似性更为敏感，轻微的时差就能有效地改变和影响道集。

本研究提出一种新的方法来计算基于稀疏约束反演高分辨率相似系数。常规的相似系数计算与互相关能量的归一化有关，在一个线性信噪模型中，它等于信号能量与总能量的比率（Neidell and Taner，1971）。因此，如果增加信号能量与总能量分辨率，相似性的分辨率将明显改善。基于稀疏双曲 Radon 变换（SHRT），稀疏 Radon 域可以重新计算信号能量与总能量。

常规的相似性测量多道数据的相干性，速度分析的相似系数定义为

$$s(t_0)=\frac{\sum_{t=t_0-\frac{l}{2}}^{t_0+\frac{l}{2}}\left(\sum_{i=1}^{N_x}d(t,x_i)\right)^2}{N_x\sum_{t=t_0-\frac{l}{2}}^{t_0+\frac{l}{2}}\sum_{i=1}^{N_x}d(t,x_i)^2} \tag{5.34}$$

式中，t_0 为零偏移距的截距时间，$s(t_0)$ 表示 t_0 时间的相似性，l 为时间平滑窗口的宽度，N_x 是一个道集内的道数，双曲线旅行时轨迹 $d(t,\ x_i)$ 沿着时间轴求和，这就是著名的正常时差公式：$t(x)=\sqrt{t_0^2+\frac{x_i^2}{v^2}}$，$x_i$ 为其中第 i 道的偏移距，v 为一组假定不同的叠加速度。常规相似系数可以被看做是一系列序列与固定值的互相关系数，当序列均匀分布时，相似系数值最小。相似系数分辨率可以通过用双曲求和曲线乘以加权函数 $w(t,\ x_i)$ 来改善。加权函数通过偏移距的大小来定义，以增加大偏移距数据的权重，也可以通过局部相似性对不同的道进行加权，来明显改善相似谱的分辨率。

相似系数计算可以定义信号能量与总能量的比值（Neidell and Taner，1971），为了建

立一个高分辨率的相似性，本研究通过高分辨率速度道集对有限孔径积分进行补偿。Radon 域与叠加速度道集相似，通过翻转慢度坐标轴，可以用双曲 Radon 域的 $m(\tau, v)$ 来代替方程中的分子，用数据能量 Radon 域的 $m'(\tau, v)$ 代替分母。为了改善 Radon 域的分辨率，双曲 Radon 变换在一个混合的频率–时间域来证实 Radon 域的稀疏性。有关双曲 Radon 变换详细的描述将在下面描述。双曲 Radon 变换方程可以写为：$m(\tau,v)=\boldsymbol{R}[d(t,x)]$，$m'(\tau,v)=\boldsymbol{R}[d(t,x)^2]$。这里的 $\boldsymbol{R}$ 表示 Radon 变换算子，详见下一部分；τ 为截距时间；v 为叠加速度、慢度的倒数。高分辨率的相似性系数为

$$s_R(t_0,v)=\frac{\sum_{t=t_0-\frac{l}{2}}^{t_0+\frac{l}{2}} m(\tau,v)^2}{N_x\sum_{t=t_0-\frac{l}{2}}^{t_0+\frac{l}{2}} m'(\tau,v)} \tag{5.35}$$

为了得到一个平滑的相似系数，需要应用 2D 低通滤波对 Radon 域进行平滑。平滑后的高分辨率相似系数可以写为

$$s_R(t_0,v)=\frac{\sum_{t=t_0-\frac{l}{2}}^{t_0+\frac{l}{2}} \Phi[m(\tau,v)]^2}{N_x\sum_{t=t_0-\frac{l}{2}}^{t_0+\frac{l}{2}} \Phi[m'(\tau,v)]} \tag{5.36}$$

从稀疏 Radon 域来看，$S_R(t_0, v)$ 较常规的相似性具有更高的相似分辨率。对于稳定的双曲 Radon 变换反演来说，$S_R(t_0, v)$ 在处理被噪声污染的数据时可以得到满意的结果。

2）smart 叠加技术

这是一种处理地震数据的新型共中心点叠加方法。该方法已被用于合成天然地震透射层析成像数据和高分辨率浅层数据处理。通过叠加前共中心点道集对中部振幅进行更多的加权来排除边缘振幅，从而提高最终叠加的信噪比。

相对于常用的直接平均叠加法，这种叠加技术有许多明显的优势：不仅将突发噪声的影响降至最低，加强了叠加反射波的振幅，还消除了由于静校正误差、动校拉伸和速度分析不完善对频率造成的畸变。因此，相对于传统的叠加地震剖面，smart 叠加法能够拥有更高的分辨率和空间相干性。

smart 叠加法的原理是：在叠加前将共中心点道集的边缘振幅去除或破坏，从而突出中部振幅的影响，进而提高最终叠加的信噪比。这么做有可能排除或者至少能够减少边缘振幅的影响，而边缘振幅正是会对最终叠加结果起到负面影响的因素。该方法主要步骤如下。

第一步：对于共中心点道集的每个时间样点，计算其 α 修正平均值 A_α，即

$$A_\alpha=\frac{1}{N-2L}\sum_{i=L+1}^{N-L} a_{(i)} \tag{5.37}$$

式中，N 为样点数或共中心点叠加次数；$a_{(i)}$ 为第 i 个样点的振幅；α 为修正参数（$0\leqslant\alpha\leqslant 0.5$），$L=[\alpha N]$，当 $\alpha=0$ 时，A_α 等于平均值，$\alpha=0.5$ 时，A_α 为中值。通过对 α 进行核对和调整，可以得到一个特征平均值。这一步是为了确保计算过的 A_α 所受高幅异常或低幅异常影响最小，这样它就代表了更多中部数据的影响。这一步同时也通过计算均值消除了突发噪声的影响。

第二步：针对各时间的样点，排除其中所有与 α 修正平均值符号不同的振幅。

$$\hat{a}_i(t)=\begin{cases}a_i(t) & \text{if} \quad \text{sign}(a_i(t))=\text{sign}(A_\alpha) \\ & \text{Null} \quad \text{otherwise}\end{cases},1\leqslant i\leqslant N \tag{5.38}$$

式中，$\hat{a}_i(t)$ 为当 $M\leqslant N$ 时，长度为 M 的被选样品。这么做是为了在叠加前将可能对最终求和结果起负面作用的样点去除。因为一组正值加上一个负值会使总和降低，并降低叠加信号的频率。

第三步：根据各样点与计算过的 α 修正平均值的接近程度，为其计算一个特定的权。接近程度越大，就得到越大的权重。对一般反比距离公式稍加调整计算权值，即

$$W_i(t)=1/(x_i)^s, \tag{5.39}$$

式中，$W_i(t)$ 为 $\hat{a}_i(t)$ 的权，$x_i=\sqrt{(\hat{a}_i(t)-A_\alpha)^2}$（即 $\hat{a}_i(t)$ 与 A_α 的方差），s 为自定义常量，用于控制加权函数的精确度。进行这一步的目的是提高中部样本的影响，同时减少边缘部分影响，从而确保对最终求和结果进行更好的估计。这样，任何剩余的突发噪声对最终叠加结果产生的影响将被降至最低。

第四步：将计算得到的权归一化，使 $\sum W_i(t)=1$，有

$$\hat{W}_i(t)=\frac{W_i(t)}{\sum\limits_{j=1}^{M}W_j(t)}, \tag{5.40}$$

归一化过程保留了每一道和相邻各道之间的相对振幅。将归一化的权 $\hat{W}_i(t)$ 与相应样点振幅 $\hat{a}_i(t)$ 相乘，得到加权振幅 $\hat{a}_i^w(t)$，再将其平均就得到 smart 叠加结果。

$$A=\sum_{i=1}^{M}\hat{a}_i^w(t), \quad 当\ \hat{a}_i^w(t)=\hat{W}_i(t)\cdot\hat{a}_i(t) \tag{5.41}$$

2. 模型试验对比及应用

1）高分辨速度谱

图 5.49（a）为含噪声模拟地震数据。图 5.49（b）和图 5.49（c）分别为常规相似

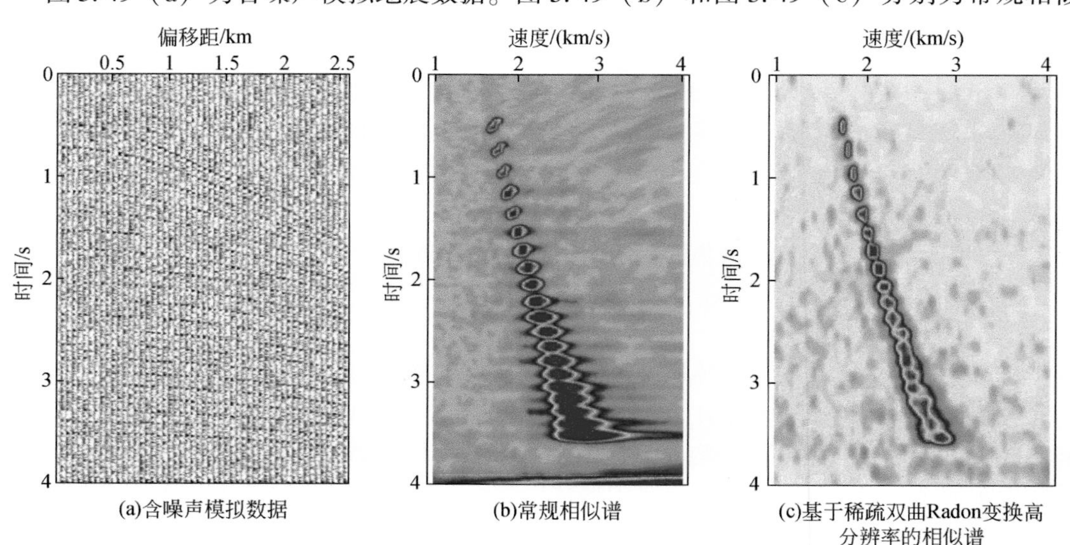

图 5.49 含噪声模拟地震数据

谱和基于稀疏双曲 Radon 变换的高分辨率相似性谱。常规的相似谱在速度轴上仍然存在模糊现象，分辨率较低，对于深部反射，速度分辨率更低。然而，对于基于稀疏双曲 Radon 变换的高分辨相似性方法而言，速度谱具有很高的分辨率，可以很容易通过拾取聚焦能量来得到叠加速度。图 5.49 说明了当道集中噪声水平很高时，在稀疏双曲 Radon 变换中稀疏约束反演的稳定性相当好。

野外现场数据是一个 CMP 道集。第一个反射面来自基底表面，时间大约在 3 s 附近，CMP 道集的最大偏移距为 5 km［图 5.50（a）］。图 5.50（b）是常规的相似性频谱，图 5.50（c）是基于稀疏双曲 Radon 变换高分辨率相似谱。很明显，后者比前者有更高的分辨率。由于速度谱的稀疏性，很容易识别出集中的能量。此外，后者对于 CMP 道集深部同相轴（>5 s）能量聚焦有很好的作用。

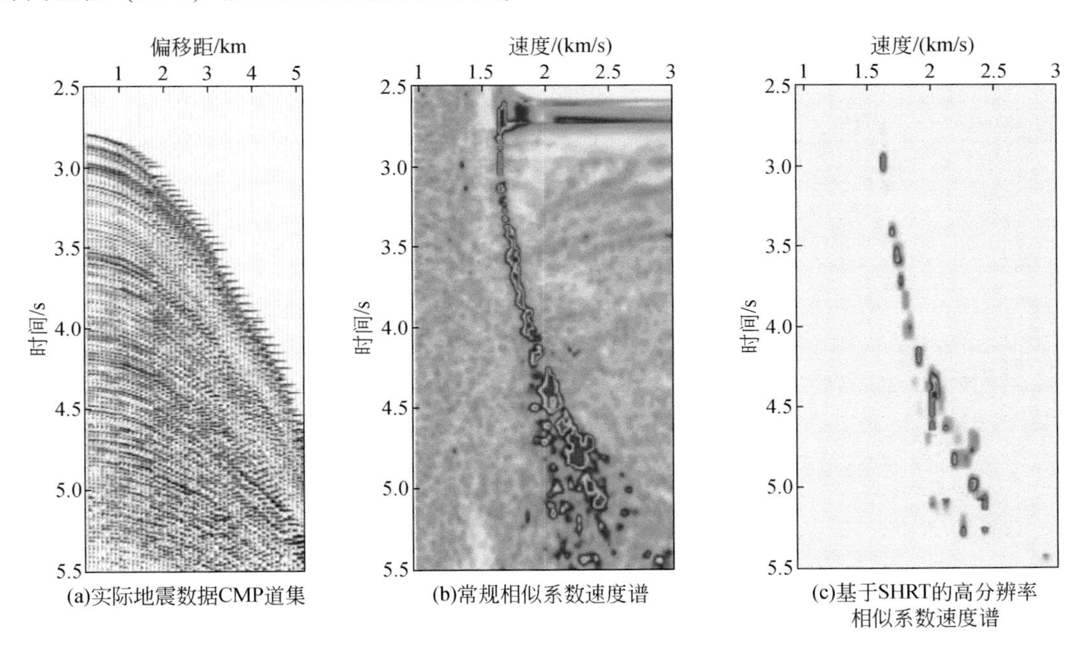

图 5.50　实际数据的相似度为速度谱

对于高分辨率的相似系数，本书采用道集数据的 Radon 域来代替信号能量，采用数据平方（数据能量）Radon 域来代替总能量。Radon 域的稀疏性对于获得相似系数值很重要，它可以通过在理论部分描述的权重参数 λ 来调节。因此，可以通过 λ 值控制拉冬域的稀疏性来调整相似谱的分辨率。λ 值表示稀疏约束参数，它的值既不能太大也不能太小。如果 λ 值太大，在 Radon 域中会丢失一些小的同相轴产生的聚焦能量，进而导致相似谱中的一些信息丢失；如果 λ 值太小，相似系数的分辨率会降低。

2）Smart 叠加实例

将 smart 叠加法应用于庐–枞地震勘探数据，160 道接收，最大偏移距为 1600 m，图 5.51 和图 5.52 是 CDP 点号从 1760 到 1860，总共 101 个 CDP 叠加的部分剖面，应用效果较好。

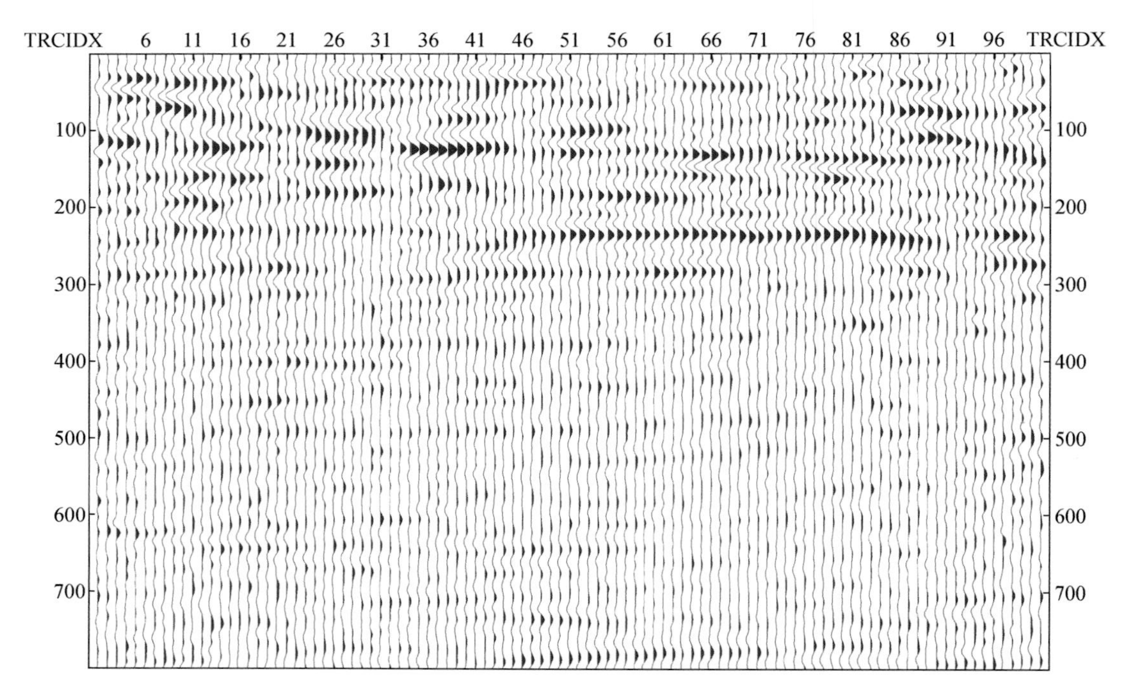

图 5.51　常规叠加方法所得叠加剖面

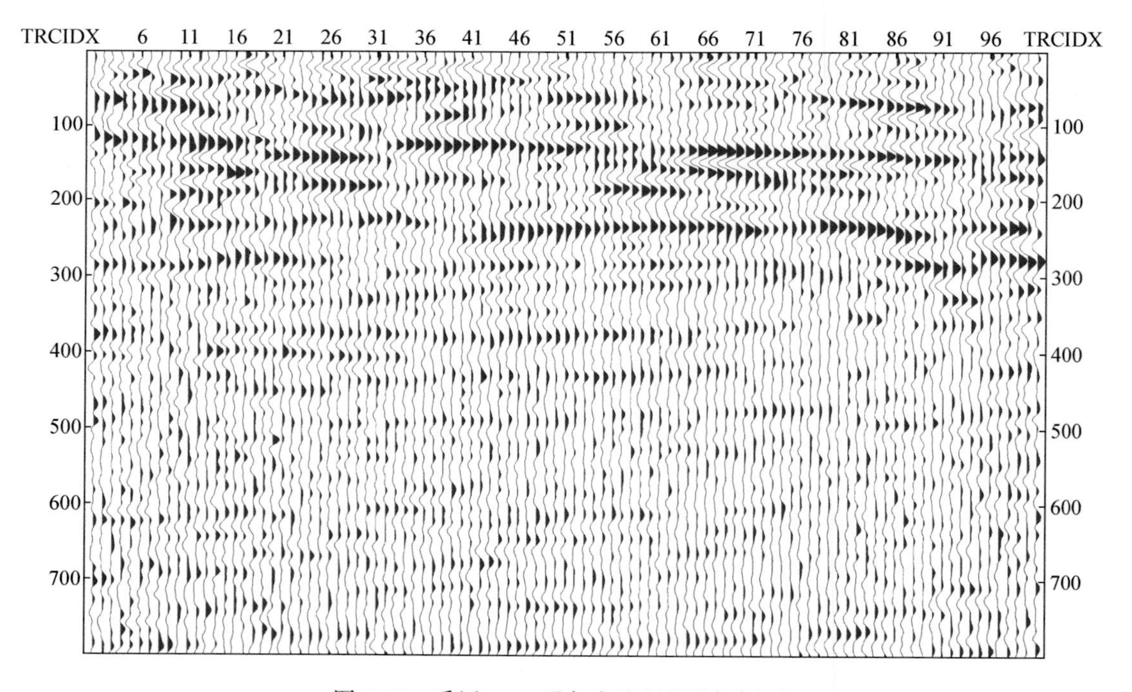

图 5.52　采用 smart 叠加方法所得叠加剖面

（四）多域多尺度去噪技术系列

金属矿区的数据因其地表形态的复杂多变，原始采集的地震记录信噪比一般都较低，除了存在声波和强面波等震源干扰波以外，各类由地下构造产生的转换波、侧反射波和绕射波也同时存在，同时矿区的工业电、微震干扰也十分严重。因此，在采集的数据中，金属矿地震勘探中地震波噪声问题十分严重，为了获得高分辨率的地震资料，压制噪声的方法与技术在金属矿地震勘探中的重要性十分凸显。目前常用的噪声衰减方法基本来自于油气勘探，但此方法对于多为硬岩区地表的金属矿勘探并不十分有效。

地震去噪技术的研究往往是针对某类噪声，对于实际金属矿区的多源噪声来说，采取单一方法难以有较好效果，很多学者虽联合使用了多种去噪方法，但均为常规方法，去噪效果有限。本章针对金属矿区地震噪声分类与特点，研究了相应的去噪新技术新方法，并设计了优化的组合去噪流程，根据噪声的来源和分步特征，采用多域（t-x，f-k，Radon，Curvelet，t-f 等）多尺度的去噪策略。对于常规的去噪技术，本书不再介绍，重点介绍时频域和基于稀疏变换或稀疏表示的地震信号去噪方法。

1. 方法原理

1）多尺度非局部均值地震数据随机噪声压制

对于图像系统 V 中的某一元素 s_i，通过非局部均值去噪后得到的元素定义为

$$NL(s_i)=\sum_{s_j\in V}w(s_i,s_j)s_j \tag{5.42}$$

式中，权重 $w(s_i,s_j)$ 依赖于元素 s_i 和元素 s_j 之间的相似度，并满足以下条件：$0\leqslant w(s_i,s_j)\leqslant 1$ 且 $\sum_{s_j}w(s_i,s_j)=1$。为了计算各个元素点之间的相似度关系，Buades 等（2005）定义了一种新的邻域：在图像系统 V 中，N_i 定义为元素 s_i 的邻域或相似性窗口，定义在邻域 N_i 上的元素表示为 s_{N_i}，$s_{N_i}=(s_k,k\in N_i)$。因此，元素 s_i 和元素 s_j 之间的相似性依赖于向量 s_{N_i} 和 s_{N_j} 之间灰度的相似度。使用欧式距离来计算向量 s_{N_i} 和 s_{N_j} 之间的权重，用 $\|s_{N_i}-s_{N_j}\|_2^2$ 来表示。Efros 和 Leung（1999）证明其是比较图像窗口一种行之有效的手段。由欧式距离可以得到权重为

$$w(s_i,s_j)=\frac{1}{Z_i}\exp\left(-\frac{\|s_{N_i}-s_{N_j}\|_2^2}{h^2}\right) \tag{5.43}$$

式中，Z_i 为归一化因子，$Z_i=\sum_j\exp\left(-\frac{\|s_{N_i}-s_{N_j}\|_2^2}{h^2}\right)$，使 $w(s_i,s_j)$ 满足 $\sum_{s_j}w(s_i,s_j)=1$；参数 h 控制指数函数，即权重的衰减程度，h 值太大会导致图像模糊，太小会导致去噪不充分。

传统的非局部均值去噪算法由于对图像中的每一个元素点都要进行全局加权平均计算，那么假设图像共有 M 个元素，则对每一个元素都必须计算 M 个权值，使其计算效率大大降低，这对于实际生产中大量数据的处理具有很大局限性。为克服以上缺点，引入基于分块的非局部均值去噪算法。

基于分块处理的非局部均值去噪能很大程度地提高计算效率，其实现流程主要包括三

部分。

（1）将待处理的图像分为具有互相重叠部分的若干小块；假设图像 Ω 分为若干小的区块 B_i，B_i 是以元素 s_{ik} 为中心、大小为（$2a+1$）^{d} 的区块，其中对于二维图像数据 $d=2$、三维图像数据 $d=3$ 且相邻区块之间有一定的重叠，则 $\Omega=\cup B_i$。n 表示两个区块之间的中心距离。为了保证去噪以后数据整体的连续性，满足：$2a>n$。

（2）分别对这些小区块进行常规非局部均值去噪；对于每个小块 B_i 分别进行非局部均值去噪，假设 B_i 中共有 I 个元素，则对于 B_i 中的每一个元素 B_{ik}，有

$$NL(B_{ik}) = \sum_{B_j \in I} w(B_{ik}, B_j) B_j \tag{5.44}$$

式中，$w(B_{ik},B_j)=\frac{1}{Z_{ik}}\exp\left(-\frac{\| B_{ik}-B_j \|_2^2}{h^2}\right)$，$Z_{ik}$ 为归一化因子。

（3）具有相互重叠部分的区块在滤波以后，针对重叠位置处的元素 s_i，则得到多个滤波后的结果，假设其存储在向量 A 中，则对 A 做平均，即该元素去噪后的结果为

$$NL(s_i) = \frac{1}{|A|}\sum_{p \in A} A(p) \tag{5.45}$$

通过分块处理，计算量得到大幅度降低，对于海量地震数据的去噪处理十分有用。

在分块非局部均值去噪计算过程中，滤波参数（参与计算权重的范围和控制参数 h）的选择会影响到去噪效果。如果计算权重的范围选择过大，平滑控制参数 h 过大，则在去噪的同时会对边缘信息有所平滑，使得图像模糊；如果计算权重的范围过小，控制参数 h 过小，则对噪声不能够完全剔除。针对这一现象，提出基于小波分解的多尺度非局部均值去噪方法，通过对不同滤波参数得到的滤波结果做小波分解，进行融合，进一步改善去噪效果。其基本流程如下。

（1）首先分别用两组不同的滤波参数对待处理图像进行分块非局部均值去噪处理，分别得到两个去噪结果 I_u 和 I_o。其中，I_u 对应较小的滤波参数 f_u，即 I_u 侧重于对数据图像结构信息的保持；I_o 对应较大的滤波参数 f_o，即 I_o 侧重于对数据图像的噪声压制。

（2）分别对 I_u 和 I_o 做离散小波分解，本研究只采用一级分解。根据小波塔式分解理论，I_u 和 I_o 分别得到不同小波子带。

（3）图像的低频成分往往反映了其主要特征，而高频成分主要反映细节构造部分。分别选取 I_u 的低频子带和 I_o 的高频子带，并组成新的混合小波子带。

（4）对上述得到的混合小波子带数据进行逆离散小波变换，即可重构得到去噪后的图像。

2）基于 K-SVD 算法的地震随机噪声压制

本研究将基于 K-SVD 算法的学习型完备字典应用到地震数据去噪中，对地震数据进行稀疏去噪处理，并选用信噪比作为评价标准。与几种传统的地震数据去噪方法对比和分析，结果显示，本研究提出的方法具有更强的去噪能力。

含噪地震数据模型可表示为

$$y=m+\varepsilon \tag{5.46}$$

式中，m 表示待估计的不含噪声的模型数据，y 为含噪的地震数据，ε 为非耦合随机噪声。噪声压制就是通过一种方法将噪声从地震数据 y 中移除，尽可能准确地估计出 m，即通过

一定的方法压制噪声 ε。

硬阈值去噪即将阈值以上的大系数保留，阈值以下的系数置零。实际上，根据压缩感知和稀疏表示理论，去噪问题可转化为最小化问题，即

$$\begin{cases}\hat{x}=\operatorname{argmin}\|x\|_0^0, \quad \text{s. t.} \quad \|y-S^{\mathrm{H}}\|_2^2\leqslant\sigma \\ m=S^{\mathrm{H}}x\end{cases} \tag{5.47}$$

式中，S 为选定的某种固定变换，如傅里叶变换。H 表示共轭转置，$x=Sm$ 表示 m 在变换域 S 的系数，σ 是与噪声相关的误差控制参数，x 零范数表示非零系数的个数，通过对这个零范数最小化处理，得到最稀疏的 $\hat{x}$，然后通过逆变换得到去噪结果 m。

在式（5.47）中，S 是提前选好的某种固定变换。由于地震数据通常含有复杂的几何特征，所以只用单一的变换基函数并不能很好地表示地震数据。使用基于实例的学习型稀疏字典，该字典是冗余的，即超完备的，它是由若干个函数组成的，这些字典元素被称为原子。

自适应学习型完备字典的构造，可以从待处理的地震数据 y 出发，构造冗余字典，实现对真实理想数据的估计。首先将理想输出地震数据 m 划分成一些子块 m_{ij}（i，$j\in\Omega$，Ω 表示整个数据集合）。假设每个子块 m_{ij}都可以由字典中某些原子的线性组合来表示，相对应的系数为 x_{ij}，通过最小化函数求出 x_{ij}，即

$$\begin{cases}\hat{x}_{ij}=\operatorname{argmin}\|x_{ij}\|_0^0, \quad \text{s. t.} \quad \|D^{\mathrm{H}}x_{ij}-m_{ij}\|_2^2\leqslant\sigma \\ \hat{m}_{ij}=D^{H}\hat{x}_{ij}\end{cases} \tag{5.48}$$

式中，σ 为逼近误差控制参数。然后对 $i,j\in\Omega$ 的遍历就能够得到所有的 $\hat{x}_{ij}$的估计值，前提是 $\hat{m}_{ij}$和冗余字典 D 是已知的。由于所有元素 $i,j\in\Omega$，可把式（5.48）改写成另一种形式，即最小化罚函数得到估计值 $\hat{x}_{ij}$

$$f(\hat{D},\hat{x}_{ij},\hat{m}_{ij})=\lambda\|m-y\|_2^2+\sum_{i,j}\mu_{ij}\|x_{ij}\|_0+\sum_{i,j}\|D^{\mathrm{H}}x_{ij}-m_{ij}\|_2^2 \tag{5.49}$$

式中，λ 和 μ_{ij}表示罚函数权重，如果 $\hat{D}$ 和 $\hat{m}$ 已知，那么就可以最小化上面方程得到 $\hat{x}_{ij}$。

上述学习型字典的稀疏效果类似于传统的变换，也会带来伪吉布斯现象，出现边缘失真。为了压制这些现象，可以把式（5.49）中零范数换为全变差（total variation，TV）最小化形式，即

$$f(\hat{D},\hat{x}_{ij},\hat{m}_{ij})=\lambda\|m-y\|_2^2+\sum_{i,j}\mu_{ij}\|x_{ij}\|_{\mathrm{TV}}+\sum_{i,j}\|D^{H}x_{ij}-m_{ij}\|_2^2 \tag{5.50}$$

当假定字典 D 是已知的情况下，则式（5.50）中的就有两个未知项：每个子块 $\hat{m}_{ij}$在字典中对应系数 $\hat{x}_{ij}$ 和理想的输出地震数据 m。假定初始 $m=y$，即可寻求最佳的 $\hat{x}_{ij}$，则式（5.50）变为

$$f(\hat{D},\hat{x}_{ij},\hat{m}_{ij})=\sum_{i,j}\mu_{ij}\|x_{ij}\|_{\mathrm{TV}}+\sum_{i,j}\|D^{\mathrm{H}}x_{ij}-m_{ij}\|_2^2 \tag{5.51}$$

再通过最小化上述的方程得到

$$\hat{x}_{ij}=\arg\min\mu_{ij}\|x_{ij}\|_{\mathrm{TV}}+\|D^{\mathrm{H}}x_{ij}-m_{ij}\|_2^2 \tag{5.52}$$

通过正交匹配追踪算法求出 $\hat{x}_{ij}$，即当 $\|D^{\mathrm{H}}x_{ij}-m_{ij}\|_2^2\leqslant\sigma$ 时，迭代停止。这样就可以通过正交匹配追踪算法求得每一个 $\hat{x}_{ij}$，继而可求出 $\hat{m}_{ij}=D^{\mathrm{H}}\hat{x}_{ij}$。然后固定 x_{ij}更新字典 D，设向量

$\boldsymbol{d}_k$ 为即将更新字典 D 的第 k 列原子，则 y 可分解为

$$\begin{aligned}\|y - Dx\|_F^2 &= \|(y - \sum_{j\neq k} d_j x_T^k) - d_k x_T^k\|_F^2 \\ &= \|E_i - d_k x_T^k\|_F^2\end{aligned} \tag{5.53}$$

式中，x_T^k 为字典原子 d_k 对应的稀疏系数集 x 的第 k 行向量，矩阵 $\boldsymbol{E}_k$ 表示不含 d_k 的误差矩阵。F 角下表示范数类型为 Frobenius 范数，简称 F 范数，下角 T 表示数据是列向量形式。定义集合

$$\omega_k = \{i \mid 1 \leqslant i \leqslant k, x_T^k(i) \neq 0\} \tag{5.54}$$

为 x_T^k 的索引集，即地震数据 $\{y_i\}$ 分解时所有含有字典原子 d_k 的 $\{y_i\}$ 构成的集合。$\boldsymbol{\Omega}_k$ 为 $N\times|\omega_k|$ 阶矩阵，该矩阵在 $[\omega_k(i),\ i]$ 点上的元素都为 1，其余点上的元素都为 0，设矩阵向量分别为 $\boldsymbol{E}_k$ 和 $\boldsymbol{x}_T^k$ 去零后的收缩效果。然后选择只与 ω_k 对应的约束矩阵 $\boldsymbol{E}_k$ 来得到 $\boldsymbol{E}_R^k$，对其进行奇异值分解

$$\boldsymbol{E}_R^k = \boldsymbol{E}_k \Omega_k,\quad x_R^k = x_T^k \Omega_k,\quad E_k^R = \boldsymbol{U}\Delta\boldsymbol{V}^{\mathrm{T}} \tag{5.55}$$

式中，$\boldsymbol{U}$ 和 $\boldsymbol{V}$ 为相互正交的矩阵，$\boldsymbol{\Delta}$ 为对角矩阵，且满足

$$\boldsymbol{\Delta} = \begin{bmatrix} \Sigma & 0 \\ 0 & 0 \end{bmatrix},\quad \Sigma = \mathrm{diag}(\sigma_1, \sigma_2, \cdots, \sigma_r) \tag{5.56}$$

式中，$\boldsymbol{\sigma}_r(i=1,2,\cdots,r)$ 为矩阵 $\boldsymbol{E}_k^R$ 的所有非零奇异值，r 为矩阵的秩。设对角阵 $\boldsymbol{\Delta}$ 的最大奇异值为 $\Delta(1,1)$。用矩阵 $\boldsymbol{U}$ 的第一列替换字典原子 d_k，利用矩阵 $\boldsymbol{V}$ 的第一列与 $V(1,1)$ 的乘积来更新系数向量 $\boldsymbol{x}_R^k$，此时字典 D 中的 d_k 列原子更新完毕。将字典 D 按照这种方式逐列更新得到新的字典。然后再回到方程重新迭代，如此重复，直到得到满意结果。

3）基于双稀疏字典和 FISTA 的地震去噪

DDTF 是一种高效的字典学习方法，与 KSVD 相比，DDTF 在紧标架的约束条件下，只做一次 SVD 分解就可达到更新字典的目的，在速度上优于 KSVD，并且能保持 KSVD 的精度。基于 DDTF 的双稀疏字典去噪可以表示为

$$\underset{D,\tilde{a}_i}{\mathrm{argmin}} \|y_i - \boldsymbol{\Phi}^{-1} D^{\mathrm{T}} \tilde{a}_i\|_2,\ \mathrm{s.\,t.}\quad \begin{cases}\|\tilde{a}_i\|_0 \leqslant t \\ \boldsymbol{D}^{\mathrm{T}}\boldsymbol{D} = I\end{cases}, \tag{5.57}$$

式中，y_i 为含噪数据 Y 的第 i 列，$\boldsymbol{\Phi}$ 和 $\boldsymbol{\Phi}^{-1}$ 表示 Contourlet 正、反变换算子，$\boldsymbol{D}$ 和 $\boldsymbol{D}^{\mathrm{T}}$ 表示 DDTF 字典和对应的转置，$\tilde{a}_i$ 为原始数据对应稀疏系数的第 i 列，t 为稀疏约束参数，控制着 $\tilde{a}_i$ 的个数，$\boldsymbol{D}^{\mathrm{T}}\boldsymbol{D}=\boldsymbol{I}$ 为紧标架约束条件，$\boldsymbol{I}$ 为单位矩阵。

可将式（5.57）改写为

$$\underset{D,\tilde{a}_i}{\mathrm{argmin}} \frac{1}{2}\|y_i - \boldsymbol{\Phi}^{-1} D^{\mathrm{T}} \tilde{a}_i\|_2^2 + \lambda \|\tilde{a}_i\|_0,\ \mathrm{s.\,t.}\quad \boldsymbol{D}^{\mathrm{T}}\boldsymbol{D} = \boldsymbol{I}, \tag{5.58}$$

式中，λ 为正则化参数，一般情况下，L_0 约束可以等价为 L_1 约束。对式（5.58）中的变量 D 和 $\tilde{a}_i$ 分别进行求解，求解 $\tilde{a}_i$ 的过程称为稀疏编码阶段。首先设定一个初始字典 D，固定 D 对 $\tilde{a}_i$ 进行求解，即

$$a_i^k = \underset{\tilde{a}_i}{\mathrm{argmin}} \frac{1}{2}\|y_i - \boldsymbol{\Phi}^{-1} D^{\mathrm{T}} \tilde{a}_i\|_2^2 + \lambda \|\tilde{a}_i\|_1, \tag{5.59}$$

本研究采用 FISTA（Daubechies et al.，2004；曲中党等，2015）进行求解，并按照 Beck

和 Teboulle（2009）给出迭代结果，即

$$\begin{cases} \boldsymbol{\Omega}_i^{k-1} = a_i^{k-1} + \dfrac{\beta^{k-2}-1}{\beta^{k-1}}(a_i^{k-1} - a_i^{k-2}) \\ \beta^{k-1} = \dfrac{1+\sqrt{1+4(\beta^{k-2})^2}}{2} \\ a_i^k = \mathrm{soft}\left[\boldsymbol{\Omega}_i^{k-1} + \dfrac{1}{\alpha}(\boldsymbol{\Phi}^{-1}\boldsymbol{D}^{\mathrm{T}})^{-1}(y_i - \boldsymbol{\Phi}^{-1}\boldsymbol{D}^{\mathrm{T}}\boldsymbol{\Omega}_i^{k-1}), \dfrac{\lambda}{2\alpha}\right] \end{cases}, \tag{5.60}$$

式中，上角标 k 表示迭代次数，$\boldsymbol{\Omega}_i^{k-1}$ 表示前两次系数的叠加组合，β^{k-1} 是初始值为 1 的参数，α 为控制步长的参数，a_i^k 为通过 FISTA 更新的系数，soft 为软阈值函数，表示为

$$\mathrm{soft}(x, T) = \begin{cases} x-T, & x>T \\ 0, & -T \leqslant x \leqslant T, \\ x+T, & x<T \end{cases} \tag{5.61}$$

式中，x 为待阈值函数，T 为软阈值，然后固定 a_i^k 对 D 进行求解，求解 D 的过程称为字典更新阶段，即

$$D^{k+1} = \underset{D}{\mathrm{argmin}} \frac{1}{2} \| y_i - \boldsymbol{\Phi}^{-1} D^{\mathrm{T}} a_i^k \|_2^2, \ \text{s. t.}\ \ \boldsymbol{D}^{\mathrm{T}}\boldsymbol{D} = \boldsymbol{I}, \tag{5.62}$$

在得到更新的字典 D^{k+1} 后，再次使用 FISTA，并进行硬阈值和 Contourlet 反变换，可得到去噪后的数据，即

$$\begin{cases} \boldsymbol{\Phi} y_i (a_i^k)^{\mathrm{T}} = U\Sigma V^{\mathrm{T}} \\ D^{k+1} = UV^{\mathrm{T}} \\ a_i^{k+1} = \mathrm{soft}\left\{\boldsymbol{\Omega}_i^k + \dfrac{1}{\alpha}[\boldsymbol{\Phi}^{-1}(D^{k+1})^{\mathrm{T}}]^{-1}[y_i - \boldsymbol{\Phi}^{-1}(D^{k+1})^{\mathrm{T}}\boldsymbol{\Omega}_i^k], \dfrac{\lambda}{2\alpha}\right\} \\ \hat{y}_i = \boldsymbol{\Phi}^{-1}\{\mathrm{hard}[(D^{k+1})^{\mathrm{T}} a_i^{k+1}, T_h]\} \end{cases}, \tag{5.63}$$

式中，$\boldsymbol{\Phi} y_i(a_i^k)^{\mathrm{T}} = U\Sigma V^{\mathrm{T}}$ 表示对 $\boldsymbol{\Phi} y_i(a_i^k)^{\mathrm{T}}$ 进行 SVD 分解，$\hat{y}_i$ 表示 y_i 去噪后的结果，T_h 为硬阈值，hard 为硬阈值函数，表示为

$$\mathrm{hard}(x, T_h) = \begin{cases} x, & |x| \geqslant T_h \\ 0, & |x| < T_h \end{cases}, \tag{5.64}$$

2. 模型试验对比及应用

1）多尺度非局部均值地震数据随机噪声压制

下面是某工区提取的小块三维叠后地震资料，主测线（inline）范围是 3700～4100，旁测线（xline）范围是 2100～2400，时间范围是 400～1200 ms，时间采样间隔 2 ms。通过处理，分别抽取主测线 inline3750、旁测线 xline2130 和 780 ms 等时间切片，通过效果分析（图 5.53～图 5.56），该方法提高了地震资料的信噪比，在压制噪声的同时没有损失剖面的细节成分，地震剖面上的断层、尖灭点更加清晰可见，从等时切片上可以清楚地掌握断层、构造的横向展布。

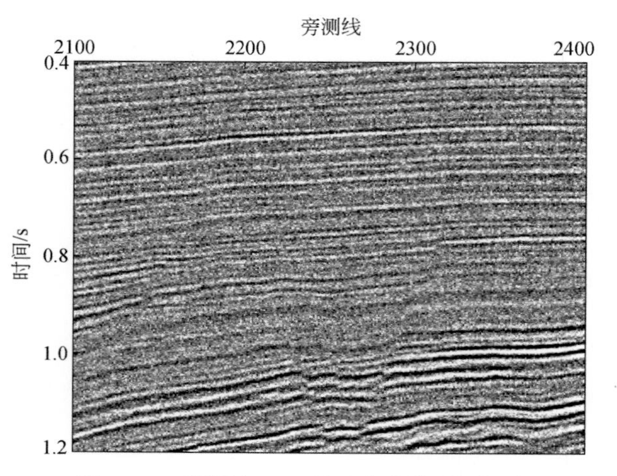

图 5. 53　旁测线 2130 剖面去噪前时间切片

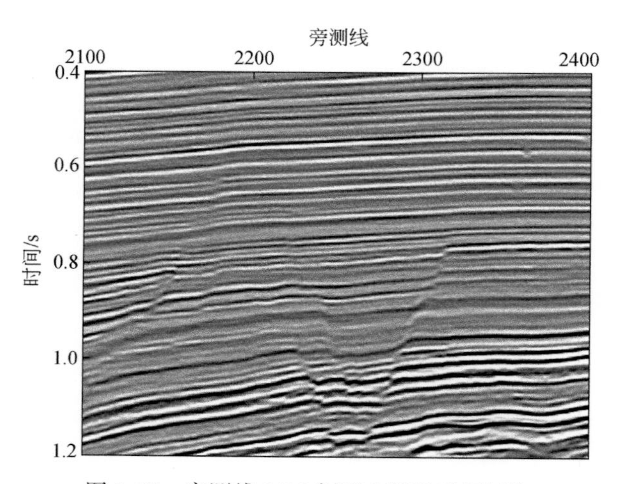

图 5. 54　旁测线 2130 剖面去噪后时间切片

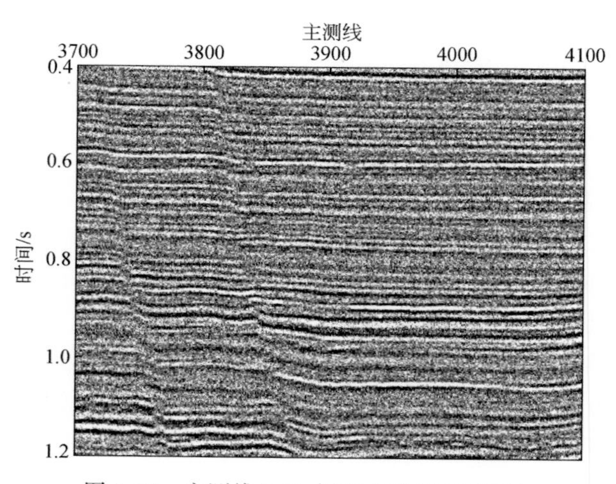

图 5. 55　主测线 3750 剖面去噪前时间切片

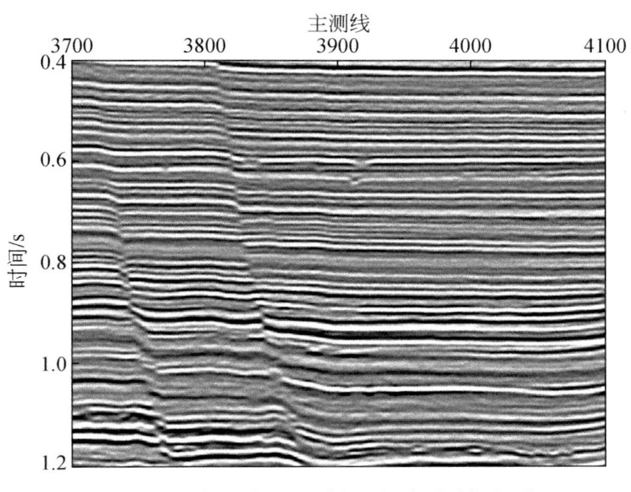

图 5.56　主测线 3750 剖面去噪后时间切片

2）基于 K-SVD 算法的地震随机噪声压制

选取某地的实际地震数据（图 5.57）进行去噪并对比，该地震记录中含有较强的随机噪声，同相轴模糊，有效信息被噪声覆盖严重。同样选取不同的去噪方法对其进行去噪处理，图 5.58 为 F-X 反褶积去噪效果图，由图可见，部分噪声被去除，但有效信息也同时被去除掉，严重剥削了有效信息。图 5.59 和图 5.60 分别为小波阈值方法和基于 K-SVD 算法学习型完备字典去噪效果图，虽然小波阈值去噪可以去除大量的噪声，但从图中红色箭头指出位置可以看出，小波阈值去噪图中同相轴出现不清晰、不连续现象，且边缘出

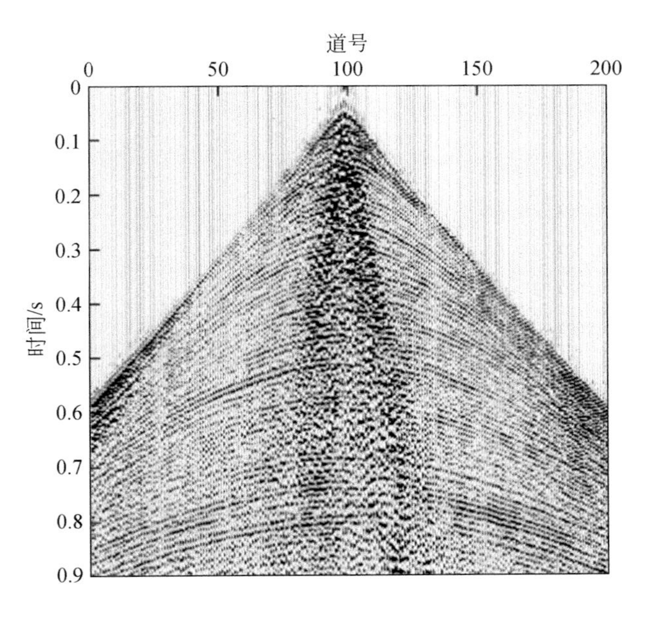

图 5.57　实际地震记录

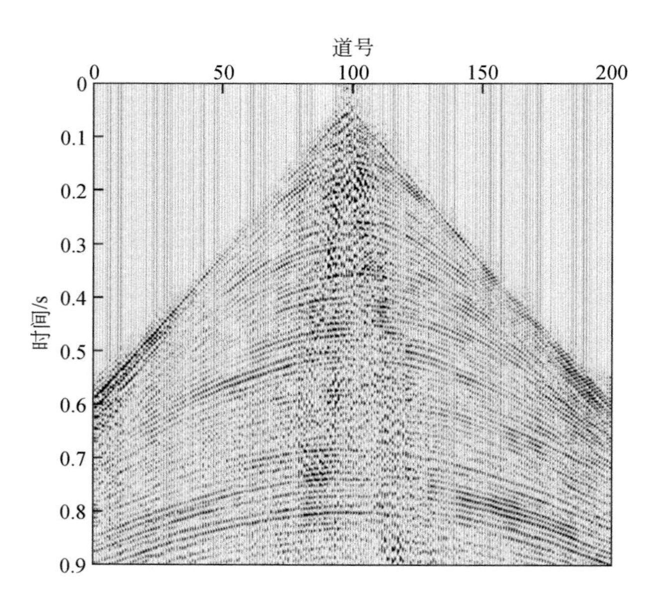

图 5.58　F-X 反褶积去噪效果

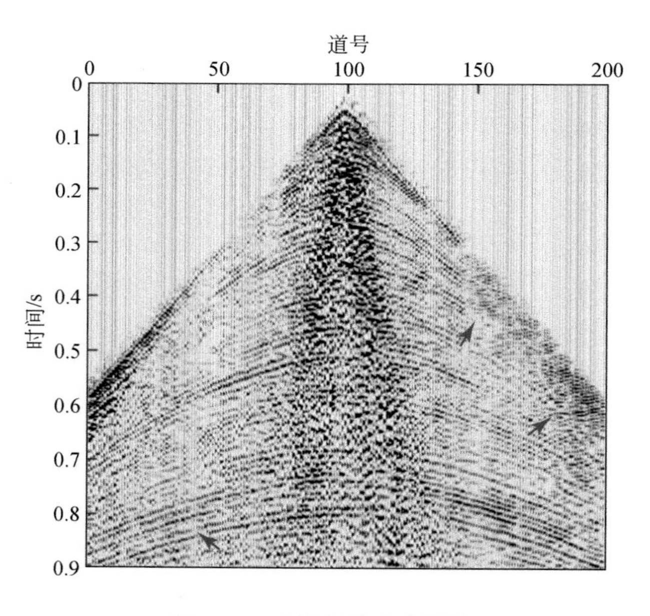

图 5.59　小波阈值去噪效果

现模糊现象，而从基于 K-SVD 算法学习型完备字典去噪效果图可见，绝大部分随机噪声都被去除，同相轴细腻清晰，且连续性很好，边缘清晰连续。所以从保真度、信噪比、分辨率三个方面而言，本研究提出的基于 K-SVD 算法学习型完备字典去噪都有很大的优势。

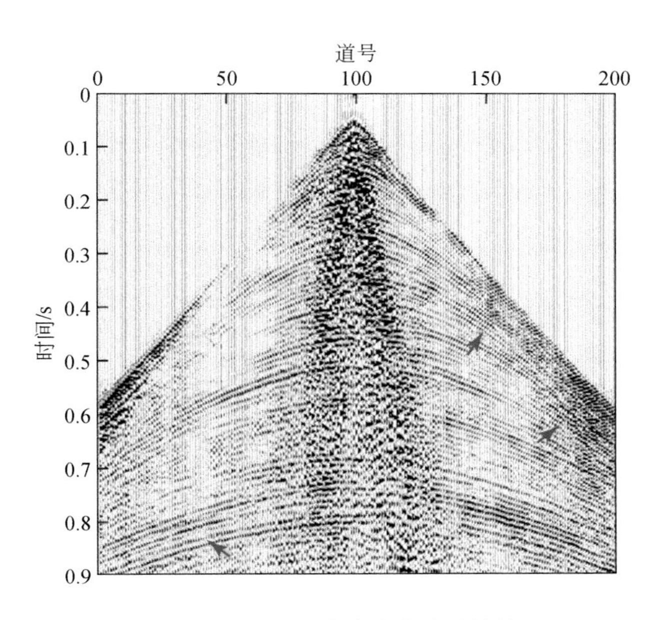

图 5.60　学习型完备字典去噪效果

(五) 地震数据高分辨率谱分解技术系列

1. 方法原理

地震信号是典型的非平稳信号，需要借助时频分析技术刻画其频率随时间的变化特征，在地震勘探中称为地震谱分解技术。自 Partyka 等（1999）将谱分解理念引入油气勘探领域以来，地震谱分解技术在地层厚度确定、储层识别和描述、河道检测、微断裂解释、精细噪声压制、小尺度矿体或异常体识别及分频 AVO 分析等许多方面得到了广泛的应用，成为增加解释信息的一种重要手段。但目前存在的谱分解方法分辨率都比较低，很难进行高精度的储层和层位识别。例如，当目标地层比较薄时，常规谱分解方法受调谐效应影响，无法判断频率异常是由储层岩性引起的还是由于薄层效应引起的，常会得出错误的结论。因此，谱分解方法分辨率的高低直接影响着解释的准度和精度，探索时频分辨率高、能量聚焦性好的谱分解方法是地震时频分析技术发展的必然趋势。

时频分析是现代信号分析和处理的一个重要手段，针对不同问题，学者们提出了各种各样的时频分析方法。目前存在的方法多达几十种，一般可以分为线性时频变换法、二次型时频变换法、贪婪算法、时频谱重排法和约束反演法等。典型的线性时频分析方法包括短时窗 Fourier 变换、Gabor 变换、连续小波变换、S 变换和广义 S 变换等；典型的二次型时频变换方法包括 Wigner-Ville 分布和各种 Cohen 类方法；匹配追踪方法和 Hilbert-Huang 方法是两种贪婪算法，其中前者也属于参数化方法；时频谱重排法是为了得到聚焦性好的时频谱，对传统时频分析方法得到的时频谱进行重排的一种方法；基于约束反演的方法是将谱分解描述成反演问题，通过对传统时频变换的某种约束，利用迭代反演得到预期约束效果的一种方法。

针对金属矿在地下空间分布的多尺度性、离散性和非层状特征，本书系统地研究了时频分析或谱分解技术，以描述在微观尺度框架下，地震波在金属矿体反射并传播到地表时的信号特征，通过细微的异常分析描述矿体与围岩的地震信号与噪声属性特征，进而预测金属矿或异常地质体的空间位置。为了适应不同数据和精度的要求，系统地研发了谱分解分析软件子系统，特别地研究了一系列具有自主知识产权的高分辨率谱分解处理方法，并首次研究了时频相位谱分析方法。软件研发和集成的方法技术有：线性时频分析方法，主要包括短时窗 Fourier 变换、Gabor 变换、连续小波变换（CWT）、S 变换和广义 S 变换等。二次型时频分析方法包括 Wigner-Ville 方法、改进的 Wigner 分布和 Cohen's 类谱分解方法等。基于贪婪算法类的谱分解包括匹配追踪算法、基追踪方法和 Hilbert Huang 变换类算法。高分辨率方法主要包括能谱重排方法（小波变换谱重排、Gabor 变换谱重排等）、稀疏反演类的谱分解系列和时频相位谱等，这是本研究的研究特色之一。由于软件系统内模块众多，因此限于篇幅，本书仅介绍部分具有创新研究特色的谱分解技术。

1）小波变换谱重排方法

为了阐述重排小波变换的原理，首先定义小波变换能谱（squared modulus）为小波变换系数绝对值的平方，即

$$\begin{cases} S_x^h(t,a) = |W_x^h(t,a)|^2 \\ W_x^h(t,a) = \dfrac{1}{\sqrt{a}}\displaystyle\int x(u)h^*\left(\dfrac{u-t}{a}\right)\mathrm{d}u \end{cases} \tag{5.65}$$

式中，W_x^h（t，a）是信号 $x(u)$ 的连续小波变换系数，$h(u)$ 是母小波，小波变换尺度和频率之间的关系可以利用公式 $a=w_0/w$ 来转换，w_0 是母小波的中心频率。

Rioul 和 Flandrin（1992）推导出小波变换能量谱可以写为一种 Cohen 类时频分析的形式，即

$$SC_x^h(t,a) = \iint_{-\infty}^{+\infty} W_x(s,\xi)W_h\left(\frac{s-t}{a},a\xi\right)\frac{\mathrm{d}s\mathrm{d}\xi}{2\pi} \tag{5.66}$$

式中，W_x 和 W_h 分别是信号和小波基的魏格纳分布，SC 表示基于小波变换的时频分析。从式（5.66）中可以看到，小波变换的能谱可以理解为对信号魏格纳分布进行一定的二维平滑滤波的结果，这种平滑作用克服了交叉项的干扰，但也因此模糊了其时频域的聚焦性。

小波变换具有优于短时傅里叶变换的时频多分辨率特点，克服了固定时窗的影响，因此在非平稳信号分析和处理中广泛应用。为了进一步提高其时频精度，Flandrin 等（2003）提出了一种基于小波变换的能谱重排算法，通过把小波变换时频能量谱中的每一点的值重排到其对应的一个新的时间和尺度坐标（$\hat{t}$，$\hat{a}$），该坐标位置是 W_h 所确定的时频能量重心，即

$$\begin{cases} \hat{t}_x(t,a) = \dfrac{1}{SC_x^h(t,a)}\displaystyle\iint_{-\infty}^{+\infty} sW_x(s,\xi)W_h\left(\dfrac{s-t}{a},a\xi\right)\dfrac{\mathrm{d}s\mathrm{d}\xi}{2\pi} \\ \dfrac{w_0}{\hat{a}_x(t,a)} = \dfrac{1}{SC_x^h(t,a)}\displaystyle\iint_{-\infty}^{+\infty} \xi W_x(s,\xi)W_h\left(\dfrac{s-t}{a},a\xi\right)\dfrac{\mathrm{d}s\mathrm{d}\xi}{2\pi} \end{cases} \tag{5.67}$$

因此，经过能谱重排的小波变换可以定义为

$$RSC_x^h(t',a') = \iint_{-\infty}^{+\infty} SC_x^h(t,a)\delta[t' - \hat{t}_x(t,a), a' - \hat{a}_x(t,a)] \frac{a'^2 \mathrm{d}t\mathrm{d}a}{a^2} \tag{5.68}$$

可以看到，经过对小波变换的能谱进行重新排列，在一定程度上消除了小波基的平滑作用，聚焦了时频能量。

图5.61是重排计算的示意图，图5.61（a）代表某信号的真实时频分布，可以看到时频分辨率很高。研究不同时频分析方法就是为了达到这种高分辨率的目的，然而往往由于时频变换算法本身的原因，得到的时频分布如图5.61（b）所示，是一个模糊化的时频图。为了提高时频聚集性，重排小波变换算法通过对小波变换的时频能量向其重心位置重新聚焦，达到提高时频分辨能力的目的。

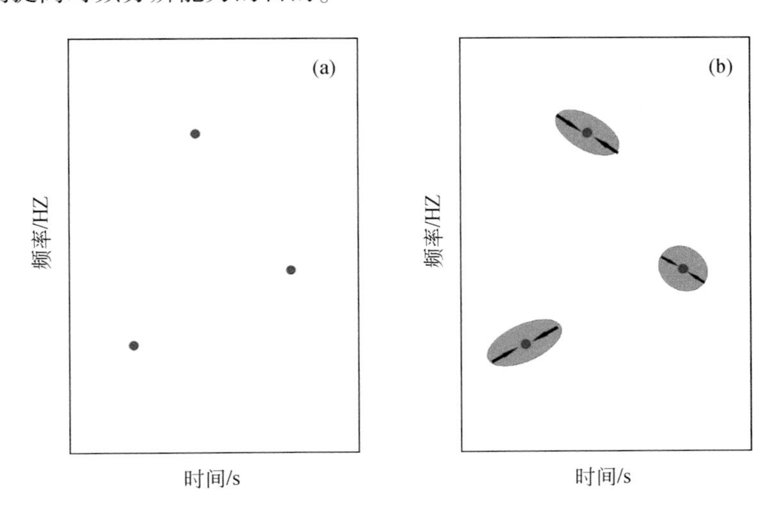

图5.61　能谱重排示意图

2）Gabor变换谱重排

Gabor变换定义为

$$G(t,\omega) = \int x(\tau)h(\tau - t)\mathrm{e}^{-\mathrm{j}\omega(\tau - t)}\mathrm{d}\tau, \tag{5.69}$$

式中，$h(\tau)$ 为高斯窗，$G(t,\omega)$ 为Gabor变换时频谱，与传统Gabor变换定义式的不同之处在于多了一个相位因子项 $\mathrm{e}^{\mathrm{j}\omega t}$，即

$$G(t,\omega) = \int S(v)H^*(v - \omega)\mathrm{e}^{\mathrm{i}vt}\mathrm{d}v, \tag{5.70}$$

式中，S 和 H 分别为信号 $s(\tau)$ 和高斯窗 $h(\tau)$ 的频率域表达。$H^*(v)$ 为 $H(v)$ 的复共轭。Gabor变换可以理解为是在时间 t 附近的局部信号 $s(\tau)h(\tau-t)$ 的频率成分；Gabor变换可以理解为是在频率 ω 附近局部频率域能量 $S(v)H^*(v-\omega)$ 的时间域波动。谱重排法目的是将Gabor谱中每一个时频点（t，ω）处的能量移动到真实谱时频坐标或接近于真实坐标的位置（$\hat{t}$，$\hat{\omega}$），这个位置即为真实时频谱在二维高斯窗内（时间方向和频率方向）谱能量的重心位置。在极坐标下，Gabor谱可以表示为

$$G(t,\omega) = A(t,\omega)\mathrm{e}^{\mathrm{i}\varphi(t,\omega)} \tag{5.71}$$

式中，$\varphi(t,\omega)$ 为 $G(t,\omega)$ 的相位。Kodera等（1976）提出谱能量重排坐标（$\hat{t}$，$\hat{\omega}$）可以

通过 Gabor 变换相位谱 $\varphi(t,\omega)$ 的导数得到，即

$$\begin{cases}\hat{t}(t,\omega)=t-d\varphi(t,\omega)/\mathrm{d}\omega\\ \hat{\omega}(t,\omega)=d\varphi(t,\omega)/\mathrm{d}t\end{cases}\tag{5.72}$$

本研究将（$\hat{t}$，$\hat{\omega}$）称为谱重排坐标（reassign coordinate），将 $\hat{t}(t,\omega)$ 和 $\hat{\omega}(t,\omega)$ 称为谱重排函数（reassign functions）。谱重排函数 $\hat{t}(t,\omega)$ 和 $\hat{\omega}(t,\omega)$ 利用了 Gabor 变换的相位信息，可以认为分别是二维时频谱域的群延迟和瞬时频率。这样，谱重排的过程即为将原始时频谱 $G(t,\omega)$ 中每一点（t,ω）的值移动到谱重排坐标（$\hat{t},\hat{\omega}$）处，其中谱重排坐标由式（5.71）和式（5.72）决定。

这里需要强调的是，谱重排只需考虑 Gabor 谱中非零值的点。对于每一个需要重排的点（t,ω），只有唯一与之对应的坐标（$\hat{t},\hat{\omega}$）来储存（t,ω）点的谱，而在（$\hat{t},\hat{\omega}$）点可能会接受原始 Gabor 谱中多个点的值。谱重排坐标（$\hat{t},\hat{\omega}$）处的能量值是根据谱重排函数 $\hat{t}(t,\omega)$ 和 $\hat{\omega}(t,\omega)$，将原始谱 $G(t,\omega)$ 中所有应该移动到（$\hat{t},\hat{\omega}$）点处的谱值叠加之后的结果。将谱重排后的谱 $G_R(t,\omega)$ 称为重排谱，普通的时频谱重排只是能量谱重排，即只重排 Gabor 变换谱的模。为了保证信号能够从重排谱域重构原时间域信号，本研究提出重排复数谱 $G(t,\omega)$（含有振幅和相位），而不只是重排能量谱 $|G(t,\omega)|^2$。图 5.62 为谱重排法的原理和过程示意图，其中（a）为拟合的真实时频谱位置；（b）为 Gabor 变换得到的时频谱，Gabor 谱的每一点（t,ω）处的谱可以理解为是真实时频谱以该点为中心，分析时频窗范围内的谱以窗函数为权重加权叠加之和，这个过程是一个图像或谱的平滑过程，相当于使用二维高斯窗遍历真实时频谱中所有点，并对其进行平滑得到的谱，二维高斯窗在时间和频率方向的大小由其分辨率决定；图（c）显示了谱重排的过程，即将 Gabor 谱中分析时窗中心点的谱聚焦到分析时窗内谱的重心位置。谱重排的目的是将 Gabor 谱重新聚焦到真实谱，其过程是一个反平滑过程。

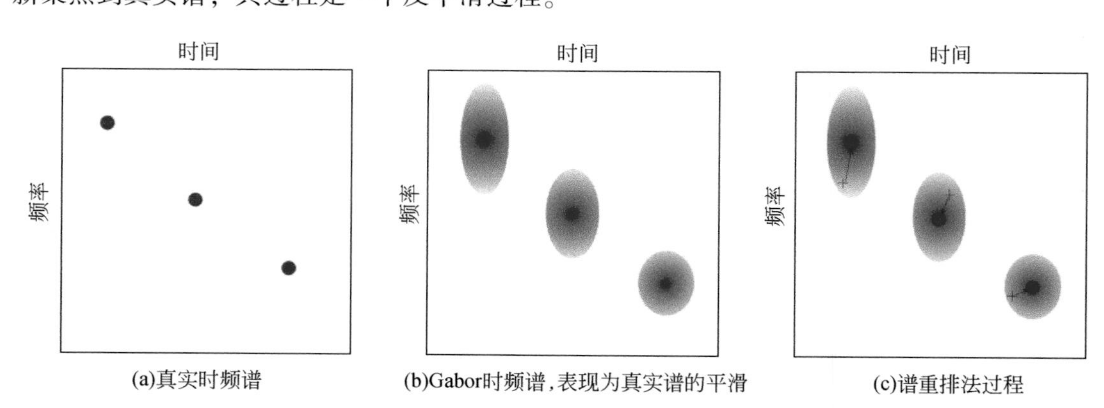

图 5.62 谱重排法（Reassignment）原理示意图

将 Gabor 谱中每一点的能量重新聚焦到分析时窗的能量重心位置，表现为对 Gabor 谱的反平滑

经典的谱重排变换都基于高斯窗函数的参数 σ 为一常量，这是短时窗 Fourier 变换的特点，时窗参数影响时窗宽度，不同 σ 值的时间域和频率域高斯窗，σ 值越高，高斯窗在时间域越宽，反之越窄。宽时窗对分析低频信号有较好效果，而窄时窗适合高频信号分

析。这种固定参数高斯窗，在选定 σ 后，整个信号使用相同时窗宽度，因此，单一 σ 值无法使整个频带信号都达到好的效果。通常情况下，大地滤波的作用使得地震记录中信号频率随时间增加而衰减，因此，可根据频率变化趋势以时间为自变量选择时变 σ 时窗，本研究称其为变窗参数谱重排方法。实际上，谱重排思想可以对 CWT、WVD 等任意一种常规时频分析方法得到的时频谱进行重排，甚至不需要知道是来自哪种方法的谱。但学者们仍然与特定的方法结合，因为这样可以从中发掘更多的性质和达到更好的效果。本研究提出变 σ 时窗分析方法，也称为变窗参数谱重排方法，通过 S 变换实现。

3）稀疏反演方法谱分解

经典的地震褶积模型可以描述为，一个地震记录 $s(t)$ 由地震子波 $w(t)$ 和反射系数 $r(t)$ 的褶积再加上随机噪声 $n(t)$ 组成，即

$$s(t)=w(t)*r(t)+n(t) \tag{5.73}$$

式中，$*$ 表示褶积运算。地震褶积模型在地震勘探史上发挥了重要作用，但式（5.73）无法表示信号频率随时间的变化。为此，将其拓展为一个较为复杂的表达，即地震记录由一系列不同频率的子波和与之对应的频率依赖的伪地层反射系数褶积后相加得到，同样受随机噪声污染，本研究称其为非平稳地震褶积模型，即

$$s(t)=\sum_{k=1}^{K}[w_k(t)*r_k(t)]+n(t) \tag{5.74}$$

式中，w_k 表示以角标 k 对应的频率为主频的子波，r_k 表示相应的频率依赖的反射系数，角标 k 可以理解为与子波主频线性相关，K 表示参与计算的子波或反射系数向量的总个数。

根据线性代数理论，可以将式（5.74）写为

$$\boldsymbol{s}=\sum_{k=1}^{K}[\boldsymbol{W}_k\boldsymbol{r}_k]+\boldsymbol{n} \quad 或 \quad \boldsymbol{s}=\boldsymbol{Cm}+\boldsymbol{n} \tag{5.75}$$

式中，$\boldsymbol{W}_k$ 表示子波 $w_k(t)$ 的褶积矩阵，$\boldsymbol{C}=(\boldsymbol{W}_1\ \boldsymbol{W}_2\cdots\boldsymbol{W}_k)$ 表示褶积矩阵库，因其由一系列不同频率的子波组成，本研究也称之为子波库，$\boldsymbol{m}=(\boldsymbol{r}_1\ \boldsymbol{r}_2\cdots\boldsymbol{r}_K)^{\mathrm{T}}$ 是频率依赖的地层反射系数矩阵。式（5.75）的地球物理意义指，用一系列不同主频的子波分解地震记录，得到频率依赖的反射系数矩阵 $\boldsymbol{m}$ 即可认为是时间–频率谱。

在式（5.75）中，未知量 $\boldsymbol{m}$ 的元素个数远多于地震记录 $\boldsymbol{s}$ 的元素个数，因此是一个欠定问题。要降低多解性，得到稀疏时频谱，需要对时频谱 $\boldsymbol{m}$ 进行稀疏约束，得到 L_1 范数下正则化问题，进而利用稀疏反演方法计算。本研究在处理程序中集成了迭代阈值法、快速迭代阈值法、谱投影梯度法和内拥挤算法等多种反演方法。本研究采用快速迭代阈值法（FISTA），计算原理和过程从略。图 5.63 展示了反演谱分解的一个示意图。图中从左往右依次为地震记录、不同主频的子波组成的子波库和频率依赖的反射系数矩阵（时频谱），图中“.⊗”号表示某个频率的子波与该频率依赖的伪地层反射系数对应褶积运算。

2. 模型试验对比及应用

图 5.64 展示了一个拟合地震记录谱分解例子。图 5.64（a）为由五个不同主频和相位的 Ricker 子波组成的拟合地震记录，其真实主频位置如图 5.64（b）所示。图 5.64（c）为 Gabor 变换得到的时频谱，能反映出大概时频位置，但时频分辨率不高，相近的两个子

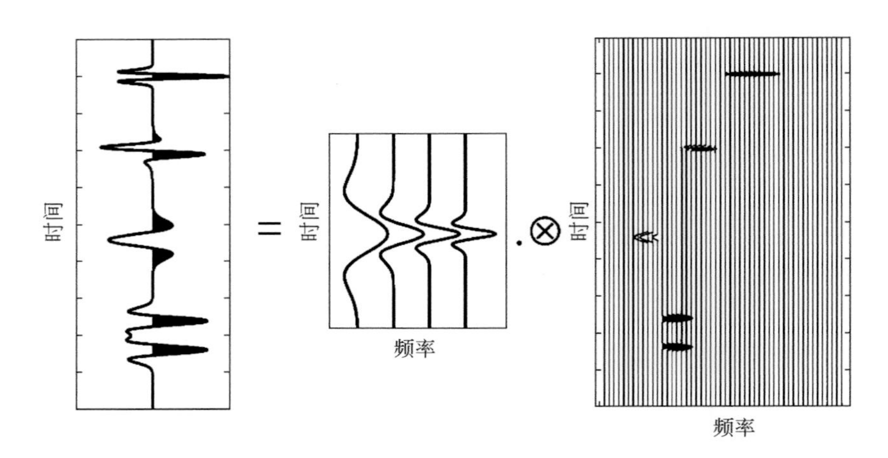

图 5.63 反演谱分解示意图

从左往右依次为地震记录、不同主频的子波组成的子波库和频率依赖的反射系数矩阵（时频谱）

波没能很好地区分出来。图 5.64（d）为固定窗参数时谱重排方法得到的时频谱，分辨率较 Gabor 时频谱要高很多，由于使用值较大，时间域窗函数宽，这种情况下低频信号聚焦性好，如第 3、4、5 个子波，相临的两个子波也能很好地区分开来。但第 1、2 个子波在频率方向没能很好地聚焦，这是由于常窗不能使所有频率成分分量都达到很好的效果。图 5.64（e）为采用变窗参数后的谱重排时频谱，其聚焦性好，效果与真实主频位置相当，所有不同频率的子波都达到很好的聚焦效果。图中得到 Gabor 谱（c）、固定窗参数谱重排谱（d）和变窗参数谱重排谱（e）的时频分辨率。虽然 Gabor 变换和谱重排变换分别起到了谱平滑和逆谱平滑的作用，但不是严格意义上的互逆关系，因此，经过谱重排的时频谱并不能保证能完全恢复真实谱的振幅谱和相位谱，尤其是相位谱无法恢复，这一点在图 5.64（f）得到展示：重排谱的相位谱聚焦，但比较混乱，很难得到利用。

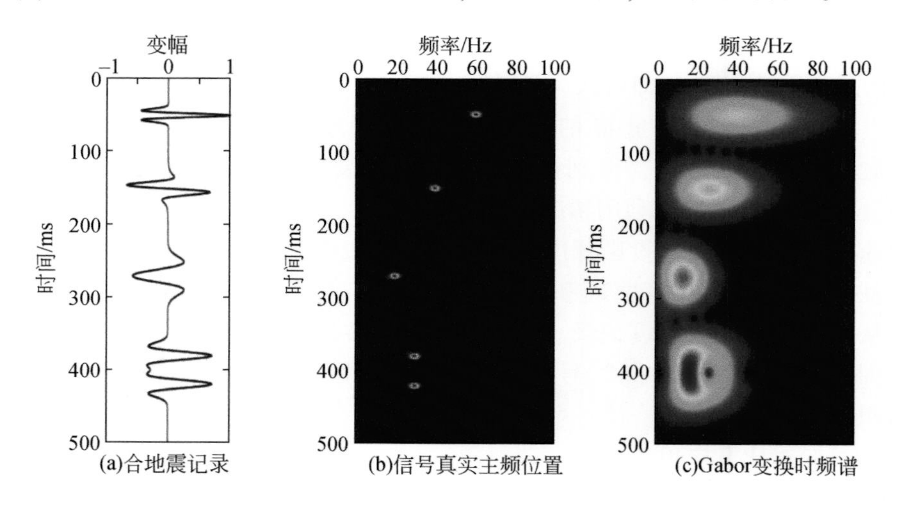

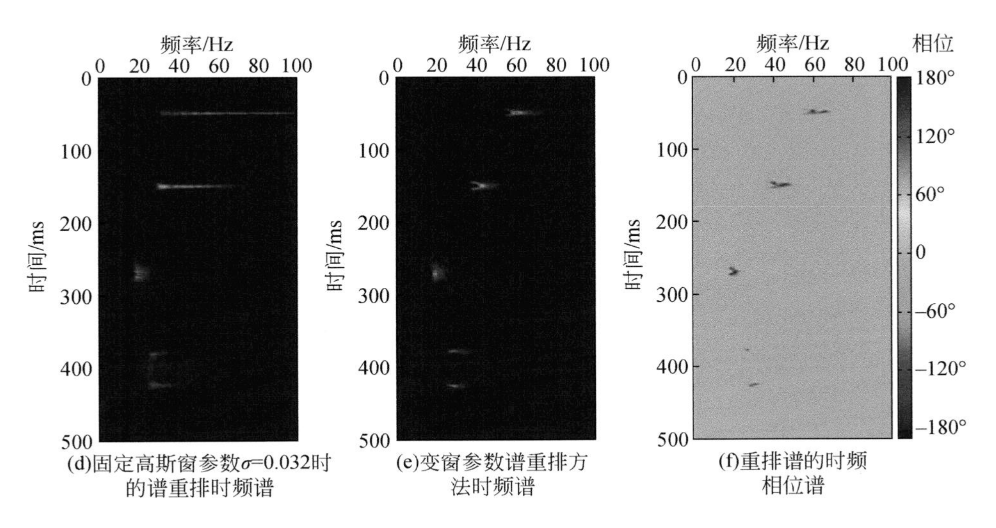

(d)固定高斯窗参数σ=0.032时的谱重排时频谱　(e)变窗参数谱重排方法时频谱　(f)重排谱的时频相位谱

图 5.64　地震记录谱重排方法谱分解

如图 5.65 所示为使用小的稀疏度参数得到的反演时频谱，反演正反过程分别使用逆 CWT 和 CWT 算子，利用 FISTA（算子）稀疏反演算法迭代反演。图 5.65（a）、（b）和（c）分别为反演谱分解的能量谱（复数谱的模）、实部和虚部。从中可以看出，使用小的稀疏度参数时，时频谱虽然没有聚焦到点，但分辨率却已远远高于常规 CWT 时频谱。基于 CWT 的反演谱结果和 CWT 结果一样都是复数，从实部中可以简单得到地震子波的极性信息。得到这样的结果，并含有相位信息，依赖于复地震道分析技术，即是使用复子波库的结果。

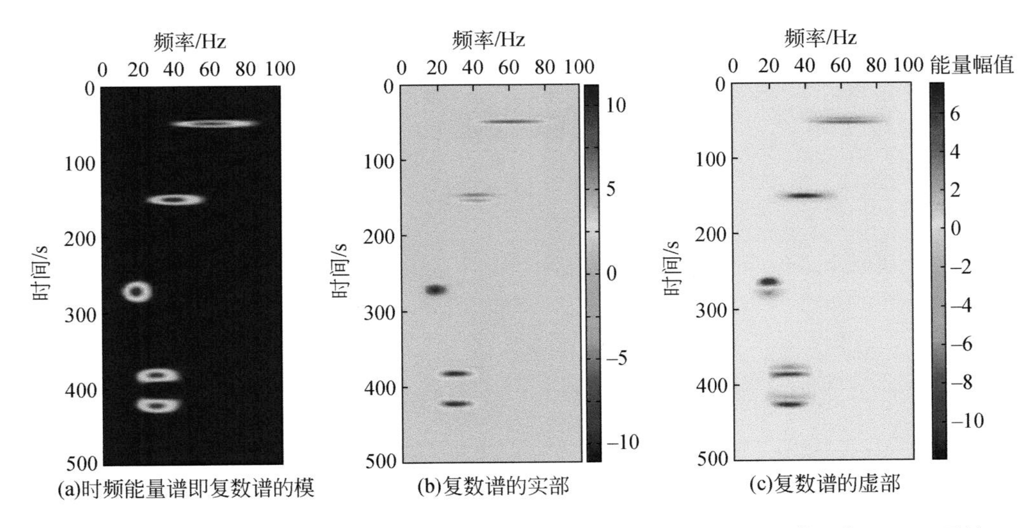

(a)时频能量谱即复数谱的模　(b)复数谱的实部　(c)复数谱的虚部

图 5.65　选用较小稀疏度参数的稀疏反演时频谱，谱分解基于 CWT，使用复 Ricker 子波

如图 5.66 所示为实际地震数据的谱分解结果，通过不同的时频分析结果可以定性地描述地质体的基本特点。

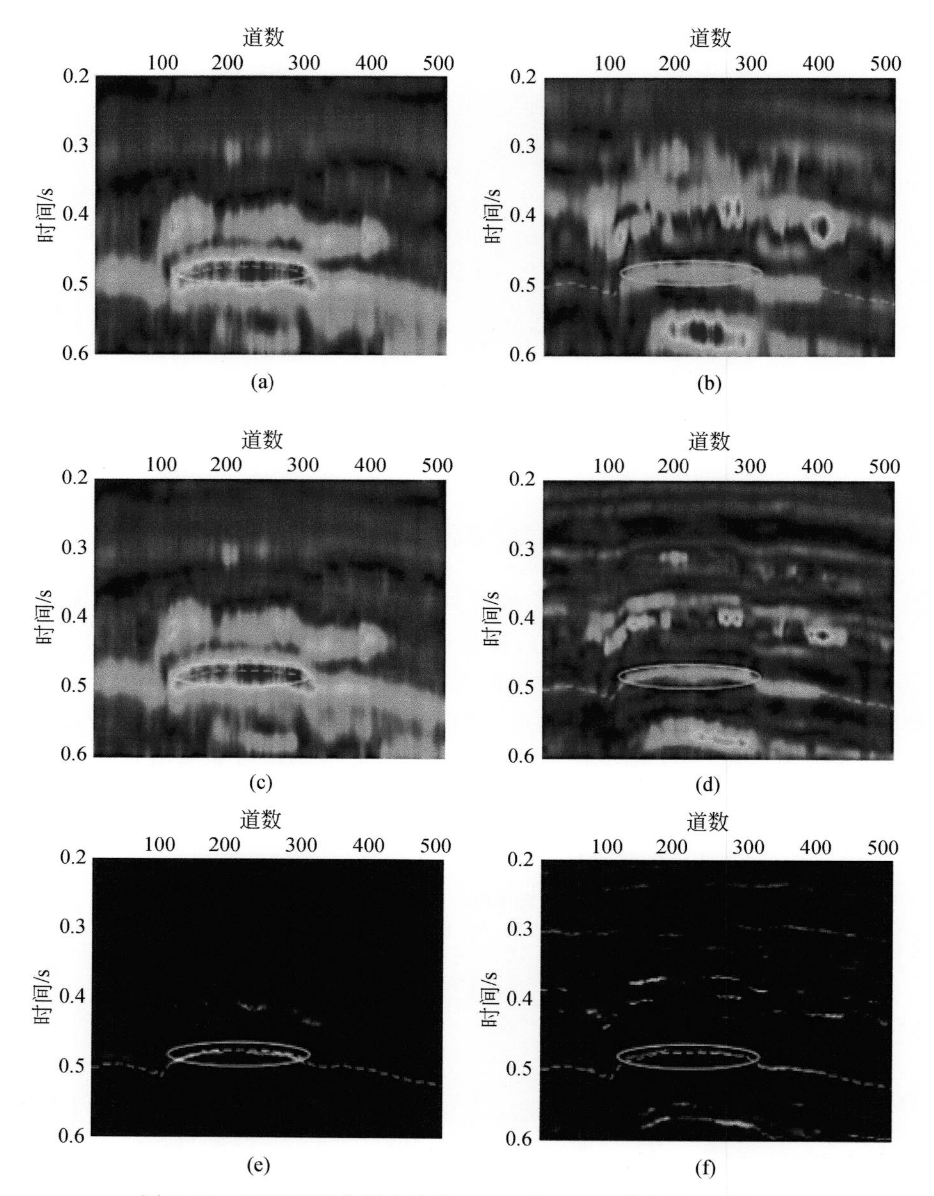

图 5.66 三种时频分析方法的 25 Hz 和 55 Hz 分频能量谱剖面

（a）和（b）分别为 Gabor 变换 25 Hz 和 55 Hz 能量谱；（c）和（d）分别为 CWT 25 Hz 和 55 Hz 能量谱；（e）和（f）分别对应稀疏反演 25 Hz 和 55 Hz 能量谱

（六）复杂介质金属矿地震正演模拟照明分析方法

地震波场的正演模拟技术是分析与认识地震波场在地下介质传播规律的重要工具，也是进行地球物理参数反演的基础。针对金属矿地区地质体非层状性强、形态构造复杂、物性差异分布不规律和波阻抗渐变差异小等特点，本研究根据现有的金属矿床的地质与地球物理构造特征，设计完成一系列典型的表征金属矿的地模型，包括非层状高陡构造模型、板状矿体模型、蘑菇状金属矿体模型、罗河铁矿模型、随机介质模型、散射（粗糙界面）模型和起伏地表模型等。根据地震采集的需要和正演模拟的精度和速度需求，研发并采用了谱元法、伪谱法、高阶有限差分和交错网格法为主要的模拟算法，目前以谱元法及高精度的建模方法为主。

地震照明分析技术对于地震波在复杂强非均质地质体中的能量传播过程有指示作用，根据地下介质中上行和下行波场的能量分布特征以及可视性分析，可以设计或者优化地表接收反射波场的地震观测系统设计。金属矿的非层状性和离散地质体特征，形成连续稳定分布的地下反射界面，常规的共中心点叠加地震勘探技术往往难以取得预期的成像效果，因此，在金属矿地震勘探中直接套用常规的反射地震勘探方法效果不佳，这也是地震勘探方法在金属矿探测中发展较为缓慢的主要原因。根据地震照明分析明确地表激发的上下行地震波场的能量分布密集与稀疏特征，可以设计出最佳的地震采集方案和成像处理策略。照明分析是金属矿地震勘探极其重要的一个环节，本书对于地震照明分析技术也开展了系统的研究，完成了金属矿地震勘探的单向照明技术、双向照明技术、定向照明技术、逆向照明技术、起伏地表照明技术、组合激发照明技术、混采照明技术、被动源照明技术、弹性波场照明技术，以及基于地震照明技术的可视性分等，采用以波动方程方法为主、射线模拟方法为辅的方案。

1. 方法原理

1）基于谱元法的金属矿数值模拟技术

与其他数值模拟方法相比，谱元法作为一种新兴的数值计算方法，其网格划分工作并无成熟经验，且由于谱元网格的结构较有限元网格结构更为复杂，无法直接套用有限元分析软件的结果。研究者常需要根据求解模型，独立完成谱元网格的划分工作。如何高效快速地生成谱元网格，成为谱元方法推广应用的关键因素之一。弹性波传播模拟的谱元法实现步骤包括：生成有限元网格、配置谱元插值点。构造近似解通常使用 Legendre 正交多项式或者 Chebyshev 正交多项式。

谱元法基本思想是首先将计算区域划分成许多单元，每个单元由若干节点组成，然后在每个单元上把近似解表示成截断的正交多项式展开，最后用 Galerkin 方法求解正交问题的变分格式，得到全局的近似解。该方法优点是兼有有限元法处理边界和结构的灵活性，以及伪谱法的快速收敛特性，具有节省计算时间、存储空间等优点，同时由于在计算过程中采用了逐元技术，和有限元相比，计算量大大减小，而且精度较高。实际应用中常需要在网格密度、单元形状、结构剖分过度等因素间权衡取舍，以实现网格数量适中、单元形状规则的最优网格化分。

谱元法基于一个弱积分表达式，结合有限元法和伪谱法的优点，每个谱元上的位移矢量是以高阶 Lagrange 插值表示的，积分是以 Gauss-Lobatto-Legendre 正交矩阵为依据的。

为了用数值的方法解波动方程，运用加权余量原理，在方程两端同乘以一个任意测试函数 w，并在物理域内进行积分，得到波动方程的积分表达式，也就是弹性波方程的弱积分形式，即

$$\int_{\Omega}\rho w\ddot{u}\mathrm{d}x+\int_{\Omega}\nabla w:c:\nabla u\mathrm{d}x=\int_{\Omega}wf\mathrm{d}x+\int_{\Gamma_{\text{int}}}wT\mathrm{d}\Gamma+\int_{\Gamma_{\text{ext}}}wt\mathrm{d}\Gamma \tag{5.76}$$

初始条件变为

$$\int_{\Omega}\rho wu(x,0)\mathrm{d}x=\int_{\Omega}\rho wu_0\mathrm{d}x,\int_{\Omega}\rho wv(x,0)\mathrm{d}x=\int_{\Omega}\rho wv_0\mathrm{d}x \tag{5.77}$$

在地震波正演模拟中，一般在某些方向上不可能无限延伸，所以需要引入人工边界条件。一般在定义的有界区域上，引入人工的外部边界和自由边界，这样模拟区域 Ω 由边界包围，即

$$\Gamma=\Gamma_{\text{int}}+\Gamma_{\text{ext}} \tag{5.78}$$

在自由边界上，弹性波动方程自动满足应力为 0 的自由边界条件。式（5.78）简化为

$$\int_{\Omega}\rho w\ddot{u}\mathrm{d}x+\int_{\Omega}\nabla w:c:\nabla u\mathrm{d}x=\int_{\Omega}wf\mathrm{d}x+\int_{\Gamma_{\text{ext}}}wt\mathrm{d}\Gamma \tag{5.79}$$

人工边界上的表示已有很多近似算法，目前常用的有海绵吸收边界条件和旁轴近似吸收边界条件。

在谱元法中，为获取高精度的近似解，在单元上增加插值点，即增加多项式的阶数来提高精度。谱元法之所以不同于有限元法，是因为增加节点的位置和选择的形函数不同，从而将有限元和谱元区分开来。

介质单元分解后，进行单元的总体集成，就是把所有单元按照一定的顺序进行组装，得到总方程组，该方程组在时间域上是速度的一阶线性常微分方程组或位移的二阶线性常微分方程组，即

$$M\ddot{u}(t)+ku(t)=F(t) \tag{5.80}$$

这里的 $u(t)=\{u_{ij}(t)\}$，表示位移 $n_{\mathrm{d}}*n_{\text{node}}$ 各分量，其中 n_{node} 是物理域中所有网格点总数。

由于采用 GLL 积分，这样在时间域上可直接利用显式差分迭代算法求解线性方程组，即

$$M\ddot{u}(t)+ku(t)=F(t)\quad t_n=n\Delta t,0\leqslant n\leqslant N_t \tag{5.81}$$

把时间域 T 离散成 N_t 个时间间隔 Δt，其中 $\Delta t=T/N_t$，这样根据时间 t_i 和 t_{i-1} 的波场迭代得到 t_{i+1} 时刻的波场。

模型进行网格化并且求取波动方程的弱形式以后，要定义每个元上表示未知位移矢量的基函数。在大多数 FEM 方法中，解的几何特征和矢量场是通过低阶多项式表示的，而在 SEM 中，弯曲谱元的几何特性同样是用低阶多项式表示的，但是未知的基函数是用高阶多项式表示的，这是 FEM 和 SEM 的不同之处。这样说来，SEM 方法就是所谓的高阶 FEM 方法。值得一提的是，SEM 是通过 4～10 阶拉格朗日多项式进行函数插值的。n 阶拉格朗日多项式是以 $n+1$ 个控制点来定义的，即

$$l_{\alpha}^{n}=\frac{(\varepsilon-\varepsilon_0)\cdots(\varepsilon-\varepsilon_{\alpha-1})(\varepsilon-\varepsilon_{\alpha+1})\cdots(\varepsilon-\varepsilon_n)}{(\varepsilon_{\alpha}-\varepsilon_0)\cdots(\varepsilon_{\alpha}-\varepsilon_{\alpha-1})(\varepsilon_{\alpha}-\varepsilon_{\alpha+1})\cdots(\varepsilon_{\alpha}-\varepsilon_n)} \tag{5.82}$$

由此可见，在控制节点处，拉格朗日多项式的值为 1 或 0：

$$l_{\alpha}^{n}(\varepsilon\beta)=\delta_{\varepsilon\beta} \tag{5.83}$$

在谱元法中，式（5.83）中使用的控制节点 $\xi_{\alpha,\alpha}=0,\cdots,n$ 是 $n+1$ 个 Gauss-Lobatto-Legendre 点，它是方程 $(1-\varepsilon^2)P_n'(\varepsilon)=0$ 的根，其中 P' 表示 n 阶 Legendre 多项式的微分。

可见，每一个谱元包含 $(n+1)^3$ 个 GLL 点，每个谱元边界包含 $(n+1)^2$ 个点(图 5.67)。每个谱元上的函数 f 是以拉格朗日多项式的三重积差值得到的，即

$$f[x(\varepsilon,\eta,\zeta)] \approx \sum_{\alpha,\beta,\gamma=0}^{\eta_\alpha,\eta_\beta,\eta_\gamma,} f^{\alpha\beta\gamma} l_\alpha(\varepsilon) l_\beta(\eta) l_\gamma(\zeta) \tag{5.84}$$

式中，$f^{\alpha\beta\gamma} l_\alpha(\varepsilon)=f[x(\varepsilon_\alpha,\eta_\beta,\zeta_\gamma)]$ 表示函数 f 在 GLL 点 $X(\xi_\alpha,\eta_\beta,\zeta_\gamma)$ 的值。为了简化这个方程，省去拉格朗日多项式的上标 n。使用多项式代替式 (5.84)，函数的梯度可以表示为

$$\begin{aligned}\nabla f[x(\varepsilon_{\alpha'},\eta_{\beta'},\zeta_{\gamma'})] \approx & \sum_{i=1}^{3} \hat{x}_i [(\partial_i \varepsilon)^{\alpha'\beta'\gamma'} \sum_{\alpha=0}^{\eta_\alpha} f^{\alpha'\beta'\gamma'} l'_\alpha(\varepsilon_{\alpha'}) \\ & + (\partial_i \eta)^{\alpha'\beta'\gamma'} \sum_{\beta=0}^{\eta_\beta} f^{\alpha'\beta'\gamma'} l'_\beta(\eta_{\beta'}) + (\partial_i \zeta)^{\alpha'\beta'\gamma'} \sum_{\lambda=0}^{\eta_\gamma} f^{\alpha'\beta'\gamma'} l'_\gamma(\eta_{\gamma'})]\end{aligned} \tag{5.85}$$

式中，$\hat{x}_i$ 表示三个坐标轴上的单位向量，∂_i 表示这三个方向上的偏微分，我们用一个质数来表示拉格朗日多项式的导数，矩阵 $\partial/\partial x$ 是矩阵 $\partial x/\partial$ 的转置。

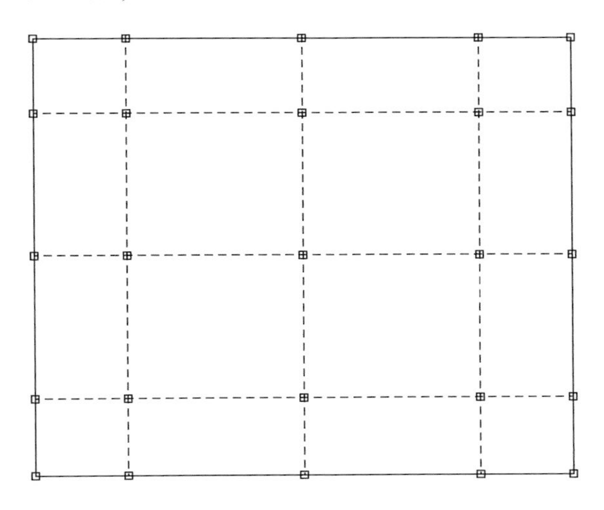

图 5.67　谱单元结点示意图

为了求解弱波动方程，必须在每个元上使用数值积分，在经典的 FEM 方法中，我们经常使用高斯积分法。在 SEM 中使用的是 Gauss-Lobatto-Legendre (GLL) 积分法，每个元上的积分表示为

$$\begin{aligned}\int_{\Omega_e} f(x)\,\mathrm{d}^3x &= \int_{-1}^{1}\int_{-1}^{1}\int_{-1}^{1} f[x(\varepsilon,\eta,\zeta)] J(\varepsilon,\eta,\zeta)\,\mathrm{d}\varepsilon\mathrm{d}\eta\mathrm{d}\zeta \\ &\approx \sum_{\alpha,\beta,\gamma=0}^{\eta_\alpha,\eta_\beta,\eta_\gamma} w_\alpha w_\beta w_\gamma f^{\alpha\beta\gamma} J^{\alpha\beta\gamma}\end{aligned} \tag{5.86}$$

在流体和固体模型边界处，要计算面积分。面积分公式为

$$\int_{\Gamma_e} f(x)\,\mathrm{d}^2 x = \int_{-1}^{1}\int_{-1}^{1} f[x(\varepsilon,\eta)]J_b(\varepsilon,\eta)\,\mathrm{d}\varepsilon\mathrm{d}\eta \approx \sum_{\alpha,\beta=0}^{\eta_\alpha,\eta_\beta} w_\alpha w_\beta f^{\alpha\beta} J^{\alpha\beta} \tag{5.87}$$

2）金属矿地震勘探照明分析

常规地震观测系统设计只是大致考虑构造倾向和走向，已不能适应精细勘探的需要。照明度分析是一种面向目标成像的地震观测系统设计方法，根据地震波传播能量（照明度）的不同，可以确定目标层成像所需要的炮点或检波点位置。地震照明分析方法主要有两大类：一类是基于射线追踪的方法，另一类是基于波动方程的方法。

本书对基于射线追踪的地下照明进行了研究，根据勘探工区的表层结构和地下地质构造信息，建立符合实际情况的地球物理模型，布设观测系统，通过射线追踪计算，得到地下各反射界面在某一观测系统下的被照明区域（反射点），以及各界面的覆盖次数，继而将各界面的覆盖次数视作照明能量。射线追踪方法本身的缺陷（如射线盲区等）使得基于射线方法的照明分析在复杂目标区精度很低。

基于波动方程的照明分析方法最早应用于地震成像与反演，并采用单程波方程进行计算。单程波算子存在忽略散射损失、反射损失、焦散损失以及广角反射近似等方面的不足，计算的照明度存在一定的误差，尤其在复杂区域误差更大，不过，单程波算子的计算效率远远高于双程波算子。采用双程波方程有限差分方法进行波场模拟，并在时间域采用局部慢度分析技术将波场分解为角度域波束，得到照明矩阵，可为逆时偏移提供照明分析。近年来，在基于波动方程的照明模拟方面，基于波束分解的频率与波场的局部角度域信息的获取技术得到长足的发展，并应用于定向照明度分析中。基于波动方程的照明技术有很强的应用潜力，可用于多种照明模拟中，如局部照明、随地质目标倾角变化的照明度能量分布、基于特定目标的照明度、波数域照明度等。

基于正演模拟地震照明技术通过建立地质模型人工模拟野外采集方式，分析研究地震波在介质传播时的能量分布，解释地震剖面中存在的阴影、气烟窗等复杂地质现象。

分析研究地震照明基本分三个步骤：根据地震解释建立地质模型及构建速度和密度模型、正演数值模拟和照明分析。常用的照明分析方法有射线追踪和波动方程法。由于射线追踪是基于高频近似理论的，对于水平层状介质可以较好反映出地下反射面元的覆盖次数等信息，但是在遇到横向速度变化剧烈的介质模型，在有高速体存在地区常常产生较大误差；而波动方程法是在射线追踪的基础上发展起来的，能适应横向速度变化剧烈的地质模型，可以对目标地质体进行合理的地震照明，为地震勘探野外观测系统的设计提供合理的参数论证，确定面向目标的最优化的激发点分布、接收点组合方式和排列长度等。

通过射线追踪计算照明度的方法有：传统射线法、高斯射线束法、波前构建法等；基于波动方程的照明度计算方法有：双程波法、单程波法、弹性波法、黏弹性波法等。

射线追踪法是最早应用于地震勘探中的基本方法，它是根据惠更斯原理、斯奈尔定理和 Fermat 原理三个基本原理来研究波在介质中的传播的。依据三个基本定理射线追踪计算方法大致划分为：打靶法、迭代追踪法、波前法和弯曲法。本研究采用的是弯曲射线作为辅助照明计算。

弯曲法是将介质进行网格剖分，对网格点依次计算旅行时间，根据惠更斯原理或程函方程等进行求解，根据 Fermat 原理旅行时满足最短时间走时找出射线走时路径。该方法首先假设射线走时方程，根据最小走时原理不断修正走时方程，直到满足精度要求。弯曲法体现了波的波动学特点，可以适应相对复杂的介质模型。该方法是采用网格剖分的方法描述介质的，因此在追踪射线路径时可能存在一定的盲区，满足不了非常复杂的介质，在求解最小走时时有可能漏解，也比较耗时。

基于波动方程照明理论是在射线追踪理论的基础上发展起来的，能够适应复杂的地质结构分布，既能反映波场的运动学信息，也能提供波场的动力学特点，对于研究偏移成像的精度有重要的参考价值，可通过偏移效果来评估野外采集参数的合理性。

根据传播算子的不同，波动方程照明有单程波照明和全程波照明之分。根据地震波波场理论，震源在二维介质（x，z）处的照明度可以表示为

$$I(x,z,\omega)=u(x,z,\omega)u(x,z,\omega) \tag{5.88}$$

式中，u 为波场函数，那么 n 个震源在（x，z）处的照明度是每个震源在该处的照明度的总和，表示为

$$I_s(x,z,\omega)=\sum_{i=1}^{n}I_i(x,z,\omega) \tag{5.89}$$

假设 I_s 表示单一震源处的照明度，I_r 表示单个接收点处的照明度，根据激发接收互易定理，则 n 对震源接收点在空间（x，z）处总的照明度为

$$I_{rs}(x,z,\omega)=\sum_{i=1}^{n}I_{rs_i}(x,z,\omega) \tag{5.90}$$

通过地震照明可以研究野外施工震源与接收点的偏移距关系及覆盖次数，确定最佳施工方案，进一步优化野外采集参数（李佩，2010）。假设地震波传播到介质 x 处的角度域照明度用格林函数可以表示为（Xie et al.，2006）

$$I_s=\sum_{s}|G(s,x,\theta_s,\omega)|^2 \tag{5.91}$$

式中，s 为炮点，ω 为角频率。则介质 x 处到接收点 r 处的角度域照明度表示为

$$I_r=\sum_{r}|G(x,r,\theta_r,\omega)|^2 \tag{5.92}$$

根据地震波互易定理，炮点和接收点在介质 x 处总的照明度可以表示为

$$I(x,\theta_n,\theta_r)=\sum_{s}\{|G(s,x,\theta_s,\omega)|^2\sum_{r}|G(x,r,\theta_g,\omega)|^2\} \tag{5.93}$$

式中，θ_n 为地质界面的倾角；θ_r 为反射波的角度；θ_s 和 θ_g 分别是炮点和检波点处的波场与垂直方向的夹角，并且它们之间满足 $\theta_n=(\theta_s+\theta_g)/2$，$\theta_r=(\theta_s-\theta_g)/2$。

通过角度域地震照明图可以了解震源对地下目标体的贡献大小，确定炮点和检波点的分布范围。随着地震勘探向更深、更小尺度、高精度、复杂化的地质成像的推进和发展，人们对地震勘探的数据采集、处理、解释技术要求也越来越高。而在复杂构造地区，往往由于聚焦和散焦作用，震源激发的入射波和反射面产生的反射波在地下传播时能量的空间分布是不均匀的，此外，不同的观测系统对地下入射波和反射波的能量分布会产生不同的影响，因此需要研究地震波在地下介质中的传播及能量分布规律。对一个地下区域进行照

明分析就是研究震源激发产生的地震波在该区域介质中的能量分布，目标是为了提高地下地质目标体的成像质量，特别是对于弱能量区域和能量屏蔽的区域。

2. 模型试验对比及应用

1）随机介质模型地震波场高精度谱元法模拟

在高精度的地球物理探测中，对于高、宽频地震信号，小尺度异常无法忽略，因为它们对地震波的传播产生十分明显的影响。为了验证复杂构造高精度谱元法的应用效果，本研究建立二维水平地表层状随机介质模型，模型大小为1200 m×1200 m，其中随机介质的物理参数见表5.3。

表5.3　随机介质物理参数

波速均值	自相关系数 a	自相关系数 b	标准差	扰动范围
3000 m/s	5 m	5 m	5%	25%

采用基于复杂构造网格剖分的高精度谱元法将层状随机介质模型区域剖分为大约90000个网格，相比于常规的谱元法网格剖分，复杂构造网格剖分法的剖分结果质量较高，网格大小均匀，对复杂界面适应性更好。

为考虑非均匀性对地震波的影响，地震波长要尽可能接近异常的尺度，随机介质模型中非均匀异常不规则且尺度相对微小，因此需要选用高频地震信号进行谱元法数值模拟。在模型中心（600，480）位置处选取频率为150 Hz的雷克子波作为震源，并在（250，480）到（950，480）深度均匀排列201个检波器，取采样点数3360，采样率0.1 ms，得到每个时刻的波场快照和单炮记录。图5.68为二维随机介质速度模型高精度谱元法和常规谱元法正演模拟单炮记录对比。

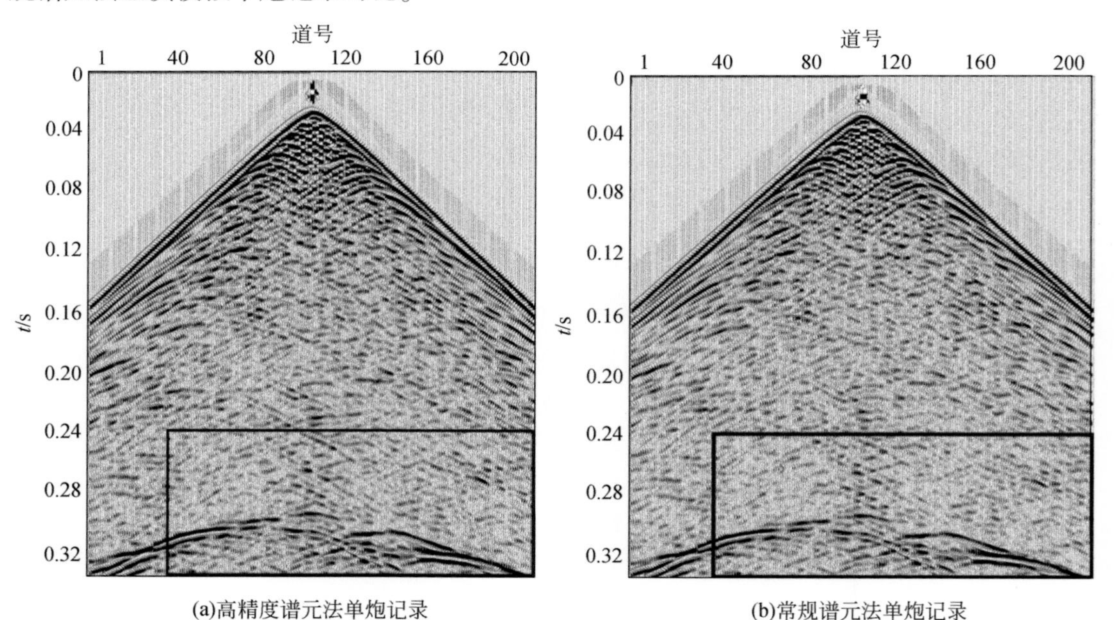

图5.68　随机介质模型的正演模拟单炮记录

从图 5.68 的模拟单炮记录来看，与常规谱元法相比，基于复杂构造网格剖分的高精度谱元法模拟结果具有更高的信噪比和分辨率，同相轴连续性好，精度更高。高精度谱元法能将微观层次的有效地震信息更清晰地反映在地震记录剖面上，有助于在高精度地震勘探中发现小尺度的非均质体。

2）起伏地表模型衰减地层数值模拟

谱元法灵活的网格剖分，适用于起伏地表情况的数值模拟。而衰减因子的建立，更加符合实际地层的地质情况。表 5.4 为起伏地表地质模型物理参数表。

表 5.4　起伏地表地质模型物理参数表

地层序号	v_p/(m/s)	v_s/(m/s)	Q_p	Q_s	ρ/(kg/m^3)
1	1000	577	10	5	2200
2	2000	1154	57	17	2500
3	3000	1732	164	35	2700

无衰减情况下地震波场对比分析时，检波器置于起伏地表处，共 100 道接收的地震记录，图 5.69 为无衰减情况的 X、Z 分量地震信号。

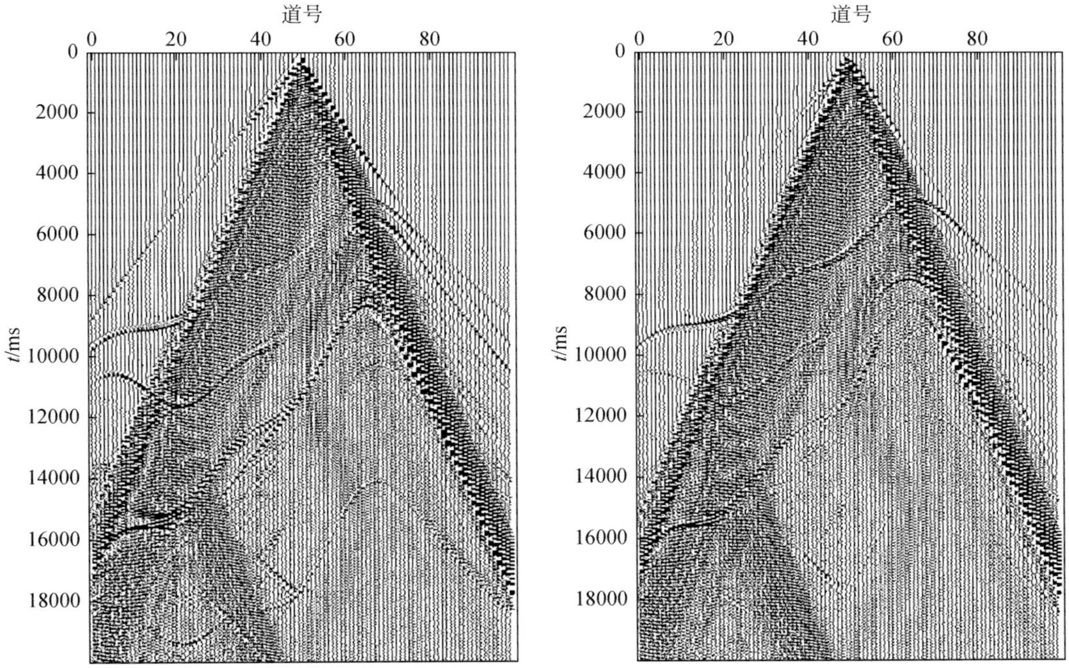

图 5.69　无衰减地震模拟记录，接收点在地表的 X、Z 分量地震信号

3）被动源地震干涉法波场数值模拟

地震干涉法的基本思想是对接收到的原始地震记录进行互相关或者反褶积运算来合成新的地震记录，它的提出丰富了人们对地震波传播规律的认识。新合成的地震记录的信噪比和分辨率都会有所提高。被动源地震干涉法就是通过接收地下背景噪声等的被动源信号，然后

利用地震干涉法重建数据的一种方法。在常规地震处理中被认为噪声的数据，在这种方法中被视为有效信号，而且重建的数据能提供一些常规地震数据处理所没有的新的信息。

设有如图 5.70 所示的金属矿模型（庐枞盆地），水平长度为 7500 m，深度为 2500 m，网格间距为 10 m，可见整个模型包含很复杂的褶皱、断层等构造，在中心的红色高速区域代表一个金属矿脉。

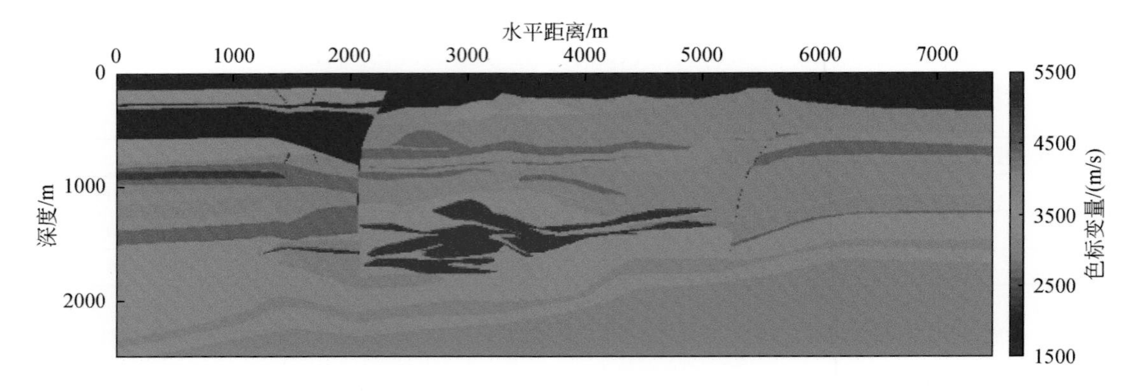

图 5.70　金属矿模型

（1）模拟主动源单炮正演记录。选择 $x=3800$ m 位置设置主动源，采用雷克子波震源模拟记录。为了压制边界反射，在采用吸收边界的同时，将模型左右两侧各延拓 1000 个网格点，得到的记录如图 5.71（a）所示。

（2）合成被动源干涉记录。布设 1000 个震源，接收 120 s，震源采取两种分布，分别是分布在 500～2250 m 和 1750～2250 m。接收的被动源记录杂乱无章，选择虚拟震源在 $x=0$ m 位置，进行互相关运算，得到的合成记录分别如图 5.71（b）和图 5.71（c）所示。

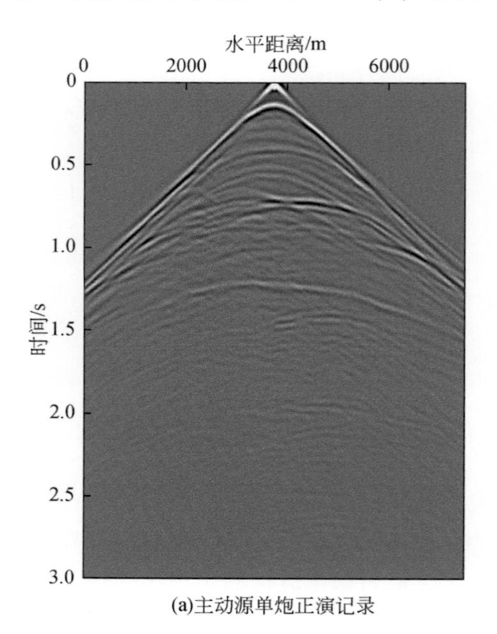

(a)主动源单炮正演记录

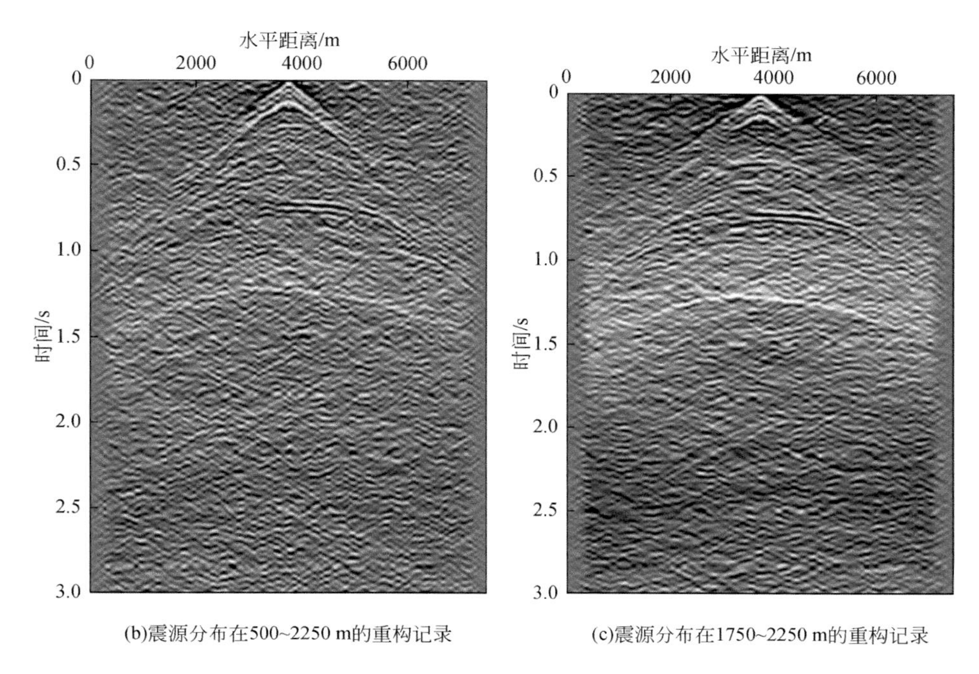

(b)震源分布在500~2250 m的重构记录　　(c)震源分布在1750~2250 m的重构记录

图 5.71　被动源地震干涉法在金属矿模型上的应用效果

（七）多震源混合采集与处理方法

1. 方法原理

多震源地震采集技术是一种高效的地震采集技术，是对传统单炮地震采集技术的重大革新，而混采数据直接成像将是支撑该技术的发展方向之一。在混采数据中，同一记录道记录的是多炮混合的地震数据，其波场相互混叠，复杂性大大增加，给直接成像处理带来极大的困难。与常规偏移方法相比，基于地震反演原理的最小二乘偏移具有更好的偏移噪声压制效果，能够平衡振幅，提高成像分辨率，最小二乘偏移方法成为多震源混采数据直接成像的主流方法。

1）混采数据 L_2 范数正则化偏移

最小二乘偏移是在地震反演框架内，通过实际观测数据求取地下介质的反射系数。但无约束的最小二乘偏移存在多解性，求解过程数值性差，方法抗噪性也较差，受噪声影响严重。为了克服这一缺陷，通常在最小二乘偏移的目标函数中引入正则化约束条件。

正则化能够减弱偏移反演问题的不适定性，大大缩小解空间，确保找到合适的解，以及增强方法的抗噪性，有效压制偏移噪声，改善成像结果。从本质上讲，正则化其实就是对模型参数设定一个先验，这个先验反映了解的某些特征或者约束。因此正则化约束一定要符合真实解的特性，才能得到较好的近似解结果。在已发表的最小二乘偏移成像相关文献中，无论是单源数据还是多震源混采数据，研究者一般都采用基于模型 L_2 范数约束的 Tikhonov 正则化来确保求解过程的稳定，即将无约束最小二乘偏移转换为 L_2 范数正则化偏

移。混采数据 L_2 范数正则化偏移的目标函数为

$$f(\boldsymbol{m})=\frac{1}{2}\|\boldsymbol{L}_{\mathrm{bl}}\boldsymbol{m}-\boldsymbol{P}_{\mathrm{blobs}}\|_2^2+\frac{1}{2}\lambda\ \|\boldsymbol{m}\|_2^2 \tag{5.94}$$

式中，L_2 范数正则化相当于给模型 $\boldsymbol{m}$ 添加了一个协方差为的 $1/\lambda$ 零均值高斯先验。当 $\lambda=0$，即无正则化约束时，模型的高斯先验协方差趋于无穷大，此时该先验约束非常弱，为了拟合所有的实验数据，模型 $\boldsymbol{m}$ 可能变得非常复杂且不稳定，也就是常说的过拟合现象。λ 越大，模型的高斯先验协方差就越小，模型的波动范围减小，复杂程度较低且较为稳定。L_2 范数正则化又被称为岭回归、脊回归，是一种改良的最小二乘法，通过放弃最小二乘法的无偏性，以保证求解过程数值稳定，从而得到较高的计算精度。

对比常规采集单源数据和多震源采集混采数据的 L_2 范数正则化偏移目标函数发现，二者具有相同的形式，只需要将单源数据目标函数中的正演算子 $\boldsymbol{L}$ 替换为混合正演算子 $\boldsymbol{L}_{\mathrm{bl}}$，输入的测量数据 $\boldsymbol{P}_{\mathrm{obs}}$ 替换为多震源采集的混采数据 $\boldsymbol{P}_{\mathrm{blobs}}$ 即可。在使用迭代优化算法求解的过程中，也只需要将原单源数据正演和偏移过程替换为相应的多震源混采数据正演和偏移。

2）混采数据 L_1 范数正则化偏移

L_2 范数正则化偏移具有较高的算法稳定性，假定模型参数是光滑和连续的，对反演结果具有平滑滤波效应。但是当模型参数具有稀疏性和跳跃点等不连续特征时，L_2 范数正则化偏移会破坏反射系数内在的稀疏性，导致地下反射系数过度光滑，模型不连续信息不能被精确重构。为了减弱这种平滑效应，需要采用非二次罚项的正则化方法。

L_1 范数正则化约束的最小二乘 Kirchhoff 偏移，旨在保持地下介质反射系数的稀疏性，提高成像分辨率。偏移成像稀疏约束的数学模型为

$$\min\|\boldsymbol{m}\|_0 \quad \text{s. t.} \quad \boldsymbol{P}=\boldsymbol{Lm} \tag{5.95}$$

式中，$\|\cdot\|$ 为 L_0 范数，很多情况下，L_0 最优化问题会被转换为更高维度的范数最优化问题。Donoho（2006）证明了满足特定的约束条件时，L_1 范数最小化与 L_0 范数最小化的解可以等价。L_1 范数属于典型的凸优化问题，是 L_0 范数的最优凸近似，能够把 NP 难题转化为线性规划问题，具有比 L_0 范数更好的优化求解特性。所以，在实际处理中更常用的方法是采用 L_1 范数作为稀疏约束条件，即

$$\min\|\boldsymbol{m}\|_1 \quad \text{s. t.} \quad \boldsymbol{P}=\boldsymbol{Lm} \tag{5.96}$$

式中，$\|\cdot\|$ 为 L_1 范数，其表示向量中所有元素绝对值之和。

形如式（5.96）的 L_1 范数约束问题也被称为基追踪问题。由于混采数据偏移成像剖面中含有偏移噪声及串扰噪声，本研究将偏移问题转换为 BPDN 问题，即

$$\min\|\boldsymbol{m}\|_1 \quad \text{s. t.} \quad \|\boldsymbol{Lm}-\boldsymbol{P}\|\leqslant\sigma \tag{5.97}$$

式中，σ 为非负小标量，是数据中噪声水平的评估值。当 σ 值比较容易准确估计时，优先考虑式（5.97）为 L_1 范数约束的数学模型。在这里，将 L_1 范数最小化问题改写为拉格朗日形式，这种形式与凸二次优化有紧密联系，能够通过多种优化算法求解。

混采数据 L_1 范数正则化偏移的目标函数为

$$f(\boldsymbol{m})=\frac{1}{2}\|\boldsymbol{L}_{\mathrm{bl}}\boldsymbol{m}-\boldsymbol{P}_{\mathrm{blobs}}\|_2^2+\lambda\|\boldsymbol{m}\|_1 \tag{5.98}$$

式中，λ 为一个调节目标函数中数据保真项与正则化约束项权重的参数。当 λ 充分大时，L_1 范数正则化可以使得某些参数估值精确地收缩到0，压缩参数，约束模型 $\boldsymbol{m}$ 得出稀疏的解。式（5.98）就是被称为LASSO的正则化稀疏模型。

L_1 范数正则化偏移快速求解算法有很多，诸如同伦算法、迭代收缩阈值（ISTA）、加速近端梯度法（APG）、谱投影梯度法、FISTA、内拥挤算法（In-crowd）和交替方向乘子算法（ADMM）等。本研究采用快速迭代收缩阈值法，即FISTA来求解混采数据 L_1 范数正则化偏移成像。

设关于 $\boldsymbol{m}_k$ 和 $\boldsymbol{m}_{k-1}$ 的线性组合为 $\boldsymbol{y}_k$，定义为

$$\boldsymbol{y}_k=\boldsymbol{m}_k+\left(\frac{t_{k-1}-1}{t_k}\right)(\boldsymbol{m}_k-\boldsymbol{m}_{k-1}) \tag{5.99}$$

式中，权值 t_k 为

$$t_k=\frac{1+\sqrt{1+4t_{k-1}^2}}{2} \tag{5.100}$$

$$\boldsymbol{m}_{k+1}=\mathrm{soft}\left(\boldsymbol{y}_k-\alpha\boldsymbol{L}^{\mathrm{T}}(\boldsymbol{L}\boldsymbol{y}_k-\boldsymbol{P}),\frac{\alpha\lambda}{2}\right) \tag{5.101}$$

FISTA算法的基本实现流程如下。

步骤1：赋初始值 $\boldsymbol{y}_0=\boldsymbol{m}_0=\boldsymbol{0}$，$t_0=1$；给定步长 α，正则化参数 λ；给出迭代终止条件。

步骤2：计算迭代公式（$k\geqslant1$）：

（1）$\boldsymbol{m}_k=\mathrm{soft}\left(\boldsymbol{y}_{k-1}-\alpha\boldsymbol{L}^{\mathrm{T}}(\boldsymbol{L}\boldsymbol{y}_{k-1}-\boldsymbol{P}),\frac{\alpha\lambda}{2}\right)$；

（2）$t_k=\frac{1+\sqrt{1+4t_{k-1}^2}}{2}$；

（3）$\boldsymbol{y}_k=\boldsymbol{m}_k+\left(\frac{t_{k-1}-1}{t_k}\right)(\boldsymbol{m}_k-\boldsymbol{m}_{k-1})$

步骤3：若满足迭代终止条件，结束迭代，输出结果 $\boldsymbol{m}$；若不满足迭代终止条件，$k=k+1$，重复步骤2。

3）混采数据TV范数正则化偏移

全变分（TV）正则化方法是求解具有不连续解的反问题最常用和标准方法之一，被广泛应用于图像去噪和复原领域。该方法支持三种噪声模型：高斯噪声模型、拉普拉斯噪声模型、泊松噪声模型，具有良好的去噪能力。它还能有效处理解的不连续性，保留图像的边缘信息，精确重构带有突变点的非光滑性图像。地下介质反射体大多是不规则的，存在突变不连续点，因此地震剖面是非光滑性的，这些非光滑性包含着大量重要的地质信息，如尖灭点、断层、裂隙、不整合以及各种形状的地质体边界。全变分针对这种非光滑性图像具有突出的处理能力。这里将全变分原理应用于多震源混采数据直接成像中，提出混采数据TV范数正则化偏移方法。TV范数正则化偏移在压制串扰噪声的同时能保留图像的不连续性，兼顾图像平滑去噪与边缘保留，最大限度地还原地下介质的真实信息。

二维地震图像的TV范数有两种离散化定义方式。

（1）基于 L_1 范数的各向异性扩散模型为

$$\begin{aligned}\mathrm{TV}_{L_1}(\boldsymbol{m}) = &\sum_{i=1}^{n_1-1}\sum_{j=1}^{n_2-1}\{|m_{i,j}-m_{i+1,j}|+|m_{i,j}-m_{i,j+1}|\}\\ &+\sum_{i=1}^{n_1-1}|m_{i,n_2}-m_{i+1,n_2}|+\sum_{j=1}^{n_2-1}|m_{n_1,j}-m_{n_1,j+1}|\end{aligned} \tag{5.102}$$

（2）基于 L_2 范数的各向同性扩散模型为

$$\begin{aligned}\mathrm{TV}_1(\boldsymbol{m}) = &\sum_{i=1}^{n_1-1}\sum_{j=1}^{n_2-1}\sqrt{(m_{i,j}-m_{i+1,j})^2+(m_{i,j}-m_{i,j+1})^2}\\ &+\sum_{i=1}^{n_1-1}|m_{i,n_2}-m_{i+1,n_2}|+\sum_{j=1}^{n_2-1}|m_{n_1,j}-m_{n_1,j+1}|\end{aligned} \tag{5.103}$$

式中，n_1 和 n_2 为 $\boldsymbol{m}$ 的维数。各向同性扩散模型在重构时会增加多余的光滑作用，模糊图像边缘；各向异性扩散模型具有良好的边缘保持特性，但是该模型可能会将噪声处理成假边缘，在平滑区出现阶梯效应。地震图像的不连续性通常表现为分段光滑的曲线或者线性奇异性，各向异性扩散模型在不同图像特征区域内扩散特性不一样，使用各向异性扩散模型有利于保持地震图像的不连续性特征，对于分段平滑区域也可以取得良好的重构结果。

偏移成像的 TV 范数正则化约束问题如下所示，即

$$\min\|\boldsymbol{m}\|_{\mathrm{TV}} \quad \text{s.t.} \quad \boldsymbol{P}=\boldsymbol{LM} \tag{5.104}$$

式中，TV 范数采用基于 L_1 范数的各向异性全变分定义。根据式（5.104）定义混采数据 TV 范数正则化偏移的目标函数，即

$$f(\boldsymbol{m})=\|\boldsymbol{L}_{\mathrm{bl}}\boldsymbol{m}-\boldsymbol{P}_{\mathrm{blobs}}\|_2^2+2\lambda\|\boldsymbol{m}\|_{\mathrm{TV}},\quad \lambda>0 \tag{5.105}$$

此处，λ 仍然是一个调节目标函数中数据保真项与正则化约束项权重的参数，它的取值和图像噪声水平有关。式（5.105）是经典的全变分 ROF 模型。由式（5.104）可以看出，TV 范数各向异性扩散模型的本质是图像梯度的 L_1 范数，是关于图像梯度的稀疏约束。TV 范数正则化偏移的目标函数将这种图像梯度的稀疏分布统计特性作为先验信息对模型进行约束，它能从带有串扰噪声等成像噪声的原始地震偏移图像中恢复出由分片常值区和“角点”构成的具有稀疏梯度的图像，避免图像过度平滑，有效保留图像的边缘信息和不连续性特征。

4）混采数据正则化偏移效果分析

正则化偏移一般采用迭代反演算法求解，属于迭代偏移方法，随着偏移迭代次数的增加，去噪效果和成像质量都明显变好。理论上，迭代次数越多，数据处理效果越好。但是考虑到计算成本，一味地增加迭代次数是不实际的。接下来本书将分析混采数据正则化偏移效果，定性讨论其信噪比及计算效率。

前文已经分析了混采数据常规偏移 S/N，已知混采数据常规方法直接偏移 $S/N\approx\sqrt{KM}/\sqrt{M-1}$，其中，$K$ 为超级炮个数，M 为 SDR 取值。设正则化偏移迭代次数为 I，因为每一次迭代中都进行了一次常规偏移成像，所以混采数据正则化偏移 S/N 表示为

$$S/N\approx\sqrt{KM}/\sqrt{M-1}\approx\sqrt{KI},\quad M\gg1 \tag{5.106}$$

可以看出，混采数据迭代偏移方法的 S/N 与迭代次数和超级炮个数呈正相关，迭代次数越多，参与成像的超级炮个数越多，偏移 S/N 越高。

2. 模型试验对比及应用

首先使用简单的散射点模型来测试混采数据正则化偏移方法（图 5.72）。

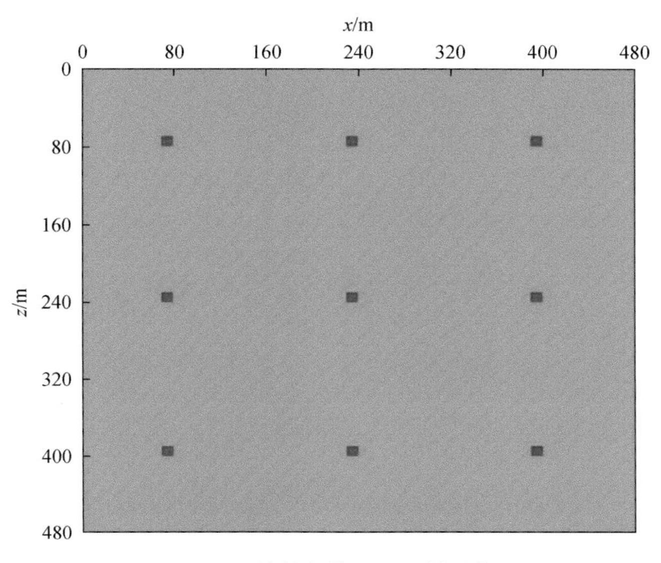

图 5.72　散射点模型（反射系数）

散射点模型是一个非常稀疏的模型，模型大小为：$n_x = n_z = 48$，网格间距为：$d_x = d_z = 10$ m，模型内部均匀分布 9 个反射系数为 1 的散射点，背景速度为 1500 m/s。基于图 5.72 所示的散射点反射系数模型，设计采集观测系统如下：单震源总数为 48，炮间距为 10 m；检波器总数为 48，道间距为 10 m。将 48 个单震源分别按照以下三种模式进行混合激发：SDR=4、SDR=8、SDR=24。在散射点模型测试中，使用 Kirchhoff 偏移算子，对三组混采数据分别进行常规 Kirchhoff 偏移、L_2 范数正则化偏移、L_1 范数正则化偏移和 TV 范数正则化偏移直接成像，成像结果如图 5.73 所示。三种正则化偏移方法的 CPU 计算时间 T_{CPU} 和迭代次数如图所示。

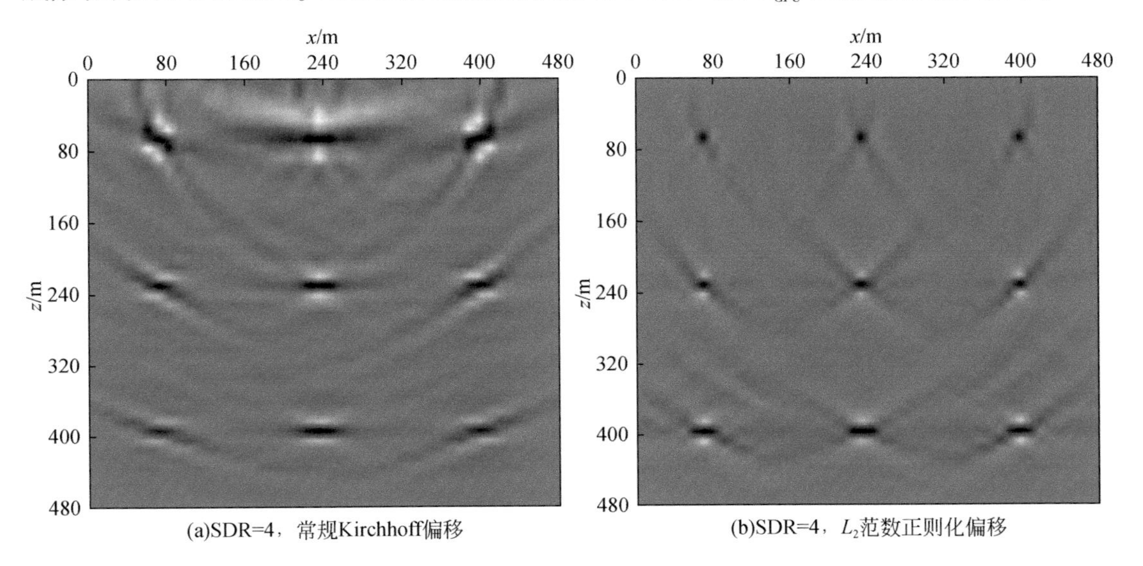

(a)SDR=4，常规Kirchhoff偏移　　(b)SDR=4，L_2范数正则化偏移

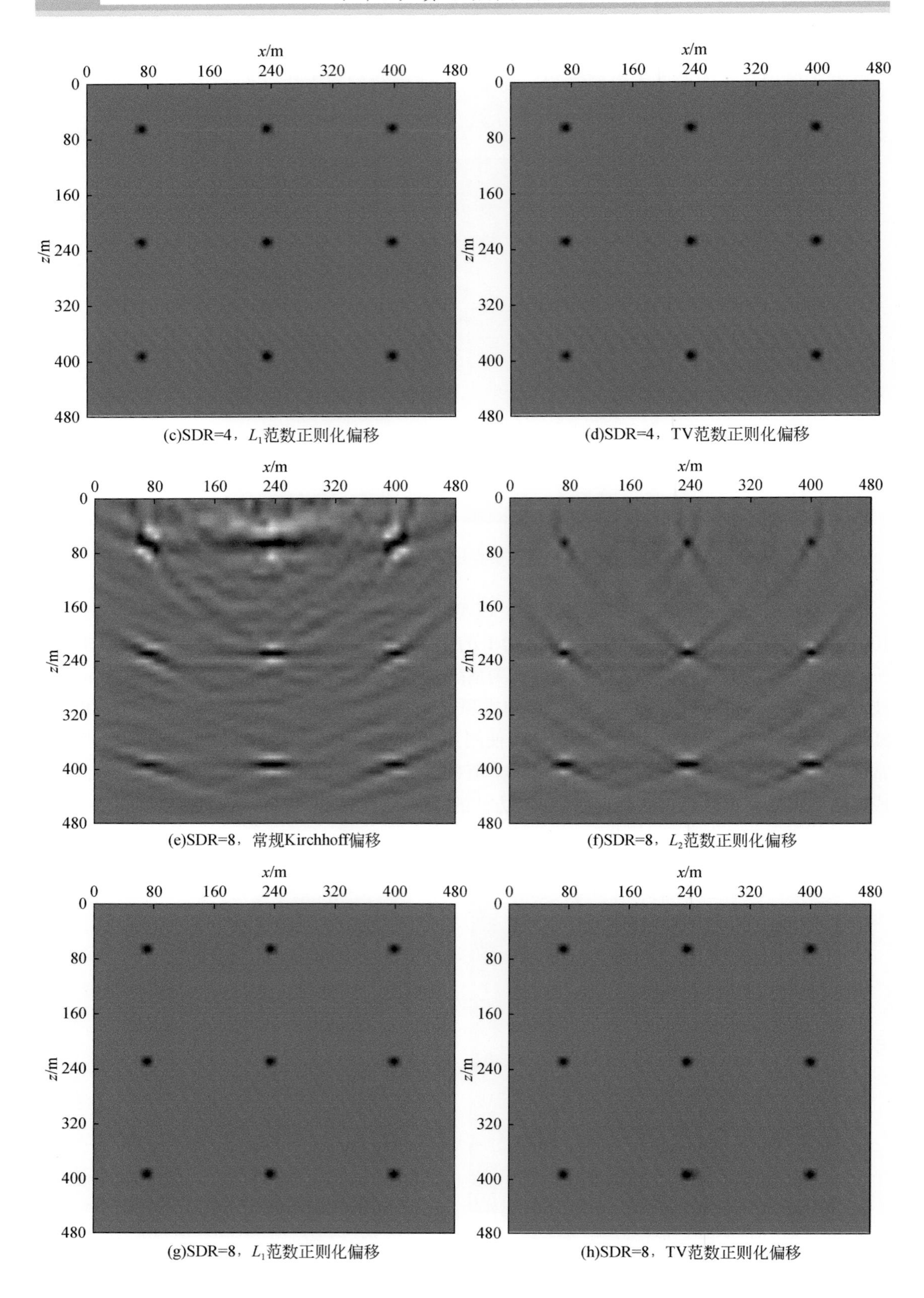

(c)SDR=4，L_1范数正则化偏移

(d)SDR=4，TV范数正则化偏移

(e)SDR=8，常规Kirchhoff偏移

(f)SDR=8，L_2范数正则化偏移

(g)SDR=8，L_1范数正则化偏移

(h)SDR=8，TV范数正则化偏移

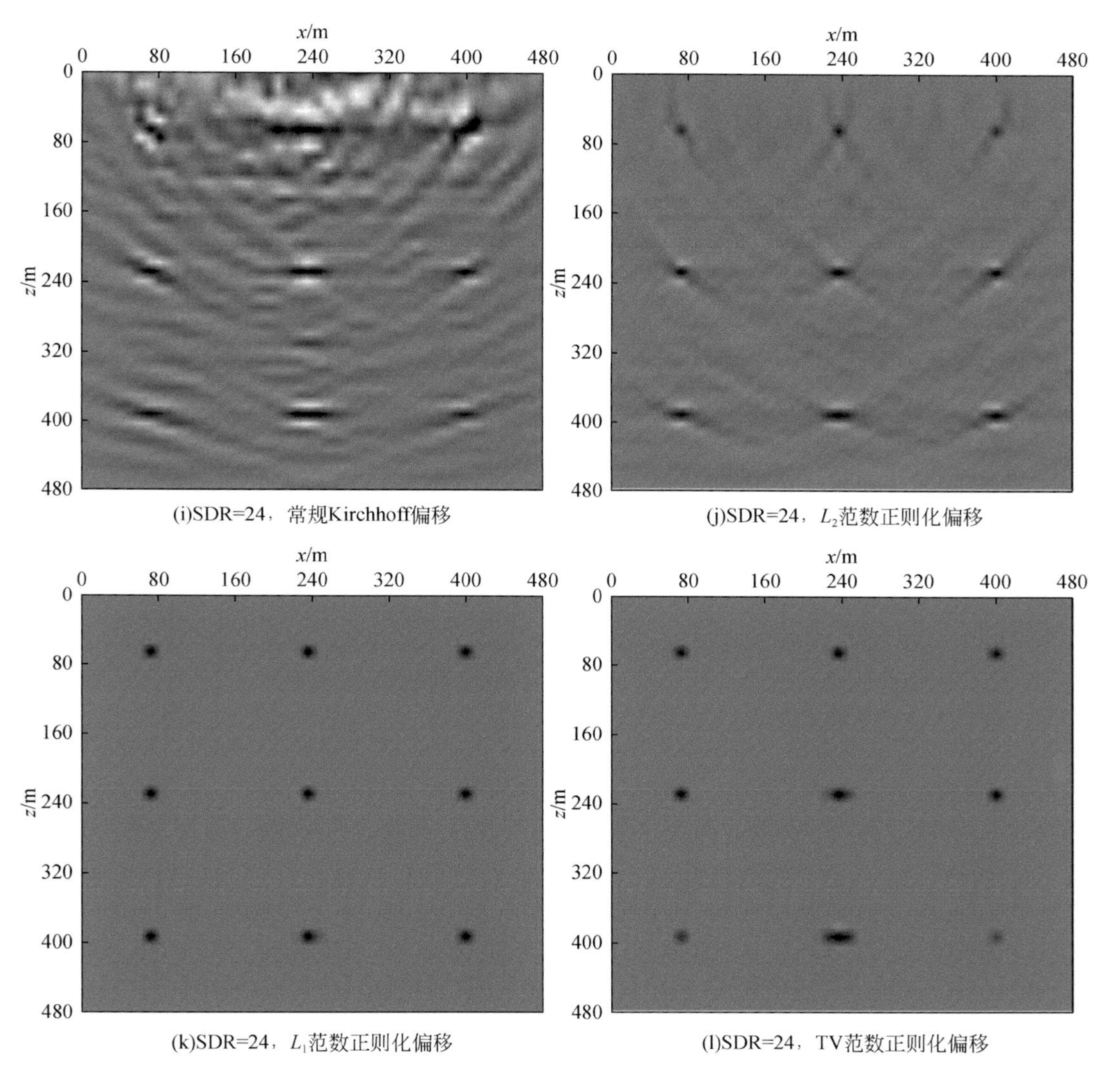

图 5.73 混采数据直接成像结果

图5.73（a）、（e）和（i）为混采数据常规 Kirchhoff 偏移直接成像结果。如图所示，常规 Kirchhoff 偏移成像剖面中存在明显的串扰噪声，在散射点周围有未收敛的绕射能量，对散射点成像定位不够准确；随着 SDR 值增大，噪声影响加剧，成像质量下降。图5.73（b）、（f）和（j）为混采数据 L_2 范数正则化偏移直接成像结果，图5.73（c）、（g）和（k）为混采数据 L_1 范数正则化偏移直接成像结果，图5.73（d）、（h）和（i）为混采数据 TV 范数正则化偏移直接成像结果。对比图中的数据可以看出，和常规 Kirchhoff 偏移相比，L_2 范数正则化偏移的成像质量有所提高，能够压制一部分串扰噪声。但是该方法在最终成像剖面上还有明显的噪声残留，去噪效果不理想，散射点的绕射能量收敛也不够完全，还存在未收敛的能量弧。相比之下，混采数据 L_1 范数正则化偏移和 TV 范数正则化偏移在 SDR 值较小时，不需要太多次偏移迭代就能有效压制成像剖面中的串扰噪声，散射点周围没有明显的能量发散，

绕射波很好地收敛于正确的位置，成像精度高。当 SDR 值较大时，L_1 范数正则化偏移通过增加迭代次数也能取得很好的成像结果，而 TV 范数正则化偏移对深部绕射点的成像能力有所下降，不能完全聚焦，但该方法整体去噪效果和成像效果也要好于 L_2 范数正则化偏移。

二、数据处理与正反演软件系统

（一）金属矿地震处理、解释新技术与软件系统

1. 系统框架设计

MineSeis 系统平台是专为金属矿地震勘探数据处理系统设计的。系统基于 QT 平台开发，可运行于 Linux/Windows 操作平台上。平台的总体架构如图 5.74 所示。

图 5.74　MineSeis 平台框架结构

软件开发平台是一体化系统软件开发的重点，软件开发平台由数据管理平台、应用框架平台、数据模型、专业组件、专业算法库、文件系统组成。采用 C/C++、Qt 编程。软件平台体系结构如图 5.75 所示。

一些早期的处理软件用 C 编写，模块间联系密切，牵一发而动全身。MineSeis 用 C++ 语言编写，采用图 5.76 所示四级结构，具有以下特点：①极强的可扩充性，②便于维护升级，③稳定性强。MineSeis 系统采用四层结构架构。

（1）数据层：将所有地震数据、成果数据按特征抽象成数据类。

（2）控制层：每个数据类均有相应控制类与之绑定，相互依赖。一个数据类对象可与多个控制类对象关联，实现统一数据，多重操作。

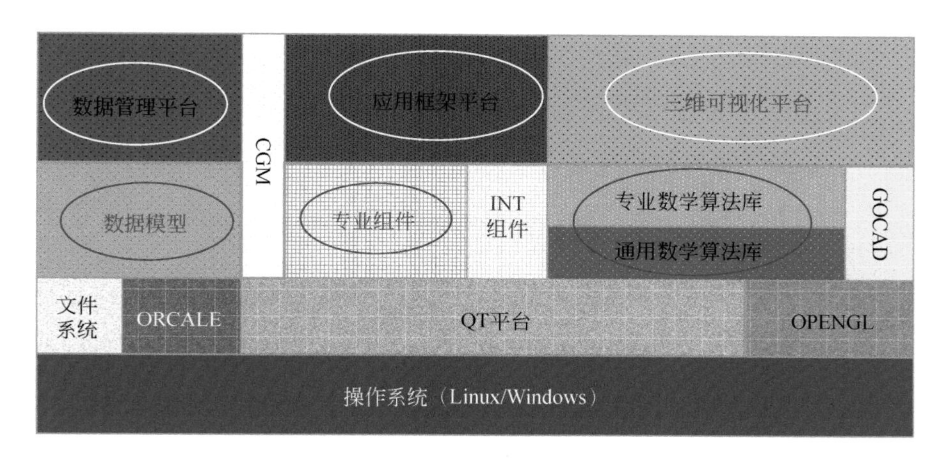

图 5.75　MineSeis 软件平台体系结构

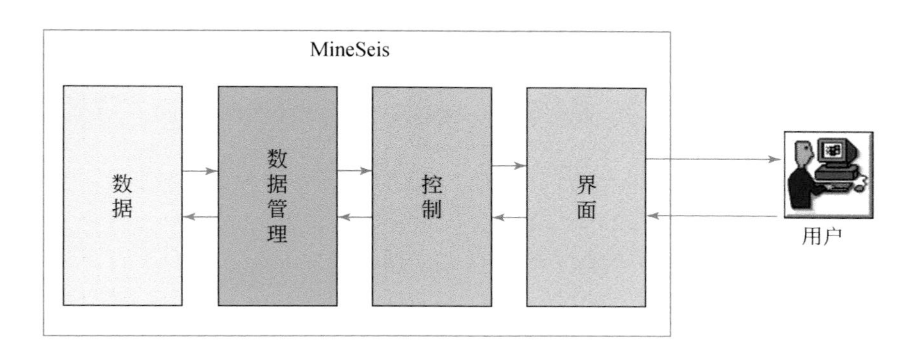

图 5.76　MineSeis 通信平台四级结构

（3）界面层：界面只起到连接用户与控制类的作用，具体的操作或显示由控制类完成。界面可以通过自身的属性加以影响，实现个性化的操作。

（4）采用四层结构，相互独立，方便软件维护，为将来的升级和扩展提供了足够的空间。

每个数据类均有相应数据管理类与之绑定，相互依赖。一个数据管理类对象可与多个控制类对象关联，方便实现多体解释。数据和操作分离，方便软件升级。

MineSeis 系统平台的软件有如下特点。①面向对象的开发语言。数据管理和界面都采用了面向对象的设计方法，实现了统一运行、独立管理，并且方便了功能的扩充。②方便的应用接口。系统提供了方便的接口，用于应用程序的扩展，使用户可以方便地添加自己的算法模块。③可扩展的数据结构。系统在设计上充分考虑了将来扩展的需要，为以后数据规模和种类的增加保留了空间。图 5.77 为数据层与数据管理层示意图，图 5.78 为控制层与界面层示意图。软件系统的总界面及部分功能界面如图 5.79 和图 5.80 所示。

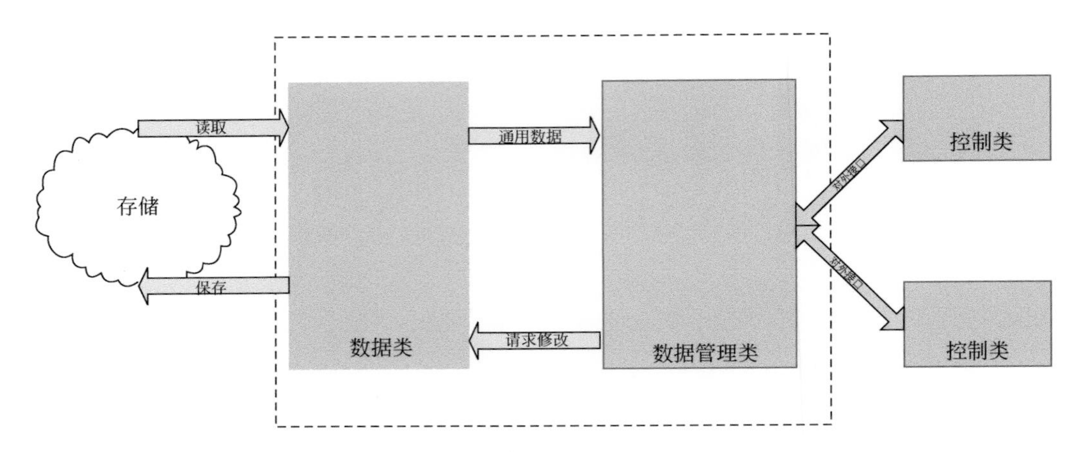

图 5.77　数据层与数据管理层

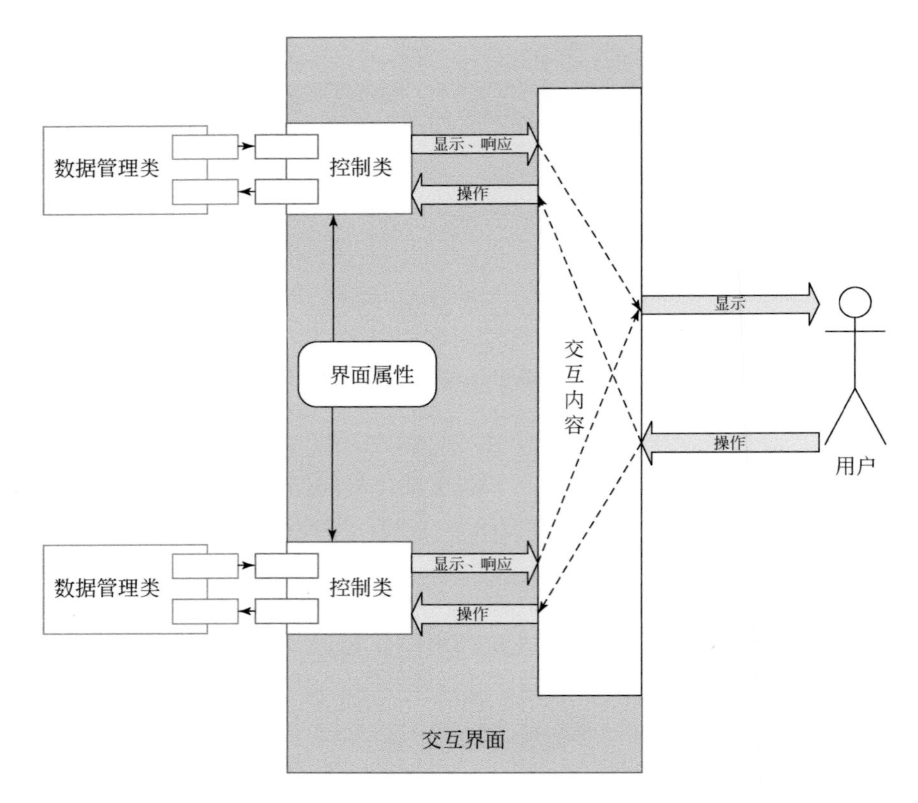

图 5.78　控制层与界面层

界面只起到连接用户与控制类的作用，具体的操作由控制类完成，实现面对对象的操作

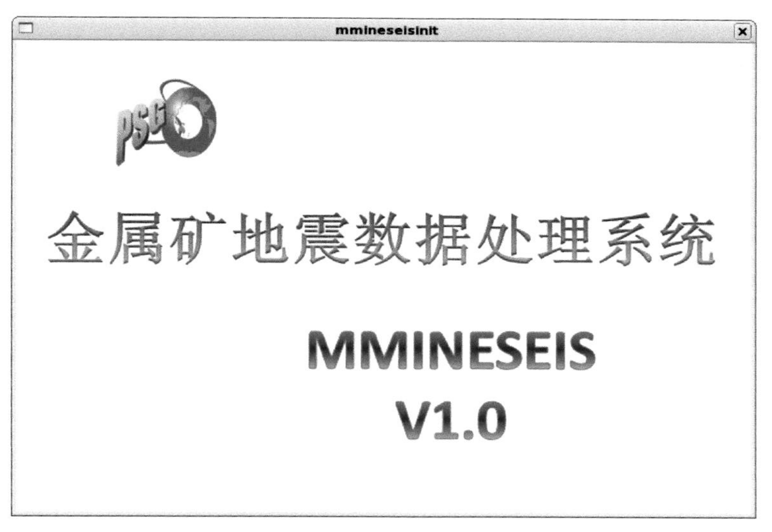

图 5.79　金属矿地震软件系统-主界面

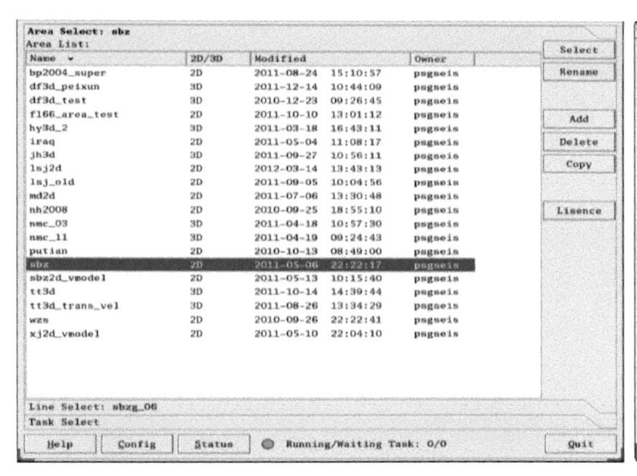

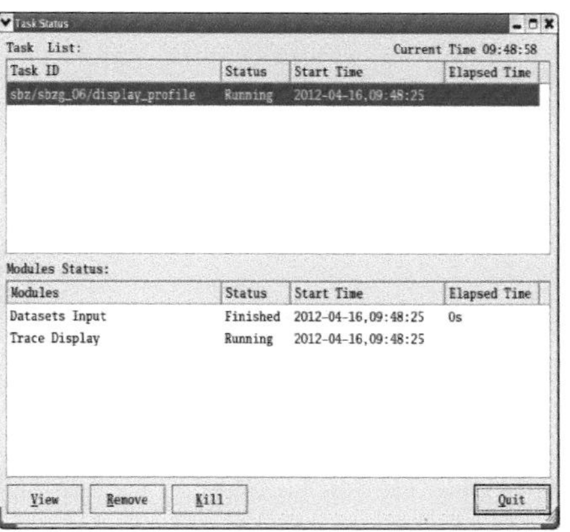

(a)MineSeis-工区界面　　　　(b)MineSeis-任务状态界面

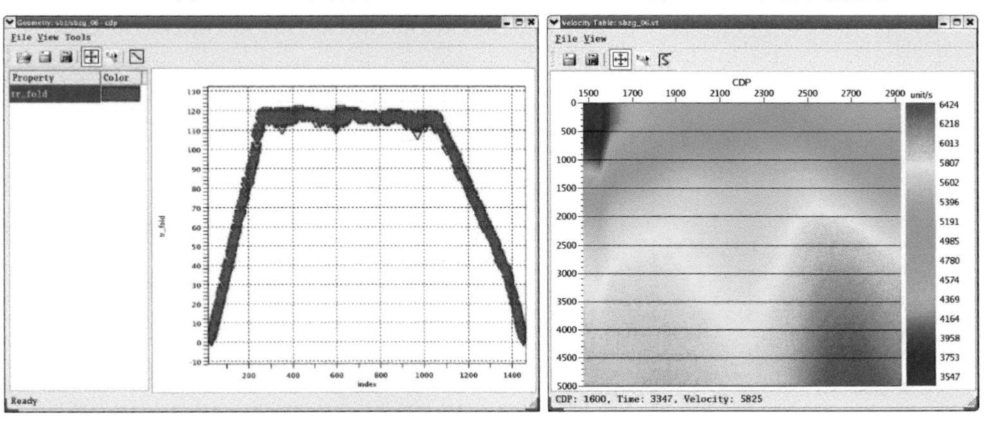

(c)MineSeis-数据库显示界面　　　　(d)MineSeis-速度显示界面

图 5.80　金属矿地震软件系统 MineSeis

2. 主要功能

研发的金属矿地震处理解释软件系统可以方便地进行数据处理模块的开发与集成。除了已集成的算法模块外，基于该系统，后续如果研发了新的方法技术，也可以方便地集成到软件平台中。下面首先介绍软件系统的目录结构、环境变量及库文件设置，最后介绍已集成的算法功能模块。

1）软件平台目录结构说明

MMINESEIS 软件平台安装目录是：MMineSeisHome。

Bin 目录：

MMineSeisHome/bin：放各模块可执行文件。MMineSeisHome/bin 不需预先创建，执行脚本文件后会自动产生该目录。

system 目录：

MMineSeisHome/system/menu/sys：放各初始模块的菜单文件。

MMineSeisHome/system/menu/usr：放各新加模块的菜单文件及二维和三维新加模块列表文件 ModList2D. ini，ModList3D. ini。

MMineSeisHome/system/sgy_fmt：存放 segy 指定格式文件。有缺省文件 Default。以后用户定义的文件也会存放此目录下。

MMineSeisHome/system/help：存放帮助文件。

MMineSeisHome/system/config. ini 文件：保存用户指定的配置信息。

include 目录：

MMineSeisHome/include：分类存放头文件。

lib 目录：

MMineSeisHome/lib：分类存放库文件。

modules 目录：

MMineSeisHome/modules：分类存放模块源代码文件。

sub 目录：

MMineSeisHome/sub：分类存放底层源代码文件。

$HOME/mpich 目录：

MMINESEIS 平台支持运行 mpi 模块。需要在主节点上安装 mpich 库。在家目录安装之后得到 $HOME/mpich 目录。

$HOME/inst 目录：

本目录下存放软件开发者用于编译连接的脚本文件。

2）软件平台目录环境变量设置

某机器（32 位系统）上某用户（假设用户名：psgseis）的家目录下已经有了 MMineSeisHome 总目录，用户想在/disk2 下建工作目录。首先在/disk2 下新建目录 mmineseis_temp 和 mmineseis_data，本节点上可将/disk2/mmineseis_temp 指定为运行 mpi 模块时存放临时文件的目录。该用户所用 shell 为/bin/tcsh。修改其 . tcshrc 内容如下：

```
setenv MMINESEISHOME    $HOME/MMineSeisHome
setenv MMINESEISDATA/disk2/mmineseis_data
```

```
setenv MMINESEISLIB    $MMINESEISHOME/lib
setenv MMINESEISINC    $MMINESEISHOME/include
setenv MMINESEISBIN    $MMINESEISHOME/bin
setenv MMINESEISMPI    $HOME/mpich
setenv MMINESEISTEMP   /disk2/mmineseis_temp
set path=( $MMINESEISBIN   /home/psgseis/bin   $HOME/mpich/bin  $path)
umask 022
alias mmineseis"nohup mmineseis &"
alias rm"rm-i"
setenv LD_LIBRARY_PATH    $MMINESEISHOME/lib:$HOME/mpich/lib
```

然后命令行下执行：source. tcshrc 后，修改生效。则运行 mmineseisinit 软件产生的工区均在/disk2/mmineseis_data 下。

某机器（64 位系统）上某用户（假设用户名：psgseis）的家目录下已经有了 MMineSeisHome 总目录，用户想在/home/psgseis 下建工作目录。首先在/home/psgseis 下新建目录 mmineseis_temp 和 mmineseis_data，本节点上可将/home/psgseis/mmineseis_temp 指定为运行 mpi 模块时存放临时文件的目录。该用户所用 shell 为/bin/tcsh。修改其 . tcshrc 内容如下：

```
setenv MMINESEISHOME  $HOME/MMineSeisHome
setenv MMINESEISDATA /home/psgseis/mmineseis_data
setenv MMINESEISLIB    $MMINESEISHOME/lib64
setenv MMINESEISINC    $MMINESEISHOME/include
setenv MMINESEISBIN    $MMINESEISHOME/bin
setenv MMINESEISMPI    $HOME/mpich
setenv MMINESEISTEMP   /home/psgseis/mmineseis_temp
set path=( $MMINESEISBIN   /home/psgseis/bin   $HOME/mpich/bin  $path)
umask 022
alias mmineseis"nohup mmineseis &"
alias rm"rm -i"
setenv LD_LIBRARY_PATH    $MMINESEISHOME/lib64:$HOME/mpich/lib
```

然后命令行下执行：source . tcshrc 后，修改生效。则运行 mmineseisinit 软件产生的工区均在/home/psgseis/mmineseis_data 下。

3）软件平台库文件及头文件

MMINESEIS 底层平台中的库文件及头文件分为 8 类，头文件按其分类存放在 MMineSeisHome/include 目录下的各子目录中，有：disp、dlg、psgaux、psgio、psgmath、psgmult、velan、ktmig。

4）MMINESEIS 现有算法功能模块介绍

金属矿地震处理解释软件平台模块包括系统模块、预处理模块、处理模块、特殊处理模块、新方法新技术模块等，可实现金属矿地震数据的去噪、信号处理、成像、正演、反演等功能，模块总数在100个以上。

其中，系统模块包括：平台初始启动模块mineseisinit、平台总控模块mineseis、速度导入模块vtin、速度导出模块vtout、速度显示模块vtdisp、速度顶部融合模块vtopmerge、速度底部融合模块vtbtmerge、几何绘图模块plotgeom、二维几何库定义模块scgeom、三维几何库定义模块scgeom3d。用户在模块列表中看不到以上这些模块，但通过平台界面可以使用。软件界面上选择模块时，模块列表内显示组名，每组内按模块定义顺序显示模块名。除新加模块外，其他初始模块的可执行文件名和菜单文件名已预先写入加密锁中，因此用户不能更改相应目录下的文件名，否则会造成MMINESEIS平台中找不到菜单或可执行文件。

其他模块不再详细介绍。表5.5为已集成的算法模块和功能分类。

表5.5 金属矿地震系统已集成的功能模块列表

模块名称	分类	模块名称（系统）
MineSeis启动模块	系统	mineseisinit
MineSeis主程序	系统	mineseis
MineSeis画图	系统	plotgeom
速度导入	系统	vtin
速度导出	系统	vtout
速度显示	系统	vtdisp
速度合并	系统	vtopmerge
Segy数据输入	基础	Segy Input
Segy数据输出	基础	Segy Output
内部数据输入	基础	Datasets Input
内部数据输出	基础	Datasets Output
内部数据插入	基础	Datasets Insert
内部数据合并	基础	Datasets Merge
道头字运算	基础	Header Math
修改到长	基础	Trace Length
道切除1	基础	Trace Mute
道切除2	基础	Trace Kill
道重采样	基础	Trace FFT Resample
几何库到道	基础	Geometry to Trace
道到几何库	基础	Trace to Geometry
带通滤波器	基础	Band pass Filter
AGC增益控制	基础	Automatic Gain Control
真振幅恢复	基础	True Amplitude Recovery
动校正	基础	NMO Process

续表

模块名称	分类	模块名称（系统）
叠加	基础	Ensemble Stack
道显示	基础	Trace Display
道对比	基础	Trace Compare
SEG2 文件输入	基础	Seg2 Input
SEGD 文件读写	基础	SEGY2D
更改采样率	基础	New Sample Rate
数据缩放	基础	Data Scale
数据运算	基础	Data Math
设置道头	基础	Header Set
速度转换道	基础	Vel to Trace
转换波速度分析	基础	Converted Wave VelAna
频率域速度谱	基础	Vel Spectrum F-Domain | Hrtf
速度参数转换	基础	Vel Param Trans
道归零	基础	Zero Out
拉东正变换	去噪	Forward RT
拉东逆变换	去噪	Reverse RT
Curvelt 域去噪	去噪	Curvelet Denoising
小波阈值去噪	去噪	Wavelet Denoising
预条件共轭梯度时间域 Radon 变换	去噪	TD Randon Trans
顶移双曲 Radon 变换	去噪	ASH Randon Trans
各向异性 Radon 变换	去噪	ART
高分辨率双曲 Radon 变换	去噪	SH Randon Trans
三维 Radon 变换	去噪	Randon Trans 3D
多级中值滤波混合炮分离	去噪	DEMF
混合地震数据分离	去噪	DETV
自动面波压制	去噪	Groll
巴特沃斯滤波器	去噪	Butterworth Filter
中值滤波器	去噪	Median Filter
频率域滤波器	去噪	Frequency Filter
子波整型	信号	Wavelet Shaping
维纳滤波整型	信号	Wiener Shaping
希尔伯特变换	信号	Hilbert Transform
傅里叶变化	信号	Fourier Transform
S 变换	信号	S Transform
时频分析	信号	SFFT

续表

模块名称	分类	模块名称（系统）
平滑动态时间规正消除信号时移	信号	SDWTETS
动态时间规正消除信号时移	信号	DWTETS
时变互相关消除信号时移	信号	TVCETS
地震相位旋转	信号	PROT
最佳位移和相位旋转互相关	信号	MCORRE
带通滤波器	信号	ORMSBY
道集相位旋转	信号	PHASEINV
自动包络校正	信号	AECAR
波场相位相关时移	信号	PHSHIFT
单侧自相关	信号	SACOR
双侧自相关	信号	BACOR
自动包络校正	信号	AEC
振幅裁剪	信号	CAMP
F-K 变换	信号	FKT
解析子波模拟	信号	BRICKER
反 Q 滤波	信号	QFILTER
子波迭加	信号	WAS
子波相位转换	信号	WAC
地震谱分析	信号	SPECA
逆 F-K 变换	信号	RFKT
矩形窗口圆滑滤波	信号	BFILTER
振幅指数补偿	信号	GAIN
Sinc 函数插值方法重采样	信号	RESAM
克希霍夫时间偏移	成像	KtMig
GPU 版本克希霍夫时间偏移	成像	KtMig_GPU
等效偏移距偏移	成像	Equal Offset Mig
叠前逆时偏移	成像	Prestack RTM
15 度有限差分法偏移	成像	FD15 Mig
F-K 域偏移	成像	F-K Mig
克希霍夫型偏移	成像	Kirk Mig
简化克希霍夫偏移	成像	Kirks Mig
Gazdag 偏移	成像	Gazdag Mig
爆炸反射体深度偏移	成像	NSPS Mig
分步傅里叶深度偏移	成像	SSFDMIG
时间域逆时偏移	成像	Time-Domain RTM

续表

模块名称	分类	模块名称（系统）
稀疏提升的最小二乘偏移成像方法	成像	SLSRTM
地震波场方向照明	成像	Wavefield Directional Illumination
二维克希霍夫偏移	成像	KdMig2D
三维克希霍夫偏移	成像	KdMig3D
PSPI 偏移	成像	PSPI Mig
叠前深度偏移	成像	PSD Mig
频域完全匹配层	正演	Frequency PML
PML 频域声波方程正演模拟	正演	Acoustic PML FWD
CPML 频域声波方程正演模拟	正演	Acoustic CPML FWD
MCPML 频域声波方程正演模拟	正演	Acoustic MCPML FWD
频率域弹性波方程正演模拟	正演	Elastic FWD
时间域声波方程交错网格正演	正演	Acoustic Staggered FWD
随机介质建模	正演	RANDOM2D
多窗谱分析被动源重构	反演	CORRSIN INV
全波形反演的微震震源定位	反演	GA FWI
震源子波反演	反演	Wavelet INV
波形模态分解全波形反演	反演	WMD FWI
截断时窗多尺度 FWI	反演	W FWI
解调包络全波形反演	反演	SE FWI
组合方向因子	其他	SourceA
波场成图	其他	Wavefield Plot
三维速度模型成图	其他	3D Velcoty Plot
模块集成实例 1	其他	Demo Module
模块集成实例 2	其他	Wrapper

除上述模块外，尚有一批新技术新方法模块需要进行语言转换并逐步集成在系统中，不断充实系统的内容。

（二）三维地震数据采集与观测系统设计软件

三维地震数据采集与观测系统设计是轻便分布式遥测地震勘探采集系统的配套软件系统。

1. 系统框架设计

1）三地震数据采集软件

三维地震数据采集软件是大型地震勘探系统的灵魂，一个性能优越的数据采集软件，可以让系统硬件的技术性能发挥到极致，极大地提升整个系统的整体性能。图 5.81 为三维数据采集软件系统框架图。

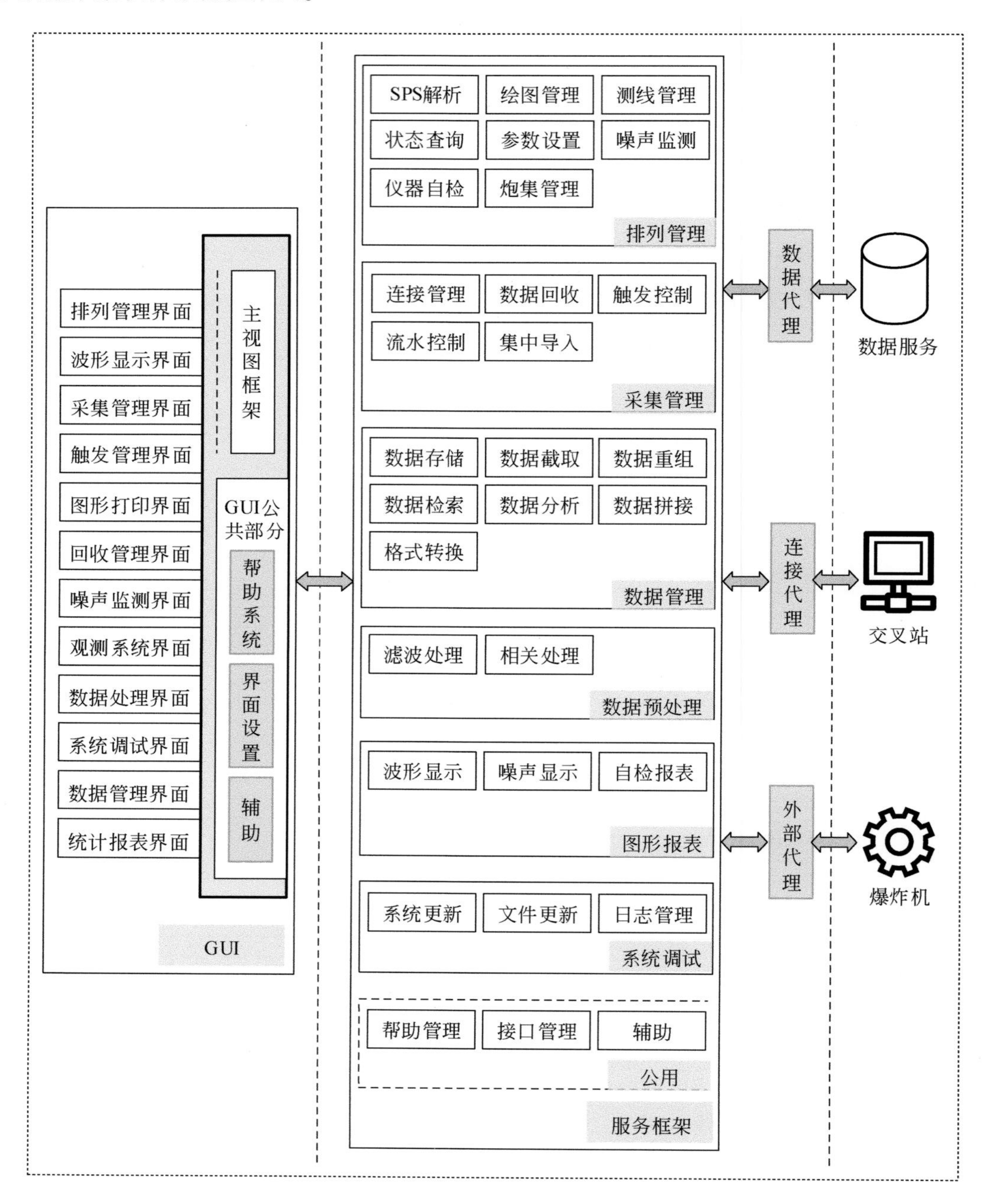

图 5.81　三维数据采集软件系统框架图

三维地震数据采集软件采用微软的一种新的面向对象的编程语言 C Shap 编制而成，该软件系统在逻辑上可以划分为三层架构：表示层、业务逻辑层和外部访问层。表示层主要负责与用户的交互，业务逻辑层主要集中在业务规则的制定、业务流程的实现等与业务需求有关的系统设计，外部访问层主要负责数据库的访问、采集系统访问和触发系统访问。

系统通过构建的局域网络，通过连接代理模块采用的基于 TCP 和 UDP 混合网络通信协议实现上位机与数个交叉站之间的高速双向数据通信，同时上位机通过外部代理模块采用基于 UDP 通信协议与爆炸机之间实现数据通信，用于对爆炸机的控制及接收辅助道和相关道数据。

2）三维观测系统设计软件

三维地震数据采集和处理是一种面积接收和处理技术，即采集和处理的数据中包括有数条测线和多个接收点构建的面积区块。三维观测系统是根据测区内炮点和接收点的空间位置关系，按照设计的炮点和接收点空间位置的相互关系构建成炮表数据体。图 5. 82 为三维观测系统软件框架图。

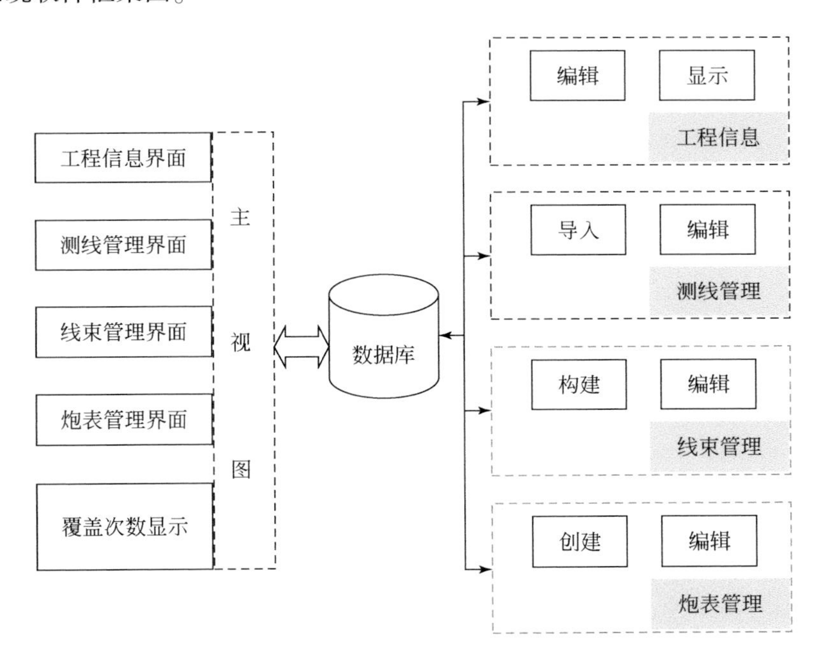

图 5. 82　三维观测系统软件框架图

软件系统基于 C++ GUI Qt4. 8 平台搭建，利用该平台下支持的 QtSql 实现对整个数据的实时管理。观测系统中需要管理的数据量较大，因此在测线管理界面、线束管理界面以及炮表管理界面中采用表格方式显示和编辑数据，针对不同的数据结构增加相应的快捷输入方式，以提高数据的录入效率。整个软件提供具有较强的容错处理能力，并提供及时准确的错误定位功能，防止数据错误致使程序崩溃。

2. 主要功能

1）三维数据采集软件主要功能

三维数据采集软件可以维划分为三个子系统，分别是采集管理系统、仪器检验系统和数据管理系统。

采集管理系统包括：观测系统管理、连接管理、排列管理、采集管理、数据回收、触发管理、噪声监测、状态监测、图形显示等几个主要功能模块。图 5.83 和图 5.84 是三维地震数据采集系统软件界面。

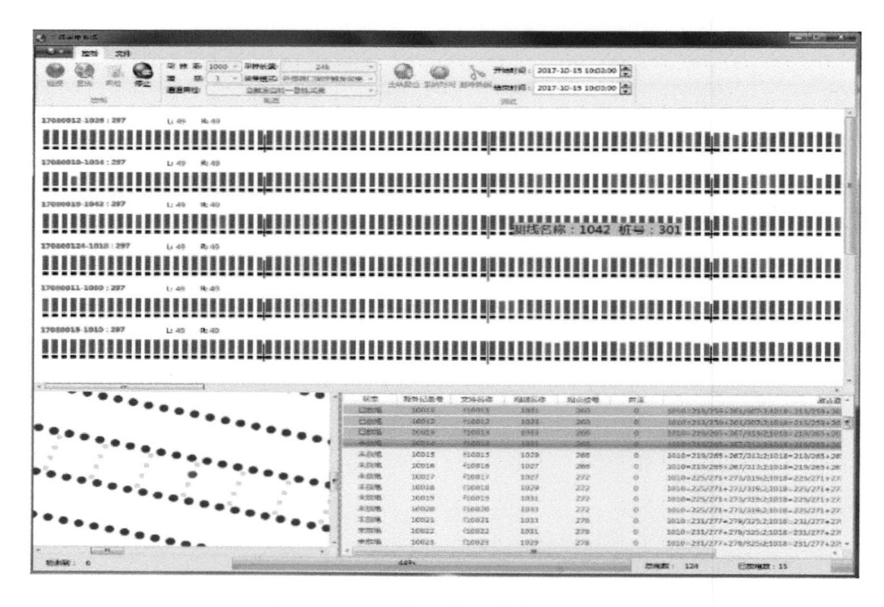

图 5.83　三维采集系统控制界面

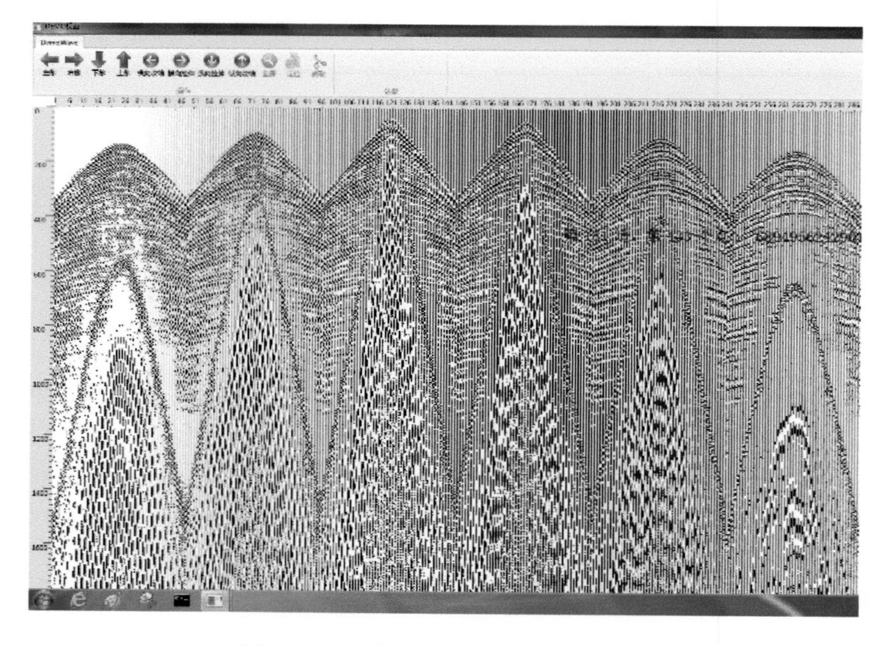

图 5.84　三维采集系统 Demo 视窗界面

数据管理系统包括：数据管理、格式转换、数据预处理等几个主要功能模块。

仪器检验系统包括：仪器自检、结果分析和报告管理等几个主要功能模块，其中仪器自检项包括通道一致性、静噪声、隔离度、采样率精度、共模抑制比、动态范围、频带响应、检波器内阻、检波器响应、检波器倾斜等自身测试。

2）三维观测系统设计软件主要功能

三维观测系统设计软件的按照功能可以分为测区数据管理、线束数据管理、炮表数据管理以及覆盖次数计算四个子系统。

测区数据管理子系统主要用于管理整个测区的炮点和每条测线上测点的空间位置信息，测量数据相对较多，因此如何实现测量数据的快速录入及容错处理是本系统在设计过程中需要重点考虑的问题。为此，系统设置了两种测量数据录入方式：一种是直接调用Excel测量数据，另外一种是利用快捷方式在系统中直接创建。

线束数据管理子系统（图5.85）主要包括线束建立、编辑及显示等，线束的建立是将测区内指定多个炮线与多个接收线进行绑定。

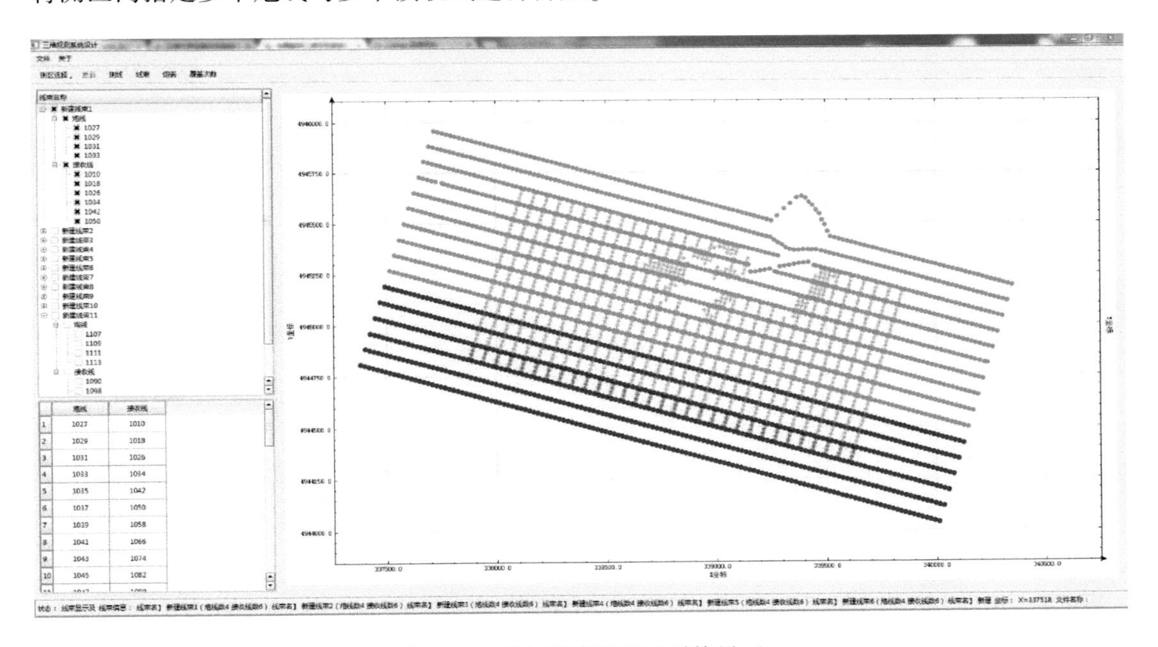

图5.85　测区线束管理子系统界面

炮表数据管理子系统（图5.86）主要针对每个线束数据，创建炮点和接收线及其接收点之间的关系表。该子系统中还包括炮表数据的导出功能，可以将一个或者多个炮表数据导入Excel中，生成电子板报。同时系统也可以将多个线束的炮表数据转换成SPS格式的数据，以便利用该数据进行数据处理。

覆盖次数计算子系统（图5.87）主要根据所有线束中创建的炮表数据，计算覆盖次数，并以图形的方式显示。在图示界面中可以根据设计的覆盖次数范围统计有效勘探面积。

	野外记录号	文件名称	炮点桩号	井深	1010 [illegible]-尾段开始/结束桩号-桩间隔	1018 [illegible]-尾段开始/结束桩号-桩间隔	1026 [illegible]-尾段开始/结束桩号-桩间隔	1034 [illegible]-尾段开始/结束桩号-桩间隔	1042 [illegible]-尾段开始/结束桩号-桩间隔	1050 [illegible]-尾段开始/结束桩号-桩间隔
1 [288]	10001	f10001	1027248	0.000	201/247-249/295-2	201/247-249/295-2	201/247-249/295-2	201/247-249/295-2	201/247-249/295-2	201/247-249/295-2
2 [288]	10008	f10008	1027254	0.000	207/253-255/301-2	207/253-255/301-2	207/253-255/301-2	207/253-255/301-2	207/253-255/301-2	207/253-255/301-2
3 [288]	10009	f10009	1027260	0.000	213/259-261/307-2	213/259-261/307-2	213/259-261/307-2	213/259-261/307-2	213/259-261/307-2	213/259-261/307-2
4 [288]	10016	f10016	1027266	0.000	219/265-267/313-2	219/265-267/313-2	219/265-267/313-2	219/265-267/313-2	219/265-267/313-2	219/265-267/313-2
5 [288]	10017	f10017	1027272	0.000	225/271-273/319-2	225/271-273/319-2	225/271-273/319-2	225/271-273/319-2	225/271-273/319-2	225/271-273/319-2
6 [288]	10024	f10024	1027278	0.000	231/277-279/325-2	231/277-279/325-2	231/277-279/325-2	231/277-279/325-2	231/277-279/325-2	231/277-279/325-2
7 [288]	10025	f10025	1027284	0.000	237/283-285/331-2	237/283-285/331-2	237/283-285/331-2	237/283-285/331-2	237/283-285/331-2	237/283-285/331-2
8 [288]	10032	f10032	1027290	0.000	243/289-291/337-2	243/289-291/337-2	243/289-291/337-2	243/289-291/337-2	243/289-291/337-2	243/289-291/337-2
9 [288]	10033	f10033	1027296	0.000	249/295-297/343-2	249/295-297/343-2	249/295-297/343-2	249/295-297/343-2	249/295-297/343-2	249/295-297/343-2
10 [288]	10040	f10040	1027302	0.000	255/301-303/349-2	255/301-303/349-2	255/301-303/349-2	255/301-303/349-2	255/301-303/349-2	255/301-303/349-2
11 [288]	10041	f10041	1027308	0.000	261/307-309/355-2	261/307-309/355-2	261/307-309/355-2	261/307-309/355-2	261/307-309/355-2	261/307-309/355-2
12 [288]	10048	f10048	1027314	0.000	267/313-315/361-2	267/313-315/361-2	267/313-315/361-2	267/313-315/361-2	267/313-315/361-2	267/313-315/361-2
13 [288]	10049	f10049	1027320	0.000	273/319-321/367-2	273/319-321/367-2	273/319-321/367-2	273/319-321/367-2	273/319-321/367-2	273/319-321/367-2
14 [288]	10056	f10056	1027326	0.000	279/325-327/373-2	279/325-127/373-2	279/325-327/373-2	279/325-327/373-2	279/325-327/373-2	279/325-327/373-2
15 [288]	10057	f10057	1027332	0.000	285/331-333/379-2	285/331-333/379-2	285/331-333/379-2	285/331-333/379-2	285/331-333/379-2	285/331-333/379-2
16 [288]	10064	f10064	1027338	0.000	291/337-339/385-2	291/337-339/385-2	291/337-339/385-2	291/337-339/385-2	291/337-339/385-2	291/337-339/385-2
17 [288]	10065	f10065	1027344	0.000	297/343-345/391-2	297/343-345/391-2	297/343-345/391-2	297/343-345/391-2	297/343-345/391-2	297/343-345/391-2
18 [288]	10072	f10072	1027350	0.000	303/349-351/397-2	303/349-351/397-2	303/349-351/397-2	303/349-351/397-2	303/349-351/397-2	303/349-351/397-2
19 [288]	10073	f10073	1027356	0.000	309/355-357/403-2	309/355-357/403-2	309/355-357/403-2	309/355-357/403-2	309/355-357/403-2	309/355-357/403-2
20 [288]	10080	f10080	1027362	0.000	315/361-363/409-2	315/361-363/409-2	315/361-363/409-2	315/361-363/409-2	315/361-363/409-2	315/361-363/409-2
21 [288]	10081	f10081	1027368	0.000	321/367-369/415-2	321/367-369/415-2	321/367-369/415-2	321/367-369/415-2	321/367-369/415-2	321/367-369/415-2
22 [288]	10088	f10088	1027374	0.000	327/373-375/421-2	327/373-375/421-2	327/373-375/421-2	327/373-375/421-2	327/373-375/421-2	327/373-375/421-2
23 [288]	10089	f10089	1027380	0.000	333/379-381/427-2	333/379-381/427-2	333/379-381/427-2	333/379-381/427-2	333/379-381/427-2	333/379-381/427-2
24 [288]	10096	f10096	1027386	0.000	339/385-387/433-2	339/385-387/433-2	339/385-387/433-2	339/385-387/433-2	339/385-387/433-2	339/385-387/433-2
25 [288]	10097	f10097	1027392	0.000	345/391-393/439-2	345/391-393/439-2	345/391-393/439-2	345/391-393/439-2	345/391-393/439-2	345/391-393/439-2
26 [288]	10104	f10104	1027398	0.000	351/397-399/445-2	351/397-399/445-2	351/397-399/445-2	351/397-399/445-2	351/397-399/445-2	351/397-399/445-2
27 [288]	10105	f10105	1027404	0.000	357/403-405/451-2	357/403-405/451-2	357/403-405/451-2	357/403-405/451-2	357/403-405/451-2	357/403-405/451-2
28 [288]	10112	f10112	1027410	0.000	363/409-411/457-2	363/409-411/457-2	363/409-411/457-2	363/409-411/457-2	363/409-411/457-2	363/409-411/457-2

图 5.86 炮表数据管理子系统界面

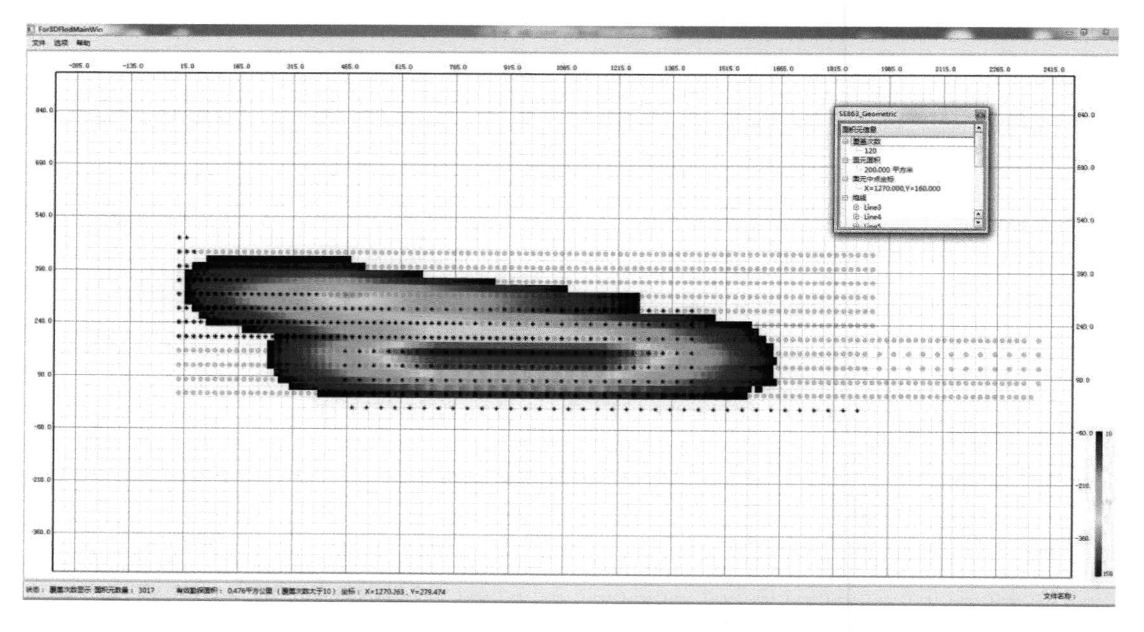

图 5.87 覆盖次数显示界面

第四节　典型应用实例

一、吉林松原三维地震勘探试验

（一）工区概况

本次仪器野外试验工作区位于查干花镇西北方向直线距离约 8 km 的一处草原上，行政上隶属于松原市前郭县乌兰敖都乡（图 5. 88）。在 SE863 生产工作区，使用 SE863 地震遥测系统进行满覆盖 1 km^2 的三维地震采集，共 1364 炮。

图 5. 88　工作区交通位置图

（二）采集技术要求及预期指标

1. 技术要求

（1）严格执行中华人民共和国原煤炭部制定的 MT/T 897—2000《煤炭、煤层气地震勘探规范》，按期、优质、高效完成各项采集任务。

（2）测量野外工作使用 RTK，精度符合规范要求。

（3）做好震源试验工作以选取最佳激发参数，加强施工过程质量管理，保证采集质量。

（4）保证地震记录中反射波层次突出，信噪比高，相邻道能量无明显差异。

（5）如遇不可抗拒因素需要改动三维线束和观测系统时，应提前与甲方沟通，并以书面形式提出申请，经许可后方可继续施工。

2. 主要研究指标和测试方式

（1）野外测试主要技术指标。①地震产品全区甲级品率不低于 60%，单束空炮率不高于 3%，全区空炮率不高于 5%；②物理点合格率：全区合格率不低于 98%，单束测线合格率不低于95%。

（2）测试方式。野外资料由室内组整理归档，评级依据MT/T 897—2000《煤炭、煤层气地震勘探规范》，实行仪器组和室内组二级评级，并最终由物测队技术科抽检，直至归档。

（3）评测方式。按照相关技术规范要求，邀请科技部认可的专家组到野外施工现场进行见证和评价。

（三）采集部署

1. 仪器参数

（1）仪器型号：SE863轻便遥测式地震勘探系统/法国428XL数字地震仪；

（2）采样间隔：1 ms；

（3）记录长度：4 s；

（4）回放长度：2 s；

（5）前放增益：0dB（G1）/12dB（G2）（863/428XL）；

（6）记录格式：SEG-2/SEG-D（863/428XL）。

2. 接收参数

（1）检波器类型：60 Hz检波器；

（2）组合图形：单串3个检波器一字型顺线点组合。

3. 激发参数

（1）震源类型：法国2013款Nomad -65，65000磅（28吨级）可控震源；

（2）扫描频率范围：5～120 Hz；

（3）震动台数：双震源（对称炮旗组合激发）；

（4）扫描次数：1次；

（5）扫描长度：20 s；

（6）震动出力：80%。

4. 线束编排

查干花地区三维桩号编排以1000为界，遵循东大西小、北大南小的原则，其中1000以上为线号，1000以下为点号，且10 m为1个桩号单元，桩号格式：点号/线号。点号从247开始编排，每个桩号单元1个增量；线号从1026开始编排，每个桩号一个增量。如图5.89所示，全区设计起算点桩号为247/1026。

（四）野外工作完成情况

2017年10月21日进行SE863的三维地震生产工作，10月25日完成，10月30日通过科技部专家组现场验收，图5.90为现场工作照片。工程历时30天，其中SE863三维地震采集纯生产5天，平均日放炮273炮，最高日放炮372炮。

图 5.89　查干花地区线束编排示意图

测量

放线

震源激发

仪器接收

图 5.90　施工现场照片

测量施工完成 11 线束地震测线，其中接收测线 12 条，总长度 21.84 km，接收物理点 1104 个，激发测线 44 条，总长度 79.2 km，激发物理点 1364 个，测线总长度 101.04 km。

本次采集资料原始资料合格率和空炮率都达到设计要求，原始资料合格率100%，测量成果合格率100%，具体细节见表5.6。

表5.6 三维地震采集技术指标完成情况

项目	设计要求	初评	复评
原始资料合格率	≥98%	100%	100%
全区空炮率	≤5%	0	0
测量成果合格率	100%	100%	100%

（五）SE863三维地震生产效果

从剖面的角度上，现场处理以二维方式处理得到第三束的剖面（图5.91，剖面纵向覆盖次数8次），可以看到在剖面2.8 s深处有明显的波组反射信息。本次使用SE863地震勘探系统的三维地震野外采集效果非常理想，质量完全满足设计的要求。

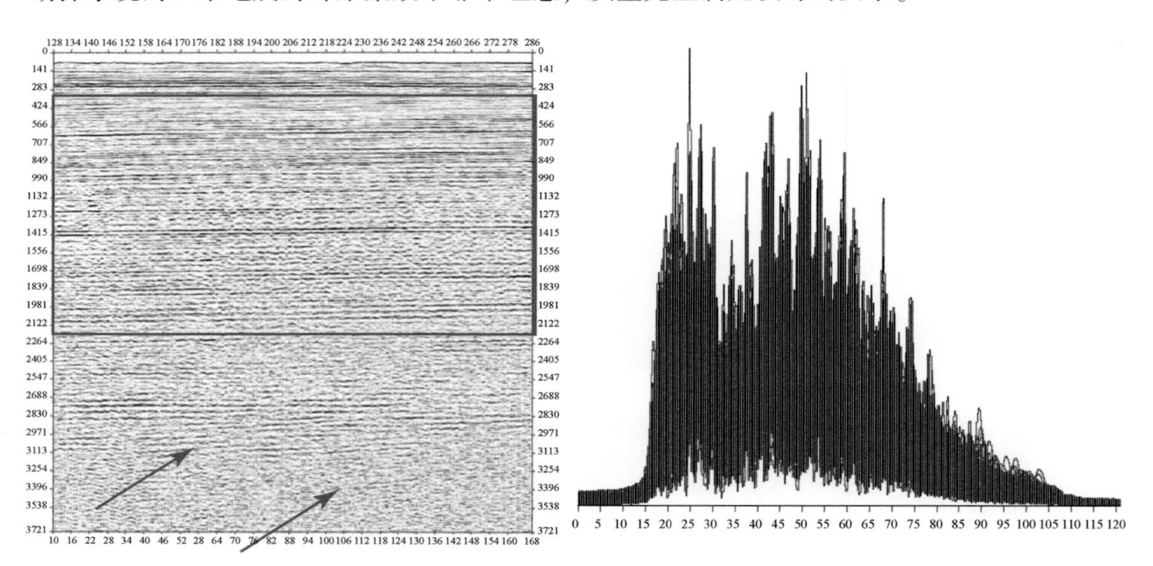

图5.91 第三束线初叠加剖面（8次覆盖）及频谱

图5.92为数据处理后的数据体三维显示剖面；图5.93为共中心点剖面图，地震反射层位清晰；图5.94为地震等时切片，从剖面中可以看出古河道的走向。

（六）结论与建议

（1）全区共完成三维地震测线11束，完成总物理点1389个（其中试验物理点23个），完成设计规定任务，其中原始资料合格率100%，甲级品率90.8%，达到规范和设计要求。

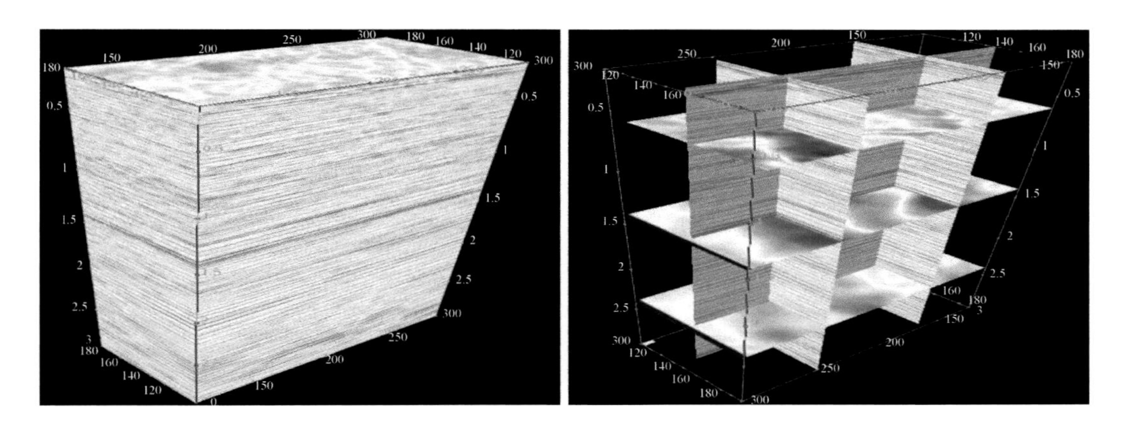

图 5.92　偏移三维数据体剖面的立体显示

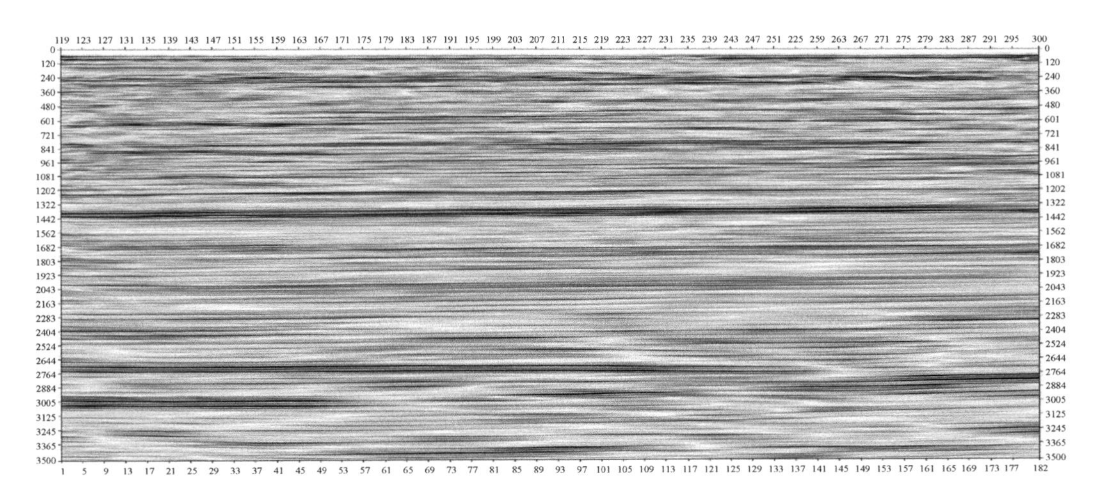

图 5.93　Inline144 线地震时间剖面

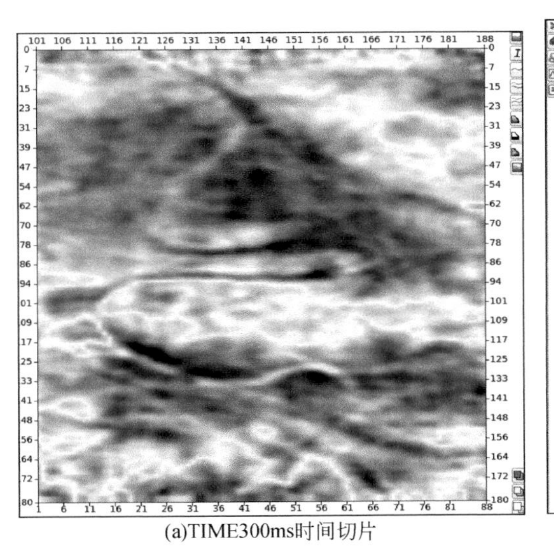

(a)TIME300ms时间切片

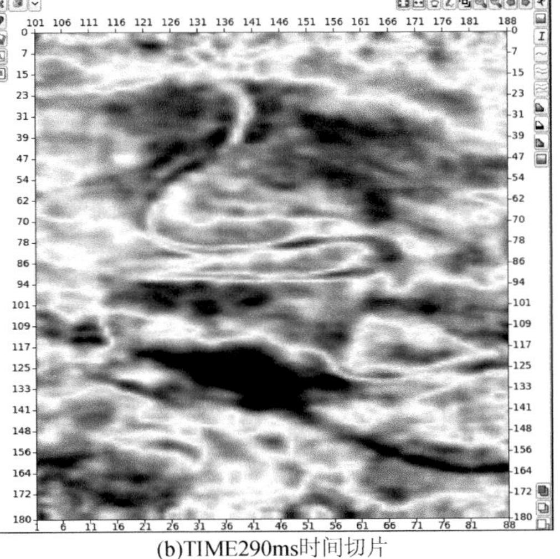

(b)TIME290ms时间切片

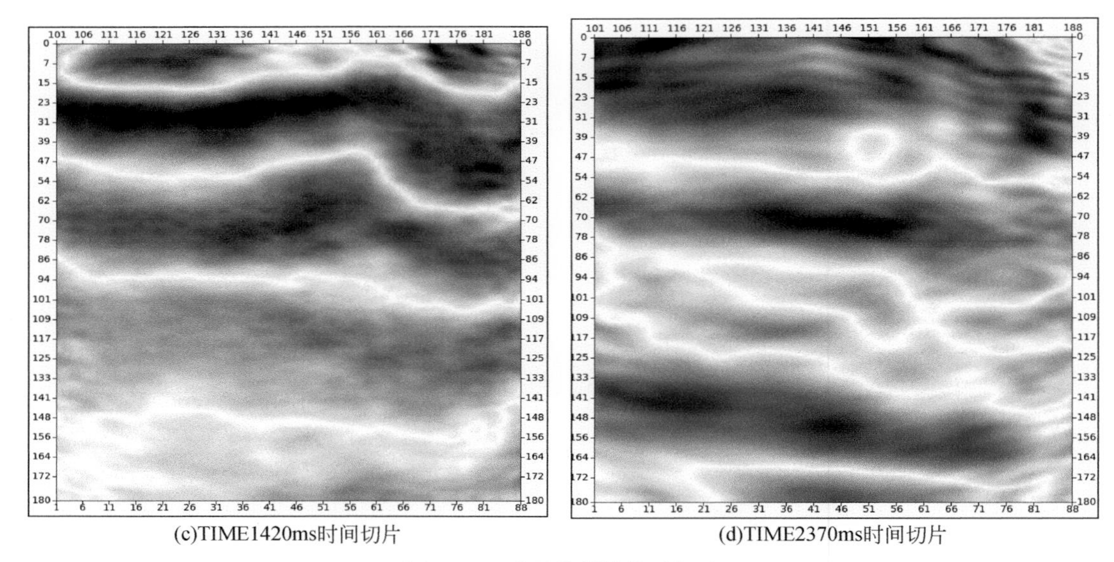

(c)TIME1420ms时间切片　　(d)TIME2370ms时间切片

图 5.94　地震数据体等时切片

(2) 处理完成水平叠加和叠加偏移剖面三维数据体各 1 套，地震成果剖面 2.0 s 以内各套地层有足够的反射能量，反射层次清晰，层间信息丰富，分辨率高，符合规程和设计要求，可用于资料解释工作。

(3) 超额完成地质任务要求，探测深度超过 4 km。利用叠加偏移时间剖面进行初步解释工作，全区共推断解释地质层位 6 层，分别为白垩系顶界面（即白垩系与古近系的分界面）反射层、白垩系嫩江组顶界面（即白垩系内部四方台组与嫩江组的分界面）反射层、姚家组顶界面（即白垩系内部嫩江组与姚家组的分界面）反射层、青山口组顶界面（即白垩系内部姚家组与青山口组的分界面）反射层、泉头组顶界面（即白垩系内部青山口组和泉头组的分界面）反射层和白垩系底界面（即白垩系和侏罗系的分界面）反射层。

本次地震勘探区没有部署钻孔验证地震解释层位，所以该区域内的各层解释全部依据邻区地震剖面资料并根据地震反射波组特征完成，属于推断解释，引用时请注意。

二、辽宁葫芦岛市深地震反射勘探测试处理

（一）试验目的与任务

测试工区穿过辽宁省葫芦岛市和朝阳市的六家子镇，地表起伏较大，地势总体呈西北高、东南低的趋势，为松岭山脉延续分布丘陵地带。全区表层地震地质条件较好，高速层一般在致密岩石区，激发条件优越。各测线地震地质条件各不相同，等级中等偏上，具备完成地质任务所需要的地球物理条件。针对兴城地质走廊带深地震反射数据特点及复杂地下构造条件，开展深地震反射剖面数据层析成像、图像识别等特殊方法测试加工试验和实际资料的批量处理。

(1) 要求结合联合观测的折射地震资料，利用先进的处理技术解决好地表起伏、浅表

干扰强、地下结构不均匀和深层速度横向变化大等因素影响地震资料难以成像的问题。

（2）针对深地震反射剖面长排列变观接收、多尺度药量深井激发等采集特点，采用有效的处理技术，充分利用全排列信息获得浅深兼顾的处理剖面。

（3）测试适用于兴城地质走廊带区深地震反射剖面数据层析成像、图像识等特殊处理加工测试方法技术并进行批量处理。

（4）要求剖面整体结构清楚，断点清晰可靠，能较真实地反映地下结构。重点查明浅部基底构造、下地壳的结构、MOHO 面的变化。

野外采集参数如下。①接收道数：800 道、720 道、600 道、400 道、300 道；②接收道距：40 m、20 m、10 m；③覆盖次数：30 次、40 次、60 次；④炮距：200 m、50 m；⑤激发方式：中间激发、端点激发。

（二）工作方法技术

在本工区开展深地震反射探测，利用研发的金属矿地震软件系统对采集的资料进行处理，从而测试其应用效果。本次测试的主要试验参数见表 5.7，地震资料测试处理流程如图 5.95 所示。

表 5.7　深地震资料处理测试指标与主要试验参数

测试项目	测试内容	主要参数
振幅补偿	球面扩散补偿因子	增益因子：0.3、0.8、1.0、1.5
	地表一致性振幅补偿	统计域：炮、接收点、偏移距、CMP
叠前干扰压制	（1）在炮域、检波点域采用 F-K 倾角滤波 （2）自适应面波衰减 （3）区域异常噪声压制 （4）减去法压制 50 Hz 干扰	滤波速度及频率大小 频率：4 Hz、6 Hz、8 Hz、10 Hz、12 Hz 速度：350 m/s、550 m/s、750 m/s、950 m/s、1200 m/s
反褶积	（1）地表一致性预测反褶积 （2）地表一致性脉冲反褶积 （3）多道预测反褶积 （4）单道脉冲反褶积 （5）组合反褶积等	预测步长：8 ms、16 ms、24 ms、28 ms、32 ms、48 ms； 算子长度：120 ms、180 ms、240 ms
速度分析与动校正	（1）高精度交互速度分析 （2）大排列动校正 （3）无位伸动校正 （4）叠前时间偏移速度分析	高精度速度分析、高阶项动校正
静校正	层析反演与折射波静校正 地表一致性剩余静校正	无射线层析静校正 地表一致性剩余静校正 迭代次数：5 次
偏移	起伏地形下的偏移方法	MMINESEIS（金属矿地震软件系统）上的叠前时间偏移

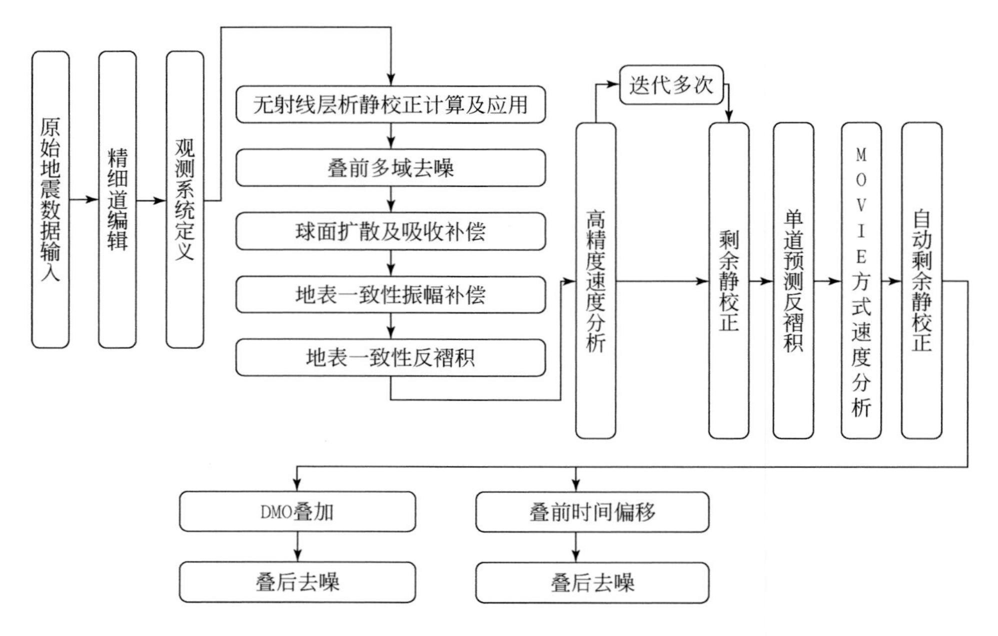

图 5.95 地震资料测试处理流程图

（三）试验结果对比分析

经过对比分析常规地震资料处理系统的处理结果和“金属矿地震软件系统”的处理结果，可以看出“金属矿地震软件系统”的处理结果具有以下特点。

（1）最终叠加剖面上各种有效波组齐全，信噪比较高，同相轴连续性好，叠前去噪以及静校正效果较为明显。

（2）中深层反射特征清楚，MOHO 界面反射特征基本清晰。

（3）最终偏移剖面上绕射波归位合理，断点干脆，一些大的断层清晰可辨，小断层和小的断块也较为明显，偏移孔径和偏移速度的选择合理。

（4）在处理的不同阶段，严格按照一致性及高保真度处理，最终处理剖面的一致性及保真度较高，为后续的精细解释工作奠定了良好的基础。

图 5.96 ~ 图 5.103 较为详细地描述了金属矿地震软件系统和常规地震处理系统对本次测试处理的成果，从中可以分析出两种系统的基本性能。

从 D3 线深、浅层叠加剖面的对比可以看出：金属矿地震软件系统在中浅层资料的频带更宽，资料更丰富，在深层的下地壳资料，金属矿地震软件系统低频信息较为丰富。

从 D3 线深层资料的偏移剖面对比可以看出：由于采用了精细的叠前道集的预处理和起伏地表的 KIRCHHOFF 叠前时间偏移技术，金属矿地震软件系统和常规地震处理系统上归位合理，构造特征无明显差异。在 MOHO 面附近，金属矿地震软件系统偏移的剖面上反射特征和连续性明显比常规地震处理系统的偏移剖面好。

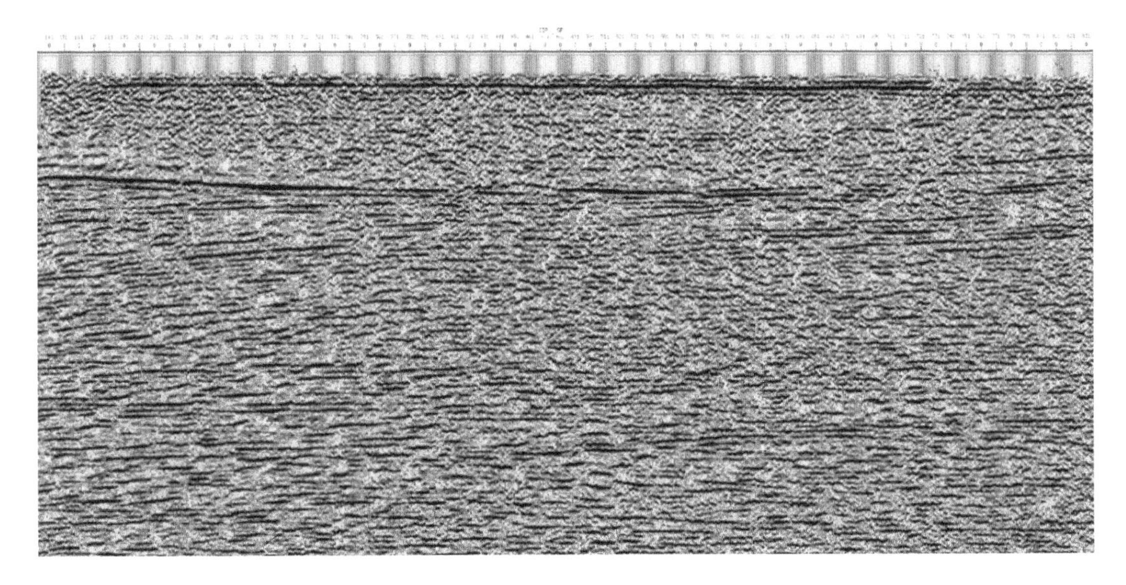

图 5.96　D3 线浅层叠加剖面（金属矿地震软件系统）

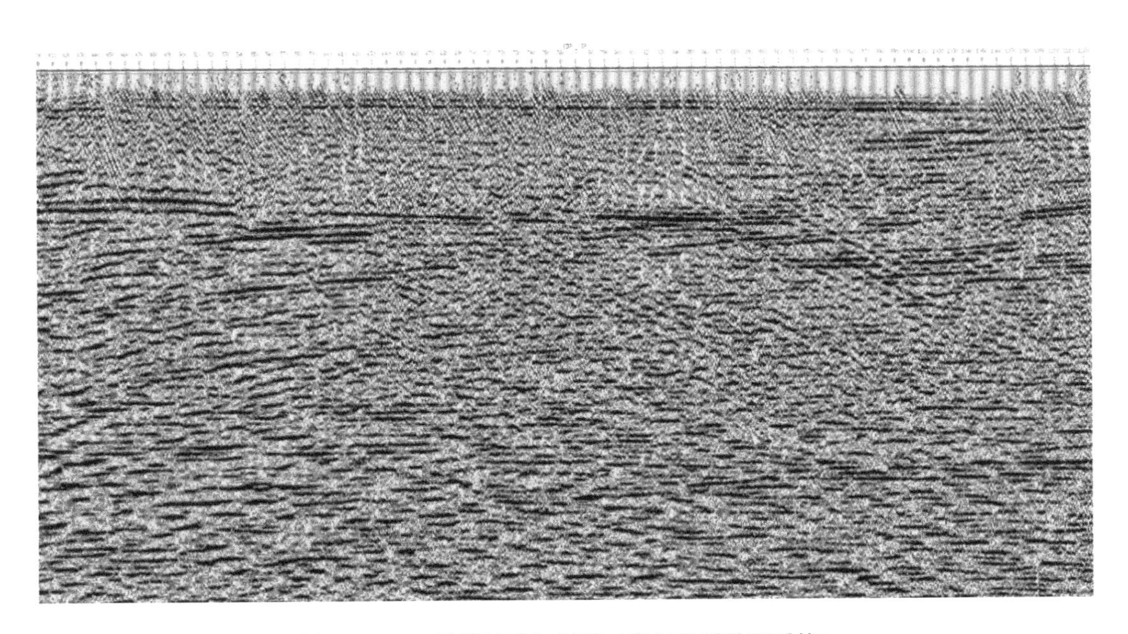

图 5.97　D3 线浅层叠加剖面（常规地震处理系统）

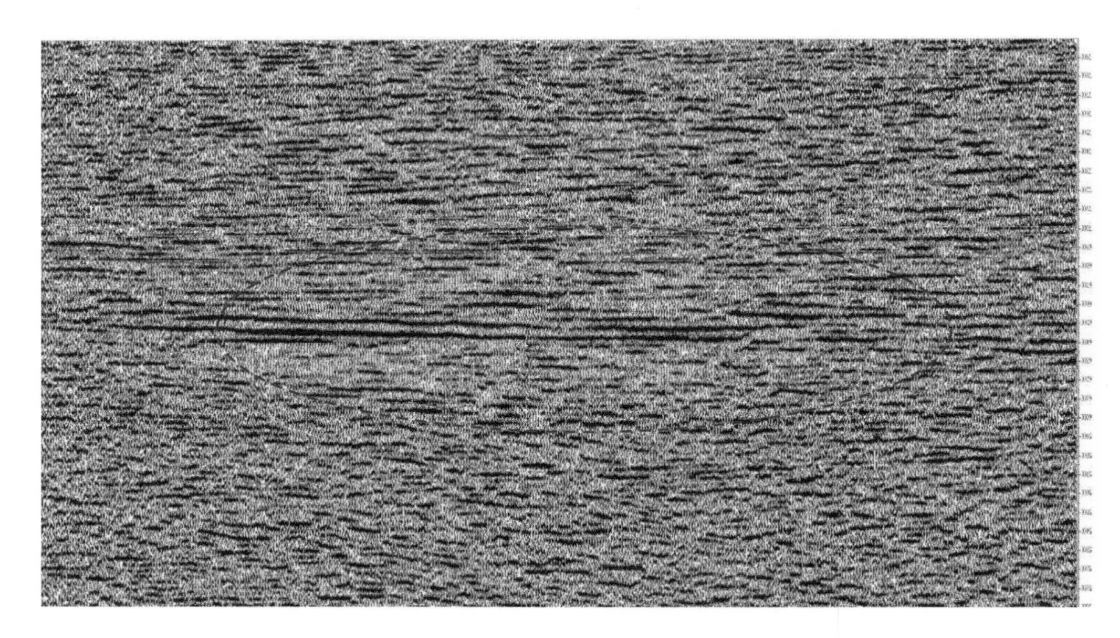

图 5.98　D3 线深层叠加剖面（金属矿地震软件系统）

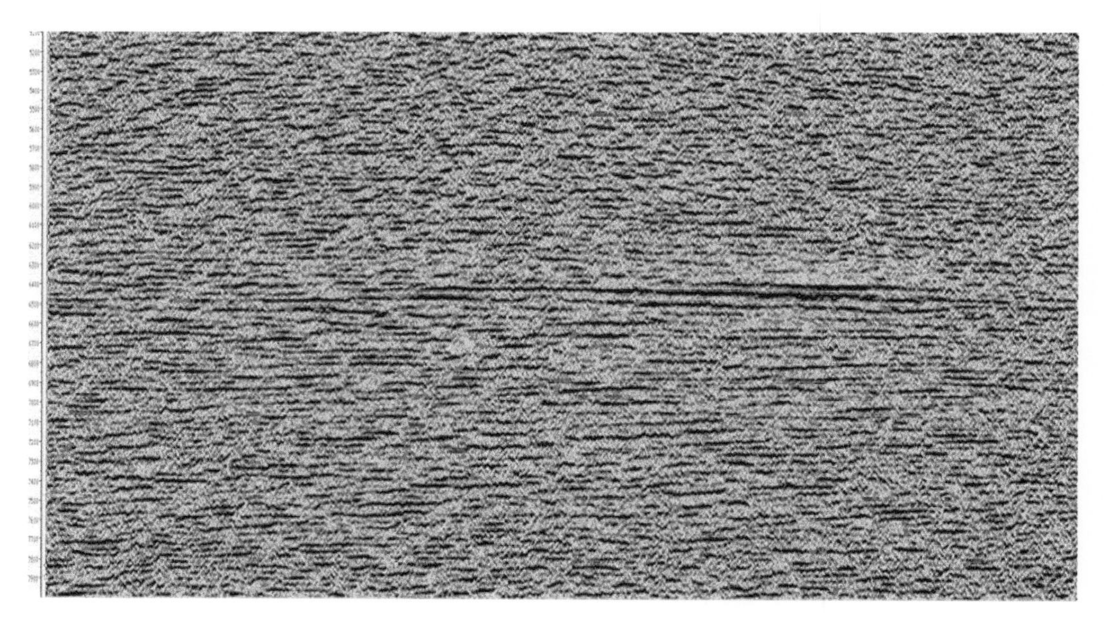

图 5.99　D3 线深层叠加剖面（常规地震处理系统）

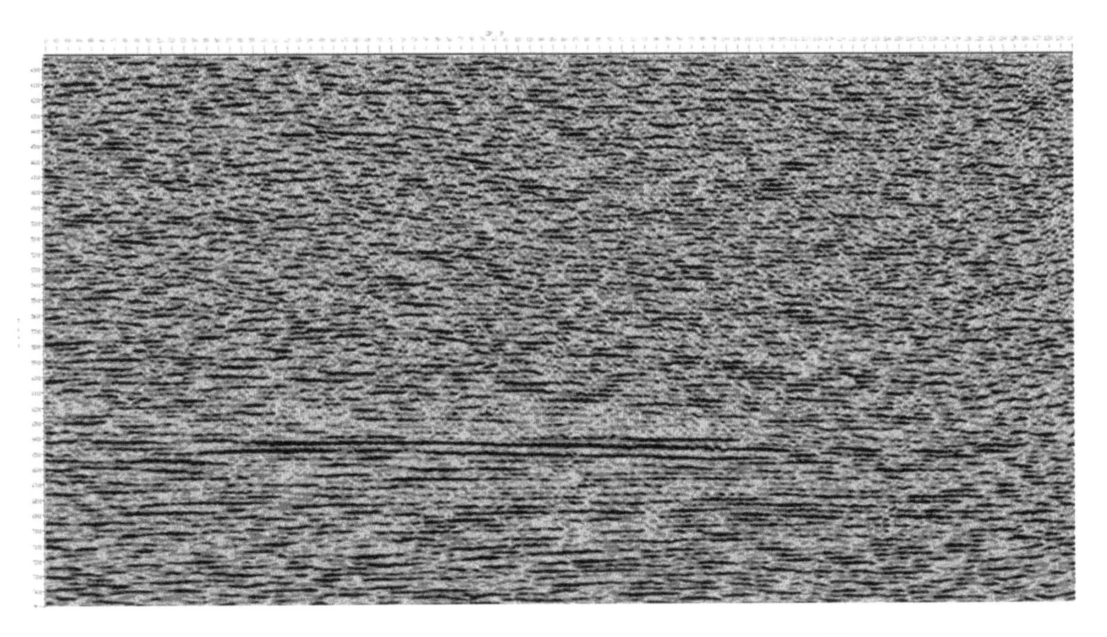

图 5.100　D3 线深层数据叠前时间偏移（常规地震处理系统）

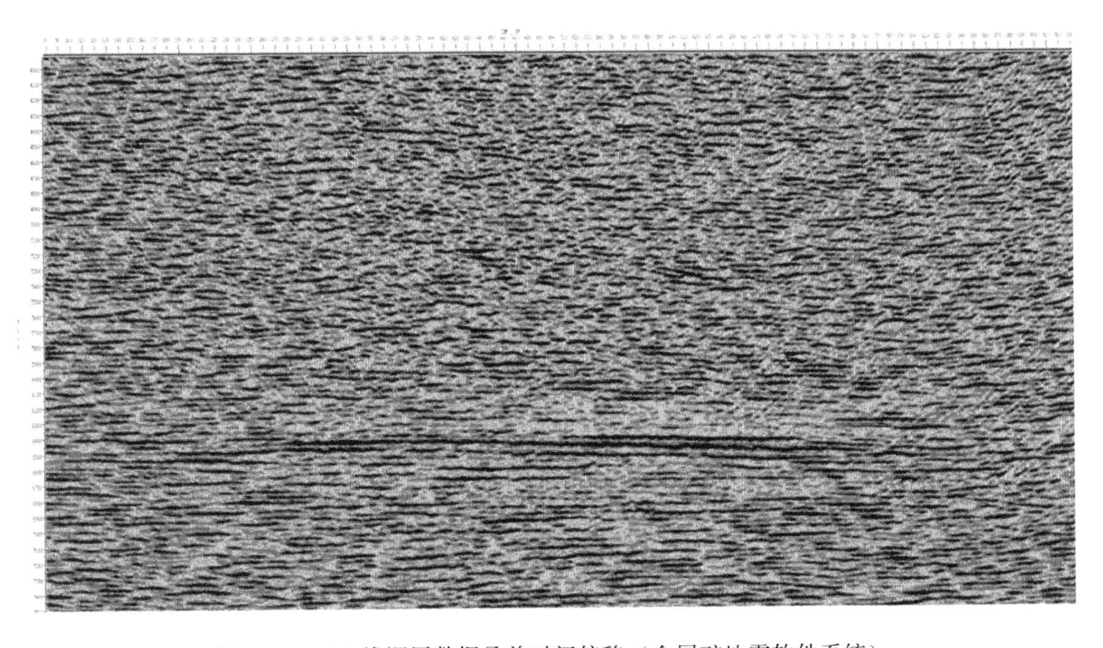

图 5.101　D3 线深层数据叠前时间偏移（金属矿地震软件系统）

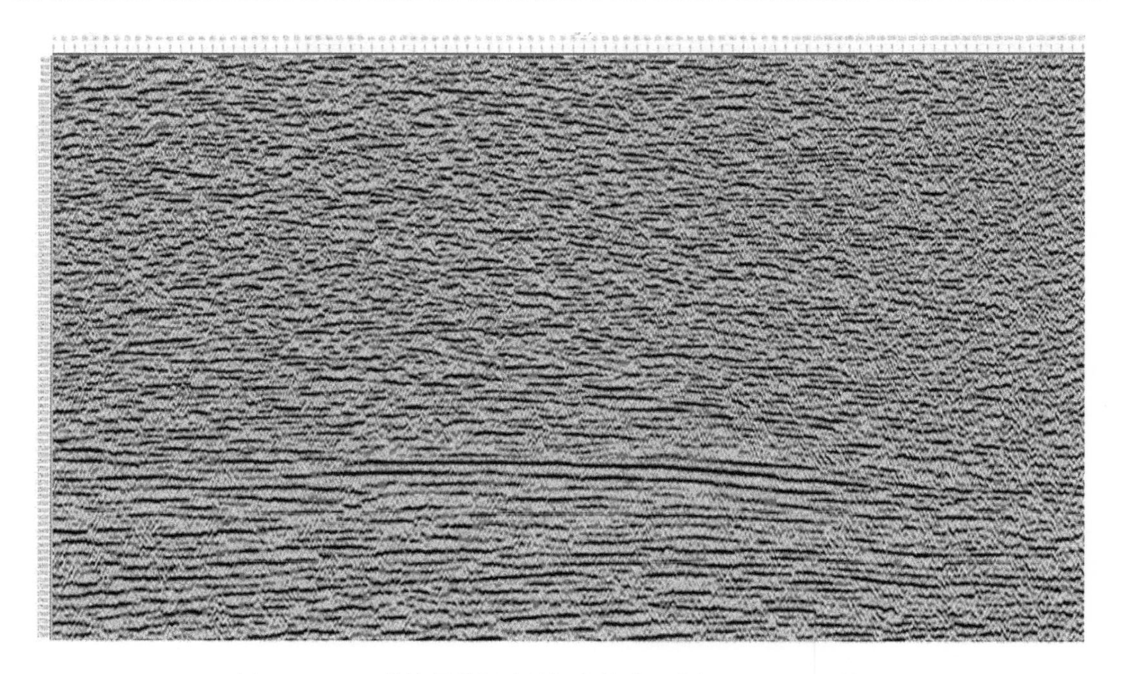

图 5.102　D3 线浅层数据叠前深度偏移（常规地震处理系统）

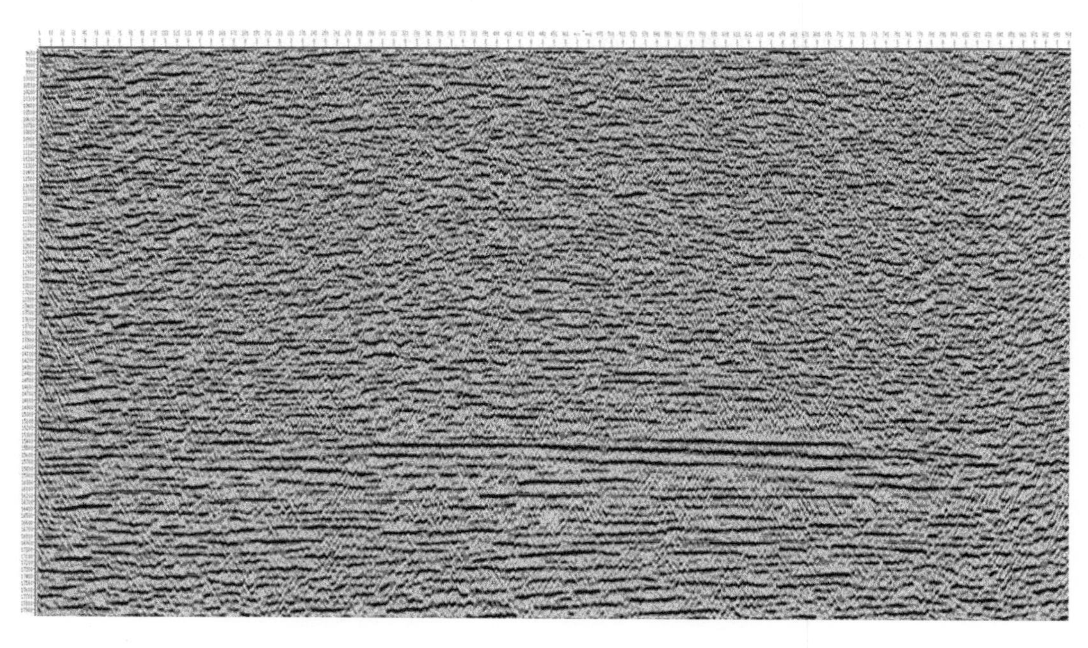

图 5.103　D3 线浅层数据叠前深度偏移（金属矿地震软件系统）

从 D3 线深度偏移剖面对比可以看出：二者的构造部位和标志层位在深度上非常吻合，构造特征无明显差异。MOHO 面深度相当，金属矿地震软件系统深度偏移的剖面上反射特征和连续性比常规地震处理系统深度偏移剖面好。

第六章　金属矿岩心钻探技术与装备研发

第一节　核心及关键技术突破

一、高速电动顶驱钻进系统

（一）总体结构

传统的地质岩心钻探装备以机械立轴式、全液压动力头式钻机为代表，适用于小口径中深孔（3500 m 以内）地质金刚石取心钻探，在进行超深孔、更大口径、复杂地层勘探时，因其回转器结构形式和驱动方式的限制，在工艺适用性、运转效率、劳动强度、控制精度等方面不能完全满足深孔岩心钻探科学、安全、高效的需求。顶驱作为当今深部油气钻井的先进设备，可以直接从井架上部旋转钻柱进行超长行程的复杂地层钻探，降低深孔钻探事故的发生几率；顶驱的辅助作业系统可进行自动加减单根、立根、起下钻等作业，大大减少了辅助作业时间，提高了钻进效率；交流变频电传动顶驱具备良好的过载性能，可以更好应对孔内复杂地层的应急处理。

常规的石油顶驱一般为电机驱动，低速大扭矩输出，最高转速为 200 r/min 左右，不适用于金刚石钻探工艺的需求。地质勘探用绳索取心钻进工艺要求高转速，可采用大扭矩变频电机直接驱动钻柱，省略齿轮减速箱机械传动系统和齿轮润滑散热系统，减少在恶劣工况下的设备维护工作，提高了使用可靠性，因此，在前期研究工作的基础上，针对 4000 m 地质岩心钻机回转系统研发了适合地质岩心钻探取心钻进专用的高转速电机直驱钻进系统。

研发成功的高速电动顶驱钻进系统（图 6.1）主要由直驱电机、提升承载机构、摆管上卸扣装置、水龙头循环装置、滑车导向机构、电液控制系统六大部分组成。

安装在提升承载机构上的大功率交流变频电机可以提供足够的扭矩直接驱动主轴及钻柱回转，反力则由电机座和滑车导向机构传递给导轨。电机主轴中空，形成中心通道，泥浆从其中通过。

提升承载机构按最大钩载设计，承载钻进、起下钻过程中钻具的质量，并满足处理复杂地层卡钻等事故强力起拔的要求。

水龙头循环装置为钻井液循环提供了通道，并保证良好的密封性。

摆管上卸扣装置用于顶驱抓取钻杆、加接钻杆、摆放钻杆等辅助动作，均为液压驱动与电子控制，减小施工时的劳动强度，是体现顶驱自动化程度的重要装置。

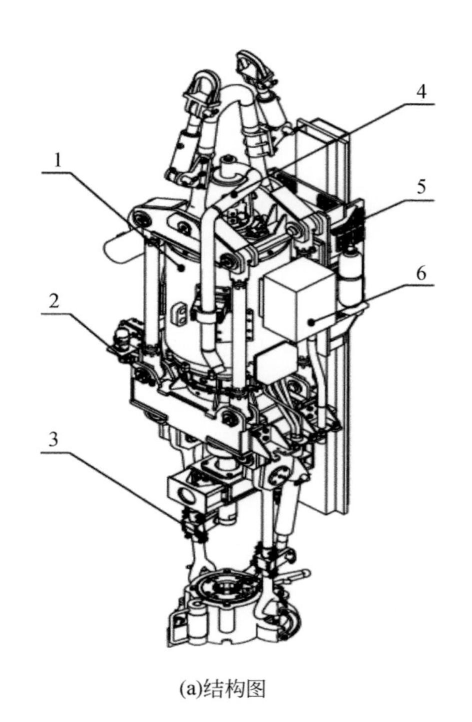

(a)结构图

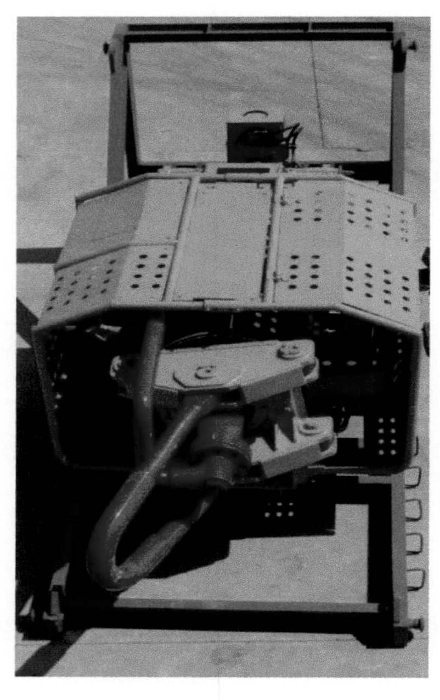

(b)实物图

图 6.1 XD40 钻机电顶驱三维效果图

1. 直驱电机；2. 提升承载机构；3. 摆管上卸扣装置；4. 水龙头循环装置；5. 滑车导向机构；6. 电液控制系统

滑车导向机构上安装滚子，导轨穿入其中，滑车通过滚子压在导轨上，钻进过程中，把扭矩传递到导轨上；起下钻过程中，滑车随顶驱沿着导轨上下高速移动。

电液控制系统是用来驱动与控制驱动必要的工艺配套动作，包括顶驱平衡、背钳提升、背钳夹紧、吊环摆臂、吊环自垂、液压吊卡开合等。

（二）技术突破及对比分析

4000 m 高速电动顶驱钻进系统采用一体化设计、模块化组合，在此基础之上，融合机电液传动与控制技术，具有满足地质深孔施工重载、高速、自动化作业及绿色节能等需求的特点。

1. 中空主轴设计

为满足高速、高压、重载的顶驱运行需求，XD40 顶驱的主轴结构形式是通过电机中空心轴输出扭矩、提升承载机构下部主轴承担重载、下部心管组件输送循环液来实现的：通过大功率交流变频电机提供给钻杆足够回转扭矩，反扭矩由电机机座和滑车导向机构传递给导轨；提升承载机构下部主轴通过主轴承承担钻具质量，通过连杆机构和提升承载机构上部传递给游车和绞车系统；提升承载机构下部心管衔接上部的传扭轴和下部的承载主轴，输送循环液从水龙头到钻柱。

2. 传动设计

直驱电传动顶驱没有减速箱，没有齿轮传动，工作噪声低；去掉了齿轮箱稀油润滑装置，减少了维修点；电机直驱输出的最高转速较低，轴承的转速低，可以直接采用油脂润滑；变频无级调速可实现0～600 r/min的连续速度调节、低速大扭矩卸扣、零速悬停功能和短时间过载功能；直驱电机采用带通孔的心轴输送循环液，并对电机心轴、电机轴承及提升承载机构下部承载轴承进行冷却。

3. 结构设计

顶驱提吊装置与回转驱动装置间采用多关节机构保证挠性，使顶驱提吊装置在一定范围内可以相对移动，不会产生径向分力，减小了天车、钻孔套管和导轨的不同心偏差对钻进的影响，确保了顶驱长行程钻进相对于立轴钻机和动力头钻机给进行程钻进的优势。

4. 地质外平薄壁钻杆液压背钳设计

液压背钳为顶驱钻进工艺关键配套件，为了解决这个技术难题，本研究创新设计了一种对于地质薄壁绳索取心钻杆的专用背钳（图6.2），背钳采用油缸对夹形式，背钳夹持力大，卸扣扭矩传递至顶驱本体，顶驱反转卸开钻杆丝扣，背钳通过油缸可以上下移动调节背钳夹持位置，内部通过可调式弹簧调整背钳浮动位置，配合顶驱本体浮动油缸，完成顶驱顶部上卸扣的工序。

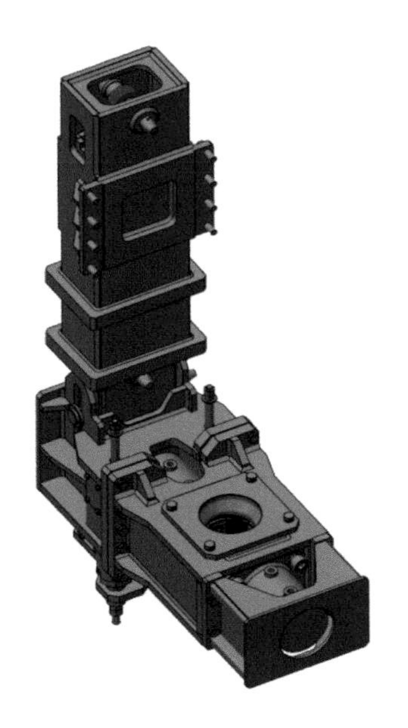

图6.2　背钳三维效果

5. 顶驱液压系统设计

顶驱液压系统是控制顶驱系统必需的工艺配套动作，包括顶驱上跳、背钳提升、背钳夹紧、吊环摆臂、吊环自垂、液压吊卡开合。对顶驱本体上需集成的液压阀组（图6.3）采用集成插装阀技术，所有液压阀均采用电磁阀，动作的控制均在司钻房内集成控制。顶驱液压系统主要技术特点：顶驱阀组由插装阀及叠加阀相结合，体积小、结构紧凑、内泄小，应用灵活，安装维修简单，可以随意组合集成。

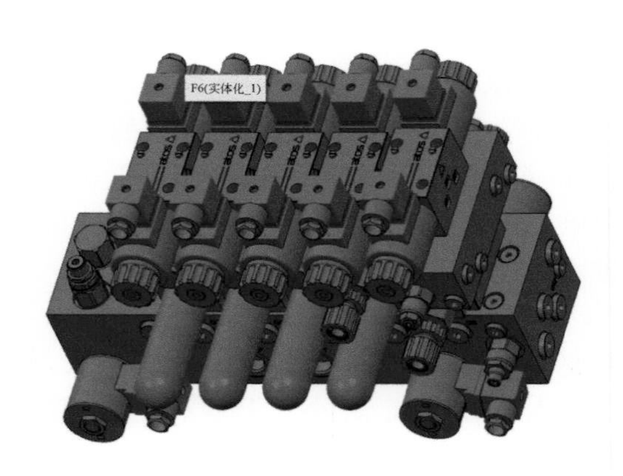

图 6.3 液压集成阀组

6. 其他设计

为保证顶驱装置在恶劣工况下的运行稳定性，XD40 顶驱的辅助作业系统仅保留液压执行机构，如摆臂、平衡、背钳、伸缩油缸和集成液压操作阀，将液压系统的电机油泵和液压油箱不再安装在顶驱本体上，简化了结构，增强了顶驱运转的可靠性。

二、绳索取心钻杆孔口操作自动化技术

（一）总体结构

绳索取心钻杆孔口操作总体结构如图 6.4 所示，由孔口夹持拧卸系统、钻杆移摆系统、钻杆自动排放系统和控制台四部分组成。

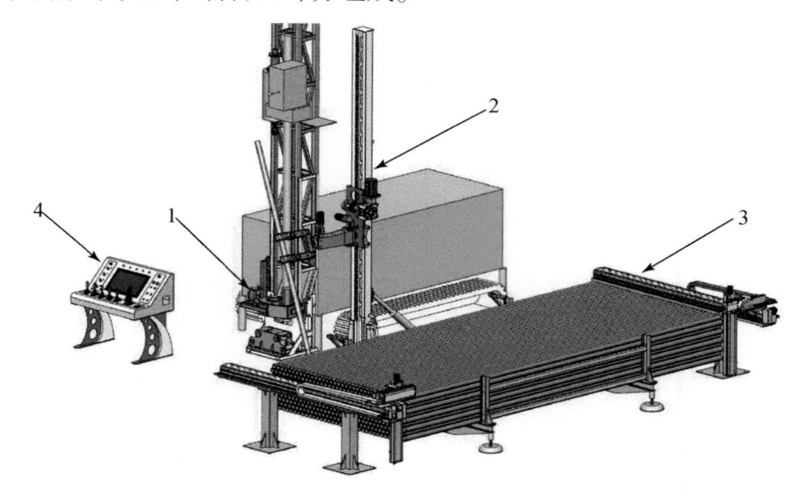

图 6.4 绳索取心钻杆孔口操作总体结构图

1. 孔口夹持拧卸系统；2. 钻杆移摆系统；3. 钻杆自动排放系统；4. 控制台

（1）孔口夹持拧卸系统：通过卸扣器、井口液压夹持器和动力头螺旋同步浮动器实现钻杆的自动浮动上卸扣。

（2）钻杆移摆系统：将钻机侧面由钻杆自动排放系统输送过来的水平放置的钻杆移摆到孔口竖直位置，或者将孔口提钻上来的竖直摆放的钻杆移摆到钻机侧面水平放置，然后由钻杆自动排放系统自动排放到钻杆架内。

（3）钻杆自动排放系统：自动将钻杆由钻杆架内输送到钻机侧面水平放置，或者将钻机侧面水平放置的钻杆自动排放到钻杆架内。

（4）控制台：用于控制与监测孔口夹持拧卸系统、钻杆移摆系统和钻杆自动排放系统操作。

（二）技术突破及对比分析

孔口操作自动化是钻机智能化的基础。为提高钻进效率，深部地质钻探一般使用绳索取心钻杆实现不提钻取心。NQ 规格的绳索取心钻杆结构如图 6.5 所示，钻杆连接丝扣一般采用梯形扣，壁厚 5 mm，因此存在钻杆壁薄、螺纹连接强度低和难以对中等难题。

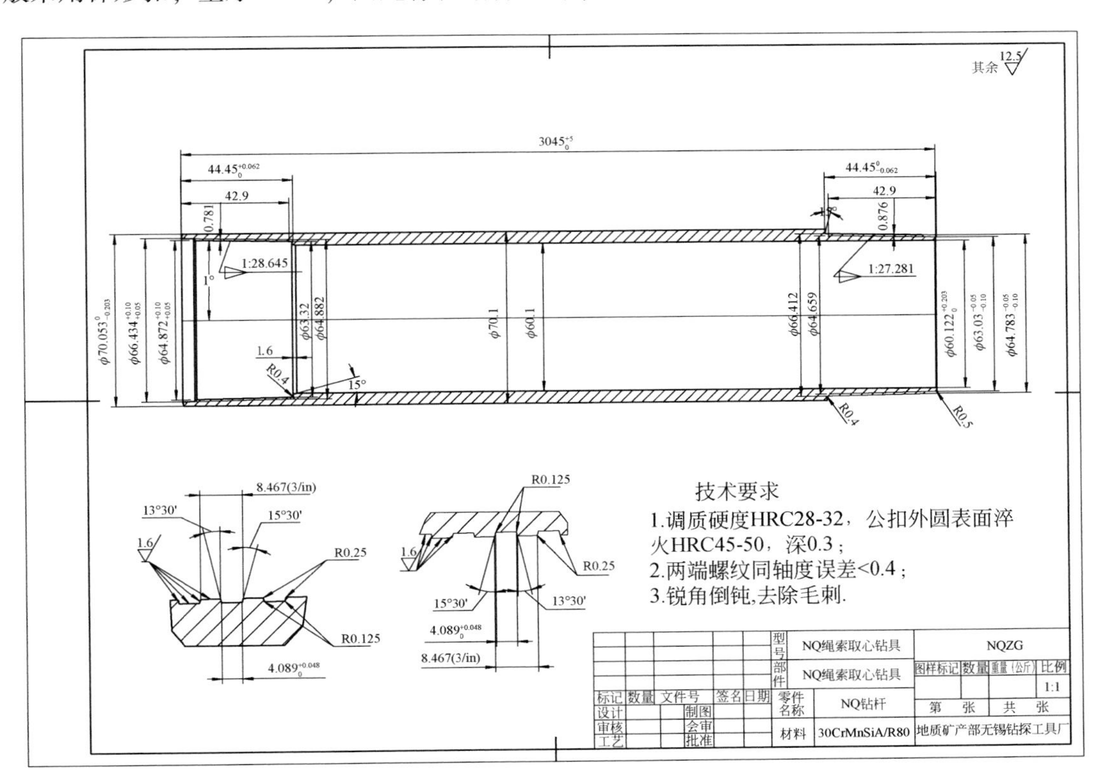

图 6.5　NQ 规格绳索取心钻杆结构图

针对这些难题，根据目前市场上主流全液压动力头式岩心钻机的特点，本研究创新设计了一套适用于全液压动力头岩心钻机的绳索取心钻杆孔口自动化操作装置，取得了如下技术突破。

（1）全新设计了一套动力头螺旋同步浮动器和卸扣器，实现了钻杆连接同步双浮动，保护了钻杆连接螺纹。由于拧卸钻杆的动作由动力头液压卡盘和孔口夹持器配合完成，拧卸钻杆时，动力头必须能随钻杆接头螺纹的拧出而自由地向上移动。此时如果动力头不能向上浮动，钻杆将顶着动力头上移，整个动力头的质量集中在两钻杆的螺纹连接处，易损坏螺纹。

目前市场上主流全液压动力头式岩心钻机起下钻过程动力头浮动一般通过液压系统或花键滑动的方式实现，不能实现动力头跟随钻杆接头螺纹的精确同步浮动，钻杆接头螺纹在上卸扣过程经常受力，极易损坏。为实现孔口钻杆自动化操作和解决绳索取心钻杆螺纹连接强度低的难题，设计了一套全新的动力头螺旋浮动器（图 6.6）。

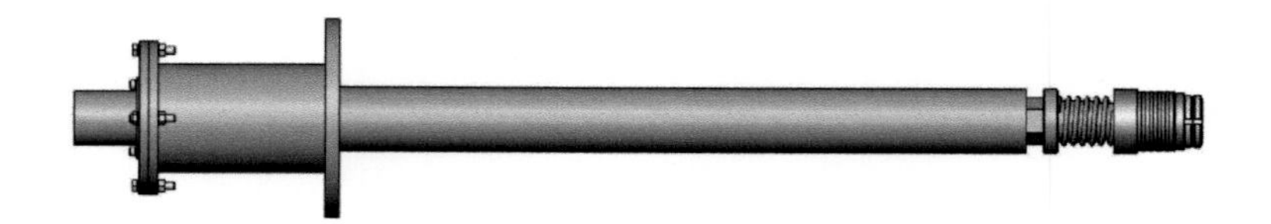

图 6.6　动力头螺旋同步浮动器

本套动力头浮动器通过螺旋心轴实现当动力头正反转装卸钻杆时，浮动器能够根据钻杆螺纹规格同步提升、下放，即动力头旋转一周，浮动器同步提升或下放一个钻杆螺距，以保护绳索取心钻杆连接螺纹，延长钻杆使用寿命，减少脱扣或钻杆从螺纹连接处折断等孔内事故。同时，设计安装了线传感器，可实时监测浮动器工作状态。

为实现孔口钻杆浮动卸扣，设计了如图 6.7 所示的液压浮动卸扣器，在卸扣过程中，卸扣器可通过左侧的弹簧装置自动浮动，以实现卸扣过程中的螺纹保护。

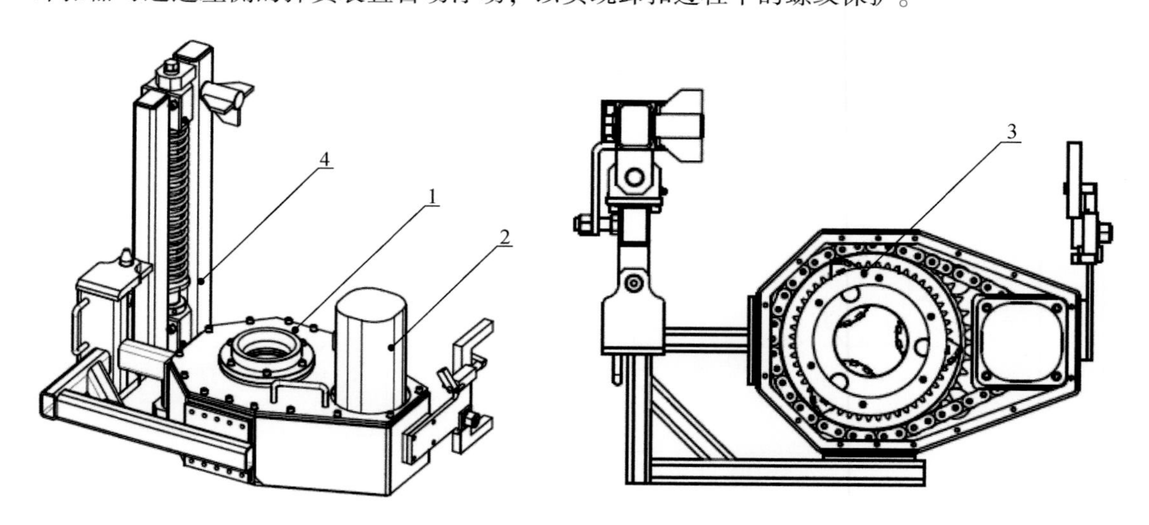

图 6.7　液压浮动卸扣器结构视图

1. 箱体；2. 动力；3. 夹紧装置；4. 箱体托架

该卸扣器采用液压马达作为动力源，相比于传统的液压缸驱动结构尺寸小，有效地节省了安装空间；采用链传动作为扭矩传递装置，承载能力高，扭矩传递效率高，适用于地质钻探环境较恶劣的工况；与底部孔口夹持器有效配合，可以实现连续上拧卸操作，大大降低了劳动强度。

（2）创新设计了一套钻杆自动移摆系统，实现了绳索取心钻杆连接精准定位。由于绳索取心钻杆梯形扣、壁薄的特点，在起下钻过程必须实现钻杆连接的精准对中。创新设计了一套钻杆自动移摆系统，全程采用伺服电机驱动，实现了钻杆移摆全过程的精确控制。

（3）创新设计了一套钻杆自动排放系统，解决了深部地质钻探钻杆量多、难自动排放的难题。2000～3000 m 深部地质钻探钻杆数量多，并且一般采用全液压动力头钻机，钻杆不能一次性全部竖直存放。为提高起下钻效率，创新设计了可一次性存放 2000～3000 m、单根 6～9m 长 NQ 或 HQ 规格的绳索取心钻杆，并可通过直角坐标式机械手实现钻杆自动存排放，解决了深部地质钻探钻杆量多、难自动排放的难题，进一步提高了起下钻效率。

第二节　仪器及设备研制

一、4000 m 地质岩心钻探成套技术装备

（一）总体设计

顶驱作为当今深部油气钻井的先进设备，可以直接从井架上部旋转钻柱进行超长行程的复杂地层钻探，降低深孔钻探事故的发生几率，其辅助作业系统可进行自动加减单根、立根、起下钻等作业，大大减少辅助作业时间，提高钻进效率，因此，4000 m 地质岩心钻机回转系统要采用顶驱系统，主要进行高转速取心钻进。

为了应对不同的工况需求，在井架底部应设计转盘回转系统，可进行大扭矩低转速钻进。深孔岩心钻进的一大特点是施工周期长，为减小施工时间，钻机升降系统应能进行长立根提下钻，为此设计的钻机塔架应能满足长立根提下钻要求。

与机械传动系统相比，交流变频电传动系统具有系统能耗小、运行经济性好、稳速精度高、运行可靠、参数稳定、调试简便、维护方便等优点，在绿色勘探的今天得到越来越多的应用。根据国内外岩心钻机发展趋势，钻机的电传电控系统应采用目前国际先进的全数字交流变频技术及自动化、智能化控制技术、计算机控制技术、现场总线通信和程序控制技术等，实现回转系统的无级调速和司钻的智能化控制，实现对钻井参数和电器参数的显示、储存、传输、打印，实现钻井作业的数字化、智能化、信息化、网络化的控制和管理。

经过 3 年的研究，成功研制出 4000 m 交流变频电驱动地质岩心钻机（三维效果及实物外形如图 6.8 所示），采用 H 规格钻具，钻深能力为 4000 m，主要由垂直起升式井架、底座、天车、游车大钩、电顶驱、电驱转盘、电驱主绞车与自动送钻系统、电驱绳索取心绞车、液气系统、VFD 房、司钻室、电驱泥浆泵等组成；另外，配套齐全液压吊卡、吊

环、吊钳、气动卡盘、液压锚头、动力钳、水龙头、倒绳机、地面高压管汇系统、防坠器、安全带等附属设备与安全器具。该钻机以400 V电源为源动力，采用全转矩控制、机械化作业、数字化操作的工作模式，融机、电、液、气、电子及信息化于一体，满足金刚石绳索取心、冲击回转、定向钻进、反循环连续取心（样）等多种深孔地质钻探工艺要求，可广泛应用于地质勘探、水文水井、煤田、油气田勘探等施工领域。

图6.8　4000 m地质岩心钻机三维效果及实物外形

（二）关键部件研制

1. 垂直升降式井架平台

通过调研、收集资料，研究设计了一种新型的垂直起升的钻塔井架结构（图6.9）。如图所示，井架结构总体分为天车、井架、底座、二层台4大部分。井架型式为K型、金属桁架结构，从上至下共分七段，段与段之间采用销轴连接，便于快速拆卸与组装；采用液压油缸链条倍速给进机构实现井架分段垂直升降。井架平台在钻井过程中用于安放和悬挂升降系统，承受钻具质量，存放钻杆或钻铤等，承载能力达到135 t。垂直升降式井架具有可显著减少钻探现场征用土地、安全性能高、技术含金量大等优点。另外，钻机5 m高的平台为井口安装井控设备、泥浆回流管等提供了充裕空间。

2. 电驱绳索取心绞车

主要由电机、角减速机、电磁离合、安全钳、支架、卷筒、排绳机构等组成（图6.10）。

具有以下特点：采用交流变频驱动与控制，实现转速的无级控制；具备盘刹制动与能耗制动双制动模式，可实现安全制动与零速可靠悬停；采用电磁离合器与盘刹结合，可实现绞车的无动力可控自由下落，降低能耗与生产运营成本，深孔时取心操作节能效果更加

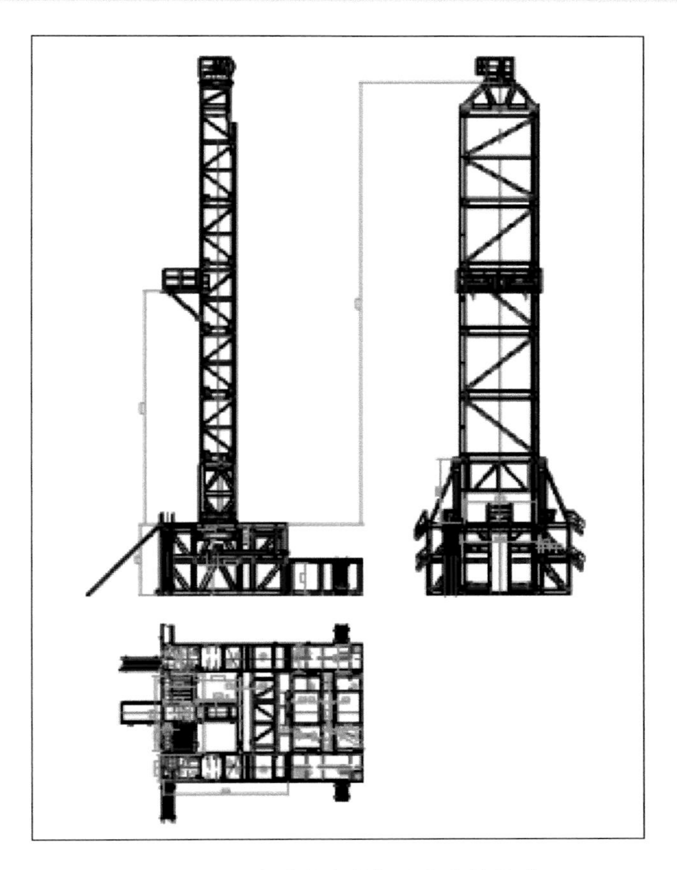

图 6.9　垂直升降式井架平台总体外形

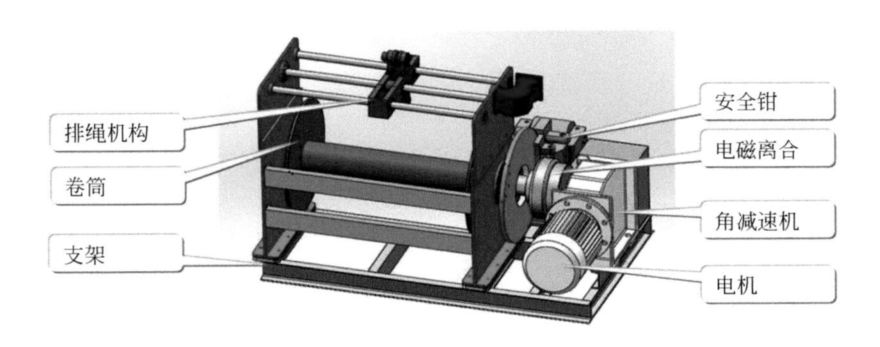

图 6.10　绳索取心绞车三维图

显著；智能排绳机构通过 PLC 及人机界面控制伺服电机回转，经行星减速机减速后驱动梯形螺杆旋转，带动排绳小车完成排绳，同时完成绳速、张力、下入孔深等数据的实时记录，大大延长了钢丝绳寿命，降低生产运营成本，可适用不同规格直径的钢丝绳。自动控制排绳原理如图 6.11 所示，包括智能控制单元、伺服驱动器、显示屏、手动按钮、接近开关左限位、接近开关右限、称重传感器、深度绳速编码器、卷筒转速编码器、伺服电

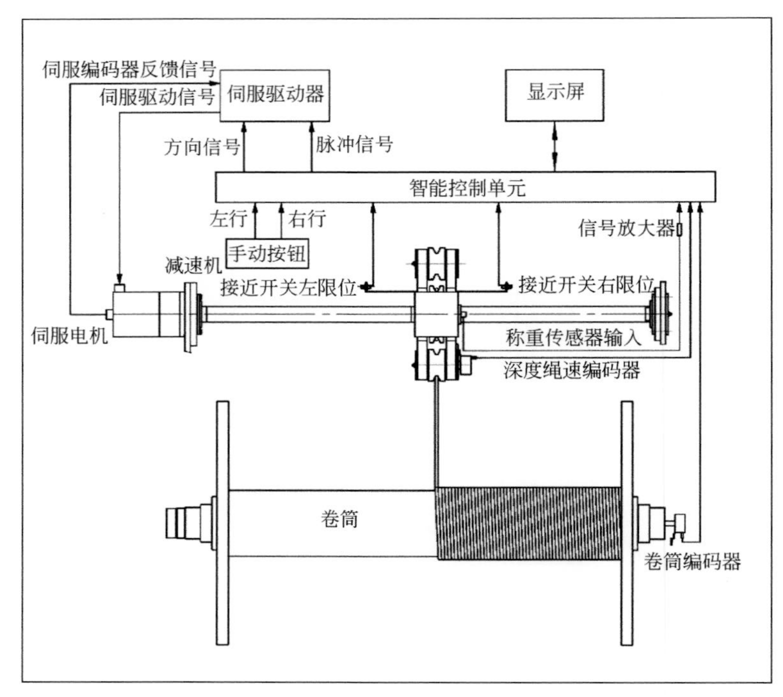

图 6.11 自动控制排绳原理图

机、行星减速机、卷筒等。

3. 主绞车

创新一体化集成设计 400 kW 大功率提下钻系统与 15 kW 小功率送钻系统于主绞车一身，大功率升降系统在进行提下钻作业时可提高作业效率，小功率送钻系统在正常钻进时可有效降低能耗，减少成本，可实现深部矿产资源绿色勘查。该绞车由主电机、送钻电机、主减速机、送钻减速机、气胎离合器、联轴器、盘式刹车、卷筒、机架等主要部件组成（图 6.12）。使用液压盘式刹车为应急刹车与驻车刹车，制动电阻能耗制动为主要刹车，实现钻具的悬停，运行安全可靠，其整体组装后的三维效果及实物如图 6.13 所示。

4. 电驱转盘

采用 ZP175 型转盘，通过万向轴与变频电机连接，由变频电机直接驱动，结构进一步简化；顶驱与转盘两种回转方式共用一套变频控制器，通过旋钮来切换选择，减少电控系统的成本，有利于以后产业化、市场化。其三维效果如图 6.14 所示。

5. 电传动及电控系统

根据地质岩心钻机的特点，为确保系统的安全性、可靠性、整体性、先进性和实用性，充分发挥变频传动系统和网络技术优势，系统采用西门子公司 S7-300 可编程序控制器、ABB ACS880 系列变频器、Profibus 工业网络及智能操作单元构成钻机一体化控制系统（图 6.15）。

（1）系统电源采用交流 400 VAC 和 690 VAC 双电源母线方案，降低电缆数量，提高电器设备运行效率，并最大限度地满足现场使用的便利；保证一体化控制系统的电源电压及频率的稳定，满足钻井的要求。

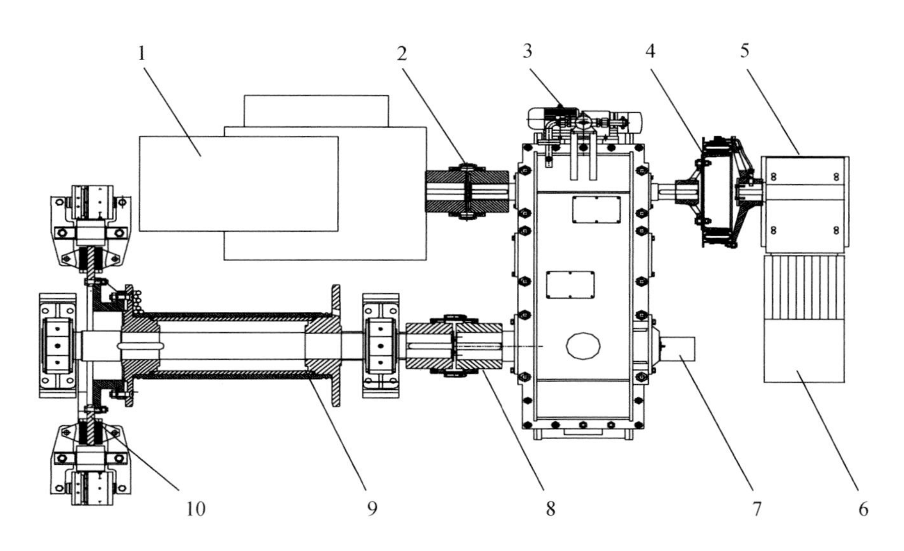

图6.12　主绞车工作原理图

1. 交流变频主电机；2. 联轴器；3. 齿轮减速箱；4. 气胎离合器；5. K型减速器；6. 自动送钻电机；7. 编码器；8. 联轴器；9. 滚筒总成；10. 盘刹制动器

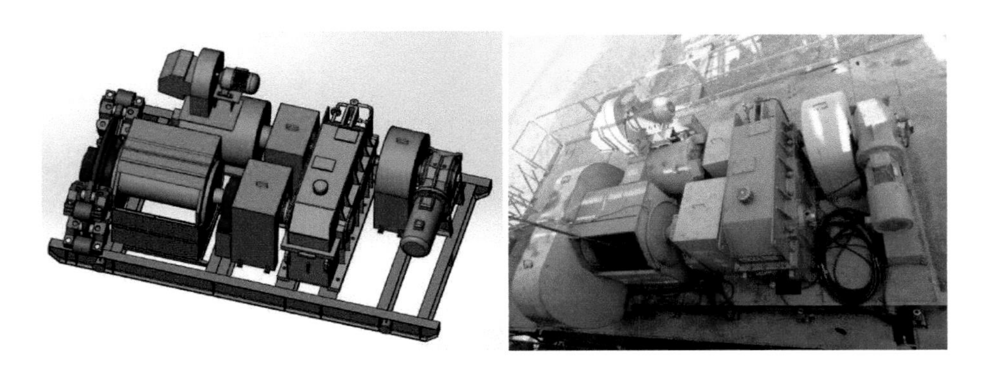

图6.13　主绞车三维效果图与实物外形

图6.14　转盘系统结构

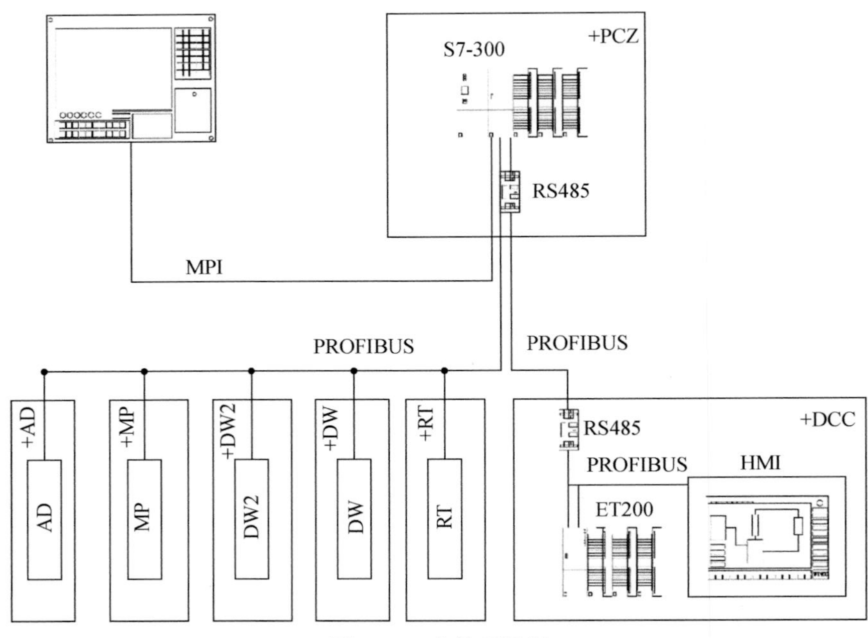

图 6.15 电控系统图

(2) 绞车电动机采用 1 台 690 VAC 400 kW 高速变频电动机，转盘电机采用 1 台 690 VAC 180 kW 变频电动机，顶驱采用 1 台 690 VAC 200 kW 高速变频电动机。电传动系统采用 ABB ACS880 系列全数字直接转矩控制电压型交流变频调速装置“1 对 1”方式驱动绞车、转盘和顶驱的交流变频电机，实现绞车、转盘和顶驱无级调速。泥浆泵采用 1 台 400 VAC 45 kW 变频电动机，取心绞车采用 1 台 400 VAC 45 kW 变频电动机，自动送钻采用 1 台 400 VAC 15 kW 变频电机，可以满足钻井工艺对电传动的要求。

(3) 根据钻机负荷，绞车、转盘/顶驱、自动送钻、取心绞车均采用制动单元和制动电阻代替辅助刹车，满足钻井工艺，实现了游车、转盘/顶驱及取心绞车的平稳减速。

(4) 操作回路的设计以高性能 PLC 为控制核心，并通过 Profibus-DP 现场总线控制技术，实现对系统各主要装置和钻井参数的采集、处理、远程数据传输通信、监视和控制，实现钻井参数和电传动系统参数一体化。具体钻井参数包括：指重、钻压、钻速、转盘转速、扭矩、游车高度、泵压、泵冲、总泵冲、泥浆排量等。数据经处理后在司钻电控台上进行显示，并可通过综合柜的工控机进行记录和打印，上位计算机实时监控各个系统的运行状态，并提供故障时的诊断报文。上位计算机、自动化级（PLC）、数字传动级和司钻电控箱通过 Profibus-DP 网络连接，构成三级网络系统，参数实时、高速、双向传递，最终实现对系统各装置的远程数据传输和故障监控，为钻井工艺创建一个数字化、信息化、智能化的管理平台。控制网络采用 PROFIBUS 网络，提高钻机电控系统的可靠性。

(5) MCC 供电回路设计满足 4000 m 钻机各工况要求。MCC 单元采用快速连接器和电缆，满足快速安装移运要求。

(6) VFD 房（图 6.16）内放置绞车、转盘/顶驱、自动送钻、取心绞车、泥浆泵变频驱动柜各 1 套，以及 PLC 综合柜、进线开关柜、MCC 供电柜、电源母线及转盘/顶驱切换柜各1套，集成度高，便于运输。

（7）司钻房（图6.17）内安装有电视监控系统、司钻操作系统、通信对讲喊话系统及环境调节系统等。司钻房和外部信号及电源连接均采用快速连接器连接，司钻电控台具有钻机操作和显示报警的齐备功能。

图6.16　VFD房实物

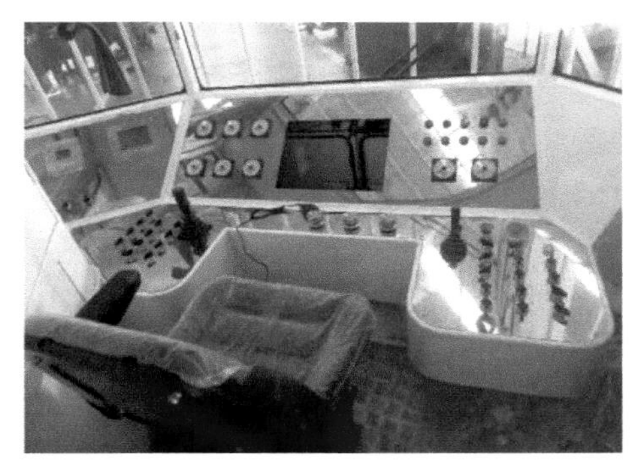

图6.17　司钻房

（8）自动游车位置控制系统通过编码器、控制器对游车运行高度进行全过程监控，当游车超过安全区域，系统自动控制游车减速和软停，有效地防止游车上碰下砸事故的发生，提高钻速及钻进质量。

6. 液压系统

液压系统是钻机的辅助系统，主要用于垂直井架升降、动力钳上下扣、液压猫头油缸伸缩、主绞车盘刹的闭合、绳索取心绞车盘刹的闭合、岩心打捞架的收放、电顶驱系统的供油等钻机的辅助性动作，采用电机直接驱动，配置电机软起动柜，便于现场用电时避免对变压器的电流冲击。为了避免液压系统间的相互干扰，根据钻机的辅助动作对液压系统的不同需求，将绞车的液压系统划分为三个不同的系统。

一是盘刹液压系统，由电机单独驱动，所需流量小，采用恒压变量系统，在盘刹需要动作时反应快捷。该系统配有两个蓄能器，在泵站失去工作能力状态下仍能提供高压液压油源，工作可靠，安全性更高。根据所需要求，系统压力设定为7MPa，此系统专门用于主绞车盘刹的闭合、绳索取心绞车盘刹的闭合。

二是电顶驱液压系统，专门给电顶驱上液压动作提供动力油源，由于电顶驱工作时离地面位置高低不同，管线比较长，为了减小电顶驱液压动作的反应时间，也采用恒压变量系统，在工作状态下一直保持额定高压力，同时流量非常小，既减小了功率消耗，又可在电顶驱液压动作时反应快捷。该系统由一台液压泵专门为电顶驱供液压油。

三是钻机的辅助液压系统，主要用于起升井架、动力钳工作、液压猫头伸缩、岩心打捞架收放等辅助性动作。该系统采用负荷敏感控制系统，可根据不同工况要求提供不同的压力与所需匹配流量，便于现场各种工况下操作，安全可靠。

电顶驱液压系统与钻机辅助液压系统共用一台电机驱动，三个系统共用一个油箱，进行一体化集成设计；为了方便其他应用，液压系统还留有备用接口；同时液压站作为一个独立的模块，所有外接管线都用快速接头连接，便于拆卸运输。整个钻机的液压系统原理如图6.18所示。

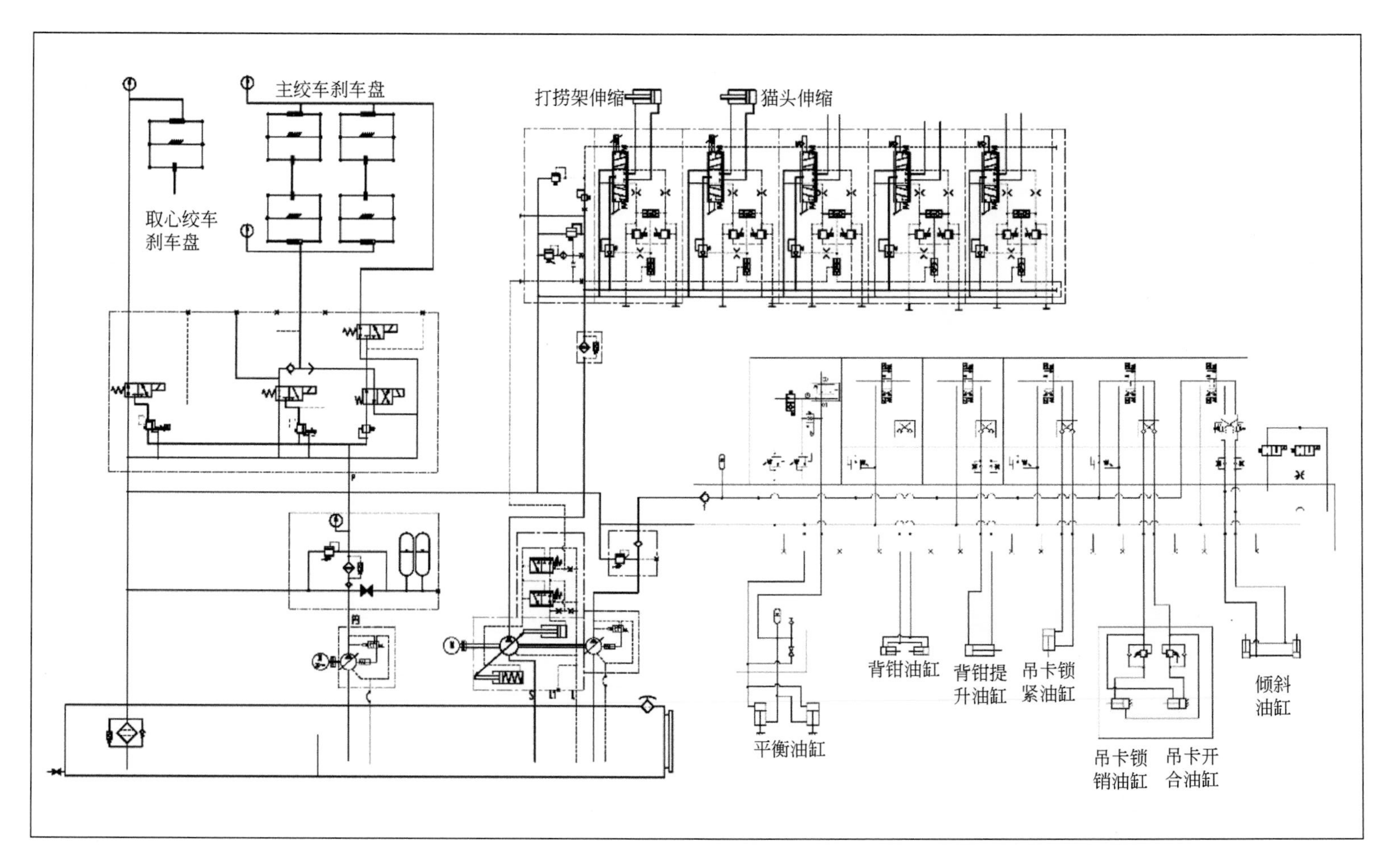
主绞车刹车盘
取心绞车
刹车盘
打捞架伸缩
猫头伸缩
背钳油缸
背钳提
升油缸
吊卡锁
紧油缸
倾斜
油缸
平衡油缸
吊卡锁
销油缸
吊卡开
合油缸

图6.18 钻机液压系统

(三) 技术指标与测试

1. 交流变频电驱动4000 m地质岩心钻机

主要技术指标见表6.1。

表6.1 4000 m岩心钻机主要技术指标

主要技术指标		数值
钻进能力	H规格绳索(ϕ89 mm)	4000 m
	P规格绳索(ϕ114 mm)	3000 m
	ϕ127 mm石油钻杆	1800 m
	ϕ89 mm石油钻杆	2800 m
井架平台	井架型式	K型
	井架起升方式	液压驱动垂直起升
	净空高度/m	31
	承载力/t	135
	二层台高度/m	16.5
	立根容量/m	4000@ϕ89 mm
	天车轮系	5×6
	前平台尺寸	8.5 m×9.6 m×5 m
	后平台尺寸	5 m×9.6 m×2.5 m
	导轨长度/m	25
	导轨抗扭/(N·m)	25000
升降系统	主电机功率/kW	400
	单绳最大提升力/t	15
	钢丝绳直径/mm	ϕ26
	滚筒转速/rpm	0~250
	钩速/(m/s)	0~1.1
	主刹车	液压盘式刹车
	辅助刹车	能耗制动
	送钻电机功率/kW	15
	自动送钻速度/(m/min)	0~0.4
顶驱系统	电机功率/kW	200
	最大扭矩/(N·m)	12000
	转速/rpm	0~600
	水龙头通径/mm	ϕ50
	循环压力/MPa	35
	背钳通径/mm	ϕ122

续表

主要技术指标		数值
顶驱系统	最大卸扣扭矩/(N·m)	15000
	吊环	150t 单臂吊环
	吊卡	150t 液压吊卡
转盘系统	电机功率/kW	180
	最大扭矩/(N·m)	20000
	转速/rpm	0~200
	通孔直径/mm	444.5
绳索取心绞车	电机功率/kW	45
	单绳最大提升力/t	4
	光毂提升速度/(m/min)	0~80
	钢丝绳直径/mm	ϕ10
	容绳量/m	4100
	排绳型式	伺服电机自动排绳
	主刹车	液压盘式常闭刹车

2. 技术指标测试

依据“4000m 地质岩心钻机（XD-40 型）测试大纲”确定的测试方法和测试项目，在天津东丽湖 CGSD-01 地热井施工现场，由测试专家、钻机设计人员与野外生产试验现场钻探操作人员共同组成测试组，对研发成果——4000m 地质岩心钻机（XD-40 型）的主要技术性能指标进行了测试。测试结果（表 6.2）表明该钻机钻深能力、主绞车主要性能、绳索取心绞车主要性能、顶驱与转盘主要性能、塔架主要性能等均达到并部分超过预期的技术指标。

表 6.2 指标预期指标与测试数据

序号	预期指标	检测结果
1	4000 m@ ϕ89 mm 1800 m@ ϕ127 mm	ϕ127 mm 钻杆实际钻达孔深 2258 m
2	电顶驱最高转速 600 rpm	41 Hz 时实测为 600 rpm
3	电顶驱最大扭矩 8000 N·m	实测 10000 Nm（为额定扭矩的 125%）
4	转盘最高转速 80 rpm	26 Hz 时，实测 82 rpm
5	转盘最大扭矩 20000 N·m	实测 22000 Nm
6	主绞车单绳最大提升力 150 kN	实测 204 kN
7	主绞车单绳最大速度 3 m/s	实测 7.87 m/s
8	绳索绞车最大提升力 40 kN	实测 43 kN
9	绳索绞车光鼓最大速度 1.5 m/s	51 Hz 时，实测 1.51 m/s
10	顶驱行程为 20 m	实测 21 m
11	钻塔高度为 28~31 m	实测 31.1 m
12	提升立根长度为 18 m	实测 19.5 m
13	大钩负荷为 80~90 t	在下 1464mϕ339.7 mm 套管过程中最大大钩负荷 91 t

二、自动化智能化岩心钻探设备

（一）总体设计

自动化智能化岩心钻探系统（图 6. 19）主要由孔口夹持拧卸系统、钻杆移摆系统、钻杆自动排放系统和钻进过程智能化监控系统四个部分组成。

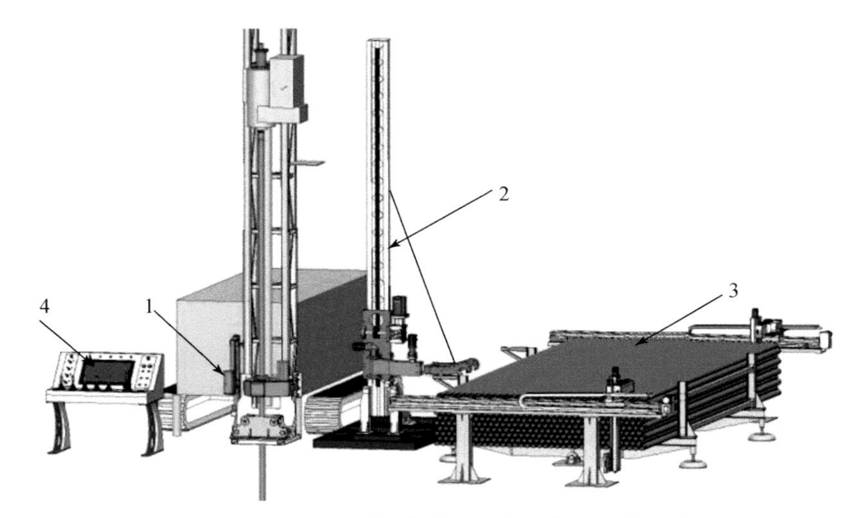

图 6. 19　自动化智能化岩心钻探系统总体设计图

1. 孔口夹持拧卸系统；2. 钻杆移摆系统；3. 钻杆自动排放系统；4. 钻进过程智能化监控系统

其中，孔口夹持拧卸系统、钻杆移摆系统和钻杆自动排放系统负责绳索取心钻杆孔口自动化操作，完成起下钻过程钻杆输送、排放、移摆和拧卸操作。钻进过程智能化监控系统负责整套自动化智能化岩心钻探系统监测与控制，包括起下钻过程和钻进过程各类钻进工艺参数、操作过程参数与系统设备参数的监测、控制与配置。

（二）关键部件研制

1. 钻杆自动排放系统研制

1）钻杆库设计

钻杆库的主要功能是存储钻杆，2000 m 钻进所需钻杆根数较多（334 根×6 m/根），钻杆总质量较大（ϕ89 mm 规格 2000 m 钻杆总重约 15 t、ϕ17 mm 规格 2000 m 钻杆总重约 10 t），因此，采用钻杆水平排放存储在钻杆架上的方式设计。其中钻杆架的主承重梁（两个）需满足承受全部钻杆的静力强度要求，同时还需满足便于拆装与运输的要求。为方便按计算程序规律排放和存放更多钻杆，钻杆库采用如图 6. 20 所示的结构设计，奇数层排放 n 根钻杆、偶数层排放 $n-1$ 根钻杆，多层叠加、各根紧密排放，间距固定，可方便地通过计算机程序编程实现自动排放。

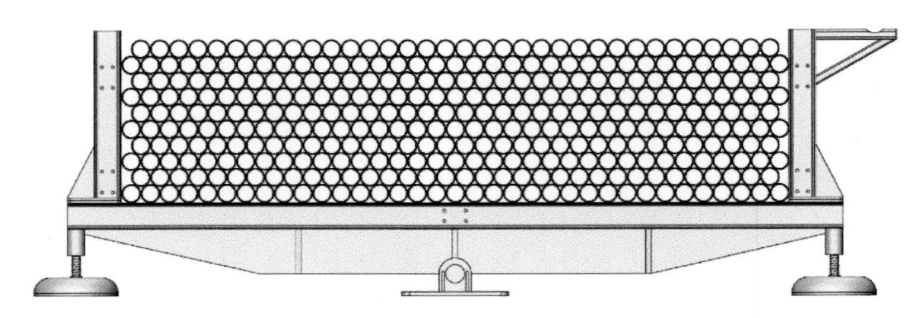

图 6. 20 钻杆库结构图

以左下角第 1 根钻杆轴心作为原点，钻杆库中每一根钻杆的位置可用以下公式计算：

$$S_x=(i-1)\cdot D, S_y=(j-1)\cdot D\cdot\frac{\sqrt{3}}{2}\quad i=1,2,3\cdots,\ j=1,3,5\cdots$$

$$S_x=(i-0.5)\cdot D, S_y=(j-1)\cdot D\cdot\frac{\sqrt{3}}{2}\quad i=1,2,3\cdots,\ j=2,4,6\cdots$$

式中，S_x 为水平坐标，S_y 为竖直坐标，i 为根数，j 为层数，D 为钻杆直径。

2）钻杆自动存排放机械手设计

钻杆自动排放机械手采用两侧直角坐标系统式设计，伺服电机同步精确控制，根据每根钻杆位置通过可编程控制器（PLC）编程控制。钻杆自动排放机械手排管系统如图 6. 21 所示。X 方向水平运动，Y 方向垂直运动，Z 方向沿钻杆轴线运动。

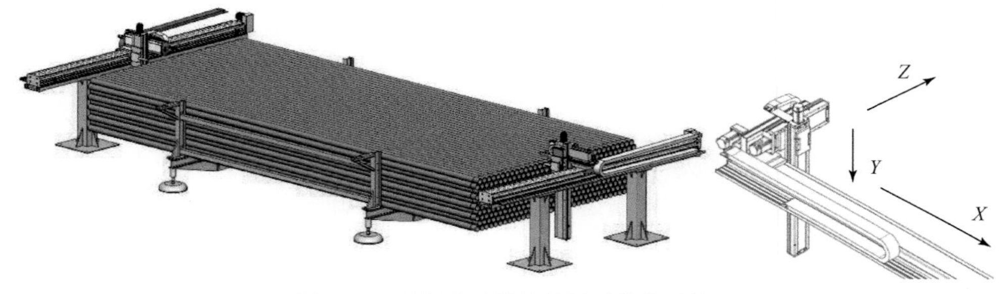

图 6. 21 钻杆自动排放机械手排管系统

钻杆自动存排放机械手各个方向的传动方式及运动参数见表 6. 3。

表 6. 3 机械手各个方向传动方式及运动参数

方向	传动方式	最高速/(mm/s)	定位精度/mm	加减速/s
X	同步带	1000	±0. 04	0. 4
Y	滚珠丝杠	250	±0. 01	0. 2
Z	滚珠丝杠	225	±0. 01	0. 2

2. 钻杆移摆系统研制

通过调研国内外钻杆移摆系统，采用机电液一体化技术和虚拟样机设计方法，创新设计了一套钻杆自动移摆系统（图 6. 22）。

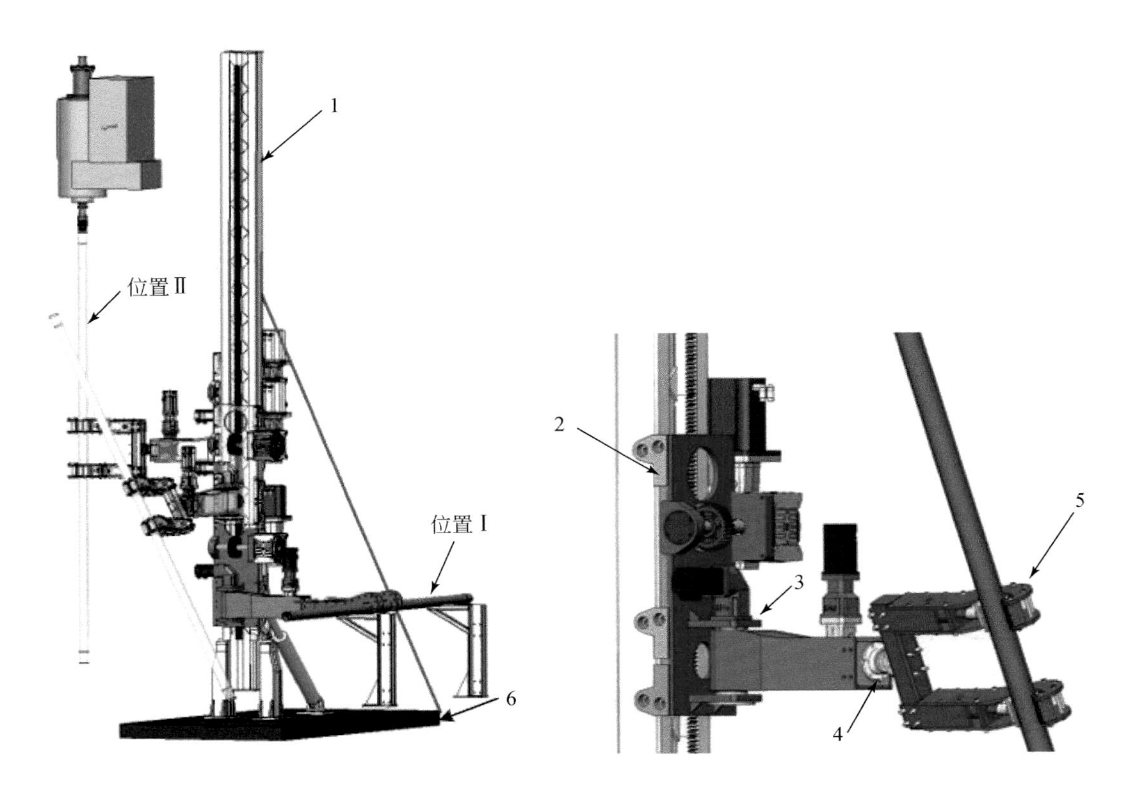

图 6.22　钻杆移摆系统结构图

1. 桅杆；2. 垂直升降机构；3. 水平移摆机构；4. 竖直旋转机构；5. 机械手；6. 底座

钻杆移摆系统主要由桅杆、移摆头（垂直升降机构、水平移摆机构、竖直转动机构、机械手）和底座六部分组成。下钻工作流程如下。

（1）机械手在初始位置Ⅰ抓取钻杆。

（2）垂直升降机构带动移摆头上升至钻杆长度一半处。

（3）竖直转动机构旋转 90°，将钻杆由水平转至竖直。

（4）水平移摆机构转动 180°，将钻杆由钻机侧面移摆至动力头中心位置Ⅱ处。

（5）动力头拧紧钻杆后，机械手松开。

其中，流程（2）、（3）、（4）可同步运行。提钻过程逆向工作即可。

为提高钻杆移摆和对中精度，采用如下创新性设计。

（1）桅杆直接采用 200 mm×150 mm×5 mm 的矩形管+两侧滑道设计，防止受力变形。

（2）垂直升降机构采用齿轮齿条传动、滚轮导正，以减少摩擦阻力、磨损和晃动间隙。

（3）整套钻杆移摆系统全部采用伺服电机驱动，以实现各个移摆位置的精确闭环控制。

（4）机械手采用液压油缸驱动“V”形爪+硬质合金卡瓦设计，以实现自锁和可靠抓取钻杆；同时，机械手适当调整安装角度，以保证安装精度和钻杆抓取中心与孔口夹持拧卸系统中心的精确对中。

各伺服控制器的速度设为 50000 units/s、加速度设为 50000 units/s^2、猝动时间 t_jolt 设为 0.2 s，经试验调试表明，单程移摆时间<28 s，移摆过程平稳，无猝动。

3. 岩心钻探钻进过程智能化监控系统研制

岩心钻探现场环境恶劣，对系统的可靠性和安全性要求较高。此外，优化钻进规程要求参数采集系统具有较高的数据采样率和实时性，因此，为提高起下钻过程和钻进过程钻进参数自动监测与控制精度及降低系统运行故障率，岩心钻探钻进过程智能化监控系统采用具有 VxWorks 实时操作系统的可编程计算机控制器（PCC）进行数据采集与控制，当需要改变系统功能及其参数时，只需改动内部程序即可，不必更改硬件接线，可大大减少外部接线，降低系统维修难度。同时，采用 CANopen、POWERLINK 现场总线和分布式 I/O 系统设计，结合人机界面 HMI 触摸屏对系统进行实时监控，可实现实时监控、报警等。岩心钻探钻进过程智能化监控系统框架图和硬件设计图如图 6.23 和图 6.24 所示。其中，岩心钻探钻进过程参数监测与控制传感器都安装在钻机上，因此在钻机上安装了分控制箱，分控制箱与主控制台之间通过一根 CAN Open 总线进行通信，主控制台与电气柜的伺服控制器通过 POWERLINK 总线通信，从而提高了现场数据传输的可靠性与安全性。

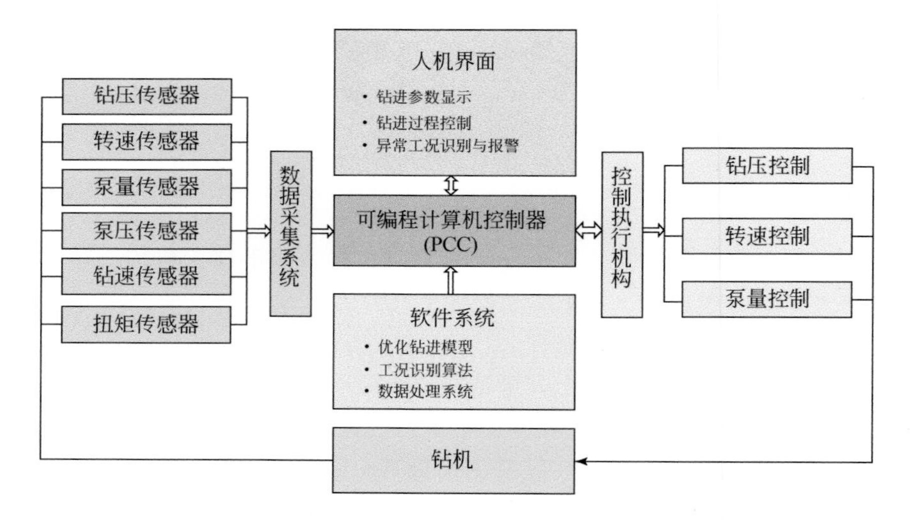

图 6.23　岩心钻探钻进过程智能化监控系统框架图

主控制器选用贝加莱的 X20CP3586，1600 MHz 处理器，循环时间快至 1 μs，512 M 内存；一路 CAN 总线与钻机分控制箱通信，9 路 POWERLINK 总线分别与 9 台伺服电机通信；1 路以太网接口通过 VNC 与 24 英寸触摸屏通信；扩展 9 个 IO 模块，分别用于模拟量、开关量和计数器数据采集以及数字量输出，共计 72 个 IO 通道；备用 3 路 POWERLINGK 总线与变频器通信。主控制台如图 6.25 所示，实现起下钻过程和钻进过程的集中式全程监测与控制。

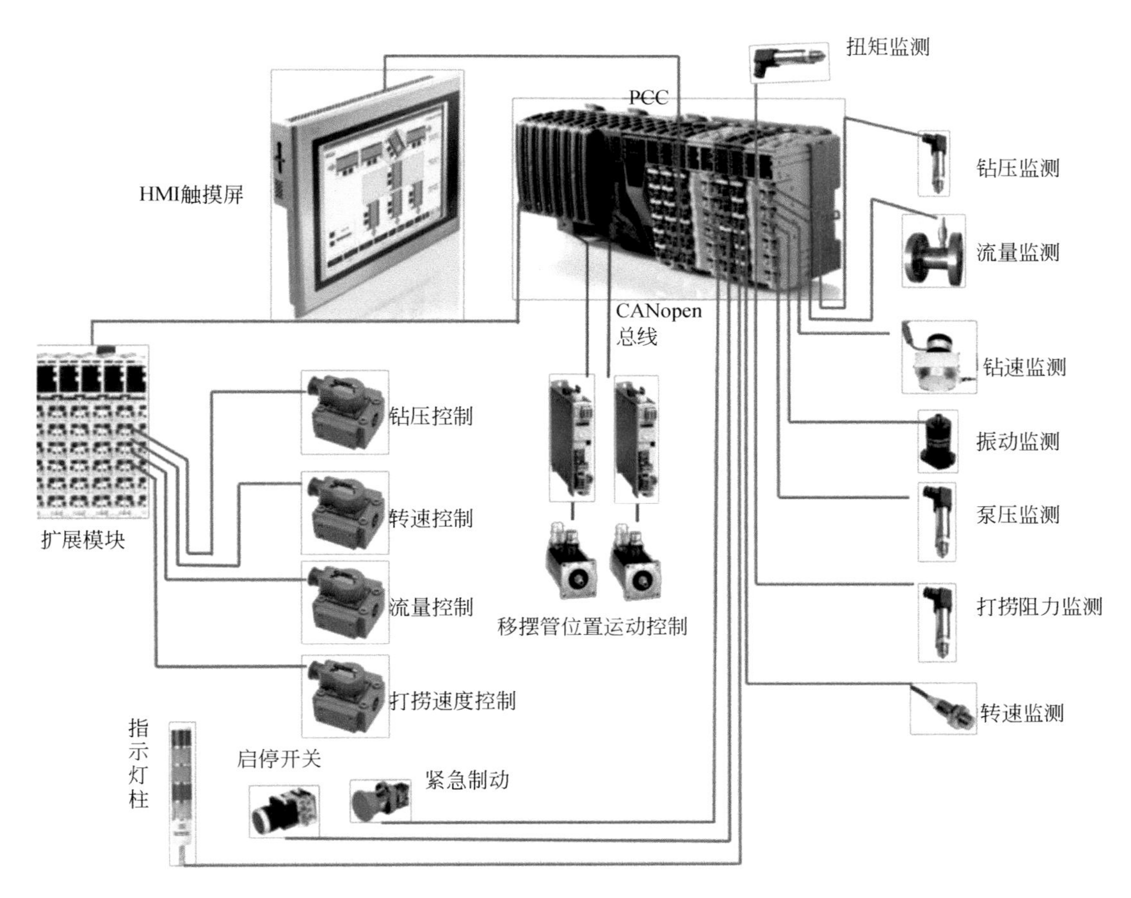

图 6.24　岩心钻探钻进过程智能化监控系统硬件设计图

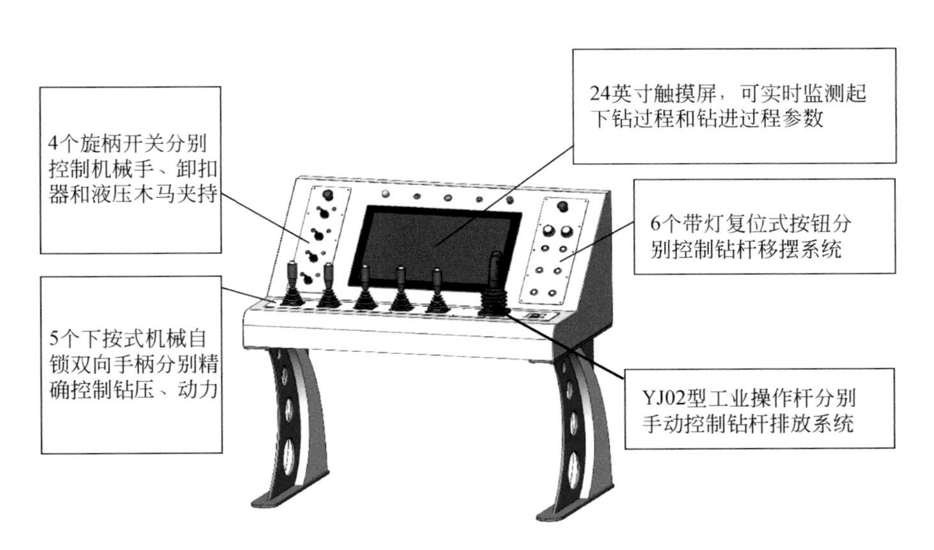

图 6.25　主控制台

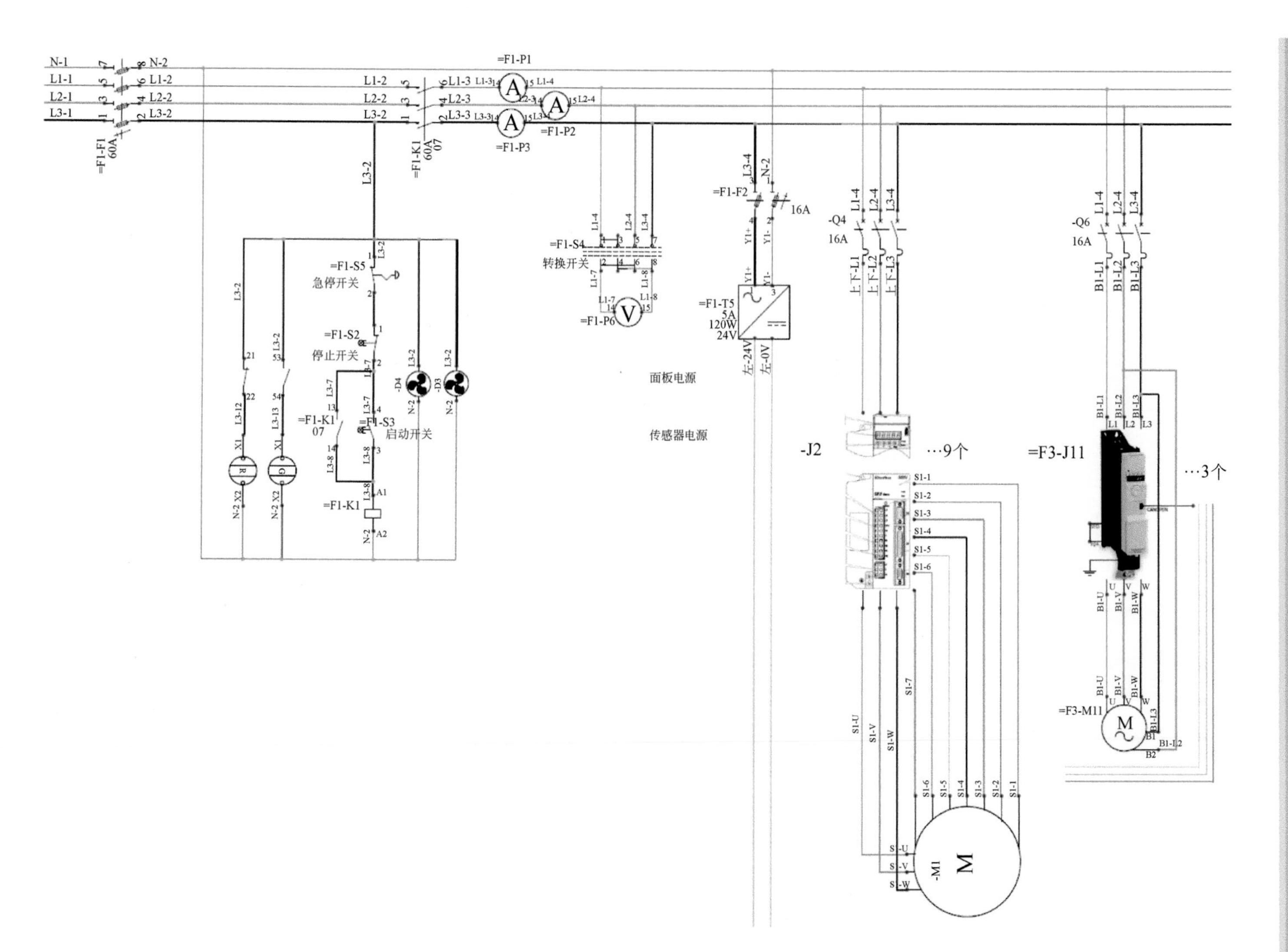
=F1-F1
60A
=F1-K1
60A
07
=F1-P1
=F1-P2
=F1-P3
=F1-S5
急停开关
=F1-S2
停止开关
=F1-K1
07
=F1-S3
启动开关
=F1-K1
=F1-S4
转换开关
=F1-P6
=F1-F2
16A
=F1-T5
5A
120W
24V
左-24V
左-0V
面板电源
传感器电源
-Q4
16A
-J2
…9个
-M1
-Q6
16A
=F3-J11
…3个
=F3-M11

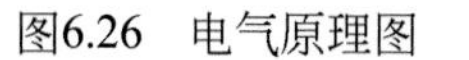
图6.26 电气原理图

4. 电气系统研制

采用 6 台伺服电机进行钻杆自动排放、3 台伺服电机进行钻杆移摆，总功率 12 kW；另外，主控制台+PLC+传感器供电约 3 kW，系统总负荷约 15 kW。为提高现场施工安全性，采用强电、弱电分开运行的方式，设计的电气柜集成了供电系统、强电控制开关、指示和伺服控制器，电气原理图如图 6.26 所示，实物如图 6.27 所示。电气柜、主控制台、分控制箱、钻杆自动排放系统、钻杆移摆系统等五个系统之间的电气连接全部采用精密航空接头，以便拆装和提高传输可靠性。

图 6.27　电气柜实物图

（三）技术指标与测试

（1）岩心钻探起下钻自动移摆管及孔口夹持拧卸系统样机的技术指标与测试结果见表 6.4。

表 6.4　岩心钻探起下钻自动移摆管及孔口夹持拧卸系统样机的测试指标

<table>
<tr><th>序号</th><th>测试指标</th><th>测试方法及依据</th><th>测试环境</th><th>测试结果</th><th>测试人</th></tr>
<tr><td>1</td><td>适合钻杆规格：HQ、NQ 钻杆，单根长度 6 m（最大 9 m）</td><td>钢卷尺丈量</td><td>调试现场</td><td>合格</td><td>测试专家组</td></tr>
<tr><td>2</td><td>最大操作质量：300 kg</td><td>称重（移摆头+钻杆）</td><td>调试现场</td><td>合格</td><td>测试专家组</td></tr>
<tr><td>3</td><td>单次钻杆操作时间：<50 s</td><td>秒表计时</td><td>调试现场</td><td>合格</td><td>测试专家组</td></tr>
<tr><td>4</td><td>最大夹持力：300 kN</td><td rowspan="3">通过液压系统工作压力与油缸活塞面积的乘积测算卸扣器夹持力及上卸扣扭矩</td><td>调试现场</td><td>合格</td><td>测试专家组</td></tr>
<tr><td>5</td><td>最大上扣扭矩：2100 N · m</td><td>调试现场</td><td>合格</td><td>测试专家组</td></tr>
<tr><td>6</td><td>最大卸扣扭矩：3000 N · m</td><td>调试现场</td><td>合格</td><td>测试专家组</td></tr>
</table>

（2）岩心钻探钻进过程参数监测与控制系统样机的技术指标与测试结果见表 6.5。

表 6.5 岩心钻探钻进过程参数监测与控制系统样机的测试指标

序号	测试指标	测试方法及依据	测试环境	测试结果	测试人
1	通道数不少于 32 个	根据模块个数和每个模块的通道数	调试现场	72 个	测试专家组
2	监控精度：0.5%~1% FS	以传感器精度为准	调试现场	合格	测试专家组
3	监测钻压、转速、流量、泵压、钻速、扭矩、振动、移摆管系统负荷、移摆位置、打捞阻力	根据系统结构设计和软件功能，观测人机界面	调试现场	具备	测试专家组
4	控制钻压、转速、移摆位置、打捞速度		调试现场	具备	测试专家组

（3）绳索打捞自动监控系统样机的技术指标与测试结果见表 6.6。

表 6.6 绳索打捞自动监控系统样机的测试指标

序号	测试指标	测试依据	测试环境	测试结果	测试人
1	监测打捞速度：0 ~ 10 m/s	根据传感器厂家提供的说明书和合格证	调试现场	合格	测试专家组
2	监测钢绳拉力：0 ~ 100 kN		调试现场	合格	测试专家组
3	打捞矛位置监测：0 ~ 3000 m 打捞阻力等		调试现场	合格	测试专家组
4	打捞工况判别：打捞是否成功、卡阻、到位	依据检测数据和软件功能判断，现场观测	调试现场	具备	测试专家组
5	异常工况预警并自动停车		调试现场	具备	测试专家组

三、高性能薄壁精密冷拔绳索取心钻探管材

（一）总体进展

高强度绳索取心钻杆的研制对完成 4000 m 新型交流变频电驱岩心钻机及其配套设备形成完整系列、实施钻探示范工程、推广先进钻探装备，具有关键的作用。目前，实施大深度小直径绳索取心钻进工艺的技术瓶颈和限制因素主要是绳索取心钻杆的强度和可靠性。

大深度、高强度、小直径绳索取心钻杆研制，面临钻杆材料、热处理及表面处理工艺、钻杆整体结构及螺纹副优化设计、钻杆室内性能测试与试验研究（图 6.28）、样品试制加工技术、特深钻孔钻探应用规程等关键技术。本次研究在新材料、热处理及表面处理工艺、钻杆自动化加工和钻探应用方面实现突破和创新，通过优选合金钢坯、降低有害元素含量、增加有益微量元素等方法，开发了高性能绳索取心钻杆材料——XJY950。XJY950 高钢级冷拔管材开发技术难度较大。同时，作为使用者，有必要评价该钢级管材的疲劳特性、耐冲击特性和工艺性等，并研究高钢级管材残余应力的影响和降低残余应力的技术对策和工艺措施。另外，还应进行新材料的中频线、井式炉热处理的研究试验，优选表面耐磨处理等关键技术，并通过结构设计优化，试制高质量的绳索取心钻杆。

(a)端部凸起变形

(b)试验场景

图 6.28　负角螺纹母接手扭力试验样品剖面

（特深孔）绳索取心钻杆技术的进步，是一个长期积累、不断发展的过程，需要上下游技术的支撑，本研究取得如下成果。

（1）初步创立了适合我国技术特点的、具有自主知识产权的小直径特深孔绳索取心钻进合理口径系列和钻柱方案。现行绳索取心口径系列主要适用于 2000 m 以浅钻孔。在特深孔绳索取心钻进中，存在一定的技术瓶颈，如地层复杂，甚至无法安全钻达设计深度。根据地质岩心钻探现实要求和未来发展需要，通过超前启动预研究机制，提前布局了 3500 m 特深孔岩心钻探合理口径系列和钻柱组合方案研究，并于 2015 年完成了行业内论证、专家咨询及优化完善工作。通过顶层设计和实践验证，初步创立了适合我国技术特点的、具有自主知识产权的小直径特深孔绳索取心钻进合理口径系列和钻柱方案。

（2）联合研制开发了特深孔绳索取心钻探用 XJY950 钢级的精密冷拔无缝钢管，产品性能达到国际先进水平。通过分析国内外超深井或特深孔同类材料和石油钻具用钢管材料的化学成分组合对管材综合性能的影响，合理选配管材的化学元素含量，控制钢种的有害元素和残余元素，提高钢的纯净度，确定了一种能满足特深孔绳索取心钻杆用高性能管材的钢种。在管材的冷加工方面突破了一些传统的制管工艺，采用大变形量冷轧+小变形量冷拔的联合制管工艺，有效克服了钢管的表面缺陷和壁厚不均问题，提高了管材的几何尺寸精度和成材率。采用 SAE4137H 材料制造 XJY950 钢级的绳索取心钻杆用冷拔无缝钢管，国内尚无技术经验。通过对管材的热加工工艺试验和设备改进，优化了适合于该管材生产在不同状态条件下的热处理方法。采用在线中频感应加热调质工艺，对管材进行整体调质，经过反复试验，初步掌握了调质后管材的金相组织、综合机械性能均能满足超深孔绳索取心钻杆用管材的技术性能指标要求的淬火温度、回火温度、冷却速度、螺旋旋转前进速度、冷却介质等调质热处理工艺参数。

（3）完成了特深孔绳索取心钻杆分区调质（图 6.29）、仿形精密刀具研制等制造工艺优化和产业化工作。进行了分区调质热处理、仿形精密刀具研制等方面的技术攻关，完成了疲劳试验绳索取心钻杆样品、球卡式深孔绳索取心钻具总成、钻杆疲劳试验专用工装等试制任务。对研制的特深孔加强型绳索取心钻杆的原材料——XJY850 和 XJY950 管材，进行了大量的对比研究试验，从宏观上对管体的尺寸精度、形位公差（包括直线度等）都进行了检测，进行了管材内部化学成分分析及机械强度的对比分析。通过有关螺纹单牙受力状况的理论计算分析，结合多组不同螺纹结构参数测试试验数据，进行优化分析，得出用于特深孔高强度绳索取心钻杆设计中关于锥度、牙深、螺距及牙型角等重要结构参数的设计理论依据。

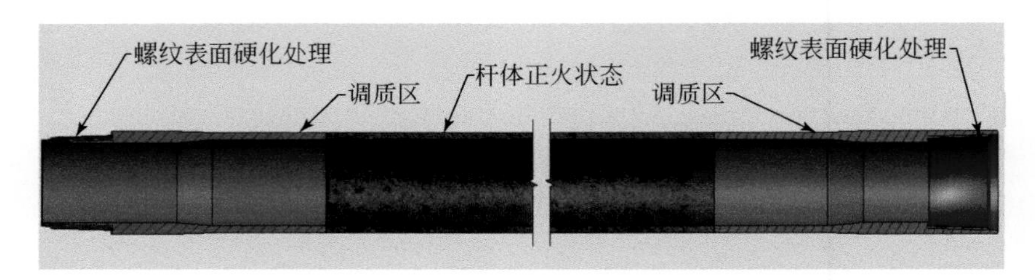

图 6.29 研制的钻杆热处理方式示意图

(4) 通过对管材残余应力的研究，确定了一种经济可行的管材残余应力检测方式；制定了降低钻杆管材残余应力的工艺技术措施，将高钢级合金管材交货产品的残余应力控制在可接受范围，减少因残余应力过大而造成的孔内钻杆折断事故。

(5) 编制了孔内模拟条件下的绳索取心钻杆疲劳试验大纲和调研报告，确定了试验具体方案，首次在孔内模拟条件下对全尺寸特深孔绳索取心钻杆进行了关键参数测试、比对。这项工作填补了国内地质岩心钻探用绳索取心钻杆数据空白，对钻探设备研发应用、钻孔结构设计、钻杆使用、完善规程标准、加强学科建设等方面具有重要意义。

(6) 重新对高强度绳索取心钻杆接头螺纹副进行了建模和有限元分析，取得了新的、有价值的科学数据和模拟视频资料。补充分析主要针对锥度 1∶30，齿高 1 mm，螺距分别为 6 mm、8 mm 及 10 mm 等结构参数下的三种螺纹副，对其在扭矩和拉力共同作用下的位移、应力进行有限元分析计算，总结螺纹副应力分布规律及分析受力状态。同时，以拉扭力作为优选螺距的主要参数，对优选出的螺纹副进行加开应力槽处理，并对其进行扭矩和拉力共同作用下的受力分析。

(7) 在广东省有色金属地质局九三二队韶关凡口铅锌矿 228FK4 深孔、山东省地质矿产勘查开发局第六地质队莱州市前陈金矿区 360ZK8 孔、山东黄金地质矿产勘查有限公司三山岛项目部莱州市西岭村矿区 ZK120-1 钻孔进行了野外试验示范，累计工作量约 3800 m，应用效果显著。其中，N 规格加强型分区热处理绳索取心钻杆在莱州市西岭村矿区 ZK120-1 钻孔应用深度 2845.55 m。

(二) 技术突破及对比分析

特深孔地质岩心钻探是工艺复杂、技术难度巨大的系统工程，与其他行业深部钻进技术有本质区别。国内外石油天然气深井、深部科学钻孔基本是采用大井眼和提钻取心工艺，深部井段往往采取孔底动力机驱动钻柱的复合钻进。而特深孔地质岩心钻探所遇地层以火成岩和变质岩为主，工艺特点是小井眼钻孔、小直径钻柱，全孔以金刚石绳索取心钻进为主。绳索取心钻柱为“满眼”钻进，杆体与地层岩石直接接触，磨损严重。另外，绳索取心钻柱通常由钻机动力头或顶驱装置驱动，孔底动力仅起辅助碎岩作用。因此，与大直径厚壁钻柱体系不同，4000 m 地质岩心钻探钻柱的工况更加复杂苛刻，失效（破坏）形式多样。特深孔绳索取心钻柱研发面临优化环空水力通道、攻克合金管材服役极限、提高钻柱强度和密封性能、确保钻杆使用安全性、制定钻柱新系列标准等关键技术挑战。针对上述关键技术挑战，本研究取得了以下创新。

（1）XJY950钢级高强高韧冷拔绳索取心钻杆管材：目前装备技术条件下冷拔合金管材的顶级强度产品，要求保持高韧等优良综合力学和机械特性，同时，对几何尺寸精度控制要求也比较苛刻。本研究通过应用创新和集成的工艺方法实现研制要求。

（2）新规格新系列特深孔绳索取心钻杆：通过优化环空水力通道、攻克合金管材服役极限、提高钻柱强度和密封性能、确定钻柱新系列标准等关键技术攻关，取得了具有自主知识产权的技术标准（企业级），为钻杆的自动化精密加工以及开发有国际影响的高技术产品奠定了良好基础。

（3）大深度小直径球卡式绳索取心钻具在结构方面亦有一定创新。

研发成果的推广应用大大缩短了深部资源的勘探周期，满足深部地球科学研究需要，推动了我国深部资源勘探技术水平的整体提高；同时取得了良好的经济效益。

第三节　方法创新与软件系统

一、方法技术创新

（一）典型孔内工况判别准则及优化钻进模式

1. 方法原理

开展了典型孔内工况判别准则和优化钻进模式研究，系统分析了典型工况特征，采用多参数、多因素层次分析法，可模糊识别出烧钻、断钻、卡钻、断水、岩心堵塞、钻头抛光、钻孔漏失等7种异常工况；提出了“定切入量（0.1～0.125 mm/转）”和“最大钻速/功率”两个优化钻进模式。

1）孔内典型工况的影响因素

岩心钻探过程中，钻遇不同的地层会遇到许多困难问题，如地层岩性的多变性、复杂性、地质构造不稳定性等，会使钻探作业暂时中止，不能顺利进行，延误钻探时间。不同的地层对钻进的影响也不相同，引起的孔内工况可能也不相同。岩心钻探施工中复杂工况与事故的主要影响因素见表6.7。

表6.7　岩心钻探施工中复杂工况与事故的主要影响因素

序号	项目	类别	产生复杂工况的主要原因	主要复杂工况性质	可能引发的事故
1	岩性	泥页岩	含高岭土、蒙托石等硅酸盐矿物，具有可塑性、吸附性和膨胀性	剥落、掉块等井壁不稳定	卡钻、埋钻、糊钻
		砂砾岩	含石英，颗粒大小悬殊，泥质胶结的不均匀性	蹩、跳、渗漏	糊钻、断钻具、掉钻头
		砂砾岩 粉砂岩	含石英、长石，胶结物为铁质、钙质和硅质，具有极高的硬度	极强的研磨性、跳钻	钻头缩径、掉钻具

续表

序号	项目	类别	产生复杂工况的主要原因	主要复杂工况性质	可能引发的事故
1	岩性	石膏、岩盐层	有弹性迟滞和弹性后效现象，易蠕动、易溶解、易垮塌	蠕变、缩径	起下钻阻卡、糊钻、卡钻
		碳酸岩层	主要成分 CaO、MgO 和 CO_2 等，有溶解与重晶等作用	形成溶剂与裂缝	产生孔漏、卡钻
2	地层压力	高孔隙压力	高密度钻井液中固相含量高、钻井液性能恶化，井底压差大	钻速慢、压差大、溢流	卡钻、孔溢
		低破裂压力	使用堵漏材料，恶化钻孔条件	孔漏、堵漏	卡钻、孔塌
3	地质构造	褶皱	地层变形产生裂缝与内应力和大倾角地层	孔斜、漏失、孔塌	卡钻、孔漏
		断层	地层变位产生断裂与断层	孔斜、漏失	卡钻、孔漏

2）孔内典型工况识别的宏观特征

由于岩石的复杂性，影响孔内钻柱和钻头工况的因素众多，目前还无法用精确的数学模型来描述。目前，钻探工程事故诊断应用最多的是神经网络和专家系统。

不同孔内工况都具有各自的特点，又有互相联系，因此，在识别时，有可能造成误差。如何迅速实时准确地识别孔内工况，对复杂地层的钻探具有很大的意义。为此，一些研究专家根据大量的现场钻探事故归纳了钻进过程中孔内典型工况的宏观特征表（表6.8）。这个宏观特征表可以作为快速初步识别孔内工况的依据。

表 6.8 常见孔内典型工况宏观特征识别表

复杂工况 诊断依据		卡钻	断钻	糊钻	烧钻	孔漏	孔溢
动力头转动状况	扭矩增加			A	A		
	扭矩减小		A				
	跳钻						
	蹩钻	B		B	B		
	不能转动	A			A		
钻杆运动状况	上提遇卡	A		A	A		
	下放遇阻	A		A			
悬重变化	正常						
	下降		A				
泵压	正常						
	上升			A	A		A
	下降		A			A	

续表

复杂工况 / 诊断依据		卡钻	断钻	糊钻	烧钻	孔漏	孔溢
孔口返浆流量	正常						
	增大		B		B_1		A
	减小				B_2	A_1	
	不返					A_2	
钻速	减慢	A_1		A_1	A_1		
	无进尺	A_2	A	A_2	A_2		

注：表中 A 为诊断复杂的充分条件，角标 1 或 2 表示可能单独一项或两项同时存在；B 为辅助判断依据。

然而，目前地质岩心钻探基础薄弱，专家库知识较少。因此，通过分析地质岩心异常工况和关键特征参数，基于神经网络开展了岩心钻探工况判别模型选型，得出一种适合岩心钻探工况判别的神经网络模型（参数 spread 值为 0.01～0.1 的概率神经网络），为提高钻进速度和降低钻探成本提供了一种新方法。

2. 模型试验对比

根据甘肃某金矿区（钻探工作量约 17030 m）的 30 个钻孔数据（发生钻孔事故 25 个，累计断钻 10 次、卡钻 6 次、烧钻 3 次、糊钻 2 次、泥浆漏失 18 次，泥浆溢出 1 次），基于神经网络开展了岩心钻探工况判别模型选型，使用 4 种径向基函数神经网络（RBF），包括概率神经网络（PNN）、正则化径向基神经网络（RRBF）、广义径向基神经网络（GRBF）和广义回归神经网络（GRNN），开展模型训练，输入神经元个数都设为 6 个，输出神经元个数都设为 7 个。结果表明，正则化神经网络和广义神经网络均不能满足性能要求，性能最好的是 spread 值为 0.01 到 0.1 间的概率神经网络（PNN），以及 spread 值在 0.01 以下的广义回归神经网络（GRNN）。其中，相比于常规的误差后向传播神经网络（BPNN），概率神经网络（PNN）无需训练，判别准确率高，不存在局部最优和性能不稳定的现象，且无需多个网络同时判断；并且概率神经网络（PNN）隐藏层神经元个数等于训练数据组数，当训练集中数据较少时，比误差后向传播神经网络（BPNN）具有明显优势。因此，应以概率神经网络（PNN）构建岩心工况判别模型，并将 spread 参数设置为 0.6。

（二）小直径特深孔绳索取心钻进口径系列研究

近年来，为实施矿产资源勘查“攻深找盲”和“探寻第二找矿空间”战略，我国国土资源行业和多个工业部门先后设计和施工了一批深度 3000 m 左右，甚至是超过 4000 m 的地质岩心钻孔。同时，为了开展深部地球科学研究，相继启动了各类科学钻探计划，如地球深部探测计划、汶川地震断裂带科学钻探工程等。山东莱州“中国岩金第一钻”于 2013 年 6 月顺利完工，孔深达 4006.17 m，创我国小口径岩心钻探深度纪录。

根据地质岩心钻探现实要求和未来发展需要，拟通过优化环空水力通道、确定钻柱合理口径系列、攻克合金钢管材服役极限、提高钻柱强度和密封性能等关键技术的研究，开发适于特深孔应用的小直径、新规格、新系列绳索取心钻杆。小直径特深孔（3000～5000 m）绳索取心口径系列和钻柱方案的调研及论证工作是一项重要的前期工作。从2012年下半年开始，研究团队分赴国内主要深孔岩心钻探工地进行调研，并在2012年10月15日、2013年6月23日两次邀请科研机构、高等院校、钻具制造、无缝钢管制造企业和地勘单位的技术专家在京进行专题论证。与会专家普遍认为，目前开展小直径特深孔绳索取心口径系列和钻柱方案的研究具有一定的现实意义；分析特深孔钻探工程技术特性及钻探装备特殊要求、制定科学的技术路线、确定关键问题的解决途径是首先应进行的关键技术工作，应通过顶层设计和实践验证，逐步创立适合我国技术特点的、具有自主知识产权的小直径特深孔绳索取心钻进合理口径系列和钻柱方案。

1. 小直径特深孔绳索取心钻进工艺特点

小直径特深孔绳索取心钻进工艺有其自身特点，与石油深井、深部科学钻探相比，主要区别如下。

（1）石油天然气深井、深部科学钻井采用大井眼和提钻取心工艺，深井常采取顶驱加孔底动力的复合钻进；特深孔地质岩心钻进以火成岩和变质岩居多，地层坚硬，以金刚石绳索取心钻进为主，工艺特点为小直径钻孔、小口径钻柱。

（2）绳索取心为“满眼”钻进，钻柱回转速度相对较高，且与孔壁岩石直接接触，磨损较为严重。另外，绳索取心钻柱通常由动力头或顶驱装置驱动，孔底动力（液动锤为主）仅起辅助碎岩作用。因此特深孔绳索钻柱的工况更加复杂，失效（破坏）形式多样。与石油钻杆相比，绳索取心钻杆孔内的失效机理也有较大不同，在优化路线、设计思想、计算方法等方面差异明显，特深孔绳索取心钻柱在研发和应用中面临更大的技术挑战。

（3）特深孔绳索取心钻进对钻具的可靠性要求更加严格，尤其是对投放和打捞的要求。另外，液动锤绳索取心钻具、螺杆钻绳索取心钻具是具有中国特色的地质岩心钻探新技术，需要探索高地温、大应力环境下的可靠应用技术问题。

（4）为适应特深孔地质岩心钻探工艺特点和特殊钻孔结构要求，保护相对脆弱的薄壁绳索取心钻杆，要求特深孔岩心钻机具有调速范围宽、转速相对较高、送钻控制（钻压和扭矩）精度要求严格等特点。在电液单元模块工况特性需求、钻探检测指标项目和精度要求、防斜设备控制模式、钻柱提升和拧卸方式、迁移安装等方面与石油天然气钻井、科学钻探设备也有所不同。

因此，从技术和经济等多方面论证，小直径特深孔岩心钻探不宜使用现有的石油天然气钻井、科学钻探装备。同时，与大直径厚壁钻柱体系不同，小直径特深孔绳索取心钻柱的服役工况更加复杂。现阶段有必要研发深度超过3000～5000 m的地质岩心钻探技术装备，包括特深孔应用的绳索取心钻具系统。

2. 绳索取心钻杆的使用情况调研和失效形式

现行岩心钻探口径系列主要适用于3000 m以浅钻孔。在孔深大于3000 m的特深孔施工中，加强型绳索取心钻柱不同程度地存在着螺纹副接头疲劳强度低、使用寿命短，口径系列不匹配、冲洗液环空阻力损失偏大、易发生钻孔漏失和孔壁不稳定等技术问题。

在加强型高钢级绳索取心钻杆制造环节，合金管材镦粗时表面温度较高，在模具老化、磨损严重、加工中心偏离较大、管材壁厚受力不均匀等因素的作用下，极易产生钢管缺陷。

这种隐患，尤其是微小的横向裂缝，可对特深孔钻探安全造成极大危害，如钢管裂口现象。

经过广泛调研和咨询意见，本研究认为应以支撑深部固体矿产勘查和地质科学研究为目的，主要以特深孔钻探安全、高效为目标，针对绳索取心口径系列不匹配、冲洗液环空阻力损失大、钻杆接头螺纹疲劳强度低等技术问题，重新优化特深孔绳索取心口径系列与钻柱方案。

3. 特深孔绳索取心钻进口径系列的确定

根据国内主要深孔岩心钻探工地调研和两次专题咨询论证会专家意见，整理并提出了3000～5000 m特深孔绳索取心钻进口径系列配套建议（表6.9）。

表6.9　3000～5000 m特深孔绳索取心钻进口径系列配套

口径代号		CTS-81	CTS-104	CTS-128	CTS-152		备注
设计最大使用深度		3000～5000 m				开孔	开孔为提钻钻进
钻头	外径 D	81	104	128	152	175	
	内径 d	46	62	86	93		
	壁厚 b	17.5	21.0	21.0	29.5		
	JX1	4.0	6.5	7.0	12.5		钻头与钻杆环状间隙
	JX2	2.5	5.0	5.0	10.0		钻头与接头环状间隙
扩孔器	外径 D	81.5	104.5	128.5	152.5		钻头外径 D+0.5mm
	内径 d						
钻杆	外径 D	73	91	114	127	89	
	内径 d	63	80	101	114.3	69	
	壁厚 b	5.00	5.50	6.50	6.35	10.00	
	定尺 L	4500、6000					
接头	外径 D	76	94	118	132	121	
	内径 d	58.5	76.0	100.0	112.0	50.0	
	壁厚 b	8.75	9.00	9.00	10.00	35.50	
岩心外管	外径 D	75	92	116	139.7	162	
	内径 d	65	81	105	125	147.8	
岩心内管	外径 D	54	71	95.6	106		
	内径 d	49	65	88.9	98		
配套套管	外径 D	—	98	122	146	168	
	内径 d_1	—	88	111	134	155	
	壁厚 b_1	—	5.0	5.5	6.0	6.5	
	接箍内径 d_2	—	84	108	132	152	接箍外径与套管相同
	接箍壁厚 b_2	—	7	7	7	8	

在3000～5000 m特深孔绳索取心钻进口径系列配套方案研究中，考虑了绳索取心钻进工艺、特深孔施工管理及生产制造等多方面因素，基本形成以下认识。

（1）新的特深孔绳索取心钻进口径系列主要应解决目前环空水力通道狭小、钻柱强度不足等技术问题，并适当考虑套管固结。但绳索取心钻进工艺特点为满眼钻进，也不宜采用石油钻井或科学钻探施工方面的经验，即大幅增加钻柱间隙。如此也会产生新的技术问题：①钻头壁厚增加过多，钻压增大，效率降低；②绳索取心钻杆为薄壁结构，实践证明孔内疲劳、折断概率明显上升；③为保证在同级裸眼、换径裸眼和换径套管内必要的上返流速，冲洗液排量大幅提升，现有泥浆泵无法满足要求，需要配置大排量、大范围、高压力泥浆泵；④还存在部分环隙设置不合理，钻具要重新设计且管材不好匹配等问题。

（2）从技术、经济角度论证，使用小口径薄壁型绳索取心钻杆实际钻进深度可能不超过5000 m。从口径系列或套管程序看，石油深井和深部科学钻探一般是5～7开，无论绳索取心钻孔多深，仍主要为3开（不计开孔）。因为绳索取心钻探不能像石油钻井那样根据钻探深度实行不同规格（不同直径、不同壁厚等）的组合钻柱，而是一级口径使用一种规格的钻杆。考虑钻探施工经济性、运输成本等，钻孔即使再深，一般也不会准备3套以上规格的绳索取心钻杆和钻具。现实中，3000～4000 m的特深孔多与1000～3000 m的深孔一样，仍按照3级绳索口径进行钻探工程设计。山东莱州4000 m黄金钻孔、江西于都3000 m科钻孔均是如此，并因此成功控制了成本，基本保证了钻探施工安全，实现了设计目标。据此，绳索取心钻进口径系列方案按照储备一级，即4级绳索口径考虑。

（3）钻探施工中，一般只有3～4套绳索口径钻柱和套管配置，且特深孔下部地层情况普遍不清楚，缺乏地层稳定性、地层压力等数据，因此，特深孔普遍采取换径后不下技术套管、继续裸眼钻进的施工模式（被称为“莱州-于都”模式）。这样扩孔工作量将会增加，钻杆服役条件更为苛刻，钻杆接头螺纹副也有必要进行强化设计。同时，这从另一个角度说明，绳索取心钻进环隙不必、不宜放大过多。

（4）CTS152为首级大直径绳索取心口径，考虑施工应用深度不大，使用频率不高，为减少钻柱体积和质量，杆体直径减为127 mm。虽然绳索取心钻头壁厚增加较大，但综合考虑，经济上还是合理的。

（5）新方案尽量保证钻杆规格与浅孔系列接近或一致，目的之一是同规格的特深孔与加强型绳索取心钻杆可以混用，同时可使绳索取心钻具（内管总成）用管材尽量不变化(但结构可变化)。绳索取心钻头的外径要相应调整，钻头、扩孔器需要重新设计。

（6）从多种因素考虑，宜适当加长特深孔绳索取心钻杆单根定尺长度。但是目前生产条件下，长定尺绳索钻杆（6000 mm）制造工艺有困难，故定尺长度推荐为4500 mm、6000 mm两种。

（7）目前，对XJY850钢级及以上的整体调质钢管，国内只有少量企业生产。宝钢等大企业不接非常规规格且数量少（<100 t）的订单，而其他企业受到设备限制只能生产外径不大于100 mm的钢管。据此，超过3000 m深度应用的绳索取心钻杆外径宜不大于100 mm。第一级的绳索取心钻杆柱直径大，使用深度较小，可选择常用规格的热轧管材，如45MnMoB材质等。当然这一问题未来会改变，不是这里主要考虑的问题。

（8）对于特深孔绳索取心钻进，能不能像中浅孔、中深孔一样，遇到不稳定地层时将绳索钻杆当作套管使用？若方案设计能兼顾和实现这一目标，固然很好。但是，特深孔绳索取心钻杆以内加厚为主，若实现钻杆可逐级当套管应用，并考虑套管固结，会出现终孔口径以上系列钻杆直径逐级加大，环空间隙随之明显增加，钻杆失稳、疲劳和冲洗液循环量大幅上升、泥浆泵无法承受等问题。综合考虑后，本方案只能有所割舍。另外，考虑特深孔每一口径的绳索取心钻进段很长，要多次提钻换钻头、检修钻具、检查钻杆，加之地层情况不确定，不提绳索钻杆换径（钻杆当套管用）操作难度较大。因此，建议通过采用其他新技术等方式，解决复杂地层问题，如地层极其复杂，钻孔变径级数超过4级（不计开孔），应首先采用提钻方法施工，条件具备后转换绳索取心钻进。

（9）随着钻孔直径增加，对应的CTS-81、CTS-104、CTS-128、CTS-152四级钻杆杆体壁厚也逐渐增大，从钻探技术角度未必完全合理，主要是因为当前冷拔管材制造工艺及实际产品情况，而CTS-128、CTS-152钻杆强度的富余量较大，主要是考虑复杂地层和孔内复杂情况。

（10）特深孔绳索取心级配只设计3～4级，一旦下入活动的技术套管，深度往往较大，同时考虑地质钻探套管多数情况下不固结、钻柱满眼钻进等因素，目前的套管规格和强度不能满足安全施工要求。因此，套管设计为全新规格系列：①98 mm、122 mm、146 mm套管，未参考拟发布的最新钻具标准；②168 mm套管，按照新钻具标准规格确定，其应用深度和强度按孔口管需要设计。

（11）如钻孔较深，可采取大三级系列方案，即CTS-104、CTS-128、CTS-152三级，储备CTS-81口径；如地层稳定，钻孔相对较浅，可采取小三级系列，即CTS-81、CTS-104、CTS-128。

（12）应当说明，这一口径系列方案需要金刚石钻头、冲洗液和护壁等技术配套支撑，应适时开展膨胀套管、波纹弹性套管、热熔岩护壁等技术配套研究。同时，上述口径系列方案不可能适合所有地层条件，论证中也有不同见解。

（13）最后，从决策论证和顶层设计看，上天、下海与入地方面的技术研发是有很大差别的。航天工程资金相对雄厚，做事要精心组织，确保成功，万无一失；下海以至石油钻井工程安全储备系数也很高。地质岩心钻探工程以往是扁平化设计，今后，应将定量化的风险评估引入钻探工程设计研究。

综上，小直径、新规格、新系列的高强度绳索取心钻杆的研制对完成特深孔地质岩心钻机及其配套设备研制、实施钻探示范工程、推广先进钻探装备，具有关键的作用。因此，有必要梳理总结和系统分析深部地质岩心钻探工程技术特性，理清研发思路，确定解决途径，优化完善深部小口径岩心钻探口径系列和绳索取心钻柱方案。

笔者和国内许多同行已经在小直径特深孔绳索取心钻进方面进行了多年探索。但是，特深孔施工期一般较长，钻杆的使用效果需要进行大量的数据收集、比对，并且需要审慎去除孔斜、孔径扩大、非正常钻进参数、非合理钻进工艺方法的影响。因此，获得高强度特深孔绳索取心钻杆的应用结论较晚，有时形成共识也难，尚未对本研究提出的方案形成有力支撑。

二、钻进过程监控软件系统

（一）岩心钻探智能化钻进监控软件

1. 系统框架设计

岩心钻探智能化钻进监控软件系统框架如图6.30所示。通信层分为CAN总线通信、输入/输出通信模块，软件层分为伺服控制和神经网络训练模块，应用层分为初始参数配置、移摆管操作、钻进过程监控、绳索取心操作、历史趋势图、工况报警信息、系统自诊断和系统参数设置 8 个模块，应用层可随时调用通信层和应用层模块。

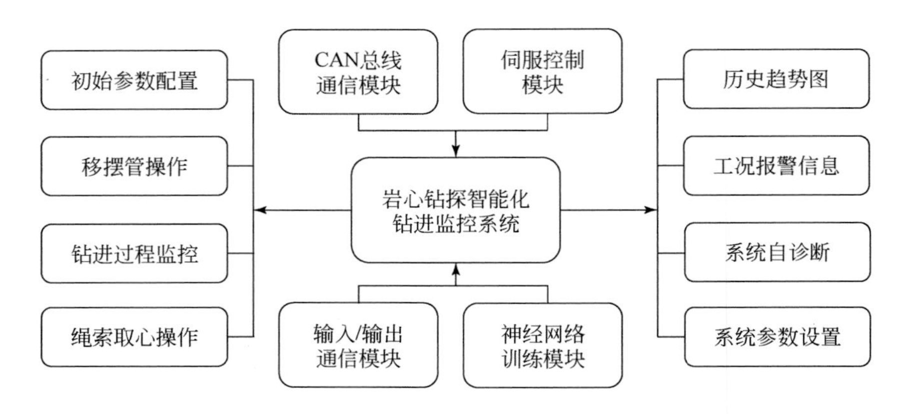

图 6. 30　岩心钻探智能化钻进监控软件系统框架图

2. 主要功能

1）初始参数配置

“初始参数配置界面”如图 6. 31 所示。在该界面中可配置钻机初始化参数、钻机工艺参数、绳索取心系统参数、自动移摆管系统参数、异常工况参数等。

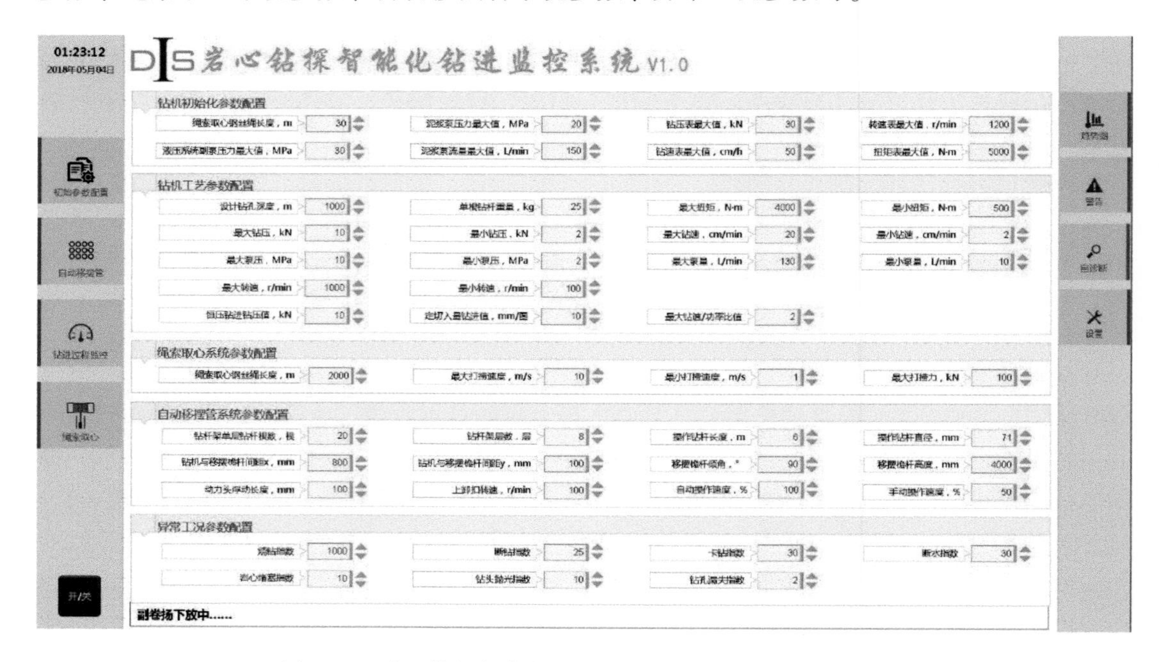

图 6. 31　岩心钻探智能化钻进监控系统初始参数配置界面

钻机初始化参数可配置泥浆泵压力最大值、泥浆泵流量最大值、钻压表最大值、转速表最大值、钻速表最大值和扭矩表最大值，以便在“钻进过程监控”界面中根据这些参数自动配置各表盘最大值。

钻机工艺参数可配置设计钻孔深度、单根钻杆质量、最大扭矩、最小扭矩、最大钻压、最小钻压、最大钻速、最小钻速、最大泵压、最小泵压、最大泵量、最小泵量、最大转速、最小转速、恒压钻进钻压值、定切入量钻进值和最大钻速/功率比值等，以实时调整钻进过程工艺参数。

绳索取心系统参数可配置绳索取心钢丝绳长度、最大打捞速度、最小打捞速度和最大打捞力，以实时调整绳索打捞过程工艺参数和实现绳索打捞过程工况判别和实时报警，并自动停车。

自动移摆管系统参数可配置钻杆架单层钻杆根数、钻杆架层数、操作钻杆长度、直径、钻机与移摆桅杆间距、移摆桅杆倾角、高度、动力头浮动长度、上卸扣转速、自动操作运行速度比例等，以实时调整钻探现场钻杆自动存排放和移摆系统参数，实现自动存排放和移摆。

异常工况参数可配置烧钻、断钻、卡钻、断水、岩心堵塞、钻头抛光、钻孔漏失等7种异常工况的权重指数，以便通过层次分析法实现异常工况判别。

2）钻进过程监控

“钻进过程监控界面”如图6.32所示。通过该界面可实时监测钻机液压系统主泵压力、副泵压力、钻压、转速、钻进速度、扭矩、泵压、泵量、当前钻孔深度、钻杆总质量和根数等钻进过程参数，并可选择定切入量钻进、恒压钻进、钻速/功率优化钻进、手动控制钻进等四种钻进模式，实现优化钻进。

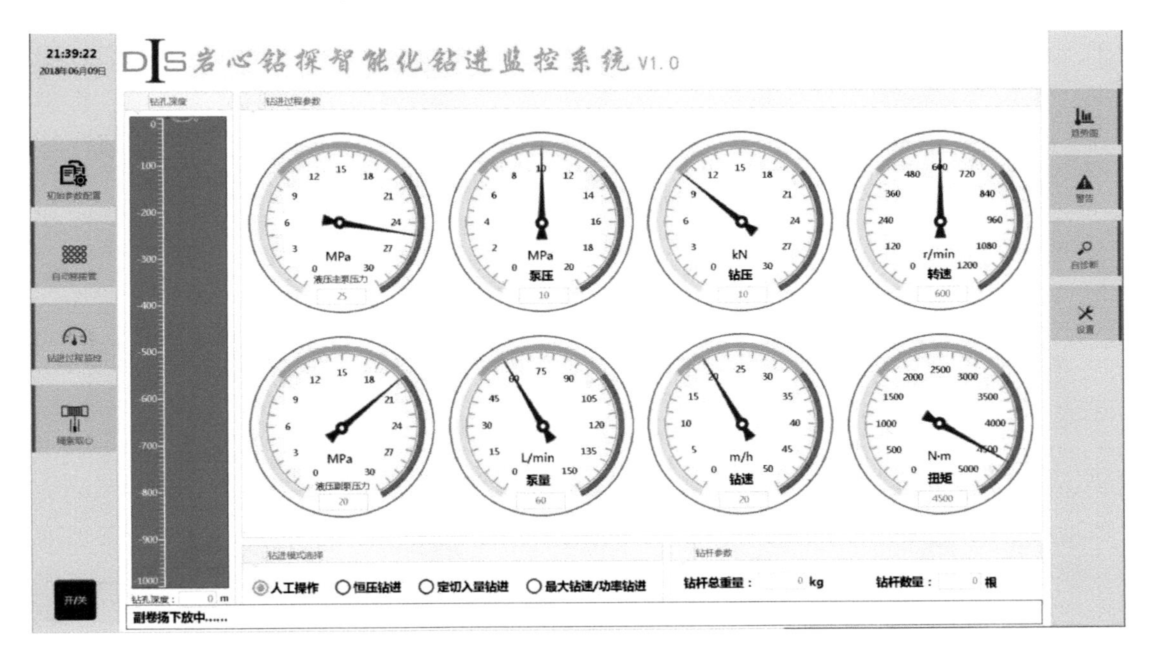

图6.32　岩心钻探智能化钻进监控

“移摆管操作”模块实时监控起下钻过程钻杆移摆和孔口操作等过程参数，“绳索取心操作”模块实时监控绳索打捞过程参数和判别与报警异常打捞工况，“历史趋势图”模块可调阅钻进过程参数历史趋势图，“工况报警信息”模块可调阅全部异常工况报警信息，“系统自诊断”模块自诊断当前设备运行状态，“系统参数设置”模块设置 PLC 和触摸屏系统参数。

（二）4000 m 岩心钻机钻进控制软件系统

1. 系统框架设计

1）系统框架概述

4000 m 岩心钻机钻进控制软件系统以西门子 S7-300 系列 PLC 软件为系统设计核心，采用主站、从站分布式布局设计，通过现场总线 PROFIBUS-DP 协议，连接到人机交互界面和变频器控制单元。人机交互界面可实现设备远程启停操作，实时设备数据显示。同时系统采用上位机系统，采集现场设备运行数据，实时显示运行参数，备份钻井过程中的钻井参数、电机参数等。

2）系统框架结构

西门子 S7-300 系列 PLC 控制系统由主站 CPU、从站 ET 模块、I/O 模块、上位机、触摸屏等组成，结构如图 6.33 所示。

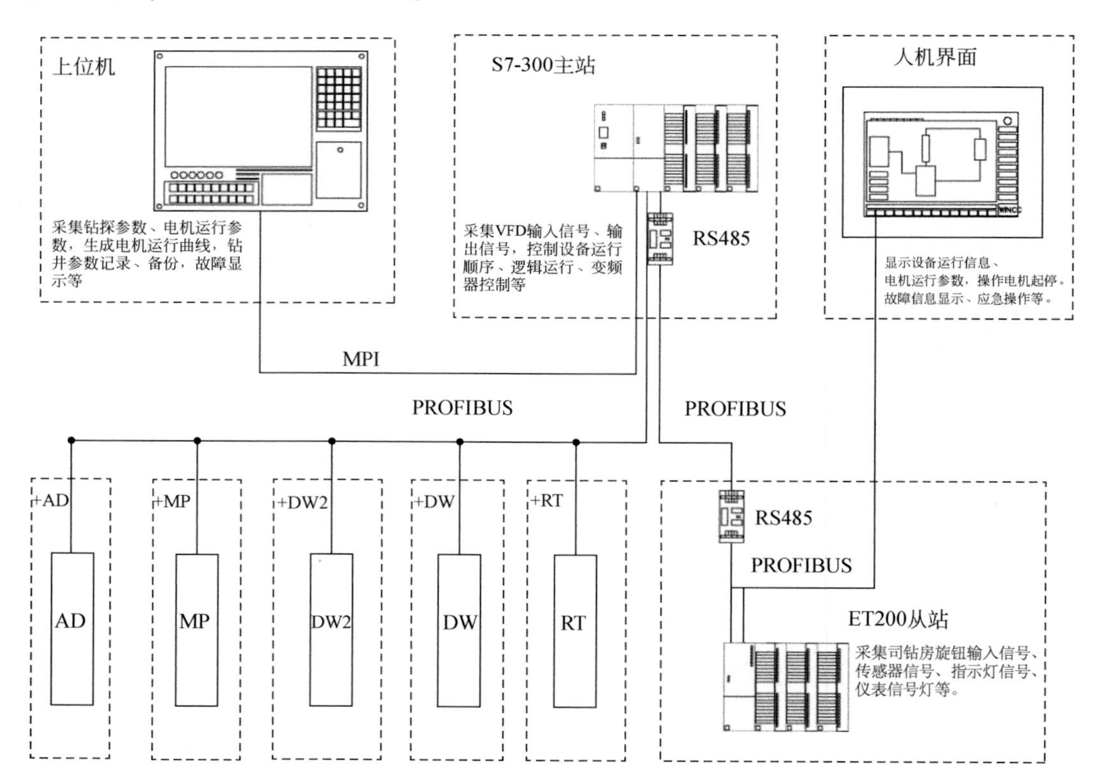

图 6.33 4000 m 岩心钻机钻进控制软件系统框架结构

2. 主要功能

4000 m 岩心钻机钻进控制软件主要功能有以下几方面。

(1) 钻机系统开关量的逻辑控制（图 6.34）。系统控制软件取代传统的继电器电路，实现逻辑控制、顺序控制，既可用于单台电机的控制，也可用于多台电机控制。

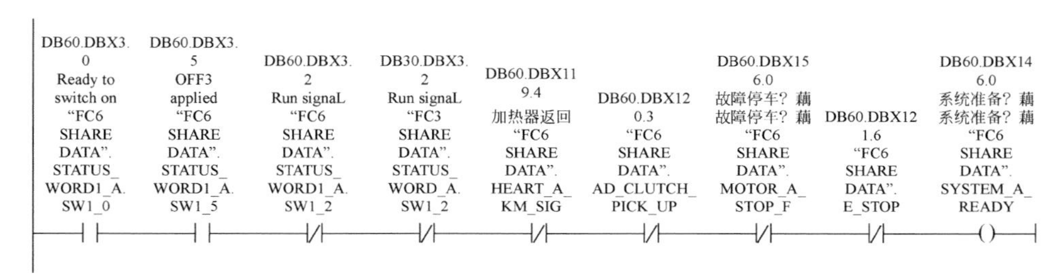

图 6.34　钻机系统开关量逻辑示意图

(2) 钻机系统的模拟量控制（图 6.35）。在钻井生产过程当中，有许多连续变化的量，如温度、压力、流量、液位和速度等，都是模拟量。为了使可编程控制器处理模拟量，必须实现模拟量（analog）和数字量（digital）之间的 A/D 转换及 D/A 转换。钻井 PLC 控制系统可用于模拟量输入输出控制。

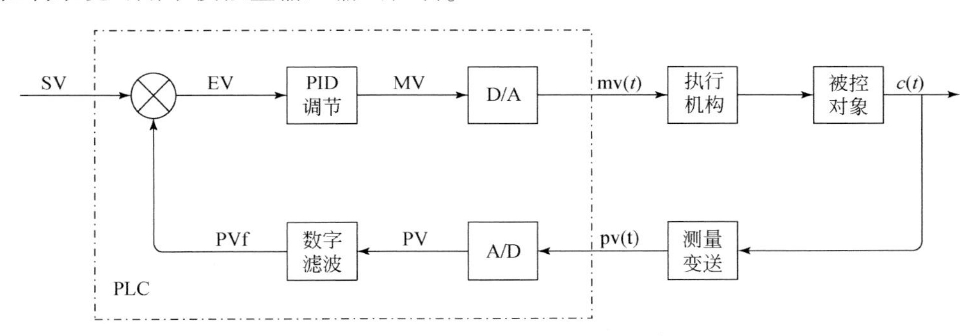

图 6.35　钻机系统的模拟量控制示意图

(3) 钻机系统的闭环控制（图 6.36）。是指对温度、压力、流量、变频器等的闭环控制。作为工业控制计算机，PLC 能编制各种各样的控制算法程序，完成闭环控制。

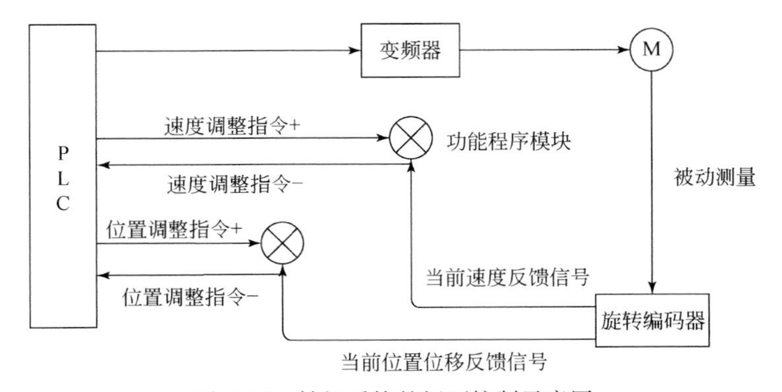

图 6.36　钻机系统的闭环控制示意图

（4）钻机系统的数据处理。系统控制软件具有数学运算（含矩阵运算、函数运算、逻辑运算）、数据传送、数据转换、排序、查表、位操作等功能，可以完成数据的采集、分析及处理。这些数据可以与存储在存储器中的参考值比较，完成一定的控制操作，也可以利用通信功能传送到别的智能装置（图 6.37）。

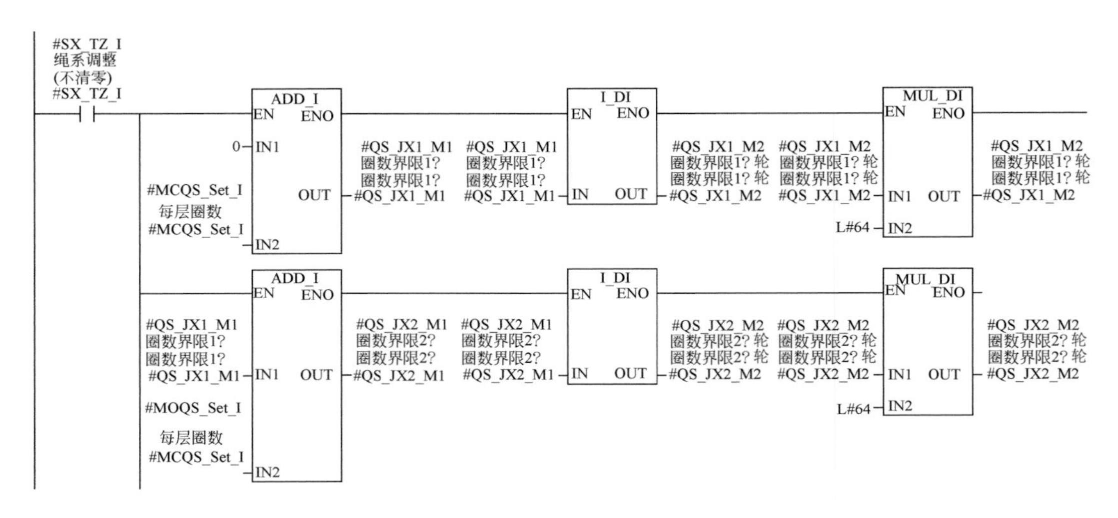

图 6.37　钻机系统的数据处理示意图

（5）钻机系统的远程通信操作。系统具有通信功能，可与远程人机界面（图 6.38）进行数据交换，实现系统的远程操作和数据显示。

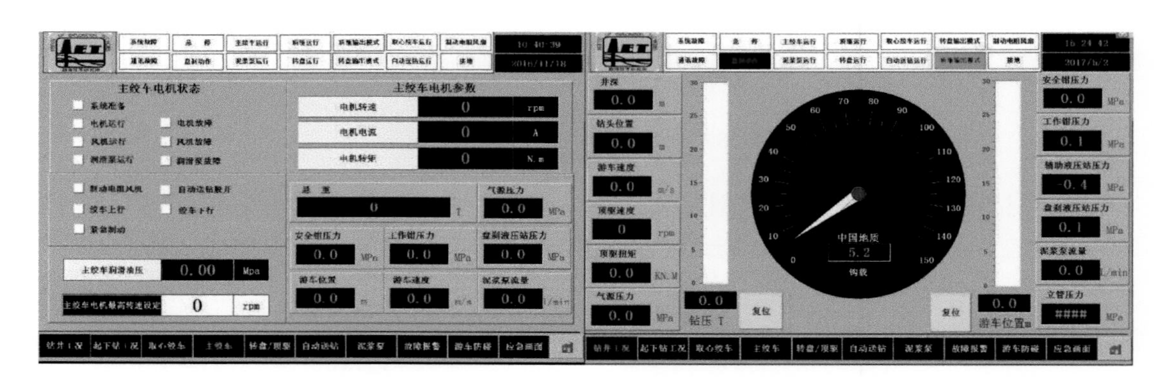

图 6.38　钻机系统的远程人机界面

（6）钻机系统的参数监控。钻机控制软件可对钻井数据参数进行实施监控，如大钩速度、游车位置、液压压力、气源压力等（图 6.39）。

（7）钻井数据记录。钻井控制系统软件可对钻井参数进行实施记录、保存、打印等（图 6.40）。

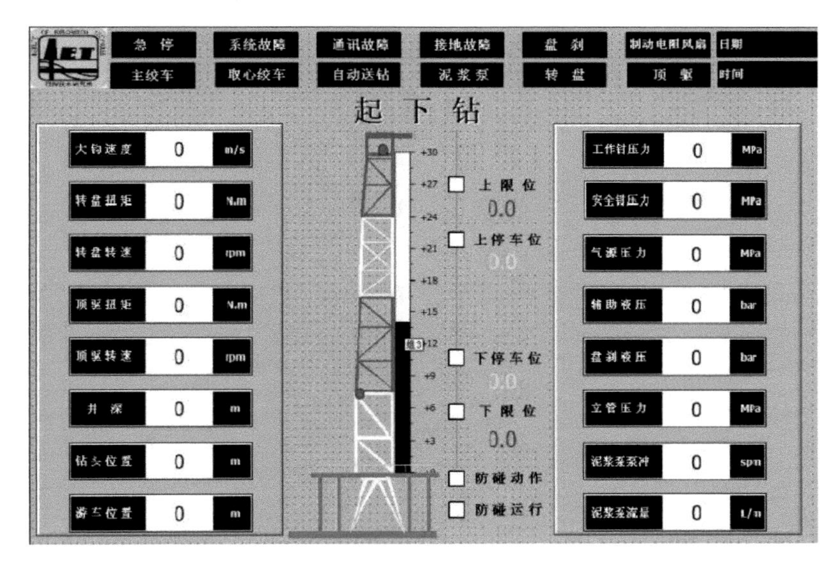

图 6.39 钻机系统的参数监控界面

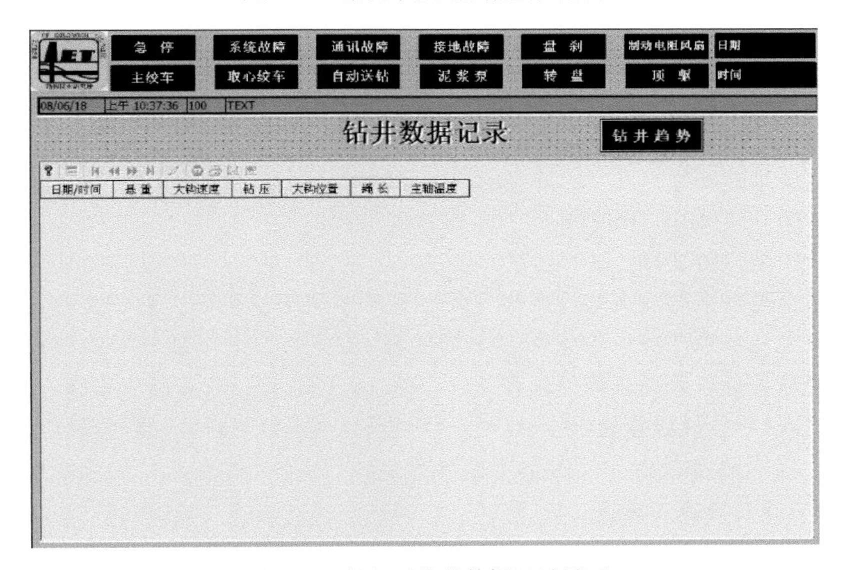

图 6.40 钻机系统的数据记录界面

第四节 典型应用实例
——支撑“京津冀地热资源调查”科学钻探工程

（一）试验目的与任务

1. 试验目的

为了对4000 m地质岩心钻机的设计、制造质量及主要性能进行验证，该钻机在2017

年进行野外生产试验，结合中国地质科学院勘探技术研究所承担的地调项目“京津石地热资源调查”进行生产试验，承担终孔 216 mm、孔深 4000 m 地热井（井号：CGSD-01）开钻至二开完钻期间钻进、取心、下套管等工程任务。

2. 试验具体任务

试验前根据前期搜集地质资料编写了钻机野外试验实施方案工程设计，与施工单位签订生产试验协议，施工单位为河北省煤田地质局第二地质队，根据生产试验协议，钻机试验的具体工作内容为：①开孔 ϕ660.4 mm，采用 ϕ127 mm 钻杆、ϕ660.4 mm 钻头，完成钻探工作量 80 m 左右，下入 ϕ508 mm 套管，固井。②一开 ϕ444.5 mm，采用 ϕ127 mm 钻杆、ϕ444.5 mm 钻头，完成钻探工作量 1400 m 左右，达到孔深 1480 m 左右，下入 ϕ339.7 套管，固井。③二开 ϕ311.2 mm，采用 ϕ127 mm 钻杆、ϕ311.2 mm 钻头，完成钻探工作量 500 m 左右，孔深达到 2000 m 左右，下入 ϕ244.5 mm 套管，固井。④完成每 100 m 取一次岩心 5～8 m 的取心任务。

3. 钻孔工作区概况

钻孔位于天津市东丽区丽湖西南角方位，丽桐路以西，新地路以东，新杨道以北，锦鲤道以南。该地区地形平坦，地势较低，平均海拔 1.9 m。工作区紧邻宁静高速、京津高速，毗邻天津滨海国际机场及天津港，交通便利，四通八达。孔位向南约 165 m 为新地河，约 245 m 处为北环铁路；向西约 290 m 为新地河，约 485 m 处为宁静高速；向北及向东为芦苇滩地，地面有积水坑，场地需做平整处理。

工作区位于华北平原东北部，东临渤海，西望太行山，地处海河流域下游；区内地势平坦，微向东倾，属冲积、海积平原，海拔高度由西向东一般为 2 m 至 0 m；区内河渠纵横，洼淀密布，海岸带宽阔。

工作区属温暖带半湿润大陆性季风气候，春季多风干旱少雨，夏季炎热雨水集中，秋季温凉气爽宜人，冬季严寒干冷雪稀，年均气温 13.5 ℃，全年最低平均气温在 1 月，极低温值多在 2 月。全年最高平均气温在 7 月，为 26 ℃以上。极高温值多在 6 月。1 月与 7 月温差达 30 ℃以上。日温差为 10～16 ℃。年均降水量 643.8 mm，夏季降水集中，占全年总量的 75%。冬季降水最少，仅占全年总量的 2%。雨季大体在 6 月底至 8 月底。无霜期 237 天，全年以 5 月蒸发量最强。

该地区水系资源丰富，工作区紧邻东湖、丽湖，北有永定新河，南有海河。浅层地下水位埋深极浅，一般小于 2 m，为浅部松散层孔隙水。

4. 钻孔工作区地质情况

工作区所处大地构造位置为华北准地台（Ⅰ）–华北断坳（Ⅱ）–沧县隆起（Ⅲ）–潘庄凸起（Ⅳ）的中部东侧。

潘庄凸起位于华北沧县隆起北段，北以汉沽断裂为界与王草庄凸起相邻；西以天津断裂为界与大城凸起相邻；东以沧东断裂为界与黄骅拗陷相邻；南至海河断裂。

早奥陶世本区为海相浅水台地碳酸盐岩沉积环境，沉积了以微晶灰岩、白云质灰岩、微晶白云岩为主的碳酸盐岩地层，沉积厚度 500 m 左右。中奥陶世期后，发生海退，直到中生代进入板内裂谷发育期，形成凹陷并在其中沉积了中生界。新近纪，地质构造演化进入裂谷拗陷期，开始接受新近系沉积，期间经历了长达 300～410 Ma 的风化剥蚀。在奥陶系与上覆中生界、新近系之间形成区域不整合面，不整合面以上沉积了河流相陆源碎屑岩。由于经历了长期沉积间断，经暴露、淋滤和风化剥蚀，奥陶系上部碳酸盐岩发生了较强的岩溶作用，在潘庄凸起西南部形成了“潜山型”古风化壳岩溶。

潘庄凸起基岩地层主要是中、上元古界地层，盖层为新近系的馆陶组、明化镇组和第四系。

5. 钻井目的及任务

主要目标是通过在天津东丽湖地区实施深层地热勘探井钻完井工程，摸清深部热储的地质构造与空间分布、物性特征，获取系列地热-水文地质参数；重点查明蓟县系迷雾山组主力热储的地质构造与空间分布、物性特征、温压条件、流体质量与单井产能测试，评价深层地热资源及其可利用性；在此基础上，实施深部热储实时监测，获取长周期批量检测数据，实现深部地热监测的技术突破；初步建立中深层地热资源勘查-开发-监测-科研示范基地，支撑中国地质调查局地热能源勘查开发工程技术中心的建设。

通过本次 4000 m 地热探采结合井的钻探，覆盖层以下定深取心，完井后对雾迷山组进行分层抽水试验，探明天津东丽区雾迷山组热储深部地下热水的水温、富水程度、赋存条件和水化学特征，基本查明储盖组合与热源机制。通过对地下热水的数量与质量进行综合评价，评价本区地热开发利用经济效益和开发利用前景，通过地热勘探实践，建立地热资源示范基地，对地热资源进行开采与回灌，为地热资源可持续发展发挥指导示范作用。

（二）试验结果分析

2017 年 11 月 20 日开钻，于 2018 年 4 月 2 日完工，钻至 2258.83 m，井径 311 mm。具体包括导管钻井、下导管，一开钻井、下套管，二开钻井、取心，历时 123 天，钻探现场如图 6.41 所示，示范应用后的井身结构如图 6.42 所示。

图 6.41　CGSD-01 井钻探现场

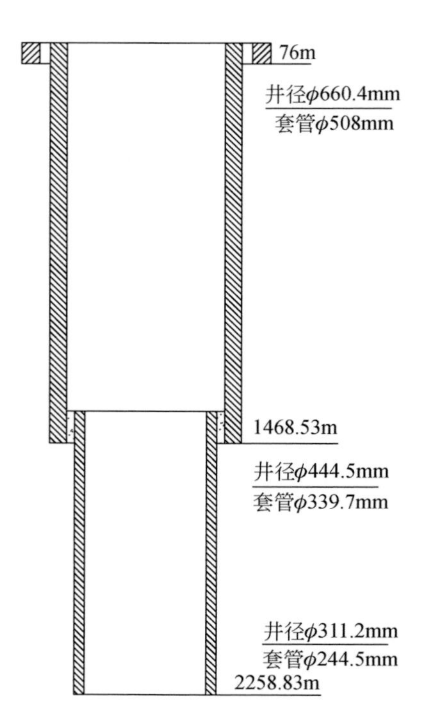

图 6.42 钻井结构示意图

1. 钻机总体性能表现

装备示范应用深度：2258.83 m，采用的是 ϕ127 mmAPI 钻杆。XD40 钻机设计提升能力为 ϕ89 mm 规格绳索取心钻杆钻深达到 4000 m，质量折合成 ϕ127 mm 钻杆为 1800 m，超出钻深能力 25.44%。通过现场实验，钻探工人认为该钻机有以下优点。

（1）钻机操作简单方便，人机配合友善。

（2）司钻操作台各项数据显示明了，可以帮助司钻清晰准确地判断出井内和周围设备的运转情况。

（3）设备自动化程度比较高，减轻了工人的工作强度。

（4）司钻房及偏房的设置非常人性化，解决了钻工在恶劣天气下的保温与休息的问题。

（5）自升式液压起塔方式安全可靠，安装设备时可大量节省占地空间。

（6）电机自带电加热功能，可靠实用，满足施工要求。

（7）采用交流电作为动力，钻机主要执行部件动力选用电机，可更好地实现钻探工程的低碳节能与环保。

1）提升系统

提升系统采用主绞车加游动滑车方式，提升能力大，便于处理孔内事故，空钩运行速度大，节省提下钻时间，提高钻探效率，实现负载悬停，简化操作，提高处理事故能力。

根据设计书要求，提升系统提升力为 800 kN，主绞车单绳最大速度为 3 m/s。在一开下套管时提升力最大达到 910 kN，大钩空载运行时单绳最大速度达到 8 m/s，已经超过设计要求。

主绞车采用变频电机驱动，采用交流变频控制技术，可实现智能化控制。配备小功率送钻电机，闭环控制实现钻压、钻速在设定范围内稳定可调，送钻平稳精确。配有 2 处过卷阀防碰、1 处游车防碰，有效防止误操作导致的安全事故。液压盘刹制动，满足自动紧急制动。主绞车电加热功能配合润滑系统，保证在寒冷环境下，绞车能够正常工作。

2）回转系统

XD40 钻机配备转盘和顶驱两套回转系统，根据此次钻探工程钻进工艺要求，采用转盘系统进行施工。转盘系统由变频电机通过万向轴连接转盘，控制部分采用先进的交流变频调速控制技术，具有无级调速、起动、制动、过载保护等性能，提高了效率，减少了振动，在可靠性方面具有明显的优越性。

根据任务书要求转盘最高转速 80 rpm，最大扭矩 20 kNm。实际工作中转盘最高转速为 75 rpm，最大扭矩为 10.5 kNm，表明该系统性能满足施工需求。

3）液压系统

钻机液压系统选用先进的负荷敏感控制系统、恒压控制系统等，实现了液压系统的高效运行。通过生产试验证明液压系统的控制原理及控制方式适合现场工况，匹配的液压元器件适宜耐用，系统散热及温升正常。

液压系统能够顺利实现钻塔升降、盘刹开合、猫头工作、动力钳工作等功能。盘刹控制回路工作压力稳定为 7.5 MPa，辅助回路工作压力稳定为 16 MPa，油温为 20 ℃左右，该系统性能满足施工需求。

4）交流变频控制系统

XD40 钻机采用先进的全数字交流变频控制技术，使用 AC-VFD-AC 交流变频方式驱动钻机主要执行部件（绞车、顶驱、转盘等部件）。控制方式使用带编码器高精度速度闭环控制与不带编码器的矢量控制，实现了对转矩、速度、加减速度及位置的控制，能够满足钻井工艺要求。

主绞车的四象限运行完美地实现了绞车从 0 速到给定速度的无级调速，优秀的 DTC（直接转矩控制）控制性能满足绞车在重载下的低速运行及零速悬停。

该系统实现了转盘低速运行及零速大扭矩停车功能，完备的制动电阻安防系统可以防止转盘在负载扭矩突然增大时发生倒转。

5）操控及仪表参数监控系统

系统采用西门子 S7-300 系统实现逻辑控制，通过 PROBUD-DP 网络与司钻房内 HMI、PC 柜内工控机、变频器实现通信及控制。工控机主要用于装置参数显示（图 6.43）、数据记录、故障报警输出等。

操控系统配备独立的司钻室，对钻机的各执行机构实现集中控制，方便快捷，工况参数数字化显示，实现了执行机构控制的精准化、轻便化，实现了电液比例控制、电子控制等多种控制方式集成应用。监测系统高度集成，实现了对设备运行及钻进工况参数进行实时检测记录。

6）数据存储系统

配套的工控机具有大数据存储功能，所配研华工控机可将钻机工作过程中工艺参数、

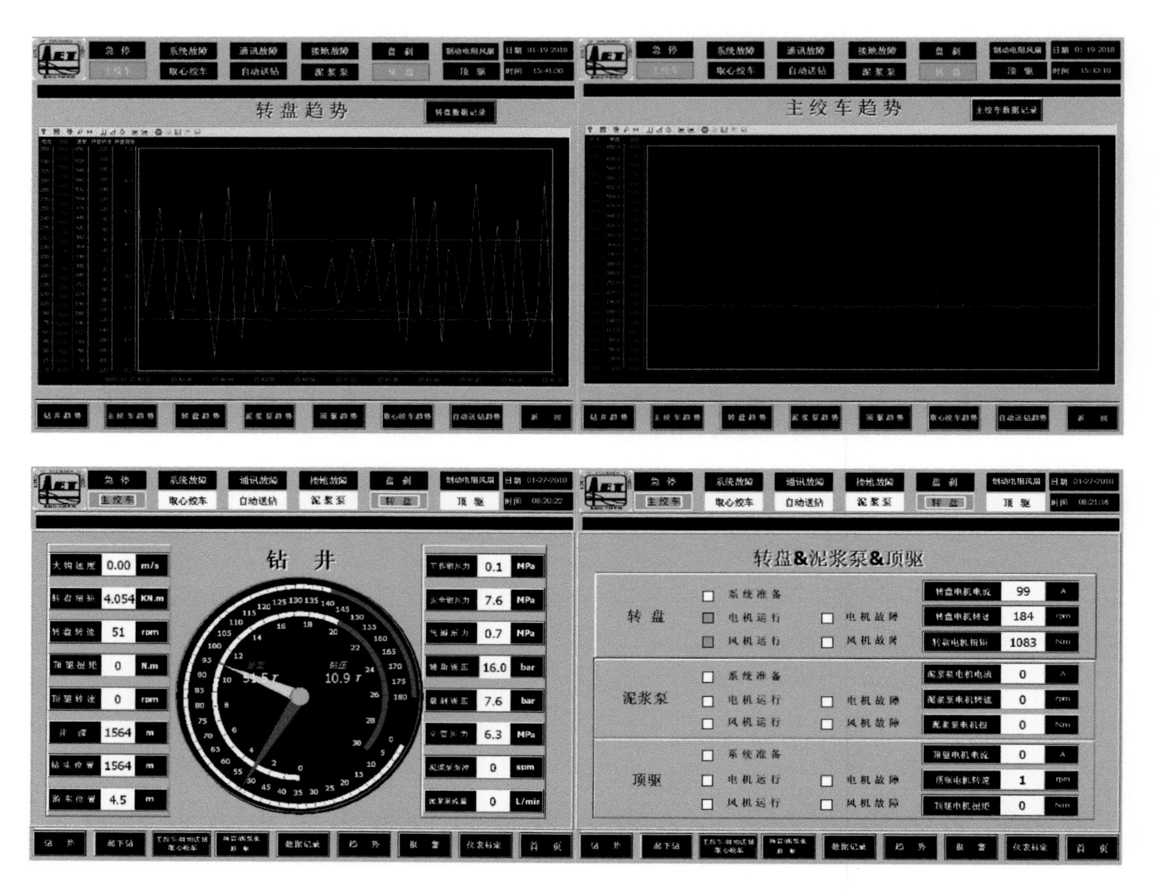

图 6.43　工控机参数显示部分画面

部件运行参数、电机运行参数等存储起来，并具有实时显示、后期查看等功能（图 6.44、图 6.45）。

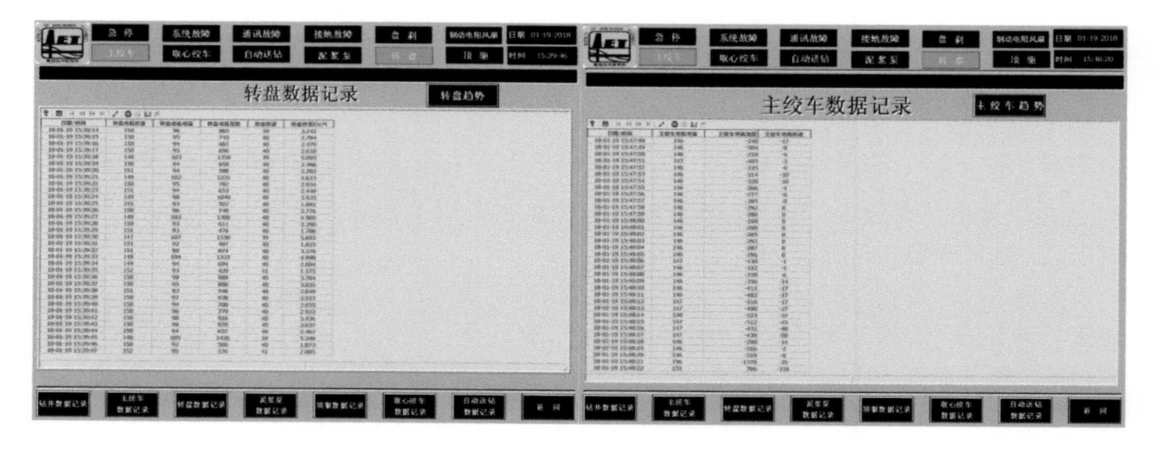

图 6.44　数据实时记录显示

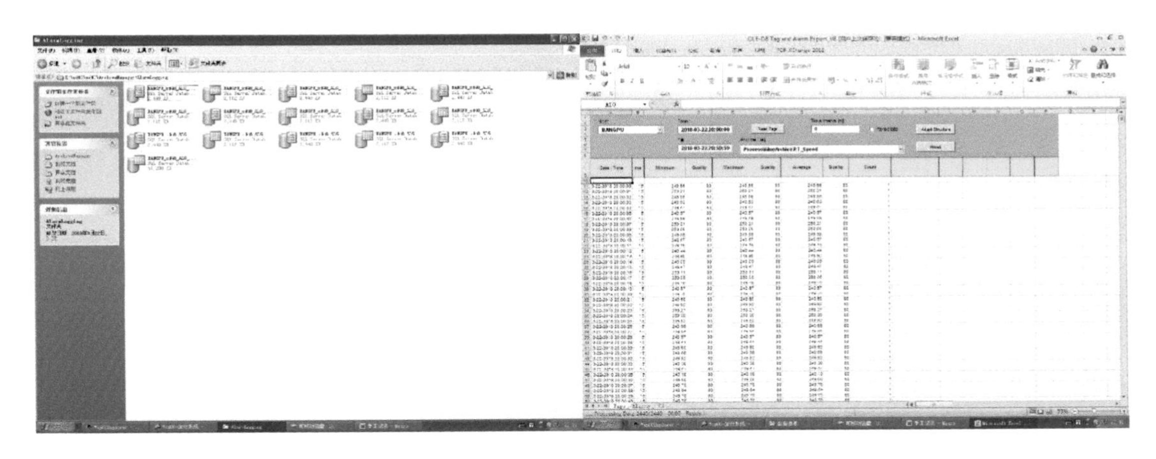

图 6.45　数据存储及查看

7）钻塔底座

钻机钻塔底座为模块式，具有较强的灵活性，运输方便。采用销轴连接，拆装方便。根据在厂内及现场拆装统计，完成钻机装配需要 6 天，拆卸 3 天。

钻塔底座采用桁架结构：强度、刚度满足钻探设备承重及钻进时的稳定性要求，5 m 的底座高度满足现场泥浆固控系统的要求。

钻塔采用液压自起升起塔方式，安全平稳，占地面积小。净空高度 31 m，满足处理 19 m 长立根的要求，立根盒可容纳 ϕ127 mmAPI 钻杆近 2300 m。

2. 钻进效果

2017 年 11 月 20 日正式开钻，22 ~ 23 日导管段钻进，用时 2 天，进尺 76 m，平均日进尺为 38 m；24 ~ 26 日为导管段固井、候凝，用时 3 天；11 月 27 日 ~ 2018 年 1 月 4 日一开段钻进，进尺 1392.53 m，用时 39 天，平均日进尺为 35.70 m；1 月 5 ~ 13 日一开测井、固井、候凝，用时 9 天；1 月 14 日 ~ 4 月 2 日二开钻进，进尺 790.3 m，共 79 天，其中春节放假 11 天，等待电子元器件维修变频器 9 天，二开实际钻进 59 天，平均日进尺为 13.39 m。累计正常取心 20 次，取出 ϕ105 mm 的岩心总长超 130 余米（图 6.46），岩心采取率>90%，达到了地质取心要求。

图 6.46　取出的部分岩心

（1）示范应用期间钻深进度如图 6. 47 所示。

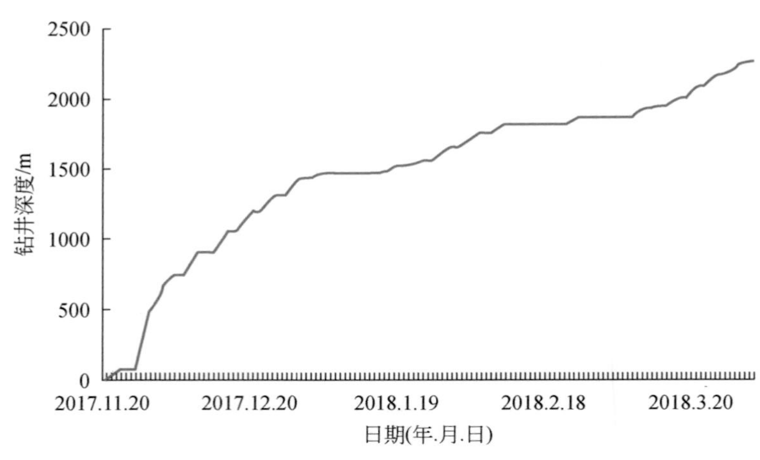

图 6. 47　钻深进度

（2）示范应用期间日进尺如图 6. 48 所示。

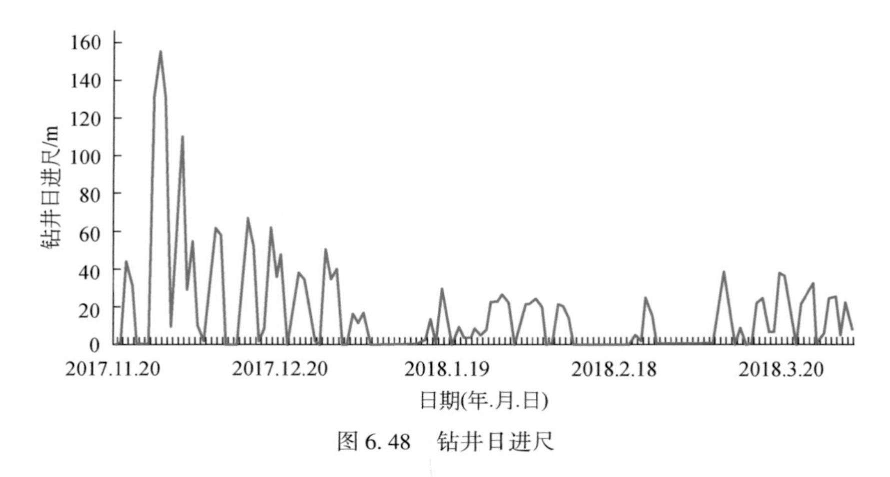

图 6. 48　钻井日进尺

（3）示范应用期间时间利用比如图 6. 49 所示。由图可见，钻机的保养与故障维修时间所占比例还是非常少的，主要是等待电子元器件时间长，总体来说，钻机的可靠性及安全性达到了施工方的高度认可。

3. 试验结语与建议

4000 m 地质岩心钻机可满足矿产资源勘查“攻深找盲”和“探寻第二找矿空间”战略以及深部地球科学研究的需求，其研制是一项高技术、创新性的研究工作。研究成果填补了国内相关技术产品的空白，有效提高了我国资源勘探的深度，与物探、化探等技术共同形成适合我国固体矿产资源特点的深部勘探技术体系，提高了我国地质钻探技术整体水平。成果的推广应用必将产生系列重大勘查成果，有效拓展资源勘查空间，快速发现一批新的矿产地，满足我国经济社会高速发展对资源的需求，为国家重大战略计划的实施提供了有力技术保障。

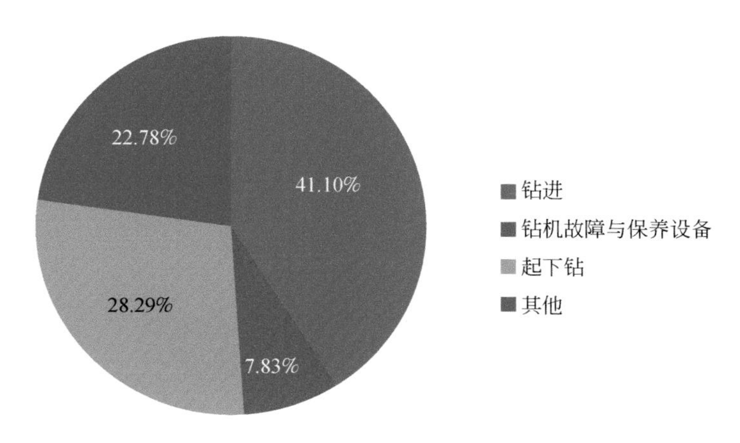

图 6.49　时间利用比

4000 m 地质岩心钻机为多功能钻探装备，既可用于深孔岩心钻进，也可用于我国浅部石油勘探，以及新兴能源（如煤层气、页岩气、干热岩等）的勘探，既可以打丛式井，又可以钻进定向孔。因此，该钻机将有非常大的潜在市场，技术成果应用转化的前景良好。

结 束 语

一、成果总结

本书研究成果由15个研发单位的300余名研发人员历时4年完成。本研究突破了一批核心技术，研发、改进和完善了一批勘探地球物理仪器设备；创新了一批方法技术，开发和完善了两套大型软件系统，以及若干专业处理软件。据不完全统计，本研究已经获得授权发明专利65项，大幅度缩小了与国外勘探技术之间的差距。主要成果如下。

1. 突破了10多项勘探核心技术

主要包括：高精度微重力传感器技术、铯光泵磁场传感器技术、宽带感应式电磁传感器技术、感应式电磁传感器检测与标定技术、高灵敏度三分量磁通门传感器技术、井中电磁波大功率脉冲调制发射技术、井中激电多道全波形接收技术、电容式电场传感器技术、地震信号高保真实时采集及分布遥测技术、液压伺服可控震源技术、高速电动顶驱钻进系统、绳索取心钻杆孔口操作自动化技术、高性能薄壁精密冷拔绳索取心钻探管材等。

2. 研发、改进和完善了18套勘探地球物理仪器设备

主要包括：地面高精度数字重力仪、地面高精度绝对重力仪、质子磁力仪、氦光泵磁力仪、铯光泵磁力仪、动态激发核磁共振磁力仪、大功率伪随机广域电磁探测系统、分布式多参数电磁探测系统、长周期分布式大地电磁观测系统、坑-井-地三维电磁成像系统、井间电磁波层析成像系统、井中多道激发极化仪、小口径多参数地球物理测井仪、轻便分布式遥测地震勘探采集系统、自行式小型液压伺服可控震源、浅井液压伺服可控震源、4000 m地质岩心钻探成套技术装备和自动化智能化岩心钻探设备。

3. 创新和发展了20余项勘探地球物理方法，研发和完善了2套适合金属矿重磁、地震数据处理及解释的大型软件系统，以及8个其他专用软件系统

（1）创新了20余项勘探地球物理方法。包括：直流电阻率与极化率三维反演方法、重磁三维约束反演方法、重震匹配三维反演方法、地面与井中磁测联合多参量三维反演方法、重力及梯度数据三维联合反演方法、基于电场和磁场旋度的视电阻率计算方法、时空阵列（广域）电磁勘探方法、强干扰区电磁信噪分离方法、基于虚拟场的可控源电磁法三维正反演方法、分布式大地电磁张量分析与同步三维反演方法、井中磁测三维（井-地）联合反演方法、同时考虑初始场强和天线辐射的井间电磁层析成像方法、坑-地一体化带地形三维电磁反演方法、全波形反演技术系列、多目标地震偏移成像体系、高分辨地震处理技术系列、多域多尺度去噪技术系列、地震数据高分辨率谱分解技术系列、复杂介质金属矿地震正演模拟照明分析方法、多震源混合采集与处理方法、典型孔内工况判别准则及优化钻进模式、小直径特深孔绳索取心钻进口径系列研究。

（2）开发和完善了 10 套软件系统。研制了多参量地球物理数据处理与反演软件系统，金属矿地震处理、解释新技术与软件系统两套大型软件系统；开发了多功能三维电磁正反演与可视化交互解释软件系统、广域电磁三维反演解释系统、长周期大地电磁数据处理及三维正反演软件系统、多参数井-地电磁数据处理系统、金属矿地下物探数据处理解释系统、三维地震数据采集与观测系统设计软件、岩心钻探智能化钻进监控软件和 4000 m 岩心钻进控制软件系统等 8 个专用软件系统。

二、下一步工作建议

1. 建立勘探地球物理技术测试、检测与标定国家技术中心

勘探地球物理仪器由高灵敏传感器和数据采集单元组成，实际勘探中要测量和检测的信号一般极其微弱。因此，传感器的灵敏度越高越好，采集单元的噪声越低越好。技术研发过程一般都面临微弱信号的检测问题。随着微机械传感（MEMS）、光纤传感技术的发展，对微信号的检测在检测环境、条件、方法和仪器等各方面都提出了更高的要求。此外，勘探地球物理仪器的传感器非常多样，如振动、磁场、重力场、电磁场、温度场、核辐射，以及这些场的梯度等，不是某一个实验室可以完成的。

现代勘探地球物理技术快速向三维分布式观测、阵列观测方向发展，要求接收单元具有高度的一致性，因此，仪器设备的标定工作非常重要，亟需建立不同类型、不同物理参数传感器和仪器的标定方法、仪器和标准研究。

近年，国家投入大量资金开展了勘探地球物理仪器设备的研发，但实际效果并不理想。其中，重要原因是一些高精度、高灵敏度传感器的检测和标定技术落后，勘探仪器的各种测试条件（温度、湿度、震动、防尘、防水、防静电等）不符合野外工作的要求，一定程度上成为高水平野外仪器研发的瓶颈。建议国家投入选择基础条件较好的单位（如计量科学研究单位），建立国家勘探地球物理技术中心，核心任务是：开展勘探地球物理仪器的检测、标定的方法理论，以及仪器、环境条件研究和服务，为研发一流的勘探地球物理仪器提供基础条件。

2. 建立国家勘探地球物理野外试验场，提高研发仪器的质量、实用性，检验反演解释方法的正确性

野外试验是勘探地球物理仪器研发的重要一个环节，对检验仪器测量精度，标定仪器的一致性、可靠性和探测效果十分重要，西方勘探地球物理强国都建设有自己的野外试验场。为进一步提高我国勘探地球物理技术水平，建议针对不同勘探仪器设备，建设野外试验场。主要目的：①检验新仪器在野外环境中的各种性能指标、测量精度；②标定新仪器设备的基本参数（如重力仪的格值等）；③对比不同厂家、不同型号的仪器设备的探测效果；④检验数据反演解释方法的实际可靠性等。如果可能，建立专门的机构和队伍，从事勘探新仪器的野外试验、测试和评估工作。

3. 勘探技术不仅事关国家资源安全，还广泛用于国防安全领域。核心技术的突破需要国家政策、资金的持续支持

勘探地球物理仪器使用的大量高端元器件、材料、芯片等，目前仍高度依赖进口。然而部分高端传感器对我国实施禁运，如超导重力梯度传感器、超低频电磁传感器等；并且，高技术也是买不来的，2018 年发生的“中兴事件”就是个现实的例子。目前，我国仪器研发使用的高端芯片、材料、元器件等很难得到“保障”供应，经常使用“低端”元器件替代“高端元器件”的现实，造成仪器质量下降、性能不稳定，甚至整机瘫痪。因此，建议国家在政策和资金方面持续、稳定支持核心技术和工艺的研发，打破核心技术受制于人的局面。

参 考 文 献

陈清礼，胡文宝，苏朱刘，等，2002. 长距离远参考大地电磁测深试验研究．石油地球物理勘探，37（2）：145-148.

陈儒军，罗维炳，何继善，等．2003. 高精度多频电法数据采集系统．物探与化探，27（5）：375-378.

陈晓东，赵毅、王赤军，等．2002. 高温超导磁强计的研制及在TEM上的野外试验．地球学报，23（2）：179-182.

陈瑛，宋俊磊．2013. 地震仪的发展历史及现状综述．地球物理学进展，28（3）：1311-1319.

陈志毅，周穗华，吴志东．2013. 低频感应式传感器优化设计．四川兵工学报，34（4）：195-126.

陈祖斌，滕吉文，林君，等．2006. BSR-2 宽频带地震记录仪的研制．地球物理学报，49（5）：1475-1481.

程方道．1994. 神经网络在地球物理反演中的应用．地球物理学进展，9（3）：51-59.

邓前辉，张木生，赵国泽，等．1988. 高频轻便数字大地电磁测深系统．地震地质，10（4）：151-158.

底青云，方广有，张一鸣．2013. 地面电磁探测系统（SEP）研究．地球物理学报，56（11）：3629-3639.

底青云，雷达，王中兴，等．2016. 多通道大功率电法勘探仪集成试验．地球物理学报，59（12）：4399-4407.

底青云，薛国强，雷达，等．2021. 华北克拉通金矿综合地球物理探测研究进展——以辽东地区为例．中国科学：地球科学，51（9）：1524-1535.

冯永江，付志红．1994. DJD6-1 型多道激电仪．地质装备，（3）：33-36.

冯永江，苗定忠．1995. DDC-5 型电子自动补偿仪．地质装备，（4）：18-21.

付志红，赵俊丽，周雒维，等．2008. WTEM 高速关断瞬变电磁探测系统．仪器仪表学报，29（5）：933-936.

耿胜利，赵庆安．2002. MC_ 10 超低铁芯传感器的研制．传感器世界，8（4）：13-15.

巩秀钢，魏文博，金胜，等．2012. Cs3301 在长周期大地电磁测深仪中的应用研究．地球物理学报，55（12）：4051-4057.

勾丽敏，刘学伟，雷鹏，等．2007. 金属矿地震勘探技术方法研究综述——金属矿地震勘探技术及其现状．勘探地球物理进展，30（1）：16-24.

顾观文，吴文鹂，林品荣，等．2014. 起伏地形下偶极-偶极激电测深二维反演软件开发及应用．物探化探计算技术，36（6）：684-691.

郭建，刘光鼎．2009. 无缆存储式数字地震仪的现状及展望．地球物理学进展，24（5）：1540-1549.

何刚，王君，张碧勇，等．2014. 高密度电法仪数据采集系统的设计．仪表技术与传感器，（8）：18-19.

何继善．1978. 双频道交流激发极化法初步研究．中南大学学报（自然科学版），（2）：4-14.

何继善．2010. 广域电磁测深法研究．中南大学学报（自然科学版），41（3）：1065-1072.

何兰芳，陈凌，陈儒军，等．2017. 豆荚状铬铁矿电磁法勘探：以罗布莎为例．2017 中国地球科学联合学术年会，20-23.

滑永春，李增元，高志海，等．1994. DDJ-1 型多功能激电仪．物探与化探，18（3）：240.

黄一菲，郑神，吴亮，等．2002. 坡莫合金磁阻传感器的特性研究和应用．物理实验，22（4）：45-48.
嵇艳鞠，林君，于生宝，等．2005. ATEM 瞬变电磁系统在长春市活断层勘探中的应用．吉林大学学报（地球科学版），35（S1）：103-107.
晋芳，杨宇山，郑振宇，等．2011. 原子磁力仪研究进展．地球物理学进展，26（3）：1131-1136.
巨汉基，朱万华，方广有．2010. 磁感应线圈传感器综述．地球物理学进展，25（5）：1870-1876.
郎佩琳，陈珂，郑东宁，等．2004. 高阶高温超导量子干涉器件平面式梯度计的设计．物理学报，53（10）：3530-3534.
李灿苹，刘学伟，王祥春，等．2005. 地震波的散射理论和散射特征及其应用．勘探地球物理进展，28（2）：81-89.
李怀良，庹先国，刘明哲．2013. 无线遥测式数字地震仪关键技术．地球物理学报，56（11）：73-82.
李家明，胡国庆，姚植桂，等．2005. DZW-Ⅱ型微伽重力仪的改进设计．大地测量与地球动力学，25（4）：127-132.
李建华，林品荣，张振海，等．2016. 甘肃柳园地区典型矿床的多功能电法应用试验．物探与化探，40（4）：737-742.
李金铭．2005. 地电场与电法勘探．北京：地质出版社．
李敏锋，刘学伟，童庆佳，等．2007. 单相介质 AVO 反演的精度分析．地球物理学进展，22（2）：567-572.
李佩，陈生昌，常鉴，等．2010. 基于波动理论的地震观测系统设计．浙江大学学报（工学版），44（1）：203-208.
李曙光，周翔，曹晓超，等．2010. 全光学高灵敏度铷原子磁力仪的研究．物理学报，59（2）：877-882.
李桐林，齐守奎，赵海珍，等．2000. 有限元金属矿地震波场模拟中三角网的自动剖分与模型编辑．铀矿地质，16（1）：42-45.
李晓斌，张贵宾，贾正元．2008. 新型分布式高密度电法仪器发展瞻望．地质装备，9（3）：32-34.
李哲，胡华，伍康，等．2014. T-1 型绝对重力仪的同震响应分析．大地测量与地球动力学，34（1）：177-179.
李志武，周燕云，冯锐．2004. 电阻率层析成像数据采集系统．地球物理学进展，19（4）：812-818.
廉玉广．2011. 庐枞盆地金属矿地震波场精细模拟及属性应用研究．长春：吉林大学博士论文．
林君，1997. 地球物理弱磁测量仪器进展．石油仪器，11（2）：7-11.
林品荣，郭鹏，石福升，等．2010. 大深度多功能电磁探测技术研究．地球学报，31（2）：149-154.
林振民，陈少强．1996. 计算机上的橡皮膜技术．物探化探计算技术，18（1）：6-16.
刘达伦，吴书清，徐进义，等．2004. 绝对重力仪研究的最新进展．地球物理学进展，19（4）：739-742.
刘国栋．1994. 我国大地电磁测深的发展．地球物理学报，37（Sup）：301-310.
刘士杰，卢军，马连元，等．1990. CTM-302 型三分量高分辨率磁通门磁力仪的研制与应用．地球物理学报，33（5）：566-576.
刘振武，撒利明，董世泰，等．2013. 地震数据采集核心装备现状及发展方向．石油地球物理勘探，48（4）：663-675.
柳建新，何继善，张宗岭，等．2001. 双频激电法及其在示范区的应用．中国地质，28（3）：32-39.
陆其鹄，彭克中，易碧金．2007. 我国地球物理仪器的发展．地球物理学进展，22（4）：1332-1337.
陆其鹄，吴天彪，林君．2009. 地球物理仪器学科发展研究报告．地球物理学进展，24（2）：750-758.
吕庆田，韩立国，严加永，等．2010a. 庐枞矿集区火山气液型铁、硫矿床及控矿构造的反射地震成像．岩石学报，26（9）：2598-2612.
吕庆田，廉玉广，赵金花．2010b. 反射地震技术在成矿地质背景与深部矿产勘查中的应用：现状与前景．

地质学报，84（6）：771-787.
吕庆田，董树文，汤井田，等.2015. 多尺度综合地球物理探测：揭示成矿系统、助力深部找矿——长江中下游深部探测（SinoProbe-03）进展. 地球物理学报，58（12）：4319-4343.
吕庆田，侯增谦，史大年，等.2004. 铜陵狮子山金属矿地震反射结果及对区域找矿的意义. 矿床地质，23（3）：390-398.
吕庆田，孟贵祥，严加永，等.2019. 成矿系统的多尺度探测：概念与进展——以长江中下游成矿带为例. 中国地质，46（4）：673-689.
吕庆田，孟贵祥，严加永，等.2020. 长江中下游成矿带铁铜成矿系统结构的地球物理探测：综合分析. 地学前缘，27（2）：232-253.
彭淼，谭捍东，姜枚，等.2012. 利用接收函数和大地电磁数据联合反演南迦巴瓦构造结中部地区壳幔结构. 地球物理学报，55（7）：2281-2291.
瞿德福，张云尔.1996. 概述我国激电仪行业标准和国内外仪器水平. 国外地质勘探技术，（6）：12-22.
曲中党，吴蔚，贺日政，等.2015. 基于S变换的软阈值滤波在深地震反射数据处理中的应用. 地球物理学报，58（9）：3157-3168.
阮百尧，村上裕，徐世浙.1999. 电阻率/激发极化率数据的二维反演程序. 物探化探计算技术，21（2）：116-125.
邵才瑞，张福明，李洪奇，等.2005. 测井资料多井交互解释软件系统. 测井技术，29（6）：558-561.
石艺.2008. 国内试用成功首台浅井钻机液压顶驱. 石油钻采工艺，（2）：60.
孙建华，张永勤，梁健，等.2011. 深孔绳索取心钻探技术现状及研发工作思路. 地质装备，12（4）：11-14.
孙明，林君.2001. 金属矿地震散射波场的数值模拟研究. 地质与勘探，（4）：68-70.
孙运生.1983. 视磁化率的计算及应用. 长春地质学院学报，（4）：105-117.
谭捍东，齐伟威，郎静.2004. 大地电磁法中的Rhoplus理论及其应用研究. 物探与化探，28（6）：532-535.
汤井田，何继善.1994. 水平电偶源频率测深中全区视电阻率定义的新方法. 地球物理学报，37（4）：543-552.
汤井田，何继善，2005. 可控源音频大地电磁法及其应用. 长沙：中南大学出版社.
汤井田，李晋，肖晓，等.2012. 数学形态滤波与大地电磁噪声压制. 地球物理学报，55（5）：1784-1793.
田黔宁，吴文鹂，管志宁.2001. 任意形状重磁异常三度体人机联作反演. 物探化探计算技术，23（2）：125-129.
佟训乾，林君，姜弢，等.2012. 陆地可控震源发展综述. 地球物理学进展，27（5）：1912-1921.
王赤军.2009. 高温超导技术在地球物理勘查应用中值得注意的一些问题. 地质装备，10（4）：31-33.
王华军，梁庆九.2005. 瞬变电磁数据采集、解释软件系统研制. 工程地球物理学报，2（6）：425-430.
王家映.1997. 我国大地电磁测深研究新进展. 地球物理学报，40（S1）：206-216.
王兰炜，赵家骝，张世中.2010. SLF/ELF电磁接收机研究及观测试验. 地震地质，32（3）：482-491.
王人杰，苏长寿.1999. 我国液动冲击回转钻探的回顾与展望. 探矿工程（岩土钻掘工程），（S1）：140-145.
王晓美，滕云田，王晨，等.2012. 磁通门磁力仪野外台阵观测技术系统研制. 地震学报，34（3）：389-396.
尉中良，邹长春.2005. 地球物理测井. 北京：地质出版社.
魏学通.2017. 原子干涉重力梯度仪研究进展综述. 光学与光电技术，15（02）：99-104.

文田 . 2007. 国内研制出首台浅井钻机液压顶驱装置 . 石油钻采工艺，(3)：18.
吴铭德 . 2002. 中国测井装备研制及有关发展思路的建议 . 测井技术，26（1）：6-9.
吴鹏飞，胡国庆，杜瑞林 . 2009. DZW 型重力仪自动调零装置的原理和设计 . 大地测量与地球动力学，29（2）：146-148.
吴书清，李春剑，徐进义，等 . 2017. CCM. G-K2 国际比对和 NIM-3A 型绝对重力仪 . 计量学报，38（1）：127-128.
吴天彪 . 2007. 我国地面重磁仪器的现状与前景 . 地质装备，8（2）：11-16.
吴宣志，等 . 1987. 傅里叶变换和位场谱分析方法及应用 . 北京：测绘出版社 .
吴以仁 . 1982. 钻孔电磁波法 . 北京：地质出版社 .
武军杰，李貅，智庆全，等 . 2017. 电性源地-井瞬变电磁法三分量响应特征分析 . 地球物理学进展，32（3）：1273-1278.
夏国治，许宝文，陈云升，等 . 2004. 二十世纪中国物探：1930—2000. 北京：地质出版社 .
夏治平 . 1985. DWJ-1 微机激电仪 . 物探与化探，9（1）：41-48.
严加永，孟贵祥，杨岳清，等 . 2017. 新疆东准噶尔拉伊克勒克岩浆矽卡岩型富铜-铁矿的发现及其成矿特征 . 地质论评，63（2）：413-426.
杨泓渊，韩立国，陈祖斌，等 . 2009. 无缆遥测地震仪采集站的低功耗设计 . 电测与仪表，46（1）：49-53.
杨辉，戴世坤，宋海斌，等 . 2002. 综合地球物理联合反演综述 . 地球物理学进展，17（2）：262-271.
杨建国，翟金元，杨宏武，等 . 2010a. 甘肃北山地区花牛山铅锌矿区玄武岩锆石 LA-ICP-MSU-Pb 定年及其地质意义 . 地质通报，29（07）：1017-1023.
杨建国，翟金元，杨宏武，等 . 2010b. 甘肃花牛山喷流沉积型金银铅锌矿床控矿因素与找矿前景分析 . 大地构造与成矿学，34（02）：246-254.
姚长利，郝天珧，管志宁 . 2002. 重磁反演约束条件及三维物性反演技术策略 . 物探与化探，26（4）：253-257.
姚长利，郑元满，张聿文 . 2007. 重磁异常三维物性反演随机子域方法技术 . 地球物理学报，50（5）：1576-1583.
姚植桂 . 1996. DZW 型微伽重力仪弹性系统的设计 . 地壳形变与地震，16（2）：98-101.
殷长春，贲放，刘云鹤，等 . 2014. 三维任意各向异性介质中海洋可控源电磁法正演研究 . 地球物理学报，57（12）：4110-4122.
尹军杰，刘学伟，黄雪继，等 . 2005. 基于散射成像数值模拟的地震采集参数论证 . 石油物探，44（1）：58-64.
原福堂，徐兵，汪浩，等 . 2005. 阵列感应测井解释处理软件的开发与应用 . 测井技术，29（5）：391-395.
曾凡超，蔡柏林 . 1985. 地下物探方法及其应用 . 探矿工程（岩土钻掘工程），(6)：19-22.
曾青石 . 1986. 重磁拟二度体人机联作最优化反演方法 . 物化探计算技术，8（4）：328-333.
张爱奎，莫宣学，刘光莲，等 . 2010. 野马泉矿床特征及找矿潜力分析 . 矿产与地质，24（2）：97-106.
张刚，庹先国，王绪本，等 . 2017. 磁场相关性在远参考大地电磁数据处理中的应用 . 石油地球物理勘探，52（06）：1333-1343.
张金昌 . 2016. 地质钻探技术与装备 21 世纪新进展 . 探矿工程（岩土钻掘工程），43（4）：10-17.
张文秀，周逢道，林君，等 . 2012. 分布式电磁探测系统在深部地下水资源勘查中的应用 . 吉林大学学报（地学版），42（4）：1207-1213.
张秀成 . 1989. GEM-1 型大地电磁测深信息检测及处理系统 . 地球物理学报，32（01）：70-75.

张玉华，罗飞路，白奉天 . 2003. 交变磁场测量系统中磁传感器的设计 . 传感器世界，9（12）：6-8.
张子三，林君，陈祖斌，等 . 2000. 轻便高频可控震源的设计与实验 . 仪表技术与传感器，（10）：14-17.
赵春蕾，卢川，郝天珧，等 . 2013. 高精度组合式轻便小型可控震源的研究 . 地球物理学报，56（11）：3690-3698.
赵静，刘光达，安战锋，等 . 2011. 提高高温超导磁力仪动态范围的补偿方法 . 吉林大学学报（工学版），41（5）：1342-1347.
甄玉娜，王均 . 2001. BW1100 型泥浆泵的研制 . 探矿工程（岩土钻掘工程），（1）：23-24.
周聪 . 2016. 时空阵列电磁法及试验研究兼论庐枞矿集区三维电性结构 . 长沙：中南大学博士学位论文 .
周聪，汤井田，任政勇，等 . 2015. 音频大地电磁法“死频带”畸变数据的 Rhoplus 校正 . 地球物理学报，58（12）：4648-4660.
周平，陈胜礼，朱丽丽 . 2009. 几种金属矿地下物探方法评述 . 地质通报，28（2）：224-231.
周平，施俊法 . 2007. 瞬变电磁法（TEM）新进展及其在寻找深部隐伏矿中的应用 . 地质与勘探，43（6）：63-69.
周铁芳，阳东升，刘励慎，等 . 1986. YL-54 型液动螺杆钻具及其应用 . 探矿工程（岩土钻掘工程），（2）：10-12.
朱会杰，王新晴，芮挺，等 . 2015，改进的匹配追踪在方波信号滤波中的应用 . 解放军理工大学学报：自然科学版，16（04）：305-309.
邹长春 . 2010. 地球物理测井教程 . 北京：地质出版社 .
Beck A，Teboulle M. 2009. A fast iterative shrinkage-thresholding algorithm for linear inverse problems. SIAM Journal on Imaging Sciences，2（1）：183-202.
Bibby H，1977. The apparent resistivity tensor. Geophysics，42（6）：1258-1261.
Bohlen T. 2002. Parallel 3-D viscoelastic finite difference seismic modelling. Computers & Geosciences，28（8）：887-899.
Bracewell R N，Bracewell R N. 1986. The Fourier transform and its applications. New York：McGraw-Hill：267-272.
Brocher T M. 2005. Empirical relations between elastic wavespeeds and density in the Earth's crust. Bulletin of the Seismological Society of America，95（6）：2081-2092.
Buades A，Coll B，Morel J M. 2005. A review of image denoising algorithms，with a new one. Multiscale Modeling & Simulation，4（2）：490-530.
Caldwell T G，Bibby H M，Brown C，2004. The magnetotelluric phase tensor. Geophysical Journal International，158（2）：457-469.
Daubechies I，Defrise M，De Mol C. 2004. An iterative thresholding algorithm for linear inverse problems with a sparsity constraint. Communications on Pure and Applied Mathematics，57（11）：1413-1457.
Davenport M A，Wakin M B，2010. Analysis of orthogonal matching pursuit using the restricted isometry property. IEEE Transactions on Information Theory，56（9）：4395-4401.
Donoho D L. 2006. For most large underdetermined systems of linear equations the minimall^1-norm solution is also the sparsest solution. Communications on Pure and Applied Mathematics，59（6）：797-829.
Eaton D W，Milkereit B，Salisbury M H. 2003. Hardrock Seismic Exploration. Tulsa Oklahoma：Society of Exploration Geophysicists，1-6.
Efros A A，Leung T K. 1999. Texture synthesis by non-parametric sampling//Bob Werner. Proceedings of the Seventh IEEE International Conference on Computer Vision 2. Greoce. IEEE：1033-1038.
Egbert G D. 1997. Robust multiple-station magnetotelluric data processing. Geophysical Journal International，

130 (2): 475-496.

Elders J A, Asten M W. 2004. A comparison of receiver technologies in borehole MMR and EM surveys. Geophysical Prospecting, 52 (2): 85-96.

Evans B J, Urosevic M, Taube A. 2003. Using surface-seismic reflection to profile a massive sulfide deposit at Mount Morgan, Australia//Hardrock seismic exploration. Society of Exploration Geophysicists: 157-163.

Flandrin P, Auger F, Chassande-Mottin E. 2003. Time-frequency reassignment: from principles to algorithms. In Applications in time-frequency signal processing, 179-204.

Fomel S. 2009. Velocity analysis using AB semblance. Geophysical Prospecting, 57 (3): 311-321.

Gamble T D, Goubau W M, Clarke J. 1979. Magnetotellurics with a remote magnetic reference. Geophysics, 44 (1): 53-68.

Gómez-Treviño E, Romo J M, Esparza F J, 2014. Quadratic solution for the 2D magnetotelluric impedance tensor distorted by 3-D electro-galvanic effects. Geophysical Journal International, 198 (3): 1795-1804.

Janiuk A, Yuan Y, Perna R, et al. 2007. Instabilities in the time-dependent neutrino disk in gamma-ray bursts. The Astrophysical Journal, 664 (2): 1011.

Jones A G, Groom R W. 1993. Strike-angle determination from the magnetotelluric impedance tensor in the presence of noise and local distortion: rotate at your peril! Geophysical Journal International, 113 (2): 524-534.

Kodera K, De Villedary C, Gendrin R. 1976. A new method for the numerical analysis of non-stationary signals. Physics of the Earth and Planetary Interiors, 12 (2-3): 142-150.

Lailly P. 1983. The seismic inverse problem as a sequence of before stack migrations. // Bednar J B, Robinson E. Weglein A. Conference on Inverse Scattering—Theory and Application. Philadelphia: Society for Industrial and Applied Mathematics (SIAM): 206-220.

Li M, Wei W, Luo W, et al. 2013. Time-domain spectral induced polarization based on pseudo-random sequence. Pure and Applied Geophysics, 170 (12): 2257-2262.

Li Q M, Zhang J H, Zeng X J, et al. 2013. Optimized condition for buffer gas in Cesium atomic magnetometer. Laser & Optoelectronics Progress, 50 (7): 072802.

Li T L, Eaton D W. 2005. Delineating the Tuwu porphyry copper deposit at Xinjiang, China, with seismic-reflection profiling. Geophysics, 70 (6): B53-B60.

Li Y, Oldenburg D W. 1996. 3D inversion of magnetic data. Geophysics, 61 (2): 394-408.

Li Y, Oldenburg D W. 1998. 3D inversion of gravity data. Geophysics, 63 (1): 109-119.

Li Y, Oldenburg D W. 2000a. Joint inversion of surface and three-component borehole magnetic data. Geophysics, 65 (2): 540-552.

Li Y, Oldenburg D W. 2000b. 3D inversion of induced polarization data. Geophysics, 65 (6): 1931-1945.

Li Y, Oldenburg D W. 2003. Fast inversion of large-scale magnetic data using wavelet transforms and a logarithmic barrier method. Geophysical Journal International, 152 (2): 251-265.

Li Z, Yao C, Zheng Y, et al. 2018. 3D magnetic sparse inversion using an interior-point method. Geophysics, 83 (3): J15-J32.

Liu W Q, Chen R J, Cai H Z, et al. 2016. Robust statistical methods for impulse noise suppressing of spread spectrum induced polarization data, with application to a mine site, Gansu province, China. Journal of Applied Geophysics, 135: 397-407.

Liu W Q, Chen R J, Cai H Z, et al. 2017. Correlation analysis for spread-spectrum induced-polarization signal processing in electromagnetically noisy environments. Geophysics, 82 (5): E243-E256.

Liu W Q, Lü Q T, Chen R J, et al. 2019. A modified empirical mode decomposition method for multiperiod time-series detrending and the application in full- waveform induced polarization data. Geophysical Journal International, 217 (2): 1058-1079.

Luo S, Hale D. 2012. Velocity analysis using weighted semblance. Geophysics, 77 (2): U15-U22.

Lü Q T, Qi G, Yan J Y. 2013. 3D geological model of Shizishan ore field constrained by gravity and magnetic interactive modeling: A case history. Geophysics, 78 (1): B25-B35.

Lytle R J, Lager D L. 1976. Theory relating to remote electromagnetic probing of a non-uniform coal seam. Radio Science, 11 (5): 465-475.

Mackie R L, Madden T R. 1993. Three- dimensional magnetotelluric inversion using conjugate gradients. Geophysical Journal International, 115 (1): 215-229.

Mallat S G, Zhang Z. 1993, Matching pursuits with time-frequency dictionaries. IEEE Transactions on Signal Processing, 41 (12): 3397 - 3415.

Milkereit B, Green A. 1992. Deep geometry of the Sudbury structure from seismic reflection profiling. Geology, 20 (9): 807-811.

Muñíz Y, Gómez-Treviño E, Esparza F J, et al. 2017. Stable 2D magnetotelluric strikes and impedances via the phase tensor and the quadratic equation. Geophysics, 82 (4): E169-E186.

Needell D, Tropp J A. 2009. CoSaMP: Iterative signal recovery from incomplete and inaccurate samples. Applied & Computational Harmonic Analysis, 26 (3): 301-321.

Neidell N S, Taner M T. 1971. Semblance and other coherency measures for multichannel data. Geophysics, 36 (3): 482-497.

Oldenburg D W, Li Y G. 1994. Inversion of induced polarization data. Geophysics, 59 (9): 1327-1341.

Parker R L. 1980. The inverse problem of electromagnetic induction: existence and construction of solutions based on incomplete data. Journal of Geophysical Research: Solid Earth, 85 (B8): 4421-4428.

Parker R L, Booker J R. 1996. Optimal one- dimensional inversion and bounding of magnetotelluric apparent resistivity and phase measurements. Physics of the Earth and Planetary Interiors, 98 (3-4): 269-282.

Partyka G, Gridley J, Lopez J. 1999. Interpretational applications of spectral decomposition in reservoir characterization. The Leading Edge, 18 (3): 353-360.

Pati Y C, Rezaiifar R, Krishnaprasad P S. 1993. Orthogonal matching pursuit: Recursive function approximation with applications to wavelet decomposition. //The Institute of Electrical and Electronics Engineers, Inc. Proceedings of 27th Asilomar Conference on Signals, Systems and Computers: 40-44.

Pelton W H, Rijo L, Swift Jr C M. 1978. Inversion of two- dimensional resistivity and induced- polarization data. Geophysics, 43 (4): 788-803.

Pilkington M. 2008. 3D magnetic data-space inversion with sparseness constraints. Geophysics, 74 (1): L7-L15.

Portniaguine O, Zhdanov M S. 1999. Focusing geophysical inversion images. Geophysics, 64 (3): 659-992.

Portniaguine O, Zhdanov M S. 2002. 3D magnetic inversion with data compression and image focusing. Geophysics, 67 (5): 1532-1541.

Pratt R G, Shin C, Hicks G J. 1998. Gauss-Newton and full Newton methods in frequency-space seismic waveform inversion. Geophysical Journal International, 133 (2): 341-362.

Rioul O, Flandrin P. 1992. Time-scale energy distributions: A general class extending wavelet transforms. IEEE Transactions on Signal Processing, 40 (7): 1746-1757.

Sasaki Y. 1994. 3-D resistivity inversion using the finite-element method. Geophysics, 59 (12): 1839-1848.

Sims W E, Bostick Jr F X, Smith H W. 1971. The estimation of magnetotelluric impedance tensor elements from measured data. Geophysics, 36 (5): 938-942.

Smirnov M Yu, Egbert G D, 2012. Robust principal component analysis of electromagnetic arrays with missing data. Geophysical Journal International, 190 (3): 1423-1438.

Sriraghavendra E, Karthik K, Bhattacharyya C. 2007. Fréchet distance based approach for searching online handwritten documents. //Suen C Y, Bortolozzi F, Sabourin R. Ninth International Conference on Document Analysis and Recognition (ICDAR 2007): 461-465.

Stevenson F, Durrheim R J. 1997. Reflection seismic for gold, platinum and base metal exploration and mining in Southern Africa. //Gubins A G. Proceedings of Exploration 97: Fourth Decennial International Conference on Mineral Exploration: 391-398.

Tarantola A. 1984. Inversion of seismic reflection data in the acoustic approximation. Geophysics, 49 (8): 1259-1266.

Thorson J R, Claerbout J F. 1985. Velocity- stack and slant- stack stochastic inversion. Geophysics, 50 (12): 2727-2741.

Tropp J A, Gilbert A C. 2007. Signal recovery from random measurements via orthogonal matching pursuit. IEEE Transactions on Information Theory, 53 (12): 4655-4666.

Ulrych T J, Sacchi M D, Woodbury A. 2001. A Bayes tour of inversion: A tutorial. Geophysics, 66 (1): 55-69.

Urosevic M, Evans B J, Hatherly P J. 1992. Application of 3-D seismic methods to detection of subtle faults in coal seams. //SEG Technical Program Expanded Abstracts. Society of Exploration Geophysics: 254-256.

Varentsov I M, Sokolova E Y, Martanus E R, et al. 2003. System of electromagnetic field transfer operators for the BEAR array of simultaneous soundings: methods and results. Izvestiya Physics of the Solid Earth, 39 (2): 118-148.

Vozoff K, Jupp D L B. 1975. Joint inversion of geophysical data. Geophysical Journal International, 42 (3): 977-991.

Wang H, Campanyà J, Cheng J, et al. 2017a. Synthesis of natural electric and magnetic time-series using inter-station transfer functions and time-series from a neighboring site (STIN): Applications for processing MT data. Journal of Geophysical Research: Solid Earth, 122 (8): 5835-5851.

Wang J, Lin P, Wang M, et al. 2017b. Three-dimensional tomography using high-power induced polarization with the similar central gradient array. Applied Geophysics, 14 (2): 291-300.

Wang W, Wu X, Spitzer K. 2013. Three-dimensional DC anisotropic resistivity modelling using finite elements on unstructured grids. Geophysical Journal International, 193 (2): 734-746.

Wang Z G, He Z X, Liu H Y. 2006. Three- dimensional inversion of borehole- surface electrical data based on quasi-analytical approximation. Applied Geophysics, 3 (3): 141-147.

Warner M, Guasch L, Yao G. 2015. Adaptive waveform inversion-FWI without cycle skipping. //Zhang J, Wu R S. 2015 Workshop: Depth Model Building: Full- waveform Inversion. Society of Exploration Geophysicists: 11-14.

Wei D, Milenkovic O. 2009. Subspace pursuit for compressive sensing signal reconstruction. IEEE transactions on Information Theory, 55 (5): 2230-2249.

Weidelt P. 1972. The inverse problem of geomagnetic induction. Zeitschrift fur Geophysik, 38: 257-289.

Weiss C J. 2013. Project APhiD: A Lorenz- gauged A- Φ decomposition for parallelized computation of ultra-broadband electromagnetic induction in a fully heterogeneous Earth. Computers & Geosciences, 58: 40-52.

Wu X P. 2003. A 3-D finite- element algorithm for DC resistivity modelling using the shifted incomplete Cholesky conjugate gradient method. Geophysical Journal International, 154 (3): 947-956.

Xie G, Zhang J, Liu L, et al. 2011. Thermal conductivity depth-profile reconstruction of multilayered cylindrical solids using the thermal-wave Green function method. Journal of Applied Physics, 109 (11): 113534.

Xie X B, Jin S, Wu R S. 2006. Wave-equation-based seismic illumination analysis. Geophysics, 71 (5): S169-S177.

Xu K, McMechan G A. 2014. 2D frequency-domain elastic full-waveform inversion using time-domain modeling and a multistep-length gradient approach. Geophysics, 79 (2): R41-R53.

Zhang K, Wei W B, Lü Q T, et al. 2014. Theoretical assessment of 3-D magnetotelluric method for oil and gas exploration: Synthetic examples. Journal of Applied Geophysics, 106: 23-36.

照片 1　科技部社会发展科技司吴远彬司长、康相武处长与项目研发团队合影

照片 2　项目研发的系列仪器设备参加 2017 中国国际矿业大会展览

照片 3　项目首席专家吕庆田研究员在 2017 中国国际矿业大会上向中国地质调查局领导介绍项目成果

照片 4　项目首席专家吕庆田研究员在项目验收会上向科技部社会发展科技司吴远彬司长介绍项目成果